酱香型白酒酿造工艺通解

杨 磊 谢 军 编著

中国轻工业出版社

图书在版编目（CIP）数据

酱香型白酒酿造工艺通解 / 杨磊，谢军编著.
北京：中国轻工业出版社，2025. 6. -- ISBN 978-7
-5184-5298-9

Ⅰ. TS262. 3

中国国家版本馆 CIP 数据核字第 202525RN03 号

责任编辑：江　娟　　责任终审：唐是雯
文字编辑：郑彩娟　　责任校对：吴大朋　　封面设计：锋尚设计
策划编辑：江　娟　　版式设计：砚祥志远　　责任监印：张　可

出版发行：中国轻工业出版社（北京鲁谷东街 5 号，邮编：100040）
印　　刷：三河市万龙印装有限公司
经　　销：各地新华书店
版　　次：2025 年 6 月第 1 版第 1 次印刷
开　　本：787×1092　1/16　印张：33. 75
字　　数：800 千字
书　　号：ISBN 978-7-5184-5298-9　定价：128. 00 元
邮购电话：010-85119873
发行电话：010-85119832　010-85119912
网　　址：http: //www. chlip. com. cn
Email:　club@ chlip. com. cn

231968K7X101ZBW

前　言

在中国悠久的酒文化长河中，酱香型白酒以其独特的酿造工艺、深邃的历史底蕴与卓越的品质，始终占据着举足轻重的地位。它不仅是时间的佳酿，更是匠人精神的传承与展现。随着人们对高品质生活的需求日益增长，酱香型白酒的魅力愈发显现，其生产知识、品鉴技巧及文化内涵也成为众多爱好者与研究者探索的热点。在此背景下，《酱香型白酒酿造工艺通解》应运而生，旨在为广大读者揭开酱香型白酒的神秘面纱，深入浅出地解答关于其生产过程的种种疑问。本书汇聚了多位行业研究专家的智慧结晶，从历史渊源、原料选择、制曲发酵、蒸馏取酒、陈酿勾调到灌装包装，都进行了详尽而系统的梳理与阐述。不同于传统理论书籍的枯燥晦涩，本书采用问答的形式，将复杂的酿酒工艺拆解为一个个具体而微的问题，配以通俗易懂的语言和生动的实例，力求让读者在轻松愉快的阅读中，收获满满的知识与乐趣。本书参考了大量当前酱香型白酒酿造工艺研究成果，在本书结尾部分列出了主要的参考文献，如有不慎遗漏敬请谅解；另外，本书中可能有部分观点不能得到所有读者的认同，敬请读者结合自身实际情况斟酌运用。

《酱香型白酒酿造工艺通解》不仅是一本关于酿酒技术的专业书籍，也是一本引领读者走进酱香型白酒世界、领略其独特魅力的指南。我们希望通过这本书能够激发更多人对酱香型白酒的兴趣与热爱，促进这一中华瑰宝的传承与发展。在未来的日子里，愿每位读者都能在这本书中找到属于自己的那份酱香记忆，让这份源自古老智慧的醇香，继续在现代社会中绽放出更加璀璨的光芒。

本书主要由四川轻化工大学教师谢军，四川轻化工大学硕士生导师、四川轻化工大学·中国白酒学院兼职教授、沈酒集团副总经理杨磊主持编写。由于编者水平有限，书中尚有一些疏漏、错误之处，敬请读者批评指正！

2024 年 9 月

目　录

一 绪论篇

1、中国白酒的起源有哪些说法?

（1）上天造酒说　古人认为人与天体密不可分，人的各种行为均由上天相应的星体所主宰，如造酒就是天上的“酒星”所作。所谓“酒星”，《晋书·天文志》中有“轩辕右角南三星曰酒旗，酒官之旗也，主宴飨饮食”。“轩辕星”是我国古星座名，共十七颗星，其中十二颗属狮子星座，酒旗三星为此星座中的三颗，亮度微弱，肉眼不易发现。《周礼》一书对酒旗星也有记述，酒旗星主管司酒，凡人间之酒因为此星才得以产生，故酒由上天所造，这是带有神话色彩的造酒之说。另有观点认为，在蛮荒时代，人类对一些发生在自己身边“奇异”的自然现象无法做出解释，就将这种现象归结为上天所为。如长时间堆积在树洞中的果实、保存在石臼中的米饭会慢慢变成有着香甜酒味的汁液，喝了以后会令人心花怒放，人们就认为这是上天给人类的赐予，这美好的汁液是上天所造。

（2）猿猴造酒说　猿猴造酒和嗜酒的记载多见于我国古代的一些典籍中：唐人李肇撰写的《国史补》中就有关于猿猴因嗜酒被擒的记载；明代李日华的《紫桃轩又缀·蓬栊夜语》中记载有“黄山多猿猱，春夏采杂花果于石洼中，酝酿成酒，香气溢发，闻数百步。野樵深入者，或得偷饮之，不可多，多即减酒痕，觉之，众猱伺得人，必嬲死之”；清代文人李调元辑《粤东笔记》卷九也有记载“琼州多猿……尝于石岩深处得猿酒，盖猿以稻米杂百花所造，一石六辄有五六升许，味最辣，然极难得”；《清稗类钞·粤西偶记》记载着“粤西平乐等府，山中多猿，善采百花酿酒，樵子入山，得其巢穴者，其酒多至数石。饮之，香美异常，名曰猿酒”。根据古籍记载在猿猱聚居之地久储的水果因自然发酵而生成“酒”，猿猴从最初发现到习以为常，经历了难以考证的漫长岁月。

（3）仪狄造酒说　仪狄是夏禹时代人，除《吕氏春秋》《世本》《战国策》有零星文字、史料记载以外，对其身世尚不可知。《战国策》中有这样的记述“昔者，帝女令仪狄作酒而美，进之禹，禹饮而甘之，遂疏仪狄，绝旨酒，曰：后世必有以酒亡其国者”，意思是说夏禹的女儿令仪狄监制造酒，仪狄经过努力做出了味道极好的酒，奉给夏禹品尝，夏禹觉得味道十分美好，这位有着深刻忧患意识的圣明之君，立马意识到此等美酒可能使人沉醉其中而疏于政务，并判断后世因此而亡国的事件会发生，因此疏远了造酒的仪狄，也再不品饮美酒了。从古籍记述推断仪狄可能是夏禹身边从事酒务管理和造酒的人。《北山酒经》开篇就记载有“仪狄作酒醪，杜康作秫酒”，这就是说仪狄所造之酒是以糯米或粳米为原料酿造的米酒醪，也是西南民间所称的醪糟酒，此酒起源于仪狄，由他首创；而在仪狄之前，先民早已开始制酒，前世的尧、舜二帝都是善饮之人，因此酒起源于仪狄的说法当为传说。而酒醪是仪狄在总结前代造酒技艺的基础上对粮食酒的一种创新，这一观点可信度要高许多。

（4）杜康造酒说　杜康字仲宁，相传为陕西白水县康家卫村人。修于清乾隆十九年（1754）的陕西《白水县志》、修于清道光十八年（1838）的《伊阳县志》均以“俗传”的方式记述杜康曾在当地造酒。《白水县志》记载距县城七八千米的“杜康泉”，其水清洌甘爽，后汇入白水河，杜康就是用此水酿酒的。《伊阳县志·水》有“杜水河，俗传杜康造酒于此”的记载。相传杜康将吃剩的米饭倾倒于桑园的树洞中，经时日，散发出了酒的淡淡芳香味，杜康受之启发而作秫酒，随秫酒影响力扩大，人们直接将杜康作为酒的代名词。继魏武帝曹操“何以解忧，唯有杜康”的感叹之后，后世之人也将酒的起源归于杜康。“杜康造酒”另有一说，认为杜康即少康，为夏王朝六世君主，由于钟情于酒，故亲自造酒，后因酒而败亡。

（5）黄帝造酒说　《史记》载“黄帝者，少典之子，姓公孙，名曰轩辕，生而神灵，弱而能言，幼而徇齐，长而敦敏，成而聪明”，他是中华民族智慧的象征。黄帝造酒在民间有多种传说：一说轩辕黄帝在统一各部族的战争中，不幸陷入蚩尤的大雾迷阵中，黄帝率军突围，撤退到西龙山下，适逢盛夏，骄阳似火，兵乏马困，是“拐角井”的水为全军解除了饥渴困乏，统一天下后黄帝就用“拐角井”的水酿制轩辕美酒。民间由此流传“店头有眼拐角井，井水可当烧酒饮，黄帝用它敬功臣，百姓用它待上宾”；另一说来自《黄帝内经·素问》中黄帝与岐伯有“汤液酒醪”的问答，问答中同时谈到具体的古酒，这其中还包含着另一层意思就是在黄帝时代，我国先民已经能从事粮食酿酒；再一说是黄帝与炎帝两部族联合以后，轩辕黄帝命炎帝分管农耕发展生产，炎帝划时代地发明了农耕工具“耒耜”，他勤奋躬耕，并广泛教导百姓种植五谷，几年以后，粮食获得丰收，收获的粮食贮存在洞穴中，时间一长，谷物发霉长芽，逐渐有汁液流出，并伴有扑鼻香味，黄帝、炎帝捧汁而饮，均惊呼“神水”“天味”，他们用此汁液祭天地神灵、入药治病，后循其规律酿出了轩辕美酒。后世史籍记载“清醠之美，始于耒耜”，这里用“耒耜”泛指农耕，意思是说，美酒来源于农耕，来源于粮食。而农耕又始于黄帝、炎帝，故称“黄帝造酒”。

2、酱香型白酒起源中所提到的“枸酱”为何物?

“枸酱”① 最早记载于汉代史事中“唐蒙食枸酱”，始见于《史记·西南夷列传》“建元六年，大行王恢击东越。东越杀王郢以报。恢因兵威使番阳令唐蒙风指晓南越。南越食蒙蜀枸酱。蒙问所从来。曰：‘道西北牂柯。牂河江广数里，出番禺城下。’蒙归至长安，问蜀贾人。贾人曰：‘独蜀出枸酱。多持窃出市夜郎……’”汉武帝建元六年为公元前135年。南越为今两广大部分地域，番禺（今广州）为其统治中心。枸酱是带有酒味的果类饮品，后世称为枸酱酒，其味醇厚，酸甜可口。清代仁怀直隶厅同知陈熙晋有诗述其史事“尤物移人付酒杯，荔枝滩上瘴烟开。汉家枸酱知何物？赚得唐蒙鳛部来”，鳛部就是今仁怀、习水一带，清雍正以前，这一带系蜀之东南，是枸酱产地。为此，部分学者及企业也将“枸酱”尊称为酱香型白酒的起源。

---

① “枸酱”在现代汉语词典中指的是“蒟酱”。

枸酱以本地浆果拐枣为原料，通过微生物自然发酵制成。其原料拐枣又名枳椇，属落叶乔木科，果实近球形，果柄肥厚弯曲，果肉呈红褐色，枝叶均可入药，其含水含糖量高，成熟以后的果实在微生物作用下容易生成酒。其主要制作工艺有 3 个步骤：一是择果，截去枝干除去杂质，选择成熟肥厚的果实，经清洗晾干捣碎成酱状，置于陶坛内，不能装太满，太满会在糖化发酵过程中因果品呼吸膨胀而溢出；二是装坛时酌情兑入以往发酵好的枸酱，经拌和盖上坛口；三是每天都须开盖搅动一次，让果品均匀发酵，让空气中的酵母菌及其他有益微生物进入发酵物参与发酵，令成品口感更好。发酵半月后即成枸酱，酒味醇厚、酸甜可口。

3、酱香型白酒起源于何时？

酱香型白酒起源于何时，到目前为止未见有准确的说法，从文献资料记载来看，酱香型白酒相关记载最早可追溯至《史记》中关于“南越食蒙蜀枸酱”的记载，众多酱香型白酒企业也将此作为酱香型白酒的起源来宣传。但从史料来看，在此之后约有 1500 年的时间段内没有关于酱香型白酒的相关记述，直到元末明初《酒小史》再次提及（图 1-1）。

目前，关于史料记载中的“枸酱”是酱料还是酒一直存在较大争论。而且有专家提出即便“枸酱”是酒也是一种果酒，与当前的酱香型白酒或者蒸馏酒天差地别，因此，关于酱香型白酒的起源仍需中国考古工作者及历史研究专家进一步提出更为详尽的资料予以支持。

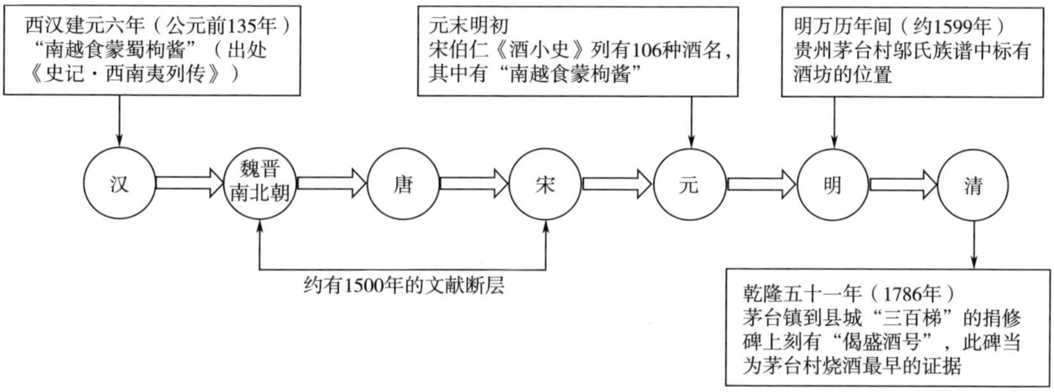

图 1-1　酱香型白酒发展史

4、《随园食单》中对酱香型白酒有哪些描述？

袁枚在《随园食单》中提到的“酱香型白酒”主要是指元代时期的酒。在明代和清代时期，白酒开始被广泛地生产出来，而酱香型白酒则是其中的一种，从明代开始出现并逐渐发展起来。在《随园食单》中，袁枚提到了酱香型白酒的酿造工艺和特点，他写道“酒以酱香为上……以大曲酿之……初入口时，醇甜甘润，后味郁芳”，这句话说明了酱香型白酒是用大曲酿造而成的，其味道醇厚而甜润，同时还散发着郁郁的芳香。袁枚还提到了一些其他酒类的特点，比如“南酒以花露为上”“江南则以烧酒为最”，这些都是指当时的酒类特色和品种。总的来说，《随园食单》中提到了酱香型白酒的一些特点，但并没有详细介绍它的历史渊源和酿造方法等内容。

5、酱香型白酒与“川盐进黔”政令之间有何关系?

茅台地区在18世纪初的康熙年间就有酿酒业兴旺景象的描述以及回沙酿酒工艺已臻成形的记载，但茅台地区真正为外界所知却是18世纪中叶。而且，如今以酒闻名天下的茅台地区，最初作为黔北名镇而为世人所知，并非缘于酿酒，而是因为盐运。

清朝乾隆十年（1745年），贵州总督张广泗上奏朝廷，请求开凿赤水河道，以便川盐入黔，历时一年完工后舟楫始通，濒临赤水河的茅台镇成为黔北重要的交通口岸。四川食盐经赤水河道运入，至茅台起岸，茅台镇称为“仁岸”，茅台镇始为川盐入黔四大口岸之一。由于水陆畅通，八方商贾云集，运盐马帮和舟楫络绎不绝，市场繁荣，茅台成为“蜀盐走贵州，秦商聚茅台”的繁华集镇。作为黔北物资的主要集散地，贵州省2/3的食盐由此起运送往各地，茅台镇由是名声在外。

盐业的发展，刺激了酿造业的发展和酿酒技术的提高。最初，人们在茅台镇上的各个盐号出售自酿的烧酒，供来往的商客民夫享用。因为烧酒口感上佳、芳香独特，慢慢地就随盐一起被马帮运往外地销售，“家唯储酒卖，船只载盐多”。随着烧酒外销范围的不断扩大，茅台镇的酿酒业快速发展，并逐渐在声望上超过盐业。到嘉庆年间，茅台镇的酿酒业已有了比较大的规模。《遵义府志》记载：“茅台酒，仁怀城西茅台村制酒，黔省称第一……茅台烧坊不下二十家，所费山粮不下二万石。”到1840年，茅台地区白酒的产量已达170余吨，创下中国酿酒史上首屈一指的生产规模。茅台酒回沙酿造的独特工艺至此已基本成熟。

6、酱香型白酒酿造工艺中的“回沙工艺”形成的历史背景及其具体含义是什么?

明朝万历二十八年（1600年），明朝廷发动平播战争，在李化龙指挥下24万大军从云南、贵州、湖南、湖北、广东、广西、陕西、浙江等十多个省朝播州集结，八路大军114天摧毁杨氏经营了725年的播州土司政权。其中川师吴广部和曹希彬部分别从合江、永宁进入，两军共3万多人，沿赤水河谷和今仁、习公路一线进军。李化龙《播地善后事宜疏》称“播州旧民，自逆酋倡乱，大兵征讨之余，仅存十之一二，遗弃田地多无主人，册籍不存，疆界莫考”，平播战争让播州境内农业遭到摧毁性破坏，战后较长时间，朝廷虽采取了轻税、免征、无偿拨给土地等措施，播州社会的整体恢复却非常艰难。茅台村酒作坊自然面临原料紧缺的窘况，而入播州的官兵和迁移入境的他乡百姓，客观上增加了酒的消费量。为了满足这些需要，茅台村的作坊酒师采用一窖糟醅反复造沙回沙、反复发酵蒸烤的办法，以使酒醅中的淀粉、蛋白质及其他内含物得到充分的分解利用，既不影响酒质又节省高粱、小麦等原材料，多轮次糙沙发酵蒸烤技术，是在平播战争致使原材料短缺这一社会背景下形成的。这一技术与此后各代酒师多项工艺上的创新相结合，诸如与晾堂堆积工艺、将生沙酒泼回糟醅中增香、8轮次间造入生沙充分发酵等工艺相结合，调整融合，逐渐形成了酱香型白酒典型的回沙工艺。

“回沙工艺”中的“沙”是指烤酒原料高粱，回沙，是指自高粱投料发酵开始到成酒，须经八个轮次的工艺操作，其工艺特征可归纳为：高温制曲，两次投料，造沙，回沙，晾堂堆积，多轮次发酵蒸烤取酒。大致的操作程序为：第一次投料称为下沙，用90℃以上热水浸渍高粱，上甑蒸粮时需加入上一年最后一轮出窖未蒸酒的糟醅接种，经拌和后上甑蒸烤，此轮所得酒液称为“生沙酒”。蒸熟出甑的粮食再用80℃以上热水拌和，冷却至30℃后下曲，泼上生沙酒高温堆积4~5d，待糟醅温度升高有香甜味时下窖发酵一月。下窖前须将生沙酒洒于窖池四周，窖底撒上大曲粉，一个月后开始第二轮投料，称为“造沙”，经热水浸渍后的高粱，与第一轮发酵的酒醅相拌和，再蒸所接的酒称为“造沙酒”。蒸熟出甑的糟醅加热水拌和，冷却后加入大曲，并将造沙酒尾酒泼回糟醅中，再次高温堆积4~5d后第三次下窖发酵，一个月后出窖糟醅再蒸，出甑后加热水拌和冷却，投入大曲后在晾堂高温堆积4~5d，继续下窖池发酵。以此方法反复8次，每轮次发酵一个月，蒸得的酒称为“回沙酒”。第3、4、5轮次蒸馏得酒称为“大回酒”，第6轮次蒸馏所得酒称为“小回酒”，第7轮次蒸馏得酒称为“追糟酒”。一窖粮醅的发酵烤制周期为一年，总共两次投料，8次发酵，7次蒸馏取酒。

总体上来看，回沙工艺形成的过程是茅台村各烧房酒师对本地酿酒原材料性状、本地自然环境特征、酿酒微生物原理做精深探索的过程。以晾堂高温堆积为例，茅台村烧房均使用赤水河沿岸红壤中生长的糯高粱酿酒，其粮粒小、皮薄、淀粉含量高，因极耐蒸煮，高粱中所含淀粉及其他内含物均不太容易被分解，高温曲的糖化率偏低，酵母菌稀缺，不能产生有效的分解生物反应；晾堂高温堆积工艺一方面不断增加和提高糟醅中酶的数量和活性，促进原料中淀粉、蛋白质等多种物质的溶解分解，促其糖化，又不断网罗水中、空气中及环境中各种有益微生物，使之形成体系，参与糟醅的糖化发酵，解决了高温曲糖化率较低的不足；同时，工艺上通过对高粱反复地浸渍发酵蒸煮，高粱中所有的内含物得以深度分解转化，使所有的营养物质得到充分利用，以致烤出的酒酒体丰满醇和、酱香突出、优雅细腻。酱香型白酒的回沙工艺十分强调顺应时节，遵循“夏制曲、冬酿酒”的传统规律，制曲在伏天，端午节前后踩曲，重阳之前结束。伏天气温高、湿度大，空气中的微生物量多且活跃，有利于大曲培养。烤酒一般在九月初九重阳以后开始润料下沙，这时秋高气爽、气温不高，酒醅下窖，不爆不烈，能平缓发酵，保证了发酵环节的技术和质量控制。数百年间回沙工艺一直传承沿用并不断创新，它是酱香型茅台酒工艺的发端和基础。

7、世界六大著名蒸馏酒都有哪些，各有什么酿造工艺特点以及其微量香味成分有什么区别？

（1）世界六大著名蒸馏酒种类　蒸馏酒在世界上分布很广，虽然各国都有生产，却因各地资源、民族和风俗习惯而不同。中国用曲酿酒的技术有六七千年的悠久历史，这种边糖化边发酵的“双边发酵”技艺，直到19世纪末才传入欧洲，被称为淀粉酶法。在此之前，西方自古都是用麦芽作糖化剂，再用酵母菌使糖转化为酒的单边发酵技术。世界蒸馏酒的分类有两种方法：一种是以原料为主，兼顾生产工艺；另一种则按糖化发酵剂来分类。如图1-2所示，世界的蒸馏酒按原料来分，可分为两大类（淀粉类、含糖类）。应该说，这种划分方法比较科学，系统性也较强，并且能概括工艺的特点。现在不少人把世界蒸馏酒分成六类，就是把代表性的产品单独列出：中国白酒、威士忌、伏特加、金酒、白兰地、朗姆酒。

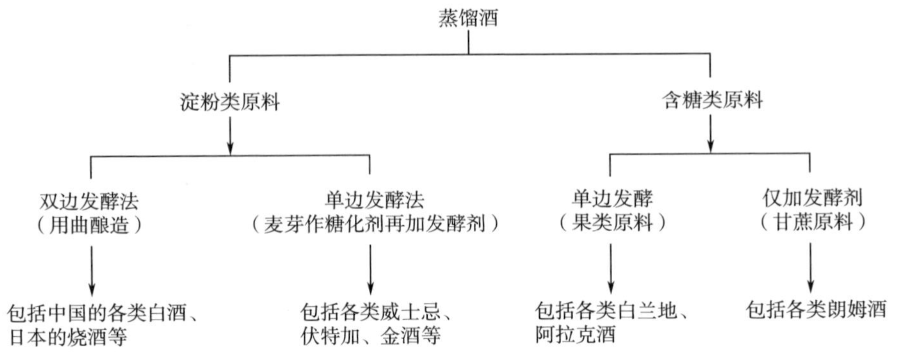

图 1-2　世界蒸馏酒按原料分类

（2）世界六大著名蒸馏酒的酿造工艺特点　见表 1-1。

表 1-1　　世界六大蒸馏酒酿造工艺特点

项目	中国白酒	威士忌	伏特加	金酒	白兰地	朗姆酒
糖化发酵剂	大曲、小曲	大麦芽、酵母	大麦芽、酵母	麦芽、酵母	酵母	酿酒酵母、生香酵母
原料	高粱、大米、玉米、小麦等	大麦、玉米等	黑麦、大麦等	杜松子、麦芽、玉米等	葡萄汁或其他水果	甘蔗汁或甘蔗糖蜜
原料处理	整粒或破碎	粉碎	粉碎	粉碎	破碎，渣汁分离或不分离	灭菌
发酵容器	泥窖、石窖、陶缸等	木桶	大罐	大罐	大罐	大罐
发酵方式	固态或半固态	液态	液态	液态	液态	液态
酿造工艺	清蒸清烧或混蒸混烧，续糟发酵	先制成糖化液再加酵母发酵	制成食用酒精，通常用桦木炭处理，降度	食用酒精稀释后用杜松子浸泡再蒸馏、稀释	皮渣分开发酵，汁中不加 SO_2，低温发酵	调整糖度，液态发酵
蒸馏设备	甑桶或釜式	壶式蒸馏锅	蒸馏塔	蒸馏塔	壶式蒸馏锅	壶式蒸馏锅，回锅，不回锅或连续蒸馏
贮存容器	陶坛或酒海等	橡木桶	—	—	橡木桶	橡木桶
勾调方式	组合、降度	调度、调香	调度	调度、调香、调色	按酒精度、橡木桶材质、酒龄组合、调色	调度、调香、调色

（3）微量香味成分　一般来说，中国蒸馏酒（白酒）和世界其他蒸馏酒相比，除酒精含量高外，在香气成分中，白酒的酸高、酯高、醛酮高及高级醇低，其中脂肪酸乙酯含量占首位，其绝对含量超过其他蒸馏酒几十倍甚至百倍以上，其次是酸或高级醇含量互有上下，第三是总醛多；而在威士忌、白兰地、朗姆酒等蒸馏酒的香气成分中，含量最多的是高级醇，其次是酸或酯，不同酒类互有交替，总醛最少。

①酸类：蒸馏酒中的酸类，绝大部分都是挥发酸。由于中国蒸馏酒独特的工艺及蒸馏设备，总酸绝对量要比其他蒸馏酒高。从酸的组成成分来看主要是乙酸和乳酸，在酱香型及浓香型白酒中还含有较多量的已酸和丁酸。也就是说中国蒸馏酒除乳酸含量高这一特点外，以含 6 个碳原子以下的低级脂肪酸为主；而其他类的蒸馏酒主要含乙酸，此外，以含 7 个碳原子以上的辛酸、癸酸、月桂酸为多，在朗姆酒中，更有大量的丙酸及一定量的丁酸。蒸馏酒中酸的种类数量与工艺及参与发酵的微生物菌群密切相关。

②酯类：酸和醇在发酵工艺过程中经生物化学反应形成各种酯类。乙醇是发酵酒糟中的主要成分，故乙酯是酒中酯类的主体成分。在发酵过程中产生各种酸，实践证明，有什么样的酸就存在与其相对应的酯。酯在中国蒸馏酒香气形成中具有特别重要的作用，乳酸乙酯、乙酸乙酯、己酸乙酯是白酒中的三大主要酯类，其含量占总酯的 90%以上，由于这三大酯类组成不同，在一定程度上可以区分白酒所属的香型。乳酸乙酯和乙酸乙酯存在于所有中国白酒之中，含量众多，在其他蒸馏酒中除乙酸乙酯外，含量较多的是辛酸乙酯、癸酸乙酯、月桂酸乙酯及乙酸异戊酯（与酸相对应），这些酯在白酒中却仅有极少量存在，在总酯中所占的比例也都在 1%以下，这是酯类组成上的主要差异点。

③高级醇类：在酒类中凡比乙醇含碳原子多的醇类统称为高级醇。在所有蒸馏酒的香气成分中尤其像白兰地、威士忌之类的蒸馏酒，其高级醇含量占有极重要的地位，这是因为它们的含量在香味成分中最多。各类蒸馏酒高级醇的含量随原料、工艺和产地等条件而不同，大体上其含量为：固体发酵法白酒 50~180mg/100mL，小曲液态发酵法白酒 60~250mg/100mL，白兰地 100~200mg/100mL，威士忌 50~150mg/100mL，朗姆酒 60~240mg/100mL，日本烧酒 30~170mg/100mL。中国蒸馏酒特别是三大基本香型名白酒的香味以酯为主，其他蒸馏酒都以高级醇为主，这又是一个主要差异点。

④羰基化合物：存在于蒸馏酒中的羰基化合物主要是醛，其次是酮。白酒中的醛含量比其他蒸馏酒显著地多，其中乙缩醛和乙醛占总醛量的 90%以上。乙缩醛和乙醛是中国蒸馏酒中芳香成分组成，二者之间的恰当含量和比例有助于放香；另外，2,3-丁二醇、丁二酮和 3-羟基丁酮等是白酒的绵柔、醇甜类物质。

⑤高级脂肪酸乙酯：中国蒸馏酒中富含 6 个碳以上的乙酯类，如庚酸、辛酸、壬酸、癸酸、十二酸、十四酸、十六酸、十八酸、油酸、亚油酸、棕榈酸等高级脂肪酸乙酯，它们与白酒中其他微量成分配合，形成中国白酒特有的风味，这是中国蒸馏酒在香味成分上与其他蒸馏酒的又一差异。

8、什么是威士忌？

威士忌（Whisky，Whiskey）是一种以大麦、黑麦、燕麦、小麦、玉米等谷物为原料，经发酵、蒸馏后放入橡木桶中陈酿、调配而成的一种酒精饮料。其按生产地和国家主要可分为苏格兰威士忌、爱尔兰威士忌、美国威士忌和加拿大威士忌四大类。威士忌的酿造过程是多种多样的，但最基本的是麦芽的糖化、发酵和蒸馏。糖化过程是将麦芽中的淀粉转化为糖的过程，而发酵则是将糖转化为酒精的过程。然后，酒液被放入橡木桶中陈酿，橡木桶的种类和陈酿时间都会影响到威士忌的口感和颜色。威士忌的种类繁多，每种都有其独特的风味和特点。例如苏格兰威士忌以其复杂的口感、烟熏的味道和麦芽香气而著名；爱尔兰威士忌则以其柔和、甜美的口感和轻微的烟熏味而受到欢迎。美国波本威士忌则以其甜美的口感和香草的味道而受到许多人的喜爱。总的来说，威士忌是一种具有丰富历史和文化背景的蒸馏酒，其独特的口感和风味吸引着无数的爱好者。

9、什么是白兰地?

白兰地（Brandy）是以水果为原料，经发酵、蒸馏制成的酒，通常所称的白兰地专指以葡萄为原料，通过发酵再蒸馏制成的酒。按照产地的不同白兰地可分为干邑、阿尔玛涅克、法国白兰地、其他国家白兰地等；按照原料不同白兰地可分为葡萄白兰地、水果白兰地等，其中以葡萄酿制的白兰地最为著名，因此又有着“葡萄酒的灵魂”这个美称。白兰地的生产主要集中在欧洲，其中法国是世界上最大的白兰地生产国，其生产的白兰地以品质和产地区分，如干邑、雅文邑等；其他国家如意大利、西班牙、美国和希腊等也生产白兰地。白兰地是欧洲的一种名贵酒，因其高浓度的酒精和独特的口感，被认为是一种男人专属的英雄之酒。

10、什么是伏特加?

伏特加（Vodka）是一种以谷物或马铃薯为原料，经过发酵、蒸馏制成酒精度95%vol的酒精，再用蒸馏水淡化至40%~60%vol，并经过活性炭过滤得到的不需陈酿的酒，其历史可以追溯到中世纪的欧洲，但现代的伏特加主要产自俄罗斯和波兰等东欧国家。伏特加主要分为两大类：一类是无色、无杂味的上等伏特加；另一类是加入各种香料的伏特加。

伏特加的制作过程主要包括谷物发芽、糖化、发酵、蒸馏和过滤等，在经过发芽和糖化后，会进行多次发酵和蒸馏；为了得到清澈透明的伏特加，需要通过活性炭进行过滤，以去除其中的残渣和色素。伏特加成品酒的特点是透明、纯净、口感清爽，没有太多的香气和味道。伏特加可以纯饮，也可以加入冰块、水或饮料调配饮用。由于其纯净的口感和灵活的调配方式，伏特加成为鸡尾酒调制中最常用的基酒之一。

除了原味伏特加，市场上还有很多不同口味的伏特加，如柠檬、香草、咖啡、辣椒等口味。这些调配口味的伏特加是在原味伏特加的基础上加入相应的调料和香料制成的。

11、什么是金酒?

金酒（Gin），又称琴酒、杜松子酒或毡酒，起源于1660年，最先是由一位荷兰的大学教授席尔毕斯所发明，作为利尿、清热的药剂使用，后来发现这种利尿剂香气和谐、口味协调、醇和温雅、酒体洁净，具有净、爽的自然风格，很快就被人们作为正式的酒精饮料饮用。金酒的酿造以麦芽、玉米、大麦等谷物为原料，经过发酵、蒸馏得到高度的烈酒，然后加入各种香料、草药和果皮等调配成各种不同口味和风格的金酒。

金酒的特点是口感醇厚、香气独特，同时具有药食两用的功效，酒精度一般在40%vol

左右，属于高浓度的酒类之一。金酒的种类很多，包括干金、甜金、老金、黑金、白金等。干金是指不添加任何糖分或添加剂的金酒；而甜金则是指加入糖分或其他添加剂的金酒；老金是指在橡木桶中陈酿至少三年的金酒；黑金则是指加入咖啡或香草等材料的金酒；白金是指采用低温蒸馏技术制成的金酒，具有较高的纯净度和清爽口感。金酒可以纯饮，也可以加入冰块、水或饮料调配饮用；在鸡尾酒调制中，金酒也是常用的基酒之一，与果汁、柠檬水等其他饮料搭配，调制出口感丰富、色彩鲜艳的鸡尾酒。

12、什么是朗姆酒？

朗姆酒（Rum），又称兰姆酒或蓝姆酒，是用甘蔗汁或甘蔗糖蜜，选择特殊的生香（产酯）酵母和加入产生有机酸的细菌，共同发酵后，再经蒸馏陈酿而成，其历史可以追溯到17世纪，最初在欧洲的糖业殖民地流行。朗姆酒的制作过程主要包括将甘蔗汁或甘蔗糖蜜发酵、蒸馏和陈酿。在发酵阶段，甘蔗汁或甘蔗糖蜜中的糖分被转化为酒精和二氧化碳；发酵完成后，酒精被蒸馏成高度数的蒸馏酒，然后放入橡木桶中陈酿，陈酿时间的长短会影响到朗姆酒的口感和颜色。朗姆酒的种类很多，包括白朗姆、金朗姆、黑朗姆、椰子朗姆等。白朗姆是指没有经过陈酿的朗姆酒；金朗姆则是指经过金色橡木桶陈酿的朗姆酒；黑朗姆则是指加入香料和咖啡等材料的朗姆酒；椰子朗姆则是指加入椰子汁或椰奶等材料的朗姆酒。朗姆酒的特点是口感甜润、香气独特，同时具有多种调配方式，其酒精度一般在30%~50%vol，属于高浓度的酒类之一。朗姆酒可以纯饮，也可以加入冰块、水或饮料调配饮用；在鸡尾酒调制中，朗姆酒也是常用的基酒之一，与柠檬汁、苏打水等其他饮料搭配，可调制出口感清爽、色彩鲜明的鸡尾酒。

13、茅台酒厂的由来是什么？

中华人民共和国成立时茅台镇主要酱香型白酒酿造糟坊为“成义烧房”“荣和烧房”和“恒兴烧房”。1951年11月仁怀县人民政府经请示省、地区专卖部门的同意后以1.3亿元人民币（旧币）购买“成义烧房”正式成立“贵州省专卖事业公司仁怀茅台酒厂”，1952年11月仁怀县财经委员会将没收的“荣和烧房”划拨给仁怀茅台酒厂，1953年2月“恒兴酒厂”被仁怀茅台酒厂接收，1953年7月更名为“贵州省人民政府工业厅茅台酒厂”，1954年更名为“地方国营茅台酒厂”，1955年更名为“贵州省茅台酒厂”，1986年更名为“中国贵州茅台酒厂”，1996年更名为“中国贵州茅台酒厂（集团）有限责任公司”，2000年更名为“中国贵州茅台酒厂有限责任公司”。

14、“五粮液”的由来是什么？

在唐代，戎州官坊用四种粮食酿制了一种“春酒”。诗人杜甫在品尝了春酒之后，即兴涌出“重碧拈春酒、轻红擘荔枝”的佳句，春酒后来便改名为“重碧酒”。宋代宜宾绅士姚氏家族私房酿制，采用玉米、大米、高粱、糯米、荞子五种粮食，文人雅士称之为“姚子雪曲”，民间大众都叫“杂粮酒”。明朝初年，宜宾人陈氏在继承了姚氏产业生产工艺的基础上，总结出“陈氏秘方”，以此秘方酿造“杂粮酒”，这就是五粮液的直接前身。1906年陈氏秘方传人邓子均将“杂粮酒”带至家宴中饮用，晚清举人杨惠泉品尝后提到“如此佳酿，名为‘杂粮酒’似嫌凡俗，而姚子雪曲虽雅，但不能体现此酒的韵味。此酒是集五粮之精华而成玉液，更名为‘五粮液’是一个雅俗共赏的名字，而且顾名可思其义”，自此“五粮液”美名问世。

20世纪50年代初，几家古传酿酒作坊联合组建而成的“中国专卖公司四川省宜宾酒厂”，1959年正式命名为“宜宾五粮液酒厂”，1998年改制为“五粮液集团有限公司”。

15、董酒的由来是什么？

董公寺一带的酿酒历史可追溯到魏晋南北朝时期，蒸馏酒至少可追溯到清光绪初年。程氏后人程明坤（1903—1963年）在前人酿酒、制曲的基础上，结合当地特殊的水土、气候、原料等条件，形成制小曲的“百草单”，后名“蜈蚣单”；制大曲的“产香单”。在制小曲的“百草单”和制大曲的“产香单”中，以芳香类药群为主，补气、补血、滋阴类药群为辅，中药材的使用不仅丰富了董酒的内涵，还使酒体具有综合性保健功能。后来程氏又几经改进，形成一套完整的酿造工艺；20世纪40年代初将“董公寺窖酒”保留头尾二字，定名为“董酒”。

16、郎酒的由来是什么？

郎酒产自川黔交界有“中国美酒河”之称的赤水河畔二郎镇，二郎镇四周崇山峻岭，高山深谷之中有一清泉流出，泉水清澈、味甜，人们称它为“郎泉”，因取郎泉之水酿酒，故取名“郎酒”。早在1907年，当地的一个商人从贵州请来两位酿酒师，引进先进技术，以本地红高粱作原料，小麦制曲，取二郎泉水酿造独具风格的郎酒。1932年，由小曲改用大曲酿酒，取名“回沙郎酒”，酒质尤佳，郎酒声誉也越来越大。

17、三花酒的由来是什么？

桂林三花酒是米香型白酒的典型代表，位居桂林三宝之首，据史料记载早在1000多年前的宋朝时期就有酿造历史，古称“瑞露”，1949年中华人民共和国成立以后，政府将民间各酒坊及酿酒匠人汇集一处，于1952年正式成立桂林酿酒厂，1987年改名为桂林酿酒总厂，1994年改制为“桂林三花股份有限公司”。三花酒得名于清朝，因在摇动酒瓶时，只有桂林三花酒会在酒液面上泛起晶莹如珠的酒花，入坛要堆花，入瓶要堆花，入杯也要堆花，故名“三花酒”。

18、茅台酒瓶背标上标注的“三大著名蒸馏酒”是什么酒？

茅台酒瓶背标上标注的“三大著名蒸馏酒”指的是中国贵州茅台酒、法国科涅克白兰地和英国苏格兰威士忌。其中，中国贵州茅台酒是中国大曲酱香型白酒的典型代表，产于贵州省仁怀市茅台镇。茅台酒的生产受地理环境、酿造工艺和原料等多种因素影响，其独特的酿造工艺和地质环境使其具有独特的风味和品质；法国科涅克白兰地是法国著名的葡萄蒸馏酒之一，产于法国的干邑地区，干邑地区的地理环境和气候条件以及葡萄品种和陈酿工艺使科涅克白兰地具有独特的芳香和口感；英国苏格兰威士忌是英国最重要的蒸馏酒之一，苏格兰威士忌的独特风味和品质主要受到地理环境、原料、陈酿工艺和橡木桶使用等多种因素的影响。这三种蒸馏酒并列为世界三大著名蒸馏酒，不仅因为它们各自具有独特的品质和风味，更因为它们代表了世界蒸馏酒产业的三大主要流派。

19、全国评酒会总共开了几次?

中华人民共和国成立后，酿酒工业尚处于整顿恢复阶段，国家除接收少数官僚资本家的企业外，大多数酒类生产是私人经营的，为了鼓励和促进酿酒工业的发展，由国家有关部门，先后举办了五届（1952 年、1963 年、1979 年、1984 年、1989 年）全国评酒会。

20、第一届评酒会评选结果是怎样的，有什么意义?

（1）时间　1952 年。

（2）地点　北京。

（3）主持单位　中国专卖事业总公司。

（4）主持专家　朱梅、辛海庭。

（5）评选结果　第一届全国评酒会根据北京试验厂（现北京酿酒总厂）研究室所进行的化验分析结果和推荐意见，将历史悠久、在国内外有较高的声誉及畅销全国而且出口的名酒评为八大名酒，其中白酒四种，分别是四川泸州大曲酒、贵州茅台酒、山西汾酒和陕西西凤酒（图 1-3）。除此之外，还有浙江鉴湖绍兴酒、山东张裕金奖白兰地、山东红玫瑰葡萄酒、山东味美思等四大名酒，共计 8 个酒被命名为国家名酒。

（6）意义　第一届全国评酒会虽然准备工作和条件较差，没有进行系统的选拔推荐酒的样品，只是根据市场销售声誉结合化验分析结果，评议推荐的。但此次评选出的八大名酒对推动生产、提高产品质量起到了重要作用，并给以后的评酒活动奠定了良好基础，树立了基本框架，开创了我国酒类评比历史的新篇章，为我国酒类评比写下了极珍贵的一页。

图 1-3　四大名酒（白酒）

21、第二届评酒会评选结果是怎样的，有什么意义?

1952 年第一届评酒会评选出八大名酒后，在全国引起强大影响，促进了酒类产品市场销售声誉的大幅提高。在酒企业中不但树立了榜样，而且各地掀起了学先进、赶先进的群众运动，全行业掀起了生产新高潮。全国各地涌现出许多品质优良、独具风格的饮料酒。为了进一步掌握酒类的质量情况，促进酿酒工业的发展和提高产品质量，轻工业部于1963年10月在北京召开了第二届全国评酒会。

（1）时间　1963年。

（2）地点　北京。

（3）主持单位　轻工业部。

（4）主持专家　周恒刚。

（5）评选过程　为搞好这次评酒工作，各省、自治区、直辖市根据轻工业部的要求，评比的酒样都经过认真的选拔，推荐选送的样品代表市场销售的商品，经省、自治区、直辖市轻工业厅、商业厅共同签封并且都报送产品样品。经过基层认真选拔，全国各省、自治区、直辖市共推荐了196种酒，包括白酒、黄酒、葡萄酒、啤酒和果露酒五大类。

第二届评酒会首次制定了评酒规则，分白酒、黄酒、果酒、啤酒四个组分别进行品评。露酒中以白酒为基酒的酒由白酒组品评，以酒精为基酒的酒由果酒组品评。这届白酒品评没有按酒的不同香型（当时对白酒的香型还没有明确的认识），也没有按原料和糖化剂的不同分别编组，采取混合编组大排队的办法进行品评。品评由评酒委员独立思考，按酒的色、香、味、百分制打分写评语；采取密码编号，分组淘汰，经过初赛、复赛和决赛，最终按得分多少择优推荐。

（6）评选结果　本届评酒会共评出国家名酒18种，其中白酒类8种，除上届的4种外，新增加4种；并开始增设低于国家名酒等级的国家优质酒，被评上的有27种，其中白酒类9种。国家名酒数量从第一届的8种增加到18种，还涌现出27种国家优质酒。名白酒由4个增加到8个，又称“老八大名白酒”（图1-4）。其中，8种国家名酒（金质奖）为贵州茅台酒、陕西西凤酒、山西汾酒、四川泸州老窖特曲酒、四川宜宾五粮液、四川全兴大曲酒、安徽古井贡酒、贵州董酒；9种国家优质酒（银质奖）为江苏双沟大曲酒、哈尔滨龙滨酒、湖南德山大曲酒、广西全州湘山酒、广西桂林三花酒、辽宁凌川白酒、哈尔滨高粱糠白酒、合肥薯干白酒、沧州薯干白酒。

图1-4　老八大名酒

（7）意义　本届评酒会充分展示了我国酿酒工业的迅速发展，名酒数量从8种增加到18种，而且还涌现出27种国家优质酒。此次评酒会体现了1955年11月3~19日在唐山召开的全国第一届酿酒会议精神，会议提出了全国酿酒行业要为国家节约12.5万吨粮食的号召。会后全国酿酒企业掀起了增产节粮、推广烟台操作法的热潮，大力提倡推广用高粱、玉米或薯干、代用粮为原料，替代传统生产的粮食大曲酒，使吨酒耗粮下降。

22、第三届评酒会评选结果是怎样的，有什么意义？

第二届全国评酒会后，为了继承发扬名酒的传统，轻工业部组织了茅台、汾酒两个科研试点，科学地总结了名酒传统生产工艺，去粗取精，不仅使名酒生产技术大大提高，而且起到了整体白酒的科技进步、产量增长、质量提高的大推动作用。全国优质产品产量增加、质量提高，香型日渐明显，低度酒初露端倪，名优酒身价日渐抬升，各地质优酒夺牌呼声日趋激烈。在此基础上召开了第三届评酒会。

（1）时间　1979 年。

（2）地点　大连。

（3）主持单位　轻工业部。

（4）白酒主持专家　周恒刚。

（5）评选过程　第三届评酒会的前一年年底，轻工业部在湖南长沙召开了全国名酒会议，调查了解了各名酒厂的生产质量情况和发展动向，交流了经验，为评酒做了充分的准备工作。各省、自治区、直辖市选拔了具有代表性的品种，包括白酒、黄酒、葡萄酒、啤酒、果露酒共 313 个品种。参加这次评酒会的品评员共 65 人，其中白酒 22 人，黄酒 15 人，啤酒 13 人，葡萄酒及果露酒 15 人。除少数部分是特聘外，绝大部分是经考核聘请。

此次评酒分为白酒、黄酒、啤酒、葡萄酒及果露酒四大类四个组进行。凡参加评比的样品一律采取密码编号，分型评比。根据样品的多少，决定编组评比次数，样品少的一组直接决赛，超过六个的要进行初评、复评、终评。同一省的酒不见面。上届名酒不初评，由复评开始作为种子选手分编在各小组内。

其中白酒评比根据香型、生产工艺和糖化发酵剂分别编组。评分办法是按色（占 10 分）、香（占 25 分）、味（占 50 分）、格（即风格占 15 分）四项计分，总计满分为 100 分，这次评酒会还确定了白酒香型的风格特点，统一了打分标准。

（6）评选结果　经过评比选拔，由评酒委员会推荐，轻工业部审定，第三届评酒会共评出全国名酒 18 种，其中白酒类 8 种，即四川泸州老窖特曲酒、四川宜宾五粮液、贵州茅台酒、山西汾酒、四川剑南春酒、安徽古井贡酒、江苏洋河大曲酒、贵州董酒，被称为“新八大名白酒”（图 1–5）。

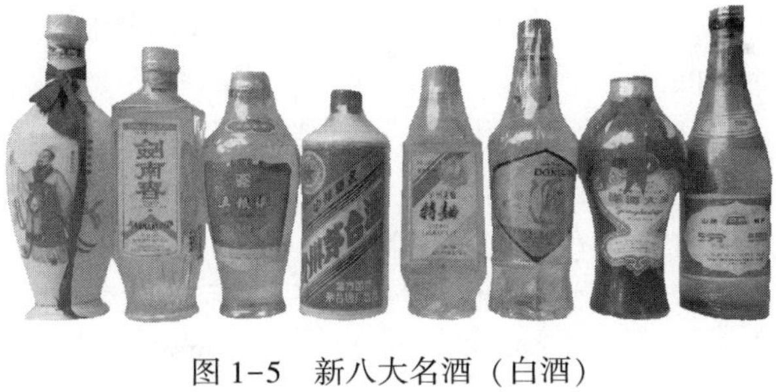

图 1–5　新八大名酒（白酒）

国家优质酒 47 种，其中优质白酒 18 种，即陕西西凤酒、河南宝丰酒、四川郎酒、湖南武陵酒、江苏双沟大曲酒、安徽淮北口子酒、河北丛台酒、湖北白云边酒、广西全州湘山酒、广西桂林三花酒、广东长乐烧酒、河北迎春酒、山西六曲香酒、哈尔滨高粱糠白酒、河北燕潮酩酒、辽宁金州曲酒、江苏双沟低度大曲酒（酒精度为39%vol）、山东坊子白酒（薯干液态发酵）。

（7）意义　本届评酒会首次按香型、生产工艺和糖化发酵剂分别编组，还确定了酱香型、浓香型、清香型、米香型四种香型白酒的风格特点，统一了打分标准（酱香型白酒：酱香突出、幽雅细腻、酒体醇厚、回味悠长；浓香型白酒：窖香浓郁、绵甜甘洌、香味协调、尾净香长；清香型白酒：清香纯正、诸味协调、醇甜柔口、余味爽净；米香型白酒：蜜香清雅、入口绵柔、落口爽净、回味怡畅。），这一方法是中国白酒评比历史上的里程碑。1978年长沙会议上曾提出了兼香型的说法，对兼香型定义不明确，经过评酒委员讨论表决，本届评酒会取消兼香型，另称其他香型。

23、第四届评酒会评选结果是怎样的，有什么意义？

（1）时间　1984年。

（2）地点　太原。

（3）主持单位　中国食品工业协会。

（4）白酒主持专家　周恒刚、沈怡方、曾纵野。

（5）评选结果　这次白酒评选会共评出全国名酒13种（图1-6），即四川泸州老窖特曲酒、贵州茅台酒、山西汾酒、四川宜宾五粮液、江苏洋河大曲酒、四川剑南春酒、安徽古井贡酒、贵州董酒、陕西西凤酒、四川全兴大曲酒、江苏双沟大曲酒、武汉黄鹤楼酒、四川郎酒。

图1-6　十三大名酒（白酒）

评选出国家优质酒27种，即湖南武陵酒、哈尔滨特酿龙滨酒、河南宝丰酒、四川叙府大曲酒、湖南德山大曲、湖南浏阳河小曲酒、广西全州湘山酒、广西桂林三花酒、江苏双沟特液、江苏洋河大曲酒（低度）、天津津酒、河南张弓大曲酒、河北迎春酒、辽宁凌川白酒、辽宁大连老窖酒、山西六曲香酒、辽宁凌塔白酒、哈尔滨老白干酒、吉林龙泉酒、内蒙古赤峰陈曲酒、河北燕潮酩酒、辽宁金州曲酒、湖北白云边酒、湖北西陵特曲酒、黑龙江中国玉泉酒、广东石湾玉冰烧酒、山东坊子白酒。

（6）意义　本届评酒会在酱香型白酒评选标准中对香的要求除“酱香突出、幽雅细腻”外，增加了“空杯留香”的检查评比办法，对味的指标增添了“酱香显著”的要求；在其他香型中，呈现了百花齐放的格局，除药香、浓酱相兼外，新出现了凤香、豉香。

24、第五届评酒会评选结果是怎样的，有什么意义？

（1）时间　1989 年。

（2）地点　合肥。

（3）主持单位　中国食品工业协会。

（4）白酒专家组成员　沈怡方、于桥、高月明、曹述舜、曾祖训、王贵玉。

（5）评选结果　此次评酒会上，获得国家名酒称号的有 17 种，除了连续五届都获奖的四川泸州老窖特曲酒、贵州茅台酒、山西汾酒外，还有四川宜宾五粮液、江苏洋河大曲酒（低度）、四川剑南春酒、安徽古井贡酒、贵州董酒、陕西西凤酒、四川全兴大曲酒、江苏双沟大曲酒、武汉黄鹤楼酒、四川郎酒、湖南武陵酒、河南宝丰酒、河南宋河粮液、四川沱牌曲酒。

获得国家优质酒称号的有 53 种，其中 25 种为上届国家优质酒经本届复查确认，新增加 28 种。53 种优质酒具体为哈尔滨特酿龙滨酒、四川叙府大曲酒、湖南德山大曲酒、湖南浏阳河小曲酒、广西湘山酒、广西三花酒、江苏双沟特液、江苏洋河大曲酒（低度）、天津津酒、河南张弓大曲酒、河北迎春酒、辽宁凌川白酒、辽宁大连老窖酒、山西六曲香酒、辽宁凌塔白酒、哈尔滨老白干酒、吉林龙泉春酒、内蒙古赤峰陈曲酒、河北燕潮酩酒、辽宁金州曲酒、湖北白云边酒、广东石湾玉冰烧酒、山东坊子白酒、湖北西陵特曲酒、黑龙江中国玉泉酒、二峨大曲酒、口子酒、三苏特曲酒、习酒、三溪大曲酒、太白酒、孔府家酒、双洋特曲酒、北凤酒、丛台酒、白沙液、宁城老窖酒、四特酒（优级）、仙潭大曲酒、汤沟特曲酒、安酒、杜康酒、诗仙太白陈曲酒、林河特曲酒、宝莲大曲酒、珍酒、晋阳酒、高沟特曲酒、筑春酒、湄窖酒、德惠大曲酒、黔春酒、濉溪特液。

（6）意义　本届评酒会将香型分为浓香型、清香型、酱香型、米香型、其他香型 5 类，并细分了其他香型，由第四届 4 个类别增加到了 6 个类别（药香型、豉香型、兼香型、凤香型、特香型、芝麻香型）。

通过历届评酒会的举办，我国的感官鉴评工作从无到有、从小到大、从起步到完善，白酒品评理论、品评技术、品评方法相继建立，形成了一整套科学完整的工作体系。不仅对我国酿酒工业的迅速发展起到了一定的推动作用，还起到引导消费的作用。

25、纵观五届全国评酒会对中国白酒工业发展的意义？

（1）通过产品质量的评比，促进了不同历史时期生产技术水平的提高，推动了各省、自治区、直辖市之间的互相学习，共同进步。

（2）促进了科学地总结传统工艺，同时积极推动继承与发扬学创结合的精神，使新香型不断涌现。香型由第三届的 5 种发展至第五届的 10 个类别。

（3）推动了各历史时期产业政策的贯彻落实，如麸曲酒、液态法白酒、代用原料酒、低度酒等。

（4）从第三届起，在全国逐步培养和形成了一支以感官检验产品质量的评酒技术队伍。

26、中国白酒十二大香型之间是如何演变的?

中国白酒十二大香型关系图见图 1–7。

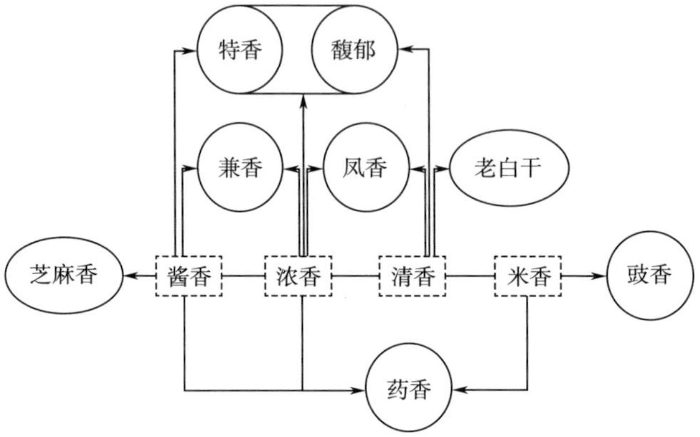

图 1–7　中国白酒十二大香型关系图

27、中国白酒十二大香型各自工艺特点、风格特点及代表品牌有哪些?

(1) 酱香型白酒

①工艺特点：以高粱为原料，以小麦制作的高温大曲为糖化发酵剂，以条石窖为发酵设备，一年为一个生产周期、两次投粮、九次蒸煮、八轮次发酵、七次摘酒。

②风格特点：微黄透明，酱香突出，幽雅细腻，醇厚丰满，回味悠长，空杯留香持久。

③代表品牌：茅台、郎酒。

(2) 浓香型白酒

①工艺特点：以高粱或者以高粱、大米、玉米、糯米、小麦五种粮食为主要原料，以中高温大曲为糖化发酵剂，泥窖固态发酵，续糟配料，混蒸混烧工艺，发酵周期 45~90d，若采用双轮底工艺发酵周期可达近 200 天。

②风格特点：清澈透明，窖香浓郁，陈香优雅，绵甜甘洌，香味协调，尾净爽口，风格典型。

③代表品牌：泸州老窖、五粮液。

(3) 清香型白酒

①工艺特点：

a. 大曲清香：低温大曲为糖化发酵剂，清蒸清烧，固态地缸发酵 21d 左右。

b. 麸曲清香：麸曲酒母（大曲、麸曲结合）为糖化发酵剂，清蒸清烧，固态砖窖短期发酵 4~5d。

c. 小曲清香：小曲为糖化发酵剂，清蒸清烧，固态砖窖或小坛、小罐短期发酵 7d 或 30d。

②风格特点：

a. 大曲清香：无色透明，清香纯正，醇甜柔和，自然谐调，余味净爽。

b. 麸曲清香：无色透明，清香纯正（以乙酸乙酯为主体的复合香气明显），口味醇和，绵甜爽净。

c. 小曲清香：无色透明，清香纯正，具有粮食小曲酒特有的清香和糟香，口味醇和回甜。

③代表品牌

a. 大曲清香：汾酒、宝丰酒。

b. 麸曲清香：牛栏山二锅头、红星二锅头。

c. 小曲清香：江津、玉林泉。

（4）米香型白酒

①工艺特点：以大米为原料，以小曲为糖化发酵剂，半固态不锈钢大罐或陶缸发酵 7d。

②风格特点：无色透明，蜜香清雅，入口绵甜，落口爽净，回味怡畅。

③代表品牌：桂林三花酒。

（5）兼香型白酒

①酱兼浓

a. 工艺特点：高温大曲为糖化发酵剂，砖窖固态 9 轮次发酵，1~7 轮为酱香工艺，8~9 轮为混蒸混烧浓香工艺，每轮发酵一个月。

b. 风格特点：清亮（微黄）透明，芳香，优雅，舒适细腻，丰满，酱浓谐调，余味爽净，回味悠长。

c. 代表品牌：白云边。

②浓兼酱

a. 工艺特点：中高温大曲、高温大曲为糖化发酵剂，砖窖、泥窖并用，酱香、浓香分型发酵产酒，分型贮存、勾调，浓香型发酵 60d，酱香型发酵 30d。

b. 风格特点：清亮（微黄）透明，浓香带酱香，诸味谐调，口味细腻，余味爽净。

c. 代表品牌：玉泉酒、口子窖。

（6）药香型白酒

①工艺特点：大、小曲并用，大小曲糟醅串蒸工艺，固态大小曲酒分别发酵，小曲 7d，大曲香醅 8 个月左右。

②风格特点：清澈透明，药香舒适，香气典雅，酸味适中，香味谐调，尾净味长。

③代表品牌：董酒。

（7）凤香型白酒

①工艺特点：中高温大曲为糖化发酵剂，混蒸混烧，续糟老五甑工艺，新泥窖发酵 25~30d。

②风格特点：无色透明，醇香秀雅，醇厚丰满，甘润挺爽，诸味谐调，尾净悠长。

③代表品牌：西凤酒。

（8）特香型白酒

①工艺特点：面粉、麸皮加酒糟制曲，老五甑混蒸混烧，固态红赭条石发酵 45d。

②风格特点：酒色清亮，酒香芬芳，酒味纯正，酒体柔和，诸味谐调，香味悠长。

③代表品牌：四特酒。

(9) 芝麻香型白酒

①工艺特点：以麸曲为主，高温曲、中高温曲、强化菌曲混合使用，清蒸混入，砖窖固态发酵30~45d。

②风格特点：清澈（微黄）透明，芝麻香突出，优雅醇厚，甘爽谐调，尾净，具有芝麻香型白酒特有风格。

③代表品牌：景芝白干、扳倒井。

(10) 老白干香型白酒

①工艺特点：中温大曲为糖化发酵剂，混蒸混烧，老五甑工艺，地缸固态发酵15d左右。

②风格特点：清澈透明，醇香清雅，甘冽挺拔，丰满柔顺，回味悠长，风格典型。

③代表品牌：衡水老白干。

(11) 馥郁香型白酒

①工艺特点：小曲培菌糖化，大曲配糟发酵，清蒸清烧，整粒原料，泥窖固态发酵30~60d。

②风格特点：清亮透明，芳香透雅，绵柔甘冽，醇厚细腻，后味怡畅，香味馥郁，酒体净爽。

③代表品牌：酒鬼酒。

(12) 豉香型白酒

①工艺特点：小曲为糖化发酵剂，地缸或罐液态发酵20d，经陈化处理的肥猪肉浸泡。

②风格特点：玉洁冰清，豉香独特，醇和甘润，余味爽净。

③代表品牌：玉冰烧。

28、中国白酒目前主产区包括哪些？

中国地大物博、幅员辽阔，各大平原及江河流域都盛产白酒。由于气候、环境、植被等地理因素的不同，不同地区的白酒各有独特的风味和品质。按照中国主要的水系和江河流域，可将中国白酒产区大致分为六大部分，即长江流域的四川、贵州产区；黄河流域的山东、河南产区；以及淮河流域的江苏和安徽产区。根据行业统计数据，这六大产区白酒的生产量和销售收入占据了整个行业的半壁江山。由于各种因素的影响，各个产区的综合实力并不相同，并由此出现了不同的走向。根据地缘、文化和消费习惯等因素，可进一步将这六大产区划分为川黔、鲁豫和苏皖三大板块。

(1) 川黔板块（四川、贵州）　川黔板块是以四川和贵州省为核心，是传统名优白酒聚集地，有着全球规模最大、质量最优的蒸馏酒产区，是中国优质白酒的黄金产区。以五粮液、泸州老窖、郎酒、剑南春、全兴、沱牌六朵金花为代表的四川名优白酒，以浓香型白酒为主，也有酱香、兼香等白酒品牌；以茅台、董酒、习酒等名优白酒为代表的贵州白酒，既有酱香也有药香，还有部分浓香品牌。由于川南黔北的酿酒地域优势，2008年由四川省、贵州省委、省政府联合提出中国白酒金三角的白酒产业战略构想，其目的是弘扬中国酒文化，打造中国白酒的“波尔多”国际品牌，让中国白酒更多地进入国际市场。

（2）鲁豫板块（山东、河南） 地处黄河流域的鲁豫地区既是中原文化的核心，也是中华文明的发祥地。山东是白酒产销大省，有600余家白酒生产厂家，鲁酒在中国数千年的酒史上占有着举足轻重的地位，有春秋战国时期的“鲁酒薄而邯郸围”的历史典故。山东主要白酒品牌包括泰山、景芝、扳倒井等优质酒，以浓香、芝麻香为主。河南酿酒历史可以追溯至远古时代，出土的与酒有关的文物众多，文化底蕴深厚。按区域来看，豫东地区主要有宋河，豫西地区有仰韶酒，豫南地区有宝丰酒等名优白酒，有浓香型白酒，也有清香型白酒。

（3）苏皖板块（江苏、安徽） 苏皖地区经济水平高，白酒市场容量大，是白酒生产大省，酿酒生产历史也很悠久。江苏省交通便利、经济活跃、酒业发达，也是我国重要的酒类产销大省，其白酒代表包括洋河、双沟、今世缘等名优白酒，以浓香型白酒为主。安徽有着2000年的酿酒历史，有源远流长的历史记载，中国白酒行业中素有“西不入川，东不入皖”之说，其白酒代表包括古井贡、迎驾、口子酒业等名优酒，以浓香型白酒为主，也有兼香型白酒。

29、如何看待中国白酒不同香型之间的融合发展？

（1）中国白酒香型的由来及发展 中国白酒是世界六大蒸馏酒之一，历史悠久、源远流长、工艺独特。白酒生产所采用的原料、微生物区系、制曲酿酒工艺、蒸馏贮存、勾调技艺等操作和所处地域环境的复杂性，是其他蒸馏酒无法比拟的。

①中国白酒香型的由来：我国幅员辽阔，东西南北地域气温、湿度、土质差异甚大，造成各地农产品、饮食习惯、民俗文化等也各不相同。例如北方盛产小麦、玉米、高粱；华北、华中除上述粮食外，还有地瓜（甘薯）、土豆（马铃薯）等；而南方（长江以南）则盛产稻谷。饮食口味北方人以清淡或厚重为主（如鲁菜、徽菜）；中南、西南（如湖北、湖南、江西、四川、贵州等）湿度较大，又没有取暖的设施和习惯，故喜吃辣；两广一带水产丰富，以清淡原味为主。千百年来，各地都采用当地盛产的淀粉质原料，结合本地的气候、水质、土质、民俗、口味等诸多因素来生产白酒，形成了我国多种香型的白酒。白酒香型的发展，是各地技艺交流、科学技术的进步、各种香型白酒之间不断相互模仿、融合、借鉴的体现。

②中国白酒香型的确定：各种白酒香型的出现由来已久，20世纪50年代末至60年代初轻工业部组织了茅台、汾酒、泸州老窖三大试点，结果发现茅台、汾酒、泸州老窖虽然都是白酒，但制曲、酿酒原料、工艺、发酵设备、酒的成分（总酸、总酯、纸上层析结果）、口味等差异甚大，茅台酒的窖底香主要香味成分是己酸乙酯，汾酒的主要酯类是乙酸乙酯，为香型的确立打下了基础。20世纪60年代中期四川省食品研究所（现四川省食品发酵工业研究设计院有限公司）采用进口气相色谱仪检测出泸州特曲、五粮液中己酸乙酯等四大酯是其主要酯类，为浓香型、清香型白酒的确定找到了理论依据。20世纪70年代末，通过全国名优酒协作会和1979年第三届全国评酒会，正式提出和确立了浓香、酱香、清香和米香4大香型白酒。第三届评酒会评比是根据香型、生产工艺和糖化发酵剂分别编组鉴评的；这次评酒会还确定了4种香型白酒的风格特点，统一了打分标准。此次评酒会因有些酒样并不属于4种香型的范围而被列为其他香型。随着白酒研究的逐步深入、科学技术的发展，20世纪80年代的第四、五

届全国评酒会将其他香型中的6种酒，因其酿制工艺、香气组分、风格特征，都自成一格，确立为兼香型、药香型、凤香型、特香型、芝麻香型、豉香型，各香型的标准也先后制定，形成了当今的十二大香型。

（2）十二大香型白酒香味成分特点

①酱香型白酒香味成分特点：酱香型白酒是目前四大基础香型白酒中唯一尚未确定主体香味物质的白酒，最新研究表明酱香型白酒中的香味成分多达上千种，尚有许多未能定性定量的成分，但新成分的不断发现无疑是酱香型白酒研究的重大进展。从目前的认识来看，酱香型白酒香味成分主要特点有：

有机酸总量高，明显高于浓香型、清香型白酒；其中乙酸含量多，乳酸含量也较多，其各自的绝对含量是各类香型白酒相应组分含量之冠；其余有机酸种类也很多。

总醇含量高，尤以正丙醇含量高，与清香型白酒类似，与酱香型白酒“爽口”“微苦”关系密切，还可起到“助香”和“提扬香气”作用。

己酸乙酯含量并不高，一般在40~50mg/100mL，在“窖底香”基酒中含量较多，尤其在“空杯留香”残留物中含量特别多，故“空杯留香”己酸乙酯的作用不容忽视。

酱香型白酒中醛、酮类化合物总量是各类香型白酒相应组分含量之首，特别是糠醛含量与其他各类香型白酒含量相比是最多的，还有异戊醛、丁二酮等也是含量最多的。

酱香型白酒中高沸点化合物多达数百种，是各香型白酒相应组分之冠。这些高沸点化合物包括了高沸点的有机酸、有机醇、有机酯、芳香族化合物及氨基酸，其来源主要是由于酱香型白酒的高温制曲、高温堆积、高温接酒等工艺；这些高沸点化合物的存在明显地改变了香气的挥发速度和口味刺激程度，使酱香型白酒具有柔和、细腻的口感。对酱香型白酒的香味组分的研究还未彻底弄清楚，还有许多未知成分及问题尚待深入探讨。

②浓香型白酒香味成分特点：浓香型白酒的香味组分以酯类成分占绝对优势，无论在数量上还是在含量上都居首位。酯类成分约占香味成分总量的60%；其次是有机酸类化合物，占第二位，占总量的14%~16%；醇类占第三位，约占总量的12%；羰基类化合物（不含乙缩醛）则占总量的6%~8%；其他类物质仅占总量的1%~2%。

浓香型白酒香味成分中酯类的绝对含量占各成分之首，其中己酸乙酯的含量又是各香味成分之冠，是除乙醇和水之外含量最高的成分。它不仅绝对含量高，而且阈值较低，在味觉上还带有甜味、爽口。因此己酸乙酯的高含量、低阈值决定了浓香型白酒的主要风味特征。除己酸乙酯外浓香型白酒酯类组分含量较高的还有乳酸乙酯、乙酸乙酯、丁酸乙酯，这4种酯被称为浓香型白酒的“四大酯类”，这四类酯的含量和比例很大程度上左右着浓香型白酒的质量和典型性。

有机酸类化合物是浓香型白酒中重要的呈味物质，其绝对含量仅次于酯类含量，约为总酯含量的25%。其中主要酸类是与“四大酯类”相对应的“四大酸”，其含量都在10mg/100mL以上，按照含量多少的顺序一般为乙酸>己酸>乳酸>丁酸。总酸含量的高低对浓香型白酒的口味有很大的影响，与酯含量的比例也会影响酒体的风味特征。

醇类化合物是浓香型白酒中又一呈味物质，其总含量仅次于有机酸含量，一般醇与酯的比例在浓香型白酒组分中为1∶5左右。高碳链的醇及多元醇在浓香型白酒中含量较少，它们大多刺激性小、较难挥发、带有甜味，对酒体可以起到调节口味刺激性的作用，使酒体口味变得浓厚而甜。

③清香型白酒香味成分特点：清香型白酒香味成分的总含量在大曲白酒中是属较少的一类（老白干酒除外），这类白酒的香味成分仍是以酯类化合物占绝对优势，其次是有机酸、醇类、羰基化合物，其他成分如呋喃类、吡嗪类化合物含量极少。

清香型白酒的总酯含量与总酸含量的比值超过了浓香型白酒相应的比值，这是清香型白酒香味成分的一个特征，其比值大约在5.5∶1。在酯类化合物中乙酸乙酯含量最高，是其他各组分之冠；乳酸乙酯的含量仅次于乙酸乙酯，构成了清香型白酒香味组分的另一个特征。乙酸乙酯和乳酸乙酯的绝对含量及两者之间比例关系对清香型白酒的质量和风格特征有很大的影响。一般乙酸乙酯与乳酸乙酯的含量比例为1∶(0.6~0.8)，若乳酸乙酯含量增加，乙乳比降低，将会影响清香型白酒的风味特征。此外丁二酸二乙酯也是清香型白酒酯类组分中较重要的成分，由于它的香气阈值很低，虽然在酒中含量甚少但与β-苯乙醇组分相互作用赋予清香型白酒香气特殊的风格。

清香型白酒中的有机酸主要是以乙酸和乳酸含量最高，其含量的总和占总酸含量的90%以上，其余酸类含量较少，乙酸与乳酸含量的比值大约为1∶0.8，清香型白酒总酸含量一般在60~120mg/100mL。

醇类化合物是清香型白酒很重要的口味物质，其中异戊醇、正丙醇和异丁醇含量较高。从绝对含量上看，这些醇与浓香型白酒相应的醇含量相比并没有特别之处，但从占总醇量的比例或总组分含量的比例来看都远远高于浓香型白酒，其中正丙醇与异丁醇尤为突出。清香型白酒入口微甜、刺激性强、带爽口的苦味很大程度上与醇类物质的含量及比例有直接关系。

清香型白酒中羰基化合物含量不多，其中以乙醛和乙缩醛含量较高，两者含量之总和占羰基化合物总量的90%以上。乙缩醛具有干爽的口感特征，与正丙醇共同构成了清香型白酒爽口带苦的味觉特征。因此在勾调清香型白酒时要特别注意醇类物质与乙缩醛对口味的作用特点。

④米香型白酒香味成分特点：米香型白酒是以大米为原料、小曲为糖化发酵剂，经固态糖化、液态发酵、蒸馏而成。其酿造工艺较简单、发酵期也短，并在液态（半固态）下发酵，故香味组分含量也相对较少，其香气并不十分强烈。米香型白酒香味成分的特点如下：一是香味组分总量较少；二是总醇含量超过了总酯含量；三是乳酸乙酯含量超过了乙酸乙酯；四是异戊醇和异丁醇的绝对含量超过了浓香型白酒和清香型白酒中的含量，β-苯乙醇含量较高；五是酸类以乳酸为主，其次是乙酸；六是羰基化合物含量低。

从米香型白酒香味组分特点上来看，香味物质总组分含量少、总醇含量较高，甚至超过了总酯含量，必然会在它的风味特征上有所反映。米香型白酒在香气特征上可嗅辨到醇香，在口味上有较明显的苦味感觉，这些特征都与它的醇类化合物构成直接的关系。在米香型白酒香气上突出了以乙酸乙酯和β-苯乙醇为主体的淡雅蜜甜香气。另外，在米香型白酒的香气中还存在一种“煮熟的”稻米香气和似“甜酒酿”样的香气。

⑤凤香型白酒香味成分特点：凤香型白酒风味组分在总含量上均低于浓香型和清香型白酒，其中总酸与总酯含量明显低于浓香型白酒，略低于清香型白酒。

凤香型白酒酯类中乙酸乙酯含量最高，其绝对含量低于清香型白酒和浓香型白酒，浓度在 80~150mg/100mL。已酸乙酯的含量高于清香型白酒，明显低于浓香型白酒，已酸乙酯含量的高低将会直接影响凤香型白酒的整体风味和典型风格，其含量一般在 10~50mg/100mL，高于或低于此值，都会使凤香型白酒发生偏格。总醇与总酯含量的比例大约为 0. 55：1。另外凤香型白酒还含有较多的乙酸羟胺和丙酸羟胺，这可能与贮存容器材质直接相关。

⑥特型白酒香味成分特点：四特酒富含奇数碳的脂肪酸乙酯，其含量是各类香型白酒相应组分之冠。这些奇数碳的乙酯包括了丙酸乙酯、戊酸乙酯、庚酸乙酯、壬酸乙酯；正丙醇含量较多；含有特别高含量的高级脂肪酸及其乙酯，这一类化合物主要是指 14~18 个碳的脂肪酸及其乙酯，如肉豆蔻酸（及乙酯）、棕榈酸（乙酯）、油酸（乙酯）、亚油酸（乙酯）和硬脂酸（乙酯）等。

⑦芝麻香型白酒的香味成分特点：芝麻香型白酒从定性成分上看与浓、清、酱香型白酒的定性成分大致相同，但由于一些特征组分的绝对量与相互之间的量比关系决定了芝麻香型白酒与上述三大香型白酒的风味有较大的差异。芝麻香型白酒就其醇、酸和酯类化合物来讲，未能看出有什么独特的地方，它介于浓香、清香和酱香型白酒相应组分之间，是非清非酱非浓。

景芝老白干的香气特性并不是它的酯类香气有什么独特之处，而是在它的香气中具有一种类似炒芝麻的气味特点，当然这种气味并不完全是炒芝麻的香气，这种特殊的香气与其他类香气组合形成了芝麻香型景芝白干酒特有的香气风格。通过研究发现芝麻香型白酒中定性鉴定出 36 种含氮杂环化合物，其中 29 种属吡嗪及烷基吡嗪类化合物，这些吡嗪类化合物的总量在 1100~1500μg/L，含量比较稳定，这一含量虽然远远低于酱香型白酒，略低于兼香型白酒，但明显高于清香型和浓香型白酒（200~500μg/L）。另外呋喃类化合物含量也呈现出类似吡嗪类化合物的特点。从芝麻香型白酒中还检出了 3 种含硫化合物二甲基三硫、3-甲硫基丙醇、3-甲硫基丙酸乙酯，其峰值远远高于其他类型白酒，共同形成了芝麻香型白酒中很特殊的特征性组分。

⑧豉香型白酒香味成分特点：豉香型白酒的基酒（斋酒）属米香型白酒，其组分特点具备米香型白酒的特点。斋酒经过特殊的浸肉工艺处理后使原酒的一些组分发生了某些变化，并产生了一些特殊组分，反映到香气特征上，构成了豉香型白酒特殊的气味特征：一是 β-苯乙醇含量相当高，居所有各类香型白酒相应组分之首，比米香型白酒高出近 1 倍；二是固形物含量明显高于一般米香型白酒；三是斋酒经浸肉工艺后含有相当数量的高沸点二元酸酯，其主要组分是壬二酸二乙酯和辛二酸二乙酯，对应的壬二酸和辛二酸含量较高。

⑨兼香型白酒香味成分特点：原国家评酒时的“兼香”是指“酱兼浓”或“浓兼酱”，兼顾了酱香和浓香型白酒的风味特点，并协调统一，但有各自的特点。如白云边酒，庚酸含量较高是酱香型白酒的 10 倍以上，是浓香型白酒的 7 倍左右；与此相对应的庚酸乙酯含量也较高；2-辛酮含量虽然仅在 1mg/L，但它的含量高出浓香和酱香型白酒许多倍。而黑龙江玉泉白酒与白云边酒在香气成分上又有较大的差异，玉泉酒的已酸乙酯含量比白云边酒高出近 1 倍，已酸含量超过乙酸含量，而白云边酒则是乙酸大于已酸。兼香型白酒虽然都是融合了浓香与酱香型白酒的工艺特点，但因当地气候、水土、微生物区系、操作工艺等的差异，造成香味成分和风格特点都有各自的特征。

⑩药香型白酒香味成分特点：药香型白酒是以董酒为代表，其传统酿造工艺采取大曲与小曲并用，在制曲配料中添加了数十味中药，故董酒具有小曲清香和大曲浓香的许多特征。由于工艺特殊，董酒在香味组分上表现出如下几个特点：一是总酸含量高，其中乙酸含量最高，丁酸含量超过任何一种香型的白酒，相应的丁酸乙酯含量也较高；二是总醇含量超过总酯含量；三是总酯含量低于总酸含量；四是组分中含有一定量的己酸乙酯、丁酸乙酯、己酸等，但乳酸乙酯含量较低，只有其他各类香型白酒相应组分的35%~50%；五是药香型白酒所用有关中药给酒带来的特殊成分尚未见十分明确的报道。

⑪老白干型酒香味成分特点：衡水老白干是老白干香型的典型代表，其香味成分特征如下：一是乳酸乙酯与乙酸乙酯为其主体香气；二是乳酸乙酯含量大于乙酸乙酯，一般乳酸乙酯与乙酸乙酯的比值为1.34∶1；三是乳酸、戊酸、异戊酸含量均高于汾酒1~5倍；四是正丙醇、异戊醇、异丁醇含量均略高于汾酒和凤香型白酒；五是甲醇含量低于国标的1/5以上。

⑫馥郁香型的香气成分特点：以酒鬼酒、湘泉酒为代表的馥郁香型是2005年通过专家鉴定的新香型，其保持了清香型小曲酒乙酸乙酯含量高的特点，同时克服了杂醇油含量过高的弊病，并与大曲浓香工艺结合，从而使四大酯的比例有别于清香、浓香、酱香三大香型，成为酒鬼酒特有的量比关系：一是乙酸乙酯和己酸乙酯含量突出，两者呈平行的量比关系；二是有机酸含量丰富，除低于酱香型、特香型外，高于浓香型、米香型、清香型和四川小曲酒；三是高级醇（异戊醇、正丙醇、正丁醇、异丁醇）含量适中；四是乙缩醛含量较高；五是存在四甲基吡嗪等含氮化合物。

十二大香型白酒酿造工艺特点见表1-2。

（3）中国白酒香型的融合与创新思考

①博采众长，相互借鉴：以四大基本香型为基础，各香型之间相互学习、借鉴已普遍进行，有的是用多种香型酒组合、勾调，如清香、浓香、酱香组合；清香型白酒可用大曲清香、麸曲清香或小曲清香组合；凤香型、特香型、芝麻香型、米香型、董型（药香型）等与浓香型白酒组合均有相应的研究。有的是用不同香型的典型工艺来提高自身产品的质量，如浓香型白酒生产中采用堆积发酵，小曲清香型白酒在糖化糟中加入大曲配糟、中温大曲再入窖发酵，清香型与酱香型白酒工艺结合生产“清中带酱”酒，凤香型白酒与浓香型白酒工艺结合生产“凤兼浓”酒等，这些都有成功的案例。

②采用多种原料酿酒：不同原料因其本身具有的成分物质不尽相同，因此酿造出来的酒风味也各不相同，“五粮液”“剑南春”“水井坊”“国窖1573”等“酒体丰满、绵甜、柔顺、净爽”均与采用多种原料酿制相关。随着市场消费的变化，各种香型白酒在酿造中使用多种原料已是趋势明显。21世纪初就曾有科研工作者用多种原料生产清香型和豉香型、米香型白酒，其产品风味与单一原料比较差异较大，前者比后者更绵甜、柔和、丰满。

③香型融合重在创新：创新是指人们为了发展的需要，运用已知的信息，不断突破常规，发现或产生某种新颖、独特的有社会价值或个人价值的新事物、新思想的活动。开拓创新是时代的需要，也是市场的需要。现代社会交通运输便利，商品大流通，促进了全国各地消费习惯的变化。中国白酒的“香型”原来是区域性消费，香型的融合创新是产品走向全国的必然趋势。曾有学者提过只要口味符合广大消费者的要求，不必拘泥

表 1-2　十二大香型白酒酿造工艺特点

香型	代表产品	主要原料	曲药类型	用曲量	酿造工艺特点	发酵周期	酿造设备	贮存容器
酱香型	茅台、郎酒等	四川本地糯红高粱	以软质小麦为原料制成的高温大曲	粮曲比为1∶1	“12987”酿造工艺，两次投料、9次蒸煮、8轮次发酵、7次取酒。“四高两长”工艺，即高温制曲、高温堆积、高温发酵、高温馏酒；发酵周期长，一年为一个大的生产周期；酒的贮存期长，三年以上。用曲量大，馏出的酒按酱香、窖底香、醇甜三种典型体和不同轮次分别长期贮存	一年为一个完整周期，每轮次发酵时间约30d	条石窖（四壁为条石或石块砌成，底部和顶部为窖泥和封窖泥）	陶坛、不锈钢罐等
浓香型	泸州老窖、五粮液、洋河、古井贡等	单粮型：高粱；多粮型：高粱、大米、糯米、小麦、玉米	小麦或添加大麦、豌豆、高粱等培制的中温或偏高温大曲	原料量的18%~25%	泥窖发酵、混蒸混烧、续糟固态发酵；采用“跑窖”“原窖”“老五甑”工艺；千年老窖、万年糟；“两高一长三适当”，即入窖淀粉高，酸度高，长期发酵，适当的水分、温度和糠壳用量	45~90d，双轮底工艺可能会出现90~180d的现象	泥窖（四壁及底部均为老窖泥，顶部为封窖泥）	陶坛或不锈钢罐等
清香型	汾酒等（大曲清香）	高粱	以大麦、豌豆为原料制成的低温大曲	原料量的9%~11%，清茬曲、后火曲及红心曲按比例混用	清蒸清楂、清蒸二次清；高温润糁（堆积），低温发酵	28d	地缸	陶坛或不锈钢罐
	川法小曲等	高粱、玉米等	米粉或麸皮制成的小曲或根霉曲等	原料量的0.4%~0.6%	整粒原料经泡粮、焖粮、蒸粮，摊晾、加曲糖化、配糟入窖发酵，固态蒸馏而成，出酒率高，贮存期短	5~7d，云南等地可能会延长至15d左右	水泥池或石头池	陶坛或不锈钢罐

续表

香型	代表产品	主要原料	曲药类型	用曲量	酿造工艺特点	发酵周期	酿造设备	贮存容器
米香型	三花酒等	大米	米粉、辣蓼草等制成的小曲	原料量的0.8%~1.5%	整粒大米为原料、固态培菌糖化、液态发酵、釜式蒸馏	7d	大罐或陶缸	陶坛或不锈钢罐
凤香型	西凤酒等	高粱	大麦、豌豆等制成的中偏高温大曲	原料量的18%~22%	混蒸混楂老六甑工艺，窖池内有三个大楂、1个小楂、1个回楂共5甑，另有1甑扔糟	传统工艺为12~14d，后续改进为28~30d	泥窖（每年更换窖泥）	酒海
特香型	四特酒等	大米或高粱+大米	面粉、麸皮、酒糟混合制成中温大曲	原料量的8%~10%	大米与糟醅混蒸，采用续楂混蒸四甑操作法，第1甑头糟不加粮，第2、3甑为大、二楂，加入新料，第4甑蒸酒后作丢糟	30d	红条石砌窖，水泥勾缝，窖底及顶部为窖泥	陶坛或不锈钢罐等
芝麻香型	山东景芝、江苏梅兰春等	高粱、麸皮、玉米等	以小麦为原料制成中温和高温两种大曲，以及强化菌曲（河内白曲、生香酵母曲，细菌麸曲等）	高温大曲10%，中温大曲5%、白曲、酵母为10%、5%，细菌曲适量	混蒸混烧、多种曲混用，高温润料、高温堆积（24h、50℃）、高淀粉入窖、偏高温发酵的“四高”工艺	30d	砖池窖	陶坛或不锈钢罐
兼香型	白云边（酱兼浓）、玉泉酒（浓兼酱）	高粱	小麦制成高温大曲	1~3轮次用曲量12%；4~7轮次用曲量8%~10%；8轮次用曲量为20%	“酱中带浓”采用高温焖料、高比例用曲、高温堆积、三次下料、九轮次发酵（每轮1月）、香泥封窖等工艺；“浓中带酱”是混蒸续糟发酵60d，采用酱香、浓香分型发酵产酒、分型贮存，再勾调；也有将酱香型糟醅和浓香型糟醅串蒸，取酒后进行贮存、勾调	每轮次30d左右	泥底水泥窖池	陶坛

续表

香型	代表产品	主要原料	曲药类型	用曲量	酿造工艺特点	发酵周期	酿造设备	贮存容器
药香型	董酒	高粱	小曲用大米，加以95味中药制成；大曲为大麦加入40味中药制成	大、小曲混用，小曲用量0.4%~0.5%，大曲用量为总入窖糟量的5%左右	川法小曲酒工艺制小曲糟醅蒸馏取酒或取糟醅直接与香醅串蒸；香醅是小曲酒糟、大曲酒糟和大曲未蒸酒的香醅混合加大曲再发酵制成	小曲酒发酵7d，香醅发酵6~18个月	窖池用石灰、白泥、洋桃藤汁混合搭窖，偏碱性	陶坛
豉香型	玉冰烧等	大米	大米、黄豆、饼叶、饼泥混合制酒饼，保温25~30℃培养10d，烘干	原料量的18%~22%	采用浓醪发酵，加水比为1：(1.3~1.4)，釜式蒸馏，接酒至31℃左右作为斋酒，斋酒沉淀20d左右泵入浸肉池，肥肉酝浸30d左右，再过滤勾调	15~20d	传统用埕，现改为大罐	埕、贴有瓷砖的水泥池、金属罐等
老白干香型	衡水老白干	高粱	小麦制中温大曲	原料量的10%左右	采用续糙混烧老五甑工艺，发酵期短，出酒率达50%以上，贮存期为3~6个月，入库酒精度高，不低于67%vol	12~14d或28~30d	地缸	陶坛
馥郁香型	酒鬼酒等	高粱或多粮	小曲和大曲，小曲为根霉曲，大曲为小麦制成的偏高温曲	小曲0.5%~0.6%，大曲20%~22%	酿酒工艺集浓、酱、清香型工艺之所长，创造性地把清香小曲与浓香大曲巧妙结合。原料除玉米要适当粉碎外其余为整粒，经浸泡、清蒸后，加小曲糖化、大曲发酵，清蒸、清烧，即蒸粮与蒸酒分开	45~60d	泥窖	陶坛

于什么样的“香型”。中国白酒在世界蒸馏酒中独树一帜，源远流长，随着技术的发展、消费的变化、与世界的交流，传统的民族特产要保留发展、传承创新；中国白酒酿造技艺博大精深，香型各具特点，要相互借鉴、融合、创新，不要受已有香型的束缚，新的产品，说不清“香型”的白酒，将会不断出现，中国白酒将会更丰富多彩。

30、酱香型白酒特征性风味物质学说目前有哪几种?

（1）4-乙基愈创木酚学说　醇、酯、酸和羰基类化合物的组分特点在一定程度上构成了酱香型白酒的风味特征，但与酱香气味并没有直接的关联。因为，无论是酸、醇、酯和一些羰基类化合物（现已检出的）的单体气味特征，还是它们相互之间的气味和合都很难找出与“酱香气味”特征相似的地方。通过对酱油的香味组分研究发现，其特征性化合物主要是4-乙基愈创木酚、麦芽酚、苯乙醇等化合物。4-乙基愈创木酚主要是小麦在发酵过程中经酵母代谢作用所形成，气味特征被描述为似“酱气味和熏香”气味。研究工作者继而在酱香型白酒中同样也检出了4-乙基愈创木酚的存在，并根据4-乙基愈创木酚的气味特征提出了4-乙基愈创木酚为酱香型白酒主体香气成分的说法。但随着在浓香型白酒及其他香型类白酒中相继检出4-乙基愈创木酚的存在，并且发现其含量与酱香型白酒中含量差别不大，所以4-乙基愈创木酚学说显得证据不足。

（2）吡嗪类化合物学说　在热加工过程中游离氨基酸或二肽、还原糖以及甘油三羧酸酯或其衍生物的存在，会发生非酶褐变反应，即美拉德（Maillard）反应，赋予了特殊风味，这些风味的特征组分大都来源于美拉德反应的产物或中间体，多数是一些杂环类化合物，具有焙烤香气的气味特征。酱香型白酒的酿造工艺有高温制曲、高温堆积、高温发酵和高温馏酒等，原料及发酵糟醅都经过高温过程。因此，科研工作者联想到酱香型白酒的酱香气味是否与加热有关。通过对其他各类香型中杂环类化合物的对比分析发现，酱香型白酒中的杂环类化合物无论是在种类上还是在数量上，都居各香型白酒之首。其中吡嗪类化合物中四甲基吡嗪含量最多，四甲基吡嗪及其同系物是在1879年首次由国外研究者从甜菜糖蜜中分离得到的，后来在大豆发酵制品中也发现它的存在。四甲基吡嗪具有一种特殊的大豆发酵香气，容易使人联想到类似酱油和豆酱的发酵香气特征，因此提出了吡嗪类化合物是酱香型白酒的酱香气味主体香物质的学说。

（3）呋喃、吡喃类化合物及其衍生物学说　在研究酱香型白酒高温过程中还发现了呋喃类化合物，呋喃类物质主要是氨基糖反应的产物；在前期对酱油香气组分分析中发现了羟基呋喃酮化合物是酱油香气的一个特征性组分。因此，科研工作者们联想到酱香型白酒的酱香气味是否与此类化合物有内在的联系，这是因为呋喃类化合物感官特征大都具有焦香、煳香和类似“酱香”的气味特征。从呋喃类、吡喃类及其衍生物的化学结构、感官特征以及形成的物质结构出发，呋喃类和吡喃类及其衍生物的分子结构中都具有相同的部分结构，大都含有羟基、羰基或甲氧基，具有五元环或六元环状结构，含有氧原子，这些大多是一类具有焦香和煳香的气味基团，因此它们可能是酱香型白酒的香气组成成分。

受限于当前的分析研究手段，酱香型白酒组分中呋喃类化合物的研究与分析尚未深入，但从现有的研究成果来看，呋喃类化合物确实在酱香型白酒中占很重要的地位。呋喃甲醛，即糠醛在酱香型白酒中的含量较高，是浓香型白酒的10倍以上；3-羟基丁酮是呋喃的一个衍生物，在酱香型白酒中的含量也较多，是浓香型白酒含量的 10 倍以上。同时，呋喃类化合物气味阈值较低，较少的含量就能在酒中体现出明显的气味特征。但呋喃类化合物并不是十分稳定，较易氧化或分解。酱香型白酒的贮存期一般要求在 3 年以上，随着贮存期的延长酱香气味越明显，酒体的颜色也逐渐变黄，在贮存过程中酒体中一些呋喃类化合物前体物质经历氧化、还原或分解后形成了各类具有呋喃部分分子结构的化合物，可能使酒体生成了更为浓郁的焦香、煳香、类似酱香气味的特征。

（4）复合香气学说　本学说是概括了上述 3 种学说而提出的，意指酱香型白酒的酱香气味并不是某一单体组分所体现，而是几类化合物共同作用的结果。在酱香气味中包括了焦香、煳香和酱香的气味特征，这与 4-乙基愈创木酚、吡嗪类化合物和呋喃类化合物的气味特征有某些相似之处，但酱香型白酒中的酱香气味与焦香、煳香和酱味是有区别的，这种复合酱香气味很可能是这几类化合物以某种形式组合而成；另外，酱香型白酒特有的空杯留香主要是由高沸点酸类物质决定的。

截至目前，对酱香型白酒的香味组分的研究还未彻底清楚，还有许多未知的成分及问题等待进一步解决，相信随着技术的发展，彻底摸清酱香型白酒的主体风味物质一定能实现。

31、贵州省酒产业历史演变过程是怎样的?

贵州酒产业历史悠久，它的演变经历了自然发酵、人工发酵、酿制酒、榨制酒、蒸馏酒等发展时期。

（1）自然发酵期　在更新世晚期的间冰期，贵州境内古人类分布生息的黔西、水城、桐梓、兴义、平坝、普定等地，气候温暖湿润，林果遍野，野生禾谷类植物四处生长。成熟的野果在自然微生物作用下不断生成为芳香可口而又有着特殊酒味的液态物质，一些具有饱腹感的野生禾谷类种子在储藏条件简陋的原始情况下导致种子发芽、发霉逐渐变成带有淡淡酒味的醪液，这是原始果酒和原始粮食酒的自然生成过程，也是原始先民在采集活动中对酒的自然发酵现象最有价值的发现。原始先民在主观效仿过程中积累了诸多感性体验和理性认识。自然发酵期为人工发酵奠定了使用原料、发酵条件等方面的经验。

（2）原始人工发酵早期　新石器时期至三代时期早期是贵州人工发酵酒实践、探索、提高的时期。人类通过主动利用天然微生物对果实和禾类植物种子进行发酵，并主动掌控发酵全过程，制成了原始人工果酒和人工粮食酒。先秦时期人们从发霉的种子能生成酒的原理中受到启发发明了破碎种子令其发霉，并在其中添加一些增香、添辣、促麻、去苦的草蔓植物粉末制成曲用于制酒。

（3）酿制酒到蒸馏酒时期　曲的使用，改变了人工发酵完全依赖天然微生物单边发酵的状况，形成了边糖化边发酵技术，催生了域内普遍的粮食酿制酒的制作工艺，咂酒就是该时期贵州土著居民常用的粮食酿制酒。到宋、元、明时期，已是家家均用、户户可烤。双边发酵的粮食酿制酒是带渣发酵不经压榨过滤、带渣饮用的低度酒，其酿酒过程稍有瑕疵，或贮存条件相对不良，酒稍经时日就会发酸败坏。榨制酒在酒液保存、饮用方式等方面优于渣液相混的早期粮食酿制酒，通过榨制使原酒渣液分离，酒液经再蒸馏后贮存，或再投以麦曲继续发酵制成黄酒。由酒液再蒸馏技艺产生的“夹缸冷却液态蒸馏取酒法”，是贵州解决酸败酒技术的一大进步，也是贵州蒸馏酒的早期形态。

固态发酵和固态蒸馏取酒是蒸馏酒的基本特征，带来了工艺技术及操作方式的一系列变化：发酵用曲由大曲和纯种根霉曲取代了传统小曲，粮食发酵从渣液混合发酵改为固态发酵，发酵容器由窖池取代了陶缸，蒸馏取酒方式由甑桶蒸馏取代天锅蒸馏，根本上提高了酿酒的科技水平。贵州民间蒸馏取酒有一体式固态蒸馏、夹缸冷却蒸馏和天锅冷却蒸馏三大类。宋代、元代、明代时期贵州蒸馏酒产业不断扩大、技术相应完备，随着城镇乡村的社会分工，买酒饮用成为城镇人民的生活需要，在民间常年烤酒的富裕之家，客观上训练出的一批善酿之人，适应社会经济发展，独立开办作坊酿酒售酒，改变了长期以来酒在民间自酿自用的单一方式。作坊酿酒、前店后坊的经营模式逐渐兴起，到明代成为贵州酒业的主流模式。譬如土城，宋代朝廷在此建滋州，辖今仁怀、习水、赤水等地，加快了城镇化进程，酿酒业也随之发展，宋、元、明时期在土城兴业的规模性酿酒作坊先后十余家，虽经战乱饥荒等天灾人祸，坚持至清末民初的仍有两家。专业的酿酒活动，提高了域内整体酿酒水平。作坊为赢得客户，各自在技术上苦下功夫，于明代以后，不断锤炼出贵州本地独有的回沙、双曲双醅串香工艺，出现了诸如茅台春、茅台烧春、雷泉窖酒、董公寺窖酒等一大批名酒，造就了成义、恒兴、荣和、狮子山、春阳岗、董公寺程家烧房等一大批知名烧房，成就了华联辉、华之鸿、王立夫、赖永初、赖云峰、程明坤等一批酒史人物，全方位奠定了贵州酒乡的基础。

32、酱香型白酒低度化发展有哪些难点问题?

以消费者需求为导向是白酒发展的生命力所在，随着健康饮酒的理念成为当今主流，带动着消费习惯、消费方式也在发生着变化，人们饮酒从原来的“量饮”向“品饮”转变，在满足商务交际、日常应酬、情感交流等需求的同时更偏向文明、健康、低度酒的饮酒方式。根据酱香型白酒国家标准，按酒精度含量对高、低度白酒进行区分，其中酒精含量32%~44%vol为低度，酒精含量45%~58%vol为高度，高、低度酱香型白酒的人体反应最直观的区别是醉酒时间不同，低度白酒比高度白酒对人体刺激更小、醉酒更慢，这就是低度白酒更能让新一代消费者接受的主要原因。总体来看，低度酱香型白酒具有以下吸引消费者的优点：一是适口度好，酒精含量高的白酒在饮用时对口腔刺激较大，尤其在第一次入口时口腔受酒精刺激瞬时收敛产生刺激感，这种刺激效果随酒精度含量降低而降低，所以低度白酒较高度白酒在饮用时刺激感小，适口度更好；二是醉酒度低，人在饮用白酒过程中，酒精在乙醇脱氢酶和乙醛脱氢酶的作用下转化为水和二氧化碳，可见人体的醉酒度主要取决于两个方面，一是人体自身脱氢酶的多少，二是饮入白酒酒精度含量的高低，因此在相同饮用量的情况下，低度白酒与高度白酒相比，需要脱氢酶作用催化的酒精含量更少，醉酒度也更低。但低度酱香型白酒的发展也面临着诸多技术难点，诸如低度酒体易浑浊、易水解，较高度酒体更难勾调等，这些问题也成为诸多酱香型白酒企业较难生产优质低度酱香型白酒产品的原因。

（1）低度酱香型白酒“易浑浊” 酱香型白酒基酒具有丰富的香味物质，在降度或温度过低时，基酒中会出现白色悬浮物质或沉淀，出现此类现象主要是由于易溶于乙醇、不溶于水的棕榈酸乙酯、油酸乙酯、亚油酸乙酯等油性高级脂肪酸酯，在酱香型白酒基酒降度后溶解力下降，以絮状或晶体的方式悬浮于酒液中，造成酒液浑浊；当环境温度上升时，溶解力增大，酒液逐渐恢复清澈透明。

为解决低度酱香型白酒出现的“易浑浊”问题，在实际生产中可利用酯类物质溶于乙醇不溶于水的特点，在低度酱香型白酒勾调过程中进行物理分离，通过酒用活性炭进行吸附和沉降，再进行物理拦截过滤使酒液清澈透明；其次还可以使用冷冻过滤设备，利用棕榈酸乙酯凝结温度-21℃、油酸乙酯凝结温度-34℃的物理性质，低度酱香型白酒在低温冷冻下高级脂肪酸酯析出，通过过滤进行拦截，使酒液清澈透明。通过这些物理方法都可以有效降低酱香型白酒基酒中油性高级脂肪酸酯的含量，对解决酱香型白酒低度酒浑浊有一定作用。但是酒体在经过吸附、沉降、冷冻、拦截的过程后，除油性高级脂肪酸酯以外，部分香味物质也会被拦截，酒体损香较明显，所以在酒体勾调时对低度白酒色谱骨架成分进行补充，才能使酒体香味协调。

（2）低度酱香型白酒“易水解”　酱香型白酒中酸和醇反应生成酯是一种可逆反应，在低度酱香型白酒勾调过程中，水的占比增大，乙醇浓度降低，使乙醇与水分子结合的水合因子减少，游离的水分子增多，这方面的因素加速了低度酱香型白酒酯类的水解。“易水解”问题，一般可以通过以下两种方法进行解决：一是优质原酒是稳定酒体风味的关键，品质是酒体风味的立足之本，要想勾调出酱香风味足的低度酒体必须使用传统固态酿造优质酱香型原酒，只有具备丰富香味物质的原酒才能在复杂工序中尽可能多地保留香味物质，为低度酱香型白酒勾调打下基础；二是选择具有典型风格的基础酒，低度酱香型白酒因特殊的降度、吸附、拦截工序，香味物质含量会被稀释，尤其是其中不溶于水的物质，损失最为严重，造成低度白酒香味馥郁程度不如高度白酒，所以在勾调时基础酒应选择香味较为馥郁，且富含易溶于水、分子团较小、香味贡献大的骨架成分，如醇类、醛类、有机酸类化合物含量丰富的基础酒。酱香型白酒主要色谱骨架成分有20余种，设计基础酒的骨架成分量比要充分结合各类呈香呈味物质的作用，包括放香大小、香味强度以及丰富度，例如，酯类对香气贡献大小排序为己酸乙酯>丁酸乙酯>乙酸乙酯>乳酸乙酯，有机酸在味感作用的先后顺序为乳酸>乙酸>丁酸>己酸；此外，多元醇可增加酱香型白酒味感的醇厚度，乙醛、乙缩醛、双乙酰可增加口味的层次感。所以，尽量选择酸、酯含量较多的原酒作为基础酒，如乳酸乙酯，既可溶于水又能溶于乙醇，可有效减少原酒降度带来的感官缺陷，克服酱香风味不足和酒体单薄的缺陷，并通过后期针对性地使用调味酒增加酒体香和味的馥郁度与持久度。

（3）低度酱香型白酒“难勾调”　酱香型白酒酒体中的微量香味成分多溶于乙醇不溶于水，在低酒度环境下较难调味，一是因为酒精度越低酒体越不稳定，难以快速缔合形成大分子团，勾调稳定性差；二是酱香型白酒总酸含量较高，在降度之后水解加快，更易显酸味，调味的协调作用极难把握，骨架成分失衡会造成酸味露头、口味寡淡、酒体粗糙等风味缺陷，对调味酒质量和调味技术要求很高。为改善低度酱香型白酒“难勾调”的问题，一般可以从以下几点入手：一是做好调味酒的选择，勾调是平衡白酒风味物质、协调酒体风格的关键一步，相同调味酒在不同酒精度酒中的添加配比完全不同，只有充分考量基础酒香味物质的量比关系，才能达到增加酒体馥郁度、突出酒体风格特点的目的。用于勾调的酱香型调味酒根据生产方法和酒体特性分为酱香调味酒（酸酯比约为1∶1.6，富含酚类、吡嗪类、含氮化合物等复杂成分，香气幽雅细腻，酱香调味酒对调整酱香风格具有显著效果；但使用过量虽能提高酱香风格，却会造成酒体稍显涩味）、醇甜调味酒（酸酯比约为 1∶2，酚类、吡嗪类、含氮化合物等复杂成分含量适中，多元醇含量较高，具有酱香幽雅、入口醇甜柔和的特点，可增加酒体细腻度和回甜感；但使用过量会削弱酒体的酱香风格）、窖底香调味酒（酸酯比约为 1∶3，醛类、挥发性的低沸点乙酯类含量较高，特别是己酸乙酯达 1g/L 以上，具有窖底香突出、带酱香、放香大、香气馥郁度较好、刺激感强的特点；但使用过量会冲淡酱香风格，甚至使酒体风格偏浓）、陈香调味酒（普遍贮存年限较长，酒体的酸增酯减尤其明显，酸酯比约为 1∶0.7，主要作用是增加基础酒的陈香风味，在使用过程中添加量需要考虑成本控制和酒体延续性）及其他调味酒（种类繁多，主要以特酸、特甜、特爽等为主，其理化指标较为均衡，特征以突出酸、甜、爽等风味为主，主要在调味时做细微调整使用，添加过量会造成酒体极度偏酸、甜、爽等特征）。每一种调味酒的个性突出，不同量比关系的搭配，调味结果差别较大。二是掌握好调味的方向，首先，低度酱香型白酒在勾调过程中应注重香和味的平衡，先解决酒体单薄的味感缺陷，可根据调味酒的香味物质成分馥郁程度，优先选择酯类物质含量较高的窖底香调味酒，使酒体更甜爽，放香更浓郁，再选择香味物质馥郁的酱香调味酒增加酒体香味的层次感。反之，若窖底香调味酒添加量不够，会造成酒体香气较散、不浓郁，口味较单薄，香和味不协调；其次，低度酱香型白酒的调味还有一个重要方向是协调基础酒酸酯平衡，主要是为了延长货架期酸酯变化的周期，应以增加基础酒的酯类物质含量为主，在选择调味酒时可考虑使用其他调味酒，例如酒头调味酒和尾酒调味酒，再辅以使用醇甜调味酒和窖底香调味酒进行中和，而酱香调味酒和陈香调味酒的酸酯比例较小，可适当选用；最后，根据不同调味酒的功能特征，低度酱香型白酒选择调味酒最适宜的量比关系为醇甜调味酒>陈香调味酒>酱香调味酒，再辅以适量的窖底香调味酒和其他香调味酒，以实现酒体风味物质的量比平衡。

综上所述，低度酱香型白酒因降度和除浊工艺造成香味物质成分损失，酒体酱香风味不足，可选择酯类、醇类、酚类、吡嗪类、含氮化合物等含量较丰富的优质酱香原酒作基础酒，能在一定程度上保持酒体的酱香风味，并选用醇甜调味酒、陈香调味酒、酱香调味酒为主，辅以窖底香调味酒及其他香调味酒进行综合配比使用，可提高酒体风味物质的稳定性。

33、酱香型白酒产业主要有哪些派系?

酱香型白酒以精选糯高粱、苛刻的产区环境、复杂的工艺流程、漫长的贮存要求、精良的勾调技术、万千丰富的酒体风味口感、适量饮后舒适不上头而闻名中外。因地域环境差异、工艺细微差别，酱香型酒以流域为纽带形成了多元的白酒产区，不同产区风格特征略有不同。对不同产区酱香型白酒风味中进行聚类分析发现，贵州酱香型白酒风格接近；四川酱香虽与贵州同属赤水河流域一带，但又有差异；其他产区酱香风味又成一派。另外因企业间工艺技术、勾调技术相互学习借鉴，部分企业酒体风味聚类出现非同一产区类聚，如金沙与四川酱香相似，四川仙谭酒又与其他产区风格相似。总体而言，根据相似原则将酱香型白酒分为三大风格派系：黔派酱香型白酒、川派酱香型白酒、其他流派酱香型白酒。三大派系酱香风味相似度较高，总体达到 90%以上。三个风格流派中川派酱香与黔派酱香的相似度更高，明显高于其他产区酱香型白酒，可能同属于赤水河流域一带，环境资源接近，酒体风格更相似。整体看黔派酱香型白酒风味中干植物香、坚果香、余味香明显不同于川派与其他派酱香，川派酱香的坚果香相似度最低，不同产区酱香型白酒风格特征存在差异。

（1）黔派酱香型白酒　赤水河流域150km黔川地带，以茅台镇为中心，形成了世界酱香酒核心产区，这里诞生了世界知名品牌贵州茅台，也诞生了习酒、珍酒、国台、金沙、钓鱼台等知名生产企业。贵州酱香型酒产量大、产区集中，主要酒体风格特征表现为酱香风格突出，酱香浓郁，焦煳香为主，甜蜜香为辅，整体呈现复合花果香，回甘较快，令人舒适，有着“酱中带陈”的特点，形成了独特的黔派酱香白酒风格。其中茅台酒色清透明、酱香突出、醇香馥郁、幽雅细腻、入口柔绵、清洌甘爽、酒体醇厚丰满、回味悠长、空杯留香持久；习酒微黄透明、酱香突出、醇厚丰满、细腻体净、回味悠长、空杯留香持久、酱香风格突出；珍酒具微黄透明、酱香典雅、醇柔怡人、酒体丰满、回味绵长、空杯留香舒适的醇柔酱香独特风味；国台酒酱香突出、幽雅细腻、酒体醇厚、回味悠长、空杯留香持久；金沙酒酱香突出、优雅细腻、味醇丰满、酒体醇厚、回味悠长、空杯留香；钓鱼台酒酱香幽雅、陈香舒适、醇厚隽永、自然协调、空杯留香持久。

贵州作为酱香型白酒核心主产区，主要集中在黔北的赤水河流域，贵阳周边、黔东南也分布着部分酱香型白酒企业，如贵酒、青酒等。黔派酱香型白酒2023年产能约45万t，预计到“十四五”末，产量达到80万t。黔派酱香型白酒根据核心产区地域，又分为仁怀产区和其他产区。仁怀是酱香型白酒核心产区的中心，茅台镇被誉为“中国第一酒镇”，是茅台酒的产地，产量约35万t，预计“十四五”末，酱香酒产量达到50万t。非仁怀核心产区，习水县拥有酱香型白酒产能11万t左右，预计“十四五”总产能达25万t，其中贵州习酒2023年产能约6万t，2025年，将达到10万t；其他区域珍酒、金沙酒等2023年产能约为5.5万t，“十四五”末产能达到7万t左右。随着酱香型白酒热，很多资本纷纷涉足扩大产能。

（2）川派酱香型白酒　四川是赤水河流域的酱香型白酒第二大产区，主要代表有郎酒、仙潭酒、五粮液（永福酱酒）。主要的酒体特点以曲香、陈香为主线，酸味为辅，有着舒适的粮香，酒体醇甜突出、滋味丰富，带独特窖香，有别于黔派酱香型白酒的酿造环境、酿造工艺、风格特点，形成了川派特有的酱香型白酒风格。其中郎酒酱香突出、醇厚净爽、幽雅细腻、回味悠长、空杯留香持久，较黔派酱香型白酒入口后焦味比较淡，酱香更厚，风格柔和；仙潭酒微黄透明、酱香突出、陈香舒适、醇厚绵柔、优雅细腻、回味悠长、空杯留香持久，保持了浓郁、优雅的酱香风格特点，带有明显窖底香；五粮液酱香型白酒微黄透明、酱香典雅、优雅细腻、绵润醇厚、丰满怡畅、回味悠长、空杯留香持久。

四川作为第二大酱香型白酒产区，2023年产能18万t，其中泸州产区产能约12万t，以郎酒为代表，位于赤水河核心产区，与贵州习酒一河之隔，产能约8万t；其他企业仙潭约2万t，川酒集团约1万t，美酒河酒业约5000t，古蔺县红军杯酒业约5000t，巷子深酒业约2000t。预计2025年，泸州产区产能达到15万t。宜宾产区产能总量约3万t，五粮液约2万t，金良造酒业约5000t，高洲酒业在6000t，南溪天成酒业约2000t，其他企业产能较小。另外四川省投资200亿元在茅台镇对岸再造一个茅台镇——古蔺茅溪镇，欲进一步做大做强酱香型白酒产业。

（3）其他流派酱香型白酒　我国其他流域和产区也分布着大小不一的酱香型白酒企

业，也形成了自身独特的酱香型白酒风格。北方的云门陈酿香气清新、典雅，有着酱香、绿豆曲香、花蜜香的复合香气，入口纯净微甜带酸，酒体酱味不重，口感偏清适，属柔雅酱香风格。龙滨酒具酱香、酒海、蜜香的复合气息，整体香气偏清新，入口醇和微甜，酒体前段风味突出，中段绵甜感表现很好，尾味干净。而南方代表武陵酒，是非赤水河产区名气最大的酱香型白酒，幽雅纯净，酒体香糟、糟陈气息明显，略带芝麻香，口感偏甜柔。南方的另一个代表广西丹泉，酱香典型，馥合香气幽雅，酒体协调、柔顺丝滑、细腻，空杯留香持久。

其他酱香型白酒派系中，以广西丹泉产能规模最大，1956 年建厂，2023 年年产酱香型酒 1.5 万 t，计划未来 3 年产能扩增至 3 万 t，5 年内洞藏酱香型白酒贮存规模扩至 15 万 t。山东产区酱香型白酒生产可追溯到 20 世纪 70 年代，为酿造好酒各地纷纷前往贵州茅台酒厂学习酿酒技艺，鲁酱“师从茅台”，一脉相承，习得了精髓，也赋予了创新，总体产能过万吨，主要有云门酱酒、古贝春酒业、红太阳酒业、秦池酒业、景阳冈酒业、花冠集团、酱贵酒业等，各企业产能不大，其中云门酒业酱香型白酒年产能约 10000t；其他厂年产能大都在几百吨至千吨；另外一些小众品牌，景芝景酱、国井酱酒、趵突泉泉酱，产能更小。湖南以武陵酒为代表，是中国十七大名酒之一。1952 年建厂时产能约 1000t，现已启动一个占地面积 33.3hm^2（500 亩）的酿酒技改基地建设，建成后预计酿酒产能将超过 6500t。其他地区，如东北的北大仓、江苏今世缘清雅酱酒、北京的华都酒业、天津的芦台春、河南的睢酒等酱酒企业，规模产能较小。

34、对酱香型白酒产业未来发展有哪些思考?

中国白酒经历了“十三五”时期的深度调整，现已进入“十四五”恢复性增长新阶段。目前我国酱香型白酒产能约 60 万 t，占中国白酒行业产能的 8%左右。预计 2025 年年末，中国白酒行业产量达到 800 万 t，销售收入达到 9500 亿元，实现利润 2700 亿元，比“十三五”末增长 70.3%。而酱香型白酒产能预计达到 110 万 t，销售收入达到 2500 亿元，实现利润 800 亿元，酱香型白酒热将继续保持良好的发展势头。新阶段各企业应该转变思维、构建新模式，加强内功修炼，以文化引领，打造产区名片；以技术支撑，提升产品品质；以市场为导向，满足市场多元化需求；立足产区资源，坚持生态酿酒理念，转型升级，优化结构，推动白酒产业韧性发展、高质量发展，具体有以下几个方面的思考。

（1）加强酿酒科学技术研究，提升产品质量　酱香型白酒开放式多菌种混合发酵，发酵微生态的组成、微生物之间的消长规律都将直接影响基酒产品质量，也因此成就了纷繁复杂的酱香型白酒风味物质，目前已发现的风味物质有 2000 余种，远远多于其他香型白酒。学术界对酱香型白酒主体香味物质各执己见，主体香味成分不明确以及部分缺陷酒成因物质未能成功解析，从而不利于贮存老熟机理研究，呈香呈味物质的变化规律未能全部掌握，难以有效研究开发催陈老熟技术，一定程度制约了酱香型白酒品质表达。为促进酱香型白酒行业继续发展，需进一步强化酒体风味研究，运用现代分析技术结合风味导向技术，深入解析酒体中错综复杂的风味物质，明确各种香味及异嗅特征物质，结合酿造机理、酿造微生物功能研究，利用功能微生物高通量筛选技术、风味化合物发酵调控技术、风味优化重组技术，探清微生物风味代谢机理，查定特征酿造微生物，从而有目的地指导生产全过程，确保酱香型白酒轮次风味协调、个性突出、产品批次稳定，实现高效、高质量酿造。

（2）转变模式，建立生态酿造可持续酿造之路　酱香型白酒作为一种生态产品，高度依赖酿酒产区生态，随着我国减碳承诺吹响号角，2030 年前二氧化碳达峰、2060 年前实现碳中和，白酒产业立足生态酿酒本身就是回归酿酒本质。酱香型白酒遵循自然、崇尚古法，充分体现了我国儒家顺应自然、利用自然的思想。酱香型白酒企业做大做强必须充分考虑产区环境承载能力，酿造产区自然环境与酿造微生态的关系，生态与产品品质的关系，实现“天地共酿、人间共生”的酿造过程。同时要建立生态产业链，从酿酒原料的选育种植、制曲制酒生产、贮存勾调、包装到终端消费，做到清洁生产、低投入、高回报、零污染的良性循环产业链条，实现“资源→产品→废弃物→再生资源”的闭环式酿造模式，谨防对自然的过度索取，实现酿酒绿色、低碳、环保可持续发展的健康产业。

（3）推进两化深度融合，开启智能酿造时代　酱香型白酒属于传统劳动密集型生产模式，生产劳动强度大，酿造成本高，受季节变化影响大，出酒率和优质品率低，生产标准化和精细化程度低，严重制约酱香型白酒高质量发展。通过利用现代适用工程技术、信息技术结合生产工艺，推动完成酱香型白酒生产各环节制曲、制酒、贮存、勾调、包装、仓储物流、产品追溯体系等技术改造升级，实现白酒实体制造与信息技术系统两化融合发展，实现提高土地资源利用率、减轻环境污染压力、大大减轻员工劳动强度、提高生产效率、产品稳定性，推进酱香型白酒生产精细化、标准化更上一层楼。

（4）推动酱香型白酒产业集群化，提升酱香型白酒品牌效应　“十三五”时期行业的深度调整，彰显出白酒品牌的“马太效应”明显，产业集群不再是酱香型白酒企业数量大幅增长，而应该是现有企业数量的整合，从内部出发，以“调结构、提品质、塑品牌、拓市场”为主线，走效益型发展道路。随着我国消费不断升级、供给侧结构性改革不断推进，必须坚持消费者为王，只有调整产品结构，才能满足消费者需求。目前虽然酱香型白酒深受欢迎，但随着各企业扩产能计划的实施，将出现产能过剩问题，市场竞争变得更加激烈。当下各企业应该强化品牌培育，做好产品的可视化表达，做好白酒品鉴知识的传播，提升自身品牌影响力和号召力，实现品牌与区域产业协调发展，共同促进酱香型白酒产业大发展、大繁荣。

35、不同类别酱香型白酒在感官上有何差异?

按照酱香型白酒国家标准中定义，酱香型白酒是指以高粱、小麦、水等为原料，经传统固态发酵、蒸馏、贮存、勾调而成的，未添加食用酒精及非白酒发酵产生的呈香呈味呈色物质，具有酱香风格的白酒。但目前市场上鱼龙混杂，各种翻沙酒、碎沙酒，甚至串酒冒充正宗大曲酱香型白酒，而绝大多数消费者并不能从感官特征上加以区分，从而导致消费者被误导。传统的优质大曲酱香型白酒一般又称坤沙酒、捆籽酒，该类酒是使用本地糯性较好的高粱（红缨子、青壳洋等）为原料，80%的高粱保持完整颗粒，从重阳下沙开始，到次年最后一次取酒结束，历时整整一年；历经两次投粮、九次蒸煮、八次发酵、七次取酒，按酱香、醇甜、窖底三种典型体和不同轮次酒长期贮存，精心勾调而成；经历了三年漫长贮存期，通过分子之间的缔合作用、挥发作用、酯化作用、氧化还原作用，最终酿成酱香突出、优雅细腻、酒体醇厚、后味悠长、空杯留香持久的正宗大曲酱香型白酒。在传统酱香型白酒酿造过程中，经七次取酒之后的丢糟糟醅中仍然有约14%的淀粉含量，翻沙生产工艺就是利用丢糟为配糟，再加入适量高温大曲，发酵以后进行第十次蒸煮，第八次取酒，俗称八次酒，八次酒枯煳味较重，一般作为调味酒。碎沙酒则是采用完全破碎的高粱作为原料，采用类似续糙式工艺生产的酱香型白酒，由于本地糯红高粱成本高，且支链淀粉丰富，打碎以后糟醅易结块成团，糖化发酵利用率低，因此碎沙酒多使用糯性较差的东北粳高粱（大红粱，其直链淀粉含量更高）。碎沙酒按照使用的曲药种类不同，分为大曲碎沙和麸曲碎沙，实际的生产中也会适量使用商品化的糖化酶及活性干酵母来提高出酒率；碎沙酒具有出酒率高，但酱香较淡、香气发闷、酒体单薄等特点。串酒是指不经过糟醅窖内发酵这一步骤，在丢糟中加入食用酒精，蒸煮取酒，再添加食用香料勾调而成。根据酱香型白酒的定义，串酒已经不属于酱香型白酒，多地政府对串酒大力整治，但是由于其低廉的成本，仍旧有部分串酒流入酱香型白酒市场。为了解不同类别酱香型白酒在感官上的具体差异，以茅台镇不同企业提供的坤沙酱香型白酒、碎沙酱香型白酒、翻沙酱香型白酒以及自制的串酒为研究对象，以12名专业的白酒评酒员组成评酒组，其中省评委6名，一般评酒员6名，按照GB/T 33405—2016《白酒感官品评术语》附录A白酒风味轮及T/GZRHJX 004—2019《仁怀产区大曲酱香酒风味轮应用指南》，从香气、口味、口感3个方面选取16个关键特征指标，采取五点标度定量描述。品评小组通过暗评的方式对四组酒样进行品评打分。将评分均值计入得分，建立风味指纹图谱评分表，最终以风味特征雷达图的形式来直观体现几种工艺白酒的不同特点。评分标准为：无0分、弱1分、稍弱2分、中等3分、稍强4分、强5分。

（1）样品基本感官评价结果　对四种酒样风味特征（香气、口味、口感）进行感官品评，从最直观的角度评价四种类别白酒之间的差异。在四种白酒香气方面品评选取了酱香、曲香、空杯香、复合香、煳香以及异香作为关键特征指标，其中坤沙酒的酱香、曲香、空杯香、复合香的评分远高于其他3种酒样。煳香最为突出的是翻沙酒，高达4.5分，其次是碎沙3.3分。在异香方面，串酒最为明显，高达4.6分。而口味方面则选取了酸、甜、苦、涩以及辛辣作为关键特征指标，其中坤沙酒在酸味上比较明显，为2.4分；翻沙酒在苦味与涩味上比较突出，分别为2.9分和3.0分；碎沙酒甜味和辛辣感较明显，分别为2.5分和2.6分；串酒的辛辣感较突出，为3.1分。口感方面选取了柔和度、丰满度、协调度、纯净度、持久度作为关键特征指标，其中坤沙酒在这5种指标中的评分远高于其他几种酒样，串酒的这5种指标评分最差。不同类别酱香型白酒感官品评差异见表1-3。

表1-3　不同类别酱香型白酒感官品评差异

评价指标		坤沙酒	翻沙酒	碎沙酒	串沙酒
香气	酱香	4.7	2.4	1.2	0.4
	曲香	3.6	0.5	0.5	0.1
	空杯香	4.5	2.6	1.4	1.1
	复合香	3.6	0.4	0.7	0.4
	煳香	2.8	4.5	3.3	1.8
	异香	0.0	0.8	2.9	4.6

续表

评价指标		坤沙酒	翻沙酒	碎沙酒	串沙酒
口味	酸	2.4	1.3	1.2	1.4
	甜	1.8	1.8	2.5	1.5
	苦	1.5	2.9	0.9	0.7
	涩	1.6	3.0	1.4	1.3
	辛辣	0.2	1.8	2.6	3.1
口感	柔和度	3.4	1.9	1.4	0.6
	丰满度	3.6	1.6	1.0	0.4
	协调度	3.1	1.6	1.1	0.4
	纯净度	3.7	2.6	1.8	1.3
	持久度	3.7	2.0	1.3	0.7

（2）不同类别酱香型白酒间香气的差异　坤沙酒的酱香更为突出，从目前研究进展可知，酱香型白酒酿造过程中酱香类化合物的产生途径主要有两种：一是非酶褐变反应，包括美拉德反应、焦糖反应等，能够产生醛酮类、呋喃类、吡喃类等与酱香形成有关的物质；二是酶法褐变反应，多酚物质在酶的催化下氧化产生色素，适当的褐变反应能使食物形成良好的风味及色泽。除此以外酱香型白酒中酱香类风味物质还可能是来源于耐高温细菌的酶法催化反应，因为坤沙酒酿造工艺中的高温制曲、高温堆积、高温发酵、高温流酒等关键工艺点都与高温微生物菌群密切相关，特别是制曲的高温阶段，耐高温的嗜热芽孢杆菌生长繁殖旺盛，具有很强的蛋白质和淀粉水解能力，为美拉德反应初期产生阿马多利化合物提供了原料，是酱香类风味物质形成的关键时期。高温大曲作为坤沙酒的糖化发酵剂，在酱香型白酒酿造过程中与粮食使用量的比例高达1∶1左右，用曲量大是保证基酒中酱香类风味物质正常产生的前提，而碎沙酒因为使用糖化酶和活性干酵母极大地减少了高温大曲使用量，因此坤沙酒的酱香更加突出。

曲香是酱香型白酒酿造过程中使用的糖化发酵剂高温大曲经参与酿造使酱香型白酒呈现的香气特征。感官品评发现坤沙酒的曲香远高于其他酒样，这是因为坤沙酒的用曲量是其他香型用曲量之首，七个轮次生产过程中高温大曲是不断加入的，随着用曲量的增加糟醅中的香气也逐渐增加，优质的酱香型白酒均具有令人愉悦的曲香。

空杯香留香持久是酱香型白酒区别其他香型白酒的主要特征之一，目前实际空杯闻香过程中除对留香时间长短判断外，还包含香气的种类及愉悦度的分析。感官品评结果发现，坤沙酒的空杯香明显优于其他几种类别的酒样。空杯香成分由高沸点的化合物组成，前期研究中分离出中性、酚类化合物、碱性含氮化合物、有机酸4个组分，证明酱香型白酒空杯留香与中性及酚类化合物有关。正因为坤沙酒具有“四高两长，一大一多”的特殊生产工艺，即高温制曲、高温堆积、高温发酵、高温馏酒，生产周期长、基酒贮存时间长，用曲量大，多轮次发酵，因此很多香味成分在种类和数量上均要高于其他香型的白酒。而碎沙酒、翻沙酒、串酒正是缺少了这些步骤，导致酒体香气成分单一、量少，因而空杯留香时间较短，且空杯香气不及坤沙酒幽雅。

复合香是酱香型白酒中按照不同强度（或时间）组合呈现的多种香气特征，从感官品评结果来看，坤沙酒的复合香气突出，这可能是因为其特有的“四高三长，一大一多”的复杂生产工艺，形成了几百种香气物质，经过长时间贮存，醇类、酸类、酯类、醛酮类、芳香族化合物等各种香味成分发生氧化、酯化、缔合等复杂的化学物理变化，使坤沙酒的香味成分更加丰富，复合香气幽雅。相较于坤沙酒，翻沙、碎沙以及串沙酒的香气物质较少，因此复合香气较差。

煳香是指酱香型白酒中类似有机物烧焦煳化的气味特征，酱香型白酒中的煳香主要源于糖的热降解产生了一些具有焦糖香、焦煳香和枫木香的香味物质，这些香味物质由呋喃扭尔、甲基环戊烯酮、麦芽酚、异麦芽酚、去甲基呋喃扭尔和枫叶内酯这些含有一个甲基烯醇式-酮式基团的化合物组成。从感官品评结果来看，翻沙及碎沙酒的煳香较明显，这可能是由于碎沙酒的高粱粉碎度更高、直链淀粉含量更高，导致糟醅不耐蒸煮，再加上糖化酶的促进作用，糟醅中含糖量丰富，导致后续高温发酵蒸馏过程中，糖类热降解产生更多的煳味物质带入酒体之中，因此碎沙酒大都具有明显的焦煳香。而坤沙酒使用的本地糯高粱支链淀粉含量丰富，高达 90%以上，相对于粳高粱的直链淀粉，这种支链淀粉的立体网状结构更耐蒸煮，且酿造坤沙酒的高粱颗粒完整度高，能够经受住这种复杂烦琐的工艺流程，生成的香味物质更加丰富，所以七个轮次的基酒按比例勾调以后，各味协调，煳味并不突出。经过多轮次蒸煮，随着糖类热降解产生煳香物质的积累，后轮次酒中的煳香越来越明显，翻沙酒中呈现的是枯煳香。在实际的酿造过程中可能由于工艺操作不当、微生物异常代谢或者混入化学物质，会导致酒体中出现一些不愉悦的异香，例如串沙酒的异香突出，主要是因为串沙酒生产过程中添加酒精及香料产生的酒精味和浮香，这种香气不是正常微生物发酵产生的，因此香气欠正、不协调，很容易感受到。

（3）不同类别酱香型白酒间口味的差异　形成酸味的主要是白酒中的有机酸，酱香型白酒中的有机酸含量明显高于其他香型的白酒，是最重要的味感剂，酸类物质不但是酱香型白酒的重要香味物质，而且是许多香味物质的前体。酒体中有机酸可增长酒的味感在口腔中持久的程度，即增长后味，酒体后味的长短，很大程度上取决于有机酸的含量。尤其是一些沸点较高的有机酸。适当含量的有机酸可使酒体丰满、醇和、自然感好，并可消除酒的苦味。此外，有机酸还可形成甜味或回甜味，消除糙辣感，增加白酒的醇和感，掩饰低度白酒的水味。酱香型白酒中含量最多的是挥发性的乙酸和非挥发性的乳酸，酒体中的酸类物质主要是由细菌利用糖类产生的，例如乙酸由乙酸菌产生，乳酸大部分由乳酸菌通过同型乳酸和异型乳酸发酵而来，丙酸由丙酸菌产生，丁酸由丁酸菌产生等。从感官品评结果来看，坤沙酒的酸味较突出，这可能是因为坤沙酒使用高温大曲为糖化发酵剂，高温大曲中数量最高的微生物菌群就是细菌，在发酵过程中能产生大量有机酸。由于添加了活性干酵母，虽然碎沙酒的酒精发酵效率高于使用高温大曲的坤沙酒，但有机酸产量低。翻沙酒由于经过了十次蒸煮，淀粉老化，糖分消耗殆尽，不容易被微生物利用，因此有机酸含量少。串酒生产中没有经过发酵的过程，严重缺乏酸类和酯类。所以坤沙酒的酸感较为突出。

酱香型白酒中的甜味主要来源于多元醇，其中甘油和甘露醇这两种多元醇在酱香型白酒中的含量较多。虽然多元醇不易挥发，但蒸酒时会随着水蒸气带入酒中，是白酒甜味的重要成分。甘油是酵母酒精发酵的主要产物。酵母在产生酒精的同时生成部分甘油，糟醅中的蛋白质含量越多，温度及 pH 越高，甘油的生成量也越多。碎沙酒因为活性干酵母的加入，酒精发酵效率高于坤沙酒，产生的甘油较丰富，同时其有机酸含量少，所以碎沙酒中由多元醇带来的甜味就比较明显。

从感官品评结果来看，翻沙酒的苦味和涩味最为突出，酱香型白酒中的糠醛和部分高级醇均能给酒体带来苦味和涩味，其中糠醛的苦味阈值最低，为 0.7820mmol/L，涩味阈值也较低，为 54.10μmol/L，且阈值浓度比值（Dose-over-threshold value，DoT）均大于 1。在实践中发现，糟醅经过多轮次的蒸煮、加曲、堆积糖化发酵，后轮次酒就会有明显的苦味出现，一方面是因为糟醅中非挥发性的酸增加，挥发性的酸减少，会导致蒸馏出的后轮次酒中有机酸含量降低，苦味更加凸显，口感单薄；另一方面后轮次酒生产中需要添加大量糠壳提高糟醅疏松度便于微生物发酵，糠壳中的半纤维素在半纤维素酶的作用下分解成戊糖，经微生物发酵生成糠醛，糠醛含量高时，在酱香型白酒中呈现极重的焦苦味和涩味，因而翻沙酒苦味和涩味突出。

辣味不是味觉，而是刺激口腔和鼻腔黏膜的一种痛感，酱香型白酒中的辣味主要是由酒精和醛类引起的“冲辣”刺激感。从感官品评结果来看，串沙酒的辛辣味最为突出，这可能是由于串酒是由食用酒精和固态糟醅串蒸制成，酸酯不协调，因而由酒精引起的刺激感强烈，酒体冲辣。另外，碎沙酒辛辣味也较为突出，可能是因为本次选取的碎沙酒体较新，酒中尚存在一些易挥发的醛类、硫化物，且没有经过长期贮存（通过水分子和酒精分子发生缔合反应，减少酒精分子的自由度，以降低刺激感）。

（4）不同类别酱香型白酒间口感的差异　根据 GB/T 33405—2016《白酒感官品评术语》中的“白酒风味轮”模型，口感是区别于香气与口味的一大品评维度，其包括柔和度、丰满度、协调度、纯净度、持久度五个方面。柔和度是白酒入口时感受到的柔顺程度；丰满度是白酒在口中的各种感受的丰富程度；协调度是白酒在口中各种搭配的舒适程度；纯净度是白酒下咽时感受的润滑干净程度；持久度是下咽后余味感受持久的时间长度。从感官品评结果来看，坤沙酒在口感的五个维度中，最为突出，口感最好，其次分别是翻沙酒、碎沙酒、串酒。口感中的五个维度均是由酒体中的多种香味物质成分组合而成，通过勾调，优化酒体中的各种香味成分配比，以达到提高口感的目的。坤沙酒是将七个轮次的基酒按照比例进行勾调，并且加入窖底酒、窖面酒以及老酒等调味酒进行进一步调味，以达到酱香型白酒典型口感。翻沙酒实际上属于八次酒，虽然保留了坤沙酒的一些香味特点，但酒体较单一，口感不如坤沙酒丰富协调。碎沙酒虽然经过 4~5 轮次的蒸煮取酒，但不属于严格意义上的轮次酒，各个轮次蒸得的酒体风格相差不大，不似坤沙酒的七个轮次酒具有每个轮次典型风格，再加上大曲使用量远不及坤沙酒，香味成分也不及坤沙酒丰富，因此口感较单薄。串酒中的香味成分更加单一，且有香精香料的添加，口感不协调，品质最差。

综上所述，按照香气、口味、口感，分别对酱香型白酒、翻沙酒、碎沙酒以及串酒打分，通过建立感官风味雷达图，直观体现上述几种不同工艺酒的风味特点。坤沙酒的酱香、曲香、复合香、空杯香突出，入口酸味较明显；翻沙酒煳香突出，入口苦味和涩味较明显；碎沙酒煳香较明显，入口甜味和辛辣味较明显；串酒异香突出，入口辛辣明显。在口感方面，坤沙酒的柔和度、丰满度、协调度、纯净度、持久度最优，其次是翻沙酒、碎沙酒，串酒最差。后续为进一步明确不同类别酱香型白酒中特征风味成分及形成机理、风味成分对酒体风格特征影响可以借助先进的仪器设备对微量风味物质进行检测，为进一步了解坤沙酒、碎沙酒、翻沙酒及串沙酒风味成分提供参考。

36、传统固态法白酒酿造工艺具有哪些特点？

（1）自然制曲　中国蒸馏酒传统使用的糖化发酵剂是大曲和小曲均采用自然接种，使用的原料是小麦、大麦、豌豆、大米（米饭）、黄豆等，有的还添加中草药。尽管使用的原料不尽相同，但都是网罗空气、工具、场地、水中的微生物，在不同的培养基上富集，盛衰交替，优胜劣汰，最终保留特有的微生物群体，包括霉菌、细菌和酵母菌等，在淀粉质原料的糖化发酵和香味成分的形成中起着十分关键的作用。由于制作工艺，特别是培菌温度的差异，对曲中微生物的种类、数量及比例关系起着决定性的作用，造成各种香型白酒微量成分的不同和风格的差异，使中国蒸馏酒具有丰富多彩的独具特色的风味。大曲培菌中，又分高温曲、偏高中温曲、中温曲、低温曲等，造就了白酒三大基本香型及以其为基础演变的多种香型。

（2）开放式、间歇式、多菌种混合发酵　中国白酒传统酿造工艺传承至今虽借助当今科技的便利实现了部分工艺的机械化改造，如曲坯成型、糟醅出入窖、封窖、上甑以及自动化摘酒等，但大部分企业仍采用传统酿造工艺，中国白酒传统酿造工艺中除了原料蒸煮、糟醅蒸酒具有一定的灭菌效果以外，其余操作均是在自然、开放的条件下进行的。在开放式操作条件下环境中的微生物菌群会借助空气、水源、场地、器具以及酿酒匠人等途径进入酿造环节，与曲药微生物菌群、窖池微生物菌群以及糟醅微生物菌群等共同参与酿造，共同酿造出了中国白酒的芬芳香味。

（3）常温、常压操作　中国白酒传统酿造工艺均是在常温、常压下进行，蒸酒、蒸粮操作最高温度为102℃左右，无须高温、高压的操作，具有更高的安全性。另外，中国白酒传统酿造工艺属于双边发酵工艺，为了保证糖化、发酵的正常进行，均采用低温入窖工艺，确保糟醅发酵过程中的正常升温，保证了酒的风味和高出酒率，常温、常压的酿造工艺奠定了中国白酒酿造具有简便、成本低的特点。

（4）采用配糟、双边发酵　中国蒸馏酒生产大多采用配糟来调节酒醅的淀粉浓度、酸度，如浓香型白酒使用“万年糟”，更有利于芳香物质的积累和形成。固态法酿酒采用低温蒸煮、低温糖化发酵，而且糖化与发酵同时进行（即双边发酵），有利于多种微生物共酵和酶的共同作用，使微量成分更加丰富多彩。

（5）独特的发酵设备　中国蒸馏酒的发酵设备与其他蒸馏酒比较，差异甚大，十分独特。发酵设备对白酒香型的形成做出重要贡献。酱香型白酒发酵窖池是条石砌壁、黄泥作底，有利于酱香和窖底香物质的形成；清香型白酒采用地缸发酵，减少杂菌污染，利于“一清到底”；浓香型白酒是泥窖发酵，利于己酸菌等窖泥功能菌的栖息和繁衍，对“窖香”的形成十分关键。这种独特的发酵设备为中国白酒三大基本香型风格的形成提供了基础条件。

（6）绝无仅有的酿造工艺　中国蒸馏酒以茅台、泸州老窖、汾酒等为代表，都是珍贵的民族遗产，千百年来，世代相传，积累了丰富的经验，因地制宜采用了不同的酿造工艺，创造了多种香型的白酒。酱香型白酒以高粱为原料，采用高温制曲、高温堆积、高温发酵、高温馏酒、发酵周期长、贮存期长的“四高两长”工艺；清香型白酒采用清蒸二次清、高温润糁、低温发酵的“一清到底”工艺；浓香型白酒则是以单粮或多粮为原料，采用混蒸混烧、百年老窖、万年糟、发酵期长的工艺。这些独特的工艺酿造出丰富多彩的中国蒸馏酒。

（7）固态甑桶蒸馏　中国白酒蒸馏装置为甑桶，无论是天锅甑、分体式甑桶以及如今的机械化甑桶其原理均相同，可以将其简略地认知为一种填料塔。在上甑时匠人通过“探汽上甑，轻撒匀铺”等操作要点使得糟醅在甑桶内部形成填料塔，而蒸汽在上升过程不断经历“液化-气化-液化”的变化过程，不断提取糟醅中的乙醇及其他香味物质，最终实现将糟醅中微量的乙醇经过浓缩与分离后提高至浓度为60%~75%vol。行业中一直流传着“生香靠发酵，提香靠蒸馏”的说法，切实证明了蒸馏工艺及设备对中国白酒的重要性。

37、什么是酱香型白酒“12355 99789”酿造工艺？

酱香型白酒“四高两长、一大一多”酿酒理论只论述了关键工艺，没有对整个酱香型白酒工艺的全面描述。如果有一句话，既能简练实用、易懂易记、合理完整地全面描述酱香型白酒传统工艺，又把关键工艺的理论阐释融为一体，那就是“12355 99789”数字编码表述。

“12355 99789”是酱香型白酒传统工艺的数字编码表述，简洁合理、科学完整、易懂易记。其中各个数字的含义是指，1 年 1 个生产周期，2（两）次投粮（下沙、插沙），3 年以上原酒贮存期，5 月 5 日端午开始制曲时间，9 月 9 日重阳投粮下沙时间，7 次取酒，8 次糖化发酵，9 次蒸煮。“12355 99789”数字编码将酱香型白酒传统工艺，从制曲开始、投粮下沙到原酒贮存，整个酱酒酿酒工艺和生产过程表达得一目了然、明明白白，便于学习记忆又便于传承传播。编码的 10 个数字，还暗含了“十全十美”的意思：山美水美、人美酒美；技美艺美、尽善尽美；美美与共、美酒天成。

数字编码中的“55”是农历的 5 月初 5，即传统端午节的简称编码；“99”是农历的 9 月初 9，即传统的重阳节简称编码。“55、99”这两组数字，代表了不同于其他香型白酒的严谨、严肃、严格、严苛的科学性和时令性要求。酿酒是培养微生物获取其代谢产物——酒精与香味物质的过程，这个过程自然包括了时令性。我们都知道，农历 5 月，对赤水河流域来说，已进入初夏温润潮湿的季节。微生物种类和数量都多了起来，进入了良好的制曲季节，在这个季节制作的高温大曲，当然是最好的。正如老话所言“夏制曲，酱味绝”。这一说法也得到了不少科研成果的支持和证实，无论是感官和理化指标上，夏季制曲的质量都是最佳的。

农历 9 月 9 日，最热的夏季即将过去，进入了酿酒的好季节。按老辈酿酒人说法，农历 9 月 9 日，赤水河河水夏季由浑浊变清了、天气凉爽了、酿酒原料价格也由于新高粱的上市降低了，这个时候投料下沙也就变得理所当然。9 月 9 日重阳投料，产好酒时正好避开了赤水河流域的最冷、最热季节，出酒不仅多而且好。这是何等的好事。对此，我们不得不佩服老一辈酿酒大师们的智慧。在没有现代仪器的情况下，凭感官经验精准地把握酱香型白酒酿造的时令性、科学性，真的是令人叹为观止。

如果说从“12355 99789”酱香型白酒传统工艺中知道酱香型白酒是怎么酿造的话，

那么，“四高两长”酿酒理论就是阐释酿造酱香型白酒为什么要这么做的原理。“1235599789”是酱香型白酒传统工艺简洁合理、科学完整的表述，“四高两长”是酱香型白酒关键工艺实践总结、抽象概括的酿酒理论。二者相辅相成，从酿酒实践和酿酒理论维度，对神秘复杂的酱香型白酒传统工艺做出了科学合理的解释，让酱香型白酒传统工艺由“知其然”的必然王国，走向了“知其所以然”的自由王国。

38、甲醇有何毒性?

甲醇对人体的危害性较大，对神经系统和血管的毒害作用十分严重，对视神经危害尤甚。甲醇可经消化道、呼吸道以及黏膜渗透入人体而导致中毒。若饮入甲醇 5~10mL，可致严重中毒，10mL 以上即有失明的危险，30mL 即可引起死亡。甲醇进入人体内后，在一定的程度上缓慢地积累，不易排出体外，在血液中循环。另一方面，据研究证实，甲醇在体内的代谢产物是甲酸和甲醛，两者毒性大于甲醇。甲酸的毒性比甲醇大 6 倍，而甲醛的毒性比甲醇大 30 倍，所形成的甲醛会危害人的视网膜，严重时可导致失明。

二 微生物篇

1、什么是微生物？

微生物是地球生物圈中的一大类，其是个体微小、结构简单、必须借助显微镜才能看清其外形的微小生物体。微生物种类多，分类方法也很多，现在主要按植物学、双名法分类，即按界—门—纲—目—科—属—种的分类方法，也有的结合实际按通俗命名法来分类。通常说的微生物主要是指细菌、放线菌、酵母菌、霉菌和病毒五大类。微生物大多数是单细胞的，一个细胞就是一个生命体（如细菌、酵母）；部分是多细胞生命体（如霉菌）；也有一些没有细胞结构（如病毒和噬菌体）。其主要特点是体积小、种类多、繁殖快、分布广、容易培养、代谢能力强等。微生物中有一些种类能引起人类、动物、植物患病，也有一些种类能为人类服务，如发酵食品、酿酒、制药等，更多的还是人类暂时所无法掌握的。微生物为人类服务的历史悠久，但人们真正认识它还是16世纪发明了显微镜之后。19世纪发酵之父路易·巴斯德首次证明酒类的发酵就是由酵母菌引起的，各类酒的生产都离不开酵母菌的作用。在白酒酿造过程中有关的微生物主要是霉菌、酵母菌和细菌，它们在白酒生产中对酒的质量、产量起到重要的作用。

2、什么是霉菌，其在酱香型白酒酿造中的主要种类有哪些？

霉菌是能生长出可见菌丝体的真菌，也称为小型丝状真菌。霉菌并非分类学名词而是一个俗称，泛指可在一定基质上形成绒毛状、网状、絮状菌丝的真菌，均称为霉菌，霉菌种类众多，有米曲霉、毛霉、根霉、青霉、犁头霉等。多数霉菌对酿酒生产不利，特别是青霉，其虽然在工业中有很高的应用价值，如用于制青霉素、干酪加工等，但在酿酒生产上完全属于有害菌种，能使糟醅腐败。酿酒器具和场地环境的清洁卫生是减少有害霉菌的重要措施。酱香型白酒酿造环节中常见的霉菌有藻状菌纲的根霉、毛霉、红曲霉、青霉、犁头霉等，其中能用作白酒生产中糖化剂的霉菌有根霉、红曲霉、黄曲霉、黑曲霉、曲霉等。根霉菌在自然界分布很广，常生长在淀粉基质上，空气中也有大量的根霉孢子。曲霉菌包括红曲霉、黄曲霉、黑曲霉、米曲霉等，是与酿酒、制曲关系最密切的一类菌。菌种的好坏与出酒率和产品质量有很大关系。

3、什么是酵母菌，其在酱香型白酒酿造中的主要种类有哪些？

酵母菌是一类单细胞微生物，其形态有圆形、卵圆形、椭圆形、腊肠形、菌丝状等，是有细胞核、液泡和质粒体物质的真菌。在自然界中酵母菌主要分布在含糖质较多的偏酸性环境，如水果、蔬菜、花粉、淀粉以及果园的土壤中。中国民间传说中的“猿酒”

就是酵母菌利用水果自然发酵的产物。酵母菌能分泌淀粉酶、蛋白酶、脂肪酶、酒化酶等，既有分解作用的酶，又有合成作用的酶。从检测的酿酒环境中的酵母菌观察可知，酵母菌大多数呈圆球形、卵圆形等，在酱香型白酒生产中常见的酵母菌种是酒精酵母和产酯酵母。酒精酵母是产酒能力强的酵母，其形态以椭圆形、卵形、球形为多，一般以出芽的方式进行繁殖。产酯酵母也称生香酵母，能使糟醅中含酯量增加，并呈独特的香气。酒精酵母在有氧环境中，将葡萄糖转化为水和二氧化碳，无氧条件下，将葡萄糖转化为二氧化碳和酒精。

4、什么是细菌，其在酱香型白酒酿造中的主要种类有哪些?

细菌是一种单细胞原核微生物，呈杆状、球状、螺旋状和丝状等各种不同形态。在细菌学分类上，常用丹麦医生克里斯蒂安·革兰（Christian Gram）于1884年发明的革兰氏染色法，将细菌分为革兰氏阳性和革兰氏阴性两大类；从营养方法上可将细菌分为光能自养细菌和化能异养细菌。酱香型白酒酿造环节中的细菌以化能异养的为主，按照形态又可以分为球菌、杆菌及螺旋菌三大类，其中球菌按其细胞排列方式又可分为单球菌、双球菌、四联球菌、八叠球菌及链球菌等，杆菌按其细胞长宽比和排列方式又可分为长杆菌、短杆菌、棒杆菌、链杆菌。酱香型白酒生产中常见和常用的是球菌和杆菌，尤以杆菌为主，如梭状芽孢杆菌。细菌在酱香型白酒生产中相互作用，如醋酸杆菌是产生酯类的前体物质的主要微生物，酯类是酒类香味的主要来源，但含量太高又会导致酒体不协调；而枯草杆菌是一种腐败菌，对酿酒危害甚大，制曲中如水分过高，易被枯草杆菌侵入并迅速繁殖，造成曲块发黏而腐败，有时产生硫化氢臭味，影响酒的风味。

5、酱香型白酒在酿造过程中极端微生物菌群有哪些?

酱香型白酒相较于其他大曲酿造，其酿造微环境温度、酸度均更高，属于极端环境条件，因此酱香型白酒酿造过程中会富集一批极端微生物菌群，主要包括嗜热菌、嗜酸菌等，它们的主要特性及机理如下：

（1）嗜热微生物　在微生物研究领域一般会将最适生长温度在50℃以上、最高生长温度在60℃以上的微生物称为嗜热微生物，在酱香型白酒酿造过程中制曲环节、高温堆积环节较高的温度富集了一批嗜热微生物，参与了酱香型白酒中关键香味物质的生成。嗜热菌的耐热机制主要是细胞内的tRNA工作效率远高于中低温菌，核酸中DNA分子中的（G+C）mol%也远高于中低温菌，高比例的（G+C）mol%提高了DNA分子的耐热性，在高温条件下仍然能够保持较好的稳定性并且代谢速度也相应更快。另外，嗜热微生物细胞内的酶系、脂肪、蛋白质等大分子物质都相较于中低温菌具有更高的热稳定性，这也是保证细胞整体高热稳定性的必要条件。

（2）嗜酸微生物　在微生物研究领域一般会将生长酸度范围在pH 1.0~5.0，最适生长pH在3.0左右的微生物称为嗜酸微生物，其中能够在pH 3.0以下生长的微生物称为极端嗜酸微生物。酱香型白酒酿造过程中嗜酸微生物按照适宜温度的不同又分为常温、中温嗜酸微生物。嗜酸微生物对酸度的耐受性主要是因为其细胞壁、细胞膜中含有能够阻止H^+进入细胞内的物质，如细胞膜表面存在的大量金属离子Cu^{2+}等会与环境中的H^+进行交换，阻止H^+进入细胞内，减少了H^+对细胞内部环境酸碱性的破坏；细胞壁和细胞膜上还存在一些特殊的物质成分具有较高的抗酸能力；另外浓度差形成的泵功能可以增强微生物的耐酸能力。

6、培养酿酒微生物菌群时需要提供哪些必要的营养要素?

酿酒微生物菌群在培养时对营养要素的需求也主要分为碳源、氮源、能源、生长因子、无机盐和水 6 类。

（1）碳源　凡可被微生物用来构成细胞物质或代谢产物中碳架来源的营养物质通称为碳源。纵观整个微生物界，微生物所能利用的碳源种类远远超过动物、植物。至今人类已发现的能被微生物利用的含碳有机物有 700 多万种，由此可见微生物的碳源谱极其宽广。对于利用有机碳源的异养型微生物来说，其碳源往往同时又是能源。此时，可认为碳源是一种具有双功能的营养物质。种类较少的自养型微生物，则以 CO_2 为主要碳源。微生物能利用的碳源的种类及形式极其多样，既有简单的无机含碳化合物如 CO_2 和碳酸盐等，也有复杂的天然有机化合物，如糖与糖的衍生物、醇类、有机酸、脂类、烃类、芳香族化合物以及各种含氮的有机化合物。其中糖类通常是许多微生物较易利用的碳源与能源物质；其次是醇类、有机酸类和脂类等。微生物对糖类的利用，单糖优于双糖和多糖，己糖胜于戊糖，葡萄糖、果糖胜于甘露糖、半乳糖；在多糖中，淀粉明显地优于纤维素或几丁质等多糖，同型多糖则优于琼脂等杂多糖和其他聚合物（如木质素）等。

微生物对碳源的利用因种不同而异，可利用的种类差异极为悬殊。有的微生物能广泛利用各种不同类型的含碳物质，如假单胞菌属的某些种可利用 90 种以上不同的碳源；有的微生物却只能利用少数几种碳源，如某些甲基营养型细菌只能利用甲醇或甲烷等一碳化合物。又如某些产甲烷古菌、自养型细菌仅可利用 CO_2 为主要碳源或唯一碳源。工业发酵生产中所供给的碳源，大多数来自植物体，如山芋粉、玉米粉、面粉、麸皮、米糠、糖蜜等，其成分以碳源为主，但也包含其他营养成分；实验室中常用于微生物培养基的碳源主要有葡萄糖、果糖、蔗糖、淀粉、甘露醇、甘油和有机酸等。

（2）氮源　能被微生物用来构成微生物细胞组成成分或代谢产物中氮素来源的营养物质通称为氮源，包括有机与无机含氮化合物及分子态氮等都可被相应的微生物用作氮源。其中，有机含氮化合物包括尿素、胺、酰胺、嘌呤、嘧啶、蛋白质及其降解产物——多肽与氨基酸等，均可被不同微生物所利用，其中蛋白质水解产物是许多微生物的良好氮源，仅有某些微生物可以利用嘌呤和嘧啶，如尿酸发酵梭菌和柱孢梭菌只能利用嘌呤与嘧啶为氮源、碳源和能源，而不利用葡萄糖、蛋白质或氨基酸。工业发酵中利用的有机含氮化合物，主要来源于动物、植物及微生物体，例如鱼粉、黄豆饼粉、花生饼粉、麸皮、玉米浆、酵母膏、酵母粉、发酵废液及废物中的菌体等；大多数微生物能利用无机含氮化合物，如铵盐、硝酸盐和亚硝酸盐等，但仅有固氮微生物可利用分子态氮作氮源。蛋白胨和肉汤中含有的肽、多种氨基酸和少量的铵盐及硝酸盐，一般能满足各类细菌生长的需要。因此，铵盐、硝酸盐、蛋白胨和肉汤等是实验室培养微生物常用的氮源。

（3）能源　能为微生物的生命活动提供最初能量来源的物质称为能源，微生物能利用的能源种类因种不同而异，主要是一些无机物、有机物或光。能作为化能自养微生物能源的物质是一些还原态的无机物质，例如 NH_4^+、NO_2^-、S、H_2S、H_2 和 Fe^{2+} 等，这些化能自养型的细菌包括硝化细菌、硫化细菌、氢细菌和铁细菌等。许多营养物质具有一种以上的营养功能，例如，还原态无机营养物常是双功能的（如 NH_4^+ 既是硝化细菌的能源，又是其氮源）；有机物常起着双功能或三功能的营养作用，例如以 N、C、H、O 类元素组成的营养物质常是异养型微生物的能源、碳源兼氮源。光是光合微生物所利用的单功能能源。

（4）生长因子　为某些微生物生长所必需其自身又不能合成，需要外源提供但需要量又很小的有机物质通称为生长因子，狭义的生长因子一般仅指维生素；广义的生长因子除了维生素外，还包括氨基酸类、嘌呤和嘧啶类以及脂肪酸和其他膜成分等。

生长因子虽是一种重要的营养要素，但与碳源、氮源和能源不同，并非任何一种微生物都必须从外界吸收的，依各种微生物与生长因子的关系可分为以下几类。

①生长因子自养型微生物：多数真菌、放线菌和不少细菌如大肠杆菌等都是不需要外界提供生长因子的自养型微生物。

②生长因子异养型微生物：需要多种生长因子，例如一般的乳酸菌都需要多种维生素；根瘤菌生长需要生物素，每毫升培养液中仅需要 0.006μg 就有显著的促进生长作用。

③生长因子过量合成型微生物：有些微生物在其代谢活动中，会分泌大量的维生素等生长因子，因而可以作为维生素等的生产菌。例如生产维生素 B_2 的阿舒假囊酵母或棉阿舒囊霉，产维生素 B_{12} 的谢氏丙酸杆菌及某些链霉菌等。

④营养缺陷型微生物：某些微生物的正常生长需要适量的一种或几种氨基酸、维生素、碱基（嘌呤或嘧啶）。凡是不能合成上述各类物质中的任何一种，而需外源供给才能正常生长的，称为营养缺陷型微生物，如前面提及的乳酸菌、根瘤菌也同属于营养缺陷型微生物；反之则称为野生营养型微生物，即凡是以葡萄糖或其他有机化合物为唯一碳源和能源、以无机氮为唯一氮源就能满足碳、氮营养需要的化能有机营养型微生物，称为野生营养型微生物。

通常由于对某些微生物生长所需的生长因子要求不了解，因此常在实验室内培养这些微生物的培养基里加入酵母膏、牛肉膏、玉米浆、肝浸液、麦芽汁或其他新鲜的动物、植物组织浸出液等物质以满足它们对生长因子的需要。

（5）无机盐　无机盐根据微生物生长繁殖需要量的大小，可分为大量元素和微量元素两大类。凡是生长所需浓度在 $10^{-4} \sim 10^{-3}$mol/L 范围内的元素可称为大量元素，例如 S、P、K、Na、Ca、Mg、Fe 等；凡所需浓度在 $10^{-8} \sim 10^{-6}$mol/L 范围内的元素则称为微量元素，如 Cu、Zn、Mn、Mo、Co、Ni、Sn、Se 等，Fe 实际上是介于大量元素与微量元素之间故置于两处均可。

在配制微生物培养基时，对于大量元素可以加入有关化学试剂，常用 K_2HPO_4 及 $MgSO_4$，因为它们可提供 4 种需要量最大的元素。对于微量元素，由于水、化学试剂、玻璃器皿或其他天然成分的杂质中已含有，因此在配制普通培养基时一般不再另行添加。但如果要配制研究营养代谢等的精细培养基，所用的玻璃器皿应是硬质的，试剂是高纯度的，此时就须根据需要加入必要的微量元素。

（6）水　水在微生物机体中具有重要的功能，是维持微生物生命活动不可缺少的物质。

①水是微生物细胞的重要组成成分，占微生物体湿重的 70%～90%，水还供给微生物

氧和氢两种元素。

②水使原生质保持溶胶状态，保证了代谢活动的正常进行；当含水量减少时，原生质由溶胶变为凝胶，生命活动大大减缓，如同细菌芽孢，如原生质失水过多引起原生质胶体破坏，可导致菌体死亡。

③水是物质代谢的原料，如一些加水反应过程，没有水将不能进行。

④水作为一种溶剂，能起到胞内物质运输介质的作用，营养物质只有呈溶解状态才能被微生物吸收、利用，代谢产物的分泌也需要水的参与。

⑤因为比热容高，又是热的良好导体，故水能有效地吸收代谢过程中放出的热并将其迅速散发，以免胞内温度骤然升高，故而水能有效地控制胞内温度的变化。

一般微生物只有在水分活度（A_w）适宜的环境中才能进行正常的生命活动，但是菌体生长时期不同及环境条件发生改变，对 A_w 的要求会有所不同。细菌芽孢形成时比生长繁殖时所需要的 A_w 高。例如魏氏梭状芽孢杆菌在芽孢发芽和生长时要求 A_w 为 0.96；而在芽孢形成时，要求 A_w 为 0.993，若 A_w 降为 0.97，几乎无芽孢形成。而霉菌生长时要求的 A_w 比孢子萌发时高，例如灰绿曲霉生长所需的 A_w 在 0.85 以上，而孢子萌发时要求的 A_w 最低值为 0.73~0.75。

如果微生物生长环境的 A_w 大于菌体生长的最适 A_w，细胞就会吸水膨胀，甚至引起细胞破裂。反之，如果环境 A_w 小于菌体生长的最适 A_w，则细胞内的水分就会外渗，造成质壁分离，使细胞代谢活动受到抑制甚至引起死亡。人们为了抑制有害微生物生长，往往加入高浓度食盐或蔗糖，降低环境中的 A_w，使菌体不能正常生长，而达到长久保存食品的目的。

除上述六类主要的营养要素以外，有些微生物还会有特殊的营养需要，例如，好氧性微生物生长时需要氧气，此时氧参与某些物质代谢中的加氧反应，也作为物质有氧分解的最终电子受体；有些厌氧微生物（如产甲烷古菌）生长时则需要 CO_2 等。

7、什么是微生物的培养基，配制培养基需要遵循哪些原则，主要有哪些类别?

培养基是人工配制的用于微生物生长繁殖或积累代谢产物的营养基质，培养基的配制应遵循若干原则。由于各种微生物所需的营养物质常有所不同，故培养基的种类很多，据估计目前约有数千种。这些培养基可以根据不同的使用目的、营养物质的不同来源以及培养基的物理状态等分成若干类型以适应科研、生产的需要。

（1）培养基配制应遵循的原则　培养基的配制应遵循以下几个原则：一是根据不同微生物的营养需要配制不同的培养基。二是注意各种营养物质的浓度，保持合适的渗透压或 A_w，同时控制不同营养物质的合适配比。三是将培养基的 pH 控制在适宜的范围之内，以利于不同类型微生物的生长繁殖或代谢产物的积累。在实践中，针对某些微生物在生长过程中产酸性或碱性代谢产物较多的情况，在配制培养基时常添加一些缓冲剂或不溶性的碳酸盐，以维持培养基 pH 的相对稳定。常用的缓冲剂是 K_2HPO_4 与 KH_2PO_4 组成的混合物或 $CaCO_3$。四是培养基应无菌，故在培养基配制后应彻底杀死培养基中的杂菌。五是遵循经济节约、来源丰富的原则，在所选培养基成分能满足微生物培养要求的前提下，尽可能选用价格低廉、资源丰富的材料作培养基成分。

（2）培养基类别　根据构成培养基的成分、物理状态、用途将培养基可分成若干类型。

①合成、半合成与天然培养基：根据对构成培养基的化学成分的了解程度，可将培养基分成合成培养基、半合成培养基和天然培养基三大类。

一是合成培养基：合成培养基又称组合培养基，是由化学成分完全了解的物质配制而成的培养基，例如用于分离培养放线菌的高氏1号培养基，其组成成分均为明确已知的化学成分；二是半合成培养基，又称为半组合培养基，是指一类主要用已知化学成分的试剂配制，同时又添加某些未知成分的天然物质制备而成的培养基，如一般用于培养霉菌的马铃薯蔗糖培养基就属于半合成培养基；三是天然培养基，是指用化学成分并不十分清楚或化学成分不恒定的天然有机物质配制而成的培养基，常用的有机物有牛肉膏、酵母膏、蛋白胨、麦芽汁、豆芽汁、玉米粉、麸皮、牛奶、血清等，如实验室常用于培养细菌的牛肉膏蛋白培养基、培养酵母菌的麦芽汁培养基等就属于此类。

②液体、固体与半固体培养基：培养基还可根据其物理状态分成液体培养基、固体培养基与半固体培养基等类型。

一是液体培养基：指呈液体状态的培养基，无论在实验室还是生产实践中，液体培养基都被广泛应用，尤其是工业生产上，液体培养基被用于培养微生物细胞或获得代谢产物等。二是半固体培养基，是指在液体培养基中加入少量凝固剂而制成的坚硬度较低的固体培养基，一般常用的琼脂浓度为0.2%~0.7%，这类培养基常分装于试管中灭菌后用于穿刺接种观察被培养微生物的运动性、趋化性研究、厌氧菌培养、菌种保藏等。三是固体培养基，即指呈固化状态的培养基，根据固态性状，又可分为以下几种类型：首先是可逆固体培养基，指一般实验室最常用的固体培养基，是由液体培养基中加入在一定的高温条件下熔化、而在较低的特定温度下凝固的热可逆凝固剂配制而成。琼脂是最为优良与应用最为广泛的凝固剂，通常加入1%~2%的琼脂配制固体培养基；在琼脂使用之前明胶曾被广泛使用，但由于明胶的理化特性远逊于琼脂，现已很少用作培养基凝固剂，除非在检验某些微生物分解蛋白质的生理生化特性等特殊实验时加入5%~12%明胶作凝固剂，近年也有用微生物多糖结冷胶作为固体培养基凝固剂的报道。其次是不可逆固体培养基，此类培养基一旦凝固就不能再被熔化，故称之为不可逆固体培养基，如医药微生物分离培养中常用的血清培养基及用于化能自养细菌的分离、纯化与培养的硅胶培养基等。最后是天然固体培养基，是指由天然固态营养基质制备而成的固体培养基，常用的天然固态营养基质有麦麸、米糠、植物秸秆纤维粉、马铃薯片、胡萝卜条、大豆、大米、麦粒等。如酱香型白酒酿造过程中的糟醅、固体发酵生产纤维素酶常用麦麸为主要原料的天然固体培养基，又如食用菌生产常用植物秸秆纤维粉为主要原料的天然固体培养基。

③完全、加富、选择性、鉴别与基本培养基：在微生物研究中按照用途又可将培养基分成以下5种类型：

一是完全培养基：含有微生物生长繁殖所需基本营养成分的培养基称为完全培养基，也称基础培养基。培养细菌所用的牛肉膏蛋白胨培养基就是基础与应用研究中常用的基础培养基。在基础培养基中加入某些特殊需要的营养成分，还可构成不同用途的其他培养基，以达到更有利于某些微生物生长繁殖的目的。

二是加富培养基：是指在基础培养基中加入某些特殊需要的营养成分配制而成的营养更为丰富的培养基。加富培养基一般用于培养对营养要求比较苛刻的微生物。在研究致病微生物时常采用加富培养基。如培养某些致病菌常需要在基础培养基中加入血液、血清或动物与植物的组织液等。在含有多种微生物的样品中分离某种微生物时，常需要根据欲分离的微生物的营养嗜好，在基础培养基中添加特定的营养成分，使其更加有利于欲分离的目标微生物的生长繁殖。如用液体培养基培养，可使微生物群体中欲要分离的目标微生物随培养时间的延长在数量上逐步占据优势，以利于下一步分离。如用固体平板加富培养基培养，可使微生物群体中欲要分离的微生物较早形成菌落。

三是选择性培养基：用于从混杂的微生物群落中选择性地分离某种或某类微生物而配制的培养基称为选择性培养基。选择性培养基配制时可根据不同的用途选择特殊的营养成分或添加特定的抑制剂，以达到分离特定微生物的目的。

在实践中有两种方式：一种是正选择，另一种是反选择。正选择是添加某种特定成分为培养基主要或唯一的营养物，以分离能利用该种营养物的微生物，如从混杂的微生物群落中选择性地分离能利用纤维素的微生物时，则把纤维素作为选择培养基的唯一碳源，把含多种微生物的待分离样品涂布于此种培养基上，凡能在该培养基上生长繁殖的微生物即为能利用纤维素的微生物。

反选择是在培养基中加入某种或某些微生物生长抑制剂，以抑制所不希望出现的微生物，从而从混杂的微生物群体中分离不被抑制和所需要的目标微生物。如在选择培养基中加入青霉素、链霉素以抑制细菌，从而分离霉菌与酵母菌；在选择培养基中加入一定量10%的酚试剂以抑制细菌与霉菌，分离放线菌；在基因工程中，也常用加入抗生素的选择培养基来筛选带有抗生素标记基因的基因工程菌株或转化子。

四是鉴别培养基：用于鉴别不同微生物类型的培养基称为鉴别培养基，鉴别培养基主要用于微生物的分类鉴定和分离或筛选产生某种或某些代谢产物的微生物菌株。如要了解某种微生物利用葡萄糖时是否产酸，就在以葡萄糖为唯一碳源的培养基中加入一定量的1%溴麝香草酚蓝酒精溶液，溴麝香草酚蓝是一种在 pH 6.8 左右时呈浅草青色，pH 低于 6.6 时变黄，pH 高于 7.0 时变蓝的指示剂，当培养的细菌能利用葡萄糖产酸，则使培养基呈酸性而变黄色，从而使利用葡萄糖产酸这一生理生化特性得以被鉴定。

五是基本培养基：相对于完全或基础培养基而言，基本培养基是指野生型微生物在其上能生长，而营养缺陷型微生物不能生长的培养基，这类培养基一般是合成培养基，主要用于营养缺陷型突变体的筛选。

实际上，在微生物学研究与应用实践中，还常配制一些结合两种甚至多种功能与类型的综合性培养基。可见，上述各种分类是相对的。

8、在酿酒微生物培养过程中如何测定微生物的生长量?

在日常研究酿酒微生物菌群时，常常需要对目标微生物的生长情况进行监测，目前常用的微生物生长量的测定方法主要包括以下几种：

（1）直接计数法

①计数器直接计数法：取定量稀释的单细胞培养物悬液放置在血球计数板（适用于细胞个体形态较大的单细胞微生物，如酵母菌等）或细菌计数板（适用于细胞个体形态

较小的细菌）上，在显微镜下计数一定体积中的平均细胞数，换算出供测样品中的细胞数。

血球计数板及细胞计数板是一种在特定平面上划有格子的特殊载片，在划有格子的区域中，有分别用双线和单线分隔而成的方格。其中有以双线为界划成的方格 25（或 16）格，这种以双线为界的格子称为中格，其内有以单线为界的 16（或 25）小格。因此，用于细胞计数的区域的总小格数为 25×16＝400。

该 400 个小格排成一个正方形的大方格，此大方格的每条边的边长为 1mm，故 400 个小格的总面积为 $1mm^2$。在进行细胞计数前，先取盖玻片盖于计数方格之上，对于血球计数板，盖玻片的下平面与刻有方格的计数板平面之间留有 0.1mm 高度的空隙，含有细胞的供测样品液被加注在此空隙中，加注在 400 个小格（$1mm^2$）之上与盖玻片之间的空隙中的液体总体积应为：

$$1.0mm\times1.0mm\times0.1mm=0.1mm^3$$

一般表示样品细胞浓度的单位为亿个/mL。因此，在计数后，获得在 400 个小格中的细胞总数，再乘以 10^4，以换算成每毫升所含细胞数。其计算公式如下：

每毫升菌液的含菌数＝每小格平均菌数×400×10000×稀释倍数

在进行具体操作时，一般取 5 个中格进行计数。取格的方法一般有两种：一是取计数板斜角线相连的 5 个中格。二是取计数板 4 个角上的 4 个中格和计数板正中央的 1 个中格；对横跨位于方格边线上的细胞，在计数时只计一个方格 4 条边中的 2 条边线上的细胞，而另两条边线上的细胞则不计。取边的原则是每个方格均取上边线与右边线或下边线与左边线。

细胞计数板与血球计数板结构大同小异，只是刻有格子的计数板平面与盖玻片之间的空隙高度仅 0.02mm。因此，计算方法稍有差异（见以下计算公式），其他与血球计数板法同。

每毫升菌液样本的含菌数＝每小格平均菌数×400×50000×稀释倍数

②涂片染色计数：用计数板附带的 0.01mL 吸管，吸取定量稀释的细菌悬液，放置于刻有 $1cm^2$ 面积的玻片上，使菌液均匀地涂布在 $1cm^2$ 面积上，固定后染色，在显微镜下任意选择几个乃至十几个视野进行细胞计数。根据计算出的视野面积核算出每 $1cm^2$ 中的菌数，然后按 $1cm^2$ 面积上的菌液量和稀释度，计算每毫升原液中的含菌数。

每毫升原菌液的含菌数＝视野中的平均菌数×$1cm^2$（视野面积）×100×稀释倍数

③比浊法：这是测定菌悬液中细胞数量的快速方法，其原理是菌悬液中的单细胞微生物，其细胞浓度与浑浊度成正比，与透光度成反比。细胞越多，浊度越大，透光量越少。因此，测定菌悬液的光密度（或透光度）或浊度可以反映细胞的浓度。将未知细胞数的菌悬液与已知细胞数的菌悬液相比，求出未知细胞数的菌悬液所含的细胞数。浊度计、分光光度仪是测定菌悬液细胞浓度的常用仪器。此法比较简便，但使用有局限性。菌悬液颜色不宜太深，不能混杂其他物质，否则不能获得正确结果。一般在用此法测定细胞浓度时，应先用计数法作对应计数，取得经验数据，并制作菌数对 OD 值的标准曲线方便查获菌数值。

（2）间接计数法（活菌计数法） 间接计数法又称活菌计数法，直接计数法测定的是死、活细胞总数，而间接计数法测得的仅是活菌数，因此后者所得的数值往往比前者测得的数值小。

①平板菌落计数：此法是基于每一个分散的活细胞在适宜的培养基中具有生长繁殖并形成一个菌落的能力，因此，菌落数就是待测样品所含的活菌数。将单细胞微生物待测液经 10 倍系列稀释后，将一定浓度的稀释液定量地接种到琼脂平板培养基上培养，长出的菌落数就是稀释液中含有的活细胞数，可以计算出供测样品中的活细胞数。但应注意，由于各种原因，平板上的单个菌落可能并不是由一个菌体细胞形成的，因此在表达单位样品含菌数时，可用单位样品中形成的菌落单位来表示。

②液体稀释最大或然数法测数：取定量（1mL）的单细胞微生物悬液，用培养液做定量 10 倍系列稀释，重复 3~5 次，将不同稀释度的系列稀释管置于适宜温度下培养。在稀释度合适的前提下，在菌浓度相对较高的稀释管内均出现菌生长，而自某个稀释度较高的稀释管开始至稀释度更高的稀释管中均不出现菌生长，按稀释度自低到高的顺序，把最后三个出现菌生长的稀释管的稀释度称为临界级数。由 3~5 次重复的连续三级临界级数获得指数，查相应重复的最大或然数求得最大可能数，再乘以出现生长的临界级数的最低稀释度，即可测得比较可靠的样品活菌浓度。

③薄膜过滤计数法：测定水与空气中的活菌数量时，由于含菌浓度低，则可先将待测样品（一定体积的水或空气）通过微孔薄膜（如硝化纤维薄膜）过滤浓缩，然后把滤膜放在适当的固体培养基上培养，长出菌落后即可计数。

（3）细胞物质量测定法

①干重法：定量培养物用离心或过滤的方法将菌体从培养基中分离出来，洗净、烘干至恒重后称重，求得培养物中的细胞干重，一般细菌干重为湿重的 20%~25%。此法直接而又可靠，但要求测定时菌体浓度较高，样品中不含非菌体的干物质。

②含氮量测定法：细胞的蛋白质含量是比较稳定的，可以从蛋白质含量的测定中求出细胞物质量。一般细菌的含氮量约为原生质干重的 14%，而总氮量与细胞蛋白质总含量的关系可用下式计算：

$$蛋白质总量=含氮量百分比\times 6.25$$

③DNA 测定法：这种方法是基于 DNA 与 DABA-2HCl（20% 3,5-二氨基苯甲酸-盐酸溶液）结合能显示特殊荧光反应的原理，定量测定培养物的菌悬液的荧光反应强度，求得 DNA 的含量可以直接反映所含细胞物质的量，同时还可根据 DNA 含量计算出细菌的数量，每个细菌细胞平均含 8.4×10^{-5}ngDNA。

④其他生理指标测定法：微生物新陈代谢的结果，必然要消耗或产生一定量的物质，因此也可以用某物质的消耗量或某产物的形成量来表示微生物的生长量。例如通过测定微生物对氧的吸收量、发酵糖产酸量或 CO_2 的释放量，均可用来作为生长指标，使用这一方法时，必须注意作为生长指标的那些生理活动应不受外界其他因素的影响或干扰，以便获得准确的结果。

9、酿酒微生物菌群在实验室或生产中生长时会受哪些因素的影响?

微生物的生长是其与外界环境相互作用的结果，环境条件的改变在一定的限度内，可使微生物的形态、生理、生长、繁殖等特征发生变化。微生物能抵抗或者适应环境条件的某些改变，但当环境条件的变化超过一定极限，则会导致微生物的死亡，因此，微生物生长与环境之间的关系极为密切。各种因素及其综合效应处于合适的程度时，微生物才能旺盛地生长、发育和繁殖，在研究中常凭借控制和调节各环境因素，促使某些微生物的生长，发挥它们的有益作用，或抑制和杀死另一些微生物以消除它们的危害作用。

（1）温度　微生物在一定的温度下生长，低于最低或高于最高其生长温度限度时，其即停止生长或死亡。就微生物总体而言，其生长温度范围很宽，但各种微生物都有其生长繁殖的最低温度、最适温度、最高温度，称为生长温度三基点，以及各种微生物也有它们各自的致死温度。最低生长温度是指微生物能进行生长繁殖的最低温度界限，处于这种温度条件下的微生物生长速率很低，如果低于此温度则生长可完全停止；最适生长温度是指微生物以最大速率生长繁殖的温度，但需要注意的是微生物的最适生长温度不一定是一切代谢活动的最佳温度；最高生长温度是指微生物生长繁殖的最高温度界限，在此温度下，微生物细胞易于衰老和死亡；致死温度是指若环境温度超过最高温度，便可杀死微生物，这种在一定条件下和一定时间内（例如 10min）杀死微生物的最低温度称为致死温度，在致死温度时杀死该种微生物所需的时间称为致死时间，一般在致死温度以上，随着温度的升高致死时间会越来越短。在实际的微生物研究工作中，常常用加压蒸汽灭菌法进行培养基灭菌，足以杀死全部微生物，包括耐热性最强的芽孢。

在微生物研究工作中，根据其生长温度范围，通常把微生物分为嗜热型、嗜温型和嗜冷型三大类：一是嗜热型微生物，其最适生长温度在 45～58℃，如酱香型白酒酿造过程中，制曲环节、高温堆积环节以及高温发酵环节等都有高温菌存在，这些微生物菌群参与了酱香型白酒整个酿造环节，参与了酱香型白酒关键风味物质的生成，这类微生物以芽孢杆菌居多，酵母菌、霉菌等通常不能在高温中生长发育。嗜热型微生物能在如此高的温度下生存和生长，可能是由于菌体内的酶和蛋白质较为抗热，同时嗜热型微生物的蛋白质合成机构核糖体和其他成分对高温也具有较大的抗性；而且细胞膜中饱和脂肪酸含量较高，从而使膜在高温下能保持较好的稳定性。二是嗜温型微生物，其最适生长温度在 25～43℃，其中腐生性微生物的最适温度为 25～30℃，哺乳动物寄生性微生物的最适温度为 37℃左右。三是嗜冷型微生物又称嗜冷微生物，其最适生长温度在 10～18℃，包括水体中的发光细菌、铁细菌及一些常见于寒带冻土、海洋、冷泉、冷水河流、湖泊以及冷藏仓库中的微生物，这类微生物对上述水域中有机质的分解起着重要作用，冷藏食物的腐败往往是这类微生物作用的结果。冷藏食品腐败的原因至少可以认为，嗜冷型微生物细胞内的酶在低温下仍能缓慢而有效地发挥作用，同时细胞膜中不饱和脂肪酸含量较高，可推测为它们在低温下仍保持半流动液晶状态，从而能进行较活跃的物质代谢。

微生物在适应温度范围内，随温度逐渐提高，代谢活动加强，生长、增殖加快；超过最适温度后，生长速率逐渐降低，生长周期也延长。在适应温度界限以外，过高和过低的温度对微生物的影响不同。高于最高温度界限时，引起微生物原生质胶体的变性、蛋白质和酶的变性损伤、失去生活机能的协调，从而停止生长或出现异常形态，最终导致死亡。当环境温度低于微生物生长最低温度时，微生物代谢速率降低，进入休眠状态，但原生质结构通常并不破坏，不致很快死亡，能在一个较长时间内保存其生活力，提高温度后，仍可恢复其正常生命活动。在微生物学研究中，常用低温保藏菌种。但有的微生物在冰点以下就会死亡，即使能在低温下生长的微生物，低温处时，开始也有一部分死亡，主要原因可能是细胞内水分变成冰晶，造成细胞明显脱水，冰晶往往还可造成细胞尤其是细胞膜的物理性损伤。因此，在微生物研究工作中，温度因素的控制是极为重要的，必须按照微生物种类提供适应的温度进行培养。

（2）pH　微生物的生命活动受环境酸碱度的影响较大，每种微生物都有最适宜的 pH 和一定的 pH 适应范围。大多数细菌、藻类和原生动物的最适宜 pH 为 6.5~7.5，在 pH 4.0~10.0 也能生长；放线菌一般在微碱性，pH 7.5~8.0 范围内最适宜；酵母菌和霉菌在 pH 5~6 的酸性环境中较适宜，但可生长的范围在 pH 1.5~10.0。有些细菌可在很强的酸性或碱性环境中生活，例如有些硝化细菌能在 pH 11.0 的环境中生活，氧化硫硫杆菌能在 pH 1.0~2.0 的环境中生活。各种微生物处于最适 pH 范围时酶活性最高，如果其他条件适合，微生物的生长速率也最高；当低于最低 pH 或超过最高 pH 时将抑制微生物生长甚至导致死亡。目前的研究发现，pH 影响微生物生长的机制主要有以下几点：

一是氢离子可与细胞质膜上及细胞壁中的酶相互作用，从而影响酶的活性，甚至导致酶的失活。

二是 pH 对培养基中有机化合物的离子化有影响，因而也间接地影响微生物。酸性物质在酸性环境下不解离，而呈非离子化状态，非离子化状态的物质比离子化状态的物质更易渗入细胞；碱性环境下的情况正好相反，在碱性 pH 下能离子化，离子化的有机化合物相对不易进入细胞，当这些物质过多地进入细胞，会对生长产生不良影响。

三是 pH 还影响营养物质的溶解度。pH 低时 CO_2 的溶解度降低，Mg^{2+}、Ca^{2+}、Mo^{2+} 等溶解度增加，当达到一定的浓度后，对微生物产生毒害作用；当 pH 高时，Fe^{2+}、Ca^{2+}、Mg^{2+} 及 Mn^{2+} 等的溶解度降低，以碳酸盐、磷酸盐或氢氧化物形式生成沉淀，对微生物生长不利。微生物在基质中生长，由于代谢作用而引起物质转化，也能改变基质的氢离子浓度，例如乳酸细菌分解葡萄糖产生乳酸在中性或碱性 pH 环境中离子化后增加了基质的氢离子浓度，酸化了基质；尿素细菌水解尿素产生氨，碱化了基质。某些微生物在不同 pH 的培养液中培养可以启动不同的代谢途径，积累不同的代谢产物，因此，环境 pH 还可调控微生物的代谢。例如酿酒酵母生长的最适 pH 为 4.5~5.0，并进行乙醇发酵，几乎不产生甘油和醇酸；当 pH 高于 8.0 时，发酵产物除乙醇外，还有甘油和醇酸。在发酵过程中，根据不同的目的，采用改变其环境 pH 的方法，可提高目的产物的生产效率。为了维持微生物生长过程中 pH 的稳定，在配制培养基时，要注意调节培养基的 pH，以适合微生物生长的需要。

（3）湿度　湿度一般是指环境空气中含水量的多少，有时也泛指物质中所含水分的量。一般的生物细胞含水量在 70%~90%。湿润的物体表面易长微生物，这是由于湿润的物体表面常有一层薄薄的水膜，微生物细胞实际上就生长在这一水膜中。放线菌、霉菌基内菌丝生长在水溶液或含水量较高的固体基质中，气生菌丝则暴露于空气中，因此，空气湿度对放线菌和霉菌等微生物的代谢活动有明显的影响。如基质含水量不高，空气干燥，胞壁较薄的气生菌丝易失水萎蔫，不利于甚至可中止代谢活动；空气湿度较大则有利于生长。在酿酒行业中制曲环节的曲房要接近饱和湿度，促使霉菌旺盛生长；细菌在空气中的生存和传播也以湿度较大为合适。此处必须强调的是微生物生长所需要的水分是指微生物可利用的水，如微生物虽处于水环境中，但渗透压很高，那么即便有水，微生物也难以利用，这就是渗透压对微生物生长的重要性的根本原因所在。因此，水分活度是明显影响微生物生长的极为重要的因子。

（4）氧气　氧气以及与之密切相关的氧化还原电位与微生物的关系十分密切，对微生物生长的影响极为明显。有研究表明不同类群的微生物对氧需求不同，可根据微生物对氧的不同需求与影响，将其分成如下几种类型。

①专性好氧菌：具有完整的呼吸链，以分子氧作为最终电子受体，只能在较高浓度分子氧的条件下才能生长，大多数细菌、放线菌和真菌是专性好氧菌，如杆菌属、固氮菌属、铜绿假单胞菌等为专性好氧菌。

②兼性厌氧菌：也称兼性好氧菌，适应范围广，在有氧或无氧的环境中均能生长；一般以有氧生长为主，有氧时靠呼吸产能，无氧时通过发酵或无氧呼吸产能。如酿酒酵母就是典型的兼性厌氧菌，在氧气含量充足的条件下利用营养物质自身扩培，当氧气含量较低时则利用营养物质进行代谢产乙醇等产物，在酱香型白酒中控制糠壳用量及入窖后控制糟醅疏松度等操作工艺均是与氧气密切相关。

③微好氧菌：这种菌只在非常低的氧分压下才能生长。它们通过呼吸链，以氧为最终电子受体产能，如发酵单胞菌属弯曲菌属、氨单胞菌属、霍乱弧菌等属种成员。

④耐氧菌：其生长不需要氧，但可在分子氧存在的条件下进行发酵性厌氧生活，分子氧对它们无用，但也无害，故可称为耐氧性厌氧菌。氧对其无用的原因是它们不具有呼吸链，只通过发酵经底物水平磷酸化获得能量。一般的乳酸菌大多是耐氧菌，如乳酸乳杆菌、乳链球菌、肠膜明串珠菌和粪肠杆菌等。

⑤厌氧菌：分子氧对这类微生物有毒，氧可抑制其生长（一般厌氧菌）甚至导致其死亡（严格厌氧菌）。因此，厌氧菌只能在无氧或氧化还原电位很低的环境中生长。常见的厌氧菌有梭菌属成员，如丙酮-丁醇梭菌，以及双歧杆菌属、拟杆菌属的成员，着色菌属、硫螺旋菌属等属的光合细菌与严格厌氧的产甲烷菌类群等。

氧对厌氧性微生物产生毒害作用的机理主要是厌氧微生物在有氧条件下生长时会产生有害的超氧基化合物和过氧化氢等代谢产物，这些有毒代谢产物在胞内积累而导致机体死亡。而好氧微生物与兼性厌氧细菌细胞内普遍存在着超氧化物歧化酶和过氧化氢酶。严格厌氧细菌不具备这两种酶，因此严格厌氧微生物在有氧条件下生长时，有毒的代谢产物在胞内积累，引起机体中毒死亡。耐氧性微生物只具有超氧化物歧化酶，而不具有过氧化氢酶，因此在生长过程中产生的超氧基化合物被分解去毒，过氧化氢则通过细胞内某些代谢产物进一步氧化而解毒，这是决定耐氧性微生物在有氧条件下仍可生存的内在机制。

不同的微生物对生长环境的氧化还原电位有不同的要求，氧化还原电位（Eh）与氧分压有关，同时还受 pH 的影响。pH 低时氧化还原电位高，pH 高时氧化还原电位低，通常以 pH 中性时的值表示。微生物生活的自然环境或培养环境（培养基及其接触的气态环境）的 Eh 值是整个环境中各种氧化还原因素的综合表现，一般说 Eh 值在+0.1V 以上好氧性微生物均可生长，以+0.3～+0.4V 时为宜；-0.1V 以下适宜厌氧性微生物生长，例如，产甲烷古菌所要求的 Eh 值一般在-330mV 以下，是目前所知的对 Eh 值要求最低的一类微生物。

在微生物培养过程中培养基的氧化还原电位受诸多因子的影响，首先是分子态氧的影响，其次是培养基中氧化还原物质的影响，例如平板培养是在接触空气的条件下，厌氧性微生物不能生长，但如果培养基中加入足量的强还原性物质（如半胱氨酸、硫代乙醇等)，同样接触空气，有些厌氧性微生物还是能生长。这是因为在所加的强还原性物质的影响下，即使环境中有些氧气，培养基的 Eh 值也能下降到这些厌氧性微生物生长的临界 Eh 值以下；另一方面，微生物本身的代谢作用也是影响 Eh 值的重要因素，在培养环境中，微生物代谢消耗氧气并积累一些还原物质，如抗坏血酸、H_2S 或有机硫氢化合物(半胱氨酸、谷胱甘肽、二硫苏糖醇等)，导致环境中 Eh 值降低，因此，当好氧性微生物与厌氧性微生物生活在一起时，前者能为后者创造有利的氧化还原电位。

10、酿酒微生物研究中常用的灭菌、消毒方法有哪些?

当温度高于微生物生长最高温度界限时会引起微生物原生质胶体的变性，蛋白质和酶的变性损伤，使其失去生活机能的协调，从而停止生长或出现异常形态，最终导致死亡。因此，高温对微生物具有致死作用。各种微生物对高温的抵抗力不同，同一种微生物又因发育形态和群体数量、环境条件不同而有不同的抗热性。细菌芽孢和真菌的一些孢子和休眠体，比其营养细胞的抗热性强得多。大部分不生芽孢的细菌、真菌菌丝体和酵母菌营养细胞在液体中加热至 60℃时经数分钟即死亡。基于高温对微生物的致死作用，现已广泛将其用于培养基灭菌，常见方法分为干热与湿热两大类。从实践经验来看，在同一温度下湿热灭菌法比干热灭菌法的效果好，这可能是因为蛋白质的含水量与其凝固温度成反比。

(1) 干热灭菌

①灼热灭菌法：即在火焰上灼烧进行灭菌，灭菌彻底，迅速简便，但使用范围有限，常用于接种工具、金属工具、污染物品及实验材料等废弃物的处理。

②干热灭菌法：主要在干燥箱中利用热空气进行灭菌，通常 160~170℃处理 1~2h 便可达到灭菌的目的，如果被处理物品传热性差、体积较大或堆积过挤时，需适当延长时间。此法只适用于玻璃器皿、金属用具等耐热物品的灭菌，其优点是可保持物品干燥。

(2) 湿热灭菌

①煮沸消毒法：是将物品在水中煮沸（100℃）15min 以上，可杀死细菌的所有营养细胞和部分芽孢的灭菌方法。如延长煮沸时间，并在水中加入 1%碳酸钠或 2%~5%苯酚，则效果更好，这种方法适用于注射器、解剖用具等的消毒。

②高压蒸汽灭菌法：此法为实验室及生产中常用的灭菌方法。常压下水的沸点为 100℃，如加压则可提供高于 100℃的蒸汽，加之热蒸汽穿透力强，可迅速引起蛋白质凝固变性。所以高压蒸汽灭菌在湿热灭菌法中效果最佳、应用较广。此方法适用于各种耐热物品的灭菌，如一般培养基、生理盐水、各种缓冲液、玻璃器皿、金属用具、工作服等，常采用 103kPa（15lb/in^2）的蒸汽压，121℃的温度下处理 15~30min，即可达到灭菌的目的。灭菌所需的时间和温度取决于被灭菌物品的性质、体积与容器类型等。对体积大、热传导性差的物品，加热时间应适当延长。

③间歇灭菌法：是用蒸汽反复多次处理的灭菌方法，将待灭菌物品置于高压灭菌锅中，常压下 100℃处理 15~30min，以杀死其中的营养细胞；冷却后，取出并置于一定温度（28~37℃）下保温过夜，使其中可能残存的芽孢萌发成营养细胞，再以同样方法加热处理。如此反复 3 次，可杀灭所有芽孢和营养细胞，以达到灭菌的目的。此法的缺点是比较费时费力，一般只用于不耐热的药品、营养物、特殊培养基等的灭菌，且易破坏培养

基的营养成分。在缺乏高压蒸汽灭菌设备时此方法也可用于一般物品的灭菌。

④巴氏消毒法：此法是用较低的温度（如用62~63℃处理30min，若以71℃则处理15min）处理，以杀死病原菌如结核杆菌、伤寒杆菌等。这种方法只能杀死大多数腐生菌的营养体而对芽孢无损害。此法是基于结核杆菌的致死温度为62℃、15min而规定的。这种消毒法系法国微生物学家路易·巴斯德发明，故称巴氏消毒法。

11、耐热微生物是如何适应高温条件的?

在酱香型白酒酿造工艺中有着多个高温的工艺环节，如制曲环节、高温堆积环节以及高温发酵环节等，在如此高温环境中仍存活着大量的微生物菌群。按照微生物学中的划分，生长的最高温度在75℃以上的为嗜高温菌、生长最高温度在55~75℃的为嗜亚高温菌，其中酱香型白酒酿造环节耐热微生物菌群主要以后者为主，对于耐热微生物菌群适应高温环境的机理一直是微生物学中的一个研究热点，并取得了一定的研究成果，阐释了耐热微生物菌群的生存机理。

耐热微生物的抗热能力是由菌体内的蛋白质、核酸、核糖体的热稳定性、菌体内所含脂肪酸类型以及存在于胞内的某些保护因子所决定的，这些因子的共同作用大大提高了菌体的抗热能力。与其他微生物菌群相比，耐热微生物的酶对热更具抗性，将这些酶从细胞中提取后，仍能保持热稳定性。耐热微生物与不耐热微生物的酶在进化上具有同源性，其耐热性的不同则是由于酶分子的内部结构差异决定的，耐热微生物的GAPDH（3-磷酸甘油醛脱氢酶）相对分子质量低一些，可能是切掉一部分与酶活性无关的部分后，提高了酶的耐热性，因为相对分子质量较小的蛋白质一般比相对分子质量较大的蛋白质具有更大的热稳定性。耐热微生物蛋白质（酶）的热稳定性与维持其内部立体结构的化学键，特别是氢键、二硫键的存在及数量有关，一般是这些键的存在与数量增加，酶的热稳定性也增加；这些键断裂，酶的热稳定性降低或丧失。

耐热微生物核酸中的（G+C）mol%比不耐热微生物的高，因此使核酸熔点（T_m）较高，DNA的热稳定性也提高。例如芽孢杆菌属的不耐热菌DNA的（G+C）mol%为45，耐热微生物的为53，前者DNA的平均T_m为87.8℃，而后者的T_m为90.7℃。在耐热微生物的tRNA分子里，一方面（G+C）mol%较高，另一方面在碱基分子里加入硫原子，从而提高了tRNA的热稳定性，碱基中这种硫原子主要是通过提高tRNA几个环之间的结合能力，以此来提高tRNA的解链温度。

耐热微生物的细胞膜中的脂肪酸成分以长链饱和脂肪酸含量高，并且主要是一些分支的长链饱和脂肪酸（即含有17个、18个和19个碳原子）。例如嗜热脂肪芽孢杆菌的生长温度从40℃提高到60℃时，高温培养的细菌细胞膜中16C分支脂肪酸含量比40℃低温生长的含量增加了3~4倍，而不饱和脂肪酸含量却相应减少；在50~70℃不同温度下生长的水生栖热菌的细胞膜里，随着生长温度的提高，细胞膜中16C的分支脂肪酸增加的比例最大，而不饱和脂肪酸的含量降低。这表明细胞膜中长链分支饱和脂肪酸含量增加是微生物提高抗热能力的一种方式。另外耐热微生物中细菌细胞膜中糖脂含量的增加也可能有利于提高它的抗热能力，例如嗜热栖热菌细胞膜中脂类物质的主要成分是糖脂，为一种呋喃半乳糖苷-吡喃半乳糖苷（-*N*-15-甲基-十六酰）-葡萄糖胺-葡萄糖基甘油二酯。

耐热微生物对高温的适应与抵抗，除了自身大分子物质酶、核酸及细胞膜脂肪酸的组成等结构变化之外，还与一些保护因子的作用相关。保护因子有一些金属离子（Mg^{2+}、Ca^{2+}等）和一些低分子物质如多胺等。胞内的Ca^{2+}可以提高耐热微生物蛋白酶、淀粉酶的热稳定性，提高Mg^{2+}浓度也可以提高耐热微生物RNA的解链温度。在耐热微生物与非耐热微生物细胞内均发现存在主要是二胺、三胺和四胺等的碱性多胺类物质，其中四胺如热胺、热精胺或精胺等主要存在于耐热微生物中，而二胺与三胺如腐胺、亚精胺主要存在于中温菌中，研究表明多胺类物质可以提高菌体合成蛋白质与核酸的能力，提高核酸的稳定性，并对某些酶有激活作用。

综上所述，耐热微生物通过酶蛋白、核酸及细胞膜等结构组成上的变化及一些保护因子的作用等综合抗热机制的组合与调控，使之获得了在高温环境中较稳定地生长繁殖的性能。这种耐热性的获得是微生物自身与外环境因子相互作用、长期选择进化的结果。微生物耐热机制的研究不仅有利于人们在分子水平上了解高温性微生物耐热的机理和解析生物细胞的抗热进化历程，同时也为人工控制条件下改善工业微生物菌株及其产物的耐热性，从而为提高相关工业生产的经济效益提供了理论依据与实践指导。

12、酱香型白酒酿造微生物系统的特点有哪些?

（1）微生物系统的多样性　酱香型白酒产业在全国多地均有分布，包括贵州省、四川省以及北方部分地区等，在不同环境条件下的酱香型白酒酿造微生物系统其组成成分、数量、活动强度和转化过程等都很不一样，尤其是南方和北方酱香型白酒微生物系统中的微生物菌群大不相同。即使是同为南方地区的贵州省和四川省也因为环境、地理以及气象等因素的不同，造成了酱香型白酒微生物系统对微生物菌群的选择性不一样，结果组成的微生物生态系统有着各方面的差异。因此，一般来说，每一个特定的生态环境，都有一个与之相适宜而区别于其他生态环境的微生物生态系统。在同一个生态环境中，由于其中某一因素的变化，也可能会引起微生物生态系统中组成成分或代谢强度、最终产物的改变。例如，环境受每日、每季、每年周期性变化的影响，微生物生态系统中的优势群体往往会随温度变化而产生周期性演替。

（2）种群的多样性　在一个微生物生态群落中，不占优势的种在很大程度上决定着这个生态系统的营养水平和整个群落的种间多样性。一般来说，在一个群落中当一个或少数种群达到高密度时，种间多样性即会下降，某一种群的高数量表明了这一种群的优势和成功的竞争作用。成熟的生态系统是一个复合体，高量种数即高度多样性使得形成许多种间关系；在一个群落内的种间多样性反映了一个种群的遗传多样性。如果环境受到一个单向性因子的强烈影响，群落稳定性的维持就较困难，由于微生物对于明显的物理化学胁迫的适应具有高度的选择性，因此物理化学的胁迫导致了大量具有较大适应性的种群的富集和联合，在这种情况下，种群就减少，对于群落来说则只有少数种群占优势即种间多样性变小。例如酱香型白酒酿造过程中高温堆积后糟醅中的微生物种群多样性高于高温堆积前的，发酵结束后的糟醅中的酵母菌数量又低于入窖前的数量，这与糟醅在不同环境条件中所受到的影响因素不同密切相关。

（3）微生物系统的稳定性　在一个特定环境中的微生物生态系统，如果无环境因子的强烈冲击和影响，一般总保持大体的稳定，即具有稳定性，这种稳定性常表现在以下几个方面：一是在一定的短时期内，微生物生态系统面临外界环境改变压力时能保持自身生存的能力和保持整个生态系统集体性状完整性的能力，避免被打乱和打破。二是对外界环境压力具有抵抗性和修补能力，环境压力没有超出一定范围时，微生物生态系统能够抵抗这种压力而使整个系统仍然稳定，一旦环境压力超出其可抵抗的范围，整个完整的微生物生态系统可能由于部分微生物类群的死亡或失去活性造成部分系统丧失。此时整个系统的剩余部分又可与改变环境压力之后新出现的类群组成一个完整的生态系统，即进行修补。三是外界环境因子出现周期性循环时，微生物生态系统的特性也会出现周期性表现。如同一个酱香型白酒企业同一个车间会因为四季气温的变化循环及糟醅中营养物质利用和补充循环受到影响，其中的微生物生态系统也受这两个循环的影响而呈现一定的周期性循环，在每年的同一时间微生物生态系统的组成类群和代谢强度大致处于同一水平，而且各个类群都保持一定的比例。

从微生物学的角度来说，一个成熟的微生物生态群落其稳定性与高度的物种多样性有密切关系。很明显，在一个具有高度多样性的群落中没有一个种群是至高无上的，即使某一个种群被去除，整个群落结构也不会受到破坏。但至今对于什么样的最低限度的种间多样性水平对保持群落稳定性是必需的，仍不清楚。具有高度多样性的群落能够随环境变化而波动，但并不意味着可以接受环境多次或连续的强力干扰与冲击，如酱香型白酒企业的制曲环境若长时间停止使用或者长时间处于污染的环境中，整个制曲车间的微生物生态系统可能会出现崩溃的现象等。

（4）微生物系统的适应性与演替性　由于微生物本身结构比较简单，改变环境的能力较弱，面对环境和营养物质的不断改变，微生物生态系统往往不能抗拒，而常通过改变自己的群体结构来适应新的环境，形成新的生态系统。这种适应性表现在：一是原有的微生物类群在新的环境或新的营养源下诱导生成新的酶或酶系以适应新的环境或新的营养源；二是原有的不适应新环境或新营养源的微生物类群衰亡的同时，发育出新的能适应新环境或新营养源的微生物类群，即使原来数量很少和竞争力相当弱的类群也可能发育为新环境下的优势种群，这就是自然界中普遍的微生物种群演替现象。微生物种群的演替现象常发生在复杂有机物的分解过程中和环境因素发生改变及环境中出现抗生素物质等情况下，当环境中进入新鲜基质时，那些能迅速利用新鲜基质中易分解部分的微生物迅速生长繁殖，成为最先的优势种类，一旦易分解部分被分解利用完后这些种类的微生物便迅速衰落，取而代之的是那些能分解利用不易被分解利用部分的微生物种群，并逐渐发育成为优势种类，而那些能分解利用基质中最不易被分解部分的微生物一般总在较后面出现。

不同优势种群的出现常有明显的顺序性，环境条件改变时也会发生微生物种群的演替。例如在酱香型白酒酿造过程中，高温堆积环节糟醅吸附环境中的微生物菌群以及曲药中的微生物菌群利用空气中丰富的氧气大量增殖，提高糟醅堆温度，并以霉菌为主代谢生成的淀粉酶、糖化酶等酶系为催化剂将糟醅中的淀粉转变成糖类，酵母菌也在有氧的条件下迅速生长繁殖，完成糟醅的高温堆积糖化环节，在高温堆积环节中霉菌以及酵母菌是前阶段的优势菌群；随着温度升高以及糟醅堆内部氧气的消耗，需氧的酵母菌及霉菌开始衰落，因而在后阶段内嗜热细菌会成为优势菌。由此可知，一类微生物被哪类微生物代替，是由它们所创造的环境条件和物质转化的产物所决定的，无论哪一种微生物，只要能适应不断变动的环境和利用较广阔的基质谱，就能以优势存在。

（5）复杂的物质流及能量流　酱香型白酒酿造过程中微生物系统的代谢是一个极其复杂的过程，进入微生物系统中的有机物质主要是糟醅中的淀粉、蛋白质、脂肪、纤维素、半纤维素、果胶、蛋白质、淀粉、核酸等大分子复合物，这些复合物的分解只能是一步一步逐级分解的过程。在好氧条件下酱香型白酒微生物系统把这些复合物彻底分解氧化为 CO_2 和水，在厌氧条件下则是转化为醇、醛、酸、酯等物质，这个过程必须由多种微生物相互分工、协同作用，一环接一环地推动完成，这就组成了一个微生物生物链。例如，酵母菌将淀粉转变为乙醇的过程就是由多种微生物协同完成的，在这个过程中发生了物质与能量的流动。在微生物生态系统内，能量总是以化能的方式贮藏在食物中，因此能量流和食物链是物质的质和量的转化，是物质由于微生物的作用而发生的本质和形式上的变化，微生物不仅选择食物丰富的环境，且也选择那些耗能少而可获得较多营养价值的食物。

13、酵母菌菌群在酱香型白酒酿造过程中有何重要作用?

酱香型白酒的特殊风味离不开酿造微生物的贡献，制曲、堆积等过程是在相对开放的环境下进行，来源于原料、空气、地面、工具及其他环境中的微生物在大曲及糟醅中得到大量的富集。酵母菌菌群是酱香型白酒酿造过程中主要的微生物菌群，不仅具有良好的产酒性能，还可以在酶的作用下产生多种挥发性风味物质，对酱香型白酒风格的形成具有重要作用。

酵母菌是酿造环境中最主要的微生物，在酱香型白酒的制曲、堆积及窖池发酵整个酿造过程中均可被检测出，且种类繁多。目前，科研人员应用传统可培养方法并结合现代分子生物学鉴定手段，已鉴定出酱香型白酒酿造环境中核心酵母种类。这些酵母菌按照其功能可分为两类：一是酿酒酵母（*Saccharomyces cerevisiae*），是酿造酱香型白酒的发酵动力，可以通过自身代谢将底物葡萄糖转化为乙醇及二氧化碳。因此，酿酒酵母被认为是酒体中乙醇的主要来源。二是非酿酒酵母（*non-Saccharomyces cerevisiae*），这些酵母菌的产乙醇能力相对较弱，但其代谢产物对白酒的香气、风格及品质具有重要影响，例如扣囊复膜酵母（*Saccharomycopsis fibuligera*）可以分泌 β-葡萄糖苷酶、蛋白酶及纤维素酶等多种水解酶类作用于大曲、糟醅中的相关底物，促进原料分解，提高酒精产量；毕赤酵母属（*Pichia*）、汉逊氏酵母属（*Hansenula*）、假丝酵母属（*Candida*）等在白酒固态发酵过程中，能够利用葡萄糖代谢产生酯、酸、醛及高级醇等风味物质；粟酒裂殖酵母（*Schizosaccharomyces pombe*）具有一定的脱酸能力，可以将酱香型白酒生产中的乙酸平均浓度从 9.62g/kg 降低到 6.55g/kg，并且还具备降解某些异味物质的能力。由此可见，非酿酒酵母与酿酒酵母在白酒酿造过程中发挥着同等重要的作用，两者相互协调，成就了酱香型白酒独特的风格特点。

（1）高温大曲中的酵母菌菌群　高温制曲是酱香型白酒独特的制曲方式，高温大曲中的微生物以芽孢杆菌为代表的细菌为主，霉菌次之，酵母菌则是在入室低温培菌阶段快速繁殖，占高温大曲微生物总量的 2%~5%，但随着曲堆的温度逐渐升高，其顶点温度可达 62℃左右，酵母细胞耐高温能力较弱，生长受到抑制。早期研究认为在高温大曲制曲中后期只能检测出少量，甚至检测不出酵母菌；但近年来，随着免培养技术的发展及应用，发现在高温制曲过程中尽管多数酵母菌被淘汰，但依然有部分酵母菌处于存活或休眠状态。通过高通量测序技术在酱香型白酒 1~7 轮次的高温大曲中鉴定出了 39 种酵母属，其中 *Saccharomycopsis*、*Wickerhamomyces* 及 *Millerozyma* 分布频率为 100%且平均相对丰度分别为 89. 15%、6. 14%和 2. 84%，被认为是高温大曲中的优势酵母属。此外，扣囊复膜酵母、毕赤酵母、东方伊萨酵母、假丝酵母等诸多产酯生香酵母在高温大曲中也被陆续分离鉴定出来。这充分地表明虽然在高温大曲成品曲中分离得到的酵母菌数量不多，但其种类丰富，对酱香型白酒风味物质的生成有着重要作用。

（2）高温堆积糟醅中的酵母菌菌群　在酱香型白酒酿造工艺中，高温堆积是必不可少的关键环节，该过程能使酱香大曲中的酵母快速繁殖，并且可以富集环境中独特的产酯酵母及其他功能微生物，在微生物代谢和各种酶的作用下生成酱香的前体物质，保证窖池发酵的顺利进行，被称为“二次制曲”。酵母菌群在高温堆积初期繁殖较快，其数量在第 2 天达到顶峰，随后由于出甑糟醅不断上堆，糟醅堆的体积加大，空气不足，酵母菌数量有所下降，但仍是糟醅中的优势微生物，占总菌数的 72. 55%。前期研究中对高温堆积糟醅中酵母菌的动态变化进行追踪发现，高温堆积结束后，酵母菌的数量由最初 10^3 个/g 糟上升至 10^8 个/g 糟，且发酵糟醅堆中不同空间位置的酵母菌总量呈现明显差异，堆上和堆中酵母菌数量增长最快。另外还有研究发现，高温堆积糟醅中不同位置的主导酵母种类有所不同，拜氏接合酵母及酿酒酵母是高温堆积发酵过程中最主要的酵母，分布在糟醅堆顶部和底部位置，而粟酒裂殖酵母及膜醭毕赤酵母主要存在于高温堆积发酵后期，分别在糟醅堆中心位置及糟醅堆表面被大量检出。这说明了糟醅堆中各点的温度、酸度及氧浓度等环境因子，影响了酵母菌群的结构。随着对高温堆积糟醅中酵母菌种属认识的逐渐加深，除常见的酿酒酵母外，丝孢酵母、假丝酵母、白地霉等产酯酵母均能在高温堆积糟醅中被检测出来，丰富多样的酵母菌群对酱香风味有着积极贡献。因此，掌握高温堆积过程中酵母菌的种群变化，对于控制酱香型白酒发酵有着很重要的意义。

（3）窖内发酵糟醅中的酵母菌菌群　窖内发酵是酱香型白酒酿造工艺中产酒产香最主要的时期，酵母菌被视为发酵动力的来源，能够产生大量酒精以及高级酯类物质，对酒体风格及出酒率有着重要的影响。在入窖糟醅中酵母菌的数量随着发酵时间的推移而逐渐减少，有研究曾对第 4 轮次窖内发酵糟醅中的酵母菌数量进行追踪发现，入窖时酒糟中酵母菌含量为 10^8 个/g 糟，而出窖时下降到了 10^4 个/g 糟，相差 4 个数量级，这种下降趋势说明了随着营养物质的消耗及微生物有害代谢产物的累积，窖池发酵时已经不再是酵母繁殖及富集阶段。进一步研究发现，同一轮次不同位置的酵母菌数量有明显差异，上层糟醅中的酵母菌数量要高于中层和下层。分析认为，这是由于窖顶封泥可能存在缝隙，使上层糟醅中的酵母实现了与外界的气体交换，氧气浓度更高，更适合酵母菌生长。此外，还有研究表明窖内糟醅中酵母菌的种属差异不明显，拜尔接合酵母、粟酒裂殖酵母和酿酒酵母是窖池发酵糟醅中最主要的 3 种酵母。从酒质较好的第 5 轮次及酒质较差的第 7 轮次糟醅中分离得到了东方伊萨酵母、德尔布有孢圆酵母、盔状毕赤酵母、阿氏丝孢酵母、费比恩毕赤酵母等，并且发现第 5 轮次发酵前期酵母菌的数量、种类均比第 7 轮次丰富，通常认为这是在第 7 轮次糟醅中营养物质匮乏，并且有机酸等不利酵母生长的代谢产物积累所致，这也证明了酱香型白酒发酵过程中酵母群落多样性及丰富度是造成好和差轮次基酒产量和品质差异的重要原因。

（4）酵母菌菌群对酿造环境的适应性　酱香型白酒酿造环境对酵母菌的生长及代谢

有着十分重要的作用。酱香型白酒生产工艺的特点可以概括为“四高两长”，即高温制曲、高温堆积、高温发酵、高温馏酒、生产周期长、存储时间长。整个发酵体系中的温度相对较高，糟醅中的有机酸、酒精含量高，这些环境中的胁迫因子加速了酵母细胞老化，甚至发生凋亡，严重地限制了酵母菌的生长，导致酒精发酵效率低，发酵基质中残淀粉含量高，不仅使最终酒体品质下降，也大大地增加了企业成本。因此，筛选具有良好的发酵性能并且对酿造微生态中不良环境因子有较强耐受性的生产酵母菌株已成为亟须解决的问题。

温度对于酵母菌的生长及代谢有较大影响，其最适生长温度为 28~30℃，当环境中温度过高时会导致酵母细胞膜被破坏、酶失活、代谢能力降低。酱香型白酒制曲阶段，曲坯品温最高可达 65℃，高温堆积糟醅表面温度在 48℃左右，窖内发酵过程温度也达到 38~39℃，这样的温度条件对酵母菌的高温耐受性提出了极高的要求。前期研究中对高温大曲内的耐高温酵母菌进行了分离，得到了一株能在 47℃生长良好的耐高温酵母菌，可利用 12 种碳源，具有一定的产酒、产酯能力，经鉴定为卡斯特假丝酵母（*Candida casterllani*）。在高温堆积糟醅中分离得到的酿酒酵母（*Saccharomyces cerevisiae*）、东方伊萨酵母（*Issatchenkia orientalis*）、白地霉（*Galactomyces geotrichum*）对温度均有较强耐受能力。徐超英等在堆积糟醅中筛选出了一株耐高温的库德里阿兹威毕赤酵母（*Pichia kudriavzevii*），生长耐受最高温度达 45℃，同时展现出良好的耐酒精及耐糖性能。众所周知，高温条件下仍保持较快的发酵速度及较高糖利用率的酵母是白酒发酵后期正常进行的保障，因此，筛选耐高温功能酵母、研究其耐热机制并应用于实践生产，对提高酱香型白酒发酵效率有着十分重要的作用，这也是现今研究的热点。

此外，由于酱香型白酒发酵周期长，糟醅中各类产酸微生物代谢所形成的难挥发性酸类物质不断积累，导致发酵糟醅长期处于低 pH 环境，使酵母细胞发生酸化，并且随着发酵的进行，环境中的酒精浓度逐渐上升，这些胁迫因素均对酵母生理代谢产生不利影响。在长期胁迫条件下，酱香型白酒糟醅中的酵母菌已进化出一定的适应性。前期研究中，从高温大曲筛选出一株高产淀粉酶的扣囊复膜酵母，其在液体培养条件下产酶量能够达到 1452U/mL；能耐受 20%（体积分数）的酒精浓度、30%的糖度和 17%的 NaCl，在 pH 3.0、49℃条件下均能较好生长。有研究通过多次传代筛选的方式，获得了一株高乳酸耐受性的库德里阿兹威毕赤酵母（*Pichia kudriavzevii*），最高可在 120g/L 的乳酸条件下生长，并且可以产生多种酯类，特别是乙酸乙酯、丙酸乙酯、乙酸异戊酯和乙酸苯乙酯产量较高；同时研究显示库德里阿兹威毕赤酵母具有良好的降解乳酸能力，与酿酒酵母在 40g/L 乳酸条件下共培养时，可以显著提升酿酒酵母耐酸水平。由此可见，酱香糟醅中的酵母菌经过长期的自然筛选及驯化，对不利环境条件已经出现了一定的适应性，在保障自身生长的基础上，还能代谢出丰富的香气物质。因此，有目的地选育高胁迫条件下代谢依然旺盛的酵母菌株，并将其应用于生产实践，有利于提高原料转化率、产酒率及白酒品质，也为改善传统工艺提供了新途径。

（5）酵母菌菌群对酱香型白酒风味的贡献　酱香型白酒的主体为水和乙醇，占比为 98%~99%，其余的 1%~2%为各类风味物质，据不完全统计，酱香型白酒中的微量化合物为 800~1000 种。在酱香型白酒酿造过程中，酵母菌不仅可以通过糖酵解途径产生大量的乙醇，并且可以分泌一些酶类，使原料中的相关底物发生氧化、还原、脱水、水解等复杂反应，从而形成酱香型白酒中各类的风味物质，赋予酒体浓郁的芳香，对酒体完美和丰满具有重要作用。随着气相色谱-质谱、多维气相色谱-质谱等现代科学仪器的应用，使酵母菌风味代谢产物的相关研究成果更为丰富。不同种类的酵母菌所产生的风味代谢物有所不同，但总体可归纳为醇类、酯类、酸类、醛类及某些特征香气成分。

醇类物质表现出柔和的刺激感和微甜、浓厚的感觉，具有“助香”的作用。酱香型白酒中醇类物质占比较大，酿酒酵母属、毕赤酵母属、裂殖酵母属等具有良好的生产乙醇性能，在无氧条件下，可以通过糖酵解途径将原料中的葡萄糖转换为乙醇，是白酒发酵的动力；正丙醇、异丁醇、异戊醇、苯乙醇等高级醇类主要依赖酵母菌埃利希（Ehrlich）或 Harris 代谢途径合成。另有研究报道长孢洛德酵母（*Lodderomyces elongisporus*）、库德毕赤酵母（*Pichia kudriavzevii*）、丝孢酵母（*Trichosporon coremiiforme*）代谢葡萄糖可以产生甘油、D-阿拉伯糖醇、赤藓糖醇、山梨醇、麦芽糖醇等多元醇类。

酯类物质通常具有一定的水果香气，酒体中主要可以表现出微甜、带涩，并还可以体现出一定的苦味和刺激感，是提高香气浓厚程度的主要因素。酱香型白酒在下沙和糙沙阶段可检出的酯类很少，大部分的酯类在一轮次起窖时才被检出，并且随着轮次酒增加先上升后下降，其中乳酸乙酯及乙酸乙酯是酱香型白酒中含量最高的酯类物质，而丁酸乙酯含量相对较少。酵母菌可以在酯化酶的作用下，将乙酸、己酸、丁酸、乳酸等有机酸与乙醇进行酯化，最终生成相应的酯类。存在于酱香糟醅中的产酯酵母如汉逊酵母、假丝酵母等，具有较强的酯合成能力，赋予白酒浓郁的芬芳。有研究在酱香大曲中分离出一株发酵能力较好、具有良好产酯作用的酵母菌，其发酵产物的酒精度为（8.17±0.29）%vol，总酯含量达（2.48±0.14）g/L，经鉴定为异常威克汉姆酵母（*Wickerhamomyces anomalus*）。

酸类物质在白酒中起到协调酒体的作用，是影响酱香型白酒口感的主要因素之一。酱香型白酒中的酸类物质种类繁多，含量远超其他香型白酒，其中乙酸、丙酸、己酸及乳酸是最主要的4种有机酸。在酿造过程中产酸微生物以乙酸菌、乳酸菌等细菌为主。但近年来也有研究表明，酿酒酵母、粟酒裂殖酵母、东方伊萨酵母、毕赤酵母、哈萨克斯坦酵母、拜尔接合酵母及汉逊德巴利酵母对挥发性酸类的形成有着较大的贡献，其中，东方伊萨酵母产酸的种类和数量最为突出，2-甲基丙酸和壬酸产量较高。粟酒裂殖酵母和哈萨克斯坦酵母产酸量仅次于东方伊萨酵母，粟酒裂殖酵母所产的酸类代谢物主要为乙酸和壬酸，并且是唯一能产生辛酸的酵母；哈萨克斯坦酵母可以产生乙酸、己酸、壬酸、丁酸和癸酸等挥发性酸。此外，酵母菌还可以产生某些关键酱香风味物质，如4-乙基愈创木酚、吡嗪类及呋喃类物质。目前酱香型白酒的主体风味物质在学术界仍没有定论，但可以肯定的是酱香经典风味一定是多种物质相互协调的结果。因此，对酵母菌生香机制的研究，不仅有助于阐释酱香风味形成的机理，也开辟了利用产香酵母菌来改善和强化白酒风味的新方向。

（6）酵母菌与其他菌群的相互作用　“多菌共酵”是酱香型白酒酿造过程中的显著特点，糟醅中各种微生物之间彼此联系、相互影响、共同代谢，形成了独具特色的酱香风味白酒。因此，仅从单培养的角度分析酵母菌的功能及作用是片面、不充分的。相对地，通过研究酵母菌与其他菌种混合发酵，能更好地认识酵母菌在整个酿造体系中所承担的“角色”。研究发现，当酿酒酵母与地衣芽孢杆菌混菌发酵时，酿酒酵母对地衣芽孢杆菌的生长具有抑制作用，而地衣芽孢杆菌对酿酒酵母的生长无影响，且能够提升酿酒酵母代谢产风味物质的能力。在混合发酵体系中，酿酒酵母产醇、产酸能力显著提升，特别是丙酮酸、柠檬酸、琥珀酸、乳酸、苹果酸和酒石酸的产量高于纯培养 1.23 倍、2.11 倍、1.76 倍、2.02 倍、1.04 倍和 1.63 倍。其他研究还发现酱香酒醅中的乳酸杆菌 *Lactobacillus homohiochii* 与 *Lactobacillus buchneri* 对酿酒酵母、拜尔接合酵母（*Zygosaccharomyces bailii*）及盔状毕赤酵母（*Pichia galeiformis*）的生长具有促进作用，并且对这 3 种酵母菌酸类、醇类、酯类等风味物质的产生发挥积极影响。米曲霉（*Aspergillus oryzae*）与酿酒酵母在最适混合比例条件下，可以提升乙醇的生成量，并且乙酸乙酯、苯乙酸乙酯、乙酸等风味化合物的浓度显著提升。这些研究对于酱香型白酒发酵机理的认识具有重要作用，并且为其现代化与机械化发展提供了一定的理论与实践基础。目前，国内对于酿造微生物之间相互作用的机理研究尚处于起步阶段，尤其是酵母菌与霉菌的互作关系尚不明确，这也成为日后业内研究重点之一。

综上所述，酱香型白酒有着悠久的历史，以其独特的酱香风味而被人熟知。酵母菌菌群广泛存在于酱香型白酒制曲及酿造整个阶段，其种类、菌群结构及动态变化与酱香风味的形成息息相关。目前的研究大多集中在优良酵母的分离、筛选及鉴定工作，而对酵母菌群生香机制及其风味代谢途径的探索较少；同时，对高温制曲工艺中功能酵母的多样性及其作用的研究尚不深入，对大曲质量与功能酵母之间的关联性的研究更是少之又少，未来着重研究二者的关系，对科学制曲、机械制曲具有重大意义。此外，酱香型白酒的酿造过程十分复杂，酿造微生物种类繁多，相互作用，单单研究某一种功能微生物是远远不能够阐释白酒酿造机理及呈香机制的，酿造微生物之间、酿造微生物与酿造环境之间的相互作用分析也是日后研究的重点方向。随着现代分子生物学技术的发展，结合宏基因组、宏转录组、宏代谢组等多种组学技术，追踪分析酿造过程中各个阶段微生物菌群结构、功能及风味贡献，对于改进生产工艺、提升酱香品质、促进原料转化、推动白酒生产机械化及智能化方面均有指导意义。

14、主要有哪些酶类参与了酱香型白酒的酿造?

生物的一切生命活动都是在酶的作用下完成的，中国白酒的酿造也是在由酿酒微生物菌群产生的多种酶系的共同作用下完成的，按照实际的功能可将中国白酒酿造酶系分为以下几类：

（1）淀粉酶　淀粉酶不仅在中国白酒酿造中有着至关重要的作用，在人、部分高等动物及部分高等植物中也含有丰富的淀粉酶。目前，常用的淀粉酶制剂主要是由微生物产生的，也有部分提自于谷物芽和动物胰液等。淀粉酶在白酒酿造过程中主要是将淀粉颗粒逐步降解成糊精、麦芽糖和葡萄糖，供酵母菌等微生物利用。淀粉酶作用的速度及效果与淀粉颗粒本身的性质密切相关，比如淀粉颗粒越大淀粉酶的作用效果越差，淀粉颗粒越小可能是由于接触面积的增加淀粉酶的作用效果越好；还与淀粉的浓度有关，淀粉浓度过高或过低均会减缓淀粉酶的作用速度，因此在酱香型白酒酿造过程中并不是淀粉浓度越高越好。酱香型白酒酿造过程中也是要求高粱籽粒中的淀粉应该逐步释放，不然可能会导致后几轮发酵出现异常。根据不同作用位置及本身特性，淀粉酶又分为不同种类，下文将酱香型白酒酿造过程常见淀粉酶种类进行简要描述：

①α-淀粉酶：是一种液化型淀粉酶，可将淀粉链中 α-1,4-糖苷键任意切开，将淀粉

降解为糊精和少量糖，进而降低糊化后淀粉的黏稠度，实现淀粉液化的过程。一般在实验室中测定α-淀粉酶酶解作用是否结束可采用碘液测试法，取加入α-淀粉酶反应后的淀粉液于白瓷板中，再加入几滴碘液与之反应，如果呈现蓝色，表明尚未结束，待颜色呈现无色后表明淀粉被α-淀粉酶全部降解。α-淀粉酶多由曲霉、细菌产生，不同的菌产酶能力存在较大差距。

②β-淀粉酶：以前一般将除α-淀粉酶以外能够起糖化作用的淀粉酶统称为β-淀粉酶，并且沿用至今。β-淀粉酶在作用于淀粉颗粒时一般是从非还原性末端开始，依次切掉2个葡萄糖残基，最终形成的麦芽糖即为终产物。β-淀粉酶可将直链淀粉全部降解，但对支链淀粉只能降解54%左右，因此在酱香型白酒酿造过程中实际上是多种酶共同作用的结果。

③糖化型淀粉酶：与β-淀粉酶不同，糖化型淀粉酶能够将β-淀粉酶无法降解的α-1,6-糖苷键切开，并且能够进一步将麦芽糖降解为葡萄糖，具有更深入的降解效果。据报道，德氏根霉所分泌的糖化型淀粉酶可将淀粉100%分解、黑曲霉分泌的淀粉酶对淀粉的分解率约为80%。

（2）蛋白酶　蛋白酶是指一类可以分解蛋白质肽键的水解酶，生物的生长、繁殖和代谢均离不开蛋白酶，只有蛋白酶将由20余种氨基酸组成的蛋白质降解成氨基酸并脱氨基后才能被利用，例如酱香型白酒中的高级醇、醛、酮等香味物质的形成就与氨基酸直接相关。在前期研究中发现，蛋白酶根据具体的特性还可细分为酸性蛋白酶、中性蛋白酶和碱性蛋白酶，其中酸性蛋白酶在酱香型白酒酿造过程中不会对活的酵母菌起作用，但能够降解死亡的酵母菌菌体，这就意味着在糟醅发酵过程中死亡的酵母菌体被不断分解形成的小分子物质既能再次成为酵母菌的养料，还可以是糟醅中香味物质的前体物质，从这点来看，酱香型白酒的多轮次循环酿造工艺具有极强的科学性。

（3）单宁酶　由于单宁具有极强的收敛性，在酱香型白酒酿造过程中会抑制酵母菌的活性，因此需要能够将单宁降解为没食子酸和葡萄糖的单宁酶，既能减少单宁对酵母菌的抑制作用，又能为酱香型白酒某些香味物质的生成提供前体物质。

15、如何从高温堆积糟醅中筛选产淀粉酶芽孢杆菌及其酶活性如何鉴定?

淀粉是酱香型白酒酿造糟醅中主要的营养物质，在酱香型白酒酿造过程中糟醅中的淀粉被酿酒微生物菌群代谢产生的酶系水解为葡萄糖等糖类物质。从实际生产来看，水解糟醅淀粉的淀粉酶主要包括4类：一是α-淀粉酶，能够随机切割淀粉内部的α-1,4-糖苷键，但不水解分支点的α-1,6-糖苷键及其附近的α-1,4-糖苷键。α-淀粉酶的特点是使淀粉浆快速液化，因此也称为液化型淀粉酶（液化酶），产物主要是葡萄糖、麦芽糖和糊精等。二是β-淀粉酶，从淀粉的非还原性末端切割α-1,4-糖苷键，生成麦芽糖和糊精。三是γ-淀粉酶，水解淀粉的α-1,4-和α-1,6-糖苷键，产物是葡萄糖，也称为糖化酶。四是异淀粉酶，水解α-1,6-糖苷键，产物是直链淀粉。淀粉酶在动物、植物和微生物中广泛分布，其中来源于各种芽孢杆菌的α-淀粉酶最适温度为70℃或更高，是重要的工业用酶。酱香型白酒糟醅中尤其是高温堆积环节糟醅中含量丰富的是产淀粉酶芽孢杆菌，为此以高温堆积环节糟醅为样品，阐述筛选产淀粉酶芽孢杆菌及其进行酶活性测定的主要方法及操作。

（1）样品　从酱香型白酒高温堆积糟醅堆不同空间位置取糟醅样品，并置于37℃烘箱中低温烘干，用无菌研钵进行磨细处理，备用。

（2）培养基配制

①淀粉水解液体培养基：牛肉膏5g，蛋白胨10g，氯化钠5g，可溶性淀粉2g，水1000mL，pH 7.2，121℃灭菌20min。配制时牛肉膏、蛋白胨和氯化钠加水800mL溶解，再把淀粉用100mL水调成糊状，边加热边搅拌至淀粉澄清。两者混匀后，调节pH至7.2，定容至1000mL。分装三角瓶，体积为瓶体积的10%~20%，加通气塞灭菌。

②淀粉水解琼脂培养基：淀粉水解液体培养基中加入琼脂1.5%~2.0%，即为淀粉水解琼脂培养基。

③牛肉膏蛋白胨固体培养基：牛肉膏3g，蛋白胨10g，NaCl 5g，琼脂15~20g，自来水1000mL，pH 7.2~7.4。

（3）试剂配制

①2%可溶性淀粉溶液：用90mL蒸馏水将2g淀粉调成糊状，边加热边搅拌，至溶液澄清，定容至100mL，用前配制。

②磷酸-柠檬酸缓冲液：柠檬酸（$C_6H_8O_7 \cdot H_2O$）8.07g，$Na_2HPO_4 \cdot 12H_2O$ 45.23g，用蒸馏水溶解，调至pH 6.0，定容至1000mL。

③终点色标准溶液：A液：$CoCl_2 \cdot 6H_2O$ 8.049g和$K_2Cr_2O_7$ 0.0976g，用蒸馏水溶解，定容至100mL；B液：铬黑T100mg，用蒸馏水溶解，定容至100mL。A液40mL和B液50mL混合，即为终点色标准溶液，置于4℃保存，15d内可用。

④原碘液：称取KI 22g溶解于适量蒸馏水中，然后加入I_2 11g，待完全溶解后再定容至500mL，贮存于棕色瓶中。

⑤稀碘液：原碘液2mL，加KI 20g，用蒸馏水溶解后定容至500mL，贮存于棕色瓶中。

⑥草酸铵结晶紫染色液。

⑦鲁氏碘液。

⑧95%乙醇。

⑨0.5%沙黄染色液。

⑩无菌生理盐水。

（4）仪器设备　显微镜、培养箱、摇床和水浴锅等。

（5）玻璃器皿　三角瓶、无菌培养皿、白瓷比色板、试管、无菌移液管、大试管（25mm×200mm）、可调移液器（1000μL）、离心管等。

（6）主要步骤及方法

①准备淀粉水解平板：倒淀粉水解琼脂培养基平板，每皿15mL，注意每皿的培养基体积尽量保持一致，平置待凝。放置1~2d后待平板表面干燥后使用。

②准备样品菌悬液：取样品0.5g，加入预先加有4.5mL无菌生理盐水的无菌试管中，振荡混匀，制备成样品悬液。试管置于沸水中煮5min，杀死悬液中的营养体细胞。

③划线分离和培养：取样品悬液在淀粉水解平板上进行划线，然后将划线平板倒置于45℃培养箱中培养2d。

④细菌的纯化：选取菌落形态不同的单菌落，用淀粉水解平板划线纯化，置于45℃

培养箱中培养 2d，观察和记录菌落的特征。对于菌落形态不一致的纯化平板，挑单菌落再次划线纯化一次。

⑤斜面接种和个体形态观察：在菌落形态比较一致的纯化平板中挑取分散的单菌落进行简单染色，观察芽孢有无、形状和在孢囊中着生位置，并接种牛肉膏蛋白胨固体培养基斜面，培养 24h，进行革兰氏染色，观察个体形态，记录结果。

⑥淀粉水解活性的初步观察：在挑选过单菌落的纯化平板上滴加鲁氏碘液，观察所挑取的菌落周围是否出现透明圈。如果出现透明圈，则说明该菌能水解淀粉，记录透明圈的直径和菌落直径。

⑦摇瓶培养和发酵上清液制备：选择透明圈直径和菌落直径两者比值较大的芽孢杆菌，接种淀粉水解液体培养基，在 30℃、220r/min 振荡培养 36~48h，收集菌液，8000r/min 离心 10min，收集上清液，上清液置于 70℃水浴中处理 15min 以灭活 β-淀粉酶，得到发酵上清液。

⑧酶活性测定：取 2mL 终点色标准溶液加在白瓷板空穴中，作为比较颜色的标准。其余各空穴中根据需要提前加 1.5mL 比色稀碘液。

在洁净大试管（25mm×200mm）中加入 2%可溶性淀粉溶液 2mL，再加入 18mL 蒸馏水和磷酸-柠檬酸缓冲液 5.0mL，混匀后在 60℃水浴中预热 5min。加入处理过的发酵上清液 1.0mL，立即计时，摇匀，放在水浴中进行水解反应。

定时取出 0.5mL 反应液（第一次实验可以按照每 5min 取样一次），加入预先加有稀碘液的比色板穴中，当穴内颜色反应由紫色逐渐变为红棕色，与标准终点颜色相同时，即为反应终点，记录反应时间 t（min），即液化时间。通常需要重复实验一次，以尽量精确测定时间。

计算发酵液中淀粉酶的比活性：发酵液的淀粉酶比活性定义为 1mL 发酵液在 60℃，pH 6.0 时 1h 内液化淀粉的质量（g）。

$$\text{比活性（U/mL）} = (60/t) \times 0.04$$

（7）注意事项

①少数芽孢杆菌产生荚膜，需要多次划线纯化才能得到纯培养。

②鲁氏碘液加入平板后，碘挥发很快，需要尽快测量透明圈直径，并及时拍照。

③酶反应要严格遵守反应条件，动作要迅速。

16、如何在酱香型白酒酿造过程中筛选酵母菌，如何研究其特性？

酵母菌是中国白酒酿造过程中乙醇、酯类和高级醇等物质的主要贡献菌，按照酵母菌在发酵过程中的作用，可以将其分为产酒酵母、生香酵母和其他功能性酵母 3 类。在酱香型白酒的酿造过程中，糟醅中乙醇浓度为 4%~6%，酸度为 2~5g/L（以乙酸计），堆积发酵温度为 33~49℃，窖内发酵温度为 34~37℃，比较苛刻的发酵环境对不同来源的微生物进行了筛选，不仅淘汰了众多不利于白酒酿造的微生物，也对一部分存活下来的微生物进行了酿造功能的强化。其中，酵母菌是稳定出酒率的“中流砥柱”，承担着包括但不限于进行酒精发酵、产生酯类和高级醇类等呈味呈香物质、分解糟醅中营养物质、降低发酵糟醅的酸度、抑制有害微生物的生长等必要作用。在实际生产过程中，酵母菌主要被应用于提高出酒率和增强酒体风味。以高温大曲制曲过程样品（包括制曲原料，一、二次翻仓曲）、成品曲、堆积糟醅（堆积发酵 1d、3d）、发酵糟醅（入窖发酵 7d、15d）和出窖糟醅（入窖发酵 26d）为样品对酵母菌筛选方法进行简述。

（1）主要培养基

①YEPD 培养基：酵母浸粉 10.0g，蛋白胨 20.0g，葡萄糖 20.0g，2%的琼脂粉（固体培养基时添加），蒸馏水 1000mL，115℃灭菌 20min。

②TTC 琼脂培养基：葡萄糖 0.5g，TTC（2,3,5-三苯基氯化四氮唑）0.05g，琼脂 2g，蒸馏水 100mL，避光条件下进行配制，121℃高压灭菌 20min，现配现用。

③酵母菌种子培养基：将玉米粉与水按照料液比 1∶4（*W/V*）混合，添加耐高温 α-淀粉酶（10U/g 原料）于 90℃水浴作用 1h，继续加热煮沸 30min，之后补水至原体积，立即降温到 60℃，添加糖化酶（250U/g 原料）在 60℃水浴作用 4h，然后用 4 层纱布过滤，调节糖度为 12°Bx，添加硫酸铵 6g/L、硫酸镁 1.2g/L、磷酸氢二钾 2.4g/L，115℃高温灭菌 20min 备用。

④酵母菌液态发酵培养基：将高粱粉与水按照料液比 1∶ 3（*W/V*）混合，液化糖化步骤同酵母种子培养基，糖化完成后降温到 40℃，添加酸性蛋白酶（30U/g 原料）水浴作用 4h，之后用 4 层纱布过滤，调节到所需糖度，115℃高温灭菌 20min 备用。

（2）主要试剂

①1.0g/L 标准葡萄糖溶液：精确称取 1.0000g 无水葡萄糖干粉（烘干至恒重），用蒸馏水溶解并定容至 1L，现配现用。

②0.1mol/L PBS 缓冲液（磷酸盐缓冲液）：A 液，准确称取 KH_2PO_4 1.36g，溶解于 100mL 蒸馏水中；B 液，准确称取 $Na_2HPO_4 \cdot 2H_2O$ 17.00g，溶解于 1000mL 蒸馏水中；PBS 缓冲液，50.0mL A 液与 950mL B 液混匀，115℃灭菌 20min，备用。

（3）主要步骤及方法

①酵母菌的分离纯化：称取制曲过程中的样品（包括制曲原料，一、二次翻仓曲）、成品曲、堆积糟醅（堆积发酵 1d、3d）、发酵糟醅（入窖发酵 7d、15d）和出窖糟醅（入窖发酵 26d）各 2 份，每份 10g，分别加入 90mL 无菌生理盐水和 90mL YEPD 培养基中，混合均匀。其中样品与 YEPD 培养基的混合菌悬液需在 30℃恒温、静置过夜以进行富集培养。分别吸取混匀后的 2 种菌悬液上清液各 1mL，并在含 9mL 无菌生理盐水的试管中进行逐次梯度稀释，稀释梯度为 10^{-1}～10^{-6}，然后吸取不同稀释度的菌悬液 100μL 并分别涂布到 YEPD、PDA、WL 和麦芽汁平板上，每个稀释梯度设置 3 组平行涂布试验。30℃恒温、静置培养 72h 以上（稀释度越高则培养时间越长），每 12h 观察一次平板上菌落的生长情况。

收集菌落生长完毕的平板，依据涂布时的稀释度从低到高进行排序。在平板上按形状、大小、颜色、光泽、质地、隆起程度和透明度等差异圈选出不同的菌落并进行编号，登记入册。之后依次挑取单个菌落进行反复的分离、纯化试验，即把不同的单菌落分别在 YEPD 培养基中扩大培养，然后使用接种环沾取菌悬液并在 YEPD 平板上进行菌落的三区划线纯化，培养条件均为 30℃恒温、静置培养 24h。菌落的分离、纯化试验一般需要进行二三次及以上，直至在 YEPD 平板的第二、三区域内得到较纯单菌落为止。

将已纯化的酵母菌悬液与无菌的 30%丙三醇水溶液 1∶1（*V/V*）混合，于-80℃下保藏。

②酒精产生能力研究：酵母菌呼吸链产生的脱氢酶能与2,3,5-氯化三苯基四氮唑（TTC）发生氧化还原反应生成红色且不溶于水的三苯甲臜（TPF），一般酵母菌的呼吸强度越大，颜色越深。由于酿造环境中的酵母菌普遍具有一定的产乙醇能力，因此利用这一特点能够辨别酵母菌的呼吸强度，从而初步判断其产乙醇能力的强弱。

按照菌落编号，从YEPD液体培养基中蘸取菌悬液，然后点接于YPED平板上，将不同菌落按照其编号在平板上呈方网格状排列。培养48h后，将温度降低至40℃以下的TTC固体培养基倾倒在YEPD固体培养基上，形成双层琼脂培养基。继续培养数小时后，观察TTC-YEPD琼脂的变色情况，红色越深则该菌株的呼吸酶活性越强。将经过初步筛选后颜色较深的酵母菌转接在YEPD试管斜面上，备用。

③耐受能力研究：根据酵母菌的鉴定结果和产乙醇能力的初筛结果，对各属酵母菌进行环境耐受性的测试，包括酵母菌的耐乙醇、耐乙酸、耐乳酸和耐高温能力。

耐乙醇能力：采用杜氏管法，在25mL玻璃试管中分别加入8.0mL、8.2mL、8.4mL、8.6mL、8.8mL、9.0mL、9.2mL和10.0mL YEPD培养基，试管内倒扣一根充满YEPD培养基的杜氏管，115℃高压灭菌20min。使用试管前，在无菌条件下吸取无水乙醇将液体的总体积补充至10mL，此时管内乙醇浓度分别为0、8%~20%（V/V）。按照编号从YEPD斜面上刮取一环酵母菌接入不同的试管中，左右振荡混匀菌悬液，30℃恒温静置培养7d，每12h观察一次杜氏管内的产气情况。

耐乙酸能力：试验方法同耐乙醇能力试验方法，区别是在试管内添加乙酸（色谱纯级），使得乙酸浓度分别为0.1%、0.3%、0.5%、0.6%、1%。

耐乳酸能力：试验方法同耐乙醇能力试验方法，区别是在试管内添加乳酸（色谱纯级）并使得乳酸浓度分别为2%、4%、6%、8%、10%。

耐高温能力：按照编号从YEPD斜面上分别挑取一环酵母菌，接种到1.5mL YPD液体培养基中（使用2mL EP管），在30℃、150r/min条件下培养12h，得到酵母菌悬液。使用简易振荡器充分混匀菌悬液并调节OD_{600}值为一致，准确吸取酵母菌悬液100μL加入900μL无菌生理盐水中，依次进行梯度稀释，稀释梯度为10^{-1}~10^{-5}，并振荡至均匀。依次吸取2.5μL各稀释度的菌悬液，按顺序横向、相邻地点接在YEPD平板上，每1株酵母菌为1个横排。之后将平板分别置于30℃、37℃、40℃的温度下恒温静置培养48h，每12h观察酵母菌在不同温度下的生长情况。

④液态发酵特性研究：

酵母种子培养：从斜面上挑取1环酵母菌接种到5mL酵母菌种子培养基中，30℃下恒温静置培养24h。培养完毕后倒入45mL种子培养基中，30℃下恒温静置培养16h，此时得到酵母种子，备用。

液态发酵试验：吸取酵母种子液15mL，加入135mL糖度为18°Bx的高粱汁中后混匀，用纱布和牛皮纸封好三角瓶口，在30℃下恒温静置培养72h，设置3组平行试验。发酵完毕测定发酵液的酒精度和主要挥发性物质的含量。

⑤好氧特性研究：

酵母种子培养：从斜面上挑取1环酵母菌接种到5mL酵母菌种子培养基中，30℃下恒温静置培养24h。培养完毕后倒入45mL种子培养基中，30℃下恒温静置培养16h，此时得到酵母种子，备用。

好氧特性试验：以10%的接种量吸取酵母种子并加入对应体积的10°Bx高粱汁中，于30℃下恒温静置培养72h，封好三角瓶口，同时进行3组平行试验。发酵完毕测定发酵液中乙酸乙酯和乳酸乙酯的含量。

⑥酵母菌形态学鉴定：

菌落形态：将编号入册的菌落依据大小、光泽、颜色、隆起程度、质地和是否黏连等差异进行归类。酵母菌落的一般形态为较大、乳白色、隆起、光滑和不黏连。

细胞形态：根据编号，在无菌条件下吸取适量酵母菌悬液。在覆有盖玻片的载玻片上缓慢地将菌悬液从盖玻片的边沿滴入，待菌悬液渗透并充满盖玻片与载玻片之间的空隙后用吸水纸吸干溢出的菌悬液，并在电子显微镜下观察细胞形态，包括细胞大小、形状和增殖方式（芽殖、裂殖等）。

⑦分子生物学鉴定：26S rDNA的D1/D2区域位于核糖体大亚基的5′端，长度为600bp左右，是真核微生物在进化过程中相对保守的一段序列。不同种酵母菌在该区域的碱基序列差异较大，而同种酵母菌间的差异通常不大于1%。通过对比这段同源序列的碱基对的差别，能够精确地区别不同种属的酵母菌。

26S rDNA提取：在2mL EP管中加入200μL PBS缓冲液、200μL TE缓冲液和1小勺石英砂；取适量待提取菌悬液或挑取一环菌落加入上述EP管中，之后加入200μL酚-氯仿，在简易振荡器上振荡10min；充分混合后，在12000r/min、4℃条件下离心10min；取上清液加到新的EP管中并加入1mL乙醇，颠倒混匀后在相同条件下离心10min，之后回收乙醇；将EP管口打开，置于70℃烘箱内烘干10min；烘干后加入200μL TE缓冲液，充分振荡，此时管内液体为模板DNA溶液。

PCR扩增和琼脂糖蛋白凝胶电泳：对模板DNA溶液进行PCR扩增以得到其26S rDNA目的基因片段。PCR反应体系为20μL（2μL PCR buffer，1.5μL dNTP，1μL模板DNA，1μL NL1，1μL NL4，0.5μL rTaq酶，13μL ddH_2O）。反应条件为：延伸时间50s，退火温度57℃，循环30次。

分子生物学鉴定：将扩增完成的酵母26S rDNA序列送至天津金唯智生物科技有限公司进行鉴定，将鉴定结果上传至NCBI进行Blast比对，选择相似度最高（一般为≥99%）的序列作为比对结果。系统发育树构建使用MEGA 5.1软件，设置校准排序方式为Clustal X、构建方法为邻接法（neighbor-jointing，NJ法）、检验方法为Bootstrap检验1000次。

注：NL1：GCATATCAATAAGCGGAGGAAAAG；NL4：GGTCCGTGTTTCAAGACGG。

17、如何从酱香型白酒糟醅中筛选耐酸酵母菌？

酵母菌是中国白酒酿造的核心微生物，不仅是乙醇的主要生产菌株，更与酿造微生态息息相关，影响白酒的风味和品质。在酱香型白酒酿造过程中，因其多轮次的特殊工艺，夏季发酵的轮次糟醅酸度过高的问题尤为突出。在糟醅高酸环境的长期胁迫条件下，酿造微生态中的一些酵母菌株已进化出较好的抵抗酸胁迫的能力，保证了发酵的正常进行。因此，酱香型白酒高酸酒醅成为高耐性菌株驯化的温床。从酱香型白酒糟醅中筛选具有良好耐酸性能的酵母菌株及其强化应用于酿造过程已成为行业应对“掉排减产”的重要手段。

（1）糟醅样品来源　以酱香型白酒第六轮次、第七轮次的高酸酒醅为菌种来源样品。

（2）主要培养基

①YPD 培养基：10g 酵母浸粉，20g 蛋白胨，20g 葡萄糖，加水定容至 1L，固体培养基加入 2%的琼脂，115℃高压灭菌 15min 后备用。

②PBS 缓冲液：称取适量 PBS 试剂，加入适量蒸馏水，并使用 0.1mol/L 的 HCl 和 NaOH 溶液调整 PBS 溶液 pH 至 7.5，补加蒸馏水使 PBS 终浓度为 0.01mol/L。

③富集培养基：称取麦芽汁培养基试剂 130.1g，加热溶解于 1L 水中，121℃高压灭菌 15min 后备用。灭菌后加入氯霉素，终浓度为 100mg/L。

④筛选培养基：称取 WL 营养琼脂固体培养基 78.25g，加热溶解于 1L 蒸馏水中，分装入 250mL 三角瓶，121℃高压灭菌 15min 后加入乳酸和氯霉素，终浓度分别为 40g/L 和 100mg/L，备用。

（3）主要步骤

①耐酸酵母菌富集及纯化：以酱香型白酒第六轮次、第七轮次的高酸酒醅为菌种来源样品，称取 10g 酒醅，加入 100mL 麦芽汁培养基中，于 30℃下静置培养 48h。取 100μL 富集培养液以梯度稀释法涂布于含有 40g/L 乳酸的 WL 固体培养基上，于 30℃培养 4~5d。待菌落长出，挑取单菌落，采用三区划线法对各菌落纯化两次。纯化后的菌株采用甘油管保存，备用。

②耐酸酵母菌初筛：采用杜氏小管发酵法对筛选株的起酵及产乙醇能力进行初步分析，具体操作如下：将各筛选株与工业酿酒酵母 AY12 双倍体分别接种于液体 YPD 培养基中，过夜活化后，以 10%接种量转接至新鲜 YPD 培养基中，继续培养至对数中期。调整各菌株对应 OD_{600} 值在 1.0~1.2，取各菌液 100μL 分别转接至装液量 7mL 且装有杜氏小管的试管中，30℃静置培养，监测产气情况，具体判定标准见表 2-1。48h 后采用液相色谱检测各菌株对应体系的葡萄糖消耗量及乙醇产生量。

在第一轮杜氏小管发酵检测结果的基础上，选择产气快且乙醇产生量高的菌株，在乳酸 60g/L 条件下进行第二轮杜氏小管发酵实验。

表 2-1　　产气能力评价标准

气体含量	1	3/4	1/2	1/4	0
产气能力	++++	+++	++	+	-

注：表中数字是指杜氏小管中气体的含量；“+”是指杜氏小管中产气，“+”越多产气越多；“-”是指杜氏小管中不产气。

③耐酸酵母菌复筛：根据初筛结果，选择在含有乳酸 60g/L 的 YPD 培养基中产乙醇含量高、起酵能力强的菌株进行抗乙酸、抗乳酸、抗高温、抗乙醇性能的分析。抗逆性能评价方式采用生长曲线测定。

④菌落形态镜检：

菌落：将纯化后的单菌落以稀释涂板的方式接种于 WL 培养基上，30℃培养 2~3d，观察并记录菌落形态。

显微镜检：美兰染色，40×油镜观察。

扫描电镜：酵母菌培养至稳定期后，于 7000r/min 离心 2min 去上清液；加入 20mL

5%戊二醛固定液，涡旋振荡后静置，固定 2h；加入 20mL PBS 缓冲液，洗涤三次；然后依次加入体积分数 50%、70%、95%的乙醇各洗涤一次，无水乙醇洗涤两次；7000r/min 离心 20min 后加入常温叔丁醇再洗涤三次；4000r/min 离心 15min，所得菌体经冷冻干燥后采用扫描电子显微镜观察。

⑤分子生物学鉴定：酵母菌鉴定采用 26S rDNA 序列分析法，所用引物为 NL1（5′GCATATCAATAAGCGGAGGAAAAG 3′）和 NL4（5′GGTCCGTGTTTCAAGACGG3′）。

⑥菌种保藏：根据所筛选的菌种特性，挑选耐酸性强的菌株进行菌种保藏。

三 原辅料篇

1、酱香型白酒对酿造原料和辅料有哪些要求?

（1）高粱　酱香型白酒企业对高粱有以下要求：一是淀粉含量要高，淀粉是高粱的主要成分之一，也是酱香型白酒生产过程中的重要原料。高淀粉含量的高粱能够为酱香型白酒生产提供足够的糖分，同时也能增加酱香型白酒的口感和香味。一般来说，高粱的淀粉含量应在60%以上，才能满足酱香型白酒企业的生产需求。二是蛋白质和酯类含量要低，蛋白质和酯类物质在酱香型白酒酿造过程中会产生一些异味和油化味，这些味道会影响酱香型白酒的品质和口感。因此，酱香型白酒企业要求高粱中的蛋白质和酯类含量要低，以降低这些异味的影响。三是籽粒皮厚、粒小坚实、均匀饱满，这些特征使得高粱在酿造过程中能够耐蒸煮、耐翻糙，更能适应酱香型白酒的酿造工艺要求。对于酱香型白酒来说，高粱的选择主要以淀粉的含量为主，而红缨子糯高粱的支链淀粉含量高达90%以上，是酿造酱香型白酒的上乘原料。

（2）小麦　高温大曲是以小麦为唯一原料加工制成的多酶、多菌的糖化发酵剂，是酱香型白酒生产的重要物质保障。在整个酱香型白酒酿造过程中大曲用量甚至超过高粱。小麦的理化指标将直接影响制曲的质量，不同硬度小麦的体积质量、出粉率、吸水率、蛋白及淀粉含量存在差异。小麦硬度特性主要受小麦遗传基因控制，结构性状表现为胚乳细胞中蛋白质基质和淀粉之间的结合紧密强度不同。在制曲过程中，硬麦较软麦脆，粉碎时颗粒过多，踩制的曲块紧，导致发酵中后期温度低，水分不易蒸发，曲心霉变较多，出现白曲偏多、糖化力过高；硬麦中的晶状淀粉不易被微生物利用，会导致曲中微生物种类和数量少。软麦的蛋白质含量相对较低，淀粉含量高，淀粉消耗能保证微生物和生化酶的富集，有利于大曲的发酵生香和生物酶类物质累积。但如果硬度太低，踩制出的曲块较软，运输过程易松散断裂，水分蒸发过快，高温持续时间过短，后力不足。因此，酱香型白酒制曲原料一般要求采用“至少为60%的软质小麦”。

（3）糠壳　糠壳是白酒生产最常用的辅料，在大曲酱香型白酒的生产中，糠壳主要起到填充、隔离和疏松的作用，这两个作用是和糠壳本身的组成和结构紧密相关的。糠壳又称为砻糠，是稻谷经加工成稻米后分离出来的外壳，是水稻籽粒的附属物，其主要成分为纤维素，结构紧密，具有一定的强度，不易被微生物分解，也不易在酸性和高温条件下降解，还不易和其他物质黏连。糠壳能否使用，主要从感官和食品安全指标两个方面判断。感官方面包括糠壳的外观形态、气味、色泽等。外观上要求是整粒稻谷外壳一剖两瓣，不能是细糠，最好是长粒形稻壳而非圆形稻壳，无明显虫蛀，无霉变，具有稻谷固有的清香，无霉味和其他异杂味，色泽金黄。

2、直链淀粉和支链淀粉有什么差异?

支链淀粉和直链淀粉分子均是由一个个葡萄糖分子连接而成，直链淀粉分子链上葡萄糖分子排列整齐，犹如一串螺旋形弹簧，遇碘液呈蓝色；支链淀粉分子链上葡萄糖分子排列不规则，犹如树枝一样，具有较多的分叉，遇碘液呈红褐色。在实际生产中发现，直链淀粉更容易被糖化，支链淀粉在糖化过程中在分子链上的分支点上常残留有异麦芽糖或者数个葡萄糖基等，导致微生物无法直接利用，但遇到根霉菌产生的 α-1,6 键时可借助极强的切断能力，会被直接分解彻底，这也是南方小曲酒多以糯米为酿造原料，并且出酒率高于粳米的原因之一。直链淀粉和支链淀粉基本性质对照见表 3-1。

表 3-1　直链淀粉和支链淀粉基本性质对照

直链淀粉	支链淀粉
呈链状，以 α-1,4-糖苷键相连接，有 20~3000 个葡萄糖基	以直链及直链上分枝的支链为主要结构，直链部分同样以 α-1,4-糖苷键相连接，支链则以 α-1,6-糖苷键相连接
易溶于温水，静置后易出现沉淀	不易溶于温水，吸水后会呈胶糊状，溶解后不易出现沉淀
糯性粮食中仅含 1%~2%或不含	糯性粮食中几乎全是支链淀粉
条件不适或多次蒸煮易老化	抗老化性能较好
可被 α-淀粉酶、β-淀粉酶降解，糖化效果好	糖化效果较差，糖化时在分支点上容易残留短基，β-淀粉酶只能作用其末端残基
提纯效果较差，结晶粒较小	易提纯、结晶

3、高粱中主要营养成分在酿酒过程中都有何作用?

（1）淀粉　在中国白酒酿造过程中经过润料、蒸煮后淀粉颗粒吸水糊化，再在酶的作用下降解为葡萄糖、蔗糖及其他小分子物质，糖类再经酶系作用生成乙醇。经分子式推导，理论上每 100kg 淀粉可吸水 11.12kg 水，生成 111.12kg 糖，可生成乙醇 56.79kg 和 54.32kg CO_2，原料中淀粉含量越高，理论上基酒产量越高，因此在采购原料时淀粉含量是主要检测指标之一。淀粉生成乙醇和 CO_2 的反应式如下：

$$(C_6H_{10}O_5)_n+nH_2O \rightarrow nC_6H_{12}O_6 \rightarrow 2nC_2H_5OH+2nCO_2\uparrow$$

（2）单宁　单宁是高粱最为特殊的成分之一，与基酒中的香味物质形成有着密切关系。高粱中单宁含量的高低可从高粱穗的颜色深浅进行区分，高粱穗颜色由褐、赤、黄、白变化时单宁含量呈下降趋势。高粱中的单宁虽可以形成一些特殊的风味物质有利于酒质，但单宁对蛋白质有收敛性，会使蛋白质凝固，进而影响酶系活性及菌群活性，因此高粱中的单宁含量也不是越高越好，需要控制在适宜的范围。在酱香型白酒实际酿造过程中可通过润粮工艺来调节高粱中单宁含量，以满足工艺的需求。

（3）蛋白质　蛋白质是一类极其复杂的大分子物质，从元素水平来看主要包括 C、

H、O、N、S、P、Fe 等。高粱中的蛋白质经过酿酒微生物菌群产生的蛋白酶系多次降解后生成氨基酸，一部分氨基酸被酵母菌利用后脱羧形成杂醇油，因此蛋白质含量高的高粱酿造的基酒杂醇油含量可能会超标；另一部分会与糟醅中的糖类物质发生美拉德反应，与酱香型白酒酱香的形成密切相关；其余部分氨基酸及蛋白质降解中间物还可能进行厌氧发酵生产酸类物质以及 H_2S、硫醇、硫醚等臭味物质。由此看蛋白质对于酿酒是必需的，但应该注意控制量，以免出现高级醇含量偏高的现象。

（4）脂肪　高粱中脂肪含量较低，一般在 2.5%左右，如果脂肪含量太高在白酒酿造过程中糟醅容易出现升酸快、升酸幅度大的情况，不利于酒质的提升以及出酒率的提升，因此一般要求高粱中的脂肪含量要低。

4、酱香型白酒发酵过程中用的糠壳为什么需要清蒸？

糠壳是所有大曲酒中使用最为广泛的优秀填充剂（疏松剂），使用糠壳后能使糟醅保持疏松，既有利于糖化发酵还有利于蒸馏取酒。但糠壳中含有较丰富的果胶质和多缩戊糖等物质，在高温蒸煮、发酵等过程中会降解生成甲醇和糠醛等有害杂质，因此糠壳使用前必须经过清蒸，经过清蒸后不仅能降低糠壳中的糠醛、多缩戊糖的含量，还能进一步去除糠壳中的霉味和生糠味，极大地减少生糠壳对酒质的影响，尤其是成品酒中以糠醛为主的杂质含量大大减少，有助于提高酒质。酱香型白酒酿造使用的糠壳一般要求是2~3 瓣的新鲜粗糠壳，糠壳不能太细，太细的糠壳不能达到足够的疏松效果，糟醅易起腻、结团、发粑，影响糟醅窖内发酵，导致基酒质量和产量均降低。因此在实际生产中需要根据糠壳具体情况，结合酿造季节灵活调整使用量，保证母糟达到“熟而不黏、疏松不糙”的要求，保证糟醅蒸酒及入窖发酵的正常进行。

5、什么是酿酒专用粮？酱香型白酒专用糯高粱产业有哪些研究？

作为全世界五大粮食农作物之一的高粱，因其良好的耐干旱、耐酸碱和耐涝等种植特性，在全世界超过百个国家或地区有种植，其中在我国更是主要的农作物之一。高粱的原产地虽不是中国，但据史料记载高粱在我国的种植历史也有 5000 多年。高粱在我国上千年的种植历史中不仅成为我国人民的口粮还是中国白酒产业最为理想的酿造原料并具有 700 余年的酿酒历史，是中国名优白酒的主要原料，种植区域更是从东三省、内蒙古延伸到中原大地再到西南之隅，形成了五大优势主产区。目前我国高粱产业所种植的高粱品种大致可以分为粒用高粱、饲用高粱、糖用高粱、帚用高粱等，其中粒用高粱产量占全国高粱产量的 80%以上，是中国白酒行业主要的生产原料之一，占据中国白酒原料行业举足轻重的地位。据不完全统计，目前“酿酒专用粮”一词最早能追溯至 2005 年《建专用粮基地促农民增收》一文中，并随着中国白酒产业的飞速发展及对酿酒原料的深入研究，“微生物喜欢吃的”和“人喜欢吃的”开始将酿酒用粮与口粮进行了区分，酿酒用粮相较于口粮更注重于追求淀粉含量尤其是支链淀粉含量、单宁含量以及蛋白质和脂肪含量的适量性。目前借助中国白酒产业的利好局面，对酱香型白酒酿酒专用粮也进行了诸多的研究，主要包括以下几个方面。

（1）酱香型白酒酿酒专用糯高粱育种研究　种子是农作物的根本，种子资源也是一个民族乃至一个国家最为核心的战略资源之一，在一个国家漫长的发展过程中农作物的种子驯化出的丰富的优良基因，为后续的农作物育种工作提供了坚实的内在基础。中国高粱品种的育种研究起步较晚，1985 年辽宁农科院高粱研究所研究员张文毅提出，随着国民经济的快速发展，人民生活水平得到了大幅度提高，高粱的育种方向不应该仅仅局限于口粮，而是应该逐步向提高淀粉含量，尤其是高支链淀粉含量、适宜的蛋白质、脂肪及单宁含量的方向靠拢，着力为中国白酒产业提供优质酿造高粱。而贵州省对酱香型白酒酿酒专用糯高粱的育种研究则是自 20 世纪 90 年代才陆续对酿酒糯高粱种子进行有意识的收集、归类和育种工作，并斥资 120 万元在仁怀市设立高粱繁育基地，正式开始本地糯红高粱的种子收集和选育，历经 30 余年的育种研究已经形成了一系列酱香型白酒酿酒专用糯高粱品种，诸如以小红缨子、牛尾砣为母本育种得到的红缨子和红珍珠系列；以牛尾砣、红旱 102 为母本育种得到的茅粱 1 号；以青壳洋为母本优选得到了金粱糯 1 号；以及以其他优良地方品种为母本育种得到的黔高 7 号、8 号和茅粱糯系列等优良品种。糯高粱品种繁多的同时增加了各个地方政府和农户在种植时选种的困难，赵小敏等人为挑选适宜于遵义市种植的糯红高粱品种，对包括红缨子、红珍珠、黔高 8 号在内的 8 个高粱品种的产量及酿酒特性进行了研究，结果发现虽 8 个品种种植出的高粱均符合《酱香型白酒酿酒用高粱》的标准，但红缨子、茅粱糯 2 号在产量、抗性、支链淀粉含量以及蛋白质等物质含量上更优，更适合在遵义市进行推广种植。这要求在酱香型白酒糯红高粱育种过程中要与当地种植条件相结合，选育出能够真正适合当地的高粱品种。

30 余载的育种研究为酱香型白酒酿酒专用糯高粱建立了一套独立的、完善的育种技术体系，一大批完善的糯高粱品种在各大名优酱香型白酒企业中得到了推广应用，取得了丰厚的成果。但酱香型白酒酿酒专用糯高粱仍面临着以下两个问题：一是品种杂乱，以次充好，以茅台所用红缨子高粱为例，目前市面上充斥着百余款“红缨子”或与红缨子高粱较为相似的高粱，它们的酿造品质纷繁杂乱，给酱香型白酒企业的选粮、用粮带来了较大的干扰，并且严重影响了“红缨子”的品牌，间接地影响了农户的收入和种植的积极性；二是酱香型白酒酿酒专用糯高粱主要种植于贵州和四川省，两地适合种植高粱的土地存在肥力偏弱的缺点，同时加之农户田间管理方式落后，导致高粱亩产（1 亩≈ $666.7m^2$，下同）较低，如“红缨子”高粱在土壤条件好的仁怀地区亩产量为 400kg 左右，而在贵州、四川、重庆等普遍地区亩产量不足 200kg，导致“红缨子”高粱面临着市场紧缺、农户增收困难的问题，需要在后续育种研究中针对性进行弥补。

（2）酱香型白酒酿酒专用糯高粱酿造特性研究　所有关于酿酒专用糯高粱的研究落脚地都在于酿酒，因此无论是育种、选种还是品质的鉴定，高粱的酿造特性都应该是核心指标之一，通过对酿造特性的研究有助于筛选符合企业酿造工艺、产品风格特点以及提升产品质量的高粱品种。蒋英丽等人对米红粱、东北糯、粳高粱在酱香型白酒酿造过程中的表现情况进行了研究，发现籽粒中含有丰富的支链淀粉的本地糯红高粱酿造的基酒酱香味更为突出，具有明显的、典型的酱香型白酒复合香气，品质和优质酒率均高于东北高粱。东北粳高粱酿造的基酒酒体稍显单薄，品质明显低于糯高粱酿造的基酒。研究结果表明四川本地糯高粱更合适于酿造具有四川风格特点的酱香型白酒。王贵军等人对比研究了四川糯红高粱与东北粳高粱酿造的酱香型白酒，取得了相同的研究结论。中国不仅是高粱种植、使用大国，而且每年会从全世界高粱种植大国诸如澳大利亚、美国进口大量原料，进口高粱不仅用于饲料、养殖，还有大部分用于酿酒行业，为探究进口高粱与本地糯红高粱酿造酱香型白酒的区别，朱建猛等人对澳大利亚高粱、糯高粱酿造酱香型白酒基酒品质进行了对比研究，研究发现澳大利亚高粱相较于本地糯红高粱质地更紧密，吸水性和蒸煮糊化差于糯红高粱，在粉碎、蒸煮环节需要增加额外的工作量，用曲量相较于本地糯红高粱每轮次也增加了 2%~4%，酿造的基酒酒体单薄、酒质稍差，口感不及本地糯红高粱纯正、醇厚、丰满，表明进口高粱虽具有价格便宜的优势，但不适合于酿造优质酱香型白酒，可以尝试在麸曲酱香型白酒低档产品酿造中进行使用。范志勇等人对不同产地糯高粱的酿造特性进行了研究，结果表明籽粒中支链淀粉含量越高的高粱在蒸煮糊化、堆积糖化以及多轮次发酵过程更符合酱香型白酒的酿造工艺，酿造的基酒品质更好，有利于优质酱香型白酒的酿造。

在对酱香型白酒酿酒专用糯红高粱酿造特性研究中发现，酱香型白酒的酿造是一个极其繁杂的过程，影响酱香型白酒基酒品质的因素众多，除原料以外还包括试验进行的地方、所用的窖池、所用的曲药、试验的季节以及酿酒的匠人等因素都会对酱香型白酒基酒的品质产生极大的影响，无法真正意义上实现对酿造原料的单因素试验，在后续的酿造特性研究中可以针对某高粱品种进行多地、多企业、多轮次、多班组、多批次的酿造特性研究，以求真实地提出客观公正的选种指导意见。

（3）酱香型白酒酿酒专用糯高粱快检技术研究　检测对于粮食而言是极其重要的环节，无论是采购或贮存对于粮食本身性质的掌握都是极为重要的。在长期的实践中酱香型白酒企业形成了一套完整的高粱质量检测体系，从外观到内在均有相应的判断指标，但指标的检测目前仍多以传统检测方法为准，存在耗时长的不足。为此快检技术开始逐步研究、应用于高粱的检测中，目前主要集中于支链淀粉含量及籽粒残缺率的检测中。

在前期研究中发现，支链淀粉相较于直链淀粉在酱香型白酒酿造过程中，更利于糊化、糖化和微生物利用，支链淀粉含量高的糯高粱酿造的酱香型白酒酒质优于粳高粱，糯高粱与粳高粱的价格也因此存在较大差距，这也导致市场上会出现糯高粱中掺杂粳高粱销售的现象。为确保酒企的利益不受损，不影响基酒的酿造，高粱籽粒中支链淀粉含量的快检一直是个痛点问题。张北举等人为探究高粱籽粒中直链/支链淀粉含量的占比，以近红外光谱为技术手段对 112 份高粱的光谱值进行了检测，并通过改进最小二乘法与化学检测值进行了比对建模，搭建预测模型，并另取 30 份高粱对模型进行了验证，结果发现通过红外光谱检测方法可以快速检测出高粱籽粒中直链/支链淀粉含量的占比，并且与化学检测值间无显著差异，适用于高粱品种、品质的快检；孙婷等人则以高光谱成像技术为手段，采集了 11 份高粱的光谱、图像信息，并构建了预测模型，验证发现该模型具有 95%以上的识别率和 92%左右的精度，具有准确性高、速度快、重复性高等优点，极具应用前景；补友华等人同样以高光谱成像技术为手段，对糯高粱、粳高粱的不同混合比例样品进行了图像、光谱信息采集，并搭建了多个模型，研究结果表明，通过高光谱成像技术及构建模型，可以快速检测出样品中支链淀粉含量，有助于判断掺杂率，具有较高的应用价值。

高粱籽粒的残缺率又称为不完善粒，一般是指在高粱收割、贮存、运输等过程中造成的破损、萌芽、霉变和虫蚀等异常现象，籽粒残缺率过高不仅不利于高粱的贮存，还会对酱香型白酒的酿造产生不利影响。目前，高粱籽粒残缺率的检测仍以人工肉眼检测为主，存在主观性强、准确度低、精度差等缺点，机器视觉技术、声学技术以及光谱检测技术开始逐步应用于高粱籽粒残缺率的检测。李小红等人为解决酱香型白酒酿酒专用糯红高粱籽粒残缺率检测面临的困境，以图像技术为检测手段配合粮库质检人员搭建了检测模型，该模型包含了9万余张完整高粱籽粒照片、4000余张破皮籽粒照片、6000余张破损籽粒照片以及近百张虫蚀、霉变、萌芽及杂质的照片，尽可能地包括了常见高粱籽粒不完善粒的例子，通过采集样品照片信息与模型比对，从而实现快速检测高粱籽粒中的残缺率。研究结果表明该模型检测结果与人工质检结果平均差异不到1%，具有时间短、精度高、重现性好的优点，极具推广价值。虽然目前各种快检方法仍面临一些不足，但随着科学技术的突飞猛进，先进的技术及设备的出现，必将会进一步完善现有的不足，后续仪器快检方法必将成为酿酒原料重要的检测手段。

（4）酱香型白酒酿酒专用糯高粱种植技术研究　种植是酱香型白酒专用糯高粱最为核心和基础的点之一，前期无论选育何种优秀的高粱品种，种植环节如果失控，可能会导致全盘皆输。为此，众多科研学者对酿酒专用糯高粱的种植进行了深入研究。刘利利等人为探究高粱种植过程中除草剂种类的选择、优化，对4种常见除草剂去除高粱田苗间杂草的效果进行了研究，对农药残存率、高粱苗株受伤程度、杂草去除率以及杂草抗药性等方面进行了对比研究，研究发现烟嘧·莠去津兼具去除效果好、残留低、杂草抗性差、对苗株损伤小等优点，推荐使用；为进一步提高红缨子高粱的亩产量，杨仕美等人以红缨子高粱农艺性状、亩产量以及经济效益为评判指标，对不同施肥方式对红缨子高粱种植的影响进行了研究，研究发现红缨子高粱产量和经济效益随着施肥量的增加呈上升趋势，但超过一定值会影响其生长，建议红缨子高粱在遵义市种植时施肥量为30~40kg/亩，叶面喷施钾肥1~2次；幸育毅等人则从选种、田地管理、施肥、育苗、移苗、病虫害防治以及收割储藏等方面对遵义市有机糯高粱种植技术进行了统筹，为酱香型白酒糯高粱的种植提供了技术指导。在总结前期研究的基础上，贵州省经济文化促进会起草了贵州省《酱香型酒用高粱种植技术规范》，从环境要求、种植田地选择、选种、育苗、移栽、种植管理以及病虫害防治等方面进行了技术规范，为酱香型白酒酿酒专用糯高粱的种植提供了技术指导，有助于酱香型白酒产业的稳步发展。目前在种植技术研究及规范性文件起草方面，酱香型白酒酿酒专用糯高粱虽取得了一定的成绩，但鉴于地理位置、土地肥力、气候以及种植人员等因素的差异，导致研究成果的通用性、推广性还存在较大的问题，有待后续进一步深入研究。

（5）酱香型白酒酿酒专用糯高粱发展的思考　酱香型白酒酿酒专用糯高粱建设历经几十年的发展已取得了耀眼的成绩，仅贵州省2022年酒用高粱种植面积16.7万余公顷(250余万亩)，实现产量70万t，带动农户增收60亿元，取得了显著的成绩，本问中仅以贵州省为例分析酱香型白酒酿酒专用糯高粱发展的优势与瓶颈。

①酱香型白酒酿酒专用糯高粱发展优势：

地理条件适宜：贵州省总体属于亚热带温湿季风气候，全省以纬度低、海拔高的山区为主，高粱主要种植区域阳光、水源、热量充足，无极端天气，全年无霜期长达290d，降雨量高达1100mm，极其适宜于种植高粱。

种子资源优越：贵州省自古以来就是中华民族酿酒集中地区之一，酿酒产业的发展带动原料种植的发展，从而积累了丰富的、多样性的、极具地域性的种子资源，为现代化的高粱品种选育提供了极大的潜力。以红缨子高粱的选育为例，红缨子高粱的选育是以贵州省农户种植的种子资源为亲本，历经近 10 年的选育最终形成了支链淀粉含量高、玻璃质性好、单宁含量适宜、耐蒸煮的优良酿酒特性，并成为贵州茅台酒业的“御用”高粱品种，丰富的种子资源，为贵州省酱香型白酒产业的蓬勃发展奠定了坚实的基础。

高粱需求量大：“2023 贵州白酒企业发展圆桌会”报道，贵州省 2022 年全年，全省持有白酒生产许可证企业 550 户，登记发证白酒小作坊 7173 户，规模以上白酒企业 180 户，酒类销售公司 27831 户；白酒总产能约 80 万 t，其中酱香型白酒约有 60 万 t，约占全国酱香型白酒总产能的 80%。在酱香型白酒产业稳步发展的背后也意味着对优质酿酒专用糯高粱的巨大需求。虽然贵州省是全国仅次于东三省、内蒙古等地的高粱种植大户，但仍存在较大的扩种潜力，有待进一步深化。

②酱香型白酒酿酒专用糯高粱发展困境

规模化程度低：鉴于贵州省、四川省和云南省等糯高粱主产地的地理位置特性，全省高粱种植规模一直无法进一步实现大规模种植，目前仍主要以分散的、小面积的、传统手工的农户种植模式为主，分散的种植模式既增加了高粱的种植成本、增加了高粱品种的不稳定性，也影响了高粱产量的提高，最为重要的是受限于地形和地理位置，高粱田地基础设施薄弱、抗风能力低，导致规模化、标准化、机械化种植模式无法全面推广，无法形成全省合力，从而降低了抗风险的能力，最终从源头限制了优质酱香型白酒的进一步发展，形成了“卡脖子”的困境。

合作方式落后：目前酿酒专用糯高粱的种植与销售仍是以传统的“农户—粮商—酿酒企业”的模式为主，导致农户在高粱后端销售时无话语权、无定价权，无法确保自身的利益，同时农户对市场粮食的波动无法准确把握，在经历挫折后很容易丧失种植的积极性。虽然目前有企业开始尝试建立“酿酒企业—当地政府—农户—酿酒企业”的种植模式，取得了一定的成果，但酿酒企业在收购高粱时执行的标准多以高于国家标准的企业自身标准为主，经常会出现因农户高粱品质不合格而降价甚至是拒收的现象，进一步导致了酿酒企业与农户甚至是与当地政府的矛盾，从源头上磨灭了良性发展的可能性。

价格高、产量低：随着近年来全国白酒企业大规模推广酿酒专用粮的建设，各大酒企纷纷上马建设自身的原料基地，优质的、紧缺的酿酒糯高粱迎来了“身价”上涨的契机。2022 年红缨子的价格就由 2021 年的 4.6 元/500g 提高到 5.6 元/500g，涨幅约 21.74%，价格的上涨为农户带来了增收，有利于国家对于新农村建设、脱贫攻坚成果的巩固。但原料价格的上涨会直接使企业运营成本增加，部分企业为了实现顺利经营只能选用省外糯高粱、粳高粱甚至是国外高粱，不利于白酒产业的平衡发展。

科技赋能较低：贵州省虽拥有丰富的高粱种子资源，但在新种选育、规范种植、退化种子复壮等方面仍存在科技含量低、技术落后等问题，比如在新种选育方面暴露出了育种人员少、育种能力弱、新种研发时间周期长，无法满足酱香型白酒企业高速发展对优质酿酒专用糯高粱的需求，无法充分发挥种子资源的优势，存在较大的资源浪费；同时严重缺乏配套的种植技术支持，例如针对贵州省山地较多的情况，没有匹配相应的山地高粱种植技术、选育适宜于山地种植的品种、研发适宜于山地的农机用具、适宜于山地种植的播种技术以及相应的施肥、除草、驱虫等配套技术，没有从根本上科学地解决酿酒专用高粱种植面临的困境。

（6）酱香型白酒酿酒专用糯高粱发展思路　中国白酒产业展现出了强劲的活力与产业发展潜力，与2019年相比中国白酒产业在2022年销售收入增加了5%，利润累积增加了71%，规上企业数量近1000家，年产量670余万t，虽下降了5.6%，但是销售收入却增加了9.6%，利润增加了29.4%，规上企业亏损面约17.6%，但与2019年相比下降了15.7%，数据表明中国白酒产业历经三年调整、改革、转型爆发出了强有力的发展势头。中国白酒产业的蓬勃发展离不开“第一车间”原料种植的支持，尤其是酱香型白酒所用糯红高粱更是重中之重，而如何解决酱香型白酒酿酒专用糯高粱产业面临的“痛点”问题，是后续发展所面临的难关。本书对酱香型白酒酿造专用糯高粱后续发展提出以下几点薄见：一是科学规划布局，完善基础建设，针对贵州省、四川省地理、地形、地貌的特殊性，在后续建设专用高粱基地时必须统筹考虑，科学规划，完善田地间道路、水利、监测、气象服务以及防虫等基础设施，通过统一规划、提高基础设施建设水平，将现行分散种植模式逐渐转型为规模化、机械化种植，提高种植管理，加强技术指导，以物理的、生物的方法完成除草、除虫和施肥等工序，减少农药、化肥的使用，提高粮食的品质，全面建设有机粮种植模式。二是完善合作模式，提高农户收入，针对目前合作模式的简陋、空洞、责权不明等问题，在后续建设中需要进一步完善合作模式，加强种植全过程监测、调控，调动农户种植积极性，可以按照“企业+合作社+基地+农户”“企业+农户”“企业+基地+农户”等新模式建设酱香型白酒酿酒专用高粱标准化生产基地，努力实施标准化种植，种子标准化，耕播标准化，施肥标准化，虫害防治标准化，收割、贮存标准化，尽可能地提高原料基地的标准化生产，以求提高粮食质量和品质，进一步提高农户收入，增强农户种植的积极性。三是强化品种选育，推行专属品种，目前酱香型白酒酿酒专用糯高粱在市场上属于“紧俏”原料，主要是由地形原因导致产量不足以满足酿酒企业的需求，在后续研究中需要进一步加强种子资源的收集、新品种的选育，同时应根据不同地区的气候、土壤、海拔以及水源等不同选育专属品种，以求尽可能地提高原粮的亩产量。针对目前原料基地有机建设的要求，在品种选育上还需考虑病虫害防治、萌芽率、苗成熟率以及抗自然灾害能力等，例如可以通过高粱种子丸化技术提高高粱种子的内在品质，进一步保证酿酒专用糯高粱的有机品质。四是提高科技赋能，培养对口人才，科技力量的注入离不开专业人才的支持，在后续的发展中应注重专业人才队伍建设，完善人才队伍的培养、引进办法，完善科研奖励机制，调动科研机构及科研人员积极性，打造一批懂高粱、懂育种、懂种植、懂农机、肯钻研、能攻关等的核心人才队伍，进一步提高酿酒专用糯高粱的科研能力；同时还需要着重培养一批科技服务型人才，强化与种子企业、种植基地、质量认证管理、酿酒企业之间的对接和原粮基地建设管理，实现全产业链的无缝对接，尽可能地通过科技和人才解决酿酒专用高粱种植中的“痛点”问题。

6、新高粱和陈年高粱酿造酱香型白酒有何差异?

以红缨子新高粱、陈年高粱为研究对象，以《仁怀产区大曲酱香酒技术标准体系》为操作工艺，选取2口窖龄、大小相同且紧邻的窖池，对用曲量、量水、糠壳等辅料用量进行统一，选取一个班组进行酿酒生产实验。通过对酿造过程的工艺参数和基酒品质进行对比分析，解析新高粱、陈年高粱酿造特性差异，研究结果如下。

（1）新高粱与陈年高粱成分区别　高粱营养成分与白酒产量及质量有着密切关系，试验用新高粱、陈年高粱主要成分数据如表 3-2 所示。陈年高粱水分含量低，淀粉、单宁、脂肪等理化指标均适中，符合酿造要求，由于当地每年气候不同，新高粱与陈年高粱主要成分有差异但不显著。

表 3-2　　新高粱与陈年高粱指标比较

指标	新高粱	陈年高粱
水分/%	13.1	11.8
淀粉含量/%	63.1	64.2
支链淀粉含量占比/%	91.8	90.5
单宁/%	1.7	1.6
脂肪含量/（g/100g）	3.5	3.9
蛋白质含量/（g/100g）	8.41	7.86

（2）基酒总酸、总酯对比　在酿造过程中陈年高粱糟醅在下沙、糙沙、1 轮次、2 轮次堆积发酵时间较新高粱缩短了 6~21h。陈年高粱颗粒硬度更大更耐蒸煮，吸水性更强，糟醅黏度低，通气性更好，使得微生物有更多的氧气繁殖，最先达到堆积发酵阶段的入窖标准，堆积发酵时间缩短。新高粱和陈年高粱糟醅在 3 轮、4 轮、5 轮、6 轮次堆积发酵时间基本一致，可能是新高粱、陈年高粱在后期轮次糟醅黏度、透气性趋于一致造成的。同时对新高粱、陈年高粱新产轮次基酒总酸和总酯含量进行检测分析发现，陈年高粱 1 轮、2 轮次基酒总酸比新高粱略低，在基酒勾调过程中利用率更高，这可能是陈年高粱在酿酒前期糟醅透气性能更好，产酸少。新高粱、陈年高粱新产 3 轮、4 轮、5 轮次基酒总酸总酯含量都较高，使得这 3 个轮次基酒酱香明显、醇和、回味长。不同轮次基酒总酸、总酯含量对比见表 3-3。

表 3-3　　不同轮次基酒总酸、总酯含量对比

轮次	高粱品种	总酸含量/（g/L）	总酯含量/（g/L）
1 轮次	新高粱	1.82	3.97
	陈年高粱	1.64	4.08
2 轮次	新高粱	2.47	4.64
	陈年高粱	2.12	4.36
3 轮次	新高粱	3.18	5.25
	陈年高粱	3.41	6.45
4 轮次	新高粱	3.46	6.98
	陈年高粱	3.55	6.43
5 轮次	新高粱	3.46	5.73
	陈年高粱	3.34	5.25

续表

轮次	高粱品种	总酸含量/（g/L）	总酯含量/（g/L）
6 轮次	新 高 粱	1.88	6.17
	陈年高粱	1.95	6.31
7 轮次	新 高 粱	1.25	5.63
	陈年高粱	1.27	5.35

（3）基酒出酒率对比　新高粱、陈年高粱在各轮次的糖化堆顶温均能达到 50℃以上，中温 44℃以上，底温 25℃以上，温度均能达到工艺要求，差异不明显。各层次温度从下沙到 6 轮次呈下降趋势，可能是糟醅营养物质不断消耗，微生物发酵代谢产热逐渐减少所致。通过对新高粱、陈年高粱新产轮次基酒出酒率对比发现，陈年高粱新产 1 轮、2 轮、3 轮次基酒出酒率略高于新高粱，新高粱累计出酒率 65.95%，陈年高粱累计出酒率 66.60%，出酒率差异不明显。

（4）基酒风味物质含量对比　新高粱、陈年高粱新产轮次基酒一共检测到了 62 种物质，其中醇类物质 18 种、醛类物质 8 种、酯类物质 25 种、酮类物质 2 种、酸类物质 9 种。新高粱、陈年高粱新产轮次基酒具有相似性，但各轮次基酒风味物质含量又有差异。

①醇类物质含量对比：醇类物质总含量随着轮次增加总体呈下降趋势，新高粱、陈年高粱在新产第一轮次基酒中分别高达 3347.21、2449.35mg/L，新高粱 1 轮、2 轮次基酒明显高于陈年高粱相应轮次基酒。醇类物质中正丙醇的含量最高，其他醇类均处于较低的含量水平。仲戊醇、正己醇、正庚醇、正丁醇、正辛醇、3-苯乙醇等 13 种高级醇都处于 2~5 倍的变化幅度，整体含量较低，适量的高级醇与其他风味物质适宜比例可使酒体圆润饱满、口感柔和协调。高级醇过多，饮用后会引起较强的致醉性，出现头痛、呕吐等不适症状。2,3-丁二醇（左消旋）、2,3-丁二醇（内消旋）、1,2-丙二醇等 3 种多元醇含量随着轮次的增加呈现逐渐增长趋势，适量的多元醇能使酒入口甜、落口绵。糠醇呈焦糖香，其含量从 1 轮次到 7 轮次增加了约 40 倍，可见糠醇是轮次基酒风味结构中重要的风味化合物之一，陈年高粱 1~5 轮次基酒糠醇含量高于新高粱。

②醛类物质含量对比：醛类物质总含量随着轮次的增加总体呈下降趋势，在第 4 轮、5 轮次基酒中含量较高。陈年高粱新产 1 轮、4 轮、6 轮、7 轮次基酒醛类物质总含量明显高于新高粱相应轮次基酒，适当含量的醛类物质有助于酒体放香。乙醛和乙缩醛占总醛量一半以上，随着轮次增加逐渐减少。新高粱、陈年高粱新产轮次基酒正丙醛、异丁醛含量在各轮次基酒中波动不大，2-甲基丁醛、3-甲基丁醛、糠醛 3 种醛类含量随着轮次增加而升高，2-甲基丁醛、3-甲基丁醛呈咖啡香、花香、果香，糠醛起到呈味、呈香、呈色等作用，是酱香型白酒香味组成中的重要成分。

③酯类物质含量对比：酯类物质总含量随着轮次增加总体呈先升高后下降的趋势，陈年高粱新产 3 轮、4 轮、5 轮、6 轮次基酒酯类物质总含量高于新高粱相应轮次基酒。乙酸乙酯和乳酸乙酯含量最高，乙酸乙酯在 1~7 轮次基酒中保持在较高含量；乳酸乙酯呈现先升高后降低的趋势，在 3 轮、4 轮、5 轮、6 轮次基酒中含量相对较高，陈年高粱新产 6 轮次基酒达到最高值 3432.73mg/L，7 轮次有所降低，乳酸乙酯与口感柔和醇厚呈

正相关，这可能是中间轮次基酒品质较好的原因之一。其他酯类物质含量相对较少，处于2~6倍的变化幅度，是酱香型轮次基酒风味结构中重要的风味化合物。

④酮类物质含量对比：酮类物质总含量随着轮次增加总体呈下降趋势，1轮、2轮次基酒含量较高。陈年高粱新产3轮、4轮、5轮、7轮次基酒酮类物质总含量高于新高粱相应轮次基酒。丙酮有芳香气味，羟基-2-丁酮有奶油香味，适量的酮类物质在白酒中起着缓冲、平衡香气的作用，可使酒体产生纯正的香气和绵甜的口感。

⑤酸类物质含量对比：酸类物质总含量随着轮次增加总体呈先增加后下降趋势，陈年高粱新产1轮次、2轮次基酒酸类物质总含量低于新高粱相应轮次基酒，使得陈年高粱新产基酒勾调利用率更高。乙酸是酸类物质的主要成分，乙酸和丙酸随着轮次增加呈减少趋势，异丁酸、丁酸、异戊酸、戊酸、己酸、庚酸、辛酸7种酸在各轮次基酒中处于2~5倍的变化幅度，含量较低，其中庚酸、辛酸含量最低，庚酸在3轮、7轮次基酒中未检出，辛酸在陈年高粱新产7轮次基酒中只有0.14mg/L。

（5）基酒感官质量对比　经过3位国家级白酒评委和3位省级白酒评委对新高粱、陈年高粱新产轮次基酒逐一进行综合评定（表3-4），陈年高粱新产基酒轮次特征比新高粱更加典型，香气更舒适。

表3-4　不同轮次基酒感官品评对比

轮次	新高粱	陈年高粱
1轮次	粮香明显，酸香味明显，涩味明显，轻油脂香，后味苦	有粮香，酸香味舒适，有涩味，醛香，后味微苦
2轮次	有酱香，有粮香，带酸涩味，回甜，有窖泥杂味，微苦	有酱香，略有粮香，有酸涩味，曲香，干净，回甜
3轮次	酱香明显，醇和，绵甜，后味长，窖香味杂	酱香显著，曲香明显，醇和，后味长，尾净
4轮次	酱香明显，曲香明显，干净，后味长	酱香味显著，曲香明显，复合香协调，醇和，后味长
5轮次	酱香明显，焦香明显，后味长，苦味明显	酱香明显，焦香明显舒适，酯香愉悦，后味长，微苦
6轮次	有酱香味，焦煳味明显，曲香，后味长，苦味明显	有酱香味，煳香好，曲香明显，后味长，微苦
7轮次	有酱香味、焦煳味，后味较长，带糟味，回味苦	有酱香，有焦煳味，后味长，略带糟味，微苦

通过对新高粱、陈年高粱发酵过程工艺参数、基酒产量、风味成分、感官质量等多个指标进行分析发现，新高粱、陈年高粱主要成分差异不大，陈年高粱糟醅在前期轮次堆积发酵时间较新高粱缩短了6~21h，新高粱、陈年高粱糖化堆各层次温度差异不明显，新高粱累计出酒率65.95%，陈年高粱累计出酒率66.60%。新高粱、陈年高粱新产基酒共检测到了62种风味物质，醇类、醛类、酮类物质总含量随着轮次增加总体呈下降趋势，酯类、酸类物质总含量随着轮次增加总体呈先升高后下降趋势。经白酒评委综合评定得

出：陈年高粱新产基酒轮次特征比新高粱更加典型，香气更舒适，对高粱原料在酱香基酒生产应用上提供一定的参考依据。

7、粳高粱与糯高粱酿造酱香型白酒有何差异?

高粱是酿造白酒的主要原料之一，不同种类的高粱其淀粉、单宁、蛋白质、脂肪等含量具有一定的差异，粳高粱与糯高粱之间的区别研究较多。有研究发现粳高粱中直链淀粉含量高，而糯高粱中支链淀粉占总淀粉的90%以上，粳高粱的单宁含量要高于糯高粱，红褐粒北方高粱与糯高粱的蛋白质含量接近。通过对粳高粱和糯高粱酿造酱香型白酒生产工艺3个周期的跟踪，对生产中的水分、淀粉、酸度进行测定，对每轮半成品酒进行色谱骨架成分测定，掌握粳高粱与糯高粱在生产中糟醅和酒质的变化情况，为酱香型白酒的酿造提供更多的参考。

（1）两种原料不同轮次糟醅理化性质比较　对三个发酵周期1~7轮次中糟醅的常规数据进行检测分析，根据检测结果分析和指导生产。糟醅中适宜的水分、淀粉、酸度是酱香型白酒高产和优质的关键，同时也才能保证糟醅的正常发酵。检测结果发现，糯高粱1次酒和2次酒水分含量变化较大，相差有3.72%；酸度是糙沙和1次酒之间变化较大，相差0.47%；淀粉含量也是糙沙和1次酒、1次酒和2次酒之间变化较大，变化分别是3.21%和3.6%。而粳高粱在糙沙和1次酒，1次酒和2次酒之间，水分、酸度、淀粉变化也较大，但要略低于糯高粱的变化。下沙时糯高粱比粳高粱淀粉含量高0.5%，7次酒时两者的淀粉含量接近。造成以上差异的原因可能包括以下几点：一是糙沙、1次酒是大汽蒸粮糊化的重要时刻，蒸粮时间比较长，糊化比较充分，水分吸收比较多，有利于更好发酵，淀粉消耗较多；二是糯高粱吸水率大于粳高粱，达到同一吸水率，糯高粱较粳高粱耗时要短；三是糯高粱糊化温度低于粳高粱。粳高粱与糯高粱不同轮次入窖糟醅理化指标比较见表3-5。

表3-5　粳高粱与糯高粱不同轮次入窖糟醅理化指标比较

轮次	水分含量/%		酸度/%		淀粉含量/%	
	粳高粱	糯高粱	粳高粱	糯高粱	粳高粱	糯高粱
下沙	41.10	41.40	0.19	0.22	34.75	35.08
糙沙	43.26	43.30	0.43	0.63	30.99	33.00
1轮次	45.03	44.00	0.89	1.06	28.00	30.79
2轮次	47.36	47.72	1.23	1.31	25.12	27.19
3轮次	49.20	50.44	1.43	1.48	21.57	23.38
4轮次	51.10	51.32	1.66	1.57	18.78	19.69
5轮次	53.90	52.70	1.69	1.73	16.76	16.36
6轮次	55.21	55.53	1.77	1.74	12.80	13.30
7轮次	55.91	56.20	1.82	1.81	11.41	11.33

（2）两种原料出酒率及优质酒率比较　酱香型白酒在每一轮生产的半成品酒在感官

质量上都存在比较大的差异。每一轮的酒都有其不同的特点。原料不同，产酒的数量和质量也会有所不同。研究发现，糯高粱2轮次酒出酒率要比粳高粱高0.8%。在品评结果上看，在每一轮次上两者总体口感相同，优质酒率粳高粱低1%，出现以上差异可能是因为1次酒中，高粱糊化慢，可利用的淀粉少，使酒体带有生杂味，在相同的蒸粮时间下，糯高粱要比粳高粱易糊化，因而在2轮次酒糯高粱出酒率比粳高粱高；糯高粱2轮次酒出酒率较高，2轮次酒的酒质较3轮、4轮、5轮次酒风格较差，会影响其优质率，但糯高粱优质率仍然比粳高粱高。两种原料不同轮次基酒出酒率及优质酒率比较见表3-6。

表3-6　　两种原料不同轮次基酒出酒率及优质酒率比较

轮次	出酒率/%		优质酒率/%		用曲量/%		糠壳量/%		品评
	粳	糯	粳	糯	粳	糯	粳	糯	
1轮次	2.9	3.0	—	—	13.0	13.0	0.5	0.5	酒体较杂，略有生、涩味，略酸（粳）
2轮次	4.4	5.4	3.0	6.0	13.0	13.0	1.0	1.0	酒体较单薄，略甜，微有生、涩味
3轮次	10.5	11.1	49.0	53.0	14.0	14.0	2.0	2.0	酱香，醇甜，爽口，较净
4轮次	11.3	11.5	56.0	58.0	13.0	13.0	3.0	3.0	酱香，醇甜，爽口，协调，后味干净
5轮次	9.0	8.3	49.0	41.0	11.0	11.0	3.0	3.0	酱香突出，醇甜，爽口，后味干净
6轮次	6.3	6.2	14.0	11.0	9.0	9.0	2.0	2.0	酱香，略有焦香，醇厚，后味长
7轮次	4.1	3.8	—	—	7.0	7.0	2.0	2.0	煳香，带焦味，后味略苦
总计	48.5	49.3	17.1	18.1	80.0	80.0	13.5	13.5	

（3）两种原料基酒风味物质含量比较　酱香型白酒的香味成分比较复杂，种类繁多且主体香成分不明确。通过色谱分析两种原料酿造的1~7轮次半成品酒的色谱骨架成分，能够对1%~2%的微量香味成分进行单一组分分离，得到各组分的准确含量，明确得出各香味成分之间的量比关系可以为产品质量的稳定和提高提供科学依据。且每一轮酒的色谱骨架成分特点也不同，通过色谱骨架成分可以熟悉每一轮酒的特点，能反映出生产工艺落实情况，对生产有一定的指导作用。

研究发现，1~7轮次中粳高粱与糯高粱之间色谱骨架成分存在一定的差异，其中1轮次酒色谱骨架成分差异比较大，其中丁酸乙酯、乙酸乙酯、正丙醇的含量差异最大，其次是正丁醇、正戊醇、异戊醇、异丁醇、甲醇；2轮次酒以后各成分之间的差距缩小。乙酸乙酯、正丙醇的含量呈现两头高、中间低的特点。这种差异出现的原因可能包括以下几点：一是甲醇的前体物质为果胶，果胶是半乳糖醛酸的缩合物，其羧基上经常与甲基或钙相结合而形成酯。该酯在果胶酯酶的参与下，经加水分解作用而生成甲醇和果胶酸。二是高级醇是一类高沸点物质，是白酒和其他饮料酒的重要香味来源。高级醇是指除乙醇以外的，具有3个碳以上的一价醇类，包括正丙醇、仲丁醇、戊醇、异戊醇、异丁醇等。在乙醇发酵过程中，由于原料中蛋白质分解或微生物菌体蛋白水解，而生成氨基酸，氨基酸进一步水解放出氨，脱羧基，生成相应的醇。不同种类的酵母，产高级醇量也各不相同。三是1轮次酒发酵中，高粱糊化中可溶出的淀粉比较少，微生物为了自身的生存和繁殖，当糖分消耗尽时，进而转向消耗果胶和氨基酸，而北方粳高粱比糯高粱较难糊化，溶出的淀粉少，可利用的糖含量有限，果胶和氨基酸含量丰富，因此甲醇、高级醇的含量较高。四是第1轮次发酵温度较高且酸度比较低，为氨基酸的代谢提供了条件。

综上所述，粳高粱和糯高粱在糙沙和1次酒和2次酒之间水分、酸度、淀粉变化较大，下沙时糯高粱比粳高粱淀粉含量高0.5%，1次酒色谱骨架成分差异比较大，其中丁酸乙酯、乙酸乙酯、正丙醇的含量差异最大，其次是正丁醇、正戊醇、异戊醇、异丁醇、甲醇。全年出酒率糯高粱比粳高粱高0.8%，优质酒率糯高粱比粳高粱高1%；在酱香型白酒3个生产周期中糯高粱出酒率和优质酒率都比粳高粱略高，这也是酱香型白酒企业普遍使用本地糯红高粱的主要原因。

8、不同品种高粱酿造的酱香型白酒在酒质上有何差异?

高粱作为酱香型白酒酿造的重要原料，其籽粒中淀粉含量较高、蛋白质含量适中、脂肪含量较低，并且具有适量的单宁、灰分及粗纤维等物质。高粱的品种很多，有糯高粱、粳高粱等，但酱香型白酒对高粱品种的要求很高，即使淀粉含量高、支链淀粉也突出的高粱也不一定能生产出优质的酱香型白酒。这与高粱对酿酒微生物菌群具有的一定定向选择作用有关，因此要生产出优质的酱香型白酒，对高粱的要求基本上是具有专一性的。赤水河两岸作为中国酱香型白酒的主产区，酿造原料“红缨子”最为知名，但由于价格偏高、产量不高等因素，促使酱香型白酒酿造原料不断进行选育，目前已经筛选出了众多的酿造高粱品种，包括“茅糯6号”“黔糯8号”“金缨子”“泸州红1号”“宜糯红2号”等，不同种类的高粱生产出的酱香型白酒，即使产量一样或是某品种较为高产，但质量上的差别是明显的。因此，筛选适于特定自然产区生产的优质高粱品种，对推进酱香型白酒高粱专用化生产具有重要意义。

根据贵州省团体标准T/GPCPEC 004—2021《酱香型酒用高粱质量要求》的理化指标要求，酱香型白酒高粱总淀粉含量应为50%~70%，支链淀粉占淀粉总量≥95%，蛋白质≤10%，脂肪≤4%，单宁含量1.2%~1.8%。在此范围内，以3种糯高粱（四川本地糯红高粱LJ1、LJ2，外地糯高粱NLJ1）为试验组，以1种粳高粱（粳高粱NLJ2）为对照组，采用酱香型白酒酿造工艺进行研究，通过对不同高粱品种籽粒组分含量以及酿造基酒品质进行分析，为酱香型白酒优质高产酿酒高粱品种筛选提供理论依据。

（1）不同品种高粱理化指标的差异　4个品种高粱淀粉含量不同，介于66%~76%，这与前期研究报道的高粱淀粉含量在73.1%~76.10%和64.22%~71.67%较为一致。其中糯高粱LJ1和LJ2的总淀粉含量略高于“红缨子”的淀粉含量65.25%。淀粉是高粱籽粒的主要成分，其含量影响白酒的出酒率，淀粉结构的差异也影响白酒的发酵。因为直链淀粉影响高粱淀粉的回生，高比例的直链淀粉使得高粱蒸煮后易老化，不利于酿酒微生物菌群对原料中营养物质的利用。糯高粱 LJ1、LJ2 和 NLJ1 的支链淀粉/总淀粉（以下简称支总比）介于 96%~100%，与贵州省酱香型白酒酿造高粱红缨子的支链淀粉含量 99% 相差无几，符合 T/GPCPEC 004—2021《酱香型酒用高粱质量要求》，且远高于粳高粱 NLJ2（支总比为 81%）。由于酱香型白酒发酵过程需要经过 9 次蒸煮、8 次发酵、7 次取酒，而高含量的直链淀粉不利于高粱的连续蒸煮，同时支链淀粉的长链在发酵过程中被降解形成短支链等中间组分，支链淀粉与直链淀粉的比例相对越低，酿造过程中高粱淀粉越容易老化形成凝胶结构。因此，富含高比例支链淀粉的高粱是酱香型白酒发酵的前提。

酱香型白酒原料中的蛋白质是酱香型白酒独特风味的主要来源。一方面，蛋白质可以作为氮源为微生物提供营养；另一方面，在酱香型白酒独特的发酵条件下，蛋白质可转化为高级醇、醛、酮、吡喃、吡嗪等风味物质。以粗蛋白含量较高的 LJ1 和 LJ2 为原料的酱香型白酒，其酱香风味比粗蛋白含量较低的 NLJ1 和 NLJ2 更加明显，这可能与粗蛋白含量较高有关。在前期研究中发现，酱香型白酒糟醅中添加产吡嗪的功能芽孢杆菌后蛋白质含量显著低于未添加功能芽孢杆菌的糟醅中蛋白质含量，且添加组的白酒中酱香风味更明显，推测大量的蛋白质代谢可以产生更多的酱香风味物质。而酱香型白酒酒用高粱团体标准 T/GPCPEC 004—2021《酱香型酒用高粱质量要求》要求粗蛋白含量≤10%，糯高粱 LJ1 粗蛋白含量≥10%，即高于“红缨子”的粗蛋白含量，但酒体尝评却并未影响其优雅的酱香，且质量等级在 4 个品种中最优。这一方面可能与每年气候环境会导致高粱理化指标有一定差异有关，10%的指标不一定很严格；另一个方面可能酿酒品质不单单与某个理化指标相关，而是多种理化指标平衡的一个结果。

脂肪是高粱中另一类重要的营养成分，检测发现，LJ1 和 LJ2 的粗脂肪含量普遍高于 NLJ1 和 NLJ2，其中 LJ1 的粗脂肪含量最高，为 4.98%，比酱香型酒用高粱团体标准 T/GPCPEC 004—2021《酱香型酒用高粱质量要求》对粗脂肪含量≤4%的指标要求更高。高粱籽粒脂肪分解产生的脂肪酸和有机酸可以作为酯类化合物的前体合成风味化合物；此外，分解代谢还会产生一些醛类和酮类物质，使酱香型白酒的风味更加丰富。

少量单宁在发酵过程中不仅能抑制杂菌的生长，还能产生丁香酸、阿魏酸等酱香风味的前体物质，赋予白酒独特的风味。4 个品种的单宁含量在 1.25%~1.86%，与前期研究结果中关于酱香型白酒酿造原料中单宁最佳含量在 1%~2%一致，其中 LJ1 和 LJ2 的单宁含量略高，分别为 1.62%和 1.86%，略高于糯高粱“红缨子”的单宁含量（1.4%~1.7%）

不同品种高粱理化指标的差异见表 3-7。

表 3-7　　不同品种高粱理化指标的差异

理化指标/%	LJ1	LJ2	NLJ1	NLJ2
水分含量	11.7	13.6	14.9	13.6
总淀粉含量	70	72	66	74
支链淀粉含量	70	69	66	60

续表

理化指标/%	LJ1	LJ2	NLJ1	NLJ2
支链淀粉/总淀粉	100	96	100	81
粗脂肪含量	4.98	4.50	4.20	3.90
单宁含量	1.62	1.86	1.25	1.46
粗蛋白含量	10.70	10.00	8.52	8.80

（2）不同品种高粱对不同轮次酒出酒率的影响　不同品种不同轮次的产酒量均折合成60%vol进行计算，酱香型白酒7个轮次出酒率呈现先升后降的趋势，在第3、第4轮次的出酒率明显高于其他几个轮次，第7轮次的出酒率最低，并且不同品种的这一变化趋势略有差异，且出酒率也不同。LJ1第1轮次出酒率比其他3个品种略低，但随后开始缓慢上升，在第4轮次出酒率达到最高，且比其他各个品种各轮次出酒率都高，随后缓慢下降；其他3个品种在第3轮次出酒率达到最高，随后缓慢下降。从第3轮次到第6轮次出酒率可以看出，LJ1出酒率最高，为44.13%，明显高于粳高粱NLJ2的出酒率，这与粳高粱NLJ2的支链淀粉含量比较低，发酵后的淀粉易老化、不耐蒸煮有关，而LJ1淀粉分子中全部为支链淀粉，相比同样含100%支链淀粉的NLJ1，其含量更高，为70%，所以耐蒸煮的同时比其他2个糯高粱品种总的出酒率也高。

不同品种高粱对不同轮次基酒出酒率的影响见表3-8。

表3-8　不同品种高粱对不同轮次基酒出酒率的影响　单位：%vol

高粱品种＼不同轮次	1轮次	2轮次	3轮次	4轮次	5轮次	6轮次	7轮次
LJ1	5.94	8.07	11.26	12.47	11.81	6.77	1.82
LJ2	9.93	10.21	11.85	10.51	8.19	4.63	2.21
NLJ1	7.92	9.60	11.68	10.53	9.08	5.52	2.10
NLJ2	7.89	9.03	10.42	10.01	9.23	6.61	2.12

（3）不同品种高粱对基酒理化指标含量的影响　将样品酒体酒精度统一降至53%vol，进行基酒理化指标检测与对比分析。

①总酸含量对比分析：酸类物质在酱香型白酒中的作用为催化酒体老熟，并且有助香作用，可以增强酒体后味，提升白酒醇和度，可以平衡酒味、协调香气，含量不足时会使酒体后味寡淡、不协调。同时，有机酸在发酵过程中还影响着微生物的生态平衡，而酱香型白酒的酸度较其他香型白酒酸度偏高，可见酸类物质对酱香型白酒的口感与风味特征有着重要影响。从检测结果可以发现，1轮次酒总酸含量最高，4个品种总酸含量从2轮次酒开始逐渐升高，4轮次酒中总酸含量升至最高，其中LJ1中总酸可以达到2.14g/L，LJ2中总酸可以达到2.01g/L，NLJ1总酸可以达到2.04g/L，NLJ2总酸最低为1.65g/L，随后逐渐下降。在尝评分析中4轮次酒的出酒率最高，酒质最优，且在这4个品种中，粳高粱NLJ2的总酸含量偏低，酒质也最差。不同品种高粱对不同轮次基酒总酸

含量的影响见表3-9。

表3-9　不同品种高粱对不同轮次基酒总酸含量的影响　单位：g/L

品种	总酸含量						
	1轮次	2轮次	3轮次	4轮次	5轮次	6轮次	7轮次
LJ1	3.21	1.66	1.64	2.14	2.11	1.56	1.24
LJ2	1.99	1.54	1.74	2.01	1.86	1.43	1.25
NLJ1	2.19	1.26	2.02	2.04	1.95	1.51	1.09
NLJ2	2.38	1.41	1.49	1.65	1.57	1.33	1.03

②酯类物质含量对比分析：酯类物质是酒中最为重要的一类化合物，在酒体中主要表现为微甜、带涩，呈现出果香、花香、甜香、清香等风味，还会体现出一定的刺激感，极大程度地影响着白酒的风味，乙酸乙酯和乳酸乙酯是酱香型白酒中主要的两大酯类，其含量会影响白酒的平衡感。乳酸乙酯是酱香型白酒中重要的色谱骨架成分，能够增加酒体的醇甜感、醇厚度，赋予酱香型白酒青草香，对酒体的醇厚、回味等有重要贡献；若含量过低，会导致酒体复合程度不高，酒体不协调等。乳酸乙酯与其他成分按适当比例存在，能够增强酒体的浓厚感，是酱香型白酒风格形成的重要风味物质。从检测结果发现，3种糯高粱从2轮次基酒开始，总酯含量有上升趋势，其中3、4、5轮次的含量最高，6轮次酒和7轮次酒中含量又开始下降，酱香型白酒在第3、4、5轮次质量明显优于其他轮次，这可能与酯类物质的含量有密切关系。糯高粱LJ1在4轮次酒中的总酯含量明显高于其他各品种及各轮次，而这一轮次的LJ1酿造的基酒酒质也是各轮次各品种中尝评结果表现最优的。

对4个品种高粱酿造的基酒的乙酸乙酯和乳酸乙酯分析可以看出，随着发酵轮次的延长，乙酸乙酯含量总体呈下降的趋势，乳酸乙酯与总酯的变化趋势相同，于第5轮次含量达到最高，这与乳酸乙酯含量占据酯类的绝大部分有关。由于乳酸菌是酱香型白酒的主要优势菌，乳酸菌代谢可以产生乳酸，进一步合成乳酸乙酯，所以乳酸乙酯的含量在酱香型白酒中比例较高。乳酸乙酯的变化在一定程度上可以反映总酯的变化趋势。

总体来看4个品种的酯类物质含量，粳高粱NLJ2显著低于其他3种糯高粱，四川本地糯高粱LJ1和LJ2又略高于糯高粱NLJ1，感官尝评分析也发现LJ1和LJ2的酒体醇厚度优于外地糯高粱NLJ1，而粳高粱NLJ2酒体则表现为明显的淡薄。

不同品种高粱对不同轮次基酒总酯含量的影响见表3-10。

表3-10　不同品种高粱对不同轮次基酒总酯含量的影响

指标	品种	1轮次	2轮次	3轮次	4轮次	5轮次	6轮次	7轮次
总酯/（g/L）	LJ1	6.24	3.82	3.68	4.95	4.80	4.00	2.90
	LJ2	4.93	3.77	3.83	4.84	4.88	4.15	3.37
	NLJ1	5.69	3.16	4.42	4.32	4.29	3.83	2.88
	NLJ2	4.95	3.84	3.55	3.50	3.64	3.11	2.44

续表

指标	品种	1 轮次	2 轮次	3 轮次	4 轮次	5 轮次	6 轮次	7 轮次
乙酸乙酯/（mg/100mL）	LJ1	332.79	220.42	172.73	145.65	160.95	148.14	133.50
	LJ2	224.68	221.57	182.84	182.89	208.28	196.50	185.14
	NLJ1	283.64	188.89	187.98	202.01	189.18	130.76	112.36
	NLJ2	266.34	254.78	163.04	137.05	149.15	116.65	109.81
乳酸乙酯/（mg/100mL）	LJ1	258.22	225.07	248.53	307.82	447.73	302.26	168.58
	LJ2	219.25	214.98	276.20	357.70	379.20	255.66	182.99
	NLJ1	281.72	152.01	344.37	314.64	324.68	274.80	196.32
	NLJ2	165.03	179.25	252.60	217.41	296.96	219.09	145.71

③醇类物质含量对比分析：醇类是酱香型白酒风味构成的骨架成分之一，可使酒体浓厚丰满，同时也是形成酯类化合物的前体物质。酱香型白酒中的杂醇类物质既是酱香型白酒的色谱骨架成分，也是酱香型白酒的重要组成部分。通常认为异丁醇极苦，正丙醇较苦，正丁醇苦味较弱，异戊醇微带甜苦味。在酱香型白酒不同轮次的酒体醇类检测分析中可以看出，1 轮次酒中正丙醇含量较其他轮次显著偏高，在 LJ1、LJ2、NLJ1、NLJ2 一轮次酒中含量分别为 14.37g/L、15.36g/L、16.88g/L、12.09g/L，随后便急剧下降，含量均低于 1g/L。正丙醇可由苏氨酸生成，也可由糖代谢中的 α-酮丁酸生成。若酿造原料中的蛋白质含量高，高温大曲的蛋白酶活性强，则杂醇油生成量也较多。酱香型白酒所用的大曲是高温大曲，蛋白酶活性强，正丙醇生成量也高。酱香型白酒的生产为多轮次发酵，每轮次用曲量有所差异，在第 1 轮次发酵过程中，由于淀粉糊化释放小，用曲量较大，所以 1 轮次中较高的正丙醇含量可能与高温大曲用量较大有着很大关联。感官尝评发现 1 轮次中涩苦味也较重，这也可能与正丙醇的含量严重偏高有关。异丁醇与异戊醇的含量随着发酵轮次的延长，略有上升趋势，而酒体的风味在后几轮次也表现得更为醇甜，适量的杂醇类物质可以赋予酒体一定的醇甜感。对比 4 个品种的杂醇类物质含量，粳高粱 NLJ2 酿造的基酒酒体中杂醇类物质含量明显高于糯高粱，这可能与淀粉的结构及其微生物的代谢有关。不同品种高粱对不同轮次基酒醇类物质含量的影响见表 3-11。

表 3-11　　不同品种高粱对不同轮次基酒醇类物质含量的影响

指标	品种	1 轮次	2 轮次	3 轮次	4 轮次	5 轮次	6 轮次	7 轮次
正丙醇/（mg/100mL）	LJ1	1437.23	186.03	54.17	72.33	32.25	61.22	75.45
	LJ2	1546.69	48.87	33.12	26.13	42.98	80.61	106.02
	NLJ1	1688.57	76.84	42.37	52.26	46.26	64.17	63.28
	NLJ2	1209.92	102.90	86.89	91.62	49.90	63.39	75.96

续表

指标	品种	1 轮次	2 轮次	3 轮次	4 轮次	5 轮次	6 轮次	7 轮次
异丁醇/（mg/100mL）	LJ1	15.52	16.46	22.04	33.83	26.16	27.05	42.91
	LJ2	21.02	16.16	15.36	15.70	20.45	28.08	46.37
	NLJ1	22.09	15.03	16.09	25.00	24.33	38.17	54.07
	NLJ2	21.61	21.88	22.55	38.33	40.01	50.60	55.27
异戊醇/（mg/100mL）	LJ1	31.97	43.35	52.66	41.57	44.98	53.55	92.08
	LJ2	45.44	45.61	43.13	36.60	42.76	59.63	97.82
	NLJ1	51.38	45.14	43.81	42.83	43.21	66.33	111.37
	NLJ2	53.64	62.53	56.70	57.08	65.79	79.11	124.05

（4）基酒感官品评分析　从品评结果可以看出糯高粱 LJ1 酿造基酒从第 2 轮次到第 6 轮次酒体质量均被评为特级，尤其以 3 轮、4 轮、5 轮次酱香最为突出，且酒体醇厚度最好；糯高粱 LJ2 从第 3 轮到第 6 轮次酒体质量均被评为特级；糯高粱 NLJ1 酿造基酒从第 3 轮至第 6 轮次均被评为优级，其酒体酱香也只是较突出。粳高粱 NLJ2 酿造基酒感官质量较其他 3 个品种差，仅在第 3 轮、4 轮次表现为优级，从第 4 轮次开始基酒酒体风味开始下降，酱香也开始变弱。总体来看，糯高粱 LJ1 和 LJ2 酿造酱香型白酒的感官评价优于外地糯高粱，且以四川本地糯高粱 LJ1 酿造基酒感官评价最优，粳高粱 NLJ2 酿造酱香型白酒风味最差。

对不同轮次基酒感官品评结果见表 3-12。

综上所述，四川本地高粱 LJ1 和 LJ2，其籽粒中粗蛋白、粗脂肪、单宁含量均比另外 2 种高粱含量高，且略高于“红缨子”中的含量，但基酒酒体质量却依然表现较优，酱香突出，复合香明显，酒体醇厚，这说明酱香型白酒基酒酒体质量可能不只与原料中的某一种理化指标有关，原料中各种成分之间的比例平衡或许是影响酒体风味的关键因素。

酱香型白酒 7 个轮次出酒率呈现先升后降的趋势，在第 3 轮、4 轮、5 轮次的出酒率明显高于其他几个轮次，第 7 轮次的出酒率最低，并且用不同品种生产这一变化趋势略有差异，糯高粱的出酒率明显优于粳高粱，且糯高粱 LJ1 由于含有较高的淀粉含量，且全部为支链淀粉，全年总产出和第 3 轮到第 6 轮次出酒率均最高，分别可以达到 58.14%和 44.13%。从基酒中检出的总酸、总酯、乳酸乙酯在第 3 轮、4 轮、5 轮次含量最多，这与酱香工艺中 3 轮、4 轮、5 轮次出酒质量相对较高相一致，在最后二三个轮次中，总酸、总酯含量相对减少，这可能与糟醅中淀粉含量降低，可利用的还原糖、蛋白等含量下降有关。粳高粱品种酿造的基酒中总酸、总酯明显偏低，杂醇油偏高，酒体风味明显淡薄，质量等级远不及糯高粱品种。四川本地糯高粱品种酿造基酒的感官品质优于外地糯高粱，且远胜于粳高粱。

9、不同品种糯高粱对酱香型白酒酿造过程有何影响？

为探究不同品种糯高粱对酱香型白酒酿造过程中的影响，以红缨子、冀酿 2 号、红茅 6 号 3 个糯高粱品种在酱香型白酒酿造过程中的情况进行对比研究，每个高粱品种生产窖

表 3-12　对不同轮次基酒感官品评结果

品种	1 轮次	2 轮次	3 轮次	4 轮次	5 轮次	6 轮次	7 轮次
LJ1	无色透明，生沙香较突出，酒体较酸涩，味较短，风格典型	无色透明，生沙香较弱，带明显酱香，酒体醇甜协调，尾较净，味较长，风格正常，酒体质量评级为特级	无色透明，酱香突出，带曲香、复合香，酒体醇厚，尾净，味较长，风格正常，评级为特级	无色透明，酱香突出，带曲香，酒体醇厚，尾较净，味较长，风格正常，酒体质量评级为特级	无色透明，酱香突出，复合香、曲香明显，酒体醇厚，尾较净，味较长，风格正常，酒体质量评级为特级	无色透明，酱香较突出，复合香明显，带曲香、焦香，酒体醇厚，尾较净，味较长，风格突出，酒体质量评级为特级	无色透明，酱香明显，焦煳香较突出，酒体较醇厚，尾较净，味较长，风格正常
LJ2	无色透明，生沙香明显、带酱香，酒体微酸涩，味较短，风格典型	无色透明，微有生沙香，带酱香，酒体醇甜，尾较净，味较长，风格正常，酒体质量评级为优级	无色透明，酱香突出，带曲香、复合香，酒体醇厚，尾净，味较长，风格正常，评级为特级	无色透明，酱香突出，带曲香，酒体醇厚，尾较净，味较长，风格正常，酒体质量评级为特级	无色透明，酱香突出，复合香较明显，略带曲香，酒体醇厚，尾味净爽，味较长，风格正常，酒体质量评级为特级	无色透明，酱香较突出，复合香明显，略带曲香、焦香，酒体醇厚，尾味净，味较长，风格突出，酒体质量评级为特级	无色透明，酱香明显，焦煳香较突出，枯糟味明显，酒体较醇厚，尾较净，味较长，风格正常
NLJ1	无色透明，生沙香明显、带泥味，酒体较酸涩，味较短，风格突出	无色透明，生沙香明显，酒体醇甜，较淡薄，尾较净，味较长，风格较正常，酒体质量评级为一级	无色透明，酱香较突出，酒体较醇厚，尾较净，味较长，风格正常，评级为优级	无色透明，酱香较突出，酒体醇甜，尾较净，味较长，风格正常，酒体质量评级为优级	无色透明，酱香较突出，酒体较醇厚，尾较净，味较长，风格正常，酒体质量评级为优级	无色透明，酱香较明显，带糟煳香，酒体较醇厚，尾欠净，味较长，风格较正常，酒体质量评级为一级	无色透明，酱香较明显，糟略带煳香，酒体较醇厚，尾欠净，味较长，风格较正常
NLJ2	无色透明，生沙香明显、糟香味重，酒体较酸涩，味短淡，风格明显	无色透明，生沙香明显，酒体醇甜，尾较净，味较长，风格正常，酒体质量等级为一级	无色透明，酱香较突出，酒体较醇厚，尾较净，味较长，风格正常，评级为优级	无色透明，酱香较突出，酒体淡薄，尾较净，味较长，风格正常，酒体质量评级为优级	无色透明，酱香明显、有糟焖味，酒体欠醇厚，尾较净，味较长，风格较正常，酒体质量评级为一级	无色透明，酱香弱，微有糟煳香，酒体欠醇厚，尾欠净，味较长，风格较正常，酒体质量评级为一级	无色透明，酱香微弱，略有糟煳香，酒体欠醇厚，尾欠净，味较长，风格较正常

池保持一致，生产过程采用武陵酒酱香型生产工艺，整粒泡粮，按照1年一个生产周期、2次投料、9次蒸煮、8次发酵、7次取酒的工艺进行酿造，除高粱品种不同外，其余操作和工艺参数保持一致，以此探究不同轮次中的理化参数、堆积发酵过程、窖内发酵过程的差异，同时对所产基酒理化、正丙醇、出酒率进行对比分析，为探究出最适合酱香型白酒工艺酿造的糯高粱品种提供参考和指导。

（1）三种高粱理化指标的对比　高粱中含淀粉、蛋白质、脂肪、单宁、灰分及粗纤维等，不同品种高粱因其组成成分和淀粉特性的不同，其酿酒特性也不同。对3种糯高粱原料理化特性进行检测发现，3种糯高粱的水分含量均<14%，且无显著性差异（$P>0.05$）；红缨子高粱的总淀粉含量与冀酿2号差异不显著（$P>0.05$），但显著高于红茅6号（$P<0.05$）；3种糯高粱支链淀粉含量占比依次为冀酿2号>红缨子>红茅6号，三者之间差异显著（$P<0.05$），支链淀粉含量占比越高，对高粱蒸煮糊化更为有利。3种糯高粱的蛋白质含量、单宁含量差异不显著（$P>0.05$），红茅6号的粗脂肪含量显著低于其他2种高粱（$P<0.05$），其粗纤维含量显著高于其他2种高粱（$P<0.05$）。

三种高粱理化指标检测结果见表3-13。

表3-13　三种高粱理化指标检测结果

理化指标	红缨子	冀酿2号	红茅6号
水分含量/%	13.67	13.27	13.37
总淀粉含量/%	62.20	61.57	60.93
支链淀粉占比/%	85.80	90.23	76.00
蛋白质含量/%	9.43	9.57	9.73
粗脂肪含量/%	4.03	4.33	3.20
粗纤维含量/%	1.00	1.03	1.43
单宁含量/%	1.47	1.39	1.50

（2）不同品种糯高粱对糟醅水分含量的影响　酱香型白酒发酵过程中，糟醅的水分是其工艺的关键控制点之一，糟醅水分过多或过少都会对后续发酵造成重大影响。高温堆积过程中糟醅水分含量过高会导致糟醅较黏、透气性差，导致高温堆积时糟醅发酵升温困难，最终导致高温堆积时间延长而酸度升高；高温堆积糟醅水分过低，不利于糟醅的蒸煮糊化，同时不能满足微生物对水分的需求，而造成发酵异常。三种糯高粱高温堆积发酵过程中糟醅水分含量的变化趋势是随着酿酒轮次的增加，糟醅水分不断上升，三种糯高粱糟醅水分的变化趋势基本一致。在糙沙至2轮次酒期间，红茅6号的糟醅水分高于其他2种高粱，说明其吸水性能较高，使糟醅水分提高较为迅速；3轮次酒时三种糯高粱的糟醅水分基本一致；从4轮次酒开始红缨子高粱的糟醅水分含量（51.8%）迅速上升，并开始高于其他2种高粱。

（3）不同品种糯高粱对糟醅酸度的影响　糟醅中适宜的酸度不仅有利于淀粉糊化和糖化作用，还可以抑制杂菌生长繁殖，有利于酵母菌生长，而且酸类物质还是形成酱香型白酒香味物质的前体物质。如果酸度过低，会造成堆积和窖内发酵升温过快，升酸幅度增大；如果酸度过高，抑制了有益微生物的生长繁殖，造成窖内发酵异常。对三种糯高粱堆积发酵过程中糟醅酸度变化检测发现，在发酵过程中糟醅酸度随着酿酒轮次的增加而逐渐增加，在下沙和糙沙期间，三种糯高粱糟醅酸度变化不大；从1轮次酒开始，三种糯高粱糟醅酸度开始迅速上升，从3轮次酒开始，上升趋势开始变缓慢，说明1轮次酒是控制堆积酸度的关键轮次。在2轮次酒之前，红茅6号堆积酸度较其他两种高粱高，这与糟醅水分的变化趋势相呼应；从3轮次酒开始，三种糯高粱糟醅酸度差异不大。

（4）不同品种糯高粱对糟醅淀粉含量的影响　酱香型白酒窖内发酵阶段，窖池内糟醅中的淀粉含量是酒精发酵的物质基础。酿酒微生物菌群代谢产生酒精需要足够的淀粉转化成微生物可以直接利用的碳源。淀粉可以稀释糟醅的酸度和水分，同时可以根据糟醅淀粉的消耗情况对发酵情况进行判定，从而通过调整工艺操作来保证正常的发酵状态。三种糯高粱堆积发酵过程中糟醅淀粉含量变化趋势检测发现，三种糯高粱在下沙和糙沙期间糟醅淀粉降低较少，但随着酿酒轮次的增加，糟醅淀粉含量逐渐下降，而且下降速度加快。下沙、糙沙期间，三种糯高粱堆积淀粉含量差异不大；1轮次酒开始，冀酿2号、红茅6号堆积淀粉含量开始迅速下降，说明微生物繁殖代谢活动开始较为旺盛，所以淀粉消耗开始较多；而红缨子高粱1轮次酒、2轮次酒堆积淀粉含量下降较慢，从3轮次酒开始，红缨子堆积淀粉含量迅速下降，说明此轮次开始，微生物代谢开始增强；3轮次酒之后，三种糯高粱堆积淀粉含量下降趋势基本一致，到6轮次酒时堆积淀粉含量差异不大。

（5）不同品种糯高粱对破堆温度的影响　高温堆积工艺是酱香型白酒的重要工序之一，为酱香型白酒独特风格提供了必要的物质准备，是酱香型白酒生产过程中不可忽略的重要工序环节。高温堆积工艺中的高温条件可以促使美拉德反应的产生，积累酱香风味化合物；高温堆积工艺中糟醅堆温度过低会导致所产基酒酱香不突出，酒体风格不典型。三种糯高粱在高温堆积发酵过程中破堆温度会随着酿酒轮次的增加，糟醅堆破堆温度呈现出先逐渐下降，后又慢慢上升的趋势，三种糯高粱在不同轮次的破堆温度变化趋势基本一致，这表明三种糯高粱各轮次的堆积发酵过程中，微生物进行生长繁殖代谢的状况基本一致。

（6）不同品种糯高粱对窖内发酵顶温的影响　酱香型白酒窖内发酵是堆积发酵的后续发酵，通过厌氧发酵最终形成酱香型白酒的不同轮次基酒的风味特征，对酱香型白酒风味物质形成具有重要作用。窖内糟醅发酵顶温是微生物在窖内发酵强弱的一个外在体现，如果窖内温度过低，达不到微生物最适发酵温度，会导致下轮次出酒异常。三种糯高粱堆积发酵过程中窖内顶温检测发现，随着酿酒轮次的增加，窖内顶温呈现出先逐渐下降，最后趋于慢慢平稳的趋势。在下沙轮次，红缨子窖内顶温低于其他2种高粱；从糙沙开始红缨子窖内顶温开始高于其余2种高粱，且在2轮次酒至4轮次酒时红缨子的窖内顶温与其他2种高粱的差异较大（$P<0.05$），说明在这几个酿酒轮次，红缨子高粱的窖内发酵动力较为充足，微生物在窖内的发酵较为活跃。从5轮次酒开始红缨子高粱的窖内顶温开始低于其他2种高粱，冀酿2号高粱在5轮次酒窖内顶温最高，而红茅6号高粱在6轮次酒窖内顶温最高。

（7）不同品种糯高粱对不同轮次出酒率的影响　跟踪3种糯高粱在不同酿酒轮次的出酒情况，将不同酿酒轮次的出酒酒精度均折合成55%vol进行计算。通过对三种糯高粱在不同轮次的出酒率对比发现，随着酿酒轮次的增加，出酒率先逐渐增加，在4轮次酒达到最大值后然后又逐渐下降。三种糯高粱出酒率的变化趋势一致，但出酒率的高低有所区别。1 轮次酒、2 轮次酒期间三种糯高粱的出酒率差异不大；从 3 轮次酒开始，红缨子的出酒率逐渐高于其他 2 种高粱；在 4 轮次酒、5 轮次酒期间红缨子的出酒率要远高于其他 2 种高粱；从 6 轮次酒开始红缨子高粱的出酒率逐渐低于其他 2 种高粱；5 轮次酒至 7 轮次酒期间，冀酿 2 号和红茅 6 号的出酒率差异不大。3 轮次酒至 5 轮次酒是酱香型白酒中出酒率最高的三个轮次酒，也是酒质最好、最容易出现优质酒的轮次，堪称轮次酒中的黄金轮次。对比 3 轮次酒至 5 轮次酒的合计出酒率发现，红缨子（30.72%）>红茅 6 号（28.06%）>冀酿 2 号（27.67%），说明红缨子酿酒出现的优质酒较多。

（8）不同品种糯高粱对总出酒率及优质酒率的影响　将 1 轮次酒至 7 轮次酒的出酒率合计成总出酒率，将基酒尝评委员会定级为优级酒的酒样合计为优质酒率，三种糯高粱的总出酒率和优质酒率对比发现，总出酒率红缨子（48.97%）>红茅 6 号（48.61%）>冀酿 2 号（48.15%），但通过显著性比较，三者之间的差异性不显著（$P>0.05$）。对比三种糯高粱的优质酒率，红缨子的优质酒率显著大于其他 2 种糯高粱（$P<0.05$），其优质酒率达到了 33.10%；冀酿 2 号的优质酒率最低，为 29.10%。可以发现红缨子优质酒率最高，这是由于其三轮次酒至五轮次酒的出酒率最高，这三个轮次的酒质是最好的，评定的优质酒都是出自这三个轮次。

（9）不同品种糯高粱对基酒理化指标的影响

①总酸含量：酱香型白酒的酸度较其他香型白酒酸度偏高，酸类物质是酱香型白酒的重要物质之一，其作用可以催化酒体老熟、增强酒体后味、调节酒体浓厚感。三种糯高粱基酒总酸对比发现，随着酿酒轮次的增加，基酒的总酸含量呈现先降低后趋于稳定的趋势，1 轮次酒、2 轮次酒的总酸含量最高，从 5 轮次酒开始，基酒总酸变化不大。红缨子 1 轮次酒总酸含量显著高于冀酿 2 号（$P<0.05$），但在其他轮次酒中，总酸含量差异不显著（$P>0.05$）；红缨子 1 轮次酒、4 轮次酒总酸含量显著高于红茅 6 号（$P<0.05$），在其他轮次酒中总酸含量差异不显著（$P>0.05$）。

②总酯含量：酯类是具有芳香性气味的挥发性化合物，是构成酱香型白酒香味的主要物质，对形成酱香型白酒的典型体起决定性的关键作用。三种糯高粱基酒总酯含量对比发现，随着酿酒轮次的增加，基酒的总酯含量呈现逐渐降低的趋势，前三个轮次基酒总酯含量明显高于后面四个轮次基酒总酯含量。除 6 轮次酒外，其余轮次三种糯高粱品种各轮次基酒总酯含量有所差异，红缨子的基酒总酯含量显著高于其他 2 种高粱（$P<0.05$），冀酿 2 号的 3 轮次酒、4 轮次酒基酒总酯含量显著高于红茅 6 号（$P<0.05$），其余轮次这两种高粱基酒总酯含量无显著性差异（$P>0.05$）。

③正丙醇含量：正丙醇是高级醇的重要组分之一，是白酒中呈香呈味的物质之一，能衬托酯类的香气，含量太高会引起酒体的辛辣苦涩，刺激神经，容易使人上头易醉。通过三种糯高粱基酒正丙醇含量对比发现，随着酿酒轮次的增加，基酒的正丙醇含量呈现先逐渐降低，后慢慢趋于稳定的趋势。1 轮次酒的正丙醇含量最高，其次为 2 轮次酒，从 3 轮次酒开始正丙醇含量较为平稳，后面各轮次酒的正丙醇含量无较大差异。对比三种糯高粱基酒的正丙醇，发现红缨子 1 轮次酒、2 轮次酒的正丙醇含量显著低于其他 2 种高粱（$P<0.05$）；从 3 轮次酒开始，三种糯高粱基酒的正丙醇含量无显著性差异（$P>0.05$）。

综上所述，在理化特性方面发现三种糯高粱的水分、蛋白质、单宁含量差异不显著（$P>0.05$）。在发酵过程方面，红缨子高粱堆积水分从 4 轮次酒开始最高，堆积水分达到 51.8%；其窖内顶温在 2 轮次酒至四轮次酒时最高，平均顶温为 40.1℃；其破堆温度较其他 2 种高粱差异不大。在出酒率及基酒理化指标方面，三种糯高粱的总出酒率、总酸差异性不显著（$P>0.05$）；但红缨子的优质酒率要显著大于其他 2 种糯高粱（$P<0.05$），其优质酒率达到了 33.10%；基酒总酯要显著高于其余两种高粱（$P<0.05$），各轮次酒总酯含量平均为 6.89g/L；1 轮次酒、2 轮次酒的正丙醇含量分别为 54.10g/L、7.92g/L，显著低于其他 2 种高粱（$P<0.05$）。

从三种糯高粱在酿造过程中的对比研究可以发现，红缨子高粱在 1 轮至 7 轮次酒的总出酒率虽然和其他 2 种高粱差异不显著，但其优质酒率却显著高于其余两种高粱，且其基酒总酯含量最高，正丙醇含量最低，有利于提高酱香型白酒的酒质，因此红缨子高粱要更适合用来进行酱香型白酒的酿造生产。

10、高粱中各种成分是如何影响酱香型白酒品质的?

酱香型白酒中含有多种成分，如有机酸类、不饱和脂肪酸类、杂环类化合物和酚类化合物等，其中萜烯类和吡嗪类化合物含量远高于葡萄酒。其品质与当地的水质、气候、微生物种群、酿酒技术有着非常密切的关系，酿酒用高粱原料也是其主导因素之一。白酒的酿造是微生物对淀粉、蛋白质、脂质等有机物质进行生化合成、分解和转化，形成乙醇和丰富呈香呈味物质的过程，不同的原料酿酒会呈现出不同的风味，“高粱酿酒香、玉米酿酒甜、大米酿酒净、糯米酿酒绵、小麦酿酒燥”是由中国白酒行业数千年酿酒史总结而来的。针对白酒在酿造性能和各物质配比方面，高粱要优于其他酿酒原料，小麦蛋白质含量过高，易产生杂味；大米蛋白质、脂肪含量过低，影响发酵和白酒风味；糯米黏性过高，发酵率低下；玉米植酸、脂肪含量高，甜味过高，邪杂味突出。针对酱香型白酒出酒率和品质的大量研究和生产实践得出，产自贵州的红缨子糯高粱品质最优，杂交糯高粱次之，而北方粳高粱较不适宜，原因在于粳高粱的直链淀粉含量相对较高、单宁含量偏低、籽粒耐蒸煮性较差等。高粱原料对酱香型白酒品质的影响主要存在以下 3 个方面：一是高粱籽粒的颗粒大小、种粒皮厚、硬度、胚乳质地等性质对酿造性能的影响。二是高粱原料中营养成分对出酒率和风味成分的影响：在发酵过程中，淀粉是酒精以及众多风味成分的来源；蛋白质、脂肪、单宁等会分解成小分子化合物，是风味成分或其前体物质；香气成分则提供白酒特有风味。三是部分生成的有机酸、酚类等物质在酒体中体现出良好的功能性。

下面就高粱中各种成分对酱香型白酒品质的影响进行阐述。

（1）淀粉　淀粉是由葡萄糖聚合而成的高分子碳水化合物，根据结构分为直链淀粉和支链淀粉，前者呈线性螺旋形，后者呈多分枝的束状螺旋形。高粱受不同籽粒结合淀粉合成酶糯性基因的影响，会形成不同含量及比例的直、支链淀粉，根据直、支链淀粉比例将高粱分为粳高粱和糯高粱两种：粳高粱含有 20%~30%的直链淀粉，而糯高粱几乎完全是支链淀粉。在高粱籽粒中，支链淀粉与蛋白质形成角质淀粉粒（玻璃质淀粉粒），呈不规则半透明状，结构致密；直链淀粉与蛋白质形成粉质淀粉粒，呈椭圆不透明状，结构疏松。高粱淀粉颗粒粒径在 5~20μm，一般颗粒较大，表面内凹，为不规则形状；少部分颗粒表面有类蜂窝状结构；少数为小颗粒球形，表面光滑。不同高粱籽粒因直链淀粉与支链淀粉含量、角质淀粉与粉质淀粉比例的差异，而表现出的不同胚乳质地，会直接影响淀粉的物理性质和糊化特性。在前期的研究中发现，胚乳质地与总糖、蛋白质、脂肪、灰分含量存在关联，还与黏度、糊化质地、凝胶强度等酿造性能显著相关。

①淀粉对酱香型白酒酿造过程中香味物质的影响：酱香型白酒酿造过程中，高粱淀粉不仅提供发酵微生物生长代谢所需要的能量，也是生成酒精（乙醇）的主要成分和部分风味前体物质的重要来源。在发酵过程中，淀粉在根霉、毛霉等微生物的作用下水解生成葡萄糖、果糖、乳糖等，随后在细菌、根霉和酵母的作用下进一步生成醇类、酸类、酯类等风味物质。

一是高级醇：微生物利用糖类除产生大量的乙醇外，还会通过葡萄糖合成代谢途径（Harris 途径）产生多种高级醇，即在氨基酸缺少的情况下，葡萄糖经过酵母菌糖代谢形成中间体 α-酮酸，在酶的作用下脱羧形成醛，而进一步还原为相应的醇类。高级醇的混合物称为杂醇油。适量杂醇油与其他各种风味物质之间的适宜比例可使酒体圆润饱满、口感柔和协调。而如果高级醇比例过多，由于氧化时间相对较慢，人饮用后会引起较强的致醉性，出现头痛、呕吐等不适症状，对人体伤害极大，并且过量杂醇油会影响酒的风味。

二是酸类物质：酱香型白酒酿造过程中产生的醇类物质氧化和乳酸菌对葡萄糖的分解会生成相应醛类，并进一步生成酸类，如乙酸、乳酸等，与发酵过程中脂质和蛋白质产生的脂肪酸和有机酸共同组成酒体中的酸类物质。酸类物质具有明显的呈味作用，如乙酸呈现醋气味、丁酸呈现奶酪香气。同时，一些沸点较高的有机酸是白酒后味的重要组分，可延长酒在口腔中的味感。此外，酸类物质是新酒老熟的催化剂，在氢离子作用下，水、醇、酸、酯等组分缔合形成协调的分子群，使得酒体协调醇厚，降低酒的苦味和刺激性。在发酵过程中，酸类影响糟醅的酸度，从而对不同适宜 pH 范围的微生物和酶具有调控作用。

酱香型白酒酿造过程中产生的各种醇类、酸类作为风味物质的前体成分，经发酵生成多种酯类，如乙酸乙酯、乳酸乙酯、丁酸乙酯、乙酸异戊酯、癸酸乙酯、丁二酸二乙酯等，能丰富酒体风味。其中，乙酸乙酯和乳酸乙酯的含量最高，分别呈现菠萝香、苹果香和甜香、青瓜香。

②淀粉对高粱籽粒酿造性能的影响：酱香型白酒酿造过程中，高粱籽粒通常要经历破碎、润粮、蒸粮等环节，从实践生产经验来看，高粱的破碎度对入窖糟醅的感官、理化及发酵效果有直接影响。本地小红粱颗粒小，一般不破碎，杂交糯高粱一般进行部分破碎（坤沙），少部分的碎粒有利于出酒和提取风味物质，而整粒可以增加糟醅的疏松度，提高含氧量，利于微生物生长代谢，且整粒有利于保持耐蒸煮性，减少糟醅相互黏连，从而减少糠壳用量，使酒质更加纯净。粳高粱一般采用全部破碎（碎沙），使得生产周期短，出酒率高。在实际生产中，根据高粱原料硬度、种粒皮厚度及胚芽质地，按工艺应调整至适合的破碎度，避免过度破碎影响后续生产。

润粮是蒸煮前用热水浸润高粱，是提高高粱含水量的重要阶段，此时淀粉颗粒发生一定膨胀，但其中的结构并未解体。润粮合适可以提供高粱原料发酵所需要的水分，提高糊化效果，并去除高粱中的不良物质；润粮不充分，淀粉不易蒸熟糊化，出现生心；

而润粮过度会造成粮食糊化过度，导致糟醅黏度大，不利于后续的糖化发酵。支链淀粉分枝结构多，具有良好的持水性，而直链淀粉与支链淀粉的交联作用会影响淀粉的持水能力。一般随着润粮水量、水温及时间的增加，糊化率相应增高，实际中应结合生产环境作适当调整。润粮后高粱含水量要求达到38%~40%。

蒸粮是将润好的高粱上甑蒸煮大约2h，使高粱淀粉颗粒进一步吸水、膨胀、破裂以及糊化，糊化后形成的短链淀粉和糊精，直接影响后续的糖化工艺。适宜的蒸煮度有助于提高酱香型白酒的出酒率和品质，且采用高温蒸煮能对部分原辅料进行灭菌，排除掉部分易挥发的不良成分（如高粱果胶质在发酵过程中所产生的甲醇等），对风味物质进行选择与纯化。但蒸煮过度会因糟醅过于黏稠而难以发酵利用。高粱淀粉属于限制型膨胀淀粉，其存在初始膨胀和迅速膨胀两个阶段，其颗粒的膨胀与溶解性与胚乳质地显著相关。糯高粱因几乎完全是支链淀粉，使得角质淀粉粒含量高、硬度大，籽粒截面结构呈致密状（玻璃质状），有利于酱香型白酒传统工艺的多轮次翻烤蒸煮。在贵州本地种植的小红粱，粒小紧实、种粒皮厚，使得在7个轮次生产中，前两轮次出酒率较低，在第3~5轮次出酒率提高。而粳高粱耐蒸煮性差，在第5轮次就因糟醅黏度过大，难以出酒。不同高粱原料的蒸煮参数由淀粉的糊化时间和糊化温度等决定。支链淀粉吸水量少，易吸水糊化，有利于微生物的分解利用，更容易转化为乙醇和多种风味物质；而直链淀粉具有抗润胀性，破碎值低，不易被糊化，其糖化性能、发酵性能相对较差，且糊化后的直链淀粉在摊晾过程中容易发生短期的老化回生，此时淀粉分子再结合，形成的凝胶网络包裹未被吸收的水分，并黏结完整或破碎的肿胀颗粒，导致微生物利用困难。在前期研究中发现，糯高粱品种更容易富集微生物产糖、产乙醇，有利于双边发酵的协同性，适合固态发酵的生产工艺。糯高粱籽粒在发酵过程中更易达到“柔熟、玄清、收汗”的酱香型白酒工艺标准，具有蒸后籽粒裂口小、焖水淀粉流失少等特点。考虑到不同原料淀粉的组成和耐蒸煮性，应选择不同的蒸煮温度和时间，要求最终达到“熟而不黏，内无生心”的效果。

（2）蛋白质　蛋白质是由20种氨基酸按不同比例组合而成的有机大分子，高粱蛋白质组成普遍存在6类14种氨基酸，其中谷氨酸含量最高，其次为亮氨酸、丙氨酸、天冬氨酸、苯丙氨酸、酪氨酸、丝氨酸、精氨酸等，不同品种间含量变幅最大的是谷氨酸、亮氨酸、丙氨酸、酪氨酸。氨基酸是具有酸、甜、苦、鲜味的呈味物质，也是白酒中重要风味物质的前体物质，高粱氨基酸含量的差异会直接影响最终基酒主要风味物质种类和数量。在酱香型白酒发酵过程中，蛋白质为微生物的生长提供速效氮源，同时，其在芽孢杆菌、乳酸菌、乙酸菌等微生物和酶作用下，代谢生成氨基酸、多肽、有机酸等物质。蛋白质的水解伴随着相关蛋白酶活性的提高，使得微生物进一步代谢形成多种风味物质。在酱香型白酒酿造过程中，糟醅中氨基酸含量充足时，可通过分解代谢途径（Ehrlich途径）生成相应醇类，例如，异戊醇来源于亮氨酸，活性戊醇来源于异亮氨酸，酪醇来源于酪氨酸，异丁醇来源于缬氨酸，2-苯乙醇来源于苯丙氨酸等，均是酒体中酸类、酯类的重要前体物质。氨基酸的降解会生成内酯、大马士酮、香叶基丙酮等风味物质。此外，氨基酸也是酒体其他含氮物质的重要来源，如通过微生物代谢氨基酸生成另一种氨基酸（代谢谷氨酸生成精氨酸、赖氨酸，代谢天冬氨酸生成苏氨酸、异亮氨酸）或形成少量的生物胺等。

在酱香型白酒高温酿造过程中，氨基酸易与还原糖发生美拉德反应，初始阶段，氨基酸与还原糖脱水缩合生成Schiff碱，又经Amadori重排生成重要的不挥发性风味前体物质1-氨基-1-脱氧-2-酮糖；中间阶段受反应环境影响分别经过Osulose路线（pH≤7）、还原酮路线（pH>7）和Strecker降解（pH>7），分别形成酱香型白酒酒体中重要的3类风味物质：呋喃类衍生物、吡咯类衍生物和醛酮及吡嗪类衍生物。最终醛、酮缩合的产物还与中间阶段产物进一步缩合、聚合形成类黑素，赋予白酒焦香、坚果香等风味。通过对比酱香型白酒风味物质与美拉德反应产物，可得出两者间具有重要联系，其中以糠醛为代表的呋喃和吡喃类化合物、以四甲基吡嗪为代表的吡嗪类化合物均是酱香型白酒中标志性风味物质，含量明显高于其他白酒类。虽不同高粱原料特性不同，但均可以通过高温多水制曲促进微生物代谢生成淀粉水解酶、蛋白质分解酶等前体物质，长时间高温堆积网罗空气中微生物并积累美拉德反应前体物质，以及高温发酵提供良好反应环境，均有利于增强美拉德反应对酱香型白酒品质影响的贡献。虽然适量的蛋白质有助于形成酒体风味，但含量过高会使发酵过程中的杂菌生长旺盛，并使酸度升高，均不利于有益微生物的生长代谢。而过量生成的杂醇油会使酒体产生杂味，大量饮后有害人体健康。一般酱香型白酒用高粱的蛋白质含量要求在7%~10%。

酱香型白酒生产过程中美拉德反应主要产物及香味特征见表3-14。

表3-14　酱香型白酒生产过程中美拉德反应主要产物及香味特征

产物名称	气味特征	产物名称	气味特征
5-羟基麦芽酚	酱香	2,3-丁二酮	清爽的馊香
3-羟基丁酮	馊香，略有酱香	2,3-丁二醇	微馊香
糠醛	杏仁香、焦香	乙醛	似果香
乙缩醛	果香	丙醛	焦糖香
苯甲醛	紫罗兰玫瑰花香	戊醛	炸土豆香
异丁醛	果味面包香	丁烯醛	焦糖香
3-甲基丁醛	干酪焦香	四甲基吡嗪	辣味
2-甲氧基-3-异丙基吡嗪	柿子椒味、豌豆味	2-甲氧基-3-甲基吡嗪	爆米花香
2，5-二甲基吡嗪	青草味	2-甲基-6-氧丙基吡嗪	菠菜香

（3）脂质　脂质的化学本质是脂肪酸和醇形成的酯及其衍生物，高粱中的脂质相比其他营养组分含量较少，主要集中在胚和种皮。脂质通过氧化降解和水解等方式形成的多种产物，是酒体风味物质的来源之一。在酱香型白酒高温发酵过程中原料中的不饱和脂质与氧反应形成的氢过氧化物本身无味，但易断裂生成各种挥发性风味物质和非挥发性的风味前体物质，如醇类、醛类、酸类、烯类、呋喃类等。此外，脂质易水解生成多种低分子有机酸和脂肪酸，如肉豆蔻酸、棕榈酸、硬脂酸及油酸、亚油酸、亚麻酸等。脂肪酸经微生物代谢生成的相应酯类或通过非酶反应分解形成的挥发性物质，均具有一定的气味和味觉阈值。总体来说，脂质产生的挥发性物质杂味多，不良风味多，对酒体品质影响很大。虽脂质自动氧化生成的脂肪酮有助于形成香味，但不饱和脂肪酸氧化分

解生成的低分子醛酮类会造成酸败现象，给酒体带来邪杂气味。在发酵过程中，过量脂质引起的酸度升高会影响微生物和酶的活性，且脂质与淀粉形成的复合物会提高淀粉糊化所需要的温度，影响其糊化效果。另外，原料中过多的脂质容易使酒体遇冷变浑浊。一般酱香型白酒用高粱的脂质含量要求低于4%。

（4）单宁　高粱含有丰富的酚类物质，其含量远高于大麦、小麦等原料中的，前期研究发现高粱中的酚类物质具有抗氧化能力与自由基清除能力，能够有效地减少活性氧自由基攻击导致的蛋白质损伤、酶失活或核酸损伤。高粱中的酚类化合物是芳烃的含羟基衍生物，根据分子质量可分为酚酸、黄酮类及单宁。单宁是分子质量较高的多元酚类化合物，分为水解单宁、缩合单宁以及复合单宁，高粱籽粒中大部分属于缩合单宁，又名原花青素，由儿茶素类（黄烷醇）单体缩合而成，一般聚合度越低表现出的活性越强。其酚羟基基团易与多糖、蛋白质、金属离子结合，缩合单宁与籽粒自身的蛋白质结合形成坚硬的外膜，并对收获前高粱籽粒中的酶活性具有抑制作用。高粱中的单宁主要存在于高粱籽粒的果皮和种皮中，果皮和种皮越厚，种子颜色越红，籽粒的单宁含量就越高。受基因型和生长环境的影响，高粱籽粒有深红色、瓷白色、花色和黑色，原花青素含量为0.01%~4.00%。在前期的研究中发现，高粱中单宁含量和果皮厚度呈线性关系，果皮厚度每增加1μm，籽粒的单宁含量则提高0.0147%，且单宁含量与高粱直链淀粉含量呈显著负相关。综上所述，糯性高粱相较于皮薄粒黄的粳高粱会表现出更高的单宁含量，更符合高粱产生酱香型白酒特殊风味物质的要求。

单宁含量、结构、聚合度对白酒品质具有直接或间接的影响。在酱香型白酒发酵过程中微生物菌群通过分泌单宁酶降解单宁产生各类中间代谢产物，如酚酸、黄酮类等小分子酚类物质，各种酚类物质的平衡对白酒风味品质具有显著影响。常见的挥发性酚类是愈创木酚及其类似物，如香草醛、4-甲基愈创木酚和4-乙基愈创木酚等，它们在水中均具有较高的香气活力值，赋予白酒独特的烟熏风味、酱油味、焦酱味、奶香味、窖泥味等；单宁酶催化单宁分子中酯键或缩酚键断裂，生成相应的缩酚酸和多元醇，同时在高温堆积过程中，微生物利用分泌脱羧酶脱掉酚酸内的羧基，形成其他挥发性酚类，如邻苯二酚、苯酚、对甲苯酚等，并进一步降解生成3-羟基-5-氧-己酸和5-氧-6-己酸甲酯等小分子物质，它们均赋予了酒体独特的风味。小分子单宁与唾液蛋白的结合沉淀，使唾液失去润滑性，舌上皮组织收缩产生涩味，使单宁与糖或生物碱相互作用产生苦味。一般苦涩味随单宁聚合度增加而加重，在口感上可提高酒的厚实度；产物中的有机酸、酚类还具有很好的抗氧化活性，能减轻活性氧造成的分子、细胞和机体损伤。

但从实际生产来看，酱香型白酒酿造过程中原料中的单宁含量也不是越高越好，高粱原料中的单宁与细菌细胞壁物质结合或通过自身氧化产生过氧化氢，会干扰微生物细胞膜的通透性，从而对发酵过程中的微生物产生抑制作用。另外，单宁对淀粉酶、纤维素酶等酶的活性也具有钝化作用，造成糟醅黏度增大，影响微生物的代谢活动；单宁对淀粉的吸附作用会影响其达到峰值黏度的时间；单宁对蛋白质的收敛作用使其沉淀，造成蛋白质不能进行正常糖化和发酵，影响风味成分的形成，并使酒体苦涩味突出。酱香型白酒酿造过程中，原料中的单宁在梭状芽孢杆菌、甲烷杆菌等作用下分解积累异臭味酚，如4-甲基苯酚、4-乙基苯酚、苯酚等，也会影响酒的品质。一般酱香型白酒用高粱的单宁含量要求在1.4%~1.7%，若高粱籽粒单宁含量过高，在酱香型白酒酿造过程中可以增加润粮次数或延长润粮时间来去除多余单宁。

（5）香气成分　原料自身及蒸煮过程中形成的特有香气成分对酒类风味品质的影响，在国际上已受到普遍的重视和研究。如前期研究中发现葡萄果实中的游离态及糖苷结合态形式的香气物质对葡萄酒及葡萄白兰地的典型香气起到决定性重要作用；大麦及麦芽品种香气的差异也是构成不同类型啤酒风味差异的重要因素；中国白酒产业中不同酿酒原料中香气成分的种类和浓度均有较大差别，相较于大米、糯米、小麦、玉米等酒用原料，高粱的香味强度更强，其中香气物质以酯类、醛类和酮类为主，且萜类物质仅在高粱中检测出。目前高粱中检测到的香气成分可分为两种：一是生籽粒自身挥发的香气，通常由植物生长过程中的生物合成产生，呈现的香气一般较弱；二是熟籽粒经过蒸煮以后挥发的香气，这些是在加热过程中经非酶反应产生，呈现出特征香味。按照香气的具体形式香气物质又可以分为游离态和结合态两种，游离态的香气物质具有挥发性，对酒风味品质特征具有直接影响；而结合态香气物质本身无香气，以不挥发性的糖苷前体形式存在，在酸解或酶解作用下转变为游离态挥发性香气物质才发挥作用。

①生籽粒中的挥发性香气：在前期的研究中发现，高粱生籽粒的挥发性香气物质共28种，主要为醇类、醛酮类、酚类化合物及吡啶、噻唑类杂环化合物（包括2-己基-1-辛醇、2-丁基-1-辛醇、2-乙酰基-1-吡咯啉、2,3,5-三甲基吡啶、苯并噻唑等），它们是生籽粒中代表性香气物质。

②生籽粒中的结合态香气：高粱生籽粒中结合态香气物质本质是糖苷，糖基是由L-鼠李糖、L-阿拉伯糖、D-芹菜糖和D-葡萄糖等组成，配基由单萜类、苯酚、苯基衍生物、脂肪醇类、降异戊二烯类、倍半萜类等组成。在发酵过程中，结合态香气物质因水解的两种断键方式不同会引起其产物的多样化，大多香气物质通过蒸馏被带入酒体中，从而影响酱香型白酒的风味品质。

在前期的研究中发现，高粱生籽粒中采用酸水解释放的结合态香气物质共35种，主要为醇类、酯类、醛酮类、酸类、芳香族类、杂环类和萜类化合物；研究中采用β-葡萄糖苷酶进行酶水解释放结合态香气物质，用相同的方式定性、定量高粱的结合态风味物质，共38种，主要为醇类、酯类、醛酮类、酸类、芳香族类、萜类、硫化物和呋喃类化合物。两种方式的水解产物种类大体相似，而糯高粱的结合态香气组分总量略高于粳高粱，含量差异较大的是醛酮类化合物，其次是萜烯及降异戊二烯类化合物。

③熟籽粒中的挥发性香气：酱香型白酒酿造过程中，不同酿酒原料经过蒸煮后能够形成各自特有的香气物质，并表现出不同的嗅闻强度。主要特征包括苯乙醛、苯乙酮等提供的甜香和花香味，愈创木酚、γ-壬内酯提供的粮香味，1-辛醇、2-戊基呋喃和壬醛提供的青草香味，4-乙烯基愈创木酚提供的焦糖香味，此外还有少量呈坚果香味、木香味等香气特征的化合物，共同构成了高粱蒸煮时产生的特有“粮香”。而酸类对“粮香”特征的贡献较小，并具有一定的干扰作用。在前期研究中通过定性、定量方法对蒸煮高粱中挥发性香气物质进行检测发现了共108种，包括烃类、醛类、酮类、醇类、酸类、酯类、苯类、酚类和杂环类，单个组分含量较高的有壬醛、4-乙烯基愈创木酚和2，3-二氢苯并呋喃等。通过比较发现，不同品种的高粱蒸煮时产生的香气组分种类和比例大体相同，仅存在部分含量差异。

（6）其他成分

①灰分：灰分指高粱的无机成分，在酱香型白酒酿造过程中，无机成分是酿酒微生物生长代谢不可缺少的营养物质，是多种酶的组成部分。另外，在白酒贮存过程中，铜、锌等与白酒中硫化物发生沉淀反应，可减少新酒味；金属元素与有机物形成络合物或螯合物，可中和杂味；金属离子的催化作用可促进醇氧化成醛、酸，以及加快酒中高沸点酸的氧化分解，从而提升酒的品质。在前期研究中发现，高粱中灰分含量较少，南北方高粱灰分含量相近。高粱原料的金属元素中，钾、钙、镁、钛、镍、铁含量相对较高，其含量差异主要源于种植土壤的不同。

②粗纤维：粗纤维是由葡萄糖分子聚合而成的线性大分子多糖物质，分为纤维素、木质素和半纤维素，是高粱籽粒细胞壁的主要成分，以结合态存在，不容易被微生物分解利用，但具有一定的保水性。在发酵过程中，适量的粗纤维能够保证糟醅的疏松度，通过纤维素酶可降解产生葡萄糖供给酵母，提高原料的利用率及转化率。而粗纤维含量过高会阻碍酵母与淀粉的结合，高粱籽粒的过度破碎会破坏粗纤维组织而使得糟醅保水性变差，糊化后的淀粉流动性大，不利于发酵。南方糯高粱粗纤维含量普遍低于北方粳高粱。一般酒用高粱的粗纤维含量要求在1.3%～1.8%。

综上所述，酱香型白酒的酿造要求高粱原料具有较高的支链淀粉含量、适中的单宁含量和蛋白质含量及较少的脂肪含量，来确保出酒率和独特风味。根据酱香型白酒风味品质及其独特的酿造工艺，高粱原料的选择标准是总淀粉含量在70%以上，其中支链淀粉含量占90%以上，蛋白质含量在7%～10%，脂质含量低于4%，单宁含量在1.4%～1.7%，粗纤维含量在1.3%～1.8%，水分低于14%。此外，要求高粱原料粒小、种粒皮厚、颗粒饱满紧实、角质率高，来确保原料能够经受多轮次的蒸煮。目前，研究高粱原料的物理性质、营养组成和酿造性能，将有助于建立高粱原料与酱香型白酒品质间的关联。检测分析高粱原料营养组成和胚乳质地，可作为预测白酒风味和籽粒蒸煮质地的筛选因素，从而优选出酱香型白酒高粱原料，并有助于建立科学合理的原料标准方案，从源头上把控好酱香型白酒的品质。酱香型白酒的酿造是一个复杂的过程，高粱原料和生产环境的多样性必然引起酿酒工艺参数的差异。通过理论基础的研究并结合实际生产，将有助于填补工艺参数研究上的空白。根据不同高粱原料的特性，调整适当的破碎度、润粮水量、润粮水温、润粮时间、蒸煮温度、蒸煮时间、发酵时间、生产轮次等工艺参数，从生产过程中把控好酱香型白酒的品质。

11、稻草在高温大曲制曲过程中有何重要作用？

曲是酒之魂，酱香型白酒酿造使用的高温大曲是以小麦为主要原料，经适当粉碎、添加母曲粉、加水搅拌、踩制成型、入仓发酵等多个步骤制成，其中入仓发酵情况是决定高温大曲质量和成曲率的关键。而在高温大曲入仓发酵过程中，稻草是必不可少的辅助用品之一，起到了保温、保湿、吸潮和接种微生物的作用。高温大曲踩制成型的曲坯经适当摊晾定型后进行装仓发酵，装仓前需要先在曲仓地面和靠墙面铺设一定宽度及厚度的稻草，且每块曲坯之间、每层之间都需要用稻草隔开，直到装仓结束后要保证每块曲块都能被稻草充分覆盖和隔开，不能出现“裸曲”的情况，因此这些稻草根据用途的不同，被命名为“隔草、底草、卡草、垫草、盖草”。综上可知，要保证曲块在仓内发酵的正常进行，需要使用大量的稻草进行辅助发酵，这也说明了稻草在酱香型白酒大曲生产过程中的重要性。

（1）曲坯仓内发酵过程中稻草的作用 酱香型白酒的酿造工艺是中国古代劳动人民的智慧结晶，其中的高温大曲发酵工艺尤为精湛。在曲仓内并无任何控温、控湿、排气的设备，仅保留狭窄两扇门窗，因此需使用稻草以确保在自然条件下曲块能够正常发酵，由此可见稻草在曲坯发酵过程中的重要作用。

一是干燥的稻草具有保温性。包裹在稻草中的曲块由于发酵的进行，前期会产生大量的生物热，而在没有升温设备的曲仓内，一旦让这些热量散失，就很难实现60℃以上的高温发酵。稻草隔绝了地面、墙面以及相对敞开的外界环境，保障了生物热的积累，决定了高温大曲工艺的正常进行。

二是干燥的稻草具有控水性。新入仓的大曲含水量较大，随着发酵温度的升高，大部分挥发出的水分被包裹大曲的稻草吸收，防止水滴返流回大曲，影响正常发酵，同时装仓结束会泼洒量水增加曲仓内和最外层稻草的湿度，保证内外曲块均能保持前期发酵较为适宜的含水量。

三是若曲块之间不经稻草隔离直接接触，会发生黏连，降低透气性，严重影响发酵，且底部曲块由于没有稻草的缓冲，直接受到上部曲块挤压，很容易导致变形和断裂。

四是稻草与曲块之间存在微生物的交互作用，高温大曲发酵过程中会使用部分前期轮次的旧稻草，这部分稻草在一定程度上会产生大曲微生物接种作用。

五是排废作用，稻草有一定的透气性，隔离开的曲坯在发酵过程中产生的废气可通过稻草间隙部分排出。

（2）曲坯仓内发酵过程中曲草的重要性 曲草又称为陈草或老稻草，是指曲块在曲仓内经过40d发酵和2次翻曲后拆除的稻草。虽然曲草不如新稻草的骨力和吸水性强，但其包裹着大曲经历了完整的曲仓发酵，承载的微生物资源丰富，富集了发酵过程至关重要的优势菌种，并积累了多种酶系。前期有研究发现在新发酵仓使用未经培菌的新稻草进行高温大曲发酵，会导致发酵前期生物热难以产生和积累，高温大曲所需要的发酵温度不足，严重影响大曲质量。而发酵过程中增加曲草的使用，能够显著提升大曲发酵前期的培菌效果，保障了曲仓内升温、保温、挺温的稳定，且效果与曲草的使用比例呈正相关，获得的半成品大曲优质率显著升高。山其木格等人采用高通量测序技术对酱香型白酒制曲车间生产用稻草的微生物组总DNA进行检测，其中样品稻草中曲草与新草的比例为9∶1，结果表明稻草中微生物多样性最为丰富，远高于其他大曲样品，说明稻草中大多数微生物与大曲发酵不相关，最终山其木格等人推测稻草在大曲发酵过程中并不是微生物的主要来源。

但在实际生产过程中，曲草参与了高温大曲完整40d的发酵，且发酵过程中曲草与曲坯紧密贴合，其中的微生物必然存在直接的交互作用，纵使二者微生物多样性存在一定的差异性，但差异性必然不会太显著。仅使用新稻草或曲草用量少，会导致曲仓发酵前期生物热积累不足，说明曲草对于提供微生物多样性的重要意义，若仅依靠人为提升曲仓温度，仍无法解决前期发酵过程中大曲内生物量不足的问题。高温大曲发酵过程中，微生物通过分解有机物产生能量，从而积累生物热，升温仅是表象，实际上更重要的是曲坯中的生物料被分解成小分子的中间代谢产物以及提供充足的酶系。若前期人为干预升温，势必会导致大曲发酵不均、原料利用率不高等问题的发生，且成品高温大曲的香味也会大打折扣。前期也有研究采用传统培养法和三代全长高通量测序技术分析了大曲生产中新稻草和曲草之间微生物的差异性，曲草中可培养的菌落总数、耐热菌和真菌数量远多于新稻草，且其中蕴含的微生物菌群结构与大曲中微生物菌群相似，说明曲草与大曲之间微生物交互作用显著，并形成了一定微生物菌落规模，且与生产相关的微生物已成为其中的优势菌种，这充分体现出装仓过程中使用曲草的重要性。

（3）稻草资源的消耗　拆曲是指高温大曲经过 2 次翻仓和 40d 的曲仓发酵后，经人工拆除曲块表面附着稻草的过程。拆曲时工人先将曲块表面黏连较长的曲草摘除，再反复抹净曲块表面较短或黏连较紧的曲草，待曲仓内所有曲块拆净转运至干曲仓后，将符合制曲生产质量要求的曲草进行回收，而不符合质量要求的曲草，例如长度不够、发黑、异味等曲草则选择集中丢弃。在实际生产过程中，每次拆曲过程会丢弃大量曲草，主要原因有以下几点：

一是曲草骨力较弱且吸水性较差，装仓过程若全部使用曲草会导致排潮、排废、通气等效果不好，因此新老稻草混用会减少曲草的使用量，一些相对质量较差的曲草会在拆曲时选择丢弃；

二是包裹在曲块周围的稻草经历了发酵和翻仓的过程，拆曲后不能符合质量要求被丢弃；

三是由于拆曲过程会拆除大量曲草，人工选草时不能精确区分曲草质量，导致很多优质曲草被当作废草丢弃。

综上可知，曲草中富含多种与大曲发酵相关的微生物资源、酶系、风味及其前体物质，且其中往往携带大量碎曲块和曲粒，但在拆曲过程中存在大量曲草被丢弃浪费的情况发生，若能将这些废曲草回收再利用，既避免了资源的浪费，又能回馈生产，一定程度上还可提高产品质量。

（4）废弃曲草综合利用研究

①废弃曲草养护晾堂：通常来说酱香型白酒酿造车间晾堂地面是三合土材质的，表面凹凸不平，具有较好的吸水性，在生产过程中由于摊晾、上堆、翻堆等晾堂操作，及随着工人的走动、工器具移动或使用，导致具有黏性的糟醅黏连于地面，虽然窖期都会清理晾堂，但由于地面的不平整性依然会有少量糟醅的残留。窖期又称为生产空闲期，在此期间晾堂会滋生大量与生产无关的微生物甚至有害菌。杂菌的滋生会产生杂味、色素、有毒、有害的代谢产物，虽然生产开始前都会泼洒热水、尾酒等清理晾堂，但残留的代谢产物和杂菌仍然会随着摊晾糟醅带入发酵，抑制乳酸菌、乙酸菌等功能微生物，也可能将异杂味带入糟醅，伴随发酵蒸馏带入酒体中，影响产酒质量。造成酿酒车间晾堂滋生杂菌的主要原因包括以下几点：一是三合土材质的地面具有孔隙，有透气性和吸水性较好等特点，适合微生物滋生，同时该材质作为晾堂地面具有耐磨、耐热、防滑等诸多优势，对于制酒生产作用显著。虽然三合土晾堂更容易黏连残糟，在窖期会滋生诸多与生产无关的微生物，但也具有较大的难以替代性。二是窖期持续时间较长，在此期间晾堂处于空闲状态，微生物的滋生速度与环境的适宜程度成正比，特别是在梅雨季节，晾堂的霉味和杂味更为明显，地面也会形成明显的霉菌斑。三是窖期前后晾堂的养护程度不够，目前生产上以清理为主，滋生了杂菌就采用尾酒清、烫清等方法清理，且窖期

基本任由微生物滋生，不做任何养护措施，导致杂菌生长旺盛。

由此可知，酿酒车间的晾堂养护非常值得探究，而上述的废曲草可作为制酒晾堂的养护产品，其具有的优势包括以下几点：一是废曲草中含有大量与生产相关的微生物，养护过程中自然交互到制酒车间的晾堂中，与杂菌之间有相互抑制或者竞争的关系，避免了杂菌的大量滋生，同时接种了制酒有益菌；二是废曲草中残留一些碎曲块和曲粉粒，加强了对晾堂的养护作用，同时也避免了资源浪费；三是废曲草具有一定的吸水性，梅雨季节空气潮湿，而废曲草正好隔绝了潮湿空气与晾堂的接触，减少了杂菌的滋生；四是废曲草养护晾堂属于废弃资源的再利用，比使用曲粉和尾酒进行养护的成本低很多，且更为实用。虽然采用废曲草养护晾堂增加了转运成本，制曲车间的废曲草统一回收再分发到制酒车间，以及窖期结束回收废曲草均需要组织人力和物力，增加了员工的工作量，但综合来看，该方法的实施利远大于弊，既属于废弃资源的再利用，节约了生产成本，又改善了窖期晾堂的微生物环境，提升了产品质量。

②废弃稻草培菌：曲坯装仓结束后外围曲坯虽用稻草包裹，但由于直接与空气接触，需要泼洒原料质量3%~6%的量水，增加曲仓湿度，防止曲块干皮。所用量水通常为生产车间现接的自来水，虽然用量不多，且并不作为参与发酵的主体，但在量水泼洒过程中会直接与稻草和外围曲块接触。研究表明，通过在包裹稻草的曲块表面泼洒曲草粉和母曲粉的混合液，能有效提高成品曲质量和优质曲比例，有利于发酵仓快速升温并延长挺温时间；若量水采用废曲草提前浸泡，曲草中的微生物融入量水中，那么泼洒量水在一定程度上起到了培菌的效果，增加了曲堆外围稻草和曲块表面微生物含量，更有利于保温培菌阶段曲仓温度上升。

（5）稻草的研究进展 稻草是酱香大曲制作传统工艺中较为重要的辅料，近年来科研人员对稻草中微生物进行了可培养、高通量测序等现代化研究，证实了稻草在伴随曲坯入仓发酵过程中具有重要的作用。然而目前关于稻草的科学研究仅集中在其对于高温大曲发酵存在重要性，或者对比老稻草（曲草）和新稻草之间的差异，证实了曲坯装仓过程中二者搭配使用的必要性等，所得到的理论以佐证为主，并不能以此来指导生产，或解决高温大曲发酵过程中出现的问题。因此，稻草的研究还值得深入挖掘，更贴近生产才能做到理论与实践的相结合。综合现阶段稻草的研究进展和实际生产过程中出现的问题，提出以下几点研究方向提供参考。

①老稻草和新稻草的合理配比探究：装仓过程中往往根据稻草用途搭配使用老稻草与新稻草，一般以老稻草为主，而新稻草通常作为隔草和卡草使用，这种搭配模式充分利用了新老稻草本身的特性，更有利于高温大曲的发酵。但在实际高温大曲生产过程中由于翻仓和拆曲过程中会丢弃大量废老稻草，导致新稻草的补充量增加，那么当老稻草和新稻草混合使用，不再遵循通常的搭配模式时，是否会对高温大曲的发酵过程产生影响呢，目前并没有明确的结论。此外，由于装仓至翻头道仓的过程中，曲坯含水量较大，可以在装仓过程中增加一定量新稻草的比例，保留一些老稻草备用，待翻头道仓丢弃较多的废草时，再将备用老稻草进行补充，既充分利用了新稻草吸水性和骨力强的特点，又合理补充老稻草参与后续发酵。另外，从整个高温大曲制作过程来看，翻头道仓之前的发酵环境主要呈现从中低温到高温高湿状态，此时的菌落组成和温湿度与仓内发酵中后期有较大的区别，而老稻草中的微生物菌落结构与仓内发酵中后期类似，选择错峰补

充接种老稻草，可能更有利于仓内高温大曲发酵。前期有研究发现，新稻草中检出的菌种能够在前期发酵过程中产生较为丰富的L-色氨酸，并进一步合成具有抗毒素、抗氧化、调控菌群功能的生物碱类物质。作为辅料，新稻草在传统高温大曲制曲工艺中“物理”作用较为明显，但该研究表明新稻草在其他方面同样有助于曲块的发酵。综上所述，现阶段对老稻草和新稻草的科学研究尚处于起步阶段，二者在制曲生产过程中主要依靠传统工艺和生产经验搭配使用，在装仓和翻仓过程中没有明确的工艺指导。

②稻草的最佳使用期限探究：每日拆曲结束会将稻草集中堆放于空发酵仓内，等待下一轮装仓使用。通常制曲生产为拆曲隔天踩制装仓，稻草的使用基本不会出现空档期，但每个轮次会存在曲块需求量差异，导致装仓数量不同，因此有时拆除的稻草不能立刻衔接装仓发酵，闲置时间会根据生产需求而定。理论上新拆除的稻草无论是微生物种类结构，还是代谢产物及酶系，都与成品高温大曲更相近，及时参与装仓更有利于曲块的发酵。但是一旦出现空档期导致稻草闲置，可能会导致其品质发生改变，影响曲块的发酵效果，因此有必要对稻草的最佳使用期限进行探究。可通过分析微生物种群结构、发酵相关的代谢产物或酶系含量、含水量等随闲置时间的变化情况，更科学地完善作业指导书，提供关于空档期稻草的合理使用办法，为酱香型白酒发酵更科学化、标准化、专业化提供理论依据。

12、酱香型白酒投粮轮次影响原料糊化的因素有哪些？

酱香型白酒酿造过程中的下沙、糙沙为投粮轮次，原料高粱经过粉碎、润粮、再经高温蒸煮后可达到糊化的效果。在蒸煮过程中高粱淀粉在高温下溶胀、分裂形成均匀的一些短链的淀粉、糊精，有助于接下来的淀粉的糖化作用。高粱淀粉要完成整个糊化过程，必须经过3个阶段：一是可逆吸水阶段，在冷水浸泡的过程中，淀粉颗粒虽然由于吸收少量的水分使得体积略有膨胀，但未影响到颗粒中的结晶部分，所以淀粉的基本性质并未改变。处在这一阶段的淀粉颗粒，进入颗粒内的水分子可以随着淀粉的重新干燥而排出，干燥后淀粉粒仍完全恢复到原来的状态，故这一阶段称为淀粉的可逆吸水阶段。二是不可逆吸水阶段，淀粉与水处在受热加温的条件下，水分子开始逐渐进入淀粉颗粒内的结晶区域，这时便出现了不可逆吸水的现象。这是因为外界的温度升高，淀粉分子内的一些化学键变得很不稳定，从而有利于这些键的断裂。随着这些化学键的断裂，淀粉颗粒内结晶区域则由原来排列紧密的状态变为疏松状态，使得淀粉的吸水量迅速增加。这一阶段称为不可逆吸水阶段。三是颗粒解体阶段，淀粉颗粒经过第二阶段的不可逆吸水后，很快进入第三阶段——颗粒解体阶段。因为，这时淀粉所处的环境温度还在继续提高，所以淀粉颗粒仍在继续吸水膨胀。当其体积膨胀到一定限度后，颗粒便出现破裂现象，颗粒内的淀粉分子向各方向伸展扩散，溶出颗粒体外，扩展开来的淀粉分子之间会互相联结、缠绕，形成一个网状的含水胶体。这就是淀粉完成糊化后所表现出来的糊状体。

（1）影响淀粉颗粒糊化的因素　从目前的研究来看，粮食中的淀粉颗粒在糊化过程中主要受以下因素影响：一是淀粉的种类和颗粒大小。二是食品中的含水量。三是添加物。高浓度糖降低淀粉的糊化程度；脂类物质能与淀粉形成复合物降低糊化程度，提高糊化温度；食盐有时会使糊化温度提高，有时会使糊化温度降低。四是酸度。在pH 4~7

的范围内酸度对糊化的影响不明显，当 pH 大于 10.0，降低酸度会加速糊化。

（2）下沙、糙沙阶段是影响高粱中淀粉颗粒糊化程度的主要因素

①糟醅含水量：高粱糊化时的水分主要来源于四方面：一是高粱自身所带的水分，一般都选用比较干燥的高粱，生产所用高粱要求最好是存放了一年左右的陈年高粱，所以自身含水量都应该不是很高。二是润粮的水分，润粮是提高高粱中水分非常重要的一个阶段，一般要求 2 次或 3 次润粮后，高粱中含水量达到 38%~40%。三是在蒸煮的过程中甑子中的补水，一般补水 4~5 桶，补水越多，水分含量越足，高粱蒸煮糊化越容易。四是蒸汽转化而来的水。这部分在小气焖蒸时比较有用，在大气蒸粮时影响不大，因为水蒸气还没有来得及冷凝下来就跑掉了。

②高粱粉碎度：高粱粉碎得细一些，润粮时吸收水分比较好，糊化容易，但也有很多坏处，对淀粉的损耗，以及后期工艺的把握都不好。所以，高粱的粉碎不能太细，要求非常严格，一般下沙时粗细比为 8∶2 就比较恰当，但又不能不过粉碎机，必须要经过粉碎机，把高粱上的一层皮碾破，帮助润粮水分的渗入，以助于后期的糊化过程。

③高粱的种类：本地高粱和东北高粱中所含淀粉的种类不同，淀粉的颗粒大小也不同，一般小颗粒淀粉不利于糊化，大颗粒淀粉容易糊化一些，所以在含水量相同的条件下，糊化时，两种高粱的糊化时间是不同的。一般情况下，本地高粱比东北高粱不易糊化。

④蒸汽压力：蒸汽压力大，容易糊化，以高压锅形式进行糊化会容易一些，但却不好控制淀粉的糊化程度。茅台酒酿造在下沙时，一般蒸汽压力控制在 0.12MPa，是比较高的，所以，蒸煮时间只需要 120min 左右，一般蒸汽压力最多只能达到 0.04~0.08MPa，所以蒸煮时间比较长，一般要求在 3~3.5h。

⑤糊化时间：从生产实践经验来看，高粱糊化时间越长，糊化的效果越好，如果水分含量很小，更要通过糊化时间的延长完成糊化的过程。

（3）调控高粱淀粉糊化过程的措施　高粱糊化不是一个单一因素的过程，是很多因素综合协调、平衡工作的过程，有时为了缩短糊化时间，必须增加水分，但又不能无限制地增加水分，增加水分过多，粮食糊化过度，对以后的工艺操作又是非常不利的。

①粉碎度的控制：高粱粉碎过细，可能有几个坏处：一是高粱粉碎过细，必然粉末较多，在润粮时，如果工人“润功”不到位，把握不好，容易让粉末淀粉随润粮水淌出造成淀粉的损失，影响出酒率。二是高粱粉碎过细，润粮时，粮食自然吸水要多些，水分是有利于粮食的糊化的，但同时，也容易造成糊化过度，使得下沙、糙沙糟醅水分过大。一方面，如果伤水了，那就困难了；另外一方面，就算没有伤水，但过度的糊化、过多的水分，容易让糟醅堆板结、不疏松，使得糟醅堆升温困难，直接影响车间的生产。如果把握好了，前期轮次出酒多还好，但如果结果是产酸不产酒，那后果只会让淀粉白白损耗，后期的生产也不易挽救。三是高粱粉碎细，就算前期出酒多，但酒的质量也不是很好，因为，前期大曲用量不多，糟醅中的香味、各种微量成分还没有大量形成，前期的酒质感觉寡淡，没有酱香型酒的典型风格，一般我们把握好工艺，控制在第 3 轮、第 4 轮次大量出酒，这时酒的质量才是最好的。四是高粱粉碎细，结团严重，不利于操作。

由此看来，高粱粉碎粗一些更好，首先粗高粱在堆积时，高粱颗粒间间隙相对较大，糟醅堆疏松，便于空气以及空气中的酿酒微生物进入糟醅堆的中间和底部，使下沙、糙沙阶段的糟醅堆下窖时发酵包芯少，甚至无包芯。其次，粉碎粗一些，控制好糊化程度，

可以有效调控生产，使得在第 3 轮、第 4 轮次大量出酒。当然，高粱粉碎得过粗，也有不好的地方。粮食粗，自然不易糊化，要求粮食的蒸煮时间就长，并且不容易达到下沙要求的“内无生心、熟而不黏、七成熟”的标准。这就要求我们加强工艺、人员的管理，要有很强的控制能力，培训好工人，统一工人的工艺思想，一定要让粮食熟了才能提甑，可能时间要长一些，一定不能慌，只要做到这一点，那高粱粉碎粗一些还是利远大于弊了。

②水分的掌控：主要是润粮水分的掌控，一般采用 3 次润粮，主要的原因就是粮食粉碎比较粗，只有 3 次润粮，粮食吸收的水分才比较充足，才能让糊化比较容易，缩短糊化时间。也可以通过在甑子中多补水或增加补水的频次，但又要求不能补水过多，最重要的就是粮食不能糊化过度，不然下沙就让水分偏离过大，对后面的生产影响就太大了。

③增加蒸汽压力：这是设备决定的，调控的因素不多，最多就是在盖甑子的甑沟周围塞上带子，使得甑子中的蒸汽压力适当增加，但增加是不会很大的。

④延长蒸煮时间：这会增加工人的劳动强度，所以一般不考虑，但如果本身润粮和蒸汽压力不好时，应该延长蒸煮时间，不然，没有糊化好的淀粉在后期生产时会大量产酸。下沙时，还影响不大，因为可在糙沙过程中弥补，但糙沙时则一定要蒸熟，不然后面影响太大了。

（4）高粱糊化过程容易出现的异常

①生心多，糊化不到位：下沙时，粮食糊化不到位，有很多的生心，并且在糙沙的时候，把握又不太好，也没有把生心的粮食糊化到位，以至于没有糊化好的淀粉在一轮次酒时大量产酸，使得糟醅堆升温困难，下窖时，又把握不好，从而直接影响了二轮次酒的出酒，出现二轮次酒严重掉排，严重影响全年的出酒，也影响基酒的质量。为什么在糙沙时，问题没有凸显出来，到一轮次酒才凸显呢？因为在糙沙时，由于生粮的加入，酸度相对被稀释降低，并且水分不大、糟醅疏松，所以糟醅堆很容易升温，也不会影响一轮次酒的出酒。但没有糊化好的淀粉，在一轮次酒发酵的过程中大量产酸，在一轮次转二轮次的时候，使得糟醅酸度大大增加，此时的糟醅水分又大，如果糠壳加入又不好，板结、不疏松，自然使得一轮次转二轮次的糟醅堆升温困难，直接影响二轮次酒的出酒和生产。

针对这种情况最好的处理方法是控制好工艺操作和指标，在下沙、糙沙的时候就将淀粉糊化到位。如果下沙时因为种种原因淀粉生心多糊化不到位，在糙沙时一定要延长蒸煮时间，将淀粉充分糊化。为了充分糊化淀粉，一般会采用在糙沙时往酒甑中补水，加大糊化力度，但如此操作可能会导致出现水分过大、糟醅糊化过度等问题。另外一轮次酒时一般不希望大量出酒，只要糙沙时淀粉都过心就行，也不需要大量的糊化淀粉。大水大酒，如果本身曲药好，控制好了生产，前期出酒了还好，但后期糟醅结团严重，也会非常不好操作，并且酒质也不好，最糟糕的就是没有控制好工艺，水分大、酸度大，曲药又不好，那就会出现不出酒或者少出酒，甚至酸败的现象。

出现问题的后处理：万不得已的情况下，在糙沙时没有控制好，到了一轮次酒时大量产酸、糟醅堆升温困难，那就得采用各种方法进行处理。一般方法有以下几种：一是增加排酸时间，也是糊化淀粉的过程；二是调节曲药，用最好的曲药来带动，用量上也要调节好；三是用糠壳调节酸度；四是加入一定量的优良的引糟，起带动作用；五是风机排酸，根据水分情况，水分低的时候，也要慎用。在生产过程中，几种方法也不是全用，看情况协调综合处理就可以。总之，每个糟醅堆下窖的时候保证一个原则“下一轮次一定要有酒”。

②糊化过度：高粱糊化过度一般有两个结果，要么在前期一、二轮次时就大量出酒，但酒质不好，并且后期起团严重，也不利于工艺操作；要么水分大，曲药不好、工艺掌控又不好，那就大量产酸，严重影响全年基酒酒质以及出酒率。一般出现糊化过度，也没有很好的处理方法，一方面，就是用好的曲药保证让糊化好的淀粉在前期就大量出酒，二就是加大糠壳用量，使得糟醅疏松，并且便于后期操作。所以，一般都不希望前期粮食糊化过度，那么，在粉碎粮食的时候，就一定要控制好破碎比，在蒸煮时间、量水用量等各方面都控制好，生产也就水到渠成了。

③糊化不到位及水分不足：前期高粱如果糊化非常不到位，严重偏硬，一轮次酒转二轮次酒时由于高粱有很好的支撑作用，糟醅堆升温会比较正常，但全年的出酒率并不好，到七轮次丢糟时，还有很多没有被利用的高粱，淀粉利用率太低，无形中增加了生产成本。但如果能够在一轮次转二轮次、二轮次转三轮次这些关键时刻，延长一定的糊化时间，加大糊化力度，那效果就非常好了。因为，这个时候，本身需要大量糊化好的淀粉产酒，同时，天气回暖，气候适宜微生物的生长，糟醅骨力低一点也无所谓，照样能很好升温，使得全年的生产不受大的影响。

综上所述，酱香型白酒酿造过程中不管影响高粱糊化的因素有多少，又要如何去调控，但最终的目的就是糊化好淀粉，达到的效果就是“熟而不黏，内无生心”。当然这种效果的评价更多是靠一种经验、一种水平，水平高的，不润粮，只要在甑子中补水就可以把粮食糊化好。另外，最重要的就是在这中间找到蒸煮粮食的一个平衡点，既不能增加工人劳动强度，也不能不蒸煮好粮食，同时也不能糊化过度，使得前期糟醅水分就很大。当然，这就需要在水分、粉碎粗细度、润粮效果等因素中间去找一个平衡，这是一种经验的积累。

13、如何用澳大利亚高粱酿造酱香型白酒?

利用澳大利亚高粱为原料，严格采用传统大曲酱香型白酒酿造工艺：两次投料、九次蒸煮、八次下曲、八次发酵等进行操作，分层取糟，分级对酒质进行品质鉴定后入库。具体的工艺控制做适当调整，整个生产周期与传统大曲酱香型白酒的生产周期相同。

（1）澳大利亚高粱酿造酱香型白酒主要工艺流程

①原料与破碎：原料采用澳大利亚高粱。澳大利亚高粱结构紧密，剖面呈晶体状，缺少面质细粉。其理化指标为：水分≤13.5%，淀粉≥65%，支链淀粉占总淀粉含量的70%，蛋白质7%~12%，单宁≤0.7%。据数据分析可知，澳大利亚高粱质地较硬，不易吸水，糊化难度较大，工艺要求在下沙破碎时破碎度要适当放大，可从整粒与碎粒8：2调整到6：4；糙沙过程中整粒与碎粒比例由7：3调整到5：5，2次破碎过程中应避免产生大量细粉。此破碎度有利于淀粉吸水膨胀糊化，保证微生物生长所需的培养基组分，同时可以保证去除糙沙过程中的生粮味和一轮次出酒量的合理控制。

②润粮、蒸粮：采取3次润粮，水温≤80℃，第一次间隔1.5~2h，以粮堆收汗为准，开始第二次润粮，第二次间隔5h以上，同样以粮堆收汗为准，开始第三次润粮。润粮完毕后，第二天开始蒸粮糊化。润粮过程中，关键是对润粮水温的控制，必须低于80℃，

高于 80℃会使破碎后的高粱表面形成一层胶质体，阻碍后期水分的吸收，不利于淀粉吸水膨胀，进而影响糊化效果和堆积发酵的产香。在下沙蒸粮过程中，要求原料七分熟，剖面无硬心，下沙蒸粮时气压为 0.15MPa，蒸粮时间为 2h；糙沙蒸粮气压为 0.12MPa，蒸粮时间为 1.5h。上甑前，用清蒸后的糠壳均匀铺垫甑底，开始上甑，要求 25~30min 完成上甑操作，盖好甑盖及过汽管，调整气压开始蒸粮。在蒸粮过程中，要有专人负责气压控制，防止其过高或者降低，同时，在蒸粮过程中，禁止边蒸粮边向冷凝器中加冷水，这种操作不利于甑内压力稳定，如甑内蒸汽温度降低会导致糊化不好。

③用曲量控制：每甑可装原料高粱 750kg，以每甑高粱量计算曲药所占比例，遵循传统大曲酱香制酒用曲比例，在此基础上每轮次用曲上浮 2%~4%的比例。澳大利亚高粱的支链淀粉含量比糯高粱低 18%，直链淀粉所占比例较高，而直链淀粉在糊化过程中很难糊化，进而导致后轮次淀粉间接转化为可发酵性糖较少。直链淀粉的累积和水分的增加，最后直接影响晾堂堆积发酵，使出酒率下降。下沙用曲糖化力≤90mg 葡萄糖/（g 曲・h）（40℃），糙沙用曲糖化力≤120mg 葡萄糖/（g 曲・h）（40℃），轮次用曲糖化力≤300mg 葡萄糖/（g 曲・h）（40℃）。

④高温堆积：高温堆积发酵本身就是一个网罗空气微生物的过程，高温大曲中的微生物因为高温发酵导致数量和种类都相对较少，而空气是一个天然的微生物共生体，其中有大量的酿酒微生物，通过传统的堆积发酵可以网罗大量酿酒微生物，促进发酵产酒、产酯、产酸，增加酒体的厚实感、醇和感和香味。下沙、糙沙堆积温度控制在 56℃左右，轮次酒堆积控制在 52℃以下，有的可到 45℃左右。糟醅堆积高度遵循传统大曲酱香制酒工艺，冬季偏高，夏季偏低。高温堆积发酵时间较传统工艺缩短 1~2d。

⑤开窖取糟、蒸酒：遵循分层取糟原则，先去除窖池周边霉变的酒糟和封窖窖泥，人工清除窖面层酒糟，单独蒸馏取酒。出窖酒糟水分顺着轮次，每轮次递增 2%~3%，酸度在 1.5~2.5g/L，淀粉逐轮次递减，丢糟淀粉含量应在 8%~9%。注意糠壳用量的增加，从第二轮次开始打糟、增加糠壳的用量，每轮次增加量为 8%~10%，利于蒸馏过程的上甑操作和出酒率的提高，但也不能过分加大糠壳的用量，控制在 20%~25%。每轮次摘酒酒度要求分别为 57%vol、55%vol、54%vol、54%vol、53%vol、53%vol、52%vol，保证尾酒量，达到以酒养窖的目的。窖池底部酒糟蒸馏后的酒单独存放，可作为调味酒使用，增加酒体醇和度。

⑥勾调与贮存：成品酒以 53%vol 为基准，基酒同样分为酱香、纯甜、窖底香 3 种。勾调时应注重突出本品风格，做到酒体协调醇和、尾净味长的特点，入库存放时间为 6 个月时进行小盘勾，1 年后的清明后再进行大盘勾，3 年后进行微调才包装出厂。

⑦成品酒质量控制：成品酒酒精度控制在 53%vol±0.5%vol 范围内，酸度≥1.2g/L，总酯（以乙酸乙酯计）≥2.5g/L。成品酒感官指标为：酒体微黄，有酱香，香气舒适优雅，酒体醇和，协调，味长尾净，具有酱香型白酒风格。

（2）工艺中的关键控制点

①原料的破碎与润粮：因为澳大利亚高粱自身的特性决定了其内部结构，硬度较大，难吸水，不易糊化。所以，在粮食破碎时应该严格按照前面工艺规定要求进行。对于水分过低的粮食，可按酱香型白酒传统酿造工艺，洒一定水量后再进行粉碎，这样会避免细粉量的产生。通过下沙、糙沙两个阶段对原料破碎度的合理控制，增大了粮食的吸水

面积，进一步增大吸水量，更有利于后期的糊化。润粮的控制也是一个重要的环节，特别是对水温的控制，传统酱香型白酒工艺中规定：≥95℃为润粮水温，但针对澳大利亚高粱，润粮水温只能控制在80℃以下甚至更低。澳大利亚高粱内部富含大量玻璃质，在遇高温后会凝聚成胶质状，对第二次、第三次润粮水的吸收起到阻碍作用，达不到后期润粮水分吸收的目的，最后导致糊化达不到工艺规定要求，影响后期的出酒和酒质。

②辅料的合理添加：从澳大利亚高粱的理化分析中可知，其直链淀粉含量相对较高。而糯高粱就是因为其富含88%以上容易糊化的支链淀粉，才被选作传统大曲酱香型白酒酿造原料。澳大利亚高粱的大量不易糊化的直链淀粉的累积导致结团，所以在轮次酒的上甑过程中，也要加大辅料用量，先出窖的酒糟表面撒1层糠壳，用钉耙打散酒糟，增大糠壳与酒糟的接触面积，最后用打糟机进行细化处理，提高疏松度和出酒率。而在晾堂上也要加大糠壳的用量，晾堂用法为：将适量的糠壳添加在大曲曲药中，用工具翻拌均匀，达到下曲温度后再下曲，利用糠壳的硬度增大发酵醅的疏松度，进一步增加发酵醅中氧气，促进微生物繁殖。

（3）基酒质量测定

①基酒风味物质：酒体中的呈香呈味物质主要以酸类、酯类为主，而酸类、酯类的产生主要由发酵过程中单宁物质通过微生物的代谢，经化学合成、分解、缔合、氧化等反应获得。澳大利亚高粱中单宁的含量不及糯高粱，仅有0.7%，低含量的单宁必然导致轮次酒酒体单薄、味淡等问题。通过对不同轮次酒理化指标进行分析发现，澳大利亚高粱酿造的大曲酱香轮次酒的酸类、酯类都比传统原料酿造的轮次要低，所以从工艺上要延长摊晾时间，较大程度网罗空气中的微生物，合理控制堆积发酵时间和发酵温度，使有氧发酵阶段微生物大量富集，有助于酒质中酸、酯的形成。同时，加强对调味酒窖底酒、窖面酒的制作、尾酒的接取和使用，在勾调中利用调味酒对半成品酒进行勾调，使成品酒达到丰满、醇和、协调、味长的特点。

②基酒感官品评：糯高粱、澳大利亚高粱所酿不同轮次基酒感官品评结果见表3-15。

表3-15 糯高粱、澳大利亚高粱所酿不同轮次基酒感官品评结果

原料	1轮次	2轮次	3轮次
糯高粱	酒甜味好，味冲，涩酸	入口香大，具有酱香，后味甜香，酒体较丰满	香味较全面，酱香突出，后味带长，尾净，酒体丰满
澳洲高粱	有酱香，带甜味，味冲，酸涩重，略带焦香，回味一般	有酱香，略带曲香，入口香味较好，回味较好，后味干净	有酱香，焦煳味明显，酒体薄，味苦

澳大利亚高粱生产的酱香型白酒酒体较为单一，酒质稍差，口感不纯正，不及糯高粱的酒体丰满。

③基酒贮存：贮存环节是酒质提升的重要环节，新酒一般容易出现辛辣、爆口、焦香等问题，而酱香不太明显。通过长期的贮存，低沸点杂味物质挥发，高沸点酸与低沸点酯物质进行氧化、还原、缔合等作用使酒体逐渐老熟。长期贮存又势必增加成本的投

入，但就酱香型白酒而言，长期贮存是必需的后续提升酒质的环节。

总体来看，利用澳大利亚高粱酿造大曲酱香白酒的酒质与传统的大曲酱香酒酒质具有一定的差异，但针对品种繁多的白酒市场，这种酿造工艺也是遵循传统固态发酵的酿酒工艺，与串香工艺、食用酒精勾调工艺生产的酒相比具有品质的保证和提高。由于糯高粱的价格较高，生产成本相对较高，利用澳大利亚高粱作为酱香型白酒低档酒生产原料有其优势。用适量的澳大利亚高粱生产酱香型白酒对降低生产成本、开拓低档酒市场具有可操作性，但对其酱香、酒质醇和协调性的提高还有待深入实践及进一步完善。

14、酱香型白酒酿造过程中所用的辅料有哪些？

（1）糠壳　糠壳是酱香型白酒生产最常用的辅料，在大曲酱香型白酒的生产中糠壳主要起到填充、隔离和疏松的作用。这两个作用是和糠壳本身的组成和结构紧密相关的。糠壳又称为砻糠，是稻谷经加工成稻米后分离出来的外壳，是水稻籽粒的附属物，其主要成分为纤维素，结构紧密，具有一定的强度，不易被微生物分解，也不易在酸性和高温条件下降解，还不易和其他物质黏连。利用这些特性糠壳在酱香型白酒酿造中主要作用包括以下几点：一是垫在甑底隔离糟醅和甑箅，防止糟醅从气孔漏下，影响地锅水质量，也避免糟醅和甑箅黏连不易清理；二是堆积发酵时垫在糟醅堆底部避免糟醅和晾堂地表直接接触；三是隔开窖底醅和窖下部糟醅；四是隔开窖面醅和封窖泥；五是加入糟醅中起到疏松、支撑、透气的作用，利于蒸馏取酒和糟醅溶氧，提高堆积发酵质量。

酱香型白酒酿造过程中所用的糠壳主要是从感官和食品安全指标两个方面判断。感官方面包括糠壳的外观形态、气味、色泽等；外观上要求整粒稻谷外壳一剖两瓣，不能是细糠，最好是长粒形稻壳而非圆形稻壳，无明显虫蛀，无霉变，具有稻谷固有的清香，色泽金黄；气味上要求具有糠壳本身固有气味、无异味；符合国家安全指标。在酱香型白酒酿造过程中未经处理的糠壳具有浓郁的糠味，另外在糠壳晾晒过程和加工过程中，有可能会带入少量潜在的有机污染物。因此在使用前，需对其清蒸，以最大限度去除其本身固有的糠杂味和晾晒及加工过程中带入的挥发性有机污染物。经实验研究表明，清蒸30min的糠壳，已完全能够满足生产的需要。当然，刚清蒸的糠壳，会带入一定的水分，也会比干燥时更柔软。但根据糠壳的结构，将其晾干之后，其骨力将会基本恢复，不影响其功能。

糠壳无论作何用途，用量都应适度，这是因为糠壳中含有大量的多缩戊醛，在特定的条件下，会发生反应生成甲醇，具有食品安全隐患。大量糠壳在蒸煮的过程中还会给酒体中带入一定的糠杂味，影响产品质量。因此，在垫甑底时，将甑底浅浅铺满即可，不宜过厚；用于窖底隔离和晾堂垫底时，也是如此；用于窖面和封窖泥的隔离时，可稍厚，但在开窖后，应尽量将糠壳清扫干净再行蒸馏取酒；在加入糟醅中起疏松作用时，应综合考虑轮次、糟醅本身的性状如黏性、水分大小、高温大曲用量等因素，并根据糟醅情况按计划进行使用，做到能够充分取酒、发酵良好而又不过多的效果，另外加入糟醅中的糠壳，必须要拌匀，在一定程度上讲，拌匀糠壳和糟醅，比糠壳的用量更为重要。

（2）稻草　酱香型白酒是生料制曲，曲坯进入曲房发酵仓主要靠微生物发酵自然升温，曲仓未安装任何加热设施，排废和降温也只有依靠简单的门窗和翻仓工艺。稻草在高温大曲整个发酵过程中就起到了不可替代的作用（前文已述）。

酱香型白酒高温大曲制曲过程中所用的稻草在选取时应符合以下标准：外观新鲜干燥，呈金黄色，无霉味等异杂味，无污染，夹杂物少，长度≥50cm。在高温大曲实际生产过程中，要特别注意新旧稻草的搭配使用。根据装仓量的多少、仓容量大小、气候条件适当调节稻草的用量，一般是冬天多夏天少。在翻仓过程中，要特别注意剔除霉变和吸水过多已经不能使用的部分，并适当添加。

（3）封窖泥　大曲酱香型白酒以条石筑窖，以泥封窖。所用的封窖泥在酱香型白酒酿造过程中所起的作用错综复杂，主要有以下几个方面：一是密封作用，酒精发酵是厌氧发酵，需要密闭的环境。通过在糟醅表面覆盖封窖泥，使在窖内形成厌氧环境，最终产酒产香；二是排废作用，窖内发酵会产生一定的气体，可以通过窖泥的微空隙缓慢排出；三是提供微生物的栖息环境，这应该是封窖泥最复杂的作用了。在前期研究中发现，酱香型白酒所用的封窖泥中含有大量微生物，特别是放线菌，这些微生物菌群对酱香型白酒风味物质的产生具有积极的作用。由于地域和工艺的区别，不同酱香型白酒企业所使用的封窖泥不尽相同，但均应具备以下共性要素：一是符合食品安全要求；二是具有一定的黏性；三是有机质含量不能太丰富；四是杂质尽量少；五是无砾石、碎石、风化石和砂石。

酱香型白酒酿造过程中封窖泥的使用可以用“切、浸、沥、踩、封、管、开”来总括。具体而言：选取优质封窖泥运到现场后再次筛选，清除残留杂物进入泥池，对封窖泥切散平整处理，然后用水浸泡，下造沙轮次可使用热水浸泡，后期轮次使用常温水浸泡，浸泡水刚淹没封窖泥为宜。封窖前一天翻沥并踩制好封窖泥，使其呈瓦泥状。封窖按“冬薄夏厚”的原则进行，窖面呈馒头状。管窖过程中及时检查处理窖壁四周下沉和翻边的窖泥，待封窖泥能乘载人后开始盖窖。窖内发酵结束开窖要及时彻底清理窖泥上黏连的糠壳与糟醅，避免封窖泥变质。

综上所述，糠壳、稻草和封窖泥是大曲酱香型白酒生产中的重要辅料。目前研究来看，酱香型白酒酿造过程中所用的辅料作用机理研究有的比较清楚，有的还在探索之中，就生产而言，搞清楚其选用标准、用法、禁忌可能更为重要。不同的酱香型白酒企业可能有不同的标准和用法，其核心无非为符合食品安全的要求，有利于生产操作，以及有利于酱香型白酒产品质量的稳定或提高。随着科技和社会的进步，也许这些辅料也会逐步被其他物质代替，但酿造者和消费者对高品质产品的追求是永远不会变的，这也是促进行业不断向前发展的永恒主题。

四　制曲工艺篇

1、什么是曲?

“曲”在古代资料记载中同“麴”，如“聚酒千钟，积麴成封，望门百步，糟浆之气逆于人鼻”“麴上所生菌，色淡黄如尘，又作麴尘”“千芳万叶一时新，嫩紫殷红鲜麴尘”。由此可知“麴”是一种发霉或长有霉菌的物质，这与当今大曲制曲过程中霉菌“穿衣”的现象极其相似。《辞源》（商务印书馆，修订本 1）中记载“麴”为“酒母”，是用于酿酒或做酱的发酵品，又将之称为“曲”。

2、什么是糵?

清代《说文解字》中记载“糵：牙米也”“牙同芽，牙米者，生芽之米也……芽米之为糵”；东汉《释名》中记载“糵，缺也，渍麦复之，使生芽开缺也”；《中国工业微生物发展史》（轻工业出版社）中认为糵为麦芽，是谷物浸水后由内向外发芽所形成的。从现有资料记载可知，“糵”一般是指谷物发芽以后形成的具有一定糖化力和发酵力的物质，与曲是截然不同的两类物质。

3、什么是大曲?

大曲是以大麦、小麦和豌豆等为原料，经过粉碎，拌水后压制成砖块状的曲坯，在曲室内，人工控制一定的温度和湿度，让自然界的各种微生物在上面生长，再经过风干、储藏而制成。大曲是生产大曲白酒的糖化发酵剂。因其块形较大，因而得名大曲。

4、大曲的主要特征有哪些?

（1）生料制曲　小麦、大麦作为大曲主要原料，经过润料、粉碎、拌和后压制或踩制成型后即可入房培菌。由于未经高温处理，原料中大量微生物菌群参与了大曲的发酵，为大曲微生物菌群提供了丰富的微生物体系，这部分微生物会参与大曲糖化力、液化力、发酵力以及酯化力等指标所需酶类的生成，并参与曲香及其前体物质的代谢。

（2）自然接种　大曲制曲过程中除了会添加母曲粉以外不会再人为添加其他微生物菌源，大曲中微生物菌群是在培曲过程中大曲曲坯吸附的环境中（如空气、工具、稻草帘等）微生物菌群，这些菌群借助曲坯中丰富的淀粉、蛋白质以及适量的其他营养成分生长、繁殖、代谢，并在人为控制下的适宜温、湿、氧条件下形成大曲所具有的曲药微生物菌群、酶系以及香味物质及其前体物质。

（3）季节性强　大曲制曲过程中是通过自然吸附环境中的微生物而实现对微生物菌群的富集，而不同季节环境中微生物菌群种类、数量以及分布规律存在极大的差异。按照实际生产总结的经验来看，环境中春秋季节酵母菌含量最高，夏季则是霉菌含量最高，冬季则是细菌的含量最高。因此，中国白酒行业一般总结的最适制曲时间段在春末夏初至中秋节前后，一来这个时间段气温开始逐步上升至高温时期，环境湿度也达到比较高的时期，能够满足大曲制曲要求的高温、高湿环境条件；二来这个时间段环境中微生物菌群种类、数量大量提高，达到了制作优质大曲的环境条件。

（4）自然升温　大曲在曲房培菌过程中，曲堆及曲房环境升温是靠微生物菌群自身的生长、繁殖、代谢释放的热量，制曲过程中对温度的控制也只是通过翻曲、开门窗排潮等操作来进行，同时对不同微生物之间的交替进行控制。一般为了达到更好的升温效果，制曲匠人多是通过曲坯不同的堆积形式来进行控制，如为了更好地排潮可将曲坯堆积为“井”字形、为了更好地保温可将曲坯堆积为“品”字形，酱香型大曲制曲过程中也可用稻草进行包裹，既起到了接种的作用，也起到了保温、隔离的作用。

（5）制曲周期长　大曲的制曲时间一般在40~60d，新曲如用于酿酒会出现前期升温过猛、生酸快、后期发酵无力等现象，因此新曲一般不能直接用于酿酒，需要贮存3~6个月方可进行搭配、粉碎用于酿酒。

5、中国白酒酒曲主要有哪些种类?

中国白酒酒曲分类见图4-1。

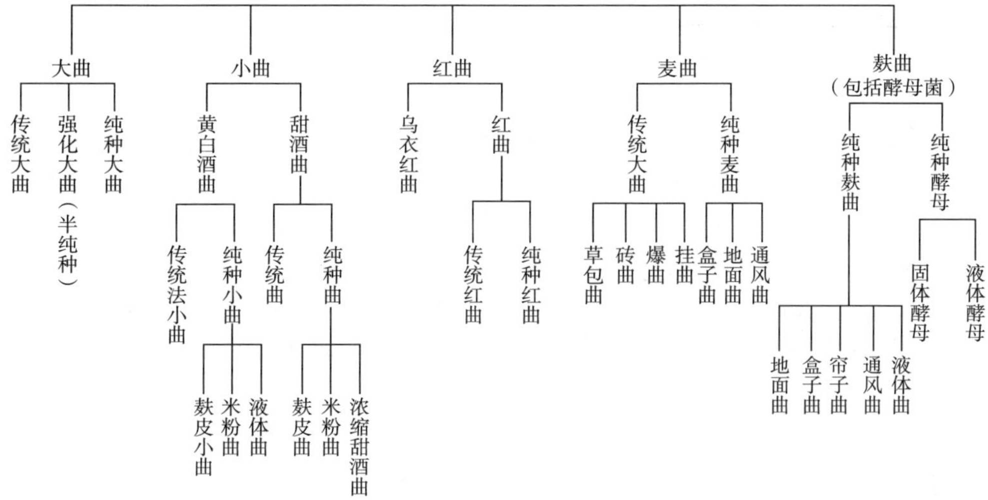

图4-1　中国白酒酒曲分类

6、高温大曲制曲工艺及其操作要点有哪些?

高温制曲作为酱香型白酒“四高两长”中典型工艺之一，一直是酱香型白酒研究的热点之一。高温大曲作为酱香型白酒的酿造用曲，不仅仅是起着糖化发酵剂的作用，还由于其用量基本上与高粱齐平，还兼具投粮的作用；同时高温大曲中含有丰富的与酱香形成密切相关的香味物质及其前体物质，因此，高温大曲对于酱香型白酒来说可谓是名副其实的“酒骨”。

（1）高温大曲制曲工艺流程　高温大曲制曲工艺流程见图 4-2。

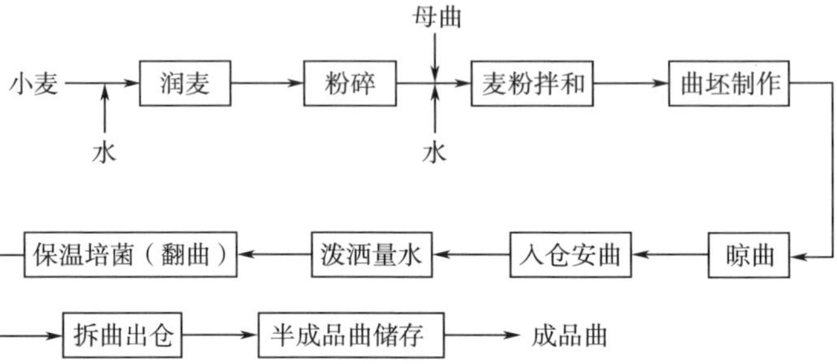

图 4-2　高温大曲制曲工艺流程图

（2）高温大曲制曲工艺操作要点

①润料、粉碎、配料：购买的软质小麦经除尘、除杂后，加入 60～80℃ 原料量 2%～3%的水拌匀，润麦 3～4h，再将小麦粉碎成“皮烂心不烂”的“梅花瓣”状，粉碎好的麦粉在踩曲前还需进一步添加母曲、水进行拌和。拌曲用水量一般控制在 37%～42%，根据麦粉干湿和制曲季节可适当增减 1%～5%；母曲用量一般为麦粉质量的 3%～8%，夏季少用，冬季多用。母曲必须是贮存半年以上的陈曲，挑选其中质量较好的使用。

②踩曲：将拌和均匀后的曲料铲入曲模中，先以足掌将中心处踩一遍，边踩边将多余的曲料拨弄出去，减少曲料与曲模的黏连，避免脱模时造成曲坯破损；再用足掌踩四周，四周应比中心稍紧实，确保曲坯保持松而不散、紧而不实的状态，曲坯中心“包包”位置高度应控制在 15cm 以内，尽可能地减少曲坯在搬运过程中出现断裂的情况。脱模时现将曲模搬运至晾汗场，将曲模提起向地面轻轻一击，即可完成脱模操作；脱模后曲坯再经 1. 5～2h 的“晾汗”，使曲坯外面水分挥发呈现半干的状态。

③入室安曲：“晾汗”结束后的曲坯即可入室安曲，曲房提前打扫洁净、墙壁铺设稻草（可用旧稻草，但应该是干燥未腐烂的）。将曲坯按照横三块、直三块交叉侧立摆放，再将新旧混合的稻草塞在曲坯与曲坯之间，稻草厚度控制在 1. 5cm 左右，该操作即为“卡草”，可以减少曲坯之间的黏连，同时还有利于氧气、CO_2、热量、水分流通、传递，旧稻草还有接种菌群的作用。当第一层曲坯摆放好后先铺一层厚度约 2cm 的稻草，再摆放第二层曲坯，不同层次曲坯之间呈垂直交叉状，形成充足的通道；曲坯摆放完成后在曲堆表面加盖稻草，盖草厚度可根据季节进行适当调整，如夏季为 4～5cm，北方地区 13～17cm。曲堆四周同样用稻草保温，以保持曲堆内外温度均匀，减少曲坯干皮，尽量使稻草疏松，以利于保温和散潮。

④曲坯培养：入室安曲结束后，关闭门窗进行保温培养。在曲药微生物菌群生长、繁殖、代谢作用时曲房内温度开始逐步上升，当曲堆中间温度达到 60～62℃ 时即可进行第一次翻曲，翻曲时按照上下层曲坯调换、曲坯上下面对调进行，以更好地调节温度和

湿度，使曲坯成熟更加均匀。翻曲时堆放与曲坯进房堆放一样。

曲堆经一次翻曲后，降低了曲房中的湿度和温度，一般经过1~2d后，曲房温度又将再次上升，当接近第一次翻曲时的温度即可进行第二次翻曲；再经8~10d，品温达到55℃左右，温度自此开始缓慢降低，此时可稍开门窗，加快降温，以利曲坯干燥；当曲堆温度接近或等于室温时，即可出房。

⑤入库贮存：由于新曲糖化力和发酵力过高，不能满足酱香型白酒窖内发酵时“前缓、中挺、后缓落”的温度变化趋势，因此需要在曲库中进行贮存；一般要求贮存3~6个月后即为成品曲，经过组合、粉碎后即可送去酿酒车间。

7、高温大曲的曲香是如何形成的?

曲坯入室培养2~3d后曲房温度上升至55~58℃，此时曲坯变软、颜色开始加深，轻嗅有米酒酿般的醇甜香和酸味，温度的上升开始促进高温细菌的增殖。曲坯培养3~4d后开始出现酱香味，到第一次翻曲时酱味愈发浓郁、曲坯颜色进一步加深，部分曲坯黄白交接处开始呈现出淡淡的曲香，酱香味由此开始大量形成。至第二次翻曲时大部分曲坯可以闻到明显的曲香，少部分处于局部高温环境的曲坯可能出现曲香较低的现象。第二次翻曲结束后，曲坯开始逐步转入干燥期，曲坯酱香、曲香味进一步加深，因此需要对该时期严格控制，尽可能地促进香味物质及其前体物质的生成。

8、酱香型白酒酿造过程中高温大曲起哪些作用?

酱香型白酒与其他大曲酒相比有两个最主要的工艺点：一是高温大曲用量大，酱香型白酒酿造过程中粮曲比为1：(0.8~1)，而浓香型白酒粮曲比仅为1：(0.22~0.28)，足可见高温大曲用量之大。二是高温堆积工艺，由于高温大曲发酵力几乎为零，为满足窖内发酵的需求在入窖前必须先进行堆积以达到富集环境微生物菌群、增加酵母数量和糟醅糖化的作用，行业又将之称为“二次制曲”。由此可推断高温大曲在酱香型白酒发酵过程中最主要的作用是将制曲过程中形成的酱香物质及其前体物质带入发酵环境中，为酱香型白酒主体香的形成奠定坚实的基础；同时反馈到高温大曲制曲工艺，要求高温大曲不能追求高糖化力，高温大曲糖化力提升以后会直接导致用曲量减少，虽具有降粮耗、降成本的好处，但会直接降低基酒的品质、风格；但若不降低用曲量，则会导致窖内发酵时糟醅中糖含量高，容易引起发酵不正常、染菌甚至是不出酒的问题，最终导致不仅出酒率低、优质酒率也低的问题。综上所述，高温大曲在酱香型白酒酿造中主要起糖化作用、发酵作用和生香作用，其中生香作用是关键。

9、高温大曲有哪些常见的病害?

(1) 曲皮变黑　主要是因为曲堆局部区域温度高、湿度大时产生的曲坯表面黑化的现象。黑曲部分曲药糖化力低、带有枯臭味，影响成品曲药品质。为防止曲皮变黑，可从以下几点入手：一是按时翻曲，避免局部地区温度过高现象；二是入室安曲时做好卡草和稻草铺设程序，避免曲堆中心区域热量和水分散发受到抑制，导致温度和湿度异常增加；三是入室安曲时应待曲坯“晾汗”结束，曲坯稍干后再进行码曲，避免曲坯表面水分过高。

（2）白皮曲　是指表面水分快速散失后导致曲皮快速干燥，霉菌无法着生，导致曲坯表面颜色仍为麦粉本色成为白色曲。为减少白皮曲的出现可从以下几点入手：一是曲坯入室安曲时新踩制的曲坯堆放在曲堆上层；二是曲堆堆积结束后应及时盖好稻草帘，减少曲坯暴露在空气中的时间，避免曲皮水分散发；三是曲堆堆积结束后前期应关闭门窗，避免开门开窗，使曲房内保持热量和水分不散失，保证曲药微生物菌群的顺利着生。

（3）醋虱　是指高温大曲曲心内部出现的黑灰色、松散的团块，或曲心与曲皮分离的现象，又称之为马蜂包，这是由于来自烂稻草、墙壁或母曲中的醋虱消耗淀粉而形成的。醋虱的出现不仅导致淀粉被消耗，而且还会带来不愉快的气味。为减少醋虱的出现可从以下几点入手：一是杜绝烂稻草的使用，定期更换稻草；二是入室安曲时应提前将曲房打扫干净，减少曲房环境不干净带来的隐患；三是选择母曲时应注意避免挑选有醋虱滋生的母曲，选择优质的高温大曲从源头减少醋虱隐患。

（4）曲块不过心　是指曲坯在曲房培菌结束出房时，曲块中心仍未干透、菌群生长不良的异象，主要是与制曲时曲堆通气不良、保温措施不完善、水分散发不完善等原因有关，后续可从曲堆保温、曲坯间多加稻草、控制好曲坯间隙等方面入手，确保曲坯在曲房中的顺利发酵。

10、高温大曲如何制定质量标准？

酱香型白酒属于传统酿造行业，高温大曲同样也是“千企千品”，因此整个行业目前仍没有对其质量标准作统一的规定，各个厂可以结合自身制定相应的企业标准。现列出四川郎酒厂高温大曲质量标准（表 4-1～表 4-4），仅供参考。

表 4-1　　高温大曲感官（外观）评分标准

大曲外观	得分	大曲外观	得分
曲坯表面 90%以上呈黄褐色	15	曲坯表面 50%～70%呈黑褐色	9～11
曲坯表面 90%呈黑褐色	14～15	曲坯表面 50%呈黑色	7～9
曲坯表面 70%～90%呈黄褐色	13～14	曲坯表面 50%～70%呈灰白褐色	5～7
曲坯表面 70%～90%呈黑褐色	12～13	曲坯表面 70%～90%呈灰白色	2～5
曲坯表面 50%～70%呈黄褐色	11～12	曲坯表面 90%呈灰白色	0～2

表 4-2　　高温大曲感官（香气）评分标准

大曲香气	得分	大曲香气	得分
酱香突出，曲香浓郁，豉香典型，无异味	28～30	略带酱香或焦香，有豉香，无异味	12～16
酱香突出，曲香较浓郁，豉香明显，略带焦香，无异味	25～28	无酱香，曲香味弱，无异味	10～12
酱香较突出，略带曲香，豉香明显，无异味	20～25	无酱香，无明显曲香，略带异杂味	6～10
酱香较突出，略带曲香和焦香，有豉香，无异味	18～20	无酱香，无曲香，异杂味浓	0～6
酱香明显，略带焦香，有豉香，无异味	16～18		

表 4-3　　高温大曲感官（断面）评分标准

大曲断面	得分	大曲断面	得分
断面 90%以上呈灰白色，色泽一致，菌丝明显	13~15	断面 30%~50%呈杂色，菌丝不明显，略带灰白色	7~9
断面 70%~90%呈灰白色，色泽一致，菌丝较明显	11~13	断面 50%~70%呈杂色，菌丝不明显	5~7
断面 50%~70%呈灰白色，菌丝较明显	9~11	断面 70%以上呈杂色，无菌丝	0~5

表 4-4　　高温大曲理化指标评分标准

指标	数据范围	得分	指标	数据范围	得分
糖化力/[mg 葡萄糖/(g·h)]	≥400	0	发酵力/[g CO_2/(g·72h)]	≥0.5	0~3
	250~400	0~4		0.3~0.5	3~6
	150~250	4~8		0.2~0.3	6
	50~150	8		0.1~0.2	3~6
	<50	0~4		<0.1	0~3
淀粉转化率/%	≥12	6	水分/%	>15	0
	6~12	3~6		13~15	0~4
	<6	0~3		11~13	4~8
酸度/(mgKOH/g)	≥2.0	3~6		≤11	8
	1.5~2.0	6	曲块质量/kg	>7 或≤6	0~3
	0.8~1.5	3~6		6.5~7	3~6
	<0.8	0~3		6~6.5	6

11、高温大曲制曲时为什么要求“前火不可大、后火不可小”？

高温大曲在整个入室培菌过程中根据温度的不同，大致分为前、中、后三个阶段，三个时期的微生物菌群和数量均有较大差异，这主要与曲房温度密切相关。在发酵前期曲房温度较低，此时霉菌和酵母菌大量繁殖为优势菌群，随着曲房温度的上升，酵母菌开始逐渐死亡，细菌开始逐渐成为优势菌群。如果在发酵前期温度上升过快，曲坯水分迅速蒸发，曲皮快速干燥，将影响酵母菌、霉菌的着生，形成曲坯“无衣”的问题；并且温度升高后会导致细菌快速滋生、大肆繁殖，使曲坯生酸、变黑，同时糖化力和发酵力也会下降。而如果后期曲房温度偏低则会导致曲坯水分散发不良，出现“窝水”“黑心”，甚至常带馊味和霉味，严重影响曲药质量。综上所述，高温大曲制曲时要求“前火不可大（猛）、后火不可小（低）”。

12、不同颜色的高温大曲是如何产生的?

高温大曲在入室培养过程中由于曲坯间存在空间位置的差异，导致不同曲坯之间温度存在差异，加之一些特殊微生物的影响，导致高温大曲常出现黄曲、白曲、黑曲以及红色曲等不同颜色。高温大曲在曲坯入室安曲后，小麦本身所含有的淀粉酶或野生微生物菌群产生的淀粉酶开始不断降解淀粉为糖，到第一次翻曲时曲坯中糖含量约为5%。随着曲房温度的升高，细菌、霉菌会代谢生成蛋白酶并分解蛋白质生成氨基酸，新生成的氨基酸以及小麦本身含有的氨基酸在高温的作用下与糖发生美拉德反应生成褐色（黑色）色素，加之高温下的焦糖反应使得曲坯颜色开始向黑色转变，尤其是曲坯温度越高、水分含量越高，曲坯颜色会更加深厚，最终形成黑曲，黑曲多带煳香、焦香，但偶尔会带有霉味。

黄曲一般是在曲坯温度前期升温适宜，后期干燥较好时会大量出现，黄曲是高温大曲中曲香最好的曲。

白曲一般位于曲堆顶部或底部，在发酵过程中温度会略偏低，曲坯干燥速度慢，有时会出现皮干严重，后期水分无法散发，导致白曲不香甚至常带霉味；白曲一般还易形成红心曲，红心曲出现主要的原因是入室发酵前期阶段温度上升幅度不够，未达到工艺要求的温度区间，后期水分散失情况不好，从而导致曲坯中心区域红曲霉菌的滋生。红心曲对于高温大曲来说并不是好曲，不会带来特殊的香味，而且红心曲部分较松散，轻捏即成粉，甚至还略有霉味，需要在制曲过程中加以控制。

13、如何看待高温大曲制曲时原料加水比与曲药质量之间的关系?

自然界所有的生命活动都离不开生物化学反应，所有的生物化学反应都离不开水，制曲过程中曲药微生物菌群利用的营养物质也需要先溶解于水中，才能穿过细胞膜进入细胞内。所以在制曲时小麦需要先加水拌和，拌和时加水量的多少、均匀程度均会影响到入室培曲后微生物菌群的着生，比如水分含量较低时曲坯会出现过早干燥、菌丝生长不良、曲坯挂衣效果不佳的异象；而水分含量过高时又会导致曲坯变性、前期升温过快、曲坯水分散失快，黑曲霉和毛霉为主要着生菌群，影响曲药的品质。因此需要根据小麦本身水分、气候、环境温湿度等条件进行波动调整，尽可能地满足优质高温大曲所需的水分。

14、高温大曲曲坯成型时对其疏松度有何要求?

虽然目前部分酱香型白酒企业已经在曲坯成型环节采用制曲机，但仍有坚持传统人工踩曲的，此处仍以人工踩曲工艺为例讲述。在传统人工踩曲时，要求是将曲料装入模具后先用足掌踩中心一遍，再沿四周踩一圈，达到踩紧、踩光、四周紧、中间松、不缺边掉角的要求。曲坯松紧的程度对其入室培菌有着直接影响，如踩得过紧，穿衣效果不好，菌丝未能从曲坯表面穿透至曲心，曲心中的水分得不到散失、氧气进入不了，很可能会出现“窝心曲”或“烧心”的情况；而踩得较松时水分散失快，曲坯缺水后影响微生物着生，导致“生心”曲大量出现，同时曲坯可能会出现大量破损的现象，因此曲坯成型松紧程度必须予以重视。

15、小麦粉碎度对高温大曲质量有何影响?

高温大曲制曲以小麦尤其是软质小麦为原料，制曲时小麦会进行粉碎，其粉碎程度与曲药质量有直接关系。根据生产经验，如果小麦粉碎得过细，在曲坯成型时很容易导致内部空隙小、过于紧实，导致曲坯在培菌过程中透气性差、水分散失性差、热量散失性差、微生物菌群着生缓慢、曲坯内部水分过剩等不良现象，严重影响曲药质量；如小麦粉碎得过粗，曲坯成型时空隙过大，一般不好成型或成型后容易破碎，空隙过大会导致曲坯培菌过程中水分和热量快速散失，导致曲坯出现裂口、过早干燥现象，最终导致微生物菌群着生不良、曲坯穿衣不好，严重影响曲药品质。综上，高温大曲在制曲时一般要求小麦粉碎保持在“烂心不烂皮”的状态，既保证了小麦颗粒中淀粉的释放又保证了曲坯成型时的疏松性，以达到优质高温大曲需要的原料需求。

16、楼房曲相较于传统的平房曲有可能出现哪些病害，如何防治?

随着各大酒企不断发展，企业对曲药的需求量也在与日俱增，传统的平房制曲由于产量低、占地面积大等缺点已无法满足企业的需求，楼房制曲开始逐步成为企业的新选择。楼房制曲相较于传统的平房制曲虽具有生产效率高、单位产量高、土地利用率高等优点，但仅从曲药品质及制曲过程中工艺控制方面来说，楼房曲相较于平房曲更难控制，制曲过程中还易出现病害，主要包括以下几点：

（1）曲坯入室安曲后不升温 出现入室安曲后温度不上升的情况可能是因为曲房环境温度过低，曲房门窗未关好，存在漏风的情况，曲堆覆盖的稻草帘过薄或稻草湿度太高等。当出现这类问题时，应采取升温操作进行弥补，保证温度在5~7h内升至工艺控制点，翻曲、堆拢及出房时间均应往后推迟；升温阶段关闭好门窗，通过加盖干燥的稻草帘等方法进行保温，减缓热量的散失，确保微生物菌群能够正常生长、繁殖。

（2）曲堆表面曲坯出现干皮 入室安曲后随着制曲的进行，曲堆表面曲坯有时会出现干皮的现象，这可能是因为曲坯本身含水量较低、曲堆覆盖稻草时未泼洒温水、门窗未关严，风吹入后导致表面曲坯水分快速散失从而出现干皮的现象。曲坯出现干皮后会影响微生物在曲坯表面的着生，导致“穿衣”失败。为了避免曲坯出现干皮的现象需要在前期做好曲房管理，做好曲房保潮工作，同时在曲坯成型时应保证其足够的含水量，增加入室安曲后泼洒的温水量等，尽可能地保证足够的环境湿度，满足曲药微生物菌群的生长需求。

（3）曲坯出现发软、霉烂 在曲房发酵过程中有时会出现曲坯发软，整体形态发生异形变化甚至会出现霉烂、臭味等现象。这类现象的出现可能是因为曲坯成型前拌料时水分含量偏大、晾汗时间不够、曲堆覆盖的稻草或其他覆盖物含水量偏高、覆盖物未及时更换导致水分无法及时排出以及环境温度较低等原因导致。针对此现象在实际生产中可增加晾汗时间、控制好拌料时加水量、及时更换覆盖物、按照实际发酵情况及时开门窗排潮，加速水分的排除，在保证曲房温度不出现大波动的情况下应及时排潮。

（4）曲有生心 有时在出房时部分曲药会出现内有生心的现象，出现内部生心的曲药在质量、风味等方面会低于正常的曲药。出现生心的现象主要是因为制曲时曲房温度未达到工艺要求点，导致微生物菌群未正常生长，曲房温度也未达到要求。针对生心的问题在实际生产中可以通过关闭门窗等操作适当提高曲坯入室发酵的温度，重点是前期温度需调整至35~40℃，较高的温度有利于微生物菌群的生长、繁殖，进而保证后续温度的正常上升，保证曲药发酵彻底。

17、高温大曲制曲过程中微生物菌群变化及作用规律是怎样的?

酱香型白酒所用的高温大曲制作仍主要采用传统制曲工艺，在制曲过程中微生物菌群的着生属于自然网罗、富集，再通过制曲工艺的调控使微生物有选择性地生长、繁殖，从而形成高温大曲特有的曲药微生物菌群，并在制曲过程中生成众多的酶、初级及次级代谢产物，最终构成了高温大曲的菌系、酶系、香味物质及其前体物质，因此，高温大曲的制曲过程实质上是微生物菌群演替的结果。具体规律可简略总结如下。

（1）高温大曲微生物菌群来源　高温大曲制曲工艺目前仍以传统为主，在制曲过程中仍选用曲房，用稻草进行覆盖，有的企业还坚持使用人工踩曲，因此高温大曲微生物来源很多，如空气、工具、场地、稻草、踩曲人以及小麦、母曲和生产用水等原料，这些均是主要的微生物来源。

（2）高温大曲微生物菌群种类及变化规律

①细菌种类及变化规律：

a. 入室安曲：高温大曲属于开放式制曲，入室安曲时，细菌种类及数量都较多，一般每克曲中细菌的含量会超过 10^5~10^6 个；细菌种类主要以革兰氏阴性菌为主，如兼性厌氧菌、假单胞菌等，但芽孢杆菌在数量级、种类上却不占优势，这可能与此时细菌主要来自母曲有关。

b. 前期升温阶段：随着门窗的关闭及微生物菌群的生长、繁殖，曲房内温度开始逐步上升，此时细菌开始大量生长、繁殖，数量逐渐达到高峰期阶段，此时曲房温度最高可达 58~65℃，高温使得一些不耐热的革兰氏阴性菌因细胞内部蛋白质、核酸等代表生命特征的物质变性失活而死亡，此时细菌种类以革兰氏阳性菌为主，如能产芽孢的芽孢杆菌（*Bacillus*）属、耐热放线菌（*Thermoactinomyces*）属和球菌（*Coccus*）属等，到第一次翻曲时细菌的数量为每克曲 10^8~10^9 个。

c. 高温阶段：随着第一次翻曲结束后，曲房中热量、水分大量散失，新鲜空气则大量进入曲房中，因此当再次关闭门窗后细菌会再次快速生长、繁殖，此阶段细菌种类仍以产芽孢的革兰氏阳性菌为主，还是次级代谢产物大量生成的时期，是整个制曲过程的高温生香阶段，微生物数量维持在 10^5~10^6 个/g。

d. 干曲阶段：第二次翻曲结束后曲房温度略有下降，但由于前期高温阶段曲坯及曲房内水分已大量散失，微生物菌群活性开始逐渐降低，细菌种类仍以革兰氏阳性菌为主，表层曲含有少量的革兰氏阴性菌；干曲阶段结束至出房时，曲中的细菌仍以革兰氏阳性菌为主，尤其是曲坯外表为黑褐色的曲药。

②酵母菌种类及变化规律：酵母菌相较于细菌属于细胞结构更为复杂的真核微生物，其对高温的耐受能力远低于细菌，因此酵母菌群在制曲过程中主要集中于前期升温阶段，数量也远低于细菌，仅有 2%~5%，到高温期（温度 60℃左右）时酵母菌已很少或基本上已检测不到酵母菌。

③霉菌种类及变化规律：霉菌虽也属于真核微生物，但与酵母相比其有抗逆性强的特殊结构——孢子，霉菌营养体喜好潮湿、多氧的环境，而孢子则能在干旱、高温、缺氧条件下存活，因此在整个制曲过程中霉菌种类及数量在发酵的中前期较多，尤其是发酵的前期温度、氧气、湿度适宜的时期，根霉菌（*Rhizopus*）属、青霉菌（*Penicillum*）

属、曲霉菌（*Aspergillus*）属等大量增殖。

（3）高温大曲制曲过程中各类微生物的作用

①细菌的作用：从出房的曲药检测中可以发现高温大曲中细菌为主要微生物菌群，在整个发酵过程中细菌进行着复杂的生理生化代谢活动，产生的物质及能量是制曲环节主要的动力之源，并且是高温大曲香味物质形成的主要途径。高温大曲在曲房发酵中期，细菌代谢活动最活跃，多种代谢产物不仅是曲药物系的组成，还为细菌增殖提供了所需的代谢底物，刺激了细菌产酶及增殖；到发酵后期细菌主要产生次级代谢产物并大量积累，造就了曲药复杂的香味物质体系，构成了高温大曲的曲药风格及酿造基酒的酒体风格。

②真菌的作用：高温大曲制曲环节参与的真菌主要是霉菌和酵母菌，霉菌菌丝自曲坯表面穿插入曲坯中心完成“穿衣”过程，保证曲坯中心的水分、热量在曲药发酵过程中能够顺利散发，避免“窝水曲”“生心曲”等出现；同时霉菌和酵母菌在繁殖到一定数量后还会生成大量以淀粉酶、糖化酶、蛋白酶、纤维素酶等为主的酶系，数量众多的酶系将曲坯中淀粉、蛋白质、脂肪等营养物质降解为小分子物质成为曲药微生物菌群生长、繁殖、代谢的底物以及其他香味物质及其前体物质的底物，为曲药正常发酵提供了充足的营养物质保障。另外，部分企业在制曲过程中还会发现红曲霉生长的现象，一般认为红曲霉滋生的曲药品质较低，红曲霉的生长会影响曲药微生物菌群的生长，其代谢产物可能也会影响曲药品质。因此，虽然目前红曲霉的影响机制尚未研究清楚，但在实际生产中会控制红曲霉的滋生，减少其对曲药品质的影响。

18、酱香型白酒高温大曲制曲过程中有哪些质量关键点？

酱香型白酒酿造所用的糖化发酵剂为高温或超高温大曲，从实际生产经验可知高温大曲为生成酱香物质提供了基础，在酱香型白酒酿造过程中高温大曲的质量对形成酒的风格和提高酒质起着决定性的作用。从高温大曲制曲实践中发现，要想生产出优质的高温大曲，在曲坯制曲过程中必须把握好高温、多水、微氧或缺氧三个质量关键点，缺一不可。

（1）高温是关键　在高温大曲制曲过程中曲坯在高温环境中加速了化学、生物化学、褐变反应的发生与进行，产生了众多的加热香气成分。在高温条件下曲坯中的代谢反应主要包括了：蛋白质的热分解；氨基酸加热分解；糖与蛋白质的反应；糖与氨基酸的反应；糖与氨的反应；糖的裂解生成物与氨基酸的反应；高温褐变及酶褐变等。成品高温大曲中丰富的香味成分在窖内发酵过程中有不少出现在酒中，如四甲基吡嗪、三甲基吡嗪、2-甲基吡嗪、2-乙基-3,5-二甲基吡嗪、2,5-二甲基吡嗪、2,6-二乙基吡嗪、吡啶、糠醛等。酱香型白酒中这些成分含量明显高于浓香型、清香型，不能不说与高温制曲及酿酒工艺有关。虽然高温制曲、高温发酵的温度达不到非酶褐变反应的高温（100～180℃），但在有多种微生物和复杂酶系存在和持续高温、多水、相对缺氧的条件下，在酶促反应与非酶促褐变反应交替进行的特殊情况下，也会产生非酶促反应高温下才有可能产生的各种香味物质——具有酱香风味的物质。

在酱香型白酒高温制曲生产实践中发现，不同温度阶段的曲药香气是不同的，刚进曲房的曲块其香气是小麦的清香，颜色为灰白色；温度达到30～40℃时是甜甜的带有淡淡醪糟的香味，曲块呈米黄色；温度达到 50～58℃时，曲块表面呈淡褐色，有明显曲香味；当曲温达 60℃以上时，曲块表面变为深褐色或黑色，曲块横断面为金黄色，并散发出浓郁幽雅的香气（类似黄粑的香气，即糯米与红糖混合长时间蒸煮的香气，这种香气在酱香典型体酒中也有），但这种香还不是酱香；待第一次翻曲后，随着温度的再次上升和水分的蒸发，曲块外部颜色变为褐色、深褐色、黑色，极小数为金黄色，内部颜色变为浅褐色时，曲块才散发出浓郁的曲香和淡淡的焦香，称这种混合香为酱香。高温制曲曲块不同时期具有不同温度、不同香气、不同颜色的现象，也说明不同时期其中具有不同的微生物种类、不同的酶系、不同的代谢产物。

（2）水多是前提　曲坯在多水、高湿条件下才能保证制曲高温的持续、稳定与生化反应的正常进行。曲坯中的水分在高温制曲中除了满足微生物的生长繁殖需要、使曲块成型、保持曲房空气湿度外，重要的是保持高温曲的高温。因此，高温大曲曲坯的水分要比中温大曲多 3%左右（中温制曲水分为 37%，高温曲为 40%）；并且在堆曲时还要在每层盖曲的稻草上洒上一定的水分以保持一定的湿度；由于曲坯水分较大、温度高及自身质量的挤压，出房的曲块全部变形与变色。因高温、多水、微氧或缺氧、有微生物参与、制曲时间长，并在制曲过程中曲坯的酸度及上述条件不断发生变化，因而使平常必须在极高温下才发生的“美拉德反应”、焦糖化反应等非酶促的褐变反应在高温制曲这样相对较低的温度下也发生了。可见，高温、多水与高温制曲关系是十分密切的。

著名微生物学家方心芳院士认为“在制曲坯时，加水为原料的 40%（浓香型制曲是 37%左右）”。曲坯在曲室内是用稻草包围着的，水分很难蒸发；曲坯入室 10d 以后，水分才见减少，这种水多高温环境宜于芽孢杆菌生殖。在生产实践中发现，在高温大曲发酵完成后的曲块中心紧挨曲块的稻草也是像烧焦了似的成为焦黑色，但又不是炭化，而且不到 70℃的温度也不可能使稻草炭化，这是某些微生物产生的黑色素所致；证实酱香大曲的黑褐色并非全是褐变作用形成的，更不是单一的“美拉德反应”形成的，而是微生物的代谢产物之一，香气成分之一。

（3）微氧或缺氧是必要条件　在高温大曲制曲过程中，曲房内微氧或缺氧条件下才能培养出酱香型白酒酿造所需的厌氧、兼性厌氧微生物，产生需要的代谢产物。微氧或缺氧的目的是抑制耗氧的产酸微生物的生长，以防曲块酸度过高不利于褐变反应的进行，而有利于厌氧、兼性厌氧菌的生长繁殖和酶作用的发挥。高温制曲过程中的密集堆曲，除保温、保湿作用外，就是造成一个微氧或缺氧的环境，让耐高温、耐微氧或缺氧的芽孢杆菌大量繁殖，以获得需要的香气物质。

19、制曲环节中常见的病害有哪些及如何补救?

制曲环节属于开放式操作及培养，曲药中的微生物菌群来源广泛，如来自原料、空气、器具、覆盖物及制曲用水等，故其种类复杂，优劣共存。虽然在工艺上严格控制温度、湿度、水分，使之达到适于有益微生物繁殖的条件，但有害菌的生长也属难免。所以，在制曲过程中，若控制不当，极易发生病害。下面介绍几种常见的病害与处理方法。

（1）不生霉　曲坯入房后 2～3d，仍未见表面生出白斑菌丛，即称为不生霉或不生衣。这是由于温度过低，曲表面水分蒸发过甚所造成的；这时应及时加盖草垫或麻袋，再喷 40℃的热水，至曲块表面润湿为止；然后关好门窗，使其发热上霉。

（2）受风 曲坯表面干燥，不长菌，内生红心。这可能是因为对着门窗的曲受风吹，失去表面水分，红曲霉在曲中心繁殖所造成的。因此，应经常变换曲块位置来加以调节；同时于门窗的直对处，应挡以席子、草帘等物，以防风吹。此病害在春秋季节最易发生，在该季节应当特别注意。

（3）受火 曲块入房后的干火阶段，是菌类繁殖最旺盛时期，此时曲体温度较高，若温度调节不当，或因管理疏忽，使品温过高，则曲的内部炭化，呈褐色，酶活性降低。此时应特别注意温度，将曲块的距离加宽，逐步降低曲的品温（温度不可大起大落），使曲逐渐成熟。

（4）生心 曲中微生物在发育后半期，由于温度降低，以致不能继续生长繁殖，造成生心。俗话说“前火不可过大，后火不可过小”，其原因就在这里。这是因为前期微生物繁殖旺盛，温度极易增高，有利于有害菌的繁殖；后期微生物繁殖力渐弱，水分也渐少，温度极易降低，有益微生物不能充分生长，曲中养分也未被充分利用，故出现局部为生曲的现象。因此，在制曲过程中，应经常检查，如果生心发现得早，可把曲块距离拉近一些，把生心较重的曲块放到上层，周围加盖草垫，并提高室温，促进微生物生长，或许可以挽救；如果发现太迟，内部已经干燥，则无法医治。

（5）皮厚及白砂眼 这是晾霉时间过长，曲体表面干燥，里面反起火来才关门窗所造成的。究其原因是因为曲体太热，而又未随时放热，因此，曲块内部温度太高而形成暗灰色，形成黄、褐圈等。防止的方法是晾霉时间不能过长，以曲体大部分发硬不黏手为原则，并保持曲块一定的水分和温度，以利微生物繁殖，逐渐由外往里生长，达到内外一致。

（6）反火生热 制成的曲不可放在潮湿或日光直射的地方，否则曲块容易反火生热，生长杂菌；因此，成曲应放在干燥通风的地方，并经常检查。

20、制曲环节曲虫的种类、特点及其危害有哪些？

曲虫是指危害酿酒用曲的害虫，但“曲虫”这一称谓并不是酿酒行业特有的，“曲虫”所涉及的害虫也并非是酒厂独有的、仅仅危害酿酒大曲的，而是普遍地存在于自然界中。从其分类来讲，绝大多数种类属于有害昆虫，少数种类属于有害螨类。酿酒大曲的主要原料是小麦和豌豆，故大曲在培制和贮存过程中，毋庸置疑地会遭受害虫的危害。

（1）曲虫的种类及特点

①种类多：危害酿酒大曲的害虫究竟有多少种，至今尚未有权威性的研究报道，有关材料表明有 20 余种，主要包括土耳其扁谷盗、黄斑露尾甲、咖啡豆象等。

②繁殖快、发生量大：以常见的黄斑露尾甲为例，在曲房条件下，从卵发育至成虫平均周期仅为 13.9d，在室内单雌产卵量 351～1244 粒，平均 753.5 粒；而土耳其扁谷盗发育周期平均为 33.1d。曲房和曲库丰富的食料、适宜而稳定的环境，加之曲虫生活周期短、繁殖力强，使酒厂曲虫发生量很大。据现有研究报道，在曲虫发生的高峰期，曲房内黄斑露尾甲幼虫的数量约为 183 头/10g；处于培曲阶段的曲房中，曲块表面平均有土耳其扁谷盗成虫约 735 头/块，最多的达 5652 头/块；曲库贮藏曲块表面平均有土耳其扁谷盗成虫约 124 头/块，最多的达 753 头/块。

③危害严重：曲虫危害大曲，不仅因为它取食曲料，而且一些曲虫还可以取食大曲

微生物，即取食大曲酵母和霉菌类，直接造成大曲重量减轻、质量下降；同时，曲虫也可危害大曲原料和其他酿酒原料，造成原料重量损失、发霉腐烂、品质变劣；其次，在曲虫发生的盛期，由于成虫漫天飞舞，使曲房及其周围淹没在曲虫的海洋中，波及全厂，严重影响环境卫生，成为酒厂一大公害。

（2）曲虫活动规律　曲虫种类繁多、分布广，形态及生活习性差异显著，不同曲虫世代数及世代时间又各不相同，因此，欲进行曲虫的防治，必须从其发生规律入手，才能在生产上采取安全、经济、有效的防治措施，达到控制曲虫的目的。

①曲虫的种类：就目前研究发现而言，国内发现的影响储藏行业的害虫有300余种，包含了250余种昆虫、50余种螨虫，占据了全世界害虫的三分之二左右。而曲虫的种类目前研究仍处于初期阶段，到目前为止尚未完全研究透彻曲虫的所有种类。就当前研究结果来看，不同酒厂、不同制曲环境所面临的曲虫种类及种群是不一样的，如在贵州茅台部分酱香型制曲车间环境中发现，影响酱香型高温或偏高温大曲的曲虫主要有蟑螂、咖啡豆象和赤拟谷盗等害虫；在泸州老窖制曲车间发现，影响浓香型中高温大曲制曲的害虫主要包括30余种，主要包括土耳其扁谷盗、咖啡豆象等；在对安徽省内大曲酒厂制曲环境中主要的曲虫进行研究发现，影响曲药质量的主要有黑菌虫、蜚蠊、黑粉虫、药材甲以及黄斑露尾甲等；在对河南省内大曲酒厂制曲环境研究中发现，影响曲药质量的曲虫有十余种，主要包括药材甲、黄斑露尾甲、咖啡豆象以及土耳其扁谷盗常见的4种害虫。虽然不同地区酒厂面临的曲虫种群有所不同，但从目前研究结果来看，对大曲酒厂制曲环境影响比较严重的曲虫种类主要是咖啡豆象、土耳其扁谷盗、黄斑露尾甲、药材甲等，它们具有繁殖快、传播范围广以及存活率高等特点。

②主要曲虫年发量的变化：曲虫年发量的变化与曲虫世代有关。土耳其扁谷盗一年发生3~4代，咖啡豆象一年3代，药材甲一年2~3代，世代明显重叠，形成种群发生高峰。4月底至10月初为成虫活动高峰期，曲虫不同，各自活动发生的高峰期也不同。4月底至5月中旬为药材甲成虫大量形成时期，这是全年成虫活动的第一个高峰。曲虫年活动的第二个高峰为6月下旬至9月下旬，其中6月下旬至7月上旬为土耳其扁谷盗活动的高峰期；7月下旬至9月下旬，为咖啡豆象活动的高峰期。曲虫，尤其是咖啡豆象，其高峰期的形成与温度、湿度有关，咖啡豆象多发生在多雨、高温季节，8月中下旬达到高峰，若雨季提前或推迟，其高峰期随之发生变化。

③曲虫昼夜活动规律：曲虫的飞翔、取食、交配等活动均随昼夜有节律地变化。经过长期大量观察发现，大多数曲虫为日出性昆虫，上午9：00曲库内曲虫开始飞舞；13：00~21：00为活动旺盛期；15：00~17：00为活动高峰期；21：00以后，活动减弱，至次日8：00前为活动低潮期。

④群集性：群集性是曲虫个体高密度地聚集在一起的一种活动行为。土耳其扁谷盗、药材甲等曲虫在活动旺盛期，常聚集在曲堆表面或曲库内外墙壁上，飞行于曲库门前或窗台，数量很大。曲量越大，越容易群集，不同种之间也有群集性，土耳其扁谷盗、药材甲等也常聚集在一起活动。

（3）曲虫危害　曲药发酵过程中随着曲房内温度的此起彼伏，曲虫的生长繁殖也是处于孵化—死亡—孵化的循环中。初期随着温度的逐步攀升曲坯中的虫卵开始孵化为幼虫并开始生长，随着曲房内温度上升至60℃以上时，曲房内除周边区域外其余位置曲虫幼虫以及大部分成虫热致死，因此在曲药主发酵阶段曲虫对曲药的危害较小。但随着发酵结束曲房内温度开始下降，虫卵开始逐步孵化，新曲中的曲香味吸引环境中的曲虫吸附在曲块上并借助曲坯中的营养物质进行快速繁殖，发酵后期一般通风、降温时间越长曲中曲虫及虫卵含量会出现越多增加的现象，导致后期曲药质量损失。为了确保大曲酒酿造的顺利进行，酒企一般不会使用新曲进行酿造，因此，发酵完成后的曲药会在曲库中贮存三个月至半年。由于曲库中温度、湿度以及通风条件适宜，前期潜伏在曲块中的曲虫及虫卵开始以曲药为食，疯狂繁殖，尤其是夏季高温季节经常会出现暴发成灾的现象。有研究表明，在贮存过程中被曲虫吃掉的曲药重量在10%左右，部分管理不严格的曲库甚至达到15%左右，除了曲药重量损失以外曲虫的生长繁殖还会导致曲药理化指标出现大幅度下降，尤其是在夏季贮存中曲药的糖化以及液化力约会降低1/3甚至1/2，曲中微生物的数量也会下降10%左右，曲虫繁殖严重的曲块甚至无法闻到曲香气，严重地影响了成品曲的质量。

21、中国白酒行业目前在曲虫治理研究方面取得了哪些进展?

曲虫不仅会以大曲为食，其繁殖、生长及其排泄物还会降低曲药的糖化力、液化力和发酵力等主要参数指标，在曲虫高发期贮存期3个月的曲药重量损失大约为6%，曲药糖化力和液化力也会下降。为解决目前制曲环节面临的曲虫问题，广大的科研工作者和一线生产技术人员针对除曲虫展开深入的研究并取得了一定的研究成果，主要包括以下几种。

（1）传统灯光诱捕设备　大曲制曲环节面临的曲虫在生理上具有一定的趋光性，尤其是在黑夜里光源对曲虫具有极强的吸引力。鉴于此，大曲酒企在最开始治理曲虫时就是采用灯光诱捕技术。最早的灯光诱捕设备是在白炽灯下方悬挂一个托盘，托盘中盛有水，当白炽灯开启时曲虫受到光源的吸引聚集在灯源附近，部分曲虫随即掉落在水中，从而完成曲虫的杀灭。该方法虽具有极强的简便性及实用性，但存在较大的随机性和偶然性，不是所有被光源吸引的曲虫都能被灭杀，因此科研工作者借助曲虫趋光性的特点研究出了高效除虫设备。

（2）通风式曲虫灭杀设备　鉴于早期灯光诱捕设施存在的随机性和偶然性强，尤其是托盘中的水需要勤更换，更换时水中的曲虫尸体还需单独处理需要花费大量的劳动力，同时早期的灯光诱捕设施只有在光线暗淡的环境才具有较好的效果，在光线充足的时候往往存在效果甚微等缺点。科研工作者们研发了同时借助风力和灯光诱捕双重技术的通风式曲虫收集设备。该类设备主体结构主要包括圆柱形或平顶圆锥形筒体，筒体上端敞口，下端连接着收虫用的布袋，在筒体下端与收虫袋连接处设有开孔的风罩，可以保证设备运行时风的流畅性；在筒体内装有内置风机和诱虫灯光，风机开启时可以实现风由敞口流向筒体内的吸风作用，同时，在光线暗淡时开启诱虫灯光等可以实现风力与灯光诱捕合力捕虫的功效。

通风式曲虫灭杀设备的优点：相比于早期的灯光诱捕方法具有使用操作方便、使用时间段可以达到全天候、曲虫尸体收集简单、减少了劳动强度、极大地提高了工作效率的优点，同时，针对使用过程出现了设备移动性差、无法实现少设备覆盖全厂范围的问题，后续改进中将设备固定在了一个可移动推车中，根据实际生产需求可以随时调整设备放置的位置，实现了少量设备即可全厂范围使用的目的，同时，也解决了前期设备固定使用带来的影响制曲车间场地使用以及安全隐患等问题。

通风式曲虫灭杀设备的不足：虽然通风式曲虫灭杀设备相较于早期的灯光诱捕设备具有诸多的优点，但其在实际使用过程中也暴露出了一些弊端，主要包括以下几个方面：一是在使用过程中风机运行产生的噪声比较大，大的噪声会对制曲工人身体健康造成一定的影响。二是大部分曲虫个体都比较小，设备在运行过程中通过风力吸入的曲虫可能会进入风机的电机轴承中，时间长了可能会出现电机短路、烧毁甚至是引起火灾等问题。三是设备上开孔的风罩时间长了可能会出现堵塞的现象，堵塞后会增加设备的风阻，增加设备的能耗，需要定期清理，增加了设备的维护难度。四是设备放置在曲房中使用时，可能会因为改变局部区域空气流动的强度影响曲坯周围的氧气含量，导致设备放置区域曲坯发酵出现异常，需要在生产中注意避免。

（3）水冲式曲虫灭杀设备　鉴于通风式曲虫灭杀设备存在噪声大、曲虫尸体容易引起设备损伤、设备维护强度大等缺点，结合实际使用过程中的经验研发了新一代的水冲式曲虫灭杀设备。该设备主体结构主要由四部分组成，分别是圆形顶部水箱、圆形底部水箱（含水泵）、灯柱（中间设有水管）以及围绕在灯柱四周的玻璃板（根据实际需要可以调整为四方形或多面棱柱）。灯柱以及四周的玻璃板与顶部水箱下端和底部水箱上端相连接，顶部水箱下端与玻璃板连接处开有小口，可使顶部水箱中水沿着玻璃板外表面缓慢流下形成水幕；玻璃板中央竖有一根灯柱，灯柱主体为中空，四周镶嵌有灯泡也可采用白炽灯管，灯柱中间安装有水管连接顶部水箱和底部水箱；底部水箱与玻璃板连接处留有小口，可以收纳从玻璃板上流下的水，同时安放一台水泵在底部水箱内部，水泵连接灯柱中心的水管，通电工作后可以将底部水箱中的水泵入顶部水箱实现水的循环流动。水冲式曲虫灭杀设备运行时底部水箱中的水通过水泵泵入顶部水箱，水再从顶部水箱下端的开口流出沿着玻璃板流向底部水箱形成水幕，同时开启灯柱，曲虫被灯光吸引，在向灯光聚集中遇到水幕即被水流带走达到杀灭曲虫的目的。

水冲式曲虫灭杀设备的优点：水冲式曲虫灭杀设备与通风式曲虫灭杀设备相比具有工作时不会产生较大的噪声、不会引起曲房内部氧气及二氧化碳的不均匀而影响大曲发酵过程，同时由于不使用风机等机械设备减少了设备的维护难度等优点，并针对使用过程中出现的曲虫尸体影响水泵及水流的问题，在底部水箱原有的基础上在水泵四周增设滤网以及滤网盒，将曲虫尸体过滤收集到滤网盒中，以避免曲虫尸体对水泵的影响。

水冲式曲虫灭杀设备的不足：水冲式曲虫灭杀设备在使用过程中也出现了一些不足之处，主要包括以下几个方面：一是水冲式曲虫灭杀设备虽借助水流的作用对曲虫有更强的灭杀作用，但本质上仍主要靠灯光引诱曲虫，因此设备工作的时间段容易受环境光亮的限制；二是水冲式曲虫灭杀设备在曲房中使用时可能会增加使用点周围的水分含量，影响大曲发酵；尤其是在曲库中使用时会影响大曲的含水量，影响大曲质量；三是水冲式曲虫灭杀设备需要定期对底部水箱中的曲虫尸体进行收集，如果收集不及时可能会因为曲虫尸体腐烂影响制曲环境。

（4）电网灭杀曲虫设备　电网灭杀曲虫设备是借助电网中的高压电流对曲虫具有击杀或电晕的功能对曲虫进行治理。电网灭杀曲虫设备主要包括绝缘框架、不锈钢网格（可根据曲虫的主要种类设定目数）、收虫袋以及辅助的电器及电线等设施。其中不锈钢网格通过螺丝固定在绝缘框架上，形成一个平面，正下方为收虫袋，根据实际需要可将主体设备固定在可移动设施上，实现设备的可移动式灭曲虫，极大地提高了设备的使用效率及可使用范围。

电网灭杀曲虫设备的优点：在实际使用过程中发现，电网曲虫灭杀设备主要针对的曲虫种类是具有飞行能力及趋光性强的曲虫，如扁谷盗、长角谷盗等，能够通过高压电流的作用将其击晕或击杀，从而达到防治曲虫的目的。电网灭杀曲虫设备相较于前期的一些曲虫灭杀设备具有诸多优点：一是该设备具有制作简单、操作简单、运行及维护成本低等特点；二是该设备在对曲虫灭杀过程中无污染性，长期使用曲虫不会产生抗性，具有良好的环保性能；三是该设备可移动性强，能够根据实际生产需求移动设备位点，提高了设备的使用范围。

电网灭杀曲虫设备的不足：电网灭杀曲虫设备在实际使用过程中也暴露出了一些缺点，一是该设备对曲虫的灭杀具有选择性，对趋光性差、体型小的曲虫灭杀效果较差；二是设备在运行过程中容易因为失误出现人员触电的事故，对操作人员及生产人员的要求较高；三是设备需要定期进行维护，尤其是绝缘框架、电源漏电保护装置等，以避免生产事故的发生。

（5）超声波曲虫驱赶设备　超声波是一种机械波，在空气介质中传播时波长一般小于2cm，低于人类听觉下限，因此超声波无法被人类听觉器官所获取。在前期研究中发现，超声波对自然界中的昆虫等生物的神经系统有较强的刺激性，能够使害虫出现烦躁、厌恶感，从而达到驱赶害虫的目的。基于曲虫也属于害虫的原理，科研工作者设计出了借助超声波来驱赶曲虫的设备。超声波曲虫驱赶设备为早期使用的超声波防治曲虫方法，主体设备为一台超声波机。在实际生产过程中根据生产需求将设备放置于相应位置，开启后即可达到驱赶曲虫的目的。常见的应用场景主要包括以下几个：一是每轮次开始生产曲坯进入曲房前需要对曲房进行打扫清洁，清除卫生死角，清扫后使用超声波机对曲房内的曲虫进行驱赶，从生产准备阶段控制曲虫数量；二是在曲坯发酵过程中的开窗降温排潮期间使用超声波机对已经孵化生成的曲虫进行驱赶；三是大曲在曲库贮存阶段，可以根据曲虫实际的生长情况开门窗使用超声波机对曲库内的曲虫进行驱赶，以达到防治曲虫的目的。

超声波曲虫驱赶设备的优缺点：超声波驱赶设备虽具有操作简便、实用性强、曲虫驱赶效果好等优点，但在实际生产过程中发现，曲虫驱赶设备只是将曲虫从曲房内驱赶到了曲房外，并未对曲虫进行灭杀，被驱赶的曲虫可能会重新回到制曲环境，甚至是产生的虫卵也会随着器具以及人员等进入制曲环境中，仍会对制曲环节造成较大的影响。

（6）超声波曲虫驱杀设备　针对超声波曲虫驱赶设备存在的不足，科研工作者在前期的基础上研究出了超声波驱杀设备。该设备将超声波的驱赶作用、灯光的诱捕作用、风机的吸力作用以及电网的灭杀作用集合为一体。设备主体为圆柱形，上端为敞口状，敞口边缘设有加热的部件，并装有孜然、胡椒或者松油等诱捕剂，以达到更好的吸引效果；在筒体中部设有灯光及超声波发生器，在其下端设有风机，风机下方则是密集型的电网。设备工作时，超声波会对被诱捕剂吸引来的曲虫进行干扰，行动受到干扰的曲虫被风机产生的吸力吸入设备中，进而被电网灭杀，并落入到筒体下端的收虫袋中，从而完成对曲虫的灭杀。

超声波曲虫驱杀设备的优点：该设备针对曲虫的生活特性，将多种曲虫驱赶、灭杀方法进行了综合运用，实现了多方位的引诱、灭杀曲虫，提高了曲虫的灭杀率。相较于早期的超声波曲虫驱赶设备该设备实现了真正意义上的灭杀曲虫，在实际应用中取得了较好的效果，具有曲虫灭杀效率高，曲虫尸体易收集、处理，设备使用场景受限小等优点。

超声波曲虫驱杀设备的不足：在使用过程中也发现该设备同样存在一些缺点，主要包括以下几个方面：一是人类虽无法接收到超声波的信息，但长期处于超声波的环境中也会出现心慌、头晕、失眠等症状，目前暂无完美的解决方案。二是早期超声波发生器只能发射定频波长，只能针对某一类特定的曲虫，导致设备应用面受到限制。但随着设备的升级，目前超声波发射器可以通过自动调频连续发射频率变化的超声波，既可以实现对不同种类曲虫的干扰，也可以避免固定波段长期使用导致曲虫产生适应性的现象。三是多种曲虫驱赶、灭杀方式的组合使用虽具有更强的优势，但也存在设备维护难度高、设备制造成本高等缺点，需要后续进一步进行优化、改进。

（7）惰性气体曲虫灭杀方法　在前期研究中发现，大部分曲虫对于氧气具有较强的需求性，即 O_2 浓度的降低会影响曲虫的生长与繁殖。根据研究结果来看，采用惰性气体来抑制和杀灭曲虫具有环保的优势，因此备受科研工作者的重视。根据曲虫的这一特性科研工作者开始使用惰性气体如 CO_2、N_2 等气体来抑制曲虫的生长繁殖。鉴于 N_2 成本高于 CO_2，因此在实际生产中更多的是采用 CO_2 作为惰性气体来灭杀曲虫。

CO_2 曲虫灭杀方法的原理依据的是曲虫对氧气的依赖性，利用惰性气体 CO_2 的窒息作用来灭杀曲虫，起到物理防治曲虫的目的。本方法主要是针对大曲发酵结束在曲库中贮存3~6个月的环节进行曲虫防治。前期研究表明，曲虫影响大曲质量最主要的阶段是在大曲贮存阶段。本方法的大致操作方法是将 CO_2 气体通过管道通入密闭的曲库中，保持曲库中 CO_2 浓度在35%左右，以迅速抑制曲虫的活性，减少曲虫对曲药的损害；3~5d后将曲库中 CO_2 浓度维持在30%左右，每平方米设置1个 CO_2 进入孔，确保曲库中 CO_2 浓度不出现较大变化，使得长期处于厌氧环境的曲虫窒息死亡，以达到防治曲虫的目的。

CO_2 曲虫灭杀方法的优点：CO_2 曲虫灭杀方法在实际研究及应用过程中取得了良好的效果，体现出了以下几个优点：一是处理后大曲质量得到提升，感官质量提高了40%左右，表现出了更浓郁的曲香以及更加完整的菌丝。对处理后的大曲进行理化指标检测发现，CO_2 处理方法不会对大曲的理化指标造成负面影响，反而处理后曲药的糖化力提高了20%左右，在减少曲药损失的同时一定程度上提高了大曲的质量；二是 CO_2 曲虫灭杀方法处理后的大曲损失量减少了10%左右，虽未完全消除曲药在贮存过程中的损失，但也为企业弥补了巨大的经济损失；三是本方法使用后的 CO_2 气体是可以通过回收装置进行回收再次利用的，有利于环保；四是在实际应用中发现，CO_2 气体的使用使曲库形成了一定程度的厌氧环境，促进了大曲中厌氧类功能菌群的生长繁殖，其中厌氧产香细菌分解利用大曲中的营养物质后会产生部分香味物质，不仅使大曲的曲香更加浓郁，而且在糟醅发酵过程中为酒中香味物质的形成提供了前体物质，提高了酒质，优级酒的产量提高了5%左右，为企业创造出较大的经济价值。

CO_2 曲虫灭杀方法的不足：虽然 CO_2 曲虫灭杀方法具有较多的优势，但在使用过程中也暴露出了部分问题，主要包括以下几个方面：一是本方法的使用需要对曲库进行改造，需提升其密闭性，以满足曲库 CO_2 浓度的要求；二是本方法使用的惰性气体 CO_2 对制曲工人同样有窒息作用，在生产过程中操作不当可能会引发窒息事故，存在一定的风险；三是虽然大曲不是直接入口的食品，但其参与了白酒的发酵过程，因此应按照食品的要求进行生产，所以使用的 CO_2 也必须满足食品级要求，增加了企业的生产成本；四是大曲在贮存过程中对环境中的水分含量控制要求较高，需要较为干燥的环境以免大曲受潮。因此，本方法在使用过程中必须对 CO_2 的含水量进行控制，一般是通过增设缓冲罐、干燥器等设施来去除水分，使水分含量控制在14%左右，增加了生产中设备的维护工作量。

（8）曲虫治理后续研究方向建议　中国白酒产业面临的曲虫危害到目前为止仍是无法彻底解决的难题，虽然随着科学技术的不断提升，中国大曲酒产业在曲虫防治设备研发方面取得了较大的研究成果，研发出的设备对曲虫均有治理功能，但在实际使用过程中也发现所有设备都存在一些不足和缺陷，到目前为止尚未研发出完美解决曲虫危害的设备或方法。随着生活水平的日益提高，消费者的消费理念开始偏向绿色、健康、安全，对于购买产品中的有毒、有害物质的残留量关注度也越来越高。中国白酒产业曲虫治理设备未来的研究方向应该集中在绿色治理曲虫技术方面，从曲虫在制曲过程、曲坯贮存过程中的发生规律中找到其薄弱环节，采用绿色、安全、环保的治理技术进行防治，确保曲虫治理工作不会对产品造成负面影响。

针对前期曲虫治理设备的研究现状，对后续研究方向提出以下几点参考意见：一是针对目前曲虫治理设备主要采用的物理防治方法，后续研究中应将绿色、环保的生物防治技术作为重点研究方向。如可将植物源、微生物源等环境友好的灭虫剂加入设备中，既能加强曲虫治理设备的治理效率，也能达到绿色、安全的要求。二是对曲虫爆发高峰的曲库环境进行现代化改造，在曲库中增设温度、湿度的控制设施，增加气体系统，达到能够借助现代化的技术来控制曲库中的温度、湿度，以及惰性气体的充入、排放等要求，实现曲库的自动化管理，提高对曲虫生长、繁殖过程的控制，更好地防治曲虫。三是针对大曲中部分虫卵来自原料中的现象，研发能够在大曲制曲成型阶段灭杀虫卵的设备，如在原料处理阶段增加一项去除虫卵的环节，从原料端减少曲虫繁殖的数量，更好地做好曲虫的防治工作。总体而言，曲虫的治理及预防工作对于中国白酒产业来说将是一项长期的工作，需要酿酒工匠将曲虫治理预防作为极其重要的工作来常抓不懈，只有坚持不懈地做好曲虫防治工作，方能保证中国白酒产业能持续性地良好发展。

22、中国白酒产业对机械化制曲进行了哪些研究？

中国白酒传统大曲的制曲工艺均属于开放式的，将制曲原料按照“烂心不烂皮”的要求进行粉碎后加以温水进行拌和，再通过模具用脚踩制成砖状，制成的曲坯运至曲房进行发酵，来源于原辅料、器具和环境中的微生物菌群借助曲药中的营养物质进行繁殖代谢，产生丰富的菌体、酶和中间产物，发酵结束后大曲运至曲库贮存3~4个月即可用于酿造。浓香型白酒大曲曲药品质主要受制于制曲原辅料品质、制曲车间环境、曲坯成型情况以及发酵过程控制等因素，其中曲坯成型步骤是重要影响因素之一，尤其是浓香型白酒大曲与酱香型白酒和清香型白酒大曲不一样，具有的独特“包包”形状更是影响成品曲质量的关键因素之一。传统制曲工艺中曲坯成型工段称之为“踩曲”，即将拌和好的原料倒入曲模中，踩曲工匠借助脚掌将原料按照由中间向四周的方向踩成“包包状”，踩制过程中必须按照四周紧、中间松的要求进行，以防止曲坯在拌匀和发酵过程中发生碎烂现象，整个踩曲过程着重考验工匠的灵巧性、柔和性以及耐力，这也是限制曲药产量的主要因素之一。传统制曲工艺虽具有诸多优点，但仍存在踩曲工段对工匠“脚艺”要求较高、踩曲质量“因人而异”、曲坯成型度不一致、劳动强度太大、工作环境比较恶劣以及曲虫污染严重等问题。为此，中国白酒行业自20世纪60年代开始摸索使用机械替代人工制曲，形成了几代不同的制曲设备和配套的工艺，在一定程度上解决了传统制曲工艺面临的问题，具有较强的应用优势，其主要包括以下几种研究成果。

（1）间歇式配料机　为解决传统大曲制曲工艺中原料的拌和过程中工匠劳动强度大、拌和均匀度不一、计量不精确等问题，科研工作者们研发了间歇式配料机。间歇式配料机主要由进料装置、料斗称重装置、拌和装置以及控制系统等组成。制曲时原料通过提升机进入料斗，按照原料的配方比例放入称重料斗中，当制曲原料有多种时可间歇放入不同原料，配料与混合同时进行确保混合均一，待原料混合均一后即可放料进行下一步的踩曲工段。间歇式配料机解决了浓香型白酒大曲制曲工艺中原料投放和拌和工段劳动强度大、配料不精确、拌和不均一等问题，同时还提高了生产效率，实现了半机械化制曲工艺。

间歇式配料机实现了半机械化制曲，较人工制曲具有一定的优势，但在生产过程中也发现了一定的不足，主要包括以下几点：一是间歇式配料机没有实现曲坯成型步骤的机械化生产，仍需采用人工踩曲，对于机械化制曲过程中的曲坯成型的核心问题没有予以解决；二是间歇式配料机对于多种原料的制曲工艺优势更大，对于以小麦作为单独原料的浓香型大曲制曲工艺不具备明显优势；三是间歇式配料机为了使原料更均一，会增加混合器的使用频率，可能会导致原料变得黏稠，影响后续曲坯成型工段。

（2）液压型制曲机　液压型制曲机是在间歇式配料机的基础上借助液压推动的作用，通过电气控制程序实现曲坯成型、曲坯脱落以及曲坯推送等工段，通过调节液压系统还能调节压曲速度，调节曲坯成型速度，完全实现了机械替代人工踩曲环节，极大地减少了踩曲环节的劳动强度、改善了踩曲工匠的工作环境、提高了生产效率，实现了机械化制曲。

液压型制曲机虽实现了制曲工艺机械化，提高了生产效率，但仍存在一些不足，主要包括以下几点：一是液压型制曲机维修成本较高，尤其是液压系统损坏时可能会出现液压油泄漏现象，造成设备、环境以及曲坯被污染，影响制曲车间的生态环境；二是液压型制曲机喂料与曲坯成型是独立分开的步骤，中间需要专用的延时输送机进行连接，影响生产效率，增加制曲设备占地面积和制造成本，增加了设备的维护成本；三是液压型制曲机属于曲坯一次性成型工艺，无法达到人工踩曲的“百脚一坯”的效果，导致曲坯虽外形合格但提浆效果不足，曲坯发酵过程受到影响，最终成品曲质量尚有欠缺。

（3）气动式制曲机　气动式制曲机是针对液压型制曲机存在的一些不足做出改进后形成的新一代设备，以压缩空气代替液压作为动力源，通过手动阀之间的切换实现喂料、曲坯成型以及曲坯顶出等工段，控制手动阀之间的切换速度可以调节生产节奏，实现了机械化制曲的目的，达到了降低踩曲工匠的劳动强度、减小了制曲设备占地面积、提高生产效率的目的，使浓香型白酒机械制曲工艺得到了进一步的提升。

气动式制曲机虽在液压型制曲机的基础上进行了改进，避免了液压器故障发生漏油可能造成的生产事故，同时也改进了动力方式，避免了设备造价高、占地面积大等缺点，提高了生产效率，但同样存在一些不足之处，主要包括以下几点：一是与液压型制曲机一样仍属于一次性成型曲坯，同样无法达到人工踩曲的效果，成品曲质量与人工踩曲仍有差距；二是气动式制曲机存在噪声大、气路系统维修困难、气密性要求高等缺点，制曲环境存在噪声污染，对长期从事制曲的工匠有一定的危害；三是气动式制曲机喂料、成型和曲坯脱落工段是通过手动阀来实现，对于操作工匠的工作能力要求较高，容易出现生产事故，影响曲药生产效率。

（4）冲压式制曲机　为了解决液压型制曲机和气动式制曲机存在的曲坯一次性成型无法做到人工踩曲“百脚一坯”的效果的问题，科研工作者在前期研究基础上研发了冲压式制曲机。冲压式制曲机是以电力为动力源，设有多个曲模盒，曲模盒通过链条和齿轮等装置连接为一个闭环，在离合器和凸轮等装置的作用下可以实现曲模盒之间的相互转动；曲模盒转动过程中当运动到曲锤下方时静置不动，曲锤下压，将曲模盒中的坯料压制成型，曲锤提升后曲模盒运动到下一个曲锤位置，根据具体生产工艺的需求冲压式制曲机最多可以装备 9 个曲锤，可以实现九次压制成型，尽可能地模拟人工踩曲的效果。

冲压式制曲机在液压型制曲机和气动式制曲机的基础上做出了较大的改进，相较于前面的制曲设备具有以下优点：一是通过设置多个曲锤实现了曲坯多次成型，避免了一次成型的缺点，同时最多9 个的可拆卸曲锤的设计可以满足不同酒厂的制曲工艺要求，扩大了应用范围；二是实现了喂料与成型同步操作，不需单独配备喂料装置及连接装置，简化了生产操作，避免了不必要的工序带来的生产隐患；三是采用电力为动力源，避免了液压型和气动式制曲机造价高、维修成本高、占地面积大等缺点，同时减少了生产过程中的噪声，改善了制曲环境。

改进之后的冲压式制曲机制曲速度快，曲坯压制效果比较好，曲坯松紧度和提浆效果得到了较大提升，适用于大规模曲药生产。虽然冲压式制曲机具有诸多优点，但在使用过程中仍发现了一些不足之处，主要包括以下几点：一是曲模盒传动结构相对比较复杂，在生产过程中出现的故障比较多，传动结构故障维修比较复杂；二是由于取消了喂料机构，在生产过程中有时会出现坯料不均匀，导致曲坯出现厚薄不一的现象，不同曲坯间松紧度不一，影响后续发酵；三是压曲时由于曲锤与曲模盒之间有一定的空隙，会导致坯料被曲锤挤出，散落的坯料可能会导致杂菌的滋生，每次生产完后必须用清水冲洗曲模盒和场地，增加了打扫卫生的工作强度，也存在浪费制曲原料的不足。

（5）多工位柔性制曲机　冲压式制曲机虽已在浓香型、酱香型白酒企业制曲生产中得到了较为广泛的推广应用，包括一部分名优浓香型白酒企业，但冲压式制曲机仍需要进一步改进。冲压式制曲机虽实现了曲坯多次成型，避免了一次成型的不足，但冲压式制曲机曲锤与坯料接触属于刚性接触，与人工踩曲时脚掌与坯料柔性接触还存在一定的差距。为进一步完善浓香型白酒制曲设备，科研工作者在冲压式制曲机的基础上对曲锤进行了改进，以尽可能地模拟人工踩曲工艺，即多工位柔性制曲机。

多工位柔性制曲机主要是在冲压式制曲机的基础上对曲锤做出了针对性的完善，根据压力需求的不同将曲锤分为预压曲锤、第一次和第二次捶打曲锤以及成型曲锤。设计时将曲锤设计为中空结构，内置弹簧作为弹性元件和压力传感器，弹簧一头与活动式封盖连接，当曲锤下压与坯料接触时随着压力增大弹簧逐渐被挤压，曲锤头部向上回弹，形成一种缓冲回弹的现象，弹簧的压缩和释放使曲坯在压制成型时受力更加均匀、连续，更为接近人工踩曲时的受力状况。多工位柔性制曲机虽具有更完善的制曲能力，但目前还未得到大规模的推广使用，更多是处于研究和中试阶段，还需进一步优化。

中国白酒机械化制曲工艺后续研究除了继续完善制曲设备使其尽可能地模拟人工踩曲以外，还应深入研究浓香型白酒曲房的改造，目前浓香型白酒曲房机械化研究还属于起步阶段，仍主要采用传统的模式，曲房中温度和湿度的控制仍采用人工开关门窗，无法形成严格的标准化生产。同时，制曲过程中的翻曲、堆拢、增湿等工段仍通过人工操作，曲房中高温、湿热、密闭的恶劣工作环境对制曲工匠是一种严峻的“挑战”。为了更好地实现中国白酒制曲的机械化生产，后续应将曲房智能化、机械化、自动化和机械化改造作为重点之一，通过不断的技术和设备革新来助力浓香型白酒全产业发展，在传承中不断做好中国白酒生产的创新。

23、不同产地酱香型大曲品质有何差异？

中国酱香型白酒的核心产区位于北纬30°附近的赤水河流域，此地独特的地理位置与土壤气候资源孕育了大量名优酱香型白酒，茅台、郎酒、习酒、国台等。因地域海拔高低、微环境差异以及生产工艺的不同，酱香型白酒以流域为纽带形成了多元的白酒产区，根据相似原则酱香型白酒产业以赤水河为界，分为左右岸两大产区：右岸是以茅台、习酒等为代表的黔派酱香，主要酒体风格为酱香浓郁，以焦煳香为主，甜蜜香为辅，有着酱中带陈的特点；左岸是以郎酒、仙谭、川酒集团为代表的川派酱香，主要酒体风格以曲香、陈香为主，酸味为辅，有着舒适的粮香，带有窖香。高温或超高温大曲是酱香型白酒主要风味物质来源之一，赤水河两岸的四川地区和贵州地区在地形地貌、海拔、降雨量等方面存在较大差异，酱香型白酒大曲生产工艺及风味特点也存在不同，不同产地酱香大曲微生物种类组成相似，但组成比例存在差异，这些差异导致大曲风味成分存在显著差异，主要表现为酯类、醇类、吡嗪类物质含量不同。除微生物种类组成外，酱香大曲生产工艺也与酱香大曲风味有紧密联系，制曲温度和曲坯水分是酱香大曲生产工艺的关键性因素，当温度达到60℃时，大曲中的酚类物质增加，小麦麸皮中的阿魏酸逐步降解为香草醛、香草酸、4-乙基愈创木酚、4-甲基愈创木酚等酚类物质，为酱香风味的形成提供了大量前体物质。因此，以不同产地酱香型大曲为样品（四川新制曲车间半成品曲，XCJ；四川老制曲车间半成品曲，LCJ；四川成品曲，SCDQ；贵州成品曲 GZDQ），对不同产地酱香型大曲品质差异进行对比分析有助于提高酱香型白酒产业的健康发展。

酱香型大曲感官评分标准如表4-5所示。

表 4-5　　酱香型大曲感官评分标准

项目	感官评语	得分
色泽	曲坯表面 90%以上呈黄褐色、黑褐色	13~15
	曲坯表面 70%~90%呈黄褐色、黑褐色	11~13
	曲坯表面 50%~70%呈黄褐色、黑褐色	9~11
	曲坯表面 50%以上呈黑色	7~9
	曲坯表面 50%~70%呈灰白色	5~7
	曲坯表面 70%~90%呈灰白色	3~5
	曲坯表面 90%以上呈灰白色	1~3
断面	断面 90%以上呈灰白色，色泽一致，菌丝明显	13~15
	断面 70%~90%呈灰白色，色泽一致，菌丝较明显	11~13
	断面 50%~70%呈灰白色，菌丝较明显	9~11
	断面 30%~50%呈杂色，菌丝不明显，略带灰白色	7~9
	断面 50%~70%呈杂色，菌丝不明显	5~7
	断面颜色 70%以上呈杂色，无菌丝	0~5
香气	酱香突出，曲香浓郁，豉香典型，无异味	28~30
	酱香突出，曲香较浓郁，豉香明显，略带焦香，无异味	25~28
	酱香较突出，略带曲香，豉香明显，无异味	20~25
	酱香较突出，略带曲香和焦香，有豉香，无异味	18~20
	酱香明显，略带焦香，有豉香，无异味	16~18
	略带酱香或焦香，有豉香，无异味	12~16
	无酱香，曲香味弱，无异味	10~12
	无酱香，无明显曲香，略带异杂味	6~10
	无酱香，无曲香，异杂味浓	0~6

（1）不同产地大曲感官差异　从感官评价结果发现（表 4-6），不同产地酱香型大曲分数为 35~51，GZDQ 得分最高，XCJ 得分最低，香气是造成得分差异的主要原因。新、老车间大曲相比，综合评分差异不大，XCJ 和 LCJ 感官特征上并无差异，均以黄褐色与灰白色为主，有少量的黑褐色。灰白色大曲数量多，是由于发酵温度低或挺温时间短导致，可以推测 XCJ 和 LCJ 发酵温度略低。XCJ 与 LCJ 断面色泽较一致，主要为灰白色，菌丝较明显，XCJ 水分较重，有较为明显杂菌斑，说明 XCJ 发酵过程中曲心水分没有得到较好的挥发，滋生杂菌，可能是因为新车间的发酵温度低，导致水分不易挥发。XCJ 香气不明显，且带有异杂味，说明杂菌可能会对大曲香气带来异杂味影响。综合三个方面，LCJ 整体优于 XCJ，主要表现在断面色泽一致，菌丝明显，无杂菌。

表 4-6 不同产地酱香型大曲感官评价

分组	感官	断面	香气	感官	断面	香气	得分
XCJ	黄褐色、灰白色、少量黑褐色	断面色泽较一致，菌丝较明显，曲心水分较重，杂菌较明显	香味不明显，有异杂味	10	9	16	35
LCJ	黄褐色、灰白色、少量黑褐色	断面色泽较一致，菌丝较明显，曲心较干燥	香味不明显，无异杂味	10	10	18	38
SCDQ	黄褐色、灰白色、少量黑褐色	断面色泽较一致，菌丝较明显，曲心干燥	香味不明显，无异杂味	10	10	18	38
GZDQ	黄褐色、少量灰白色、黑褐色	断面色泽一致，菌丝明显，曲心干燥	香味明显（焦香、烘焙香），无异杂味	13	13	25	51

贵州地区与四川地区成品曲相比，GZDQ 综合评分远高于 SCDQ，具体感官特征差异如下：GZDQ 灰白曲数量少于 SCDQ，说明 GZDQ 发酵温度更高；两者断面皆主要为灰白色，GZDQ 灰白色面积更小，菌丝更加明显，说明微生物生长更好，微生物代谢产酶可以更好地生成风味物质和风味前体物质，与之对应的便是 GZDQ 焦香、烘焙香更明显。综合三个方面来看，GZDQ 整体优于 SCDQ，主要表现在黄褐色更多，断面色泽一致，菌丝明显，焦香、烘焙香明显。

（2）不同产地大曲理化指标的差异　水分是酱香型大曲的重要质量指标，通常随着发酵时间和贮存时间降低，出房大曲水分需小于 13%，可防止杂菌生长，使大曲二次生霉；酸度主要用于衡量发酵过程中产酸微生物代谢的有机酸，大曲中的有机酸不仅可以作为风味物质也能作为风味前体物质，适当的酸度还可抑制某些有害菌的生长与繁殖；糖化力是大曲重要的生化指标之一，酱香大曲生化指标、酶活性相对偏低，糖化力为 50~300U，能够较好地反映大曲品质。

①水分含量：不同产地酱香型白酒大曲水分含量在 9.5%~11.2%。就新老车间而言，新车间大曲 XCJ 水分含量为 11.2%，比老车间大曲 LCJ 高出 0.7%，但两者水分含量无显著性差异；新老车间生产条件不同，但两组初始水分相同，曲坯发酵过程中微生物的生长代谢、挥发是水分减少的主要原因。老车间微生物经过长期驯化，种类和数量都在新车间之上，微生物代谢生长消耗掉更多的水分，这可能是造成 LCJ 水分低的原因。就不同产地来看，四川地区大曲 SCDQ 水分含量为 9.5%，比相同贮存时间贵州地区大曲 GZDQ 少 0.2%，但两者无显著性差异。成品曲在贮存期间水分会进一步挥发，水分越低，减少速度越慢，因此两种成品曲水分含量差异极小。综合来看，四川地区与贵州地区和新车间与老车间的大曲水分含量差异均不显著，培菌发酵条件对大曲水分造成的影响不显著。贮存时间是造成半成品曲和成品曲水分差异显著的主要原因，这与前期一些研究比较吻合。

②酸度：不同产地酱香型白酒大曲酸度在 1.5~1.9mmol/10g。新、老车间酱香型白酒大曲 XCL 与 LCJ 酸度分别为 1.8mmol/10g、1.9mmol/10g，两者无显著性差异，说明尽管两种大曲生产车间不同，但新车间与老车间对大曲酸度造成的差异极小。GZDQ 酸度高出 SCDQ 0.3mmol/10g，但两组大曲酸度之间无显著性差异。综合来看，不同产地和不同生产车间的大曲酸度存在较小差异，结合感官评价可知，成品曲中香气评分更高的 GZDQ 酸度高于 SCDQ，半成品曲中香气评分较高的 LCJ 酸度也高于 XCJ，但不同大曲酸度之间差异并不显著。

③糖化酶活性：不同产地酱香型白酒大曲糖化力在 83~229U。LCJ 比 XCJ 高 53 U，差异显著，说明老车间长期驯化的微生物对酱香大曲的糖化力提升具有重要作用；SCDQ 比 GZDQ 高 37 U，但不存在显著性差异。综合来看，酱香型白酒大曲发酵环境中微生物的驯化程度对大曲糖化力有重要影响。对于成品曲而言，贮存期间环境中的微生物以及曲霉消耗大曲代谢产生新的酶类，可以帮助酱香大曲糖化力提高，使四川地区与贵州地区大曲的糖化力达到较为接近的范围，但生产环境的不同是造成大曲糖化力差异的主要原因。

综上所述，新、老车间所生产的酱香型白酒大曲的糖化酶活性差异明显，与 LCJ 相比，XCJ 糖化力低，水分略高。在生产过程中，新、老车间曲坯拌和水分相同，但 XCJ 水分高于 LCJ 说明培菌发酵过程中，新车间水分消耗与挥发量较小，微生物生长代谢不如老车间旺盛。根据新车间酱香型白酒大曲理化指标，推测新车间酱香型白酒大曲可能在发酵过程中存在挺温时间短、微生物种类和数量少等问题。酱香型白酒大曲曲坯原料小麦的粉碎程度、拌和水分等都是影响发酵温度的重要因素；就四川地区与贵州地区成品曲而言，在发酵和贮存过程中，大曲中的吸附水分和毛细管水分持续消耗，水分不断降低，GZDQ 和 SCDQ 水分都维持在较低区间，且酸度也无较大差异，而 SCDQ 糖化力略高于 GZDQ，这可能是由川黔两地生产工艺不同导致。

（3）不同产地大曲挥发性风味物质含量的差异　从 XCJ、LCJ、SCDQ、GZDQ 酱香型白酒大曲中共定量 44 种风味化合物，XCJ 中定量得到 16 种物质，共 41990.9μg/kg；LCJ 定量得到 20 种，共 29663.2μg/kg；SCDQ 得到 26 种，共 11793.7μg/kg；GZDQ 得到 23 种，共 22631.9μg/kg。

①新老车间酱香型白酒大曲风味物质差异对比：新、老车间酱香型白酒大曲风味物质相比，XCJ 风味化合物种类比 LCJ 少 4 种，但含量比 LCJ 高 41.6%。LCJ 中 3-呋喃甲醇、乙醛、糠醛、异戊酸、正十三烷、苯甲醛、三甲胺、12-冠醚-4 等 8 种风味化合物含量高于 XCJ。3-呋喃甲醇是呋喃类物质，可由 3-糠醛生成；乙醛是最简单的饱和脂肪醛，是重要的感官特征化合物，浓度过高会产生刺激性气味，在酸性条件下容易与乙醇缩合生成乙缩醛；糠醛是白酒中常见的醛类物质，能够赋予白酒异香，但过量糠醛会使酒体出现辣味、焦苦味，优质酱香大曲具有明显的焦香味，糠醛可能是赋予大曲焦香的重要化合物；异戊酸是白酒中主要特征物质之一，在高温下可由异戊醇与异戊醛氧化合成，常见于烘焙食品中，曲坯发酵过程中温度越高、挺温时间越长，越有利于异戊酸的合成；苯甲醛为最简单的芳香醛，是食品中常用香料，广泛用于制备可可、杏仁香精，能够赋予白酒杏仁味香气，在酱香型白酒中含量为 5.6mg/L 以上，高于其他香型白酒，是酱香型白酒特征芳香族化合物之一。

新车间酱香型白酒大曲中风味物质总量高于老车间大曲，主要由正戊醇、环氧乙烷、(甲氧基甲基) 环氧乙烷和 *N*-甲基乙胺导致。正戊醇是白酒中常见的杂醇油，主要由酵母菌利用糖和氨基酸合成，具有水果香和青草味，极易溶于水。小麦蛋白质含量高、曲内蛋白酶活性高等因素都可能导致杂醇油含量高，XCJ 与 LCJ 所用原料相同，因此可能是 XCJ 中酵母菌数量多、蛋白酶活性高造成的，结合 XCJ 感官和理化指标，推测 XCJ 发酵温度较低，则可能会出现酵母菌未失活且大量繁殖的情况。环氧乙烷、(甲氧基甲基) 环氧乙烷是化学性质极其活跃的杂环类化合物，可与多种物质发生开环加成反应，环氧乙烷是一种略带甜味的气体，可在酸性条件下生成乙二醇。环氧化合物可能是新车间中材料或原料残留，也可能与新车间地理位置有关，细菌、酵母、丝状真菌等微生物均可产生环氧化合物水解酶。*N*-甲基乙胺是由乙醛和氨基甲烷合成，也可能是由环氧乙烷生成。新车间酱香型白酒大曲风味物质总量高于老车间的风味化合物对大曲香气并无较大贡献，且不利于形成酱香型白酒大曲酱香风味。

②不同产地酱香型白酒大曲风味物质差异对比：四川地区与贵州地区酱香型白酒大曲相比，SCDQ 定量的风味物质种类比 GZDQ 多 3 种，但总含量只有 GZDQ 的 52.1%。GZDQ 中（2*R*,3*R*）-（-）-2,3-丁二醇、糠醛、异戊酸、草酸二甲酯、2,4-二叔丁基苯酚、苯甲醛、1,2-二甲基环戊烷、2-乙酰基吡咯、2,6-二甲基吡嗪、2,3,5-三甲基吡嗪、川芎嗪等 11 种化合物为 SCDQ 中未检出的物质。吡嗪类物质是酱香型白酒最主要的特征风味物质，以四甲基吡嗪为主，最高含量达 5000mg/L，远高于其他香型白酒。2,6-二甲基吡嗪具有坚果、烤谷物香味，是用途广泛的香料，用于烘烤食品的加香。2,3,5-三甲基吡嗪具有浓郁的烤花生香气，是近年来常见的高档香料，常用于烘焙制品。川芎嗪，又名四甲基吡嗪，是酱香型白酒中最重要的特征风味化合物之一，主要在制曲和堆积过程中由美拉德反应生成。GZDQ 风味化合物中的吡嗪类物质多产生于高温条件下的美拉德反应，能够赋予酱香型白酒大曲浓郁的焦香味和烘焙香，这可能是造成四川、贵州大曲香气差异的最主要原因。

在四川地区与贵州地区酱香型白酒大曲的风味物质中有 10 种共有风味物质，包括异戊醇、正戊醇、苯乙醇、乙醛、乙酸、乙酸乙酯、己酸乙酯、棕榈酸乙酯、2-氨基丁烷、12 冠醚-4 等，GZDQ 中这 10 种化合物含量均比 SCDQ 高。异戊醇，也称 3-甲基丁醇，是白酒中杂醇油或高级醇的主要成分，呈苹果白兰地香；正戊醇是由酵母菌利用糖和氨基酸合成，在新车间大曲中正戊醇含量极高，这可能是导致风味差异的重要原因；苯乙醇是重要的天然香味物质，具有甜香、玫瑰花香和蜂蜜香，几乎存在于所有酒类中，是白酒中的重要化合物。乙醛是重要的醛类物质，在成品曲中有较高含量，但在 XCJ 中未检出，这可能是造成 XCJ 香气弱的原因之一。乙酸、乙酸乙酯是酱香型白酒中的特征风味成分，酱香大曲中乙酸和乙酸乙酯同样占有重要比例，因酱香大曲中细菌为优势菌群，有利于乙酸的合成。SCDQ 乙酸、乙酸乙酯含量低，可能是大曲功能微生物数量较少导致。己酸乙酯是白酒四大酯之一，对白酒风味口感有重要作用；棕榈酸乙酯具有奶油香气，是白酒中常见的风味物质，对调节白酒整体风味有重要作用。10 种共有成分四川大曲含量均低于贵州大曲，这是导致四川大曲香气弱的重要原因，贵州酱香型白酒大曲中 3-羟基-2-丁酮、2,3-丁二酮等物质是重要的酱味物质的前体，四川酱香型白酒大曲中三甲基吡嗪、四甲基吡嗪、3-羟基-2-丁酮等物质含量提高后，酒体酱香风味得到提升。在酱香大曲中菌株发酵液中检测出较多吡嗪类、挥发性酸、芳香族和酚类物质，证实这些物质能有效提高酱香香气浓度。

通过比较新、老车间之间以及四川和贵州大曲之间的风味化合物差异可以发现，新车间大曲香气弱主要原因为发酵温度低，导致杂菌生长，同时新车间老熟与微生物驯化程度低，大曲中产生大量与大曲香气无关的化合物。贵州大曲酱香味突出的原因为风味物质含量较高，以及吡嗪类物质含量明显高于四川大曲，而乙酸、乙酸乙酯、吡嗪类物质都与大曲的发酵温度和微生物有重要联系。因此对于大曲工艺可围绕提升发酵温度、增加功能微生物数量进行优化，以此提高大曲中吡嗪类物质以及风味化合物总含量，从而提升大曲酱香风味。

24、不同产区高温大曲不同色泽曲药品质有哪些差异?

高温大曲是酱香型白酒的糖化发酵剂，其主要生产工艺是小麦经粉碎后加水和母曲踩成曲坯，在室内保温培养使微生物生长繁殖，再经干燥、贮存即成。在制曲过程中由于曲块在发酵仓内位置、温度、水分的差异，使得形成了 3 种不同颜色和风格的高温大曲：黑、白和黄曲。3 种类型的大曲一般通过水分、颜色、气味等感官评估来区分。酱香型白酒酿造过程中使用的成品大曲是由这 3 种大曲按照一定的比例混合而成。为探究不同产区、不同色泽高温大曲品质的差异，以产自于赤水河上游核心产区（命名为 M）和赤水河中下游核心产区（命名为 L）的高温黄曲、黑曲、白曲，分别编号为 MY、MB、MW 和 LY、LB、LW，对大曲的理化指标、曲药酶活性及挥发性风味物质含量进行检测、比较分析，为高温大曲制曲工艺的优化提供理论支撑。

（1）不同产区不同色泽高温大曲理化指标的差异　黑曲、白曲和黄曲按照一定比例混合形成成熟高温大曲。高温大曲的水分、酸度、氨基酸态氮、液化力、酯化力、糖化力等是评价大曲质量好坏的常用理化指标，检测结果如表 4-7 所示。

表 4-7　　不同产区不同色泽高温大曲理化指标检测结果

样品	水分/%	酸度/（mmol/g）	氨基酸态氮/（g/kg）	酯化力/[mg/（50g·7d）]	液化力/[g/（g·h）]	糖化力/[mg/（g·h）]
MY	10.14	0.133	2.22	137.74	0.01	378.63
MB	11.50	0.197	1.26	13.50	0.01	270.45
MW	12.13	0.158	1.85	253.88	0.01	588.98
LY	11.54	0.150	2.92	16.20	0.01	276.46
LB	8.47	0.375	2.59	5.11	0.01	186.31
LW	8.97	0.207	3.55	110.73	0.01	408.00

①水分含量：曲坯水分含量在制曲过程中与菌的生长和酶的生成密切相关，成品曲水分一般不高于 13%。如果高温大曲水分过高在贮存过程中很容易二次发霉，使高温大曲曲药质量下降；如果高温大曲水分过低，很容易影响其中酶的活性和微生物的正常生长。研究发现，不同产区的 3 种高温大曲中水分含量都符合低于 13%的标准，且产自赤水河上游核心产区的黑曲水分含量最低；此外，M 产区高温大曲的水分普遍高于 L 产区

高温大曲的水分，这可能与不同产区的地理环境差异有关。

②酸度：高温大曲的酸度主要来源于生酸微生物降解蛋白质、脂肪、淀粉等物质和有机酸代谢产酸，是曲药微生物菌群综合作用的结果。研究发现，两个产区的高温大曲中黑曲、白曲和黄曲酸度大小皆为：黑曲>白曲>黄曲，其中L产区黑曲的酸度最高，达到0.375mmol/g。

③氨基酸态氮含量：高温大曲中氨基酸态氮的含量与曲坯中产酸微生物的代谢和蛋白酶活性有着紧要联系，反映了高温大曲中蛋白酶的活力以及微生物的种类和数量。两个产区的3种高温大曲中的氨基酸态氮皆为黑曲最低，其中MB和LB分别为1.26g/kg和2.59g/kg。M产区的3种高温大曲中黄曲的氨基酸态氮水平最高，达到2.22g/kg；L产区为白曲最高，达到3.55g/kg。蛋白酶将蛋白质降解为小分子多肽和氨基酸，使得大曲的酸度升高，但实际上两个酒厂的白曲的蛋白酶活性较高，但酸度不高，说明生成的氨基酸参与了微生物的生长代谢反应，生成其他物质，如酯类物质。

④曲药“三大力”：高温大曲的酯化力和糖化力是受工艺控制参数影响最大的两个指标，并且与产品风格密切相关。两个产区的3种大曲的酯化力高低都是白曲>黄曲>黑曲。M产区和L产区白曲的酯化力分别是253.88mg/（50g·7d）和110.73mg/（50g·7d）。说明白曲转化合成酯的能力更高，并且M产区3种大曲的酯化力均高于L产区的相对应的3种大曲，这可能与两个产区的地理位置差异有一定关系；两个产区的糖化力都呈现白曲>黄曲>黑曲的趋势，M产区和L产区白曲的糖化力分别是588.98mg/（g·h）和408.00mg/（g·h）。两个产区的3种高温大曲的液化力都很低，在测定的时候差异并不明显。

（2）不同产区不同色泽高温大曲酶活性的差异　不同产区不同色泽高温大曲酶活性检测结果见表4-8。

表4-8　不同产区不同色泽高温大曲酶活性检测结果

样品	中性蛋白酶活性/（U/g）	糖化酶活性/（U/g）
MY	14.98	949.32
MB	10.30	332.26
MW	34.99	1075.90
LY	15.98	711.99
LB	5.86	395.55
LW	33.50	849.11

酱香型白酒生产所用的高温大曲中富含淀粉、脂肪以及蛋白质等成分，高温大曲中的微生物能够利用这些原料降解成小分子物质，为酱香型白酒产酯生香提供前体物质，因此高温大曲中的蛋白酶、糖化酶等主要酶类的酶活性高低也影响了高温大曲的质量。两个产区3种高温大曲的中性蛋白酶活性都有白曲>黄曲>黑曲的趋势，M产区高温大曲的蛋白酶活性普遍高于L产区蛋白酶活性，其中M产区和L产区白曲的中性蛋白酶活性分别为34.99U/g和33.50U/g，这对蛋白质的利用有着积极的作用，生成的大量氨基酸可以进一步合成氨以及参加美拉德反应，与前期的研究报道的结果一致。两产区的3种高温

大曲的糖化酶活性都呈现白曲>黄曲>黑曲的趋势，M 产区和 L 产区白曲的糖化酶活性分别为 1075.90U/g 和 849.11U/g，说明白曲有很强的糖化能力，能够更好地实现淀粉的降解转化。高温大曲中糖化酶、蛋白酶等活力高低以及产酸微生物与大曲酸度紧密相关，高温大曲中的产酸微生物代谢产酸会导致高温大曲酸度较高，酶活性高的高温大曲酸度会偏高，而实际上糖化酶、蛋白酶活性最高的 MW 和 LW 的酸度并不高，这说明生成的酸可能参与了代谢反应生成其他物质。

（3）不同产区不同色泽高温大曲挥发性风味物质含量的差异

①含量差异分析：从 6 个高温大曲样品中检测到了丰富的风味物质，总体来看可将所有物质分为吡嗪类、酸类、醛类、醇类、酮类、酯类六大类，其中，酯类、醇类、酸类占主导地位。酯类中，主要是棕榈酸乙酯、己酸乙酯、油酸乙酯、油酸甲酯等高沸点酯，白曲的酯类浓度最高。油酸乙酯、己酸乙酯、棕榈酸乙酯对白酒的香味有一定的贡献，但过量会引起酒体浑浊。

研究发现，黄曲的醇类物质浓度比黑曲和黄曲更高，醇类成分中 2,3-丁二醇、苯乙醇、苯甲醇的含量较高，苯甲醇具有茉莉花油、风信子的芳香味。黄曲的酸类成分浓度略低于黑曲，酯类成分浓度低于白曲。白曲的酸类挥发性成分浓度相较于其他类别更高，酸类物质中乙酸、异戊酸含量较高，乙酸可通过酯化反应与醇进一步合成为酯如乙酸乙酯等，对白酒的特殊风味做出了巨大贡献。黑曲的醛类成分浓度比白曲和黄曲的更高些，其中壬醛、苯乙醛的浓度最高，壬醛稀释时呈现出玫瑰和柑橘样的香气。

6 个样本的吡嗪类物质检测出三甲基吡嗪和四甲基吡嗪，这两种物质被认为是酱香型白酒主要的酱香味成分，四甲基吡嗪是白酒中的健康因子以及主要功能性成分之一，赋予白酒有益健康的功能。两个产区的 3 种不同色泽高温大曲中都存在白曲的吡嗪浓度最高的现象，黄曲次之，黑曲最低，这与前期研究报道的结果一致。四甲基吡嗪的前体物质乙偶姻是提高四甲基吡嗪含量的重要物质，白曲中乙偶姻的浓度在 3 种大曲中浓度最高，3 种大曲的乙偶姻浓度与四甲基吡嗪浓度的趋势一致。6 个高温大曲样品中还检出很多其他微量成分，这些物质虽然浓度低，但对白酒的风味前体物质和白酒风味物质的形成也至关重要。

②相关性分析：从 6 种大曲一共检测出 48 种挥发性成分，相同的挥发性成分有 18 种，两个产区的白曲挥发性成分均是最多，其中 LW 有 37 种，MW 有 38 种；黑曲最少，其中 LB 有 28 种，MB 有 31 种。同一产区的 3 种大曲差异很大，不同产区的黑曲差异最大，白曲和黄曲差异较小。不同产区的黄曲、白曲距离接近，说明虽然产区不同但同种香型的高温黄曲、白曲在挥发性成分多样性上的差异远小于同一产区的黑、白、黄曲之间的差异。

对不同产区的 3 种大曲的风味成分差异进行对比分析发现，就黑曲而言两个产区的酯类、酮类和吡嗪类没有明显差距；而 M 产区的醛类浓度远高于 L 产区黑曲，醛类成分以苯乙醛为代表；L 产区黑曲的酸类成分浓度是 M 产区的 2 倍，其中乙酸、异戊酸为主要酸类成分。就黄曲而言，两产区中 L 产区的吡嗪浓度稍高于 M 产区，M 产区的酯类物质浓度比 L 产区更多一些，其余类别的成分两产区相近，无明显差异。就白曲而言，L 产区的吡嗪浓度近似是 M 产区的 2 倍，且 L 产区白曲的吡嗪含量是 3 种大曲浓度最高的。

综上所述，不同产区的同一种高温大曲和同一产区的3种高温大曲在理化指标、主要酶系和挥发性成分上都有一定差异。理化指标发现L产区的水分偏低，酸度较高，3种高温大曲的酸度都存在黑曲最高、黄曲最低的特征。对于不同产区同一高温大曲而言，M产区的中性蛋白酶活性、糖化酶活性比L产区的更高。白曲的中性蛋白酶和糖化酶活性最高。两个产区的糖化力和酯化力都呈现白曲>黄曲>黑曲的趋势。由于糖化力和酯化力受工艺参数影响最大，造成不同产区的3种高温大曲的糖化力和酯化力差异较大。挥发性物质含量表明在高温大曲的挥发性成分多样性中，不同产区的黄曲、白曲的差异并不明显，黑曲差异较大。在高温大曲的挥发性成分类别差异中，不同产区的黑曲和黄曲都有明显的差异，白曲的差异相对较小。通过对不同产区的黑、白、黄曲的差异性进行分析，有助于提高高温大曲的工艺稳定性，为高温大曲的生产理论及工艺的制定提供理论依据，促进成品高温大曲的稳定生产，从而提升酒体的质量。

25、不同色泽高温大曲感官特性、理化指标及细菌群落的差异有哪些?

酱香大曲是以小麦、水和母曲作为生产原料，经过高温发酵和贮存而成，用于生产大曲酱香型白酒的糖化发酵剂。其生产工艺有“制曲黑白黄”一说，即成品曲按照色泽不同分为黄曲、黑曲和白曲，其外观上具有黄曲皮厚，黑曲、白曲皮薄的特点。黄曲酱香浓郁，糖化力较低；黑曲发酵品温高常带有煳味；白曲酱香弱，但其糖化率高。在酱香大曲生产中，黄曲率常作为成品曲块质量分析重要指标之一。通过控制制曲工艺提高黄曲率的研究较普遍，而黄曲与黑、白曲间微生物差异并不明晰，不利于应用微生物技术对酒曲进行改良。大曲微生物组成及代谢决定了大曲的品质，酱香大曲中微生物有细菌、酵母、霉菌以及放线菌。前期研究中，利用传统分离培养方法对黑、白、黄酱香大曲中微生物计数，细菌总数较高，达到10^7数量级，细菌在酱香大曲发酵初期提供酿造所需的酸性环境，产生蛋白酶、脂肪酶、糖化酶、纤维素酶等丰富多样的酶系，且具有酯化、促美拉德反应和产生吡嗪类物质等能力，从而促进酒中多种风味物质的形成。为探究不同色泽高温大曲中细菌群落与理化指标之间的差异，以产自于仁怀市的某酒厂出仓曲黄曲（YQ）、黑曲（BQ）、白曲（WQ）为研究对象，对曲药的水分含量、酸度、液化力以及细菌群落结构进行比较分析，为酱香型白酒大曲的工艺优化及品质提升提供理论支撑。

（1）不同色泽高温大曲感官特性　对不同色泽高温大曲的感官特性进行研究发现，黄曲呈金黄色或棕黄色，曲香浓郁；黑曲呈黑色或棕褐色，带有煳味；白曲呈麦粉色，有生麦味。制曲过程中，小麦磨碎度、拌料水分适中，入仓堆积处于发酵仓中层，溶氧较好易形成黄曲；若入仓堆积的曲坯处于发酵仓中下层，溶氧少、湿气重、水分大，曲坯发酵过程中热曲时间长则易形成黑曲；入仓堆积时，曲坯处于发酵仓上层，门窗密封性不好，水分挥发快，热曲时间短，则易形成白曲。不同色泽高温大曲感官特性见表4-9。

表4-9　不同色泽高温大曲感官特性

色泽	外观	香气	成因
黄曲	皮厚	曲香最佳	前期升温适中，后期干燥良好

续表

色泽	外观	香气	成因
黑曲	皮薄，曲心呈菊花状	有曲香，带煳味，轻度霉味	前期温度偏低，后期干燥不佳
白曲	皮薄，曲心呈菊花状	曲香差，带生麦味、霉味	前期升温过猛，后期干燥不佳

（2）不同色泽高温大曲理化指标　理化指标是衡量大曲成熟与否的重要标志，在一定程度上反映大曲品质。3 种不同感官特性酱香大曲的理化指标检测结果如表 4-10 所示。

表 4-10　　不同色泽高温大曲理化指标

色泽	水分含量/%	酸度/(mmol/g)	液化力/[g/（g·h）]
黄曲	11.63	0.252	1.23
黑曲	12.44	0.31	0.84
白曲	12.89	0.262	0.98

①水分含量：曲药中水分含量过高会导致高温大曲生霉，从而导致高温大曲的质量降低。根据表 4-10，不同高温大曲样品中水分含量由高到低依次为白曲>黑曲>黄曲，水分含量分别为白曲 12.89%、黑曲 12.44%、黄曲 11.63%，均低于 13%，符合地方标准 DB52/T 871—2014《酱香型白酒酿酒用大曲》要求。

②酸度：酸度是高温大曲的关键性指标之一，是微生物菌群综合作用的结果，酸度适当可一定程度上抑制杂菌，还可为有益微生物提供适宜的生长繁殖环境。不同感官特性大曲样品的酸度由高到低依次为黑曲>白曲>黄曲，分别为黑曲 0.31mmol/g、白曲 0.262mmol/g、黄曲 0.252mmol/g。从实际生产经验来看，高温大曲酸度范围应在 0.10～0.35mmol/g，3 种不同色泽高温大曲样品的酸度均符合地方标准 DB52/T 871—2014《酱香型白酒酿酒用大曲》要求。

③液化力：液化力是衡量大曲发酵性能高低的重要指标，液化力高将为产酒、产香奠定物质基础。不同色泽大曲样品液化力由高到低依次为黄曲>白曲>黑曲，分别为黄曲 1.23g/(g·h)、白曲 0.98g/(g·h)、黑曲 0.84g/(g·h)。

（3）不同色泽高温大曲细菌群落分析

①多样性分析：将不同色泽高温大曲样品提取基因组 DNA 后对 V4 区进行测序，进行双端拼接得到优质序列，优质序列再经嵌合体过滤后共获得 308645 条有效序列，平均长度为 297bp。对不同色泽的酱香型白酒高温大曲样品中的共有操作分类单元（Operational Taxonomic Unit，OTU）和特有 OTU 进行检测发现，3 种样品共同的 OTU 有 521 个，黄曲样品特有的 OTU 的为 370 个，白曲样品特有 OTU 的为 146 个，黑曲样品特有的 OTU 为 970 个。从检测结果来看，黄曲、黑曲和白曲样品中的 OTU 组成既有相似性又有特异性。

在群落结构研究中，OTU 的稀释曲线是从样本中随机抽取一定数量序列数与序列所代表的物种数绘制曲线，该曲线反映了样本物种丰富度随测序深度的变化趋势，以及持续抽样下新物种出现的速率。检测结果发现，黄曲、白曲和黑曲样品的稀释曲线前期急剧上升，随着抽取序列的增加趋于平缓，表明在前期随着抽取序列数增加，有大量细菌物种被检出；当抽取检测大于20000个序列后，细菌物种不再随测序数量的增加而显著增多，曲线趋于平缓，表明样本测序量充分。测序结果能真实反映不同色泽酱香型高温大曲的细菌多样性。

在群落结构研究中，Coverage数值表示样本序列覆盖率，Coverage数值与样本中物种被测出的概率成正比，各样本Coverage数值均大于0.99，认为测序结果能够真实反映样品物种丰度及物种多样性。从97%相似度水平下，高温大曲样品Alpha多样性指数值来看，3种大曲样品中黑曲样品的Chao1、Shannon和Ace指数均最高，说明黑曲中物种分布较为均匀且检测出物种总数最高；Simpson指数与黄曲接近，说明两者细菌的多样性差异较小。细菌群落多样性由高至低依次为：黑曲>黄曲>白曲，细菌总数由高至低依次为：黑曲>黄曲>白曲。

②细菌群落结构分析：从黄、黑、白曲属水平上的细菌群落结构分析来看，酱香型白酒高温大曲样品中相对丰度前十的物种有岩石芽孢杆菌属（*Scopulibacillus*）、糖多孢菌属（*Saccharopolyspora*）、芽孢链菌属（*Desmospora*）、克罗彭施泰特氏菌属（*Kroppenstedtia*）、乳酸杆菌属（*Lactobacillus*）、海芽孢杆菌属（*Pontibacillus*）、罗尔斯顿菌属（*Ralstonia*）、枝芽孢杆菌属（*Virgibacillus*）、大洋芽孢杆菌属（*Oceanobacillus*）、芽孢杆菌属（*Bacillus*）。

白曲中相对丰度>1%的包括大洋芽孢杆菌属（*Oceanobacillus*，36.16%）、枝芽孢杆菌属（*Virgibacillus*，27.67%）、芽孢杆菌属（*Bacillus*，21.47%）、芽孢链菌属（*Desmospora*，5.45%）、乳酸杆菌属（*Lactobacillus*，1.64%）、罗尔斯顿菌属（*Ralstonia*，1.56%）。

黄曲中相对丰度>1%的有芽孢杆菌属（*Bacillus*，19.48%）、海芽孢杆菌属（*Pontibacillus*，14.40%）、乳酸杆菌属（*Lactobacillus*，14.02%）、罗尔斯顿菌属（*Ralstonia*，11.43%）、克罗彭施泰特氏菌属（*Kroppenstedtia*，8.90%）、枝芽孢杆菌属（*Virgibacillus*，7.40%）、大洋芽孢杆菌属（*Oceanobacillus*，4.32%）、芽孢链菌属（*Desmospora*，3.12%）、岩石芽孢杆菌属（*Scopulibacillus*，1.56%）、醋杆菌属（*Acetobacter*，1.15%）、糖多孢菌属（*Saccharopolyspora*，1.11%）。

黑曲中相对丰度>1%的有罗尔斯顿菌属（*Ralstonia*，22.21%）、枝芽孢杆菌属（*Virgibacillus*，11.91%）、芽孢杆菌属（*Bacillus*，10.47%）、乳酸杆菌属（*Lactobacillus*，6.39%）、糖多孢菌属（*Saccharopolyspora*，5.39%）、芽孢链菌属（*Desmospora*，3.03%）、海芽孢杆菌属（*Pontibacillus*，2.34%）、岩石芽孢杆菌属（*Scopulibacillus*，1.68%）、根瘤杆菌属（*Rhizobacter*，1.37%）。

总体来看，从不同色泽酱香型高温大曲中检出28个细菌类群，其中属于高相对丰度菌属的有：黄曲中的海芽孢杆菌属（*Pontibacillus*），黑曲中的罗尔斯顿菌属（*Ralstonia*）、糖多孢菌属（*Saccharopolyspora*），白曲中的大洋芽孢杆菌属（*Oceanobacillus*）、枝芽孢杆菌属（*Virgibacillus*）。造成不同色泽酱香大曲细菌群落组成差异的主要是海芽孢杆菌属（*Pontibacillus*）、罗尔斯顿菌属（*Ralstonia*）、糖多孢菌属（*Saccharopolyspora*）、大洋芽孢杆菌属（*Oceanobacillus*）、枝芽孢杆菌属（*Virgibacillus*）和一些相对丰度较低的菌属。

从群落分析结果可知，根据Silva分类学数据库比对鉴别出不同色泽酱香大曲中主导细菌属分别是：白曲中为海洋芽孢杆菌属（*Oceanobacillus*）、枝芽孢杆菌属（*Virgibacillus*）和芽孢杆菌属（*Bacillus*）；黄曲中为芽孢杆菌属（*Bacillus*）、海芽孢杆菌属（*Pontibacillus*）和乳酸杆菌属（*Lactobacillus*）；黑曲中为罗尔斯顿菌属（*Ralstonia*）、枝芽孢杆菌属（*Virgibacillus*）和芽孢杆菌属（*Bacillus*）。黄曲主导细菌属与白曲、黑曲在种类和丰度上有明显差异，白曲和黑曲主导细菌属均包括枝芽孢杆菌属（*Virgibacillus*）和芽孢杆菌属（*Bacillus*）。

芽孢杆菌属是大曲中常见的功能菌，可产生中性、酸性蛋白酶将原料中蛋白质降解为氨基酸和肽类，既为微生物生长提供营养物质，也为美拉德反应提供原料。芽孢杆菌属被证实具有产吡嗪类风味物质能力，特别是甲基类吡嗪化合物被认为是酱香型白酒中的关键风味物质之一。黄曲中主导细菌属为芽孢杆菌属，其可能与黄曲液化力较高、酱香浓郁相关。有很多研究将大曲中的芽孢杆菌应用于制备酱香强化曲。此外，芽孢杆菌属可产生有机酸、纤维素酶等，适量的有机酸可使酒曲 pH 达到微酸性，为酵母和霉菌创造生存环境，纤维素酶可提高出酒率、增加酯含量。

发现造成三种不同色泽酱香型白酒大曲细菌群落结构差异的主要是海芽孢杆菌属（*Pontibacillus*）、罗尔斯顿菌属（*Ralstonia*）、糖多孢菌属（*Saccharopolyspora*）、海洋芽孢杆菌属（*Oceanobacillus*）、枝芽孢杆菌属（*Virgibacillus*）和一些丰度较低的菌属。黄曲中造成细菌群落结构差异的是海芽孢杆菌属（*Pontibacillus*），该菌属曾被证明具有产生 α-淀粉酶能力，α-淀粉酶可将淀粉降解为糊精。

综上所述，某酒厂出仓大曲表现为不同色泽，通过理化分析表明，不同色泽高温大曲样品中水分含量、酸度均符合酱香型白酒高温大曲成品的相关标准。黄曲酱香浓郁且液化力较高，达到 1.23g/(g·h)。酱香浓郁可能与黄曲中芽孢杆菌属（*Bacillus*）为主导细菌属相关，而导致黄曲与黑曲、白曲间的液化力差别可能与其差异贡献较大的海芽孢杆菌属相关。基于高通量测序技术结合理化指标分析，初步探究了不同酱香大曲理化特性差异与细菌多样性与群落结构差异间的关联性。进一步完善不同色泽酱香大曲中微生物组学与理化特性相关性研究，获取酱香大曲中功能微生物，可为提高酱香大曲发酵性能奠定理论与物质基础。

26、不同色泽高温大曲理化特性及霉菌群落间有何关联?

酱香型白酒所用的高温大曲在开放式的环境生产，使得大曲网罗自然中丰富的微生物，而制曲过程中不同的发酵温度、贮存时间、贮存环境等因素，导致了高温大曲中微生物的多样性。高温大曲微生物菌群在曲坯发酵过程中发生一系列复杂的生化反应，为酱香型白酒提供了风味物质前体和发酵所需酶系等。在曲房发酵过程中由于制曲环境和工艺等因素导致了高温大曲中的霉菌以红曲霉属（*Monascus*）、曲霉属（*Aspergillus*）、根霉属（*Rhizopus*）、犁头霉属（*Absidia*）、木霉属（*Trichoderma*）、青霉属（*Penicillium*）、横梗霉属（*Lichtheimia*）、拟青霉属（*Paecilomyces*）和毛霉属（*Mucor*）等为主。高温大曲中的霉菌菌群可产生糖化酶、酯化酶等多种酶类，具有分解曲块、糟醅中的淀粉、蛋白质、脂肪等大分子物质的作用，与高温大曲发酵特性密切相关。通过对浓香型所用的中高温大曲微生物群落与理化性质的冗余分析发现，中高温大曲的糖化力、水分与嗜热真菌属、嗜热子囊菌属、霉菌属、根霉菌属、毛霉属等呈负相关，液化力与嗜热真菌属、嗜热子囊菌属、毛霉属和根霉菌属呈正相关，与曲霉属呈负相关；酸度与曲霉属、根霉属、毛霉属呈正相关，但与嗜热真菌属和嗜热子囊菌属呈负相关。为探究高温不同色泽大曲与其理化特性及霉菌菌群间的关联性，以产自于仁怀市某酒厂的拆仓曲黄曲（YQ）、黑曲（BQ）、白曲（WQ）为研究对象，对曲药的水分含量、酸度、液化力、糖化力、发酵力、酯化力以及霉菌群落组成进行关联性分析，为酱香型白酒大曲的工艺优化及品质提升提供理论支撑。

（1）不同色泽高温大曲理化指标分析　高温大曲理化指标中的水分含量和酸度可在一定程度上表现出大曲质量，液化力、糖化力、酯化力则反映高温大曲中的酶系功能，而发酵力可反映高温大曲中某些微生物生长情况。不同色泽的酱香型高温大曲理化指标如表 4-11 所示，其中水分含量从高到低依次为白曲 12.89%，黑曲 12.44%，黄曲 11.63%，三种色泽高温大曲水分均低于 13%，代表高温大曲的水分含量适宜且成熟度较好。适宜的酸度可以抑制高温大曲中杂菌的生长，酱香型白酒所用的高温大曲酸度的范围为 0.1~0.35mmol/g，三种不同色泽高温大曲酸度从高到低依次为黑曲 0.316mmol/g，白曲 0.264mmol/g，黄曲 0.252mmol/g，均在适宜的酸度范围。发酵力从高到低依次为黄曲 1.56U，黑曲 1.51U，白曲 1.46U；液化力从高到低依次为黄曲 1.23U，白曲 0.98U，黑曲 0.84U；酯化力从高到低依次为黄曲 22.63U，黑曲 22.48U，白曲 22.16U；糖化力从高到低依次为白曲 356.09U，黄曲 283.27U，黑曲 220.07U。所测指标与前期研究中贮存初期的酱香型白酒所用的高温大曲理化指标基本吻合。三种色泽的酱香型白酒高温大曲的糖化力有显著性差异，反映了高温大曲对曲坯及糟醅中淀粉的转化率，含量越高，转化率越高。酱香型白酒所用的高温大曲的糖化力与微生物的生长繁殖有一定的相关性，特别是霉菌；酯化力和发酵力都作为高温大曲生化功能的动态指标，与高温大曲中微生物多样性及其代谢有密切联系。

表 4-11　　不同色泽高温大曲理化指标检测结果

色泽	水分含量/%	酯化力/U	糖化力/U	液化力/U	酸度/（mmol/g）	发酵力/U
白曲	12.89^{a}	22.16^{a}	356.09^{a}	0.98^{b}	0.264^{b}	1.46^{a}
黄曲	11.63^{b}	22.63^{a}	283.27^{b}	1.23^{a}	0.252^{b}	1.56^{a}
黑曲	12.44^{a}	22.48^{a}	220.07^{c}	0.84^{a}	0.316^{a}	1.51^{a}

注：a、b、c 表示相同测定指标，不同试验组之间存在显著性差异（$P<0.05$）。

（2）不同色泽高温大曲中霉菌的分离、纯化与鉴定　从 3 种不同色泽的酱香型高温大曲中共分离纯化出霉菌 78 株（分别命名为 BQM-01~BQM-23；YQM-01~YQM-26；WQM-01~WQM-29），其中白曲霉 29 株，黄曲霉 26 株，黑曲霉 23 株。将 78 株霉菌菌株测序所得序列上传至 NCBI 获得序列号，进行 Blast 序列比对并借助构建系统发育树发现，78 株霉菌中有 33 株属于横梗霉属（*Lichtheimia*），WQM-21、WQM-24、WQM-25 等 13 株菌与 MT982159.1 伞枝横梗霉（*Lichtheimia corymbifera*）同源性达 100%，YQM-10、YQM-05、WQM-07、WQM-17、WQM-19 与 MG772621.1 内生枝孢霉（*Lichtheimia ornata*）同源性达 99%，YQM-12、YQM-21 与 JN579140.1 香港横梗霉（*Lichtheimia hongkongensis*）同源性达 100%，BQM-01、YQM-01、YQM-02 等 13 株菌与 MH453383.1 分枝横梗霉（*Lichtheimia ramosa*）同源性均超过 99%。有 4 株属于青霉属（*Penicillium*），WQM-09、WQM-32 与 MN197688.1 产黄青霉（*Penicillium chrysogenum*）同源性达 100%，WQM-03、

WQM-27 与 NG070021.1 缓慢产黄青霉（*Penicillium tardochrysogenum*）同源性达 99%。3 株属于曲霉属（*Aspergillus*），BQM-20 与 MT226558.1 聚多曲霉（*Aspergillus sydowii*）同源性达 100%，BQM-23 与 MH876710.1 四脊曲霉（*Aspergillus quadrilineatus*）同源性达 100%，YQM-08 与 NG069721.1 中间曲霉（*Aspergillus intermedius*）同源性达 99%。36 株属于拟青霉属（*Paecilomyces*），BQM-09、BQM-10、WQM-02 等 11 株与 MH874957.1 球拟曲霉（*Paecilomyces subglobosus*）同源性达 99%，BQM-02、BQM-03、BQM-04 等 25 株与 ON853979.1 宛氏拟青霉（*Paecilomyces variotii*）同源性达 100%。1 株属于附球菌属（*Epicoccum*）和 1 株属于帚霉属（*Scopulariopsis*），WQM-04 与 MN654935.1 高粱附球霉（*Epicoccum endophytica*）同源性达 100%；BQM-18 与 EU862178.1 短柄帚霉（*Scopulariopsis brevicaulis*）同源性达 100%。

从不同色泽高温大曲样品中鉴定出的霉菌 78 株，包括 6 个属 13 种，其中，白曲中霉菌为球拟青霉（*Paecilomyces subglobosus*，31.03%）、宛氏拟青霉（*Paecilomyces variotii*，24.14%）、伞枝横梗霉（*Lichtheimia corymbifera*，17.24%）、内生枝孢菌（*Lichtheimia ornata*，10.34%）、缓慢产黄青霉（*Penicillium tardochrysogenum*，6.90%）、产黄青霉（*Penicillium chrysogenum*，6.90%）、高粱附球霉（*Epicoccum endophytica*，3.45%）；黄曲中霉菌有分枝横梗霉（*Lichtheimia ramosa*，46.15%）、伞枝横梗霉（*Lichtheimia corymbifera*，26.92%）、宛氏拟青霉（*Paecilomyces variotii*，7.69%）、香港横梗霉（*Lichtheimia hongkongensis*，7.69%）、内生枝孢霉（*Lichtheimia ornata*，7.69%）、中间曲霉（*Aspergillus intermedius*，3.85%）；白曲中霉菌有宛氏拟青霉（*Paecilomyces variotii*，69.57%）、球拟曲霉（*Paecilomyces subglobosus*，8.70%）、分枝横梗霉（*Lichtheimia ramosa*，4.35%）、短柄帚霉（*Scopulariopsis brevicaulis*，4.35%）、伞枝横梗霉（*Lichtheimia corymbifera*，4.35%）、聚多曲霉（*Aspergillus sydowii*，4.35%）、四脊曲霉（*Aspergillus quadrilineatus*，4.35%）。其中宛氏拟青霉（*Paecilomyces variotii*）和伞枝横梗霉（*Lichtheimia corymbifera*）两种霉菌在三种大曲中均被鉴定出来，内生枝孢霉（*Lichtheimia ornata*）存在于白曲和黄曲中，球拟曲霉（*Paecilomyces subglobosus*）存在于白曲和黑曲中，分枝横梗霉（*Lichtheimia ramosa*）存在于黄曲和黑曲中，中间曲霉（*Aspergillus intermedius*）和香港横梗霉（*Lichtheimia hongkongensis*）仅在黄曲中鉴定出来，缓慢产黄青霉（*Penicillium tardochrysogenum*）、高粱附球霉（*Epicoccum endophytica*）和产黄青霉（*Penicillium chrysogenum*）仅在白曲中鉴定出来，短柄帚霉（*Scopulariopsis brevicaulis*）、聚多曲霉（*Aspergillus sydowii*）和四脊曲霉（*Aspergillus quadrilineatus*）仅在黑曲中鉴定出来。在三种不同色泽的高温大曲中共有或特有的霉菌菌种中分枝横梗霉（*Lichtheimia ramosa*）和伞枝横梗霉（*Lichtheimia corymbifera*）在酒曲中具有很强的耐热性、生长能力，是产生蛋白酶、脂肪酶的主要菌种；宛氏拟青霉（*Paecilomyces variotii*）大多在酱香型大曲中都有发现，耐热性很强，可以降解甲醇和糠醛类有害物质，解除对酵母菌的抑制作用，是重要的调节性霉菌。黑曲和黄曲中鉴定到的曲霉属（*Aspergillus*）作为酿造过程中主要的供酶菌源，耐热性好，能产生糖化酶、蛋白酶、淀粉酶等活性较高的水解酶类，已有多株高产酶的菌株从自然发酵体系中分离筛选出来，并被初步应用于强化白酒发酵过程。

（3）不同色泽高温大曲理化指标与霉菌群落关联性分析　采用冗余分析解析霉菌群落中优势菌群与高温大曲理化指标之间的关联性，其中两因素间的夹角为锐角时，表示存在正相关，反之为负相关；两因素投影到另一个因素的长度越长则相关性越大。结果发现，高温大曲中液化力与酯化力、发酵力和糖化力都呈正相关，其中糖化力与球拟青霉（*Paecilomyces subglobosus*）、伞枝横梗霉（*Lichtheimia corymbifera*）、缓慢产黄青霉（*Penicillium tardochrysogenum*）、高粱附球霉（*Epicoccum endophytica*）、内生枝孢霉（*Lichtheimia ornata*）、产黄青霉（*Penicillium chrysogenum*）呈正相关，液化力与分枝横梗霉（*Lichtheimia ramosa*）、伞枝横梗霉（*Lichtheimia corymbifera*）、中间曲霉（*Aspergillus intermedius*）、内生枝孢霉（*Lichtheimia ornata*）、香港横梗霉（*Lichtheimia hongkongensis*）呈正相关，发酵力和酯化力与分枝横梗霉（*Lichtheimia ramosa*）、中间曲霉（*Aspergillus intermedius*）、内生枝孢霉（*Lichtheimia ornata*）、香港横梗霉（*Lichtheimia hongkongensis*）呈正相关，由此看出影响糖化力、酯化力、液化力和发酵力的主要菌属为横梗霉属，研究表明横梗霉属与糖化酶系统的关键蛋白有关；水分与酸度呈正相关，水分与宛氏拟青霉（*Paecilomyces variotii*）、球拟青霉（*Paecilomyces subglobosus*）、短柄帚霉（*Scopulariopsis brevicaulis*）、聚多曲霉（*Aspergillus sydowii*）、四脊曲霉（*Aspergillus quadrilineatus*）、缓慢产黄青霉（*Penicillium tardochrysogenum*）、球拟曲霉（*Epicoccum endophytica*）、内生枝孢霉（*Lichtheimia ornata*）、产黄青霉（*Penicillium chrysogenum*）呈正相关；酸度与宛氏拟青霉（*Paecilomyces variotii*）、短柄帚霉（*Scopulariopsis brevicaulis*）、聚多曲霉（*Aspergillus sydowii*）、球拟曲霉（*Aspergillus quadrilineatus*）呈正相关，由此看出影响水分含量的主要是青霉属，影响酸度的主要为拟青霉属。

通过对高温大曲中不同色泽的酱香型高温大曲的理化指标和可培养霉菌群落之间的关联性分析发现，三种不同色泽高温大曲的理化指标水分含量均低于13%；酸度均在0.1~0.35mmol/g范围内；发酵力和酯化力大小为黄曲>黑曲>白曲；液化力大小为黄曲>白曲>黑曲；糖化力大小为白曲>黄曲>黑曲。从三种不同色泽酱香型大曲中分离出78株霉菌，经鉴定为6个属13种。在三种不同色泽高温大曲中均鉴定出宛氏拟青霉（*Paecilomyces variotii*）和伞枝横梗霉（*Lichtheimia corymbifera*），内生枝孢霉（*Lichtheimia ornata*）存在于白曲和黄曲中，球拟青霉（*Paecilomyces subglobosus*）存在于白曲和黑曲中，分枝横梗霉（*Lichtheimia ramosa*）存在于黄曲和黑曲中；黄曲中鉴定出的特有菌株为中间曲霉（*Aspergillus intermedius*）和香港横梗霉（*Lichtheimia hongkongensis*），白曲中鉴定出的特有菌株为缓慢产黄青霉（*Penicillium tardochrysogenum*）、高粱附球霉（*Epicoccum endophytica*）和产黄青霉（*Penicillium chrysogenum*），仅在黑曲中鉴定出的菌株为短柄帚霉（*Scopulariopsis brevicaulis*）、聚多曲霉（*Aspergillus sydowii*）和四脊曲霉（*Aspergillus quadrilineatus*）。分析不同色泽酱香型高温大曲霉菌群落组成与理化指标之间的关系，结果表明糖化力、液化力、酯化力和发酵力的主要关联菌属均为横梗霉属（*Lichtheimia*）。通过解析三种不同色泽酱香型高温大曲理化指标和霉菌鉴定之间的关联性，进一步掌握了不同色泽酱香型高温大曲中的霉菌生物信息，为进一步研究高温大曲中的功能性微生物的研究奠定基础，并为掌握不同色泽高温大曲呈现的原因做好基础研究。

27、仿生机械压曲机对高温大曲制曲工艺及品质有何影响？

目前，机械制曲在浓香型白酒厂得到广泛应用，大大减轻了员工的劳动强度，节约了人工成本，提高了生产效率，改善了生产环境，生产进步明显。中国白酒产业制曲设备大致有机械压制和液压装置两种，均为“盖章式”的压曲方式，各部位压力几乎相等，一定程度上不能完全满足传统踩制曲坯所应达到的加工要求。“盖章式”压曲机普遍存在曲料偏细、曲坯提浆效果差、水分偏少而又偏紧、泡气程度差等缺陷，如果将水分适当调大时，曲坯又难以成型，始终不尽如人意；而水分的多少和麦料的粗细度是制坯效果的关键，四周紧中间松的曲坯是决定发酵效果的前提。“盖章式”的压曲机，由于存在一定的缺陷，不利于曲坯菌丝的生长，不利于好氧微生物的繁殖，也不利于生香功能菌的培养和代谢，升温幅度达不到最理想的状态，一定程度上影响成品曲的最佳质量；发酵后的曲坯不泡气，挂衣差，菌丝生长不好，生成的香味物质不丰富，曲香味不浓郁等。因此，对“盖章式”的压曲机进行设计上的改进势在必行，完全模拟人工踩曲的方式设计的“仿生机械压曲机”成为研究热点。

仿生机械压曲机的压曲方式是初压成型+多次模拟人工踩曲，压曲机初成型采用液压，模拟人工踩曲动作采用独创气缸两阶段多次踩曲技术，所有动作分别由不同的油压缸和气缸完成，动作直观，容易查找故障点；滑动部分采用成品无油润滑轴承和直线滑轨，滑动效果好，同时减少了摩擦和维护，不污染曲料；专门设计有送料装置，保证每块曲坯厚度一致；与曲料接触的部分全部采用优质不锈钢制作，确保曲料卫生清洁；油缸采用缓冲缸，噪声大大降低，更有效保护了工人的身心健康；高度智能化，操作简单直观，各项参数完全数字化；不锈钢脚板对曲料多次进行踩制，使曲料揉搓得更加彻底，曲料的黏连性更加明显，面筋的形成与作用更加到位，提浆的效果也更好，曲坯整体的松紧度恰到好处，改变了曲块包包形状，有效实现了中间松四周紧，成型曲块的松紧度趋近于人工踩曲，仿生机械制曲坯为培菌发酵提供了良好的条件，弥补了“盖章式”压曲方式所存在的缺陷。

（1）润粮、粉碎和拌料　小麦和水是高温大曲制曲的主要原料，原料严格按标准验收入库，认真计量和管理，粉碎程度按 4∶4∶2 的比例进行。仿生机械制曲的润粮水分平均为 14.08%，人工制曲的润粮水分平均为 14.14%，其润粮水分相差小；仿生机械制曲的拌料水分平均为 38.9%，传统人工制曲的拌料平均水分为 39.0%，两者悬殊不大（表 4-12）。仿生机械制曲的润粮水分和拌料水分都在工艺控制的范围内，拌料过程中仍需添加同比例的母曲量。

表 4-12　仿生机械制曲与人工制曲曲料含水量对比

轮次	润粮水分/%		拌料水分/%	
	仿生机械制曲	人工制曲	仿生机械制曲	人工制曲
第 1 轮次	13.5	13.0	37.5	38.8
第 2 轮次	13.3	14.8	37.8	39.6
第 3 轮次	13.2	13.0	38.5	38.8
第 4 轮次	13.0	12.8	38.6	38.9
第 5 轮次	14.8	14.0	39.3	39.0
第 6 轮次	14.7	14.5	39.4	38.9
第 7 轮次	14.9	15.5	39.6	39.0
第 8 轮次	15.2	15.5	39.2	39.0

（2）入室发酵　仿生机械制曲每台机器每天生产2间曲房的曲，每间发酵房平均投小麦8768kg，压制曲坯约1370块，每块干曲料约为6.4kg，每块湿曲块重约9.8kg，曲坯大小与人工曲基本一致，但曲坯的厚度和松紧度较人工曲均匀。入室后的曲坯均使用稻草覆盖保温发酵，经历两次翻曲。高温仿生机械制曲和传统人工曲的曲房结构相同，一次翻曲和二次翻曲的时间一样，而且是同时进行，其升温情况稍有差异，但升温情况良好，均在工艺的正常范围内（表4-13）。

表4-13　仿生机械制曲与人工制曲翻曲温度对比

轮次	仿生机械制曲		传统人工制曲	
	一次翻曲/℃	二次翻曲/℃	一次翻曲/℃	二次翻曲/℃
第1轮次	67.5	50.2	64.4	53.1
第2轮次	66.9	56.0	65.3	55.7
第3轮次	66.5	53.2	64.4	53.1
第4轮次	64.7	54.5	65.0	54.6
第5轮次	66.0	53.6	65.5	54.7
第6轮次	63.6	52.9	63.9	53.2
第7轮次	63.8	52.9	63.6	53.0
第8轮次	64.3	52.5	63.8	51.9

高温仿生机械制曲一次翻曲的温度平均为65.4℃，最高温度为67.5℃，最低温度为63.6℃；传统人工制曲一次翻曲的平均温度为64.5℃，最高温度为65.5℃，最低温度为63.6℃。仿生机械制曲的平均温度比传统人工制曲高0.9℃，两者最低温度均为63.6℃。一次翻曲时高温发酵的特点明显，在曲坯水分和温度合适的条件下，氨基酸与糖作用发生美拉德反应，尤其在曲坯发酵至7d后翻曲时，曲颜色变深，酱味变浓，少数曲坯黄白交界的接触部位开始有轻微的曲香，酱香物质逐渐形成。在整个高温阶段，嗜热性芽孢杆菌对制曲原料中蛋白质的分解和水解淀粉的能力很强，为曲的酱香物质的形成起着极其重要的作用，满足高温制曲的工艺要求。高温仿生机械制曲二次翻曲的温度平均为53.2℃，比一次翻曲时缓落了12.2℃，最高温度为56.0℃，最低温度为50.2℃；传统人工制曲二次翻曲的平均温度为53.7℃，比一次翻曲时缓落了11.2℃，最高温度为55.7℃，最低温度为51.9℃。仿生机械制曲的平均温度比传统人工制曲低0.5℃，二次翻曲时的温度挺度平稳有力，符合高温制曲的工艺要求。

（3）曲房升温变化趋势　以第4轮次生产为例，仿生机械制曲和传统人工制曲各检测10间发酵房，每间发酵房选取2个测温点，观察和分析平均升温状况。如表4-14所示，在34d中，仿生机械制曲升温累计数为804，传统人工制曲升温累计数为841；在第38天时，仿生机械制曲的温度为31℃，传统人工制曲的温度为33℃；仿生机械制曲的升温曲线走向平缓而标准，符合“前缓、中挺、后缓落”的工艺要求，顶温达到高温制曲的温度标准；传统人工曲的升温曲线在一次翻曲后的走向小有波动，发酵中期有忽升忽降的表现，顶温比仿生机械制曲高，升温累计数大于仿生机械制曲，有利于酱香物质的形成。

表 4-14　　仿生机械制曲与人工制曲升温趋势对比

时间/d	仿生机械制曲/℃	人工制曲/℃
2	50	49
4	55	59
6	58	65
8	64	67
10	60	45
12	58	48
14	56	51
16	55	49
18	44	48
20	44	52
22	43	50
24	42	47
26	40	44
28	37	42
30	34	43
32	32	42
34	32	40
36	31	37
38	31	33

（4）成品曲质量评价　按照企业制定的《曲药入库验收办法》和《曲药入库验收分级标准》，对仿生机械制曲进行质量评价和分析发现，仿生机械制曲的质量等级与传统人工曲相近，黄曲率和黑曲率优于传统人工曲。如表 4-15 所示，仿生机械制的曲的水分、酸度较传统人工曲高，糖化力较传统人工曲低，这跟曲坯的松紧度、发酵温度和发酵过程中水分蒸发快慢有一定关系。

表 4-15　　仿生机械制曲成品曲质量及理化指标

评价指标	仿生机械制曲	人工制曲
黄曲率/%	88.60	88.00
白曲率/%	8.10	9.00
黑曲率/%	3.30	3.00
水分/%	12.48	11.20
酸度/（mmol/g）	0.209	0.135
糖化力/［mg/(g·h)］	66.70	103.00
液化力/［g/(g·h)］	0.11	0.11

（5）仿生机械制曲酿酒试验　使用本地糯高粱为生产原料，严格按照“两次投粮、七次取酒、八次发酵、九次蒸馏”的传统酱香生产工艺进行，高温酿造特点贯穿整个生产过程，匠人精心操作、科学管理，按56t班组的投粮标准计，平均每个班组产酒91t，最高班组产酒98t，2个仿生机械制曲班组的酿酒生产，取得了显著的成绩和效果（表4-16）。

表4-16　仿生机械制曲酿酒试验

项目	试验班组1	试验班组2
投粮/kg	180000	180000
投糠/kg	36900	36900
投曲/kg	172800	172800
累积产酒量/kg	126216	125244
出酒率/%	70.12	69.58
优质酒率/%	65.50	65.10

综上所述，仿生机械制曲高度模拟人工踩曲的特点，几只机械脚掌无数次地交叉踩压曲坯，充分对麦料进行交叉挤压的同时，不断对麦料起到揉熟和提浆的作用，增强了面筋的韧性和浆水的黏性，成型的曲坯泡气、不死板，使曲坯的加工和制作更加到位。仿生压曲机的这些特点正是弥补了“盖章式”压曲机所存在的缺陷。与传统人工制曲相比，一台高温仿生压曲机工作效率相当于6个工人，大大节约了人工成本。仿生机械制曲的发酵质量与传统人工曲无差异，其发酵升温、菌丝的生长、成品曲的颜色、断面和香味等指标均达到高温大曲的质量标准。运用于酿酒实践发现，高粱出酒率分别为70.12%和69.58%，出酒率达到很高的水平，在业内也属优异成绩；实现了多产酒、产好酒的目标，生产效益和经济效益十分显著。高温仿生机械制曲在生产中的应用取得成功。大生产更需要大实践，高温仿生机械制曲在酿酒生产上可扩大应用范围。

28、如何从高温大曲中选育高产四甲基吡嗪的微生物？

四甲基吡嗪作为川芎的主要活性成分，也被称为川芎嗪，是一类广泛存在于食品中的生物碱。酱香型白酒中的四甲基吡嗪能赋予其烘烤香气，是形成酱香风味的重要成分。食品中的四甲基吡嗪多产生于美拉德反应，但有研究表明酱香型白酒中的四甲基吡嗪主要是通过枯草芽孢杆菌和地衣芽孢杆菌等微生物产生。芽孢杆菌作为酱香型白酒生产过程中产生酱香风味的主要微生物，可以产生3-羟基丁酮（也称为乙偶姻）等风味物质，还可代谢产生蛋白酶把蛋白质降解为氨基酸，氨基酸在氨基酸脱氢酶作用下继续脱氢产生的氨与其代谢产物3-羟基丁酮发生非酶促反应合成四甲基吡嗪。前期研究中发现酱香型白酒酿造过程中高温大曲是细菌的主要来源，鉴于此，可通过初步筛选大曲中高产乙偶姻和蛋白酶的芽孢杆菌，再从中筛选高产四甲基吡嗪及其前体物质的芽孢杆菌，用以制作功能性大曲并运用于酱香型白酒生产，进而提高四甲基吡嗪的含量。

（1）材料与方法

①材料：

高温大曲：某酱香型白酒生产公司提供的贮存半年后成品粉碎曲和曲块。

试剂：色谱纯四甲基吡嗪，上海安谱实验科技股份有限公司；肌酸，成都西亚化工股份有限公司；酵母浸粉，OXOID 品牌；蛋白胨、牛肉膏粉，北京奥博星生物技术有限责任公司；氢氧化钠、氯化钠、葡萄糖、牛肉膏，国药集团化学试剂有限公司；磷酸氢二钠，天津大茂化学试剂厂；酪蛋白、磷酸氢二铵，北京索莱宝科技有限公司。

②培养基配方：

营养琼脂培养基：蛋白胨 10g，牛肉膏粉 3g，氯化钠 5g，琼脂 20g，加入 1mL 浓度为 0.04g/mL 的溴甲酚紫乙醇溶液，用蒸馏水定容至 1000mL，调节 pH 为 7.3，121℃灭菌 20min。

高盐琼脂培养基：蛋白胨 10g，牛肉膏粉 3g，氯化钠 100g，琼脂 20g，加入 1mL 浓度为 0.04g/mL 的溴甲酚紫乙醇溶液，用蒸馏水定容至 1000mL，调节 pH 为 7.3，121℃灭菌 20min。

V-P 培养基：葡萄糖 5g，蛋白胨 5g，氯化钠 5g，用蒸馏水定容至 1000mL，调节 pH 为 7.2，121℃灭菌 20min。

酪蛋白琼脂培养基：酪蛋白 10g，牛肉膏 3g，氯化钠 5g，磷酸氢二钠 2g，琼脂 20g，用蒸馏水定容至 1000mL，并调节 pH 为 7.0~7.2，121℃灭菌 20min。

芽孢杆菌培养基（LB 培养基）：酵母浸粉 5g，氯化钠 10g，蛋白胨 10g，用蒸馏水定容至 1000mL，调节 pH 为 7.4，121℃灭菌 20min。

发酵培养基（YPG 培养基）：葡萄糖 100g，蛋白胨 30g，酵母膏 10g，磷酸氢二铵 30g，用蒸馏水定容至 1000mL，调节 pH 为 7.5，115℃灭菌 15min。

③试验方法：

芽孢杆菌富集：对高温大曲样品进行粉碎，每个样品均取两份含量为 25g 的曲粉，分别置于 100mL 的生理盐水和 LB 培养基中。将生理盐水样品于 37℃、150r/min 摇床中振荡 30min，稀释涂布于营养琼脂培养基和高盐琼脂培养基中，将营养琼脂培养基置于 45℃培养箱中培养 1d，将高盐琼脂培养基置于 37℃培养箱中培养 1d。LB 培养基样品于 37℃、150r/min 摇床中培养 1d 后，置于 100℃水浴锅中水浴 30min，稀释涂布于营养琼脂培养基上，置于 37℃培养箱中培养 1d。最后再对各平板微生物进行多次纯化并保藏。

菌种初筛：将上述微生物活化后接种于 V-P 培养基上，37℃培养箱中培养 2d，将活化后的微生物点接到酪蛋白琼脂培养基上，37℃培养箱中培养 1d，通过 V-P 反应中吸光度判断各微生物乙偶姻产生能力，通过酪蛋白琼脂培养基透明圈直径判断各微生物产蛋白酶能力。以产乙偶姻能力为主，产蛋白酶能力为辅，筛选出乙偶姻和蛋白酶产量较优的微生物。

菌种复筛：将初筛得到的微生物分别接种到 YPG 培养基中，置于 37℃、180r/min 摇床中发酵 3d，根据各微生物发酵液中四甲基吡嗪浓度筛选出高产四甲基吡嗪微生物。

菌种鉴定：先做简单的形态鉴定，观察菌落表面形状、大小、颜色和边缘等特征，并通过显微镜观察微观形态；在形态鉴定的基础上做分子生物学鉴定，对微生物进行 16S rDNA 测序，利用 NCBI 中的在线工具 Blast 将获得的基因序列与 GenBank 中的标准菌株进行比对，选取同源性高于 99%的部分具有代表性的物种，通过软件 MEGA X 选择 Neighbor-Joining 模型构建系统发育树，进行同源性分析。

④高产四甲基吡嗪微生物的模拟应用：称取若干小麦置于锥形瓶中进行灭菌，按照

7%的比例加入母曲，接入10%的高产四甲基吡嗪微生物菌液，置于37℃培养箱中培养4d，对发酵物进行香气评价和四甲基吡嗪含量检测。

⑤测定分析方法：乙偶姻含量粗测采用V-P反应和光度法。四甲基吡嗪含量测定采用高效液相色谱法，液态发酵样品稀释10倍后进行检测。固态发酵样品先于12%（体积分数）乙醇溶液中浸泡10min，再超声处理30min，最后离心进行检测。

（2）筛选结果

①高产四甲基吡嗪微生物初筛：酱香型白酒四甲基吡嗪多由微生物产生，乙偶姻是微生物合成四甲基吡嗪的前体物质，可通过V-P反应后的吸光度大小判断微生物产乙偶姻能力强弱。蛋白酶可以把蛋白质降解为氨基酸，为四甲基吡嗪合成提供前体物质，可根据酪蛋白培养基上透明圈大小判断产蛋白酶能力强弱。从富集纯化的38株微生物中筛选高产乙偶姻和蛋白酶微生物，进而筛选四甲基吡嗪产量高的微生物。根据吸光度值初选出的6株菌株既能产生较高含量的乙偶姻，又能产生丰富的蛋白酶，具有高产四甲基吡嗪的潜力，因此将这些菌株作为待定菌株，并通过后续发酵实验进一步筛选目标微生物。

②高产四甲基吡嗪微生物复筛：基于产乙偶姻能力和产蛋白酶能力初筛得到的6株菌种，通过进一步发酵试验以筛选高产四甲基吡嗪微生物，再结合初筛结果可以发现产乙偶姻能力强的菌株，在四甲基吡嗪产量上具有更好表现，说明较高产量的前体物质（乙偶姻）对四甲基吡嗪的产生有一定助益。

③形态学观察：将复筛得到的菌株分别接种于营养琼脂培养基和LB培养基上培养1d，对其宏观菌落形态和微观细胞形态进行观察，主要观察菌落在营养琼脂培养基上的菌落形态，在LB培养基中菌株经适当稀释并染色后通过显微镜进行观察菌株细胞的具体形态，根据观测结果初步判断菌种的种类。

④分子生物学鉴定：对复筛得到的菌株进行16S rDNA测序，利用NCBI中的在线工具Blast将测序获得的基因序列与GenBank中的标准菌株进行比对，选取同源性高于99%的部分作为代表性的物种，并通过软件MEGA X选择Neighbor-Joining模型构建系统发育树，经过对比研究就可确定复筛得到菌株的菌种名称。

⑤复筛菌株的模拟应用：为了探究筛选得到的高产四甲基吡嗪微生物菌种对酱香型高温大曲生产的影响，可以进行应用试验，如以未接种小麦组、加母曲小麦组、加母曲和菌液小麦组为原料进行对比。从目前的研究来看，相较于未接种小麦组和加母曲小麦组，加母曲和菌液小麦组既能产生较高含量的四甲基吡嗪，又具有酱香味和酒香味，说明单独加入母曲的小麦在短时间发酵过程中仅有霉菌较为活跃，无四甲基吡嗪产生，加入母曲和菌液则可以加速四甲基吡嗪的产生。同时也说明筛选得到的高产蛋白酶的菌株可以降解小麦，有益于母曲中酵母等微生物在小麦中的生长繁殖。

29、高温大曲霉菌与酶系有何关联性?

高温大曲是以纯小麦为原料制成的含多种微生物和酶的发酵剂，制曲温度在60～65℃，为酱香型白酒提供微生物、酶系、风味物质，以及风味前体物质。高温大曲的发酵以及贮存过程中，由于微生物的生理生化代谢会产生一系列的酶，如酸性蛋白酶、中性蛋白酶、液化酶、糖化酶、纤维素酶、半纤维素酶、果胶酶、脂肪酶、单宁酶和植酸酶等，进而形成了高温大曲特有的酶系，这些酶系能将原料中大分子物质降解成为小分子，以供微生物生长利用及发酵代谢。高温大曲中一些代谢产物是酱香型白酒中重要的风味物质或风味前体物质，这些代谢产物虽含量低，却对酱香型白酒风格特征的形成具有重要作用。从目前的研究来看，高温大曲中含有丰富的酶系，这些酶系主要包括来源霉菌代谢产生的糖化酶、液化酶、蛋白酶等，也有研究表明不同种类的霉菌在酿造过程中代谢的酶类存在差异，发挥不同的功能，霉菌类群的差异必然影响酶种类及酶活性差异，因此探究二者的关系可以更加明确高温大曲各种具体特征品质的来源。以贵州区域5个酒厂的酿酒曲粉（编号为MF01、MF02、MF03、MF04、MF05）为研究对象，对高温大曲中霉菌菌群与酶系间的关联性进行探究。

（1）高温大曲理化指标与酶系的探究　以5个酱香大曲作为试验材料测定高温大曲的各项理化指标（酸度、淀粉含量、水分、氨基酸态氮含量、发酵力、酯化力、糖化力和液化力）以及蛋白酶、淀粉酶、纤维素酶、半纤维素酶、脂肪酶、果胶酶、单宁酶和植酸酶构成的酶系。高温大曲的水分、酸度、淀粉含量、氨基酸态氮含量等是评价高温大曲质量的主要理化指标。高温大曲微生物不能直接利用淀粉进行发酵，需要将原料中的淀粉进行糖化降解，高温大曲糖化力与糖化酶活性和液化酶活性密切相关，糖化力高则高温大曲中淀粉利用率高，关系到原料的糖化结果，影响白酒的出酒率。结果显示各高温大曲均有糖化酶和液化酶含量高而淀粉含量低的趋势。高温大曲样品中糖化酶活性在445~1263U/g，差别很大，使得各高温大曲的糖化力差异大。而糖化酶和液化酶活性大小与高温大曲中微生物的生长、繁殖、代谢直接相关，尤其是霉菌，其中曲霉、根霉对大曲糖化力影响较大。糖化酶作为淀粉水解酶，作用于淀粉的非还原性末端的α-1,4-糖苷键，可将淀粉、糊精等水解为葡萄糖，且有助于酵母分解葡萄糖生成乙醇。高温大曲由纯小麦制得，而小麦中淀粉的含量最高，为微生物生长代谢提供丰富的糖源。

同时，大曲中果胶、蛋白质、脂肪和纤维素等的降解也有利于原料中淀粉的降解，各样品中都检测到酸性蛋白酶、中性蛋白酶和果胶酶，而纤维素酶只有在MF04和MF05中检测到，半纤维素酶在这两个大曲中并未检测到，而这两种酶的加入好像对淀粉含量没有太大影响，可能与大曲制作时就已经粉碎，原料中就已经有大量的淀粉有关。大曲中氨基酸态氮的含量与大曲中酸性蛋白酶的活性以及产酸微生物有着密切关系，蛋白酶降解小麦中的蛋白质成小分子的多肽和氨基酸，使得大曲中的酸度增高，由于蛋白质对淀粉的包裹作用，阻遏淀粉的降解速度，因此提高蛋白质的降解速度，有利于淀粉的降解。大曲中MF01、MF02和MF03的两种蛋白酶活性相对较高，但酸性并不高，说明降解的氨基酸参与了微生物的生长代谢。在微生物生长过程中，氮源的含量影响微生物的生长代谢，高含量的氨基酸促进酵母的代谢，同时为美拉德反应提供了前体物质。此外产酒酵母和产酯酵母是提供大曲发酵力和酯化力的主要微生物。从结果可知，各样品都有一定的发酵力和酯化力，MF01的发酵力很低，应该与酵母的数量和种类有关，酯化力没有明显差异。大曲中的生酸微生物能够利用淀粉、脂肪、蛋白质的降解以及有机酸代谢产酸，因此大曲酸度与大曲中糖化酶、液化酶、酸性蛋白酶、脂肪酶等活性高低以及产酸微生物密切相关，但从结果可以看到MF02的蛋白酶和脂肪酶含量都比较高，但酸度并不高，可能生成的酸被代谢为其他物质了，如酯类。此外，酸性蛋白酶分解大曲原料中蛋白质生成多肽及氨基酸等白酒呈香物质或者前体物质，同时，氨基酸和还原糖可以发生美拉德反应，生成了白酒呈香物质。有文献报道大曲中的酸性蛋白酶的主要来源为米曲霉、黑曲霉、根霉，这种酶活性的差别可能与霉菌的类群组成有关系。

对5种高温大曲中酶系进行主成分分析，发现各个样品之间酶类组成存在的差异，以及造成这种差异的主要酶类。单宁酶（tannase）是直接影响MF01与其他样品差异的酶类，高粱为白酒发酵原料，高粱含有单宁，单宁能和蛋白质发生络合反应而沉淀，从而影响了微生物的代谢和生长，而微生物产生的单宁酶能降解原料中的单宁，降低单宁的毒性作用，而且单宁酶可降低白酒的苦涩味，对酱香型白酒的口感有改善作用。半纤维素酶（hemicellulase）、植酸酶（phytases）是影响MF04与MF05位置关系的酶类，微生物降解半纤维素比纤维素快，半纤维素降解产物在代谢过程中有乙醇、呋喃衍生物和芳香化合物的生成，有些脂肪酸会抑制降解半纤维素。脂肪酶（lypase）决定了MF02与其他样品在酯化能力方面的区别，在白酒发酵过程中，脂肪酶对糟醅发酵时的酯类物质影响较大，能提高白酒总酯的含量，从而促进白酒中酸、醇和酯的平衡。

高温大曲作为一种具有独特发酵工艺和复杂微生物群落的传统固态发酵产物，含有由酵母、霉菌、细菌等多种微生物构成的发酵微生物群落，在自然环境和人为调节的影响下，通过天然发酵形成许多风味代谢产物。高温大曲生产过程中，微生物的生长繁殖代谢过程会产生各种酶类，从而形成了高温大曲的酶系，使得高温大曲具有酯化力、发酵力、糖化力、液化力等。由于制作高温大曲的原料品质不同以及地理位置和制作工艺等存在一定差异导致微生物菌群存在差异性，因此5个酒厂高温大曲理化指标存在一定差异。而高温大曲这些动态理化数据体现了高温大曲的特点，为进一步提高高温大曲品质提供了理论依据。

（2）高温大曲中酶系与霉菌菌群间的关联性　霉菌是作为固态法白酒酿造过程中的关键微生物，具有协同发酵的作用，能够大量产生糖化酶、蛋白酶等重要的水解酶类，为整个发酵体系提供基础酶动力。各种霉菌生长代谢对高温大曲中酵母菌和细菌等微生物群落的形成以及菌种代谢途径有着十分重要的影响，因此环境及菌群的差异造就了高温大曲不同的酶活性特性。

①酶系与霉菌菌群关联性：在产糖化酶方面，5种酱香大曲中有7种霉菌表现出了较高的产糖化酶能力，它们是黄曲霉（*Aspergillus flavus*）、微小根毛霉（*Rhizomucor pusillus*）、红曲霉（*Monascus purpureu*）、紫色毛霉（*Mucor purpureu*）、宛氏拟青霉（*Paecilomyces variotii*）、阿姆斯特丹散囊菌（*Eurotium amstelodami*）、娄地青霉（*Penicillium roqueforti*），酶活性>1000U/g。*Aspergillus flavus*、*Rhizomucor pusillus*、*Monascus purpureu*、*Mucor purpureu* 菌株有研究证实在清香、酱香大曲、酱油、黄豆酱和食醋等发酵产品中为糖化酶的重要来源。特别是 *Aspergillus flavus* 在酱香大曲中表现出了很强的糖化酶活性。*Paecilomyces variotii*、*Eurotium amstelodami*、*Penicillium roqueforti* 三株霉菌则为此次酱香大曲中发现的新型主要糖化菌株。

霉菌菌株也是高温大曲中蛋白酶的主要来源，研究中共有9株霉菌，包括 *Aspergillus flavus*、溜曲霉（*Aspergillus tamarii*）、*Monascus purpureus*、伞枝横梗霉（*Lichtheimia corymbifera*）、分枝横梗霉（*Lichtheimia ramosa*）、冠突伞囊菌（*Eurotium cristatum*）、*Eurotium amstelodami*、烟曲霉（*Aspergillus fumigatus*）和构巢曲霉（*Aspergillus nidulans*），酶活性>100U/g。其中 *Aspergillus flavus*、*Aspergillus tamarii*、*Monascus purpureus* 在酱油、食醋、浓香及酱香型白酒酿造中是蛋白酶的主要分泌菌株。此外，*Lichtheimia corymbifera*、*Lichtheimia ramosa*、

Eurotium cristatum、*Eurotium amstelodami*、*Aspergillus fumigatus* 和 *Aspergillus nidulans* 等是此次研究新发现的高产蛋白酶菌株。

对比发现高温大曲中的纤维素酶活性较低，有的样品几乎没有，高温大曲中多数霉菌产纤维素酶活性为 0. 36～2. 07U/g。脂肪酶活性整体也不高，在脂肪酶活性>20. 0U/g 的菌株中发现，灰黄青霉（*Penicillium griseofulvum*）是一种耐酸微生物，主要代谢产生苯并呋喃酮类、内酯类及聚酮类化合物，本实验首次发现其具有产脂肪酶能力。

对比发现大曲中的果胶酶活性为 120～180U/g，霉菌为大曲提供了大量的果胶酶；*Eurotium amstelodami*、产黄青霉（*Penicillium chrysogenum*）、*Paecilomyces variotii*、*Monascus purpureus*、聚多曲霉（*Aspergillus sydowii*）提供了酶活性超过 180U/g 的果胶酶。另外，红色红曲霉（*Monascus ruber*）、*Monascus purpureus* 菌株均属于红曲霉属，在 5 个高温大曲中也表现出较高的产酶特性。

通过上述分析，可见高温大曲中的各种霉菌类群的产酶功能性呈现出多样性特点，不同种类的霉菌在酿造体系中各司其职，产出多种水解酶类以促进原料的降解。

②不同高温大曲酶系差异性：分析 5 个高温大曲样品中霉菌类群组成与总体霉菌产酶特征发现，高温大曲总体糖化酶的活性都明显高于其他水解酶类，*Aspergillus* sp.、*Rhizopus* sp. 等菌属具有较为突出的产糖化酶能力，而高温大曲以 *Aspergillus* sp.、*Rhizopus* sp.、*Lichtheimia* sp. 为主要优势菌群的霉菌群落组成，必然造成大曲呈现出良好的糖化降解性能，同时各大曲间存在的糖化酶活性差异，也与优势菌属含量分布的不同有密切联系。如 MF03 样品产蛋白酶能力较弱，另 4 种样品则具有较高能力且产酶能力相似，但具体功能菌株差异较大，主要产酶优势菌群 *Aspergillus* sp.、*Rhizopus* sp. 总体含量高，进而导致了类似且突出的产蛋白酶能力，也由于 *Lichtheimia* sp.、*Eurotium* sp. 等重要功能菌类群结构的区别，形成了样品间的差异。

高温大曲中果胶酶活性高于纤维素酶、脂肪酶，高产菌株中多种属于类群优势菌属 *Aspergillus* sp.，但样品间无太大差异。MF04 含较多高产果胶酶菌株，如 *Aspergillus* sp.、*Eurotium* sp. 等，因此较其他高温大曲具有更高的果胶酶活性。生产纤维素酶、脂肪酶类能力较高的菌株在高温大曲中总体分布很低但含量接近，因而总体活性较低且类似。总之，高温大曲霉菌总体产酶特征与霉菌类群组成密切相关，正是由于高温大曲霉菌群落组成的多样性造就了其独特的产酶特征，优势菌属与非优势菌属均会对产酶情况造成影响，但做出的贡献存在区别。

综上所述，发现高温大曲部分理化指标与酶活性之间存在显著的相关性，确定高温大曲理化指标中酸度与大曲中酸性蛋白酶和脂肪酶活性紧密联系；淀粉含量与大曲中的液化酶活性、糖化酶活性、酸性蛋白酶活性、纤维素酶活性、半纤维素酶活性和果胶酶活性紧密联系，高温大曲都有糖化酶和液化酶活性高、淀粉含量低的趋势；液化力、糖化力和大曲中的液化酶活性、糖化酶活性紧密联系；氨基酸态氮含量与大曲中酸性蛋白酶活性紧密联系。霉菌产中性蛋白酶、糖化酶、果胶酶的能力高于产酸性蛋白酶、纤维素酶和脂肪酶的活性。高温大曲中分离的 66 株霉菌产酶能力差异很大，曲霉属产中性蛋白酶能力最强，根霉、黄曲霉产糖化酶能力最强。通过对比分析发现高温大曲霉菌总体产酶特征与霉菌类群组成密切相关，霉菌群类组成对高温大曲酶活体系具有深远影响，为整个发酵体系提供基础酶动力。

30、不同贮存温度对高温大曲品质有何影响?

传统高温大曲用于酿酒生产前，需贮存一段时间后方可使用，贮存是保证酱香原酒产品质量至关重要的生产工序之一，通过6个月或6~9个月的贮存能够达到“去杂”“纯化”“增香”的目的。然而伴随着贮存时间的延长，蟑螂和小型曲虫如咖啡豆象、土耳其扁谷盗等会损耗大曲，使成品曲的量减少10%~15%；其次贮存期间的一些工艺参数如贮存温度、湿度和时间等，均会直接影响大曲的质量及风味物质变化。传统酱香型白酒生产用高温大曲是“端午踩曲”，到“重阳下沙”时使用，在端午到重阳期间大曲贮存温度常常高于30℃，此期间曲虫泛滥的现象处处可见，使大曲的品质和数量受到很大影响。

(1) 贮存温度对曲虫取食量的影响　高温大曲在发酵完成进入干曲仓的贮存过程中，贮存温度与曲虫的取食量关系密切，贮存温度越高，曲虫的活动量越大，从而增强了曲虫的生长繁殖代谢速率，对大曲的取食量也就越多。研究发现，30℃贮存时，蟑螂（美洲大蠊和德国小蠊各3只）在一周时间里取食大曲6.45g，小型曲虫（混合小型曲虫0.5g）取食6.55g，并在大曲表面有明显的虫蛀现象。20℃贮存时，曲虫的取食量显著降低，小型曲虫和蟑螂的取食量分别为1.82g和0.46g，与30℃贮存时相比，其取食损耗分别减少了72.21%和92.87%。温度进一步降低到10℃时，曲虫取食量大大降低，曲块质量良好。由此可见，低温贮存对减少大曲的损耗具有十分显著的效果。

(2) 贮存温度对高温大曲水分含量的影响　在不同贮存温度下随着时间延长，酱香型大曲中的水分含量整体呈下降趋势，且水分含量的下降速度与温度呈正相关，即贮存温度增加，大曲的水分降低加快，前117d（4个月）降低的幅度明显高于后期的贮存。按照DB 52/T 871—2014《酱香型白酒酿酒用大曲》要求，成品高温大曲水分含量应小于13.0g/100g，大曲在10~30℃范围内贮存156d（5个月）后，均能达到要求。大曲由于其质地有较多的孔隙，容易吸收空气中的水分；30℃下195d贮存时水分含量突然上升，其水分含量可能与空气湿度的变化具有一定的关系。高温大曲贮存5~9个月水分含量的波动可能与空气湿度的变化有关，但均保持在稳定的范围内。

(3) 贮存温度对高温大曲中微生物的影响　酱香型大曲在不同温度贮存过程中，微生物总数整体呈下降之势。当在30℃贮存时，高温大曲中微生物下降幅度最快，其中菌落总数、霉菌和酵母的数量分别在贮存39、78、117d左右时，其数量明显下降，下降幅度约为30%；20℃与30℃贮存的变化趋势相近，下降幅度略有降低；当贮存温度为10℃时，在贮存后期，大曲中微生物数量仍然较高。随着曲块中水分和养分含量的逐渐散失，微环境中氧含量严重缺乏，酵母菌由于繁殖代谢受抑制，因此贮存前期下降速度与幅度均较大，随后有些酵母菌对水分活度要求比较低，能够在水分较低的环境中存活。霉菌的数量贮存前期大幅度下降，后期由于大曲中水分散失、氧含量缺少，霉菌能通过休眠来适应不良环境，所以10℃、30℃时其数量上下浮动不是很明显。大多数霉菌的最适生长温度在25℃左右，随着贮存时间的延长，高温大曲的品温稍有升高，适宜于霉菌生长，因此20℃后期霉菌数量略有升高。

(4) 贮存温度对高温大曲酸度的影响　制曲过程中淀粉等基质在乳酸菌、乙酸杆菌等微生物的作用下转化为乳酸、乙酸等有机酸，构成了高温大曲酸度的主要物质基础。从检测结果发现，高温大曲在贮存前期，酸度呈现一定量的增加，大曲酸度的增加主要是由于生酸微生物的有机酸代谢，脂肪降解产生脂肪酸，以及蛋白质和淀粉降解进入三羧酸循环系统而产生酸类物质等。在贮存中期的117~195d（4~6个月）时，大曲酸度相对稳定，变化幅度较小。而随着贮存时间的延长，高温大曲酸度呈现下降趋势，这与微生物活动的减弱有关。按照DB 52/T 871—2014《酱香型白酒酿酒用大曲》要求成品曲的酸度在1.0~3.5mmol/10g，高温大曲在10~30℃范围贮存条件下，均能达到要求。

（5）贮存温度对高温大曲淀粉含量的影响 酱香型大曲是以纯小麦为原料经高温发酵而制成，淀粉是其主要营养成分之一，在高温大曲的发酵、贮存过程中为微生物提供营养。检测结果发现，高温大曲在不同温度贮存过程中，淀粉含量总体呈下降趋势，这是因为在发酵过程中有一部分淀粉被微生物分解转化，淀粉的消耗是大曲复合曲香物质生成积累的重要途径。按照DB 52/T 871—2014《酱香型白酒酿酒用大曲》要求成品曲的淀粉含量在53.0%~60.0%，在10~30℃范围贮存条件下高温大曲淀粉含量均能达到要求。在10℃条件下贮存近273d（9个月）时，大曲中淀粉的残余量为60.12%；在30℃下贮存117d（3个多月）左右时淀粉含量下降为58.9%，而后仍有大幅度的下降。在20℃条件下，大曲中淀粉含量较10℃消耗较大，但比30℃ 消耗小。由此可见，低温对减少大曲淀粉的贮存损耗具有良好的效果。

（6）贮存温度对高温大曲生化性质的影响 高温大曲的生化性质与白酒的质量、产量、生产效率等密切相关，主要体现在发酵力、液化力、糖化力、酯化力、酒化力等指标方面。酱香型白酒较长的生产周期和酒醅的反复蒸煮要求大曲具有适宜的、稳定的生化性质，过高、过低都不利于生产。

①贮存温度对高温大曲糖化力的影响：高温大曲的糖化力是指高温大曲中具有糖化作用的酶及微生物将淀粉转化为被酵母菌、霉菌等所利用的可发酵性糖的能力。检测结果发现，30℃下贮存78d（3个月）内，高温大曲中的糖化力呈较大幅度的增加，随后又出现大幅度的下降；20℃贮存时其变化与30℃贮存时的情况相似，但变化幅度明显降低。这与霉菌的数量变化相似。霉菌生长代谢旺盛，淀粉酶、糖化酶的活性都很高，因此霉菌生长与增殖产生的淀粉酶使大曲的糖化力增加。随着霉菌数量的降低，淀粉酶产量减少、酶活性降低，导致大曲的糖化力开始降低。10℃时高温大曲糖化力的变化趋势缓慢、较稳定。DB 52/T 871—2014《酱香型白酒酿酒用大曲》要求成品曲的糖化力应该在150~300mg/（g·h），研究结果显示高温大曲降低贮存温度有利于糖化力的稳定，10℃贮存的高温大曲糖化力符合要求。

②贮存温度对大曲液化力的影响：高温大曲的液化力是酱香型白酒酿造的起始动力，其反映大曲中液化型淀粉酶将淀粉水解为糊精的能力。检测结果发现，在不同温度条件下贮存时，高温大曲液化力整体呈先增后降的趋势。30℃下高温大曲液化力的变化趋势与糖化力相似，均是大幅度上升后又大幅度下降；20℃时与30℃情况相似，但变化程度明显降低，贮存初期随着微生物的生长繁殖，液化酶活性开始上升，后期由于温度升高，一部分微生物死亡，液化力减弱。大曲降低贮存温度有利于液化力的稳定。

③贮存温度对大曲发酵力的影响：发酵力是衡量高温大曲利用可发酵糖类产生二氧化碳的一种能力，主要用来衡量高温大曲的发酵性能。检测结果发现，高温大曲在不同温度贮存下其发酵力总体呈先增后降的趋势。由于微生物的厌氧作用产生乙醇，使原料发酵，所以高温大曲的发酵力与高温大曲中酵母菌的数量有直接关系，贮存后期酵母菌

数量呈下降趋势，高温大曲的发酵力也随之降低。高温大曲放置时间越长发酵力越低，与高温大曲中微生物数量的变化一致。30℃时发酵力的变化趋势与糖化力、液化力保持一致；20℃时与30℃情况相似，但变化程度明显降低；10℃时高温大曲发酵力变化程度较小。由此可知，高温大曲贮存过程中液化力和发酵力的变化趋势基本一致。

④贮存温度对大曲酯化力的影响：高温大曲的酯化作用是一个很庞大而复杂的系统，其中的细菌、霉菌和酵母菌均能够形成酸、醇结合的酯酶，酯化力是指高温大曲催化合成酯类物质的能力，对酱香型白酒形成独特的风味有重要的贡献。检测结果发现，不同贮存温度对高温大曲酯化力的影响较大，20℃、30℃贮存条件下，前156d（约5个月）内高温大曲酯化力呈缓慢程度的增加，并在随后的贮存时间内保持相对稳定。贮存前期高温大曲中酯化力增加，可能是因为曲坯入室后，霉菌、酵母在曲坯上开始生长繁殖的同时，也开始启动代谢酯化酶。10℃时，在整个贮存期酯化力均呈下降趋势，贮存117d（约4个月）后出现大幅度的降低，温度过低对高温大曲酯化力有不利的影响。

⑤贮存温度对大曲酒化力的影响：酒化力是高温大曲在实际酿造过程中产酒能力的综合考察，是高温大曲中酶系和菌系将粮食淀粉转化为乙醇递进式联动的综合过程。检测结果发现，不同温度贮存条件下高温大曲酒化力变化趋势一致，大体上随贮存时间增加呈波动式下降趋势。高温大曲酒化力与高温大曲的液化力、糖化力、发酵力和酵母菌数量等之间具有相辅相成、互相作用的关系，而这些指标在贮存期均呈下降趋势，与20℃贮存模式下的酒化力含量变化相似。因此贮存时间越长，酒化力越低，越不利于产酒。

（7）贮存温度对高温大曲感官品质的影响　在现行白酒生产中，许多大曲质量等级的判断仍停留在传统的以感官鉴定为主的方式，纵使分析技术在不断完善中，大曲的感官鉴定也占有重要地位。通过不同贮存温度下高温大曲感官指标的变化趋势研究发现，高温大曲在10℃条件下贮存时，其色泽和曲香味保持时间较长，而酱香则在贮存约5个月时才较明显存在，整个贮存过程中无曲虫的活动及异杂味。20℃贮存195d（约7个月）时大曲的色泽才有明显改变，156d（5个月）左右时高温大曲曲香明显减弱，117d（4个月）左右时高温大曲的酱香味显著，贮存1个半月时有曲虫活动，而在贮存195d（约7个月）时高温大曲出现异杂味。当在30℃条件下贮存156d（5个月）时高温大曲的色泽有明显改变，3个月时高温大曲的曲香减弱、酱香显著，而在贮存117d（4个月）时出现异杂味，曲虫活动明显、曲虫虫卵孵化；贮存195d（约7个月）时，高温大曲的酱香味显著降低且异杂味严重；当贮存234d（8个月）时高温大曲曲块质地变得松散，手指用力就能够碾压成粗粉状。高温大曲的感官分析表明贮存温度低有利于高温大曲曲香保存，温度高则有利于大曲酱香的形成，20℃下，117~195d（4~6个月）的贮存能有效形成酱香型大曲的风味，同时减少曲虫活动带来的异杂味。

（8）贮存温度对高温大曲香味物质的影响　通过气质联用（GC/MS）分析了10℃、20℃、30℃贮存6个月时高温大曲的香味物质种类和数量，结果发现，20℃和30℃贮存6个月后高温大曲中香味物质总量分别为10℃贮存时的63.86%和73.96%，说明低温有利于大曲香味物质总量的保存；20℃和30℃贮存时烷烃类和酯类化合物较10℃贮存有一定程度的降低，但芳香族物质、吡嗪类和醛酮类物质有所增加，说明温度较高时有利于酱香类物质的合成。而在30℃贮存时，高温大曲的香味物质种类为50种，超过10℃贮存时的46种。对香味物质种类进行分析可以发现，α-古芸烯、苯甲醛等8种香味物质只有在10℃贮存时才能够检出；4-丙氧基苯甲醛、2-甲氧基-4-乙基-6-甲基苯酚等10种物质只能够在30℃贮存时检出，这与酱香型大曲在贮存时低沸点物质挥发、排除杂味、减少曲香的现象是相符的。总之，10℃、20℃、30℃贮存6个月时高温大曲的香味物质种类和数量有差异，20℃和30℃贮存时，有利于与酱香密切相关的吡嗪类和醛酮类物质的合成。

总体来看，贮存温度对曲虫取食量影响显著，贮存一周时，相比30℃，20℃贮存时小型曲虫和蟑螂对大曲的取食损耗分别减少72.21%和92.87%，温度进一步降低到10℃时，效果更明显，说明低温贮存对减少高温大曲的损耗具有十分显著的效果；10℃、20℃、30℃的贮存条件下高温大曲的水分含量、酸度、淀粉含量都满足DB 52/T 871—2014《酱香型白酒酿酒用大曲》的要求，与30℃贮存相比，20℃、10℃还能减少高温大曲的淀粉降解，此时微生物总数如酵母菌、霉菌数量变化趋势较稳定，更利于高温大曲糖化力的稳定并符合DB 52/T 871—2014《酱香型白酒酿酒用大曲》的要求，有利于大曲生化性质的稳定；感官性质方面贮存温度低有利于高温大曲曲香保存，温度高则有利于高温大曲酱香的形成，但会增加由于曲虫活动及繁殖带来的异杂味；香味物质含量方面，较高的贮存温度有助于高温大曲酱香味物质的积累。将贮存温度控制在20℃左右，能有效降低酱香型大曲贮存的损耗，并保持酱香型大曲的风味。

31、高温大曲贮存过程中发酵性能有何变化？

通过各理化与生化指标可以考察高温大曲是否发酵成熟，这些指标反映着高温大曲的品质优劣。在高温大曲的制作过程中曲坯中栖息着丰富的微生物种属（比如细菌、酵母菌及霉菌等），它们的代谢可以产生大量淀粉酶、糖化酶、蛋白酶和酯化酶等各种酶，在生物酶和温度的作用下，经过一系列复杂的生化反应进而产生众多的芳香成分，对酱香型白酒的产酒、生香和产酯等方面起着十分重要的作用。高温制曲过程中曲坯各部位微生物的消长变化是不一样的，培养成熟的新鲜高温大曲需经一段时间的贮存方可使用。传统酱香型白酒生产中，制曲完成后需要6个月左右的贮存，使曲坯中的各理化与生化性质等均处于最佳状态，从而有利于制备质量更好的高温大曲，而在实际生产中高温大曲的贮存时间从2~3个月到8~9个月的都有。为探究高温大曲在贮存期间的发酵性能变化情况，以贵州某酒厂为研究对象，主要研究酱香型大曲在贮存过程中部分生化性质的变化，分析贮存时间对大曲发酵力、液化力、糖化力、酯化力和酒化力等生化性质的影响，探讨酱香型大曲的最佳贮存期，以利于更科学、系统地指导生产，不断地提高大曲的产量、质量。

（1）水分含量变化趋势　高温大曲中水分是一个重要的指标，对高温大曲的培养和贮存起着关键性的作用，水分在制曲过程中与微生物的生长和酶的生成密切相关。从监测结果发现，高温大曲在贮存过程中，水分含量整体呈下降趋势；前4个月水分含量变化明显，4个月后趋于平缓。高温大曲中的水分依其与曲料的结合方式可分为3类：吸附水分、毛细管水分和溶胀水分。在高温大曲入库贮存前，曲坯表面吸附水分以及曲坯内部的一部分毛细管水分已蒸发，在贮存的前3个月内剩余的毛细管水分又蒸发一部分，致使含水量进一步降低。贮存4个月后，曲坯中含有很少的毛细管水分和溶胀水分，而这两部分水分在以后的贮存过程中变化很小。高温大曲由于其质地有较多的孔隙，容易吸收空气中的水分，其水分含量与空气湿度的变化也有一定的关系。高温大曲在贮存 5~8 个月时水分含量的波动可能与空气湿度的变化有关，但均保持在稳定的范围内。

（2）菌落总数变化趋势　高温大曲在贮存过程中菌落总数整体呈下降趋势。微生物的生长受制于生长环境和营养物质。1~4 个月菌落总数大幅度降低，一方面可能是因为在高温发酵过程中富集的高温细菌在贮存的相对低温条件下存活率下降；另一方面可能与水分含量的快速降低有关，特别是高温大曲表面吸附水和毛细管水分的降低与前期的一些研究基本相符，说明微生物菌群对水分活度的敏感性较强。贮存 4 个月后，高温大曲菌落总数的降幅变缓，但仍有小幅度的降低，其原因可能是在水分较低的环境中，微生物菌群自身的存活率不高。

（3）霉菌数量变化趋势　高温大曲在贮存过程中霉菌数量先增后降，在整个贮存期呈下降趋势。霉菌数量在前 1 个月内呈上升趋势，达到最大值为 4.5×10^5CFU/g；而随着贮存时间的增加，霉菌的数量逐渐下降；在贮存 4 个月之后，霉菌数量一直处在较低水平，上下略有浮动，基本稳定。霉菌对高温大曲的培养起着至关重要的作用，其在生产过程中产生各种酶，利用代谢产生液化和糖化淀粉酶；并能产生多种影响酒类风味的物质，在酒的发酵过程中发挥着不可替代的作用。

（4）酵母菌数量变化趋势　高温大曲中的酵母菌有酒精酵母、产酯酵母和假丝酵母等，其中酒精酵母是高温大曲中的主要产酒功能菌，对高温大曲和酒的产品质量起着决定性的作用。酵母菌数量在高温大曲贮存过程中整体呈下降之势。随着曲坯中水分和养分含量的逐渐散失，微环境中氧含量严重缺乏，酵母菌由于繁殖代谢受到抑制，因此前 3 个月下降速度与幅度均较大；贮存 4 个月后大曲酵母菌数量的变化相对较稳定，可能是有些酵母菌对水分活度要求比较低，能够在水分较低的环境中存活。

（5）发酵力变化趋势　高温大曲发酵，包含了淀粉的液化、糖化和酒化等一系列复杂的过程。采用失重法测高温大曲的发酵力，不仅包括高温大曲微生物在无氧发酵过程中产生的二氧化碳，也包括高温大曲中微生物有氧呼吸生长中产生的二氧化碳。在高温大曲的贮存过程中发酵力总体呈下降趋势，其随贮存时间的延长而降低，与高温大曲中微生物数量的变化一致。由于酵母菌的厌氧作用产生乙醇，所以高温大曲的发酵力与酵母菌的数量之间呈一定的相关性，酵母菌数量发生变化，高温大曲的发酵力也随之变化。高温大曲的发酵力变化与高温大曲中酵母菌的数量相关但并不完全相符，说明还有其他因素影响高温大曲的发酵力水平，此结果与前期研究基本吻合。高温大曲在贮存约 6 个月时发酵力水平保持在一段相对稳定的状态，随着发酵液中乙醇含量的增加，发酵速度不断减慢，且生成量增加不明显，故贮存时间以 6 个月左右为宜。

（6）液化力变化趋势　高温大曲的液化力反映高温大曲中液化型淀粉酶将淀粉水解为糊精的能力，这些淀粉酶主要是由霉菌和枯草芽孢杆菌产生，如 β-淀粉酶。高温大曲的液化力是酱香型白酒酿造的起始作用因素，有研究将大曲生产中制曲原料的淀粉水解酶称为大曲发酵的启动因子。高温大曲的液化力在整个贮存过程中呈先增后降的趋势。液化力和糖化力的高低又与高温大曲中微生物的生长繁殖有一定的关联性，尤其是霉菌。在贮存 1 个月时，高温大曲的液化力从开仓时的 0.83g/（g·h）上升到 1.20 g/（g·h），这可能与霉菌数量在贮存前期的增加是相符的；从贮存第 2 个月开始，高温大曲的液化力开始逐渐降低，与霉菌的变化趋势相同，原因可能是霉菌在环境条件相对恶劣时，高温大曲中的淀粉酶、糖化酶活性较低。随着贮存时间的增加，在贮存5个月后高温大曲液化力逐渐趋于平缓，此时大曲质量比较稳定。

（7）糖化力变化趋势　高温大曲的糖化力是指高温大曲中具有糖化作用的酶及微生物将淀粉转化为糖分的能力，能够将淀粉转化为被酵母菌等所利用的可发酵性糖。高温大曲贮存的前两个月，其糖化力有一定程度的增加，这与霉菌的数量变化情况相似。霉菌代谢产生的酶能催化原料中的淀粉转化为糖，是高温大曲糖化力的主要影响因素。随着贮存时间的延长，霉菌数量略有减少，但是其代谢产生的酶类在大曲中积累，因此高温大曲糖化力的变化是呈增加的趋势。而贮存时间超过4个月之后随着霉菌数量的降低，淀粉酶产量减少、酶活性降低，导致大曲的糖化力开始降低。在贮存6个月左右时，高温大曲的糖化力逐渐保持在一个相对稳定的范围内，此时将大曲用于发酵酿酒有利于稳定基酒的质量。由此可见，高温大曲贮存过程中液化力和糖化力的变化呈正相关，趋势基本一致。

（8）酯化力变化趋势　高温大曲的酯化力是指高温大曲催化合成酯类物质的能力，对酱香型白酒形成独特的风味有重要的贡献。高温大曲的细菌、霉菌和酵母菌都能够产生进行酸、醇结合的酯酶，说明高温大曲的酯化作用是一个很庞大和复杂的系统。高温大曲在贮存过程中酯化力总体呈上升趋势。在贮存前2个月，高温大曲酯化力的增幅较大，酯化力从发酵结束时的190.45mg/(50g·7d)增加到222.85mg/(50g·7d)，结合高温大曲微生物的变化趋势来看，高温大曲酯化力的上升与霉菌在贮存前期的增加有一定的相关性，说明霉菌对高温大曲酯化力有重要的贡献。高温大曲在贮存第3~8个月期间，酯化力的变化相对稳定，在220mg/(50g·7d)上下浮动。贮存5~7个月时高温大曲的酯化力水平更稳定，质量更好。

（9）酒化力变化趋势　高温大曲在贮存过程中，酒化力整体上随贮存时间的增加而降低。贮存前2个月时还相对保持稳定，3~8个月内降低幅度加快，其中第5~6个月酒化力性质比较稳定，6个月后又快速下降。高温大曲的酒化力和大曲液化力、糖化力、发酵力和酵母菌数量等都有着紧密的联系，而这些指标在贮存期整体均呈下降趋势，因此贮存时间越长，酒化力越低，越不利于产酒。由此可知，酒化力在高温大曲贮存6个月时活性最佳，适宜白酒的酿造。

综上所述，高温大曲在前4个月的贮存过程中霉菌数量、液化力、糖化力及酯化力均呈先升后降的变化趋势，5~8月时变化趋于稳定；高温大曲的水分含量、菌落总数、酵母菌数量、发酵力和酒化力在贮存的前4个月呈明显下降趋势，贮存4个月后在相对稳定的范围内波动。高温大曲各指标均在贮存期5~6个月时变化幅度较小、生化性能趋于稳定，此时将高温大曲用于白酒生产有利于稳定基酒的产量和质量，从大曲生化性能角度看最适宜于酱香型白酒的生产。

32、高温大曲曲香是如何形成的？

高温大曲制曲过程中，新踩制或压制成型的曲坯入房安曲后2~3d，曲房中品温上升至50~55℃，曲坯由于内心水分的不断散出，开始变软、颜色渐深，散发出类似于甜酒酿的醇香香气、甜酸味，此时期为高温大曲制曲工艺中的升温升酸期，需要防止某些腐败菌的繁殖，使曲坯不馊、不臭，促进高温细菌菌群的繁殖。在曲坯入室后的3~4d到第

1 次翻曲时，曲坯中酱香味开始逐渐浓郁，此时其外表颜色也开始逐渐变深，在少数曲坯黄白交界的接触部位，可闻到轻微的曲香。此阶段为曲坯中酱味形成的主要阶段，曲坯中微生物菌群以细菌为主，霉菌生长受到抑制，酵母逐渐被淘汰。到第 2 次翻曲时，除部分外，大部分曲坯可闻到淡淡的曲香。在整个高温大曲制曲的高温时期，曲坯中丰富的嗜热芽孢杆菌对原料中蛋白质的分解能力很强，为曲香的生成起到极重要的作用。经过第 2 次翻曲后，虽然曲坯开始逐渐进入干燥期，但仍在继续形成曲香。综上所述，高温大曲制曲过程中，自第 1 次翻曲前至曲坯发酵结束，都有曲香类物质伴随生成，高温大曲曲香类物质的生成可谓是贯穿整个曲房中的培菌及后续的贮存环节中。

33、大曲制曲环节中顶温是越高越好吗?

从目前中国白酒产业制曲的生产实践来看，浓香型、兼香型、酱香型白酒生产企业在制曲顶温上都呈现了逐步上升的趋势，主要的目的是使基酒酒体丰满，增加入口的后味感，完善酒体风格，作用是比较明显的。但制曲顶温越高，成品曲的糖化力、液化力越低，酸度、酸性蛋白酶含量高，酵母菌数量严重不足，最终会影响窖内发酵，势必会导致总体的出酒率降低。中国白酒酿造过程中的出酒率与产品质量是平行关系，只有出酒率高，产品质量才有保证。这是因为中国白酒中许多香味成分是醇溶性的，如果酒醅中的乙醇含量低，在蒸馏时必然有许多醇溶性的香味物质蒸不出来而残存于酒糟中，最终会影响基酒及成品酒的质量。制曲顶温过高，除了造成发酵动力不足以外，还易导致基酒的煳、苦味加重，基酒中常带有的焦煳味主要来自顶温高的大曲。综上所述，大曲制曲环节中的顶温并不是越高越好，一般而言，大量使用的高温曲的顶温不宜超过 65℃，中温曲的顶温不宜超过 58℃。

34、美拉德反应对高温大曲品质有何影响?

美拉德反应是氨基化合物和还原糖化合物之间发生的反应，该反应生成多种醛、酮、醇及呋喃、吡喃、吡啶、噻吩、吡咯、吡嗪等杂环化合物。酱香型白酒中含有丰富的杂环化合物，这与高温大曲制曲工艺、基酒酿造工艺中的美拉德反应有着密切关系。美拉德反应的底物是还原糖和氨基酸，其反应的影响因素包括温度、时间、湿度、pH、底物的浓度和性质等。由此看来，高温大曲的制曲原料小麦中含有丰富的淀粉、面筋等营养成分，其中氨基酸就有 20 多种，维生素含量也很丰富，为美拉德反应提供了有利条件；小麦中还含有少量的蔗糖、葡萄糖、果糖以及少量的糊精等，适宜于微生物菌群的生长繁殖，这也为美拉德反应提供了物质基础。

在高温大曲制曲工艺中，曲坯入室安曲后由于曲房及曲坯中温度、水分适宜，霉菌、酵母菌群大量繁殖，各种酶系活力逐步上升将大曲中营养物质分解为小分子物质，使得曲坯中的还原糖和氨基酸的含量不断上升，为美拉德反应提供了丰富的底物。随着培菌的逐渐进行，曲房中品温逐渐上升到 65℃左右，淀粉和蛋白质的分解进一步加剧，曲坯中的氨基酸、多肽、糖类物质含量大为增加，此时曲坯中霉菌、酵母均开始大量死亡；而耐高温细菌，主要是芽孢杆菌则生长旺盛，产生较高含量的蛋白质水解酶，并将小麦中的蛋白质分解为大量的游离氨基酸，为美拉德反应提供了足量的前体物质。另外，高温大曲制曲环节中若曲坯水分过大、压制过紧、培菌中翻曲不及时，会导致曲坯长时间处于高温、高湿状态，导致顶温超高，会导致成曲曲块外表变黑，并呈现浓郁的焦煳味。这是因为在高温高湿条件下，曲坯中淀粉与蛋白质过度分解，糖分过高，反应时间过长，因而出现曲坯中过度焦糖化。制曲顶温过高会导致成品曲中黑色曲块过多，导致成品曲质量差。因此高温大曲制曲环节中，一般需要控制黑色曲的量在10%以内。综上来看，在高温大曲制曲过程中可以通过合理调节温度和湿度，达到控制美拉德反应，提高成品曲品质的效果。

35、高温大曲制曲过程中曲坯生酸的原因是什么及如何进行控制?

（1）曲坯生酸原因　高温大曲制曲过程中曲坯生酸可能是因为被乳酸菌、乙酸菌以及枯草杆菌、丙酮-丁醇梭菌和产黏膜菌等污染导致。上述细菌快速繁殖，大量消耗曲坯中的养料，并产生大量的酸类物质，从而导致曲坯出现生酸的情况。乳酸菌是高温大曲制曲工艺中常见的细菌，乳酸菌会代谢产生乳酸脱氢酶，并以丙酮酸作为受氢体而生成乳酸，增加了曲坯的酸度；乙酸菌能将曲坯中微量乙醇代谢生成乙酸，既降低了出酒率，又引起酒醅酸败。

（2）控制措施　一是选用优质制曲原辅料，严禁使用发芽、霉变的原辅料，制曲用水要清洁卫生；二是控制高温大曲前期培养温度，减少染菌机会；三是防止制曲设备用具及辅助材料染菌；四是保持好环境卫生，减少产酸类微生物菌群的大量繁殖。

36、为什么大曲制曲时多以小麦为原料?

无论是高温大曲还是中温大曲均是以小麦为主要原料，这可能是因为小麦中含有丰富的淀粉、蛋白质和微量的脂肪、纤维素；并且小麦的黏度适中、筋力充分使曲坯容易成型，保温效果好，发酵前期升温快，中期高温保持时间长，后期降温缓慢；高于10%以上的蛋白质含量令其生香效果好。小麦中的蛋白质主要以强筋力的麦胶蛋白、麦谷蛋白为主，有利于曲坯形体的保持，不易导致曲坯变形和裂口。另外，小麦中丰富的碳水化合物为大曲微生物菌群的繁殖、酶系的代谢、香味物质及其前体物质的生成及菌群体内其他物质的合成提供能量。小麦麸皮中氨基酸态氮含量特别高，是其他原料的数倍，微生物在麸皮上生长旺盛，酶活性高，适宜多种微生物生长，是一种优质的培养基。

五　酿造工艺篇

1、酱香型白酒生产工艺流程是怎样的?

酱香型白酒生产工艺流程见图5-1。

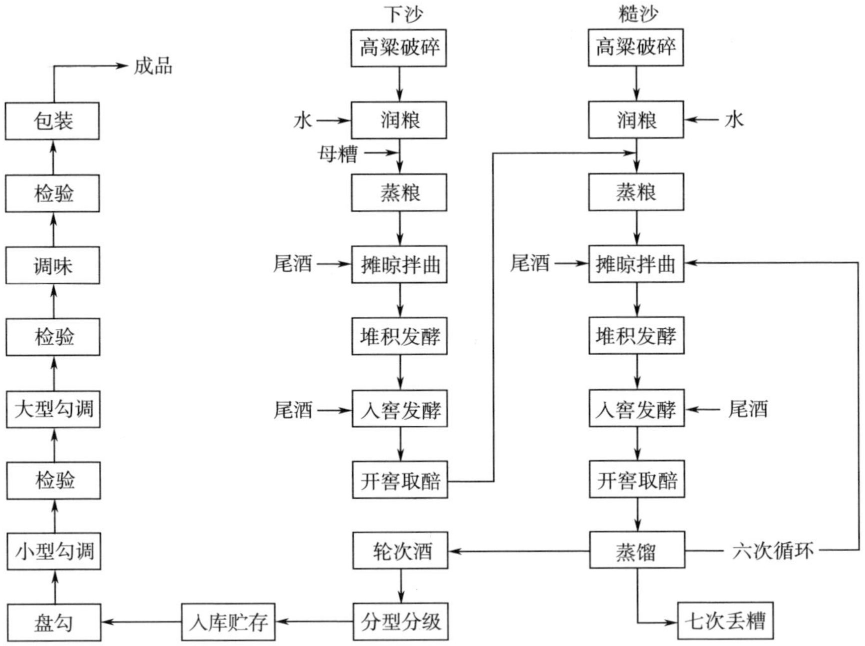

图5-1　酱香型白酒生产工艺流程图

2、酱香型白酒酿造工艺有哪些操作要点?

酱香型白酒生产工艺较为独特，以条石窖为发酵设备，以糯红高粱为主要原料，以高温大曲为糖化发酵剂，一年为发酵周期，两次投粮、九次蒸煮、八次发酵、七次取酒，其中两次投粮分别为“下沙”和“糙沙”，两次投粮分别占总投粮的50%。不同酱香型白酒企业酿造工艺略有差异，下面简要介绍主要操作工艺点，仅供参考。

（1）下沙蒸粮　按照酱香型白酒传统酿造工艺要求，重阳节开启新的一轮酿酒。下沙操作即为第一次投放占总投粮量50%的高粱，根据不同企业要求，高粱可以不粉碎也可按照20%粉碎率进行粉碎；再以原料量42%~48%的90℃以上的热水进行润粮操作，润粮时间控制在4~5h，润粮操作有助于后续粮食的蒸煮。待润粮结束后拌入5%~7%的上一轮最后未蒸酒的母糟，上甑蒸粮至七成熟即可，出甑后在晾糟坝上泼入原料量10%～12%的90℃量水开始拌和、摊晾，待摊晾至30～35℃后即可分次撒入原料量10%～12%的高温大曲，拌和均匀后即可开始起堆。

（2）高温堆积　酱香型白酒进行高温堆积的最主要的原因是高温大曲在制曲过程中抑制或灭杀了大部分不耐热，产糖化酶、酒化酶能力强的微生物菌群，导致曲药中以酵母、霉菌为主的酿酒微生物菌群含量低，曲药糖化和发酵活性弱，无法顺利完成糟醅入窖后的发酵产酒、生香，而糟醅在高温堆积过程中会不断吸附、富集环境中的酿酒微生物菌群，在糟醅中完成淀粉糖化、蛋白质降解和香味物质及其前体物质生成。按照生产经验一般糟醅堆积糖化5d左右时顶温可达45～55℃，此时糟醅内微生物增殖、代谢旺盛，会代谢生成大量香味物质。酒体中已发现有千余种香味物质生成于堆积糖化过程中。行业中将“高温堆积”总结为“二次制曲”，“没有堆积，就没有酱香”更是符合了只加大曲不堆积糖化无法生成酱香型白酒的研究成果。拌和均匀后的粮食收拢成堆后即可开始高温堆积，一般堆积4～7d，待顶温达到45～55℃，堆中有香甜味和酒香味时即可入窖发酵。

（3）入窖发酵　入窖前先用尾酒喷洒窖的四壁及窖底，并在窖底撒一些大曲粉，同时浇洒3%左右的尾酒。待粮食摊晾至35℃左右即可进行入窖操作，入窖结束后用窖皮泥进行封窖，发酵约30d后即可出窖、蒸酒。

（4）糙沙操作　取剩余50%高粱可以不粉碎也可按照30%的粉碎率进行粉碎，润料同上述下沙一样。润料结束后拌和发酵结束后的下沙糟醅上甑蒸酒、蒸粮，此次蒸馏得到的酒称为“生沙酒”，通常不做原酒贮存，多为泼回糟醅中回窖发酵。出甑后的糟醅经摊晾后拌入曲粉即可收拢、起堆，高温堆积工艺同下沙操作，入窖发酵一个月左右后即可蒸“糙沙酒”，量质摘酒即可得到第一轮次酒，相较于“生沙酒”甜香味更好，但生涩味、酸味仍较重。

（5）第3～8轮次操作　蒸完糙沙酒后的糟醅再经摊晾、撒曲、高温堆积后即可入窖发酵一个月左右，出窖蒸馏“回沙酒”，相较于“糙沙酒”酒质更显醇和、香浓，但仍略有涩味。以后几个轮次按照回沙酒操作工艺进行即可，第三、四、五轮次酒统称大回酒，酒质味醇、香浓、酒体丰满、杂味较少；第六轮次酒称为小回酒，酒质醇和、有较好煳香、味较长；第七轮次酒称为追糟酒，酒质醇和、有煳香，但味显苦、糟香较重；第七轮次摘酒结束后的糟醅即为丢糟，可另作他用。

3、酱香型白酒酿造环节主要控制哪些参数?

（1）糟醅水分控制　酱香型白酒酿造对糟醅水分含量控制要求较其他香型白酒稍低，这是因为酱香型白酒两次投粮后需要经过八次发酵，七次取酒，淀粉颗粒应是逐步释放，不能一次性完全释放，因此水分含量控制在能满足原料糊化、糖化、发酵正常进行即可，水分过大反而会引起糟醅发酵异常：

①水大酸多：酱香型白酒属于传统手工开放式发酵，糟醅若水分过大微生物菌群尤其是杂菌快速繁殖，导致糟醅升温快速，酸类物质也快速生成，最终导致糟醅温度、酸度均出现异常上升，影响基酒品质。

②水大升温困难：当糟醅水分过大时糟醅堆积时出现流水现象，导致糟醅结团、包

块，操作难度大，糟醅升温困难，窖内发酵异常，产差酒甚至不产酒，行业中一般将之称为“伤水的糟子难做”。

酱香型白酒糟醅中水分来源广泛，从润粮水、打量水、尾酒、蒸汽冷凝水以及甑沿水等都会影响糟醅的水分含量。以下简略介绍如何控制糟醅的水分含量：

①润粮水：高粱在上甑蒸煮之前必须先用热水进行润粮，润粮操作有助于原料的蒸煮、糊化。润粮水是糟醅水分的主要来源之一，为更好地确保润粮操作符合后续发酵的需求，润粮时需要注意润粮水温应控制在95℃以上，水温低容易造成水仅浮于粮食表面、粮食吃水不足，在翻拌时容易出现粮食堆流水的现象；其次还需控制好润粮时间，按照生产经验一般会将润粮水分两次进行添加，分别按照总润粮水60%和40%间隔2~4h分开润粮，两次加水后8~10h后粮食充分吸水即可进行蒸粮操作；最后润粮用水量需要控制，按照高粱正常含水量计算，润粮水总量控制在原料量的51%~52%。润粮结束后粮食含水量应保持在40%左右，即可达到高粱颗粒膨胀、表面收汗、内无生心的润粮要求。

②量水：蒸粮结束后为进一步促进粮食吸收水分会进行补水，即称为打量水。酱香型白酒一般在下沙、糙沙时均会于蒸粮结束后补加原料量5%~8%的95~100℃的热水，并快速翻拌均匀至无水在地板上流淌，确保原料吸水充足。

③尾酒：回沙工艺是酱香型白酒酿造工艺中主要特点之一。酱香型白酒糟醅在晾堂上经摊晾后在下曲前及高温堆积结束会泼洒部分尾酒，可起抑制杂菌生长、提供风味物质及其前体物质、提高淀粉酶、酒化酶活性等作用，有利于窖内发酵的正常进行，提高出酒率及优级酒率。尾酒的泼洒量一般需要根据糟醅实际含水量进行调整，糟醅水分较大时尾酒的用量需要减少，因为尾酒中水分含量达75%~90%，过多使用尾酒会增加糟醅的含水量；其次糟醅酸度较高时也需少泼洒尾酒，以避免酸度增加后对窖内发酵产生抑制作用；最后尾酒需选择质量较好的，如大回酒的尾酒为最佳选择。

④冷凝水：在上甑蒸酒时升至甑盖的蒸汽预冷会出现部分冷凝下滴的现象，如果蒸馏时间过长会出现大量冷凝水滴入糟醅导致糟醅水分含量增加的现象。为此，实际生产中在前三轮次发酵蒸粮、蒸酒时尽量少吊酒尾，缩短蒸馏时间减少冷凝水的滴落，同时糟醅中残留的酒、香味物质及其前体物质会更多，有利于下一轮次发酵产酒。

总体来看，酱香型白酒酿造工艺对糟醅水分的控制要求较高，不仅要考虑基酒产量更重要的是基酒质量，酱香型白酒酿造过程中一般糟醅水分含量随着轮次的增加呈上升趋势，下沙轮次约为40%、糙沙轮次为42%~44%，以后每轮次增加1%~2%较合适，水分大虽可增加出酒率但影响酒质，因此糟醅水分控制好是酱香型白酒酿造的核心点之一。

（2）糟醅酸度控制　酱香型白酒相较于其他香型白酒最主要的特点之一就是酸类物质含量高，赋予了酒体丰满的口感。但酱香型白酒糟醅酸度也不是越高越好，酸度的增加会抑制糟醅中微生物菌群的生长繁殖，影响基酒质量及产量，因此酱香型白酒酿造工艺中对糟醅酸度的控制也是核心点之一。从实际生产经验来看，入窖糟醅酸度，下沙、糙沙时一般在0.5~1.0，第1、2轮次酒糟醅酸度一般为1.5左右，第3、4轮次糟醅酸度一般为2.0左右，第5、6轮次酒糟醅酸度一般为2.4~2.6；而出窖酸度一般比入窖高0.3~0.6较合适。为使酱香型白酒糟醅酸度尽可能地满足工艺要求，一般可从以下几点进行控制：一是控制水分在适宜的范围内，避免水大使得杂菌滋生，尤其是产酸的细菌；二是高温堆积起堆时糟醅温度不可太高，起堆温度过高会导致糟醅堆温度异常升温，导致产酸类菌群大量滋生；三是控制糠壳用量，尽可能减少糠壳用量增加后糟醅过于疏松导致氧气含量增加，导致发酵温度异常上升、产酸类微生物菌群大量滋生的现象；四是尽可能不使用新曲，新制成的高温大曲本身虽不含有较多的酸类物质，酸度并不高，但是在制曲时大量的产酸类菌群富集于曲中，若大量使用新曲很可能会导致糟醅发酵升温异常、大量产酸；陈曲因在3~6个月贮存过程中干燥的环境导致大量的曲药微生物菌群死亡或休眠，然而，这些微生物菌群在用于酿酒后，仍能逐渐恢复活性，并在窖内发酵过程中发挥重要作用，符合发酵过程的升温趋势，能满足酱香型白酒“前缓、中挺、后缓落”的升温趋势；五是保持好酿造车间环境卫生，减少杂菌滋生的现象；封窖后做好窖期管理，避免窖皮出现裂口，减少外界环境微生物菌群对窖内发酵的影响，尤其是产酸类菌群，尽可能地减少对环境的影响；六是回沙的尾酒需要选用质量好的，同时控制好用量，避免尾酒中的酸类物质造成糟醅酸度异常增高；同时入窖需及时，糟醅未按时入窖很可能会出现糟醅杂菌滋生、糟醅堆温度升高、糟醅堆表面霉菌滋生，糟醅酸度也会随之增加。

（3）糟醅温度控制 酱香型白酒酿造工艺复杂，历经一年的多轮次发酵方能完成酿造环节，而不同轮次之间由于糟醅中营养物质、季节气候以及糟醅理化性质等因素的影响存在较大差异，因此温度控制存在控制点多、难度大等困难。总体来看酱香型白酒酿造环节受影响的温度点主要包括撒曲环节、起堆环节、高温堆积过程、入窖温度、窖内发酵温度变化等工艺点，下面分别讨论：

①撒曲、起堆温度：酱香型白酒高温堆积工艺中的起堆温度的确定需要充分考虑酿酒微生物菌群（以酵母菌为主）的生长繁殖，酵母菌最适温度范围一般在28~30℃，但较低的温度下酵母菌也能生长和繁殖，鉴于此高温堆积时糟醅起堆温度可略微偏低一点，较低的起堆温度可延长糟醅摊晾时间，增加糟醅与空气、地面及环境的接触时间，利于对环境中有益微生物菌群的富集；同时高温堆积时糟醅温度从较低的起堆温度逐步升至高温，有利于在低温、中温及高温条件下生长的菌群都得到充分的生长、繁殖，有利于糟醅的高温堆积效果。酱香型白酒每一轮发酵周期约为30d，导致不同轮次之间存在较大的自然温差，不同轮次之间糟醅的升温情况也不尽相同，如下沙、糙沙轮次相较于后续熟糟轮次升温更快，因此下沙、糙沙轮次起堆温度为23~26℃，熟糟轮次起堆温度为25~28℃，通过降低起堆温度有利于减缓下沙、糙沙轮次高温堆积工艺中升温趋势。撒曲温度一般冬季略高于起堆温度2~3℃，夏季时撒曲和起堆温度保持一致即可。

②堆积温度：高温堆积是酱香型白酒酿造必要的环节，实际生产经验发现酱香型白酒糟醅若不经高温堆积无法酿造出酱香型白酒。因糟醅理化性质、自然环境等因素的影响不同轮次糟醅高温堆积温度及升温趋势是不一致的，如下沙、糙沙轮次糟醅水分含量略低、质地疏松，堆积时升温快、堆积顶温较高，一般仅需24~48h即可入窖发酵；而随着发酵的进行，1次、2次酒糟醅随着水分含量增加、糟醅质地疏松度降低、环境温度降低等原因，糟醅堆积升温慢、温度偏低，有时甚至需要通过“破堆移位”等操作才能基本达到顶温，一般需要3~6d甚至更长的时间才能入窖；3次酒以后环境温度逐步上升、糟醅中淀粉糊化彻底、糟醅中乙醇及其他香味物质等含量增加有利于微生物菌群生长、繁殖、代谢，堆积温度升温情况较好，一般2~4d即可入窖发酵。糟醅堆积顶温一般控制在52~55℃。高温堆积顶温偏低一般基酒香型不突出、风格不突出。温度偏高糟醅一般

会出现滋生霉菌、糟醅结块，淀粉含量大幅减少，基酒出酒率低，基酒甜味差、有异味，因此需要严格控制堆积温度及升温幅度。

③窖内温度：糟醅窖内发酵温度及升温幅度如出现异常均会影响基酒产量及质量，糟醅窖内温度除糟醅入窖时带入热量维持以外，其余上升的温度均是由微生物菌群代谢所产生的热量导致，为了确保下沙、糙沙轮次窖内升温正常，糟醅入窖温度可适当提高，其余轮次糟醅入窖温度需适当降低，这与糟醅理化性质、营养物质含量及环境等变化密切相关。糟醅入窖后温度要求逐步上升，一般15d左右后升至顶温并开始逐步降温，待发酵结束出窖时一般糟醅温度在34~37℃。酱香型白酒酿造窖内温度变化曲线见图5-2。

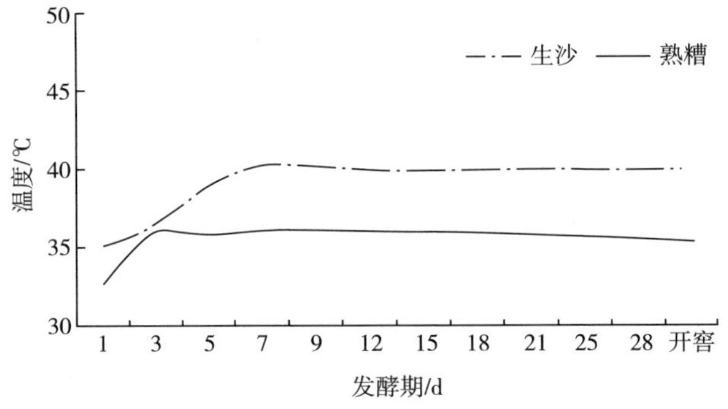

图5-2　酱香型白酒酿造窖内温度变化曲线

在实际生产中一般通过以下操作对糟醅窖内升温进行控制，以使窖内发酵情况控制在工艺要求范围内：

①控制撒曲温度：按照季节、糟醅性质等因素控制撒曲温度，避免曲药被高温影响活性、被低温抑制活性；其次撒曲后需翻拌均匀，避免曲药在糟醅中分布不均导致局部温度异常；最后在高温堆积环节需控制好糟醅的升温幅度及顶温，尽可能避免糟醅堆不同位置堆积效果差异太大，导致入窖后温度变化异常。

②加强堆积过程监测：有时受环境条件、糟醅本身性质等因素的影响，堆积过程可能会出现升温困难，堆积时间只能延长，但堆积时间太长糟醅容易出现臭、馊、酸等现象，此时应及时入窖，避免糟醅质量进一步下降，影响酒质。为了更好地确保堆积效果，堆积时应做好温度监测，温度计应深插，确保糟醅堆内部温度能真实被监测，减少不必要的时间延长。

③强调入窖操作：为了确保窖内糟醅温度一致，入窖时应做好不同层次糟醅间的温度差控制。一般窖底糟醅温度稍高，随着入窖的进行糟醅温度逐步略微降低，尽可能地保证封窖时，窖池内不同层次的糟醅温度基本一致，不存在较大差异，以减少窖内发酵阶段温度的异常变化。

4、酱香型白酒酿造工艺与基酒风格之间有何关联？

酱香型白酒独特的酒体风格的形成与酿造工艺密切相关，其次才是地理、环境、土壤和水质等其他条件，以及窖池、员工、原料、辅料等因素，此问就酱香型白酒酿造工艺与基酒风格之间的关联性进行浅析：

①高温大曲：高温大曲是酱香型白酒酱香风味来源的关键点之一，是产生酱香风味的微生物嗜热芽孢杆菌等菌的主要来源之一。高温大曲在制曲过程中小麦中的淀粉、蛋白质被降解为小分子的糖和氨基酸，随着曲房温度和湿度的上升，氨基酸与糖发生美拉德反应、糖发生焦糖反应，使得曲坯颜色加深至褐色或黑色，凡是曲坯颜色越深的部位多呈现酱香浓郁的味道，其中含有丰富的醛类、酚类和吡嗪类化合物，它们是基酒中酱香风味主要组成成分。

②大用曲量：酱香型白酒酿造用曲量是其他任何白酒无法比拟的，整轮次粮曲比接近（1∶1）~（1∶1.2），在酱香型白酒酿造过程中高温大曲不仅是传统意义的糖化发酵剂，还是酱香风味物质及其前体物质的主要来源，尤其是逐轮次不断添加，产香微生物菌群得到不断的补充与富集，极大地增加了糟醅产香的必备条件，尤其是高温大曲中富集的耐热产香细菌是目前初步研究发现的酱香香味主要产生菌之一。

③高温堆积、多轮次发酵：酱香型白酒酿造工艺中高温堆积和多轮次发酵是区别于其他任何香型白酒的主要点之一，一年为一个发酵周期赋予了酱香型白酒中国白酒行业酿造周期最长的特点。酱香型白酒高温堆积工艺赋予了糟醅中曲药微生物菌群的扩培的条件，同时网罗环境中的微生物菌群赋予了糟醅更为丰富的产香微生物菌群，并且随着发酵轮次的递进，高温堆积顶温会逐渐降低，但起堆温度会越来越高，糟醅酸度也会呈上升趋势，酱香类风味物质也会随之增加。糟醅经过多轮次的循环之后逐渐形成了丰富的酱香复合香产生菌群，尤其是自第三轮次开始酿造回沙酒，以酒养糟更是促进了酱香物质的富集及生成，尤其是增加了以高沸点芳香物质为主的香味物质。

④精细化贮存：与其他香型基酒按质贮存略有不同，酱香型白酒基酒贮存更精细化，一般分轮次、分类型进行，每轮次酒按照酱香、醇甜和窖底香三种类型储存 3 年以上。通过精细化的贮存有利于后续成品酒的勾调，扬长避短，利于成品酒酱香味的突出。

5、酱香型白酒下沙工艺有哪些操作要点?

（1）润粮　每年重阳节下沙时，根据具体工艺需求，每甑原料按比例粉碎或未粉碎放置于晾堂上，以 95℃以上热水进行润粮，又可称为发水；润粮用水量的控制需根据季节、原料含水量以及环境湿度等因素进行动态调整。除用水量需控制以外，水温是另一关键点，高水温有利于原料中淀粉颗粒吸水速率，润粮结束后原料表皮易收汗。在润粮操作时为了确保原料吸水均匀、透彻可采用分次泼水，泼水时用铲子边泼边拌，堆积 2~3h 后可进行第二次泼水，操作同第一次泼水，两次泼水量控制在原料总量的 40%~50%，润粮时间控制在 4~5h。整个润粮操作工艺需要注意避免原料淋浆导致的水分流失，确保原料吸水充足、均匀，保证后续蒸煮糊化达到工艺要求。

（2）配料　下沙上甑蒸粮之前需要先拌和上一轮第 6、7 轮次发酵未蒸酒的母糟，每甑加原料量的 8%左右，拌和时用铲子翻拌二三次，保证拌和均匀，无结团、无灰包。母糟的加入可以将糟醅中的乙醇、其他香味物质带入原料中，既可以达到增加下沙风味、增加原料酸度有利于糊化和发酵的目的，同时母糟中含有残淀、残糖等营养物质有利于酿酒微生物菌群的生长，有利于下沙入窖后的发酵。拌和的母糟尽量不选用最后一轮发酵糟，选用第 6、7 轮次糟醅，糟醅中残留淀粉、糖分、氨基酸等营养物质含量更高，酸度更适宜，更有利于下沙糟醅入窖发酵。

（3）上甑蒸粮、打量水　拌和均匀后即可上甑蒸粮，上甑前先在甑底箅子上撒约1kg清蒸后的糠壳，待上汽后用铲子或簸箕开始上甑，见汽撒料，保持疏松、确保上汽均匀，上甑结束后呈现中心低、四周高的锅底形，每甑上甑时间控制在1h左右；上甑结束待圆汽后即可加盖，开始大火蒸粮。蒸粮时间可根据原料品质、润料情况以及火力大小等动态调整，一般蒸2~3h后原料约蒸至七成熟，剩余三成原料呈硬心或白心。原料不宜过熟，蒸粮结束即可出甑。

出甑后的熟沙堆积于晾堂上，取冷凝器中的热水泼洒于糟醅中，边泼洒边拌和使熟沙尽可能吸收水分，提高熟沙含水量，促进后续糖化发酵的正常进行。量水用量一般为原料量的10%~12%，水质要求清洁、无杂质、无异味，水温在95℃以上，既可以进一步钝化原料中的杂菌，还有利于糟醅中淀粉颗粒进一步吸水、糊化。

（4）摊晾、回沙、撒曲　打完量水后将糟醅摊晾于晾堂上，用铲子翻成行，加快糟醅散热，在环境温度高时可采用风扇辅助降温，以缩短摊晾时间，使用风扇时需注意及时更换位置，不可长时间直吹某一位置糟醅，避免糟醅间温度不均匀，影响后续发酵。待摊晾至温度适宜后起堆收拢，挑选好的尾酒或其他次品酒将酒精度调至30%vol左右，用喷壶喷洒至糟醅中，拌和均匀。尾酒的加入可以抑制糟醅中有害微生物、提供香味物质及其前体物质、提高酶活性，利于后续的糖化、发酵以及后续的糟醅生香。待糟醅温度降至30~35℃即可进行撒原料量10%~12%的高温大曲，具体撒曲量可根据曲药质量和季节进行动态调整；撒曲时避免高扬，减少曲粉飞扬损失，同时拌和均匀，确保熟沙与曲粉充分混匀，避免高温堆积时局部升温异常。

（5）高温堆积　糟醅高温堆积是酱香型白酒最为独特的工艺，不经高温堆积无法酿造出酱香型白酒，这是因为高温大曲制曲品温高，导致曲药菌数和酶活性较低，只有通过高温堆积糟醅网罗、筛选环境微生物菌群进行扩培，以满足入窖后糟醅发酵需求。待糟醅摊晾至30℃左右时即可开始起堆，第一次起堆时先撒2~3kg的曲粉于晾堂上，以中心向四周的方式开始堆糟，糟醅堆成圆形或平顶圆锥形，堆积时间一般为2~7d，待顶温升至50℃左右时，即可破堆入窖发酵。糟醅堆积时间过短或过长均不好，堆积时间过短糟醅培菌、糖化效果不好，基酒香味不好；堆积时间过长、糖化过度，基酒风味燥辣、冲鼻、甜味不够、略带酸苦味。

（6）下窖　酱香型白酒传统酿造工艺在下沙糟醅下窖前需要先用木柴进行烧窖，以木柴燃烧产生的热量杀灭杂菌、提高窖内温度、去除上一轮发酵产生的枯糟气味，为新一轮发酵去除窖内杂质影响。烧窖时木柴使用量需根据窖池大小、新旧程度、空置时间以及窖内干湿情况等来确定，经常使用的窖池一般每口木柴用量50~100kg，烧窖时间1~3h；若是新建窖池或长期闲置的窖池烧窖时木柴用量可适当提高，烧窖时间可适当延长，尽可能地减少窖池中的杂菌及异杂味。烧窖完成后的窖池需待温度稍降、打扫干净后，喷洒酒精度30%vol左右的尾酒15~20kg于四壁及窖底，再撒高温大曲曲粉15~20kg后即可进行入窖操作。

糟醅入窖前先将糟醅堆上、中、下不同区域的糟醅进行混合，再借助手推车或行车进行入窖操作。每入窖2~3甑糟醅后再喷洒酒尾，窖底略少，随着糟醅增加逐渐加大尾酒用量，尾酒总用量控制在原料量的3%左右。为减少杂菌的污染，入窖时间不宜过长，入窖时间过长会导致尾酒的乙醇挥发、糟醅热量散失，影响后续窖内发酵。入窖结束后用铲子或耙子耙平糟醅表面，并略微压紧糟醅，撒一层清蒸后的糠壳即可用窖皮泥进行封窖，封窖泥厚度需在4cm以上；需注意每一个大轮次封窖泥最好进行更换，上一轮封窖泥不臭、无异臭味可掺入新泥混合使用，尽可能地减少窖皮泥对糟醅的影响。

（7）窖内发酵　封窖结束后即可进入发酵阶段，窖内发酵期间需有专人进行管窖，每天用拖布将泥浆水敷于窖皮表面，再用模板挨着抹光、拍紧窖皮泥，避免发酵过程中由于糟醅下沉、气体上升等原因导致窖皮泥出现裂口、鼓泡等现象，尽可能地避免外界空气进入窖池内部，减少外界空气破坏窖内微厌氧环境，避免发酵糟因霉菌滋生结团，尽可能地确保窖内发酵的正常进行。酱香型白酒每个轮次发酵周期约30d，发酵温度为35~43℃。随着发酵的进行糟醅中的淀粉含量呈下降趋势、还原糖含量呈动态变化趋势，一般在第12天左右时还原糖含量达到最高，后续基本变化不大，表明发酵过程中糖化和发酵是同时进行的；同时入窖喷洒的尾酒提高了糟醅的初始乙醇浓度，有利于发酵过程中的产酒、产香，故有“以酒养糟”的说法。

6、酱香型白酒糙沙工艺有哪些操作要点?

（1）润粮　待下沙发酵结束后即可出窖进行第二次投料，即糙沙操作。取未经粉碎或按照30%粉碎度粉碎后的高粱按照下沙的量水比例进行润粮操作，总体上来看下沙和糙沙环节原料投入量各占一半。

（2）开窖、拌和、蒸粮　待糟醅在窖内发酵结束后即可进行开窖工序。用铲子或镰刀等工具将窖皮泥切成20cm见方左右的泥块，将窖皮泥块运至窖皮泥坑堆放，待下一轮使用。窖皮泥去除干净后，即可进行糟醅出窖工序，一般每次取出半甑糟醅与润好的粮食进行拌和，翻拌均匀后即可上甑蒸酒、蒸粮。糙沙上甑操作工艺与下沙相同，上甑时间一般控制在60min左右，上甑结束后盖上甑盖，连接好导汽筒即可进行蒸酒操作。蒸酒时蒸汽开得不宜过大，缓火蒸馏即得到生沙酒。生沙酒一般量较少，生涩味重，一般不做贮存多采用回窖综合利用。生沙酒蒸馏结束后即可大火进行蒸粮，待粮食蒸至柔熟后即可进行出甑操作。

（3）摊晾、撒曲、堆积、入窖　待蒸粮结束后即可进行出甑操作，出甑操作、打量水、摊晾、撒曲以及高温堆积等工序与生沙操作相同。高温堆积结束后糟醅即可进行入窖发酵，如下窖时回到原本窖池就不用再烧窖；入窖操作时应避免窖底长时间空置，影响糟醅入窖后的发酵以及基酒质量，其余操作与生沙入窖发酵基本一致。

7、酱香型白酒熟沙操作工艺有哪些操作要点?

酱香型白酒酿造工艺除了第一轮、第二轮次发酵时投两次原料以外，其余六轮次发酵均不再添加原料，只是将糟醅反复进行蒸酒、摊晾、撒曲、高温堆积以及入窖发酵，因此后六轮发酵称为熟沙操作工艺，主要操作工艺点如下：

（1）开窖、蒸酒　熟沙操作工艺中的开窖操作与生沙操作基本相同，唯独不可一次性起得过多，应做到随蒸随起，需要做到一窖多蒸的工艺要求；待起糟至窖底最后一甑糟醅时应及时匹配好高温堆积结束后的糟醅，尽可能地避免窖底长时间空置，以免影响后续发酵。一般从第4轮次发酵开始会在上甑蒸酒时添加少许清蒸后的糠壳，随着轮次的增加，糠壳的用量也开始逐步增加，这主要是因为随着轮次的增加糟醅的黏度开始增加，通过添加糠壳可以有效增加糟醅堆的疏松性；但糠壳的添加量一般每甑不得超过粮重的1.5%~1.8%，也就是每甑糠壳用量为7~9kg，过多的糠壳会影响糟醅入窖后的发酵，可能会出现升温异常、基酒中糠味较重等问题。

酱香型白酒熟沙蒸酒工艺一般要求馏酒温度略高，量质摘酒，摘酒时需进行品尝，但凡基酒有生糠味、酸涩味、苦辣味或其他异常味时需单独摘酒，摘得的酒可用于回窖发酵。蒸酒时间一般控制在35~40min，追蒸酒尾时间为15~20min。一般要求出甑后的糟醅中乙醇含量在2%以下，如若出现偏高的现象，表明蒸酒操作工艺出现了失误，未能将糟醅中的乙醇尽可能地蒸出，需及时追溯上甑蒸酒操作，尽可能地避免后续蒸馏操作再次出现失误，导致得酒率及优质酒率降低，出现所谓的“丰产不丰收”现象。

（2）摊晾、撒曲　蒸酒结束后立即出甑进行摊晾操作。为了避免杂菌的污染，要求尽量缩短糟醅摊晾时间，待糟醅温度降至35℃左右时即可进行撒曲操作。不同轮次曲药用量均不相同，主要是随着发酵的进行，糟醅中的营养物质逐渐被消耗，大量的曲药添加后可能会出现浪费的现象，因此不同轮次曲药的用量一般是随着轮次的增加呈先上升后下降的趋势。按照粮重占比来计算，生沙轮次用曲量约为11%，糙沙轮次用曲量约为18%，第3、4轮次用曲量约为13%，第5轮次用曲量约为11%，第6轮次用曲量约为7%，第7轮次用曲量约为6%，第8轮次用曲量约为5%，整个轮次曲药用量总计为原料量的90%~100%，粮曲比基本在1∶1左右。

（3）高温堆积　酱香型白酒酿造工艺与其他大曲酒工艺最大的区别点之一在于糟醅撒曲后并不是直接入窖发酵，而是需经过高温堆积糖化工序才能入窖发酵，行业中有着未经高温堆积的糟醅入窖发酵是无法酿造出酱香型白酒的说法。待撒曲拌和均匀后即可进行起堆操作，一般头两甑糟醅起堆温度为34~36℃，后续糟醅起堆温度为28~32℃，其余操作与生沙操作基本相同，只是高温堆积时间会略长，一般堆积时间会达到90~96h。糟醅在高温堆积时需要着重注意堆积位置及堆积过程中糟醅堆温度的变化，要求糟醅堆疏松度要好，充足的空气才能确保糟醅堆在升温时保持均匀一致。待糟醅堆温度升至55~60℃、手摸糟醅堆表面有温热感、轻嗅有带甜酒香气味时即可破堆、入窖发酵。

（4）入窖发酵　经高温堆积后的糟醅即可进行入窖发酵，糟醅一般是直接回至原窖进行发酵，每次入窖前先用酒尾进行泼窖，随着轮次的增加酒尾用量呈下降趋势，从第三轮的15kg酒尾用量到第八轮的5kg左右，同时还需在窖底撒15kg曲粉。熟沙入窖操作中泼洒的酒尾用量不同轮次多少不一，一般会根据上一轮发酵情况、糟醅入窖水分含量等进行调整。入窖结束后用窖皮泥进行封窖操作，进入发酵期后为避免窖皮泥出现裂缝的现象，在每轮次发酵时间30~35d时需做好窖期管理，避免窖皮泥裂缝后出现的外界环境影响发酵体系，导致窖内发酵出现异常。

（5）上甑、蒸酒　待发酵结束后即可进行出窖、上甑蒸酒操作。上甑操作与产酒质量密切相关，因此上甑操作需要尽可能地细致，做到“轻撒匀铺”，甑内糟醅保持疏松均匀、糟醅不压汽、不跑汽、不塌甑，并做到缓火馏酒、高温馏酒，馏酒温度可高达40℃左右。一般摘酒结束后入库贮存的基酒乙醇浓度在（54%~57%）vol。根据实际生产经验来看，第二轮次糙沙基酒略带生涩味；第三、四、五轮次基酒成为大回酒，质量属于较好的；第六轮次基酒称为小回酒；第七、八轮次基酒分别称为枯糟酒、丢糟酒，枯糟味、焦苦味较重，因此一般丢糟酒用于回窖发酵较多。

糟醅入窖发酵过程中在窖池中处于不同部位导致其发酵产酒出现明显差异，根据所处的不同部位，一般会出现酱香、醇甜和窖底香三大类单型酒，其中酱香基酒是决定成品香型的关键点。酱香酒一般产自于窖池中部偏顶部的糟醅；窖底香则是产于窖底靠于窖泥的糟醅；窖池中部糟醅多会产醇甜型的基酒，产量相对较多。摘酒时可根据不同部位糟醅分类上甑、摘酒，按质摘酒并坛贮存，经过品酒师感官鉴定后即可按香型入库贮存于陶坛或不锈钢罐中，经过 3 年以上的贮存周期后即为陈酿酒，可进行后续的勾调工序。

8、上甑操作需要注意哪些点？

上甑蒸酒是整个酿酒环节最后的一道工序，更是整个酿酒工艺中的“点睛之笔”，但如果上甑操作不达标很可能会出现“丰产不丰收”的现象，可谓是成也“上甑”败也“上甑”。上甑前应将糟醅拌和均匀（下沙和糙沙轮次需将糟醅与粮食充分拌和均匀），打散所有的结团、疙瘩，确保糟醅的疏松程度能够达到蒸酒的要求；同时还需要更换底锅水，避免上一轮底锅水中大量的蛋白质在蒸馏时生成大量泡沫，泡沫串入甑内后会造成“淤锅”，影响蒸馏效果，严重时甚至可能会导致蒸馏失败。待上甑前准备结束即可按照“松、轻、匀、薄、准、平”的要求进行上甑操作。上甑时动作要轻快、糟醅要疏松、上汽要均匀，当酒蒸气升至糟醅层表面时及时、准确地铺盖一层糟醅，保证不跑汽、不压汽即可达到上汽均匀、馏酒平稳的要求，为下一步量质摘酒提供坚实基础。在长期的生产实践中发现随着蒸馏的进行，酒精含量呈下降趋势，酸类物质则呈上升趋势，酯类物质两头高中间低，杂醇油主要集中于酒头等，根据这些规律可以有效地做到量质摘酒，提高基酒得率及优级酒得率。

9、什么是“前缓、中挺、后缓落”？

中国传统大曲酒窖内发酵过程中温度的控制是核心点之一，窖内发酵如果出现异常最直接的体现就是温度的异常，因此窖内发酵过程中对温度的监测是窖期管理的重要工作之一。按照长期的酿造经验来看，大曲酒窖内发酵时温度变化趋势可总结为“前缓、中挺、后缓落”。大曲酒的发酵属于双边发酵，即边糖化边发酵，整个糖化发酵过程比较缓慢、持久；若前期发酵温度升温过快，产酸类微生物菌群大量增殖，导致酸类物质大量生成，糟醅酸度增加，最终会导致糖化发酵不彻底，发酵结束后糟醅中残淀或残糖量偏高，导致基酒降质减产。因此，一般在糟醅入窖时要求低温入窖，便于控制温度缓慢上升至 40~45℃达到顶温进入主发酵期，并挺得住，达到发酵充分的目的。随着糟醅中糖类物质逐渐被消耗以及微生物菌群活性降低，主发酵期结束后窖内温度开始逐渐下降直至出窖，即称为后缓落，一般开窖时糟醅温度尚有 25℃左右，严格按照“前缓、中挺、后缓落”的温度变化趋势，方能保证优质高产。

10、酱香型白酒酿造过程中糟醅酸度增加的原因有哪些？

酱香型白酒发酵过程中除生成乙醇以外还会生成大量的副产物，其中有机酸是最主要的产物之一，也是还原糖转变成酒精的必然产物，主要分为以乙酸、丁酸等为主的挥发酸，以乳酸为主的难挥发酸等。虽然有机酸是酱香型白酒主要的香味物质之一，但窖内发酵时糟醅有机酸含量过高则会影响窖内发酵，因此窖内发酵时需要严格控制糟醅酸度，过高或过低均不适宜，适宜的酸度不仅有利于原料的蒸煮糊化还有利于高温堆积和窖内发酵过程中的糖化发酵。从实际生产经验来看，酱香型白酒酿造过程中糟醅酸度异常升高的原因主要包括以下几类：

（1）糟醅入窖时温度、酸度和淀粉含量过高　这些情况导致窖内发酵前期温度异常上升，温度的异常升高、窖内富营养化的环境以及充足的氧气等条件给予产酸微生物菌群最适的快速生长、繁殖条件，导致产酸微生物菌群成为主要的优势菌并生成大量的酸类物质导致糟醅酸度升高，影响后续窖内发酵，导致基酒产量低、质量差，甚至出现不出酒的现象。针对这类情况在实际生产中需要注意做好低温入窖，调控好入窖初始淀粉含量和酸度，保证窖内发酵“前缓、中挺、后缓落”的温度变化趋势可有效地解决糟醅酸度升高问题。

（2）后续几轮次发酵过程中辅料糠壳的使用量过多　这种情况导致糟醅入窖后过于疏松，空隙增多后导致氧气含量增加，封窖后窖内微生物菌群快速生长、繁殖，导致窖内温度快速上升，较高的温度及丰富的氧气和营养物质会使得产酸微生物菌群大量增殖，大量酸类物质产生不仅会使酵母菌早衰还会大量消耗营养物质导致基酒产量下降甚至出现不出酒的现象。

（3）发酵车间环境和工具的卫生工作未做好　这种情况导致环境中杂菌大量增殖，导致在糟醅摊晾、高温堆积时大量杂菌侵入糟醅中，同时窖期管理工作不到位导致窖皮泥裂缝也会引起环境杂菌大量侵入窖内发酵体系，杂菌借助糟醅中的营养物质大量增殖后酸类物质也大量生成导致糟醅酸度增加，影响出酒率和酒质。为此，在实际生产中需要做好发酵车间环境卫生工作，减少杂菌的滋生，可以有效地减少杂菌污染带来的酸度升高的现象。

11、为了提高出酒率可否增大糟醅含水量及曲药用量?

曲药是白酒酿造过程中的糖化发酵剂，糟醅中的水分则是参与酿酒微生物菌群繁殖、物质传递、热量传递等的关键因素，随着水分的增加微生物也更活跃，因此理论上增大糟醅含水量和曲药用量有可能会增加基酒的出酒率。但从实际生产的经验来看却是不可取的，存在以下几点危害：一是增加曲药用量以后会导致糟醅窖内发酵过程中前期升温迅猛，糟醅大幅度生酸、酵母菌早衰、影响后续发酵等；二是曲药用量增大以后会导致糟醅中淀粉大量被降解为糖，酵母菌若还没大量增殖很容易造成富营养化导致其他微生物大量增殖，导致糟醅中营养物质被浪费、酸类物质大量生成、糟醅中残糖量增高等，可能会需要后续几轮发酵才能调整回来；三是曲药用量增大以后大量未经蒸煮糊化的曲药生淀粉带入发酵系统，加大了难以利用淀粉的含量，出现浪费现象，同时增大了生产成本，还可能赋予基酒苦味；四是糟醅含水量过高以后在发酵过程中很可能会出现“淋浆”的现象，造成糟醅大量乙醇及香味物质被下沉的水分带走，导致出酒率与酒质降低。因此，通过增大糟醅含水量及曲药用量来提高出酒率只能是在冬季或特定的条件下才可能实现，但不能长期如此操作，否则很可能会导致糟醅的品质越来越差，影响后续的发酵。

12、窖内发酵过程中糟醅不升温、不产酒可能是哪些原因造成的?

（1）糟醅入窖酸度过大　在前几轮发酵过程中可能因为操作失误，导致糟醅发酵异常、酸类物质大量积累，导致糟醅成了杂菌大量滋生的死醅，入窖发酵后糟醅几乎停滞不前，不升温、不产酸、不产酒，此时糟醅残淀高、酸度高，糖化发酵受到抑制，无法正常发酵，此时只能通过大量更换母糟才能从根本上解决问题。

（2）入窖温度过低　入窖淀粉含量过低时在气温较低的冬季发酵困难，容易出现升温异常、不产酒的现象。

（3）入窖时糟醅含水量低、糟醅较干　这会导致酿酒微生物菌群生长受到抑制，进而出现升温异常、顶温达不到的现象。

（4）另外，曲药质量太差、用曲量不足、原料蒸煮糊化不到位、封窖不到位、保温效果不好、散热快等原因也会导致不升温、不产酒，需要在生产中规范操作、严格按照工艺要求进行操作，出现异常时及时进行处理，减少对后续发酵的影响。

13、高温堆积工艺中糟醅堆上的“腰线”是如何形成的?

酱香型白酒酿造工艺中糟醅需经过高温堆积发酵工艺，网罗环境中的微生物进行生长繁殖，代谢产生多种酒体香味物质及前体物质，为入窖发酵创造条件。但在酱香型白酒冬季生产过程中，部分糟醅堆内部或表层糟醅表面会呈白色或微黄色，在湿度大、温度高的环境条件下易成团状甚至板结，糟醅干燥，或带“霉味”，这种现象在酱香型白酒生产中被称为“腰线”，这种糟醅被称为“腰线”糟醅。

“腰线”的出现会使糟醅出现局部封闭的发酵体系，影响糟醅堆积过程中微生物菌群与环境间的物质和能量间的交换，可能会导致酿酒微生物菌群生长、繁殖受到影响，使得微生物菌群种类减少，影响后续窖内发酵，导致基酒出现产量及质量均下降的现象。从目前的研究来看，“腰线”附近的糟醅发酵温度比同堆正常的略高5~10℃，水分含量及酸度与正常糟醅基本一致；糟醅中葡萄糖含量远低于正常糟醅，但淀粉消耗量又高于正常糟醅，这可能是因为糟醅中营养物质被微生物所消耗。对“腰线”糟醅中的微生物菌群种类及数量检测研究发现，“腰线”出现处的糟醅中微生物菌群在种类及数量上均出现较大的变化，一是细菌种类及数量占比减少，二是酵母菌种类及数量大幅增加，三是霉菌种类及数量均较少，由此可见“腰线”附近的糟醅中糖类物质供给酵母菌生长及代谢，导致出现上述情况。

“腰线”的形成原因有以下几点：

（1）糟醅糊化时间略长　在实际生产中发现糟醅糊化时间略长的情况下“腰线”更容易出现，糊化程度越高糟醅中淀粉降解成的糊精、多糖等小分子物质也越多，越容易被微生物所利用，导致糟醅堆局部温度过高，较高的温度、丰富的营养物质进一步促进了“腰线”现象的出现。

（2）温度差　影响“腰线”出现的温度主要包括起堆温度、车间环境温度，二者之间的温度差是形成“腰线”的一个主要原因。在深秋、冬季以及初春时节环境温度较低，糟醅起堆时需要隔天起堆时不同时间上堆的糟醅表面温度与环境温度基本一致，但相对于前一天的上堆表面又是一次接种，若第二天上堆糟醅温度过高必然会造成不同时间糟醅间温度出现较大的差异。温度差异必然会导致不同时间上堆的糟醅层间的热传递，随着交接处糟醅间的频繁的热传递、物质传递，微生物菌群活性也大幅增加，进一步加重了两次糟醅交接处温度的上升，加快了“腰线”的形成。

(3) 通风情况　当通风情况良好时会使得车间环境温度偏低，糟醅堆外表基层的糟醅与外界热量交换频繁，导致表面基层糟醅温度降低，微生物菌落活性也随着温度降低而降低，糟醅堆产生热量少，升温也相应减缓；而糟醅堆内部则温度正常上升，内外温度差进一步加快了“腰线”的生成。

“腰线”的生成会严重影响糟醅的高温堆积效果及窖内发酵结果，主要表现在两个方面：一是出现“腰线”的糟醅中的还原糖含量、残余淀粉含量低于同堆其余正常糟醅，发酵出现异常，这可能是因为“腰线”部分糟醅中酵母菌生长、繁殖旺盛，大量消耗了糟醅中的营养物质；二是随着“腰线”的形成，附近的糟醅温度快速上升、氧气快速消耗，酵母菌的代谢产物反馈抑制糟醅中微生物菌群的代谢，导致糟醅中微生物的种类及数量大量减少，进而破坏了糟醅多种微生物之间的协调与平衡，改变或影响了原本微生物菌群的代谢途径，进而影响糟醅入窖后的发酵产酒，导致基酒出酒率及优质酒率下降。为了减少糟醅高温堆积期间“腰线”的形成，需要严格按照生产工艺管理，控制好糊化时间及糊化程度，减少过度糊化造成的影响；另外还需要在上堆时尽量缩短操作时间，减少不同糟醅层之间的时间差与温度差，若只能隔天上堆的情况，需要在第二天上堆时将糟醅进行拌和均匀再次上堆，减少不同时间糟醅层间的温度差；最后，加强生产管理，当发现出现“腰线”迹象时可将糟醅进行拌和，减少温度差并增加糟醅层中的氧气含量，满足多菌群生长的需求，尽可能地减少“腰线”形成后的影响。

14、高温堆积工艺中“腰线”现象有哪些类型及该如何处理?

(1) “腰线”的类型　根据发生位置可将糟醅堆中出现的“腰线”分为接堆“腰线”和表层“腰线”。结合外观颜色可将“腰线”细分为如下三大类：一是外侧黄色“腰线”，一般位于糟醅堆表层 10 cm 左右，呈黄灰色，较硬，干燥。由于大量霉菌菌落富集在糟醅表层，因此呈黄色，有“霉味”。同时糟醅堆表层的疏松度较高，且霉菌的大量繁殖对酵母菌生长会产生一定的抑制，造成在 3 类“腰线”糟醅中，外侧黄色“腰线”糟醅的风味物质种类最少与含量最低。二是外侧白色“腰线”，一般位于糟醅堆表层 10cm 左右，呈白色，较柔软，较干燥。此“腰线”分为两类，一类含有丰富的酵母菌，使得糟醅表面呈白色，这类“腰线”糟醅一般花香味较明显；另一类还含有适量白色的霉菌，这类“腰线”糟醅常伴有轻微“霉味”。三是内部白色“腰线”，位于糟醅堆 20~50cm 处，呈白色，柔软，较疏松，较干燥。此类糟醅表面富集大量酵母菌，因此呈白色。发酵前期（5d 左右），糟醅水分较大，柔软，糟醅堆较紧密；发酵中后期（8d 左右），糟醅堆较疏松、干燥，风味物质较单薄。

(2) “腰线”成因　“腰线”主要是由于排与排之间糟醅温差过大、过度糊化以及水分作用共同造成的发酵现象。“腰线”形成的深层次原因是微生物生长环境的变化（主要包括温度、湿度、溶氧、堆积时长、初始供糖量等），使得糟醅微生物结构与数量有了差异。“腰线”糟醅中含有多种微生物，影响较大的是拟青霉和库氏毕赤酵母，这两类微生物在 40℃ 下均能生长，其中拟青霉可代谢多种酶，并能直接分解淀粉为糖进行利用，只要在适宜的氧气和水分下就能生长。同时，霉菌与酵母菌的生长速率也不同，发酵前期酵母菌生长速率明显优于霉菌；发酵后期，随着营养物质的消耗，霉菌生长逐渐优于酵母菌。

①外侧黄色“腰线”：霉菌数量较高，尤其拟青霉，堆积发酵11d每克糟醅中拟青霉数量可达百万级，呈黄灰色，推测形成这类“腰线”的主要原因：一是糟醅糖含量低，适宜可自身代谢产糖的霉菌生长；二是接堆温差大，适宜相对耐高温的拟青霉生长；三是接堆处产生的冷凝水多，为拟青霉的生长提供充足的水分；四是由于位于糟醅堆外侧，氧含量较高，为拟青霉的生长提供了较充足的氧气。上述四个方面共同促进了拟青霉的生长繁殖，造成了外侧的黄色“腰线”。

②外侧白色“腰线”：外侧白色“腰线”分为两种，一种含有较多的酵母菌，尤其是以库氏毕赤酵母为主的非产酒酵母，堆积发酵11d每克糟醅中酵母菌数量可达千万级，由于酵母菌菌落呈白色，因此糟醅表面呈白色，推测形成这类“腰线”的主要原因：一是糟醅糖含量充足，适宜生长速率较快的酵母菌生长；二是接堆温差大，适宜相对耐高温的库氏毕赤酵母生长；三是接堆处产生的冷凝水较多，为微生物生长提供了充足的水分；四是由于位于糟醅堆外侧，氧气含量较高，为微生物生长提供了充足的氧气含量。上述四个方面共同促进了库氏毕赤酵母的初始接种量，使得外侧白色“腰线”出现。另一种是含有一定数量的拟青霉或拟青霉与酵母菌共有，由于拟青霉处于生长代谢前期，菌落呈白色，所以糟醅表面呈白色。

③内部白色“腰线”：该类“腰线”糟醅含有丰富的酵母菌，这些肉眼可见的菌落富集在糟醅表面，呈白色，推测形成这类“腰线”的原因包括以下几点：一是糟醅糖含量充足，适宜生长速率较快的酵母菌生长；二是由于位于堆积物内部，溶氧含量相对较低，适合兼性好氧酵母菌的生长；三是接堆温差大产生的冷凝水多，为酵母菌生长提供充足的水分。前期此类“腰线”糟醅中产酒酵母数量较高，主要是由于冷凝水多且处于糟醅堆内部易形成微氧状态，更适合酿酒酵母的生长。随着酿酒酵母的快速繁殖，产生的热量逐步带走糟醅水分，使糟醅变得疏松，溶氧量变高，生长环境逐渐适宜非产酒酵母的生长，因此后期非产酒酵母特别是耐高温的库氏毕赤酵母数量较高。同时发现：堆积5d内部白色“腰线”糟醅中未检出霉菌，堆积8d检出霉菌，由于霉菌属于好氧菌，进一步验证了堆积后期糟醅内部存在微氧的环境。

（3）“腰线”出现对糟醅的影响　表层“腰线”，主要由于最后一甑或最后一排的接堆温差造成，处在糟醅堆表层往内10cm左右，同时因为即将入池发酵，存在时间相对较短，对堆积发酵的影响较小。接堆“腰线”，即内部“腰线”或多层“腰线”，主要与覆盖糟醅的温差有一定联系，较深“腰线”与前1天糟醅的温度和表层水分存在一定联系，由于温度较高，若不及时处理，微生物繁殖迅速，消耗糟醅的大量营养物质，生产上俗称易“烧坏糟醅”，同时由于易板结甚至呈“锅盖”状，阻挡了“腰线”内外的热量传递或气体流动，若不及时处理，易造成其他部位糟醅微生物生长代谢缓慢、温度不上升，最终影响整个堆积糟醅的发酵进程。所以一、二轮次应采取接堆操作，减小温差。

（4）“腰线”处理措施　由于“腰线”与堆积发酵糟醅的风味形成和微生物组成有一定的相关性，因此针对不同类型的“腰线”，采取不同的处理措施。对于表层“腰线”，只需将堆脚糟醅覆盖在糟醅堆中部往上的位置即可，同时注意检查堆顶的发酵情况；对于内部“腰线”，需根据发生位置和糟醅板结程度采取不同方式破坏“腰线”层。处理方法主要有如下 3 种。

①“脱衣穿衣”：堆积 8d 后，针对发生在 40cm 左右，硬度明显、板结较厚，且出现由内至堆心处温度明显、往外温度不明显的“腰线”情况，采取“脱衣穿衣”的方式处理：即使用抱斗或耙梳将堆脚 1m 左右的糟醅推开，将“腰线”糟醅破坏，再覆盖回原来的形状。

②撬堆：堆积 9d 后，针对发生在 30cm 左右，较硬、板结厚度 3~4cm 的“腰线”，可采取撬堆处理：将堆脚 50cm 左右糟醅推开，使用木棒或其他工具，将糟醅堆撬松处理。

③松堆：堆积 10d 左右，针对发生在 20cm 左右，硬度高、板结的“腰线”，采取松堆处理：将堆脚 50cm 的糟醅推开，使用耙梳将糟醅堆挖松（糟醅自然落下），推开的糟醅覆盖于糟醅堆上即可。

综上所述，根据高温堆积工艺“腰线”发生的位置，结合外观颜色，将其分为 3 类，即外侧黄色“腰线”、外侧白色“腰线”以及内部白色“腰线”。从微生物生长代谢角度分析“腰线”形成的原因，主要是糟醅温度、湿度、溶氧、初始供糖量等生长条件的不同，造成糟醅微生物结构与数量的差异。表层“腰线”对堆积发酵的影响较小，接堆“腰线”若不及时处理，将影响整个堆积发酵进程。因此，针对不同类型“腰线”，总结提出了“脱衣穿衣”、撬堆、松堆等处理措施，为保障酱香型白酒顺利生产提供重要参考。但是怎样从根本上减少酱香型白酒“腰线”的产生，还有待从形成机理和过程控制方面进行深入研究。

15、试以糙沙轮次为例说明量水用量对基酒产量及质量有何影响?

有科研工作者曾对酱香型白酒生产中糙沙轮次糟醅的量水加入量对基酒产量及质量的影响进行了试验。研究发现，若提高糙沙轮次糟醅量水的加入量，糙沙轮次基酒的质量和产量会受到较大影响，下面简要介绍该研究的主要方法及结果。

（1）试验方案　设置 2 组平行试验，共 4 个窖池。糙沙轮次糟醅量水的加入量分别为 1%、4%；同时为尽量减少其他因素对试验结果造成较大的干扰，要求各试验对比窖池的其他因素尽可能相同，如原料质量、曲药质量、工人工艺操作参数等，并对试验窖进行跟踪分析。

（2）试验结果

①不同的量水添加量对生产过程及基酒质量有较大的影响。量水加入量大（4%）时，堆积发酵过程中易出现包心现象，1、2 轮次酒的窖内发酵升温幅度较大，产的酒总酸、总酯含量较低，口感也差，但出酒率较高；而量水加入量小（1%）时，生产正常，虽产量较低，但酒质较好。不同量水用量窖池基酒产量对比见表 5-1。

表 5-1　不同量水用量窖池基酒产量对比　单位：kg

一轮次基酒				二轮次基酒			
1%	4%	1%	4%	1%	4%	1%	4%
605	658	404	733	1054	1184	1020	1059

②糙沙轮次糟醅加大量水用量对后续的影响主要表现在会影响微生物发酵，从而导致酒醅的基质不同，而后轮次的发酵糟醅即为前一轮次的代谢产物，环环相扣的生产工艺特点致使糙沙轮次糟醅若加大量水的用量可能会对整个生产的基酒产量及质量产生重要的影响。

16、我国南方和北方酱香型白酒高温堆积工艺有何区别?

高温堆积是酱香型白酒酿造过程中的极其重要的工序，行业中以“二次制曲”精要地突出了其重要地位。酱香型白酒糟醅经过高温堆积可以网罗空气和环境中的微生物，并能使大曲中处于休眠状态的芽孢、孢子、耐高温酵母得以活化，故称“二次制曲”；同时，糟醅中富集的微生物菌群经过较高温度驯化以后成为极其丰富的耐热微生物菌群，这类微生物菌群在高温堆积及入窖发酵后有利于酱香物质的形成与积累。生产实践证明，即使采用优质的高温大曲，若不进行高温堆积糟醅产的酒酱香不明显，出酒率也低。我国南方与北方因气候、地域差异，在糟醅高温堆积过程中变化也不同。

我国北方由于光照足、风大、雨少、空气干燥，空气中的水分远不及料堆中的含量，因此，在高温堆积过程中糟醅堆表面的水分会出现快速散失到空气中的现象，并且糟醅中水分的散失速度会随着空气及环境的干燥程度上升呈现上升趋势，这种环境情况极其不利于高温堆积工艺。这是因为无论是网罗环境中的微生物菌群还是活化糟醅中的微生物菌群，只有当糟醅堆表面氧气充足、营养丰富的情况下，微生物才会迅速繁殖并产生大量能量；但水分散失时也会带走一部分热量，若热量生成速度高于散失速度糟醅堆呈现升温的趋势，反之则呈现降温的趋势。随着时间的延长，水分子不断挥发，升温层向堆内推进并在糟醅堆表面以下 30cm 左右处形成向外移动水分和向内推进热量的最佳临界点，此处糟醅中产生的热量最集中、升温幅度最高，可能会在 2~3d 内出现“烧皮现象”。另外，糟醅堆心水分虽有向外层移动，量却很少，速度较慢，绝大部分仍存在于堆内；堆心升温幅度小或没升温也是常有的。由此可见，北方酱香型酒醅的堆积只有糟醅堆表层少部分获得了升温，而且时间较短，大部分糟醅并没有升温，整个堆积根本没有达到微生物筛选以及酱香味物质积累的目的。

我国南方光照少、风小、多雨、空气潮湿，在糟醅堆表界面处水蒸气几乎处于饱和状态，亦即堆表的水分受热蒸发后会得到空气中水分的及时补充。这样无论堆表产生多少热量都会被水分子带到空气中散发掉，而进来的水分子又不会吸收刚产生的热量。因此，只要水分子运动不停止，糟醅堆表就不会积储热量。此时糟醅堆的中心处由于堆积时间长，糟醅中曲药微生物菌群得到了充分的活化，即使没有网罗的活菌，也能产生巨大的热量；尤其外层的糟醅又充当了其水分和能量转移的保护层，因此，产生的热量除极少部分被糟醅外层吸收外大部分仍窝在堆内。这样一来南方酱香型酒醅高温堆积只要保证充足的堆积时间就能实现高温菌的筛选、酱味物质的高度积累，从而达到真正堆积的目的。总之，北方酱香型酒酒质若出现不如南方酱香型酒的现象，绝非工艺问题，因为气候不仅影响了堆积质量，而且影响了大曲质量。

为了缩小与南方酱香型酒堆积条件的差异，北方酒厂可采取下列措施：一是高温堆积时可在糟醅堆表层撒上一层（5cm 左右）熟糠壳，用凉水均匀喷透后再在稻壳上撒一层大曲粉（2cm 左右），仍用凉水喷透；二是在整个高温堆积过程中喷数次凉水，保持堆表始终潮湿。这样操作就会在糟醅堆表面形成一层保护层，糠壳内的水吸热后变成一层近似饱和的蒸汽层，由它来完成堆表热能的转移和传递，而达到延长堆积时间的目的；同时，糟醅堆表层的大曲粉既潮湿又富含各种营养成分，非常利于活菌的网罗与繁殖。当进行洒水保温时，大曲粉中的菌又会被水带进稻壳中进而流到糟醅堆表面，达到网罗的目的。实践证明，北方酱香型酒厂使用此法比不用此法的堆积时间延长了 3d，而且酒质有了明显的提高。

17、酱香型白酒调味酒是如何生产的?

（1）酱香专用调味酒的酿造工艺　采用高温制曲，培菌温度高达 65～70℃，进行二次翻曲，培养 57～60d；高温堆积糖化，糟醅堆温度达到 48～52℃；高温发酵，窖内发酵温度高达 42～45℃，发酵 30d 以上；高温馏酒，尽可能将发酵中生成的酱香味物质最大限度收集于酒中；在不同轮次发酵中采用双轮底或多轮发酵生产高质量调味酒。

（2）酱香专用调味酒的贮存与勾调　保证 5 年以上的贮存期是提高酱香专用调味酒风格质量的重要措施。采用酱香专用调味酒，10 年以上窖底香调味酒、窖面酱香调味酒、陈酿调味酒、双轮底酒按最佳配方精心勾调成供使用的酱香专用调味酒。经特殊工艺生产和勾调成型的酱香专用调味酒，其感官特点为：微黄透明，酱香突出，陈味较好，酒体醇厚丰满，细腻谐调，回味悠长。

酱香专用调味酒可以增加被调酒体的“酱陈”味，增加酒体的后味和醇厚感，使酒体更谐调，丰满，消除糙辣感，使酒更细腻，提高产品的质量档次，使酒体风格更加优美、高雅。

18、酱香型白酒不同轮次酒各具哪些特点?

酱香型白酒的酿造过程十分复杂，其生产工艺以“二次投粮、七轮取酒”和“高温制曲、高温堆积糖化、高温发酵、高温馏酒、长期贮存”为显著特点。由于 1～7 轮次酱香半成品酒在勾调时是作为骨架酒基，要勾调出“酱香突出、优雅细腻、醇厚谐调、回味悠长”的风格，使人产生意境幽远感觉的酱香酒，就必须熟悉掌握 1～7 轮次半成品酱香酒的风格质量特点及骨架成分特点。

（1）不同轮次酒的感官风格特点　酱香型酒独特的酿造工艺，使每一轮次所生产的半成品原酒在感官上差异较大，每个轮次的酒都有不同的特点。酱香型白酒 1～7 轮次基酒的感官风格特征见表 5-2。

表 5-2　　酱香型白酒 1～7 轮次酒的感官风格特点

轮次	出酒率/%	感官风格特点
1 轮次酒	3.0	生沙香突出（似清香），微带辣味，后味带酸
2 轮次酒	5.0	微有清香，有酱香，醇厚，后味有明显涩感
3 轮次酒	7.3	酱香较突出，微有粮香，醇厚，爽口，回味较长
4 轮次酒	8.3	酱香突出，醇厚，细腻幽雅，谐调，味长
5 轮次酒	7.8	酱香突出，微带焦香，谐调香长，微有涩感

续表

轮次	出酒率/%	感官风格特点
6 轮次酒	5.5	酱香较突出，窖香好，醇厚，香长
7 轮次酒	4.0	酱香伴有煳香，带枯糟香，后味微苦

从感官上看，1、2、7 轮次酒风格较差，产量较少；而 3、4、5 轮次酒俗称“大回酒”，酱香突出、纯正，酒体醇厚，其产量最多，占了总产量的 55%以上；6 轮次酒俗称“小回酒”，其口感特点虽不及 3、4、5 轮次酒那样酱香突出、纯正，但焦香好是其特点，这种香气在勾调时往往更能突出酒体酱香的风格。

（2）酱香轮次基酒的成分特点　酱香型酒香味成分极其复杂、种类繁多，且主体香味成分不明确，从目前的研究结果可以分析得知酱香型白酒不同轮次基酒的特点。

①总酸：酱香型白酒 1~7 轮次基酒的总酸含量较高，其中尤以 1 轮次基酒最高，达到 500mg/100mL 以上，这与感官品评时口感中酸度较大的特点是一致的。不同轮次基酒中总酸含量随着轮次的增加呈现下降的趋势，3~6 轮次基酒中酸度变化不大，平均含量在 220mg/100mL 左右，与成品酒的酸度含量十分接近。

②总酯：在 1~7 轮次基酒中，酯类物质以乙酸乙酯和乳酸乙酯为主，其中乙酸乙酯含量又要大于乳酸乙酯；同总酸变化趋势一样，随着轮次的增加，基酒中总酯含量也呈下降趋势，1 轮次总酯含量最高，所以放香较大（可作调味用）；3~5 轮次后酒总酯含量降幅不大，平均含量为 450mg/100mL 左右，其中乳酸乙酯在总酯中所占的比例接近乙酸乙酯；而在 1 轮次酒中乙酸乙酯占总酯含量的 70%左右，是 1 轮次酒和 3、4、5 轮次酒不同的一个特点；另外，与浓香型白酒相比，半成品酒中已酸乙酯含量低，在 10~20mg/100mL。

③糠醛：酱香型白酒中糠醛含量较高，1~7 轮次基酒中平均含量为 16.7mg/100mL 左右，远超其他香型白酒。糠醛在 1~7 轮次基酒中含量分布呈现两头低（1、2、7 轮次）、中间（3、4、5 轮次）高的特点。

④醇类：在醇类中，正丙醇含量最高，其中 1 轮次酒中含量特别突出，一般都在 2000~3000mg/100mL，在 1~7 轮次酒中的含量分布和糠醛相反，呈两头高（1、2、7 轮次）、中间低（3、4、5 轮次）的特点。

（3）不同轮次基酒在勾调中的作用　酱香型酒的勾调较为复杂，一般是以 1~7 轮次酒（醇甜型）的大宗酒作为酒体的骨架，再佐以适量的窖底酒、酱香酒、陈酒等组合而成，所以必须熟悉掌握作为“骨架”的各轮次酒的特点和作用。

第 1 轮发酵中，由于蒸粮时间少、糊化慢、可利用淀粉溶出少等原因，使 1 轮次酒中带有较为突出的类似清香的生粮香，放香好，勾调时添加适量的 1 轮次酒能增加酒体的放香、喷香，但过量时会影响酒体的酱香风格，而使酒体变得粗糙、不谐调。2 轮次酒也可提高酒体的放香，但过量会使酒带涩感。

3、4、5 轮次是产酒最多的，所产酒酱香突出、纯正、酒体醇厚、丰满，为勾调后酒体“酱香突出、幽雅细腻、醇厚丰满、回味悠长”打下了坚实的基础，所以勾调时以 3、4、5 轮次酒为基础，其用量也最多。

6 轮次酒酱香不及 3、4、5 轮次那样突出，但其带有较好的焦香，勾调中能提高酒体的酱香风格，是勾调时不可缺少的酒体；7 轮次酒带有煳香，由于带枯糟味，涩苦味较重，勾调时不宜多用。

1~7 轮次酒用作大宗酒基勾调时根据其数量、感官特征，较为合理的比例是：1 轮次酒 2%~4%，2 轮次酒 7%~10%，3、4、5 轮次酒 20%~25%，6 轮次酒 10%~15%，7 轮次酒 5%~8%。

19、酱香型白酒酿造工艺中哪些关键点对基酒质量有着显著的影响?

传统酱香型白酒的酿造工艺是中国白酒产业乃至全世界比较奇特、复杂的酿造方法之一。以 1 年为 1 个生产周期，原料经过下沙、糙沙及八轮次发酵、七次取酒，每轮次酒风格迥异，在贮存时也需单独存放。从实际生产经验来看基酒质量与酿造工艺密切相关，关键点包括以下几点。

（1）高温制曲　酱香型白酒所用的高温大曲是以小麦为制曲原料，小麦经粉碎成粗麦粉，与母曲（4%~6%）、水拌和至含水量 37%~40%即可踩曲或压曲进行发酵。高温大曲制曲环节中顶温可达到 65℃以上，在如此高温下有大量酱香类物质产生，再加之酱香型白酒用曲量与原料量基本一致，不仅作糖化发酵剂，而且还作为酿酒原料，因此高温曲是酱香来源之一。高温曲的好坏，对 1~7 轮次酒的风格质量起着决定性的作用。优质的高温曲为黄褐色，皮薄疏松，曲香中带酱香，曲中以芽孢杆菌为主，细菌占总数的 90%以上；黑色曲、红色曲等为次品曲。黑色曲是因制曲过程水分过多，升温过猛，曲中发生美拉德反应，导致曲坯呈现黑色，黑色曲糖化力较低，产酒带苦味、焦煳味、不爽口；白色曲是因制曲过程中水分欠缺导致温度未升上来，微生物菌群生长较差，白色曲糖化力高但所产基酒酱香差、酒体不醇厚，略甜，风格不典型。

（2）投粮操作　酱香型白酒每一个周期只在第 1、2 轮次投粮，后续所有轮次均不再添加高粱原料。酱香型白酒传统酿造工艺中高粱在使用前均先要破碎，一般破碎度不能超过 20%，若破碎度过大可能会导致前几轮次发酵消耗大量营养物质，导致 3~6 轮次所产的基酒出酒率及风格质量出现大幅下降的现象，并会导致 1、2 轮次所产基酒产量增加。但若不进行粉碎或粉碎度不够或后续润粮操作不到位，会导致原料糊化不到位，致使 1、2 轮次所产基酒生沙味过重，口感较辣；另外，润粮、蒸粮时间不够也会导致 1、2 轮次甚至 3 轮次所产基酒带生粮味，并且酒体粗糙、生涩味较重。

（3）高温堆积　酱香型白酒的高温堆积工艺是为了网罗微生物，达到培菌、糖化的目的。高温堆积时间根据气候、季节把握。要经常对糖化堆四周、顶部进行检查，各部分温度由里到表后（此时温度一般在 45~50℃），粮醅有明显的香气和微甜味，才能下窖。若高温堆积时间不够或糖化堆四周或顶部温度不够（48℃左右），则产酒酱香不明显或不突出，酒体单薄，风格不明显；若堆积时间过长，则酒体糙辣、酸味过重，甚至带邪杂味。

（4）高温发酵　酱香型白酒窖内发酵属于高温发酵，为各种酱香味物质的生成提供了条件。从入窖开始，糟醅发酵温度一般在 35~43℃变化，若窖内温度在 40℃以下，则产酒酱香不突出，酒体单薄，后味短，风格不明显；若窖内品温升至 42~45℃，酒产量不仅高，而且酱香风格突出，醇厚谐调。

（5）高温馏酒　酱香型白酒的香味物质成分中含高沸点的香味物质成分如酸、高级醇、芳香族化合物较多，故采用高温馏酒，将高温发酵生成的酱香味成分最大限度收集。

馏酒温度一般要求高于37℃；若流酒温度不够，则蒸出的原酒酱香不明显，酒体单薄，细腻感差，风格欠缺。

20、酱香型白酒酿造过程如何降低大曲用量?

酱香型白酒酿造过程中曲药用量一般与高粱用量保持一致，甚至略有提高，因此酱香型白酒曲药用量是中国白酒行业中用曲量最大的，大用曲量增加了酱香型白酒企业运行成本。为了减少酱香型白酒产业的用曲量，行业中进行了诸多研究，现将主要成果总结如下。

（1）加入高效培菌糟　高效培菌糟中含有大量的微生物、酶和香味物质，作为种曲替代部分高温大曲而用于酱香型白酒的生产，以降低酱香型白酒大曲的用量。用这种工艺生产的酱香型白酒出酒率高，且酒体酱香突出、质量好。按试验改进的工艺进行生产，在生产车间先制作高效培菌糟，取发酵结束蒸酒后的糟醅，加入糟醅质量6%~18%的高温大曲，培养3~6d至糟醅顶温达45~58℃，使高效培菌糟中含有大量的微生物、酶和香味物质，即得高效培菌糟；将高效培菌糟和高温大曲一起加入窖池蒸酒后的糟醅中，拌和均匀、堆积、窖内发酵1个月左右即出窖蒸馏。从研究结果来看，加了高效培菌糟后用曲量比传统酱香型白酒酿造工艺降低5%~25%。

①高效培菌糟的微生物和感官指标变化：以第三轮次酒生产为例，对高效培菌糟中的微生物进行测定。在前期，高效培菌糟中的细菌和酵母菌数量少，此时高效培菌糟内的微生物主要来自高温大曲；在中期，高温大曲中的细菌和酵母菌因生存环境的改变开始活化并繁殖，细菌和酵母菌数量开始增加，而且空气中的细菌和酵母菌进入糟醅后进行繁殖，在第3天时高效培菌糟中的细菌和酵母菌数量最大；在培养的前2天，霉菌数量逐步下降，这可能是因为多水、低氧和酸性糟醅环境对高温大曲和空气中的霉菌进行了定向选择，适应糟醅环境的霉菌生存下来并进行繁殖，到第3天时霉菌数量达到最大；在后期，受糟醅中代谢产物和酸度的影响，微生物开始衰老死亡，细菌、酵母菌和霉菌数量减少。加入高效培菌糟后第三轮次酒糟醅的感官评价见表5-3。

表5-3　加入高效培菌糟后第三轮次酒糟醅的感官评价

堆积时间/d	糟醅感官鉴定
0	有弱曲香，糟醅呈现棕褐色
1	有较明显的甜味，表层糟醅有白色菌落
2	有明显的甜味和酸味，表层糟醅形成2cm左右的白色菌层
3	有弱酒香、甜味和弱酸味，香味舒适，白色菌层变硬
4	有弱甜香和酒香，黄色菌在表层开始生长，白色菌层下面生长着黑色菌丝团

②堆积糟醅的温度变化：以第三轮次酒生产为例，试验窖池糟醅大曲用量比传统工艺降低了5%~20%，同时加入高效培菌糟。对试验组和对照窖堆中距堆表20cm处的糟醅每隔24h测温，从实测堆温可见，降低大曲用量并加入高效培菌糟的糟醅堆比对照糟醅堆起温快，升温也快；入窖时试验糟醅堆比对照糟醅堆的香味更浓郁，试验窖糟醅堆提前入窖。

③2~6轮次基酒出酒率及酒质：对2~6轮次基酒的出酒率及基酒质量进行检测分析，以判断高效培菌糟的使用会不会影响基酒的质量。加入高效培菌糟后2~6轮次基酒出酒率比较见表5-4。

表5-4　加入高效培菌糟后2~6轮次基酒出酒率比较　单位:%

基酒轮次	试验组	对照组	基酒轮次	试验组	对照组
2次酒	4.8	4.17	5次酒	8.99	8.87
3次酒	11.58	11.9	6次酒	5.85	5.55
4次酒	12.7	12.0	总计	43.92	42.49

经生产试验证明，高效培菌糟中含有大量微生物、酶和香味物质，可作为种曲，替代部分高温大曲，能发挥高温大曲在酱香型白酒生产中的部分作用，以降低高温大曲的用量，并保持酱香型白酒原有风格，试验组与对照组之间差异不大，表明高效培菌糟的使用有助于降低酱香型白酒曲药的用量。

（2）加入增香菌剂　取酱香发酵完蒸酒后的糟醅，加入高温大曲、拌匀，培养3~5d，使糟醅温度升至40~50℃，再将糟醅在45~56℃下放置1d，使糟醅中耐高温的细菌和酵母菌成为优势菌，产生香味物质，即得到增香菌剂。再将增香菌剂与高温大曲混用于生产中，加适量酒尾，拌匀收堆，堆积，入窖发酵1个月。由于增香菌剂含有大量的多种活性微生物，在制作过程中产生大量的香味物质，在发酵过程中有助于增强酱香。把增香菌剂作为种曲，与高温大曲混用，可减少高温曲用量，能增加酒中香味成分，提高酒质。从试验结果看，加入增香菌剂后用曲量比传统工艺降低5%~25%。下面以第2轮次酒生产为例，经1个月左右发酵后出窖蒸酒，其酒质和出酒率如表5-5所示。

表5-5　2轮次酒的出酒率及酒质　单位：g/L

项目	试验窖	总酸	总酯	对照窖	总酸	总酯
上层糟	酱香、醇厚、味长	3.14	5.89	略有酱香、糙涩	3.33	4.63
中层糟	酱香、略涩	3.12	5.02	有酱香、略糙涩	3.18	5.40
下层糟	酱香、醇厚、有底香、后味略涩	3.58	6.21	有酱香、底香、较醇净	3.02	5.06
出酒率/%	4.5			4.17		

注：总酸以乙酸计，总酯以乙酸乙酯计。

增香菌剂内含有大量的酶、香味物质和微生物，特别是耐高温的细菌和酵母菌，有助于增加酱香。增香菌剂对酱香型白酒生产所需的多种微生物进行扩大培养，相当于“三次制曲”。增香菌剂作为种曲，替代部分高温大曲，能发挥高温大曲在酱香型白酒生产中的作用，以降低高温大曲的用量，并保持酱香型白酒原有风格。

21、什么是酱香型白酒高温堆积工艺，有哪些新的研究成果?

酱香型白酒作为中国白酒四大基础香型之一，一直深受国内外消费者的喜爱，是世界名酒林中最为显著的旗帜之一。历经上百年的发展后，酱香型白酒形成了独具一格的

"12987"酿造工艺，造就了"酱香突出、幽雅细腻、空杯留香持久、入口绵柔醇厚、回味悠长"的独特风格特点。酱香型白酒酿造工艺特点又可以再浓缩为"四高两长"，其中"四高"分别指"高温制曲、高温堆积、高温发酵、高温馏酒"，其中"高温堆积"是酱香型白酒区别于其他香型白酒最主要的工艺之一。酱香型白酒进行高温堆积的最主要的原因是高温或超高温大曲在制曲过程中抑制或灭杀了大部分不耐热，产糖化酶、酒化酶能力强的微生物菌群，导致曲药中以酵母、霉菌为主的酿酒微生物菌群含量低，曲药糖化和发酵活性弱，无法顺利完成糟醅入窖后的发酵产酒、生香。而糟醅在高温堆积过程中会不断吸附、富集环境中的酿酒微生物菌群，在糟醅中完成淀粉糖化、蛋白质降解和香味物质及其前体物质生成。按照生产经验传统酱香型白酒酿造中"高温堆积"工艺是在糟醅摊晾、拌曲后按照四面起堆、一层盖一层、疏松透气、无醅团、无压堆等工艺标准进行起堆操作，起堆完成后按照工艺参数进行堆积糖化。一般糟醅堆积糖化5d左右时顶温可达45~55℃，此时糟醅内微生物增殖、代谢旺盛，会代谢生成大量香味物质，酒体中已发现约有千余种香味物质生成于堆积糖化过程中。行业中将"高温堆积"总结为"二次制曲"，"没有堆积，就没有酱香"更是符合了只加大曲不堆积糖化是无法生成酱香型白酒的研究结果。综上来看，酱香型白酒"高温堆积"实质上是一个"平衡糟醅体系"的过程，堆积的最终结果既丰富了糟醅中酿酒微生物菌群，满足糖化、发酵的需求，又达到了生成典型酱香类风味物质及其前体物质的目的，保证了糟醅在窖内正常发酵，形成了酱香型白酒独特的工艺特点。

从当前实际生产和科研报道来看，酱香型白酒传统高温堆积工艺还存在一些有待创新改革的点，例如不同酒企、不同班组以及不同批次的糟醅堆无法保持形状、尺寸、糟醅间疏松度的一致性，这也成了不同班组、不同时间酿造出的基酒品质出现差异性的原因之一；其次在堆积过程中糟醅堆中不同区域升温情况是不一致的，一般从堆心向外延伸温度会出现先升后降的趋势，可能会导致糟醅堆中不同位置糟醅糖化情况不一致；另外糟醅堆堆积过程中的升温和堆积时间是无法预测的，尤其是在春冬季节环境温度较低时糟醅堆经常性出现温度升不起来，就必须延长时间或者进行"破堆移位"操作，影响后续酿造过程；最后高温堆积工艺需要大面积的平面空间，导致酱香型白酒厂的车间布局中窖池只占据了1/3~1/2的空间，其余位置被设置成了摊晾坝和堆糟坝，在土地资源利用方面存在较大的浪费，尤其是对于贵州省酱香型白酒主产区，有限的土地面积更是限制了酱香型白酒的发展，需要从技术上进行改进、创新、优化。针对酱香型白酒"高温堆积"工艺中面临的尚待改进的问题，科研工作者和酿酒匠人们进行了诸多研究，也取得了一定的研究成果，主要包括以下几点。

（1）糟醅堆最优形状的研究　为探究"高温堆积"工艺中糟醅堆样式对堆积结果的影响，郎酒曾对"平顶"和"尖顶"（图5-3）两种糟醅堆的堆积效果进行了研究。研究中的"平顶"和"尖顶"两种糟醅堆形式的主要区别在于两点，一是外形不一样，前者顶部为圆形平面，后者顶部为圆锥形；二是上堆方式不一样，"平顶"糟醅堆在上堆时是酿酒匠人用铲子将糟醅铲在抓斗中，行车将抓斗吊至糟醅堆顶上时逆时针或顺时针转着圈让糟醅自然缓慢落下，上堆结束时糟醅堆顶部为平顶；而"尖顶"糟醅堆在上堆时，抓斗是固定悬空于糟醅堆顶部，糟醅自然落下，结束时糟醅堆顶部为圆锥形。

对两种样式的糟醅堆在堆积过程进行监测，并选取相邻的窖池进行酿酒试验，发现

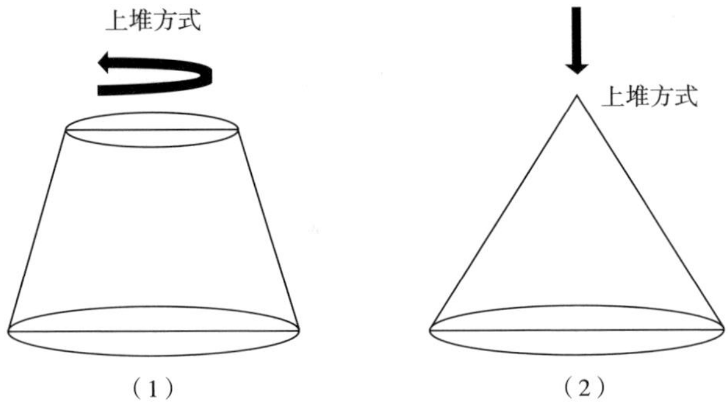

图 5-3 “平顶”（1）和“尖顶”（2）堆积形式

两种样式的糟醅堆在堆积过程中升温趋势均符合“前缓、中挺、后缓落”的趋势，但从升温幅度来看“平顶”糟醅堆略高，糟醅中还原糖含量也略高；从微生物角度来看，两种样式糟醅堆在堆积过程中具有相同的变化趋势，从含量上来看“平顶”糟醅堆略高；从产酒情况来看，“平顶”糟醅堆具有更高的出酒率和优级酒率。研究结果表明，“平顶”样式的糟醅堆在堆积过程中具有通透性好、氧气含量足、好氧微生物菌群繁殖活跃，糖化、发酵和生香能力更强，表明改变糟醅堆的外形是有可能改善糟醅高温堆积效果的，这有待进一步的深入研究。

（2）高温堆积过程中增加氧气含量的研究　在前期研究中发现酱香型白酒糟醅在堆积糖化过程中如果通过技术手段增大糟醅与空气接触面积可以明显提高糟醅堆积糖化效果，并且糟醅在入窖后还有利于基酒出酒率和优质酒率的提高，这可能是因为氧气含量的增加刺激了好氧微生物菌群的繁殖代谢，好氧微生物菌群的快速繁殖代谢既提高了糖化效果还提高了堆积温度，产生了丰富的香味物质及其前体物质。基于此，科研工作者开始尝试探究在堆积糖化过程中增加氧气与糟醅接触面积的方法及辅助装置的研发，历经多年研发出了一系列具有可行性的设备、装置。

①储氧装置：为增加高温堆积工艺中糟醅与空气的接触面积，避免传统工艺中面临的温度分布不均甚至升温缓慢的问题，并为好氧酿酒微生物菌群的富集提供适宜条件，沈才洪等人针对性地研发了一套储氧装置用于改善现有的不足。该装置主要由 304 不锈钢制成，主体由锥形储氧筒、输出结构、破堆件、吊环等结构组成。当糟醅拌和曲之后，先借助行车将该装置吊运至指定位置，再通过行车按照传统上堆工艺进行上堆，将糟醅覆盖在设备上，最终将设备掩埋于糟醅堆中，在堆积糖化过程中储氧筒中含有的氧气会通过孔传至糟醅中，从而解决传统工艺中糟醅紧密、透气性差、氧气含量低等问题，有助于提高糟醅糖化程度。

该装置相较于传统工艺可改善糟醅堆下部糟醅疏松度，减少下部糟醅间的压力，增大糟醅间的空隙，有利于好氧微生物的繁殖；该设备的使用还解决了堆积过程中糟醅堆内部与空气接触少、氧气含量少的不足，一定程度上提高了糟醅的堆积糖化效果，但仍存在一些不足之处，一是增大了糟醅堆体积，由于该设备是内置于糟醅堆中，使得在不增加糟醅堆数量的前提下糟醅堆体积会增加，糟醅堆体积的增加会导致上堆操作难度增加，酿酒匠人工作量增大，糟醅堆体积的增大还可能会导致不同空间位置糟醅间的差距加大，引起糟醅堆积效果不均匀的问题；二是该设备没有外接输气设备，储氧部件依靠的是自然吸气，对糟醅堆中氧气的补充会随着堆积时间的增加呈下降趋势，对堆积效果的改善有限；三是该装置对于糟醅堆中氧气的补充是不可调控的，在堆积过程中向糟醅输入氧气是一个随机的、复杂的过程，无法做到人为调控的程度，可能会导致不同批次间存在较大差异的现象，有待进一步改进。

②增氧装置：为了解决高温堆积工艺中糟醅堆内部与空气接触面小、通透性差导致的升温、微生物菌群富集、糖化效果不均匀等问题，黄治国等人研发了一套增氧装置。该装置主要由不锈钢制成的上、下两个圆环以及配套的连接管道组成，在圆环和配套连接管道上布有通气孔，在下圆环底部连接有通气管，通气管可与压缩机等输气设备相连接，当将糟醅摊晾、拌曲后，开始起堆时先将装置放置于糟醅堆对应的位置，通过上堆的操作将该装置掩埋于糟醅中，在高温堆积的过程中根据需要开启输气设备，向糟醅堆中通入空气，从而实现向糟醅堆中通气、增加糟醅堆中氧气含量、丰富好氧微生物菌群、强化糖化效果的目的。

该装置实现了酱香型白酒糟醅高温堆积过程中对糟醅堆内部通氧的目的，有助于加速糟醅糖化，提高生产效率和质量，但仍存在一些不足之处：一是通风节点不明确，该装置未搭载相应的监测设备，对于何时开启输气设备没有明确的设置，只能根据酿酒匠人的经验来进行判断，会导致一定的差异性出现；二是上堆操作难度增加，由于该装置使用后装置内部会出现一些狭小的空间，在上堆时这部分空间会增加酿酒匠人的工作难度和强度，不同酿酒匠人之间在糟醅疏松度控制方面也出现差异，最终导致不同糟醅堆糖化结果出现差异；三是由于该装置上、下圆环及配套管道均是中空的管道制成，在堆积过程中糟醅中的营养物质及微生物可能会从透气孔进入管道内部，而该装置没有设计能够清洗管道内部的部件，使用时间长了很可能会出现杂菌滋生的现象，影响糟醅堆中微生物菌群结构与组成。

③自动化输氧、控氧装置：针对前期研究中装置存在的无法对堆积过程可控地输入氧气，导致糟醅中氧气含量可能会抑制糟醅糖化效果的问题，谢军等人研发了一套自动化输氧、控氧的装置，有效地解决了前期研究中存在的不足。该装置主体结构包括由 304 不锈钢制成的可移动式底座、糟醅堆桶、自动化控制箱等，其中可移动式底座主要由具有通风口的底盘、承载糟醅堆桶的内、外圆环组成；糟醅堆桶主体结构为平顶圆锥形，桶壁四周布满透气孔，底板上同样布满透气孔，中轴线为一固定板，板上焊接有一透过底板的中空圆柱，底板除固定板以外位置为活动式的；自动化控制箱则是与中空圆柱中的温度监测探头和鼓风机启停键相连接，可以根据糟醅堆中温度变化情况按照提前设定的程序进行通风输氧，从而在堆积糖化过程中对糟醅中氧气含量进行自动化控制，既解决了高温堆积过程中糟醅内部氧气不足的问题，又解决了前期研究装置中出现的不可控的缺陷，既提高了糟醅堆积糖化效果，同时糟醅堆桶固定的外形可以避免不同班组在上堆时造成糟醅堆形状不一致，极大地提高了高温堆积工艺的标准化，有利于产出基酒的品质稳定，具有较大的应用潜力。

该装置虽然相较于前期研发的装置具有明显的改进，对糟醅堆积糖化过程实现了自动化控制，同时提高了生产工艺标准化程度，但仍然存在一些不足：一是设备购置费增高，相较于前期研发的装置，该装置结构更为复杂，所需的配套装置更多，对于中小型企业前期成本投入来说具有一定的压力，但设备只需一次性投入，后续只需保养和维护即可；二是该装置的输氧装置为鼓风机，输送的风温度与环境温度一致，在环境温度较低的春、冬季节仍然无法解决糟醅堆升温幅度慢、升温时间长、糟醅堆顶温上不去的问题，必要时需要进行“破堆移位”；三是仍需大面积的堆糟坝，该装置与传统工艺相比并没有减少对堆糟坝面积的需求，无法解决目前酱香型白酒产业面临的核心产区土地资源短缺问题。

（3）高温堆积过程中减少堆糟坝的研究　前期研究成果虽然在一定程度上解决了高温堆积过程提高糟醅堆中氧气含量的问题，并且经过不断完善逐步形成了较为可靠的生产装置及相应的操作工艺。但传统高温堆积工艺需要大面积堆糟坝的问题还没有解决，还无法满足酱香型白酒产业对于充分利用现有有限土地资源、提高酱香型白酒产量的需求。对于此，科研工作者们对如何减小酱香型白酒车间堆糟坝面积进行了深入研究，他们研发出了相应装置，在实际应用中取得了一定的效果。

①堆积发酵平台（1.0版）：目前酱香型白酒生产企业传统工艺在车间设计时规定在窖池旁边预留大量的空置场地用于建造堆积发酵的堆糟坝，堆糟坝的面积为车间总面积的1/2~2/3，不仅导致单位面积车间内能够建造的窖池数量少，而且单位窖池的总成本较高，浪费了有限的适合酿造优质酱香型白酒的土地面积。对此，范宏筠等人提出了酱香型白酒车间纵向延伸的思路，将传统车间中的堆糟坝进行立体化改造，并研发了对应的堆糟平台装置。该装置主体结构为平台底座，具体为内嵌有方形钢梁的方管架构成的主体架子，在架子上方依次焊接有钢板、钢筋网，形成了平台表面的主要支撑结构，在钢筋网上依次铺设混凝土和板砖；为了便于平台的移动，在底座下方设有多个滚轮，滚轮可与铺设于窖池过道中的导轨相吻合，从而实现平台根据实际生产需求实现沿车间长度方向的移动；同时为了保证装置使用过程中操作人员的安全性，在平台表面焊接有一圈护栏。

在实际生产过程中，当粮食或者糟醅蒸酒、蒸粮结束后，直接摊晾于平台上，在平台上完成后续的降温、撒曲、拌和以及按照传统工艺进行上堆操作，按照该装置研发时的设计，一个车间可以安装两套平台，并根据开窖的安排进行移动，在不影响开窖的同时减少了传统车间的堆糟坝面积，使得同面积车间内可建造的窖池数量多了2倍，不仅提高了土地利用效率，还降低了企业建造成本，提高了优质酱香型白酒的产出量。

该装置有效地解决了传统酿造车间堆糟坝面积过大的问题，通过纵向延伸的思路，有效地增加了同等面积车间内窖池的数量，不仅降低了企业的建造成本，重要的是解决了酱香型白酒有限的土地资源问题，对于酱香型白酒产业的良性发展提供了重要的技术支撑。但该设备仍然存在有待完善之处：一是未考虑增氧，该设备在研发时未考虑解决糟醅堆在堆积糖化过程中面临的糟醅中氧气含量不足的缺陷，在后续研究中可考虑与前期的一些研究进行有机结合，以弥补该缺陷；二是未考虑移动困难，该装置未配备驱动装置，在需要移动时只能依靠人力或者借助行车的拉动，存在移动困难和行车拉动过程中存在安全隐患的问题，导致该装置在应用过程中操作困难；三是未考虑尺寸过大的问题，该装置的堆积平台是一个整体，在实际应用中发现当需要开启某一口窖池时需要将整个平台进行移动，甚至可能会出现挡住部分窖池开窖的问题，在一定程度上增加了劳动强度和工作量，影响正常的生产操作，在后续研究中需要针对以上问题进一步完善。

②堆积发酵平台（2.0版）：针对1.0版堆积发酵平台在实际应用过程中出现的移动

困难和尺寸过大的问题，堆积发酵平台（2.0版）在此基础上做出了相应的设计改变。主要包括两个方面，一是将堆积平台分成了多个可分离、可组合的单体平台，每个单体平台均可以实现沿着铺设的轨道进行移动，避免了每次都需移动整个平台的缺陷；二是为了便于堆积平台的移动，设计了电机进行驱动，驱动机构主要包括电机、减速器、主动齿轮和从动齿轮等结构，通过增设的驱动机构很好地解决了前期研究中出现的问题，提高了该装置的实际应用潜力。

该装置相较于前期研究的装置有效地解决了1.0版中面临的移动难度大、尺寸过大的不足，既达到了减少堆糟坝面积、增加窖池数量的目的，又进一步完善了设备结构，减少了劳动量和劳动强度，避免了对正常生产造成的不利影响。但该装置仍然存在一些不足：一是仍然没有解决关于堆积过程中糟醅堆中如何增氧的问题，在后续研究中可以进一步予以考虑；二是该装置新增了驱动机构和堆积平台分隔成多个单体，在应用过程中装置的使用需要专人专管或者集中进行培训，不然在操作过程中很容易出现突发性安全事故，存在一定的安全隐患；三是新增的驱动机构涉及机油泄漏的隐患，为了保证传动机构的正常运行，作为润滑剂的机油是必需的，在实际运用中很可能会出现机油泄漏的问题，泄漏的机油会影响窖皮泥、窖池甚至是糟醅中的微生物菌群和风味，需要在实际应用中予以重视。应对装置做到定期和不定期的检修，尽可能地予以避免。

③堆积糖化专用窖：针对目前酱香型白酒产业面临的能产优质酱香型白酒的产区内土地面积日益减少的问题，为了优化酱香型白酒产业的发展架构，提高优质酱香型白酒的产量，降低酱香型白酒企业的生产成本，谢军等人创新性地提出了窖池式糖化工艺，并研发了相应的装置。该装置主要由糖化专用窖和堆糟床两部分组成，糖化专用窖与酱香型白酒发酵窖池主体结构与建造方法一致，在糖化专用窖底部为了便于清洗和收集废水，窖池底部采用条石砌成，窖底中央设置有废水收集坑，将窖底表面建造为中间低四周高的倾斜度在3°~5°的形状，并在窖底表面刻有导流槽，可以轻松实现废水的收集，便于糖化专用窖的清洗。堆糟床则是由多个单体堆糟床组成，单个堆糟床呈长方体形，四周及底部为304不锈钢板制成，布满透气孔，便于堆积过程中空气进入糟醅；四个角则是由不锈钢柱制成具有支撑作用的支撑柱，在支撑柱底部和顶部刻有相应的连接结构，可以实现单个堆糟床之间的组合，其中底部堆糟床支撑柱底部焊接有不锈钢板便于装置的平衡；为了避免使用过程中对糖化专用窖的损伤，堆糟床长宽尺寸较窖池内部框架小40cm，当堆糟床放置于窖池中四周可留有20cm的空隙，便于堆糟床的出入操作。

在实际应用中，当糟醅拌曲结束后按照从下至上的顺序，先将糟醅平铺于底部堆糟床中，堆糟结束后借助行车将底部堆糟床吊运至糖化专用窖中放置平稳，再重复操作将剩余糟醅堆至其余堆糟床中，并借助行车将其吊运至糖化专用窖中与其他堆糟床对接、安装好，即可进行糖化堆积。按照试用经验，糟醅在窖内经过3~4d的堆积即可达到糖化工艺的要求，一套装置可满足6口酿酒窖池的生产需求，具有极高的应用价值。

优点：相较于前期研发的设备，该装置完善了一些不足之处，具有以下的优点：一是该装置配合摊晾装置应用于实际生产中可以减少车间堆糟坝的设计，将车间内原本设计为堆糟坝的空间建造为酿酒窖池，提高了酱香型白酒车间的土地利用效率，既增加了企业窖池的数量，降低了企业的建造成本，还提高了酿酒窖池数量，提高了优质酱香型白酒的产出；二是将堆糟床放置于专用糖化窖中，可以起到保温的作用，在春、冬等环境温度较低的时间段有助于减少热量的散失，提高糟醅附近的温度，可以将高温堆积工艺中的糟醅顶温提升至55~60℃，有助于提高高温堆积工艺中糟醅的品质及基酒品质；三是多个堆糟床的组合应用有助于减少传统高温堆积工艺中出现的糟醅挤压导致的糟醅间空隙少的问题，疏松的糟醅层有助于空气的进入，有利于好氧微生物菌群的附着、繁殖、代谢，确保了糟醅堆积过程中温度的上升；四是堆糟床侧面及底部的透气孔，可以有利于在糟醅堆积过程中环境中的空气进入糟醅，尤其是配合鼓风机使用时，可将车间内的空气灌入窖池内，增加氧气的含量，从而解决糟醅堆中氧气不足导致的糖化效果差、顶温上不去的问题；五是专用糖化窖的设计避免了传统高温堆积工艺面临的环境扰动因素多、热量散失快、糟醅堆形状不一致等不利因素，既能减少不同班组和季节带来的干扰，还能够缩短堆积糖化时间，一口专用糖化窖能够满足多口酿酒窖池的生产需求，大大地提高了企业的生产效率、降低了生产成本。

缺点：虽然该装置相较于前期研究已经更为完善、更加满足酱香型白酒酿造的需求，但仍然存在一些不足：一是在堆糟床铺好糟醅后吊运至糖化专用窖中时，由于预留的空隙有限，存在一定的操作难度，对行车操作员提出了更高的业务水平要求，需要对行车操作员进行针对性的培训与实操，以避免在应用过程中出现安全事故；二是该装置在实际应用中需要规定的堆放堆糟床的空间，在高温堆积结束后需要将堆糟床中的糟醅取出拌匀入窖，此时会出现上层糟醅床需要固定位置放置的情况，需要在车间设计时预留空间或者多建造糖化专用窖用来暂时存放堆糟床；三是该装置相较于前期研究结果来说还存在不同堆糟床中糟醅的堆积糖化情况不一致，尤其是底层和顶层糟醅床上糟醅的堆积情况差别更大，在糟醅入窖之前需要尽可能地拌和均匀，以免对酿酒过程造成较大的影响。

22、什么是酱香型白酒封窖工艺，有哪些新的研究成果?

酱香型白酒酿造过程同其他大曲酒酿造一样均属于开放式操作，参与酿造的微生物菌群也是极其复杂，包括原料、曲药、续糟、窖池、酿造车间环境、酿造器具等都可能会有微生物菌群进入发酵体系成为酱香型白酒酿造微生物菌群，它们在窖外、窖内等好氧或厌氧的环境中借助糟醅中的营养物质生成了众多的、风味独特的香味物质，共同构成了酱香型白酒风格迥异的特点。在糟醅经过高温堆积入窖发酵后需要控制一些非酿酒微生物菌群如青霉菌、黄曲霉菌以及部分细菌等的快速增殖，以尽可能地减少糟醅入窖后的异常升温、异常产酸等问题，避免对基酒出酒率及酒质造成影响。为了实现这一工艺要求，确保窖内发酵过程中保持良好的厌氧环境，尽可能地减少外界杂菌对窖内发酵体系的干扰，在酱香型白酒实际生产过程中通常采用封窖工艺来实现。酱香型白酒的封窖泥采用腐殖质含量少、无杂物、无污染的黏性紫红泥为原料制成，一般每年下沙、糙沙轮次会将新泥与旧泥按照1∶1的比例进行混合、踩制柔熟后用于封窖或更换窖底泥。从实际生产经验来看采用窖皮泥封窖及良好的窖期管理可以有效地保证酱香型白酒糟醅在窖内发酵的正常进行，并且窖皮泥品质还与窖内上层糟醅的出酒率及酒质有着密切的关系。封窖泥中若大量滋生杂菌、杂质过多以及腐殖质含量过高时可能会令上层糟醅所产基酒出现霉味、臭味和泥味等异杂味，严重影响基酒品质。为解决上述问题，酱香型白酒企业在封窖工艺上做出了诸多尝试并取得了一定的研究成果，主要包括以下几个方面。

(1) 传统窖皮泥封窖工艺 酱香型白酒传统封窖工艺是待糟醅经高温堆积、摊晾、入窖，再用耙子等工具将糟醅表面处理为中间高四周低的“龟背”状，并在糟醅表面撒一层熟糠壳，再将事先拌和均匀、踩制柔熟、水分适宜的紫红泥铺在糟醅层表面，用泥刀或泥掌仔细抹匀、拍紧、抹光形成一层厚度在5～10cm、四周稍厚中间稍薄的窖皮泥；封窖结束即进入发酵期，也是管窖期。在发酵期间每天须有管窖工对封窖泥进行检查并喷洒泥浆水，这是因为酱香型白酒窖内发酵属于高温发酵，相较于浓香型白酒窖内发酵最高温度不超过40℃，酱香型白酒糟醅窖内发酵温度可高达48℃左右，较高的温度导致窖内微生物菌群代谢速度快、糟醅中营养物质代谢快、CO_2等气体产生快，如若不加强窖期管理很可能窖皮泥会出现裂缝、鼓包、塌陷等现象，出现以上现象时只需用泥掌进行拍平、拍紧即可，同时再用泥浆水喷洒表面，避免出现表面干涸的现象。只有严格做好窖期管理才能保证窖内发酵的微环境，避免外界氧气及杂菌的进入，减少窖内热量的散失，保证窖内温度能够维持在40℃以上。从实际生产经验来看，窖内温度低于40℃时糟醅出酒率低、酒体风格差；窖内温度维持在42～45℃范围内时糟醅不仅出酒率有所提高，基酒还表现出更好的酱香味；窖内温度超过45℃后虽然所产基酒酱香风味更好，但是会出现更多的邪杂味和酸味，因此封窖及窖期管理工作是酱香型白酒酿造过程中的关键点。

传统窖皮泥封窖工艺优点：传统窖皮泥封窖工艺在酱香型白酒行业应用数百年表现出了突出的优势，能够很好地隔绝空气及环境微生物菌群对窖内发酵体系的侵入，减少了窖内发酵受到的干扰，有助于出酒率及优质酒率的提高；另外5～10cm的窖皮泥能够良好地隔绝热量散失，保持窖内温度达到工艺要求，尤其是在秋冬季节更是可以通过调整窖皮泥厚度来达到保温的目的。最后经过多轮次发酵后窖皮泥中可能会含有一部分酿酒微生物菌群，在控制合理的情况下有助于上层糟醅酒质的提高，但存在一定的风险。

传统窖皮泥封窖工艺缺点：虽然窖皮泥封窖工艺具有突出的优点，但随着社会和科技的飞速发展逐渐显露出了尚待优化的不足之处。一是泥料要求严格，酱香型白酒所用窖皮泥需采用黏性好、杂质少、砂质少、杂菌少的优质紫红泥为原料，其余黄黏土、红土或者黑土等土壤均不能用作窖皮泥原料，导致紫红泥价格逐年上涨，封窖泥的制作成本随之提高；二是封窖泥使用周期较短，按照传统生产工艺，为了确保将封窖泥对上层糟醅的影响降至最低，一般封窖泥使用一个完整周期左右后需要进行部分更换，以尽可能地避免酿造过程中糠壳、糟醅等杂质进入后导致的窖皮泥密封性能和保水性能下降，无法进行密封发酵等问题；三是封窖泥在使用过程中或多或少会掺杂一部分糟醅为微生物生长提供营养物质，加之窖皮泥会与外界环境充分接触，导致封窖泥中很可能会大量滋生以厌氧芽孢杆菌群为主的杂菌，在不同轮次间交替使用封窖泥时就会出现杂菌污染上层糟醅导致基酒质量变差，严重时可能会出现需提前更换封窖泥的现象，增加了企业生产成本；四是窖期管理工作烦琐、劳动强度大，为了保证封窖后窖皮泥在开窖前不会出现裂缝、起包、凹陷等影响窖内发酵的问题，在窖内发酵期间需要有专人每日对窖皮泥进行管理，主要包括拍紧、拍平、补水等操作，如若窖期管理不当很可能会出现窖内发酵异常，甚至是不产酒或少产酒、产差酒等现象，严重时可能会影响企业的正常生产；五是生产效率低、固体废弃物生成多，窖内发酵结束后在开窖时为了减少糠壳、糟醅等与封窖泥的黏连，需要将切块后窖皮泥上黏附的糟醅及糠壳一一去除再丢入窖皮泥池中，这就出现开窖耗时长、工作效率低等现象；另外每口窖池窖皮泥会产生80～90kg的废弃物，增加了企业废弃物处理的成本。鉴于此，酱香型白酒产业就封窖工艺进行诸多研究与创新，并已取得了多项应用于实际生产的新工艺及部分尚待深入研究的新工艺。

（2）麻布辅助封窖新工艺　为了弥补传统窖皮泥封窖存在的工作效率低、封窖泥使用周期短、封窖泥与糟醅接触影响酒质等缺陷，杨刚仁等人创新性地在酱香型封窖工艺中使用麻布进行辅助封窖，借助麻布将封窖泥与糟醅进行隔离，可以达到减少开窖时的操作工序、减少糟醅糠壳进入封窖泥中、提高封窖泥的使用周期等目的，并在生产试验中取得了良好的效果。该工艺具体操作是在糟醅入窖并撒上一层糠壳后将麻布铺在糠壳层上，再按照传统工艺铺设封窖泥完成后续封窖工作。

麻布辅助封窖新工艺优点：辅助封窖工艺中使用的麻布为天然材料制成，具有极高的安全性、较好的稳定性以及易得性，并且在中国白酒制曲车间广泛用于曲药包装袋的制作，因此麻布用于隔离封窖泥与糟醅具有较高的可行性。在研究中发现该工艺具有诸多优点，一是麻布良好的透气性不会影响糟醅发酵过程中生成气体的排出，不会影响窖内微环境的改变，另外麻布本身所具有的纤维结构能够很好地将封窖泥连在一起，最大程度地避免了发酵期窖皮泥出现的裂口等现象；二是麻布的运用有效地隔绝了糟醅与封窖泥的接触，虽然封窖时增加了铺设麻布的工序，但工序简单、用时短，而且开窖时封窖泥上没有粘连糟醅、糠壳等杂质，可以直接投入窖皮泥池中备用，极大地减少了传统工艺中刷掉封窖泥中粘连杂质所需的时间，试验结果表明麻布的运用可以节约 4 倍的开窖时间；三是麻布的运用还可以极大地减少开窖时废弃物的产生，试验结果表明麻布辅助封窖所产生的废弃物仅为传统工艺的 4.82%左右，极大地减少了企业的废弃物处理成本；四是麻布的运用显著提高了基酒质量和优级酒率，可能是因为麻布隔绝了封窖泥与糟醅之间的接触，避免了开窖时封窖泥混入糟醅的现象，极大地减少了封窖泥对上层糟醅的影响。试验结果表明，运用麻布辅助封窖后第 3～5 轮次基酒优质酒率分别提高了 0.08%、3.87%、11.39%，大回酒优质酒率平均提高了 4.76%左右，提高了企业的经济效益。

麻布辅助封窖新工艺缺点：麻布辅助封窖同样存在一些不足之处，例如麻布本身具有一定的味道，长期与糟醅接触后很可能会使得糟醅出现杂味，影响酒质；其次，麻布本身具有一定的吸水性，在与糟醅及封窖泥接触过程中可能会出现将封窖泥中水分牵引至糟醅中，同时也可能会将上层糟醅中的水分牵引至封窖泥中，可能会导致上层糟醅发酵异常和基酒质量变差，增加了管窖期的工作量；最后，开窖后的麻布由于含有一定的水分和较丰富的营养物质，在出窖结束后若保存不当可能会引起下一轮次发酵的异常，如果通过烘干或晒干等操作会增加工作量和企业生产成本，因此麻布辅助封窖工艺还需进一步完善。

（3）竹席辅助封窖工艺　鉴于麻布辅助封窖工艺存在的缺陷，冯海燕等人采用竹席替代麻布进行封窖。具体操作方法是待糟醅按照传统工艺入窖结束、撒上一层糠壳后铺一层竹席完全覆盖糟醅，再将踩制柔熟后的封窖泥铺在竹席上，拍紧、抹光、抹平，形成 5～8cm 厚的窖皮泥后即可进入发酵阶段。

竹席辅助封窖工艺优点：竹席相较于麻布而言更天然、更安全，同时竹席的吸水性和导水性远低于麻布，在实际运用中具有更好的效果。从实际的运用试验结果来看，采用竹席辅助封窖工艺后第 3、4 轮次基酒的产量每口窖池分别提高了约 66kg、20kg；基酒合格率分别提高了43%、14%左右；基酒总酯含量分别提高了23%、12%左右，其中丁酸乙酯含量提高了约17%，乳酸乙酯含量提高了约23%；并且上层糟醅所产基酒的酱香风味、酒体干净度、酒体醇厚度等感官评分均明显高于传统封窖工艺。从试验结果可知，竹席辅助封窖工艺明显提高了基酒质量，虽然基酒质量还与曲药质量、酿造工艺以及酿造班组有一定的关系，但在尽可能避免的情况下还是可以从一定程度上表明竹席辅助封窖的显著作用。

竹席辅助封窖工艺缺点：竹席辅助封窖弥补了麻布辅助封窖的一些缺陷，但竹席的柔软度不及麻布，在铺设竹席时可能会出现竹席与糟醅表面贴合度不如麻布，会出现窖皮泥铺设后不平整的现象，同时还增加了封窖的操作难度；其次，竹席相较于麻布具有更多的缝隙，在封窖泥铺设后拍紧、抹光的过程中可能会出现窖皮泥顺着缝隙进入糟醅的现象，尤其是当封窖泥含水量较高时这种现象更容易出现，会严重影响上层糟醅的质量；最后，竹席的编制是通过棉绳或麻绳为固定介质，此类介质容易在吸水后出现变质、腐烂的现象，可能会导致竹席的使用寿命快速缩短，因此竹席辅助封窖工艺也需进一步完善。

（4）不锈钢丝网辅助封窖工艺　针对麻布、竹席等材料在辅助封窖工艺中存在有杂味、易腐烂、贴合度不好等缺点，孔维兵等人创新性地提出了不锈钢丝网辅助封窖工艺，以直径1mm的不锈钢丝编制成的钢网替代麻布或竹席进行辅助封窖。封窖时先按照传统工艺完成糟醅入窖后撒上一层糠壳，将提前编好的不锈钢丝网铺设在糟醅表面，再按照传统工艺将提前准备好的封窖泥铺设在不锈钢丝网表面拍紧、抹光即可进入后续的发酵期管理。

不锈钢丝网辅助封窖工艺优点：经过实际生产应用发现不锈钢丝网辅助封窖工艺同样具有提高工作效率、降低劳动强度、减少开窖时固体垃圾的产生、延长封窖泥的使用寿命、提高上层糟醅基酒质量等优点，除此以外不锈钢丝网还具有良好的弯曲能力，能够很好地贴合在糟醅表面，不会影响窖内发酵过程中气体的排放；其次，不锈钢的材质更加稳定，不会滋生微生物，轻易不会发生锈蚀，对糟醅的影响最小，不会存在食品安全隐患；再者，不锈钢具有很好的韧性和硬度，不易损坏，规范使用条件下具有较长的使用寿命；最后，不锈钢丝网在闲置时可以卷起来堆放，极大地减少了占地面积。

不锈钢丝网辅助封窖工艺缺点：不锈钢丝网辅助封窖工艺在实际应用过程中同样显露出了一些缺点，一是出窖后夹在不锈钢丝网缝隙中的封窖泥不好去除，一般只能通过水洗的方式去掉，如若不进行清除容易导致杂菌滋生和不锈钢的锈蚀；二是不锈钢丝网自重较大，在发酵过程中会加速糟醅的下沉，可能会导致窖内糟醅过于紧实，影响发酵的正常进行；三是不锈钢丝网辅助封窖工艺并未减少对封窖泥的需求，甚至单口窖池的用量会更大，可能会增加企业的生产成本，仍需进一步研究、优化。

（5）薄膜封窖工艺　随着社会的快速发展酱香型白酒行业也再次迎来了新一轮的“酱酒热”，“酱酒热”的持续性发酵为酱香型白酒产业引来了大量的外来资本的入驻、投资、建厂等，这也直接导致酱香型白酒生产中使用的封窖泥采用的紫红泥成为不可再生的战略性资源，一定程度上影响了酱香型白酒产业的可持续性发展，同时更换掉的封窖泥也存在一定的污染问题，因此，薄膜封窖工艺开始成为酱香型白酒生产新的研究热点之一。薄膜封窖工艺是以不含塑化剂的塑料薄膜或硅胶膜等为封窖材料，在糟醅入窖后用耙子等工具将糟醅表面摊匀成中间高度不超过四周 30cm 左右的“龟背状”，再在糟醅表面撒上一层糠壳后即可进行封窖。为了保证发酵期间窖内气体的排出、温度以及湿度的保持，一般在封窖时多采用双层薄膜封窖的方式，即将两张 5m×4m 的薄膜铺设在糟醅表面，用特制工具捋平以后将四周边缘多余的部分向内折叠，折叠时预留 2cm 左右的位置，便于后续密封工序；四周薄膜折叠完成后将踩制柔熟的封窖泥沿窖池壁均匀地铺设在四周，再借助泥掌等工具将窖壁四周的封窖泥拍紧、抹光形成一圈宽度和厚度在 15~25cm 的密封圈，在发酵期管窖人员只需对密封圈的窖皮泥进行养护即可，极大地减少了工作量和劳动强度。

为了探究薄膜封窖工艺对酱香型白酒酿造过程的影响，胡永才等人对比了薄膜封窖工艺与传统封窖工艺之间的差异，对发酵过程中窖内温度变化、出窖糟醅指标检测以及基酒质量等进行了对比分析。研究发现，采用薄膜封窖工艺窖内温度变化趋势与传统工艺基本一致，窖内最高温度约在 48℃，而传统封窖工艺的窖池最高温度则在 47℃左右，两者之间不具有显著性差异；对出窖后的糟醅指标检测发现，采用薄膜封窖工艺的糟醅酸度略高于传统封窖工艺，而糟醅含水量、残余淀粉、还原糖等指标十分接近；从基酒质量来看，二者之间也不存在明显的差异，由此可见薄膜封窖工艺具有极高的可行性。

薄膜封窖工艺优点：薄膜封窖工艺进一步完善了前期研究中存在的一些不足，具有更多的优点。一是在实际应用中薄膜铺设结束只需用极少量窖泥覆盖在窖池四周即可达到密封的要求，极大地减少了对封窖泥的需求，同时也减少了劳动量与工作量，提高了生产效率；同时薄膜封窖工艺中封窖泥不会与糟醅有任何的接触，这也避免了糟醅、糠壳等对封窖泥的污染，提高了封窖泥的使用寿命，减少了封窖泥对上层糟醅酒质的影响，有利于酒质的提高。二是相较于封窖泥的制作原料、工序及成本，薄膜具有更低廉的价格、更稳定的来源、更简易的存储要求以及更长的使用寿命等优点，对于破损的薄膜还可以通过拆解等方式二次利用，极大地减少了生产成本及对环境的污染。三是薄膜封窖工艺中虽然仍采用封窖泥对薄膜边缘进行压紧和密封，但封窖泥的使用量不及传统工艺的 20%，同时对于封窖泥的制作泥料选择性更广，甚至无需使用紫红泥作为原料，能够更好地遵守国家对耕地以及环保的政策性要求。

薄膜封窖工艺的缺点：在研究及实际应用中也发现了一些需要进一步完善的点。一是薄膜材质可能会存在潜在隐患，目前薄膜的材质多为不含塑化剂的塑料及硅胶等，在实际采购过程中必须严格控制好薄膜材质，避免劣质甚至是含有大量塑化剂的薄膜进入生产流程，保证食品的安全性。二是在实际应用过程中发现随着发酵的进行，窖内微生物菌群大量生成以 CO_2 为主的气体，会出现内层薄膜先鼓起外层薄膜后续鼓起的现象，这可能是由薄膜的密封性太好导致窖内气体排放缓慢的原因造成的。大量气体的长时间堆积可能会影响窖池上部气体环境及水分的分布，可能对上层糟醅酒质产生细微影响。三是薄膜在对窖内温度保持方面存在一定的缺陷，双层薄膜的厚度远低于传统工艺的窖皮泥厚度，在环境温度较低的秋冬季节，可能会影响窖内升温，为保证窖内温度达到工艺的要求也可通过覆盖保温物的方法进行弥补。四是薄膜存在易破损的缺点，在实际应用中其很可能会因为操作不当被尖锐、硬质等物体划破，破损的薄膜不能应用于封窖，因此需要酿造匠人更为细心与小心，严格按规范要求进行作业。

（6）不锈钢盖封窖工艺　不锈钢盖封窖工艺主要是通过特殊设计的不锈钢盖子和基

座来进行封窖，该工艺需要提前将尺寸略大于窖池口的矩形基座安装在窖池顶部四周的底面上，在生产过程中当糟醅按照传统工艺入窖结束后借助行车将不锈钢窖盖吊运至窖池顶部，再安放于基座顶部的水槽中，加入液封水后即可进行后续发酵。不锈钢盖封窖工艺相较于前述具有操作简单、发酵期间管窖工作简单、不锈钢材质稳定、食品安全性较好等特点。但在其他香型白酒生产实践中发现，不锈钢盖封窖工艺在发酵过程中随着糟醅的跌窖，窖内顶部可能会出现负压的现象，影响窖内糟醅发酵；其次，液封方式存在易滋生微生物、频繁更换液封水操作烦琐的问题，为此也有研究以其他密封材料取代水封，通过机械力或者液压力的方式进行密封，减少了液封面临的不足；最后，不锈钢盖封窖工艺所用设备的制作成本较高，在使用时还需要行车协助，否则劳动强度太大，因此该工艺更适用于大型企业新建厂房，对于无法架设行车的老厂房实用性不强。

（7）柔性封窖工艺　鉴于不锈钢盖封窖工艺存在的一些不足，曾勇等人研发了一种折叠式柔性封窖装置。该装置主要结构包括装于窖池顶部的不锈钢基座，窖盖则是以柔性材料制作的双层结构，在双层结构内部加设有可弯曲的支撑柱，在柔性材料顶部设有挂钩可与行车等辅助设备连接。在实际使用时仍先按照传统工艺将糟醅入窖后借助行车将窖盖吊运至窖池顶部，将支撑柱底部滑轮对准水槽后缓慢下放，窖盖会因为重力的原因自动打开，当滑轮滑动至固定位置后再向基座顶部水槽中添加液封水即可完成封窖操作。柔性封窖工艺所用的装置相较于不锈钢盖封窖工艺其自身重量更小，对窖池周围的地面影响较小；其次，柔性的窖盖在日常收储时表现出了易收纳、占地面积小等优点；最后，窖盖双层柔性材料具有更好的保温效果和气密性，窖池顶部不会因为跌窖而出现负压的现象，因此同样具有较高的应用价值。

23、酱香型白酒酿造工艺机械化改革目前取得了哪些成果？

酱香型白酒传统酿造工艺顺应自然、遵循古训一直采取人工进行制曲、人工酿造、人工看花摘酒的传统工艺。虽人工酿造具有诸多优势，但现今随着社会及科学技术的飞速发展，传统酿造工艺开始呈现出弊端，机械化参与中国白酒的酿造开始逐渐成为中国白酒发展的趋势之一。中国白酒行业于20世纪70年代开始尝试在酿造过程中运用机械进行辅助，由此掀起了中国白酒机械化改革的浪潮。随着数十年的发展中国白酒行业机械化道路已经取得了显著的成果，主要集中于清香型白酒、浓香型白酒和米香型白酒酿造中的制曲、包装、起窖、入窖以及贮存等环节，极大地减少了人力，提高了企业的生产效率，实现了传统行业的科技赋能、清洁生产，发展至今一部分先驱企业已经基本实现了全自动化、机械化、智能化生产模式，实现了机械化输送、自动化蒸煮、自动化摘酒以及贮存、勾调系统；甚至部分企业还完成了对传统窖池的改造，摆脱了传统窖池无法对发酵过程进行控制的困扰，推动了中国白酒行业对发酵过程进行控制的研究进展。酱香型白酒由于其复杂的酿造工艺，一直以来在机械化道路上前进缓慢，目前完成的机械化改造主要集中于制曲以及糟醅的出、入窖环节，其余环节相较于其他香型白酒仍处于起步阶段。

曾立等人针对酱香型白酒传统酿造工艺及半机械化酿造工艺进行了对比研究，研究发现半机械化酿造工艺所出基酒出酒率低2.7%左右，其中酱香型基酒的比例略高于传统酿造工艺，约为1.3%，其余总酸、总酯等指标相差不显著；从色谱数据分析可知半机械化酿造工艺所出基酒中以糠醛为主的醛类物质含量高于传统酿造工艺，其中尤以糠醛为主，高 56%~114%，可能与半机械化酿造工艺为了保证糟醅的疏松性提高了糠壳用量有一定关系，其余色谱指标相差不大。由此曾立等人认为酱香型白酒传统酿造工艺适当地加以机械进行辅助不会影响基酒的品质特点，有利于降低生产劳动强度，改善工作环境，值得进一步推广应用。张健等人为探究全国首套涵盖了酱香型白酒从润粮、上甑、摊晾下曲、起堆、入窖到出窖的机械化设备的实用性，与传统工艺进行了大生产对比试验。试验结果发现糟醅高温堆积过程中虽然微生物菌群、温度变化与传统工艺差别不大，但高温堆积的顶温略低于传统工艺，且堆积时间也较传统工艺有所增加；从基酒产出情况来看机械化酿造工艺全年总出酒率约为 64%，优质酒率与传统工艺基本持平；从基酒色谱数据分析来看两套工艺间没有显著差异。总体来看，该套设备虽然还存在一定的缺陷，但也具有一定的实用价值，有待进一步完善。劲牌有限公司作为中国白酒行业机械化改革推广的主力军，一直致力于酿酒机械化设备的研究与试验，到目前为止劲牌有限公司已在米香型白酒产业、大曲清香型白酒产业、大曲浓香型白酒产业以及小曲白酒产业中形成了较为完善的、实用性高的机械化生产工艺。针对传统酱香型白酒工艺的机械化改造，劲牌有限公司也进行了诸多尝试并取得了较好的成果，目前已经应用了一套较为全面的机械化酱香型白酒酿造工艺及设备，主要包括配套 PLC 控制系统的自动输粮、进粮、润粮设备，可自动化输料、蒸料的稻壳清蒸设备，可自动化打量水、加曲及拌和的摊晾设备；可实现自动化控温的密封式堆积糖化设备以及自动化糟醅出入窖以及蒸酒、摘酒设备，整套设备基本上实现了酱香型白酒企业的机械化酿造，极大地减少了酱香型白酒酿造过程中的劳动强度，改善了生产环境，有助于酱香型白酒产业标准化的推进，具有较高的推广价值。

在机械化的基础上，将传统经验进行数据化，并结合在线检测及控制技术，打造智能化、数字化的酿造、陈酿、勾调、包装等生产系统，更有利于精准控制生产，酿造高品质产品。如润粮时，采用新技术，让水与高粱充分“抱合”，水从高粱表面充分渗入“高粱心”，有利于提高品质；堆积发酵的 24h 监测，设置发酵温差，达到某一限值发出警示，即可进行移堆；起堆、翻堆充分打散糟醅，再起推，以达到更精细化地控制等目的；制曲的精准温度控制等，从而把酿造、生产推向数字化的智能酿造。

24、酱香型专用调味酒生产工艺关键点有哪些?

（1）对酱香型专用调味酒的认识　酱香型白酒中的香味物质成分的种类和含量与其他香型白酒相比，除酯类含量和浓香型白酒接近外，在酸类、醛类、醇类等主要香味成分上要高于其他酒种，而且在酚类、含氮化合物等复杂成分上的种类和含量也要高于其他香型的白酒，这也是行业中的共识。例如在浓香型白酒中适当使用酱香型专用调味酒，可以使成品酒表现出更好的酱陈香，使酒体呈现一种优美感。酱香型专用调味酒作为其他香型白酒的调味酒已经有着广泛应用。

（2）酱香型专用调味酒生产工艺关键点

①高温制曲：酱香型专用调味酒追求更丰富的酱香类物质，因此在曲坯入室培菌发酵过程中需要适当地提高品温，根据实际生产经验一般会将品温提高至 65~70℃ 再进行第二次翻曲，培养 57~60d 后入曲库贮存。

②特殊酿造工艺：一是高温堆积糖化，为了确保糟醅在高温堆积过程中尽可能地富集空气中的微生物菌群，提高糟醅堆顶温至50~55℃，以提高糟醅中酱香类风味物质及其前体物质的含量，为后续入窖发酵做好准备。二是高温发酵，酱香型白酒糟醅在窖内发酵与其他香型白酒有很大的区别，酱香型白酒窖内一般会在40℃以上，根据实际生产经验来看窖内温度低于40℃时糟醅出酒率低、酒体风格差；窖内温度维持在42~45℃范围内时糟醅不仅出酒率有所提高，基酒还表现出更好的酱香；窖内温度超过45℃后虽然所产基酒酱香风味更好，但是会出现更多的邪杂味和酸味。因此，将发酵温度控制在42~45℃，发酵30d以上有助于提高基酒中酱香类风味物质的含量。三是高温馏酒，在上甑蒸酒过程中适当提高馏酒的温度可以尽可能地将发酵中生成的酱香类物质及其前体物质最大限度地浓缩于酒中。四是在不同轮次发酵中可以根据实际情况挑选一些轮次做双轮或多轮发酵，以进一步提高糟醅中的酱香类物质，达到生产高质量调味酒的目的。

（3）酱香型专用调味酒的贮存与勾调

①保证5年以上的贮存期是提高酱香型专用调味酒风格质量的重要措施。酱香型白酒长贮存期的要求与基酒入库贮存时酒度偏低（一般在55%~57%vol）有关，较低的乙醇浓度导致基酒在贮存过程中酯化作用、缩合作用等关键反应速率较慢，相较于其他香型白酒需要更长的时间贮存才能使基酒酱香、陈香更为突出。经多次小样试验，采用酱香调味酒、10年以上窖底香调味酒、窖面酱香及陈酿调味酒、双轮底酒按最佳配方精心勾调形成酱香型专用调味酒。

②经特殊工艺生产和勾调成型的酱香型专用调味酒，其感官特点为：微黄透明、酱香突出、陈味较好、酒体醇厚丰满、细腻谐调、回味悠长。

25、酱香型白酒酿造过程中有哪三种风格的基酒，如何实现同一窖池酿造出三种风格的基酒？

糟醅在窖内的高温发酵为酒精的生成和酱香物质的最后形成提供了合适的发酵环境，窖内正常的发酵环境是适当的水分、温度、糖分、pH、缺氧等。酱酒采用大窖发酵，上、中、下层糟醅发酵条件差异较大，窖底糟产窖底香酒，中层糟产醇甜型酒，而上层糟产酱香酒。三种酒香味成分和感官特点差异较大。窖面酱香酒主要呈现酱香突出、口感细腻、余香较长、略涩、空杯留香久等风格特点；窖中醇甜酒主要具有酱香气味、入口醇甜、后味爽净的特点；窖底香酒则主要是窖香明显、浓厚丰满、稍暴辣、后味欠爽等特点。酱香型白酒不同风格基酒之间多种成分的比较见表5-6。

表5-6　酱香型白酒不同风格基酒之间多种成分的比较　单位：mg/100mL

物质	窖面酱香酒	窖中醇甜酒	窖底香酒	成品酒
乙醛	26.44	11.96	19.66	22.54
乙缩醛	127.8	53.6	80.5	80.6
正丁醇	6.2	0.6	13.2	8.0
仲丁醇	12.3	—	10.2	19.5
异丁醇	15.4	10.1	13.2	23.2

续表

物质	窖面酱香酒	窖中醇甜酒	窖底香酒	成品酒
异戊醇	35.0	33.3	33.4	52.3
乙酸乙酯	322.1	140.0	302.2	228.5
丁酸乙酯	244.7	9.0	48.8	184.5
戊酸乙酯	5.2	2.0	18.3	4.8
己酸乙酯	24.8	17.8	90.3	18.0
乳酸乙酯	232.1	238.2	148.4	146.0

酱香型白酒酿造过程中窖池上、中、下层糟醅发酵条件的差异，是造成三种酒风格特点不同的原因。窖底糟醅接触窖泥，发酵温度比窖中、窖面要低，发酵周期长、水分多、酸度高、压力大，加之窖泥中有己酸菌，产生的己酸多，相应生成的己酸乙酯也多，故具浓香型白酒的风格，但又不同于浓香型白酒，因其还具明显的酱香。酱香酒产生于窖面糟醅是由于发酵过程中产生的热气、二氧化碳、气态的乙醇往上蹿，遇到窖面密封的冷窖皮泥后散逸在上层糟醅中，使发酵环境发生了改变，成为固态、气态、液态并存，冷热交替，同时又接触窖皮泥的特殊状态，既不同于窖底又不同于窖中，这种特殊状态可能非常适合于耐高温、兼性厌氧、能利用二氧化碳、乙醇的微生物生长，因而产生了不同的代谢产物，使窖面糟醅产酒的风味不同于窖中、窖底糟醅酒的风味。窖中糟醅的环境没有窖面、窖底这么复杂，因而产生的也是相对“纯净”的大宗酱香醇甜型酒。

26、什么是“破堆移位”工艺？

开放式的高温堆积是酱香型白酒酿造的关键步骤，也是最难掌握的生产环节之一。目前酱香型白酒生产主要集中在赤水河谷一带，在环境气温低的 1~3 月份堆积糟醅容易出现“不来温，顶部没温度，冷心”等升温发酵异常现象，导致糖化发酵不完全，进而影响酒的产量与质量。影响出酒率的因素虽然是多方面的，但主要原因却是因为淀粉质原料糖化发酵的不完全所致。“破堆移位”是探索解决堆积发酵异常的一种措施，该措施是将升温不正常或不升温的糟醅堆四周挖开后，将其转移到旁边的空地上进行再次堆积发酵，一般糟醅继续堆积 3d 左右会很快升温至正常下窖的温度。有研究表明堆积糟醅温度达 50℃左右时，采用“破堆移位”工艺可以有效降低入池温度，提高了酱香型白酒的出酒率及优质品率。由此可知，“破堆移位”首先是一个降温的过程，继续堆积则会使糟醅温度迅速上升有助于糟醅的高温堆积糖化。

27、“破堆移位”工艺对糟醅性质有何影响？

酱香型白酒的酿造是一个复杂的过程，原料中以淀粉为主的有机大分子转化成乙醇及特征性香味物质，复杂微生物区系的更替与相互作用会使糟醅理化指标与水解酶发生变化，从而影响酒的产量及质量。糟醅中的淀粉被水解酶如糖化酶水解为可发酵的糖，不同的糖化率会产生不同的糖浓度，从而显著影响细胞生长和乙醇与风味化合物的代谢，最终会影响酒的产品质量。故以“破堆移位”工艺处理为试验组，以未经“破堆移位”

工艺处理的糟醅堆为对照组，对堆积于窖内发酵糟醅中水分、总酸、淀粉、还原糖等理化指标并结合关键酶活性进行分类对比分析，有助于研究“破堆移位”工艺对酱香型白酒堆积发酵及窖内糟醅理化指标与关键酶活性的影响，为解决酱香型白酒堆积发酵异常问题提供参考。

（1）对糟醅堆温度变化的影响　在前期的一些研究中发现酱香型白酒堆积糟醅的温度达到46~50℃时，入窖进行乙醇发酵才能更好地发酵产酒和产香。研究发现，当酿造车间环境气温在18℃左右时试验组和对照组堆积糟醅的温度均随环境车间气温的升高而升高。对照组堆积发酵第1天到第3天从（34.1±0.1）℃升到（41.7±0.2）℃，而经过“破堆移位”的试验组糟醅堆温度呈缓慢上升趋势［从（33.8±0.1）℃升到（37.7±0.3）℃］，且在堆积第3天糟醅的温度显著低于对照组，出现这种情况时，一般车间生产上会判定试验组出现了堆积发酵异常现象。因此，对试验组进行“破堆移位”处理，继续堆积发酵到第5天时，试验组与对照组堆积糟醅的温度均达到46℃，达到了入窖温度要求，结果表明经过“破堆移位”工艺处理能使堆积异常发酵糟醅恢复正常升温。

（2）对糟醅水分含量变化的影响　糟醅的水分含量是酱香型白酒生产过程重点控制的工艺参数之一，糟醅中水分过多和过少都会影响发酵。研究发现，对照组糟醅在堆积过程中水分含量在第1天到第3天呈现下降趋势（从51.41%±0.02%降到50.93%±0.07%），在第3天到第5天呈现上升趋势（从50.93%±0.07%升到52.55%±0.02%）；但是试验组糟醅在堆积第1天到第3天呈上升趋势（从49.54%±0.02%到51.74%±0.001%），高于对照组，经“破堆移位”工艺处理后减少为50.93%±0.001%，低于对照组样本。试验组糟醅的水分含量在窖内发酵糟醅中呈现快速上升趋势并在发酵结束后达到56.66%±0.01%，高于对照组糟醅的54.34%±0.001%。以上结果表明，试验组样本出现堆积发酵异常时，糟醅的水分含量高于正常发酵值，“破堆移位”处理使糟醅的水分含量减小。

（3）对糟醅酸度及pH的影响　糟醅pH和总酸是酿酒微生物菌群在一定环境下代谢活动的重要指标，酿酒微生物产酸过多或过少都会影响糟醅的正常发酵。从试验结果来看，对照组堆积第1天到第3天的糟醅中总酸呈下降趋势［从（1.0±0.013）g/kg到（0.94±0.0001）g/kg］，但试验组糟醅在堆积发酵异常的第1天到第3天，总酸含量呈上升趋势［从（0.94±0.002）g/kg到（1.02±0.013）g/kg］，经“破堆移位”工艺处理后，糟醅中总酸含量迅速下降［（0.79±0.006）g/kg］并低于正常发酵值［（0.97±0.006）g/kg］。在窖内发酵过程中两组糟醅的总酸含量均呈上升趋势。研究结果表明试验组出现堆积发酵异常时，糟醅中总酸含量高于正常发酵值，“破堆移位”工艺有效地降低了糟醅的总酸含量，最终使窖内发酵糟醅中总酸含量的变化趋势恢复正常。从糟醅pH方面来看，对照组糟醅的pH在堆积阶段呈先上升后下降的趋势，随着发酵时间的延长，pH在窖内发酵第15天达到最小值，发酵进行到第30天时，pH有所上升；而试验组糟醅在发生堆积发酵异常时，pH迅速降低（从3.76±0.01降到3.51±0.01），但经“破堆移位”工艺处理后，pH增加到3.76±0.01，高于对照组糟醅的pH（3.57±0.01）。从堆积发酵异常时，试验组糟醅的pH与正常发酵糟醅呈相反的变化趋势来看，“破堆移位”工艺可使糟醅pH增加，入窖发酵后两组糟醅的pH均呈现先减少后增加的变化趋势。

（4）对糟醅淀粉及还原糖含量的影响　在酱香型白酒酿造过程中，糟醅中淀粉作为微生物生长的物质基础，经过淀粉酶系的分解作用转化成还原糖，为酿酒微生物菌群的生长、繁殖和代谢提供直接的能量来源，且与出酒率呈显著正相关。作为酿酒微生物菌群可以利用的直接能量来源，糟醅中还原糖含量在一定程度上反映了酱香型白酒酿造过程中糟醅糖化与发酵速度的平衡与协调关系，而且还原糖在窖内发酵糟醅中的动态变化可以间接反映乙醇的生成和发酵状况，还可以特征性反映窖池中微生物的生命活动状况。试验结果表明，在酱香型白酒酿造过程中随着发酵时间的增加糟醅中淀粉被逐渐转化，试验组与对照组发酵糟醅中淀粉含量消耗趋势相同，试验组糟醅经“破堆移位”处理后，糟醅淀粉含量仍相近，表面“破堆移位”工艺并不会影响糟醅中淀粉的转化。从还原糖含量来看，对照组糟醅中的还原糖含量在堆积阶段呈上升趋势，入窖发酵后逐渐减少，但在窖内发酵达到30d时，糟醅中还原糖含量迅速增加，达到4.97%±0.06%；而试验组糟醅在堆积发酵异常时，糟醅中的还原糖含量迅速减少（从第1天的3.92%±0.05%降到第3天的1.41%±0.05%），低于对照组糟醅的还原糖含量（2.73%±0.06%），经“破堆移位”工艺处理后，还原糖含量增加并达到3.70%±0.05%，显著高于对照组糟醅的还原糖含量（2.81%±0.07%），入窖发酵糟醅中还原糖含量的变化趋势与对照组相同。由此可知，试验组糟醅堆积发酵异常时还原糖含量迅速减少，而经“破堆移位”工艺处理后其含量迅速增加，随着窖内发酵时间的增加，两组糟醅中还原糖含量的变化趋势相同。

（5）对糟醅氨基酸态氮及粗蛋白含量的影响　从试验结果来看，对照组在堆积发酵过程中，糟醅中的粗蛋白含量呈缓慢上升趋势（从5.8%±0.01%到6.6%±0.29%），但试验组糟醅在堆积发酵异常时从第1天的6.9%±0.01%降低到第3天的6.2%±0.04%。经过“破堆移位”工艺处理后，糟醅中的粗蛋白含量达到6.6%±0.31%，接近对照组糟醅堆积第5天的值。糟醅入窖发酵到第3天时，试验组糟醅中粗蛋白含量高于对照组糟醅，但发酵到第15天时含量减少且略低于对照组糟醅，窖内发酵第30天时，两组糟醅中粗蛋白含量相近。由此可见，经“破堆移位”工艺处理后还可以增加糟醅中粗蛋白含量，有利于微生物生长。

在酱香型白酒风味研究中发现，氨基酸态氮是酱香型白酒中鲜味的主要来源，并能反映酱香型白酒中含氨基酸总量的水平。试验结果发现，对照组糟醅在堆积发酵过程中氨基酸态氮含量均高于试验组糟醅；试验组糟醅在堆积发酵异常时，氨基酸态氮含量下降［从（0.0193±0.0002）g/100g到（0.0185±0.0003）g/100g］，经“破堆移位”工艺处理后含量达到（0.0189±0.0004）g/100g。两组糟醅进入窖内发酵后，糟醅中的氨基酸态氮含量均呈下降趋势，试验组糟醅略高于对照组糟醅，证明经“破堆移位”工艺处理后有利于氨基酸态氮的生成。

（6）对糟醅中糖化酶及液化酶活性的影响　酱香型白酒酿造中糟醅淀粉酶类主要包括液化酶和糖化酶，多由细菌和霉菌产生。液化酶能切断淀粉分子内部的α-1,4-糖苷键，快速将其分解为大、小糊精，淀粉黏度迅速下降而液化；糖化酶则能与液化酶水解形成的较小糖链分子结合，从其非还原性末端顺次切开α-1,4-糖苷键，生成葡萄糖。试验结果表明，酱香型白酒糟醅正常发酵时糖化酶活性在堆积阶段呈上升趋势［（980.06±76.03）U/g、（1199.45±7.81）U/g、（1442.39±16.33）U/g］，随着窖内发酵的进行，糟醅中糖化酶活性呈下降趋势［从第3天的（1033.26±25.47）U/g降到第15天的（274.97±18.36）U/g］，窖内发酵30d后，糟醅中糖化酶活性上升至

（1015.13±6.35）U/g。试验组糟醅在堆积发酵异常时，糖化酶活性由第1天的（1548.25±28.49）U/g降到第3天的（868.38±3.93）U/g，低于对照组的值，经“破堆移位”工艺处理后，糖化酶活性迅速增至（1754.49±32.23）U/g，显著高于对照组糟醅的值［（1442.39±16.33）U/g］，其窖内糟醅中糖化酶活性的变化趋势与对照组相同。由此可见，“破堆移位”工艺有利于提高糖化酶活性，使窖内酒精发酵过程中糖化酶活性的变化趋势与对照组糟醅变化趋势相同。

对照组糟醅中液化酶活性在堆积阶段与窖内发酵阶段均呈先减少后增加的趋势；而试验组糟醅中液化酶活性的变化趋势与对照组基本相同，在堆积发酵异常时糟醅中液化酶活性由第1天的（1486.38±24.48）U/g降至第3天的（1033.76±3.87）U/g，经“破堆移位”工艺处理后达到（1360.91±14.51）U/g，低于对照组的值［（1470.33±17.53U/g）］。由此可知，糟醅在堆积发酵异常时，液化酶活性保持正常的变化趋势，且经“破堆移位”工艺处理后有利于提高糟醅的液化酶活性。

（7）对糟醅中酸性蛋白酶活性的影响　酱香型白酒酿造过程中细菌、酵母、霉菌均可以分泌出蛋白酶，而酱香型白酒整个酿造的过程处于偏酸性的环境，酸性蛋白酶能将原料中的蛋白质分解为氨基酸，氨基酸又经过各种代谢途径可以转化为各种高级或香味醇等物质，还可以参与美拉德反应。试验结果发现，在环境气温较低的环境条件下糟醅中酸性蛋白酶活性较低。对照组糟醅中酸性蛋白酶活性随着堆积时间的增加呈上升趋势，入窖后发酵第3天降至（1.64±0.47）U/g，然后呈现缓慢上升趋势，窖内发酵30d后，酶活性增至（7.53±0.59）U/g。当试验组糟醅出现堆积发酵异常时，糟醅中酸性蛋白酶活性由第1天的（5.42±0.36）U/g降至（5.15±0.45）U/g，显著低于对照组糟醅；经“破堆移位”工艺处理后糟醅中酸性蛋白酶活性迅速增至（22.86±0.46）U/g，接近对照组糟醅的值［（24.32±1.02）U/g］，入窖内发酵后，酸性蛋白酶活性的变化趋势与对照组相同。由此可知，“破堆移位”工艺有利于提高糟醅中酸性蛋白酶活性，为酿酒微生物菌群生长提供丰富的氮源。

（8）对糟醅中纤维素酶活性的影响　酱香型白酒糟醅中产纤维素酶的微生物菌群主要有真菌、细菌和放线菌等，糟醅中的纤维素酶可降解糟醅原料中的纤维素成分而生成葡萄糖，从而提高了糟醅中原料的利用率，为酿酒微生物菌群发酵提供碳源，影响酱香型白酒中醛、醇、有机酸、酯等风味物质的形成，而且能提高白酒出酒率。试验结果发现，纤维素酶活性在对照组堆积发酵糟醅中呈增加趋势，入窖发酵第3天后，由（7.49±0.14）U/g降至（4.66±0.01）U/g，在窖内发酵第30天增至（8.49±0.02）U/g；而试验组糟醅在堆积发酵异常时，纤维素酶活性呈减少趋势［由堆积第1天的（8.01±0.21）U/g降至（4.35±0.01）U/g］，经“破堆移位”工艺处理后增至（8.28±0.24）U/g，高于正常发酵值［（7.49±0.14）U/g］。试验组糟醅中纤维素酶活性在窖内的变化趋势与对照组糟醅相同，均呈现先减少后增加的变化趋势。由此可知，酱香型白酒糟醅在堆积发酵异常时纤维素酶活性与正常发酵呈相反的变化趋势，经“破堆移位”工艺处理有利于提高纤维素酶活性。

28、“破堆移位”工艺对糟醅中细菌群落有何影响？

酱香型白酒在酿造过程中不同菌群的生长代谢活动直接影响白酒的品质，细菌广泛存在于酱香型白酒制曲、高温堆积和窖内糟醅发酵等工艺过程中，主要以芽孢杆菌属、乳酸杆菌属、乙酸菌属、梭菌属等为主。为研究“破堆移位”工艺对糟醅中细菌群落的影响，以糟醅堆积发酵异常时与经“破堆移位”工艺处理后堆积糟醅及窖内发酵糟醅和正常发酵糟醅为研究对象，以“破堆移位”工艺处理为试验组，以未经“破堆移位”工艺处理的糟醅堆为对照组。解析“破堆移位”工艺对发酵糟醅中细菌菌群结构变化的影响，为酱香型白酒生产提供参考。

（1）主要细菌门的变化趋势　酱香型白酒糟醅高温堆积过程中细菌主要来源于酿酒车间环境和所添加的高温大曲，试验组和对照组糟醅添加的高温大曲与所处的环境相同，采用高通量测序技术对其进行细菌菌群结构分析，36 个糟醅样品中共检测出的细菌主要包括 25 个门、456 个属、883 个 OTU。从试验结果来看，试验组和对照组糟醅在堆积与窖内发酵过程中，共检测到的相对丰度高于 0.01%的细菌门为厚壁菌门、放线菌门、变形菌门、拟杆菌门、衣原体门和螺旋体菌门六大门类。

厚壁菌（*Firmicutes*）在两组样本的堆积及窖内发酵酒醅中生长趋势相同，其相对含量占 86.89%以上，处于绝对优势作用。厚壁菌的相对比例在对照组样本的堆积第 1 天到第 5 天呈上升趋势，分别为 90.99%、94.80%和 96.04。在试验组样本的堆积第 1 天到第 5 天呈上升趋势，分别为 92.65%、93.31%和 97.68%；以上结果表明，酱香型白酒发酵过程中，厚壁菌起到绝对优势作用，试验组第 5 天比第 3 天高了 4.37%，而对照组第 5 天比第 3 天高了 1.24%，表明“破堆移位”促进堆积酒醅中厚壁菌的生长。

放线菌（*Actinibacteria*）在酱香型白酒糟醅中具有调控风味、抑制有害杂菌生长的作用，其相对比例在试验组和对照组糟醅堆积发酵中变化趋势相同，均随着堆积时间的延长逐渐减少，分别为 4.89%、4.70%、0.50%和 5.61%、3.04%、1.18%。窖内发酵过程中，对照组糟醅中放线菌含量呈先增加后减少的趋势，由 0.66%增至 1.75%，后降至 0.57%；试验组糟醅中放线菌的相对含量逐渐增加，由 0.11%、3.64%增至 3.71%，表明经“破堆移位”工艺处理不利于堆积糟醅中放线菌的生长。

变形菌（*Proteobacteria*）在试验组和对照组糟醅堆积及窖内发酵糟醅中的生长趋势相同，均在堆积阶段呈先减少后增加的变化趋势，在窖内发酵阶段呈先增加后减少的变化趋势。试验组糟醅在堆积中变形菌相对比例均低于对照组糟醅；窖内发酵 15d 与 30d 时，试验组糟醅中变形菌的相对比例显著高于对照组。

拟杆菌（*Bacteroides*）在对照组第 1、3、5 天糟醅堆积与窖内发酵第 3 天糟醅中相对比例逐渐减少，分别为 0.41%、0.15%、0.11%和 0.10%；试验组的变化趋势与对照组相同，含量分别为 0.44%、0.20%、0.13%和 0.05%，且试验组和对照组在窖内发酵第 15 天时，拟杆菌数量显著增长，分别为 1.87%、2.33%，继续发酵到第 30 天时，拟杆菌的含量均减少，分别为 0.40%、0.08%。

衣原体菌（*Chlamydiae*）在试验组和对照组糟醅窖内发酵到第 15 天时其含量分别为 1.79%、2.38%，在其他时间的发酵糟醅中均未检出。

螺旋体菌（*Spirochaetes*）的相对比例在对照组糟醅堆积第 1 天时占 0.01%，第 3 天与第 5 天均未检出，直到入窖发酵第 3 天与第 15 天时，其含量分别为 2.00%、2.37%，发酵 30d 未检出。螺旋体菌在试验组糟醅的堆积发酵中逐渐减少，在经“破堆移位”工艺处理后的糟醅中未检出，窖内发酵第 15 天时占 1.65%，发酵 30d 时仅占 0.01%。由此可知，经“破堆移位”工艺处理后，堆积糟醅中螺旋体菌的生长受到抑制。

（2）主要优势细菌属的变化趋势 在酱香型白酒酿造环境下，糟醅中能够大量繁殖并在种间竞争中占优势的菌种就是优势菌种。在经堆积的糟醅中共检测到相对丰度高于0.01%的细菌属有21个；窖内糟醅中共检测到相对丰度高于0.01%的细菌属有22个。堆积及窖内糟醅发酵过程主要的优势菌属包括乳酸杆菌属（*Lactobacillus*）、克罗彭斯特菌属（*Kroppenstedtia*）、芽孢杆菌属（*Bacillus*）、慢芽孢杆菌属（*Lentibacillus*）、高温放线菌属（*Thermoactinomyces*）、海洋芽孢杆菌属（*Oceanobacillus*）、葡萄球菌属（*Staphylococcus*）、糖多孢菌属（*Saccharopolyspora*）、罗尔斯顿菌属（*Ralstonia*）、*Romboutsia*、乙酸杆菌属（*Acetobacter*）、*Parachlamydia*、*norank_p_Saccharibacteria*、*Lachnoclostridium*、微杆菌属（*Microbacterium*）、肠球菌属（*Enterococcus*）、*Allobaculum*、未分类的毛螺菌科（*unclassified_f_Lachnospiraceae*）、考克氏菌属（*Kocuria*）、*Xylella*、链霉菌属（*Streptomyces*）及*Chryseobacterium*。

在对照组堆积糟醅中乳酸杆菌的相对比例从第1天的2.32%降至第3天的1.09%，然后在第5天迅速增至21.99%；对照组乳酸杆菌在窖内发酵过程中相对比例持续增加，在第15天达到84.48%，然后在第30天降低至78.29%。试验组糟醅在堆积发酵异常时乳酸杆菌的比例从第1天（4.29%）迅速增至第3天的21.71%，经“破堆移位”工艺处理后，乳酸杆菌在第5天显著下降至2.03%，然后在窖内发酵3d和15d分别占总细菌属的91.32%和83.23%，表明糟醅在窖内发酵过程中起到明显的主导作用。但是，在窖内发酵结束时，乳酸杆菌的相对丰度在试验组糟醅中仅为1.45%。由此可知，在堆积糟醅与窖内发酵30d的糟醅中，试验组和对照组糟醅中乳酸杆菌的相对比例存在显著差异，“破堆移位”工艺处理不利于乳酸杆菌的生长。

克罗彭斯特菌的相对丰度在对照组糟醅的发酵过程中呈现下降趋势（从25.28%降至1.66%），但在窖内发酵第30天时达到8.85%；当试验组糟醅堆积发酵异常时，其相对丰度从31.03%降至22.58%（从第1天到第3天），经“破堆移位”工艺处理后克罗彭斯特菌的比例增至29.46%，高于正常发酵值（19.71%）；在入窖后3d、15d糟醅中迅速下降，窖内发酵第30天时达到39.41%。由此可知，“破堆移位”工艺处理有利于克罗彭斯特菌的生长。

在对照组糟醅的堆积发酵过程中芽孢杆菌的比例呈上升趋势，从第1天（21.55%）到第3天（34.09%）增加了12.54%，在第5天达到36.06%；在窖内发酵过程中芽孢杆菌从4.10%（3d）降至0.86%（15d），在发酵30d后增至2.75%。当试验组糟醅堆积发酵异常时，芽孢杆菌的比例从第1天的25.83%到第3天的23.35%，呈现下降趋势，经“破堆移位”工艺处理后增加了13.15%（第5天为36.50%）；在窖内发酵糟醅中由第3天的0.90%下降到第15天的0.59%，然后在30d中增至7.18%。由此可知，“破堆移位”工艺处理为芽孢杆菌生长和代谢产生了有利的有氧环境，促进了芽孢杆菌的生长。

慢芽孢杆菌的相对比例在对照组糟醅堆积发酵过程中逐渐减少，分别占总细菌的21.45%、12.24%、5.33%；窖内发酵阶段呈先减少后增加的趋势，分别为7.55%、0.51%、3.72%。慢芽孢杆菌的相对比例在试验组糟醅的堆积阶段呈先减少后增加的变化趋势，分别由第1天的12.20%降至第3天的7.66%，经“破堆移位”工艺处理后的5d堆积后的糟醅中慢芽孢杆菌增至9.55%，高于正常发酵值（5.33%）；窖内发酵过程中，慢芽孢杆菌的变化趋势与对照组糟醅变化趋势相同，试验组糟醅在第 30 天中达到 23.33%，显著高于对照组的 3.72%。由此可知，“破堆移位”工艺处理有利于增加好氧的慢芽孢杆菌比例。

高温放线菌的相对比例在对照组糟醅的堆积发酵过程中从第 1 天的 6.74%增至第 3 天的 18.02%，然后在第 5 天减至 8.04%；试验组糟醅堆积发酵过程中高温放线菌的相对丰度从第 1 天的 8.82%增至第 3 天的 11.94%，显著低于对照组第 3 天的 18.02%，经“破堆移位”工艺处理后，高温放线菌的含量增至 16.95%，显著高于对照组第 5 天的 8.04%。两组糟醅在窖内发酵过程中均呈先减少后增加的变化趋势。由此可知，“破堆移位”工艺处理促进了高温放线菌的生长。

海洋芽孢杆菌的相对比例在对照组糟醅堆积发酵过程中呈现下降趋势，含量分别为 2.26%、1.81%、0.74%；窖内发酵糟醅中由第 3 天的 0.66%降至第 15 天的 0.07%，在窖内发酵结束后其含量增至 0.32%。试验组糟醅中海洋芽孢杆菌的相对比例从第 1 天的 2.78%减至第 3 天的 1.27%，经“破堆移位”工艺处理后其含量增至 1.51%，高于对照组第 5 天的 0.74%；窖内发酵过程中，海洋芽孢杆菌逐渐增多（分别为 0.03%、0.17%、2.26%）。由此可见，“破堆移位”工艺处理有利于海洋芽孢杆菌的生长。

对照组糟醅在堆积发酵过程中葡萄球菌相对比例逐渐减少，分别为 2.82%、0.81%、0.40%；在窖内发酵糟醅中呈先减少后增加的变化趋势，对照组窖内发酵糟醅中葡萄球菌相对比例从第 3 天的 0.83%减至第 15 天的 0.02%，增至第 30 天的 0.19%。试验组糟醅中葡萄球菌相对比例在堆积第 1 天到第 3 天的发酵过程中逐渐减少，由 2.78%减至 1.27%，经“破堆移位”工艺处理后增至 1.51%；进入窖内发酵后其变化趋势与对照组糟醅变化趋势相同。由此可知，“破堆移位”工艺处理有利于葡萄球菌的生长。

对照组糟醅堆积过程中糖多孢菌的相对比例逐渐减少（分别占 2.26%、1.13%、0.06%）；在窖内发酵到第 3 天时占 0.15%，在 15d 和 30d 的样本中未检出。试验组糟醅在发生堆积发酵异常时，糖多孢菌的比例从第 1 天的 2.56% 到第 3 天的 3.35% 增加 0.79%，经“破堆移位”工艺处理后占 0.30%；在窖内发酵第 3 天时占 0.04%，在 15d 和 30d 的样本中同样未检出。由此可知，“破堆移位”工艺处理不利于糖多孢菌的生长繁殖，对照组及试验组糟醅在窖内发酵过程中的变化趋势基本相同。

在对照组糟醅的堆积与窖内发酵过程中醋酸杆菌（*Acetobacter*）分别占总细菌的 0.92%、0.15%、1.21% 和 0.94%、0.23%、0.09%；在试验组糟醅中分别占 0.18%、0.02%、0.07%、0.10%、0.85%，在窖内发酵第 30 天时未检出。*Parachlamydia* 在试验组及对照组糟醅中厌氧发酵到第 15 天时其含量分别为 1.79%、2.38%，且在其他发酵糟醅中均未检出。*norank_p_Saccharibacteria* 在对照组糟醅的发酵过程中仅在第 3 天（0.02%）和第 15 天（2.37%）中检出，在其他样本中均未检出；在堆积发酵异常的试验组糟醅第 3 天糟醅中仅占 0.01%，“破堆移位”工艺处理后糟醅中未检出，在窖内发酵糟醅中该菌的变化趋势与对照组相同。*Lachnoclostridium* 在对照组糟醅中的发酵过程中分别占 0.78%、0.48%、0.38%、0.08%、0.05%、0.16%，在试验组糟醅堆积第 1 天到第 3 天分别占 0.17%、0.27%，在窖内发酵 15d 与 30d 分别占 0.08%、1.44%。在对照组糟醅堆积过程中微杆菌（*Microbacterium*）的相对比例较少（0.03%、0.02%、0.10%），窖内发酵糟醅中仅在第 15 天占总细菌的 1.05%；在试验组糟醅的堆积与窖内发酵第 3 天的样本中未检出，在第 15 天和第 30 天分别占 2. 40%、0. 02%；*Allobaculum* 和未分类的毛螺菌在试验组糟醅中发生堆积发酵异常时逐渐增加，分别由 0. 13%增至 0. 18%、0. 13%增至 0. 19%，在“破堆移位”工艺处理后的糟醅中未检出。

考克氏菌（*Kocuria*）在对照组糟醅堆积与窖内发酵过程中分别占 0. 61%、0. 47%、0. 34%、0. 09%、0. 03%、0. 17%；试验组糟醅在发生堆积发酵异常时由第 1 天的 0. 11%降至第 3 天的 0. 09%，在对照组第 5 天与试验组第 3 天中均未检出，在试验组第 15 天和第 30 天分别占 0. 02%、1. 05%。链霉菌（*Streptomyces*）在对照组糟醅堆积与窖内发酵过程中分别占 0. 12%、0. 05%、0. 01%、0. 04%、0. 14%，在第 30 天中未检出；在试验组糟醅堆积第 1 天占 0. 43%，第 3 天中未检出，破堆移位工艺处理后仅占 0. 01%，窖内发酵糟醅中分别占 0. 01%、1. 02%、0. 01%。*Chryseobacterium* 在试验组及糟醅组糟醅窖内发酵到第 15 天时分别占 1. 08%、0. 62%，在其他发酵糟醅中均未检出。由此可知，“破堆移位”工艺有利于醋酸杆菌和链霉菌属的生长，不利于 *Parachlamydia*、微杆菌、肠球菌、*Allobaculum*、*Lachnoclostridium*、未分类的毛螺菌科、考克氏菌等菌群的生长。

29、“破堆移位”工艺对糟醅中挥发性风味物质有何影响？

酱香型白酒风味物质来源于“曲药”是公认的，这与传统高温固态发酵过程是密不可分的。糟醅高温堆积发酵不仅网罗了空气中有益于酿造的微生物，而且在其中发生了美拉德反应与形成了许多风味前体物质，对酱香风味的形成起关键性作用。以堆积异常后进行“破堆移位”再发酵的糟醅为试验组，以正常堆积的糟醅为对照组，对试验组和对照组堆积糟醅及窖内糟醅中挥发性风味物质进行分析，以利于系统地研究“破堆移位”对酱香型白酒发酵的影响作用。

（1）对堆积糟醅中挥发性风味物质的影响　对试验组及对照组堆积 1d、3d、5d 的糟醅中挥发性风味物质进行检测，结果发现，酱香型白酒堆积糟醅中常见的风味物质如乙醇、乙酸乙酯、正己酸乙酯、十六酸乙酯、乙酸等在两组样本中均有检出。在堆积发酵过程中，试验组糟醅第 1 天中有 8 种挥发性风味物质，显著低于对照组糟醅第 1 天检测出的 32 种。发酵异常的试验组糟醅第 3 天检测出 18 种挥发性风味物质，多于对照组第 3 天糟醅检测的 14 种；经“破堆移位”工艺处理后的第 5 天实验组糟醅中检测到风味物质 27 种，多于对照组第 5 天糟醅检测的 21 种。以上结果表明，“破堆移位”处理后糟醅中的挥发性风味物质种类增加并多于正常发酵组。

醇类物质：两组样本堆积糟醅中相对含量最高的挥发性风味物质为醇类，其次为酯类。对照组糟醅在堆积过程中醇类物质的相对含量呈先增加后减少的趋势，均以乙醇的相对含量最高，对照组第 1 天、第 3 天、第 5 天分别为 13. 64%、68. 95%、58. 26%；试验组在堆积糟醅中醇类物质的相对含量变化趋势与对照组相同，试验组第 1 天以乙醇的相对含量最高，达到 54. 35%，但第 3 天和第 5 天时以丙醇的相对含量最高，分别达到 70. 88%、49. 77%。前期研究中发现，若酱香型白酒酒体中丙醇含量过高会引起剧烈头痛，对人体健康造成危害。试验结果表明试验组和对照组堆积糟醅中醇类物质含量的变化趋势相同，“破堆移位”工艺有利于减少丙醇含量。

醛类物质：对照组堆积糟醅中醛类物质的相对含量随着堆积时间的增加逐渐减少，但试验组糟醅中呈现先减少后增加的趋势。对照组在第 1 天、第 3 天、第 5 天糟醅中乙醛相对含量分别为 0.68%、0.65%、1.12%，但在试验组堆积糟醅中未检测到乙醛；糠醛作为酱香型白酒的一个标志性成分，与独特的酱香风味存在某种内在联系，在对照组第 1 天糟醅中糠醛的相对含量为 3.31%，但在第 3 天和第 5 天的糟醅中均未检出；在试验组第 1 天和第 3 天的糟醅中均未检测到糠醛，但第 5 天糟醅中糠醛的相对含量为 0.33%，由此可知，“破堆移位”工艺处理有利于糠醛的生成。

酯类物质：对照组堆积糟醅中酯类物质的相对含量呈现先减少后增加的趋势，均以乳酸乙酯的相对含量最高，第 1 天、第 3 天、第 5 天糟醅中分别为 28.50%、9.56%、13.87%，前期研究中发现，乳酸乙酯是酱香型白酒中重要的呈香物质，并影响着白酒质量和风格。在试验组糟醅中酯类物质的相对含量呈现迅速增加的趋势，同样以乳酸乙酯的含量最高，第 1 天糟醅中为 17.16%，第 3 天糟醅中为 21.32%；经“破堆移位”工艺处理后较异常糟醅增加了 12.83%，堆积至第 5 天糟醅中为 34.15%。由此可见，“破堆移位”工艺处理有利于增加乳酸乙酯的含量。

酸类物质：试验组及对照组堆积糟醅中检出的酸类物质仅为乙酸，乙酸在对照组糟醅堆积过程中呈现先减少后增加的趋势，在试验组糟醅中呈现先增加后减少的趋势。对照组糟醅第 1 天乙酸相对含量为 13.25%，试验组在第 1 天糟醅中仅检测出 1.90%；对照组糟醅第 3 天为 2.28%，试验组糟醅第 3 天为 3.32%；对照组糟醅第 5 天为 3.44%，实验组经“破堆移位”工艺处理（第 5 天）后为 2.80%。从试验结果可知，试验组及对照组糟醅在堆积发酵第 1 天中乙酸的相对含量差异显著，异常糟醅中乙酸含量高于正常发酵值，“破堆移位”工艺处理有利于降低乙酸含量。试验组及对照组糟醅中均检出的烷烃类物质是 2,4,5-三甲基-1,3-环氧戊烷，其对照组相对含量最高的样本为第 5 天时含量为 1.32%。在对照组糟醅堆积过程中烯烃类物质的相对含量呈现先减少后增加的趋势，在试验组糟醅中为逐渐增加。共有的（-）-柠檬烯的相对含量在对照组第 1 天、第 3 天、第 5 天分别为 2.03%、0.38%、1.19%，在试验组第 1 天、第 3 天、第 5 天分别为 0.43%、0.10%、1.46%；2,6-二叔丁基对甲酚仅在对照组第 1 天糟醅样本中检出，相对含量为 0.11%，在其他样本中均未检出。

（2）对堆积糟醅中共有挥发性风味物质种类的影响　试验组和对照组糟醅堆积第 1 天的共有挥发性风味物质有 8 种，包括乙醇、(*Z*) -9,17-十八二烯醛、乙酸乙酯、正己酸乙酯、十六酸乙酯、亚油酸乙酯、乙酸和（-）-柠檬烯；第 3 天共有挥发性风味物质有 13 种，包括乙醇、异丁醇、异戊醇、(*Z*) -9,17-十八二烯醛、乙酸乙酯、乳酸乙酯、乙酸异戊酯、正己酸乙酯、十六酸乙酯、亚油酸乙酯、乙酸、2,4,5-三甲基-1,3-环氧戊烷和（-）-柠檬烯；第 5 天共有挥发性风味物质有 20 种，包括乙醇、丙醇、异丁醇、异戊醇、(*Z*) -9,17-十八二烯醛、乙酸乙酯、丙酸乙酯、乳酸乙酯、乙酸异戊酯、正己酸乙酯、丁二酸二乙酯、辛酸乙酯、苯乙酸乙酯、乙酸苯乙酯、癸酸乙酯、十六酸乙酯、亚油酸乙酯、乙酸、2,4,5-三甲基-1,3-环氧戊烷和（-）-柠檬烯。由此可见，随着堆积发酵时间的延长，试验组和对照组糟醅中共有挥发性风味物质越来越丰富。

（3）对窖内糟醅中挥发性风味物质的影响　对试验组和对照组糟醅在窖内发酵过程中挥发性风味物质检测发现，挥发性风味物质以酯类化合物种类最多，醇类化合物的相对含量最高，酚类物质仅在对照组糟醅中检出，酱香酒窖内糟醅中常见的风味物质如乙醇、正己酸乙酯、十六酸乙酯、亚油酸乙酯、乙酸等均在试验组及对照组糟醅中检出。

在窖内发酵过程中，试验组糟醅在第 3 天中挥发性风味物质有 37 种，高于对照组糟醅第 3 天的 34 种；试验组糟醅第 15 天挥发性风味物质共 21 种，显著高于对照组的 9 种；试验组第 30 天糟醅中检测出 15 种，显著低于对照组第 30 天糟醅的 27 种。由此可知试验组糟醅在窖内发酵过程中，挥发性风味物质种类逐渐减少，对照组糟醅则呈现先减少后增加的变化趋势。

试验组及对照组糟醅在窖内发酵过程中相对含量最高的挥发性风味物质为醇类，其次为酯类。对照组糟醅中醇类物质的相对含量呈现先增加后减少的趋势，但试验组糟醅中醇类物质的相对含量逐渐增多。试验组及对照组窖内发酵糟醅中醇类物质主要是乙醇，试验组糟醅在窖内发酵结束时乙醇相对含量高达 74.09%，显著高于对照组第 30 天的 55.68%。对照组糟醅中醛类物质的相对含量逐渐减少，但试验组糟醅中呈现先减少后增加的趋势。试验组及对照组糟醅中醛类物质均以（*Z*）-9,17-十八二烯醛的相对含量最高，在对照组第 3 天、第 15 天、第 30 天分别为 0.71%、1.14%、0.35%，在试验组第 3 天、第 15 天、第 30 天分别为 0.21%、0.16%、0.39%。试验组及对照组糟醅中酯类物质相对含量的变化趋势相同，均呈现先减少后增加的趋势。试验组及对照组在窖内发酵第 3 天的糟醅中，乙酸乙酯的相对含量最高，分别在第 3 天达到了 4.11%、2.17%。试验组及对照组在窖内糟醅中检出的酸类物质均是乙酸，其中对照组第 30 天糟醅中乙酸的相对含量最高，为 8.28%，其次为试验组第 15 天时，为 7.25%；对照组第 15 天糟醅中未检出乙酸。烷烃类物质的相对含量最高为 1.69%，对应的是第 3 天的试验组糟醅，其次为对照组第 3 天的糟醅，为 0.87%，在对照组第 15 天糟醅中未检出。烯烃类物质相对含量最高的是试验组第 3 天的糟醅，为 2.86%，其次是试验组第 15 天时，为 1.39%，最少的是试验组第 30 天时，为 0.13%。

（4）对窖内发酵糟醅中共有挥发性风味物质的影响　试验组及对照组糟醅在窖内发酵第 3 天共有挥发性风味物质有 25 种，包括乙醇、丙醇、苯甲醛、壬醛、（*Z*）-9,17-十八二烯醛、乙酸乙酯、乙酸异戊酯、戊酸乙酯、正己酸乙酯、庚酸乙酯、丁二酸二乙酯、辛酸乙酯、苯乙酸乙酯、乙酸苯乙酯、壬酸乙酯、癸酸乙酯、月桂酸乙酯、十四酸乙酯、十五酸乙酯、9-十六碳烯酸乙酯、十六酸乙酯、亚油酸乙酯、乙酸、2,4,5-三甲基-1,3-环氧戊烷和 3-羟基-2-丁酮；发酵进行到第 15 天共有挥发性风味物质有 5 种，包括乙醇、（*Z*）-9,17-十八二烯醛、正己酸乙酯、十六酸乙酯和亚油酸乙酯；第 30 天的共有挥发性风味物质有 13 种，包括乙醇、丙醇、异戊醇、（*Z*）-9,17-十八二烯醛、乙酸乙酯、丙酸乙酯、乙酸异戊酯、正己酸乙酯、十六酸乙酯、亚油酸乙酯、乙酸、2,4,5-三甲基-1,3-环氧戊烷和（-）-柠檬烯。由此可知，试验组及对照组糟醅在窖内发酵过程中，发酵第 3 天糟醅中的共有挥发性风味物质种类最多。

30、高温堆积工艺中糟醅堆高度对糟醅品质有何影响?

酱香型白酒的高温堆积工艺俗称“二次制曲”，是指酱香型白酒糟醅通过蒸煮糊化、冷却摊晾、撒曲后在窖池旁晾堂场地上堆积成型、自然发酵。糟醅的高温堆积工艺实际上是一个好氧发酵过程，是传统酱香型白酒酿造环节当中必不可少的一个关键工序，既能满足糟醅糖化功能的形成，又能满足糟醅发酵力的生成，还能达到香味物质及其前体物质的形成条件，直接影响基酒的质量与产量。酱香型白酒的高温堆积工艺既能网罗空气中的野生微生物又能筛选繁殖微生物，弥补了酱香型大曲微生物当中品种和数量的不足；在整个的堆积发酵过程中，淀粉酶将糟醅中的淀粉类物质分解为可发酵性糖，蛋白质酶解为氨基酸，引起了糟醅品质的变化，所生成的香味物质及其前体物质为窖内发酵过程中酱香类物质的形成创造了必要条件。糟醅在高温堆积环节时要求堆成圆形，冬季堆高，夏季堆矮，高温堆积时间一般4d左右，糟醅堆顶温可达50℃以上，当堆表面长满白色菌丝并伴有明显的粮食的甜香味时可入窖进行厌氧发酵。通过测定糟醅堆中糟醅的理化指标发现其水分含量一般在42%~46%；糟醅堆堆积温度随着时间的延长有升高趋势，表层温度最高且升温幅度最大；糟醅中淀粉、蛋白质含量随时间的延长而降低，还原糖含量升高。糟醅水分含量对基酒的产量影响较大，因此要严格控制糟醅含水量。由此可知，研究高温堆积环节糟醅理化指标、挥发性产物变化趋势有助于了解酱香型白酒高温堆积机理。因此，研究不同糟醅堆堆积高度（1m、1.5m、2m）下糟醅中的主要理化指标的差异，有助于深入了解酱香型白酒的酿造机制。

（1）糟醅堆高度对糟醅水分含量的影响　糟醅水分含量是酱香型白酒酿酒过程中需要控制的关键指标之一，糟醅所含水分过高或过低都容易造成高温堆积时的发酵异常。水分含量偏高会导致糟醅堆堆积发酵的气密性差，抑制好氧菌的生长，增加厌氧菌的生长，容易发生酸败；水分含量偏低，则对酿酒微生物菌群的生长代谢不利，会影响糟醅的糊化，最终对出酒率和酒品质都有影响。

对糟醅堆堆积发酵初期不同堆积高度及不同空间位置糟醅样品的水分含量分析发现，高温堆积时糟醅样品含水量变化范围控制在42%~49%。从糟醅堆堆积的高度来比较，1.5m糟醅堆中糟醅的含水量比1m和2m糟醅堆中糟醅的含水量都要高；从同一糟醅堆堆积高度不同空间位置来看，含水量表现为：上层<中层<下层。上层糟醅水分含量低、中层水分含量次之、下层水分含量最高，主要是因为糟醅压力作用使水聚集导致的，另外可能是因为糟醅堆积发酵初期，整个堆温上升，上层糟醅水分挥发速度较快，导致上层糟醅含水量相对较低。

（2）糟醅堆高度对糟醅酸度的影响　酱香型白酒发酵过程中酸度比较高，以乙酸和乳酸最多。酿酒微生物菌群生长代谢所产生的酸性物质有两个方面的作用，第一，能改变白酒风味；第二，能抑制或促进微生物的生命活动。在前期研究中发现，酱香型白酒中的酸类物质不仅能够使酱香型白酒的余味更长，还能够有效降低来自本身所含水的味道，从而提高酱香型白酒的醇香，因此在酱香型白酒糟醅发酵过程中对酸度的跟踪调控是非常必要的。

对酱香型白酒高温堆积发酵初期不同堆积高度及不同空间位置糟醅样品的酸度变化趋势研究发现，糟醅样品在不同堆积层的酸度变化范围在1.30~1.70mmol/10g，能够初步判断堆积糟醅发酵初期的酸度变化。从糟醅堆积的高度来比较发现1.5m和2m的糟醅堆中糟醅酸度相差不大，但均高于1m糟醅堆中糟醅的酸度。从同一糟醅堆堆积高度不同堆层糟醅酸度来比较表现为：上层<中层<下层，下层糟醅酸度略高于中层，上层糟醅酸度最低，主要是因为堆积发酵过程中糟醅中产生的有机酸在重力作用下沉降，且中、下层糟醅的氧气含量较低，适合一些产酸的微生物生长代谢，因此中、下层糟醅的酸度比上层高。

（3）糟醅堆高度对糟醅还原糖含量的影响　糟醅中还原糖的产生是因为酿酒微生物菌群利用糟醅中的淀粉作为其营养物质来源，降解淀粉所产生的，同时还原糖又在生物酶的作用下转化成乙醇、二氧化碳以及白酒的一些微量香味成分。还原糖作为一种能源物质可以直接被微生物所利用，淀粉水解和微生物的生长代谢都会对糟醅中的还原糖含量产生影响，使还原糖含量在一个范围内波动，因此，堆积发酵的速度和状况可以用还原糖的含量变化来反映。

对酱香型白酒高温堆积发酵初期不同糟醅堆高度及不同空间位置糟醅样品的还原糖含量进行检测发现，不同糟醅堆层的糟醅还原糖含量范围在2.5%~3.2%，基本上能够判断糟醅堆积发酵初期的还原糖含量变化。从糟醅堆同一堆积高度不同空间位置的糟醅还原糖含量来进行比较，中层糟醅的还原糖含量稍高于下层糟醅的还原糖含量，上层糟醅的还原糖含量最低，主要是因为堆积发酵过程中整个糟醅堆温度会上升，上层糟醅水分挥发速度快，微生物代谢活动受阻，淀粉消耗量不够。因此，在堆积发酵初期中层和下层糟醅的还原糖含量要高于上层。

（4）糟醅堆高度对糟醅淀粉含量的影响　在高温堆积发酵过程中淀粉是微生物生长繁殖主要的营养来源，是微生物代谢产生酒和各种风味物质的基础。因此，根据糟醅中淀粉的消耗情况可以有效判断糟醅的高温堆积发酵情况，并通过其他控制渠道调整酿酒微生物菌群的即时发酵状态。糟醅中淀粉浓度合适入窖发酵后可以使发酵升温正常，淀粉消耗速率也较快，出酒率高且香味独特饱满。在高温堆积发酵前期，若糟醅中淀粉含量过高会使糟醅发酵的温度快速升高并且幅度大，升酸过快，淀粉利用率低，出酒率下降；若糟醅中淀粉含量过低又会导致升温慢，发酵糟醅残留淀粉多，严重影响出酒率和酒品质。

对酱香型白酒高温堆积发酵初期不同堆积高度及不同空间位置糟醅样品的淀粉含量进行检测发现，糟醅堆同一堆积高度不同堆积层的糟醅淀粉含量为：下层<中层<上层，说明下层糟醅分解淀粉的淀粉酶代谢旺盛，淀粉利用率要相对高一些，不过整体上对糟醅淀粉含量的影响还是很小，可能是因为高温堆积发酵初期微生物群系还不够丰富。

通过探究堆积高度对堆积发酵糟醅主要理化指标的影响发现2m堆糟醅中酸度、还原糖、淀粉含量最高，1.5m堆糟醅中水分含量最高。同一堆积高度不同堆层糟醅的水分、酸度、还原糖含量整体上表现出上层、中层、下层依次上升的趋势，而糟醅中的淀粉含量与之相反，表现为上层到下层下降的趋势，但总体变化较小。通过分析不同堆高糟醅理化指标的差异变化可初步判断1.5m、2m的堆积高度适宜糟醅的堆积发酵，这为改进堆积发酵堆高工艺提供了数据参考，为进一步管理和调控微生物的发酵状态提供了一定的帮助。

31、高温堆积工艺中糟醅堆高度对糟醅中酶活性有何影响？

酱香型白酒发酵糟醅中微生物众多，在发酵过程中能够产生各种酶类，酶的活性在一定程度上决定了发酵过程中各种物质的转化效率，同时也会对香气物质的种类和数量产生直接影响。如在前期研究中发现，糟醅中的水解酶系是由蛋白酶、淀粉酶、糖化酶、纤维素酶、果胶酶、单宁酶和脂肪酶构成，这些酶系将糟醅中的大分子分解为酿酒微生物菌群生长及繁殖所需要的小分子物质，为形成酱香型白酒的典型风味提供原料。其中，糟醅中脂肪酶能够显著地增加酱香型白酒中总酯的含量；纤维素酶能促进酱香型白酒中酯类物质的合成，特别是乙酸乙烯酯，并减少醛类和各种醇类的含量。蛋白酶和淀粉酶是酱香型酒中研究最多的酶，在酱香型酒的生产过程中起着非常关键的作用，能溶解发酵糟醅中的颗粒，促进微生物的生长代谢，将蛋白质分解成不同的氨基酸，从而迅速增加物料中氨基酸的种类和数量；而淀粉酶则用于将物料中的淀粉分解成还原糖，随着氨基酸和糖类的不断增多，两者发生美拉德反应，生成大量的风味物质。

高温堆积时要求糟醅堆成圆形，冬季堆高，夏季堆矮，堆积时间一般 4d 左右，堆积糟醅顶温可达 50℃以上，当糟醅堆表面长满白色菌丝并伴有明显的粮食的甜香味时可入窖厌氧发酵。因此，明确糟醅堆不同堆积高度以及不同空间状态下糟醅中的主要酶的活性，对深入了解酱香型白酒的酿造机制机理具有重要价值。研究不同糟醅堆堆积高度（1m、1.5m、2m）糟醅中的各种酶活性的差异，有助于深入了解酱香型白酒的酿造机制。

（1）糟醅堆高度对糟醅中糖化酶活性的影响　对不同堆积高度下各层糟醅糖化酶的活性进行测定后发现，不管是在 1m、1.5m 还是 2m 的堆积高度下各层糟醅中糖化酶的活性都是随着堆积高度的下降而下降，总体上呈现平稳下降的趋势，糖化酶活性上层>中层>下层。上层所测得的糖化酶活性数值相对较大，分析其主要原因可能是：在堆积发酵初期上层糟醅中的霉菌数量较多，霉菌好氧，而上层糟醅所接触到的氧气相较于中层与下层糟醅也要多一些，因此上层糟醅的糖化酶活性高。对比不同高度的发酵堆，可以看出糖化酶活性 2m>1.5m>1m，但是存在一个例外，1.5m 糟醅堆的上层糟醅的糖化酶活性较高且变化幅度较大，这说明糟醅堆中含氧量的多少，影响糟醅堆堆积发酵时糟醅中酿酒微生物菌群的生长代谢。前期研究中发现，酱香型白酒酿造过程中糖化酶可以抑制杂醇油的生成，合理添加糖化酶可以有效调控杂醇油含量过高。

（2）糟醅堆高度对糟醅液化酶活性的影响　对不同堆积高度下糟醅液化酶的活性进行测定后发现，总体上来看不同高度糟醅液化酶活性 1m>2m>1.5m，且液化酶活性值均小于糖化酶活性值。这可能是因为糟醅中液化酶的最适 pH 在 6.0 左右，而糖化酶的最适 pH 在 4.6 左右，糟醅堆的 pH 较低，液化酶钝化，造成糟醅堆在 1.5m 和 2m 的液化酶活性较低一些。从同一高度不同空间层次上来进行比较表现为：上层糟醅液化酶活性大于中层和下层糟醅的液化酶活性，总体上的变化趋势与糖化酶活性变化保持一致，都是随着堆积位置的下沉，酶活性呈现出下降的趋势。在高温堆积发酵初期上层糟醅中的霉菌数量较多，霉菌好氧，而上层糟醅所接触到的氧气相较于中层与下层糟醅多一些，因此上层糟醅的液化酶活性高，在 1m 高的发酵堆的上层糟醅中活性表现为最高，达到 426.87U/g。

（3）糟醅堆高度对糟醅纤维素酶活性的影响　酱香型白酒酿造过程中高粱、小麦等原料和松散辅料中含有大量的纤维素，特别是在固态发酵过程中会导致大量颗粒原料皮中含有的淀粉无法完全糖化。糟醅中纤维素酶是一种主要的酶，可以提高酱香型白酒酿造过程中原料的利用率。对糟醅中纤维素酶的活性进行研究发现，糟醅中纤维素酶与其他三种酶（糖化酶、液化酶和蛋白酶）相比活性是最低的。在高温堆积发酵初期糟醅中与纤维素酶相关的微生物繁殖比较缓慢，所以纤维素酶活性不高。通过对高温堆积过程中不同高度糟醅纤维素酶活性的研究发现，总体上纤维素酶活性变化趋势为 1m<1.5m<2m，对于同一糟醅堆的不同层次糟醅研究可以发现，无论是 1m、1.5m 还是 2m 的糟醅堆，中层糟醅的纤维素酶活性都高于其他两个层，因为在高温堆积发酵初期，中层糟醅的温度会高于上层和下层，总的来看，纤维素酶在 2m 糟醅堆中层的酶活性最高。

（4）糟醅堆高度对糟醅蛋白酶活性的影响　酱香型白酒糟醅中蛋白酶的活性会受到pH的影响，最适pH不同蛋白酶的活性也会不同。根据蛋白酶最适pH可以将其分为三类：最适pH在2.5~3.0范围内的蛋白酶为酸性蛋白酶，最适pH在7.0左右的蛋白酶为中性蛋白酶，最适pH大于8.0的蛋白酶为碱性蛋白酶。酱香型白酒酿造所用的高温大曲在发酵过程中会产生大量的酸类物质，因此糟醅中主要成分为酸性蛋白酶。在酱香型白酒酿造过程中糟醅主要处于酸性条件下，酸性蛋白酶可以促进糟醅中蛋白质分子的降解，生成多肽、小分子肽、氨基酸等。在酱香型糟醅中，酸性蛋白酶对蛋白质的降解作用较大。对不同高度堆积的糟醅中蛋白酶活性的研究发现，1m和1.5m的糟醅中蛋白酶活性随着糟醅层次的降低而降低，蛋白酶活性上层>中层>下层。2m的糟醅堆中蛋白酶活性呈现出随着堆积层次的下降而上升的趋势，即上层<中层<下层。出现上述这种结果的原因可能是在1m和1.5m的糟醅堆中，上层的酸度值比中层和下层的更高，而2m的糟醅堆酸度值下层的更高。高温堆积环节中，糟醅的酸度与温度也会有一定的关系，在测定糟醅中蛋白酶活性时，酿酒微生物菌群的生长代谢会受到酿造环境温度的影响，导致一定差异。前期研究中也发现，酱香型白酒糟醅中蛋白酶活性在第三轮次堆积完成后达到最高为79.40U/g，与前期投曲量密切相关。

通过对比不同堆积发酵高度以及不同空间位置酱香型白酒糟醅的主要酶活性差异，明确了酱香型白酒高温堆积发酵过程中糖化酶活性、液化酶活性、纤维素酶活性和蛋白酶活性的变化趋势和特点，随着糟醅堆高的增加，糟醅中的糖化酶活性、纤维素酶活性和蛋白酶活性基本呈上升趋势，而液化酶活性在1m的发酵堆中最高。对于同一堆高不同空间层次的糟醅，糖化酶活性、液化酶活性和蛋白酶活性总体表现为上层糟醅高于中下层糟醅，而纤维素酶活性均较低。通过研究糟醅堆高度对糟醅中酶活性的影响，可为改进高温堆积工艺提供数据参考，为解决酱香型白酒堆积发酵过程中的一些异常现象提供一定的帮助。

32、酱香型白酒酿造过程中不同用曲量对出窖糟醅理化指标及基酒中杂醇油含量的影响是怎样的？

杂醇油是一类高沸点的混合物，是淡黄色至棕褐色的透明液体，是三个碳以上的一元醇类物质的总称，其主要成分是正丙醇、正丁醇、异丁醇、仲丁醇、戊醇、异戊醇、活性戊醇、辛醇、苯乙醇、色醇、酪醇等高级醇。杂醇油是中国白酒中含量较大的，也是最重要的三大芳香种类之一，但如果杂醇油含量过高对人体有毒害作用，其对人体的中毒和麻醉作用比乙醇强，能令神经系统充血，使人感觉头痛，并且其毒性随分子质量的增大而加剧。尤其以异戊醇、异丁醇毒性比较高，不仅对人体有害而且还给酒带来邪杂味。另外，杂醇油是中国白酒苦味或涩味的主要来源之一，也是造成中国白酒（当白酒中杂醇油含量较高或降低白酒酒度时）出现白色浑浊现象的原因之一。因此，如何降低白酒中杂醇油含量成为中国白酒研究的一大方向。本试验研究了高温大曲用量对酱香型白酒基酒中杂醇油含量的影响，为提升酱香型白酒质量提供技术支撑。

（1）不同高温大曲加入量对出窖糟醅理化指标的影响　按照酱香型白酒酿造工艺对高温大曲加曲量进行探究，按曲粮比为0、1∶10、1∶5、1∶3、1∶2、1∶1.5、1∶1、1.3∶1，分别编定0#、1#、2#、3#、4#、5#、6#、7#，酿造结束后，测定出窖糟醅中的淀粉含量、水分含量、酸度以及酒精度（表5-7），初步判断不同加曲量对发酵结束后糟醅品质的影响。从研究结果中发现，曲粮比为1∶5时出窖糟醅中的淀粉含量、水分、酸度、酒精度都优于其他条件，酿造结束后糟醅的酒精度达到12.5%vol，为理想比例。

表5-7　不同加曲量对糟醅理化指标的影响

质量	0#	1#	2#	3#	4#	5#	6#	7#
淀粉含量/%	11.3	12.3	10.18	12.64	17.54	17.65	21.67	22.02
水分含量/%	66.2	66.6	69.4	65.8	60.0	62.6	54.6	57.4
酸度/°T	0.73	0.67	0.55	0.62	0.68	0.70	0.70	0.75
酒精度/%vol	8.6	11.3	12.5	10.9	10.1	10.4	9.0	8.2

（2）不同高温大曲加入量对基酒中正丁醇、异丁醇及异戊醇含量的影响　不同曲粮比条件下基酒中正丁醇的含量不同，随曲粮比的加大基酒中正丁醇的含量不断增加，当曲粮比为1∶5时含量达到最大，之后正丁醇含量逐渐降低，分析原因可能为正丁醇的含量与乙醇含量呈正相关；不同曲粮比条件下基酒中异丁醇的含量不同，随曲粮比的加大基酒中异丁醇含量不断降低，到曲量最大时基酒中异丁醇含量最低；不同曲粮比条件下基酒中异戊醇的含量不同，随曲粮比的加大基酒中异戊醇含量不断降低，到曲量最大时基酒中异戊醇含量最低。

（3）高温大曲加入量对基酒中杂醇油总含量的影响　研究发现，酒体中杂醇油的生成量随着高温大曲与原料的比值上升有明显的下降，其中杂醇油生成量最低的要比最高的减少70%左右，而且随着高温大曲加曲量的增加，在曲料比1∶1和1.3∶1时基酒中杂醇油的生成量已趋于平缓。因此，从高温大曲加曲量的角度来控制酱香型白酒基酒中杂醇油的生成是可行的，分析其原因可能是随着高温大曲量的增加，糟醅中酵母的数量增加抑制酵母菌群的繁殖，因此减少了酵母菌群生命活动的过程，进而减少了酵母菌群分解糟醅中氨基酸或利用葡萄糖过程中杂醇油的生成。

33、如何将感官检验方法运用于酱香型白酒酿造过程中的质量把控上？

白酒检验方法主要包括物理检验法、微生物检验法、化学检验法和感官检验法等。感官检验主要利用视觉、嗅觉等感觉器官感知产品的特征，产品特性刺激会作用于人体的感觉器官，在神经中枢的综合作用下向大脑传递相关信息，再经大脑综合处理、统计分析，形成综合感官认知，在此基础上通过语言文字的形式体现出来。在酱香型白酒酿造工程中如何运用感官评价技术来指导生产实践、提升产品品质、引领酱香型白酒行业的发展值得深入探讨。

（1）原料选择中的感官应用　中国白酒行业素有“高粱产酒香，玉米产酒甜，糯米产酒绵，大米产酒净”之说。糯高粱是四川、贵州、重庆地区各名优白酒厂家的首选原料，而酿造酱香型中高档白酒的主要原料是优质籽粒用糯高粱。酱香型白酒酿造用高粱感官要求为具有本品固有的色泽，一般为红色、红褐色、深褐色、褐紫色，不带青白色；具有本品固有气味，无异杂味；无霉变、无污染、无杂质；颗粒坚实、饱满、均匀，断面呈玻璃质状；颗粒较小、皮厚、扁圆结实，干燥，耐蒸煮、耐翻拌。

酱香型白酒酿造所用的高温大曲以小麦为原材料，伏天踩曲，端午制曲。高温大曲所用的小麦感官要求为：具有小麦固有色泽，淡黄色，粒端不带褐色；具有小麦固有气味，无异杂味；无霉变、无污染、无虫蛀、夹杂物甚少；颗粒坚实、饱满、皮薄，断面呈粉状。高温大曲要求外观有大曲固有色泽，一般黄曲为金黄色、黄褐色，黑曲为棕褐色，白曲为麦粉色，曲块表面无青霉、毛霉等异常状况，曲色均匀；黄曲皮厚，黑白曲皮薄，曲心呈菊花状，断面有乳白菌丝；曲香浓郁，无霉味、油味和酸味，应有酱香型高温大曲特有的香气，黄曲、白曲有曲香味和生麦味，黑曲曲香明显、略有焦味。

酱香型白酒酿造用水要求无肉眼可见物，无色，无异嗅异味。

（2）辅料选择中的感官应用　酱香型白酒酿造工艺需要用到的辅料包括窖泥、稻草、糠壳和母糟等，其中窖泥采用“紫红泥”，要求手触具有外细内粗的特点，黄色或紫红色，无臭气味、无石块、无杂物、无污染、含沙量低，具有黏性。稻草要求新鲜、干燥、无霉变、无杂质，呈金黄色，质地坚硬。糠壳主要是利用其物性特点，在固态发酵法酿酒生产的发酵及蒸馏过程中起疏松和填充作用，同时又可以起到调整糟醅的淀粉浓度、冲淡酸度、吸收酒精、保持浆水的作用；糠壳可使糟醅有一定的疏松度和含氧量，并增加界面作用，使蒸煮、糖化发酵和蒸馏能顺利进行。酱香型白酒酿造用糠壳应是气味正常，新鲜，无污染、无异味、无霉变、无虫蛀的金黄色干燥糠壳，成块瓣状，夹杂物少，宜粗，以一破两开为宜。母糟要求发酵正常、香气好、产酒好、无霉变等。

（3）窖池管理中的感官应用　酱香型白酒采用紫红泥底砂条石窖酿造。川贵地区地质结构以侏罗白垩系紫色砂页岩和砾岩为主，砂页岩岩性较松软，胶结物含碳酸钙，吸热强，紫色砂页岩发育成土壤后，pH 较高，有利于制作窖底、窖顶用窖泥。砂页岩具有杂质少，不含铁和铜，耐酸，保温效果极佳且不容易剥落，密度大，易压实，抗剪强度高，压缩性低，不存在膨胀问题等特点，虽在饱和状态下存在弱冻胀问题，但其经酸浸泡后，孔隙被液体填充后质地趋于均匀，可用于窖池四壁。

每年下沙入窖或每轮次下窖前要对窖池进行感官探查，一是眼看手摸检查窖底是否密闭，是否有跑气、漏气现象；二是检查窖壁是否干净或有霉菌，若有霉菌，需用 100℃开水烫洗窖壁，每隔半小时烫洗三次以上，并用尾酒润洗窖壁一次；三是完成窖底检查、窖壁检查后，彻底清理窖池卫生，使窖池达到下沙或下窖的技术要求。

待高温堆积结束后，糟醅经摊晾后入窖，此时需要对提前揉熟的封窖泥进行感官检查。封窖泥要求成瓦泥状，无泥块，无杂质，稀但不能滴水，滴水会渗入糟醅中影响窖池内发酵，从而影响酒质。所以对封窖泥的感官检验可有效避免窖面糟醅蒸馏出的酒中带有泥味。

（4）制曲环节的感官应用　酱香型白酒生产季节性强，地域性强，生产周期为一年，端午制曲，其酱香物质主要来源于高温曲药，这是酒界同行的共同认识。大曲制作以小麦、母曲和水为原料，以稻草为辅料，经润麦、磨碎、踩曲成型、曲坯入室（制作阶段），再经低温培菌期、高温转化期、后火排潮生香期（培养管理期），然后拆曲进行六个月以上贮存（拆曲贮存期），贮存到期曲块磨碎用于制酒生产（成品曲期）。酱香大曲具有提供菌源、提供酶系、投粮和提供香味物质等功能。

①曲坯成型环节的感官应用：高温大曲在曲坯成型之前需要将原料小麦提前进行润麦操作，润麦的作用是使麦皮吸收部分水，变得松软、有延展性。一般遵循“水少温高

时间短”的原则。操作时要求：翻造堆积匀净，使每粒麦子都吸水均匀，润麦后要达到表皮收汗、内心带硬、口咬不粘牙、尚有干脆响声等。磨麦的目的是使麦块具有通透性，便于增加微生物的利用面积。对磨完的小麦的感官要求是呈“心烂皮不烂”的梅花状，细粉少，块皮多，不糙手，不腻手。曲料混合均匀后，感官要求：搅拌后水、曲、粉均匀，无疙瘩，无干粉，做到手捏成团，丢下即散。人工踩制或机械压制成砖块状，感官要求：面平光滑，边角整齐，无断裂，无夹灰，四边紧、中间松，呈龟背形。曲坯制作好后，应放置摊晾收汗，保证曲块不松散，成型较好，在发酵过程中不易形成散曲。

②入室发酵时的感官应用：待曲坯晾汗结束后，准备入室安曲时需要提前铺草，要求铺草平整均匀；堆曲时采用稻草包曲，靠墙、底部、顶部和最后一行的曲块按侧立顺行方式堆放，其余采用横三竖三交错排列，四至五层堆积。曲坯和曲坯之间用稻草隔开，放一块曲卡一把草，卡草要求成扇形，新稻草和旧稻草要求搭配使用。堆曲完毕将盖草轻轻压平，均匀洒上量水。曲坯堆好后，可以进行40d仓内高温发酵。依据曲坯中层口味来决定第一次翻曲时间，口尝曲块有类似糯米蒸熟时的甜香味，手摸最下层曲块热，即可进行第一次翻曲。翻曲后的堆曲方式与入仓堆曲相同。经第一次翻曲后，由于散发掉了大量的水分和热量，曲坯品温降低，但过1~2d后，品温又会很快回升，约一周后，品温又升至第一次翻曲温度，可进行第二次翻曲。

③拆曲时的感官应用：高温大曲曲坯经过两次翻曲后，温度已接近室温时可进行拆曲。要求：过于烂掉的稻草扔掉，把还能用的留下。曲块不粘曲草。水量高而过重的曲坯应放置在通风良好的地方或曲仓中。培养好后的成熟大曲有白、黑、黄三种颜色，白曲通常存在于曲坯表层，是小麦未完全发酵而成，表面菌丝较少，小麦颗粒较明显，糖化力强；黑曲大多存在于曲坯中间，由于温度过高导致发酵过猛所致；黄色大曲为优质大曲，酱香味突出，曲质疏松，无霉味及其他异味。出仓后必须在干燥的曲仓中存放3~6个月。

④成品曲的感官应用：出仓曲块感官要求：曲香浓郁，无霉味、油味和酸味等异杂味。其中金黄色或棕黄色、曲香浓郁，具有酱香酒大曲风格的为黄曲。麦粉色，有曲香味和生麦味的为白曲。棕黑色，曲香明显，略有煳味的为黑曲。成品曲经磨碎后进入制酒工艺生产。

（5）酿造环节的感官应用

①下沙、糙沙环节的感官应用：下沙，第一次投粮，要求高粱一破两瓣或三瓣为宜，为第一次蒸煮，不产酒。糙沙，是第二次投粮。下沙和糙沙润粮要求：目测不能有跑水现象，晾堂应无流水，第二天无生芽现象。

②糟醅摊晾、下曲环节的感官应用：每轮次蒸煮后都要进行下甑摊晾拌曲，酱香型白酒所用的高温大曲的主要作用为生香和糖化。糟醅摊晾过程是一个微生物接种发酵的过程，整个过程在晾堂里完成，讲究松散厚薄均匀。打糙拌曲，打糙是用锨从摊晾的粮醅中间铲一条线，到达终点后，回头将粮醅划成条埂，再紧接此条埂进行其他条埂的操作过程。第一糙宽度控制在一手掌大小为宜，利于排掉废气。第一糙打平后，采用交叉方式进行第二糙，其宽度以大于一手掌大小为宜。当糟醅温度适宜时即可撒入曲粉收堆，在摊晾区域进行拌曲，用手快速测量品温，同时检验糟醅的松紧程度、糟醅水分的干湿程度，达到手握不起团、不滴水的状态，以便实现感官检验对生产的指导作用。用手背触碰糟子温度，感觉不冷不热即可收糟起堆。

③高温堆积发酵环节的感官应用：酱香型白酒酿造过程中的高温堆积发酵也称阳发酵，即有氧发酵，是网络微生物同时进行有氧交换的过程，有利于微生物生长繁殖。堆积发酵是酱香型白酒生产的一大关键工艺，也称二次制曲，堆积或不堆积，堆积好不好，直接影响酱香型酒的产量和质量风格等。为做好糟醅的高温堆积工作，需要从以下几点做好感官检验工作：一是眼看，掌握好糟醅堆积形状、高度、颜色。糟醅堆的形状一般为圆柱体梯形状，高度要求为1.6~1.8m，一般是冬天高夏天矮。当糟醅堆水分大时，堆形呈现松垮状态。糟醅堆颜色要求以栗子色、灰褐色、猪肝色等为正常色。如果偏红时，表明糊化程度不够，此时易产酸，黑色时也不正常。二是鼻闻，糟醅堆积香气有清香、苹果香，初期有大米发酵醪糟的味道。三是手触，扒开糟堆，将手伸入堆内，试由内向外的发酵情况和升温程度，感受糟醅的黏度和粮的熟度，判断高粱的糯性。黏性越好，糯性越好；相反黏性越差，糯性就越差。如果捻高粱时硬度越大，粮熟度则越差；如果粮内有白色的粉末状，就要采取相应的补救措施。同时摸的过程应当对刺手程度有评价，堆积发酵的前几个轮次，会感觉到刺手、疼手等，四轮次后，由于蒸煮次数较多，糊化较为彻底，硬的高粱颗粒变少，可明显感受到软度适宜。四是耳听，听水分的声音，用手抓起一把糟醅，靠近耳朵，轻轻用力捏，听糟醅之间的摩擦声音，有哧哧声且明显，说明水分大。

④入窖发酵时的感官应用：入窖厌氧发酵也称为阴发酵。此时对封窖泥的要求就体现出来了。封窖泥的作用就是保证不能让氧气进入窖池。如若选择沙土窖泥，则透气性太强，会产生“烧窖”作用。如若选择红泥，气体又排不出来，里面来更加厚重。泥土很关键，水分太重，厚，不利于厌氧发酵，易产酸，水分和糟醅接触容易产生异杂味。窖内发酵温度控制：3~6轮次的糟醅在上层和中层主要是产酱香，温度控制在25~28℃，底层主要产醇甜，但如果堆积发酵和入窖发酵较好，也容易产酱香，而窖底酒则通过特殊培养酿造而成。

⑤上甑蒸酒时的感官应用：入窖发酵30d左右后开窖起糟，拌糠壳进行打糟，上甑蒸馏取酒。上甑技术以“轻、松、薄、匀、平、准”为原则，以“见汽压醅”为基础进行操作，要求无跑汽现象，以“看花摘酒、量质摘酒”等方法进行量质取酒。

⑥基酒分类定级时的感官应用：酱香型白酒基酒“分型定级”是一个至关重要的流程。酱香型白酒轮次基酒主要有酱香、窖底、醇甜三种典型体，此外还包括生沙酒、窖面酒、次品酒等类型。不同类型的轮次基酒根据其轮次特征和酒体风格质量分为不同等级，是一个非常精细和烦琐的过程，该过程简称“分型定级”。酱香型白酒基酒单体分类高达170余种，正是精细的分类，成就了酱香型白酒质量的极致，这些分类完全靠感官检验来评判，通过感官检验对基酒质量评判后还可以有效指导生产，有效提高基酒质量，所以基酒分类对感官的要求也很严格。

34、功能菌的使用对酱香型白酒酿造工艺有何影响？

为探究功能菌的使用对酱香型白酒酿造工艺的影响，在大生产中的第4轮次生产结束后，选取发酵结束的6口窖池，分为2组，每组3口窖池，同时开窖，每口窖池每排各取1甑出窖糟醅。为保证糟醅初始理化性质基本一致，将取自6口窖池的糟醅拌和均匀，平均分配，同时进行取酒、蒸粮、摊晾操作，待糟醅摊晾至32℃时添加曲粉，Ⅰ组（试验组）添加混合曲粉（高温大曲+投粮量 0.2%的酱香功能菌），Ⅱ组（常规组）添加等量的高温大曲，拌和均匀后各甑糟醅单独起堆糖化。6 口试验窖池中剩余糟醅均按上述方法处理，直至所有糟醅完成起堆。糖化结束后同时下窖发酵（对应编号Ⅰ组 1 号窖池、Ⅰ组 2 号窖池、Ⅰ组 3 号窖池，Ⅱ组 1 号窖池、Ⅱ组 2 号窖池、Ⅱ组 3 号窖池）。酿造过程中确保每甑底锅水用量、上甑操作、上甑时间、蒸馏气压、蒸馏时间等一致。待第 5 轮次发酵结束后，6 口试验窖池同时开窖，按正常生产取酒，各窖池所取原酒单独贮存，并对糟醅理化指标、酿造过程中温度及基酒品质进行检测分析。

（1）对酿造过程中温度的影响

①对高温堆积温度的影响：对糖化堆温度进行测定，取样时在糖化堆距离地面（90±4）cm，深度（20±3）cm 处随机选取 4 个位置（取平均值为腰部温度），及顶部向下、底部向上（20±3）cm 插入食品级不锈钢测温杆，每隔 12h 测量记录一次 6 个不同位置的温度。按照上述方法，对Ⅰ、Ⅱ组糖化堆顶部、腰部、底部的温度进行测定，并记录其温度变化，从糟醅堆不同部位平均温度变化趋势来看，糖化过程中，Ⅰ、Ⅱ组糖化堆温度变化均呈现“前期升温慢、中期升温快、后期稳定”的规律。同一糖化堆不同部位糖化温度比较，Ⅰ、Ⅱ组均表现为顶部>腰部>底部。同点位不同堆糖化温度比较，在糖化前期（前 48h）Ⅰ组（试验组）糖化堆平均温度略高于Ⅱ组（常规组），48h 后两者基本持平。糖化前期，糖化堆具有一定含氧量，Ⅰ组由于添加了酱香功能菌，其中微生物数量和种类多于Ⅱ组，糖化过程得到促进，故其糖化温度略高于Ⅱ组。随着糖化时间的推移，含氧量降低，温度升高，大多产酒菌生长在后期受到抑制，Ⅰ组微生物活跃度与Ⅱ组基本持平，温度无较大差异。

②对窖内发酵温度的影响：窖内发酵温度监测方法为：每天上午同一时间段采用食品级不锈钢电子测温杆测定窖内上、中、下 6 个点位的温度，每隔 24h 测量记录一次。对Ⅰ、Ⅱ组发酵窖池内部窖内上、中、下 6 个点位进行温度测定，并记录其温度变化。从每组所测温度变化趋势来看，同组窖池内发酵温度为窖中>窖底>窖面。两组窖池在同一位置、相同发酵天数下，Ⅰ组窖池平均温度略高于Ⅱ组窖池平均温度。整体而言，添加酱香功能菌的窖池比常规窖的温度略高 1℃。

（2）对糟醅理化指标的影响　理化指标检测是酱香型白酒酿造过程中监测并判断糟醅质量的重要手段，是生产任务顺利完成的保障。对各样品糟醅理化指标进行检测，从检测结果发现，在第 5 轮次生产中，水分增加，酸度降低，糟醅水分与酸度呈负相关。经 30d 发酵后，Ⅰ组糟醅淀粉利用率为 3.34%，Ⅱ组糟醅淀粉利用率为 2.52%，说明试验组淀粉分解能力略高于常规组；Ⅰ组糟醅糖分利用率为 1.04%，较Ⅱ组糟醅糖分利用率略高 0.11%。综上所述Ⅰ组（试验组）的糟醅淀粉及糖分利用率略高于Ⅱ组（常规组）。两组糟醅理化指标检测结果见表 5-8。

表 5-8　两组糟醅理化指标检测结果

指标	上甑前	Ⅰ组			Ⅱ组		
		加曲后	入窖糟	出窖糟	加曲后	入窖糟	出窖糟
水分/%	51.60	50.30	50.50	51.1	50.40	50.70	51.60

续表

指标	上甑前	Ⅰ组			Ⅱ组		
		加曲后	入窖糟	出窖糟	加曲后	入窖糟	出窖糟
酸度/（$mmolH^+$/10g）	2.21	2.00	1.94	1.67	2.01	1.98	1.53
残糖/%	0.84	1.43	2.14	1.10	1.44	2.26	1.33
淀粉/%	18.93	19.73	17.40	14.06	19.77	18.36	15.84

（3）对基酒酒质的影响

①对基酒感官品质的影响：将各组糟醅在相同蒸汽压力下取酒，并送样进行感官品评，感官品评组由10名专业的品酒师组成暗评小组，评价方法参照中国酒业协会团体标准《固态法酱香型白酒原酒》T/CBJ 003—2016中的要求。从品评结果来看Ⅰ组窖池产酒上、下层与Ⅱ组窖池酒样感官风格基本一致，中层酒样Ⅰ组窖池略优于Ⅱ组窖池原酒（表5-9）。

表5-9　不同酒样感官品评结果

组别		外观	香气	口味	风格	综合等级	综合评分
Ⅰ组	上层酒样	无色透明，无沉淀，无悬浮物	酱香较突出、曲香明显、带馊味	酒体醇厚，尾较净，味较长	风格明显	优级	94.3
	中层酒样	无色透明，无沉淀，无悬浮物	酱香较突出、曲香明显	酒体醇厚，尾较净，味长	风格典型	特级	95.8
	底层酒样	无色透明，无沉淀，无悬浮物	酱香较突出、带曲香	酒体醇甜，尾较净，味较长	风格明显	特级	95.1
Ⅱ组	上层酒样	无色透明，无沉淀，无悬浮物	酱香较突出、曲香明显	酒体醇厚，尾较净，味较长	风格典型	特级	95.5
	中层酒样	无色透明，无沉淀，无悬浮物	酱香明显、带糟香	酒体醇甜，尾较净，味较长	风格明显	优级	93.7
	底层酒样	无色透明，无沉淀，无悬浮物	酱香较突出、带曲香	酒体醇厚，尾较净，味较长	风格典型	特级	95.0

②对基酒中风味物质的影响：将两组窖池糟醅在相同蒸汽压力下分层取酒，对所取各组原酒酒样进行风味物质分析，窖池中层的原酒的吡嗪类含量较窖面、窖底略高，其

中Ⅰ组窖池窖面、窖中、窖底的总酯、四甲基吡嗪、三甲基吡嗪的平均含量分别高于Ⅱ组相同部位。从整体指标数据看（表5-10），Ⅰ组窖池（试验组）酒样理化指标略优于Ⅱ组窖池酒样（常规组）。

表5-10　不同组基酒主要理化指标分析　单位：mg/100mL

指标	Ⅰ组			Ⅱ组		
	窖面	窖中	窖底	窖面	窖中	窖底
总酸/（g/L）	1.76	1.55	1.69	1.67	1.56	1.63
总酯/（g/L）	4.48	4.62	4.79	3.97	4.19	4.35
己酸乙酯	0.37	0.03	0.02	0.36	0.03	0.03
正丙醇	0.39	0.23	0.52	0.36	0.23	0.60
乙醛	15.67	15.13	10.89	14.42	14.39	14.42
乙酸乙酯	196.81	150.37	182.53	151.29	114.91	161.18
仲丁醇	8.24	4.50	6.63	7.46	4.56	9.96
乙缩醛	15.09	14.90	23.16	14.06	14.64	14.83
异丁醇	17.39	15.83	19.20	22.93	17.19	23.09
正丁醇	9.16	2.88	6.68	7.24	3.06	8.98
丁酸乙酯	12.27	1.21	3.50	11.72	1.23	4.82
异戊醇	29.38	28.07	30.68	33.07	28.59	34.23
戊酸乙酯	4.11	0.43	1.39	4.15	0.49	2.86
乳酸乙酯	250.24	262.59	240.62	280.22	262.10	224.30
糠醛	9.80	17.7	9.55	9.97	19.81	11.15
2,3,5,6-四甲基吡嗪	2.91	3.64	2.30	2.45	3.06	2.32
三甲基吡嗪	1.63	2.42	1.97	1.43	2.38	1.89

综上所述，在第5轮次酱酒生产中，选定6窖池开展酱香型白酒生产中添加功能菌试验，以探索功能菌对酱香型白酒酿造的影响，围绕糟醅糖化温度、发酵温度、糟醅理化指标、基酒理化与感官等方面分析。结果发现，加入功能菌的糖化堆在堆积前期（前48h）温度略高于常规曲，48h后两者基本持平，窖池发酵温度比常规窖的温度略高1℃；其糟醅淀粉利用率和糖分利用率高于常规；基酒风味物质含量表现略优，中层酒感官略优于常规。

35、机械化改革对酱香型白酒不同轮次基酒品质有何影响？

机械化酿造是传统白酒转型升级发展的热点之一，相比传统酿造具有可控性强、产品质量更稳定、更节约资源、生产效率高等优势。酱香型白酒将不断由传统生产模式向机械化、自动化方向发展，针对酱香型白酒机械化酿造的研究也随之展开，如前期研究中对酱香型白酒机械化酿造不同轮次堆积发酵细菌菌群结构进行了多样性分析，发现各轮次的酿酒微生物菌群稳定性较好，酿造过程存在固有的特征性菌群结构。前期大量研究对于认识酱香型白酒作出了重要贡献，对明晰酱香型白酒中主要风味成分及其风味机理具有积极意义，为推动酱香型白酒科学酿造、健康发展作出了重要贡献。优质的基酒是高品质产品的必要条件，现有大部分研究工作均是围绕酱香成品酒展开的，其轮次基酒的系统化研究屈指可数，且目前暂无对酱香型机械化酿造轮次基酒风味结构特征及其风味机理的相关报道。为了充分认识机械化酱香型白酒轮次基酒的风味结构特征，本研究以某酱香型白酒生产企业机械化酿造酱香型白酒轮次基酒［1 轮次（J1，乙醇含量 60.90%）、2 轮次（J2，乙醇含量 57.10%）、3 轮次（J3，乙醇含量 55.35%）、4 轮次（J4，乙醇含量 55.15%）、5 轮次（J5，乙醇含量 55.00%）、6 轮次（J6，乙醇含量 54.35%）、7 轮次（J7，乙醇含量 54.05%）］为研究对象，应用风味组学技术对其进行系统解析，揭示机械化改革对不同轮次基酒质量的影响。

（1）不同轮次基酒挥发性风味物质检测　在机械化酿造酱香酒 1~7 个轮次基酒中共定性定量检测出乳酸乙酯、糠醛、异戊醇等 266 种化合物，其中酯类 92 种、醇类 51 种、酸类 36 种、醛酮类 28 种、含氮化合物（主要是吡嗪类）22 种、芳香族类 12 种、烃类 12 种、呋喃类 3 种、醚类 5 种、其他类（主要是糖类）5 种。其中，2、4、5 轮次所含风味化合物的种类最多，1、3 轮次较多，6、7 轮次相比之下所含种类较少。除 7 轮次外，各轮次均是酯类化合物的种类最多，占据主导性地位。机械化酿造酱香轮次基酒风味化合物的结构总体上以酯类、醇类、酸类为主，与传统生产方式一致。1、2 轮次中酯类含量占比最大（J1：50.08%，J2：48.42%），醇类（J1：19.31%，J2：24.42%）和酸类（J1：17.69%，J2：18.51%）为其次，相差不大；3、4、5 轮次中酯类含量占比（J3：42.09%，J4：37.32%，J5：35.94%）仍为最大，醇类（J3：31.33%，J4：36.12%，J5：36.50%）为其次，酸类（J3：16.18%，J4：18.37%，J5：21.17%）第三；6、7 轮次中酯类（J6：15.73%，J7：25.70%）、醇类（J6：31.21%，J7：56.05%）、酸类（J6：42.53%，J7：0.63%）含量占比均相差很大。

在检出的 266 种主要风味化合物中，1~7 轮次间共同存在丙醇、异丁醇等 30 种化合物，其中醇类有 11 种，酯类 7 种，酸 1 种，醛酮类 2 种，含氮类 5 种，呋喃类 2 种，醚类及酚类各 1 种。将这类在 1~7 轮次中共同存在的物质称为轮次酒的“骨架成分”，将仅在某 1 轮次存在的物质称为该轮次的“特征性成分”。1~7 轮次间明显不同的风味特征由其“骨架成分”及各轮次所特有的“特征性成分”构成，不同轮次中“骨架成分”的质量浓度配比不同，“特征性成分”也不同。在本研究中，J2 中的“特征性成分”最多，有 43 种，其余轮次有 8~10 种。在前期研究中发现相比于粳高粱，糯高粱水解后香气化合物总量更高，含量差异较大的是醛酮类，糯高粱比粳高粱高 6.21%，而酱香型白酒的生产原料正是糯高粱。在 2 轮次酒的发酵过程中，粮谷中的糖类、蛋白类等微生物可利用的基质十分丰富，由此，产出的风味物质种类及含量最高，其中醛酮类也为各轮次中含量最高。1、2 轮次共同检出的主要物质有乳酸丁酯、苯酚等 9 种，3、4、5 轮次中共同检出的主要物质有正辛醇、戊酸乙酯等 4 种，1~5 轮次中共同检出的主要物质有乳酸异丁酯、DL-白氨酸乙酯等 6 种，这些物质是造成 1、2 轮次基酒中粮香、花果香突出而稍偏清香，3、4、5 轮次基酒香气协调，6、7 轮次基酒偏煳偏苦的因素之一。

从检测结果来看，1~7 轮次基酒检出的主要挥发性风味化合物结构存在明显差异，风味化合物的种类及含量呈先上升后下降再上升再下降的趋势。前期在分析酱香型白酒传统酿造轮次酒中风味物质时发现，风味化合物总量最高的轮次是1轮次，而在机械化酿造轮次基酒中，主要风味化合物的种类及含量最多的是2轮次，轮次酒中风味物质主要来源于原料及酿造过程中微生物的代谢，这表明传统酿造和机械化酿造之间，原料的糖化及微生物的代谢活动上存在一定的差异。在对酱香型白酒传统酿造不同轮次堆积糟醅进行分析发现，3、4、5轮次堆积糟醅中醇、酸、酯达到相对平衡，与最终蒸馏所得酱香型白酒品质有一定关联，3、4、5轮次酒称为“大回酒”，酒质最好，占总产量的55%以上；而机械化酿造的第3、4、5轮次基酒中酯、醇、酸结构相对平衡，基酒中风味物质主要来源于发酵糟醅的蒸馏，说明传统与机械酿造酒中各类微量化合物的相对配比具有相似性。

从上述研究可知，酱香型白酒的传统酿造与机械化酿造轮次基酒间风味结构具有较好的相似性；同时，各轮次间的风味结构差异也较明显，在酯、醇、酸、醛酮4类风味物质中尤为突出，酯类物质是酱香型轮次基酒风味结构中最重要的风味化合物。

（2）不同轮次基酒酯类物质检测　在机械化酿造的酱香型轮次基酒中共检测出92种酯类化合物，占所检出主要挥发性化合物种类的34.59%，各轮次中检出的主要酯类化合物结构存在较大差异；相比于前期研究中从14个传统酱香型白酒成品酒中定性定量了25种酯，机械化改革酿造的不同轮次基酒中主要酯类物质较多。目前普遍认为白酒酿造过程中酯类物质的形成途径主要有3种：一是由相关微生物在酰基辅酶A合成酶和醇乙酰转移酶的作用下进行生物合成；二是在酒曲酯化酶及脂肪酶的作用下催化醇和酸反应而成；三是通过有机化学反应生成。

在检出的92种酯类化合物中，1轮次中检出32种，共1447.07mg/L；2轮次中检出52种，共3062.85mg/L；3轮次中检出33种，共751.42mg/L；4轮次中检出39种，共894.91mg/L；5轮次中检出45种，共1479.53mg/L；6轮次中检出24种，共308.38mg/L；7轮次中检出15种，共119.19mg/L。整体变化为1、2轮次先升高后3轮次下降，4、5轮次升高后6、7轮次又下降至最低。其中，在1~7轮次基酒中均检出的酯类物质包括L（-）-乳酸乙酯、十六酸乙酯、油酸乙酯、9,12-十八碳二烯酸乙酯、十四酸乙酯、9-十六碳烯酸乙酯、硬脂酸乙酯、13-甲基十四酸乙酯等。前期研究中发现，乳酸乙酯、乙酸乙酯是中国白酒的主体酯类，酱香型酒中还有一定量的己酸乙酯。综合来看，乳酸乙酯、乙酸乙酯、己酸乙酯、十六酸乙酯、油酸乙酯、9,12-十八碳二烯酸乙酯、十四酸乙酯、9-十六碳烯酸乙酯、硬脂酸乙酯、13-甲基十四酸乙酯10种酯类是轮次酒中的“骨架酯”。前期研究中对传统堆积发酵过程中糟醅进行分离，并对其中优势菌株的发酵代谢物检测分析发现，棕榈酸乙酯等的含量较高，说明棕榈酸乙酯、乳酸乙酯、油酸乙酯等化合物在传统酱香基酒的酿造过程中具有广泛来源，而在机械化酿造轮次基酒中同样检出这些酯类化合物，由此说明酱香型白酒传统及机械化酿造的基酒间具有相似的“骨架酯”，从酯类风味化合物层面表征了机械化酿造与传统酿造具有较好相似性。另外，在J1、J2中均存在仅在该轮次含量较高的物质，分别为J1乳酸异戊酯，J2亚麻酸乙酯、甲氧基乙酸-3-甲基丁酯。这些酯类化合物可定性为是对应轮次的“酯类标志成分”，有助于快速识别轮次基酒以及为规范生产提供科学依据。

（3）不同酯类物质对不同轮次基酒风味的贡献　己酸乙酯（甜香、水果香、窖香、青瓜香）、苯乙酸乙酯（玫瑰花香、蜂蜜香）、乙酸苯乙酯（玫瑰花香、甜蜜果味）、十六酸乙酯（又称棕榈酸乙酯，奶油香、果爵香）、油酸乙酯（花香）对轮次基酒的整体风味贡献最大，其中十六酸乙酯、油酸乙酯、己酸乙酯不仅在含量上是1~7轮次的“骨架酯”，在香气贡献层面上也是如此。苯乙酸乙酯、乙酸苯乙酯虽然含量不高，但是对整体风味具有明显贡献。因此从风味贡献层面断定十六酸乙酯、油酸乙酯、己酸乙酯3种酯类物质是轮次基酒中的“骨架酯”。酒体中含量最高的醇类是乙醇，由乙醇和其他酸类酯化后产生大量的乙酯类风味化合物。如高级脂肪酸乙酯，可以丰富酒体，延长酒的后味；如L（-）-乳酸乙酯、硬脂酸乙酯，虽对酒体无明显风味贡献，但缺一不可。9,12-十八碳二烯酸乙酯、9-十六碳烯酸乙酯、13-甲基十四酸乙酯均未查到相关阈值报道，其具体风味贡献还需进一步研究；月桂酸乙酯（花香、果香）、十四酸乙酯（甜香、鸢尾油香）在1、2轮次OAV值高于3~7轮次，证实了生产实践经验中酱香型白酒的1、2轮次基酒酱香不突出，粮香、甜香、蜜香、果香及花香较突出。3-苯丙酸乙酯（蜜菠萝香、蜂蜜香、花香）在1轮次中具有突出的香气贡献，结合基酒的生产实践，1轮次中蜜香十分典型，在此便给予了证实。前期对传统酱香型轮次酒检测发现，辛酸乙酯对香气有重要贡献，而对机械化酿造的基酒进行检测发现，戊酸乙酯（水蜜桃香、水果香、花香、甜香）、乙酸戊酯（甜香、果味香、熟梨香）、辛酸乙酯（白兰地酒香、甜香、花香）对3、4、5轮次的香气贡献突出，且在其余轮次中无香气贡献，由此判定该3种化合物为3、4、5轮次中香气协调的关键酯类成分。仅有少数酯类物质在6、7轮次中具有香气贡献，且贡献程度均较弱，酯香微弱，从而导致风味结构不够协调，焦煳香突出。

综上所述，酱香型白酒机械化酿造将是产业发展的一大热点，对不同轮次酱香型白酒基酒检测发现，机械化酱香型轮次基酒间的风味结构具有显著差异，在酯、醇、酸、醛酮4类主要风味化合物上的结构差异尤为突出。酯类物质在酱香型轮次基酒的风味结构中占有重要地位。从含量层面表明乳酸乙酯、乙酸乙酯、己酸乙酯、十六酸乙酯、油酸乙酯、9,12-十八碳二烯酸乙酯、十四酸乙酯、9-十六碳烯酸乙酯、硬脂酸乙酯、13-甲基十四酸乙酯10种化合物是轮次基酒中的“骨架酯”；从风味贡献层面表明己酸乙酯、苯乙酸乙酯、乙酸苯乙酯、十六酸乙酯、油酸乙酯5种酯为酱香型白酒机械化酿造轮次基酒的“骨架酯”。1、2轮次的特征性酯类为3-苯丙酸乙酯、乳酸异戊酯、亚麻酸乙酯、甲氧基乙酸-3-甲基丁酯、月桂酸乙酯、十四酸乙酯；3、4、5轮次的特征性酯类为戊酸乙酯、乙酸戊酯、辛酸乙酯；除油酸乙酯和十六酸乙酯外，6、7轮次中无特征性酯类。可将这些特征酯类化合物定性为“轮次基酒酯类标志成分”，为生产规范管理提供科学依据。

36、酱香型白酒酿造工艺有哪些与基酒质量密切相关的关键工艺点?

酱香大曲酒具有“酱香突出、幽雅细腻、酒体醇厚、空杯留香持久”的风格质量特点，在中国白酒消费市场深受消费者青睐，其特殊的风格来自其独特的酿造工艺和酿造方法。赤水河流域的酱香大曲酒生产，受环境的影响，季节性强，端午踩曲、重阳投料。每年农历5月端午小麦成熟开始制曲，到9月高粱成熟开始下沙投料，制好的曲要放半年后再酿酒，发酵30d后进行糙沙，投第2次料。由于贵州省得天独厚的气候地理条件，形成了制曲温度高、晾堂堆积发酵温度高、窖池发酵温度高、馏酒温度高、生产周期长、贮存时间长、用曲量大、8轮次发酵、7轮次取酒等白酒工业中独一无二的酿酒工艺。正是这种独具的酿造工艺特点，使酱香型白酒香味成分无论在种类或者在含量上均遥居其他香型酒之上，自身不同轮次基酒也独具一格。在酱香型白酒酿造工艺中，有着诸多关键点与基酒质量密切相关，简单总结主要包括以下几点。

（1）高温制曲工艺是基础　“曲为酒之骨、曲定酒型、好曲产好酒”。酿造好酒须有好的曲药，曲药对酒的风格和酒质起着决定性的作用。高温制曲是酱香型白酒特殊的工艺之一，具体特点包括：一是制曲温度高，品温最高可达 65~68℃；二是成品曲糖化力低，用曲量大，与酿酒原料之比为 1∶1；三是成品曲的香气是酱香型白酒香味的主要来源之一。酱香型白酒所用的高温大曲以小麦为原料，其本身含有大量的酶和蛋白质，制曲过程淀粉转化为糖，蛋白质分解成氨基酸，高温条件下氨基酸和还原型单糖发生美拉德反应生成酱香物质，主要成分为醛、酮类和吡嗪类化合物，还有氨基酸脱氨脱羧反应形成许多的高级醇，是酱香型白酒香味的前体物质。在制曲生产上影响曲药质量的因素主要有制曲水分、制曲温度高低以及培菌管理等。

①制曲工艺中温度高是关键：高温大曲制曲工艺中曲坯在曲房发酵时，在水分和温度合适的条件下曲坯中氨基酸与糖作用发生美拉德反应，使曲坯颜色加深，生成酱香物质。在高温大曲制曲过程中必须加强培菌管理，保证制曲所需达到的理想温度，促进各种生化反应，同时以满足所需耐高温微生物种群的生长条件，产生各种酶和酱香物质。高温大曲生产发酵过程必须合理“堆”曲，加盖稻草保温。曲坯在发酵室的堆放应横 3 块、竖 3 块，相间排列，曲坯间距一般冬季为 1.5~2cm，夏季为 2~3cm，用稻草隔开。曲坯层与层间铺上稻草，厚约 7cm。上下 2 层曲坯的横竖排列应错开，以便空气流通。曲堆高一般 4~5 层，再排第 2 行，曲坯堆好后，用稻草覆盖曲坯上面及四周，保温保湿培养。当曲坯温度达到 65℃左右时，即可进行第 1 次翻曲；7d 后翻第 2 次曲；翻曲要上下、内外层对调。酱香型酒曲特别强调曲香，曲坯入房后 2~3d，品温上升到 55~58℃，曲坯变软，颜色变深，同时散发出甜酒酿样的醇香和酸味，此时为升温生酸期。生酸可防止某些酸败菌的生长，使曲不馊不臭；升温有利于高温细菌的繁殖，并在繁殖过程中产生热量，使整个制曲过程持续高温。曲坯入房后 3~4d，即可闻到浓厚的酱香味；到 7d 翻曲时曲色变深，酱味变浓，少数曲块黄白交界的接触部位开始有轻微的曲香，这是酱香味的形成阶段。此时，细菌占优势，霉菌受抑制，酵母菌逐渐被淘汰。曲块进房 14d，也就是第 2 次翻曲时，除部分高温曲块外，大部分曲块均可闻到曲香，但香味不够浓厚，此时仍是细菌占绝对优势。在整个高温阶段，嗜热芽孢杆菌对制曲原料中蛋白质的分解能力和水解淀粉的能力都很强，为曲的酱香形成起着极其重要的作用。经过 2 次翻曲后，曲坯逐渐进入干燥期，在干燥过程中继续形成曲的酱香。另外，65℃左右的高温曲培养，实质上是对芽孢杆菌等细菌的一种纯化操作，这些有益微生物及其代谢产物进入酿酒工序后，在高温操作过程中强化了糟醅自身形成酱香的原动力，促进了酱香物质的进一步生成。高温成品大曲经过半年时间存放后，便可投入酿酒生产，此时的曲香味更纯正，陈香醇厚。

②制曲工艺中高含水量是前提：酱香型白酒酿造所用的高温大曲制曲所谓的高含水量（俗称“水大”）是相较于浓香型大曲而言，其通常拌曲时加水量为 37%~40%。高温、水大很适合耐高温细菌的生长繁殖，特别是耐高温的嗜热芽孢杆菌。曲坯水分含量高低是高温制曲很重要的因素，水分过大，曲坯成型时易被压得太实，挂衣快而厚，毛

霉生长旺盛，升温快而猛，温度不易散失，水分不易挥发，影响入室发酵培菌。如果室温、潮气调整不好，或遇阴雨天，极易造成曲坯的酸败。房内温度过高，也影响微生物的繁殖，影响大曲质量。水分过小，曲料吸水慢，曲坯易散，不挺身。由于不能提供微生物生长繁殖所必需的水分，影响霉菌、酵母菌及细菌的生长和繁殖，使曲坯发酵不透，曲质不好；另外，曲坯稍干，边角料在翻曲和运输时，极易损失，造成浪费。

（2）用曲量大是前提　酱香型白酒酿造过程中所用曲量是各种香型酒用曲量之首，酱香型白酒酿造过程中用曲量是分轮次不断加入的，随着曲量的增加糟醅中的香气成分也随之增加，同时产酯产香的微生物菌群也增加，给形成酱香类物质创造了有利的条件。用曲量在酱香型白酒的生产中起着举足轻重的作用。大用曲量给酱香型白酒生产带入大量的有益微生物菌群和酱香类物质及其前体物质，赋予酱香型白酒“幽雅细腻、舒适陈香、酒体醇厚、空杯留香长”的独特风味。高温大曲虽然糖化力、发酵力均低，但是蛋白酶活性高，可分解制曲小麦原料中的蛋白质，产生大量的氨基酸（表 5-11）。氨基酸不光是酱香型白酒基酒中的香味成分；其还能通过不同途径，与酒中的醛、酮化合物产生美拉德反应，生成种类多、含量大的复杂香味物质进入酒中，影响着酒质。另外，大的用曲量也赋予了酱香型白酒大量的高级醇，酒中的高级醇主要是由酵母菌利用糖与氨基酸的代谢形成的。酱香型白酒原料中的蛋白质含量高，且曲中的蛋白酶活性高，则生成的高级醇就多，一般高级醇含量在 200mg/100mL 左右，比其他香型白酒均高；从味觉上来看高级醇是酱香型白酒的骨架成分之一，具有柔和的刺激感和微甜以及浓厚的感觉，除此之外，它们还有自然香气，起助香的作用。

表 5-11　　不同用曲量基酒氨基酸含量　　单位：μg/100g

氨基酸种类	高温曲（平均值）	不同用曲量基酒中氨基酸含量			
		30%	20%	10%	对照
天冬氨酸	22.567	67.760	22.420	16.984	7.667
苏氨酸	14.631	34.408	10.320	6.424	3.680
丝氨酸	18.636	37.880	25.272	20.992	11.352
谷氨酸	31.574	98.288	65.552	30.848	20.344
脯氨酸	57.610	22.680	20.888	—	—
甘氨酸	11.248	43.240	23.760	21.208	11.976
丙氨酸	46.098	49.584	22.656	10.584	8.848
胱氨酸	—	—	—	—	—
缬氨酸	28.627	22.480	10.264	—	—
甲硫氨酸	3.699	—	7.336	—	—
异亮氨酸	21.280	10.768	9.60	5.400	—
亮氨酸	29.637	15.920	17.160	10.128	6.616
酪氨酸	14.487	7.336	—	—	—
苯丙氨酸	12.889	11.885	5.013	—	—

续表

氨基酸种类	高温曲（平均值）	不同用曲量基酒中氨基酸含量			
		30%	20%	10%	对照
赖氨酸	4.300	70.104	18.000	12.000	6.920
组氨酸	2.255	13.632	2.648	2.360	—
精氨酸	4.818	20.944	—	—	—
合计	324.341	520.416	260.215	141.928	77.403

（3）高温堆积是核心　糟醅高温堆积发酵是指将粮醅或蒸馏后的糟醅在晾堂摊晾、拌曲后堆成圆堆，进行堆积发酵至顶温48~52℃时，即可入窖。高温堆积工序是酱香型白酒酿造工艺中的独特方式，晾堂高温堆积发酵可网罗空气中的酿酒微生物，是进行微生物富集繁殖的过程，是糟醅充分利用环境中微生物进行二次制曲的过程，同时糟醅在堆积发酵过程中进一步进行糖化发酵，为下窖作好准备，此工序是形成酱香类物质及其前体物质必不可少的工艺环节。高温堆积发酵阶段由于酵母菌为兼性微生物，堆积过程的生长繁殖是一个耗氧的过程，糟醅堆要尽量疏松，以增加氧气。因此，糟醅的水分控制就是重要的环节，水分过高，糟醅堆的透气性差，好氧性微生物的生长受抑制，厌氧菌增多，易出现酸败现象。水分过低，也不利于微生物的代谢活动，淀粉的利用率低，产品质量受影响，且形成浪费。而且在生产中要求前期的下沙入窖水分控制在38%左右，糙沙控制在40%左右。在高温堆积发酵过程中糟醅中酵母菌与温度的变化有极其密切的关系，在堆积发酵前期，酵母菌不断繁殖增长，使温度逐渐升高；随着温度的进一步升高，加快了酶促反应，使酵母菌进入到对数生长期；当温度升高至一定程度，蛋白质变性，酶促反应受抑制，酵母菌数量在后期就会下降。随着温度的逐步升高至顶温，大量的香气物质及其前体物质在此阶段生成。综合分析得出，随着时间的增加，酵母菌数量总趋势是上升的，在堆积46h时，酵母菌数量达到最大值。当生沙料品温降到32℃左右时，洒入尾酒（约占原料的2%），均匀撒入10%左右的大曲粉。经过3次翻拌后收堆，此时品温为28~30℃。堆积时间为4~5d，待品温上升到48~52℃时，即可入窖发酵。

（4）高温发酵是条件　入窖高温发酵为产生酱香类物质及其前体物质提供良好的条件，不仅是生成酱香物质的必要条件，同时也是生成乙醇的必要条件。入窖发酵是糖转化成乙醇然后生香的过程，因此，入窖发酵操作应要求十分严谨。首先，严格控制入窖温度，当糟醅堆品温达到顶温时，迅速入窖，这样有利于嗜热微生物的生长繁殖代谢，保证发酵的正常进行，使产香物质得到加强；其次，下窖时，在窖底、窖壁、窖底、窖面糟醅上泼洒尾酒，一方面调节糟醅的水分，更主要的是尾酒在窖内经再次发酵增香，抑制部分有害微生物的繁殖，供给已酸菌、甲烷菌、产酯酵母菌等微生物碳源及香味物质的前体物质；再次，窖内高温发酵，也是酱香型白酒生产中很重要的一个环节，为乙醇的生成和酱香类物质及其前体物质的最后形成提供了一个有利的环境。高温有利于各种生化反应的进行，在发酵的窖内相当于糟醅又进行一次堆积发酵，由于窖内中下糟醅温度上传致使上层糟醅温度偏高，这样有利于嗜热芽孢杆菌的生长代谢，从而促进了酱香物质的大量生成。

（5）高温馏酒是保障　高温馏酒有利于酱香型白酒糟醅中主体香高沸点物质的馏出和低沸点杂质的蒸发。蒸馏是分离成熟糟醅中乙醇并浓缩到一定乙醇浓度和富集其他挥发性成分的重要手段，也就是酱香型白酒行业中所说的“提香靠蒸馏”的工序。酱香型白酒蒸馏过程的装甑也至关紧要，装不好甑而蒸不出酒或者蒸不出好酒就会前功尽弃，造成丰产不丰收，直接影响酒质和产量。在生产工艺操作中为了减少乙醇和香味物质的挥发损失，必须做到随起随蒸，分层蒸馏，上甑操作必须细致。白酒蒸馏属于固态填料式间歇蒸馏法，上甑时做到疏松均匀，不压汽，不跑汽，甑内糟醅要中间低、甑边略高，一般四周比中间略高 2~4cm，这样可以避免乙醇从甑边上升造成蒸馏时蒸汽钻边，因为在蒸馏过程中，乙醇蒸气有纵向扩散和边界效应的作用，糟醅与甑桶连接部分的黏着力小于糟醅颗粒之间的黏着力。应缓慢高温馏酒，严格控制进汽压力为 0.05~0.08MPa、馏酒温度为 35~40℃、馏酒速度为 1.5~2.0kg/min、每甑酒头取 1~1.5kg 等关键的操作工序，量质摘酒过程中要随时注意酒液的温度、浓度及口感，特别是口感。

（6）长期贮存是手段　贮存是保证酱香型原酒产品质量至关重要的生产工序之一，通俗讲，贮存就是使酒老熟，使酒香幽雅圆熟、口感醇和柔顺。因为，刚蒸出的酒具有辛辣刺激感，并含有某些硫化物等不愉快的气味，经过一段贮存期后，低沸点的杂质如醛类、硫化物等挥发，除去了新酒的不愉快的气味，保留的主要是不易挥发的高沸点酸类物质，从而增加了酱香型白酒的芳香，使酱香更加突出。随着白酒的贮存老熟，乙醇分子的活度降低，增加了水分子和乙醇分子的缔合，使酒更绵软。只有 55%vol 左右的酒入库，贮存过程中酯化、缩合反应缓慢，贮存期要长，才能使酱香更突出，风格更典型；联酮化合物是酱香型白酒长期贮存的结果，时间越长生成量就越多，产生的联酮化合物不同程度带有黄色，因而时间越长基酒颜色也越深，细腻感和酱香味及陈香味均更好。酱香型白酒贮存过程中主要有如下作用：一是醇-水之间发生氢键缔合；二是低沸点的不良成分挥发；三是醇与醛或酸之间发生氧化还原反应；四是醇与酸发生酯化反应；五是醇与醛缩合成某些缩醛。酱香型白酒基酒一般贮存 3 年以上，典型的优质酱香型白酒基酒要求贮存 5 年以上（不加生产周期）。

综上所述，酱香型白酒风格质量和高温酿酒工艺密切相关，酿造过程必须严格遵照高温制曲、高温堆积发酵、窖池高温发酵、高温缓慢馏酒、用曲量大等酿酒工艺操作，认真做好生产上的高温接酒操作工作，接出的酒应经过较长时间贮存，这样从根本上就能保证原酒的质量，使产品“酱香突出、幽雅细腻、酒体醇厚、回味悠长、空杯留香长”的风格质量特点更明显。

37、酱香型白酒“四高两长”酿造工艺是如何总结提出的?

酱香型白酒酿造工艺的“四高两长”主要涉及的内容有高温制曲、高温堆积、高温发酵、高温馏酒；生产周期长和贮存时间长等，截止到 2024 年，该总结已经在中国酱香型白酒产业实施了 36 年。在时间长河的考验下，“四高两长”酿酒理论显现出较高的科学实用性，相关人员应注重该理念的发展过程，这对于后续酱香型白酒的更好发展具备积极意义。

（1）“四高两长”酿酒理论的提出　酱香型白酒在酿造过程中，制曲原料全部采用小麦，一般软质小麦更符合要求。在高温大曲制曲工艺中需要先对小麦进行除杂处理，使用水润麦，用水量在 5%～10%。夏季可使用常温水，冬季需要使用温水，控制在 40～60℃；再将水润麦堆放，10h 后进行粉碎处理，要求“烂心不烂皮”，呈现出“梅花瓣”的形状，过 20 目筛，细粉占比 40%～60%；最后将母曲粉与麦粉混合搅拌，夏季母曲量控制在 3%～5%、冬季为 5%～8%。在“四高两长”理论提出之前，酱香型白酒酿造以“四高一长”为主。1987 年 6 月，我国相关部门召开了全国酱香型白酒风格质量研讨会，会上的参与部门及人员数量众多，其中包括轻工部、商业部以及各大酱酒企业。此次会议中，相关人员明确了“四高一长”的主体内容，在整个酱香型白酒领域中引起了巨大反响。经过多年的研究，人们发现酱香型白酒的风格、质量、工艺维护是重中之重，对“四高一长”内容进行补充，形成了“四高两长，一大一多”理论，让“四高两长”观点内容成为酱香型白酒主要酿造理论之一。总的来说，该理论完全出自实践，配合科学系统的研究结论，为酱香型白酒的生产和发展创造了有利条件。此外，研究人员通过对酱香型白酒酿造工艺的深入了解，找出了酱香型白酒风格质量的关键工艺内容和质量控制关键点。

（2）“四高两长”酿酒理论内容

①“四高两长”是酱香型白酒酿造实践的总结：与“四高一长”酱香型白酒生产经验总结酝酿与形成类似，“四高两长”观点理论的形成不是偶然，而是经过漫长研究和实践后出现的结果。在实践中，让“四高两长”的科学及酿造价值得到更好的展示，能够将微生物学、生物学以及白酒制作工艺等内容整合在一起，为酱香酒酿造创造更多有利条件。

②“四高两长”是系统性结论：酱香型白酒风格质量是“四高两长”理论在实施过程中关注的重点。纵观整个酱香型白酒制作过程，“四高两长”是重要的工艺内容，对酱香型白酒最终的风格质量会产生极大影响。因此，各企业想要确保酱香型白酒风格质量处于最佳状态，“四高两长”工艺应用必不可少。由此也能够看出，酱香型白酒风格质量的好与坏与“四高两长”系统性应用效果存在直接联系。通过对“四高两长”的研究，发现该理论在应用时，除了科学的知识系统外，还要配合实践结论，只有这样，才能展示出其理论优势。更为重要的是，该理论能够对酱香型白酒酿造中出现的诸多现象进行解释，证明酱香型白酒酿造酒窖内稳定的发酵状态主要是耐高温酵母的功劳。

③“四高两长”酿酒理论具有规律性：从以往白酒酿造过程中能够看出，主要酿造原理是依靠微生物获得有价值的代谢产物，即乙醇以及香味物质。在微生物培养上，具体微生物类型选择应根据酿酒工艺来决定，以此来获得更好的代谢产物，不同代谢产物对应的香味成分不一致，从而决定了白酒的最终口味风格。对于白酒酿造的影响，虽然环境与酿酒材料同样重要，但并不决定最终的白酒风格质量。例如，在浓香型白酒酿造之中，重点在于泥窖和续糟，这也使浓香型白酒具备窖香浓郁的品质。反观酱香型白酒，最为重要的工艺内容包括“高温制曲”以及“大用曲量”，促使酱香型白酒具备酱香味浓厚、优雅细腻的风格特色。从酱香酒主体香味来源角度来说，主要以高温大曲为主，这也是“好曲产好酒”理念的重点所在。白酒香型的确定取决于工艺特点，香型形成需要好的工艺与之配合。因此，在白酒酿造过程中，相关人员应对其酿造“规律”进行重点把握，只有这样，才能酿造出想要的白酒类型。

④“四高两长”酿酒理论的形成：“四高两长”理论的形成是经过很多酱香型白酒生产企业实践和总结得出的，具备极高的科学性，其重点是对整个酱香酒酿造实践过程进

行描述，并为后续酿造工艺的开展提供指导。从实际酿酒原理中也能够看出，“四高两长”主要是将酱香型白酒酿造工艺概括为 8 个字，即“四高两长，一大一多”，具备明显的精准性。从过往发展中也能够看出，存在即合理。在过去的 30 多年时间内，“四高两长”理论经历了无数次的实践验证和完善，其科学性和价值性得到了积累和沉淀，与我国酱香型白酒产业融为一体。“四高两长”理论源于实践，又用于实践，能够为酱香型白酒生产工作提供良好指导，促进我国酱香型白酒行业蓬勃向前，创造更高的经济价值。

⑤“四高两长”酿酒理论接受度逐步提升：在“四高两长”酱香型白酒理论应用过程中，很多行业内人士对其进行认证和研究，还有一些著名企业将其作为内控标准，在企业内大范围实施。例如，著名研究人员熊子书在 1994 年出版的《酱香型白酒酿造》中对“四高一长”内容进行了全面论述，这也是“四高一长”理论首次出现在专著内容之中。2005 年，我国白酒酿造工业协会制定了新的培训教材内容，同样将“四高一长”内容加入其中，旨在明确酱香型白酒质量控制的重要环节。

（3）“四高两长”酿酒理论的作用、价值和地位

①“四高两长”酿酒理论的作用：在酿造理论的帮助下，酱香型酒酿造的探索有了明确的方向。同时，“四高两长”酿酒理论能够为酱香型白酒酿造提供充分指导，对整个白酒行业发展具备积极意义。近年来，人们对酱香型白酒的认可度逐步提升，促使酱香型白酒行业发展速度大幅提升，再加上“四高两长”理论的普及度提升，让该酿酒理论的作用越来越明显。因此，在酱香型白酒企业后续发展过程中，相关管理者应注重对“四高两长”酿酒理论作用的研究，并将最终的研究成果转化为企业的发展动力，帮助企业获得更高的经济效益。

②“四高两长”酿酒理论的价值：

一是酱香型白酒酿造理论的有力补充：我国首次提出“四高一长”观点的时间为 1987 年，相关部门主持召开了全国酱香型白酒风格质量研讨会，会上明确了“四高一长”理论与酱香型白酒风格质量之间的关系。到了 2007 年，我国相关行业继续对该理论进行深化探讨，同时出现“四高两长”酱香型白酒酿造理念。后续，相关人员继续对“四高两长”理念进行完善，让酱香型白酒酿造理论得到了补充，为酱香型白酒行业发展做出了积极贡献。

二是实现了对酱香型白酒酿造知识的创新：之前针对“四高两长”的论述内容不多，更没有太多相关记载，这也使得“四高两长”理论具备明显的创新性优势。从酱香型白酒窖池发酵角度来说，涉及的发酵温度为 40℃左右，有时还会高达 45℃，只有这样才能保证发酵效果。但从其他研究角度来说，酒精酵母的培养温度在 28～32℃，最佳温度数值为 28℃，其中，啤酒酵母发酵最佳温度为 25℃。更为重要的是“四高两长”理论将酱香型白酒窖内高温发酵现象看作是高温酵母驯化后的创新结果。在 1995 年，研究人员王宗彦等针对高温酵母发酵特点进行论述，认为高温酵母能够在高温状态下依旧处于良好的发酵状态，印证了“四高两长”的研究结论。酱香型白酒发酵温度范围处于 42～45℃，且高温酵母在酱香型白酒发酵中具备不可替代的作用，具备明显的优势。

三是“四高两长”酿酒理论的地位：酱香型白酒“四高两长”酿酒理论的发展得到了整个白酒行业以及诸多专业人员的认可，后续被引入相关教材内容中，同时在网络层面广泛传播，影响力越来越大。更为重要的是，“四高两长”理论对于白酒酿造过程能够

提供有效指导，有利于白酒行业的全面发展，其理论作用不言而喻。回顾我国白酒行业发展历史，从 2007 年开始进入发展高峰期，后续“四高两长”理论不断完善。总的来说，酱香型白酒是劳动密集型生产工艺范畴，生产劳动强度较高，且很容易受到季节变化影响，传统酿造工艺很难保证其生产流程的精细化。在“四高两长”理论帮助下，很多现代工程及信息技术能够在生产中得到应用，让酱香型白酒各个生产环节得到改造和升级，如制曲、制酒等，同时还能降低工作人员的劳动强度，制定更好的酱香型白酒酿造标准。在当前发展中，各酱香型白酒企业应做好“四高两长”酿酒理论的深入研究，打造自身品牌优势，为酱香型白酒行业发展提供更多有利条件。

38、己酸乙酯对酱香型白酒品质有何影响，如何调控其在成品酒中的含量？

传统大曲酱香型白酒基酒主要包括 3 种典型体，分别为酱香酒、醇甜酒和窖底酒。窖底酒产自靠近窖池底部的糟醅，特殊发酵环境使窖底酒与酱香酒、醇甜酒的风味物质含量极具差异，如己酸乙酯、戊酸乙酯、庚酸乙酯、辛酸乙酯、十二酸乙酯、苯甲醛、糠醛等，其中己酸乙酯差异最大。己酸乙酯是浓香型白酒的主体香味物质，在酱香型白酒标准中被作为限量指标，要求≤0.3g/L（优级）。己酸乙酯含量在酱香型白酒中不利于保持酱香风格，甚至造成酒体偏格。在窖底酒中，因己酸乙酯含量过高，酒体具有窖底香突出、酱香风格不明显的特点，上层、中层糟醅产酒的己酸乙酯含量低，酒体酱香风格突出。研究己酸乙酯与酱香型白酒品质间关联性，为后续生产优质酱香型白酒提供思考。

（1）己酸乙酯含量与酱香型白酒风味的关系　选用己酸乙酯含量为 0.47g/L 的窖底酒，按不同比例添加进己酸乙酯含量为 0.02g/L 的基础酒中，使基础酒的己酸乙酯含量提升至 0.11g/L 和 0.18g/L，经过尝评按不同比例添加窖底酒后基础酒的感官风味发现，其酱香风格突出程度与酒体己酸乙酯含量有明显关系（见表 5-12）。

表 5-12　　添加窖底酒后基础酒的感官品评

酒样信息	己酸乙酯含量/（g/L）	感官品评
基础样（A0）	0.02	酱香突出，酒体醇厚，幽雅细腻，回味悠长，酱香风格典型
提高 5 倍（A1）	0.11	酱香突出，窖底香明显，酒体醇甜，幽雅细腻，尾味悠长，酱香风格突出
提高 10 倍（A2）	0.18	酱香明显，窖底香突出，酒体醇甜，尾净味长，酱香风格明显

感官品评发现，A0 酒样的己酸乙酯含量最低，酱香风格最佳；A1 酒样己酸乙酯含量居中，酱香风格较明显；A2 酒样己酸乙酯含量最高，酱香风格最弱。结合理化检测和感官尝评对比，窖底酒占比量与己酸乙酯含量呈正比关系，与酱香风味呈反比关系。

（2）己酸乙酯含量对不同糟层基酒感官风味的影响　酱香型白酒主体香至今尚未研究确定，但较多观点认为主要来源于吡嗪类、有机酸类、呋喃或吡喃类、酚类化合物，对不同糟层原酒的香味物质进行对比分析，结果见表 5-13。

表 5-13　不同糟层基酒风味物质含量　单位：mg/100mL

风味物质	窖面	上层	中层	下层	窖底
乙酸	179.89	163.43	185.66	186.22	169.06
丙酸	18.12	15.24	16.07	17.90	18.28
丁酸	0.13	0.10	0.11	0.16	0.25
已酸	2.54	1.73	1.02	1.40	40.42
庚酸	0.14	0.10	0.07	0.11	0.10
辛酸	0.40	0.14	0.06	0.08	0.06
甲酸乙酯	8.97	5.75	5.64	12.51	9.52
乙酸乙酯	180.20	179.41	186.10	186.35	178.63
丁酸乙酯	1.72	0.56	0.63	0.63	18.97
戊酸乙酯	1.27	0.69	0.33	0.14	0.77
已酸乙酯	7.56	1.55	1.72	4.42	55.35
乳酸乙酯	176.15	196.14	187.29	195.36	208.80
三甲基吡嗪	0.03	0.02	0.02	0.03	0.02
四甲基吡嗪	0.11	0.09	0.09	0.10	0.10
4-乙基愈创木酚	0.06	0.07	0.07	0.06	0.06
4-乙基苯酚	0.08	0.07	0.08	0.08	0.08

从检测结果来看，不同糟层基酒香味物质含量存在不同差异，吡嗪类与酚类在不同糟层基酒中几乎无差异。酸类与酯类在不同糟层基酒之间存在不同程度的差异性，酸类物质中，各糟层基酒已酸含量差异较大，最低为中层糟基酒 1.02mg/100mL，与最高的窖底基酒 40.42mg/100mL 相差 39.4mg/100mL。已酸含量的差异导致已酸乙酯含量的差异，窖底糟基酒已酸乙酯含量为 55.35mg/100mL，与最低的中层糟基酒 1.72mg/100mL 相差 53.63mg/100mL。酱香型白酒采用条石窖发酵，窖面使用紫红泥封窖，窖面糟醅在发酵过程中与封窖泥接触，产酒的已酸乙酯含量略高于中层糟醅产酒。由于不同糟层的温度、含氧量、pH、菌群结构都会影响产酒的酯含量，随着窖池深度下降更适合无氧发酵，为酯类合成提供有利条件，窖底产酒的已酸乙酯含量偏高，似浓香型白酒的已酸乙酯含量。总体来看，不同糟层基酒的已酸乙酯含量具一定规律，窖底基酒的已酸乙酯含量最高，窖面基酒的已酸乙酯含量略高于上、中、下层，但明显比窖底基酒的含量低。

组织专业品酒人员对不同糟层基酒进行感官品评，分析不同糟层基酒感官风味特点，具体见表 5-14。从品评结果看窖面产酒略带已酸乙酯香气，主要因为窖面糟醅与封窖泥接触造成产酒含少量已酸乙酯；上层糟醅产酒的曲香明显，中层糟醅产酒香气舒适、口味醇甜，窖底糟醅产酒具有以已酸乙酯为主体的浓香型白酒风格。5 个糟层产酒的理化指标除已酸乙酯差距较大外，其他指标相对差距较小，但从感官品评结果看，已酸乙酯对窖底酒的呈香作用明显，主要是已酸乙酯的阈值较低，呈香作用大，与部分酱香型白酒典型风味物质的阈值对比发现，已酸乙酯的阈值低于吡嗪类和酚类化合物，加之已酸乙酯含量较多造成呈香作用突出，使窖底酒风味具有以己酸乙酯香味为主的浓郁窖香。

表 5-14　　不同糟层基酒感官品评结果

糟层	感官品评
窖面	酱香突出，略带底香
上层	酱香突出，曲香明显，香味纯正
中层	酱香较突出，酒体醇甜，香味纯正
下层	酱香较突出，芳香浓郁，稍带窖底香，酒体醇厚
窖底	窖底香突出，芳香浓郁，酒体醇厚，味长

综上所述，在酱香型白酒生产过程中往往通过调控窖泥中梭状芽孢杆菌等各种生香产酯的微生物数量，抑制其代谢产生过量己酸乙酯。但酱香型白酒采用泥底条石窖发酵，窖底产酒的己酸乙酯含量较难控制。通过精细化的分型产酒获得多种类型酒，在酒体设计时进行合理调配，可有效控制己酸乙酯含量。酱香型白酒不同糟层产酒的有机酸、吡嗪类、酚类化合物含量相近，但窖底酒由于己酸乙酯含量较高，酱香风味被掩盖，突出窖底香，过量使用窖底酒会造成己酸乙酯含量过高，导致酱香酒体风味减弱。生产过程中采用分糟层收储原酒，以利于在酒体设计阶段控制产品的己酸乙酯含量。

39、影响酱香型白酒酿造工艺的因素有哪些?

酱香型白酒“四高两长”的工艺特点导致其生产工艺比较复杂，生产周期较长，其酿造过程的影响因素较多：如地理环境、原料种类及粉碎度、温度、酸度、酒精含量、蒸煮强度、水分、辅料用量、用曲量、发酵时间、管理因素等。概括起来主要为三大类：一是定向因素；二是营养因素；三是管理因素。前两个因素是酱香型白酒酿造的基础，后一个因素是酱香型白酒酿造的关键，是为前两个因素服务的。酱香型白酒酿造过程的管理主要体现在对影响其酿造过程的各因素的管理上，管理的目的是：一方面定向培育出一批能产生酱香型白酒的微生物，并为糟醅中功能各异的各类微生物创造有利环境，让微生物充分发挥其协调作用和正常的代谢功能，从而代谢出优质产物；另一方面还要充分发挥管理作用，把糟醅中已经有的代谢产物很好地提取出来，从而尽可能地生产出优质、高产的酱香型白酒。

（1）定向因素分析　定向因素是决定酱香型白酒酿造过程发展方向的因素，主要是对能产生酱香型白酒的这一相对稳定的微生物群落体系起到定向选择作用。

①地理环境：地理环境是影响酒类香型的一个重要基础性因素，特殊的地理环境有其特殊的气候、土壤、温度、湿度、水源等，由于自然界的长期定向选择而形成的与其相对应的独特的相对稳定的微生物区系，为相应的酱香型白酒的酿造提供了前提条件。

②主要原料：酱香型白酒的生产原料为小麦、高粱。原料种类不同，对微生物代谢产物会有很大程度的影响，如在实验室条件下高温细菌在含蛋白胨成分的培养基上的培养味道是以刺鼻的“氨味”为主，而在以淀粉和糖为主的培养基上则以“酸臭”味为主，所以，酱香型白酒原料的选择也是有考究的，原料是基础，不同的原料产出的酱香型白

酒，在风味质量上差别很大。所以，生产酱香型白酒首先得从原料上下功夫，为生产优质的酱香型白酒打下坚实的物质基础。目前，酱香型白酒在小麦的选择上主要用北方种植的软质小麦，在高粱的选择上主要用南方种植的糯小高粱。

高温大曲原料：小麦主要用于高温大曲的制作，高温大曲是酿造酱香型白酒的关键因素之一，行业认为小麦是酱香型白酒香味来源的基础，不同种类、不同质量的小麦，对酿酒起着重要的作用。所以在生产中应多分析、多对比、多总结。除感官要求外，还应尽量选用能产生浓郁酱香风味的优质小麦，从而生产出优质的高温大曲。

酿造原料：高粱主要用于酱香型白酒的酿造，高粱的品种很多，有糯高粱、粳高粱等，酱香型白酒的酿制大多用糯高粱，而糯高粱中又有南方糯小高粱和杂交糯高粱，以支链淀粉含量较高、灰分杂质少的为好。酱香型白酒对高粱品种的要求很高，即使淀粉含量高、支链淀粉也突出的高粱也不一定能生产出优质的酱香型白酒。高粱也对微生物有一定的定向选择作用。由于微生物的选择作用，要生产出优质的酱香型白酒，对高粱的要求基本上是具有专一性的。不同种类的高粱生产出的酱香型白酒，即使产量一样或是某品种较为高产，但质量上的差别是明显的。

③温度：温度是微生物生长的重要条件，只有适宜的温度才能使微生物更好地进行各项生理活动。酱香型白酒生产过程主要体现的是一个“高温”操作过程：高温制曲、高温堆积、高温发酵、高温流酒，这些重要工序都涉及“高温”。可见，温度在酱香型白酒的酿造过程中是关键的因素之一，对酱香型白酒的生产起着至关重要的作用，它不仅为微生物的生长提供温度环境，也对酱香型白酒酿造过程中的功能微生物起着一个定向筛选作用。

高温制曲环节：在高温制曲过程中，温度对微生物的定向筛选作用明显，根据常规分析微生物的统计结果，在高温大曲中，有些种类的酱香功能菌，其起始生长温度或最适生长温度较高，如果达不到一定的温度界限，这些种类的微生物就生长迟缓，不能很好地进行代谢活动。所以在制曲过程中要让曲块温度在最短的时间内迅速升高，淘汰一些不利于高温曲生香的微生物种类以及杂菌类，而让酱香功能菌快速、良好地萌发、生长。

高温堆积环节：高温堆积是酱香型白酒生产独特的关键工序之一，对酱香型白酒风格的形成十分重要，直接关系到产品的产量和质量。该工序一定程度上是一个“平衡体系”，一方面要顾及到糖化发酵，另一方面也要能生香。在酱香型白酒的糖化堆积过程中，温度的提升是一个十分重要的因素。糖化堆糟醅在堆积终了时，温度可达50℃左右，可能为一些类群的酱香功能菌创造有利环境，起到“培养基”的作用，从而让糖化堆积起到二次制曲、生香作用。长期的生产实践及实验结果表明，堆积升温工序对酱香物质及乙醇的生成都十分重要。

高温发酵环节：高温发酵是在一个密封体系里面进行的，为乙醇和酱香物质的生成提供了合适的发酵环境，对定向富集高温微生物或其代谢产物酶系起到很好的协调作用。

高温馏酒环节：高温馏酒是提取酱香物质的有效手段，“生香靠发酵，提香靠蒸馏”。酱香型白酒的高温馏酒是为了把经过高温堆积、高温发酵等工序而形成的高沸点物质、水溶性的酱香物质最大限度地收集于酒中，使其酱香突出、风格质量更好。

“高温”在酱香型白酒的酿造过程中起着举足轻重的作用，没有“高温”可能就没有酱香型白酒。但高温也是有一定限度的，制曲“超高温”会引起曲块焦煳味重，严重影响曲之酱香；糖化堆积中的“超高温”会破坏自身的平衡体系，引起微生物的失衡使其代谢紊乱，反而生产不出好酒来。

④酸度：酸度是调控酱香型白酒酿造过程中的另一重要因素。酸含量高是酱香型白酒的一大特点，其中乙酸、乳酸含量最高，酸是各种酯的前体物质，也为微生物的正常生长创造良好的环境。酸可能对整个酱香型白酒酿造过程具有“调控作用”，通过对酿造过程中微生物种类变化趋势的调控从而调控整个生产过程，这是从实验室条件下通过对微生物在不同酸浓度基质中的培养情况推断出来的。

在实验室条件下，根据酱香型白酒微量成分的分析得知其有机酸含量甚高的特点，人为设计以一定的有机酸为调节基质的不同 pH 培养基的常规微生物培养结果分析发现，在某一个 pH 范围内，不论是高温大曲还是糖化堆糟醅的微生物类群的变化有一个明显的转变点，高温大曲在这一 pH 范围内，是从四大类微生物同时竞相生长，但以细菌为主的一个微生物群落体系向以霉菌为主的方向转变。而糖化堆糟醅在这一 pH 范围内，也是从四大类微生物共有的群落体系向以酵母、霉菌为主的体系转变，更重要的是，引起微生物种类明显转变的此 pH 范围与酱香型白酒大回酒的糖化堆糟醅的酸度有很大一致性。所以，在酱香型白酒的生产过程中，要从下沙开始就在粮糟内泼洒一定数量的酸含量高的尾酒，以增强糟醅本身的选择性功能。

由以上情况可以推测，酱香型白酒中的生酸微生物的代谢产物——酸（或是外加酸，如泼洒尾酒等工序），为微生物菌群的生长繁殖提供一定的环境条件，也可能在一定程度上起着一个定向选择微生物种类的作用。但是酸含量太高会抑制所有酿酒微生物的正常生理活动，影响各类微生物酶功能的正常发挥。所以，酱香型白酒生产过程中的酸度要控制在一个相对适当、合理的范围内。

⑤乙醇含量：在酱香型白酒酿造过程中，乙醇含量在一定程度上可以促进一些有益微生物的生长，但超过一定的范围会对各类微生物都有抑制作用，对酵母、霉菌、细菌的抑制程度都大致相同，但能产生明显抑制作用的醇浓度与发酵程度最好的糟醅的乙醇含量有可比之处。所以，醇浓度在整个酱香型白酒酿造过程中对微生物的调控作用不十分明显。以上几类影响因素是酱香型白酒酿造过程中的关键因素，使酱香型白酒生产过程中定向产出一批稳定的微生物群落，并为微生物的生理活动提供一个适宜的环境，在一定程度上起着酱香型白酒生产的定向作用。

（2）营养因素分析　营养因素是酱香型白酒酿造过程中必不可少的条件，为已选择好的微生物群落的生命活动提供重要保证。

①营养环境的保障：原料种类及粉碎度、蒸煮强度、水分含量和辅料用量与淀粉利用关系密切，这几个因素为微生物正常生理活动及代谢提供良好的营养环境，前面的几个因素为酱香型白酒生产所需的微生物提供了生长、繁殖、代谢的环境。

一是原料的种类，酱香型白酒酿造过程中使用的原料除了对微生物有一定的选择作用之外，还为微生物的生长提供充足的碳源、氮源、无机盐和生长因子等，以供微生物的正常生长发育、繁殖代谢。二是小麦的粉碎度，小麦的粉碎度主要是为了高温大曲的制作，在曲块成型、微生物的营养和制曲温度的正常变化方面有着不可或缺的作用。高粱的粉碎主要是为了在多轮次发酵中逐步释放可利用的淀粉，其粉碎度要求在一定程度上也会影响酒体质量、产量。三是原料的蒸煮强度，原料的蒸煮强度涉及原料中淀粉的释放程度和为微生物提供营养需求的程度，淀粉糊化程度对发酵过程有着重要的影响，所以，原料的蒸煮也是为微生物的良好生理活动创造条件。

②水分：水分既是酱香型白酒的主体骨架，也是发酵过程中微生物进行正常生理活动的必备条件，正常的含水量才能保证微生物的良好繁殖与代谢活动。

③辅料：酱香型白酒酿造过程中的辅料主要为稻草和糠壳，稻草主要用于制曲过程中接种、保温、吸水及稳水，为曲块的发酵提供一个有利的环境保障。糠壳主要用于酱香型白酒的糟醅，用于调节糟醅的疏松程度和含氧量，以利于微生物对氧的需求。上述是为微生物发酵提供一个合理的生长、代谢的酿造条件和物质保障。

（3）管理因素分析　俗话说：白酒生产，三分靠技艺，七分靠管理。可见，管理作用在白酒酿造过程中的重要性，酱香型白酒酿造过程中的管理因素是为定向因素和营养因素服务，也是为微生物的良好生理活动与协调作用提供重要保证，对酱香型白酒酿造过程的所有影响因素的认识、了解、掌握和运用，归根到底都得统一到管理上来，管理是酿造过程中最关键的因素。其功能主要包括以下几点：一是通过建立健全完善的工艺规程、生产管理制度、内控标准等文件化生产管理体系，可加强对工艺过程控制，确保工艺要求的实施；二是加强对员工技术、技能的培训，保证所有操作能准确满足工艺要求；三是通过技术革新和预防措施，提升技术能力和纠错能力，从发展的角度去保证产品质量；四是高度重视曲药用量、水分情况、过程温度、蒸煮强度、辅料用量、发酵时间等指标变化，做到心中有数，因生产过程中的量比关系变化会影响整个生产情况，需要通过管理去满足变化中的要求。

40、下沙轮次糟醅未经高温堆积有何影响?

高温堆积是酱香型白酒生产工艺的特点之一，被称为酱香型白酒的“二次制曲”，可见其重要性。传统下沙工艺生产的酒生涩味以及霉味重，不作为正品酒。因此，可以借鉴浓香工艺下沙时不堆积，从而使生沙酒变得干净、醇甜，不再回窖发酵，而成为正品轮次酒使用，打破传统酱香 8 次发酵、7 次取酒的俗规，而变为 8 次发酵、8 次取酒，从而提高整个周期发酵的出酒率，这是对传统酱香型白酒生产中堆积工艺的创新。

（1）未堆积对糟醅温度、感官及理化指标的影响　在酱香型白酒生产的下沙工艺中未进行堆积直接下窖池，对窖池的上层、中层、下层每隔一段分别测定温度并得出其平均值，并对下窖前和出窖糟醅做感官鉴定。从检测结果发现，下沙入窖发酵温度表现为前缓、中挺、后缓落。下窖后前 7 天升温比较快。达到最高之后开始缓慢下降，且明显看出未进行堆积的酒醅下窖后，到达最高峰的时间较长一些。且最高温度只有 38℃，升温幅度有 7~8℃。说明不进行堆积会对窖池发酵的升温有影响，原因可能是未堆积糟醅入窖温度较低，且糟醅中微生物数量比堆积的少，故新陈代谢不如进行堆积的糟醅旺盛，因而升温较缓慢，顶温温度相对较低。

未堆积的糟醅产酒无酒香味，发酵结束后淀粉少消耗 0.7%。进行堆积的糟醅网罗了空气中的微生物，下窖池后代谢旺盛，故淀粉消耗较高，糖分消耗较彻底。未堆积糟醅微生物都来自曲药，数量较少，因而新陈代谢略欠些，故淀粉消耗较少。表 5-15 为试验组（未堆积）和对比组（堆积）的糟醅理化指标及感官评定结果。

表 5-15　　**糟醅理化指标及感官评定结果**

项目	感官评定		水分/%		淀粉/%		酸度/（mmol/10g 糟）		还原糖/%	
	试验	对比	试验	对比	试验	对比	试验	对比	试验	对比
下沙	红褐色，颗粒状，红润光泽	棕褐色，颗粒状，较红润光泽								
入窖	曲香，略有酸，略有淋浆	曲香，略带酸甜味，微有酒香	41.6	42.3	36.9	36.8	0.12	0.1	-0.11	—
糙沙	棕褐色，颗粒状，有糟香味	深棕褐色，颗粒状，有糟香味								
出窖	酒味	酒味	42.5	43.1	35.6	34.8	0.84	0.66	0.14	0.59

（2）糙沙轮次出酒情况　下沙未堆积糟醅经过 30d 的发酵出窖蒸酒，流酒温度为 35~40℃，气压为 0.05~0.2MPa，由多名专业品酒师进行品尝发现，糙沙出酒率都比较低，未堆积酒醅出酒量有所下降，酒体甜味较突出，且无霉味，口感有所提高，可以不再回窖发酵，而成为正品轮次酒使用。此做法打破传统酱香 8 次发酵 7 次取酒，而变为 8 次发酵 8 次取酒，提高了原材料的利用率，节约了时间和劳动力。未经高温堆积糟醅出酒品评情况见表 5-16。

表 5-16　　**未经高温堆积糟醅出酒品评情况**

项目	试验窖池未堆积	对比窖池
综合酒品评	后味略涩、欠净，生沙较浓，较甜	后味涩、欠净，生沙较浓，有霉味
每窖出酒率（按 60%vol 计）	0.12%	0.21%

（3）1~7 轮次糟醅理化指标分析　在 1~7 轮次中对糟醅的常规数据进行检测，统一采集每轮入池糟醅平均值。常规理化测定是实际生产的必要步骤，对生产有着一定的指导作用，通过常规检测可以了解未堆积糟醅在后期的水分、淀粉、酸度的变化情况。检测结果发现，未堆积试验酒醅淀粉含量从糙沙到 5 次酒都略高于堆积试验。糙沙时未堆积酒醅酸度高于堆积试验 0.1%。水分含量 1~7 轮次都相差不大。分析原因是下沙未进行堆积发酵，微生物含量相对较少，因而糙沙下窖发酵中淀粉消耗量较少，因而含量高。而下沙后每轮次都要进行堆积发酵，将前面的累积过程的淀粉逐步挤压到 3、4、5 轮次被消耗。糙沙试验窖酸度略高是下沙所加母糟较多，带入的酸性物质较多所致。1~7 轮次入窖糟醅理化指标检测见表 5-17。

表 5-17　　**1~7 轮次入窖糟醅理化指标检测**

项目	水分/%		酸度/（mmol/10g 糟）		淀粉/%	
	试验	对比	试验	对比	试验	对比
糙沙	43.26	43.30	0.53	0.43	33.56	33.01

续表

项目	水分/%		酸度/（mmol/10g 糟）		淀粉/%	
	试验	对比	试验	对比	试验	对比
1 次酒	45.03	45.00	0.98	0.96	30.85	29.79
2 次酒	47.36	47.72	1.21	1.31	27.11	26.19
3 次酒	49.21	49.44	1.43	1.48	23.56	22.38
4 次酒	51.10	51.32	1.57	1.57	19.77	18.69
5 次酒	53.92	53.70	1.69	1.73	16.75	16.36
6 次酒	55.19	55.53	1.76	1.74	13.57	13.30
7 次酒	55.93	56.20	1.83	1.81	11.31	11.33

注：试验组为未堆积，对比组为堆积。

（4）1~7 轮次基酒风味物质检测　酱香型白酒的香味成分比较复杂，种类繁多且主体香成分不明确，通过色谱分析 1~7 轮次半成品酒的风味物质成分，能够对 1%~2%的微量香味成分进行单一组分分离，得到各组分的准确含量，明确得出各香味成分之间的量比关系，可以为试验结果提供科学依据。通过对下沙未堆积试验中 1~7 轮次产基酒风味物质成分测定发现，1~7 轮次中下沙未堆积试验产酒风味物质成分存在一定的差异，其中 1 轮次酒风味物质成分差异比较大，其中乙酸乙酯、正丙醇的含量差异最大，其次是正丁醇、正戊醇、异戊醇、异丁醇、甲醇。2 轮次酒以后各成分之间的差距缩小。乙酸乙酯、正丙醇的含量呈现两头高、中间低的特点。分析可能存在以下原因：一是甲醇的前体物质为果胶，果胶是半乳糖醛酸的缩合物，其羧基上经常与甲基或钙相结合而形成酯，该酯在果胶酯酶的参与下，经加水分解作用而生成甲醇和果胶酸。二是高级醇是一类高沸点物质，是白酒和其他饮料酒的重要香味来源。高级醇是指除乙醇以外的，具有 3 个碳以上的一价醇类。这些醇类包括正丙醇、仲丁醇、戊醇、异戊醇、异丁醇等。在乙醇发酵过程中，由于原料中蛋白质分解或微生物菌体蛋白水解，而生成氨基酸，氨基酸进一步水解放出氨，脱羧基，生成相应的醇。不同种类的酵母，产高级醇量也各不相同。三是 1 轮次酒发酵中，高粱糊化中可溶出的淀粉比较少，且下沙未堆积淀粉可溶出相对更少些，微生物为了自身的生存和繁殖，当消耗尽糖分时，进而转向消耗果胶和氨基酸，而果胶和氨基酸含量丰富，故甲醇、高级醇的含量较高。四是第一轮发酵温度较高，且酸度比较低，为氨基酸的代谢提供了条件。

（5）1~7 轮次基酒出酒率及优质酒率比较　酱香型白酒生产中每一轮产出的半成品酒在感官质量上都存在比较大的差异。每一轮的酒都有其不同的特点。对下沙未堆积试验 1~7 轮次出酒率、优质率和品评结果进行比较发现，1~7 轮次下沙未堆积与堆积的出酒率和优质率的比较表明，未堆积前 3 轮次出酒率都低于堆积，3~5 轮次酒下沙未堆积高于堆积，全年出酒率下沙未堆积比堆积高 0.4%，优质率下沙未堆积比堆积高 1.2%。从品评结果上看，下沙未堆积生沙酒口感较好，之后每一轮次酒两者总体口感相同。分析原因是下沙时不堆积，引入浓香工艺，从而使生沙酒变得较醇甜，而出酒率有所下降，降低了淀粉在糙沙、1 轮次酒、2 轮次酒时的消耗量，因而前 3 轮次酒出酒率较低，淀粉含量在 3~5 轮次酒时大量消耗，出酒率较高，从而优质率也有所提高。未堆积与堆积 1~7 轮次基酒品质检测见表 5-18。

表 5-18　　未堆积与堆积 1~7 轮次基酒品质检测

轮次	出酒率/%		优质酒率/%		品评	
	试验	对比	试验	对比	试验	对比
生沙酒	0.1	0.2	—	—	后味略涩、欠净，生沙较浓，较甜	后味涩、欠净，生沙较浓，霉味
1 轮次酒	2.9	3.9	—	—	酒体较杂，略有生、涩味，略酸	酒体较杂，略有生、涩味，略酸
2 轮次酒	3.4	6.4	2.0	5.6	酒体较单薄，略甜，微有生、涩味	酒体较单薄，略甜，微有生、涩味
3 轮次酒	11.4	10.1	50.0	48.0	酱香，醇甜，爽口，较净	酱香，醇甜，爽口，较净
4 轮次酒	12.4	11.0	56.0	53.0	酱香，醇甜，爽口，协调，后味干净	酱香，醇甜，爽口，协调，后味干净
5 轮次酒	9.6	7.8	49.0	41.0	酱香突出，醇甜，爽口，后味干净	酱香突出，醇甜，爽口，后味干净
6 轮次酒	6.2	6.1	13.0	11.0	酱香，略有焦香，醇厚，后味长	酱香，略有焦香，醇厚，后味长
7 轮次酒	3.1	3.2	—	—	煳香，带焦味，后味略苦	煳香，带焦味，后味略苦
总计	49.1	48.7	170	158.6		

注：试验组为未堆积，对比组为堆积。

综上所述，下沙时不堆积，直接下窖池发酵，所得生沙酒相对较好且醇甜，不再回窖发酵，而成为正品轮次酒使用，打破传统酱香 8 次发酵、7 次取酒的俗规，而变为 8 次发酵、8 次取酒。下沙时不堆积降低了酱香型白酒生产过程中 1 轮次、2 轮次所产酒的数量，明显提高质量较高的第 3 轮次、第 4 轮次、第 5 轮次、第 6 轮次产酒的数量，提高了原料利用率，同时间接提高了优质率。

41、高温堆积工艺中通氧对糟醅会有哪些影响?

在酱香型白酒生产堆积发酵过程中经常发生温度达不到下窖要求的情况，这大大影响了出酒率和基酒质量。现阶段普遍认为是在堆积发酵过程中氧气供应不足导致微生物（主要是酵母）的数量达不到要求，从而导致后续发酵升温较慢或达不到下窖温度。现阶段是通过翻堆增大与空气的接触面积来解决升温问题，但是翻堆浪费大量人力物力，延长了生产周期，是一种较传统落后的手段，而通过引入通氧发酵技术的方法，可以有效地节约人力资源，还可以通过调节通入氧气的量以缩短自然堆积的时间，是酱香型白酒生产堆积发酵技术有效的革新手段。

（1）不同通氧量对糟醅堆温度的影响　在高温堆积发酵过程中，温度是衡量是否达到下窖要求的主要指标之一。在自然发酵过程中由于微生物的代谢作用释放热量，使得糟醅在堆积过程中温度持续上升，从而达到下窖温度，高温堆积温度从侧面反映了糟醅中微生物的生长情况。从通氧后的监测结果来看，糟醅的发酵温度与发酵时间和充入的空气含量均呈正相关，充入的空气量越大糟醅升温速度越快。当充入的空气量大于10mL/h 时，在发酵第 5 天就可以达到 41. 4℃，已经接近入窖温度要求；充入空气量低于6mL/h 在发酵结束时温度也无法超过 37. 2℃，达不到入窖要求；当空气充入量为 8mL/h 最接近自然发酵时温度变化趋势。由于试验条件下很难完全模拟自然发酵的升温情况，但是总的来说充入的空气量和糟醅的升温有直接关联，在实际生产过程中可以通过改变充入糟醅的空气量来调节发酵温度。

（2）不同通氧量对糟醅堆酵母菌的影响　受酱香型白酒高温制曲工艺的限制，高温大曲无法为窖内发酵过程供应充足的酵母资源，因此需要经过堆积过程来实现酵母的增殖和富集，也为后续发酵过程积累香味及前体物质。在试验中充入不同量的空气使得酵母的增殖情况也不尽相同，酵母的增殖与充入空气的量和糟醅温度相关。当没有充入空气的时候，在无氧状态下酵母主要进行无氧发酵，产生大量代谢产物（乙醇），酵母数量增长较为缓慢，在 120h 的发酵过程中仅增长约 200%；当充入的空气量为 6mL/h 时酵母由于有充足的氧气迅速出芽繁殖，数量急剧增多，在 120h 的发酵过程中增长约 2700%；当充入空气流量达到 8mL/h，发酵达到 96h 以后由于糟醅温度逐渐升高超过 40℃，超过酵母最适生长温度，使得酵母数量有所下降。在堆积过程中充入不同量的空气能够调控糟醅中酵母的数量，显著减少由于大曲品质、环境温度、环境酵母的不同所造成的酵母含量差异，使不同轮次入窖糟醅中酵母的含量处于相对稳定的范围。

（3）不同通氧量对糟醅堆细菌的影响　细菌在整个通氧发酵阶段数量均有明显增长，与充入空气的量呈正相关，但是其增殖速度相比酵母较低，是因为在发酵前期发酵温度较低比较适合酵母生长使得细菌生长较缓慢，后期糟醅温度升高，酵母增殖变缓给细菌增殖空间，使得细菌得以快速增殖，后续由于生长空间和物质制约，细菌在发酵后期增殖放缓。但是总体来看，堆积过程糟醅中的细菌数量呈现增长趋势，增殖倍数在 1. 9~5. 8 倍，增长幅度远低于酵母。细菌在堆积过程中增殖较少，但是堆积过程对于细菌仍具有重要的意义。堆积糟醅中细菌主要来源于高温大曲，高温大曲出库后含水量低且需经过一定时间的陈放才能用于制酒生产。长期的干燥环境使得高温大曲中的细菌生物活性受到一定的抑制。堆积过程中，糟醅含水量丰富，能够活化从高温大曲接入糟醅中的细菌，有利于细菌发挥作用。

（4）不同通氧量对基酒品质的影响　样品来源：将通氧发酵后的糟醅密封发酵 30d 后取出，采用蒸馏釜蒸馏，取其 53%vol 的基酒，以翻堆后发酵所得基酒作为对照组。结果发现，可能是因为通氧后酵母数量与充入的空气量呈正相关，使得在 0~6mL/h 的充气量区间白酒产量随充入的空气增加而增大，当充气量高于 8mL/h 时出酒率又有一个明显的下降趋势，这可能是因为充入空气的量较大，酵母和细菌数量增加导致高粱中的物质和反应生成的乙醇参与其他反应使得出酒率下降。从基酒质量来看，通入空气量对基酒有着一定的影响，随着通入空气量的增加基酒的香气、回味、协调和香气强度有一定的提升，可能和发酵后期微生物数量有一定的关系。微生物生长到后期特别是进入稳定期后其代谢产物更加丰富，这一部分代谢产物在后期发酵和蒸馏过程中进入到基酒中，使得基酒的香气、回味和香气强度有所提升；同时由于物质含量更加丰富，使得基酒的净爽、绵柔感欠佳。随着通入空气量的不同基酒的醇厚、香气、净度无明显规律。从基酒的整体香气轮廓分析来看：通入不同的空气量对基酒的醇甜和酯香有一定的提升；对果香、草香、酯香、烘焙香、酸味、花香、发酵香、酱香、粮香、曲香无明显改善。

总体来看，糟醅的发酵温度与发酵时间和充入的空气含量均呈正相关，充入的空气量越大糟醅升温速度越快。酵母的增殖与充入空气的量和糟醅温度相关，在完全不充入空气时酵母进行无氧发酵，增殖缓慢，其数量在120h的发酵过程中仅增长约200%；当充入的空气量为6mL/h时酵母由于有充足的氧气迅速出芽繁殖使其数量急剧增多，酵母数量增长约2700%；当充入空气量达到8mL/h，发酵至96h时由于糟醅温度逐渐升高至40℃以上，已经超过酵母最适生长温度，使得酵母数量有所下降。细菌在整个通氧发酵阶段其数量均有明显增长，与充入空气的量呈正相关，增殖倍数在1.9~5.8倍，但增长幅度远低于酵母。出酒率随充入的空气量呈现先增大后减少的趋势，当充气量高于6mL/h时出酒率达到最大，随后开始降低，这可能是发酵代谢产生副产物造成；从基酒的香气及口感特征来看，通入空气量不同对基酒有着一定的影响，随着通入的空气量增加基酒的香气、回味和香气强度有一定的提升，但是其净爽、绵柔感欠佳；从基酒的整体香气轮廓分析来看，通入空气对基酒的醇甜和酯香有一定的提升。

42、酱香型白酒酿造过程中常见异常现象如何处理?

酱香型白酒传统酿造工艺属于手工操作，与基酒质量相关的因素太多，从季节、环境、原料、酿造工艺到蒸酒环节等等都可能会影响基酒质量。酱香型白酒在酿造过程中主要有以下几种异常现象：

（1）糟醅水分不足　酱香型白酒窖内发酵过程中如果糟醅水分含量不足，会导致糟醅发酵不良、出酒率低，并且有酒质生涩味重、酒色偏青色、气味冲鼻等缺陷，这是因为糟醅水分不足，原料蒸煮糊化不足，影响后续微生物的作用。糟醅出现水分不足很可能是因为在润粮时原料吸水不足，打量水时水温偏低，原料未吃透水，水仅仅是吸附在原料表面，淀粉颗粒难以达到膨胀、破裂、糊化的程度，从而影响后续窖内的发酵。对于此问题可在蒸粮时延长时间、多吊尾，提高打量水温度，翻拌均匀，下一轮次发酵即可正常。

（2）基酒酸味重　可能是因为糟醅含水量过高或高温堆积时温度过高导致大量细菌滋生，大量酸味物质生成；另外窖池渗水也可能会导致杂菌污染，导致糟醅中酸味物质含量增加。对于此问题可以在蒸酒时头、尾摘酒量增加，摘酒结束后大火冲酸等，均有减酸的作用。

（3）糟醅烧包　糟醅入窖结束后若窖皮泥太薄、窖期管理不仔细，很可能会出现窖皮泥出现裂口，导致空气、杂菌大量侵入窖池，霉菌着生于糟醅后会形成大块的饼状物，称为烧包或烧籽。糟醅烧包现象常见于发酵中后期，接近窖皮泥的2~3甑糟醅蒸出的酒色泽偏黑、出酒率低、味杂，严重影响生产。对于此，可通过增加窖皮泥厚度、做好窖期管理工作等大幅度减少此类现象的发生。

43、酱香型白酒蒸馏有哪些作用?

（1）分离、浓缩、提纯作用　发酵结束的糟醅经过上甑蒸馏后会将糟醅中微量的乙醇及风味物质富集在蒸气中，此步骤可将糟醅中4%~6%的乙醇浓度浓缩至50%~70%，其他香味物质也增加了浓度；并且会将低沸点的乙醛、硫化氢和游离氢等物质从气相排除，既达到了浓缩乙醇和香味物质的作用又起到了除杂的作用，从而使白酒保持应有的乙醇浓度及香味。另外，在高温蒸馏过程中可能会进一步促进酱香类风味物质的生成，有助于提高基酒的酱香风味和质量。

（2）杀菌作用　酱香型白酒酿造工艺最大的特点之一就是糟醅会与酿造环境充分接触，尤其是高温堆积工艺更是吸附了大量的酿造车间微生物菌群。糟醅在甑桶中蒸馏时会杀死其中的微生物菌群，尤其是杂菌，确保了下一轮发酵的正常进行。糟醅中被杀死的杂菌不仅不会影响下一轮发酵，死亡的菌体还可以为下一轮发酵的酿酒微生物菌群提供营养物质及香味物质的前体物质，有利于下一轮发酵香味物质的生成。

（3）其他物质变化　发酵结束后的糟醅经过高温蒸馏后浓郁香味物质被提取，蒸馏后的糟醅香味与之前完全不同；一些对热不稳定的物质经高温后发生变化，可能会生成酱香类风味物质，尤其是具有酱香、焦煳香和烘焙香的风味物质，可以提高下一轮次的发酵效果和基酒质量。

44、什么是看花摘酒?

在白酒蒸馏过程中接酒匠人会在接酒桶口放置勺子、杯子或纱布等，当馏出酒液碰撞在上述物体上时会溅起泡沫，即为看花摘酒中的“酒花”。酒花的大小及持久程度与乙醇浓度密切相关，因此在摘酒时接酒匠人根据酒花的大小及持久度可以直接实现量质摘酒、分段摘酒。刚开始馏酒时酒花大、整齐一致、持久度较高，称为豌豆花（大清花），此时乙醇浓度在70%vol以上；随着馏酒的进行乙醇浓度开始降低酒花也开始变小，逐渐变为细碎小花，持久度较好，此时乙醇浓度在62%~65%vol，称为豆子花（二清花）；随着酒精度的进一步下降，逐渐变成绿豆花、碎米花（小清花或绒花）。当酒花变成碎米花后酒花就会消失，此时需要停止摘酒，开始接酒尾，又称为断花摘酒；酒尾呈现大泡沫的水花时，乙醇浓度在28%~35%vol。

酒花的准确性与上甑操作密切相关，上甑技术好整个馏酒过程中酒花明显、利落，可以根据酒花的变化清晰地完成量质摘酒；但若上甑摘酒时糟醅水分过大、糟醅在甑桶内部出现轻重不一导致汽路不均匀，馏酒时酒花会出现波动，泡沫时大时小，无法明确地根据酒花变化实现量质摘酒，甚至接酒尾时还会出现酒花夹杂于其中的“夹花吊尾”现象，严重时会影响基酒的得率及质量。从蒸馏过程中各个馏分的变化规律可知，甲醇、高级醇、醛类物质以及低级脂肪酸酯等低沸点物质在酒头中大量积累，因此酒头放香好、燥味大、杂味重；而酒尾则因为含有较多的高级醇、高级脂肪酸乙酯、乳酸等，因此味苦、涩、杂，因此“掐头去尾”是摘酒时提高酒质的有效手段之一。

45、中国白酒产业甑桶为什么是花盆状?

中国白酒蒸馏装置与世界其他著名蒸馏酒均不相同，是我国独创的底部小顶部大的花盆状，虽然具体机理尚未完全研究清楚，但根据实际应用经验来看，中国白酒生产所用的甑桶作用机理类似于一个无数层的填料塔，在蒸馏过程中甑桶内部糟醅不同层次间发生着极其复杂的理化变化，酒蒸气在糟醅层间不断地进行着气化—液化—气化的变化过程，所以糟醅与蒸气之间的接触面积是衡量甑桶蒸馏效果的重要指标之一。根据应用总结的经验来看，甑桶上下口径之比为 1.14∶1 左右时蒸馏效果较好；同时为了提高甑桶的蒸馏效果会将蒸汽管道安置于底锅液面之下，在蒸汽的同时会生成二次间接蒸汽，在正确的上甑技术下蒸馏效率可达到 80%~96%、乙醇含量可高达 80%vol，提纯和浓缩效果都较好。但在实际应用中也发现，在蒸馏过程中甑桶四壁会出现“甑边效应”，蒸气沿着甑桶内壁快速上升，尤其是在蒸馏刚开始时糟醅温度低、不同层糟醅温差大时“甑边效应”更明显，影响基酒得率。在上甑快结束时会在四周多上一部分糟醅，并且略微压紧，甑中心则略低、略松，形成四周高中间低的凹状，可以有效减缓“甑边效应”，减少酒蒸气分布不均匀的现象，有效提高了糟醅的蒸馏效果。

46、中国白酒蒸馏装置的演变经历了哪些主要阶段?

中国白酒蒸馏装置的演变主要经历了天锅甑、传统蒸馏甑桶、机械化蒸馏甑桶以及连续蒸馏装置等几个主要阶段，以下将对每个阶段的蒸馏装置进行简略的介绍。

(1) 天锅甑　天锅甑可谓是中国白酒行业使用范围最广、出现时间较早的蒸馏装置之一，在北京市、四川省、云南省等地均有出现，甚至至今仍能在浙江、广西和江西部分地区寻找到天锅甑的踪迹。2006 年，位于吉林省的大安酒厂在改造厂房时出土了大量的酿酒器具，出土的物件可组装为完整的烧酒锅具——天锅甑，到 2012 年，研究人员对出土物件进行深入研究并扩大发掘后确认大安酒厂遗址是辽金时期的烧酒坊，将天锅甑出现时间前推至辽金时期。自 20 世纪 90 年代开始，全兴酒业对其酒坊遗址进行了全面发掘，从近 300m^2 的遗址中发掘出了大量的酿酒器具，完整地反映了中国传统白酒酿造工艺流程，其中一套完整的天锅甑展示于全兴酒史博物馆。在对江西省辖区内一烧酒作坊遗址进行发掘时，发现了完整的酿酒遗迹，其中两处天锅甑遗迹，包括土灶、烧锅底座以及接酒器具等。这些考古发现表明，天锅甑至少在明清时期已经得到了完善，并具有较广泛的使用。天锅甑不仅在我国汉族人民酿酒行业有着较为广泛的应用，在部分少数民族地区也发现了天锅甑的踪迹。如云南省佤族烧酒、云南省彝族烧酒、蒙古族马奶酒以及拉萨的青稞酒等少数民族特色酒的蒸馏装置都存在着天锅甑的影子。

①天锅甑基本结构：传统的天锅甑主要由三部分组成，自下而上分别是地锅、带箅子的木甑、盛装冷凝水的天锅及冷凝管、接酒容器等配套部件。在灶台上依次安置好地锅、木甑和天锅后开始加热，地锅中蒸汽源源不断地上涌，乙醇及其他香味物质不断从箅子上的糟醅中提取、浓缩，上升的蒸汽遇到盛放冷凝水的天锅后液化滴落于天锅底部的铜盘中，再顺着天锅底部的流酒管流入甑外的接酒容器中，即可完成蒸馏工艺。天锅甑可谓是我国古代先民在长时期的实践中不断选择、改进、完善得到的一种适用于中国白酒的蒸馏装置，其独特蒸馏原理为后续各个时代蒸馏装置的改进提供了坚实的基础，也使得中国白酒屹立于世界蒸馏酒之林。

②天锅甑优点：天锅甑独特的结构形成了其通道大、汽路短、集团型汽-液相变模式的三大优势，曾有实验表明经天锅甑蒸馏的新酒具有醇厚、温润、无明显新酒味的特点，

感官品评上甚至与贮存 3 个月后的由传统蒸馏甑桶所得新酒相近。天锅甑所具有的这种优势主要与其在蒸馏过程中能够确保酒中各组分分子间、香味各组分间保持完整性密切相关，天锅甑真正地做到了在蒸馏过程中不改变酒气中“香”“味”的原始组合比例，从而确保了酒中各种香味物质组分的比例协调。

③天锅甑的不足：中华人民共和国成立以后，中国白酒产业开始不断复苏、发展、振兴，产能也在不断扩大，天锅甑出现了不适应于生产的情况，主要体现在以下几个方面：一是劳动强度大，“天锅”中的冷凝水会随着蒸馏的进行温度上升，为了确保冷凝效果需要定时更换冷凝水，同时还需要有专人不停地混匀“天锅”中的冷凝水，否则冷凝效果差。在旧时酿酒坊的学徒工首先要学会的就是搅动“天锅”中的冷凝水，存在劳动强度大、冷却效果不稳定问题。二是流酒温度不稳定，由于天锅甑普遍采用柴火进行加热，火力大小无法控制一致，导致蒸汽压力不稳定、蒸汽对糟醅中香味物质的提纯效果减弱，加之天锅冷凝效果不稳定，最终很可能会导致“丰产不丰收”的现象。三是换热效率低下，由于“天锅”中冷凝水与酒蒸气间热交换面积小、交换速率缓慢、人工搅动频率不稳定导致甑子容量受到限制，进而导致产量无法扩大，这也是天锅甑后续被闲置的主要原因之一。因此，天锅甑逐渐退出了历史舞台，当今只在博物馆以及部分偏远地区能够看见其足迹。

（2）传统蒸馏甑桶　中华人民共和国成立后，天锅甑也随着中国白酒产业的振兴逐渐被传统蒸馏甑桶（地面蒸馏系统）取代。传统蒸馏甑桶是我国一种专门针对固态发酵糟醅而设计的独特蒸馏装置，不同于世界上其他蒸馏装置。其主体结构自下而上分别为地下预埋的加热器——底锅，上下口直径分别为 2m 和 1.8m 左右、高 1m 左右的锥形圆筒，甑箅，活动的甑盖；通过中间的导气筒与冷凝罐相连。蒸馏时向加入水后的底锅中通入蒸汽，产生饱和的水蒸气并通过甑箅进入甑桶中，按照“轻撒匀铺、探气上甑”的操作要领进行上甑、封甑，水蒸气与甑桶中的糟醅进行热质交换，通过“气化—液化—气化”的不断循环将糟醅中乙醇和微量风味物质逐步浓缩于蒸气中并通过导气筒传入冷凝桶中转化为酒液，完成整个蒸馏过程。

①传统蒸馏甑桶的演变：传统蒸馏甑桶虽是源于天锅甑，但也不仅仅是简单地将冷却装置“天锅”更换为冷凝桶，而是在使用过程中进行了不断的调整、改进，演变主要包括以下几个方面：

一是制作材料的演变，甑桶制作材料从最开始的石材、铁、铝逐步发展为现在的不锈钢材质。不同材质制作的甑桶具有各自的优缺点。石制甑桶具有甑桶边热传递速率慢，有利于糟醅中风味物质的萃取的优点，但存在加工困难、机械强度差的缺点；铁制和铝制甑桶虽有加工便利的优点，但因不耐腐蚀，有影响酒质的缺点，应用范围受限；目前普遍采用的不锈钢甑桶具有易制作、耐腐蚀、强度高、使用寿命长的优点，但也存在甑桶内酒气不能同步上升、优质酒提取率不稳定的缺点。

二是甑桶外形的演变，主要有柱筒形和圆盆形两种，由于柱筒形甑桶存在操作难度大、酒质差、蒸馏效率较低等缺点已被淘汰；圆盆形甑桶在操作恰当的基础上的蒸馏效率可达 80%~96%，酒气在甑桶内聚集效果比较好，初馏酒度可达 80%vol 左右。

三是出甑方式改变，传统甑桶蒸馏采用人工上甑，蒸馏结束后也由人工出甑，虽然具有结构简单、成本低、人工操作便捷等优点，但存在劳动强度大、环境恶劣、生产效率低等缺点。为了减少出甑工段的劳动强度，甑桶底部箅子改进为延中轴线打开的合页形式，蒸馏结束后将甑桶提升到摊晾区域上空，打开甑桶底部插销，合页打开即可完成出甑操作，大大减小了劳动强度。

四是甑桶盖子的改进，天锅甑中采用的天锅既是冷凝器也是甑盖，具有保持酒原始风味特征的优点，但由于耗能耗水大、劳动强度大、生产效率低等问题逐渐将冷凝器与甑盖分开设计使用。甑盖的设计也经历了多次的修改，由于最开始的平形甑盖存在酒蒸气导出受阻等问题逐渐被漏斗状的甑盖取代。近年来有科研工作者发现漏斗状的甑盖同样存在一些不足，主要问题是导气筒和甑盖连接处存在一个较大的表面积差，酒蒸气需要经过突然的压缩才能通过导气筒进入冷凝罐中，突然的压缩可能会导致酒液的原始结构发生改变，同时会导致部分酒蒸气液化后沿甑盖内壁流至密封槽中造成酒损和香损。为了改进存在的不足，科研工作者们进行了一系列的工作，如甑盖夹层、填充隔热材料、在夹层内壁开孔收集酒液等。

②传统蒸馏甑桶优点：传统蒸馏甑桶虽是间歇式蒸馏，但也完全符合拉乌尔定律，实质上也可以看作一个独特的填料蒸馏塔，通过工人师傅的上甑操作在甑桶内形成糟醅层，随着蒸气的不断上涌甑内温度不断上升，蒸气在糟醅层内不断“气化—液化—气化”，经过多次萃取浓缩后使糟醅中5%vol左右的酒精度提升至65%vol左右，同时也将糟醅中微量的、数量众多的香味物质萃取至基酒中，实现了对糟醅中香味物质的提取，也可以在一定程度上减少有害物质，如农残、重金属和塑化剂的含量。

③传统蒸馏甑桶的不足：传统蒸馏甑桶虽较天锅甑具有诸多优点，但依然存在一些需要改善的地方，主要包括以下几点：一是上甑技术影响蒸馏结果，虽酿酒一线工人在长期生产实践中总结出了“轻撒匀铺，探气上甑”“松、轻、准、薄、匀、平”等上甑操作技巧，但实际生产中由于上甑工人主观因素同样也会出现由上甑操作的失误导致出酒率和基酒酒质受到影响的情况，也就是行业所说的“丰产不丰收”。二是摘酒技术影响蒸馏结果，一般会对传统白酒蒸馏过程中的基酒分段摘取、贮存，如四川的浓香型白酒在摘酒过程中讲究“掐头、去尾、留中间”，即摘酒师傅通过采用“看花摘酒”工艺对基酒进行分段摘取、贮存，方便后续的勾调环节。但大清花、小清花、云花等不同酒花类型的判定受摘酒师傅主观性的影响，同一位摘酒师傅在不同身体状态下或者不同的摘酒师傅对于同样酒花的判断可能就会出现一些分歧，这些分歧有可能导致分段摘酒过程中出现酒损。三是上甑失误造成蒸馏事故，在蒸馏过程中可能会因为上甑工的熟练度、认真度、身体状态等出现蒸馏事故，如底锅水添加过多、底锅水未更换比较黏稠时容易造成蒸馏时涌入甑内，导致糟醅浸水、污染，造成“淤锅”事故；上甑过程中蒸汽控制不稳导致突然中断，糟醅层随之逐渐下沉，部分气路受阻造成严重的质量事故，即“坠甑”；由于上甑结束时糟醅墙没有做好或者上甑时铺撒不均匀造成偏甑，酒蒸气从糟醅层薄弱处冲出，并沿着甑盖与甑体密封处冲出，造成酒损甚至溅射到烤酒工身上，产生烫伤事故。以上列举的几点中轻微的会造成酒损，严重的甚至会威胁到工人的人身安全，这是传统蒸馏甑桶在蒸馏过程中需要严格注意的事项。四是水封造成酒损，传统蒸馏甑桶由于甑边效应会有部分酒蒸气泄漏到液封的水中，在一甑蒸馏结束后，一般导气筒水封槽中酒损为0.7kg左右，甑桶水封槽中酒损为2kg左右，这部分酒损虽在多次技改中得到一定的减少，但这个问题仍然存在。

（3）机械化蒸馏甑桶　随着机械化在白酒行业中的不断推广，越来越多的酿酒工段实现了机械化，尤其是在蒸馏工段。目前部分酒厂已基本实现了机械化生产工艺，其中机械化蒸馏甑桶是在传统蒸馏甑桶的基础上进行了诸多改进和完善制成的，主要包括以下几方面：

①上甑环节的改进：鉴于人工上甑存在劳动强度较大、上甑环境较恶劣、上甑工的主观性影响出酒率和酒质等不足，部分酒企开始围绕“探气上甑、轻撒匀铺”的核心工艺要求探索机械上甑工艺，目前已用于实际生产的主要为抖动式和旋转式上甑机器人。

抖动式上甑机器人主要由机械臂和料斗组成，借助红外线成像仪探测糟醅层上的温度变化来判断蒸汽的上升，达到“探汽上甑”工艺要求。上甑时通过料斗的轻微抖动将糟醅轻撒匀铺在预先设定好的区域中，使每一斗糟醅刚好完成一个区域的上甑。抖动式上甑机器人由于没有在机械臂内部设置传送装置，每一料斗上甑结束后需要转动至糟醅传送装置处进行补料，如此往复实现整个上甑过程。

旋转式上甑机器人在抖动式上甑机器人的基础上进行了改进，在机械臂内部预置了糟醅传送装置，同时配备了糟醅进出口、升降及旋转机构等辅助设备，实现了连续性上甑，优化了整个运行轨迹，提高了“探汽上甑”的灵敏度。

目前，红外线热成像技术无法直接表征糟醅内层温度、上甑时糟醅铺撒不均匀、糟醅层局部气路受阻、内置式传送带不易清洗容易滋生杂菌等仍是上甑机器人当前面临的挑战，这也将是未来上甑机器人需主要解决的痛点。

②甑桶结构的改进：为了弥补传统蒸馏甑桶存在的不足，在机械化蒸馏工艺实施过程中，甑桶自身结构也在不断完善。为了减少劳动强度、减少酒损、提高生产效率，甑桶结构增加了旋转设备、升降设备和构架等辅助设备，蒸馏结束后通过电机的推动使甑桶旋转一定角度完成出甑操作；桶内蒸汽孔采用品字形不均分布可以一定程度上减弱甑边效应；通过设置液压装置、气封装置以及桶口采用硅胶密封可以减少水封所带来的酒损。改进后的甑桶自动化、机械化程度较高，有利于酿酒行业整个机械化的推广，实现与其他国际蒸馏酒生产技术水平的接轨。

③摘酒环节的改进：摘酒工艺的好坏受烤酒工主观因素的影响较大等问题，鉴于传统蒸馏过程中的分段摘酒主要依靠烤酒工看酒花、品评等方式，酿酒行业科研人员研发出了自动化摘酒装置。自动化摘酒装置主要是在现有的基础上借助酒精度在线检测器、温度在线检测器和流量在线检测器替代烤酒工的主观判断，并设置5~6个出酒管道作为不同等级原酒的出口。馏酒时在线检测的数据反馈到中央控制器，再通过电磁阀门调节出酒管的位置实现分段摘酒的工艺要求。

（4）连续蒸馏装置　中国白酒使用的蒸馏装置均属于间歇蒸馏，在固态发酵产业中连续蒸馏装置仍处于研究阶段，目前主要集中于液态发酵产业中。郭梅君等针对液态法白酒设计了一套塔式连续蒸馏装置，经过试验发现，连续蒸馏工艺在能耗方面能够节约60%左右的蒸汽用量和50%左右的冷却水用量，蒸馏后的酒质更加纯净、柔和，废醪中仅有0.05%左右的酒分，是间歇蒸馏工艺的四分之一，相对于传统间歇蒸馏装置具有诸多优势。近年来固态白酒传统间歇甑桶蒸馏工艺暴露出了一些不足，如上述的甑桶多而分散、生产效率低、容易出现酒损等。因此，为了提高整个白酒行业的机械化、智能化、自动化、连续化和联动化的程度，科研人员对固态发酵法白酒连续蒸馏装置及工艺进行了深入研究并取得了大量成果，形成了不同类型的连续蒸馏装置。

①筒体旋转式连续蒸馏装置：该装置主体结构包括可旋转筒体、螺旋进料机和出料机、抽气集成器、冷凝器和储酒罐等。蒸馏开始时糟醅通过螺旋进料机进入筒体，筒体以 5~20r/min 的转速开始旋转，糟醅随着筒体旋转不断向出料口前进并与通入的蒸汽充分接触，上升至顶部的酒蒸气由抽气集成器收集后导入冷凝器中，冷凝后的白酒流入储酒罐中，糟醅则通过螺旋出料机排出，完成整个蒸馏操作。

该设备具有劳动强度低、人工需求低、生产效率高等优点，但也存在一些缺点，如旋转过程中糟醅中的疏松剂容易被抛出，导致糟醅间隙减少影响蒸馏效果；筒体旋转过程中湿润的糟醅物料容易因为离心力粘贴在筒体壁上难于清洗，同时导致酒损；由于糟醅层较薄，提香效果无法赶上传统蒸馏甑桶，不适用于浓香型和酱香型等白酒的蒸馏。

②中空旋转轴连续蒸馏装置：该装置主体结构包括固定的密封壳体、具有螺旋叶片的中空旋转轴和收集器。蒸馏开始时糟醅从中空旋转轴的一端输入，随着螺旋叶片的旋转沿着中空轴向前移动，中空轴中的加热介质被热源加热后使糟醅中的乙醇及其他香味物质挥发到壳体空间内，并被收集器捕捉，实现连续化蒸馏。

该装置螺旋叶片设计为中空，与中空旋转轴相连，加热后可使糟醅受热更均匀，有利于糟醅中挥发性物质的析出，同时避免了旋转式设备存在的不足。但该装置同样存在一些缺点，如整个装置较长，不同区域蒸馏出的组分不一样，不利于收集；螺旋叶片长时间使用后容易出现腐蚀现象，需选用耐酸、耐腐蚀的金属；整个螺旋轴由多个螺旋叶片组成，存在较多的死角，后期清洗比较麻烦，清洗不当容易染菌。

③塔式连续蒸馏装置：该装置在前面多种连续蒸馏装置的基础上，为了更好地模拟传统蒸馏甑桶在蒸馏过程中反复“气化—液化—气化”的浓缩过程，设计为塔式连续蒸馏装置。该装置主要由塔体、糟醅输入装置、糟醅输出装置、发热源等组成，蒸馏过程中糟醅从塔顶输入蒸馏塔中，蒸汽则从塔底输入，蒸汽由下而上穿过糟醅层对其中的乙醇及其他香味物质进行浓缩。糟醅在塔内的运动方式目前主要有两种，一是塔内设计倾斜的多级挡板，糟醅沿着多级挡板缓慢向塔底滑落，蒸汽沿着挡板间隙上升从而完成蒸酒工段；二是塔内设计有合页筛板，通过筛板的打开和关闭实现糟醅的向下滑落，蒸汽则通过筛孔穿过糟醅层完成蒸馏工段。塔式蒸馏装置虽然比之前的两种有一定的优势，但也存在一些问题，如暂时无法达到大曲酒蒸馏的标准，主要应用于麸曲或小曲清香型白酒的蒸馏。

相对于传统间歇蒸馏来说，连续蒸馏具有劳动强度低、生产效率高、便于实现机械化、智能化、自动化生产等优点，在小曲或麸曲白酒蒸馏过程中已得到了一定的应用，并取得了一定的成果，但在固态法大曲白酒产业中仍处于研究阶段，尤其在浓香型白酒、酱香型白酒、大曲清香型白酒等大曲酒蒸馏方面，这是由于大曲酒糟醅相对于小曲或麸曲酒糟醅更为复杂，包括物理结构、糟醅中所含物质以及糟醅中香味物质等。在后续研究中应该以糟醅层的厚度、糟醅层数、辅料的有无、糟醅的传送方式以及酒蒸气的收集等方面为研究中心，只有尽可能完善蒸汽与糟醅的热质交换才能够做到“丰产”又“丰收”，就当前蒸馏技术发展趋势来看，连续蒸馏装置必将是未来中国白酒产业研究的重点之一。

当前，中国白酒酿造过程中采用的蒸馏装置主要还是甑桶，包括传统的和机械生产的甑桶，而连续蒸馏装置仍处于研究阶段。后续蒸馏装置研究应该将机械化、智能化和连续化作为研究中心，以保证出酒率与酒质为前提，不断地完善装置结构，提高机械化、智能化水平，减少劳动强度，增强质量稳定性，逐步被白酒企业所接受，中国白酒产业只有在传承中不断创新，才能保持永久的生机。

47、如何计算标准原粮出酒率、淀粉出酒率、淀粉利用率等消耗指标？

（1）标准原粮出酒率　由于酿酒原料不同品种、不同质量及淀粉含量存在较大的差异，出酒率会出现较大的差异，因此以前提出的原粮出酒率不能作为指标，目前均采用标准原粮出酒率。

标准原粮耗用量：标准原粮是指将酿酒用粮、曲药以及辅料中的所有淀粉等全部折算为65%淀粉含量的标准粮，即为标准原粮，计算公式如下：

总淀粉量（kg）= 酿酒原料质量（kg）×酿酒原料淀粉含量 ω_1（%）+ 曲药质量（kg）×曲药淀粉含量 ω_2（%）+……

标准原粮耗用量（kg）= 白酒生产总淀粉量（kg）/65%

标准原粮出酒率：统一将白酒度数折算成65%vol计算出酒率，即为标准白酒产量，标准原粮出酒率计算公式为：

标准原粮出酒率 =［标准白酒产量（kg）/标准原粮耗用量（kg）］×100%

（2）淀粉出酒率　淀粉出酒率是指每100kg淀粉所产65%vol标准白酒的质量（kg），该指标是判断生产原料利用率、企业生产工艺以及管理水平是否合理的关键点。

淀粉出酒率 =［标准白酒产量（kg）］/［白酒生产淀粉总用量（kg）］×100%

（3）淀粉利用率　从淀粉到乙醇的反应方程式可知，理论上每162.15kg的纯淀粉可产乙醇92.14kg，则淀粉的理论出酒率为56.82%，查表知65%vol白酒的质量分数为57.16%，因此：

65%vol 标准白酒理论出酒率 =（56.82/57.16）×100% = 99.41%

淀粉利用率 =（淀粉出酒率/65%标准白酒理论出酒率）×100%

（4）吨酒耗曲量及粮曲比

每吨白酒耗曲量（kg）= 折合标准水分的总用曲量（kg）/白酒（65%vol）合格品产量（t）

折合标准水分的总用曲量（kg）=［实际用曲量×（1-使用曲含水量）］/（1-12%）

其中，12%为标准水分，因不同批次曲含水量不一样，故统一按照12%的标准水分进行计算，产品中耗用多种曲时应该分别列出质量。

粮曲比 =［标准水分曲耗用量（t）］/［原料耗用总量（t）］×100%

其中，原料耗用量包括酿酒原料，采用多种曲时应分开计算。

（5）吨酒耗电量

吨酒耗电量［（kW·h）/t］= 白酒生产耗电量（kW·h）/白酒（65%vol）合格品产量（t）

耗电量不能包括食堂、办公室、宿舍等用电，只能是生产相关的。

48、酱香型白酒蒸馏过程中基酒酒精度与酸度有何量比关系？

酱香型白酒的酸是白酒呈香的重要物质，与其他香味物质共同组成酱香型白酒所特有的芳香。结合酒尾酸度高的特点对不同窖池的不同窖层及同一窖池不同窖层的酒糟，在蒸馏过程中酒尾的几个时间段的酸度和酒精度进行分析研究，以探寻酱香型白酒蒸馏过程中酸度与酒精度的变化规律。

（1）不同窖池不同窖层酒尾酒精度、酸度检测　对不同窖池酒尾的酒度和酸度指标检测发现，不同的窖层蒸酒过程任何一个时间段的酒尾和某一个时间段的原酒，当调至同一酒精度的时候，酸度相差很小，基本趋于一致。调至55%vol相差不超过0.02g/L，调至53%vol相差不超过0.03g/L，调至49%vol相差不超过0.05g/L。不论勾调至55%vol、53%vol、49%vol后都没有超过0.05g/L，由此可以看出同一甑酒的酸度与酒精度成反比关系。不同窖池酒尾酒精度、酸度检测结果见表5-19。

表5-19　不同窖池酒尾酒精度、酸度检测结果　单位：g/L

甑别	酒样名称	酒精度/%vol	酸度	勾调至55%vol后酸度	勾调至53%vol后酸度	勾调至49%vol后酸度
第五甑	酒尾前段	27.3	3.700	2.102	2.217	2.448
	酒尾中前段	10.8	4.60	2.098	2.212	2.438
	酒尾中后段	3.0	4.960	2.094	2.205	2.425
	酒尾后段	0	5.150	2.096	2.207	2.429
	满罐酒样	57.8	1.940	—	—	—
第六甑	酒尾前段	34.8	3.940	2.569	2.705	2.976
	酒尾中前段	12.3	5.210	2.557	2.681	2.930
	酒尾中后段	3.5	5.930	2.564	2.695	2.956
	酒尾后段	0.4	6.050	2.561	2.688	2.944
	满罐酒样	57.2	2.420	—	—	—
第七甑	酒尾前段	18.6	6.130	3.952	4.072	4.311
	酒尾中前段	3.6	7.080	3.952	4.074	4.317
	酒尾中后段	3.5	7.260	3.953	4.081	4.338
	酒尾后段	0	7.510	3.953	4.082	4.341
	满罐酒样	55.2	3.940	—	—	—
第八甑	酒尾前段	20.6	5.150	2.808	2.945	3.217
	酒尾中前段	3.1	6.360	2.809	2.946	3.219
	酒尾中后段	1.7	6.360	2.807	2.940	3.207
	酒尾后段	0	6.480	2.807	2.940	3.208
	满罐酒样	56.3	2.720	—	—	—
第九甑	酒尾前段	29.0	4.180	2.466	2.598	2.862
	酒尾中前段	9.5	5.270	2.463	2.587	2.833
	酒尾中后段	2.2	5.690	2.463	2.585	2.830
	酒尾后段	0	5.810	2.463	2.584	2.828
	满罐酒样	22.7	2.420	—	—	

续表

甑别	酒样名称	酒精度/%vol	酸度	勾调至55%vol后酸度	勾调至53%vol后酸度	勾调至49%vol后酸度
第十甑	酒尾前段	35.6	4.840	3.278	3.439	3.761
	酒尾中前段	15.8	5.870	3.277	3.409	3.674
	酒尾中后段	3.4	7.020	3.277	3.422	3.712
	酒尾后段	0	7.260	3.277	3.422	3.712
	满罐酒样	55.1	3.270	—	—	—
第十一甑	酒尾前段	26.7	5.450	3.047	3.217	3.556
	酒尾中前段	7.9	6.840	3.046	3.207	3.529
	酒尾中后段	1.5	7.080	3.045	3.196	3.498
	酒尾后段	0	7.260	3.045	3.199	3.505
	满罐酒样	55.2	3.030	—	—	—
第十二甑	酒尾前段	27.9	5.270	3.110	3.269	3.588
	酒尾中前段	8.2	6.660	3.106	3.258	3.562
	酒尾中后段	1.4	7.570	3.113	3.279	3.612
	酒尾后段	0	7.390	3.108	3.264	3.575
	满罐酒样	56.2	3.030	—	—	—

（2）同一窖池不同窖层酒尾酒精度、酸度检测　对同一窖池酒尾酒精度、酸度指标检测发现，无论使用哪一个窖层，同一个窖池中，不同的窖层蒸酒过程任何一个时间段的酒尾和某一个时间段的原酒，当调至同一酒精度的时候，酸度也相差很小，基本趋于一致。调至55%vol相差不超过0.01g/L，调至53%vol相差不超过0.02g/L，调至49%vol相差不超过0.04g/L，均没有超过0.05g/L，由此可以看出同一甑酒的酸度与酒精度成反比关系。同一窖池酒尾酒精度、酸度检测结果见表5-20。

表5-20　同一窖池酒尾酒精度、酸度检测结果　单位：g/L

甑别	酒样名称	酒精度/%vol	酸度	勾调至55%vol后酸度	勾调至53%vol后酸度	勾调至49%vol后酸度
第一、二甑	酒尾前段	36.2	3.150	2.137	2.243	2.454
	酒尾后段	0	4.840	2.128	2.227	2.424
	满罐酒样	57.6	2.000	—	—	—
第三、四甑	酒尾前段	40.4	2.850	2.089	2.193	2.402
	酒尾后段	0	4.780	2.077	2.175	2.372
	满罐酒样	59.0	1.880	—	—	—

续表

甑别	酒样名称	酒精度/%vol	酸度	勾调至55%vol后酸度	勾调至53%vol后酸度	勾调至49%vol后酸度
第五、六甑	酒尾前段	34.2	3.270	2.458	2.536	2.692
	酒尾后段	0	4.840	2.459	2.545	2.718
	满罐酒样	55.2	2.450	—	—	—
第七、八甑	酒尾前段	36.2	2.970	2.020	2.121	2.323
	酒尾后段	0	4.900	2.021	2.126	2.335
	满罐酒样	55.4	2.000	—	—	—
第九、十甑	酒尾前段	32.6	3.210	2.134	2.230	2.423
	酒尾后段	0	4.900	2.135	2.236	2.437
	满罐酒样	55.3	2.120	—	—	—
第十一、十二甑	酒尾前段	26.4	3.690	2.250	2.351	2.552
	酒尾后段	0	5.090	2.252	2.355	2.562
	满罐酒样	56.4	2.180	—	—	—

综上所述，通过检测结果来看，同一甑酒尾不同时间节点当与接出的酒样勾调至相同度数时酸度值相差很小，酸度基本相似；也就是说如果用同一甑的酒尾勾调某个酒度的成品酒时，无论用哪个阶段的酒尾，所勾出的酒酸度是一样的。继续通过研究其他窖池不同窖层糟醅的酒度与酸度分析研究发现，在酱香型白酒蒸馏过程中不论是不同窖池还是同一窖池每一甑酒的酒精度与酸度成反比，直至酒精度为0，以满足相关生产需要。

49、从哪些方面可以提高酱香型白酒质量？

（1）高温制曲是提高酱香型白酒质量的基础　“曲定酒型”充分说明了曲药质量与基酒质量之间的密切关系，因此高温大曲是影响酱香型白酒质量的主要点之一。影响酱香型白酒高温大曲质量的因素众多，其中制曲过程中顶温的高低显著影响了曲药的质量，一般来说制曲顶温高低适当曲药质量就好，若顶温过高或过低曲药质量就差，因此高温大曲制曲过程中控温是工艺关键点之一。

高温制曲过程中顶温的形成与曲坯含水量密切相关（表5-21），一般曲坯含水量大在制曲过程中温度上升快（可能还与当季气候有关），这可能是因为高含水量刺激了微生物菌群的活性，从而增加了微生物菌群生长、繁殖、代谢产生的热量。因此，制曲车间应该根据具体的季节、环境条件以及原料含水量等因素决定曲坯的水分含量，以便有效控制制曲过程中的顶温以及升温和降温幅度，以更好地保证曲药质量。从实际生产经验来看，制曲过程中顶温如果达不到60℃以上，曲药酱香、曲香均不好，很可能会导致基酒风格不典型、酒质不好。

表 5-21　不同水分含量曲药品质对比

曲样	温度/℃	成品曲外观	成品曲香味	糖化力/［mg/（g·h）］
重水分曲	第一次翻曲 52~55℃；第二次翻曲 65~70℃；第三次翻曲 55℃左右	黑色和深褐色，几乎没有白灰色	酱香好，带焦煳香	159.44
轻水分曲	第一次翻曲 50~55℃；第二次翻曲 48~52℃；第三次翻曲 45℃左右	白曲较多，黑黄曲很少	曲色均匀，曲香淡，大部分无酱香，部分带霉酸味	300 以上
对照样	第一次翻曲 62~65℃；第二次翻曲 58~62℃；第三次翻曲 50℃左右	黑色、黑褐色和黄曲较多，白曲很少	酱香、曲香味均较好	230~280

（2）高温堆积是提高酱香型白酒质量的前提　高温堆积工艺是形成酱香型白酒酱香必不可少的工艺关键点，是提高酱香型白酒质量的前提。虽然高温堆积工艺中糟醅并不会直接或者很少产生酱香类物质，但在高温堆积过程中会在高温作用下间接生成酱香前体物质，为后续入窖发酵提供了酱香类物质生成的基础；其次高温堆积过程中需要严格控制温度和时间，一般来说堆积时间长一点、温度高一点，基酒质量会略好，风格也更典型；反之，出酒率会略有增高，但基酒质量与风格会略差，这就需要在实际生产中根据实际情况灵活调整。

（3）高温发酵是提高酱香型白酒质量的必要条件　糟醅入窖后的高温发酵工艺是酱香类物质生成的必要条件，在窖内发酵时严格控制发酵温度有利于酱香型白酒质量、风格的显著提高。由于酱香型白酒窖池深度多在 3m 左右，因此糟醅入窖后在纵向上会出现温度分层，导致上、中、下层糟醅因温度差异而导致基酒质量和风格出现极大的差异，也可能还与糟醅酸度、水分含量、残糖等因素有关。从这个角度来看，位于窖池顶层的糟醅除了自身生成的热量以外，从窖池底部、中部糟醅产生热量的上升导致顶部糟醅温度偏高，耐热性微生物菌群生长、繁殖、代谢旺盛，导致酱香类物质大量生成，顶部糟醅产的基酒酱香突出、曲香适宜、酸涩味适宜、风格典型性好。

（4）高温馏酒是提高酱香型白酒质量的保障　高温馏酒是完成将发酵过程中产生的少量乙醇及风味物质富集于酒中，使得酱香类物质更集中、风格更典型的高效手段。酱香型白酒糟醅中所含的风味物质种类与其他大曲酒相差不大，但从数量上来看则存在极大的差异，这是酱香型白酒独特的酿造工艺及温度所赋予的，尤其是高沸点的酱香类物质、总酸、总醇等物质含量显著高于其他大曲酒，因此酱香型白酒需要高温馏酒才能尽可能地将发酵中生成的酱香类物质最大限度地富集于酒中。总体来看，高温馏酒是提高酱香型白酒质量的保障，只有做好高温馏酒才能做到真正的“丰产丰收”。

（5）贮存期长是提高酱香型白酒质量的重要措施　中国白酒基酒摘酒结束后均需经过一定的贮存期才能进行勾调，不同香型的白酒贮存期各有长短，贮存过程中低沸点的杂质会被排出、酯类等香味物质生成，酒质得以提高。酱香型白酒的贮存期要求远高于其他香型白酒，其贮存期一般不低于 3 年，其中优质的酱香型基酒甚至要求贮存期不能低于 5 年，酱香型白酒长时间贮存的要求与其酿造工艺息息相关，主要包括以下几点：

一是酱香型白酒制曲、堆积、发酵以及蒸酒等工艺均是在高温条件下进行的，因此糟醅及基酒中高沸点物质含量高、低沸点物质含量则较少。为了尽可能地将基酒中的杂质排出需要更长的贮存时间。经过贮存后基酒中剩余的难挥发的高沸点酸类物质和以乳酸乙酯为主的难挥发酯类等成分，使经贮存后的基酒酱香更突出、纯正优雅。

二是相较于其他大曲酒基酒入库时酱香型白酒的度数更低，一般仅在55%vol左右，较低的酒精度会减缓贮存过程中的酯化反应、缩合反应，因此需要更长的贮存时间才能达到较好的贮存效果。同时由于入库时酒度较低，因此贮存后勾调时不会加浆降度，不会影响贮存过程中酒分子间及酒分子与水分子之间的缔合作用，因此贮存时间越长缔合作用越强，饮酒时的刺激感越低，口感更显醇和、绵柔。

三是酱香型白酒的微黄色是在长期贮存过程中联酮类化合物生成居多所致，这类物质都会略带黄色，因而酱香型白酒经长时间贮存后可以在一定程度上提高酒体的色泽。

50、北方酱香型白酒如何利用纯种微生物提高基酒质量?

南方、北方生态环境差异较大，北方地区微生物群系在种类和数量上与南方地区相比有很大差异和不足。而酱香型白酒的酿造微生物主要是从环境中网罗，结果导致南、北酱香型酒有较大的差距。由于酿酒微生物主要来自环境，因此，要想提高大曲酱香型酒质量必须从弥补环境微生物的不足入手，截至目前强化大曲是一种较为合适的工艺。

（1）应用细菌强化制曲

①细菌麸曲的制备：将选用的细菌接种在一蛋白胨为主要营养源的液体培养基中，在pH 7.2~7.4、温度35~38℃条件下，摇床培养48h即得种子液。浅盘固体培养基为麸皮，加水60%，调节pH为7.2~7.4，培养48h，品温控制在35~45℃即得种子曲。成品细菌曲，采用通风培养，培养基条件与浅盘相同，培养72h，品温控制在45~55℃。成品质量外观呈深黄褐色，无杂菌，有明显的酱香气，无异味，经干燥后即可封袋备用。

②应用细菌麸皮曲制强化大曲：高温曲以小麦为原料，经粉碎后加水至38%~40%，加母曲5%、粉碎后的细菌麸皮曲1%，拌匀后人工踩制成型或机械成型，入室培养，最高品温控制在65℃以下，中途翻曲两次总共培养45d左右即可入曲库存曲。成品曲茬口断面呈金黄色、白色菌丝较少、有浓郁的酱香气，优于传统曲。从培养过程来看，加细菌的强化曲升温比传统的快1~2d，且高温持续时间延长2d左右。

（2）制酒工艺　酿酒原料为高粱，采用一次投料、7轮发酵，每轮次发酵1个月的工艺，具体操作要点如下：

①原料为粉碎后的高粱：借助对辊式粉碎机等设备将高粱粉碎成高粱糁，其中完整的高粱籽粒占65%~70%，高粱碎粒占30%~35%。

②润粮：将粉碎后配比好的高粱原料用90℃以上热水进行润粮操作，边润边翻，直到润透为止。

③配糟：按投料量17%~20%配入经7轮发酵蒸馏后的丢糟。

④蒸粮：将配糟后的原料上甑蒸粮，时间控制在2h左右，保证原料蒸至内无生心。

⑤撒曲、拌曲：蒸煮后的糟醅经过摊晾或扬冷后，待温度降至30~36℃即可进行撒曲、拌曲，下曲时需要做到均匀一致，不能出现曲药堆积成团的现象。

⑥高温堆积：下曲拌匀后的糟醅即可进行高温堆积，不同季节糟醅堆高度可适当调

节，一般在春、秋季高度为 1.2m，夏季为 1.5m；起堆温度一般为 25~28℃，春、秋季节为 22~25℃；当糟醅堆品温升至 45~50℃时，即可破堆、降温、入窖。

⑦回沙：为了更好地提高基酒的品质，可以将乙醇浓度在 15%vol 的尾酒泼洒到糟醅中，一般用量控制在 3%~6%，用喷壶均匀撒入。

⑧入窖发酵：将泼洒尾酒后的糟醅逐一入窖，入窖后用耙子等工具将糟醅表面处理为中间高四周低的“龟背”状，并在糟醅表面撒一层熟糠壳，再将事先拌和均匀、踩制柔熟、水分适宜的紫红泥铺在糟醅层表面，用泥刀或泥掌仔细抹匀、拍紧、抹光形成一层厚度在 5~10cm、四周稍厚中间稍薄的窖皮泥；封窖结束即进入发酵期，也是管窖期。在发酵期间每天须有管窖工对封窖泥进行检查并喷洒泥浆水，避免窖皮泥表层出现干裂的现象。

⑨出窖蒸馏：一般经过 30d 左右的发酵后即可出窖蒸酒，蒸酒结束即可进入下一轮次的发酵。

（3）应用结果　细菌麸曲及细菌强化大曲的运用可以将高温堆积时间缩短 12h 左右，所产基酒芳香浓郁、酱香较突出、入口醇厚、较细腻；总酸含量在 1.8g/L，总酯含量在 3.2g/L，一级酒有 30%左右，基本上能达到传统大曲酱香型白酒质量标准。

51、酱香型白酒酿造过程中微生物菌群在极端环境中发生了哪些演替?

（1）细菌菌群　高温大曲入室安曲后曲坯中细菌数量及种类均较多，主要以革兰氏阴性菌为主，如假单胞菌、兼性好氧菌等；产芽孢类的细菌在种类及数量上均较少。随着微生物的生长、繁殖，曲房内热量不断增加，曲房及曲堆温度开始逐步上升，细菌菌群开始大量生长、繁殖，数量逐渐达到高峰期，其中耐热性不好的革兰氏阴性菌在环境温度升至 58~65℃时开始逐渐出现生理生化失活而死亡的现象，细菌菌群也开始形成以革兰氏阳性菌为主的时期，当发酵达到第一次翻曲时细菌数量基本能达到每克曲 10^7~10^8 个。随着曲房温度进一步上升，进入高温生香期时细菌菌群以产鞭毛、无或有荚膜的革兰氏阳性菌为主，整个高温生香阶段细菌数量维持在每克曲 10^5~10^6 个。当进入曲坯干燥阶段时细菌种类仍以革兰氏阳性菌为主，数量开始略有下降。在酱香型白酒糟醅高温堆积工艺中由于糟醅堆中温度略低于高温制曲时曲房中的温度，细菌尤其是耐热性细菌开始被抑制，细菌数量开始逐渐下降逐渐被酵母菌和霉菌所替代。

（2）酵母菌菌群　酵母菌属真核微生物，相较于细菌来说细胞结构更复杂，其耐热性也相应减弱，因此酵母菌群主要集中于制曲前期升温阶段、高温堆积前期，在曲房发酵的前期阶段酵母菌含量为 2%~5%，随着曲房温度上升至 58~65℃的高温后酵母菌开始逐渐死亡或休眠，数量逐渐下降。高温堆积中酵母菌群的数量是不堆积糟醅中的 14 倍左右，不堆积的糟醅中微生物以细菌为主，这也导致糟醅不经堆积直接入窖发酵无法酿造出优质的酱香型白酒。高温堆积时尤其是糙沙阶段糟醅酸度适宜、环境温度适宜，酵母菌数量快速上升，随着堆积的进行酵母菌群数量不断上升而细菌数则不断下降。当糟醅入窖发酵后，发酵早期窖内糟醅间隙中氧气尚充足，酵母菌群快速增殖，成为优势菌；随着发酵的进行窖内氧气含量逐渐被消耗，酵母菌数开始逐渐下降，细菌开始逐渐成为主要菌群。

（3）霉菌菌群　酱香型白酒高温制曲、高温堆积及窖内发酵等环节中均有霉菌菌群的生长、繁殖、代谢，虽然从数量上来看霉菌菌群数量远低于细菌及酵母菌，但霉菌菌群所起到的作用却很大，而且种类上也不少，包括曲霉（*Aspergillus*）、根霉（*Rhizopus*）、毛霉（*Mucor*）、青霉（*Penicillium*）以及红曲霉（*Monascus*）等。霉菌具有特殊的休眠结构孢子，具有一定的耐受极端环境的能力，在潮湿、多氧的环境中孢子萌发逐渐长成营养细胞，而在高温、缺氧、干燥的环境中通过形成孢子休眠提高存活能力。因此，在制曲环节顶火达到的前期及高温堆积过程中霉菌种类及数量均较多，随着温度的上升霉菌开始逐渐消失。

（4）放线菌菌群　在酱香型白酒酿造过程中放线菌相较于细菌、酵母菌及霉菌来说属于数量较少的微生物菌群，但在酱香型白酒酿造过程中仍起着重要作用，其在繁殖代谢中会产生能够抑制其他微生物菌群生长、代谢的次级代谢产物——抗生素；放线菌生成的抗生素可以在一定程度上调节、平衡多种微生物菌群间的演替，调节各大菌群间微生物的代谢途径，形成酱香型白酒独特的风味物质。

52、酱香型白酒不同轮次基酒有何差异，与工艺有何关联？

酱香型白酒酿造过程极其复杂，可谓是中国白酒酿造工艺最复杂的典型代表之一，“两次投粮、七次取酒、四高两长”等更是其显著特点。酱香型白酒一年的发酵周期中，不同轮次间受季节的影响环境温度、曲药用量、糠壳用量、糟醅理化性质等均不相同，导致不同轮次基酒无论从感官品评、理化数据或色谱骨架成分来看均有所不同，并各具特点。酱香型白酒在勾调环节是将1~7轮次基酒按照各自特点进行优化组合而成，因此要做好酱香型白酒的勾调就必须先对1~7轮次基酒的质量及特点有详细的了解，并与酿造工艺相关联，以期对不同轮次基酒品质有系统性的了解。

（1）不同轮次基酒风格特点

①酱香型白酒因其独特的酿造工艺使得不同轮次基酒在感官品评上有着明显差异，不同轮次基酒感官特点如表5-22所示：

表5-22　酱香型白酒不同轮次基酒感官特点

轮次	出酒率/%	感官风格特点
1轮次	3	生沙香突出（类似于清香）、略带燥辣、后味带酸
2轮次	5	略有清香、有酱香、醇厚、后味有明显的涩感
3轮次	7.3	酱香较突出、微有粮香、醇厚、爽口、回味较长
4轮次	8.3	酱香突出、醇厚、细腻幽雅、谐调、味长
5轮次	7.8	酱香突出、微带焦香、谐调香长、微有涩感
6轮次	5.5	酱香较突出、焦香好、醇厚、香长
7轮次	4	酱香伴有煳香、带枯糟味、后味微苦

②从感官品评上看，1、2、7轮次基酒风格相对较差，产量也少；3、4、5轮次基酒行业中称为“大回酒”，酱香突出、纯正，酒体醇厚，产量也高，占据总产量的55%以上；6轮次酒一般称为“小回酒”，口感略不及“大回酒”的酱香突出和纯正，但焦香更好，这类香气物质在勾调时更能突出酒体的酱香风格。

（2）不同轮次基酒色谱骨架成分　酱香型白酒香味成分极其复杂、种类繁多且主体成分尚未明确，但从诸多的分析来看不同轮次基酒的骨架成分各具特点，具体如表 5-23 所示。

表 5-23　　不同轮次基酒色谱骨架成分含量　　单位：mg/100mL

物质成分	1 轮次酒	2 轮次酒	3 轮次酒	4 轮次酒	5 轮次酒	6 轮次酒	7 轮次酒
总酸	524	320	286.2	187.7	200	185	172.8
乙酸	289	254.7	237.9	134	131.6	132.8	146.8
乳酸	92	43	45.5	34.6	32.5	42.8	36
丙酸	43.8	16.7	5.0	7.1	3.5	4.5	2.2
己酸	2.1	2.2	4.1	6.7	5.2	5.6	5.1
丁酸	3.5	2.6	3.9	5.4	4.4	6.7	6.3
异丁酸	1.8	2.6	2.3	2.5	5.9	3.6	2.2
总酯	820	612	508	418	440	490	420
乙酸乙酯	580	471	283	220	232	281	258
乳酸乙酯	178	177	197	165.6	188	200.7	150.6
丁酸乙酯	0.53	—	2.36	2.2	3.8	3.7	0.72
己酸乙酯	4.8	3.2	7.38	13.4	12.6	15.1	14.36
戊酸乙酯	0.94	0.41	1	1.8	2.3	2.36	3.4
乙酸异戊酯	5.38	0.3	1	0.45	3.3	5.4	4.4
甲醇	15.7	10	11.1	8.2	10.9	11.9	14.4
正丙醇	2269	282	102	125	112	255	321
仲丁醇	79.8	1.77	2.06	1.95	2.2	3.7	21.3
异丁醇	23.7	10.6	11.7	10.8	15.1	15.6	17.9
正丁醇	6.5	2.7	5.9	4.5	3.3	4.8	6.47
正戊醇	1.6	1.02	3.5	2.4	1.7	3.4	3.2
异戊醇	—	23.5	29.3	25.73	35.9	44.5	52.2
1,2-丙二醇	14.4	12.6	31.8	13.4	20.8	13.3	15.8
乙醛	1.7	50.9	32.1	64.9	62.1	24.4	37.3
异丁醛	1.8	1.8	1.9	3.1	2.7	3.6	7.4
异戊醛	1.8	1.9	5.5	5.2	7.2	6.4	13.7
糠醛	3.15	7.6	16.6	24.7	33.9	16.5	14.4
三甲基吡嗪	1.28	1.2	5.8	7.7	8.0	0.39	—

从各轮次酒的色谱骨架成分来看，1～7 轮次酒总酸含量均比较高，其中 1 轮次酒总酸含量达到 500mg/100mL 以上，这与 1 轮次酒口感有较重酸味相一致。随着轮次的逐渐增加总酸含量呈下降趋势，其中 3～6 轮次酒中总酸含量降幅不明显，平均含量在 200mg/

100mL 左右，接近于成品酒总酸数据。酸味物质中以乙酸、乳酸含量最高。

与总酸的变化趋势相似，总酯含量也是随着轮次的增加呈下降趋势，1 轮次酒中总酯含量最高，品评时放香明显；自 3 轮次酒后总酯含量降幅不明显，平均含量约在 450mg/100mL。在 1~7 轮次基酒中总酯以乙酸乙酯和乳酸乙酯为主，其中乙酸乙酯含量大于乳酸乙酯；在 3~5 轮次基酒中乳酸乙酯含量与乙酸乙酯基本一致。在 1 轮次酒中乙酸乙酯占总酯含量的 70%左右，乳酸乙酯的含量不及 3、5. 6 轮次酒，这也是 1 轮次酒区别于 3、5. 6 轮次酒的显著特点之一；最后相较于浓香型白酒，1~7 轮次基酒中己酸乙酯含量均低于它，在 20mg/100mL 以内。

酱香型白酒糠醛含量较高，1~7 轮次基酒中糠醛含量平均值在 16. 7mg/100mL 左右，远超其他香型大曲酒，在 1~7 轮次基酒中糠醛含量分布规律为两头低（1、2、7 轮次），中间高（3~5 轮次）。醇类物质中则是正丙醇含量最高，尤以 1 轮次酒最高为 2269mg/100mL，醇类物质在 1~7 轮次酒中的分布规律与糠醛相反，呈现两头高、中间低的趋势，这与糟醅中氨基酸的代谢有关。

（3）与基酒质量密切相关的工艺环节

①高温制曲环节：高温大曲作为酱香型白酒的糖化发酵剂，其质量的好坏与酒质密切相关。高温大曲制曲环节顶温可达 65℃以上，高温条件下形成了香味物质及其前体物质，它们是酱香型白酒重要的酱香来源之一。高温大曲制曲过程中高温条件导致大部分不耐热的微生物菌群无法生存，成品曲糖化力因此不高，在 100~300mg 葡萄糖/（g 曲·h），因此酱香型白酒酿造过程中高温大曲的用量与高粱基本一致，有的企业甚至会略高于高粱的用量。大用曲量不仅保证了酱香型白酒正常发酵，还起到了酿酒原料的作用，因此曲药品质与基酒品质密切相关。一般来说，优质的高温大曲外观为黄（褐）色、皮薄疏松，曲香略带酱香，糖化力在 120~150mg 葡萄糖/（g 曲·h），水分含量为 10%~12%，微生物菌群中以芽孢杆菌为主的细菌占了 90%左右；一般将外观呈现黑色、白色、红色的曲分为次品曲。通过外观颜色可以初步判断曲药品质，及预判对基酒质量的影响。不同颜色曲药对基酒质量的影响见表 5-24。

表 5-24　　不同颜色曲药对基酒质量的影响

曲药颜色	形成原因	对基酒质量的影响	糖化力/［mg 葡萄糖/（g 曲·h）］
黄褐色为主，略带黑褐色	制曲水分恰当，升温控制较好，适合微生物生长	产酒酱香突出，醇厚丰满，后味较长，风格典型	120~250
黑色为主，黄褐色极少	制曲过程中水分较多，升温过猛，曲中发生美拉德反应产生带黑色的产物	产酒酱香较好，带有曲香，但酒体谐调感较差，带有苦味，甚至带焦煳味，不爽口	<120
以白色为主，黄褐色少	制曲过程中水分欠缺，升温不够，曲坯在前期水分蒸发过快，不利于细菌生长	产酒酱香较差，酒体不醇厚，带甜，酱香风格不明显	>300

②下沙及糙沙操作：酱香型白酒酿造工艺共分两次投粮，两次投粮时原料按照传统工艺会以下沙 20%、糙沙 30%的破碎率进行破碎，但现在一些大型酱香型白酒企业为了保证优质酒率甚至会仅将高粱籽粒进行简单挤压后即投料。高粱籽粒的完整度越高发酵后续几轮基酒的质量会略有提高；破碎度越高会影响后续几轮基酒质量尤其是 3～6 轮次基酒的质量和风格，质量较差的 1～2 轮次酒产量会提高，影响优质酒的最终得率。当用仅挤压的、完整度高的原料进行投料时，需要掌握好润粮和蒸粮时间，否则会使 1、2 轮次酒的生涩味过于突出、口感爆辣，还可能会导致 1、2 轮次甚至是 3 轮次基酒带有生粮味及燥辣生涩的口感。

③高温堆积环节：酱香型白酒的高温堆积工艺又称为“二次制曲”，在堆积过程中糟醅不断网罗、吸附环境中的微生物，以达到培菌糖化的目的，确保糟醅入窖后能够正常发酵。糟醅堆积时间与基酒质量密切相关，堆积时间又与季节、气候以及糟醅的起堆温度密切相关，因此在实际生产中需要对糟醅堆不同区域位置温度进行检测。当糟醅堆温度达不到工艺点时还需通过“破堆移位”等操作，补充充足的氧气刺激微生物菌群再次繁殖，进一步提高糟醅堆温度。高温堆积结束后糟醅堆温度在 50～55℃、糟醅带有明显的酒香及微甜味，即可降温后进行入窖操作。高温堆积过程中若堆积时间不够或堆积过程中糟醅堆顶温达不到，会导致基酒酱香不明显或不突出，酒体单薄、风格欠缺；但若堆积时间太长又会出现基酒酒体糙辣，酸味过重，甚至带有邪杂味。

④高温发酵环节：酱香型白酒窖内发酵属于高温发酵，相较于浓香型白酒窖内发酵最高温度不超过 40℃，酱香型白酒糟醅窖内发酵温度可高达 48℃左右，高温发酵为各种酱香味物质的生成提供条件。发酵过程中主要影响酒质的因素有：一是搞好窖池管理，不能让窖皮出现裂口，以免出现霉味等邪杂味；二是入窖发酵时要根据糟醅情况补充适量水分。若水分含量过低，则不利于酿酒微生物生长繁殖，从而影响各轮次酒的产量和质量。三是从下窖开始，发酵温度一般在 35～48℃范围内变化，窖内温度低于 40℃时糟醅出酒率低、酒体风格差；窖内温度维持在 42～45℃范围内时糟醅不仅出酒率有所提高，基酒还表现出更好的酱香；窖内温度超过 45℃后虽然所产基酒酱香风味更好，但是会出现更多的邪杂味和酸味。从实际生产经验来看，封窖及窖期管理工作是酱香型白酒酿造过程中的关键点。

⑤高温馏酒环节：相较于其他香型白酒，酱香型酒的香味物质成分中含高沸点的香味物质成分如酸、高级醇、芳香族化合物较多，在上甑蒸酒、摘酒时需要注意馏酒的温度要提高，只有通过较高的馏酒温度才能更好地将高温发酵环节中生成的酱香味成分最大限度地收集于酒蒸气中。根据实际生产经验，在酱香型白酒蒸酒工艺中馏酒温度要求高于 37℃；若馏酒温度不够，则蒸出的酒酱香不明显，酒体单薄，细腻感差，风格欠缺。而要想做好酱香型酒的后续勾调环节，必须对生产工艺对半成品酒质量风格的影响有全面深刻的了解，从而保证 1～7 轮次半成品酒的质量风格，达到确保本厂产品质量的长期稳定提高。

53、如何降低酱香型白酒酿造过程中甲醇的生成量?

为了保证成品酒中甲醇含量不超过卫生标准的规定，可从以下几点措施入手：一是原料采购时需要严格控制原辅料质量，避免使用腐败的原料及野生植物（如野生木薯类)，尤其是果胶含量高的原辅料在酿造过程中容易产生甲醇，只有高质量的原辅料方能减少基酒酿造过程中甲醇的生成。二是在酱香型白酒酿造过程中要控制好蒸煮压力及时间，在保证原辅料蒸煮要求的同时，应通过敞盖排气的方法降低甲醇及其前体物质的含量。三是在乙醇-水溶液中，甲醇的精馏系数随乙醇含量的增高而增大，所以甲醇在乙醇浓度高时，有易于分离的特点，可以通过增加塔板数或提高回流比的方法，提高乙醇浓度，把甲醇从乙醇中分离出来。在固态法酿酒蒸馏过程中，甲醇既可以是头级杂质，也可以是尾级杂质，所以采取截头去尾的方法，可以略为降低其含量。四是当成品酒中甲醇含量超标时，可选用活性炭、吸附柱以及基酒后处理系统进行后处理，可以将基酒中35.7%~81.6%的甲醇去除。

六 贮存、品评与勾调篇

1、中国白酒新蒸出的基酒为什么要经过贮存才能进行勾调？贮存过程中发生了哪些变化？

刚蒸馏得到的新酒由于含有大量的刺激性物质，导致新酒燥辣味十足无法直接饮用，需要经过贮存后刺激性物质挥发后使得基酒变得柔和，同时贮存过程中酯化反应、缩合反应、缔合作用等增加了基酒的香味，使其口味变得协调，便于后续勾调工序，此过程即称为老熟或陈酿。中国白酒的老熟是保证成品酒质量的关键工序之一，但老熟工艺成功与否的前提是酿造环节需要将基酒做好，只有优质的基酒才能经过贮存后提高品质，质量差的次酒即使通过贮存也无法实现较大的品质提高。关于中国白酒的老熟一直有个误区，并不是贮存时间越长越好，白酒的老熟其实也应该有一定的时间限度，并不是所有的酒都是越陈越好，应该根据具体的香型、酒精度数以及容器、容量、环境等因素在保证基酒质量的前提下确定贮存时间，也可通过人工老熟的方法缩短贮存期，提高企业资金流动速率。新酒贮存过程中酒体发生的变化主要包括以下几个方面：

（1）挥发　刚蒸出的新酒因为含有硫化氢、硫醇、硫醚、二乙基硫等挥发性含硫物质，以及少量的丙烯醛、丁烯醛、游离氨等杂味物质，导致其味燥辣、不醇和、不绵软，这些物质与其他低沸点的物质共同组成了新酒的杂质。在新酒贮存过程中这些低沸点物质会逐渐挥发，新酒杂味也大大减少，基酒变得更适于饮用。

（2）氧化和酯化　在新酒陈酿过程中酒中的醇、酸、醛、酮、酯等物质会因为氧化作用、酯化作用、水解作用等达到新的平衡。酒罐或酒坛内含有空气，基酒生产和转运过程中也会有微量空气溶解在酒体中；基酒组分之间有的化学反应也会释放氧原子，这些氧均可使基酒组分发生氧化还原反应。基酒在贮存老熟过程中，酒体中的酸类和醇类可以相互发生酯化反应，形成各种酯，但是这种酯化反应速度很慢，而且是可逆反应；随着贮存时间的增加，酒体中酯类的增加数量往往还不足以弥补酯类水解所减少的酯含量，但最终能达到平衡。从总酯的测定结果可以证明，在贮存前期，总酯量增加，贮存中、后期，总酯含量维持不变甚至低于新酒中总酯量。

（3）缩合反应　在贮存过程中，新酒中的乙醛和乙醇发生缩合反应，增加酒体中缩醛的含量，可使酒体变得舒适、柔和；同时减少乙醛在酒体中的含量，去除了新酒的糙辣感。新酒在贮存过程中乙醛和乙醇的缩合反应速度比较快，目前研究中发现贮存过程中乙缩醛的含量可以间接反映基酒陈酿的时间。

（4）溶出作用　这是在研究不同的贮存容器对白酒的陈酿老熟作用时提出的。白酒专家沈怡方指出陶坛的坯体结构粗细（致密度大小）、吸水率的多少、气孔率的大小是直接影响白酒陈酿老熟的重要因素，并且发现由陶坛材质中溶入酒中的微量金属离子的种类及其含量对白酒的陈酿老熟有重要的催熟作用。微量金属铁、铜离子能有效加速白酒老熟，不同的贮存容器对白酒的陈酿老熟作用不同。

2、酱香型酒为什么要比其他型酒的贮存期长得多呢?

（1）酱香型酒由于制曲、堆积、发酵工艺都是在高温条件下进行的，高沸点的酸类物质比较多，这些物质沸点高、不易挥发，而低沸点的酯类物质比较少，易挥发；长期贮存，让能挥发的尽量挥发，保留下来的都是些不易挥发的高沸点酸类物质，即使酯类也是乳酸乙酯这一类不易挥发的酯，因而酒的酱香更加突出，纯正优雅，空杯留香持久。

（2）酱香型酒入库乙醇含量低，只有 55%vol 左右，酯化反应、缩合反应缓慢，需要时间长。

（3）酱香型酒颜色允许带微黄色，长期贮存中，联酮类化合物生成较多，而这些物质都不同程度地带有黄色，因而酒也变黄了。

（4）酱香型酒因其入库乙醇含量低，贮存和出厂时一般不加水，这有利于酒分子与水分子、酒分子与酒分子之间缔合作用的进行。贮存时间越长，缔合作用越强，从而减少了酒的刺激感。酱香型酒口味特别醇和绵软，不能不说与贮存时间长有关。

3、影响白酒贮存质量的因素主要有哪些?

（1）时间　不同香型的酒有不同的贮存时间。贮存的目的是排除酒中杂味，促使新酒熟化，提高酒质。但贮存时间长了，会造成资金积压和设备、工用具浪费；贮存时间短了，酒体质量得不到稳定和提高。所以要找出新酒合理的贮存时间。必须了解掌握贮存期内酒体质量变化的规律，研究新酒熟化速度和时间变化的关系，从而找出控制产品质量的因素，提高酒体质量。以酱香型白酒为例，不同的贮存时间段会有不同的变化情况，在贮存前期（1~12 个月）口感变化较大，新酒入库贮存时的糙辣、冲鼻等不愉快感逐渐消失，同时酱香变得越来越突出，酒体开始变得醇厚，可见影响白酒香气口感的丙烯醛、硫化物等低沸点物质主要是在贮存前期以挥发的形式逃逸或被氧化；贮存中期（12~24 个月）主要是酒体味感的变化期，这段时间酒体渐渐变得醇厚协调、细腻、丰满；贮存后期（24~36 个月）主要是酒体风格的变化期，这段时间酒体酱香纯正、突出、优雅，渐渐出现陈味，到 36 个月时陈味较好。

（2）温度　酒在陈酿时其中会发生很多物理化学反应，每一种反应都跟温度高低有直接的关系。

以酒贮存在 13℃ 的化学反应为基准，当温度提高到 15℃ 左右时，酒的陈酿速度快 1.2~1.5 倍；当温度提高到 23℃ 左右时，酒的陈酿速度快 2.1~8 倍；当温度提高到 33℃ 左右时，酒的陈酿速度快 4.1~56 倍。不仅如此，酒长期处在高温的环境下，许多对酒质不利的化学反应在温度高、能量大时也会出现。所以，贮存期较长时，温度控制在 20℃ 左右比较适宜，可兼顾陈酿速度和质量稳定。

在温差方面，因为温度高会使酒里面的液体与空气膨胀，低温使酒里面的液体与空气收缩，如果长时间发生这种情形时，酒就像在“呼吸”似的在坛内产生不同的压力，空气可能会透过细孔进入坛内或被挤出去，空气的更新会带入大量的氧气，由于氧是非常活跃的元素，溶解氧的存在加快了酯类水解和氧化反应的速度，使酒质变淡变酸。所以，贮存期较长时，温差变化小，对酒体自然老熟是有利的。

（3）湿度　贮存环境的湿度主要是影响酒的挥发和渗漏。因为陶坛壁上有许多细孔，如果贮藏环境湿度较低，酒会透过细毛孔蒸发出去或渗透出去，时间一久陶坛里面的酒会减少许多，酒的液面也会降低许多。贮藏环境的湿度如果保持在80%以上，发生蒸发和漏酒的概率就会降低许多。

（4）酒精度　从贮存过程中的化学变化来看，最主要的是水解反应，使总酯减少和总酸增加，造成口味变淡甚至不协调，这是一个可逆反应，反应的方向和速度关键看酒精度和酯及酸的含量。实验证明，同一酒质的中低度酒比高度酒的水解速度快些，按贮存18个月计算，优级酒（35%vol）总酯减少率和总酸增加率是优级酒（50%vol）的2.4~2.7倍。所以，总酸含量多、酒精度高的白酒，其水解速度也相对较慢。

（5）其他因素　适当的氧气对老熟有促进作用，因为酒体中的溶解氧是影响水解速度和氧化反应的关键性因素。光里面的紫外线会破坏酒里面的有机物，对酒体的影响很大，使酒质变差。贮酒容器装酒时应尽量装满，减少闲置空间，并用塑料布扎口，再加棉垫和水泥板盖严，平常不随意揭开，也不搅拌，尽量保持原封不动。

4、常见的白酒贮存容器有哪些？各有什么优缺点？

（1）陶坛　陶坛贮酒是我国酿酒生产中一项独特的工艺，目前研究较为广泛。陶坛是由优质黏土经高温烧结而成，不仅稳定性高，不易氧化变质，而且耐酸、碱，抗腐蚀，因此在白酒企业被广泛使用。陶坛贮酒的优点主要包括：一是陶坛在烧制中形成的微孔结构，可有效导入外界的氧气，促进酒的酯化和氧化还原反应；二是陶坛中含有金属离子，能增强乙醇分子与水分子的缔合能力，金属氧化物溶解于酒中，与酒体中的香味成分发生缩合反应；三是陶坛中富含硒、铁、锌、钙等微量元素，可使酒体中生成更多更丰富的对人体有用的生物活性物质。陶坛贮酒的缺点主要包括：一是周期长、酒损耗高（年酒损为3%~6%）、库容大、管理不便等；二是陶瓷容器容量较小，一般为250~1000kg，占地面积大，每吨酒平均占地4m^{2}左右；三是容易开裂、易碎、渗透率较大；四是陶坛不适宜于连续储酒，同一陶坛容器间歇贮酒比连续贮酒好，这主要是因为陶质材料的氧化和吸附的能力是有限的，间歇贮酒可以在贮存一批酒后，在干燥通风处放置一段时间再贮酒，使得陶质材料内部的孔隙自然活化，恢复其氧化能力和吸附能力。在陶坛储酒过程中还应注意以下几点：一是陶坛制作、涂釉是否完整、精细，陶坛内部是否上釉、上釉质量的好坏均会影响基酒的贮存；二是陶坛装酒前应先用清水清洗干净，并浸泡数日尽可能地减少装酒后的“皮吃”“渗酒”等酒损；三是装酒前还应仔细检查陶坛是否有裂缝、砂眼和较大的微细孔，若有发现应及早处理或加以修补；四是坛口封口材料应该选择无毒、食用级的材料，不能使用如塑化剂超标、不耐腐蚀的材料，以减少贮存过程中对基酒品质的影响。

（2）血料容器　此种容器俗称酒海，是用荆条或竹篾编成的篓、木箱或水泥池内糊以血料纸作为贮酒容器。血料是用动物血和石灰制成的一种蛋白质胶质盐，遇乙醇能形成半渗透的薄膜，能渗透水而不能渗透乙醇，对酒精度为30%vol以上的原酒有良好的防渗透作用，由于酒精度30%vol以下的原酒含水量高，容易渗透血料纸而引起损耗，贮存时间过长甚至会出现血料纸脱落的问题，因此对基酒的酒精度数要求较高。血料容器贮酒的优点：一是老熟快，新产白酒应先贮存于酒海中 3~5 个月完成自然物理缔合作用、挥发作用及容器酒水间的物质交换作用，随后转入密封性较好的不锈钢大罐中贮存；二是赋予白酒一种特殊的香味；三是除杂效果明显；四是便于就地取材，造价较低，不易损坏。陕西省宝鸡、凤翔一带，普遍用大型酒篓（装酒 5t 以上，俗称酒海）作为贮酒容器；东北地区用大型血料木箱作贮酒容器，也坚固耐用。血料容器贮酒缺点是“皮吃”，损耗很大，新的和间歇使用的酒篓，干燥的血料纸吸收酒液所造成的损耗是较大的。为了减少损耗，大多数血料容器都已采用内壁挂蜡和烤蜡的方法。血料容器还造成白酒中固形物含量升高，影响白酒后续灌装、包装及货架期等。

（3）金属容器　随着各大酒企生产规模的不断扩大，陶坛、血料容器的贮存规模已经达不到企业的实际储酒需求，因此大容量的金属贮存容器开始逐渐被企业所采用。金属贮酒容器从最开始的铝制、铁制发展到目前的不锈钢罐。不锈钢贮酒罐由于材质稳定，在贮酒过程中可避免出现基础酒与金属离子反应生成沉淀，罐体的内部结构完善，加装了气体分布器，便于将酒液搅拌均匀；加装了液位计及感应系统，罐内酒的重量和体积可在显示屏上直接读取；加装了呼吸阀，可保证罐内、外气体压力平衡，消除安全隐患。因此不锈钢罐是目前各大酒企普遍采用的贮存容器。但不锈钢贮酒罐相较于血料容器和陶坛质地更紧密，通透性较差，贮酒效果相对来说较差。

（4）水泥池贮酒　水泥池用来贮酒，最好是经过加工的。目前已采用的方法有以下几种：一是桑皮纸猪血贴面。将建成的水泥池内表面处理清洁，另取 5 张桑皮纸，用猪血、生石灰和水调成的黏液粘在一起成一帖，交叉贴于壁面。在池顶贴 40 层纸，底部贴 80 层纸，四周贴 60 层纸。然后用木炭文火烤干，表面再涂蜂蜡。采用此种方法，则可经久耐用。二是陶瓷板贴面。内衬陶瓷板贴面，先用环氧树脂勾缝后，再用猪血涂料勾缝，内衬瓷砖或玻璃贴面。三是环氧树脂或聚氯乙烯涂料。水泥池贮酒的优点包括：一是贮存量大，容量的大小可以根据实际情况随意调整；二是水泥池一般建于地面以下，温度相对恒定、池体密封性好，有利于基酒量的保持，年损耗为 0.3%~0.5%；三是水泥贮酒池上方还可以修建房屋另作他用，充分利用了土地资源，节约企业运营成本。

5、大曲酒为什么经过贮存以后还必须经过勾调以后才能出厂？

目前大曲酒的生产仍主要以手工为主，发酵过程中仍属于开放式操作，如酱香型白酒酿造过程中的制曲、摊晾、高温堆积等环节，环境中大量的微生物菌群参与了发酵，这也导致使用同样原料、曲药和大致相同的酿造工艺不同班组、不同轮次、不同窖池酿造出来的酒都存在极大的差异。酱香型白酒甚至同一口窖池不同层次糟醅蒸出的基酒品质、香味都会出现较大的差异，不同轮次的基酒更是相差甚远。鉴于此，不同的大曲酒贮存后必须经过勾调之后方能出厂，如若不经勾调直接出厂会出现成品酒酒质极其不稳定，难以保持企业品牌。经过勾调以后可以达到统一酒质、统一标准，使得任何时候出厂的成品酒质量基本一致。此外，勾调工艺还可以在一定程度上提高酒质，通过将不同类型的基酒进行优化组合，取长补短使得成品酒质量更加优化。

6、酱香型白酒在长期贮存过程中发生了哪些变化?

（1）感官质量的变化　为掌握酱香型白酒贮存期质量的变化规律，四川古蔺郎酒厂曾就30批4轮次（56.1%）基酒共1500kg，装入5个陶坛中，定期品尝，观察其质量变化，具体结果见表6-1。

表6-1　酱香型白酒四轮次基酒贮存过程中感官变化

贮存时间/月	感官品评结果
0	微有酱香，口味醇和，糙辣感明显，后味微苦涩，明显新酒味
2	微有酱香，醇和味甜，后味微涩，有明显的新酒味
4	闻有酱香，醇和味甜，有糙感，后味微苦涩，有新酒味
6	闻有酱香，醇和味甜，有糙感，后味微苦涩，有新酒味
8	酱香一般，醇和，稍有糙感，后味微涩，略有新酒味
10	酱香明显，味甜较醇厚，后味微涩，微有新酒味
12	酱香较突出，醇厚较谐调，后味微涩，回味较长
14	酱香较突出，醇厚较谐调，后味微涩，回味较长
16	酱香较突出，醇厚，较谐调，较丰满，后味微涩
18	酱香突出，酒体醇厚，回味悠长
20	酱香突出，酒体醇厚，回味悠长，后味微涩
24	酱香突出，酒体醇厚，谐调，细腻感较好
28	酱香突出，酒体醇厚，后味微涩，回味长
32	酱香突出，略带陈味，醇厚谐调，细腻，回味悠长
36	酱香突出，陈味较好，醇厚谐调，细腻，回味悠长

从酒体口感变化可以大致将贮存过程划分为前期、中期、后期。酒体在贮存前期（1~12个月）口感变化较大，新酒入库贮存时的糙辣、冲鼻等不愉快感逐渐消失，同时酱香变得越来越突出，酒体开始向醇厚转变，影响白酒香气口感的丙烯醛、硫化物等低沸点物质主要在贮存前期以挥发的形式逃逸或被氧化；在贮存中期（12~24个月），酒体变得醇厚细腻，谐调感较好；在贮存后期（24~36个月），酒体酱香突出，陈味逐渐出现，到36个月陈味较好。

（2）贮存中酒精度、总酸及总酯等的变化　酱香型白酒在贮存过程中会因为贮存容器密封程度、酒体中理化反应而出现一系列的变化，总体上来看，基酒会由于酒分子挥发等原因造成乙醇含量下降，平均每年下降0.1%vol左右；基酒中总酸在贮存过程中会随着时间的延长逐渐升高，平均每年升幅约在100mg/L，尤其在前期1~12个月升幅较大；基酒中总酯在贮存过程中则是随着时间的延长呈略微的下降趋势，每年降幅约在50mg/L，降幅不大，也有可能是检测或分析误差所带来的；基酒中糠醛含量随着贮存时间的增加逐渐降低，平均每年下降36.67mg/L；乙缩醛含量则呈逐渐上升趋势，每年平均升幅为180mg/L。酱香型白酒四轮次基酒贮存过程中香味物质变化见表6-2。

表 6-2　　酱香型白酒四轮次基酒贮存过程中香味物质变化　　单位：mg/100mL

贮存时间/月	酒精度/%vol	总酸	总酯	乙缩醛	糠醛
0	56.1	241	480	35	32
3	56.1	235	485	30	32
6	56.1	237	476	42	29
9	56.1	248	478	53	27
12	56.0	262	480	62	27
15	56.0	265	473	60	27
18	55.9	260	470	65	26
24	55.9	271	475	83	24
27	55.9	276	468	80	22
30	55.9	285	464	85	22
36	55.8	284	465	89	21

7、中国白酒人工催陈老熟的机理和常见方法有哪些?

中国白酒的老熟一般分为自然老熟和人工催熟。白酒自然老熟耗费时间长，使大量资金积压、贮存设备投资增加，加之每年近 2%的酒损，给企业造成巨大的经济损失，成为各酒厂迫在眉睫的攻关难题。为此，白酒界科技工作者一直在努力探索各种人工催熟方法来缩短陈酿周期，提高企业经济效益。从目前的研究现状来看，人工老熟的机理主要包括以下几点：一是促进缔合作用，增强极性分子间的亲和力，这不仅增强了缔合度，而且可能形成更大且牢固的缔合群同时使酯化反应增强；二是增强分子活化能，提高分子间的有效碰撞几率，使酯化、缔合、氧化还原等反应加速进行，有利于形成酒的醇酯酿制香味；三是加速低沸点成分的挥发，加快硫化氢、乙醛等成分的逸出，快速消除辛辣味。人工老熟的方法有物理法、化学法和生物法。

（1）物理法

①高温催陈：温度对酒老熟有直接影响。温度高时，低沸点成分挥发和化学反应进行得较快，容易老熟。实验表明白酒在 40℃左右贮存 6 个月，相当于 20~30℃贮存 2~3 年；把新酒贮存在室外，温度随着自然条件的变化而变化，这样贮存 1 年相当于传统贮存 3 年，但这种办法酒损耗偏大。

②光催陈：

红外催陈：红外催陈技术是利用一定波长的红外辐射对新酒进行照射，使酒体温度升高，加快了酒体中分子的运动速度，增加了单位时间内的碰撞次数，且酒体温度升高和能量增加会使一些原来非活化的分子获得足够的能量而活化，从而增加活化分子的百分数，缩短新酒中物理化学变化的进程。因此适当提高贮酒的温度，有利于加快新酒的老熟。实际操作时是用特定的红外辐射装置照射白酒模拟其自然老熟过程，使酒中各主要成分获得能量，加速了酒中乙醇与水的结合速率，促进了酯化反应、低沸点物质挥发的进行，达到使新酒醇和、除杂、增香的目的。实验证明经红外辐射处理后，酒中乙缩醛、乙酸乙酯和总酯的含量有所增加，而丙烯醛、异戊醇、杂醇油等的含量有所下降。

激光催陈：激光催陈是借助激光辐射场光子的高能量，对物质分子中的某些化学键产生有力的撞击，使得这些化学键断裂或部分断裂，某些大分子或被“撕成”小分子，或被激化为活性中间体，加速各种反应的进行。该技术的优点是陈化速度快，1min 以内就有效果，刚生产的新酒被合适的激光照射后，酒的质量相当于自然陈酿半年以上的老酒；另外激光陈化不改变酒体温度，有利于保证风味。激光催陈技术常用的激光器有 He-Ne 激光器、CO_2 激光器、CO 激光器、N_2 激光器、准分子激光器等。激光管成本高，且激光催陈必须针对具体白酒选择合适的参数（如波长、功率、能量、辐照时间等），这样才能保证白酒的典型性，取得较好的陈化效果。激光催陈有一定的局限性。

紫外光催陈：紫外线是波长小于 400nm 的光波，具有较高的能量，在紫外线的作用下可产生少量的初生态氧，促进一些成分的氧化过程。茅台酒厂曾用 253.7nm 的紫外线对酒直接照射，发现以 16℃处理 5min 时效果较好，处理 20min 后出现过分氧化的异味，说明紫外线对酒中微量成分的氧化过程有一定的促进作用。

③超高压催陈：占白酒 98%以上的水和乙醇是极性分子，极性分子间会形成氢键缔合群，在自然老熟条件下，这些由氢键缔合形成的较为稳定的分子群限制了各种老熟反应的进行。在自然条件下，只靠自然温度提供各种老熟反应所需的能量，因而老熟进行得缓慢。高压可破坏氢键，并且其提供的能量会被各组分分子吸收并转化为分子参加各种老熟反应所需的活化能，因此高压有显著的催陈效果。但因为新酿成的酒生辣、暴冲，所以在进行高压催陈之前最好先将酒自然老熟一个较短的时期，使不良成分先行挥发，然后再进行高压催陈，可以增加催陈效果。

④微波催陈：微波对极性分子有快速加热作用。在常态下由极性分子组成的物质，其分子是杂乱无章地排列的。当微波作用于这些物质时，物质中极性基团则按微波电场的方向取向而进行排列。由于微波电场的方向随时间变化，使极性分子随外电场方向的改变而做规则摆动时产生了类似摩擦的作用，使分子获得能量，以热的形式表现出来，物质的温度随之升高。用微波催陈白酒时，因为微波使酒中的分子以极高的速度摆动，快速地将部分乙醇和水分子群切成游离分子。微波功率去掉后，它们再结合成新的缔合分子群，因而加速了白酒老熟的过程。微波的致热效应必然引起升温，升温虽有催陈作用，但温度太高会使酒中的某些香味成分挥发，影响酒质的醇香。

⑤超声波催陈：超声波的高频振荡强有力地增加了酒中各种反应发生的概率，还可能改变酒体中分子的结构。但也有研究发现若处理时间过长则酒味变苦，处理时间过短则效果不明显。超声波对白酒有一定的催陈作用，但还缺乏足够的技术数据，需不断地探索。

⑥磁催陈：磁场能使白酒中的极性分子有序排列，且酒在高梯度磁场作用下高速流动，分子间互相碰撞会使水、醇、酸各自的缔合体解体，形成更多的游离分子，加速酒体中氧化、酯化反应的发生。但单独使用磁场进行催陈效果常常不明显，而将磁催陈法与氧化法、催化剂催陈法、光催陈法等联合使用，催陈效果较佳。

⑦电场催陈：高压电场作用于新酒后，可使一些有害的低沸点物质挥发，促使酒液中极性分子趋于沿电场方向定向排列，致使酒液分子间的部分氢键断裂，使乙醇分子和水分子相互渗透，缔合成大分子群，减少了自由乙醇分子的数量，降低了酒的刺激性。

同时，电能的输入增加了白酒中各类分子的活化能，加快了酒体中各种化学反应的进行。

⑧电催陈：这是将电引入酒体产生电解反应生成电解氧对新酒进行催陈。可采用有催化活性的电极对酒体进行加速氧化、还原反应，促进酒体中乙醇与水的缔合；也可以将电解水产生的氧气直接加入新酒中，利用新生氧的活性加速酒体中氧化、酯化反应的进行，加速酒的老熟。

⑨X 射线催陈：X 射线具有较高的能量，照射白酒时会使酒体中的物质分子吸收能量而电离或激发，形成许多活性中间体加速各种反应发生的速率。先让新酒通过分子筛除去酒中的挥发性醛类和硫化物，然后将过滤后的酒注入磁处理机使其乙醇的活性降低，随后让磁化后的酒进入 X 射线处理机，用 X 射线进行辐照处理 1~20s，照射时间和剂量随酒质不同而异。

（2）化学法

①氧化法：主要是向酒体中注入氧气、臭氧或加入过氧化物、高锰酸钾等氧化剂，利用氧化剂的氧化作用加快酒体中醇、醛的氧化，从而促进酒体老熟。

臭氧催陈：是利用臭氧强的氧化能力来加速氧化反应和酯化反应的进行，从而缩短陈酿期。臭氧可促进乙醇分子和水分子的缔合作用，增强极性分子间的亲和力；同时臭氧可增强各类分子的活化能力，提高分子间有效碰撞的概率，加速氧化、缔合、酯化等反应的发生；此外，臭氧还可加速低沸点物质的挥发，从而起到加速陈化的作用。

氧气催陈：由于酒体中溶解的氧是微量的，致使氧化反应在白酒陈化过程中进行得很缓慢。强制氧化加速白酒催陈，并不是强制性地全氧化，而是采用从液体底部均匀搅拌加氧的方法，使氧气穿过液体时能与酒液充分接触，达到更好的氧化效果。从氧化前后总酸的变化情况看，陈化后的总酸含量要高于陈化前，同时总醛含量也有相应的变化，因此陈化过程中的氧化作用是无可置疑的。强制氧化能将常规老熟中不能氧化的不饱和多元醇氧化成酸，降低不饱和多元醇的刺激性，从而使酒体变得醇香。采用强制氧化技术对新产浓香型大曲酒处理 16~26min，处理后的白酒比常规老熟的白酒更加醇甜，与自然老熟的白酒口感基本相同，相当于自然陈酿 3~4 个月的白酒，缩短了陈化时间。

高锰酸钾氧化法：用高锰酸钾处理基酒是利用其在乙醇溶液中的分解与氧化作用，将酒中的还原性杂质（主要是酸类）氧化去除，促进酒的氧化和酯化作用，而本身则还原为二氧化锰（MnO_2）沉淀经过滤除去，从而起到去杂、催陈的目的。由于 MnO_2 在酸性条件下能够分解成 Mn^{2+}，必须及时细致将其过滤除去，以免带入下道工序，造成锰含量超标。

②催化法：是通过在酒体中加入催化剂，以加快酒体中酯化反应和氧化反应的进程。

酸催化：加酸能从两个方面促进白酒老熟。一方面酯化反应先要经过羧基质子化，H^+浓度增大可加快质子化进程；另一方面酯化反应是可逆反应，增大反应物浓度可使平衡向正反应方向移动，酸的加入增加了酒体中的反应物，可促进酯化反应的进行。过氧乙酸是最常用的催化剂之一，其分解生成的新生氧可将乙醇、乙醛氧化成乙酸，加快氧化反应的进行；而过氧乙酸自身分解生成的酸又起到了酸催化的作用，加快了酯化反应的进行。

（3）生物法　20 世纪 30 年代，最早将生物法用于白兰地、威士忌的催熟处理，具有特殊的选择性。采用 YS-Ⅱ对新酒、新工艺白酒进行催熟，YS-Ⅱ是从植物中提取的 α-酵酶和酵素经技术处理得到的生物催熟剂，酵酶能催化一些物质发生氧化反应，而酵素则具有还原作用；同时 YS-Ⅱ还可加速乙醇分子与水分子的缔合，降低乙醇的刺激感。采用 YS-Ⅱ生物催熟技术处理过的新酒，刺激性降低，柔和感增强，后味干净，无“返生现象”，处理 15~30d 相当于自然老熟半年以上。由于其用量仅为万分之一至万分之几，且操作简便，成本低，宜于推广。

8、为什么酱香型白酒普遍酒精度数为 53%vol?

从贮存过程中的物理变化来看，除了挥发，占白酒体积 98%左右的乙醇还有水，它们之间的缔合作用则是贯穿整个老熟过程的一条主线。乙醇含量为 53%vol 左右是乙醇分子与水分子缔合的最佳酒精度，因为这时乙醇分子与水分子之间的缔合度较大，所以酱香型白酒的酒精度以 53%vol 为主。

9、中国白酒常用的酒库有哪些类型?

新蒸出的基酒具有辛辣刺激感，并带有某些不愉快气味，需经过一段时间的贮存后，刺激性和辛辣感会明显减轻，口味变得醇和柔顺，香气风味都得以改善，此谓老熟。不同白酒的贮存期长短不一，如优质酱香型白酒要求在 3~5 年，优质凤香型白酒也要 3 年以上，优质浓香型或清香型白酒一般要求在 1 年以上，普通白酒最短也应贮存 6 个月。基酒贮存过程中所处的环境即为酒库。

中国白酒企业常用的酒库一般分为地上酒库及地下酒库。四川等地的传统酒库多为地下酒库，如人工地窖、天然溶洞等。地下酒库的温度、湿度相对恒定，受季节和气候的影响较小，酒损也较小，每年约为 1.4%。温度一般维持在 9~22℃，这样的温度有利于新酒的老熟作用，原酒中有益的香味物质能较好地保存，酒中醇、酸、酯、醛、金属离子等微量成分之间的缔合及进行的各种物理化学反应能够自然平缓进行，经过长时间贮存后，酒体更加细腻、丰满、醇厚。但地下酒库因出口少、洞身长而面积大，故一旦发生火灾很难扑灭；另外若通风不良，很容易达到爆炸浓度极限（一般认为空气中含乙醇 3.3%~19%为易爆浓度），所以防火难度比地上酒库大得多。地上酒库多为平房酒库、楼房酒库及不锈钢罐群等。地上酒库的温度、湿度随季节变化较大，酒损略高，温度高则老熟速度快，温度低则老熟速度变慢，但其贮酒量大、易于扩建、管理方便、防火难度小，目前被大多数白酒企业所采用。

在白酒的生产中，原酒贮存是保证白酒产品质量至关重要的生产工序之一，不能把酒库孤立地看作存放和收发而已，应该看成制酒工艺的重要组成部分，也是重要的一个工序。在贮存中白酒质量在不断发生变化，它起着排除杂质、氧化还原、分子排列等作用，使酒味醇和、酒体绵软，给勾调调味创造良好的条件。所以，酒库管理是工艺管理的重要一环，直接影响后期的勾调工作。

10、在基酒贮存过程中酒库管理需要遵循哪些原则?

（1）信息准确原则　新酒入库时要认真核对校验信息，包括产酒日期、班组、窖号、酒度、数量等内容，定级（分类）后按类别分质入坛。每个酒厂都有自己的基酒定级（分类）标准，但都大同小异，一般是按酒头、前段、中段、尾段、尾酒、尾水等进行区分，并按不同的验收结果分级入库。如一些浓香型酒厂，都是采用一个班组，每月固定按各自确定的等级将酒收入库中，待月底进行集体评定，确定等级，暂时不能确定的留待集体评议或一段时间后再评。基酒定级（分类）需根据感官定级（分类）结果和指标分析情况，综合确定校验基酒的等级。

待校验新酒定级（分类）并分级（类）入库后，必须准确、详细、真实地填写新酒校验流通卡及容器标识，校验流通卡应包含校验班组、校验日期、校验内容、校验结果等信息，容器标识应包含基酒质量、基酒度数、生产日期、生产班组、生产窖号、入库时间、等级、主要色谱数据、总酸、总酯、感官品评、管理人员、使用时间等内容。对于库存基酒，标识信息必须准确、详细、真实，能反映出其类别、等级、酒精度、数量、理化指标、感官指标等信息，校验信息、流通信息、组合信息、使用情况等都必须录入酒库档案，确保库存的每一坛（酒海、不锈钢罐等）基酒都能够追根溯源。

（2）整体规划原则　基酒入库贮存应本着整体规划的原则，具体来说，需做好以下两点：一是合理布局，充分利用好有限空间，尽量减少转运成本；二是分类贮存，统一管理。如同一等级的酒最好放在一起，同一生产工艺的酒最好放在一起，同一阶段的酒最好放在一起，相同季节的酒最好放在一起，特殊调味酒要单独存放。整体规划有利于原酒的并坛组合、定期普查等后期管理工作，减少了损耗，降低了生产成本。

（3）容器搭配原则　原酒入库贮存时，一般要将不同的贮存容器（如陶坛、酒海、不锈钢容器等）按一定的比例搭配使用。陶坛、酒海等传统容器有利于白酒老熟，但体积小、容量有限，很难满足大规模生产的要求。不锈钢罐、水泥池等大容器容量大，但不利于白酒老熟。同时，现代研究已经证明不同贮酒容器对白酒的老熟起着不尽相同的作用和影响，同样的基酒在不同的容器中即使贮存相同的年限，其理化指标及感官指标也会略有不同。因此，不同白酒企业应该根据自身原酒的质量特点和成品酒的品质要求，合理搭配使用不同的贮酒容器。

（4）数据更新原则　库存原酒的理化指标及感官指标是不断变化的，贮存一定年限后这种变化才会趋于稳定，酒库管理人员通过定期进行酒库普查，对数据和指标进行实时追踪、及时更新，同时，要根据实际生产情况（如并坛组合、使用情况等），准确、详细、真实地更新基酒流通卡、容器标识、工作记录等信息，并将这些信息归纳后录入酒库档案。

（5）定期检评原则　入库基酒要定期进行理化指标检测和感官品评，酒库管理人员要做到对库存原酒数量、质量、类别、等级、使用情况等信息的准确把握，杜绝跑、冒、滴、漏，确保后期勾调工作的顺利进行。

11、做好酒库管理工作对勾调工序有何意义，如何做好酒库管理工作？

酒库管理是开展勾调工作的基础和前提，酒库管理工作做得好，则勾调工作可以高效、系统地进行，反之，则会造成勾调工作的混乱，严重影响库存原酒及成品酒的质量。为保证勾调工作顺利进行，勾调人员要与酒库管理人员密切联系，酒库管理人员要为勾调人员提供方便，根据酒库管理与检测、品评相结合的原则，重点做好以下几方面的工作。

（1）原酒必须经感官品评、理化检测、色谱分析，确定质量等级后，方可入库贮存，并在贮存容器上挂卡标明入库日期、质量等级、口感风格描述、微量成分含量、重量和酒精度等内容，做好详细的酒库档案记录。

（2）对于用陶坛容器贮存的原酒，可在贮存期满后经感官品评，把口感、风格描述一致或相近且质量等级相同的酒合并在容积较大的不锈钢容器中再贮存备用。

（3）对于用不锈钢容器贮存的原酒，先将其搅拌均匀，经品评、检测后，挂卡标明贮满日期、质量等级、口感风格描述、微量成分含量、重量和酒精度等内容。贮存期满后，小样经勾调人员再次品评、检测，严格按照品种配方方案进行组合勾调，严格按照工艺流程领取贮存期满后的各类原酒。

（4）勾调好的成品白酒，经品评、检测合格后，挂卡标明该批次白酒的感官品评、检测结果及结论等内容，并将该批次白酒详细的勾调记录录入酒库档案。

（5）对于出库的成品白酒，要进行复评、复检，待各项指标合格后，可以出库；对复评、复检不合格的，应及时再进行勾调，直至合格为止。

12、白酒行业中尝评有什么意义和作用?

中国白酒行业对于白酒质量的评判方法主要是理化分析和感官尝评，理化分析方法主要是通过仪器和化学方法分析白酒的各项指标，如乙醇含量、浊度、总酸、总酯、总糖、高级醇、甲醇、重金属含量等，并与国家标准、行业标准以及企业标准进行对照进而判断。理化指标检测方法虽具有客观、标准的优点，但是受限于仪器设备、分析方法，理化指标的检测结果并不能完美、全面地反映白酒的真实情况，尤其是白酒的色、香、味、格等特点，因此在实际中一般是将理化指标与感官尝评结果相结合，用以弥补理化结果的不足。从目前的应用来看，感官尝评与理化指标相结合的方法不仅灵敏度高、速度快而且还具有准确度高的优点，因此尝评在中国白酒行业具有极其重要的意义。尝评的主要作用有以下几点：

（1）在实际生产中通过专业尝评人员的尝评工作可以及时发现生产中出现的问题，并总结经验教训，为后续生产工艺的改进、产品质量的提高提供数据支撑及科学依据。

（2）在量质摘酒及基酒入库时通过尝评可以准确地将基酒细分等级，便于摘酒时的分段、入库时逐个按照分级、分质进行贮存，同时还可以准确地判断基酒在贮存过程中的变化情况，有助于了解基酒贮存过程中的变化规律。

（3）尝评是在基酒勾调时检验勾调效果最快的方法，也是最为灵敏的方法，有利于企业及时调整勾调方案，保证产品稳定；同时一个企业尝评人员技术能力的高低也间接反映了企业的实力。

（4）每个企业的尝评人员通过对不同类型产品的尝评，并与其他企业产品对比找差距，尤其是与国家级名优酒之间进行对比有助于提高自身产品的质量，进而推动整个行业的提质增效的改革。

13、感官品评的原理是什么?

（1）视觉　用眼观看产品的外观，包括酒液的色泽，是否澄清、浑浊、失光，是否有沉淀现象，酒液的流动性、挂杯情况如何。视觉反应属于物理作用的性质。

（2）嗅觉　用鼻闻产品的气味，利用鼻腔深处嗅黏膜上密集像蜂窝状排列的嗅细胞，遇到气味分子，产生刺激而通过神经传导至大脑中枢，便产生嗅觉。人的嗅觉比检测仪器灵敏度高，但容易疲劳，嗅觉出现疲劳时分辨能力明显降低。嗅与味是密切联系和相互作用的，其传导过程也相似。嗅觉的产生必须是呈香物质与嗅细胞接触，因此只有挥发的物质才可以嗅出气味。液体和固体物质只有当气化后，才会引起嗅觉。嗅觉反应属于化学作用的性质。

（3）味觉　口腔中舌面突起组织的乳头上及软颚、硬颚、咽喉部位有味蕾，味蕾刺激味细胞，通过神经系统产生信号传至大脑，辨别味觉。舌面各部位味觉反应不同：舌尖为甜味灵敏区，舌尖两侧边缘为咸味灵敏区，舌的两侧边缘为酸味灵敏区，舌根为苦味灵敏区，舌的中部为无味区，其敏感性最低。味觉能鉴别酒类产品中酸、甜、涩、辣、咸、鲜各味的存在及浓淡程度，同时产生触觉反应，即浓、淡、厚、薄、柔和、尖刺、爽适、腻口、收敛性、涩感等。味觉反应受年龄、嗜好、民族习惯、身体健康状况的影响，既有物理作用也有化学作用，并受心理和生理条件的影响。

14、感官品评中嗅闻的主要流程包括哪些?

嗅闻方法通过嗅觉器官进行品评，要严格掌握先闻香、后品味的要点。具体方法如下：①静态闻香，将酒液倒入酒杯，酒杯静置不动，鼻孔对准酒杯细致分辨香气是否符合该酒种质量标准，再分辨香气的强、弱，有无本酒种不应有的异香及其他气味。②动态闻香，摇动酒杯，促使酒气散发，按规定距离对准酒杯深吸气，以分辨不易挥发的气味，按各号杯顺次序闻，再按各号杯逆次序闻核对结果。③最终闻香核定，选出最佳酒样，将酒杯置于鼻孔下，用力急促吸气，或用手握酒杯增加温度，促使香气挥发，增强嗅觉刺激，判断静态、动态闻香结果，记下各杯号香气特点及差异。④香气鉴别要点，酒杯与鼻孔保持一定距离，先呼气，再吸气，酒气经鼻孔缓慢充满鼻腔，充分接触，加深刺激感觉反应；各杯酒样，保持吸入酒气量均等；不可反复闻香，避免嗅觉疲劳。⑤特殊闻香法，滤纸裁成1cm宽、12cm长的纸条，吸足酒样，闻香比较各酒样差异；将滤纸放置15~20min，任其自然挥发后，继续闻香，确定香气变化及放香时间长短；酒样滴入手心，握拳，在拇指与食指的空隙间对准鼻孔，深呼吸，判定香气特点；滴少量酒样于手背，任其挥发，闻其香气，确定香气挥发持续时间及香气特点。每杯酒样闻香结束，将酒样倒出，摇动空杯，促使残留酒气挥发干净，闻空杯留香，确定香气纯正与否及真伪。正式评酒不采用特殊闻香法，而由评委自行作对照验证。⑥按各酒种呈香特点，描述各杯酒样的香气评语，用语简练，表达清楚，明确其所具有的香型特点和不应有的异香情况。

15、感官品评中味觉尝评的主要流程包括哪些?

味觉尝评通过品味分辨各味的存在，验证闻香的结果，其主要流程如下：①按杯号顺序尝评，再逆次序核对，同轮次中自行选定标样与各杯比较，对特殊异香、异味的酒样，可留到最后品评，以免影响口感。②酒液入口慢而稳，使酒液铺满舌面，充分利用舌尖、舌两侧、舌根的各味感区，细心体会其不同的感受。酸、甜、苦、咸基本四味不能同时出现，也不能完全代表味觉感受，必须是复合感觉，才能判断各酒种应具有的呈味特点和不应有的异味。③酒液接触舌面，低度酒可大口鼓漱，高度酒使酒液在口腔停留几秒钟，酒气随呼吸从鼻腔散发，验证闻香结果。④分辨舌面触觉反应，感觉柔和、醇厚、寡淡、纯正、异杂味及收敛感（移动舌面，使舌面与上颚、牙床摩擦验证涩味），验证酒的回味对口腔刺激的余波。

品味应注意的问题，第一品初感，进口量要少；第二品触感，进口量稍多布满舌面；第三品回味感，循环两次即可得出结论，不宜反复品评，混淆判断准确性。切忌吞咽，一饮而过，酒液要与舌面上颚、咽喉各部位充分接触。品完一组，间隔 20~30min，恢复嗅觉、味觉灵敏度；集中精神，细微体会，专心思考，不可左顾右盼，受旁人议论干扰。

16、中国白酒品评的方法与主要步骤有哪些?

（1）评酒的方法　根据目的、提供酒样的数量、品评员人数的多少，可采取明评和暗评的评酒方法。

明评：又可分为明酒明评和暗酒明评。明酒明评是公开酒名，品评员之间明评明议，最后统一意见，打分并写出评语；暗酒明评是不公开酒名，酒样由专人倒入编号的酒杯中，由品评员集体评议，最后统一意见、打分、写出评语，并排出名次顺位。

暗评：是酒样进行密码编号，从倒酒、送酒、评酒一直到统计分数、出综合评语、排出顺位的全过程分段保密，最后揭晓公布评酒结果。

（2）评酒的主要步骤　白酒的品评主要包括色泽、香气、品味和风格 4 个方面，按照眼观其色、鼻闻其香、口尝其味，并综合色、香、味 3 个方面的感官印象确定其风格的方式来完成尝评的全过程，主要步骤如下：

眼观色（10 分）：白酒色泽的评定是通过眼睛来确定的，先把倒好的酒样放在酒桌的白纸上，用眼睛正视和俯视，观察酒样有无色泽和色泽深浅，同时做好记录。在观察透明度、有无悬浮物和沉淀物时，要把酒杯拿起来，然后轻轻摇动，使酒液游动后进行观察。根据观察，对照标准，打分并做出色泽的鉴评结论。

鼻闻香（25 分）：白酒的香气是通过鼻子判断确定的。当被评酒样上齐后首先注意酒杯中的酒量多少，把酒杯中多余的酒样倒掉，使同一轮酒样中酒量基本相同之后才嗅闻其香气。在嗅闻时要注意以下 3 个方面：一是鼻子和酒杯的距离要一致，一般在 1~3cm；二是吸气量不要忽大忽小，吸气不要过猛；三是嗅闻时，只能对酒吸气不要呼气。

在嗅闻时按杯号从小到大的顺序进行辨别酒的香气和异香，并做好相应的记录；再按反顺次进行嗅闻，经反复综合几次嗅闻的情况，排出质量顺位；再嗅闻时，对香气突出的排列在前，香气小的、气味不正的排列在后。初步排出顺位后，嗅闻的重点是对香气相近似的酒样进行对比，最后确定质量优劣的顺位。当不同香型白酒混在一起品评时，先分出各编号属于何种香型，再按白酒香型的顺序依次进行嗅闻，对不能确定香型的酒样最后综合判定。为确保嗅闻结果的准确，可采用把酒滴在手心或手背上，靠手的温度使酒挥发来闻其香气，或把酒倒掉放置 10~15min 后嗅闻空杯，这也是确定酱香型白酒空杯留香的唯一方法。

品尝味（50 分）：白酒的口味是通过味觉来确定的。先将盛有酒样的酒杯端起，吸取少量酒样于口腔内，品尝其味，在品尝时要注意以下 4 个方面：一是每次入口量要保持一致，以 0.2~2.0mL 为宜；二是酒样布满舌面，仔细辨别其味道；三是酒样下咽后，立即张口吸气，闭口呼气，辨别酒的后味；四是品尝次数不宜过多，一般不超过 3 次，每次品尝后茶水漱口，防止味觉疲劳。品尝要按闻香的顺序进行，先从香气小的酒样开始，逐个进行品评。在品尝时把邪杂味大、异香和暴香的酒样放到最后尝评，以防味觉刺激过大而影响品评结果。

在尝评时按酒样多少，一般又分为初评、中评、总评3个阶段：一是初评，一轮酒样闻香气后从嗅闻香气小的开始，入口酒样以布满舌面并能下咽少量酒为宜，酒下咽后可同时吸入少量空气，并立即闭口用鼻腔向外呼气，这样可辨别酒的味道。做好记录，排出初评的口味顺位。二是中评，重点对初评口味相似的酒样进行认真品尝比较，确定中间及酒样口味的顺位。三是总评，在中评的基础上可加大入口量，一方面确定酒的余味，另一方面可对暴香、异香、邪杂味大的酒进行品尝，以便从总的品尝中排列出本次酒的顺位，并写出确切的评语。蒸馏白酒的基本口味有甜、酸、苦、辣、涩等，白酒的味觉感官标准应该是在香气纯正的前提下，口味丰满浓厚、绵软、甘洌、尾味净爽、回味悠长、诸味谐调；过酸、过涩、过辣都是酒质不高的标志。品评员根据尝味后形成的印象来判断优劣，写出评语，给予分数。酒味的评分标准是具备本香型的特色、诸味协调给48~50分，有某些缺点酌情扣分。

综合起来看风格（15分）：根据色、香、味的鉴评情况，综合判定白酒的典型风格。风格就是风味，也称酒味，是香和味综合的印象，各种香型的名优白酒都有自己独特的风格，它是酒中各种微量香味物质达到一定比例及含量后的综合阈值的物理特征的具体表现，具有独特的优雅、美好、自然谐调、酒体完美，恰到好处的给15分，一般的、大众的酌情扣分，偏格的扣5分。

17、中国白酒品评的标准是什么？

中国白酒品评主要依据的是产品质量标准，在产品质量标准中明确规定了感官要求，主要包括色、香、味和风格四个部分。目前产品质量标准有国家标准、行业标准和企业标准。

根据GB/T 10345—2022《白酒分析方法》中的规定，中国白酒感官评定主要包括以下几个方面：

（1）原理　评酒员通过眼、鼻、口等感觉器官，对白酒样品的色泽和外观、香气、口味及风格特征进行分析评价。

（2）品酒环境　品酒室应光线充足、柔和、适宜，以温度16~26℃、相对湿度30%~70%为宜，室内应空气新鲜，无香气及邪杂气味。

（3）评酒要求　品酒员感觉器官要灵敏，经过专门训练与考核，符合感官评定要求，熟悉白酒的感官品评用语，掌握相关白酒的特征。评语要公正、科学、准确。

（4）白酒品评主要步骤

①样品的准备：将样品放置于20~25℃环境下（或20~25℃水浴中保温）平衡温度后，采取密码标记后进行感官品评。品评前将白酒样品注入洁净、干燥的品酒杯中，注入量为15~20mL。

②色泽和外观：将酒杯拿起，以白色评酒桌或白纸为背景，采用正视、俯视及仰视方式，观察酒样有无色泽及色泽深浅。然后轻轻摇动，观察酒液澄清度、有无悬浮物和沉淀物，记录其色泽和外观情况。

③香气：一般嗅闻，首先将酒杯举起，置酒杯于鼻下10~20mm处微斜30°，头略低，

采用匀速、舒缓的吸气方式嗅闻其静止香气，嗅闻时只可对酒吸气，不应呼气。再轻轻摇动酒杯，增大香气挥发聚集，然后嗅闻，记录其香气情况。

特殊情况：将酒液倒空，放置一段时间后嗅闻空杯留香。

④口味、口感：将样品注入洁净、干燥的酒杯中，喝入少量样品 0.5～2.0mL 于口中，以味觉器官仔细品尝，记下口味、口感特征。

⑤风格：综合香气、口味、口感等特征感受，结合各白酒风格特点，做出总结性评价，判断其是否具备典型风格或独特风格（个性）。

18、中国十二大香型白酒常用品评术语有哪些?

（1）酱香型白酒品评术语

①色泽：微黄透明，浅黄透明，较黄透明；无悬浮物，无沉淀，微浑，稍浑，有悬浮物，有沉淀，有明显悬浮物等。

②香气：酱香突出、较突出，酱香明显，酱香较小，具有酱香，酱香带焦香，酱香带窖香，酱香带异香，窖香露头，不具酱香，其他香；幽雅细腻，较幽雅细腻，空杯留香幽雅持久，空杯留香好，空杯留香尚好，有空杯留香，无空杯留香。

③口味：绵柔醇厚，醇和，丰满，醇甜柔和，酱香味显著、明显，入口绵、平顺，入口冲，有异味，邪杂味较大，回味悠长、长、较长、短，回味欠净，后味长、短、淡，后味杂，焦煳味，稍涩，涩，苦涩，稍苦，酸味大、较大，生料味，霉味等。

④风格：风格突出、较突出，风格典型、较典型，风格明显、较明显，风格尚好、一般，具有酱香风格，典型性差、较差，偏格，错格等。

（2）浓香型白酒品评术语

①色泽：无色，晶亮透明，清亮透明，清澈透明，无色透明，微黄透明，稍黄，浅黄，较黄，灰白色，乳白色；无悬浮物，无沉淀，微浑，稍浑，有悬浮物，有沉淀，有明显悬浮物。

②香气：窖香浓郁，较浓郁，具有以己酸乙酯为主体的纯正、谐调的复合香气，窖香不足，窖香较小，窖香纯正、较纯正，有窖香，窖香不明显，窖香欠纯正，窖香带酱香，窖香带陈味，窖香带焦煳气味，窖香带异香，窖香带泥臭气，其他香等。

③口味：绵甜醇厚，醇和，香醇甘润，甘洌，醇和味甜，醇甜爽净，净爽，醇甜柔和，绵甜爽净，香味谐调，香醇甜净，醇甜，绵软，绵甜，入口绵，柔顺，平淡，淡薄，香味较谐调，入口平顺，入口冲，冲辣，糙辣，刺喉，有焦味，稍涩，涩，微苦涩，苦涩，稍苦，后苦，稍酸，软酸，酸味大，口感不快，欠净，稍杂，有异味，有杂醇油味，酒梢子味，邪杂味较大，回味悠长，回味较长，尾净味长，尾子干净，回味欠净，后味淡，后味短，后味杂，余味长、较长，生料味，霉味等。

④风格：风格突出，典型，风格明显，风格尚好，具有浓香风格，风格尚可，风格一般，固有风格，典型性差，偏格，错格等。

（3）清香型白酒品评术语

①色泽：无色，晶亮透明，清亮透明，清澈透明，无色透明，微黄透明，稍黄，浅黄，较黄，灰白色，乳白色；无悬浮物，无沉淀，微浑，稍浑，有悬浮物，有沉淀，有明显悬浮物。

②香气：清香纯正，清香雅郁，清香馥郁，具有以乙酸乙酯为主体的清雅谐调的复合香气，清香较纯正，清香欠纯正，有清香，清香较小，清香不明显，清香带浓香，清香带酱香，清香带焦煳味，清香带异香，不具清香，其他香气，糟香等。

③口味：绵甜爽净，绵甜醇和，香味谐调，自然谐调，酒体醇厚，醇甜柔和，口感柔和，香醇甜净，清爽甘洌，清香绵软，爽洌，甘爽，爽净，入口绵，入口平顺，入口冲，冲辣，糙辣，暴辣，落口爽净、欠净，尾净，回味长，回味短，回味干净，后味淡，后味短，后味杂、稍杂，寡淡，有杂味、邪杂味，杂味较大，有杂醇油味、酒梢子味、焦煳味，涩，稍涩，微苦涩，苦涩，后苦，稍酸，较酸，过甜，生料味，霉味，异味，刺喉等。

④风格：风格突出、典型，风格明显，风格尚好，风格尚可，风格一般，典型性差，偏格，错格，具有清、爽、绵、甜、净的典型风格等。

（4）米香型白酒品评术语

①色泽：无色，晶亮透明，清亮透明，清澈透明，无色透明，微黄透明，稍黄，浅黄，较黄，灰白色，乳白色；无悬浮物，无沉淀，微浑，稍浑，有悬浮物，有沉淀，有明显悬浮物。

②香气：米香清雅、纯正，米香清雅、突出，具有米香，米香带异香、其他香等。

③口味：绵甜爽口，适口，醇甜爽净，入口绵、平顺，入口冲、冲辣，回味怡畅、幽雅，回味长，尾子干净，回味欠净。其余可以参考浓香型白酒。

④风格：风格突出、较突出，风格典型、较典型，风格明显、较明显，风格尚好、尚可，风格一般，固有风格，典型性差，偏格，错格等。

（5）凤香型白酒品评术语

①色泽：无色，晶亮透明，清亮透明，清澈透明，无色透明，微黄透明，稍黄，浅黄，较黄，灰白色，乳白色；无悬浮物，无沉淀，微浑，稍浑，有悬浮物，有沉淀，有明显悬浮物。

②香气：醇香秀雅，香气清芬，香气雅郁，有异香，具有以乙酸乙酯为主、一定量己酸乙酯为辅的复合香气，醇香纯正、较正等。

③口味：醇厚丰满，甘润挺爽，诸味谐调，尾净悠长，醇厚甘润，谐调爽净，余味较长、较醇厚，甘润谐调，爽净等。

④风格：风格突出、较突出，风格明显、较明显，具有本品固有的风格，风格尚好、尚可、一般，偏格，错格等。

（6）其余香型白酒品评术语

①色泽：无色，晶亮透明，清亮透明，清澈透明，无色透明，微黄透明，稍黄，浅黄，较黄，灰白色，乳白色；无悬浮物，无沉淀，微浑，稍浑，有悬浮物，有沉淀，有明显悬浮物。

②香气：香气典雅、独特、幽雅，带有药香，带有特殊香气，浓香谐调的香气，芝麻香气，带有焦香，有异香，香气小等。

③口味：醇厚绵甜，回甜，香绵甜润，绵甜爽净，香甜适口，诸香谐调，绵柔，甘爽，入口平顺，入口冲，冲辣，刺喉，涩，稍涩，苦涩，酸，较酸，甜，过甜，欠净，稍杂，有异味，有杂醇油味，有酒梢子味，回味悠长、较长、长，回味短，尾净香长，

有焦煳味，有生料味，有霉味等。

④风格：风格典型、较典型，风格独特、较独特，风格明显、较明显，具有独特风格，风格尚好、尚可、一般，典型性差，偏格，错格等。

19、白酒品评过程中容易受到哪些因素的影响？

（1）品评员的身体状态　品评员身体健康与精神状态的好坏都会直接影响评酒结果。如生病、感冒或情绪不佳以及极度疲劳都会使人的感觉器官失调，从而使评酒的准确性和灵敏度下降。因此，品评员在评酒期间应保持健康的身体和良好的精神状态。

（2）品评员的心理状态　人的知觉能力是先天就有的，但人的判断能力是靠后天训练提高的。品评员要加强心理素质的训练，注意克服偏爱心理、猜测心理、不公正心理及老习惯心理，注意培养轻松、和谐的心理状态。在评酒过程中要防止和克服顺序效应、后效应和顺效应等。

顺序效应：品评员在评酒时产生偏爱先品评酒样的心理作用，这种现象称为正顺序效应；偏爱后品评酒样的心理作用称为负顺序效应。在品评时，对两个酒样进行同次数反复比较品评，在品评中以清水或茶水漱口，可以减少顺序效应的影响。

后效应：品评前一个酒样后影响后一个酒样的心理作用称为后效应。在品完一个酒样后，一定要漱口，在清除前一个酒样的酒味后再品评下一个酒样，以防止后效应的产生。

顺效应：在评酒过程中经较长时间的刺激，使嗅觉和味觉变得迟钝，甚至变得无知觉的现象称为顺效应。为减少和防止顺效应的产生，每轮次品评的酒样不宜安排过多，一般以 5 个酒样为宜。每天上、下午各安排 2 轮次较好，每评完 1 轮次酒后必须休息 30min 以上，待嗅觉、味觉恢复正常后再评下一轮次酒。

（3）品评员的个人能力及经验　这是品评员必须具备的条件之一，只有具有一定的评酒能力和丰富的品评经验才能在评酒中得到准确无误的结果，否则没有资格当评酒员。因此，作为评酒员要加强学习和训练以及经常参与评酒活动，不断提高品评技术水平和积累评酒经验。

（4）品评环境　品评环境的好坏对结果有一定的影响，据有关资料介绍在隔音、恒温、恒湿的品评环境中用 2 杯法品评酒样其准确率达到 71.1%，而在有嘈杂声和震动的条件下品评准确率仅为 55.9%；如果在空气有异味的环境中评酒准确率就更低了。这也表明品评环境是影响结果的一个不容忽视的问题。一般对评酒环境的要求，应无震动和噪声，评酒室内清洁整齐、无异杂气味、空气新鲜、光线充足，以恒温 20℃左右为宜。评酒室内还应有专用的评酒桌，在桌上铺有白色台布、放有茶水杯，并备有痰盂等，使品评员在幽雅、舒适的环境中进行评酒活动。

20、什么是中国白酒的风格，风格与香型有何差异？

中国白酒为多菌种开放式发酵，酿造地域独特的气候环境决定了复杂的酿造微生物群系，造就了风格不同的酿造工艺，从而形成了中国白酒风格的差异化特点。一款成熟的白酒在面世之前，必然经过精心的勾调设计，既要保持产品的传统风格，又要凸显产品的个性，进一步在保证白酒风格的基础上，将白酒间的差异化放大，最终形成独有的典型风格。中国白酒的风格即酒的个性和特性，所谓风格是对白酒的感官认识，是指白酒的色、香、味三个方面具有区别于其他酒的独特之处，风格是对白酒整体特性的描述。之所以有不同的风格，从风味化学原理来说，决定性的因子是其中的呈香呈味物质比例关系不同；从大的方面来说，白酒的风格源自白酒的生产工艺，在生产工艺过程中，原料、制曲、酿酒、贮存、勾调等诸多环节从不同方面支撑了风格的形成，风格是白酒中所有化学成分的综合体现。

（1）风格与香型是一个问题的两个方面　香型是白酒产品的一种分类方法，是为了方便研究和分类而提出的概念。白酒按香型划分的基本条件如下：一是应该具有独特的香气风格，同时又明显区别于其他香型白酒。香型的概念是相对感性的、模糊的，是一种定性概念。实际上，同一香型的白酒企业所生产出的产品是有较明显区别的，在香型定义中，有一些粗的条条框框来界定，如主体香物质的含量顺序、比例等。二是应该具有特殊的香气组分，这些组分如主体香，代表着这类香型香气的特征，并起着主导的作用。这些特殊组分无论在种类、含量、比例，还是在香气作用上，与其他香型白酒有着本质的区别。三是此香型白酒应具有一定的代表性和普遍性。也就是说，属于同一香型的白酒产品，应该有几个或多个类似产品的生产厂家，具有一定生产规模和市场占有量。四是具有独特的生产工艺，如凤香型白酒采用老五甑续渣混蒸混烧工艺，酒海贮存，每年铲一次窖皮泥；清香型白酒采用清蒸二次清工艺。五是应具有一定的数据支撑，如检测分析报告、工艺技术参数等，还有白酒生产中微生物的研究和白酒中香味物质的研究，为香型确定奠定良好的基础。白酒中特殊组分的存在和呈香呈味作用，是构成白酒风味特征的物质基础，其种类及量比关系的不同，决定着白酒的香气类型。香型是白酒风格特征的一种展示，是以感官质量为主导，结合相应理化指标对酒产品类型的一种定义。

（2）风格是对白酒整体感官表现的一种广义描述　相对于典型性，白酒的风格是一种广义的描述。一类白酒能够具有一定的风格，说明这款酒在勾调时，充分考虑了白酒的典型性问题，注意到了各种香味物质之间的配比关系，只有配比关系得当，白酒才能表达出特定的风格。虽然白酒的典型性是特定的发酵工艺所决定的，但要使白酒具备独特的风格，还需要做大量的工作。“典型性”是天生的，“风格”是可以塑造的。典型性讲的是产品的差异性，而风格讲的是一种感觉；同一香型的白酒，虽然都具有典型性，但风格未必相同。典型性具有一定的量化指标，风格没有统一的标准，或者说，风格无模板。形成产品典型性的因素都是形成风格的因素，但形成风格的因素要多得多。在此，勾调要解决的问题，是如何在差异化产品的基础上，表达一种愉悦的风格。

21、酱香型白酒的酒体风格是如何形成的?

典型性是产品的“相貌”特征，风格是产品的“气质”特征。白酒的风格与工艺有着密不可分的联系，中国名优白酒之所以能够在历届白酒品评中连连胜出，与其长期探索形成的独特工艺密不可分。由于受到环境气候、地理特征、原辅材料、地域文化等多方面的影响，不同白酒生产工艺条件差异较大，即便是同一种香型的不同白酒，生产方式也未必是完全相同的。虽没有完全一样的白酒，却都有在工艺传承中精益求精、一丝不苟的工匠精神和锐意进取、不断改进的创新意识。因此，不同香型白酒既传承了酿造的核心，又在长期的探索中不断优化工艺，使产品源于古法，却优于古法。

（1）酿造工艺　在酱香型白酒长期的生产实践中发现，云贵川三省当地产的糯红高粱淀粉含量丰富，适合多轮次蒸煮发酵。每年端午后，以小麦为原料开始制高温曲，夏季的高温有利于微生物的生长，加速淀粉、蛋白质分解，形成呋喃、吡嗪类芳香族化合物，同时产生丰富的酶系。酒曲制好后，时间已从初夏转入仲秋重阳节，此时开始“重阳下沙”，选用当地产的整粒高粱为原料，开始高温堆积，对微生物进行预培养，是酱香型工艺的一项关键技术。再经高温多轮次发酵工艺，整个过程中2次投料、8次发酵、7次取酒，正好历经一整年时间。由于酱香型白酒酿酒生产用曲量大，与原料比达1∶1，历来认为曲的香气是酱香的主要来源之一。高温制曲使得细菌种类多、量大，香气成分比较复杂，以4-乙基愈创木酚、丁香酸等物质为主，以多种氨基酸、高沸点醛酮类物质为衬托，其他酸、酯、醛类物质为助香成分，高温长酵，发酵充分，酒质醇甜，酱香细腻，邪杂味较少。存贮时间长，酒体发生缓慢变化，分子间充分作用，香气与口感更协调、舒适。酱香型白酒的工艺特点决定了其酒质酱香突出、优雅细腻、酒体醇厚、后味悠长、空杯留香持久、独特而优美的典型风格。勾调时应按照不同轮次酒的特点取长补短，相互补充，突出酱香型白酒优雅细腻的特性。

（2）酿造环境　一般来说，从一个人的口音上可以分辨出其生活地或出生地，同样白酒感官的差异也源自地域环境的不同，地域特征是产品风格形成的根本因素。不同地域涵盖了气候的差异，温度不同，光照时间不一，空气湿度差异，酿造用水的酸碱度、甘甜度不同，环境中微生物菌群结构有差异，这些因素对白酒风格的形成起到了一定作用。譬如，北方地区模仿川酒工艺，酿出的浓香白酒香气浓郁程度远不及川酒，而茅台酒厂当年离开仁怀的异地生产试验证明无法酿出品质类似的酱香酒。因此，地域环境对白酒风格的形成是至关重要的。

酱香型白酒在勾调中，将具有酱香、醇甜和窖底香的酒搭配使用，突出酒体幽雅细腻、空杯留香的特性。酱香型白酒的细腻，离不开赤水河甘甜的水质，由于贵州茅台地区的地貌结构特殊，页岩、砾岩受海拔高度和岩石风化后形成的土质，具有良好的渗水性；当地面水和地下水流渗过土壤，既溶解了红土层中的多种有益的微量元素，又层层过滤出甘甜清冽的泉水汇入赤水河中，为酱香型白酒酿造提供了优质水源，也造就了酱香型白酒的细腻。贵州独特的自然环境和气候、复杂的微生物群系是无法被模拟仿制的。酱香型白酒基酒中富含多种芳香族化合物，成分复杂，至今未能确定主体香物质，因此在白酒勾调中也从未有模仿成功的例子，说明勾调不是万能的，只有好的原酒才能勾调出好的产品。

（3）配方设计思想　产品定位与消费群体、市场需求、成本价格、产品固有特性等紧密相关。产品的风格反映了消费者对白酒需求的不断改变，一般来说，一个企业的同类产品，其风格是一致的，消费者对白酒的认可取决于产品的品质，如适口性、是否低醉、是否上头、是否绵顺、是否协调、是否回味等；而要让消费者记住他喝过的酒，风格是决定因素。消费者逐渐形成的对某种产品风格的固有认识，是产生再次购买欲的决定性因素，这是由于产品的风格特点契合了消费者的“灵魂”。劲酒虽是一种保健酒，在做好功效的前提下，以健康、安全、关切理念为突破口，以数字化提取为噱头，取得了巨大的成功，是产品风格设计的领先者。豉香型白酒玉冰烧，以肥肉浸泡而得名，以大米为原料酿造，酒的度数较低，且带有饭香。这种低度且带有油脂味的白酒，在北方地区并不畅销，这是因为北方气候较冷，加之北方人性格较豪爽，饮酒时更青睐于度数高、醇厚、香气浑厚的白酒；而南方，特别是广东、东南亚一带，气候温和湿润，饮食以清淡偏甜为主，因此饮酒中也喜好甜润饱满的味道，因此玉冰烧的脂玉风格恰好适应了南方人的生活环境和饮食习惯。不同民族、不同地域都有自己的饮酒风格，北方人豪爽，饮酒讲究一醉方休，酒度多以偏高度酒为主；南方人精明细腻，饮酒讲究品味、享受，酒精度以中度酒为主，在勾调设计白酒风格时，应根据消费群体和地域体现多样性。

（4）勾调师　有经验的勾调师总能在产品特征中烙上自己的印记，如就白酒的回甜感，勾调时可选择的调味办法很多，如“释”法、“加”法、“衬”法、“抗”法等。选用“释”法的勾调师，会通过整体降低酯香的办法突出之；选用“加”法的勾调师，会用增加“—OH”的办法来增甜；选用“衬”法的勾调师，常用提酸以促甜；而选用“抗”法的勾调师，会选用减低苦味的办法来增甜。没有职业操守的人会用加甜味剂来增甜。一个好的勾调师，面对已经用固化的工艺生产出来的原酒，会拿捏出自己的一套办法，这样的勾调师已经与产品融为了一体。

22、什么是酒体设计，为什么要进行酒体设计？

对此问题不同企业有着不同的认知。

有的企业认为酒体设计是指本企业产品或者说是同香型酒中微量成分的调整，或者说是在保持自己独特风格的基础上对微量成分的调整，提高酒质，改进口感，以适应市场不断变化的需求。因此不少企业把勾调车间、勾储车间或勾调室等更名为酒体设计中心或酒体设计室，进行已含有的香味微量成分之间的微调。也有的企业认为，酒体风味设计是研究酒体风味特征的形成规律，设计和指导生产具有独特风味酒类物质的科学。即设计师预先设计好将要生产产品的物理性质、化学性质、感官风味特征的原料配方、糖化发酵剂的制作模式、生产工艺技术标准、成品的检测方式和适应程度，是对它们进行综合平衡后制定出来的能够对形成完美个性和风味特征的企业生产过程进行有效控制，以保证产品质量稳定的一整套技术标准和管理准则的科学理论和方法。

酒体设计主要是为了适应消费者口味的变化，预测市场对酒质量的需求来进行的。为了进一步提高企业产品质量，克服该产品在消费者中反映、暴露出来的缺陷，从适应消费者的口味变化的需要出发，在保持产品的风格、特征的基础上，在感官上不断变化来进行酒体设计，以进一步开拓市场，扩大销售，使之成为长盛不衰的产品。同时，酒体设计也应考虑降低成本、提高工效等因素，其目的是完善产品质量、丰富产品内涵，争夺消费者，提高产品的知名度，为增加经济效益而采取一些技术措施。

总体来看，酒体设计就是设法改变或改进酒中所含部分微量成分量比关系，以改善其品质或创造新的风格、流派的一种措施和手段，而不改变其固有香型，也可以说是在完善香型、品味，更适应市场需求。因此，酒体设计要有针对性，根据市场反馈和改善酒质的要求，进行酒体设计。各个地区消费群体对白酒口味的要求是不一致的，有些地区需香味浓、香味大的酒，有的地区要求香淡、香优雅的酒，有的地区需后味带甜的或不带甜的，各地区有各地区的要求。所以在调查研究市场以后，发现同一个产品应该有多个酒体设计方案，来适应不同地区、不同市场的要求，这样才能开拓市场，扩大覆盖面。因此，销售部门要与酒体设计部门有密切关系，这是一项非常细致的工作。

23、酒体设计应该注意哪些问题?

酒体设计应在保持白酒固有风格的基础上进行，企业产品的风格特征应有所体现，也就是说酒体设计不属于新产品开发，是在企业产品的固有风格特征的范围内，进行香味微量成分的调整，不是香型的变化而是个性的变化。另外，带营养、保健性的复杂调味液添加量都应该在万分之数量级进行，其加入不是为了提高营养、保健作用，而是补加复杂成分，改善酒的品质和口感，不是生产营养保健型白酒，更不是生产药酒，而是生产固有特征的中国白酒，这是前提，是先决条件，否则就不属酒体设计的范围。最后，应设专门机构，由技术中心或总工办来管理，以加强酒体设计工作的开展，适应消费者口味改变的需求。勾调室（或车间）属生产性质的部门，只负责按有关部门提供的酒体设计方案进行组合和调味，而不是去研究新的酒体设计方案。所以酒体设计应划归技术研究部门去完成，也可作为研究课题或任务去实施，以研究成果为目的，进一步提高酒体设计人员的积极性。

24、酒体设计工作应该包括哪些主要内容?

（1）设计前的调查　在设计一款新的酒体之前，应该做好调研工作，对目标市场、目标消费群体等进行详细了解，主要可包括以下几个方面：

①市场调查：了解目标市场对酒的品种、规格和数量的要求。也就是市场上能销售多少酒、现在生产厂家有多少、总产量多少、消费者购买力如何、何种产品最好销；该类产品的风格怎样；这些酒属于什么香型、内在质量达到了什么程度；感官指标如何、是用什么生产工艺在什么环境条件下生产出来的、为什么会受到人们的喜爱等等。从现代管理学角度来讲，也可以称作市场细分，分得越细，对酒体设计越有利。

②技术调查：调查有关产品的生产技术现状与发展趋势，预测未来酿酒行业可能出现的新情况，为制定新产品的酒体设计准备第一手资料。

③分析原因：通过对本厂产品进行感官和理化分析，找出与畅销产品在质量上的差距，明确影响产品质量的主要原因。最后根据企业的生产设备、技术力量、工艺特点，产品质量等实际情况，参照国内外名优酒的特色和消费者饮用的习惯变化进行酒体构思。

（2）设计方案的来源与筛选

①消费者：要通过各种渠道掌握不同地区消费者的需求，了解消费者对现有产品有哪些看法，广泛征求消费者对改进产品质量的建议。同一个酒样高寒地区的消费者会认为酒欠浓厚或香气不足，而东南沿海一带的消费者又会认为酒精度太高、甜味不够、刺激性太强等。在接收到这些信息后，设计人员的头脑中就有了新的酒体设计的创意，根据广大消费者的饮用习惯，针对不同地区设计特色产品。

②企业职工：要鼓励职工提出新的设计方案的创意，尤其要认真听取销售人员和技术人员的意见，少数人了解的情况、懂得的知识，不可能是全面的，所以要动员广大职工来想办法、出主意、提方案。

③专业科研人员：这些人知识丰富，了解的信息和收集的资料数据科学准确。要充分发挥他们的专业知识，用各种方法鼓励他们想出新的酒体方案的创意。哪怕是从他们那里听到几句话，也是有好处的。

在调查工作结束后，将众多的方案进行对比，通过细致的分析筛选，就能得到几个比较合理的方案。然后，在此基础上进行新的酒体风味设计，在筛选时还要防止方案的误舍和误用，不能轻易肯定或否定，以免造成损失。

（3）设计的决策　决策的任务是对不同方案进行经济技术论证和比较，最后决定取舍。对某个方案的取舍，要从技术要求的高低、生产的难易程度、产品成本的大小、是否适销对路、价格是否合理等多方面去考虑，不能只要求产品质量高，而不顾成本大小、技术条件成熟与否等客观实际情况，即使某一些酒体风味设计方案的产品能达到国家优质酒水平，但由于企业技术条件等不成熟因素的影响使生产成本核算上升到没有利润的情况，这个设计方案再好也不可取，即没有实用价值。衡量一个方案是否合理，主要的标准应是看它是否有实用价值。

$$价值=功能/成本$$

从价值的计算公式来看，要提高产品的价值可以从以下五点入手：一是功能一定，降低成本；二是成本一定，提高功能；三是增加一定的成本，使功能大大提高；四是既降低成本，又提高功能；五是功能稍有下降，成本大幅度下降等。上述的功能是指产品的用途和作用，任何产品都有满足用户某种需要的特定功能，酒可以满足人们生活的需要，所谓酒的独特风格也可以成为其功能。

（4）设计方案的内容　设计方案的内容就是在新的风味设计方案中，酒体要达到的目标或者质量标准及生产新产品所需的技术条件和管理法规等一系列工作。

①产品的结构形式：也就是产品品种的等级标准的划分，一个企业要形成合理的产品结构，应考虑以下两点，一是弄清楚企业的产品特色是符合哪些地区的要求，即哪些地区消费者的口味习惯和特殊需要，然后按消费者的要求来制定酒样的质量标准，包括微量香味成分的含量及比例关系和应具备的感官质量标准，从而为形成合理的产品结构打下基础；二是要清楚同一产品直接竞争对手的状况，判断企业的竞争力，警惕被打败的可能性。要注意发展企业的竞争力，尽量避开和其他企业产品的正面冲突，将有自己特色的产品向深度和广度发展，设计出符合自己酒厂实际情况而又有较强竞争力的产品。随着人们生活质量的提高，社会对名优白酒的品种以及风格特色的要求亦经常变化，要及时调整产品设计方案和质量标准，以适应市场。

②主要理化参数：即新产品的理化指标的绝对含量。试制样品前的第一步就是要进行基础酒的分类定性和制定检验验收标准。基础酒的好坏是大批量成品酒能否达到酒体设计方案规定的质量标准的关键。基础酒又是由合格酒组成的。因此，还得要确定合格酒的质量标准和类型。

例如，某名酒的感官标准是香气正、尾味净等。理化标准是将各种微量香味成分的含量及各种微量成分之间的比例关系划分为多个范畴：①已酸乙酯>乳酸乙酯>乙酸乙酯，这样的酒感官特征是浓香好，味醇甜，典型性强；②已酸乙酯<乙酸乙酯<乳酸乙酯，这种酒闷甜、香短淡，适量用这种酒会使酒体绵甜；③乙醛>乙缩醛，这种酒味燥等。按酒体设计事先制定和划分的范畴来验收合格酒，使其更标准化、规范化、科学化。

③生产条件：现有的生产条件和将要引进的新技术、新设备一定要有承担新酒体风味设计方案中规定的各种技术和质量标准的能力。任何产品质量都有一个生产实现的过程，新的酒体设计的技术法规，包括产品标准、原材料标准、工艺标准、基础酒标准、

合格酒标准等。

（5）标样的试制和鉴定

①组合基础酒：按照酒体设计方案中的理化和感官定性，微量香味成分的含量和相互比例关系的参数制定合格酒的检收标准和组合基础酒的标准。

②制定调味酒的生产方法和要求。

③试制样品和鉴定：按酒体设计试制出样品后，还必须从技术、经济上做出全面评价，再确定是否进入下一阶段的批量生产。鉴定工作必须严格进行，未经鉴定的产品方案不得投入批量生产，如此才能保证新产品的质量和信誉，新产品才能有较强的竞争力。

25、酒体设计过程中有哪些主要的流程?

酒体设计是根据企业的要求、市场发展的需要来调整白酒中已知成分的量比关系，使之成为独具典型性的各价位的白酒。可以用酱香型、浓香型、清香型、药香型或其他香型的白酒为酒基，或用作带酒、调味酒来调整酒中微量成分的量比关系来调制和生产不同价位、不同等级的适销对路的各类白酒产品。所以酒体设计主要考虑市场需要、成本组成、价格定位，以及酒的风味、口感和理化指标、调味酒、半成品酒的制作等全过程。

（1）确定微量成分的含量和比例关系　确定该产品的独特风味和典型特征，然后确定一种或几种必用的调味酒和半成品酒（酒基）的组成，制定出切实可行的一种或几种酒体设计方案。

（2）试验小样　根据酒体设计方案调配 3 个左右的小样，进行尝评选择，同时核算成本。

（3）调制产品　标样根据小样鉴定结果，配制 50kg 广泛征求意见，最好能做消费者饮后反应试验，最后修正方案，确定标样。

（4）复查标样　标样还需要经 1～3 个月贮存试验，检查是否有变味、降香等现象，加以确认和解决。

（5）制定产品的调制工艺和技术要求以及产品质量标准、检验方法等。

（6）两个基础条件　一是要有一个设计机构来实施，如酒体设计室或酒体设计中心，人员要配备好，工作要有计划。二是不断积累丰富的酒体设计实践经验和知识，通过实践研究白酒中已知成分的变化与酒质、风味的关系，在这方面大有文章可做，要总结经验，不断提高。例如总酯、总酸的变化对酒质的影响，总酯、总酸中单项酯、酸的变化与酒质的关系，乙醛、乙缩醛、异戊醇等含量的变化与酒质的关系，各种香型酒的相互勾调（包括微量的添加）与酒质和成分变化的规律等，从而进一步研究调味酒、调味液的制作、筛选，这些试验研究对酒体设计有很大的现实意义。

（7）酒体设计中基酒的组合　这是整个调配过程中的基础工作，把各种各样的基酒按一定量比组合在一起，达到酒体设计（或标准酒样）基本风格和口感要求，为调味打好基础，所以组合好的酒叫基础酒。

①根据酒体设计要求和实践经验，把几种或十几种不同风格的基酒按一定比例组合在一起。先进行试组合，在试组合过程中不断调整和更换所用基酒的种类和量比关系，直到符合要求为止，所组合的基础酒要求醇净、没有异味。

②调整上述基础酒微量成分（即骨架成分）的量比关系，根据标准理化分析数据和所组合基础酒的理化数据，用酸、酯、醛、酮等物质来调整微量成分的量比关系，或组合酒时就根据各种酒的成分进行计算（纯固态发酵法酒），基础酒的骨架成分应接近标样。

③用带酒来调整基础酒的口感和风格，带酒多为传统固态发酵法的具有一定风格特色的酒，固、液结合酒也可用酒尾或特殊风味的酒。

④组合小样：根据试组合结果组合成 500mL 小样，与标样进行全面比较基本符合即为完成，并留样备用。

⑤组合大样：是以吨（或千升）为单位在大容器内组合，将上述组合比例组成 10t、20t（10kL、20kL）以上的大样基础酒，充分搅拌均匀后取样与小样对比，两相符合即为完成。

⑥复查大样：大样组合好后存放 7~15d，并取样复尝，若有较大出入，则应进行补加或重新组合；若酒质稳定，即为组合成功的基础酒，在此基础上进行调味。

（8）调味

①添加调味酒或调味液，弥补基础酒的缺陷和不足，使酒质更完美。

②添加特殊风格的调味酒或调味液，使酒突出应具有的典型风格和自有的特色。

③试用调味酒：在试用调味酒（液）时加量一般不超过 0.1%，加入万分之几的调味物就能克服基础酒的某一缺陷或不足，起到明显的提高酒质的效果。若加量超过 0.1%，而且效果又不显著，说明调味酒选用不当，应重新另选，再行试调。初学者要多实践，积累经验，才能得心应手。经过试调，确定调味酒使用量，使酒体达到设计标准。

④正式调味：根据试调结果用 500mL 基础酒进行调味，直至符合调试样，据此结果进行放大，计算好调味酒使用量，并准确加入。

⑤复查：酒调好后存放 7~15d 进行复尝，若有降味或理化指标不符，应予补调，若符合要求则调味结束。

26、什么是配方设计？

配方设计是指根据库存基酒的基本情况及产品的目标要求对勾调方案进行设计的过程。

（1）配方　配方是组合和调味的具体方案，是白酒勾调的依据。配方可分为小样勾调配方和大样勾调配方。根据配方设计方案，首先进行基酒组合，组合完成后要对组合好的基础酒进行品评，通过品评找出基础酒的缺点或不足，在此基础上，选择合适的调味酒进行调味，然后再进行品评，选出最优方案，确定小样勾调配方。小样勾调配方经过中试放大、品评、检测、验证后方可形成大样勾调配方。

（2）骨架酒　经勾调人员品评挑选的具有本类型产品基本特点的、可用于组合成基础酒的基酒称为骨架酒。骨架酒在目标酒配方中的用量约占 80%，骨架酒也称为“大宗酒”。“大宗酒”这个定义，比较模糊。什么是大宗酒，很多非专业人士如坠云里雾里，困惑迷茫，很多人是一知半解，而“骨架酒”的说法更容易理解。

白酒刚入库时，每一个贮存容器中的酒都是合格的、有用的，不同的酒的天然禀赋各不相同，在经过一段时间贮存后，经过理化分析和勾调调配人员的品评，大量的酒被定义为可用于组合的骨架酒。这种分类是机械的、随机的，不是恒定的。如上次被确定为骨架酒的某一坛酒，受外界环境变化的影响，某些成分达到或超过了物理化学变化的临界点，导致酒体禀赋降低或者提高，如果赶上酒库勾调调配人员的摸底品评，或许这坛酒的地位会发生很大的变化。

（3）丰润酒　丰润酒在酒库感官普查中被定义为具有比较鲜明香气或口味特点的、可以用来丰富基酒个性的一类库存原酒，这类酒在配方中约占10%。如果把一种目标白酒看作一幅优美的国画，相对于骨架酒，丰润酒实际上就是基酒的“色彩”，是组成画作的基本部分。骨架酒的概念很好理解，就是构成画作的基本要素，而丰润酒就是白酒的“色彩”，有了丰润酒，这种酒才能呈现完整的形象。丰润酒具有以下几个特点。

①香气较好，可以凸显目标白酒的基本风格特征，这种酒是目标白酒具备某一种气质的基础。

②香气独特，可以支撑和烘托目标白酒的部分特性，完善基本香气表现，具有诸如“窖香”“蜜香”“粮香”“海子香”之类的基本风格特点，可以承载目标白酒的基本特点。

③馥郁度高，口味醇厚，可以丰富目标白酒的外延表现，促进目标白酒基本特性的形成。

（4）笨酒　笨酒是指在酒库感官普查中被定义为尚不具备骨架酒或丰润酒的基本特点的一类基酒，在不影响基础酒品质的前提下，可尽量多用此类酒。经过一段时间的贮存，某一个贮存容器中的酒，可能由于自身天然禀赋的不足或环境因素的影响尚未导致自身自然禀赋的提升，或受自然环境的影响，酒质有所下降，在酒库原酒感官评价分类时，它没有较好“表现”，就会被贴上较次的标签。由于库存压力和均衡生产的需要，酒库管理者认为无须等待变化，就可将它用于调配勾调。这种酒，在酒库中的占比比较小，故被赋予一种附带将就的地位，填充到基酒组合配方中。在以往的资料中，有的人将其称为“搭酒”，实际上，就是被作为填充品使用的，所以，有人也将这种酒称为“填充酒”。

（5）基础酒　基础酒是指在白酒勾调中按照组合方案，用骨架酒、丰润酒及笨酒组合而成的具备目标产品基本特征的酒。基础酒是成品酒的雏形，是白酒勾调的关键。基础酒勾调应注意以下问题：一般来说，基酒品种多、贮存分散，需要“验明真身”，特别是酒度、贮存周期、质量等级、数量等，才能用于勾调。基础酒勾调是一种“轮廓勾调”，通过正确选择骨架酒、丰润酒、笨酒进行组合，才能形成白酒的基本风格特征。对基础酒的要求较低，可稍有瑕疵，只要不影响酒的总体风格即可。

27、配方设计需要遵循哪些基本要求?

（1）风格稳定　白酒的产品风格主要指白酒的色、香、味、格作用于人的感官，并给人留下的综合印象，一般来说，如果原酒的质量稳定、配方稳定，酒体的风格就不会有太大变化。中国白酒因酿造工艺不同，其风格特点也不尽相同。虽然决定产品风格特点的关键是产品的生产工艺，但是配方设计对产品风格特点的影响不可小视。在现有工艺条件下，要维持产品风格的稳定，在勾调中必须考虑以下因素：一是组合配方基本稳定；二是主要呈香呈味物质量比关系基本稳定；三是物理化学性质基本稳定。

（2）品质稳定　稳定的配方是维持产品质量稳定的前提条件之一。每种原酒都有其优缺点，即使全部使用质量等级高的原酒，也较难消除这些原酒固有的缺陷。根据配方进行合理搭配，使这些各有优缺点的原酒发挥各自的优点，得到综合质量较高的白酒。具体说，就是白酒的香型、感官特征、质量等级等应保持相对稳定。如果配方中的某种原酒因缺少或质量不合格等问题需要被替代时，应按照同种香型的酒代替同种香型、同一等级的酒代替同等级的原则进行，从而减少产品批次间的质量波动，保持产品风格长期稳定，延长产品的市场寿命。

（3）持续创新　持续创新是保证企业产品核心竞争力的关键。目前的白酒市场竞争已不再是单靠广告效应来支撑，而是靠品牌文化、科技含量、产品品质、消费者的满意度等综合因素取胜。洋河微分子酒的推出影响到很多人对白酒的传统观念，改变了人们对低度白酒以往的看法。通过对传统白酒发酵工艺的革命性调整和创新，研究健康微分子的形成机理，在自然发酵过程中实现健康微分子物质的生成，从而赋予了微分子酒三大特点：一是分子质量小，代谢快，醒酒快；二是微量成分多，品质更绵柔，口感更独特；三是健康元素多，具有抗衰老抗氧化等特征，这些创新特征是保持产品不断升级的法宝。持续创新理念的注入，已经颠覆了传统白酒中的固有思想，创意和亮点、个性与时尚将成为白酒创新发展的新思路。

28、配方设计需要遵循哪些基本原则？

（1）酒龄适当原则　库存原酒的酒龄各有不同，但一款产品的酒龄架构应基本稳定。产品要求不同、售价不同，各个酒龄原酒的种类及比例也自然不同，如高档产品可选用5年以上的基酒，中档产品可选用3~5年的基酒，低档酒可选用酒龄较低的酒。近年来，在消费市场上，标称年份的白酒很多。所谓“年份”代表了企业自行对产品质量的分类，仅作为符号而已。关于白酒年份酒问题，有待于通过行业自律和制定法律法规来加以约束。

（2）工艺组合原则　库存原酒种类很多，在设计配方时，根据产品定位，必须考虑各种不同发酵工艺酒的结合，如长酵酒、双轮底酒、六轮酒、七轮酒、插窖酒、挑窖酒、多粮酒、单粮酒的组合，由此得到符合口感和理化指标的目标酒样配方。如酱香型白酒勾调时，要考虑各个轮次酒的使用。好的勾调师，能从众多的库存原酒中，分析判断出用哪种工艺的酒来取长补短，这也是勾调师的最高境界之一。

（3）简单组合原则　简单是配方具有操作性的必要条件。简单组合就是在设计时，尽可能使配方中基酒种类少，从而减少基酒种类较多带来的潜在问题，如基酒种类越多、组合的数量越多，这会给勾调及配方设计带来一定的难度。我们既要保持产品特性之根本，又要维持勾调生产工艺的稳定。

（4）品评组合原则　品评是贯穿产品配方设计的一条主线，是基酒选择、组合、调味的主要依据。基酒组合前，通过品评了解其质量、口感、风格，判断哪些酒更适合于某种产品的组合，从而针对性地设计配方；基酒组合后，通过品评来了解基础酒的优点和缺陷。调香调味离不开品评、大样勾调环节，更是需要通过反复细致地品评才能最终确定最佳组合方案。整个配方制定环节离不开品评的指引，品评过程中，若感到个别酒质量较差，需调整组合比例，或更换质量较好的基酒，重新设计组合，直至产品质量、风格达标。

（5）特色表达原则　用新配方勾调出的酒应当与原有产品的风格特色相一致。要做到这一点就必须对原酒利用情况进行优化，既要满足库存原酒的持续使用，又要保障所勾调出的产品与原有成品相一致。勾调员要谙熟本企业产品的工艺特性、量比关系、信号物种类及用量，合理搭配，保持原有风格，最大可能满足产品的一致性，表达出本产品的独有特色。

（6）持续优化原则　任何一个产品都不可能是完美的，勾调员在配方设计时，首先要结合已有产品在市场上的综合表现，及后续工序对本产品的影响，无论在感官方面，还是在理化指标方面都要尽可能优化，持续不断地改进配方，使产品风格更加独特、个性更加鲜明，为消费者所青睐。

（7）符合标准原则　配方设计应当在标准控制范围内进行。国家标准覆盖面广，往往比较宽泛，所以，一个好的产品、一个质量可控的产品，应当有本产品的内控标准，内控标准控制的项目要尽可能精准。关键核心指标的控制可以保障产品的差异化，这个标准除了理化指标以外，还应当有感官特征的要求，这种感官特征是本产品优异于其他产品的特点，也是抓住大众的法宝。

（8）成本可控原则　在进行配方设计时，成本因素也是必须考虑的重点。产品成本直接关系到企业的经济效益，成本的忽高忽低也是产品质量不稳定的一种表现。如酱香型白酒 2 次投粮、8 轮发酵、7 次取酒，每轮所产的酒质量各不相同。随着发酵轮次的增多，后边轮次的酒往往优于前边轮次的酒，如果要勾调出质量优异的产品，增加后轮次的酒就是一个很好的办法。但这样做肯定是会出一些问题的，发酵轮次增多，所产酒的成本也在不断提高，若大量使用后轮次的酒，一是成本会升高，二是无法均衡生产。各种香型的白酒企业都存在这样的问题。

29、配方形成主要包括哪些基本程序？

配方设计是勾调师的一项日常工作，在了解库存基酒的情况下，根据市场需求、产品定位，预先设计几组方案，通过组合、品评、修正、再品评、扩大勾调、验证等过程，最终形成勾调配方（图 6-1）。

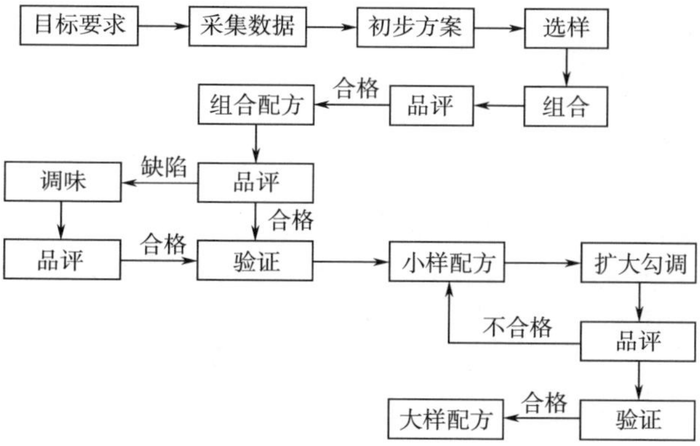

图 6-1　配方形成的基本流程

（1）设计初步方案　在设计配方前，要根据产品定位和目标要求采集数据，从而设计初步方案。

（2）基酒的选择　对库存基酒种类、感官特征及主要的理化数据等做到心中有数，从而确定所选基酒的种类、要求及范围。

基础酒组合前，必须根据配方设计要求选择相适应的合格酒，为了进一步提高合格酒的利用率，实现经济效益最大化，将各等级的酒分为骨架酒、丰润酒、笨酒。选酒时要根据各基酒的酒龄、香型、感官特征等确定基酒的分类，如骨架酒、丰润酒、笨酒。在此基础上进行综合考虑，使各种基酒之间相互补偿、相互协调，以保持基础酒的稳定。

①骨架酒的选择：骨架酒是指无特别香味的一般酒，香醇、尾净，初步具备一定的风格，但在目标酒配方中的用量约占80%，故它的选择非常重要，要根据合格基酒的质量标准及类型严格选择，尽可能避免使用带有损害基础酒香气或口味的酒，若要选用，应该进行预处理，合格后方能使用。

②丰润酒的选择：丰润酒可称精华酒，具有某种特殊香味或突出特点，通常情况下，根据骨架酒的情况，选择添加不同香味的丰润酒，使两者起到一个互补作用。丰润酒的用量一般在10%左右。实际生产中，要在保证基酒质量的情况下，尽可能少加丰润酒，达到既能提高产品质量，又能节约好酒的目的。

③笨酒的选择：笨酒在勾调中主要是降低成本的作用，笨酒用于组合，若使用得巧妙，不但不会影响品质，反而可丰富或补充基础酒的香气。通常在已经合格的骨架酒中，按1%左右的比例逐渐添加笨酒，边加边尝，根据品评结果，测定该笨酒是否适合于该基础酒，若不适合，则另选，或不用。也就是说在基础酒组合时可以有笨酒，也可以没有笨酒。

（3）组合　是配方形成的基本过程，也是勾调工序的第一个阶段。通过组合，基础酒酒度已经达到或接近目标酒度，感官特性能够满足目标产品的基本要求。

（4）确定组合配方后通过品评组合好基础酒　若感官和理化指标达到目标要求，可直接扩大配方并验证；若存在缺陷，则用调味酒进行调味，达到要求后，进行验证，通过验证得到小样配方。

（5）根据小样配方扩大勾调　品评后，若达到目标要求，通过进一步验证可形成大样配方；若品评不合格，则需要返回重新调整小样配方。

（6）进入生产　根据确定的大样配方进行批量生产，同时，后期要对市售成品酒抽样再品评，验证配方是否稳定与实用。

30、中国白酒勾调技术发展经历了哪些历程?

中国白酒的勾调或勾调技术的发展与革新是在科技不断进步及社会需求不断变化中逐渐发展完善起来的。20世纪50年代前期中国白酒的质量概念是以乙醇含量为标准的，当时的做法是看酒花加浆（水），基酒和水按一定比例混合，全凭经验来确认乙醇含量，乙醇含量从50%~65%vol。其后出现酒精计，国家有关部门做出了统一规定，酒温度在15℃时，白酒乙醇含量应为北方寒冷地区所产的酒为65%vol，如汾酒、西凤酒、北京二锅头等；南方地区所产的酒，其中大曲酒为60%vol，茅台酒为53%vol，小曲酒为57%vol。原酒类专卖管理部门、工商行政管理部门在检查白酒的质量时，均以所测乙醇含量来判断白酒质量的优劣，达不到规定标准乙醇含量的，被视为假酒，处以罚款或其他处罚。这个时期的勾调主要是在酒和水之间进行，目的是将高浓度的原酒加水稀释到所规定的乙醇含量，然后出售。这时相继出现了初级的勾调人员和乙醇含量把关人员。

20 世纪 50 年代后期，由于生产不断发展，市场上对白酒的质量有了更高要求，不仅视其乙醇含量的高低，而且开始了对口感的追求。口感好的白酒市场畅销，价格升高；相反口感不好的白酒市场滞销，价格下降。促使生产厂家开始对出厂产品分等分级。浓香型白酒首先推出了优级、一级、二级等产品（即特、头、二、三曲），适应了不同消费层次的需求，促进了生产的发展，逐渐形成了根据等级定价的格局。于是各厂家都开始建立产品质量验收定级小组，白酒质量尝评员诞生，推动了生产工艺的改革和创新、生产设备的改进、科学技术的运用和研究，开展了以提高产品质量为主的技改工作，生产操作和技术人员在实践中开始了勾调（酒与酒之间的扯兑）工作。不同糟别的酒（粮糟、大楂、小楂、红糟、丢糟、回糟等）按一定比例勾调在一起；不同排（轮）次的酒进行勾调等。这一时期的勾调是初步的，是操作人员和尝评人员的一部分附加工作，于是就出现了第一批尝评、勾调人员，这些人员是由操作工人、尝评技术人员组成，这对推动白酒的科技进步和中国白酒业的发展起到了重要作用。

20 世纪 70 年代，白酒分析技术和分析设备的水平不断提高，研究人员和研究队伍充实和扩大，对白酒香味形成的认识逐渐深化，逐渐认识到白酒香味成分的种类和量比关系的差异造成了其风格特征的不同。尤其是对国家名优白酒的香味来源、微量成分的构成等方面研究以后，把中国白酒分成五大香型，即酱香型、浓香型、清香型、米香型及其他香型；在同一香型中又分出不同风格，即共性中的个性，如浓香型中出现的五粮风格、浓绵风格、清爽风格、醇甜风格等。

20 世纪 80 年代，在研究香型的基础上出现了真正意义上的白酒勾调技术，这种勾调技术是把尝评、组合、调味技术有机地组合成一体而形成的，它的内涵是把同香型的酒先用尝评的方法分等定级，分门别类地存放，然后取长补短，按一定的比例进行组合，最后进行微量的添加，即调味（但不允许添加非发酵性物质）而完成。其可提高优级品率，保证产品质量的稳定和一致，保持产品的固有风格和特征。其发展过程是由人工经验阶段到数字组合勾调阶段，最后到使用计算机勾调技术的普及与提高，使中国白酒的发展获得一次飞跃。

20 世纪 90 年代，为了适应市场的变化和国家政策的调控，节约粮食，降低成本，克服传统白酒生产工艺的缺陷和不足，在已取得科技进步的基础上，白酒界的科技人员进一步运用现代科学技术来改进白酒工艺，又出现了新内涵的勾调技术。是用不同香型的白酒（包括液态法白酒）按一定的比例互相组合，然后调味，并允许添加食用发酵剂、非发酵的香料和调味剂（液）来调整白酒的香味及微量成分的量比关系，达到提高酒质的目的。其主要作用是自控、自调性强，易于开发新产品、新品种，并促使白酒传统工艺发生变革，被几乎所有的白酒厂所接受。新型白酒的出现给白酒企业带来了效益和发展，带来了散酒（基酒）全国大流通的局面，使优势互补，各自都得到了发展。

21 世纪以后，中国白酒勾调技术迎来飞跃式的发展，随着科技的进步，中国白酒行业拥有了更精确的测量仪器和更完善的技术手段，使得对白酒中各种成分的掌握越来越精细，勾调人员能够精确地控制和调整白酒的口感和风味，以满足消费者对品质的更高要求。并且随着大数据和人工智能等技术的引入，已经能够实现部分勾调过程的数字化和智能化。例如，通过建立和训练神经网络模型，可以预测和优化白酒的风味和口感，这不仅提高了效率，也使得勾调过程更加稳定和可预测。通过不断探索和创新，中国白酒勾调技术已经能够生产出口感丰富、品质优良的白酒，消费者的口感体验得到了极大的提升，这也推动了整个行业的可持续发展；并且随着市场的开放和竞争的加剧，白酒行业的竞争也越来越激烈，各大企业都在努力通过技术创新、品牌营销等手段，提升自身的竞争力。

总的来说，21 世纪的中国白酒勾调技术已经在不断发展和演变中，中国白酒勾调技术已由经验型转变为科学型，要求勾调员具备广泛扎实的科学基础知识，如工业微生物、各种香型白酒生产工艺及提高质量的技术措施、食品风味化学、技术标准、技术法规、市场调查、饮后反应等多方面的知识，使其成为综合性科学技术，并将随着科学技术的不断发展进一步得到提高。

31、你知道中国白酒勾调可以起到什么作用?

（1）调整酒精度　库存原酒酒精度一般都比较高，而绝大多数出厂产品酒精度比较低，所以在组合基础酒时，必须要将酒精度降至（或升至）规定范围。降度的基本办法是添加软化水或低度酒。20 世纪 90 年代以前，反渗透技术尚不够普及，许多白酒企业没有白酒勾调水处理设备，基本上以添加自来水或井水为主，由于各地的水质不同，硬度较大的水加入白酒中极易引起白酒货架期沉淀，白酒沉淀问题是那个时期白酒行业的热点技术问题。按照中国白酒的传统，将蒸馏前后在酒醅上所加的水称作“量”，将沸腾的水称作“开量”，将加水过程称为加量或施量。而在勾调中，将用来降度或混合的水称为“浆”，加水就称作“加浆”。

（2）匀质化　勾调的核心目的就是匀质化，包括组合、调味、冷冻、沉淀、过滤等一系列工作，匀质化就是为了使每一批次产品质量都保持高度相似性，使产品质量持续稳定，避免出现忽高忽低的情况，从而保持产品品质和风格的标准统一。匀质化的过程，一是按照风味化学理论对白酒的物理化学特性进行调整，二是按照胶体模型稳定理论对白酒胶体特性进行优化，三是按照酯水解理论对白酒物理化学特性进行控制。

（3）提高质量　勾调是对基酒进行再加工的过程，通过组合、调味，使各种不同的基酒相互取长补短，发挥优势。通过勾调，一些所谓的“次酒”可能变成好酒，通过丰润酒对酒的充实，调味酒对酒的修饰，使目标样品达到风格典型、特点突出、芳香怡人、口味怡畅等显著特点，最大限度地满足消费者对产品的需求。因此勾调是白酒生产企业动力的源泉、生命的保障。有人说，勾调是白酒的再生过程。库存的原酒多种多样，千差万别，通过勾调可以使白酒焕发新的生机，彰显美妙绝伦的产品优势，使产品质量得到很大的提高。

（4）彰显产品个性　市场上的产品琳琅满目，要想使自己的产品出众，就必须实现差异化、个性化。受市场欢迎的产品多是那些有特色、品质超群的产品，所以，每个企业都在追逐差异化和独特性。虽然，各自的生产工艺特质决定了基酒特质，但是，外在修饰必不可少，这就是勾调的微妙之处。一个好的勾调师，可以很好地拿捏产品个性，从而保持品质竞争优势。具有独特风格的自产原酒是勾调的基础和根本，勾调师必须熟悉本企业原酒的生产工艺、风格特点、质量特性，才能在勾调中取长补短，发挥自身产品的差异化优势。没有原酒生产，就无法保证产品的差异化特性，从而失去产品个性，使其走向同质化，被市场大潮所淹没。

（5）维持白酒胶体稳定性　要使白酒的品质独具特色，口感、香气浑然一体，物理化学特性稳定，就必须使白酒处于稳定的胶体状态。而要维持白酒胶体模型的稳定，需要做大量的工作，从配方设计初期就应当纳入考虑，如酒精度、固态酒的用量、种类、特性、白酒除浊过滤方法等。白酒本身就是一种胶体溶液，具有胶体溶液的一般特性，勾调的目的之一就是要使白酒具有稳定的胶体特性。白酒的胶体特性不是指白酒的“黏稠度”，与是否挂杯关系不大，与白酒的总酯含量无关，与醇、醛、酸、酯及乙醇、水之间的比例关系有关，绝不可为维持白酒胶体稳定性而加入任何添加剂。

（6）控制不利因子　数目众多的原酒，其个性各不相同，而出厂产品必须有一个统一的个性，这就需要对原酒中的不利因子进行控制，将产品对消费者造成的负面作用降到最低，如易醉、上头、暴辣、干喉等，使消费者对本企业产品产生信任感。刚刚蒸馏出来的原酒是不适宜饮用的，因为其中含有很多对健康不利的刺激性物质，喝后易醉、易上头，所以，新酒是不适宜销售的。原则上，所有刚蒸馏出来的新酒都要进行贮存；通过贮存，白酒发生了挥发、缔合、缩合、水解、氧化等物理化学变化，使得一些不健康的成分减少，待酒体相对稳定后，才可用于勾调生产。

32、中国白酒勾调的大致流程包括哪些主要步骤?

中国白酒勾调必须从品评开始，建立库存基酒的信息库，明了每个贮存容器中白酒的属性，如类别、酒精度、品质、特征、数量、由来等，在此基础上，构造基酒组合方案，估算存量和二次勾调的数量，保障基酒能够源源不断地满足配方需要。中国白酒勾调工艺流程如图 6-2 所示。

一般来说，中国白酒勾调可分为两部分工作。

（1）小样勾调　此又可称作配方制作，包含酒库管理、并坛、酒库普查、品评、配方设计、取样、组合、调味、分析检测等，一般在实验室或勾调室就可完成。小样勾调是一个充满挑战色彩的创新性工作，需要不断地学习和创新。很多企业将小样勾调视作自己的秘密武器，不对外公示，勾调人才的待遇相对比较高。国内对小样勾调的研究，多停留在风味化学方面，对其他方面研究较少；所开展的勾调品评培训班，多注重品评的培训，对具体的勾调方法涉及甚少，很多知识尚处于摸索阶段。在目前白酒勾调教材或书籍中，所描述的内容也多为第一部分，很不完善。

小样是勾调员按照预先设计出的一组配方勾调出的样品。小样勾调是对这组配方进行反复品评、筛选、调整的过程。小样品评是指公司评酒委员会对酒体设计中心小样勾调班组选出的一组小样进行品评的过程。通过品评、筛选、调整，确定出一个配方，作为小样勾调配方。小样勾调配方确定后，需要放大以验证小样配方的准确性和再现性，原则上是按照确定好的小样勾调配方扩大勾调，此项工作仍然在酒体设计中心进行。通过扩大勾调还要验证配方的可操作性、理化指标的相符性、感官指标的再现性，经过公司评酒委员会确认，扩大勾调的样品感官特性若能与小样相一致，理化指标若能符合设计要求或产品标准就可被认定为大样勾调配方。

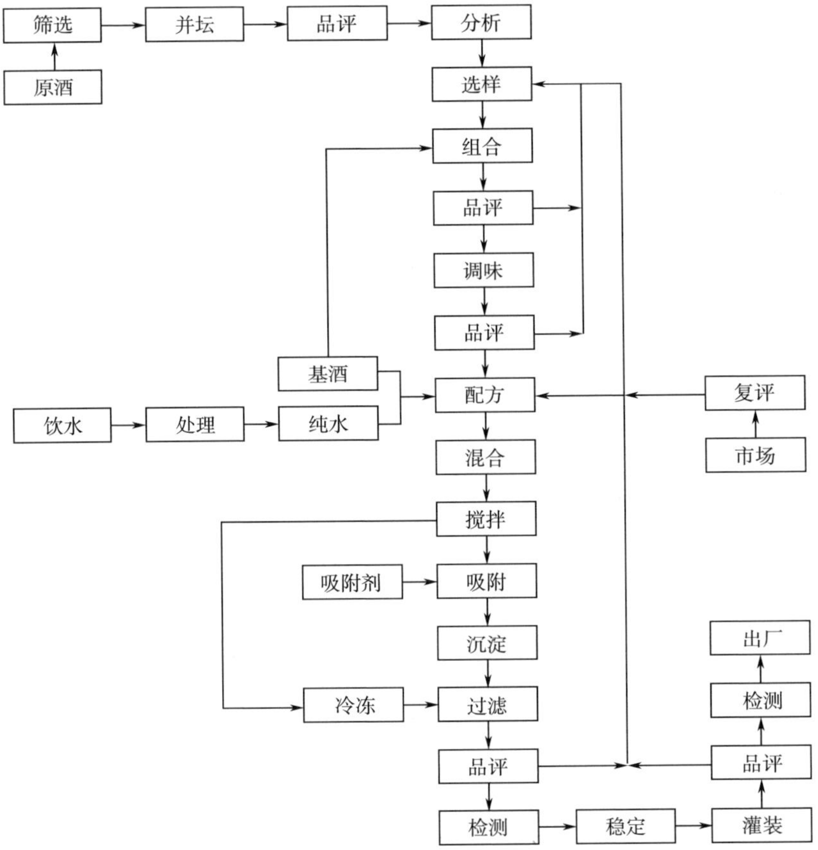

图 6-2　白酒勾调工艺流程图

（2）大样勾调　大样勾调包括混合配料、搅拌、吸附、沉淀、过滤、品评等工艺过程。混合配料包括配料的顺序、时间、温度等；搅拌包括搅拌方式的选择、搅拌器的选择、搅拌时间的确定等；吸附包括吸附剂的类型、吸附剂添加量的多少、吸附时间的确定及影响吸附的因素等；沉淀包括容器的选择、沉淀方式和沉淀时间的确定及影响因素等；过滤包括过滤方式的选择、过滤设备的选择、过滤速率的控制等。大样勾调前，酒体设计中心必须给出各项勾调参数作为大样勾调操作指令，大样勾调生产部门必须严格执行，建立作业记录，落实到位。

在白酒勾调方面，不仅要注重小样勾调，更要夯实生产工艺基础，搞好大样勾调，用先进的手段保障配方的展开和配方一致的实现。如果在生产上工艺措施无法落实或难以保障，再好的勾调配方都是空中楼阁，无法落地。

33、中国白酒勾调需要遵循哪些原则?

（1）天然有效原则　中国白酒是用淀粉质原料生产出来的，十二大香型白酒生产工艺各不相同，因此造就了不同的香型风格。而在特定香型白酒的生产发酵周期内，微生物发挥了决定性作用，配料、糖化发酵剂的使用、发酵容器的不同、蒸馏工艺的差异、生产方法的独特性等，都对白酒风味产生了重大影响，白酒中的香味物质是由这些工艺条件决定的，每种白酒一经生产出来，都会具有独特的物理化学性质，按照风味化学原理对白酒进行勾调，必须按照天然有效的原则进行。

所谓天然有效是指特定香型白酒中骨架成分都是自然生成的香味物质成分，勾调所要做的工作主要是调整其量比关系，使之符合同一标准。天然有效就是要求：以酒勾酒；崇尚自然；敬畏规律。以酒勾酒即保证纯粮酿造的真实性，避免外来添加，可以很好地保证产品的“工艺感”、差异化，用天然的差异性满足消费者需要；崇尚自然即要尽可能在勾调工艺中使用天然的物质、物理的方法来进行加工，如吸附剂的选择、冷凝过滤技术的使用、老陈技术的应用，尽可能不用化学方法，防止外来污染；敬畏规律即要敬畏自然安排，不要过分追求统一化。法国干邑地区葡萄酒的酿造很大程度上受制于相应年份葡萄的产量及品质，而不是追求高、大、上。对酒品的过度勾调只是人类的初级需求，在物质相对丰富的当代，敬天爱人、追求自然一定会成为一种时尚和高级需求。

（2）香味协调原则　食品有色、香、味。白酒生产中，对色的研究尚处于基本阶段，绝大多数白酒追求的是无色透明，白酒勾调主要关注的还是香和味的问题。现在，许多企业追逐的是白酒中特定香味物质的量，对白酒中某些香味物质成分的量过度关注，导致产品同质化现象非常严重，洋河绵柔浓香型产品的推出就是摒弃了对量的过度关注，满足了消费者需求。目前，行业中对于白酒国家标准问题的关注度越来越高，原来的标准条款已经不能满足发展的需要，所以，代表性企业纷纷呼吁将标准中的某些要求宽泛化、简单化，这就反映出一种趋势，未来白酒的勾调，或将是以追求香与味的协调为主，在以酒勾酒的前提下，重点把控主要香味物质成分之间的量比关系，而不过分去追求某些成分的量。

（3）自成风格原则　“白酒是生产出来的，而不是勾调出来的”，白酒的风格是由工艺决定的。提升白酒品质的关键在于生产管理，而不在于勾调，只可惜很多企业都不明白，总试图找一名“勾调神手”，让自己的产品在市场上有优异表现。实际上，只要企业的自然环境、生产工艺、设施确定了，其白酒的风格就自然形成了，天然的个性是大自然最好的赏赐，白酒勾调必须发挥自己的天然优势和独特风格，只有这样，才能使产品立于不败之地。

（4）健康安全原则　食品安全是目前人们普遍关注的热点话题，其关系着人们的身体健康和生命安全。白酒勾调一定要朝着健康安全的方向发展，不宜用外来添加剂，特别是各种香精、香料等非发酵的外来物质。在勾调工艺上，要杜绝二次污染，如塑化剂的迁移、氨基甲酸乙酯的控制等，保障产品中的健康成分都是天然发酵产生而非添加的。

（5）粉黛略施原则　白酒作为一种食品，在勾调时还是要进行调味的，有的白酒企业以次充好，在白酒勾调中经常使用一些五花八门的调味液，这是不科学的，如有的勾调师通过用白酒浸泡臭窖泥来制作“窖香调味液”，值得商榷。浓香型白酒的窖泥味，是工艺控制不严格的表现，并不是品质独特的标志，不可滥用。在白酒勾调中，调味酒都必须是自家白酒生产过程中独特工艺的产品，如酒头、酒尾、双轮底调味酒、长酵调味酒、破窖调味酒、插窖调味酒等。使用自产自控的调味酒既可以保障食品安全，又能有效地调整白酒的风味。调味酒使用时，并不是越多越好，酒的风味也不是“越香越好”。好的基础酒，经过评酒师略施粉黛，就可以达到“回眸一笑百媚生，六宫粉黛无颜色”的效果。

（6）原酒真实原则　白酒勾调建立在原酒品质差异的基础上。可是，近年来，随着新工艺白酒的提出，一些企业为了“降成本”，大量使用低价所谓“原酒”用于勾调生产，而产品标识却是纯粮固态，这实际上就是欺骗消费者。所以说，勾调工作必须把持一个重要原则，就是原酒真实。只有原酒真实，才能凸显勾调师的水平；只有原酒真实，才能保证产品在消费期间持续稳定。很多大师级的勾调专家都坚持无原酒生产能力不勾、无品质安全保障设施不勾、无白酒生产许可证不勾的“三不勾”原则，这既保证了产品的品质，又彰显了他们的人格。

34、中国白酒勾调需要用到哪些设备？

（1）勾调罐　正规的白酒生产厂家必须使用不锈钢勾调罐，尽量避免“小锅炒菜”，以保持产品质量的稳定。近年来，国内一线白酒企业都配备了大型勾调罐，勾调罐越大，批次间质量差越小。勾调罐必须配套相应的搅拌、吸附处理设施，只有这样才能保证成品酒的匀质化。

（2）计量、输送设备　随着计算机勾调的普及和应用，对计量、输送设备提出了新的要求，精准计量是最主要的问题之一，应使用高精度的白酒流量计量设备。在白酒输送设备方面，要考虑库区管网布局、自动化控制、管道接驳、人体工程学、静电消控、防雷避雷、输送能力等方面，要科学计算、合理布局，充分考虑相关设备的配套性。目前，在白酒行业中，酒库输送设备的管网化、机械化、自动化已成为一种趋势。随着国家食品安全法的实施，生产环节的密闭性、循环性、连续性越来越受到重视，要尽量避免开放作业和人为因素造成的食品安全风险。

计量、输送设备主要包含泵、管道和流量计等。泵是输送设备的源泉，泵的选择非常重要，行业中多使用离心泵作为酒库的主要输送设备。在较长路径的输送中，要充分考虑管网的分类、标识、冲洗、清空等问题。目前，行业中出现了许多清空设备，如气爆泵等。对泵的选择，要考虑压力、扬程、路径阻力等因素，必须科学计算，准确把握。流量计是用来测量管路中流体体积的仪表，是勾调过程中必不可少的计量设备，流量计的测量性能直接影响勾调产品的质量。市场上的流量计种类很多，质量差别极大，在白酒勾调生产中可以使用的流量计有涡轮流量计、电磁流量计和质量流量计等。具体选用时需要考虑以下指标：与流量计配套的管道直径、输送泵的压力、酒体的温度、精度、瞬时流量、最大流量等，一般情况下管道的直径为 40～50mm，精度为±（0.1%～1%），瞬时流量为 $4 \sim 40m^3/s$。

（3）冷冻设备　冷冻过滤是白酒过滤的发展趋势，原理是通过降低温度使得因溶解度降低而析出的沉淀物迅速得以去除，保持了原酒的自然生态属性。

（4）过滤设备　目前在白酒行业中，使用较广的过滤设备有硅藻土过滤机、盘式滤片过滤机、烛式过滤机、超滤机、板框过滤机等。硅藻土过滤机虽然有一定的吸附过滤功能，但也存在着外源性风险，有一定的安全隐患；盘式滤片多为硅藻土、活性炭、氧化铝、二氧化硅等物质制成的片状物，存在过滤效率低的问题；烛式过滤机是从国外引进的过滤设备，其过滤柱具有一定的孔径形状，过滤效率相对较高。国产过滤柱的质量有待提高。

（5）水处理设备　勾调用水非常重要。目前，行业中普遍采用反渗透技术处理自来水，以得到晶莹透明、无杂质、无毒害的纯净水，纯净水的应用可减少成品酒的货架期沉淀，保障成品酒质量。而用离子交换树脂处理的水往往会带入氯化钠、盐酸等化学物质，会改变白酒的胶体稳定性，给产品质量带来隐患。原则上，不得使用未经处理的地下水来进行勾调。

（6）吸附剂　很多白酒企业都采用活性炭作为白酒吸附剂，而活性炭的来源较广，原则上应当选用天然材料制作的活性炭。活性炭作为吸附剂的优点是吸附效率高、操作简单、容易掌握，缺点是容易产生过度吸附，改变白酒的胶体特性，使白酒产生新的不稳定性。同时，活性炭的使用也会增加白酒的外源性风险。一些大企业正在探索采用活性炭柱进行吸附过滤的方法，并取得了一定的经验，值得行业借鉴。

35、中国白酒勾调工艺中小样勾调需要哪些场地？

小样勾调一般在酒体设计中心进行，酒体设计中心必须具备样品室、品评室、勾调工作室和分析检测室等。

（1）样品室　其是用来保留前期勾调样品及复评样品的地方。样品室管理要规范，标注要明确，应该具备一定的通风条件，有条件的单位应该配备电冰箱等冷藏设备。

（2）品评室　其是判定勾调样品质量的地方，应当与勾调工作室保持一定距离，要具备一定的通风条件，尽可能安静无噪声、无干扰，以便于提高品评的准确性。品评室应该配备水龙头、漱口杯、痰盂、餐巾纸等，品评室的光线不应当过亮或过暗，一般情况下，要采用暖光，墙壁、窗帘颜色应当清淡，防止对比强烈，以保证评酒员情绪的稳定。评酒台（桌）上的照明度均匀一致，用照度计测量时，应有500lx的照度。评酒时要保证单人单桌，不得相互对视，不得交头接耳，不得相互传递信息，确保品评的准确性。

（3）勾调工作室　这是进行勾调操作的地方，应当保证单人单桌，样品标识明确，器物定置摆放，移液管、样品瓶、量筒、进样器应当保持干净，并具有一定的消毒设备。勾调工作室应保持通风，但不应与品评室直接相连，要管理好勾调试验记录，记录要尽可能详尽，以便总结经验，完善勾调工作。

勾调室要适当宽敞，不可过于狭小，但也不宜过大。勾调室的墙壁、天花板宜选择防火防湿的材料，应涂以单一的颜色，色调中等，避免新涂有味的壁饰，既有适当的亮度又无强烈的反射（反射率以40%~50%为宜）。地板应光滑、清洁、耐水。勾调室的光线应充足而柔和，不宜让阳光直接射入室内，可安设窗帘以调节阳光。光源不应太高，灯的高度最好与勾调员坐下或站立时的视线平行，应有灯罩使光线不直射评酒员的眼部。勾调室内应保持空气清新，不允许有任何异味、香气及烟气等。为了使空气流通，可安装换气设备，但在评酒时，室内应为无风状态。勾调室的温度和湿度应保持稳定和均匀。如果有条件，温度应控制在15~20℃，相对湿度应控制在50%~60%。不适宜的温度与湿度易使人感到身体和精神不舒适，并对味觉有明显影响。勾调室应选择在环境安静的地方，或有隔音装置，噪声应限制在40dB（分贝）以下。因为噪声除妨碍听觉外，对味觉也有影响，还使人注意力分散，工作能力下降，易于疲劳。

（4）分析检测室　原则上应当具备相关分析设备，以便于勾调人员随时判定勾调结果。分析检测室应当采光充足，温度、湿度恒定，减少震动，保持安静。

样品室、勾调室、品评室、分析检测室都应当具有一定的消防设备。

36、中国白酒勾调工艺中对用水有什么要求，一般如何处理？

（1）对勾调用水的要求　勾调用水又称为加浆降度用水。水是酒中的主要成分，水质的好坏直接影响到酒的质量，没有符合要求的勾调用水，是难以生产出质量优良的白酒的，水的质量对低度白酒来说尤为重要。故历代酿酒业对水的质量是十分重视的，有“水为酒之血”“水是酒的灵魂”“好酒必有佳泉”等说法。勾调用水属于酿造用水的一种，未经处理的勾调用水应符合 GB 5749—2006《生活饮用水卫生标准》之规定；而勾调用水必须经过软化处理，要求无色透明，嗅感及味感良好，清爽可口，不得含有重金属和钙、镁等金属离子。

（2）勾调用水的常用处理方法　勾调用水的处理方法不尽相同，形式也多种多样，首先要考虑水源水质情况（最好符合饮用水卫生标准），其次要考虑经济合理性等因素。常用的有以下三类方法。

①离子交换树脂处理：原理是采用离子交换树脂与水中的阴、阳离子进行交换反应，再用酸、碱液冲洗等再生法将离子交换树脂上的钙、镁等离子除去后，离子交换树脂可继续使用。阳离子交换树脂分为强酸型和弱酸型两类；阴离子交换树脂分为强碱型、弱碱型及中碱型等种类。若只需除去水中钙、镁等离子时，可选用弱酸型阳离子交换树脂；若还需除去水中的氢氰酸、硫化氢、硅酸、次氯酸等，则可选用弱酸型阳离子交换树脂与强碱型阴离子交换树脂联用，或强酸型阳离子交换树脂与弱碱型阴离子交换树脂联用。

离子交换树脂的缺点是易受污染，会造成官能基的饱和及其他污染，导致去离子效率的降低，从而影响水质，因此，有些白酒企业已经淘汰这种水处理方法。易受污染的原因主要有下述几个方面。一是有机物引起的污染，有机物主要是天然水中的腐殖酸、高分子化合物及多元有机羧酸等；另外，离子交换树脂本身也是有机物质，使用中会因为氧化分解、机械性破裂、担体流出而造成有机物质的溶出，这些物质在水中往往带有负电，成为阴离子交换树脂污染的主要物质。二是胶体物质引起的污染，水中胶体颗粒常带负离子，使阴离子树脂受到污染。胶体物质中以胶体硅对树脂的危害最大，它吸附并聚合在树脂的表面上阻止交换。三是高价金属离子引起的污染，原水中的高价金属离子，如 Al^{3+}、Fe^{3+}等扩散进入阳离子交换树脂的内部，由于这些高价金属离子的交换势能高，与树脂中的固定离子 SO_3^{2} 牢固结合形成 $Al_2(SO_3)_3$、$Fe_2(SO_3)_3$ 等，从而使这些固定离子失去作用，丧失了离子交换能力。四是再生剂不纯引起的污染。再生剂往往混有很多杂质，如 Fe、NaCl、Na 等，对阴离子交换树脂的影响最为严重。五是微生物污染，有些微生物由于菌体表面带负电，会被阳离子交换树脂所吸附，树脂表面因而成为微生物的繁殖场地，微生物所产生的代谢产物也会成为有机物质的污染来源，造成水质污染。

②凝聚法处理：凝聚法是指向水中加入具有凝聚能力的凝聚剂（如硫酸铝、硫酸亚铁等），会使微小颗粒凝聚，这属于胶体化学反应：一是凝聚剂本身发生水解反应形成胶体凝聚；二是水中杂质以中和、吸附及过滤等作用参与上述反应，共同形成大颗粒而得以沉淀，使水中的胶质及细微物质被吸着成凝集体。该法一般与吸附过滤器联用，缺点是处理后水的涩味较重且不利于水的软化处理。

③反渗透处理：反渗透技术原理是在压力（高于渗透压）的作用下，通过半透膜，将水分子和其他物质分离的一种技术。由于反渗透膜的孔径非常小（一般为 0.5~10nm），因

此能够有效地去除水中的溶解盐类、胶体、微生物、有机物等（去除率高达97%~98%）。

反渗透技术是目前最高效、最节能有效的膜分离技术，相较于离子交换树脂、电渗析等其他技术，其优点主要如下：室温条件下进行，处理方法为无相变的物理方法；仅依靠压力作为推动力，能耗最低；不使用大量的化学药剂，无废酸、废碱的排出，不产生环境污染；系统简单，操作方便，去除率高，产水量大，所得纯水质量稳定；设备占地面积小，需要空间少，运行维护和维修成本低；可连续生产，无须再生等过程。此外，吸附过滤、超滤、纳滤等方法也被应用于白酒行业的水处理过程，具体要根据实际需求来选择最合适的方法。

37、如何通过勾调工艺保证中国白酒的平衡感?

中国白酒酒体是一种诸味协调、物质平衡的复合体，不同香型、不同质量的酒体都有自己的平衡体系，为了保证产品在货架期及消费者贮存期内保持稳定，品质不发生大幅度的变化，在勾调时需要注意以下几点。

（1）酸与酯的平衡　主要解决消费期质量稳定问题。酸与酯的平衡是酒体最主要的平衡之一，酸、酯的平衡基本上架构了酒体的物理化学特性，使酒的整体表现稳定。

（2）水与酯的平衡　主要解决贮存期问题。水与酯的平衡问题需要高度重视，要减少勾调单元样本数，通过预勾调，使难溶于乙醇和水溶液的物质成分得到充分的释放，不至于造成货架期沉淀。

（3）醇与酯的平衡　主要解决酒体的稳定性和整体感，克服酒体单薄问题。白酒的醇厚感来自酯与醇等物质的平衡，二者如果平衡，酒体就会丰润、圆满、醇厚，就会体现独特的风味和口感。如果不平衡，就容易产生上头等问题。

（4）醛与酯的平衡　主要解决香气和陈味问题。醛类物质对酒的香气影响巨大，影响白酒的挺拔感、爽净感，有的还会影响酒的陈味。

（5）不良因子掩蔽　主要解决产品缺陷问题。有的白酒，因自身工艺特点，产品有明显的瑕疵或缺陷，通过香味物质的相乘、相杀、掩蔽、相消等作用，掩盖或者消除对酒品质的较大影响，这一点非常重要。

（6）酯与酯的平衡　主要解决香型类别识别问题。各种酯的比例关系从一定程度上可以厘定白酒的香型。

（7）信号物平衡问题　主要解决差异化问题。信号物是一种白酒区别于其他产品的显著标志，是产品的印迹，这种物质的存在，使消费者可以一下子抓住产品的个性，培养忠诚度很高的嗜好型消费者。

（8）酸与酸的平衡　主要解决味的问题。乳酸的存在可以提高酸的厚重感；单纯乙酸，味道比较单薄、刺激，欠柔和；已酸的存在能够丰富浓香感，提高酒的醇香。

（9）醇与醇的平衡　主要解决酒体特征和后味等问题。高级醇含量过高会导致上头、暴、冲等问题；异丁醇等含量过高，酒的苦感会加重。

38、在勾调时应该如何选择酒样?

在配方设计完成后，开始实施勾调前，应对基酒的取样进行选择。首先确定参与勾调的基酒的种类、各项指标范围，根据酒库档案，查阅基酒生产时间、入库时间、生产车间和小组、等级、酒精度、香型、生产阶段、感官评语和理化分析数据等。在取样时，应清楚了解各基酒的情况，对即将出库的基酒，要进行复评、复检，待各项指标合格后，方可出库；对复评、复检不合格的基酒，应另作处理，直至合格为止。另外，新厂区所产的酒与老厂区所产酒质量差距也是较大的，需要严格把握基酒情况。因此，根据配方选择基酒酒样及计算每种基酒的用量是勾调工艺中的核心点；如何针对性地取样，以便在达到规模生产后，不会过多增加勾调的工作量是前期的重点工作。从生产实践中来看选择酒样主要包括以下几种方法。

（1）经验法　勾调前基酒的选取可由酒厂经验丰富的勾调师完成，因为选用不同的基酒会对最终口感造成较大的影响。经验丰富的勾调员，能掌握各种基酒、调味酒的特征和功能，每种调味酒在基础酒中所能起到的作用等。要熟知库存基酒的贮存情况，如酒精度、酒龄、工艺、不同贮存容器、贮存量等。在选酒时，通过选取各种质量等级的酒，明了酒龄、类别搭配规律，做到对症下药，减少批次间的勾调差异性。

一般情况下，可按照经验来选择基酒，并可以在一定范围内作相应调整；若是开发新产品，应先做选样试验，找出选样规律和不同基酒的配比关系。无论是否有经验，都不能忽略检测品评环节，严格做到贮存期不到的酒、检测不合格的酒绝对不用，这样才能使组合的基酒的微量成分的比例适宜，做到酒体协调、风格典型、质量完美。

（2）品评判定法　品评贯穿勾调工作的始终，也是基酒选择、组合、调味和判断酒质的主要依据，是各酒厂验收产品、确定质量优劣、把好质量关的重要手段。生产过程中通过品评可以及时发现质量问题，结合化学分析，找出原因，为进一步改进工艺和提高产品质量提供依据。有经验的勾调师一般可以通过品评选出可用于勾调的基酒，这需要长期的工作积累和学习。在组合环节，更是需要通过反复品评才能最终确定最佳组合方案。勾调技术水平的高低虽然与基酒质量关系密切，但很大程度上还取决于评酒员评酒水平的高低以及经验的积累。在勾调前，选样人员结合某坛酒的色谱分析数据，通过细致品评，明确基酒存在的缺陷，进而判断某坛酒是否适于某种产品的勾调，以便针对性地搭配取样。

（3）档案查阅法　新酒入库时，必须经感官品评、理化检测、色谱分析，检测合格后，确定质量等级，方可入库分级贮存，并在贮存容器上挂卡标明：入库日期、质量等级、口感风格描述、理化色谱分析检测结果、贮存量、酒精度、贮存领用记录等内容，并要建立原酒贮存台账，做好详细的库存档案和领用档案。一般情况下库存基酒每年必须进行一次全面的检测和品评，这些数据也列入库存档案备查。

（4）理化分析法　随着勾调技术的不断进步，在选取酒样方面，改变了过去只凭感官逐坛鉴定的方法，在选择基酒时除感官品评要达到该香型特有的香气外，还要进行常规的理化检验、微量成分色谱分析，了解该酒的总酯、总酸、总醇、总醛等含量，以保证白酒的基础风格特征。有的勾调师通过熟知理化分析结果，就可有针对性地选样，这需要一定的专业积淀。

在基酒贮存过程中原则上每半年需抽样检验一次，取样数量根据需要设定，做到感官品评与分析检测相结合。检测数据的准确性会直接影响勾调取样人员对酒质的初步判断；选样时参考某种酒以往的检测数据，并分析这种酒当前的检测数据，进行科学合理选样。另外，在检测选样时应该注意以下问题：白酒在大容器中贮存时，上下层的酒精度有差异，取样时最好能够搅拌均匀再取，这样既能够确保酒罐中上下部位的白酒检验指标的均一性，又能保证勾调小样扩大时不会出现大的偏差。

39、在勾调时选择酒样需要遵循哪些原则？

（1）先进先出原则　先进先出原则是指在库存管理中，按照原酒入库的时间顺序存放，在出库时一般要按照先入库先出库的原则进行操作。先进先出原则是保障贮存成本稳定的必要条件，也是保障产品质量稳定的必要条件。先进先出是相对的，不是绝对的，要灵活掌握。遵循先进先出原则，一方面不能把酒库孤立地看成存放和收发酒的一个场所，应该看成勾调工艺的一个重要组成部分。贮存起着排除杂质、氧化还原、分子排列的作用，使酒味醇和、酒体绵软。所以说勾调选样时基酒的出样顺序应当遵循一定的原则。另一方面，控制和保持成品或半成品的库存是每个企业面临的问题，对于酒厂来说，基酒的库存过多过少都不利于企业的经营。遵循先进先出原则，取先入库的基酒，既可以避免后来入库的基酒被使用完，而先入库的基酒还没有用的情况的发生，又可以避免贮存期短的基酒达不到需要的酒龄，可降低企业运营成本。

要做到先进先出原则，需从以下几个方面入手：一是从基酒的入库贮存时间上考虑，根据酒库档案，了解库存基酒的贮存情况，在取样时，安排取先入库的基酒；基酒出库的时间按入库时间的顺序进行，从最先入库的酒罐中先取样。也可以在酒罐上做出标识，保证每次都能依次选样。二是从酒罐放置的位置考虑，一般情况下会规律地划定贮存顺序，酒库管理人员需对入库的基酒进行精确分类，规划好酒罐摆放的位置，以便勾调选样人员能够很清楚、方便地找到所需的基酒。总之，根据基酒入库的时间安排贮存顺序，随着基酒的不断出出进进，合理地规划，最大限度地节约贮酒库房贮酒占地和容器，减少酒损，减少资金的占用，降低企业成本。

（2）酒龄恰当原则　酒龄恰当原则是指勾调所取的基酒必须达到一定的贮存年限，满足一定的酒龄。名优酒的贮存有较严格的要求，酱香型白酒要贮存 3 年以上，浓香型白酒要贮存 1 年以上，凤香型白酒要贮存 3 年以上，未到贮存期的，不能用于勾调。但并不是所有的酒都是越陈越好。

白酒的酒龄与白酒的质量之间有一定的关系。刚蒸馏出来的新酒，暴辣、刺激性大，至少要贮存半年才可能成为较好的基酒，酒体达到一个相对稳定的平衡状态。贮存能达到排杂增香，提高酒体醇厚感、细腻感等风格的目的，原酒在自然老熟过程中杂味消除或减少。在贮存过程中，各种微量香味成分经氧化还原等物理化学反应，在动态下逐步趋于平衡，乙醇分子与水分子间通过氢键缔合作用逐渐形成分子缔合群，缩小了乙醇分子的活度，故降低了乙醇的刺激性，使酒味变得醇和、绵软。且在贮存过程中，容器中各种金属元素溶于酒中形成胶体溶液，使白酒香气幽雅飘溢、醇和丰满、圆润净爽，故新酒与陈酒在口味及风格上有较大的差别。

要做到酒龄恰当原则，需从以下几方面入手：在具体的取样过程中，要在保证基酒质量档次的前提下，尽可能地考虑成本因素，使选用的基酒成本与最终产品的质量档次、成本相对应；高档基酒一般贮存 3~5 年，中档一般控制在 2~3 年，低档一般贮存 1 年即可；勾调选样时要保证基酒的酒龄达到要求，酒龄不同，其口感及微量成分含量稳定程度不同；基酒组合时，用不同酒龄的酒合理搭配，尽量减少陈酒用量。

（3）种类齐全原则　种类齐全原则是指在勾调选样时，应做到不同班组、不同贮存期、不同发酵周期、不同季节等各类基酒的科学合理的搭配取样，由此可得到符合口感和理化指标设计的目标酒样。故在勾调前要充分考虑库存酒的类别，做到种类齐全、选样全面，确保酒库中各类基酒库存的合理性和基础酒的平衡性。生产工艺条件和季节气候不同，原酒质量有差异，通过勾调，改善香气，调整口味，将各种微量成分不同的酒种，按照优选出的最佳调配比例混合在一起，使各种成分重新组合，相互协调，达到平衡一致，烘托出酒的风格特点，取长补短，以达到味觉、嗅觉上整体协调，彰显产品个性。

要做到种类齐全原则，需从以下几方面入手：

①掌握各基酒的情况：一是不同糟别的酒样，如双轮底酒、粮糟酒、红糟酒、丢糟黄水酒，在浓香型白酒的勾调中，粮糟酒的比例较大占到65%左右，其次为红糟酒20%，双轮底酒10%左右，丢糟黄水酒5%左右。二是不同贮存期的酒，如老酒，贮存3年以上的酒，它具有醇、甜、清爽、陈味好的特点，但香味不浓；一般酒，贮存期较短，香味较浓，糙辣。因此在勾调选酒时，一般都要取一定数量的老酒，取长补短。其比例多少恰当，应注意摸索，逐步掌握。三是不同发酵期所产的酒，发酵期较长的酒，香浓味醇厚，但香气较差；发酵期短的酒，闻香较好。若按适宜的比例混合，可提高酒的香气，使酒质更加全面。一般可在发酵期长的酒中配以5%~10%发酵期短的酒。四是不同季节所产酒，由于一年中气温的变化，粮糟入窖温度差异较大，发酵条件不同，产出的酒质也就不一样，尤其是夏季和冬季所产的酒，各有各的特点和缺陷。因此勾调选样时应注意它们的搭配比例，根据实际情况取样。五是不同窖龄的窖池所产的酒，这在浓香型白酒的生产中较为常见，在勾调选样时，所取的总量中，新窖合格酒的比例应占到20%~30%。

②掌握各调味酒的情况：一是基础调味酒，能使基酒基本达到质量标准要求，使酒体丰满、香气优雅。二是陈味调味酒，该调味酒具有陈味突出的特点，具有典型陈年老酒的风格，可提高基础酒的老陈味。三是窖香调味酒，当基础酒窖香不足时，添加此调味酒，能使基础酒窖香浓郁、尾净、味长。四是老酒调味酒，可提高基础酒的风格和陈酿味，使酒具有浓厚感、味醇正。五是“双轮底”调味酒，其特点是香气浓郁、气味纯正、含酯量高、窖底香也较好，是提香、增口味的主要调味酒；以及酒头调味酒、酒尾调味酒、陈酿调味酒、浓香调味酒、酱香调味酒、酯香调味酒、窖底香调味酒、高酸调味酒、曲香调味酒等其他调味酒。

③根据各类酒之间的配比选样：如果酒体中的酸类、酯类、醇类等物质在酒中的含量、比例合适，就会产生独特而优美的香味，形成酒固有的风格；但当它们含量、比例失调时，则会产生杂味。因此在勾调选酒前，要了解各类酒的特性，并且明确各种酒之间的大概配比关系，如不同糟别酒的配比、不同贮存期酒的配比、不同季节所产酒的配比、不同发酵期所产的酒之间的比例，如此搭配取样，保证取样种类的全面性。

总之，选样时要确保所取基酒的量的平衡、所取基酒的种类的全面、库存的平衡，这样才能保证酒质的全面和稳定。

（4）样本数量最小化原则　样本数量最小化是指在勾调选样时尽量选择较少种类的基酒用于某种基础酒的组合。例如，若能用一种或两种基酒组合某种质量及特点的基础酒，就尽量不取三种或多种基酒去组合，尽量减少勾调选样的样本数量。因为选择的基酒样本数越多，组合的种类越多，越会给勾调带来一定的难度；另外，酒坛打开次数过多，或在基酒组合中只用了半坛，剩余的基酒在下一轮基酒取样组合时不能被充分使用，就降低了基酒及酒坛的利用率。

并坛可以有效减少原酒样本数，使勾调简化，在实际操作中在勾调前逐坛品评，根据品评结果，选用两坛或几坛，以便互相弥补各自的缺陷，发挥每坛酒各自的香、醇等特点，从而达到等级酒标准，保证产品质量的稳定性。

例如，有一坛酒（甲）20kg，口感醇和、香味差；另一坛酒（乙）20kg，香味好、醇和差，就可以将它们相互勾调后并坛。先各取一定量样品，按不同的比例进行小样组合，取甲坛中的酒 20mL，乙坛中的酒 28mL 混匀，经品评如果是醇和感较差，香味可以的话，说明甲酒的用量还不足；第二次取样组合，取甲坛中的酒 25mL，乙坛中的酒 28mL，经品评，如果是醇和感较好，而香味较差，说明第二次组合中，乙酒的比例偏低；第三次小样组合时用甲酒（25+20）/2mL，乙酒 28mL，混匀后再品评，如果符合质量等级标准，根据确定的比例，计算出大样勾调时甲坛中的酒用 16.07kg，乙坛中的酒 20kg（乙坛中的酒刚好全部用完）；取出甲坛中多余的 3.93kg 酒，这两坛酒就可以并坛了。

40、酒样的选择与勾调之间有何关联?

酒样的选择与勾调工艺之间是密切相关的，原酒的种类及品质直接关系到勾调工作的难易和最终产品质量的优劣。

（1）选样与配方稳定性　每一款白酒产品都有其成熟的配方，企业的主打产品更是如此，这些白酒产品所具有的风格特点经受住了市场和消费者的考验，其口感及风格在消费者心中逐渐形成了某种固定的认识。企业在生产过程中，每进行一项生产任务时，要根据产品的配方对库存原酒进行选择。那么，要保证产品口感及风格不变，稳定的配方是不可或缺的条件之一。一方面，选到的原酒质量、风格差异越小，该产品的配方变动也越小，即配方越稳定；另一方面，维持配方的稳定性，也保证了勾调选样的稳定性，两者之间是相辅相成的。

（2）选样与产品一致性　勾调所用原酒的种类较多，其组合更是千差万别，为了保证勾调的快速、顺利进行，在选样时应根据产品本身的风格特点，遵循配方规律，选取一定数量的原酒。不同类型的产品，所用的原酒种类是不一样的，选样时，原则上要按照产品的类别特性选取相应的原酒。一方面确保勾调过程中所需原酒种类全面，保证勾调过程快速、准确地进行；另一方面减少耗费不必要的精力。如 A 酒主要骨架成分是由浓香型和酱香型组成的，那么在选样时，一定要根据 A 酒配方的组方规律，选取所需的浓香和酱香型原酒。严格按照产品风格特点及相应的配方进行，确保选样与产品的一致。

（3）选样与数量保障性　选样前要严格按照生产作业计划及酒体配方对所需原酒的量做精确的计算，选样时原酒量要略大于计算量，保证每次选到的所有原酒数量、种类能满足该配方的生产需要。如 C 酒主要由三种原酒组成，某次生产中，根据配方计算得这三种原酒的用量分别为 x、y、z，那么在选样时，一定要选出略多于 x、y、z 的量，确保选到的原酒数量有保障。x、y、z 是以最小勾调单元计算的，如使用一个基本贮存容器中的酒时，应该一次用完，不应该有剩余，也就是说，最小计算单元的量就是一个基本贮存容器的量。

（4）选样与战略贮备　白酒企业，要想在市场上具有长久表现力，就需要合理规划库存，为长期发展奠定基础。由白酒的市场表现来看，一方面，白酒消费主流意识逐渐向健康化和低度化发展；另一方面，白酒消费需求逐渐向优势品牌集中。在白酒深度调整过程中，一些缺乏战略眼光的企业，受到了市场的严酷挑战，销量呈下降趋势。而名优白酒的销量却在增长，如飞天茅台、五粮液、洋河“蓝色经典”等，生产这些产品的企业都是做足了战略贮备，所以它们的产品才会有持续的市场表现力。

41、在勾调时选择酒样有哪些需要注意的？

勾调工艺中酒样的选择是一个十分重要而又非常细致的工作，绝不能粗心马虎。如选酒不当，就会因一坛之误而影响几吨或几十吨酒的质量，造成难以挽回的损失，故做好基酒选样工作非常重要。基酒选样人员应注意以下事项。

（1）做好选样计划单　在勾调选样前，要考虑市场反馈、库存基酒种类及酒龄、专家意见、历史经验四个影响因素，结合个人理解和勾调班组的意见，拿出取样计划单；要详细列举所取样品的编号、贮存地点、贮量、酒精度、酒龄、质量等情况，做到有的放矢、规范有序。

（2）准备好取样器具　酒库取样时必须配备相应的取样工具。一般情况下，库存酒酒精度较高，在取样时若使用重量较轻的取样工具，会影响取样效率。有经验的勾调师会设计制备专门的取样工具来进行取样，因此，取样效率大大提高。专用取样工具一般采用食品级不锈钢材料制作，不宜使用玻璃瓶或铝制品、重金属等含量高的材料。选样时所带器具必须干净，要注意不能混入其他杂质，否则会使检测和品评结果发生差错。选用不同调味酒尽可能用不同的盛样器，每取一个样品前应对取样器具进行清洗，不可连续使用。

（3）要注意贮存容器中上、中、下层酒质的不同　基酒贮存容器中的酒，其上、中、下层酒度、酒质都可能不同，取样时要根据贮存容器的这一特点，选取相应的取样工具，确保取出的样品具有代表性。有经验的勾调师会按一定比例从三个部位分别取样，混匀后使用。取样时，一定要认真执行工艺操作规程和取样作业指导书，严格遵守各项管理制度，不得随意挪动酒库内各设备，保持酒库清洁卫生。

（4）做好贮酒容器密封工作　选样前要检查酒罐周围是否有渗漏，酒罐封闭性是否完好；选完样后，及时对库房酒罐周围进行检查，并密封好贮存容器。要确保贮酒容器标识完好，放置到位，清理取样痕迹，维持取样设备的完好性。

（5）做好记录　每次选样时，要在选样记录本上做好原始记录，并在盛样的容器上写好标签，注明选样地点、样品名称、选样日期、选样人姓名等必要的信息，以便酒库管理及勾调效率的提升。

（6）其他注意事项　勾调人员应该有高度的责任心和事业心，必须保证所选酒样的正确性和真实性，对选样过程中出现的问题不得隐瞒，要及时反映，以便进行补救及合理解决。取样计划单所列酒样与酒库实际不一致时，如指定的贮存容器中无酒或数量、酒精度、酒龄等不符，要做好记录，及时反馈。对存在严重质量问题的酒，即使数量、酒精度、酒龄等相符，也不能选取；遇到这些情况应当及时调整取样计划单，确保所取样品的代表性。

42、在勾调时选择酒样有哪些技巧?

（1）用好数据库 每一个产品都有一定的延续性，而企业中合格的原酒是什么风格、口感，色谱数据在什么范围内，都积累了一定的资料，通过总结分析，用这些数据指导选样、勾调，用数据库或大数据支撑白酒勾调是未来白酒的发展方向之一。若各原酒之间的比例搭配不当，即使最后加入调味酒也很难使酒体协调。故在选样前，要经过多次品评及计算，初步做好各种量的平衡工作。例如选用优质酒与一般酒搭配组合，酯含量高的酒与酯含量低的酒搭配，酸高的酒与酸低的酒搭配，这样选用的基酒，基本上能达到产品设计的要求和需要。

（2）根据不同工艺选取样品 一般来说，一个企业的生产工艺是相对恒定的。一个合格的勾调员，会熟知本企业产品的工艺状况对原酒品质的影响，有针对性地选取酒样。要了解自家不同原酒的工艺差异和质量缺陷，只有这样才能轻车熟路，信手拈来。由白酒行业发展情况来看，近年来香型融合的趋势越来越明显，造成企业中生产工艺繁杂。大的企业可以同时生产两种以上不同香型的白酒，而一些小企业会采购不同工艺的白酒，用于弥补自身产品的不足。库存基酒的种类增多，增大了勾调的复杂性，选样时要综合考虑，合理布局。要熟知不同工艺白酒的特点，找出配比规律，优化勾调方案，增强产品的馥郁度，最大可能地满足消费者需要。

（3）根据产品的风格特征选样 如果是生产已有的产品，由于其已有标准，酒样的理化及感官指标均有规定，选样时，尽量选择与标准酒样风格特征相似的酒。如果是开发新品，选到的原酒质量合格即可。

（4）了解各原酒的特点 通过对原酒的品评，了解酒库中各种原酒的情况，如酸、甜、苦、辣。经验表明，带麻味的酒，可以提高酒的香气，可作为调味酒来用；后味带苦的酒，可以增加酒的陈味；酸味大的酒可以增加酒的醇甜感。选样品评时，不能一尝到酸、苦、涩味，就绕道而行去选别的酒。有特点的酒未必是坏酒，如果用法用量得当，可以被充分使用到酒的勾调中去。选样时要区分带煳味、酒尾味、霉味、焦臭味、生糠味等杂味的酒，这些酒要慎重使用，可以选一部分作笨酒用，若质量严重有问题，必须另做处理。总之，要从多方面考虑，避免选样时误入歧途。

（5）客观看待理化色谱检测数据 为保证评价的准确性，选样时，要对其重新进行理化检测和色谱骨架成分分析，以便在勾调取样时有的放矢。然而，不能单从色谱骨架成分数据来评判某种酒的酒质，因为有的基础酒色谱骨架成分在一定程度上与成品酒的色谱骨架成分相同。虽然调味酒对基础酒的质量和风格会产生很大影响，但调味酒用量很少，并不能对基础酒的色谱骨架成分的含量有实质性的改变。故不能只重视色谱结果，要采用感官、色谱及常规分析相结合的方法。优秀的品酒师嗅觉是非常敏感的，轻轻一闻就能在2~3s内判断出一个酒样80%的香味情况，更何况有些香味物质成分仅呈香而不呈味，有些呈味不呈香，单靠色谱是检测不出来的。

43、基酒组合需要遵循哪些原则?

基酒组合是将选择好的基酒如骨架酒、丰润酒、笨酒等按一定比例混合搭配而构建基础酒的过程；把几种单样酒通过合理的搭配使用，取长补短，从而使其初步具备目标产品基本特征和质量要求，在此基础上可进行调味。基酒在组合过程中一般需要遵循以下几点原则。

（1）标杆对照原则 基酒组合中保证批次间的一致性是勾调工作最基本的原则。一般情况下，勾调工作室都留有每种产品的标样，以此为标杆来组合配方，对照感官品评，每次重新组合的配方，经评委会品评要达到标样水平，否则视为此次配方组合失败，需重新进入组合工序。

（2）规律配比原则 一般情况下为了保证酒库各类酒的合理贮备，基础酒组合时各基酒的用量一般遵循以下公式：基础酒＝骨架酒（80%以上）+丰润酒（10%以内）+笨酒（适量）。

（3）简约原则 如果简单的2~3种基酒经合理搭配组合成的基础酒，风格突出，诸味协调，已满足本产品理化及感官标准，则此次组合成功，没必要再添加丰润酒、笨酒等。勾调组合工作必须遵循自然天成原则，能简不繁。

（4）低成本原则 好的勾调师可以根据该产品定位，在基础酒组合时会考虑成本因素，在保证酒质的前提下使最终产品的配方组合与它的市场价位相匹配。

（5）滚动原则 为了保证组合后的基础酒的酒龄和质量，以及未来生产需要，使勾调好的成品酒酒龄、质量、胶体特性、水解特性基本一致，应当遵循先进先出原则，而不是信手拈来，随意使用库存原酒。

44、基酒组合有哪些需要注意的要点？

（1）酒体设计是关键 设计包括产品定位、香型、酒精度、酒龄、理化参数、目标价位等，这是贯穿勾调工作始终的指导思想，其他工作必须服从于这一思想。

（2）掌握酒库档案 对于库存酒分类、贮量要熟记于心，明了哪些是骨架酒，哪些是丰润酒，哪些是笨酒，这些酒的理化指标如何，要有详细的记录。

（3）准确选取骨架酒 如果骨架酒选取不合适，后面的工作将会无法进行，甚至会劳而无功。骨架酒必须是具有本香型基本风格、无独特香味的一般性的酒，香气较正，尾净。

（4）基础酒组合要考虑原酒各自的工艺特点 原酒做好分级入库，分段摘酒，各种工艺阶段酒单独存放，建立库存档案。组合时先翻看库存台账，考虑库存因素，各种酒合理搭配使用。比如，不同酒龄酒的搭配、各季节所产酒的搭配、各工艺阶段所产酒的搭配等。合理搭配既能保证酒质的稳定性和批次间的一致性，更能减少库存压力，提高经济效益。

（5）理化分析 勾调前，要对所选用的原酒做理化分析，勾调后，要对组合完成的酒做理化分析，使基础酒理化指标尽可能接近标准要求。

（6）不使用带杂味的酒 不将带有明显杂味的酒带入基础酒，否则将给调味工作带来诸多不利的影响。尽可能避免使用危害最终基础酒香气或口味的基酒。若要选用，必须经过科学有效的处理，经品评合格后方可使用。

（7）建立记录 基酒组合过程中，操作必须准确，记录必须详尽，每一步记录都必须保留。香气的变化、口感的变化都应记录，以便找出最佳的配比量与香气口感的变化规律，指导勾调过程的顺利进行。

（8）配方筛选 每次筛选出几个风格明显不同的组合配方，以便从中选出最佳的，也可以为调味多出几种方案。

45、在勾调时基酒组合常用的方法有哪些？

（1）数字组合法　先把选取的若干个用于组合的基酒做色谱理化分析，建立目标基础酒的微型数据库，然后再确定目标酒样所要达到的主要理化色谱数据参数，由计算机进行线性代数的计算，给出若干组合方案，优选出最佳方案，这一方法要求勾调员必须熟练掌握线性代数相关知识。

$$W = c \times \sum W / \sum c$$

式中　W——某种单样酒的数量，mL

c——目标酒样的微量成分含量，mg/100mL

$\sum W$——组合基础酒的总量，mL

$\sum c$——单样酒微量成分含量的总和，mg/100mL

随着计算机技术的飞速发展，中国白酒行业目前微机智能勾调系统已经成功用于配方组合，利用这种数字化组合方式建立庞大的基酒数据库，组合时根据需要组合，又快又好，很值得推广。

（2）逐步添加法　逐步添加法的组合方式分为以下四步：

第一步，骨架酒的掺兑，将选出的骨架酒，每一缸都取样约500mL，装瓶，贴上标签，标明缸号、酒的总量，待用。然后以每缸酒总量的1/10000~1/5000（视每缸酒的总量而定）取样混合均匀，闻香尝味，确定是否合格。若合格进行下一步；若不合格，则分析不合格的原因，再重新调整骨架酒的比例，或增减个别骨架酒，甚至添加部分丰润酒，再掺兑、品尝、鉴定。有时甚至需要重新选取骨架酒，反复进行，直到合格。

第二步，试加笨酒，在已经合格的骨架酒中，按1%的比例逐渐添加笨酒，边加边尝，只要不影响骨架酒的风格和品质，尽可能多加这类酒，有时会收到意想不到的效果。

第三步，添加丰润酒，对于已经添加过笨酒，经品评合格的酒样，可以选择性地添加少量的丰润酒，即具有某种香或味的精华酒。一般添加量控制在5%以内。只要达到改善酒质、提升品质的目的，即可停止添加。丰润酒因为比较稀有，所以必须控制用量，点到为止。当然前提是必须用对丰润酒，否则会适得其反。

第四步，勾调验证，将已经组合好的基础酒，分别送去做理化分析和感官品评，看感官品评结果和理化结果是否符合目标要求，若符合，则此次基础酒组合成功，可进入调味。若不符合，则分析原因，重新调整，直至合格为止。

（3）等量对分法　对所选用的几种基酒按各自的贮量，以其中最少的一个酒样为基准，计算出其他几种酒相对于这个酒的比例关系，并写出各自的优缺点，按比例取样组合配方。

例如：A酒100kg，香气好，但后味较短；B酒200kg，酒体较干净，香气较淡；C酒300kg，醇厚感较好，香气较杂；D酒250kg，香气馥郁，陈味较好。

以A酒为基础的比例是1∶2∶3∶2.5，分别取A、B、C、D四种酒10mL、20mL、30mL、25mL组合成基础酒，然后品尝。若品评结果是香气较淡，说明B酒用量多了，应该减少B酒用量，增加A酒用量。按照对分原则减少B酒为2/2=1，增加A酒为1+

（2/2）＝2，调整后的比例为 2∶1∶3∶2.5，再重新组合，品尝；若香气已经变好，但是陈味不足，那就要追加 D 酒的用量。再次按照等量对分原则，增加量为 2.5+（2.5/2）＝3.75，调整后的比例为 2∶1∶3∶3.75，按此比例再次组合，品评，若其自然口感好，陈味也好，则此次组合成功。若还有缺陷，则再次组合或者重新选取基酒。此法比较烦琐，但组合成的酒比较全面，效果较好。

46、在勾调中为了控制好酒体香味需要遵循哪些原则?

在勾调时，首先要知道目标白酒的要求和属性，是兼香型产品还是自有香型产品，是多香融合还是搞差异化，是多粮还是单粮等。为了控制好酒体香味表达在勾调时应遵循以下几项原则。

（1）香气优先原则　每一类型的酒都有独属的主体香，主体香是确定其属于哪一种风格的主要因素，如浓香型白酒以己酸乙酯为主体香，清香型白酒以乙酸乙酯为主体香，凤香型白酒以乙酸乙酯、己酸乙酯、异戊醇等为主体香，米香型白酒以 β-苯乙醇为主体香。在白酒勾调中，讲究主体香突出、香气协调。白酒的香气是由呈香物质共同作用的结果，呈香物质的种类越多则香气越复杂。当然，这些呈香物质之间的量比关系也必须协调适当，才能使酒体呈现香气浓郁、幽雅细腻等风格特点。

（2）酯香适当原则　酯类化合物是白酒中呈香呈味物质数量最多的一类风味化合物，是白酒香气的主要来源。由于酯类物质的含量高、香气强度大，其间的量比关系形成了各香型白酒间的主要区别指标。如清香型白酒基本不含己酸乙酯；浓香型白酒的主体香是己酸乙酯，在讲究主体香的同时不能使其香气过于突出、露头，否则会造成喷香。

酯香突出或主体香突出可以凸显出白酒自身的风格，若酯香过于突出，酒体就会比较粗糙，适口性差。对浓香型白酒而言不能因为己酸乙酯是主体香就将己酸乙酯含量越调越高，酸酯比例的不合理往往是造成上头、暴辣、冲的主要原因。随着绵柔型、淡雅型白酒概念的提出，行业内越来越重视白酒的口味，而不单单是香气。近年来，国内众多的浓香型白酒企业对浓香型白酒国家标准多有诟病，纷纷要求去掉对呈香呈味物质的单项指标要求，浓香型白酒行业对其国家标准的修订必将带动整个白酒行业对高香高酯的反思，以总酸总酯含量为主要理化指标要求的趋势不可阻挡。

（3）信号物突出原则　每一个香型的白酒都有独属的、特定的香味信号物，在白酒勾调时要充分发挥信号物的优势，彰显产品差异化魅力。浓香型白酒要考虑是单粮浓香还是多粮浓香，是淡雅浓香还是传统浓香，其己酸乙酯含量和产品风格是不相同的。凤香型白酒以异戊醇为特征信号物，如果异戊醇含量过低凤香型风格特征就不明显。在突出信号物的同时，要注意酸酯及其他呈味物质之间的协调。

（4）柔香怡味原则　白酒是一种胶体溶液，各风味物质成分在其中互相平衡，各具一格。要做到香味协调，必须在注重香气的同时更注重味的协调。由目前市场上白酒的表现来看，香气柔和、回味悠长的白酒才称得上是好酒。过度追求酯类物质的堆砌并不能解决白酒的优雅度、馥郁度等问题。

（5）酒体醇厚原则　由于高级醇的存在，对其他呈香呈味物质的香气表现起到了衬托作用，会使酒体变得厚实、丰满、醇和，入口后给人以醇厚圆润的感觉。提高酒体的醇厚感必须注意高级醇在白酒中作用的发挥。有的勾调员认为，高级醇是白酒的有害物质，这是极其错误的。近年来的科学研究发现，高级醇在白酒中的正面作用要远远大于其负面作用，必须引起白酒勾调人员的高度重视。高级醇并不是引起上头的第一原因，高级醇的分子结构不同，在白酒中的作用不同，高级醇与酸酯的比例不同，在饮用后的表现也不同。

47、什么是勾调工艺中的调香、调味，有什么意义？

在中国白酒勾调工艺中的调香调味操作是一项针对白酒香气和口味的再加工技术，并不是添加香精香料，而是用极少量的调味酒使基础酒完全符合质量标准。调味酒有很多种类，风格迥异，特点鲜明，勾调人员在品评完基础酒之后要能很快判定出基础酒的不足或缺陷，有针对性地选用特定的调味酒，采用边加边尝的办法不断地进行尝试，直至达到满意效果，必要时也可采用正交试验法进行优选，通过调味要使产品感官特征满足标准要求。

勾调工艺中的调香调味操作的意义在于对基础酒进行调味是勾调工作最核心的内容，工作要求高，技术难度大，需要经过长期训练并积累经验，这是区别勾调人员工作能力的重要指标。其具体意义在于以下几点：一是画龙点睛，弥补不足；二是修饰香气，提高馥郁度；三是改善口感，提高品质；四是彰显个性，突出特点；五是总结规律，提升技能。

48、勾调工艺中常用的调味酒有哪些种类，有哪些具体作用？

（1）调味酒种类　调味酒是指在香气、味感、指标上有突出特点的酒，特点越突出，调味酒的作用越大。调味酒的主要功能之一是使组合的基础酒质量水平和风格特点尽可能得到提高，使基础酒的质量向好的方向变化并稳定下来。

①双轮底调味酒：双轮底酒是指经过双轮发酵的酒醅经过蒸馏而摘取的酒。双轮底酒酸、酯含量高，浓香和醇甜突出，糟香味大，有的还具有特殊香味，它能增进基础酒的浓香味和糟香味。

②陈酿调味酒：陈酿调味酒是指发酵期达半年以上而蒸馏摘取的酒。这种酒具有良好的糟香味，窖香浓郁，后味余长，尤其具有陈酿味，这种酒酸、酯含量也特别高，它可以提高基础酒的后味和糟味、陈味。

③老酒调味酒：在贮存3年以上的优质酒中，最好是双轮底酒中选择那些具有陈香和老酒风味、口感特别醇和浓厚的酒，它可以提高基础酒的风格和陈味，使香味幽雅、醇和。

④陈酒调味酒：指的是酒龄在5年以上具有明显陈酒味的酒。陈酒调味酒由于贮存时间长，其乙缩醛含量比较高，色泽可能发黄，是普通消费者非常认可的一种好酒。

⑤酒头调味酒：酒头（即头道酒）富含低沸点化合物，对白酒的香气影响很大，醛、酯、酚类等物质含量高，酸度低，香气大，可以提高前香和喷头的作用。

⑥酒尾调味酒：酒尾调味酒是指富含高沸点化合物的一类酒，其酒精度低、酸度高，特别是乳酸含量高，可以延长基础酒的后味，使酒体回味悠长。

⑦酱香调味酒：酱香调味酒是指按酱香型白酒生产工艺生产的酒，多为六轮次、七轮次的酒。此类酒含芳香族化合物较多，用其调味能使酒体醇厚丰满、优雅细腻，增加

香气上的馥郁度和优雅感，还具有一定的增甜作用。

⑧特制调味酒：特制调味酒是指按特殊工艺制作的特殊酒，其制作工艺比较繁多、复杂，各个企业不尽相同。特制调味酒是各个企业的独门秘籍。

⑨其他调味酒：其他调味酒是指用不同工艺生产或不同方法制作的具有一定特殊功能的酒。

（2）调香调味的作用

①添加作用：白酒中呈香呈味物质的多少决定了香味大小，某种香味物质的含量不足时，就会影响整体的香味表现，只有当某种香味物质达到一定浓度时才能呈现出特有的香、味感。向基础酒中添加特定的调味酒，特别是香气较大的调味酒对整个白酒的香气有明显的改善作用，微量添加就可以明显地改善产品的品质。

②平衡作用：典型风格的形成，得益于众多的微量芳香成分相互缓冲、烘托、协调、平衡、融合等。添加调味酒可以改善香气平衡，使香气表现朝特定的方向发展。必须掌握各种香味物质的特性和作用，才能确定调味酒的比例。比例不当，酒体就不协调，就会影响样品的香气。酸、酯、醇、醛比例的协调统一才能保证酒体的胶体稳定性，延长产品寿命。

③化学反应：调味酒中所含的微量成分与基础酒中所含的某些微量成分发生化学反应，生成酒中的呈香呈味物质，改善酒质。如调味酒中的乙醛与基础酒中的乙醇进行缩合，可产生乙缩醛。添加酸类物质可以促使水解反应朝酯化方向进行，提高产品的质量。

④掩蔽作用：调味酒中所含的部分微量成分可以掩蔽基础酒中的某些不良风味物质，改善酒质。如己酸乙酯、丁酸乙酯可以掩蔽基础酒中的丢糟味。调味酒的添加作用、平衡作用、化学反应和掩蔽作用并不是独立发生的，在调味时要高度重视。

49、勾调工艺中调香调味的工作流程主要包括哪些？

在勾调工艺中进行调香调味时，首先要了解基础酒的质量情况和调味酒的特点，以便选准所要使用的调味酒的类型。调味酒选得准，即使用量不大，也会取得明显的效果。调味是一项十分细致的工作，在调味之前，一定要通过品评深刻了解基础酒的缺陷和不足，然后有针对性地选择调味酒进行调味；也可根据本企业基础酒存在的规律性缺陷，制作特殊调味酒用来调味。

（1）品评基础酒　调味前，首先对基础酒进行理化分析和感官品评，掌握其感官质量情况和微量香味成分的含量及相互间的配比关系，找出其理化和感官质量与出厂酒标准的各项差距，明确需要解决的主要问题。

（2）选用调味酒　根据基础酒的质量，确定选用哪几种调味酒。所选定的调味酒性质应与基础酒相符，并能弥补基础酒的缺陷。调味酒选用是否恰当合理，对调味效果影响极大，选准了，调味酒用量少，效果好；选取不当，效果不明显，甚至越调越差，浪费调味酒。

例如，某浓香型白酒浓香不足，陈香差，略带燥辣。可先用提高浓香的调味酒，由万分之一用量逐渐增加，直至酒的浓香变好为止，然后再解决陈香不足的缺陷，最后解决燥辣的问题。清香型白酒以纯净为基础，因此，清香型基础酒的调味必须在清香较纯正、较爽净的基础上进行，有针对性地解决缺陷问题。

（3）小样调味　目前小样调味方法有以下三种。

①分别加入各种调味酒：一种一种地选，最后确定各种不同调味酒的用量。首先将选定的调味酒分别编号，并吸入微量注射器中备用，然后取基础酒 50mL 或 100mL，放入试剂瓶或磨口三角瓶中，以 1/10000 的量逐滴添加调味酒，盖上玻璃塞，摇匀，然后倒入品酒杯中，品评鉴别，逐步进行调味，直至符合质量标准为止。

②同时加入数种调味酒：有经验的勾调师可根据基础酒的缺陷和不足，选好调味酒后，一次加入数种不同质量和不同作用的调味酒，将基础酒摇匀后品评鉴定，再决定添加或减少不同数量的调味酒。据此不断变化并品评，直至符合质量标准为止。

③综合调味酒加入法：一些高级勾调师可根据基础酒品评鉴定结果和调味经验，选用数种不同质量、不同特性的调味酒，组合成一种针对性强的综合调味酒，按 1/10000 的量逐滴加入酒中，不断增加用量，并通过品评找出最适用量。若该调味酒用量增大后仍不能解决基础酒的缺陷，就说明这种综合调味酒不适应基础酒的性质，需要重新考虑调味酒的组成比例和成分，再次调味，直至满意为止。确认小样调味后，就可按试调的比例计算调味酒用量。将调味酒组合在一个较大的容器内摇匀，取样对基础酒再进行一次试调，以确保调味的可靠性，符合要求后就可正式调味。

（4）再现调味　根据小样调味计算各种调味酒的添加量，然后将调味酒加入基础酒中，充分摇匀，取样尝评，若不符合要求，则应继续调味，直到完全符合质量标准为止。调好味的酒应存放 10d 左右，复尝，若复尝后不如以前，应再次调味，直到质量稳定符合标准。

50、勾调工艺中调香调味操作需要遵循哪些原则?

（1）能不调就不调原则　是不是所有组合的基础酒都需要调香呢？答案是否定的，有的基础酒，香气就很好，那为什么一定要去调香呢？调香只是针对组合后的基础酒在香气方面欠缺的地方加以弥补，并不是说组合的基础酒都要调香，如果一味调香会适得其反。

（2）突出主体香原则　白酒的香气应与白酒的香型相对应，这样则属于正常的香气。不管怎么调香，酒的风格特征要明显，在给浓香型白酒调香时，要突出己酸乙酯的香气；给凤香型白酒调香，要突出异戊醇的香气。

（3）酸酯同调原则　白酒是种胶体，讲究平衡、协调，白酒系统内部协调了，才会呈现好的香气。值得注意的是，醇、酸、酯、醛组成混合体，存在一定的平衡关系，在勾调时，酯过高、酸偏低时，酒体表现香气过浓、口味暴辣、后味粗糙，饮过量易上头；酸过高、酯偏低时，酒体表现香气沉闷、口味淡薄、杂感丛生。所以在调香过程中，一定要酸酯同调，平衡酸酯比例是酒体协调的基本因素。

（4）香味协调原则　香和味是一对平衡体，香味平衡则胶体稳定；香味不平衡则香味风格失调。香气过大、口味寡淡是香大于味的表现；香气过小、口味酸涩是味大于香的表现。所以在调香调味时必须注重香和味的协调。

（5）以酒调酒原则　对纯粮固态发酵白酒生产企业而言，还原白酒真实性，彰显差异化魅力，必须坚持以酒调酒的原则。标称纯粮酿造的白酒决不允许添加任何添加剂，用优质的调味酒完全可以调配出品质超群的产品，要坚决反对用香精香料、乙醇、色素、甜味剂等勾调白酒。

（6）点到为止原则　调味的关键是找准弥补不足的应对方法，就如老医生看病用最简单的办法去解决貌似复杂的问题，不得过度用药。不能一味地追求香气突出、浓郁，盲目地乱加，只会适得其反。

51、酱香型白酒是如何进行勾调的？

酱香型白酒因生产工艺独特，历来看重勾调，勾调是其生产工艺中一项重要组成部分，为酿酒中的特殊技术，对酒的质量起着重要作用。勾调是将不同轮次、香型、酒精度和新老酒相互搭配掺和，又称“勾酒”，以调整产品的酒精度和香味成分，保证产品质量。通过勾调可统一酒质，统一标准，保证产品质量的长期稳定性。

酱香型白酒在勾调前先查阅酒库贮存酒的信息，了解陈酿酒的酒龄、轮次和酒精度等决定选用哪些酒来勾调。然后将选用的酒逐坛取样尝评，如认为符合产品质量标准，经厂质量委员会鉴定后，方能正式使用。勾调一般是在包装车间小酒库内进行，要准备需用的空酒坛，其酒坛数与酒库中被勾调用的酒坛数相等，每次勾调 30～40 坛；取出酒库中要勾调的酒，运至包装车间，将每坛酒均匀地分盛于空酒坛中，使酒的质量基本达到一致；勾调完毕，搅和均匀，将刚勾调好的酒与前批勾调好的酒同时取样尝评对比，并经厂质量委员会感官鉴定，如认为这两批酒质量风味有差别时，可将两批酒混合，或重新进行勾调，达到出厂质量标准为止。勾调好的酒需要静置 15～20d，使酒中悬浮物沉淀、酒体色泽透明、香气增浓、口感更加谐调丰满。

在生产实践中发现酱香型白酒可分为酱香、醇甜和窖底香的单型酒。酱香型白酒勾调方法较多，一般采用的大综合法是用不同香型、轮次、酒精度和新老酒等单型酒相互搭配，按照其工艺流程，先决定标准型风格酒，选出基础酒范围，逐坛进行尝评，添加调味酒，反复尝评对比，然后按比例勾调，经贮存后再进行质量检验。勾调工作主要凭实践经验，把握勾调酒所具有的特点，即无（或微黄）色透明，闻香好，酱香突出，口感醇厚，芳香绵软，回味悠长，稍带舒适的微酸味，空杯留香持久。但总体来看，酱香型白酒的勾调可以简要地划分为以下三个主要流程。

（1）小样勾调　小样勾调是取 2~7 不同轮次的酒，二三百个单型样品进行勾调。一个成型的酒样，先从勾调一个小样的比例开始，要反复做 10 次以上的试验，这是一个极其烦琐的操作，少的需要 20d 左右，多的在 2 个月以上。方法是用 5mL 的容器做小样勾调试验，先初审所用单型酒，一闻、二看、三尝评、四鉴定，取出带杂异味的酒。另选 2~3 个香气典型、味道纯正的酒留着备用，其余则按新老、轮次、香型、酒精度相结合，但不能平均用量。一个勾调少则用 30 个单型酒，多则用 70 个，一般情况下多以酒质好坏来决定所用酒的数量，然后再凭借所把握的每种酒的特点，恰当地使它们混合在一起，让它们的香气能在混合的整体内各显其能，各种微量香味成分能得到充分的中和，比例达到平衡、谐调，从而改善香气平淡、酒体单调的状况，使勾调样品酒初步接近“风格”。勾调小样时，必须计量准确，做好详细的原始记录。

（2）大型勾调　是取贮存约 3 年的各轮次酒进行，大回酒产量最多、质量最好，二轮次和六轮次酒产量少，质量稍差。勾调中一般是用醇甜单型酒作基础酒，香型酒作调味酒。基础酒要求气味正，形成酒体，初具风格，其质量风味的优劣直接影响整个勾调工作。常规勾调的原则是在各轮次酒中以两头少、中间多、醇甜为基础（约55%），酱香为主体（约35%），陈年老酒为辅（约8%），其他特殊香作调味（约2%）。勾调好的基础酒，再调整香气和口味，除参考酒库的档案卡片登记的内容外，必须随时取样尝评，掌握勾调酒的特性和用量，取每坛酒之长，补基础酒之短，达到基础酒的质量要求。

（3）调味 调味是针对基础酒中出现的各种不足，解决各种缺陷。如选出的调味酒用来调整基础酒的芳香、醇厚感及进行增甜、压煳、压涩、改进辣味等操作，因此调味酒选用是否准确，是非常关键的。若调味酒选不准确，不但达不到目的，反而会影响基础酒酒质。根据勾调实践经验，差酒与差酒搭配在某种情况下能产生好酒，差酒与好酒搭配在某种条件下又变得更好，在某种程度上好酒与好酒却不能完善其“风格”，甚至还会出现一些不足。一些感官尝评者认为较差的酒，有可能是它的微量成分有一种或数种偏多，也可能是稍少而引起的反应，当与较好的酒掺和时，偏多的微量成分得到稀释，较少的可能得到补充。经多次试验发现，带酸与带苦的酒可变成醇陈酒；带酸与带涩的酒可变成喷香酒；醇厚、带麻的酒可增加醇厚感；浓香味强、后味带苦的酒可增加基础酒的闻香，但显辛辣；后味微苦、带酸的酒可增加基础酒的醇和感，也可改进涩味；口味醇厚的酒能压涩、压煳；后味短的基础酒可添加适量的一轮次酒及含己酸乙酯、丁酸乙酯、己酸、丁酸等有机酸和酯类含量较高的窖底酒。此外，还可用新酒来调香、增香，用不同酒精度的酒来调整酒精度。酱香型白酒一般禁止用浆水降度，这是酱香型白酒的重要特点之一。

从实践经验中发现，酱香型白酒加入一轮次酒后，可使酒味甜、放香好；加入七轮次酒后酒的煳香好，苦不露头，也增长了后味。被勾调的酱香型白酒，如是含芳香族化合物多的曲香、酱香、醇厚陈酿酒更是很好的调味酒；部分特殊香的醇甜及中轮次酒，也可作调味酒使用。除用香型酒调香外还需要用一轮次酒或七轮次酒来调味，使香气更突出，口味更谐调，酒体更丰满。独特风格的酱香型白酒其风味质量的要求为酱香突出、优雅细腻、酒体醇厚、回味悠长。

52、酱香型白酒为什么通过勾调工艺可以提高质量?

酱香型白酒生产基本上是手工操作、开放式发酵、多种微生物共酵，尽管采用的原料和酿酒、制曲工艺大致相同，但影响质量的因素众多，每个窖所产的酒酒质是不一致的。酱香型白酒即使是同一个窖，各次蒸馏出来的酒也差异甚大，不同季节、不同班组、不同窖生产的酒质量更是各异。如果不经勾调即出厂成品酒质量极不稳定，很难保持优质和创名牌。因此，通过勾调工艺可以统一酒质、统一标准，保证每批出厂的酒质量基本一致。另外，勾调还可以达到提高酒质的目的，实验证明同级的基酒其味道各不相同，有的醇和感特好，有的醇香佳而回味不长，有的醇浓回味俱备唯甜味不足，有的酒虽较全面但略带杂味且不爽口等，通过勾调就可以弥补缺陷，发扬长处，取长补短，使酒质更加完美一致。

所谓勾调，主要是使酒中各种微量成分以不同的比例兑加在一起，使分子间重新排列和结合，进行补充、谐调、平衡，烘托出主体香气和形成独自的风格特点。众所周知，曲酒中的主要成分是乙醇，同时还有酸、酯、醛、酮等微量成分之间的量比关系决定着产品的风格。但是，各种不同香型的酒不是生产出来就具备了所需的微量成分及其一定的比例，而其香味、风格都有不同的差异，可能某一种成分较多，超过所要求的量，而另一种微量成分却不足，酒中微量成分失调，达不到所要求的质量。通过勾调，就可使酒中的微量成分重新组合，达到恰当的比例，以符合出厂的质量标准。在勾调过程中还出现了一些比较有意思的奇特情况：

①好酒和差酒之间勾调后会使酒变好，究其原因是因为差酒的微量成分有一种或数种偏多，也有可能稍少，但当与比较好的酒勾调在一起时偏多的成分得到稀释，稍少的微量“成分”得到补充，所以勾调后酒质就会变好。例如在酱香型曲酒勾调中，若有一种酒己酸乙酯含量偏多，乙酸乙酯和乳酸乙酯含量不足，因此略显偏格；而当与另一种酒组合时调整了这两种成分的量比关系，酒味就变好了。

②差酒与差酒勾调后有时也会变成好酒，因为一种差酒含的某种或数种微量成分偏多，而有些微量成分却偏少；另一种差酒又恰好与上述差酒的情况相反，于是一经勾调，相互得到补充差酒就会变好。例如带酸味的酒与带涩味的酒相勾调，可能会使酒质变好；一种酒丁酸乙酯含量偏高，而呈现异杂味，另一种酒正好丁酸乙酯含量偏少，窖香不突出，勾调后正好取长补短，使产品成为好酒。

③好酒和好酒进行勾调有时却反而变差，这种情况主要在不同香型酒之间进行勾调时容易发生。因各种香型的酒其主要香味成分差异甚大，虽然几种都是好酒，甚至是名酒，由于香味性质不一致，勾调后彼此的微量成分量比关系都受到破坏，以致香味变淡或出现杂味，甚至改变了香型。

为了促使酒中微量香味成分的平衡、谐调，掌握各种香气成分的特点，了解其性质和作用，熟知不同香型各自芳香成分的不同比例，对确定组合和调配的比例是十分重要的。

53、酱香型白酒在调香调味时是如何操作的?

优雅细腻是酱香型白酒的显著特点。酱香型原酒按轮次进行贮存，3 轮次、4 轮次、5 轮次酒具有醇甜绵厚的特点，常用来作为骨架酒使用；第一轮次酒又称为生楂酒，酱香风格不突出，一般很少用于勾调，有的厂将第一轮次的酒贮存 3~5 年时间以后才在白酒勾调中使用；第二轮次酒又称为糙楂酒，香气比较粗糙欠协调；第六、第七轮次出酒率低，酱香风格典型。一般在勾调时 1 轮次酒用 1%~5%，2 轮次酒用 5%~10%，3 轮次酒用 20%~28%，4 轮次酒用 20%~28%，5 轮次酒用 20%~28%，6 轮次酒用 5%~15%，7 轮次酒用 5%~8%，提高酱香的措施是少用第一、第二轮次酒，多用第六、第七轮次酒。在 3~5 轮次酒中，乳酸乙酯在总酯中所占的比例接近乙酸乙酯；而在 1 轮次酒中乙酸乙酯占总酯含量的 70%左右，乳酸乙酯的含量不及 3 轮次、4 轮次，5 轮次酒，这是 1 轮次酒和 3 轮次、4 轮次、5 轮次酒不同的一个特点。

在酱香型白酒实际勾调工艺中一般先调香，再调味，然后再解决陈味、酱香等其他问题。具有窖底香特点的酒一般不先加，用于调香、增香。后味短或辛辣的基础酒，适当添加某些酸味较重的酒，可使酒体变得丰满、味长；第一、第二轮次酒，有保持酒体入口绵醇的作用；第六、第七轮次酒可以增加酒体的细腻感和空杯留香，对酱香香气和风格起到很好的弥补和平衡作用；适量的窖香调味酒可增加酒体的醇甜和放香，入口丰满。陈香调味酒可提高酒体的柔和度并使其带有幽雅的陈香。酒头调味酒可增加基础酒的前香。1 轮次酒香气较大、甜味好，但酒味冲，生、涩、酸味重，且有醋酸异戊酯香味；2 轮次酒较 1 轮次酒香味较好，醇和、味甜、后味带酸，在一些特殊情况下第一、第二轮次酒可用于调香、调味。

54、什么是调味酒，主要作用是什么？

只要在闻香或在口感上或者某些色谱骨架成分的含量上有特点（突出之点）的酒就叫“调味酒”，这种特点越突出，调味的作用越大。从“调味”基本原理上可以提出这样的看法，某些非色谱骨架成分（复杂成分）高度富集或者特征性关键气味物质高度富集的酒叫“调味酒”。“调味酒”的主要功能和作用是使组合的基础酒质量水平和风格特点尽可能得到提高，使基础酒的质量向好的方向变化并稳定下来。在组合基础酒时，经常要加入些“双轮底”酒，即在组合基础酒时加入 5%～10%的“双轮底”糟酒。“双轮底”糟酒属于调味酒的来源和品种之一。因此，从组合开始在利用调味酒组合功能的同时，也利用了它的调味功能。一般性组合用酒并非一点调味功能都没有，只是调味功能不强，主要表现为组合功能。由此可见，调味酒具有双重性，既有组合功能，又有调味功能，不能截然分开，在某些情况下调味功能更为突出，在调味酒质地好时更能体现。

调味酒的品种较多，根据其特点来分，有酯香调味酒、陈味调味酒、窖香调味酒、曲香调味酒、糟香调味酒、馊味调味酒、苦麻调味酒、酸味调味酒、酱香调味酒、香浓调味酒、醇甜调味酒等，不同企业根据自己的特点和习惯会有不同的称呼，这些调味酒都有各自典型的特点和用途。

55、调味酒根据其突出的特点可以分成哪些种类，各有何作用？

在调味酒中，某些香味成分较突出或复杂成分特多，故赋予酒特殊的香味和风格。这些酒因成分差异大，故作用也不同。

（1）丁酸乙酯辅以异戊醇含量高的调味酒可以提前香、增爽快，可以克服香气不正的缺陷，但用量宜少不宜多。

（2）乙缩醛含量高的调味酒可以解闷增爽、促放香，使酒爽快、适口、除暴，但同时又冲淡了浓味。

（3）丁酸乙酯、戊酸乙酯含量高的综合调味酒可以解决酒的新味问题，但此基酒必须是老酒。

（4）己酸乙酯、丁酸乙酯含量高的综合调味酒可以克服带上层糟气味（或丢糟气味）的缺陷，提香、增爽快。

（5）总酯、总酸含量高的综合调味酒可以解决基础酒中的生味问题，若出现新酒味，再用丁酸乙酯含量高的调味酒解决。

（6）乙缩醛、己酸乙酯、丁酸乙酯、异戊醇等含量高的综合调味酒可以克服基础酒香气不正的缺点，如闷臭味，带苦，味短、淡、单薄、不净、不谐调等。

（7）甜浓型调味酒，感官特点是甜、浓突出，香气很好。酒中己酸乙酯含量高，庚酸乙酯、己酸、庚酸等含量较高，并含有较高的多元醇，能克服基础酒香气差、后味短、淡等缺陷。

（8）香浓型调味酒，感官特点是香气正，主体香突出、香长，前喷后净，酒中己酸乙酯、丁酸乙酯、乙酸乙酯等含量高。同时，庚酸乙酯、乙酸、庚酸、乙醛等含量较高，乳酸乙酯含量较低，能克服基础酒香浓差、后味短、淡等缺陷。

（9）香爽型调味酒，感官特点是突出了丁酸乙酯、已酸乙酯的混合香气，香度大，爽口，酒中丁酸乙酯含量很高，已酸乙酯含量也高，但乳酸乙酯含量低，能克服基础酒带面糟或丢糟气，提前香。另外，还有已酸乙酯、乙酸已酯含量高的爽型调味酒，其特征是香而清爽、舒适，以前香而味爽为主要特点，后味也较长，这种调味酒用途广泛，副作用也小，能消除基础酒的前苦味，对前香、味爽都有较好作用。

（10）其他调味酒，馊香型调味酒的感官特点是馊香、清爽或有已酸乙酯和乙缩醛香。酒中乙缩醛含量高，已酸乙酯、丁酸乙酯、乙醛等含量也高，能克服基础酒的闷、不爽等缺陷，但应注意防止冲淡基础酒的浓味。

56、酱香型白酒中高含量的酸味物质主要起哪些作用?

酱香型白酒是中国白酒中酸类物质含量最高的酒种，主要的酸类物质包括乙酸、乳酸、丁酸、已酸、柠檬酸等。乙酸是酱香型白酒中含量最高的酸类物质，具有强烈的酸味和刺激性，能够提升酒体的风味和口感；乳酸是一种具有柔和酸味和甜味的有机酸，其在酱香型白酒中含量较高，能够降低酒体的辛辣感和苦味，提高酒体的醇厚感和柔和度；丁酸具有较为强烈的酸味和刺激性，在酱香型白酒中的含量较低，能够提升酒体的风味和口感，使酒体更加复杂多元；已酸具有较弱的酸味和刺激性，在酱香型白酒中的含量相对较低，能够提升酒体的风味和口感，使酒体更加醇厚；柠檬酸是一种具有强烈酸味和清爽感的有机酸，在酱香型白酒中的含量较低，能够提升酒体的风味和口感，使酒体更加清新爽口。由此可见，酸类物质是酱香型白酒中必不可少的，总结起来其作用包括以下几方面：

（1）消除酒体苦味　基酒中出现苦味是较为常见的现象，并且苦味物质和来源是多种多样的，以口和舌的感觉而言，有前苦、中苦、后苦、舌面苦；苦的持续时间长或短；有的苦味重，有的苦味轻；有的苦中带甜，有的甜中带苦，或者是苦辣、焦苦、药味样的苦、杂苦等。在实际勾调中也发现，酒体苦与不苦问题在于酒体中酸类物质的多与少，酸量不足酒苦，酸量适度酒不苦，酸量过大酒有可能不苦。不论白酒苦味物质的含量多少、组成情况和表现行为等如何，当酒体的酸性强度在合理的范围之内，而各种酸的比例又在一个适当的范围内，酒就一定不会苦。

（2）新酒催陈剂　在实际生产中发现，酒体中的酸类物质还是新酒老熟的有效催化剂，酱香型白酒是中国白酒产业中陈酿期最长的酒种，一般要求贮存 3 年以上，优质基酒甚至需要贮存 5 年以上。从实践来看，酱香型基酒中高浓度的酸类物质自身就是很好的老熟催化剂。酸类物质量的多少和组成情况如何及酒本身的谐调性如何，对酒加速老熟的能力不同，控制入库新酒的酸量，把握好其他一些必要的谐调因素对加速酒的老熟可达到事半功倍的效果。

（3）味感剂　酸类物质还是酒体中最重要的味感剂，中国白酒入口后的味感是一个极其复杂的效应，白酒对味觉进行刺激的综合反映就是口味。对口味的描述尽管多种多样，但却有共识，如讲究白酒入口后的后味、余味、回味等。总体上看，酱香型白酒中酸类物质可以起到增长后味、增加味道、减少或消除杂味、可出现甜味和回甜感、消除燥辣感、可适当减轻中、低度酒的水味等作用。

（4）抑制和掩蔽作用 在勾调环节实践中发现含酸量高的酒加到含酸量正常的酒中，对正常酒的香气有明显的压抑作用，俗称“压香”。这也是在研发新型白酒时需要着重注意的，是否需要补加酸，补酸过量，就会压香，使酒中其他成分对白酒香气的贡献在原有水平上下降了，或者说酸量过多使其他物质的放香阈值增大了；但酸量不足时又普遍存在酯香突出、香气复合程度不高等，在用含酸量较高的酒作适度调整后，酯香突出、香气复合性差等弊端在相当大的程度上得以解决。酸在解决酒中各类物质之间的融合程度、改变香气的复合性方面，显示出它特殊的作用。因此，酒体中的酸类物质含量需要控制在一个合理的范围，否则会影响酒体质量甚至改变基酒的风格。

57、对加浆降度用水有哪些具体要求？

随着社会的不断发展、人民生活水平的不断提高，消费者对酒类产品的消费观念也在不断变化，从物资缺乏年代追求高度数、刺激感和醉酒感，到现在的舒适感、低醉度、健康性，中国白酒行业也在传承中不断创新，各大酒企也开始研发低度酒，如39%vol的五粮液、48%vol的青花郎、39%vol和43%vol的茅台酒等受到广大消费者的喜爱。低度酒的生产离不开加浆降度，加浆降度用水的质量与低度酒质量密切相关，为此对这类水的质量有更为严格的要求：

（1）外观 要求无色透明、无悬浮物、无沉淀物。若水呈现出微黄色很可能是有机物超标了；出现浑浊则可能是有悬浮颗粒、氢氧化铁或铝盐等；静置一段时间后若出现明显的浑浊沉淀很可能是因为硬度过高导致的，出现以上等情况均需要进行预处理后才能进行使用。

（2）口味 将水用水浴加热至30℃左右时轻嗅无异味、口尝有爽快感，若出现咸味、苦味、泥臭味、铁锈味等异味时应进行处理；当加热至50℃左右时轻嗅若出现腐败味、氨臭味、消毒水味等异味时水质均不好，需要弃用或进行处理后才能使用。

（3）pH 加浆降度用水pH以中性或微酸、微碱性为最好，水质过酸或过碱均会影响酒体的酸碱性，甚至可能破坏酒体的协调性，影响产品的口感及货架稳定期。

（4）水的硬度 水的硬度是指一定体积内的水中所含有的钙盐、镁盐的总量，水的硬度值越大表明水质越差，加浆降度用水要求硬度在4.5mg/L（按$CaCO_3$计）以下，硬度高或较高的水应软化处理后，才能作为降度用水，否则可能会导致酒在货架期或者贮存期出现沉淀的异象。

58、白酒加浆降度后为什么会出现浑浊的现象？

高度酒在加浆降度后出现白色絮状物沉淀的现象主要是因为以棕榈酸乙酯、油酸乙酯及亚油酸乙酯为主的高沸点物质随着酒精度下降溶解度降低、析出造成的。棕榈酸乙酯、油酸乙酯及亚油酸乙酯均属于高级脂肪酸乙酯，是一类无色的油状物，沸点均在185.5℃以上，易溶于醇类物质而不溶于水，因此这类物质在酒体中的稳定性、溶解度与酒精含量和环境温度密切相关。在研究中发现，当乙醇浓度超过30%vol以后这类物质的溶解度开始逐渐增大，当温度开始上升时溶解度也会提高，这也是高度酒不会出现此类浑浊现象的主要原因。另外，当外界环境温度过低时也会出现类似情况，尤其是在我国北方的消费市场中出现概率更大。

59、什么是风味轮?

风味轮是指将风味描述术语按照不同类型归类整理成圆盘形状，而产品感官特性以车轮的形式表现出来的一张风味感官表。它一般分为 2~3 层结构，内圈为宏观分类的风味描述词（如果香、木香等），比较概括；外圈为具体的描述词（如苹果香、桃木香等），清楚地表明了特定的风味注释。可以说，风味轮是一套完整描述风味物质感官风格的体系。风味轮的设计者认为风味是轮回变化的，与食品的风味物质含量关系及结构变化有很大相关性，故风味表现和风味物质贡献就被做成轮状。品酒时，从“风味轮”中选择合适词汇描述酒样中的丰富风味感受（粮香等），并评价相应的感受强度，形成网状剖面图。利用其定性、定量的风味信息，产生客观的描述报告，从中既可以看到其特征风味，又可以发现其风味缺陷，借此在样品间相互比较，选出较优产品。

国外对风味轮的研究比较早，常用风味轮技术描述葡萄酒的风味。国外感官评价技术的应用起始于 20 世纪 40 年代，迄今为止已经建立了完善的理论体系和应用方法，各大食品公司都设有庞大的感官品评部门，一些专家也建立了专业品评公司为行业服务。在国内白酒风味评价技术研究方面，已经逐步建立了近 20 个食品感官分析标准和方法，如差别型分析、描述型分析和偏好性分析等。描述型分析是获得食品感官感受信息的一种方法，如对白酒类型的感官评价术语等。特征术语描述和强度尺度评价是感官描述分析的评价手段，特别是在发酵酒类（葡萄酒、啤酒、威士忌、白兰地等）感官描述分析中应用较广。“风味轮”作为一套风味描述的评价标准，是酒类定量描述走向标准化、国际化的一个重要标志。

60、中国白酒风味轮建立的意义及基本步骤有哪些?

（1）风味轮建立的意义

①方便人们认识、学习：在风味感官科学研究中，描述性分析是常用的一种感官评价方法，有助于捕获较为全面、丰富的感官信息，对感官科学研究具有重要价值。特征术语描述和强度尺度评价是感官描述分析的评价手段，特别是在酒类感官描述的分析研究中，风味轮可以将酒的感官特征形象地呈现出来，方便人们认识、学习、研究和应用。它作为一种国际认可的经典的分类系统，可以提供一套有效的描述语体系，是白酒定量描述分析标准化的重要标志。

②感官评价的需要：白酒是我国历史悠久的传统蒸馏酒，它是世界六大蒸馏酒之一。由于采用不同的原料及生产工艺，构成了白酒丰富多彩的风味特色，形成了以浓香、酱香、清香、凤香四种香型为主的十二大香型白酒，满足了人们的不同口味需求。目前已经在白酒中分析检测出 1000 多种以上的微量成分，如醇类、酸类、酯类、醛类等。目前白酒众多的风味成分形成与丰富感官感受之间的机理仍未研究透彻。利用感官品评方法对白酒产品进行观察、分析、描述、分级等，仍是保持白酒质量稳定和开发风格多样产品的重要手段。

现有的白酒品评术语，模式比较固定，语言比较模糊，专业强度高，很多感受难以定量描述，感受的强度也是如此。计分标准法品评判定白酒质量是基于品酒师对酒的认可性感受，是一种个人偏好性的打分而非描述型评价，这也不利于白酒的勾调品评，有经验的勾调师只能自己感受，很多体会无法用言语表述出来供大家分享，这也是产生白酒勾调神秘感的一个因素。

（2）风味轮建立的基本步骤

第一，选择具有显著感官风味特性的不同风格特色的白酒作为样品，并分轮次将样品提供给品酒师。

第二，品酒师在感官品评室对所提供样品进行味觉和嗅觉的感官描述分析，每轮品评间隔时间 20min。

第三，品酒师从香气、口感、回味等方面对所评酒样进行感官描述，并详细记录下来。同时，对相应酒样感官性质的强度进行评分（1~5 级："1" 表示强度最弱，"5" 表示强度最强），为了便于品酒师回忆气味及味道的描述，将提供一部分基本的风味描述语，使其更容易联想到与之相关或者更加准确的描述词。

第四，收集整理每位品酒师的感官描述语，进行初筛，首先删除近义词、反义词、享乐性的描述语（如令人愉快的、美好的、促进食欲的术语）、定量性术语（如太强、太弱）等。

第五，参考国外酒类风味轮归类方法，对整理的描述语进行归类。

第六，按照归类绘制出代表白酒风味性质的风味轮。

风味轮的建立是个复杂的过程，需要做大量工作，既要熟悉工艺特征，还要了解地域文化，只有深刻理解白酒的特性与工艺、原料、设备、地域等之间的关联性，才能游刃有余。

61、中国白酒具有哪些味道，分别是由什么物质赋予的？

（1）酸味　味觉中的酸味具体是由 H^+ 呈现，酸味在舌的两边缘最为敏感。白酒中的挥发酸分子越小酸味越大，并且会随碳原子数的增加呈现腐败臭、不洁臭、汗臭越浓的现象，辛酸以上则呈油臭；挥发酸经酯化后又会形成白酒中的主要香气成分酯类物质。白酒中酸味有着非常重要的作用，适度的酸味能够使酒体口感更加醇厚、爽快，增强酒体的层次感；同时酸味还可以平衡酒体中的苦、涩等异味，使口感更加协调、柔和；此外酸味还有助于刺激唾液分泌，减轻口干、口渴等不适症状，使饮酒体验更加舒适。

在白酒中，起到酸味作用的主要是乙酸、己酸、丁酸、乳酸、琥珀酸等有机酸。其中，己酸、丁酸、乳酸、乙酸等是白酒中含量较高的酸类物质，其酸味较为强烈，对酒体的整体酸度有着重要的影响，例如乳酸在口腔中可产生一种柔和的酸味，能够增强酒体的绵柔感。琥珀酸则具有一种淡淡的酸味，能够为酒体增添一定的复杂性和层次感。另外，白酒中的其他微量成分如酯类、酚类等物质也会对酸味产生影响，酯类物质能够与酸味物质相互平衡，产生更为协调的口感；酚类物质则具有抗氧化作用，能够提高酒体的陈酿价值和健康价值。在认识酸味对白酒口感有重要影响的同时也需要注意过度的酸味会严重影响白酒的口感和品质，过酸的酒体会使人口腔产生不适，影响酒体的协调性和舒适度。因此，在白酒的品评和生产过程中，需要合理控制酒体中的酸度，以保证白酒的品质和口感。

（2）苦味　口腔中苦味感的味觉神经分布在舌根部位，苦味的应答传达到脑部较慢，在其他味散失之后才感觉出来，所以在评酒评语上都说有后苦味，却没有说有前苦味的。苦味在白酒中发挥着多重作用，一方面适量的苦味能够增加酒体的厚重感和层次感，使口感更加丰富和多元；另一方面苦味还可以平衡酒体中的甜、酸等味道使口感更加协调和平衡。

在白酒中起到苦味作用的物质主要是高级醇类、酚类、酯类等。其中，高级醇类是白酒中苦味最主要的原因之一，如正丙醇、异丁醇等，这些高级醇类在酿造过程中生成，含量较高时会产生明显的苦味。酚类物质也是白酒中苦味的重要来源，如儿茶酚、没食子酸等，这些物质在酿造过程中由原料中的多酚类物质转化而来。酯类物质也能为白酒带来一定的苦味，如乙酸乙酯、乳酸乙酯等。此外，白酒中的一些微生物代谢产物也会对苦味产生影响，如酵母菌产生的甘油和某些氨基酸代谢产物都具有一定的苦味，同时一些蛋白质、多肽、氨基酸等成分也会在白酒的陈酿过程中逐渐产生苦味。需要值得注意的是过度的苦味会严重影响白酒的口感和品质，过苦的酒体会使人口腔产生不适，影响酒体的协调性和舒适度。因此，在白酒的勾调和生产过程中，需要合理控制酒体中的苦度，以保证白酒的品质和口感。

（3）甜味　甜味是很受欢迎的，是代表欢乐和幸福的，在日常语言中亦有所表现，如甜蜜生活、甜水里长大的等。甜味在白酒中发挥着多重作用：一方面，适量的甜味能够增加酒体的醇厚度和口感，使消费者感受到一种柔和、丰富的甜香；另一方面，甜味还可以平衡酒体中的苦、涩等异味，使口感更加协调和平衡。

在白酒中起到甜味作用的物质主要是多元醇类、氨基酸、糖类等。其中，多元醇类是白酒中甜味最主要的原因之一，如甘油、丙三醇等，这些多元醇类在酿造过程中生成，能够产生明显的甜味；氨基酸和糖类也是白酒中甜味的重要来源，如L-丙氨酸、L-半胱氨酸等氨基酸具有甜味，而葡萄糖、果糖等糖类更是具有高甜度。此外，一些酯类物质也能为白酒带来一定的甜味，如乙酸乙酯、乳酸乙酯等，这些酯类物质在酿造过程中生成，能够增加酒体的醇厚度和绵柔感。同时，一些酚类物质也具有一定的甜味，如儿茶酚、没食子酸等，这些物质在酿造过程中由原料中的多酚类物质转化而来。然而，需要注意的是，过度的甜味会严重影响白酒的口感和品质，过甜的酒体会使人口腔产生不适，影响酒体的协调性和舒适度。因此，在白酒的勾调和生产过程中，需要合理控制酒体中的甜度，以保证白酒的品质和口感。

（4）辣味　辣味是刺激性产生的，不是由味觉神经传达到脑部，所以它属于附属味。新酒及次新白酒有辣味。白酒与葱、姜、蒜的辣味虽然都由刺激产生，但在化合物成分和味感上并不完全相同，葱、姜、蒜的辣味主要来自硫化物亚砜类（$S=S$），酒的辣味主要来自醛类、醇类的刺激性和酒体中分子缔合不完全所致。

辣味在白酒中发挥着多重作用：一方面，适量的辣味能够增加酒体的层次感和口感，使消费者感受到一种刺激和兴奋；另一方面，辣味还可以掩盖酒体中的一些异味和缺陷，使口感更加协调和平衡。在白酒中，起到辣味作用的物质主要是醛类、硫化物、醇类等。其中，醛类是白酒中辣味最主要的原因之一，如乙醛、丙醛等，这些醛类物质在酿造过程中生成，具有强烈的刺激性和辣味；硫化物如硫化氢、硫醇等也具有明显的辣味；而醇类如正丙醇、异丁醇等高级醇类也能产生一定的辣味。一些酯类、酚类、酸类等物质也具有一定的辣味，如乙酸乙酯、乳酸乙酯等酯类物质在酿造过程中生成，能够增加酒体的层次感和醇厚度；酚类如儿茶酚、没食子酸等也具有一定的辣味；酸类如乙酸、乳酸等能够平衡酒体中的甜味和苦味，同时也产生一定的辣味。需要注意的是，过度的辣味会严重影响白酒的口感和品质，过辣的酒体会使人口腔不适，影响酒体的协调性和舒适度。因此，在白酒的勾调和生产过程中，需要合理控制酒体中的辣度，以保证白酒的品质和口感。

（5）涩味　涩味主要是收敛性味道，由于与蛋白质结合而阻碍了味觉的通路。涩味一般都与苦味相伴出现。酒中的涩味多是由于酸、甜、苦味三者不均衡，失去了合理比例所造成的，随意将三者混合在一起，也会呈现涩味。涩味在白酒中发挥着多重作用，一是适量的涩味能够增加酒体的层次感和口感，使消费者感受到一种独特的口感体验；二是涩味还可以平衡酒体中的其他味道，如甜味和苦味，使口感更加协调和平衡。

在白酒中起到涩味作用的物质主要是酚类、醛类、酸类等。其中，酚类是白酒中涩味最主要的原因之一，如儿茶酚、没食子酸等。这些酚类物质在酿造过程中由原料中的多酚类物质转化而来，它们也具有涩味，能够增加酒体的层次感和复杂度。醛类如乙醛、丙醛等也具有一定的涩味，而酸类如乙酸、乳酸等则能够平衡酒体中的甜味和苦味，同时也可能产生一定的涩味。除此以外一些金属离子如铁、铜等也能对白酒的涩味产生影响，这些金属离子在酿造过程中可能会污染白酒，从而增加酒体的涩味。因此，在白酒的生产过程中，需要严格控制金属离子的含量，以避免对白酒的口感产生不良影响。然而还需要格外注意的是酒体过度的涩味会严重影响白酒的口感和品质，过涩的酒体会使人口腔产生不适，影响酒体的协调性和舒适度。因此，在白酒的勾调和生产过程中，需要合理控制酒体中的涩度，以保证白酒的品质和口感。

62、呈香呈味物质在中国白酒中主要起哪些作用?

一般情况下，中国白酒中的呈香呈味物质可分为醇类、醛类、酸类、酯类、酮类、内酯类化合物、硫化物、缩醛类化合物、吡嗪类化合物、呋喃类化合物、芳香族化合物以及其他化合物。在白酒呈香呈味物质中酯类赋予白酒愉悦感，酯类一方面由微生物代谢产生，另一方面由发酵过程中的酯化反应形成。白酒的醇甜感主要来源是醇类，醇类一方面由酵母摄取氨基酸产生，另一方面是糖质生成氨基酸过程的中间产物。白酒浓厚的感觉可由适量的酸调节，酸主要来源于微生物代谢，如乙酸菌、乳酸菌等。要使白酒香气透亮飘逸可由适量醛酮类物质调节，醛酮类物质一方面由微生物代谢产生，另一方面由化学反应生成。

（1）酸味物质　白酒中的酸为有机酸，既是呈香物质也是呈味物质，适量的有机酸可使酒体丰满、醇厚、回味悠长。有机酸含量的多少，因酒的等级、香型和批次等不同而有所差异，同时，因其刺激阈的不同，在香气和口味上也有所不同。白酒中的酸主要有两类：一类是甲酸、乙酸、丙酸、丁酸等挥发性酸，又以乙酸为主，一般在白酒中的含量达5~150mg/100mL，它们对主体香气既起烘托作用，又起缓冲作用。另一类是以乳酸为主的非挥发性酸，其次有苹果酸、酒石酸、柠檬酸、琥珀酸、葡萄糖酸等，它们比较柔和，能调和酒味。由于非挥发性酸具有羟基和羧基，具有亲和作用，对酒的后味起缓冲、平衡的作用。酸类成分是白酒的重要口味物质，酸量过少，酒味寡淡，后味短；酸量过大，酸味露头，酒味粗糙，甚至入口有尖酸味。我国白酒的含酸量，一般不超过

150mg/100mL。白酒中含有20多种有机酸，尤其以酱香型白酒中酸含量最高，有的能够直接影响酒的风味和质量，如乙酸是刺激性强的酸味；丁酸适量能增加“窖香”，过浓则有“汗臭”气味；乳酸能增加白酒的醇厚性，起调味作用，过多则呈涩味。白酒中有机酸的风味特征见表6-3。

表6-3 白酒中有机酸的风味特征

有机酸	风味特征
甲酸	闻有酸味，进口有涩感，极强的刺激性
乙酸	气味爽口带甜，有乙酸刺激臭
丙酸	闻有酸味，进口柔和、微涩，有乙酸刺激臭，但较乙酸淡薄
丁酸	轻的黄油样臭，奶酪腐败及汗臭，似大曲酒气味，能增加窖香
戊酸	脂肪臭，似丁酸样气味
己酸	较强的脂肪臭，有刺激感，同丁酸，但较淡薄，似大曲酒气味，稀时能增加香气
庚酸	强的脂肪臭，有刺激感，同丁酸，但较淡薄
辛酸	脂肪臭，微有刺激感，放置后浑浊，同丁酸，但较淡薄
月桂酸	月桂油气味，微甜，有刺激感，放置后浑浊
乳酸	微有酸味，酸中带涩，适量有浓厚感，能增加白酒的醇厚性，比较柔和，带给白酒以良好的风味，但过浓时则呈涩味，使酒呈酸味
琥珀酸	酸味低，有鲜味
柠檬酸	柔和，带有爽快的酸味
酒石酸	酸味中带有微苦
富马酸	同酒石酸
氨基酸	呈谷物的鲜美味，是非蒸馏酒的重要成分

①酸对白酒的影响：白酒中的几大类物质中，酸对味觉的作用力最强，在协调和处理酒中各类物质之间的关系方面，酸的影响力大、面也广，其主要原因包括以下几点：一是酸对味觉有极强的作用力，以分子和离子两种状态作用于味觉。酸都有刺激性和腐蚀性，在白酒中的浓度很低，不会对口腔和舌等造成伤害，但其刺激作用仍然明显可见。因此，勾调时要恰如其分地掌握用酸量，且几种主要酸的比例要协调。二是酸与白酒中的一些物质可以相互作用，酸对某些物质起到驱赶或抑制作用，并且酸可以与碱性物质发生化学反应。三是酸可以起到催化酯化作用，羧酸和醇反应生成酯，酸还可以对酯交换进行催化，对缩醛反应也有一定影响。

②酸的功能：

一是消除酒的苦味：白酒中不可避免地都含有苦味物质，同一个白酒厂在正常生产的情况下，其苦味物质大体相同，然而为什么有些批次的酒（不论是半成品酒、基础酒或者成品酒）不苦，有的就苦？不苦的酒，其中的苦味物质依然存在，不可能消失，显然是苦味物质和酒中的某一些物质之间存在着明显的相互作用，这些物质就是酸类。酒苦与不苦与酸含量的多与少有关，酸含量不足，酒苦；酸含量适度，酒不苦；酸含量过大，酒有可能不苦，但将产生新的问题。这里指的酸含量，是指化学分析的“总酸”值。不论白酒苦味物质的含量多少、组成情况和表达行为等如何，当酒的酸性强度在合理的范围之内，各种酸的比例又在一个适当的范围内时，酒就不会发苦。

二是味感衬托基础：酒入口后的味感过程是极其复杂的，白酒味觉刺激的综合反映就是口味。对口味的描述尽管多种多样，但却有共识，如讲究白酒入口后的后味、余味、回味等。白酒的所有成分都有两方面的作用，既对香也对味做出贡献。而酸作为味感剂主要表达在以下几方面：增长后味；减少或消除杂味；可增强甜味和回甜感；消除燥辣感，增加白酒的醇和度；可适当减轻中、低度酒的水味。

三是风味友好剂：在对酒体的设计实践中，往往碰到这种情况，含酸量高的酒加到含酸量正常的酒中，对正常酒的香气有明显的压抑作用，俗称“压香”，就是使酒中其他成分对白酒香气的贡献在原有水平上下降了，或者说酸含量过多使其他物质的放香阈值增大了。白酒酸含量不足时，普遍存在的问题是酯香突出、香气复合程度不高等，在用含酸量高的酒去做适度调整后，上述问题在相当大的程度上得以解决。因此，酸在解决酒中各类物质的融合程度、改变香气的复合性方面，显示出它特殊的作用，将酸按比例加入白酒中使得白酒香气更加幽雅自然，细腻感增强。

③四大酸含量和平衡性与酒质的关系及对勾调的影响：白酒中含量较大的酸是乙酸、己酸、丁酸、乳酸，是白酒中最重要的四大酸，占总酸的90%以上，它们的协调配比，为中国白酒带来了丰富神奇的口感，为派生出众多香型和风格流派作出了贡献。“五粮液”酒己酸含量最高，占总酸量的35%，其次是乙酸，占总酸量的23%；“汾酒”的乙酸含量高，占总酸的70%以上；米香型“三花酒”乳酸、乙酸含量高，乳酸占总酸的80%；酱香型白酒与浓香型白酒相似，乳酸、乙酸、己酸和丁酸是其主体酸，其中乳酸含量高；“西凤酒”的主体酸是乙酸、己酸和乳酸。四大酸与酒质的关系是非常重要的，勾调时要特别注重它们的配比和含量。一种酸过头，都会给酒质造成极大的危害。适量乙酸使酒有爽快感；适量乳酸，能增加白酒的浓厚感；适量丁酸能增加酒的爽快感；适量己酸能增加酒的丰满感。

在生产实践中发现多种粮食的酒比单一粮食的酒口感好，原因之一就是多粮型酒的酸比单粮型酒的酸结构和配比协调平衡。单粮型酒普遍乳酸含量多，口感浓厚，容易造成酒后味发涩；五粮型酒己酸含量普遍偏高一点，酒口感比较丰满细腻、后味干净。川酒的口感好，主要原因之一是川酒生产中窖池下部的母糟经黄水浸泡，为母糟提供了协调而丰富的酸类物质，酸的结构及配比协调。所以，四大酸的结构和平衡性，对酒质的影响非常大，是酒体设计的核心内容之一。

（2）酯类物质　酯为有机酸与醇类经酯化作用而成，酒的香味在很大程度上与酯类的组成及含量有关，是构成酒香的主要物质。白酒中，酯类成分极为复杂，主要是C—C的直链脂肪酸酯，中国名优白酒多以乙酸乙酯、己酸乙酯和乳酸乙酯三大酯类为主，它们的含量和相互之间的配比不同，构成了名优白酒不同的风格。白酒中酯类物质风味特征见表6-4。

表 6-4　　　　白酒中酯类物质风味特征

酯类	风味特征
甲酸乙酯	似桃香味，伴有涩感，近似乙酸乙酯香气，果香稀薄
乙酸乙酯	香蕉、苹果香味，带涩，乙醚状新鲜香气
乙酸异戊酯	香气极好，含量过浓时酒呈现怪味
乙酸正丙酯	如乙酸乙酯，果香较浓
乙酸正丁酯	新鲜爽口的果香
乙酸异丁酯	苹果及梨的芳香
乙酸戊酯	泸香型、茅香型酒的助香
丙酸乙酯	果实芳香、菠萝香味，微涩似芝麻香
丁酸乙酯	似菠萝带脂肪臭，爽快可口
丁二酸乙酯（琥珀酸乙酯）	对汾酒的呈香起重要作用，是汾酒的重要成分之一，与汾酒的典型性有重要关系，琥珀酸乙酯的含量比茅台、泸州老窖特曲高 2 倍
戊酸乙酯	似菠萝香，味浓刺舌，日本称吟酿香
异戊酸乙酯	浓郁的果香
戊酸戊酯	白酒的助香剂
己酸乙酯	似菠萝香，味甜爽口，具有大曲酒香，愉快的窖底香
正己酸乙酯	果香，似红玉苹果香
庚酸乙酯	似苹果香略同辛酸乙酯
正庚酸乙酯	果香
辛酸乙酯	似梨样感，菠萝香，与庚酸乙酯一样均有较好的果实香味。此外还有很多高级多碳酸、高级脂肪酯、异物酯等，都具有特殊的香味
正辛酸乙酯	同辛酸乙酯和庚酸乙酯
癸酸乙酯	似玫瑰香，冲鼻，放置后浑浊
乳酸乙酯	香味弱微甜，适量有浓厚感，多则带苦涩味，过浓时青草味，淡时呈优雅的黄酒味
月桂酸乙酯	有月桂香味，带油珠状，放置后浑浊
肉豆蔻酸乙酯	似苹果、黄油样

①酯在香型上的表现：以浓香型白酒为例，己酸乙酯是其主体香味成分，也是窖香的主要来源，在浓香型白酒酯类中占据很大的比例，其含量的多少影响着浓香型白酒品质。例如五粮液、剑南春、泸州老窖特曲，所含己酸乙酯均占总酯量的 1/4～1/3。同时，己酸乙酯具有较低的气味阈值，因而使浓香型白酒富有“喷香浓郁”之感。在其他类型的名优白酒中，己酸乙酯的含量占总酯量的比例较小，而其他酯类所占比例较大，从而显示出其他类型白酒的风味。另外，在浓香型名优白酒中，还有一定量的丁酸乙酯，这

也是浓香型名优白酒的香气成分之一。丁酸乙酯较浓时呈臭味，稀薄时呈水果味，在浓香型白酒中含量不能过多，否则会使酒带上臭味，影响酒的质量。一般浓香型白酒要求己酸乙酯为丁酸乙酯含量的8~15倍。

以清香型白酒为例，乙酸乙酯和乳酸乙酯是清香型名优白酒的主体香气成分，这两种酯在白酒中都较多，尤其是在大曲清香型白酒中含量更为突出。当白酒中乙酸乙酯浓时，呈苹果香、香蕉香；稀薄时，呈梨香。汾酒的乙酸乙酯含量可高达300mg/100mL，一般白酒仅含100mg/100mL，液态法白酒只含30mg/100mL左右。在清香型名优白酒中几乎没有己酸乙酯，这与其操作工艺有一定关系。清香型采用的是典型的清蒸酒糟、地缸发酵、石板封口、水泥晾堂的工艺，保证了清、香、醇、净的特点。乳酸乙酯是构成名优白酒风味的重要成分，在白酒中含量较多，它在呈香过程中起主要的作用，适量的乳酸乙酯对酒的风格极有好处；但含量过多，则会使酒产生涩味，反而抑制主体香。清香型白酒与酱香型白酒的乳酸乙酯含量比较接近；在浓香型白酒中乳酸乙酯含量要小于己酸乙酯，否则会影响风格；在酱香型白酒中乳酸乙酯含量大于己酸乙酯。

白酒中酯类物质与香型间的关系见表6-5。

表6-5　白酒中酯类物质与香型间的关系

香型	主要酯类物质及量比关系
浓香型	己酸乙酯为主，己酸乙酯：乙酸乙酯：乳酸乙酯：丁酸乙酯=1：（0.7~0.9）：（0.5~0.7）：0.1
清香型	乙酸乙酯为主，乙酸乙酯：乳酸乙酯=1：0.6
凤香型	乙酸乙酯为主，己酸乙酯为辅，乙酸乙酯：己酸乙酯=4：1左右
酱香型	乙酸乙酯>乳酸乙酯>己酸乙酯

②四大酯协调性与酒质的关系：白酒中乙酸乙酯、己酸乙酯、乳酸乙酯、丁酸乙酯含量较多，是最重要的四大酯类物质。众多香型白酒，除了有独特的工艺外，四大酯的配比也不同。浓香型白酒香气浓郁、绵甜甘洌、香味悠长，己酸乙酯含量高，四大酯比例为己酸乙酯>乙酸乙酯>乳酸乙酯>丁酸乙酯；泸州老窖是浓香型白酒的代表，其四大酯比例（乙酸乙酯与己酸乙酯、乳酸乙酯含量差别不大，均约占总酯含量的30%，是丁酸乙酯含量的四倍）与剑南春的截然不同，使泸州老窖具有浓香特点。清香型四大酯比例也比较独特，己酸乙酯含量几乎为零，乙酸乙酯与乳酸乙酯的比例约为2：1，丁酸乙酯含量较少，约为2mg/L，从而形成了清香型白酒清爽甘洌、香味协调的独特风格。凤香型白酒的四大酯比例，乙酸乙酯>乳酸乙酯>己酸乙酯>丁酸乙酯，赋予了凤香型白酒浓清兼顾的特殊风格。总之，四大酯的量比关系非常重要，要生产什么香型的酒，就必须有与其相适应的酯比例关系，勾调时一定要慎重。

（3）醇类物质　醇类物质是由原料中蛋白质、氨基酸和糖类在发酵过程中生成，是白酒中的重要芳香成分之一，也是重要的呈味物质。白酒中醇类很多，一般含3个碳以上的称为高级醇，以异戊醇和异丁醇为主；其次为正丙醇、仲丁醇、正丁醇和正己醇等；此外，还有2,3-丁二醇、β-苯乙醇和丙三醇（甘油）等。一般认为高级醇是助香物质，但含量过多易导致酒的苦味、涩味、辣味增大，含量过少，会导致产品缺乏传统白酒的风味。白酒中醇类物质的风味特征见表6-6。

表6-6　白酒中醇类物质的风味特征

醇类	风味特征
甲醇	有温和的乙醇气味，具有烧灼感，淡薄时柔和，有毒性，对人体有害
乙醇	乙醇香气，稀释后带甜味，有温和的烧灼感
β-苯乙醇	似蔷薇、玫瑰香气，持久性强，微带苦涩味
乙二醇	具有醇甜味，次于丙三醇
乙六醇	具有浓厚的甜味，是多元醇中最甜的
丙醇	有风信子香味，极苦
正丙醇	同乙醇香气但香味比乙醇重，似醚臭，有苦味，有风信子香味，微苦
丙三醇	味甜柔和有浓厚感
丁醇	有极好的脂肪香味，过多则苦，呈汗臭
正丁醇	刺激臭，香气极淡，稍有茉莉香，主要是杂醇油香，带苦涩味而不苦，味极淡薄
异丁醇	如同丙醇香气，微弱的戊醇气味，带有脂肪香，具苦味感，似葡萄香味
仲丁醇	具有较强的芳香，爽口，味短
叔丁醇	似乙醇香气，有燥辣感
丁四醇	具有浓厚的醇甜感
2,3-丁二醇	有甜味，可使酒发甜，稍带苦味，具有小甘油之称，有调和后味酯作用，同时可增香
戊醇	苦涩，呈汗臭
正戊醇	微具刺激臭，似乙醇气味
异戊醇	有杂醇油气味，刺舌，稍带苦味，具典型杂醇油气味，酒头香
叔戊醇	有特殊刺激性气味
戊己醇	有浓厚的甜味感
活性戊醇	有浓厚的杂醇油香
旋光性戊醇	类似杂醇油气味，稍有芳香，味甜
己醇	呈汗臭
正己醇	强烈的芳香，味持久，有浓厚感
己六醇	有浓厚的醇甜感
酪醇	具有愉快优雅的香气，也是一种重要的呈香物质，但在酒中含量稍高时饮之有苦味，持久性强
双乙酰	有蜂蜜状的浓厚香味，也是奶酪及饼干的重要香气，可增加酒的香气，特别是进口香，有调和诸香的作用。嗅之有馊味，浓时酸馊气味，带细菌臭，黄酒、清酒腐败臭
醋翰（3-羟基-2-丁酮）	有刺激性但可增香，也有调和味觉之作用
乙硫醇	极稀时酒内呈现水煮萝卜的气味

随着对高级醇研究的重视，发现高级醇对白酒品质的影响并不亚于酯类物质，它们在白酒中不但呈香、呈味，并且增加酒的甜感，有助香作用；一定含量的高级醇赋予白酒醇厚、丰满的口感，增加酒的协调性，使其典型性突出。高级醇含量过少会使白酒的风味淡薄，含量过多会给人以辛辣和不愉快的苦涩味；同时高级醇又是酸酯形成的前体物质。

醇酯比是左右白酒醇厚感和整体感的一项重要指标，根据实践经验，一般各种香型白酒醇酯比大致为，浓香型白酒 1∶6 以下、汾酒 1∶3 左右；在凤香型白酒中异戊醇含量尤为突出，约为 30mg/100mL，形成了凤香型白酒高醇低酯的特点，故凤香型产品醇香秀雅、甘润挺爽。因此在白酒勾调中，要注重醇类物质的表达，尤其是要重视一些重要醇类物质。

（4）醛酮类物质　在白酒中检测到的醛酮类物质有近 60 种，这些物质主要起助香、呈味作用，其含量在白酒中占总香味成分的 3%~15%。在白酒中的醛类主要是乙醛和乙缩醛，占总醛量的 98%以上，是白酒中重要的香味成分，是“香”的协调成分，主要对白酒的香气起平衡协调作用。乙醛与乙缩醛的含量及相互之间的比例关系，对白酒的香气和风格产生重大影响，其在名优白酒中含量比普通白酒高 2~3 倍。醛酮化合物生成的途径很多，如醇经氧化、酮酸脱羧、氨基酸脱氨脱羧等反应，均可生成相应的醛、酮。白酒中醛酮类物质的风味特征见表 6-7。

表 6-7　白酒中醛酮类物质的风味特征

醛酮类物质	物质特征
甲醛	刺激臭
乙醛	有醛类刺激臭，有陈谷物的臭气，有刺激性的果香和辛辣感，过浓时带有苦杏仁味
乙缩醛	酸味重，似果香，味甜带涩，香味柔和，文雅细致，有愉快之感，有人认为乙缩醛产生木香味
缩醛	在酒中呈味尚不明确，具有醛的特有芳香、青臭的不愉快味
正丙醛	刺激性气味，有窒息感
丙烯醛	有催泪性的刺激感，极强的辣味
丙酮	有特殊臭及辛辣甜味，似乙醛类臭气
正丁醛	有刺激性气味
异丁醛	有刺激性气味
正戊醛	有刺激臭
异戊醛	苹果香，似酱油香味
己醛	有浸透性，稍带有葡萄酒及蓝莓的香气
正己醛	似异戊醛气味
正庚醛	似水果香
苯醛	苦扁桃油味

续表

醛酮类物质	物质特征
酚醛	有较强的蔷薇香气
糠醛	浓时冲辣，极稀薄情况下稍有桂皮油香气，苦涩，辣味极为严重，在酒中影响尚不明显。但茅台酒中含量特别高，想必对酒的呈味是有一定的作用

除酱香型白酒外，糠醛在其他香型白酒中的含量较少，一般不超过130mg/L，但在酱香型白酒中含量最高约达300mg/L。糠醛被认为是区分酱香型白酒与其他香型白酒的重要依据之一，白酒中糠醛能赋予酒以异香，但超过限度则会使酒味燥辣、刺鼻，而出现焦苦味。糠醛与有机酸、酯、醇等微量成分以一定的比例协调共存，使酒体变得柔和协调，形成了酱香型白酒的独特风格；糠醛的高沸点、不易挥发等特点是酱香型白酒空杯留香的主要原因。

乙缩醛是白酒老熟和质量的重要指标，乙缩醛是由一个乙醛分子和两个乙醇分子发生加成反应而得，乙缩醛具有愉快的香气。乙醛有定香作用，能降低挥发组分挥发速率，保持香气均匀持久和有调和香气之作用。处理好乙醛、乙缩醛的量及比例关系对解决香气单调、个别香突出或香气不明显，达到香气平衡协调十分重要。在浓香型白酒中，乙缩醛与乙醛的比例为1：（0.5~0.7）；而乙缩醛构成了清香型白酒爽口带苦的味觉特征，含量约为240mg/L。酱香型白酒中的乙缩醛含量较高，达1210mg/L；凤香型白酒中的乙缩醛含量为420mg/L，是其陈味的主要来源。因此，在白酒勾调时要注意乙醛与乙缩醛的含量及量比关系。

63、中国白酒具有哪些营养功能?

中国白酒的营养功能目前学术界还没有明确的结论。每1g乙醇在体内燃烧完全氧化后可产生热量29.75kJ（淀粉只产热17.8kJ，葡萄糖仅14.12kJ）。另外，众多的研究发现中国白酒中含有功能因子吡嗪类物质和萜烯类物质，目前已发现吡嗪类物质26种、萜烯类物质69种。酱香型白酒和兼香型白酒中的吡嗪类化合物种类和含量最高，在3000~6000μg/L，浓香型白酒次之，在500~1500μg/L，清香型白酒最少。吡嗪类化合物中四甲基吡嗪是从传统中药川芎中分离出的一种活性成分，又称川芎嗪，具有扩张血管、改善微循环及抑制血小板聚集等作用。在董香型白酒中萜烯类物质含量在3400~3600μg/L，其中萜烯烃含量在1400~1500μg/L，萜烯氧化物含量在1900~2200μg/L。萜烯类物质是植物在生长过程中产生的环境应激素，具有抗菌、抗病毒、抗氧化能力，有止痛、助消化作用，对防癌抗癌有一定功效。另外还有科学实验证明白酒1/3热量提供给肝脏代谢所需能量，2/3的能量在肝外参加蛋白、碳水化合物等营养素能量代谢，乙醇化学能的70%可被人体利用，即1g乙醇，可供热量20.95kJ，饮用适量白酒能使人体循环系统兴奋。通常情况下，酒进入人体后，乙醇便开始燃烧，产生的热量被人的机体吸收，对人体进行热能补充。适量饮用白酒，可增加胃液分泌，增进食欲，并帮助消化。

64、中国白酒中香味物质含量的多寡与哪些环节密切相关?

（1）酿造工艺　包括入窖发酵条件、发酵周期、堆积、回酒、双轮底等。不同的生产工艺产生不同的香味物质。如酱香型白酒生产工艺、浓香型白酒生产工艺、清香型白酒生产工艺、豉香型白酒生产工艺或米香型白酒生产工艺等，所产的白酒其香味物质是有较大差异的。不同的生产工艺产出不同香型、不同风格特征、不同类型的白酒。

（2）原、辅料　不同原料经发酵后所生成的香味物质不一样，所以白酒的质量与原、辅料的品种及质量有着密切的关系。如高粱生成醇香、醇厚的香味成分，糯高粱香味更好；糯米、大米生成醇甜、绵柔的香味物质；小麦生成酒味、陈香味长的成分等。辅料以糠壳为最好，其他辅料均会给酒带来杂味，而且还要通过“清蒸”处理掉糠壳含有的果胶质和糠醛等，以确保酒质。

（3）发酵装置　包括泥窖、地缸、条石窖、砖窖等，不同发酵设备对微生物的生长、繁殖、吸附，以及代谢产物的种类、积聚、储藏、交换等有重要影响，与所产酒的质量有很重要的关系；发酵设备的材质、所含微量元素对所产酒的质量也有很大的影响。浓香型白酒采用泥窖发酵，窖泥的质量与酒质密切相关，这也是“千年老窖、万年糟”的由来；清香型白酒用陶质地坛、酱香型白酒用条石地窖等不同材质的发酵设备，因此产出的基酒风味完全不同。

（4）糖化发酵剂　包括制作糖化发酵剂所用的原料、曲药微生物菌群、代谢产生的酶系以及制曲工艺等都可能对基酒中的香味物质产生影响。糖化发酵剂对酒香、味成分的影响极大，对出酒率影响也大，什么曲产什么酒这是业界共知。用大曲作糖化发酵剂产大曲酒、用小曲作糖化发酵剂产小曲酒、用麸曲作糖化发酵剂产麸曲酒。即使是都使用大曲进行酿酒，也会因为制曲原料、工艺、温度、时间长短的不同产出不同香型的大曲酒，如酱香型酒用高温大曲、清香型酒用低温大曲、浓香型酒却用中偏高温大曲。

（5）贮存、老熟　基酒在贮存过程中会因为贮存时间、贮存容器材质、贮存条件和方法等不同而产生不同的变化。按照实际经验看基酒贮存时间越长酒质会越好，这可能是因为贮存过程中会促进基酒中微量成分的物理化学变化并产生新的微量成分，这些成分会使基酒酒体醇厚、绵柔、细腻，如浓香型白酒经过贮存后会产生陈味或酱味，酱香型白酒会生成优雅的“果酸味”。

中国白酒传统贮存容器主要包括瓦坛、陶缸、血料容器、金属容器等，不同原料制成的容器能给酒带来有益的、不同的微量成分，还可促进酒中微量成分的变化，从而增加酒中有益成分的含量。如陶坛中的微量金属元素，酒海中的藤条，猪血、石灰等物质的浸出液都能起到一定的作用。基酒在贮存过程中所接触的环境条件及贮存方法也能促进酒中微量成分的生成，基酒贮存在天然的溶洞、岩洞、防空洞或矿洞中会使其缓慢地向有益的方向变化，贮存期间酒的损耗小；贮存在室内酒质变化较快，但损耗较大；贮存在露天，因温差大，酒质变化也快，但安全性差，各有利弊。加速酒的老熟方法可以在贮存的大容器内加入少许瓦片、陶片；也可以在坛内留 0.5%~1%的老酒再装新酒，也称为留酒贮存，这些方法对提高质量都有一定的效果。

（6）蒸馏过程　中国白酒的上甑蒸馏工艺是提取发酵糟醅中乙醇和微量成分的主要手段。在发酵过程中既生成了大量的有益成分，同时也生成少量的杂质；在蒸馏时可通过调节蒸汽压力大小、糟醅疏松度、上甑速度等工艺点尽可能地提取有益成分，增加有益成分的含量。在蒸馏过程中由于温度的升高，在高温的作用下（最高可达 102℃）糟中的酸、醇加强酯化反应生成部分酯类物质，其他微量成分也会发生反应和变化。糟醅中的蛋白质会分解成各种氨基酸，麦皮上的糖苷前体、高粱皮上的单宁会分解转化成酚类化合物，并随着酒蒸气被带入酒中使酒中微量成分种类与含量更为丰富。所以在蒸馏时强调中火上甑，控制时间在40min左右为宜，缓火蒸馏，流酒速度为3kg/min左右，这样酒的产量、质量都好。

65、目前白酒中常见的有害成分有哪些?

（1）甲醇　甲醇是一种麻醉性较强的无色液体，密度为0.791g/cm^3，沸点64℃，能无限溶于乙醇和水中。甲醇同乙醇具有一样的外观，气味也和乙醇差不多，但甲醇对人体的危害性大，对神经系统和血管的毒害作用十分严重，对视神经危害尤甚。甲醇可经消化道、呼吸道以及黏膜渗透入人体而导致中毒，一般当饮入量达到5~10mL时可致严重中毒，当饮入量超过10mL即有失明的危险，超过30mL即可引起死亡。甲醇进入体内后在一定程度上进行缓慢的积累，不易排出体外，在血液中循环。同时有研究表明甲醇在体内的代谢产物是甲酸和甲醛，它们毒性大于甲醇，甲酸的毒性比甲醇大6倍，而甲醛的毒性比甲醇大30倍，甲醛还会危害人的视网膜，严重时可导致失明。国内外对食用和药用酒精饮料中的甲醇含量均严加控制，其应尽可能在生产中降低含量和排除。

（2）杂醇油　这是一类高沸点的混合物，呈淡黄色至棕褐色的透明液体，具有特殊的强烈的刺激性臭味，在白酒中如含量过高，对人体有毒害作用，其中毒和麻醉作用比乙醇强，能使神经系统充血，使人头痛，其毒性随相对分子质量增大而加剧。杂醇油在体内的氧化速度比乙醇慢，在机体内停留时间长。中国白酒中常见的杂醇油主要是异戊醇、戊醇、异丁醇、丙醇等，其中以异丁醇、异戊醇毒性较大。但在白酒中适量的高级醇与酯、酸类物质的配比谐调是构成白酒香味的因素，是芳香和呈味物质；若杂醇油含量过高不仅对人体有害，而且给酒带来邪杂味。

白酒中的杂醇油主要由氨基酸代谢产生，蛋白质经多次水解后最终产物即为氨基酸，氨基酸进一步分解放出氨、脱羧基生成醇，氨基则被酵母利用合成菌体，此过程中生成的杂醇油便存留在发酵糟醅中，这个反应只能在酵母体内完成，所以要产生高级醇必须要有酵母。另外还存在杂醇油形成的其他途径（与氮的代谢无关），如酵母在不添加氨基酸对糖类进行发酵的条件下，也能生成少量的高级醇，但主要还是由氨基酸产生的。所以酿酒原料的蛋白质含量高时生成的氨基酸也较多，最后在成品酒中的杂醇油含量也高；曲药中蛋白酶活性越高越强，氨基酸就越多，成品酒中的杂醇油含量也会越高。

（3）铅　这是一种毒性很强的金属，人体内0.04g即引起急性中毒，20g可以致死。一般说来，铅通过酒进入人体引起急性中毒的事件是比较少的，更多的是由食物引起的铅中毒，以慢性中毒为主，这是因为铅有积蓄作用，如每人每天摄取10mg铅，短时间就能引起中毒，会出现头痛、头昏、记忆力减退、睡眠不好、手握力减弱、贫血、腹胀和便秘等症状。白酒中的铅主要是由蒸馏器、冷凝器、导管和贮酒容器中的铅经溶出而来，这些设备的铅含量越高、酒的酒精度越高则设备的铅溶出越多。因此，设备采购时对于制作材料的质量要求提高可以有效地避免酒体中铅含量超标。

66、中国白酒中香味的阈值受哪些因素的影响，不同香气间又是如何相互影响的?

（1）影响因素 香气阈值是指能够引起嗅觉的呈香物质在空气中的最小浓度或者呈香物质在水或特定介质中的最小浓度。阈值越小，嗅感强度越大。阈值是用数值来表示对呈嗅物质的嗅觉强度，是嗅觉能感受到的临界点。中国白酒中香气阈值受多种因素影响，包括呈香物质的分子结构、物理性质、化学性质、特定介质等本质因素，及呈香物质种类的多少、集中、分散等量的因素；此外，气温、湿度、风力、风向等环境因素，心理状态、身体状况、生活经验等客观因素也对香气阈值有影响。人在心情好时，敏感度高、辨别力强；当身体疲劳、饮食不当或生病时嗅觉会减退。香气阈值之间存在相互增强、相互抵消、相互掩蔽等情况。

（2）不同香气间的相互作用 白酒是集合多种香气成分的混合物，酒中各成分之间相互作用、相互影响，表现为累加作用、协同作用、融合作用、掩盖作用四个方面。

①累加作用：一些呈香物质的香气强度可以相互叠加，当两种或者几种香气物质同处于一个液相时，它们构成的混合物香气比其单独存在时的香气更强。将几种呈香物质以低于它们各自的嗅觉阈值的浓度配成混合溶液后，香气反而更加明显。

②协同作用：一些呈香物质的香气可以相互促进，不同香气物质溶液混合后，则可以增强各自气味的强度。如甲和乙溶液加在一起，甲的香气被加强，乙的香气同样也被加强。

③融合作用：具有相似浓度的不同香气物质相互混合后，无法分辨出它们各自的单独香气，它们相互融为一体，表现为一种新的香气特征。A 味+B 味产生了一种全新的气味，A、B 本身味已不存在。数种香气混合后形成一个整体，可能产生一种出乎意料而又难以分辨的新香气。融合作用就是一种相消作用。

④掩盖作用：掩盖作用指一些香气可以掩盖另一些香气。这种掩盖作用通常与呈香物质的浓度和香气强度有关。在混合液中，若两种香气物质浓度相同，香气强度高的可能会掩盖另一呈香物质的香气。表 6-8 所示为乙酸乙酯的香气掩盖作用。

表 6-8　乙酸乙酯的香气掩盖作用

与乙酸乙酯混合的液体	味觉嗅值/（mg/100mL）
水	3
10%vol 乙醇	4
10%vol 乙醇+微量庚酸乙酯	12
葡萄酒	17

67、如何描述中国白酒的香气?

用于白酒香气的词汇到底有多少种很难说清楚，常用的有醇香、曲香、糟香、酱香、清香、浓香、窖香、蜜香、芝麻香、豉香、药香、陈香、焦香、粮香、多粮香、海子香等，以上为白酒的正常香气。非正常香气常用词汇有杂醇油气、焦煳味、酸涩味、糠霉味、窖泥臭、酒稍子味、馊香、苦涩味、胶香等。一般质量较差的假冒优质白酒往往存在某些负面的香气征兆，兼有香气单调、香气不正或化学异香等。

（1）中国白酒正常香气描述

①醇香：酒经长期贮存老熟而特有的一种醇厚、柔和的香气。

②曲香：曲香是指具有高、中温大曲的成品香气，香气很特殊，是酱香型白酒空杯留香的因素之一。

③糟香：糟香是固态法发酵白酒的重要特点之一和自然感的体现，是固态法白酒的固有香气之一，带有母糟发酵的香气，一般是母糟经过长期发酵产生的。

④酱香：酱香是指具有类似酱食品的香气，酱香型酒香气的组成成分极为复杂，至今未有定论，但普遍认为酱香是由高沸点的酸性物质与低沸点的醇类组成的复合香气，与空杯留香有关。

⑤清香：指清淡的香气。清香之于白酒指的是酒体清、净、酯香匀称、干净、利落。优质的清香型白酒清香纯正，主体香乙酸乙酯和乳酸乙酯搭配协调，琥珀酸的含量较高，清字当头，净字到底。

⑥浓香：浓香是指以己酸乙酯为主的复合香气。浓香不同于“浮香”，“浮香”是指香味不协调，香大于味的一种香气表现。浓香可以分为窖底浓香和底糟浓香，一个是浓中带老窖泥的香气，譬如窖底香酒；一个是浓中带底糟的香气，香气丰满怡畅。

⑦窖香：窖香是指窖底香或老窖香气，比较舒适浓郁，是窖泥中微生物代谢产物所产生的复合香气。

⑧蜜香：凤香型白酒多贮存于酒海中，而酒海在制作过程中要在内壁涂上蜂蜡等物，蜂蜡的一些成分会溶于酒中，使白酒产生一种淡雅的蜜香。

⑨芝麻香：芝麻香通常被认为是芝麻香型白酒的代名词，芝麻香型白酒是以芝麻香为主体，兼有浓、清、酱三种香型之所长，故有“一品三味”之美誉。芝麻香型白酒的风味特色是“酱头芝尾”，入口绵，落口甜，似有甘味，芝麻香型的主体香有待进一步研究。

⑩豉香：豉香与在白酒中浸泡大肉有关，按照对豉香型白酒的研究，一般将豉香定义为以乙酸乙酯和β-苯乙醇为主体的清雅香气，并带有明显的脂肪氧化的陈肉香气，口味绵软、柔和，回味较长。

⑪药香：药香型白酒多采用大曲与小曲并用，并在制曲配料中添加了多种中草药，通过串蒸工艺使白酒具有丁酸和丁酸乙酯与药香的复合香气。

⑫陈香：一是窖陈，一般是指具有较强窖底香的香气，醇厚细腻，是由窖香浓郁的底糟酒或双轮底酒经长期贮存后形成的特殊香气；二是老陈，是指经过长期贮存产生的一种特有香气，与乙缩醛含量有关，具有丰满、细腻、幽雅的风格，老陈体一般略带微黄；三是酱陈，酱香型白酒大量使用高温曲，并经过长期贮存，产生一些特殊的香气，酒中的乙缩醛与酱香型特有的香味物质成分呈现出独有的香气，酱陈与酱香是两个不同的概念；四是醇陈，总酯含量低的白酒经过长期贮存也会产生陈香，一些清香型酒厂通常将这种香气称作醇陈。

⑬焦香：焦香在白酒风味中占有重要地位，似一种焙炒香气，在白酒中广泛存在。有学者将芝麻香型白酒的焦香认作主体香。产生焦香的成分主要是吡嗪类化合物，是美

拉德反应的产物。白酒焦香的产生，与高温大曲及其酸性蛋白酶有关。焦香成分的种类和含量在不同香型之间有着显著的不同，目前已检测出近 30 种吡嗪类化合物，可定量的约 20 种，以茅台酒的吡嗪含量为最高。

⑭粮香：各种粮食有各自的独特香气，可在白酒中体现为一种复合香气，通常称为粮香。高粱是酿造白酒的最好原料，其他粮食同高粱一起按一定比例进行配料，进行多粮蒸馏发酵可以使香气更加丰富，获得更好的效果。

⑮多粮香：五粮液等浓香型白酒，多采用小麦、大米、玉米、高粱、糯米或五种以上粮食生产，其所产白酒与单粮浓香有显著差别，是多种粮食产生的复合香气。有学者认为，多粮香是一种蒸饭的气味；也有人认为，多粮香是一种幽雅的复合香气；还有一些人认为，多粮香是一种似蒸玉米的气味。

⑯海子香：在酒海中贮存的白酒会产生一种特殊的香气，称作海子香。在酒海的制作过程中，需用血料、鸡蛋清、菜籽油、蜂蜡等材料，这是产生海子香的主要原因。

（2）中国白酒非正常香气描述

①杂醇油气：是指使人难以忍受的苦涩怪味，即所谓“杂醇油味”。

②焦煳味：焦煳味与焦煳香有显著差别，焦煳味是一种非正常气味，与酿造、生产、蒸馏等环节都有关系。

③酸涩味：是一种不协调的味感，在白酒发酵过程中，原料中单宁等物质含量过高、发酵异常或乳酸菌过度发酵、酒稍用量过大等都可造成酸涩味增加。

④糠霉味：糠霉味是一种不正常的气味，在白酒生产中工艺粗糙、大量使用辅料或辅料清蒸不彻底、原料发霉、窖池污染等都可造成糠霉味。

⑤窖泥臭：窖泥臭与窖香显著不同，是白酒生产工艺控制不严的必然结果，多产生于浓香型白酒，有的小酒厂在白酒勾调时为了增加窖香，将臭窖泥浸泡在所谓的调味酒中，使白酒产生一种泥臭味。

⑥酒稍子味：是指尾酒的味道，在白酒勾调生产中，若尾酒使用不当，可造成酒稍味突出。原酒中的酒稍味与装甑和分段摘酒都有关。

⑦馊香：馊香是白酒中常见的一种气味，似馊饭味，蒸煮后的粮食放置过久，常会产生一种似 2,3-丁二酮和乙缩醛的综合气味。

⑧苦涩味：白酒中苦、涩味往往同时呈现，其形成原因比较复杂，与原粮、曲子、酵母菌、工艺条件、污染杂菌等多种因素有关。正丙醇和异丁醇等与乳酸等搭配不当会产生严重的苦涩味。

⑨胶香：胶香是指酒中带有塑胶味，是一种非正常的气味。在生产或运输过程中，使用非食品级的塑料或橡胶会产生胶香。

（3）中国白酒放香的描述

无香气：香气淡弱，无法嗅出。

香气不足：香气清淡，未达到应有香气的浓度。

香气清雅：香气浓度恰当，令人愉快又不粗俗。

香气纯正：有正常应有香气，一般指纯净无杂气。

香气不正：与类型风格有较大差异的香气。

香气浓郁：白酒中己酸乙酯含量高的一种描述。

爆香：一种或几种香气过度造成香与味严重脱节，香气粗糙、浓烈。

喷香：香气扑鼻，犹如从酒中喷涌而出，有时与双乙酰含量有关。

入口香：酒液刚入口时感受到的香气。

回香：酒液咽下后才感受到的香气。

协调：酒中各种香气成分搭配合理，比例协调，没有不愉快的刺激感。

丰满：是指香气饱满、协调、浑然一体的感觉。

浮香：香气短促，一哄而散，缺少正常香气的持久性，有人工加香的感觉。

芳香：香气芬芳悦人。

空杯留香：品评完白酒后的空杯，仍保留有被品评白酒的香气，称作空杯留香。酱香型白酒的显著特点之一是空杯留香持久，一般是24h以内。

基于风味化学的传统勾调理论，主要是从调香、调味上解决白酒的品质问题。对白酒的香气特征的描述缺乏定量指标，无法准确界定。所谓的香气是一种感官感受，作为一名合格的勾调员，在工作中要准确把握。就总体感觉而言，溢香、喷香、留香都是白酒香气的常见表现，酯含量高的一些优质白酒往往具有溢香的特点。喷香多被认为是香气欠协调的表现，或香料感。留香是白酒勾调的梦想之一，好的白酒才会留香持久、回味无穷。

68、中国白酒中异杂味主要有哪些，如何控制异杂味的生成？

（1）糠味　糠味是中国白酒异杂味中最常见的、影响酒质最大的味道之一。中国白酒中糠味又常带着尘土味或霉味给人粗糙不快的感觉并因其造成尾味不净、后味中糠味突出，此类产品在市场上极不受欢迎。酒体中糠味的出现根本原因还是因为在生产中不重视辅料，收糠时不选购，进厂后未能很好地保管与精选，清蒸不透，糠味未除，清蒸后没有摊冷吹干又堆在一起，导致糠壳堆中杂菌滋生。最后用糠量过大也是主要原因之一。为了避免酒体中糠味的出现，应做好辅料采购时的质量管控，加强采购回来后贮存期的保存管理，严禁辅料随意堆放、露天堆贮，尽可能地减少风吹雨淋、虫吃鼠咬以及其他环境中的杂质污染带来的感染，尽可能地减少辅料质量对基酒质量的影响。

（2）臭味　中国白酒中呈现的臭味主要集中于新酒及次等级基酒中。新酒中的臭味主要来源于丁酸及丁酸乙酯等高级脂肪酸酯，还有醛类和硫化物等。在窖内发酵过程中糟醅生成硫化物臭味的前体物质主要来自蛋白质，即蛋白质中的含硫氨基酸，其中半胱氨酸产硫化氢能力最为显著，胱氨酸次之。梭状杆菌、芽孢杆菌、大肠杆菌、变形杆菌、枯草杆菌及酵母菌都能水解半胱氨酸，并生成丙酮酸、氨及硫化氢。这些臭味物质在新酒中是不可避免的，蒸馏时采取高温流酒可排出大部分杂味，剩余的臭味物质在贮存过程中也可逐渐消失，但一部分高沸点臭味物质，如糠臭、糠醛臭、窖泥臭等物质却难以消失。

（3）油臭味　在白酒中棕榈酸为饱和脂肪酸，油酸及亚油酸为不饱和脂肪酸。亚油酸乙酯极为活泼而不稳定，是引起白酒浑浊、产生油臭的重要物质；亚油酸乙酯在白酒贮存过程中还可能会被氧化分解生成壬二酸乙醛乙酯，同样具有油臭味。酿酒原料中的脂肪在其自身或微生物（特别是霉菌）代谢的脂肪酶作用下生成甲基酮也会出现脂肪的不良油臭，如油哈臭、哈喇味等。另外脂肪酸与醇经过酯化作用后生成的酯被氧化分解后也可能出现油脂酸败的气味。酒体中油臭味的防治方法主要还是应该从酿造原料、酿造工艺、贮存工艺等环节入手，尽可能地减少相应前体物质的出现。

（4）苦味　一般情况下酒体出现苦味，涩味也会随着出现，白酒中的苦味有的是由原料带来的，如发芽高粱中的单宁及其衍生物、使用霉烂原辅料；另外，五碳糖过多时容易生成焦苦味的糠醛；蛋白质过多时可能会产生大量高级醇，其中丁醇、戊醇等皆呈苦味；用曲量过大或蛋白质过多时大量酪氨酸发酵生成酪醇，酪醇的特点是香而奇苦，这就是“曲大酒苦”的症结所在。传统白酒是开放式生产，侵入杂菌在所难免，如果侵入大量杂菌基酒大概率会出现苦味。为此，在中国白酒酿造过程中应加强原辅料及工艺管理；还应加强卫生管理，防止杂菌侵袭，减少因酿造环境清洁卫生差糟醅感染青霉菌所带来的苦涩味。

（5）霉味　白酒中的霉味多来自下列情况：原料和辅料的霉变；曲药陈化过程中出现的霉菌滋生，尤其是青霉菌的滋生；糟醅窖内发酵过程中窖期管理工作不到位，窖皮泥出现裂口、“烧包漏气”、霉菌丛生；晾堂、晾糟机、工具、窖池周围长霉；清洁卫生差，感染大量杂菌（细菌等）。上述情况使酒不但苦味重还常伴有霉味，霉味在勾调时很难克服，必须从源头予以控制。

（6）腥味　白酒中腥味的出现主要是接触铁锈造成，如用铁质容器贮存过程中容器生锈会使酒发黄、浑浊沉淀并出现腥味；另外，凤香型白酒贮存过程中所用的酒海、酒篓、酒箱等在长期贮酒过程中血料中的铁溶于酒内也容易导致酒发黄并带血腥味。

（7）其他杂味　白酒中的其他杂味主要来自酿造、贮存、运输等过程中因辅料和容器不洁带来的尘土味；用劣质橡胶管作导酒管、输酒管带来的橡胶味；滴窖不净糟醅中过多的黄水带来的黄水味或酸味；上甑不匀带来的酒稍味；底锅水不清洁或蒸汽管安装不当也会使酒带煳味等。酒体中杂味来源是多方面的，要在生产过程中严格管理和细致操作，尽量“切断源头”。

69、不同产区酱香型白酒感官及风味物质有何差异?

酱香型白酒属传统发酵产业，其酿造工艺一直尊崇自然、承袭古法，属地域性资源产业。不同产区的酱香型白酒具有不同的风格特征，主要表现为酒中特征风味的组成（种类及含量）不同。酱香型白酒发展至今产区的概念已逐渐形成，产区表达和产区引领是酱香型白酒产业发展与创新中的重要一环。酱香型白酒主产区主要围绕在北纬30°附近，其中，最为典型的生产区域有贵州的仁怀、习水和四川，著名的品牌包括茅台、习酒、郎酒、仙潭等。近年来，行业致力于打造酱香型白酒核心产区，不同产区酱酒的风格特征已成为备受行业关注的焦点，基于产区酿造微生态的差异性及工艺复杂性，对不同产区酱香型白酒产品开展酒体风格差异对比分析及特征风味解析，对其酒体品质进行系统表达，有助于推动酱香型白酒产业的科学发展和布局。以仁怀、习水及四川所产的不同档次的酱香型白酒为对象，对其理化指标、感官特征及风味物质等指标进行检测、分析。

（1）不同产区酱香型白酒理化指标检测　参照GB/T 26760—2011《酱香型白酒》对不同产区酱香型白酒的理化指标进行检测，结果发现不同产区的酱香型白酒中总酸、总酯、己酸乙酯和固形物含量均超优级标准；同时分析发现四川产区酱香型白酒中总酸、总酯含量均低于贵州省的两大产区，己酸乙酯含量则以四川产区相对较高，推测原因可能是四川作为主产浓香型白酒的产区，酿造环境中网罗了一定量高产己酸乙酯的优势菌，由于白酒的开放式自然发酵工艺特点，导致该区域生产的酱酒中含有大量的己酸乙酯。

（2）不同产区酱香型白酒感官特征对比　为解析不同产区酱香型白酒感官特性及差异，采用感官定量描述性分析方法对仁怀、习水和四川产区不同档次的酱香型白酒进行分析，以省级以上白酒专业品酒人员（20~45 岁）组成感官品评小组，从香气、外观及口味口感两个层面（其中香气层面为 9 个维度：曲香、坚果香、烘焙香、花香、水果香、蜜香、陈香、青草香、空杯香，外观及口味口感为 7 个维度：色泽、柔顺、体净、细腻、回味、协调、丰满）进行评定。采用 6 点刻度法，其中“0”表示无感觉、“5”表示感知最强，品评人员对每个白酒样品重复进行 3 次评分，单个酒样评分结果为每个品评人员 3 次品评结果的加权平均值。品评结果发现，不同产区酱香型白酒的感官风味特性有差异，主要体现在嗅觉层面，三大产区总体上均以曲香、坚果香、烘焙香和空杯香突出，但各产区都有自身独特的个性，如仁怀产区的曲香、习水产区的蜜香和四川产区的青草香。同时，酒体档次越高，香气也越加凸显，酒体陈香也越来越突出。此外，随着档次的提升，酒体在色泽、丰满度、协调度、细腻度、柔顺度以及回味方面均越来越好；档次低的酒体感官风味不够饱满，在体净方面突出，一定程度上减弱了酒体的回味。

（3）不同产区酱香型白酒风味物质含量对比　在不同产区酱香型白酒中共定性定量出风味化合物 106 种，包括酯类 35 种、醇类 21 种、醛酮类 14 种、酸类 10 种、吡嗪类 10 种、酚类 6 种、呋喃类 3 种以及其他类 5 种。经检测发现，仁怀产区检出 103 种，习水产区检出 102 种，四川产区检出 105 种，各产区酱香型白酒中检出风味化合物种类无明显差异，体现了酱香型白酒的主要香气特性，推测各产区酒体风格的特征差异主要体现在风味成分的量比关系上。

基于风味化合物定量结果，对不同产区酱香型白酒进行对比分析发现仁怀产区酱香型白酒中检出风味物质平均总含量为 15921.92mg/L，习水产区检出风味物质总含量为 15971.77mg/L，四川产区检出风味物质总含量为 14572.92mg/L，相对来说，四川产区风味成分含量较少。各酒样中检出风味化合物主要以酯类、酸类、醇类以及醛酮类为主，酯类是白酒中重要的风味化合物，是白酒中水果、花香和甜味的主要来源，在不同香型白酒中占 35%~70%。本研究中检出酯类以习水产区平均含量最高（7280.16mg/L），其中乳酸乙酯含量较为突出（3503.93mg/L），其次为仁怀产区（6514.67mg/L）和四川产区（5951.05mg/L）。值得一提的是四川产区酒样中己酸乙酯、甲酸乙酯、2-甲基丁酸乙酯、庚酸乙酯以及糠酸乙酯含量明显高于仁怀和习水产区，推测这些成分是构成四川酱香型白酒风格特征的重要成分。酸类化合物是酒体中重要的呈味物质，具有减少刺激、维持酯类香气以及缓冲平衡的辅助作用，三大产区酱香型白酒中酸类化合物平均含量在 3974.13~4224.20mg/L，含量差异不明显，含量较高的酸类主要有乙酸、乳酸、异戊酸、丁酸、丙酸、己酸等，其中己酸在四川产区含量突出。醇类化合物是白酒中醇甜和助香的重要成分，也是酯类化合物的前体物质，检出醇类以仁怀产区含量最高（4252.71mg/L），四川产区含量最低（2571.21mg/L），含量较高的醇类主要有丙醇、异戊醇、异丁醇以及 1，2-丙二醇等，其中丙醇在仁怀产区含量较突出。异戊醇、己醇以及 2-戊醇在四川产区含量较突出，仁怀与习水产区无明显差异。醛酮类化合物在适当的浓度范围内可以增强白酒芳香和口感，三大产区中检出醛酮类以四川产区平均含量最高（1609.92mg/L），仁怀产区含量最低（979.78mg/L），四川产区酱酒中乙醛、乙缩醛含量较突出。相关研究表明，酒体中较多的醛酮类物质可以为酒体提供类似草本味道的青草香，这可能是四川产区酒体青草香突出的原因。3-羟基-2-丁酮在仁怀产区和习水产区含量较高，与四川产区形成明显的差异。

各类风味成分量比关系的不同是导致酒体特征风格差异的主要原因，为进一步探索各产区各档次酱香型白酒的特征风味结构，对检出的风味成分进行香气活度值（odor active values，OAV）比对分析，得出 OAV>1 的特征挥发性化合物有 54 种，并对其进行可视化表达，结果发现各酒样以省界分别聚类，即四川酒样聚为一类，贵州酒样聚为一类，说明两省之间酱香型白酒的风味独特性；同时，不同档次之间聚类结果可以发现，除仁怀产区外，其他产区的中端产品与高端产品风格更为相近，低端产品分别单独聚类，说明各档次之间风格设计的合理性。

通过对仁怀、习水和四川三大典型产区酱香型白酒的感官特性及其风味结构特征和差异的全面解析，为酱香型白酒的产区表达提供了理论依据，为酱香型白酒的品质提升提供了科学支撑。

70、酱香型白酒不同酿造环节风味物质主要包括哪些?

随着现代分析仪器的发展以及多元数理统计分析的应用，对酱香型白酒中的微量风味化合物的研究取得了巨大的进展，目前已发现的挥发性风味化学物已达 1874 种。酱香型白酒是十二香型白酒中酿造工艺最为复杂的：经端午制曲、重阳下沙、2 次投料、9 次蒸煮、8 次发酵、7 次取酒、长期贮存，且由上层酱香、中层醇甜、下层窖底 3 种典型的原酒以一定的比例精心勾调而成。酱香型白酒每一个酿造环节产生的香气化合物都可能与酱香的主体风格息息相关。复杂的酿造及蒸馏工艺形成酱香型白酒的主要风格特点，陈酿过程提高了酒体的风味风格，勾调过程改善了酒体的风味风格。

（1）高温大曲制曲环节 传统酱香型白酒均采用高温乃至超高温大曲酿造，酱香型大曲不仅是酱香型白酒酿造中重要的糖化发酵剂，同时也是不可或缺的生香剂。在酱香型白酒大曲制曲过程中，制曲原料的分解产物和微生物的代谢产物，直接或间接地构成了酱香型白酒的风味物质，在酒曲和糟醅中检测到包含乳酸乙酯、己酸乙酯、棕榈酸乙酯、四甲基吡嗪等酱香型白酒的重要香气成分，如研究发现酱香型白酒大曲中的枯草芽孢杆菌可以通过美拉德反应将孢子的重要组分 2,6-吡啶二羧酸（或其衍生物）转化为茅台酒的特征香物质吡啶类化合物。对酱香型白酒生产常见的三种高温大曲即生产用曲、出仓黄曲和出仓白曲进行检测分析，共计发现了 40 种挥发性成分，包括 12 种杂环类化合物，确定吡嗪类最多，四甲基吡嗪是酱香型白酒中重要的健康因子，主要在蒸馏过程中迁移入酒，生产中一般通过强化大曲提高白酒中的四甲基吡嗪含量，可见酱香型大曲中的四甲基吡嗪含量对白酒中四甲基吡嗪含量有着重要的影响；对不同生产地、企业和不同陈曲时间的酱香型白酒大曲检测分析发现 2,5-二甲基-3-丁基吡嗪、三甲基吡嗪等 11 种挥发性物质含量较高，确定茅台原产曲的吡嗪类物质含量普遍较高。另外，对比分析了浓香型、清香型和酱香型大曲的香气成分，发现酱香型白酒大曲中酸类、芳香族类、吡嗪类、醛酮类及硫化物的强度占优势，而酯类和醇类香气强度明显弱于清香型。同时发现酱香曲中有机酸含量较高，总酸含量占所有香气物质的70.41%，该比重远高于其他香型曲，而相应的酱香型白酒中有机酸含量也很高，同时参照大曲和相应白酒中化合物的定量结果，发现曲中高含量的化合物如乙酸乙酯、3-甲基丁醇等也是相应白酒中含量较高的物质，进一步说明曲中的香气成分对白酒有重要贡献。酱香型大曲是酱香型白酒中香气物质及香气前体物的重要来源，是重要的生香剂，酱香型大曲的香气成分对酱香型白酒的主体风格甚至对酱香型白酒的香型风格形成有重要作用。系统地研究酱香型大曲香气物质与酱香型白酒香气成分以及主体风格的关系，以酱香型大曲香气物质为媒介来突破酱香型白酒的主体风格。

（2）酱香型白酒原料环节　酱香型白酒酿造过程中以本地糯红高粱为主的酿造原料不仅为酱香型白酒酿造微生物提供物质和能源基础，其自身含有的大量香气化合物更是对白酒酒体香气有重要的贡献，或是重要香气物质的前体物质，对酱香型白酒风味的产生具有重要的影响。对酱香型白酒生产企业常用的6种酿造原辅料中结合态香气物质进行检测，共定性定量了包括醇类、酯类、醛酮类、酸类、芳香族类以及萜类等35种香气化合物，且这些香气化合物同样是白酒中的重要香气物质。对比分析糯高粱和粳高粱中的21种结合态香气化合物发现，相比粳高粱，酱香型白酒生产企业普遍使用的糯高粱水解后香气化合物总量更高，为7192μg/kg，并检测到2,2,6-三甲基环己酮、1,1,6-三甲基-1,2-二氢萘、异佛尔酮这3种香气物质。不仅酿酒原料自身的香气化合物对白酒酒体香气有重要的贡献，酿酒原料的淀粉、单宁等基本理化指标的差异同样对酿造的基酒风格有很大影响。对目前中国白酒产业普遍使用的北方粳高粱和四川本地种植的糯高粱进行酿造试验发现，两种原料所酿的1轮次基酒的骨架物质差异比较大，其中丁酸乙酯、乙酸乙酯、正丙醇的含量差异最大，其次是正丁醇、正戊醇、异戊醇、异丁醇、甲醇，2轮次基酒以后各成分之间的差距缩小，可能是因为酿酒原料淀粉含量不同而造成在下沙及糙沙时期水分、酸度的差异较大，最终反映在轮次基酒的风味物质差异上。另外，将以高粱与用其他谷物（小麦、玉米、大米和大麦）酿造的基酒对比分析发现，以高粱为原料所酿基酒中的乙酸乙酯浓度较高而醛类和高级醇类的浓度较低，且同时发现高粱的单宁含量与酿酒品质存在相关性。当单宁含量小于1.94%时，乙酸乙酯含量与单宁含量呈正相关；相比之下，乳酸乙酯和高级脂肪酸乙酯等酯类含量与单宁含量呈负相关，风味分析和感官评价结果表明生产酱香型白酒的理想高粱单宁含量在1.0%~2.0%。

（3）原料蒸煮环节　高粱是酱香型白酒酿造的重要原料，高粱经过蒸煮能够形成特有的“粮香”香气特征，这些特有的香气成分可能是酱香型白酒重要风味物质的前体物质或者本身是白酒的重要香气物质，对酱香型白酒风味特征以及风味差异的形成具有重要的影响。有研究发现，从酱香型白酒酿造高粱中鉴定出106种香气物质，嗅闻到26种香气物质；且高粱的蒸煮香气成分相比大米、糯米等更丰富，酯类物质、醛类物质及酮类物质为原料香气贡献了果香味和奶油香，萜类物质则贡献了橙香味和松脂味。确定对原料香气有显著贡献的活性物质包括：壬醛、己酸乙酯、糠醛、β-苯乙醇、2-戊基呋喃、反-2-辛烯醛等。为进一步探究高粱蒸煮过程中的风味物质变化，通过瓶内蒸煮法结合HS-SPME-GC-MS建立了高粱蒸煮香气成分的检测方法，共鉴定出46种挥发性香气化合物，其中含量较高的风味物质有苯甲醛、己酸、壬醛、糠醛、2-戊基呋喃、萘，含量分别为20.21%、9.00%、8.66%、8.9%、6.48%、5.49%；而（E,E）-2,4-癸二烯醛、

1-辛烯-3-醇、4-乙基愈创木酚、4-乙烯基愈创木酚、γ-辛内酯等物质的香气阈值虽然比较低，但同样可能是高粱蒸煮香气的重要影响物质。另外，结合香气活性值（OAV）分析对高粱蒸煮的特征香气成分进行了分析，确定4-乙烯基愈创木酚、愈创木酚、苯乙醛是高粱蒸煮的重要香气成分且验证了它们是构成“粮香”的关键物质。

（4）高温堆积及窖内发酵环节　酱香型白酒生产中高温堆积发酵及窖内发酵是重要的工艺环节及产香过程，此阶段在微生物和酶的作用下可生成酒体中重要的风味物质或风味物质前体，对产酒质量具有重要的影响。酱香型白酒生产中糟醅高温堆积过程中会辅助积累大量的风味物质或风味物质前体，为糟醅入窖反应生成丰富的白酒香气成分奠定物质基础。目前从高温堆积糟醅中定性检出包括酒体中常见的乙酸、丁酸、乙酸乙酯、异戊醇、异丁醇、丁酸乙酯、乳酸乙酯等风味成分，表明糟醅高温堆积发酵过程生成了酱香型白酒酒体中重要的活性风味物质。中国白酒行业中俗称“浓香靠窖泥、酱香靠堆积”，糟醅的高温堆积过程是酱香型白酒酿造过程中不可或缺的环节，也是区别于其他香型白酒的重要工艺过程，堆积过程中通过网罗空气微生物，富集好氧微生物代谢产生的风味物质或风味物质前体，使酱香型白酒中风味物质更加丰富，种类更加多元。酱香型白酒生产中的糟醅是酿酒原料经微生物发酵的物料，糟醅中的风味物质对酱香型白酒的酒体风味有着重要的影响，分析不同轮次酱香型糟醅的风味物质，一共检测到包括与典型酱香风格相关的风味成分如吡嗪、呋喃酮等91种风味物质，同时还发现酯类物质、醇类物质及酸类物质的含量之间均呈显著正相关（$P<0.05$）。糟醅所处环境对酱香型白酒的风味物质生成具有一定的影响作用。

（5）不同轮次基酒风味物质　酱香型白酒是中国白酒中生产周期最长的，从下沙生产到最后取酒丢糟历时一年，在这一个周期中共取酒7次且每轮次的基酒各有各自的风味特征，这可能是由于每个轮次糟醅、酿造微生物及环境微生物生长阶段不同而造成风味物质的含量及比例差异所致。对7个轮次基酒中的挥发性微量成分利用多元统计分析确定包括己酸乙酯、乳酸乙酯、月桂酸乙酯、癸酸乙酯、正丁醇、正己醇、正戊醇、己酸、丙酸、丁酸、苯甲醛、糠醛以及2,5-二甲基吡嗪等34种重要风味化合物，推测不同轮次酒独特的香型与口感特征来源于差异性微量成分以特殊比例复合而成。采用所建立的气相色谱方法对酱香型白酒7个轮次酒进行了初步分析，采用外标法对各轮次酒中的微量风味物质进行了定量分析，并对各轮次酒中酸类物质、醇类物质、酯类物质、醛类物质的含量进行了对比，初步分析了造成各轮次酒存在感官特征差异性的原因。对不同轮次基酒的挥发性成分检测发现，由于前两轮次的糟醅醇高、酚类高、酸低，造成前两轮次基酒刺激；而3~5轮次糟醅的醇、醛、酸、酯相对平衡，使得这几个轮次的基酒质量较好；最后2个轮次，基酒焦煳味重、不协调，与后面轮次糟醅蒸煮次数多，糟醅中醇、酯、酸比例失调有关。不同轮次的基酒风味特征跟酿造工艺、酿造器具息息相关，总体来说，1、2轮次由于刚开始蒸煮，“粮香”突出；6、7轮次由于蒸煮次数多，焦煳味突出、入口煳苦。通过分析不同轮次基酒的风味特点，为进一步的酒体设计提供数据参考，同时反馈基酒质量信息，有利于酿造环节实现质量把控和工艺参数调整。

（6）基酒贮存老熟环节　酱香型白酒由于传统生产工艺的特殊性需要长时间的贮存，使之达到酒体丰满、协调、后味长等特点，酱香型白酒的陈酿过程是白酒老熟的重要手段。有研究发现，酱香型白酒基酒中酯类物质浓度都随贮存时间延长含量呈现下降的趋势；醇类物质同酯类物质变化趋势相同，随贮存时间延长含量逐渐降低，但β-苯乙醇变化趋势相反；酸类物质、醛酮类物质、苯酚、愈创木酚、4-乙基愈创木酚、三甲基吡嗪、四甲基吡嗪的浓度都随贮存时间的延长呈现上升的趋势。对不同贮存年份的酱香型白酒检测发现，总共鉴定出79种香气化合物，不同贮存时间的酱香型白酒香气化合物存在差异，其中丙酸乙酯、2-甲基丙酸乙酯、甲酸异戊酯、叶醇、已酸已酯、γ-丁内酯、苯乙醛和壬酸仅在贮存1年的酒样中检出，丁酸丁酯和1-庚醇仅在贮存15年的酒样中检出。此外，通过对35种关键香气化合物的定量分析发现它们的总含量随着贮存年份的增长而下降；含氮化合物总含量随着年份的增长而上升，含硫化合物总含量随着年份的增长先上升后下降。酱香型白酒在贮存过程中挥发性较强的低沸点酚类、醛类及游离氨等杂味物质挥发，减少了新酒的燥辣、刺激感，同时酒体经过一系列复杂的生化反应，各种风味物质趋于平衡，赋予酒体愉悦的陈香，酒体更加丰满，香味更加协调。

（7）酒体设计环节　酱香型白酒酿造过程中通常对基酒进行分型、定级，基于基酒的多样性，勾调与调味对酱香型白酒的品质具有至关重要的影响。酱香型白酒的勾调是通过对不同轮次、不同等级、不同典型体、不同年份的基酒进行科学合理的组合而得到全新风格的基础酒；调味是针对基础酒中出现的各种不足，使用调味酒对基础酒的香、醇、煳、涩、甜、辣味等进行调整，采用调味酒就是为了弥补基础酒中出现的各种缺陷，是酒体设计的点睛之笔。

（8）成品酒的风味物质　对比分析柔和酱香型、酱香型白酒中的风味物质发现，共计有63种风味组分被检测出，发现柔和酱香型白酒与酱香型白酒在丁酸乙酯、已酸乙酯、棕榈酸乙酯、糠醛、正丙醇、丁酸以及已酸、3-羟基-2-丁酮、2-丁醇这些特征物质上有显著差异；发现酱香型白酒中主要的香气物质是酯类、醇类、挥发性有机酸、呋喃类、芳香族类、酚类、醛酮类、吡嗪类以及含硫化合物等。对酱香型白酒风味贡献较大的特征风味物质有丁酸乙酯、已酸乙酯、1-丙醇、3-甲基丁醇、乙酸、3-甲基丁酸、糠醛、四甲基吡嗪和二甲基三硫等。对酱香型白酒新酒和贮藏20年的酱香型白酒进行香味化合物检测，发现酱香型白酒新酒有91种挥发性化合物被检出，其中包含代表化合物糠醛等；20年酱香型白酒陈酒有56种挥发性化合物被检出，除了有酱香型代表化合物糠醛之外还有酱香关键化合物四甲基吡嗪的前体物质乙偶姻。对酱香型白酒中的8种γ-内酯进行了定性及定量分析，发现该方法对酱香型白酒中各内酯检测快速且选择性强，可用于白酒中微量成分γ-内酯的快速分析测定。

酱香型白酒是中国所有主流香型白酒中物质组成最复杂的品类，科研工作者对于“酱香”感官特征的主体香物质经过多年的研究和探索，得到了多种结果，但却始终未能验证。认为原因可能是“酱香”是一种复合的香气特征，决定“酱香”的主体香物质不是某一种，应当是某一类物质相互影响、共同作用的结果，并且综合考虑到酱香型白酒的“四高两长”的酿造工艺，以及酱香型白酒酸度高的特点，推测“酱香”的主体香物质应当是一类高沸点、酸性或中性的含量极微的物质。因此，未来应当进一步丰富风味组学的研究手段和工具，即通过分析仪器硬件或软件的提升不断挖掘白酒中对风味感知有贡献的化合物，将仪器分析数据（风味化合物）和感官数据（感官特征）良好结合；另外，通过借助大数据分析的手段，不断提升模型和算法的有效性，利用最前沿的化学计量学工具作为辅助，寻找风味化合物与感官特征间的相关性，探明哪些风味化合物决定哪些感官特征，持续为酱香型白酒“品质清晰化”的实现而探索。

71、贵州省、四川省及北方酱香型白酒感官及挥发性风味物质有何差异?

为探究不同产区酱香型白酒在感官及挥发性风味物质上的差异，以贵州省遵义市仁怀市（RH）、贵州省毕节市金沙县（JS）、四川省泸州市古蔺县（GL）以及黑龙江省齐齐哈尔市（QS）4 个产地的酱香型白酒为研究对象，对样品的感官特性及重要的差异性挥发性化合物进行分析，为酱香型白酒产品质量监控提供科学依据。

根据 GB/T 10220—2012《感官分析　方法学　总论》构建品评小组，共 6 人，20～35 岁，品评组成员均为具有 3 年以上白酒品评经验（国家级/省级白酒评委）的尝评员。感官品评采用暗码编组盲评法，感官品评前先培训品评人员，熟悉感官描述词，按表 6-9 中列明的感官属性及相关感官描述词评定各感官属性的强度。

表 6-9　　酱香型白酒感官属性及描述语言

感官属性		感官描述语言
原料香	粮香	高粱香、生粮香、小麦香等
	曲香	中草药香、新曲香、陈曲香、豆豉香、酵母香、馒头香、咸蛋白香、麦麸香等
	其他原料香	谷糠香、豆香、粽香、米饭香等
发酵香	青草香	生草香、新割草香、草汁香、水芹菜香、青椒香、青豆香、粽叶香、竹叶香等
	花香	玫瑰花香、桂花香、鲜茉莉香、橙香、月季香、兰花香、栀子花香、梨花香、梅花香、紫罗兰香等
	果香	生香蕉香、熟香蕉香、苹果香、青苹果香、青柿子香、橘子香、芒果香、陈皮香、葡萄香、猕猴桃香、生李子香、山楂香、杨桃香、菠萝香、雪梨香、黄梨香等
	甜香	蜂蜜香、花蜜香、奶油香、奶酪香、香草甜香、水果糖香、奶糖香、麻糖香、焦糖香、黑糖香、甜瓜香、哈密瓜香等
	坚果香	杏仁香、松子香、榛子香、核桃香、炒栗子香、生葵花子香、炒花生香、核桃仁香等
	烘焙香	焦香、烤饼干香、咖啡香、巧克力香、烤红薯香、芝麻香、烤面包香、可可香等
	焦煳香	煮煳食物香、米饭煳香、锅巴香、烧烤煳香等
	香辛料香	小茴香香、丁香香、花椒香、黑胡椒香、白胡椒香等
	酸香	果酸香、乙酸香等
	糟香	发酵糟香、窖面糟香、窖底糟香、水泡糟香等
	干植物香	干草香、干稻草香、木香、干糟香、中药香等

续表

感官属性		感官描述语言
发酵香	油脂香	动物类香、油脂香、油哈味儿等
	咸鲜香	酱油香、蘑菇香、干蘑菇香、香菇香、其他菌类气息等
	其他发酵香	馊米饭香、面粉香、白糕香、醚香、泥土香、醇香、窖香、盐菜味、硫气息、馊香等
陈酿香		陈醋香、陈木香、陶坛香、蜜枣香、烟熏腊肉香、油脂香等
空杯香		花香、曲香、陈香、油脂香等

（1）不同产地酱香型白酒感官差异　利用感官分析不同产区酱香型白酒感官特性的差异，发现不同产地酱香型白酒在陈香、曲香、酱香、醛香、果酸香、烘焙香、粮香、酯香、果酸味、甜味、咸味、鲜味、柔和度、细腻度、丰满度和舒适度感官属性上存在显著性差异。在香气上，GL 产地酱香型白酒样品以陈香、青草香、花果香为主，有明显酱香，曲香相对较弱，整体香气偏清雅；QS 产地酱香型白酒样品以粮香、酯香、糟香为主，曲香相对不明显，整体香气强度较弱；贵州省的酱香型白酒样品以酱香、糟酸香、烘焙香为主，有明显坚果香和窖底香，整体香气浓郁，其中 RH 产地样品以陈香、曲香、酱香、果酸香为主，有明显烘焙香和坚果香，整体香气强度较 GL 产地更强；JS 产地酱香型白酒样品以酱香、粮香、醛香为主，有明显糟香和香辛料香气，酱香和醛香较突出。在口味上，不同产地的样品均以酸味和甜味为主，带有涩味，略有咸味和苦味。RH 产地酱香型白酒样品的果酸味和鲜味较突出；QS 产地酱香型白酒样品相较于其他产地的酸味和甜味强度更弱，苦味较强；JS 产地酱香型白酒样品以酸味为主，甜味较明显，略有咸味；GL 产地酱香型白酒样品以甜味为主，酸味较明显，略有苦味，可能是四川纬度较高，气候相对更加温和，加之四川大环境以浓香型白酒为主，川酱自然也带有一些浓香型白酒的“甜感”。在口感上不同产地的酱香型白酒各有特色，GL 产地酱香型白酒样品口感的柔和度和舒适度较高，RH 产地酱香型白酒样品口感的细腻度、柔和度、丰满度以及整体的舒适度都较好，JS 产地酱香型白酒样品口感的细腻度和舒适度较高，QS 产地酱香型白酒样品表现为酒体舒适度较高，而细腻度、丰满度、柔和度较低，这三项指标与酸味、甜味、苦味三者的平衡感有较大的关系。

（2）不同产地酱香型白酒挥发性风味物质的差异　对不同产区酱香型白酒样品中的 42 种较高含量风味物质进行了数据采集，对不同产地的酱香型白酒样品中各类（除醇、醛、酯类外，剩余的计为其他类）风味物质含量及其占比进行分析。发现不同产地酱香型白酒样品风味物质的总含量存在一定的区别，QS 产地酱香型白酒样品的风味物质含量远低于其他 3 个产地，JS 产地的酱香型白酒样品风味物质含量最高，造成这两个产地差异的原因主要在于两个产地的醇类总含量差异；RH 产地、QS 产地和 GL 产地的酱香型白酒酯类含量在 4000mg/L 左右；GL 产地的酱香型白酒醛类物质含量高于其他 3 个产地。总体来看，产自贵州省的酱香型白酒（RH 产地和 JS 产地）的其他类物质占比高于 GL 产地和 QS 产地。

为了比较不同产地酱香型白酒风味物质之间的差异，对样品的风味物质数据采用标准分数的方式处理后进行差异比较与聚类分析。从整体上来看，JS 产地的酱香型白酒风味物质对应的颜色最深，QS 产地的酱香型白酒颜色最浅，对应的风味物质总含量最高和最低。RH 和 JS 产地酱香型白酒的一些高沸点风味物质，如苯乙酸乙酯、棕榈酸乙酯、油酸乙酯和亚油酸乙酯等要高于 GL 和 QS 产地；RH 产地酱香型白酒样品中的乙偶姻、2，3-丁二醇（左旋）和乙基糠基醚含量显著高于其他 3 个产地；JS 产地酱香型白酒样品风味物质的含量虽然整体水平最高，但是其乙酸乙酯含量却是所有产地中最低的；丁酸乙酯和戊酸乙酯在 QS 产地的含量普遍高于其他 3 个产地；GL 酱香型白酒样品中的辛酸乙酯、己酸乙酯、甲缩醛、乙缩醛、甲酸乙酯和乙醛等这些出峰早的小分子风味物质含量远高于其他 3 个产地。

结合气相色谱的定量结果和阈值测定结果发现，酒体颜色越深表明风味物质对样品的风味贡献越大，乙醛、戊酸乙酯、丁酸乙酯、己酸乙酯、乙缩醛、乙酸乙酯、异丁酸乙酯和棕榈酸乙酯对所有酱香型白酒样品的风味都具有重要贡献；乙基糠基醚、糠醇、戊醇、甲酸乙酯、甲缩醛、2-甲基丁醇、糠醛、苯甲醛、2,3-丁二醇（左旋）和 2,3-丁二醇（内消旋）对整体风味贡献最低。值得一提的是，除 QS 产地的酱香型白酒样品外，2-甲基丁醛对其他三个产地的样品风味都具有较大的贡献，并且 2-甲基丁酸乙酯、异丁醛、苯乙酸乙酯、乙酸丙酯和二乙酰等对 QS 产地的贡献显著低于其他 3 个产地。

综上所述，贵州省遵义市仁怀市、贵州省毕节市金沙县、四川省泸州市古蔺县以及黑龙江省齐齐哈尔市四个产地的酱香型白酒在香气特征中的陈香、曲香、酱香、醛香、果酸香、烘焙香、粮香、酯香和口感特征中的果酸味、甜味、咸味、鲜味、柔和度、细腻度、丰满度和舒适度的特征上均存在显著性差异，RH 产地酱香型白酒的陈香、曲香、酱香、果酸香较突出；JS 产地酱香型白酒样品酱香、粮香、醛香较突出，有明显糟香和辛香料香气；GL 产地酱香型白酒粮香、青草香、花果甜香和甜味较突出；QS 产地酱香型白酒样品粮香、酯香、糟香较突出，酱曲香相对不明显，所呈现的感官属性与 GL 产地的相似，但香气强度相对较弱。贵州、四川、黑龙江三省 4 个产地的酱香型白酒样品距离较远，在风格特征上自成派系且在风味物质成分上均有一定的差异，通过筛选 OAV 值发现乙醛、戊酸乙酯、丁酸乙酯、己酸乙酯、异戊醛、丙醇、丁醇、乳酸乙酯、苯乙醇、乙缩醛、乙酸乙酯、异丁酸乙酯和棕榈酸乙酯这 13 种风味物质对所选样品的风味贡献程度都很高（OAV>10）。通过对比，更加细化了不同产地酱香型白酒的感官特征及风味物质成分的差异，为酱香型白酒生产过程及产品质量监控提供了科学依据。

72、白酒中出现的沉淀及色泽是什么原因造成的?

GB 2757—2012《食品安全国家标准　蒸馏酒及其配制酒》中对蒸馏酒感官指标明确要求是“透明无色（微黄色）、无沉淀杂质、无异臭异味”等，这种规定要求是因为中国白酒是蒸馏酒，因为工艺、设备、加浆降度用水及包装容器等因素的影响，有可能使成品酒出现沉淀及异常色泽等，主要有以下几种：

（1）白色浑浊（或沉淀）　酒精度在 50%vol 以上时白酒应该是澄清透明的；而当酒精度在 50%vol 以下时随着酒精度的下降酒体透明度则会越来越差，甚至会出现轻微的浑浊现象，这种情况的出现主要是因为白酒中高级脂肪酸乙酯、杂醇油等属于醇溶性物质，随着酒精度的降低这类物质开始逐渐析出；另外，加浆降度用水若硬度太大，水中的钙镁离子也会导致成品酒出现浑浊或沉淀。

（2）蓝黑色沉淀　当酒中铁离子含量高于 1mg/L 时，不能以木塞进行盛酒容器的密封，否则木塞中的单宁与铁离子会生成络合物，使酒中出现蓝黑色沉淀。据研究表明这类沉淀中主要是三价铁化合物，低价铁化合物相对较少。

（3）黄色　除了酿造工艺导致的正常性黄色以外，白酒还可能因为其他原因呈现黄色。如长期贮存后由于容器材质原因出现腐蚀现象，导致铁锈出现在了酒体中，当含铁量超过 1mg/L 时容易氧化生成黄色物质。除此以外，在蒸馏时有时因为操作不当导致蒸汽量过大，会导致糟醅中的有色物质被酒蒸气裹入酒中使得酒体呈黄色；另外在基酒贮存过程中杂醇油含量过高或贮存时间过长也可能会导致黄色物质的出现。

（4）棕色　酒体中的棕色主要与接酒、盛酒、输酒等容器的材质有关，当酒与之接触后它们可能会被酒中的酸类物质所腐蚀，从而有红棕色物质进入酒中；另外使用血料容器贮存时，铁元素溶解后也会使酒出现红棕色。

（5）黑色　当接酒容器使用锡制容器并且锡不纯（铅含量高）时。酒中的挥发酸会与铅元素生成硫化铅呈现黑色。

（6）蓝色　酒体中的蓝色物质主要是因为酒与铜接触过，酒中的有机酸与铜生成有机酸铜盐存在于酒中，从而使酒体呈蓝色。

73、常见的酒精含量换算方法有哪些?

（1）质量分数与体积分数换算方法　中国白酒酒精度的表示主要有体积分数和质量分数两种，体积分数是指每百份体积的酒中含有的纯乙醇的体积，如 65%vol 的酒是指 100 份容积的酒中有 65 份容积的纯乙醇和 35 份容积的水。质量分数则是指 100g 酒中所含有的纯乙醇的质量（g）。体积分数与质量分数之间有着密切的相关性，可以通过数学公式进行换算：

$$\omega = (0.78934/d_4^{20}) \times \varphi$$

式中　ω——质量分数，%

φ——体积分数，%

d_4^{20}——酒的相对密度（即在 20℃下酒的质量与同体积的纯水在 4℃时的质量之比）

0.78934——纯乙醇在 20℃/4℃时的相对密度

（2）高度酒与低度酒转换的换算方法

①高度酒转换成低度数：

$$m_2 = m_1 \times (\omega_1/\omega_2)$$

式中　ω_1——原酒乙醇质量分数，%

ω_2——转换成低度酒后的乙醇质量分数，%

m_1——原酒质量，kg

m_2——调整后酒的质量，kg

如：有 153kg 96%vol 的基酒，降度为 62%vol 的酒为多少千克?

查表得，96%vol 的基酒的质量分数为 93.84%；62%vol 酒的质量分数为 54.10%

调整后酒的质量=（93.84%/54.10%）×153=265.39kg

所以调整时加水量为：265.39-153=112.39kg

②低度酒转换为高度酒：

$$m_2 = m_1 \times (\omega_1/\omega_2)$$

式中 ω_1——原酒乙醇的质量分数,%

ω_2——转换后高度酒乙醇的质量分数,%

m_1——原酒质量，kg

m_2——调整后高度酒质量，kg

如：将30%vol的酒350kg，转换为65%vol的酒为多少千克？

查表得：30%vol酒乙醇的质量分数为24.61%，65%vol酒乙醇的质量分数为57.15%

转换后高度酒的质量=（24.61%/57.15%）×350=150.72kg

③不同酒精度的勾调

$$m_1 = [m(\omega-\omega_2)]/(\omega_1-\omega_2)$$

$$m_2 = m - m_1$$

式中 ω_1——较高度的原酒乙醇质量分数,%

ω_2——较低度的原酒乙醇质量分数,%

m_1——较高度的原酒质量，kg

m_2——较低度的原酒质量，kg

ω——勾调后酒的质量分数,%

m——勾调后酒质量，kg

如：有72%vol和58%vol两种酒，要调成100kg 65%vol的酒，两种酒各需要多少千克？

查表得：72%vol酒的质量分数为64.54%，58%vol酒的质量分数为50.11%，65%vol酒的质量分数为57.15%，则：

$$m_1 = [100\times(57.15-50.11)\%] / [(64.54-50.11)\%] = 48.79\text{kg}$$

即：需要72%vol的酒48.79kg

需58%vol的酒 m_2=100-48.79=51.21kg

74、白酒中的浑浊现象是如何产生的，与哪些物质有关？

（1）引起白酒浑浊的物质　白酒的浑浊主要是高级脂肪酸乙酯造成的，包括高级醇（杂醇油）在内。这些造成浑浊的成分一般都属于醇溶性的，故统称为油性成分，以棕榈酸乙酯、油酸乙酯和亚油酸乙酯为主；棕榈酸、油酸、亚油酸也能引起浑浊，但与其酯类相比，则微不足道。

（2）白酒中高级脂肪酸乙酯的含量　油性物质在白酒中的含量受原料、蒸馏、贮存、勾调等诸多因素的影响，香型之间、批次之间往往有很大差异。例如棕榈酸乙酯、油酸乙酯、亚油酸乙酯在酱香型白酒中的含量分别为2.7mg/100mL、1.05mg/100mL、1.83mg/100mL；在浓香型白酒中的含量为6.5mg/100mL、2.65mg/100mL、3.10mg/100mL；在清香型白酒中的含量为3.7mg/100mL、1.16mg/100mL、1.50mg/100mL。从不同香型白酒中的大致含量可以看出，3种脂肪酸乙酯均较高，在酒精度降低时是造成白酒浑浊的主要物质，但也不能忽视其在白酒中呈香、呈味的作用；若一味地追求无浑浊而将其全部除去，则会使酒味寡淡，失去圆滑感。

（3）引起白酒浑浊的原因

①原料：由原料带来的脂肪成分是形成浑浊的物质基础。

②溶媒：即乙醇，乙醇含量低时，油性物质不溶而被析出，因此出现浑浊。

③温度：温度过高时油性物质易溶，温度低则难溶而被析出，于是发生浑浊。

④水质：加浆水、洗瓶水中带有金属离子，油性物质则以金属离子为核心，集聚形成絮状浑浊。

⑤杂醇油过多，受溶媒、水质、温度等的影响而发生浑浊。

⑥向酒内添加香料、甜味剂或其他物质都会引起浑浊。

75、研究不同催陈方法对酱香型白酒基酒催陈效果，结果是怎样的？

酱香型白酒基酒同其余大曲白酒基酒一样，新酿出的口感爆辣，带有强烈刺激性，这是因为酱香型白酒基酒含有大量的酿造过程中生成的易挥发刺激性化合物（杂醇油和乙醛等），导致其口感较差。酱香型白酒基酒中所含有的易挥发刺激性化合物在贮存期间自然挥发，酒体辛辣刺激感随之降低，因此酱香型白酒经陈酿后方可用于勾调。酱香型白酒传统陈酿工艺存在诸多缺点，如利用陶坛进行长期贮酒会造成酒体渗漏、酒精度降低，导致时间和生产成本大幅提高。为此，快速有效的人工催陈方法在保证酒质的前提下，可缩短陈酿时间、降低生产成本，成为了研究人员所关注的热点。目前，人工催陈技术以物理催陈法为主，本问中所使用的物理催陈方法有电场催陈、介质吸附催陈、超声催陈、自振空化器催陈等。为探究这些催陈方法对催陈酱香型白酒的效果，以新酿基酒为对象，以理化指标以及挥发性风味物质含量为指标，进行比较分析。

（1）催陈方法简介

①电场催陈：将样品酒装入500mL茅型瓶中，静置于变频电场中央位置，进行电场处理。电场电压3500V，电场频率40～65Hz。酒样分别处理8、16、24、32h，得到电场催陈酒样，后续进行酒精度、总酸、总酯含量、香气成分等测定与感官品评。

②介质吸附催陈：将样品酒以60mL/min的流速流经填充有活性炭的玻璃层析柱［活性炭与酒样料液质量（g）体积（mL）比分别为1∶100、1∶200、1∶300、1∶400］，从柱子底部活塞下收集酒液，即得到活性炭吸附处理酒样。

③超声催陈：将样品酒通过超声器进行超声处理，超声频率40kHz，超声功率400W。处理时间分别为1min、2min、3min、4min，取出酒样即得到超声催陈酒样。

④自振空化器催陈：控制自振空化器参数，处理温度30℃；空化器入口压力0.4MPa；空化时间60s；循环次数1次。将酒样以上述条件通过自振空化器，即得自振空化器催陈酒样。

（2）感官品评结果　由相关专业人员组成6人感官评定小组进行酒样品评，分别对酒样色泽、香气、口感和风格进行评分，满分为100分，具体感官品评标准如表6-10所示。

表 6-10　　感官品评标准

特征	评分标准	分值
色泽（15 分）	颜色微黄，澄清透明，无浑浊和絮状沉淀	8～15
	无色或微黄，透明，无浑浊和絮状沉淀	4～8
	黄色，酒体失光，析出絮状沉淀	0～4
香气（30 分）	具有典型酱香风味，酒体协调，闻香舒适	18～30
	略带酱香，闻香较舒适，无异杂味	6～18
	酒体带有明显异杂味，无酱香	0～6
口感（40 分）	酱香突出，幽雅细致，酒体醇厚，回味悠长	28～40
	酱香明显，较醇厚，回味长	15～28
	酒体醇和、协调	6～15
	有异杂味，入口不协调	0～6
风格（15 分）	具有典型的酱香型白酒风格	7～15
	酒体偏格	1～7
	酒体失格	0～1

不同催陈处理酒样感官品评结果见表 6-11。

表 6-11　　不同催陈处理酒样感官品评结果

催陈方式	评分	感官品评
原酒对照	85	入口刺激感、煳味明显，酒体香气较丰富，后味稍苦
自振空化器处理	84	入口较刺激、煳味略重，酒体香气较丰富，后味苦
1：100 活性炭处理	79	入口不刺激，煳味杂味减轻，酒体干净，香气损失严重，有轻微涩感
1：200 活性炭处理	86	入口稍刺激，香气稍有损失，煳味减轻
1：300 活性炭处理	89	入口略带刺激感，酒体香气保留较好，煳味减轻，酒体层次感增加，后味变长
1：400 活性炭处理	84	入口较刺激，煳味等异杂味较重，酒体风味较为丰富，后味稍苦
电场处理 8h	83	入口刺激感明显，酸涩感降低，酒体与原样无明显差别
电场处理 16h	87	入口较刺激，煳味较明显，酒体香气略有增加，后味稍苦
电场处理 24h	91	入口稍有刺激感，酒体香气好，煳苦味减轻，略带油味，后味悠长
电场处理 32h	85	入口刺激感较低，煳味明显，酒体香气较丰富，后味苦涩感重
超声处理 1min	85	酒体刺激感减弱，香气与原样无明显差异，后味苦涩感重
超声处理 2min	81	酒体刺激感较轻，略带水味，略带酸涩，苦味较重

续表

催陈方式	评分	感官品评
超声处理 3min	78	酒体无刺激感，水味较明显，香气较淡，后味苦
超声处理 4min	75	酒体无刺激感，水味极重，香气损失明显

从品评结果发现，使用自振空化器处理酒样与酱香型白酒基酒原样差异不大；经活性炭处理酒样入口刺激感降低，酒体爽净，随着活性炭用量的增加，香气损失逐渐增大；经电场处理酒样，随处理时间的延长，入口刺激感降低，酒体放香变好，醇和度有所增加；经超声处理酒样，刺激感明显降低，随处理时间的延长，酒样水味加重，香气损失较为严重。横向比较 4 种处理方式的熟化效果，活性炭处理和电场处理后酒体综合评价较高，催陈后酒样刺激感降低，醇和度增加，酒体爽净。

（3）不同催陈方式对酒精度、总酸及总酯含量的影响　从酒精度来看，除超声处理外其余 3 种处理方式酒精度损失较小，不超过 0. 5%vol；超声催陈易造成部分乙醇分子挥发，超声处理酒样 4min，酒精度损失 2. 2%vol，这与感官品评结果中超声处理样品带有水味结果相对应。从总酸及总酯含量变化来看，除超声处理 4min 酒样外，其余不同催陈方法处理酒样总酸、总酯含量均大于 2. 0g/L 和 3. 0g/L，高于优级标准，是品质良好的酱香型白酒。4 种催陈方法处理后的样品总酸、总酯含量变化趋势不尽相同。经电场处理的样品随处理时间的延长，总酯含量提升幅度较小，电场处理 24h 的样品总酯含量达 3. 86g/L。由于活性炭具有无差异吸附性，经活性炭处理的酒样总酯含量均有所下降，随着活性炭用量的减少，总酯含量有一定回升。超声处理反应相对剧烈，随超声处理时间的延长，总酯含量大幅下降。主要原因为乙醇强烈的挥发性造成酒精逸出，破坏了酯化反应平衡，使得少部分易挥发酯类物质挥发，同时部分酯类物质发生水解反应，导致酒体内总酸含量升高。自振空化器处理样品的总酸、总酯含量与原样差异不大。

（4）不同催陈方式对基酒中风味物质含量的影响

①醇类物质含量：高级醇作为风味物质对酒体有一定贡献，高级醇的种类和含量对白酒的香气特征和口感产生影响，它们在酱香型白酒自然陈化过程中呈现下降趋势。高级醇含量为正丙醇、正丁醇、仲丁醇、异丁醇和异戊醇的含量总和。从试验结果发现，基酒酒样经 4 种催陈方法处理后，高级醇含量均呈现不同程度下降。基酒原样高级醇含量为 5. 09g/L，电场处理 16h 样品高级醇含量下降 3. 50%，处理 24h 样品高级醇含量仅下降 0. 86%。1∶100 活性炭处理，由于其较高的料液比，高级醇含量下降 7. 25%。超声处理样品随超声时间的延长，高级醇含量不断下降，超声处理 4min 时，高级醇含量下降了 12. 01%。自振空化器处理的样品高级醇含量下降 3. 15%。

②酯类物质含量：乙酸乙酯和乳酸乙酯是酱香型白酒的主体酯类，二者相互间具有加成作用，对酒体风格和品质有显著影响。乙酸乙酯和乳酸乙酯的比例失调会使酒体沉闷，欠爽口，有苦涩感，影响酒体品质。检测发现，经电场处理后，乙酸乙酯和乳酸乙酯含量略有增加，处理 32h 相对含量增幅最大，分别增加了 7. 96%、7. 25%，两种酯类比例变化不大。活性炭处理、超声处理、自振空化器处理后，乙酸乙酯和乳酸乙酯含量均下降明显。活性炭处理中，料液比为 1∶100 时相对含量降低最多，两种酯类分别降低了

18.5%、17.8%，两种酯类比例呈现先上升后下降趋势。超声处理中，随着处理时间的延长，乙酸乙酯和乳酸乙酯含量呈下降趋势，超声4min样品两种酯类含量降至最低，分别降低了35.35%、21.94%；乳酸乙酯/乙酸乙酯比值随处理时间延长逐渐增大，主要原因是乳酸乙酯不易挥发，乙酸乙酯因超声处理造成较多损失。自振空化器处理的样品，两种酯类含量均下降，其比例略有上升。

③挥发性风味物质含量：活性炭处理的两种酒样与原酒样相比各挥发性风味物质含量接近。与原酒样相比，电场处理16h和24h两种酒样中酸类物质含量分别下降了2.55%、3.07%，酯类物质含量分别上升了5.15%、5.52%，醇类物质含量分别下降了7.08%、6.50%，醛类物质含量分别上升了4.48%、4.05%。4种催陈处理样品中，电场处理的两种酒样酯类物质含量较酒原样小幅升高，棕榈酸乙酯、油酸乙酯、亚油酸乙酯等高级脂肪酸乙酯含量明显升高，具有改善酒体风味的作用；高级脂肪酸乙酯含量升高是处理样品感官评价中香气增加、后味悠长、略带油味的主要原因，可见电场处理具有提升酱香型白酒品质的效果。

综上所述，使用自振空化器、活性炭、电场、超声分别催陈样品酒，活性炭和电场催陈后酒样口感整体较好：1∶200活性炭处理、1∶300活性炭处理、电场处理16h以及电场处理24h可以使酒体口感及评分高于原酒样，感官评分分别为86、89、87和91，其中，电场处理24h评分最高，为最优催陈处理方式。电场处理后酒样酯类物质含量总体呈上升趋势，乙酸乙酯和乳酸乙酯两种主要酯类变化较为明显；活性炭处理酒样，由于活性炭无差异吸附性，各物质含量均有一定程度的下降，适当的料液比处理，可以降低酒样刺激感，同时香气可较好保留。以上试验为4种物理催陈相关研究提供了基础数据，对于催陈机理、工艺放大等仍需做进一步探讨。

76、中国白酒为什么会发生水解反应，如何减缓酒体的水解反应？

中国白酒是一种乙醇水溶液，酒精度越高，酯类等疏水性强的成分溶解程度相对越高；酒精度越低，酸类等极性物质溶解程度会越高。白酒中的最主要的香味物质成分是低级酯，如己酸乙酯、乙酸乙酯等，这些低级酯是由短链有机酸和乙醇脱水综合而生成的，在乙醇水溶液中可以形成可逆的水解-酯化反应，提高酒精度可以促使反应向生成酯类的方向发展，降低酒精度可以促使反应向水解方向发展。

$$RCO_2H+C_2H_5OH \rightleftharpoons RCO_2C_2H_5+H_2O$$

在此反应中，酯化反应和水解反应的速度是由其底物浓度决定的，当酸和乙醇含量较高时，主要表现为酯化反应；反之，当水和酯含量较高时，主要表现为水解反应。当白酒酒精度降至40%vol以下后，由于乙醇浓度的降低，使得这一可逆反应主要向水解方向进行，因而总酯含量下降。但总的来说，无论什么样的酒，长期存放，氧化水解作用是主要的。

影响中国白酒水解的因素有很多，如酒精度的高低和酒体总酸总酯含量、温度、光线、酒体溶解氧的含量和密封性、酒体乙醇分子与水分子的缔合度、预勾调等。为了更好地保证酒体质量，可以从以下几点入手，减缓酒体中的水解反应速率。

（1）适当提高酒精度或总酸含量并降低总酯含量　由白酒的水解和酯化可逆反应关系式可知，当酒精度提高，即乙醇的含量提高，平衡向酯化方向移动，可减缓白酒的水解。在产品配方设计时适当提高酒精度可以降低水解的风险。已经勾调好的低度白酒在贮存过程中总酸含量会随时间的延长而增加。实践证明，在勾调时稍微提高总酸含量，使总酸的含量达到一个相对的饱和度，这样可以抑制低度白酒在贮存期和货架期的水解过程，这也正符合可逆反应平衡移动原理。从实践经验可以得出，总酸含量稍微提高，在贮存过程中总酸的增加量是缓慢的，因此，在勾调时稍微提高总酸含量可延缓低度白酒贮存期和货架期水解的速度。但是酸度不宜过大，否则对口感会造成较大影响。

（2）避免照射　在暴晒和高温环境下贮存，白酒的水解速度会比在阴凉低温环境下快得多。白酒出厂后，在不同的地方销售，白酒的贮存环境会千差万别，特别是南方市场，低度白酒需求量大，而低度白酒容易水解，所以经销商应该选择合适的贮存场所，以保证酒质的稳定。另外，小批量多批次经营、加快周转速度或许也有利于白酒质量的稳定。

（3）减少溶解氧和加强密封性　酒体中的溶解氧是影响酯水解速度的关键性因素。在白酒勾调过程中，由于酒精度的调整及白酒骨架成分的变化，在组合时，若采用压缩空气进行搅拌，会溶入大量的氧气，溶解氧是造成酯类物质氧化的重要因素，会给产品稳定性造成一定的影响。低度成品酒中酯的水解与其中溶解氧的下降呈线性相关，溶解氧的存在使酯的水解速度在 3 个月内跳跃很大。3 个月后，溶解氧的消耗降低，水解变得非常缓慢，产品进入稳定期。减少酒体中溶解氧的措施主要有，白酒的贮存容器尽量要密封，严格控制空气的进入；采用无空气灌装，尽可能减少酒内残留的空气。

（4）提高乙醇分子与水分子的缔合度　随着科技的进步和对白酒陈化机理的研究，乙醇分子与水分子的缔合度问题越来越被重视。由于水和乙醇都是极性分子，在氢键的作用下，乙醇和水会形成新的缔合结构，也就是相对稳定的环状三聚体，即 $CH_3CH_2OH+2H_2O$ 相对稳定缔合体。胶体的形成有稳定酒质、丰满酒体的作用，胶团加强了乙醇分子与水分子的缔合度，加速酒体进入一个稳定的状态，延缓了白酒在贮存期和货架期的水解速度。

总之，白酒中的酯类水解是造成酒体不稳定的主要原因之一，影响因素主要有基酒的质量、酒体微量成分的协调度及基酒贮存条件等。基酒质量越高、微量成分越丰富协调、酒精度越高，水解速度越慢；反之就越快。温度升高会加快水解速度，故白酒应在阴凉处贮存。因此在白酒生产中要充分协调各因素之间的关系，根据需求选择不同的勾调方案，进行预勾调，选择不同的包装容器，最大限度地保持酒体的稳定，为市场奉献优质稳定的产品。

七 包装与质量篇

1、中国酒器是如何演变的？

盛酒的容器作为酒的载体成为了古代至今历史文化发展的见证。每个时代盛酒的容器都具有独特的特点。根据考古资料及历史事件，将中国盛酒容器发展大致分为6个时期。

（1）新石器晚期—青铜器时期　这一时期酒器材质基本都是陶质的，但造型多样，如罐、瓮、盂、碗、杯等，种类丰富。酒在这一时期的礼制和宗教文化中都扮演着重要角色，所以酒具在这一时期主要是作为一种礼器。在当今发掘的很多新石器时期与青铜器时期的墓葬中，酒具都是作为有身份权力人物的陪葬品，可见在这一时期，酒具更多是权力的象征。

（2）商周—春秋战国时期　这一时期由于冶炼技术的发展青铜冶铸业臻于鼎盛，所以该时期的酒具以青铜器为主，同时陶质容器也很盛行。特别是在商后期，爵、尊等酒具多种多样、做工精巧、形态庄严稳重，具有很高的艺术价值。《礼记·礼器》记载“宗庙之祭……尊者举觯，卑者举角”，指祭祀的时候，不同身份的人拿着祭祀的酒器酒具有严格的区分。《左传》记载着“酒以成礼”，也说明了酒礼是这一时期政治文化生活中极其重要的礼制。商代的父戊方卣，既是祭祀用的酒器，同时也是酒具，一方面用其盛酒祭祀祖先、神祇；另一方面可以用其盛酒让祭祀的人饮用，达到通神显灵的精神状态。

（3）秦汉—魏晋南北朝时期　这一时期流行青铜酒器和漆制酒器，由于该时期阶级划分和巨大的贫富差距，陶质容器在中下阶层人民饮酒中也还在大范围使用。在这个时期从酒器上就能看出南北差异，北方酒器以青铜为主，在刘胜墓中出土大量青铜酒器，如镶琉璃铜壶极尽奢华；而南方则更看重漆制酒器，如马王堆一号汉墓出土的漆器“君幸酒”漆卮。

魏晋南北朝时期的酒器主要以瓷为主，种类有盏、壶、碗、罐、注等，青釉羽觞是仿造汉漆杯而制成的青瓷饮酒器，呈船形可置于水中嬉戏之用，所以无论是从器物的尺寸还是造型上，都有别于其他饮酒用具。

（4）隋唐—辽金西夏时期　这一时期封建社会发展到达鼎盛阶段，各行各业，如手工制造业等发展非常快速，金、银铸造业也达到了鼎盛时期。这个时期的酒器以瓷质为主，在贵族阶层中开始使用金、银、铜、玉等酒器。唐白釉瓷壶体形小巧，口流较短，这些都是唐代瓷壶的典型特点，小中见巧不失沉稳。这一时期因为中原与西域来往通商，文化交流非常频繁，所以能够看到这个时期出土的很多酒器奇艺骈罗，充满了异域的神秘色彩。

辽、金、西夏是先后与宋王朝并存的少数民族政权，由长期在草原游牧的民族所建立。他们入主中原后，对中原文化少有排斥和抵御，所以在经济、文化、政治等方面都有中原文化的影子；在酒器上，也以借鉴汉族造型为主，如耶律羽之墓出土的定窑白瓷，在造型上都可看作是唐瓷的延续。

（5）元明清—民国时期　元明清是中国古代工艺水平发展的高峰时期，这一时期工艺的门类已经非常齐全，瓷、玉、金、银等材质的酒器工艺精湛、精美异常。该时期瓷器以其耐用、廉价等特点逐渐成为主流酒器；而伴随着杯器绘画工艺的成熟，酒器上也常常绘以山水、花鸟、人物故事等图案。一直延续不变的便是酒具酒器在礼制中的重要作用。明皇帝结婚时使用的“白玉单凤双螭万寿合卺杯”就是代表之一，以卺代杯，男女双方各持其中一杯饮用，以示好和也称合卺，意为婚后合二为一，同甘共苦。这件合卺杯可谓独具匠心，除使用白玉外还有青玉、黄玉及痕都斯坦玉，用这些玉制作出来的酒具精美绝伦、色泽温润、花纹天然、光亮透明，充分显示出皇家御用的气派。

清代末期至民国时期，玻璃酒器开始登上酒具舞台。玻璃酒器之所以在中国古代酒器中没有存在感，与玻璃这种材料本身在中国的缓慢发展有很大关系。从时间方面看，相对于陶器、青铜、漆等材料来说，中国掌握玻璃工艺的时间较晚。

（6）现代白酒包装容器　由于现代化生产、运输等原因，玻璃酒器在现代成为了主流。但一些企业在设计制作定制酒、珍藏酒等需要表现白酒的高端、历史沉淀感时，还是会选用陶瓷作为主要包装容器。改革开放以后，高度白酒受到人们的广泛喜爱，由于此时玻璃工艺已经非常成熟，玻璃廉价、方便包装、运输的特点也促使其成为了白酒企业的首选。21 世纪，随着人们生活水平不断提高，白酒不仅只有饮用的功能，还有了收藏和鉴赏等功能，所以白酒的包装容器开始呈现形态各异、材质独特等特点，这一特点在定制白酒的包装上尤为明显。

酒器从出现到发展，从王宫贵族到平民百姓，与中国的历史发展一脉相承。酒器不仅是中国历史发展的见证物，还承载着人们在创造和享受物质文明基础上焕发出来的精神文明的璀璨光华，表现出了我国人民对美好生活的追求与向往。

2、中国白酒包装有哪些创新之处？

随着科学技术的飞速发展，中国白酒产业的包装技术也在不断改革、创新，下面从酒盒、标签等主要环节来浅析中国白酒包装方面的突破与创新，供读者参考。

（1）酒盒　目前，最常见的酒盒制作主要包括两大要素：一是材料的选择，即根据白酒产品的市场定位和设计需求，选择匹配的材料，如白卡纸、金银卡纸、镭射金银卡纸、塑料压盒、铁罐压盒等；二是印刷与烫印，即选择最恰当的工艺将包装设计以最完美的状态呈现出来。

在烫印环节，越来越多的包装印刷企业开始采用先进的胶印冷烫技术，即在胶印过程中，同时完成印刷和烫印，且冷烫能够实现局部烫印，不像金银卡纸或镭射金银卡纸是整体效果。胶印冷烫技术的优势主要体现在以下几个方面：一是节省时间，印刷与烫印同时完成，减少生产流程时间，提高生产效率；二是降低成本，一条龙生产，减少加工工序和工序间的材料消耗，减少人员配置，降低人工成本；三是更具价值，“胶印+冷烫”的效果更具层次感，可先印刷后冷烫或先冷烫后印刷，在设计上更加多元化。

（2）标签 市场上常见的酒瓶标签主要包括4种类型，即纸张不干胶标签、薄膜不干胶标签、高温花纸贴标与低温花纸贴标。

①不干胶标签（纸张与薄膜）：此类标签对于国内众多异形酒瓶（即非圆柱体或长柱体酒瓶）来说，在应用上具有一定的局限性，整体贴标质感不及“无膜标”（即高温花纸贴标与低温花纸贴标）。

②高温花纸贴标：此类标签应用在玻璃酒瓶内，酒瓶须经560℃以上烘烤，在能源成本上是一大负担。而且由于需要高温烘烤，因此在花纸所用的颜料颜色上具有一定的局限性。另外，真金膏的使用成本较高，造成一定的浪费。

③低温花纸贴标：2009年起，随着我国真金膏价格的持续上涨，以及政府节能减排政策的不断提倡，低温花纸贴标逐步成为市场的主流。作为酒瓶标签领域的一大创举，低温花纸贴标具有以下诸多优势：一是只需低温（150~180℃）烘烤，能够达到节能减排的目的；二是由于无需高温烘烤，因此在颜料颜色的选择上更具多样化（相较于高温花纸贴标）；三是以烫金纸取代真金膏，大大降低了成本，更具市场竞争力。

随着低温花纸贴标在白酒包装领域的推广应用，黄金色烫金纸、白金色烫金纸、红金色烫金纸等逐渐被广泛使用，在市场追求创新与变化的同时，镭射金与镭射白金烫印也逐步被许多白酒品牌所使用。在低温花纸贴标工艺中，使用镭射金与镭射白金烫印的优势主要体现在如下3方面：一是使得低温花纸贴标更加高档化。从不同角度观看酒瓶标签，均会呈现七彩光泽，更加凸显商标品牌；二是以低温花纸烫印（镭射金/白金）+套印（印刷）后，所呈现的图案更具层次感与立体感；三是使得酒盒与酒瓶标签上两种商标的颜色与镭射图案更具一致性。

目前，我国白酒包装防伪设计主要是在酒盒封口或瓶盖封口上，贴上一枚厂家专有的防伪标签（不干胶标签）。我国白酒包装防伪设计上又有一项创新，即结合低温花纸烫印技术，将标签的防伪技术运用到酒瓶上。该创新技术使得防伪设计更加完整，势必能够更加有效地杜绝假酒，提高白酒厂家的销量与利润。

3、陶瓷酒坛相较于玻璃瓶在中国白酒包装上具有哪些优点?

陶瓷酒坛与玻璃酒瓶包装相比较，其优势主要有以下几方面：一是玻璃酒瓶透光，陶瓷酒坛不透光，避免了光照引起酒发生化学反应，很好地保持了酒质；二是酒对温度特别敏感，玻璃酒瓶导热快，陶瓷酒坛相对导热慢，可以保持适中的酒温，使酒不易变质；三是陶瓷酒坛由高温烧成，物理化学稳定性高；四是陶瓷酒坛略透气但不渗漏，对原酒陈酿有很好的催陈效果；五是制造陶瓷酒坛的原料取材于天然矿物，含有钙、镁、钾、钠、铁等元素，有益人体健康；六是陶瓷制品工艺精湛、艺术表现形式多样，收藏价值极高，可以提升酒的品位和文化内涵。

曾经陶瓷酒坛在包装市场上被快速增长的玻璃酒瓶所替代，随着复古风的兴起，陶瓷酒坛再次以新的面貌出现，并且在竞争中迎来新的机遇。在中华5000年历史长河中，陶瓷文化和酒文化在传统文化中都占据了非常重要的地位，也是中华民族勤劳智慧的结晶。当代陶瓷酒坛、高档酒瓶、收藏酒酒瓶、礼品酒酒瓶的诞生不仅丰富了陶瓷在实用器形领域的展现，也推广了传统的陶瓷文化业。而且陶瓷酒坛文化融合，促进了近年来酒企和陶瓷酒坛突飞猛进式的发展。但陶瓷酒坛的“过度包装”仅能一次性使用，如何平衡陶瓷原料资源的“稀有”性，再次成为行业关注和讨论的话题。在业内人士看来，陶瓷酒瓶如此受追捧，除了人工制作成本高、具有一定的艺术价值之外，另一个原因不能忽略，就是制作陶瓷产品的原料属于非可再生资源，这些原料一旦枯竭，将一方难求。鉴于制作陶瓷消耗资源太多，到最后国家可能会加以控制，陶瓷包装可能会被塑料包装、玻璃包装代替。

4、中国白酒生态化包装材料未来发展趋势是什么？

（1）安全无毒化　包装材料的安全是保障酒质安全和人体健康的必要条件。目前用于白酒包装的材料或多或少含有有毒成分，因此研究和使用无毒代用材料成为必然的大趋势。发展白酒包装用无毒材料的主要途径有以下几点：一是塑料中采用柠檬酸酯类无苯型增塑剂；二是开发淀粉黏合剂、水溶剂型黏合剂和无溶剂复合黏合剂等环保型黏合剂；三是开发预涂涂料、水性涂料、粘贴涂料和粉末涂料等环保涂料；四是开发无苯无酮环保型油墨；五是开发聚丙烯塑料发泡缓冲材料。如以植物提取物为主要原料，采用最先进的加工、分离、提纯工艺生产新型环保无苯型增塑剂——柠檬酸酯类增塑剂，产品具有耐迁移、耐挥发、无毒无害和增塑效率高的特点，替代含苯的邻苯二甲酸酯类化合物如邻苯二甲酸二（2-乙基己基）酯，从而能有效防止塑化剂成分迁移进入酒中。

（2）简朴原生态化　白酒消费正进入消费者自掏腰包的大众消费时代，简单、实惠、朴素的包装将成为主流，直接取自大自然、资源丰富、无毒无害、价格低廉的原生态材料刚好能满足这一发展趋势。原生态材料兼有绿色环保与返璞归真的审美观和可持续发展的设计观。发展白酒包装用原生态材料的主要途径有以下几点：一是使用竹、藤或深加工的竹胶板等制作外包装物；二是用天然植物纤维及合成材料制作外包装物、缓冲衬垫等；三是用淀粉、纤维素、蟹壳等天然高分子材料加工成薄膜制作外包装物。可以使用麦秸、稻草、玉米秸、芦苇、甘蔗渣、棉秆等农作物秸秆为主要原料，采用纤维发泡技术制成孔泡均匀、相对密度小、抗冲击性能良好、能自然降解的包装材料。

（3）纳米功能化　当物质颗粒被粉碎到纳米级后会改变其功能特性，将纳米特性应用在包装材料上，便可获得比原来材料在强度、生物分解力、抗腐蚀、阻燃和阻热等方面更好的功能特性，如将1~100nm的单晶体或多晶体的纳米粒子与PP、PE、PVC等原料颗粒混合加工而成的包装材料，增加了抗菌消毒、低透湿率、低透氧率、吸收紫外线、阻隔二氧化碳、高机械性能等特性，提高了材料的应用范围。白酒包装用纳米特性材料的主要功能有以下几点：一是纳米阻隔材料防止白酒渗漏跑香；二是纳米抗菌材料防止酒的包装物霉变；三是纳米色彩油墨或涂料提高白酒产品防伪性能。如将纳米 TiO_2 添加在壳聚糖颗粒中制得纳米复合材料，在可见光照射下对大肠杆菌，金黄色葡萄球菌和黑曲霉菌具有明显的抑制作用，能有效防止白酒产品在货架期出现包装物的霉变。

（4）用材轻量化　近年来对于白酒包装材料出现了一系列成本高的“过度包装”和“欺诈性包装”现象，必须杜绝。坚持适度包装是发展生态包装的首选举措，才能从源头上节约资源、能源和减少对环境的“三废”排放。发展白酒包装用刚性轻量材料的主要途径有以下几点：一是晶莹剔透的玻璃材质轻量化；二是纸质和塑料材质的轻量化；三是金属材料薄壁轻量化；四是简化容器结构实现轻量化；五是省去低档光瓶白酒销售的外包装。玻璃瓶是白酒的主要包装容器，通过调整配方、实行理化强化工艺和表面涂层强化处理等技术及采用轻量化结构和瓶形的优化设计，可使玻璃瓶从平均壁厚 3.5mm 减薄为 2.0~2.5mm，从而实现玻璃瓶轻量化。

（5）塑料可降解化　塑料是化学性能稳定的人工高分子化合物，广泛用于白酒外包装和低档白酒的利乐包包装，但因其不能自行降解而造成环境的“白色”污染。塑料具有可循环使用的特点，将来可能成为中高档白酒的外包装材料，但必须进一步具备安全无毒和可降解的特性。发展白酒包装用可降解塑料的主要途径有以下几点：一是使用化学（人工）合成生物降解塑料如聚乳酸；二是使用微生物合成的脂肪聚酯完全可生物降解塑料；三是使用天然高分子与合成高分子共混型的生物降解塑料。如采用塑料改性工艺，生产淀粉/聚乙烯醇共混型塑料，用作中高档白酒的外包装材料，利用聚乙烯醇溶于水，被生物利用最终降解为 CO_2 和 H_2O 的性质，有效解决传统塑料对环境的危害。

（6）资源再利用化　对使用后的白酒包装材料回收再利用，旨在保护环境、节约资源和能源，如回收废纸制浆相较于木材制浆能够节约 60%以上的能源和水资源，回收废弃塑料制成新包装容器可节约 85%~96%的能源，回收废旧玻璃生产新容器比采掘铁矿石和石英砂制成新容器能够节约 50%~75%的能源。白酒包装材料回收再利用的方式主要有重复再利用、回收循环再生等方式，发展白酒包装用资源再利用材料的主要途径有以下几点：一是玻璃瓶的回收循环利用。二是废弃塑料包装物被再生加工成树脂颗粒原料。三是废弃纸质回收加工成废纸浆再造成纸浆模塑制品。如以废纸板、废纸等植物纤维为主要原料，加入松香胶、石蜡乳胶或松香-石蜡乳胶等湿强剂进行打浆，然后浇注到金属网状模型中通过真空方法成型、压实，再经烘干机干燥，热压整形机校形，可得到具有几何空腔结构的纸浆模塑制品，用于白酒或其他产品的包装。四是采用适应现代物流特点的可重复使用的包装容器。

5、中国白酒生态化包装材料主要包括哪些种类?

中国白酒的外包装材料由单一的纸质材料发展出纸塑结合和纸木结合等多种材料相结合的形式，内包装材料包括玻璃、陶瓷、竹木、塑料等多种材质。按照中国白酒包装生态化材料在消费者完成消费后的归属进行分类，主要分为三类。

（1）可直接自然降解的材料　这类材料废弃后直接进入大自然的生态循环系统中，通过土壤和水中的微生物，阳光中的紫外线等自然力的作用可被快速降解，对环境不造成污染。可直接自然降解的材料包括竹、木、藤等天然包装材料及其制品［如纸制品材料（纸张、纸板、纸浆模塑材料）］，生物可降解材料，生物分裂材料，光降解材料，生物与光的双降解材料等。

（2）可回收再循环利用的材料　这类材料废弃后通过建立的回收体系加以回收，通过分类直接再利用或加工生产再利用，是保护环境、促进白酒包装再循环利用的一种最积极的处理方式。可回收再循环利用的材料包括纸质材料（如纸张、纸板、纸浆模塑材料）、玻璃材料、金属材料、高分子纤维材料（如丝、棉、麻、毛）和高分子聚合物材料（如合成树脂）等。

（3）可回收再制能降解的材料　这类材料在废弃后通过建立的回收体系加以回收，通过分类先行焚烧获得能源后再填埋，最终可自行分解，对大气湖泊等自然环境不构成污染。可回收再制能降解的材料有化学合成高分子材料、复合型材料和生物降解塑料等。

6、中国白酒生态化包装材料应具有哪些特性?

（1）优良的产品保护特性　白酒是液态饮品，包装材料的保护特性体现在产品在流通过程中受到保护不会发生渗漏、挥发、污染、变质、损坏等情况。要实现对产品的保护特性，白酒包装材料需要具备相应的一些性能，如防潮性、防水性、耐酸性、透气性、适应气温变化性、无毒性、无味性、耐压性、耐久性、抗震性以及具有一定的机械强度等，如采用纸质等天然植物纤维材料、生物可降解材料（聚淀粉）、光降解材料（三元聚酮材料）、生物分裂材料（聚淀粉与聚乙烯复合物）、生物/光双降解材料（生物/光双降解塑料）和“绿色”印刷材料等制作的白酒外包装盒，采用玻璃、陶瓷和复合材料加工而成的内包装物，首先必须具备的是保护特性。

（2）优良的加工使用特性　用于白酒包装的生态材料要便于自动化操作，易于加工成型、易于包装、易于填充、易于封合，在生产制作过程中能适应大规模工业化生产的要求，能更好地提高生产效率和降低能耗；在消费者使用时，要处处体现对消费者、使用者的人文关爱。如赵友清先生设计的天之蓝绵柔型白酒的蓝色酒瓶，以精白料为基础瓶，配以有机外层喷绘，采用光刻猫眼技术一次性完成传统印刷机印后的复杂制作流程，直接做到了高效高品质的大批量生产，保证了品牌产品包装的标准化和统一性。蓝色酒瓶宛如江南美女身段，上深下浅渐变的配色更显质感，消费者手握瓶身倒酒时更有安全感；外盒形如一个西装革履的白领青年，两边拉环同时向下即可拉开，取酒瓶时简约方便。

（3）优良的视觉设计特性　用于白酒包装的生态材料本身需具有不同的质感、色彩、肌理，能产生较好的视觉效果，为消费者提供基本的审美需求。当设计师将材料的透明度、表面光泽度、印刷的适应性、吸墨性、耐磨性等加以充分利用，再加上巧妙的构思，便会产生绝佳的效果。如许僚原先生为水井坊世纪典藏酒所设计的包装，堪称国酒高档包装的经典之作，外包装采用了青铜合金材质，给人大气磅礴、庄重威严的质感；内包装为玻璃拼嵌金属材料，高贵稳重又不失华丽精巧，给人很强的视觉震撼力。宋河的嗨80、嗨90是针对青年消费者的白酒，倡导激情青春，在视觉表达上富有极强感染力。

（4）优良的可回收利用特性　用于白酒包装的生态材料要有利于环保，加工过程中少排放废气、废水、废渣等污染物，在使用过程中对人体和生物无毒无害，最大限度地避免使用稀缺材料和减少材料的种类，选用易于分离的复合材料或镀层材料，以便使用后可回收与再资源化利用或可降解。如使用玻璃为原料制作的白酒内包装，便于回收和再利用；采用来源广且加工方便的藤条、竹子、麻纤维等速生植物为材料，制作中低档白酒的外包装，既可减少原材料使用，又可减少运输与储备空间，还不会形成永久垃圾和环境负载。

7、中国白酒包装材料为什么要向生态化方向发展?

21世纪全球面临环境日益恶化的严峻挑战，人们保护环境的意识在不断增强，白酒产业必须走生态酿酒和生态经营的发展之路，生态包装是实现产业可持续发展的必然要求。生态包装是指对生态环境和人体健康无害，能回收和循环再生利用，可促进可持续发展的包装，满足“4R1D”即减量化（reduce）、重复使用（reuse）、可回收（recycle）、可再填充（recover）和可降解（degradable）的绿色包装要求。白酒包装的突破和发展很大程度上取决于包装材料的创新和升级，在包装材料日新月异的今天，中国白酒包装对新材料的选用是最快最多的，白酒包装材料生态化的研究已成为白酒及相关产业研究的热点。

中国白酒包装材料包括内包装材料、外包装材料和辅助材料，其中内包装材料种类主要有玻璃、陶瓷、竹木和塑料等，外包装材料种类包括纸质、塑料、金属和木材，辅助材料有保丽龙（泡沫）、丝带、绸布、防伪锁扣、铆钉等。20 世纪 90 年代末以来，中国白酒包装进入了“缤纷时代”，已呈现出包装材料“五彩缤纷”的发展局面。虽然各种包装材料的种类、物理性质和化学性质各不相同，但是被污染和有毒物质超标的包装材料，与被包装的白酒产品之间接触，会通过吸收、溶解、迁移等方式相互交融或渗透，时刻威胁着白酒产品的安全，如白酒塑化剂事件就是一个很好的证明。因此包装材料的安全性是保障白酒安全不可或缺的重要一环。不同白酒包装材料的特性如表 7-1、表 7-2 所示。

表 7-1　白酒内包装材料特性

类型	主要特点	安全隐患	运用实例	绿色环保性评价
玻璃	透明，坚硬耐压，良好的阻隔、耐蚀、耐热和光学性质	重金属溶出超标	五粮液酒、水井坊酒的瓶包装	可回收重复使用
陶瓷	防腐防虫，经久不坏	涂料、釉中重金属如铅和镉等迁移入酒	酒鬼酒的陶瓶包装，飞天茅台酒和至尊舍得酒的瓷瓶包装	可回收重复使用
竹木	密封性和整体性都很强，且坚固耐用	甲醛被酒吸附或直接刺激人的上呼吸道	少数民族特色的白酒的内包装，如版纳竹酒	无
塑料	原料来源丰富，价格低廉，种类多，易成型，生产灵活性高，包装性能好，生产过程节能	单体溶出，添加剂迁移	制作成瓶塞	废弃后很难降解，易形成永久的“白色垃圾”

表 7-2　白酒外包装材料特性

类型	主要特点	安全隐患	运用实例	绿色环保性评价
纸质	环保轻便，易于成型，经济节约，生产灵活性高，储运方便	纸浆中添加剂溶出，导致污染问题	西凤酒的外包装	可降解，易回收复用，绿色环保性能好
竹木	弹性极好，可以根据需要编织成各种形状，可提可背，便于携带	甲醛被酒吸附或直接刺激人的上呼吸道	“全兴老酒”竹筒外包装盒和五粮液特制尊酒 52% vol 木盒	可降解

续表

类型	主要特点	安全隐患	运用实例	绿色环保性评价
塑料	原料来源丰富、价格低廉，种类多，易成型，生产灵活性高，包装性能好，生产过程节能	原料本身有毒，塑料裂解产物有毒	五粮液酒外包装	废弃后很难降解，易形成“白色垃圾”
金属	阻气性、防潮性、遮光性和密封性良好，易成型加工，机械强度高，有金属光泽	既有涂层中的有毒成分，还有镍、铬、镉和铝等有毒金属离子析出和迁移量超标	泸州老窖六年陈头曲和郎酒系列国藏郎红尊的铁盒外包装盒，铝制防盗瓶盖	优良的可循环再生材料

中国白酒包装的回收体系还未建立起来。随着中国白酒产量扩大，包装废弃物对环境污染的影响程度也在加大，在中国白酒工业倡导生态酿酒和生态经营的发展态势下，有必要进一步健全、完善食品包装材料的国家标准，对食品包装材质、种类、用途以及安全性做出规范要求，对那些容易产生毒副作用的包装材料严令禁止，健全并在全国强制性推行统一的检测检验标准。

8、为什么要提高中国白酒产品包装检验质量？

中国白酒包装主要包括以下三个方面：一是外包装箱，一般采用瓦楞纸制作；二是包装盒，一般使用纸质、塑料、木质以及复合材料制作，酒瓶主要采用玻璃和陶瓷材料；三是瓶盖，一般采用塑料或金属盖。盛装白酒的容器、外包装材料会直接或者间接地接触白酒，导致在加工、贮藏或者运输过程中可能对酒体产生污染，给消费者的身体健康带来一定的隐患，因此对白酒包装进行严格的检验把关非常重要，特别是包装材料卫生指标的检验检测。由于人们生活水平不断提高，世界各国老百姓对食品安全问题的关注度也越来越高，我国政府针对食品安全问题制定了法律、法规和标准，对于酒类包装容器、包装材料也颁布了法规和标准，对保护消费者的身体健康起到了重要影响作用。

9、影响中国白酒产品包装质量的关键因素有哪些？

（1）密封性　在将白酒灌装入酒瓶后，务必保证包装的密封性，不能让空气进入酒瓶内破坏白酒的风味物质，以及导致酒液挥发、计量不足等质量问题。在包装生产过程中，酒瓶中灌入酒液后，应立即压盖密封。压盖环节除要求酒瓶瓶口和瓶盖尺寸符合设计标准外，还需确保压盖机压力大小调试适当，压力过小会产生瓶盖压不到位、松动、漏气等缺陷；压力过大，又会导致瓶盖被压破、内塞变形等问题。对每瓶压盖后的半成品，都应检验瓶盖是否装配到位。

（2）安全性　白酒包装材料生产制作过程中可能会产生一些微量有害物质，如油墨中的重金属元素、黏胶、酒瓶内壁黏附杂质等。如果在包装完成之后生产厂家没有及时进行相关的处理，这些有害成分就会残留在包装物上，如果与酒体长期接触浸泡，将会对酒体的安全指标和口感产生影响。因此，在生产白酒包装材料时一定要做好清理工作，提前进行风险分析并采取预防措施，提高包装产品质量，确保白酒安全。

（3）印刷质量　根据《中华人民共和国食品安全法》和 GB 7718—2025《食品安全国家标准　预包装食品标签通则》等法规和标准，预包装食品的包装上应当有标签。标签应当标明食品名称、规格、净含量、生产日期；生产者的名称、地址、联系方式；保质期；产品标准等重要信息。在检验白酒包装质量的过程中也要检测包装的印刷质量，首先是承印基材的材质需符合标准，其次印刷品表面文字需线条轮廓清晰、位置准确，压凹凸饱满、无破裂，无糊版、无残缺、无脏污等，确保印刷质量符合标准。

10、可从哪些方面检查中国白酒产品包装质量？

（1）白酒包装外观检查　常见酒类纸质外包装有瓦楞纸箱、纸盒、纸袋、吊牌等。外包装的作用首先是美化产品，迎合消费者审美，以增加白酒销售量；其次是保护白酒安全，避免酒瓶之间相互碰撞。外包装的检查要看包装物是否完整无损伤，标签标识是否符合法规和标准；钉合或黏合是否到位无缝隙；检查生产厂家提供的合格证书信息是否能对应且现行有效；对于易碎、易坏的包装物，要观察包装上是否标示了“轻放”“向上”等提示性文字；使用瓦楞纸箱进行包装的白酒，纸箱内可以使用隔板、衬垫、底座等纸箱附件；有磨砂工艺却没有覆膜的包装应使用塑料薄膜隔开。在检查纸质外包装外观的过程中，要看纸质包装是否符合国家标准；纸质包装中是否存在覆膜不完整或者起泡现象；确保纸质包装印刷的标识、图案和文字清晰无误，避免出现深浅不一致现象；纸质包装的压痕线宽度符合标准，且不能出现重线、压线等质量缺陷；纸盒包装切口边缘平整，无明显毛边；白纸板瓦楞纸箱与酒用纸盒需要用胶水黏合，达到美观效果，仿牛皮和牛皮料的瓦楞纸箱要用箱钉钉好；检查纸盒的包装纸是否出现起泡、褶皱或者变色污迹现象；纸盒包装的尺寸、油墨附着力及含水量需达标。

（2）对酒瓶的外观检查　对酒瓶的外观检查主要包括以下几个方面：一是酒瓶的瓶壁要光滑，无明显外观缺陷，比如绺纹、黑点等问题；瓶壁允许气泡数量及大小不超过标准要求，四周不能存在裂纹、结石，瓶口封合面不能存在影响密封的凸点，瓶身合缝线光滑。二是酒瓶颜色不能存在明显色差。三是酒瓶规格尺寸需符合检验标准。四是酒瓶与瓶盖配合后，不能出现漏酒现象，如果有漏酒现象，可能是瓶盖与瓶口尺寸不匹配，也可能是瓶盖未紧固到位。为避免出现此类现象，在生产过程中应提前检查瓶口和瓶盖质量是否符合标准。五是观察酒瓶上的商标是否端正，有无歪斜、破损现象，如果存在破损，可能是贴标过程胶水使用过多，或胶水未干透就装箱。解决此类问题的办法是使用烘干机将标签烘干，或者等胶水干透之后再进行装箱工作。六是针对酒瓶上的喷码，主要检查喷码信息是否清晰完整，瓶盖上是否留有残余酒液。信息不完整可能是因为喷码机未调整好，应该事先调整好，等待喷码干透之后进行装箱，并且在装箱前用干毛巾擦掉多余的水或者酒液。

（3）建立质量管理体系并有效实施　企业可以建立适合自己的质量管理体系来保证并提高产品质量，确保企业方针、目标的顺利实现。运用体系把各部门、各环节生产经营活动密切地组织起来，提高内部管理绩效和质量管理水平，通过有效的过程控制和全员参与，在企业内部形成一个完整的质量管理工作系统。建立体系后，更能体现以顾客为中心，为产品进入市场提供产品质量和管理水平的保证，不仅可使产品满足和超越顾客需求，还可不断对产品进行持续改进，获得创新。

（4）品质管理　随着科学技术和信息技术的发展，以及国家“一带一路”倡议的提出和实践，中国白酒产品质量不断提高，并逐步得到世界各国认可。如果中国白酒在发展过程中不注重严格的质量管控，则产品质量容易出现波动现象，小则影响产品形象和品牌定位，大则会让世界人民对“中国制造”产生质疑。品质管理应贯穿产品整个生命周期的各个环节，从最初的产品设计开发，到酒体定位、包装材质选用、防伪设计的精巧程度等方面，充分运用科技与创新的思维，进行准确的市场和品牌定位，并与企业战略发展方向、市场需求和技术成熟程度相适应，把它真正当作一项关乎行业可持续发展的系统工程和企业的核心竞争力，认真对待。

综上所述，白酒产品包装检测是白酒从生产到销售中一道必不可少的环节，包装质量直接关乎白酒外在质量，并且包装材料的各个指标都会影响消费者对该白酒品牌的认可度，是品牌形象的重要体现。通过对白酒包装的检测，不仅能够降低质量成本，增加效益，还能得到更多消费者的信任，赢得市场。

11、中国白酒包装设计目前存在哪些不足?

中国白酒的包装水准虽然在不断改进和创新，但与国外酒类依然有不小的差距。而中国白酒包装的大气与否，也影响着人们的选择，同样价位的白酒若一款的包装精美、简洁大气，另一款紧凑、局促，消费者会下意识选择自己看着舒服的那一款。因此，中国白酒的包装对其销量也有一定的影响。中国白酒包装环节目前存在的不足主要包括以下几点。

（1）色彩单调　谈到中国白酒包装的颜色，消费者的第一印象就是红、蓝、黑，偶尔会出现黄色、金色。企业对包装颜色的选择，大多都是根据消费者的喜好，人们普遍认为白酒应该在休闲假日、亲友团聚、热闹喜事中才用得上，而红色的包装正与这些喜气洋洋的场景相契合。蓝色的包装显得“独特”；黑色包装低调奢华，在什么场合都不会出错。中国白酒包装色彩单一，在市场上的酒柜中不突出，消费者看久了相同颜色、相同盒形也会产生审美疲劳，最终影响到白酒的销售量。当然，也有企业不甘于“平庸”，在产品的包装上大胆改进，但改进过度后导致“风格怪异”，消费者难以认出白酒的前身，会误判此为“假货”。

（2）盒形单一　中国市场上白酒包装盒主要的类型就是翻盖式、天地盖式、多边盒式、书形盒式等较为有限的种类。对于酒类爱好者而言，毫无惊喜与新意，无法满足其对产品的多样性需求。有时消费者将不同品种的白酒同时打开，高昂价格与低廉价位的白酒盒形大多相似，从外表难以区分其价位，消费者难以为此买单。产品包装的设计需要灵感和经验，设计师在设计包装盒时，往往选择最简单、最大气的盒形，但能够熟练掌握平面设计和盒形设计的设计师并不多见，如果跳出原先的盒形，在原先简约的基础上重新确定新的包装，花费的时间、金钱、精力都不在少数。

（3）人性化不足　为区分日常白酒和高档白酒，酿酒企业最简便的方法就是直接在包装盒上标注星级。这样厂家不仅能够迅速区分白酒的品类，还能防止在运输过程中发生“低档白酒运输到高档白酒地区”的错误，但这也暴露出白酒包装人性化不足的缺点。星级越高，代表白酒质量越好，价格越昂贵，一般人难以消费；星级越低，代表白酒的档次越亲民。逢年过节、走亲访友之时，白酒是必不可少的礼品，星级过低，价格过于低廉的白酒人们也难以拿得出手。因此，就会存在价格与消费之间的冲突，消费者也只好另选他物。

12、中国白酒包装所用的瓶盖材料经历了哪些变化？

瓶盖是中国白酒包装核心要素之一，一般包括内塞、内盖、衬垫、外盖几个部分。

（1）外盖材料的演变　瓶盖早期使用的是软木材质瓶塞、马口铁皇冠盖及螺旋瓶盖。螺旋瓶盖的起源无确切的历史记载，根据带丝扣玻璃瓶的历史记载可知，螺旋瓶盖可能起源于19世纪中期，金属制螺旋瓶盖出现于1921年，当时以铝制螺旋盖和旋铁盖为主；接着相继出现塑料瓶盖，大约在1927年塑料瓶盖由于价廉、美观和容易加工的特点而普遍被采用，但是仍然在某些性能上还不及金属瓶盖。

20世纪80年代受加工自动化程度不高、侧面滚涂与滚印技术不够普遍、塑料部件精度低等生产工艺技术水平的限制，塑料瓶盖生产企业的发展受到了影响，而铝制螺旋瓶盖则呈现出明显的优势。一方面铝制螺旋瓶盖得以应用，主要是其既能够保证封口处的高阻隔性，又能耐受外界硬物的抗击性，防止发生产品泄漏、破损等质量问题；同时在表观装饰方面，铝制螺旋盖可以带来广阔的个性化艺术创作空间，酒瓶盖生产厂家通过不断的创新，丝套烫、凸套烫、多色侧部印刷、顶部柔印等技术的运用可赋予铝盖多样化的外观；铝螺旋盖另一个明显的优势在于其防盗设计，一旦酒瓶被打开，铝螺旋盖上的连点线就会断裂，非常易于消费者鉴别。除技术和功能优势明显外，铝螺旋盖还具有可低成本批量化生产、性价比佳等特点。20世纪90年代随着五粮液高档塑料盖开发应用的成功，塑料盖进入繁盛时期；同时铝螺旋盖在这10年的发展中随着涂料和涂装行业的迅速发展，中国有了自己生产的铝螺旋盖涂料，涂料质量也与国外同步；同时涂装印刷技术也有了质的变化，大面积精印、多色彩印、侧面多色滚印及上光等技术的应用，使铝螺旋盖也有了很大的发展。

纵观中国白酒瓶盖行业的发展，至今为止主要开发出了系列铝盖、塑料盖、组合式铝塑防伪瓶盖、玻璃盖等产品。中国白酒包装目前多数仍以玻璃瓶为主，因而瓶盖很多是用铝、塑材料制造的。铝盖因其良好的密封阻隔性，在白酒包装领域应用较广泛；塑料盖具有成本低和易于加工的特点，取代了部分铝盖，需求稳定增长；基于高档白酒的包装在传播上的需求，玻璃等材质的瓶盖开始在白酒包装上运用，但高难度的制作工艺和工业化生产极低的可能性使得玻璃瓶盖的广泛运用受到了阻碍。

（2）白酒瓶盖内衬材料的发展　随着玻璃瓶在白酒包装中的应用，瓶盖内衬材料也不断改进。最初是采用垫片的形式，由底衬材料和面衬材料相结合，底衬材料主要是使瓶盖旋紧时具有一定弹性以增加密封效果，一般采用软木塞、纤维和木屑纸板及橡胶等；面衬材料与瓶口端面接触，要求密封性好、透气性小、无毒和耐杀菌温度，多采用铝箔、纤维类薄膜、橡胶和各种塑料薄膜（如聚乙烯、聚丙烯、聚酯、氯化橡胶）以及涂层纸板等。后来发展到改用垫圈的形式，开始多采用天然橡胶或合成橡胶，这些材料制成的垫圈富有弹性、密封性良好，不需要底衬和面衬相结合，而是单独使用。垫圈的制造，可先将料模制成型，填装入白酒瓶盖内壁，或者将橡胶配成的胶液浇铸于白酒瓶盖内然后经加热形成垫圈。20世纪70年代和80年代，由聚氯乙烯（PVC）制造的塑料垫圈开始盛行起来，由于这种塑料垫圈具有比橡胶垫圈柔软、弹性好等优点，因而逐渐取代橡胶垫圈。直到20世纪90年代由PVC所制的螺旋瓶盖垫圈配方已非常成熟，经过逐步改进之后，为了增加弹性、密封效果和降低开启扭力矩而在配方中增添了少量稳定剂、发泡剂和润滑剂等组分，此种垫圈是饮料、啤酒和白酒瓶盖的理想材料；但是随着全球陆续制定了食品包装材料中增塑剂的限量标准，PVC垫片在白酒包装行业渐渐被取代。聚乙烯（PE）具备良好的缓冲性、隔热性，在食品包装领域、石油化工、建筑等领域被广泛使用。PE垫片虽然化学稳定性良好，能耐大多数酸碱，但由于其硬度较高、弹性差，压盖过程中容易造成与瓶盖接合性差、密封性差；但物理发泡产生的PE材料具有良好的隔水防潮性、减震性和可循环再造等优点，是传统白酒包装内衬材料的理想替代品。

（3）中国白酒瓶盖材料最新发展

①食品安全性方面的进展：中国白酒包装中的制盖业经历了铝盖和塑料盖之争的第一、第二阶段，现在越来越多的酒类企业更青睐于铝塑组合盖。国标防伪瓶盖主要分为“塑料防盗盖”“铝防伪瓶盖”和“组合式防伪瓶盖”，包括组合式塑料防伪瓶盖和组合式铝塑防伪瓶盖，是国内外瓶盖市场流行的主要形式。组合式塑料防伪瓶盖一般包括瓶盖主体和内塞两个部分，可全部为塑料件，制作成本低、封装工序少、开启安全方便。组合式铝塑防伪瓶盖结合了铝盖和塑料盖二者的优点，美观大方、防倒灌性强，代表着世界包装瓶盖发展的潮流。

塑料由于成本低、容易加工成型、耐腐蚀等优点在食品包装领域广泛使用。因塑料具有弹性，更容易将酒密封在容器中保存，主要被制作成瓶盖和内塞。曾有学者提出塑料制品中有催化剂、单体、添加剂、低聚体等小分子物质，作为白酒包装材料这些小分子物质可能会迁移到酒中，因而并不是所有塑料都适合作为白酒直接接触的材料，在挑选时需要慎重。

②环保方面的进展：随着科学的改进，瓶盖的功能性也逐渐增多，不仅起到密封阻隔作用，而且是信息传递和白酒企业形象塑造的重要载体，其防伪性也越发重要，尤其对知名白酒而言。包装材料的创新和升级很大程度上促进了白酒包装的发展，白酒包装材料生态化的研究已成为白酒及相关产业研究的热点。据不完全统计，中国每年的城市固体废物中包装物比例达到30%以上，随着白酒产业的全面发展，白酒包装废弃物的量也随之增加。21世纪人类正面临生态环境恶化以及资源严重不足的挑战，白酒行业必须走生态酿造和绿色包装道路。绿色包装材料指的是在生产、使用直到再生的过程中具有环境友好性。组合式铝塑防伪瓶盖是铝塑复合包装材料的主要产品，为了满足绿色包装的要求，组合式铝塑防伪瓶盖生产厂家应做到在生产过程中不排放废气、废水和废渣等三废物质，在加工制备过程中要尤其注意将铝制材料与塑料材料分离，方便在使用后将其回收和再资源化利用，减少包装材料废弃物。塑料由于成本低、容易加工成型、耐腐蚀等优点在食品包装领域广泛使用，白酒行业也不例外。由于塑料的无法自然降解性，白色污染造成了很严重的环境问题，生物降解型高分子材料是食品包装材料的发展方向也是绿色包装发展的目标。生物降解型高分子材料具有来源广泛、容易降解的特点，是十分环保的材料，目前在食品包装中应用较为广泛，但是将其应用于白酒瓶盖仍然存在许多问题，如耐热性与力学性能不佳、成本较高、降解周期难以控制等，在日益严峻的生态环境问题和石油资源不足的双重挑战下，将生物降解型高分子材料应用于制造白酒

瓶盖将是必然趋势。

13、中国白酒包装容器常用的材料有哪些，可能存在哪些危害？

中国白酒包装容器主要分为金属类、玻璃类、塑料类和陶瓷类。金属类容器由于材料成本高、加工难度大，多出现在高端礼品中，市场占比最小；塑料类包装一般为大容量的桶装成品白酒或散装白酒；目前市场上最为常见、份额较大且发展快速的白酒包装容器的材质主要为玻璃和陶瓷。

（1）玻璃包装容器 玻璃外观一般无色、透明，直接作为包装容器在色彩上略显单调。为了更好地满足市场需求，多年来各大企业在白酒包装玻璃瓶上下足了功夫，如烤标、贴标、雕花和烤花等。随着涂料技术的不断进步，尤其是在 2007 年左右水性玻璃烤漆的出现，使白酒包装五彩缤纷、魅力十足，极大地满足了人们的消费需求。

（2）陶瓷包装容器 中国陶瓷酒瓶的生产历史悠久，现在很多白酒生产商和消费者不只把陶瓷瓶当容器，而是作为文化内涵的体现，因为其融合了书法、绘画等元素。相较于玻璃容器必须先在高温条件下吹制成毛坯，然后再经过一系列的细加工制成，陶瓷容器的加工可塑性更强。陶瓷容器的制作过程是先制成泥胎，再经过绘画、雕琢、挂釉，最后高温烧制而成。因此陶瓷容器的造型随意性较大，可以根据实际需求选择酒瓶的形状、挂釉、彩绘及雕刻，体现出了强大的可塑性与艺术性。

从美学、技术、历史和文化等方面看，陶瓷作为白酒特别是高档白酒的包装材料，较之玻璃更具市场竞争力。从理化性能方面看，玻璃与陶瓷包装材料均具备较多的优良性能，如耐酸性、耐碱性、不吸水性和不透气性等。虽然两种材料的力学性能相近，但玻璃材料的耐热冲击性和热稳定性比陶瓷材料要差。另外，陶瓷容器还具有良好的避光性，更适于产品的长期保存。实际使用过程中，具体采用哪种材料必须依据实际情况制定可行的方案，绝不能片面追求豪华外包装而忽略成本，甚至忽略产品本身价值盲目通过包装伺机抬高产品价格，引发价值比例失衡。

在这么多年的长期应用中发现，无论是何种包装容器在盛装白酒后都可能会引起容器材料的稳定性变化，进而引起对酒体的危害，可能存在的危害包括以下几点：

一是塑料包装中“塑化剂”的迁移。邻苯二甲酸酯类塑化剂是影响白酒安全性的重要外源性危害物之一，其具有致癌、致畸、致突变毒性以及生殖毒性。影响塑化剂迁移量的主要因素为酒精度、存放温度、包装材料与白酒接触时间，具体表现为迁移量会随接触时间、存放温度以及酒精度的增加呈现增长趋势，尤其是酒精度及存放温度的增加对迁移量的影响较大。目前，酿酒企业在控制塑化剂污染手段上，普遍采用替换法，通过减少或避免使用塑料制品以降低塑化剂风险，这也是市面上白酒塑料包装容器使用较少的主要原因。

二是玻璃包装中元素发生迁移。当玻璃容器稳定性较差时，所盛白酒的自由水就会与容器中的某些组分发生反应，玻璃中的 Na^+（或 K^+）和水中的 H^+ 进行交换，交换反应产生 NaOH（或 KOH），而碱性条件下玻璃硅元素的三维空间会被破坏，导致玻璃中的元素成分迁移至白酒中，从而影响白酒的质量。有研究表明，玻璃酒瓶中 Na_2O 含量的增加和 SiO_2 含量的降低会引起酒瓶的强度和抗水性下降。优质酒瓶中的 SiO_2 和 CaO 的含量会比普通酒瓶中要高，而 K_2O 和 Na_2O 的含量较低。

三是陶瓷包装中釉层发生溶解。为了提高阻隔性、降低容器的气孔率和增加其强度及环境腐蚀耐性，陶瓷包装容器在制作过程中一般会在表面添加一层含有多种金属氧化物的釉。然而当陶瓷容器稳定性较差时，釉中的某些金属元素，特别是一些重金属元素（如镉、铅、铬等）会迁移至白酒中，消费者饮用后会对身体造成不同程度的毒性伤害。有研究表明，高温陶瓷容器有利于黄酒和白酒的贮藏；外釉对黄酒和白酒的品质均无影响；无内釉的陶瓷容器对黄酒和白酒的总酸和酒精度数有影响。

14、影响中国白酒包装容器稳定性能的因素有哪些?

由于玻璃和陶瓷是白酒包装容器的主要材质，本研究对这两种白酒包装容器的稳定性能进行探究，以明确影响其稳定性能的因素。

（1）玻璃包装容器

①玻璃被腐蚀机理：

一是水对玻璃的腐蚀：在合适的环境条件下，水侵蚀玻璃是由表及里分步进行的。水电离分解成氢离子和氢氧根离子，该反应致使玻璃材料中的-O-Si-O-网络框架断裂，从而引发材料表面破裂和溶解。R 离子（玻璃中的阳离子）与氢离子进行交换，导致网络中的钠、钾等离子溶解析出；网络外的氢离子进入其中，氢离子制造氧化硅胶层或水合层。由于形成的硅酸相对分子质量较小，因此只要该分子被溶解，玻璃就一定会减少。上述水腐蚀玻璃的过程可理解为玻璃表面的硅酸盐发生水解，从而将硅酸盐中的碱金属或碱金属盐置换出来生成硅酸和氢氧化物，而形成的氢氧化物则会进一步对玻璃进行腐蚀。

二是碱液对玻璃的腐蚀：玻璃水解后形成的氢氧化物对玻璃材料的腐蚀要比水和酸严重得多。受—OH 侵蚀，玻璃材料中硅酸盐 Si-O-Si 网络架构断裂，使最终生成的硅酸盐 SiOR 能够溶于水并形成 ROH，而 ROH 可再次侵蚀玻璃。以上侵蚀过程将可使玻璃材料网络架构逐步解体，玻璃被层层腐蚀。

②影响玻璃稳定性的因素：

一是透光性：常规白酒玻璃瓶为无色透明的，光透过率高，有研究表明光照会影响白酒质量，如长久日光照射会使白酒产生醛味和杂味。有学者曾对不同透光性玻璃瓶对酒质量的影响进行了研究，结果表明相比于透明玻璃瓶，蓝色玻璃和磨砂玻璃更有利于降低光照条件下白酒中醛类物质含量、减少光照对白酒颜色的影响，并有利于保护白酒香气和口感。

二是原料成分：内表面耐水性是指玻璃包装容器抵抗与水发生反应的能力，是评价玻璃类产品化学稳定性的一项关键指标。玻璃的耐水性大小与玻璃内碱金属含量密切相关。一些企业未对原料成分进行分析或者为节约生产成本，甚至刻意减少原料中 Na_2O、SiO_2 含量，使玻璃组分发生改变，从而引起玻璃熔体黏度不均一，无法进行有效的均化与澄清，最终使产品的化学稳定性降低。

三是着色剂：白酒玻璃瓶常用离子着色方法来增加色彩度和美观度，生产玻璃时往玻璃熔液中添加镍（Ni）、钴（Co）、锰（Mn）、铅（Pb）和铁（Fe）等金属元素化合物，使玻璃对光谱选择性吸收从而呈现出多种色彩。虽然此类玻璃制品颜色多样、外观漂亮，但工艺难度的提升极大地增加了不合格率（如出现均化、熔制不完全等情况），相比于一般玻璃制品，此类的重金属溶出量要高出很多。

（2）陶瓷包装容器　陶瓷作为常见的食品接触材料，具有高硬度、高耐腐蚀性及优秀的遮光性能，广泛应用在食品包装中。为降低陶瓷气孔率、提高其阻隔性、增加其耐腐蚀性，生产中会在陶瓷表面施加包含多种重金属氧化物的釉。釉原料成分中氧化铅的含量高达50%以上，是主要的助熔剂；氧化镉是主要的着色剂；此外还存在一定量的其他助熔剂和着色剂（如氧化锌、氧化镍和氧化钴）。由此可见，陶瓷包装中溶出的重金属离子主要来源于釉料，这也是影响陶瓷包装稳定性的重要因素。

①陶瓷被腐蚀机理：目前，关于陶瓷容器重金属溶出机理的研究较少，但陶瓷釉料作为一种类玻璃物质，一些研究者认为其腐蚀机理也可参照玻璃制品的。

②影响陶瓷稳定性的因素

一是釉料成分比例：不同釉料成分所需的金属氧化物的种类和含量不尽相同，导致最终形成的釉层理化性质差距较大，这直接决定了釉层的稳定性能。有研究人员认为釉料中氧化铅与二氧化硅等酸性氧化物的比值越低，网络架构越稳定，铅越不容易溶出。如果增加碱性氧化物如碱土金属氧化物等网络改变剂，会分解原陶瓷釉层的稳定架构，从而使陶瓷釉层中铅大量溶出。

二是釉层厚度：釉层厚度通常根据陶瓷容器的需求进行调整，一般釉层厚度在1mm左右；釉层越薄所对应的制作难度越大，釉层越厚则会降低釉与坯体的膨胀系数和结合程度，同时使重金属总含量增加。有研究通过不同模拟物（白酒、乙酸、黄酒）浸提不同釉层厚度的陶瓷容器，结果表明釉层越厚，其釉层中所含铅、镉等重金属总量就越大，溶出的重金属也按比例同等增加。

三是烧制温度：烧制温度（包括烧成时间和烧成温度）对重金属的溶出有十分重要的影响。研究表明，在一定范围内提高烧成温度会减少重金属的溶出。同时与釉层厚度对稳定性影响程度相比，烧制温度对容器的稳定性影响更大。在生产陶瓷容器时，温度过高会引起“烧熔”，温度过低会引起“烧生”，因此温度的控制显得尤为重要，应尽量避免温度的波动，只有这样才能保证容器具备良好的稳定性。

15、中国白酒常见的由包装工艺引入的质量问题有哪些，如何改进?

（1）白酒中出现黑色杂质　白酒中出现黑色杂质的主要原因可能是洗瓶用水清洁度不符合标准，或酒瓶贮存、运输过程防护不到位，导致酒瓶内壁清洁度差；也可能是过滤设备出现了问题，将活性炭等成分混入酒体之中。针对这种情况，包装生产前首先检查酒瓶清洁度是否达标；其次抽检洗瓶水；再次清洗过滤设备，保证过滤效果，并定期维护过滤设备，对于过滤后的每一批酒都要严格检查酒体清洁度。

（2）白酒中出现纤维丝　酒中出现纤维状物质可能是在洗瓶的过程中装瓶用的袋子材质选用不当，表面纤维脱落产生细丝飘浮在生产现场环境空气中，从而被带入酒瓶内。针对这种情况的解决方法就是对包装酒瓶的包装袋材质做要求，选用不易脱落纤维丝的材质，也可考虑选用纸箱盛装。生产现场环境保持清洁卫生，洗瓶时用流动水冲洗酒瓶表面和内壁。当然，酒体中存在纤维丝还应根据其颜色分析来源，如果是白色丝状物，也可能是过滤布上的，此时应对过滤布进行检查、更换。

（3）白酒度数与实际不符　清洗酒瓶之后瓶中的清水没有倒干或者滴干，尤其是小容量酒瓶，直接装酒后，因为酒液被瓶内余水稀释，所以浓度自然就降低了。也可能是瓶盖或酒瓶存在细小裂纹，由于密封不严产生跑气、降度现象。要解决此类问题需要加强洗瓶工艺控制，适度延长洗瓶后空瓶在洗瓶机内滴水时间，并严格检查每一环节。对于酒瓶或瓶盖存在细小裂纹的情况，应在有强光照射的环境下仔细检查，以及装入酒液倒置一定时间后检查瓶身是否存在漏酒或散浸现象。

（4）白酒中出现烟雾状悬浮物　出现这种情况的原因大多是白酒瓶烧制的质量不过关，加之瓶壁中的二氧化硅和酒中的酸发生反应，之后就会呈现烟雾状悬浮物。也可能是在生产过程中，酒瓶内壁清洁度不达标，导致装入酒液后，酒液不能呈现本身的无色透明状。所以在上线生产前，务必做好酒瓶质量的检测，合格后方能投入包装生产。

（5）白酒漏酒现象　这种现象通常有两个原因，一是瓶口和瓶盖的尺寸不合适，导致漏酒；二是压瓶时瓶口出现破裂，从而漏酒。因此，对于瓶盖与瓶口一定要提前进行测试，合格后才可上生产线。瓶口破裂的问题可由终检人员检出。另外还要认真调整下压的压力并选择与瓶子配套的瓶盖，以此来减少瓶口破裂的发生概率。

（6）白酒中存在塑料颗粒类碎屑　首先是因为没有及时清除干净瓶盖内件的塑料碎屑及毛边余料，导致压盖时进入酒中，还可能是在制作塑料瓶盖的过程中由于静电的作用吸附到了其他的杂质，如果清洗不到位，杂质就进入了酒体。为避免这类情况，要在塑料瓶盖进入生产线之前逐个仔细清洁，确保塑料瓶盖内不含杂质。

（7）白酒商标歪斜、破损等　在粘贴商标时使用的胶水过多，胶水还没有干透就装入箱内，或者在运输过程中摩擦或者碰撞，可能会导致标签出现歪斜甚至破损现象。也可能是贴标人员工作责任心不到位，贴标过程中未严格按作业指导书要求生产，导致商标粘贴歪斜，发现后也未进行纠正。粘贴后如出现飞翘现象，应分析商标本身所用纸张的软硬度、胶水自身粘合性能大小、粘贴商标时压按商标力度大小以及环境温度高低等。

（8）白酒生产过程中喷码不清晰　如果瓶盖上面还残留有余水或者酒，喷码时没有等墨固化后就装盒或者装箱，有可能会擦花喷码信息。为了保证喷码信息的清晰度，可以请专人将瓶盖或者其他喷码处的水和酒擦拭干净。如果喷码是喷于陶瓷瓶表面，喷好后一定要等墨固化后才装盒。

（9）白酒中出现昆虫类异物　出现这种现象的原因主要是夏、秋季包装区防虫措施搞得不好，或者是灌酒区没有隔离，从而导致外界环境中的小昆虫进入酒体。另一种情况是包装酒使用的是不透明酒瓶（如陶瓷瓶），洗瓶过程中没有洗干净，又无法验瓶，粘在瓶内死角处的昆虫就进入到酒体中。针对这种情况，可采取将灌酒区与洗瓶、包装区隔离开的方法，还可以在门口、走道安装防蝇虫灯；应将酒瓶洗净。

（10）白酒中存在玻璃碎屑　这种情况一般是在洗瓶过程中发生了相互碰撞因而产生了玻璃碎屑，绝大多数是因为压盖时将瓶口压破，玻璃碎屑进入酒体中。可以与设备生产厂家进行沟通调整设备压瓶盖时的压力，最大限度降低瓶口破裂的概率，对每一个酒瓶在上线前都要进行全面清洗。酒中有塑料碎屑及其他杂质应该保证塑料瓶盖上线前都逐个进行清洗，保证盖内无杂质。

16、包装环节中净含量出现较大偏差的原因有哪些？

常见的瓶装白酒是一种定量包装商品，国家市场监督管理总局令第 70 号公布的《定量包装商品计量监督管理办法》中对其净含量进行了规定：单件包装产品标注净含量与实际含量之差不得大于规定的允许短缺量，且批量定量包装商品的平均实际含量应当大于或者等于其标注净含量。部分不法白酒生产企业在计量上缺斤少两，定量包装白酒存在净含量普遍偏低的问题。但实际生产中有的定量包装白酒还矫枉过正，过量灌装，正偏差较大，造成生产成本的极大浪费，这一现象也同样不容忽视。找到影响白酒定量包装净含量偏差的原因，既保证产品净含量符合要求，降低净含量不合格的风险，又将企业的生产成本效益最优化，将二者平衡统一，具有重要的现实意义。从实际生产中发现影响白酒定量包装净含量偏差的因素主要包含以下几个方面：

（1）温度影响　温度对定量包装白酒净含量的影响最大。定量包装白酒的净含量是指 20℃条件下，除去包装容器和其他包装材料后内装白酒的体积。根据体积计算公式，V（体积）$=m$（质量）$/\rho$（密度），其中质量不变，体积与密度呈反比。而酒体的密度随温度变化而变化，温度升高，密度减小，对应的体积就变大；反之，温度降低，密度增大，体积则变小。酒精度越高的白酒，体积随温度的变化越大，体积越大，每 1℃的体积变量也越大。因此，需要将白酒体积修正到 20℃条件下的，才可得到真实的净含量，最后以修正结果对检验样品/批次进行判定。忽视温度对定量包装白酒体积的影响而造成的净含量偏差主要发生在灌装和质控（检验）环节，灌装或检验时的体积未将温度修正到 20℃，而造成了净含量的偏差，高温天气生产/检验的产品净含量出现负偏差，低温时净含量则大幅度超标。

（2）保守灌装　在正常密封情况良好的基础上，定量包装白酒的瓶盖与瓶口之间存在微小间隙，酒体中的乙醇和水分子会有少量的物理挥发损失，造成白酒净含量的略微减少，但其减少幅度极低。有企业曾抽查了贮藏期分别为 1~5 年的定量包装白酒（正常密封），每年抽取样本数 50 瓶，统计随贮藏时间的增加定量包装白酒净含量的变化。在保证密封性的情况下，两年酒损可控制在 1%以内（表 7-3）。且《定量包装商品计量监督管理办法》规定在净含量检查或审核时，需考虑到贮藏过程中的净含量变化。故正常灌装及密封情况下，无须过度担忧贮藏过程中白酒体积减小引起的净含量不合格问题。而部分白酒生产企业为了持续保证瓶装酒货架期的净含量符合国家标准规定，将不合格风险降低，大量过量灌装，造成了净含量的较大正偏差。

表 7-3　　贮藏过程中定量包装白酒净含量（X）变化

时间	体积减少量		
	$X\leq1\%$	$1\%<X<2\%$	$X\geq2\%$
1 年	50 瓶	0 瓶	0 瓶
2 年	50 瓶	0 瓶	0 瓶
3 年	45 瓶	5 瓶	0 瓶
4 年	45 瓶	5 瓶	0 瓶
5 年	45 瓶	5 瓶	0 瓶

（3）内控标准未对单瓶酒的允许偏差值进一步限制　中国白酒净含量偏差规定与国外饮料酒有较大差距，单瓶酒允许偏差值较大。参照《定量包装商品计量监督管理办法》

的要求，以500mL瓶装白酒为例，允许短缺量为3%，即15mL。这样大的偏差量白酒生产企业则需对其进一步加以限制，包括企业内控标准中灌装标准和质检判定标准中对净含量的控制，在国家规定的基础上缩小允许短缺量，而非简单地通过国家标准验收产品质量。忽略内控标准对净含量的限制，则会增加企业或消费者的损失。

（4）关键计量器具的失控　白酒定量包装采用定量灌装机，其精确度是否满足要求对于保证生产中的灌装精度非常重要，例如0.5级的灌装机可将单瓶白酒体积误差控制在1mL。部分白酒企业，尤其是中小型白酒生产企业或作坊并未建立质量管理体系或测量体系用于控制计量，或不重视质量控制，用于控制、检测白酒净含量的定量灌装机、量筒（体积法测量净含量）等买来即行使用，这些关键计量器具精度等级或不达标，或既未经检定也未经校准，更未通过计量确认对结果进行校正。这就会导致关键计量器具的失控继而引起定量包装白酒净含量偏差的风险增大。

（5）酒体容器吸附造成的净含量负偏差　市面上的白酒定量包装容器主要是玻璃瓶、陶瓷瓶和紫砂瓶。玻璃瓶对酒液吸附性弱，其吸附量几乎可以忽略。而陶瓷瓶和紫砂瓶因其自身的微孔结构，灌装酒液经瓶体吸收后酒损一般可达1%左右。部分企业在灌装时容易忽略这一因素，从而引起净含量负偏差。

随着国家对净含量抽查力度的持续加大，在白酒企业生产过程中，不仅要充分考虑到各因素对净含量的影响，还应从全局着手，建立完善的质量管理体系，以严于国家标准的内控体系，从人、机、料、法、环等多环节进行系统性的管理和行之有效的控制，提高产品质量水平，在保障消费者权益的基础上最大限度地控制定量包装成本。

17、白酒包装环节未来有哪些发展趋势?

（1）简约化趋势　包装是白酒生产当中不可缺少的内容，消费者看多了复杂、缭乱的包装，看到简约、大气的包装更觉得“顺眼”。市场上曾经掀起过“奢侈风”的浪潮，各大酿酒企业认为“奢华”的包装更能吸引消费者的眼球，激起消费者的消费欲望，因此大幅度采用奢华包装。然而一味追求“奢侈风”并不能“赢得人心”，反而会让消费者产生视觉疲劳。如今，简约化成为各个白酒生产商家的包装发展方向。简约，不仅符合如今新型消费者的消费需求，还与当下“绿色”“环保”“低碳”的社会发展趋势相契合。

（2）个性化趋势　白酒包装个性化是与市面上其他酒类进行区分的重要前提；白酒种类的个性化发展，也是如今各大企业创建自身品牌的重要举措之一。白酒的包装设计与其发展理念息息相关，如果没有“个性化”，那其渐渐也会泯然于众，最后无人关注。要想在众多酒类当中脱颖而出，就得让消费者眼前一亮。但白酒的个性化发展也不等于走向极端，设计的偏激和方向的错误是近些年来白酒个性化趋势发展的最大“拦路虎”。从中国白酒自身包装来说，许多企业将各种“奇形怪状”的素材运用到品牌的设计当中，导致“白酒不像白酒”“包装不像包装”的现象频发，最终脱离了品牌自身想要表达的内涵。真正的个性化趋势发展，不论是图形、色彩、文字，都能体现出产品的生命力和表现力。

（3）文化性趋势　白酒拥有着悠久的历史，其代表的酒文化也是我国传统文化当中的重要组成部分。目前，许多地区开始推出“文创”产品，通过一系列的文化复古、再次创作，让传统文化与现实生活对接，也让消费者再次与我国悠久的历史文化对话。许多企业利用当地的文化资源，将特色文化巧妙融合到白酒的包装当中，不仅让消费者耳目一新，还能激起消费者对当地文化的兴趣；还有些企业与当地的博物馆合作，将白酒瓶身和包装都设计成馆内各种有名文物，让其在纪念价值上更具有收藏意义。

18、不同材质酒瓶对酱香型白酒瓶贮期质量有何影响?

酱香型白酒在装瓶后的贮存过程或者货架期中，酒体仍然会发生缓慢而复杂的化学变化和物理变化，影响这一系列变化的因素除了酒体原本含有风味物质含量的多少外，装瓶后贮存的环境、容器、时间等因素也至关重要，因此对酱香型白酒装瓶后在不同材质酒瓶中贮存发生的酒体及风味物质的变化进行研究，有助于掌握酱香型白酒瓶贮期间的变化规律，提高成品酒的货架期质量。以39%vol和53%vol的四川某名优酱香型白酒为研究对象，以12个玻璃瓶和12个陶瓷瓶为容器，每瓶准确装取500mL后分别避光贮存1年、2年和3年后检测酒精度及风味物质含量，通过数据分析及感官品评探寻酱香型白酒在不同材质酒瓶中经相同环境、时间贮存后，其风味物质含量和感官质量变化规律。

（1）不同材质酒瓶对酱香型白酒酒精度的影响　对39%vol酱香型白酒、53%vol酱香型白酒进行不同酒瓶贮存研究，对贮存期满1年、2年、3年的酒样进行酒精度测定，从检测结果发现使用陶瓷瓶和玻璃瓶分别盛装53%vol、39%vol酱香型白酒的酒精度在3年内基本无变化（表7-4）。

表7-4　不同材质酒瓶不同贮存时间对酱香型白酒酒精度的影响　单位:%vol

酒样	酒瓶材质	贮存时间			
		0年	1年	2年	3年
53%vol酱香型白酒	陶瓷瓶	52.8	52.8	52.8	52.7
	玻璃瓶	52.8	52.8	52.8	52.8
39%vol酱香型白酒	陶瓷瓶	39.1	39.1	39.0	39.1
	玻璃瓶	39.1	39.1	39.1	39.0

（2）不同材质酒瓶对酱香型白酒感官质量的影响　对不同材质酒瓶贮存下不同时间酱香型白酒取样，由5名专业品酒师进行感官尝评（暗评），不同材质酒瓶在不同贮存期酒体感官质量变化趋势如下，39%vol酱香型白酒和53%vol酱香型白酒在不同材质酒瓶贮存过程中酒体的感官质量随贮存期延长均有提升，在贮存期满1年略有变化，满2年、3年时变化更明显，且陶瓷瓶酒体的感官质量提升速度较玻璃瓶更快。因陶瓷瓶富含铁、镁、钾等元素，金属离子析出加速酒体的酸、酯、醇、醛等微量成分之间进行各种物理化学反应，并且陶瓷具有独特的颗粒微孔结构，利于酒分子与外界氧气进行氧化反应，酒体陈化效果明显。而玻璃瓶烧制温度较陶瓷更高，高达1500℃的液体烧结温度使玻璃结构更为紧密，物理化学性质稳定，很难促进酒体进行有氧反应，陈化效果相对较慢。

不同材质酒瓶不同贮存时间对酱香型白酒感官质量的影响见表7-5。

表 7-5　　不同材质酒瓶不同贮存时间对酱香型白酒感官质量的影响

酒样	酒瓶材质	贮存时间			
		0 年	1 年	2 年	3 年
39%vol 酱香型白酒	陶瓷瓶	酱香突出，幽雅细腻，酒体醇厚，回味悠长	酱香突出，略有陈香，幽雅细腻，酒体醇厚，柔和，回味悠长	酱香突出，陈香明显，幽雅细腻，酒体醇厚，柔和细腻，回味悠长	酱香突出，陈香较突出，幽雅细腻，酒体醇厚，圆润柔和，回味悠长
	玻璃瓶	酱香突出，幽雅细腻，酒体醇厚，回味悠长	酱香突出，幽雅细腻，酒体醇厚，柔和，回味悠长	酱香突出，有陈香，幽雅细腻，酒体醇厚，柔和，回味悠长	酱香突出，陈香明显，幽雅细腻，酒体醇厚，圆润柔和，回味悠长
53%vol 酱香型白酒	陶瓷瓶	酱香突出，酒体醇甜，回味长	酱香突出，略有陈香，酒体醇甜，回味长	酱香突出，有陈香，酒体较醇厚，回味长	酱香突出，陈香明显，酒体较醇厚，回味长
	玻璃瓶	酱香突出，酒体醇甜，回味长	酱香突出，酒体醇甜，回味长	酱香突出，有陈香，酒体醇甜，回味长	酱香突出，有陈香，酒体较醇厚，回味长

（3）不同材质酒瓶对酱香型白酒风味物质含量的影响　对陶瓷瓶、玻璃瓶分别盛装 39%vol 酱香型白酒和 53%vol 酱香型白酒在不同贮存期其风味物质含量变化进行跟踪，发现在 3 年贮存过程中酒体发生复杂而缓慢的氧化还原、酯化、缩合、缔合等物理化学反应，香味物质含量变化明显。

53%vol 酱香型白酒在不同材质酒瓶贮存满 1 年和 2 年时，酸增酯减变化不明显，在贮存期满 3 年时，变化幅度略有上升；39%vol 酱香型白酒在不同酒瓶贮存满 1 年时，酸增酯减变化较缓慢，在贮存期满 2 年和 3 年时，变化幅度较明显，且陶瓷瓶酒体较玻璃瓶酒体变化更大，因为水分含量是影响酒体发生酯化反应或水解反应的重要因素，水分含量较高会进一步促进酒体的酯化反应和水解反应（$R—COOH+C_2H_5OH \rightleftharpoons R—COOC_2H_5+H_2O$），反之酒精度越高会抑制酯类水解。另外在贮存过程中四大酯分解成相应的酸导致总酯含量下降，加之水解生成较多不易挥发的酸，造成总酸含量上升。

39%vol 酱香型白酒和 53%vol 酱香型白酒在不同材质酒瓶贮存过程中醇类物质含量随贮存年份延长而逐渐减少；39%vol 酱香型白酒和 53%vol 酱香型白酒在不同材质酒瓶贮存 0 年、1 年、2 年时醛类物质变化不明显，在贮存满 3 年时，增长略有提升，同时陶瓷瓶酒体较玻璃瓶酒体的增长更明显，可能是因为陶瓷瓶内壁分布着无数的小孔隙，乙醇分子通过小孔隙与氧气分子充分接触，醇类物质被逐渐氧化（$R—CH_2OH+O_2 \rightleftharpoons R—CHO+H_2O$）生成醛，以乙醛和乙缩醛为主的醛类物质含量会随贮存时间延长而增加。

（4）不同材质酒瓶对酱香型白酒金属元素含量的影响　酱香型白酒中金属离子主要来源于原料、水、生产过程中的金属器具、盛装容器。通过对不同材质酒瓶贮存不同贮存期下酒体中金属元素含量进行跟踪对比发现，39%vol 酱香型白酒和 53%vol 酱香型白酒在不同材质酒瓶中贮存满 1 年、2 年和 3 年时，酒体金属元素含量变化不明显。

酱香型白酒在盛装入瓶后持续发生一系列物理和化学反应，不同酒精度酒体在不同酒瓶中贮存下酒体风味物质含量和感官质量的变化规律基本一致，但变化幅度略有差异。经研究发现，不同酒精度酱香型白酒在陶瓷瓶和玻璃瓶中贮存期为 1 年和 2 年时，酒体酒精度、风味物质及金属元素等指标基本一致；当贮存期达到 3 年时，陶瓷瓶较玻璃瓶贮存酒体的酸增酯减更明显、醛类缩合更快、酒体陈化效果更好。

19、如何提高白酒灌装前后质量的稳定性？

有时候部分酿酒企业会发现待包装成品酒在灌装前感觉质量很不错，但投入市场后却出现了不同程度的问题，如出现水味、返燥、不协调、后味短等质量偏差，通过反复试验研究发现除正常的酸增酯降以外，总结出以下几点措施，以提高白酒灌装前后质量的稳定性。

（1）酒体设计时选择贮存时间长的基酒，而且酒的设计后味要绵长、浓厚。

由于基础酒经组合、加浆降度、过滤、终端过滤、灌装后，使酒中微量成分稀释并损耗大，这样对酒的口感带来影响，只有通过酒体设计来弥补。首先，选择的基础酒贮存时间要长，因为贮存时间长的酒其微量分子稳定牢固、不易被破坏，而且微量成分丰富，可以弥补损耗系数；其次，贮存时间长的基础酒，从口味上保证了绵甜和浓厚，经过滤后酒变得柔和，保证酒的质量；再次，可以减少成品酒货架期的酸增酯减速度，从而保证质量的稳定。

（2）待包装成品要求贮存稳定 3 个月以上　基础酒经组合过滤以后，酒的分子被打乱，使酒的口感变得燥辣，只有重新贮存稳定，使酒中分子互相缔合，酒变得柔和，酒中的微量成分趋于稳定后再灌装，这样才能保证质量。通过反复试验，并对其样品进行封存分析得出的结论是，待包装酒必须稳定 3 个月以上再灌装。

（3）洗瓶残留水量的控制　洗瓶水必须符合加浆用水的标准，因为洗瓶以后的下一道工序就是灌装，若没有经过烘干，瓶中或多或少都会残留洗瓶水，如果水的质量不好，就直接影响到酒的质量。因此，洗瓶水一定要保证质量，并且还应严格控制瓶中的残留水量，否则也会使酒的质量不稳定。

（4）控制好容器、管道、设备等环节的清洁卫生　容器、管道、设备直接与酒接触，如果没有控制好其清洁程度，会对酒造成污染，影响酒的质量。所以，一定要控制好整个生产中的污染途径，只有控制好每个环节，才能保障酒的质量。

（5）选择定量灌酒机　控制酒的净含量是靠灌酒机来完成的，灌酒机一般有两种，一种是定量灌装，一种是负压灌装。定量灌装是通过灌酒机量杯精确计量注酒，酒的质量比较稳定。负压灌装是通过真空泵进行液位控制注酒，真空作用于瓶里，把多余的酒抽出去，这样反复不定地抽，虽然控制了酒的液位量，但是使酒的微量成分损失、酒精度降低，大大影响酒的质量，因此最好选择定量灌酒机。

20、酱香型白酒在货架期可能会出现哪些变化？

（1）理化指标的变化　从目前的研究来看，酱香型白酒经装瓶后在贮存过程中，酒体中甲醇、杂醇油含量基本无变化；总酸、固形物含量增加；总酯等主要香气成分含量显著下降。瓶装白酒不仅经长期贮存后理化指标有很大变化，而且在货架期会出现变色、混浊与沉淀，甚至出现不符合国家标准的现象。贮存期间成分变化会导致香味成分失去平衡，在口感上发生很大变化。低度白酒随贮存时间的延长酒体变淡，并出现水味和酸味；而高度白酒的变化相对较小，优质酒在货架期则风格突出、增加陈味，显得酒体丰满、柔顺，但贮存过久质量也会下降。

（2）货架期出现沉淀物　酱香型白酒经装瓶后进入货架期有可能会出现瓶底沉积白色针状结晶，而各项理化指标都符合国家标准的现象，若将瓶倒置，则如同亮晶晶的星星从上而降；有时底部也有絮状物出现。过滤后收集到的沉淀物为白色或微灰色，并有密实感或呈絮状，显微镜检验为杆状析光晶体，其溶于酸而不溶于碱。白酒货架期出现白色沉淀主要由于用水未经处理，含钙、镁等离子，多是用硬度大的水加浆和洗瓶之故。有试验发现酒中钙、镁离子含量在0.4mg/L以下，酒样清澈透明；含量在0.4~0.8mg/L时就可能会失光或微有沉淀；含量达到1.2mg/L时则出现严重沉淀。另外还有研究将多种白酒中的微量成分加入无水乙醇中，然后用自来水将原酒降至53%vol。发现乙酸、乳酸等酸类最容易引起针状结晶的生成，而酯类、醇类则基本不产生针状沉淀，只会产生其他白色沉淀，空白对照亦如此；另外铝罐贮酒被腐蚀的铝溶于酒中，会使酒产生灰白色沉淀。

（3）日光照射对货架期的影响　茅台试点时曾对酒瓶做过日光照射试验，发现日照后白酒酒中总酸增加、总醛也有所上升、双乙酰减少、3-羟基丁酮增加；还发现无色透明玻璃瓶中的酒样酸、醛、双乙酰的变化极大，而茶色玻璃瓶中酒样的变化较少，陶瓷瓶中的基本无变化。白色玻璃瓶的酒经日光照射后还会出现沉淀、酒味燥辣、香味不谐调，这可能也是酱香型白酒多采用可避光的陶瓶作为酒瓶的原因之一。

21、灌装时为什么要对新酒瓶进行清洗、干燥？

在成品酒灌装时，就算是使用新产酒瓶也要先进行清洗，这是因为新产酒瓶的内壁上往往存留不少硅酸钾等杂质，如进入成品酒中，会被还原形成二氧化硅，导致成品酒在货架期出现沉淀的异象。新瓶经过清洗后还需干燥，若新酒瓶中水分不干燥，则会导致清洗水进入成品酒中，影响酒的质量。

22、为什么新玻璃酒瓶需要进行稳定性检测试验？

玻璃瓶化学稳定性较差，在成品酒中微量的酸类物质的作用下，玻璃中的可溶性硅酸盐中的硅酸根离子可能会与氢离子发生作用生成硅酸（H_2SiO_3）。硅酸是一种很弱的酸，电离常数很小，溶解度也极小，很容易从溶解的硅酸盐中被酒体中有机酸的氢离子置换出来，硅酸分子在水中的溶解度虽小，但开始时并不立即沉淀，这是因为刚开始生成的单分子硅酸可溶于水，当这些硅酸逐渐聚合成多硅酸时，就会形成沉淀。若不进行稳定性检测，不合格酒瓶中的可溶性硅酸盐会与成品酒中的有机酸反应，经一定的时间放置后就会在货架期产生沉淀。

八　酱香型白酒产业主要现行标准

1、GB/T 10781.4—2024《白酒质量要求　第4部分：酱香型白酒》

前　言

本文件按照 GB/T 1.1—2020《标准化工作导则　第1部分：标准化文件的结构和起草规则》的规定起草。

本文件规定了食品质量相关技术要求，食品安全相关要求见有关法律法规、政策和食品安全标准等文件。

本文件是 GB/T 10781《白酒质量要求》的第4部分。GB/T 10781 已经发布了以下部分：

——第1部分：浓香型白酒；

——第2部分：清香型白酒；

——第4部分：酱香型白酒；

——第8部分：浓酱兼香型白酒；

——第9部分：芝麻香型白酒；

——第11部分：馥郁香型白酒。

本文件代替 GB/T 26760—2011《酱香型白酒》。与 GB/T 26760—2011 相比，除结构调整和编辑性改动外，主要技术变化如下：

a）更改了术语"酱香型白酒"的定义（见3.1，2011年版的3.1），增加了术语"酱香型白酒（大曲）""酱香型白酒（其他）""高温堆积""高温大曲""轮次""下沙"和"造沙"的定义（见3.1.1~3.1.2、3.2~3.6）；

b）删除了产品分类和产品分级（见2011年版的第4章和第5章）；

c）增加了生产过程控制要求（见第4章）；

d）更改了优级、一级的感官要求，删除了二级的感官要求（见5.1，2011年版的6.2）；

e）更改了理化要求，总酸、总酯、酸酯总量按53%vol 折算，并按自生产日期一年内和一年后分别对产品提出要求（见5.2，2011年版的6.3），增加了酸酯总量的要求和试验方法（见5.2、6.2.4）；

f）删除了卫生指标及其试验方法（见2011年版的6.4、7.2）；

g）增加了净含量的要求及其试验方法（见5.3、6.3）；

h）更改了"酒精度""总酸"和"总酯"的试验方法（见6.2.1~6.2.3，2011年版的7.1)；

i) 更改了检验规则（见7.1，2011年版的第8章）；

j) 更改了标志、包装、运输和贮存（见7.3、7.4，2011年版的第9章）；

k) 增加了酱香型白酒（大曲）主要生产工艺流程示例、不同级别酱香型白酒（大曲）香气特征剖面示意图（见附录A、附录B)。

请注意本文件的某些内容可能涉及专利。本文件的发布机构不承担识别专利的责任。

本文件由中国轻工业联合会提出。

本文件由全国白酒标准化技术委员会（SAC/TC 358）归口。

本文件起草单位：中国贵州茅台酒厂（集团）有限责任公司、贵州茅台酒股份有限公司、四川郎酒股份有限公司、贵州习酒股份有限公司、中国酒业协会、中国食品发酵工业研究院有限公司、贵州省产品质量检验检测院、山东云门酒业股份有限公司、贵州国台酒业集团股份有限公司、贵州金沙窖酒酒业有限公司、贵州珍酒酿酒有限公司、湖南武陵酒有限公司、劲牌有限公司、贵州安酒股份有限公司、泸州老窖集团有限责任公司、贵州省食品检验检测院、古贝春集团有限公司、贵州茅台镇国威酒业（集团）有限责任公司、贵州钓鱼台国宾酒业有限公司、成都产品质量检验研究院有限责任公司、四川省食品发酵工业研究设计院有限公司、广东省食品工业研究所有限公司、江苏今世缘酒业股份有限公司、贵州碧春酒业有限公司、贵州高酱酒业有限公司、贵州省仁怀市秦含章酒业有限公司、贵州茅台酒厂（集团）循环经济产业投资开发有限公司、贵州茅台酒厂（集团）保健酒业有限公司、贵州省仁怀市茅台镇文中酒业有限公司、贵州茅台镇北街酒厂（集团）有限责任公司、山东百脉泉酒业股份有限公司、安徽宣酒集团股份有限公司、贵州酣客君丰酒业有限公司、山东金彩山酒业有限公司、四川源坤教育科技有限公司、山东秦池酒业有限公司、山东扳倒井股份有限公司、青岛市华测检测技术有限公司、仁怀酱香白酒科研所、山东红太阳酒业集团有限公司。

本文件主要起草人：王莉、涂华彬、汪地强、蒋英丽、刘海坡、孟镇、冯永渝、潘学森、李长文、邹江鹏、朱国军、张福艳、杨强、黄进、涂荣坤、田志强、杜新勇、梁明锋、郭松波、徐枫、刘念、庄俊钰、吴建峰、刘俊、徐军、李登科、赵福培、陆香义、王纯陆、付宇豪、汪慧慧、高传强、佘荣书、孟宪军、邹强、西玉玲、张锋国、张婵、玉光惠、孙守营、杨帆、牟明月、沈毅、潘成康、郭新光、孟望霓、胡永才、陈芬。

本文件及其所代替文件的历次版本发布情况为：

——2011年首次发布为GB/T 26760—2011；

——本次为第一次修订。

引　言

白酒是我国传统蒸馏酒，其独特的多种微生物固态（半固态）发酵、蒸馏等生产工艺形成了白酒的各种风格。我国传统白酒以十二大香型为代表，酱香型白酒为其中之一。

为更好引导消费者直观地认知酱香型白酒的产品特性，本文件在资料性附录中描述其主要生产工艺流程和工艺要点。同时，参考GB/T 39625—2020中给出的建立感官剖面的原则和方法，以消费者易于理解的感官术语描述酱香型白酒典型产品的香气特征，并在资料性附录中给出香气特征剖面示意图，便于清晰地向消费者传递酱香型白酒的产品特性。

酯类和有机酸是白酒中重要的呈香呈味物质。在自然条件下，有机酸和醇两者与酯之间发生可逆的转化反应，在一定时间内，有利于产品质量风格趋于稳定协调。本文件在修订过程中，遵循白酒中酸酯转化的客观规律，对自生产日期一年内和一年后的产品提出不同的理化指标要求。

制定 GB/T10781《白酒质量要求》，目的在于规范包括十二大香型在内的固态法白酒、液态法白酒以及固液法白酒等三种不同工艺类型的白酒在生产、检验、销售过程中的质量要求。

GB/T 10781 拟分为以下几个部分：

——第 1 部分：浓香型白酒；

——第 2 部分：清香型白酒；

——第 3 部分：米香型白酒；

——第 4 部分：酱香型白酒；

——第 5 部分：豉香型白酒；

——第 6 部分：凤香型白酒；

——第 7 部分：特香型白酒；

——第 8 部分：浓酱兼香型白酒；

——第 9 部分：芝麻香型白酒；

——第 10 部分：老白干香型白酒；

——第 11 部分：馥郁香型白酒；

——第 12 部分：董香型白酒；

——第 13 部分：液态法白酒；

——第 14 部分：固液法白酒；

——第 15 部分：小曲固态法白酒。

1. 范围

本文件规定了酱香型白酒的生产过程控制要求、技术要求、检验规则、标志、包装、运输和贮存，描述了试验方法。

本文件适用于酱香型白酒的生产、检验与销售。

2. 规范性引用文件

下列文件中的内容通过文中的规范性引用而构成本文件必不可少的条款。其中，注日期的引用文件，仅该日期对应的版本适用于本文件；不注日期的引用文件，其最新版本（包括所有的修改单）适用于本文件。

GB 5009.225　食品安全国家标准　酒和食用酒精中乙醇浓度的测定

GB/T 10345　白酒分析方法

GB/T 10346　白酒检验规则和标志、包装、运输、贮存

GB 12456　食品安全国家标准　食品中总酸的测定

GB/T 15109　白酒工业术语

JJF 1070　定量包装商品净含量计量检验规则

3. 术语和定义

GB/T 15109 界定的以及下列术语和定义适用于本文件。

3.1 酱香型白酒 jiangxiangxing baijiu

以粮谷为原料，采用高温大曲（3.3）等为糖化发酵剂，经固态发酵、固态蒸馏、陈酿、勾调而成的，不直接或间接添加食用酒精及非自身发酵产生的呈色呈香呈味物质，具有酱香特征风格的白酒。

注：其他糖化发酵剂指不完全采用或不采用高温大曲。

［来源：GB/T 15109—2021，3.5.19］

3.1.1 酱香型白酒（大曲） jiangxiangxing baijiu（daqu）

以糯高粱、小麦为原料，完全采用高温大曲（3.3）为糖化发酵剂酿制而成的酱香型白酒（3.1）。

注：生产全过程中不进行人工接种微生物，且不使用外源酶。

3.1.2 酱香型白酒（其他） jiangxiangxing baijiu（others）

以粮谷为原料，不完全采用或不采用高温大曲（3.3）为糖化发酵剂酿制而成的酱香型白酒（3.1）。

注：如麸曲酱香型白酒、混合曲酱香型白酒。

3.2 高温堆积 high-temperature duiji；high-temperature stacking fermentation

将粮醅或酒糟摊晾后拌入一定比例高温曲（3.3），堆成特定形状在开放式环境中堆放一定时间的工艺过程。

注：堆积过程中，微生物繁殖生长，粮醅或酒糟温度逐步上升。

3.3 高温大曲 high-temperature daqu

高温曲：在制曲过程中，最高品温控制大于60℃而制成的大曲。

3.4 轮次 rounds

酱香型白酒生产中原料经投料（下窖）、蒸煮、摊晾、拌曲、堆积发酵、入窖发酵、蒸馏的生产过程。

［来源：GB/T 15109—2021，3.4.19］

3.5 下沙 sorghum frist added in jiang-flavour baijiu production

酱香型白酒酿酒生产的第一次投料过程。

［来源：GB/T 15109—2021，3.4.17］

3.6 造沙 sorghum secondly added in jiang-flavour baijiu production

酱香型白酒酿酒生产的第二次投料过程。

注：又称插沙。

［来源：GB/T15109—2021，3.4.18］

4. 生产过程控制要求

4.1 酱香型白酒（大曲）

4.1.1 原料

以糯高粱、小麦和水为原料，并符合相应标准和要求。

4.1.2　高温制曲

高温大曲在曲房（发酵仓）中培养不少于40d，其间经历两次翻曲（翻仓），第一次翻曲（翻仓）最高品温不小于60℃。

4.1.3　两次投料

糯高粱可适当破碎，破碎度不大于30%（质量分数），在一个制酒生产周期中，仅在下沙和造沙两个轮次投料。

4.1.4　多轮次制酒

4.1.4.1　高温堆积

粮醅或酒糟均匀拌入高温大曲后自然升温，堆积顶温最高可达50℃或50℃以上，持续一定时间后入窖。一个制酒生产周期中不少于六个轮次堆积发酵。

4.1.4.2　入窖发酵

经高温堆积后入窖密闭发酵，窖宜为石窖，泥底。在一个制酒生产周期中不少于六个轮次窖内发酵。

4.1.4.3　高温馏酒

摘酒温度宜不小于35℃，基酒酒精度不小于50%vol。在一个制酒生产周期中不少于五个轮次取酒。

4.1.5　基酒贮存

按照轮次、质量等级等入库贮存，贮存容器宜选择陶坛等。

4.1.6　勾调

基酒保持一定的多样性，按照质量要求调配、组合形成勾调方案，并进行扩大生产。

注：酱香型白酒（大曲）主要生产工艺要点和流程见附录A。

4.2　酱香型白酒（其他）

4.2.1　原料

以高粱等粮谷和水为原料，并符合相应标准和要求。

4.2.2　糖化发酵剂

不完全采用或不采用高温大曲。

4.2.3　制酒

4.2.3.1　堆积

物料摊晾至一定温度后，均匀拌入糖化发酵剂，堆积成特定形状，自然升温，持续一定时间后入窖。

4.2.3.2　发酵

经堆积后进入发酵容器（如窖池）密闭发酵。

4.2.3.3　馏酒

摘酒温度宜不小于30℃，基酒酒精度不小于50%vol。

4.2.4　贮存与勾调

基酒保持一定的多样性，按照质量要求调配、组合形成勾调方案，并进行扩大生产。

5. 技术要求

5.1 感官要求

不同酒精度范围产品的感官要求应分别符合表 1 和表 2 的规定。

表 1 酒精度 X（45%vol≤X≤58%vol）

项目	优级	一级
色泽和外观	无色或微黄，清亮透明，无悬浮物，无沉淀，无杂质[a]	
香气	自然发酵产生的酱香复合香气突出；果香、花香、青草香、焙烤香等多种香气协调、平衡、舒适；曲香浓郁。空杯留香持久	自然发酵产生的酱香香气明显；果香、粮香、青草香、焙烤香等多种香气协调；曲香明显。空杯留香久
口味口感	入口酒体醇厚，圆润丰满，后味曲香突出，回味悠长	入口酒体醇和，协调平衡，后味干净，回味长
风格	具有本品的典型风格	具有本品的明显风格
注：不同级别酱香型白酒（大曲）香气特征剖面示意图，见附录 B。		
[a] 当酒的温度低于 10℃时，允许出现白色絮状沉淀物质或失光；10℃以上时应逐渐恢复正常。		

表 2 酒精度 X（35%vol≤X<45%vol）

项目	优级	一级
色泽和外观	无色或微黄，清亮透明，无悬浮物，无沉淀，无杂质[a]	
香气	自然发酵产生的酱香复合香气明显；果香、花香、青草香、焙烤香等多种香气协调、平衡；曲香突出。空杯留香久	自然发酵产生的酱香香气较明显；果香、粮香、青草香、焙烤香等多种香气协调；有曲香。空杯留香
口味口感	入口酒体醇厚，丰满协调，后味曲香明显，回味悠长	入口酒体醇和，协调平衡，后味干净，回味较长
风格	具有本品的典型风格	具有本品的明显风格
[a] 当酒的温度低于 10℃时，允许出现白色絮状沉淀物质或失光；10℃以上时应逐渐恢复正常。		

5.2 理化要求

应符合表 3 的规定。

表 3　理化要求

项目		优级	一级
酒精度[a]（20℃）/（%vol）		35.0~58.0	
固形物/（g/L）		≤0.70	
总酸[b]/（g/L）	产品自生产日期小于或等于一年执行的指标	≥1.50	≥1.40
总酯[b]/（g/L）		≥2.50	≥2.00
己酸乙酯/（g/L）		≤0.30	
酸酯总量[b]/（mmol/L）	产品自生产日期大于一年执行的指标	≥60.0	≥50.0

[a] “酒精度实测值与标签标示值允许差为±1.0%vol。

[b] 按 53.0%vol 酒精度折算。

5.3　净含量

净含量允许差要求见《定量包装商品计量监督管理办法》的规定。

6. 试验方法

6.1　感官要求

按 GB/T 10345 描述的方法进行。

6.2　理化要求

6.2.1　酒精度

按 GB 5009.225 描述的方法进行。

6.2.2　固形物、总酯、己酸乙酯

按 GB/T 10345 描述的方法进行，其中总酯按 53%vol 酒精度折算。

6.2.3　总酸

按 GB 12456 描述的方法进行，以乙酸计，并按 53%vol 酒精度折算，单位为克每升（g/L）。

6.2.4　酸酯总量

按 GB/T 10345 描述的方法进行，并按 53%vol 酒精度折算。

6.3　净含量

按 JJF 1070 的规定执行。

6.4　生产过程控制

通过检查生产记录文件的方式进行。

7. 检验规则、标志、包装、运输和贮存

7.1　产品出厂前，应由生产厂的检验部门检查生产记录文件，当生产记录文件符合生产过程控制条件时，按本文件的规定逐批检验。

7.2　检验规则和标志、包装、运输、贮存按 GB/T 10346 的规定执行。

7.3　产品名称可标示为“酱香型白酒”。生产过程控制条件符合 4.1，仅完全采用高温大曲为糖化发酵剂生产的产品，可标示为“酱香型白酒（大曲）”，否则不应标示为“酱香型白酒（大曲）”。

附　录　A
（资料性）
酱香型白酒（大曲）主要生产工艺流程示例

A.1　生产工艺要点

A.1.1　原辅料

A.1.1.1　原料

以糯高粱为酿酒原料，小麦为制曲原料：

a）糯高粱和小麦具有其固有的色泽和气味，颗粒饱满、无霉变、无虫蛀、无异味，并符合相应标准；

b）宜选择软质小麦。

A.1.1.2　原辅料预处理

在投入生产前，对原辅料进行预处理：

a）糯高粱、小麦和辅料均进行除尘、除杂处理；

b）小麦进行磨碎处理；糯高粱若进行破碎，在下沙轮次破碎度不大于单次投粮量的20%（质量分数）；造沙轮次破碎度不大于单次投粮量的30%（质量分数）；

c）谷壳等辅料在使用前需进行清蒸。

A.1.2　高温制曲

以高温大曲为糖化发酵剂，其主要制作条件如下：

a）以小麦为原料，适度磨碎后，加入母曲、水，按一定比例拌和，踩制（或压制）成“龟背”形曲胚；

b）曲胚摊晾后，按一定方式进入发酵仓（曲房）堆积，曲胚间用稻草隔离；

c）实时跟踪、测量曲堆温度，适时进行翻仓（翻曲）操作，第一次翻仓（翻曲）最高品温不小于60℃；

d）曲胚发酵40d后拆仓，其间经历两次翻仓（翻曲），拆仓后曲块转移至干曲仓（储曲房）贮存，贮存期不少于三个月，使用前进行磨碎处理。

A.1.3　润粮（泡粮）、蒸粮（蒸煮）

两次投料、蒸煮前对原料进行润粮（泡粮）操作。传统上，原料在一个生产周期内经过九次蒸煮：

a）在高粱中加入一定比例的热水进行润粮（泡粮）；

b）润粮（泡粮）后，下沙轮次加入母糟，造沙轮次加入下沙轮次出窖的酒醅，混合均匀后探汽上甑，进行蒸粮；

c）蒸粮时间不少于70min，蒸煮后的高粱熟而不烂，内无生心。

A.1.4　摊晾、拌曲

在晾堂上（或摊凉机上）均匀摊铺蒸煮后的粮醅或酒糟，摊晾一定时间，以富集环境中酿酒微生物。摊晾至一定温度（宜不大于30℃）后，按一定比例加入粉碎后的高温大曲，可加入酒尾，拌合均匀，上堆。

A. 1. 5　多轮次制酒

A. 1. 5. 1　高温堆积

在自然条件下，粮醅或酒糟发酵升温，产酒、产香微生物生长、繁殖，产生风味物质。传统上，经过八个轮次堆积：

a）上堆成特定形状，如半球形；

b）堆积过程跟踪、测量堆积温度变化情况，堆积顶温的最高温度宜不小于 50℃；

c）堆积时间可因季节、环境、轮次等进行调整。

A. 1. 5. 2　入窖发酵

一般采用泥底石窖为发酵容器，传统上，经过八个轮次窖内发酵：

a）堆积发酵成熟后的粮醅或酒糟按一定方式入窖发酵；

b）密封窖池，窖内发酵时间不少于 30d。

A. 1. 5. 3　高温馏酒

传统上，经过七个轮次取酒：

a）上甑过程按照“轻、松、薄、准、匀、平”的要求操作；

b）摘酒温度宜不小于 35℃，摘酒酒精度不小于 50%vol。

A. 1. 6　基酒贮存

制定基酒验收内控标准：

a）按不同轮次、质量等级分别入库贮存，以保证基酒多样性；

b）传统上宜选择陶坛作为贮存容器；

c）基酒宜长期贮存。

A. 1. 7　勾调

依据产品风格和定位的设计，确定勾调方案：

a）根据基酒的轮次、质量等级、风格等因素，按产品质量标准进行调配、组合一定数量的基酒，形成勾调小样，经感官评价、理化检验等确定勾调方案；

b）按照勾调方案进行批量组合，感官特性和理化特性与小样一致。

A. 2　生产工艺流程

酱香型白酒（大曲）主要生产工艺流程示例见图 A. 1。

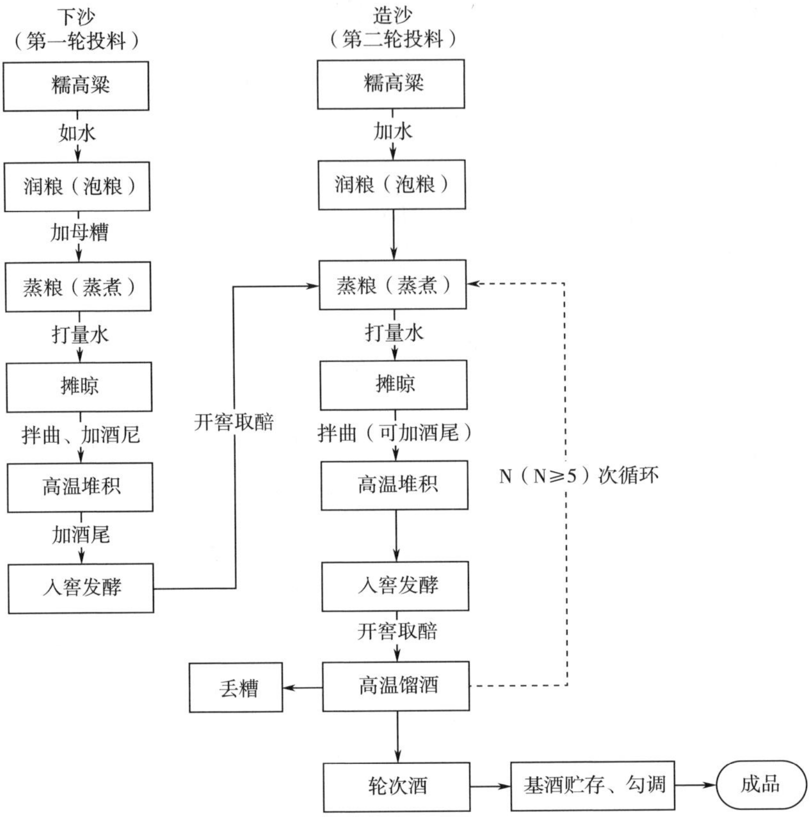

注：从第三轮次开始循环蒸粮（蒸煮）、摊晾、高温堆积、入窖发酵、高温馏酒。

图 A.1　酱香型白酒（大曲）主要生产工艺流程示例图

附　录　B
（资料性）
不同级别酱香型白酒（大曲）香气特征剖面示意图

以不同级别的酱香型白酒（大曲）（酒精度 45%vol ~ 58%vol）为例，参考 GB/T 39625—2020 中给出的建立感官剖面的原则和方法，对其香气特征进行评价和描述，绘制香气特征剖面示意图，见图 B. 1，便于直观反映其产品特性。表达形式依所采用的评价方法而异。

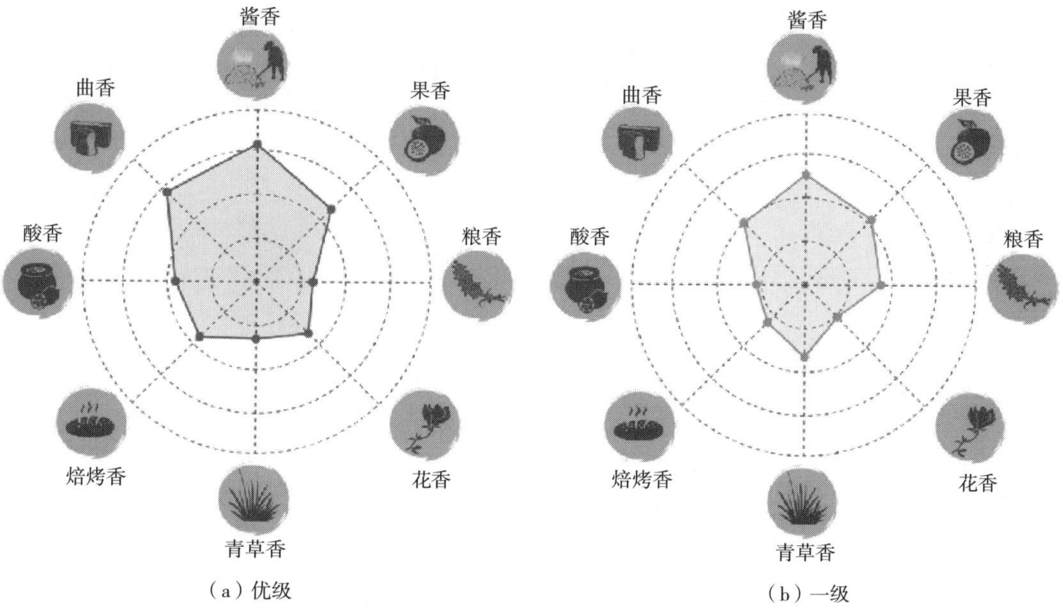

注 1：感官描述术语不限于图 a）和图 b）中所示。

注 2：不同级别酱香型白酒（大曲）常用感官描述术语说明如下：

a）酱香：采用高温制曲、高温堆积发酵等酿造工艺使白酒呈现的香气特征；

b）果香：白酒呈现的类似果类的香气特征；

c）粮香：高粱、小麦等粮谷原料经发酵蒸馏使白酒呈现的类似蒸熟粮食的香气特征；

d）花香：白酒呈现的类似植物花朵散发的香气特征；

e）青草香：白酒呈现的类似青草类的香气特征；

f）焙烤香（焦香）：白酒呈现的类似烘烤粮食谷物的香气特征；

g）酸香：白酒中挥发性酸类成分所呈现的香气特征；

h）曲香：高温大曲等参与发酵使酱香型白酒呈现的香气特征。

图 B. 1　不同级别酱香型白酒（大曲）香气特征剖面示意图

参考文献

[1] GB/T33405—2016　白酒感官品评术语
[2] GB/T 39625—2020　感官分析　方法学　建立感官剖面的导则
[3] 定量包装商品计量监督管理办法（国家市场监督管理总局令第 70 号）

2、 DB52/T 866—2014《酱香型白酒工业用术语》

前　言

本标准按照 GB/T 1.1—2009《标准化工作导则　第 1 部分：标准的结构和编写》给出的规则起草。

请注意：本文件的某些内容可能涉及专利。本文件的发布机构不承担识别这些专利的责任。

本标准由贵州省产品质量监督检验院提出并归口。

本标准起草单位：贵州省产品质量监督检验院（国家酒类及饮料质量监督检验中心）、贵州茅台酒股份有限公司、贵州省质量技术监督局、贵州茅台酒厂（集团）习酒有限责任公司、贵州大学、贵州省轻工业研究所、贵州珍酒酿酒有限公司、贵州省仁怀市茅台镇国威酒业有限公司、贵州黔酒酒业股份有限公司、贵州中心酿酒集团有限公司、贵州赖永初酒业有限公司、贵州金沙窖酒酒业有限公司、贵州青酒厂、贵州国台酒业有限公司、贵州贵酒股份有限公司。

本标准主要起草人：杨代永、陈孟强、季克良、田志强、吕云怀、汪地强、孟望霓、李小红、张伟力、张洪俊、刘海菊、刘玄、钟方达、张方利、赖世强、杨波、雷斌。

1. 范围

本标准规定了酱香型白酒工业的基本术语和定义。

本标准适用于贵州省境内酱香型白酒的生产、科研、培训、贸易、检验以及其他有关领域。

2. 术语和定义

2.1　主要原辅料

2.1.1　高粱 sorghum，亦称红粮、小蜀黍、红棒子。禾本科草本植物栽培高粱作物的果实，籽粒呈扁卵圆形，为酱香型白酒酿酒的主要原料，按其粒质分为粳高粱和糯高粱。

2.1.2　粳高粱 nonglutinous sorghum，粒色呈白色或浅黄色，粒大皮薄，剖开后呈粉状，胚乳中直链淀粉含量较高，蒸煮后黏性弱。

2.1.3　糯高粱 glutinous sorghum，粒色呈红色、深褐色或褐紫色，粒小皮厚，剖开后呈玻璃状，胚乳中支链淀粉含量较高，蒸煮后黏性强，为酿造优质酱香型白酒的主要原料。

2.1.4　小麦 wheat，禾本科草本植物栽培小麦的果实。呈卵形或长椭圆形，腹面有深纵沟。为生产酱香型白酒大曲的主要原料。

2.1.5　麦麸 wheat bran，亦称麸皮。小麦在加工过程中分离出的果皮、种皮等混合物。为生产酱香型白酒麸曲的主要原料。

2.1.6　谷壳 rice hull，亦称稻壳、糠壳、砻糠。稻谷在加工大米时脱下的外壳，是酿造酱香型白酒过程中的主要辅料。

2.1.7　稻草 straw，水稻的茎，是水稻脱粒后的稻秆。为酱香型白酒大曲生产过程中的主要辅料之一。

2.1.8 封窖泥 mud for sealing of fermentation pit，糟醅入窖后用以封住窖口使糟醅与空气隔绝的专用黏土。

2.2 生产设备、设施及器具

2.2.1 酿酒、蒸馏设备

2.2.1.1 窖池 fermentation pit，亦称窖，固态法发酵容器之一，多为石窖，形状多为长方体。

2.2.1.2 酒甑 distillating pot，亦称甑桶、甑锅，呈圆筒形，上面大、下面小，由甑盖、甑桶、甑篦、底锅等部分组成，是蒸粮、蒸酒和清蒸辅料的主要设备。

2.2.1.3 过汽管 vapour guide pipe，亦称过汽筒或锅龙。连接酒甑与冷却器的过汽导管。

2.2.1.4 冷却器 condenser，将蒸出的酒蒸气冷却成酒液的设备。

2.2.1.5 行车 bridge crane，主要用于粮醅、酒醅等转运的起重机。

2.2.1.6 鼓风机 air-blower，对出甑的糟醅进行散热的设备。

2.2.1.7 打糟机 fermented grains loosener，将出窖的酒醅打散、疏松的机械。

2.2.2 制曲设备

2.2.2.1 曲模 brick-shaped starter model，曲坯成型用的模具。

2.2.2.2 制曲机 raw starter maker，将制曲原料压制成曲坯的机械。

2.2.2.3 曲仓 fermentation room，亦称曲房、发酵室。培养曲的房间。

2.2.2.4 干曲仓 store room，亦称储曲房、曲库。储存曲块的专用房间。

2.2.2.5 磨曲机 starter grinder，将干曲块磨碎的机械，也用于高粱的破碎。

2.2.3 贮存设备

2.2.3.1 陶坛 pottery jar，用陶土烧制而成，为酱香型白酒传统贮酒容器。

2.2.3.2 不锈钢贮酒罐 liquor store stainless steel tank，不锈钢制成的大容量贮酒容器。

2.3 制曲

2.3.1 糖化发酵剂 sacchariferous and fermentative agent，以淀粉和蛋白质等为主要原料的天然培养基，富集多种微生物及生物酶，用于酿酒的糖化和发酵的制剂。

2.3.1.1 大曲 daqu starter，以小麦为原料，经磨碎、拌料、成型、入仓发酵而成的糖化发酵剂。

2.3.1.2 高温大曲 high temperature daqu starter，在制曲过程中，曲块发酵温度大于60℃而制成的大曲。

2.3.1.3 母曲 high quality daqu starter，亦称母曲，在高温大曲制作时，接种用的少量优质生产用曲。

2.3.1.4 麸曲 fuqu starter，以麦麸为原料，采用纯种微生物接种制备的一类糖化剂或发酵剂。

2.3.1.5 帘子曲 fuqu starter incubated on bamboo curtain，在竹帘子上培养制备的麸曲。

2.3.1.6 通风曲 fuqu starter prepared by blown wind，在长方形水泥池中控制通风培养制备的麸曲。

2.3.1.7 混合曲 mixed starter，指大曲、小曲、功能强化曲、高温曲、中低温曲等按生产及其工艺参数要求，按特定比例混合组成的糖化发酵剂。

2.3.1.8 酶制剂 enzyme，指从生物中提取的具有酶特性的一类物质。

2.3.1.9 酵母 yeast，一种单细胞真菌，在有氧和无氧环境下都能生存，属于兼性厌氧菌。

2.3.1.10 曲坯 raw starter brick before incubation，制曲原料压（踩）制成型的块状物。

2.3.2 踩曲 kneading the raw starter component，传统制大曲时，将经破碎加水拌匀后的制曲原料，放入曲模中以人工踩压、脱模成型的操作。

2.3.3 压曲 the raw starter mold by machine，将经拌料后的制曲原料，放入固定的模具中机械压制成型的操作。

2.3.4 收汗 shouhan，亦称晾曲坯、挥干。刚出模的曲坯，晾一段时间后，其表面水分蒸发，便于搬运的过程。

2.3.5 上霉 grown mould，制曲培养过程中，在曲坯的外表生长出菌斑的现象。又称穿衣。

2.3.6 晾霉 ventilate and dry，在制曲培养中，当菌丝体已长出，打开门窗，降低曲室和曲坯表面的温度和水分的操作。

2.3.7 翻仓 rearrange raw starter in incubation period，亦称翻曲。在制曲培养中，将曲坯调位，增加曲房的通风供氧，排除二氧化碳，调节温度和湿度，使曲坯得到均匀培养的操作。

2.3.8 磨曲 grinding starter，曲块按要求用磨曲机磨碎的操作。

2.4 酿酒

2.4.1 沙 sha，sorghum by appropriately crush，经适度破碎的高粱。

2.4.2 下沙 sorghum firstly added in jiang-flavour Chinese liquor production，酱香型白酒酿酒生产的第一次投料的过程。

2.4.3 造沙 sorghum secondly added in jiang-flavour Chinese liquor production，酱香型白酒酿酒生产的第二次投料的过程。

2.4.4 润粮 wetting grains mixture，亦称发粮。下、造沙时，使高粱吸收水分的操作。

2.4.5 窖泥 pit mud，用于封窖和制作窖底的黏土。

2.4.6 封窖 sealing of fermentation pit，以窖泥将窖面密封，隔绝空气以进行发酵的操作。

2.4.7 量水 hot water added into fermentative grains，在粮醅出甑后，加入的一定量的热水，用于降低黏性，减少粮醅粘黏。

2.4.8 辅料清蒸 steaming of adjunct material，为消除稻壳等辅料的异杂味和杂菌而进行的蒸料的操作。

2.4.9 摊凉 cooling operation，亦称摊晾。将出甑粮醅或糟醅平摊在晾堂上使其冷却的操作。

2.4.10 粮醅 steamed grains，下、造沙时，原料经蒸煮糊化，出甑后的物料。

2.4.11 酒醅 fermented grains，已发酵完毕，等待出窖、蒸酒的物料。

2.4.12 糟醅 distilled grains，酒醅蒸馏摘酒后，出甑的物料。

2.4.13 丢糟 spent grains，亦称废糟。指出窖糟经蒸馏取酒后，不再用于酿酒发酵的物料。

2.4.14 保窖糟 spent grains for fermentation pit maintaining，用于窖池保养的丢糟。

2.4.15 母糟 fermented grains remaining in the pit，酱香型白酒生产过程中保留在窖池内，

用于下一生产周期的酒醅。

2.4.16 夹生 half-cooked，原料蒸煮后，糊化程度不够，有硬心的现象。

2.4.17 返生 being solid inside grains，starch retrogradation，原料蒸煮出甑后原料内部重新出现硬心的现象。

2.4.18 轮次 batch，原料（粮醅、酒醅）经投料（下窖）、蒸煮、摊凉、拌曲、堆积发酵、入窖发酵、蒸馏的生产过程。

2.4.19 堆积发酵 stacking fermentation，酱香型白酒制酒生产过程中，将粮醅或糟醅经摊凉、拌曲，堆积成料堆，进行开放式发酵的过程。

2.4.20 高温堆积 high temperature stacking fermentation，在堆积发酵过程中，堆积顶温达到45℃以上，是大曲酱香型白酒独有的酿酒工艺。

2.4.21 排 time，每班每天蒸馏摘酒的次数。

2.4.22 掉排 decrease of productivity，亦称垮窖。几个窖或某一轮次的生产结果不正常，出现少出酒或不出酒的现象。

2.4.23 上甑 operating process of steaming fermented material，按一定规范，将待蒸物料铺撒入甑桶的操作过程。又称装甑。

2.4.24 跑汽 alcoholic steam wasted in the air，上甑过程中，酒蒸气明显逸出物料层表面的现象。

2.4.25 穿汽不匀 maldistribution of steam，亦称窝酒。由于装甑不妥，酒气不能均匀地穿过酒醅，造成部分酒醅中的酒蒸不出来的现象。

2.4.26 坠甑 sink，亦称塌汽、塌甑。上甑蒸酒时，上甑操作不妥或蒸汽突然减少，使甑内酒醅下陷，造成酒醅中的酒蒸不出来，或酒度低，流酒尾时间拖长的现象。

2.4.27 大汽追尾 drive out remanent alcohol，亦称吊水、追尾，蒸酒将结束时，加大蒸汽量或加大火力，蒸出酒醅中残余香味物质，同时利于粮食糊化的操作。

2.4.28 高温馏酒 high temperature gathering distillate，蒸馏取酒时，酒液温度达35℃以上的取酒过程，是酱香型白酒特有的酿酒工艺。

2.4.29 量质摘酒 gathering distillate according to the quality，蒸馏流酒过程中，根据流酒的质量情况确定摘酒（分级）时机的操作。

2.4.30 酒花 distillate foam，白酒在流酒或振摇后，液面溅起的泡沫，俗称酒花。根据酒花的形状、大小、持续时间，可判断酒液酒精度的高低。

2.4.31 酒头 initial distillate，蒸馏初期出的酒液。

2.4.32 酒尾 last distillate，亦称尾酒。蒸馏后期出的酒精度较低的酒液。

2.5 勾兑及贮存

2.5.1 勾兑 blending，把具有不同香气、口味、风格的酒，按不同比例进行调配，使之符合一定标准，保持成品酒特定风格的专门技术。

2.5.2 贮存 storage，将新酒装于陶坛等容器中存放一定时间，使酒体柔和谐调，并使成品酒半成品酒的质量稳定的过程。

2.5.3 老熟 aging，白酒在自然贮存过程中，经一定的物理、化学变化，达到酒质的除杂增香、口感柔和的过程。

2.5.4 空杯留香 flavour lasting for a long time in empty glass，盛过酒的空杯放置一定时间

后，尚能嗅闻到香气的现象。是优质酱香型白酒的重要特征之一。

2.6　成品及半成品

2.6.1　固态法白酒 Chinese liquor by traditional fermentation，以粮食为原料，采用固态糖化、发酵、蒸馏，经陈酿、勾兑而成，未添加食用酒精及非白酒发酵产生的呈香呈味物质，且有本品固有风格特征的白酒。

2.6.2　酱香型白酒 jiang-flavour Chinese liquor，以高粱、小麦、水等为原料，经传统固态法发酵、蒸馏、贮存、勾兑而成的，未添加食用酒精及非白酒发酵产生的呈香呈味呈色物质，具有酱香风格的白酒。

2.6.3　大曲酱香型白酒 daqu jiang-flavour Chinese liquor，以大曲为糖化发酵剂生产的酱香型白酒。

2.6.4　麸曲酱香型白酒 fuqu jiang-flavour Chinese liquor，以麸曲为糖化发酵剂生产的酱香型白酒。

2.6.5　混合曲酱香型白酒 mixed starter jiang-flavour Chinese liquor，以混合曲为糖化发酵剂生产的酱香型白酒。

2.6.6　基酒 base liquor，经贮存作为勾兑用的酒。

2.6.7　轮次酒 batch liquor，经一个轮次后蒸馏得到的酒。

2.6.8　成品酒 final liquor product，指经勾兑、检验合格后的产品，包括勾兑成品酒和包装成品酒。

2.6.9　半成品酒 semi-finished liquor product，指勾兑后未经检验，具有产品主体风格的酒。

3、 DB52/T 867—2014《酱香型白酒酿酒用高粱》

前 言

本标准按照 GB/T 1. 1—2009《标准化工作导则 第 1 部分：标准的结构和编写》给出的规则起草。

请注意本文件的某些内容可能涉及专利。本文件的发布机构不承担识别这些专利的责任。

本标准由贵州省产品质量监督检验院提出并归口。

本标准起草单位：贵州省产品质量监督检验院（国家酒类及饮料质量监督检验中心）、贵州茅台酒股份有限公司、贵州茅台酒厂（集团）习酒有限责任公司、贵州大学、贵州省轻工业研究所、贵州珍酒酿酒有限公司、贵州省仁怀市茅台镇国威酒业有限公司、贵州黔酒酒业股份有限公司、贵州中心酿酒集团有限公司、贵州赖永初酒业有限公司、贵州金沙窖酒酒业有限公司、贵州青酒厂、贵州国台酒业有限公司、贵州贵酒股份有限公司。

本标准主要起草人：汪地强、曹文涛、田志强、季克良、吕云怀、吴天祥、王和玉、吴建霞、刘华、刘玄、陈兴林、赖亚飞、孟望霓、梁明锋、肖洋、李春宇、周筑萍、廖妍妍。

1. 范围

本标准规定了酱香型白酒酿酒用高粱的相关术语和定义、技术要求、检验方法、标签标识、包装、运输和贮存。

本标准适用于酱香型白酒酿酒用高粱。

2. 规范性引用文件

下列文件对于本文件的应用是必不可少的。凡是注日期的引用文件，仅所注日期的版本适用于本文件。凡是不注日期的引用文件，其最新版本（包括所有的修改单）适用于本文件。

GB 2761《食品安全国家标准 食品中真菌毒素限量》

GB 2762《食品安全国家标准 食品中污染物限量》

GB 2763《食品安全国家标准 食品中农药最大残留限量》

GB/T 5490《粮油检验 一般规则》

GB/T 5491《粮食、油料检验 扦样、分样法》

GB/T 5492《粮油检验 粮食、油料的色泽、气味、口味鉴定》

GB/T 5493《粮油检验 类型及互混检验》

GB/T 5494《粮食、油料检验 杂质、不完善粒检验》

GB/T 5497《粮食、油料检验 水分测定法》

GB/T 5514《粮油检验 粮食、油料中淀粉含量测定》

GB/T 5519《谷物与豆类 千粒重的测定》

GB/T 8231《高粱》
GB/T 24904《粮食包装 麻袋》
GB/T 26633《工业用高粱》

3. 术语和定义

GB/T 8231、GB/T 26633 界定的以及下列术语和定义适用于本文件。

3.1 酱香型白酒用高粱 sorghum for jiang-flavour Chinese liquor，用作酱香型白酒生产原料的高粱。

3.2 粳高粱 non glutinous sorghum，粒色呈白色或浅黄色，粒大皮薄，剖开后呈粉状，胚乳中直链淀粉含量较高，蒸煮后黏性弱。

3.3 糯高粱 glutinous sorghum，粒色呈红色、深褐色或褐紫色，粒小皮厚，剖开后呈玻璃状，胚乳中支链淀粉含量较高，蒸煮后黏性强，为酿造优质酱香型白酒的主要原料。

4 技术要求

4.1 感官要求

感官要求应符合表 1 的规定。

表 1 感官要求

指标项目	指标要求	
	糯高粱	粳高粱
色泽	具有本品固有的色泽，一般为红色、深褐色、褐紫色	具有本品固有的色泽，一般为白色、浅黄色
气味	具有本品固有的气味，无异杂味	
净度	无霉变、无污染	

4.2 理化指标

理化指标应符合表 2 的规定。

表 2 理化指标要求

项目	糯高粱	粳高粱
体积质量/（g/L）或 千粒重/（g/千粒）	体积质量≥700	体积质量≥700
	千粒重 13～25	
不完善粒/%	≤3.0	≤3.0
杂质/%	≤1.0	≤1.0
水分/%	≤14.0	≤14.0
总淀粉/%	50～75	50～70
注：生产大曲酱香型白酒宜用糯高粱。		

4.3 食品安全指标

应符合 GB 2761、GB 2762 和 GB 2763 的规定。

5. 检验方法

5.1 检验的一般规则：按 GB/T 5490 的要求执行。
5.2 扦样、分样：按 GB/T 5491 的要求执行。
5.3 色泽、气味检验：按 GB/T 5492 的要求执行。
5.4 类型及互混检验：按 GB/T 5493 的要求执行。
5.5 杂质、不完善粒检验：按 GB/T 5494 的要求执行。
5.6 水分检验：按 GB/T 5497 的要求执行。
5.7 千粒重检验：按 GB/T 5519 的要求执行。
5.8 淀粉检验：按 GB/T 5514 的要求执行。

6. 标签标识

应在包装或货位登记卡、贸易随行文件中标明产品名称、收获年度、产地等内容。

7. 包装、运输和贮存

7.1 一般要求

包装或散装高粱的包装、贮存、运输，应符合国家的有关技术标准和规范。

7.2 包装

包装物应密实牢固，不应产生撒漏，不应对高粱造成污染。使用麻袋包装时，应符合 GB/T 24904 的规定。

7.3 运输

运输中应注意安全，防止日晒、雨淋、渗漏、污染。运输所用车、船和其他装具不能对高粱造成污染。

7.4 贮存

应储存于阴凉干燥处，不应与有毒、有害物品混存，堆放的高度应适宜。

4、 DB52/T 868—2014《酱香型白酒酿酒用小麦》

前　言

本标准按照 GB/T 1.1—2009《标准化工作导则　第 1 部分：标准的结构和编写》给出的规则起草。

请注意：本文件的某些内容可能涉及专利。本文件的发布机构不承担识别这些专利的责任。

本标准由贵州省产品质量监督检验院提出并归口。

本标准起草单位：贵州省产品质量监督检验院（国家酒类及饮料质量监督检验中心）、贵州茅台酒股份有限公司、贵州茅台酒厂（集团）习酒有限责任公司、贵州大学、贵州省轻工业研究所、贵州珍酒酿酒有限公司、贵州省仁怀市茅台镇国威酒业有限公司、贵州黔酒酒业股份有限公司、贵州中心酿酒集团有限公司、贵州赖永初酒业有限公司、贵州金沙窖酒酒业有限公司、贵州青酒厂、贵州国台酒业有限公司、贵州贵酒股份有限公司。

本标准主要起草人：吴天祥、田志强、季克良、吕云怀、李长文、陈兴林、孟望霓、韩志平、肖洋、李春宇、周筑萍、赖亚飞。

1. 范围

本标准规定了酱香型白酒用小麦的术语和定义、技术要求、检验方法、标签标识、包装、运输和贮存。

本标准适用于生产酱香型白酒用小麦。

2. 规范性引用文件

下列文件对于本文件的应用是必不可少的。凡是注日期的引用文件，仅所注日期的版本适用于本文件。凡是不注日期的引用文件，其最新版本（包括所有的修改单）适用于本文件。

GB 1351《小麦》

GB 2715《粮食卫生标准》

GB 2761《食品安全国家标准　食品中真菌毒素限量》

GB 2762《食品安全国家标准　食品中污染物限量》

GB 2763《食品安全国家标准　食品中农药最大残留限量》

GB/T 5009.36《粮食卫生标准的分析方法》

GB/T 5490《粮油检验　一般规则》

GB/T 5491《粮食、油料检验　扦样、分样法》

GB/T 5492《粮油检验　粮食、油料的色泽、气味、口味鉴定》

GB/T 5497《粮食、油料检验　水分测定法》

GB/T 24899《粮油检验　小麦粗蛋白质含量测定 近红外法》

GB/T 24904《粮食包装　麻袋》

NY/T 11《谷物籽粒粗淀粉测定法》

3. 术语和定义

下列术语与定义适用于本文件。

小麦，禾本科草本植物栽培小麦的果实。呈卵形或长椭圆形，腹面有深纵沟。按照小麦播种季节的不同分为春小麦和冬小麦。

4. 技术要求

4.1 原料

应符合 GB 1351 的规定。

4.2 理化指标

理化指标应符合表 1 的要求。

表 1 理化指标

项目	指标
水分/%	≤13.0
粗淀粉含量/%	≥60.0
粗蛋白含量/%	≥10.0
色泽	具小麦固有色泽
气味	具小麦固有气味、无异味

4.3 食品安全指标

应符合 GB 2715、GB 2761、GB 2762 和 GB 2763 的规定。

5. 检验方法

5.1 检验的一般规则

按 GB/T 5490 的规定进行。

5.2 扦样、分样

按 GB 5491 的规定进行。

5.3 水分

按 GB/T 5497 的规定进行。

5.4 粗淀粉

按 NY/T 11 的规定进行。

5.5 粗蛋白

按 GB/T 24899 的规定进行。

5.6 色泽和气味

按 GB/T 5492 的规定进行。

5.7 食品安全指标

按 GB/T 5009.36 的规定进行。

6. 标签标识

应在包装或货位登记卡、贸易随行文件中标明产品名称、收获年度、产地等内容。

7. 包装、运输和贮存

7.1　包装

包装物应密实牢固，不应产生撒漏，不应对小麦造成污染。使用麻袋包装时，应符合 GB/T 24904 相关规定。

7.2　贮存

应贮存于阴凉干燥处，不应与有毒、有害物品混存，堆放的高度应适宜。

7.3　运输

运输中应注意安全，防止日晒、雨淋、渗漏、污染。运输所用车、船和其他装具不能对小麦造成污染。

5、 DB52/T 869—2014《酱香型白酒酿酒用谷壳》

前 言

本标准按照 GB/T 1.1—2009《标准化工作导则 第 1 部分：标准的结构和编写》给出的规则起草。

请注意本文件的某些内容可能涉及专利。本文件的发布机构不承担识别这些专利的责任。

本标准由贵州省产品质量监督检验院提出并归口。

本标准起草单位：贵州省产品质量监督检验院（国家酒类及饮料质量监督检验中心）、贵州茅台酒股份有限公司、贵州茅台酒厂（集团）习酒有限责任公司、贵州大学、贵州省轻工业研究所、贵州珍酒酿酒有限公司、贵州省仁怀市茅台镇国威酒业有限公司、贵州黔酒酒业股份有限公司、贵州中心酿酒集团有限公司、贵州赖永初酒业有限公司、贵州金沙窖酒酒业有限公司、贵州青酒厂、贵州国台酒业有限公司、贵州贵酒股份有限公司。

本标准主要起草人：吴天祥、田志强、季克良、吕云怀、李长文、陈兴林、赖亚飞、孟望霓、韩志平、肖洋、李春宇、廖妍妍。

1. 范围

本标准规定了酱香型白酒用谷壳的术语和定义、技术要求、分析方法、标签标识、包装、运输和贮存。

本标准适用于酱香型白酒用谷壳。

2. 规范性引用文件

下列文件对于本文件的应用是必不可少的。凡是注日期的引用文件，仅所注日期的版本适用于本文件。凡是不注日期的引用文件，其最新版本（包括所有的修改单）适用于本文件。

GB 2715《粮食卫生标准》

GB 2761《食品安全国家标准 食品中真菌毒素限量》

GB 2762《食品安全国家标准 食品中污染物限量》

GB 2763《食品安全国家标准 食品中农药最大残留限量》

GB/T 5490《粮油检验 一般规则》

GB/T 5491《粮食、油料检验 扦样、分样法》

GB/T 5492《粮油检验 粮食、油料的色泽、气味、口味鉴定》

GB/T 5497《粮食、油料检验 水分测定法》

GB/T 24904《粮食包装 麻袋》

3. 术语和定义

下列术语和定义适用于本文件。

谷壳，谷壳亦称稻壳、糠壳、砻糠。稻谷在加工大米时脱下的外壳，是水稻籽粒的附属物，根据外形可分为长瓣稻壳和短瓣稻壳。长瓣稻壳皮厚，壳质较硬；短瓣稻壳皮薄，壳质较软。稻壳为酿制大曲酒的填充料，一般使用前需要清蒸 30min，在蒸酒蒸粮时起到填充和疏松糟醅的作用。

4. 技术要求

4.1　理化指标应符合表 1 的要求。

表 1　理化指标

项目	要求
水分/%	≤13.0%
色泽	具谷壳固有色泽
气味	具谷壳固有气味，无异味

4.2　卫生指标

应符合 GB 2715、GB 2761、GB 2762 和 GB 2763 的规定。

5. 分析方法

5.1　检验的一般规则：按 GB/T 5490 执行。

5.2　扦样、分样：按 GB/T 5491 执行。

5.3　水分：按 GB/T 5497 规定方法测定。

5.4　色泽和气味：按 GB/T 5492 规定方法测定。

6. 标签标识

应在包装或货位登记卡、贸易随行文件中标明产品名称、收获年度、产地等内容。

7. 包装、运输和贮存

7.1　一般要求

包装或散装谷壳的包装、储存、运输，应符合国家的有关技术标准和规范。

7.2　包装

包装物应密实牢固，不应产生撒漏，不应对谷壳造成污染。使用麻袋包装时，应符合 GB/T 24904 的规定。

7.3　运输

运输中应注意安全，防止日晒、雨淋、渗漏、污染。运输所用车、船和其他装具不能对谷壳造成污染。

7.4　贮存

应储存于阴凉干燥处，不应与有毒、有害物品混存，堆放的高度应适宜。

6、 DB52/T 870—2014《酱香型白酒酿酒用水》

前 言

本标准按照 GB/T 1. 1—2009《标准化工作导则 第 1 部分：标准的结构和编写》给出的规则起草。

请注意：本文件的某些内容可能涉及专利。本文件的发布机构不承担识别这些专利的责任。

本标准由贵州省产品质量监督检验院提出并归口。

本标准起草单位：贵州省产品质量监督检验院（国家酒类及饮料质量监督检验中心）、贵州茅台酒股份有限公司、贵州茅台酒厂（集团）习酒有限责任公司、贵州大学、贵州省轻工业研究所、贵州珍酒酿酒有限公司、贵州省仁怀市茅台镇国威酒业有限公司、贵州黔酒酒业股份有限公司、贵州中心酿酒集团有限公司、贵州赖永初酒业有限公司、贵州金沙窖酒酒业有限公司、贵州青酒厂、贵州国台酒业有限公司、贵州贵酒股份有限公司。

本标准主要起草人：韩志平、黄卫红、季克良、田志强、吕云怀、钟方达、李凯、胥之霞、李凯、孟望霓、张倩、孙棣、廖妍妍、张方利、赖亚飞、梁明锋。

1. 范围

本标准规定了贵州省酱香型白酒生产用水的术语和定义、水源选择、水质要求和试验方法。

本标准适用于贵州省酱香型白酒生产用水，包括：酿造用水、降度用水。

2. 规范性引用文件

下列文件对于本文件的应用是必不可少的。凡是注日期的引用文件，仅所注日期的版本适用于本文件。凡是不注日期的引用文件，其最新版本（包括所有的修改单）适用于本文件。

GB 5749《生活饮用水卫生标准》

GB/T 5750《生活饮用水标准检验方法》

3. 术语和定义

下列术语和定义适用于本文件。

3.1 酿造用水

制酒原料的润粮、浸泡、制曲拌料、微生物培养、量水等工艺过程用水。

3.2 降度用水

酒精度从高到低稀释用水。

4. 水源选择

4.1 自来水

将地表水或地下水经过人工沉淀，经过滤、消毒等工艺处理后达到 GB 5749 要求的水。

4.2　地表水

由大气降水到地面汇集而成的水，包括河流水、湖泊水、池塘水等。

4.3　地下水

由地表水渗透到地下汇集而成的水。

5. 水质要求

5.1　酿造用水水质要求

5.1.1　外观

无色透明，无悬浮物，无沉淀。

5.1.2　口味

将水加热至20~30℃，口尝时应具有清爽气味、味净微甘，为水质良好。

5.1.3　卫生要求

应符合GB 5749的规定。

5.2　降度加浆用水水质要求

5.2.1　感官和理化指标

应符合表1的规定。

表1　感官和理化指标

项目	要求
色度/度	≤5，不得有异色
浑浊度/NTU	≤1.0
臭和味	不得有异味
肉眼可见物	无
pH	5.0~8.0
电导率（25℃±1℃）/（μS/cm）	≤10

5.2.2　卫生要求

应符合GB 5749的规定。

6. 试验方法

按GB/T 5750规定的进行。

7、 DB52/T 873—2018《大曲酱香型白酒生产技术规范》

前 言

本标准按照 GB/T 1.1—2009《标准化工作导则　第 1 部分：标准的结构和编写》给出的规则起草。

请注意：本文件的某些内容可能涉及专利。本文件的发布机构不承担识别这些专利的责任。

本标准代替 DB52/T 873—2014《大曲酱香型白酒生产技术规范》。本标准与 DB52/T 873—2014 相比，除编辑性修改外主要技术变化如下：

——修改了大曲酱香型白酒的术语定义；

——修改了原辅料要求；

——增加了酿造设备；

——修改细化了生产工艺流程；

——工艺中增加了典型体及轮次酒的感官标准；

——修改了制酒技术要求；

——修改了贮存、勾兑、调味、检验和包装；

——增加了生产工艺关键控制点。

本标准由遵义市政府、贵州省产品质量监督检验院（国家酒类及加工食品质量监督检验中心）提出。

本标准由贵州省产品质量监督检验院归口。

本标准起草单位：贵州省产品质量监督检验院（国家酒类及加工食品质量监督检验中心）、贵州省产品质量监督检验院仁怀分院、遵义市市场监督管理局、盘州市检验检测中心。

本标准主要起草人：陈仁远、戴奕杰、张建、田志强、孟望霓、李洋、郭庆华、谭克刚、孙宗奇、赵文武、李天国、先春、高敏、刘丹、张婷。

本标准所代替标准的历次版本发布情况为：

——DB52/T 873—2014《大曲酱香型白酒生产技术规范》。

1. 范围

本标准规定了大曲酱香型白酒生产加工的术语和定义、基本要求、生产工艺及流程、制酒技术要求和生产工艺关键控制点。

本标准适用于大曲酱香型白酒企业酿酒生产、加工。

2. 规范性引用文件

下列文件对于本文件的应用是必不可少的。凡是注日期的引用文件，仅所注日期的版本适用于本文件。凡是不注日期的引用文件，其最新版本（包括所有的修改单）适用于本文件。

GBZ 1《工业企业设计卫生标准》

GB 1351《小麦》

GB 2715《食品安全国家标准　粮食》
GB 2757《食品安全国家标准　蒸馏酒及其配制酒》
GB/T 5490《粮油检验　一般规则》
GB/T 5494《粮油检验　粮食、油料的杂质、不完善粒检验》
GB/T 5497《粮食、油料检验　水分测定法》
GB/T 5498《粮油检验　容重测定》
GB/T 5514《粮油检验　粮食、油料中淀粉含量测定》
GB/T 5519《谷物与豆类　千粒重的测定》
GB 5749《生活饮用水卫生标准》
GB/T 5750《生活饮用水标准检验方法》
GB 7718《食品安全国家标准　预包装食品标签通则》
GB/T 8231《高粱》
GB 8951《食品安全国家标准　蒸馏酒及其配制酒生产卫生规范》
GB 14881《食品安全国家标准　食品生产通用卫生规范》
GB/T 15109《白酒工业术语》
GB/T 15683《直链淀粉含量的测定》
GB/T 15686《高粱单宁含量的测定》
GB/T 23544《白酒企业良好生产规范》
GB 50694《酒厂设计防火规范》
GB 50016《建筑设计防火规范》
QB/T 4257《酿酒大曲通用分析方法》
SL 79《矿化度的测定》
DB52/T 866《酱香型白酒工业用术语》
DB52/T 867《酱香型白酒酿酒用高粱》
DB52/T 868《酱香型白酒酿酒用小麦》
DB52/T 869《酱香型白酒酿酒用谷壳》
DB52/T 870《酱香型白酒酿酒用水》
DB52/T 871《酱香型白酒酿酒用大曲》
DB52/T 876《大曲酱香型白酒贮存勾兑管理规范》
DB52/T 879《酱香型白酒废糟处置规范》
DB52/T 880《白酒生产企业实验室基本规范》
《白酒生产许可证审查细则》

3. 术语和定义

下列术语和定义适用于本文件。

大曲酱香型白酒 jiang xiang xing baijiu of daqu

以高粱、小麦、水等为原料，以酱香大曲作为糖化发酵剂，经传统固态法发酵、蒸馏、贮存，不直接或间接添加食用酒精及非白酒发酵产生的呈香呈味呈色物质且具有大曲酱香风格的白酒。

4. 基本要求

4.1 厂房设计要求

4.1.1 厂房设计和建设应符合 GB 8951、GB 50016、GB 50694 和 GB 14881 的规定。内外环境应满足食品企业生产许可对生产厂房的要求。

4.1.2 工器具和设备应符合《白酒生产许可证审查细则》的规定。

4.2 原辅料要求

4.2.1 原辅料应符合 GB/T 8231、DB52/T 867、GB 1351、DB52/T 868、DB52/T 869、DB52/T 870、DB52/T 866 的规定。

4.2.2 酱香大曲，应符合《酱香大曲生产技术规范》的规定。

4.3 酿造设备

4.3.1 发酵窖池：泥底、条石窖。

4.3.2 晾堂：三合土（即为石灰、泥、煤灰）或混凝土等。

4.4 人员要求

应符合食品生产许可审查通则的规定。

4.5 安全生产

应配备并规范安装足够的消防设备、设施；应符合 GB 50016 和 GB 50694 的规定。

4.6 卫生要求

洗手、消毒、更衣等设备设施，原料库、成品库的卫生、防霉、防虫、防鼠等，制曲、酿酒、勾兑调味等各工序卫生要求应符合 GB/T 23544 的规定。废糟处理应符合 DB52/T 879 的规定。

5. 生产工艺流程

大曲酱香型白酒生产工艺流程见图 1。

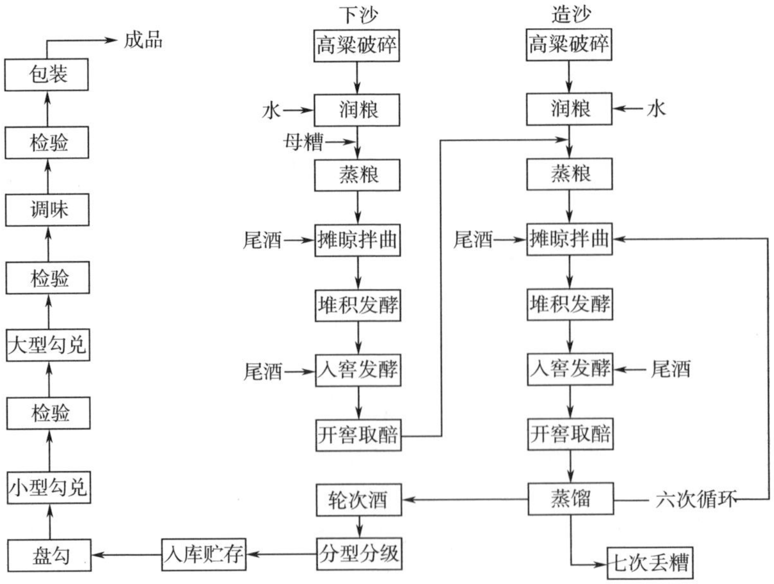

图 1 大曲酱香型白酒生产工艺流程图

6. 典型体及轮次酒的感官标准

6.1　典型体

酱香：酱香明显，丰满，醇厚，回味悠长；窖底：窖香浓郁，醇和，后味干净；醇甜：醇和，回甜，干净。

6.2　轮次酒

一至七轮次基酒的感官要求应符合表 1 的规定。

表 1　一至七轮次基酒的感官要求

项目	酒精度（20℃）	感官特征
一轮次	≥57.0%vol	无色透明，无悬浮物及沉淀物；有粮香，酸香明显，有酱香，其酯香突出；酸味显著，有涩味，后味微苦
二轮次	≥54.5%vol	无色透明，无悬浮物及沉淀物；有粮香，有酱香、其芳香突出；有酸涩味，后味回甜
三轮次	≥53.5%vol	无色透明，无悬浮物及沉淀物；酱香明显略杂，入口香大；酒体较醇和，有酱味，后味长带涩，尾净
四轮次	≥53.0%vol	无色透明，无悬浮物及沉淀物；酱香显著，香气全面、协调；较醇和，味全面且净，后味绵长、甜香
五轮次	≥53.0%vol	无色（微黄）透明，无悬浮物及沉淀物；酱香显著，略有焦香；酱味明显，后味长带涩，微苦
六轮次	≥52.0%vol	无色（微黄）透明，无悬浮物及沉淀物；有酱香；有酱味，味醇和，略有焦煳味，后味长，余味略苦
七轮次	≥52.0%vol	无色（微黄）透明，无悬浮物及沉淀物；有酱香；有酱味，醇和，有焦煳味，后味长，余味略苦，略带糟味
备注	不符合上述轮次感官特征，应另行处理	

7. 工艺参数

根据实际要求制定产酒计划、确定高粱用量、曲药用量、谷壳用量、母糟、尾酒、润粮水量、生熟沙比例。

8. 制酒技术要求

8.1　高粱破碎

高粱经除尘、除杂后，根据破碎要求进行破碎。

8.2　润粮

润粮是破碎后的高粱均匀吸收一定量水分的操作，根据要求控制润粮水温（通常≥90℃）、润粮水量。

8.3 蒸粮

蒸粮是将润好的高粱上甑蒸煮的操作，根据要求控制蒸粮气压、蒸粮时间、上甑气压、上甑时间、母糟用量。

8.4 摊晾拌曲

摊晾拌曲是将蒸好的粮醅（酒醅）均匀铺撒在晾堂中摊晾（投料期间，铺撒前可洒入适量量水，并翻拌均匀），再将粮醅（酒醅）温度降至30℃左右，撒入适量曲粉（投料期间可加入一定量的尾酒），翻拌均匀，收拢成堆的过程。根据要求控制拌曲品温、曲药用量、尾酒用量、量水用量。

8.5 堆积发酵

堆积发酵是收拢成堆的粮醅（酒醅）发酵成熟，温度达到要求时入窖发酵。根据要求控制上堆温度和堆积发酵入窖温度及入窖醅酸度、还原糖、水分、淀粉含量。

8.6 入窖发酵

8.6.1 下窖前，先用热水、尾酒对酒窖窖底和窖壁四周进行处理，将堆积发酵好的粮醅（酒醅）送入窖内。入窖后的窖内醅呈四周低、中间高似龟背的形状。

8.6.2 边入醅边洒尾酒，控制粮醅酸度和水分，撒上谷壳以隔离封窖泥，入窖完后及时封窖，当封窖泥表层干硬后，用重复清蒸谷壳或不含塑化剂的塑料薄膜覆盖在封窖泥表面。

8.7 开窖取醅

开窖取醅是粮醅（酒醅）在窖内发酵期（通常≥30d）满后，打开窖池，将粮醅（酒醅）按烤取量取出的过程。取醅过程中，凡有霉变的粮醅（酒醅）要单独取出处理。

8.8 上甑、接酒

8.8.1 严格根据“见气压醅”“轻、松、薄、准、匀、平”的要求上甑。

8.8.2 根据要求确定上甑时间、上甑气压、蒸馏气压、蒸馏时间、接酒浓度、接酒终止温度。

8.8.3 按照不同轮次质量和酒精度要求进行量质摘酒，根据轮次酒质量及浓度要求进行“看花”、尝酒，并辅之酒精计测量。在接酒时要时常品尝，当出现邪杂味时，即使酒的浓度高于规定要求，也要终止接酒。接完酒后，换上尾酒坛接尾酒。

8.9 入库、运输工序

8.9.1 酒接好后，将酒抬入小酒库进行计量和酒精度检测，对不符合酒精度要求的酒及时调整。对入库基酒进行分型分级，作好标识。酒不宜装得过满，以免引起爆坛。

8.9.2 运输前，检查接酒坛是否封好；运输过程中要注意小心轻放。

8.10 贮存、勾兑、调味、检验和包装

8.10.1 贮存、勾兑

8.10.1.1 用清洁卫生的酒坛（酒罐）贮存，注明标识（年度、日期、库号、坛号、车间、班组、轮次、数量）。

8.10.1.2 新酒入库满一年以后，将同轮次、同香型、同等级的酒进行盘勾。

8.10.1.3 小样勾兑，勾兑过程中，应仔细、认真、全面地记录下香气和口味变化，以便找出轮次酒之间的添加量和变化关系，确定最佳用酒比例。

8.10.1.4 进一步优化小样勾兑用酒比例，投入批量勾兑过程。

8.10.2　调味

8.10.2.1　根据成品酒的标准要求，针对基础酒的特征，选用数种不同风格的调味酒进行调味。

8.10.2.2　小样调味，确定调味酒用量，优化小样调味用酒比例进行大样调味，最终确定调味酒用量，正式调味，制成成品酒。

8.10.3　检验和包装

8.10.3.1　勾兑调味后的酒进行出厂检验，合格后可进行包装生产。

8.10.3.2　包装工艺流程见图2。

图2　包装工艺流程图

9. 生产工艺关键控制点

9.1　高粱粉碎关键控制点：下沙破碎度、造沙破碎度。

9.2　润粮关键控制点：润粮水温、润粮水量、高粱量、第二天粮堆温度。

9.3　蒸粮关键控制点：蒸粮气压、蒸粮时间、上甑气压、上甑时间、母糟用量。

9.4　摊晾拌曲关键控制点：拌曲温度、曲药用量、尾酒用量、量水用量。

9.5　堆积发酵关键控制点：上堆温度、堆积发酵温度。

9.6　入窖发酵关键控制点：窖底用曲、窖池管理、窖面用曲、窖内发酵时间、入窖尾酒。

9.7　蒸馏（上甑接酒）关键控制点：上甑气压、上甑时间、蒸馏（接酒）气压、蒸馏时间、吊尾时间、接酒浓度、接酒终止温度。

9.8　辅料处理关键控制点：清蒸谷壳。

8、 DB52/T 874—2014《麸曲酱香型白酒生产技术规范》

前　言

本标准按照 GB/T 1. 1—2009《标准化工作导则　第 1 部分：标准的结构和编写》给出的规则起草。

请注意：本文件的某些内容可能涉及专利。本文件的发布机构不承担识别这些专利的责任。

本标准由贵州省产品质量监督检验院提出并归口。

本标准起草单位：贵州省产品质量监督检验院（国家酒类及饮料质量监督检验中心)、贵州茅台酒股份有限公司、贵州茅台酒厂（集团）习酒有限责任公司、贵州大学、贵州省轻工业研究所、贵州珍酒酿酒有限公司、贵州省仁怀市茅台镇国威酒业有限公司、贵州黔酒酒业股份有限公司、贵州中心酿酒集团有限公司、贵州赖永初酒业有限公司、贵州金沙窖酒酒业有限公司、贵州青酒厂、贵州国台酒业有限公司、贵州贵酒股份有限公司。

本标准主要起草人：黄永光、彭正东、季克良、田志强、吕云怀、吴天祥、曹文涛、胥之霞、周杰明、孟望霓、黄卫红、张倩、张建、黄家岭、卢垣宇。

1. 范围

本标准规定了麸曲酱香型白酒生产加工的术语和定义、基本要求和生产规程。

本标准适用于麸曲酱香型白酒的生产加工。

2. 规范性引用文件

下列文件对于本文件的应用是必不可少的。凡是注日期的引用文件，仅所注日期的版本适用于本文件。凡是不注日期的引用文件，其最新版本（包括所有的修改单）适用于本文件。

GB 2757《食品安全国家标准 蒸馏酒及其配制酒》

GB/T 5009. 48《蒸馏酒与配制酒卫生标准的分析方法》

GB 7718《食品安全国家标准　预包装食品标签通则》

GB 8951《白酒厂卫生规范》

GB/T 10344《预包装饮料酒标签通则》

GB/T 10345《白酒分析方法》

GB/T 10346《白酒检验规则和标志、包装、运输、贮存》

GB 14881《食品安全国家标准　食品生产通用卫生规范》

GB/T 15109《白酒工业术语》

GB/T 23544《白酒企业良好生产规范》

GB 50016《建筑设计防火规范》

GB 50694《酒厂设计防火规范》

GBZ 1《工业企业设计卫生标准》

JJF 1070《定量包装商品净含量计量检验规则》
DB52/T 866《酱香型白酒工业用术语》
DB52/T 867《酱香型白酒酿酒用高粱》
DB52/T 868《酱香型白酒酿酒用小麦》
DB52/T 869《酱香型白酒酿酒用谷壳》
DB52/T 870《酱香型白酒酿酒用水》
DB52/T 878《麸曲酱香型白酒》
DB52/T 879《酱香型白酒废糟处置规范》
《食品生产许可证审查通则》（2010 版）

3. 术语和定义

DB52/T 866、GB/T 15109 界定的以及下列术语和定义适用于本规程。

3.1　麸曲酱香型白酒，以麸曲作为糖化发酵剂，按酱香型白酒基础工艺生产的酱香型白酒。

3.2　麸皮，小麦在加工过程中分离出的果皮、种皮等混合物。为生产酱香型白酒麸曲的主要原料。

4. 基本要求

4.1　厂房设计要求

4.1.1　厂房设计和建设应符合 GB 8951、GBZ 1、GB 50016、GB 50694 和 GB 14881 的规定。内外环境应满足食品企业生产许可对生产厂房的要求。

4.1.2　工器具和设备

应符合《食品生产许可证审查通则》（2010 版）的规定。

4.2　原辅料要求

原料应符合 DB52/T 867、DB52/T 868 和 DB52/T 870 的规定，辅料应符合 GB/T 10346、GB 7718、GB/T10344 和 DB52/T 869 的规定。

4.3　人员要求

应符合《食品生产许可证审查通则》（2010 版）的规定。

4.4　安全生产

应配备并规范安装足够的消防设备、设施；应符合 GB 50016、GB 50694 和 GB/T 23544 的规定。

4.5　卫生要求

洗手、消毒、更衣等设备设施；原料库、成品库的卫生、防霉、防虫、防鼠等；制曲、酿酒、勾兑调味等各工序卫生要求；废糟处理应符合 DB52/T 879 的规定。

5. 生产规程

5.1　麸曲酱香型白酒生产工艺流程

麸曲酱香型白酒生产工艺流程见图 1 和图 2。

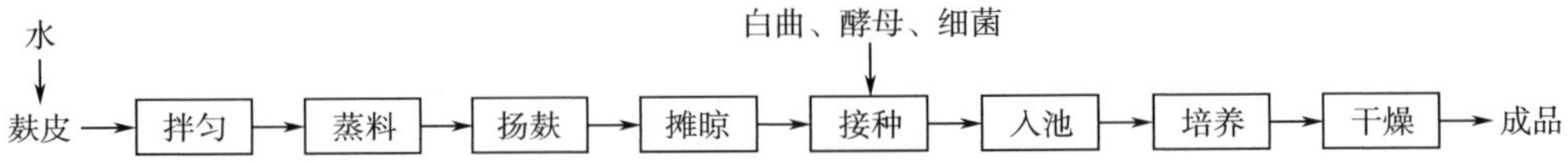

图1　麸曲生产工艺流程图

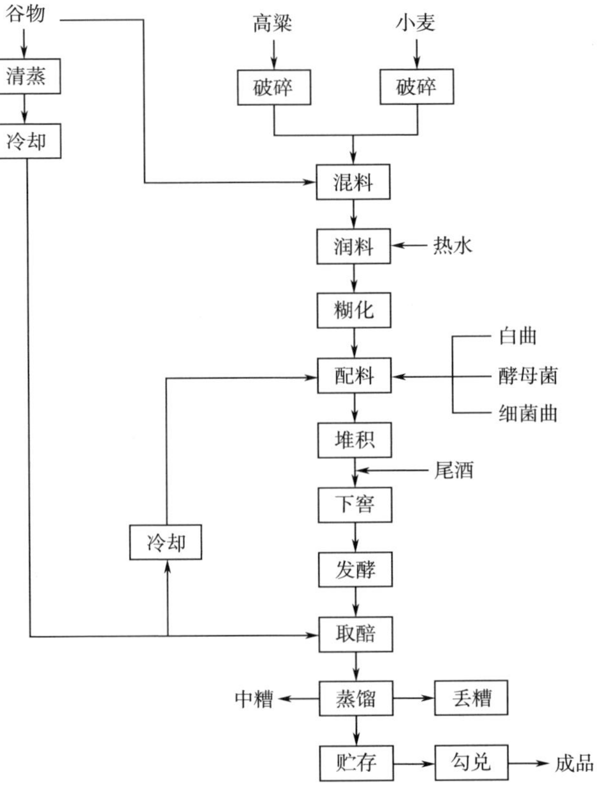

图2　麸曲酱香型白酒生产工艺流程图

5.2　制曲技术要求

5.2.1　纯种白曲生产

5.2.1.1　试管菌种用查氏培养基培养复活；转接生产麸皮种；再扩大培养生产成三级、四级种。成品曲干燥后放于干燥环境中，可保存2个月。

5.2.1.2　制曲可以采用通风制曲、架子曲或帘子曲方式生产。

5.2.1.3　制曲过程根据季节调节润料、蒸料、接种、堆积、入池、培养条件参数。

5.2.2　纯种酵母曲生产

5.2.2.1　试管和小锥形瓶种子培养可采用麦芽汁或豆芽汁葡萄糖培养基；生产曲采用通风制曲方式，培养基为麸皮，或适当加入酒醅。

5.2.2.2　制曲技术要求

5.2.2.2.1　蒸料，将麸皮加水拌匀，常压蒸料。

5.2.2.2.2　接种，出甑后的麸皮摊凉至适宜温度，接入酵母培养液，拌匀。

5.2.2.2.3　入池、培养，将接种完成的麸皮入池培养，培养过程严格控制温度和时间。

5.2.3　**纯种细菌曲生产**

5.2.3.1　菌种培养，初级菌种培养采取肉汁蛋白胨培养基。浅盘种子和通风曲生产均为麸皮。

5.2.3.2　蒸料，麸皮加水拌匀，灭菌。

5.2.3.3　接种，出甑后扬麸摊凉至适宜温度，接入浅盘种子，拌匀。

5.2.3.4　入池、培养，接种完成的麸皮入池培养，培养过程严格控制温度和时间。

5.2.4　**麸曲**

根据生产工艺条件及其生产季节合理配比纯种白曲、纯种细菌曲和纯种酵母曲的比例，成型生产应用麸曲。

5.3　**制酒**

5.3.1　**原料粉碎**

高粱、小麦，无霉烂变质，按要求进行粉碎。

5.3.2　**润料**

将高粱堆积于晾堂上，按工艺参数加入高温热水，拌匀，将小麦盖在堆上进行堆积保温、堆积润料；再加入规定量的高温热水（或常温水），拌匀后盖上谷壳，继续堆积适当时间。

5.3.3　**蒸料**

将原料拌匀，见汽装甑，大汽蒸料，关汽焖料过夜，早上圆汽复蒸，即可出甑。用扬麸机将熟粮扬在晾堂上摊凉。

5.3.4　**配料、堆积**

熟粮摊凉至室温，加入成型麸曲拌匀，收堆。可适量加入中糟，加量根据季节情况进行调节。

5.3.5　**入窖、发酵**

将堆积好的酒醅入窖，视酒醅水分及酸度适当泼入尾酒。入窖过程将中糟与盖糟之间用少量谷壳隔开，入窖完后，踩窖封窖，用黄泥封窖后，盖上塑料薄膜，定期检查，以免漏气烧包。

5.3.6　**开窖、蒸酒**

发酵结束，开窖取醅蒸酒，盖糟与中糟分开蒸馏。按照不同质量和酒精度要求进行量质摘酒。

5.3.7　**贮存、勾兑**

摘取的不同等级质量的酒分类入坛、并灌，入酒库或灌库贮存。盖糟酒与中糟酒应分开贮存。入库酒应标明编号、入库日期、酒度、净重、香型等。

根据基酒特征和产品不同等级质量标准进行取酒勾兑，勾兑不添加任何外添加物质，以酒勾酒形成产品。勾兑时应突出麸曲酱香型白酒风格。

5.3.8　**检验**

勾兑后的半成品酒进行感官和理化卫生检验，符合执行标准指标要求后方可发包装生产。

5.3.9　**包装**

应符合 GB/T 10346、GB 7718 和 GB/T 10344 的要求，包装出厂。

5.3.10　**出厂检验**

产品指标分析方法按 GB/T 10345、GB/T 50049.48 的规定执行，应符合 DB52/T 878、GB 2757、GB 14881 和 JJF 1070 的要求后方可出厂销售。

9、 DB52/T 875—2014《混合曲酱香型白酒生产技术规范》

前 言

本标准按照 GB/T 1.1—2009《标准化工作导则　第 1 部分：标准的结构和编写》给出的规则起草。

请注意：本文件的某些内容可能涉及专利。本文件的发布机构不承担识别这些专利的责任。

本标准由贵州省产品质量监督检验院提出并归口。

本标准起草单位：贵州省产品质量监督检验院（国家酒类及饮料质量监督检验中心）、贵州茅台酒股份有限公司、贵州茅台酒厂（集团）习酒有限责任公司、贵州大学、贵州省轻工业研究所、贵州珍酒酿酒有限公司、贵州省仁怀市茅台镇国威酒业有限公司、贵州黔酒酒业股份有限公司、贵州中心酿酒集团有限公司、贵州赖永初酒业有限公司、贵州金沙窖酒酒业有限公司、贵州青酒厂、贵州国台酒业有限公司、贵州贵酒股份有限公司。

本标准主要起草人：黄永光、邹江鹏、季克良、田志强、吕云怀、吴天祥、曹文涛、周杰明、孟望霓、黄卫红、张倩、张建、卢垣宇、杨波。

1. 范围

本标准规定了混合曲酱香型白酒生产加工的术语和定义、基本要求和生产技术。

本标准适用于混合曲酱香型白酒的生产。

2. 规范性引用文件

下列文件对于本文件的应用是必不可少的。凡是注日期的引用文件，仅所注日期的版本适用于本文件。凡是不注日期的引用文件，其最新版本（包括所有的修改单）适用于本文件。

GB 2757《食品安全国家标准　蒸馏酒及其配制酒》

GB 7718《食品安全国家标准　预包装食品标签通则》

GB 8951《白酒厂卫生规范》

GB/T 5009.48《蒸馏酒与配制酒卫生标准的分析方法》

GB/T 10344《预包装饮料酒标签通则》

GB/T 10345《白酒分析方法》

GB/T 10346《白酒检验规则和标志、包装、运输、贮存》

GB 14881《食品安全国家标准　食品生产通用卫生规范》

GB/T 15109《白酒工业术语》

GB/T 23544《白酒企业良好生产规范》

GB/T 26760《酱香型白酒》

GB 50016《建筑设计防火规范》

GB 50694《酒厂设计防火规范》

GBZ 1《工业企业设计卫生标准》
DB52/T 866《酱香型白酒工业用术语》
DB52/T 867《酱香型白酒酿酒用高粱》
DB52/T 868《酱香型白酒酿酒用小麦》
DB52/T 869《酱香型白酒酿酒用谷壳》
DB52/T 870《酱香型白酒酿酒用水》
DB52/T 871《酱香型白酒酿酒用大曲》
DB52/T 872《酱香型白酒酿酒用麸曲》
DB52/T 877《大曲酱香型白酒》
DB52/T 878《麸曲酱香型白酒》
DB52/T 879《酱香型白酒废糟处置规范》
JJF 1070《定量包装商品净含量计量检验规则》
《食品生产许可证审查通则》（2010 版）

3. 术语和定义

GB/T 26760、DB52/T 866 和 GB/T 15109 界定的以及下列术语和定义适用于本文件。

3.1　混合曲，指以高温酱香大曲为主，辅以具有糖化发酵功能的曲药或酶制剂所制成的生产用曲。

3.2　混合曲酱香型白酒，以混合曲为糖化发酵剂，按酱香型白酒基础工艺生产的酱香型白酒。

4. 基本要求

4.1　厂房设计要求

厂房设计和建设应符合 GB 8951、GBZ 1、GB 50016、GB 50694 和 GB 14881 的规定。内外环境应满足食品企业生产许可对生产厂房的要求。

4.2　工器具和设备

应符合《食品生产许可证审查通则》（2010 版）的规定。

4.3　原辅料要求

原料应符合 DB52/T 867、DB52/T 868、DB52/T 869、DB52/T 870、DB52/T 871 和 DB52/T 872 的规定，辅料应符合 GB/T 10346、GB 7718 和 GB/T 10344 的规定。

4.4　人员要求

应符合《食品生产许可证审查通则》（2010 版）的规定。

4.5　安全生产

应配备并规范安装足够的消防设备、设施，并符合 GB 50016、GB 50694 和 GB/T 23544 的规定。

4.6　卫生要求

洗手、消毒、更衣等设备设施；原料库、成品库的卫生、防霉、防虫、防鼠等；制曲、酿酒、勾兑调味等各工序卫生要求；废糟处理应符合 DB52/T 879 的规定。

5. 生产规程

5.1 混合曲酱香白酒生产工艺流程

混合曲酱香白酒生产工艺流程见图1。

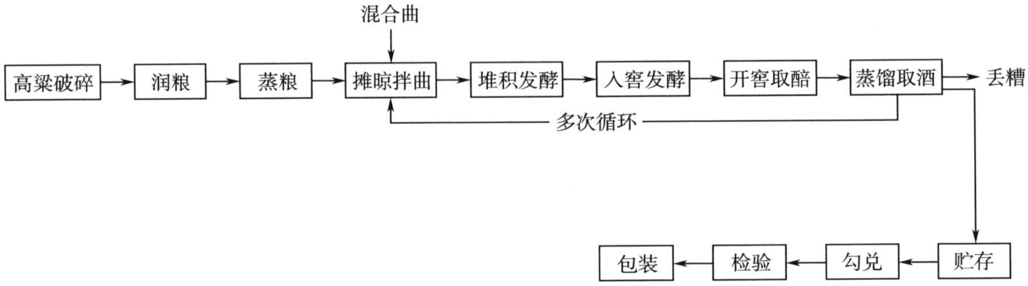

图1 混合曲酱香白酒生产工艺流程

5.2 生产技术要求

5.2.1 混合曲生产

按本标准体系的酱香型大曲生产技术规范及其相关酶制剂生产规范要求生产的酱香大曲、麸曲或其他酶制剂。混合曲中各曲种、酶制剂的量比根据生产工艺参数进行使用。

5.2.2 制酒技术要求

5.2.2.1 班前准备

5.2.2.1.1 检查并保证设备、电器线路运行良好，实现安全生产。

5.2.2.1.2 保证晾堂、设备及公用器具洁净；做好生产前的生产场地、酒甑、器具的清洁、消毒、卫生和产前准备和调试，实现清洁卫生生产。

5.2.2.2 高粱破碎，高粱经除尘、除杂后，按破碎度要求进行磨碎。

5.2.2.3 润粮，采取润粮或泡粮方式，使破碎后的高粱均匀吸水、膨化，利于蒸粮。

5.2.2.4 蒸粮

5.2.2.4.1 将润好的高粱按规范操作进行上甑，上甑完毕打开蒸汽阀进行蒸粮。

5.2.2.4.2 蒸粮时按要求合理控制蒸煮时间和蒸汽压力。

5.2.2.5 摊晾拌曲

5.2.2.5.1 将蒸好的粮醅（糟醅）均匀铺撒在晾堂中，用工具将粮醅（糟醅）堆扒开，均匀铺撒开，进行降温，期间可以耕粮醅（糟醅），利于降温。

5.2.2.5.2 待粮醅（糟醅）温度降至适宜温度，撒入工艺要求量的混合曲粉，翻拌均匀，收拢成堆。

5.2.2.6 堆积发酵，收拢粮醅（糟醅）堆自然发酵，待发酵堆堆顶温度达到生产工艺规程要求时，即可入池发酵。

5.2.2.7 入池发酵

5.2.2.7.1 入窖前可在窖底、窖壁喷洒适量尾酒，作好窖底醅，入窖过程可同时洒入适量尾酒。

5.2.2.7.2 入窖结束，用封窖泥进行窖池封窖，发酵酒醅自然发酵。

5.2.2.8　发酵及其管理，发酵期间做好窖池管理，定期定时查看窖池，预防窖泥开裂、漏气、染菌。

5.2.2.9　开窖取醅，发酵期满后，打开窖池，将酒醅按每甑烤取量依次取出。

5.2.2.10　上甑，打散发酵酒醅，按要求加入清蒸过的稻壳，拌匀；按规范操作进行上甑，上甑要做到疏松平坦，来汽一致，轻撒匀铺，探汽上甑。上完甑后加盖甑盖、封盖，接通过气管，打开冷却水。

5.2.2.11　蒸酒，上完甑，打开蒸汽阀，调节气压，进行蒸酒。按照不同质量和酒精度要求进行量质摘酒。摘取的不同等级质量的酒分类入坛、并灌，入酒库或灌库贮存。

5.2.2.12　贮存、勾兑、检验、包装

5.2.2.12.1　贮存，基酒使用符合食品安全、适合白酒贮存的容器进行密封贮存。

5.2.2.12.2　勾兑，贮存期满后，根据基酒特征和产品不同等级质量标准进行勾兑，勾兑采取酒勾酒的形式，不得添加任何外添加物质。

5.2.2.12.3　检验，勾兑后的半成品酒进行感官和理化卫生指标检验，均合格后方可发包装生产。

5.2.2.12.4　包装，应符合 GB/T 10346、GB 7718 和 GB/T 10344 的要求，包装出厂。

5.2.2.13　出厂检验，产品指标分析方法按 GB/T 10345、GB/T 50049.48、GB/T 26760、DB52/T 877、DB52/T 878、GB 2757、GB 14881 和 JJF 1070 的要求执行后方可出厂销售。

10、 DB52/T 876—2014《大曲酱香型白酒贮存勾兑管理规范》

前　言

本标准按照 GB/T 1.1—2009《标准化工作导则　第 1 部分：标准的结构和编写》给出的规则起草。

请注意：本文件的某些内容可能涉及专利。本文件的发布机构不承担识别这些专利的责任。

本标准由贵州省产品质量监督检验院提出并归口。

本标准起草单位：贵州省产品质量监督检验院（国家酒类及饮料质量监督检验中心)、贵州茅台酒股份有限公司、贵州茅台酒厂（集团）习酒有限责任公司、贵州大学、贵州省轻工业研究所、贵州珍酒酿酒有限公司、贵州省仁怀市茅台镇国威酒业有限公司、贵州黔酒酒业股份有限公司、贵州中心酿酒集团有限公司、贵州赖永初酒业有限公司、贵州金沙窖酒酒业有限公司、贵州青酒厂、贵州国台酒业有限公司、贵州贵酒股份有限公司。

本标准主要起草人：王莉、钟方达、田志强、季克良、吕云怀、汪地强、钟琳、黄春银、吴天祥、吴建霞、陈希、刘玄、李凯、陈兴林、赖世强、孟望霓、张方利、韩志平、肖洋、李春宇、张建、雷斌、廖妍妍。

1. 范围

本标准规定了大曲酱香型白酒的术语和定义、基本要求、基酒入库、贮存、勾兑、记录和档案管理。

本标准适用于贵州省境内大曲酱香型白酒的贮存及勾兑管理。

2. 规范性引用文件

下列文件对于本文件的应用是必不可少的。凡是注日期的引用文件，仅所注日期的版本适用于本文件。凡是不注日期的引用文件，其最新版本（包括所有的修改单）适用于本文件。

GB 8951《白酒厂卫生规范》

GB/T 23544《白酒企业良好生产规范》

GB 50694《酒厂设计防火规范》

DB52/T 866《酱香型白酒工业用术语》

3. 术语和定义

DB52/T 866 界定的以及下列术语和定义适用于本文件。

3.1　基酒 base liquor

经贮存作为勾兑用的酒。

3.2　成品酒 final liquor product

经勾兑、检验合格后的产品，包括勾兑成品酒和包装成品酒。

3.3　贮存 storage

基酒在贮存容器中存放一定时间，使酒体柔和谐调，达到质量稳定的过程。

3.4　勾兑 blending

按照质量标准将不同香气、口味、风格的酒，按不同比例进行组合的过程。

4. 基本要求

4.1　企业资质要求

从事大曲酱香酒生产，具有贮存及勾兑工艺的企业，应建有专门的贮存勾兑场所，酒库的贮酒量应不低于企业的年包装生产量。

4.2　生产环境要求

应符合 GB 8951、GB/T 23544 的规定。

4.3　人员要求

应具有专业资质的专职安全管理人员、勾兑人员及库房管理人员，符合 GB 8951、GB/T 23544 的规定。

4.4　安全生产

应符合 GB 50694 的规定，配备相应的防鼠、防虫设施，防止食品安全事故。

5. 基酒入库

根据基酒的生产日期、生产轮次、质量等级等信息进行分类，统一编号，及时入库，并做好入库记录。

6. 贮存

以陶坛、不锈钢罐等为贮存容器，优质大曲酱香型白酒宜采用陶坛贮存。贮存过程中，基酒不得与其他物品混贮，与酒接触材料应符合国家食品安全标准的要求。酒库应经常清理查看，保持安全整洁，避免基酒渗漏损失。因工艺或生产需要进行转移的库存基酒，应做好转移记录。

7. 勾兑

勾兑流程如图 1 所示，小样勾兑和扩大勾兑过程应保持计量准确，扩大勾兑应采用适当的搅拌方式使酒液均匀，勾兑后酒样应符合相应的质量标准，并做好勾兑记录。

图 1　勾兑流程图

8. 记录和档案管理

8.1　应建立记录制度，对贮存勾兑过程进行记录，记录内容应完整、真实、可追溯。

8.2　记录必须在基酒入库、转移、勾兑后及时完成。

8.3　应如实记录基酒入库、转移、勾兑执行人员的身份信息。

8.4　应如实记录基酒入库信息，如生产日期、生产轮次、生产单元、贮存地点、陶坛编号、贮存数量、酒精度、质量等级等。

8.5　应如实记录基酒转移信息，如转移日期、转移数量、原贮存地点、原贮存陶坛编号、现贮存地点、现贮存陶坛编号等。

8.6　应如实记录勾兑信息，包括勾兑时间、勾兑比例、勾兑数量及贮存信息。

8.7　应如实记录包装成品的信息，包括产品名称、规格、数量、生产日期、生产批次等。

8.8　应建立档案管理制度，对档案进行有效管理，档案保存时间不低于 10 年。

8.9　记录和档案管理采用纸质文本和信息化相结合的方式进行。

11、 DB52/T 879—2014《酱香型白酒废糟处置规范》

前　言

本标准按照 GB/T 1. 1—2009《标准化工作导则　第 1 部分：标准的结构和编写》给出的规则起草。

请注意：本文件的某些内容可能涉及专利。本文件的发布机构不承担识别这些专利的责任。

本标准由贵州省产品质量监督检验院提出并归口。

本标准起草单位：贵州省产品质量监督检验院（国家酒类及饮料质量监督检验中心）、贵州茅台酒股份有限公司、贵州省质量技术监督局、贵州茅台酒厂（集团）习酒有限责任公司、贵州大学、贵州省轻工业研究所、贵州珍酒酿酒有限公司、贵州省仁怀市茅台镇国威酒业有限公司、贵州黔酒酒业股份有限公司、贵州中心酿酒集团有限公司、贵州赖永初酒业有限公司、贵州金沙窖酒酒业有限公司、贵州青酒厂、贵州国台酒业有限公司、贵州贵酒股份有限公司。

本标准主要起草人：黄永光、吴天祥、季克良、田志强、吕云怀、孟宇光、黄春银、徐李娟、黄晓璞、汪地强、邹江鹏、梁明锋、孟望霓、肖洋、黄卫红、雷斌。

1. 范围

本标准规定了酱香型白酒废糟处理加工的术语和定义、基本要求和处置要求。

本标准适用于酱香型白酒废糟的处置管理。

2. 规范性引用文件

下列文件对于本文件的应用是必不可少的。凡是注日期的引用文件，仅所注日期的版本适用于本文件。凡是不注日期的引用文件，其最新版本（包括所有的修改单）适用于本文件。

GB 8978《污水综合排放标准》

HJ 575—2010《酿造工业废水治理工程技术规范》

《食品生产许可证审查通则》（2010 版）

3. 术语和定义

下列术语和定义适用于本文件。

废糟，酱香型白酒废糟指按照酱香型白酒生产工艺酿造产出酒后，不再按原工艺继续使用生产酒的丢糟。

4. 废糟处置基本要求

4. 1　场所要求

4. 1. 1　应有专门堆放废糟的场所，且适当密闭。

4. 1. 2　废糟堆放地应有防雨、防蝇、防鼠等措施，并有防止污水流淌的措施。

4.2 工器具和设备

应配备与处理、生产能力相适应的工器具和设备。

4.3 人员

4.3.1 企业负责人应了解废糟及其处理的相关知识，并具有一定的管理知识及相关的生产知识。

4.3.2 技术人员应掌握废糟处理、废糟资源化再利用等相关产品生产专业知识和质量安全知识。

4.3.3 生产人员上岗前应经过相关生产专业知识的培训，了解加工工艺和要点。

4.3.4 特种设备操作人员必须持证上岗，并定期参加相关培训。

4.3.5 员工工作过程必须按相应手册实施，穿戴工作着装等设施。

4.4 安全生产

应配备并规范安装足够的安全设备、设施；定期检查设施、消防标示，保证设备、标示完好正常。

4.5 卫生要求

应符合《食品生产许可证审查通则》（2010 版）的规定。

5. 处置要求

5.1 废糟进行统一管理，如销售、加工、堆积处理，处理地点应安全、清洁。

5.2 对废糟应妥善处理、综合利用，实施有效管理，以减少对环境的污染、排放和危害程度，减轻对环境的污染。

5.3 正常生产产生的废糟应当天集中转运处理，废糟在转运过程中要采取必要的措施，避免散落造成污染，在装卸过程中要采取避免扬散的防护措施，还要有防雨、防水冲流失等措施。

5.4 污水综合排放标准符合 GB 8978 的规定，酿造工业废水治理符合 HJ 575—2010 的规定。

12、 DB52/T 880—2014《白酒生产企业实验室基本规范》

前　言

本标准按照 GB/T 1.1—2009《标准化工作导则　第 1 部分：标准的结构和编写》给出的规则起草。

请注意：本文件的某些内容可能涉及专利。本文件的发布机构不承担识别这些专利的责任。

本标准由贵州省产品质量监督检验院提出并归口。

本标准起草单位：贵州省产品质量监督检验院（国家酒类及饮料质量监督检验中心）、贵州省质量技术监督局、贵州茅台酒股份有限公司、贵州茅台酒厂（集团）习酒有限责任公司、贵州大学、贵州省轻工业研究所、贵州珍酒酿酒有限公司、贵州省仁怀市茅台镇国威酒业有限公司、贵州黔酒酒业股份有限公司、贵州中心酿酒集团有限公司、贵州赖永初酒业有限公司、贵州金沙窖酒酒业有限公司、贵州青酒厂、贵州国台酒业有限公司、贵州贵酒股份有限公司。

本标准主要起草人：孟望霓、李凯、季克良、田志强、肖跃、冯建华、黄春银、吕云怀、韩志平、黄卫红、陈兴林、孙棣、张倩、张建、李春宇、肖洋、黄家岭、杨波。

1. 范围

本标准规定了白酒生产企业实验室条件、人员管理、试剂及仪器设备和实验室管理。

本标准适用于白酒生产企业实验室技术管理要求。

2. 规范性引用文件

下列文件对于本文件的应用是必不可少的。凡是注日期的引用文件，仅所注日期的版本适用于本文件。凡是不注日期的引用文件，其最新版本（包括所有的修改单）适用于本文件。

GB 2757《食品安全国家标准　蒸馏酒及其配制酒》

GB/T 5009.48《蒸馏酒与配制酒卫生标准的分析方法》

GB/T 10344《预包装饮料酒标签通则》

GB/T 10345《白酒分析方法》

JJF 1070《定量包装商品净含量计量检验规则》

3. 实验室条件

3.1　实验室布局

实验室的设置要根据实验规模和任务而定，配备满足检验需求的设施（安全设施和水电设施）和仪器设备；实验室应有足够空间，每一类操作有单独的区域，色谱室、钢瓶室、化学分析检验室、精密仪器室、样品处理室、更衣室等。企业因受建筑面积等条件限制不能细分的，至少设置常规分析检验室和仪器室。

3.2 感官品评室

应符合 GB/T 10345 的要求。

3.3 环境条件

各个工作区域有明显的物理分隔，建材、隔断及顶棚要用耐火或不易燃烧材料，窗户要能防尘，室内采光要好，采用排气扇、排气罩或通风柜等通风设备，保证室内空气清洁。

4. 人员管理

4.1 任职资格

检测人员应具有白酒检验检测相关知识，并经化验员职业技能技术培训、考核合格取得化验员资质。

4.2 检测能力

检测人员要掌握分析所必需的各种实验操作技能，掌握仪器设备的维护、保养基本知识。

4.3 人员培训

定期对人员进行培训，并保持相应的记录。

5. 试剂及仪器设备

实验室所配置的药品、试剂、仪器设备应满足企业生产分析检验项目和工作量的需要。

5.1 药品、试剂

实验所需药品和试剂应符合 GB/T 10345 和 GB/T 5009.48 的要求。

5.2 仪器设备

5.2.1 玻璃仪器：烧杯、三角瓶、碘量瓶、容量瓶、滴定管、移液管、比色管等。

5.2.2 分析仪器：分析天平、分光光度计、气相色谱仪、比重瓶或酒精计等。

5.2.3 其他器具：恒温干燥箱、恒温水浴锅、铁架台、试管架、移液管架、滴定管夹等。

5.3 检定和校准

实验室检测仪器应定期进行检定或校准，并制定相应的检定或校准计划，保存相关记录。仪器设备应张贴有效标识。

5.4 使用与维护

仪器设备应授权给专人使用，并按照作业指导书进行操作，定期维护，填写并保存详细的使用、维护、维修记录。

6. 实验室管理

6.1 管理应符合以下要求：

a）实验室应建立检验管理制度；

b）为保证检测数据的准确性和可追溯性，要做好留样工作，专人专管；

c）做好分析仪器设备的管理工作，定期对仪器进行检定、校准、维护，保证仪器设备稳定、可靠、准确；

d）实验室要注意水电安全，规范好有毒有害、易燃易爆化学品的管理工作。技术操作结束后做好操作台面和房间的清洁整理工作。

6.2　检验记录

检测实验记录应包括抽样单、感官审评原始记录、检测原始记录、检验结果报告；质量记录，包括人员资质和培训证书、设备计量检定校准证书、能力验证实验记录；记录应分类保存，以便查阅，检测记录保存时限为两年。

6.3　记录格式

检验原始记录表格式可参照附录 A 设计。

附　录　A
(资料性附录)
检验原始记录格式

表 A.1　样品信息、食品标签、感官检验数据原始记录

<table>
<tr><td>产品名称</td><td colspan="2"></td><td>规格型号</td><td></td></tr>
<tr><td>生产日期</td><td colspan="2"></td><td>批量</td><td></td></tr>
<tr><td>检验及判定依据</td><td colspan="4">□GB/T 10344 及相关规定要求</td></tr>
<tr><td rowspan="2">食品标签</td><td colspan="4">必须标注内容 检验结果（“√”已标注；“×”未标注）判定结论
1. 食品名称 □
2. 配料表 □
3. 净含量 □
4. 酒精度 □
5. 生产者名称、地址、联系方式 □
6. 产品标准号 □
7. 质量等级 □
8. 生产日期 □
9. 保质期 □
10. 贮存条件 □
11. 生产许可证标记和编号 □
12. 食品产地 □
13. 标注警示语 □
14. 其他因产品特性必须标注信息：</td></tr>
<tr><td>食品标签综合判定结论</td><td colspan="3"></td></tr>
<tr><td rowspan="2">感官检验</td><td>技术要求</td><td colspan="2">检验结果</td><td>判定结论</td></tr>
<tr><td>色泽和外观、香气、口味、风格及其他应满足要求</td><td colspan="2"></td><td></td></tr>
<tr><td colspan="2">检验人员、检验日期</td><td colspan="3">校核人员、校核日期</td></tr>
</table>

表 A.2　酒度检验数据原始记录

<table>
<tr><td colspan="6">酒精度测定：检验依据标准 GB/T 10345</td></tr>
<tr><td colspan="6">主要仪器设备名称：酒精计［　　　　　　］</td></tr>
<tr><td>标准值/%vol</td><td></td><td>平均值/%vol</td><td></td><td>判定</td><td></td></tr>
<tr><td rowspan="2">温度/℃</td><td></td><td rowspan="2">测定值/%vol</td><td></td><td rowspan="2">校正值/%vol</td><td></td></tr>
<tr><td></td><td></td><td></td></tr>
<tr><td>允许差/%</td><td colspan="2">≤0.5</td><td>测定值之差/%</td><td colspan="2">□符合 □不符合</td></tr>
<tr><td colspan="3">检验员、检验日期</td><td colspan="3">校核员、校核日期</td></tr>
</table>

表 A.3　固形物检验数据原始记录

<table>
<tr><td colspan="6">固形物测定：检验依据标准 GB/T 10345</td></tr>
<tr><td colspan="6">主要仪器设备名称：电子分析天平［　　　　］</td></tr>
<tr><td>标准值/（g/L）</td><td></td><td>修约值/（g/L）</td><td></td><td>判定</td><td></td></tr>
<tr><td>取样量/mL</td><td>恒重后空皿重 W_1/g</td><td>恒重后烘干重 W_2/g</td><td colspan="2">测定值/（g/L）</td><td>平均值/（g/L）</td></tr>
<tr><td></td><td></td><td></td><td colspan="2"></td><td rowspan="2"></td></tr>
<tr><td></td><td></td><td></td><td colspan="2"></td></tr>
<tr><td>允许差/（g/L）</td><td>≤0.004</td><td>测定值之差/（g/L）</td><td colspan="3">□符合　□不符合</td></tr>
<tr><td colspan="6">固形物（g/L）$=\frac{W_2-W_1}{50}\times1000$</td></tr>
<tr><td colspan="3">检验员、检验日期</td><td colspan="3">校核员、校核日期</td></tr>
</table>

表 A.4　总酸检验数据原始记录

<table>
<tr><td colspan="7">总酸测定：检验依据标准 GB/T 10345</td></tr>
<tr><td>标准值/（g/L）</td><td></td><td>修约值/（g/L）</td><td></td><td colspan="2">判定</td><td></td></tr>
<tr><td rowspan="2">取样量/mL</td><td></td><td rowspan="2">c（NaOH）/（mol/L）</td><td rowspan="2"></td><td colspan="2" rowspan="2">耗标液 NaOH（V）/mL</td><td></td></tr>
<tr><td></td><td></td></tr>
<tr><td rowspan="2">测定值/（g/L）</td><td colspan="2"></td><td rowspan="2">平均值/（g/L）</td><td colspan="3" rowspan="2"></td></tr>
<tr><td colspan="2"></td></tr>
<tr><td>允许差/（g/L）</td><td colspan="2">≤0.006</td><td colspan="2">测定值之差/（g/L）</td><td colspan="2">□符合 □不符合</td></tr>
<tr><td colspan="7">总酸（以乙酸计，g/L）$=\frac{c\times V\times0.0601}{50}\times1000$</td></tr>
<tr><td colspan="3">检验员、检验日期</td><td colspan="4">校核员、校核日期</td></tr>
</table>

表 A.5　总酯检验数据原始记录

<table>
<tr><td colspan="7">总酯测定：检验依据标准 GB/T 10345</td></tr>
<tr><td>标准值/（g/L）</td><td></td><td>修约值/（g/L）</td><td></td><td colspan="2">判定</td><td></td></tr>
<tr><td rowspan="2">取样量/mL</td><td></td><td rowspan="2">c（$1/2H_2SO_4$）/（mol/L）</td><td rowspan="2"></td><td colspan="2" rowspan="2">空白耗酸标液（V_0）/mL</td><td></td></tr>
<tr><td></td><td></td></tr>
<tr><td rowspan="2">样品耗酸标液（V_1）/mL</td><td></td><td rowspan="2">测定值/（g/L）</td><td></td><td colspan="2" rowspan="2">平均值/（g/L）</td><td rowspan="2"></td></tr>
<tr><td></td><td></td></tr>
<tr><td>允许差/（g/L）</td><td colspan="2">≤0.006</td><td colspan="2">测定值之差/（g/L）</td><td colspan="2">□符合　□不符合</td></tr>
<tr><td colspan="7">总酯（以乙酸乙酯计，g/L）$=\frac{(V_0-V_1)\times c\times88}{50}$</td></tr>
<tr><td colspan="3">检验员、检验日期</td><td colspan="4">校核员、校核日期</td></tr>
</table>

表 A.6　甲醇、单体物质检验数据原始记录

<table>
<tr><td colspan="6">甲醇、单体物质测定：检验依据标准 GB/T 10345 和 GB/T 5009.48</td></tr>
<tr><td colspan="6">主要仪器设备名称：气相色谱仪（FID 检测器）[　　　　　]</td></tr>
<tr><td>甲醇标准值/
□g/100mL　□g/L</td><td></td><td>校正值
（按 100 度折算）/
□g/100mL　□g/L</td><td></td><td>判定</td><td></td></tr>
<tr><td rowspan="2">取样量/mL</td><td>10</td><td rowspan="2">内标（　）
浓度/（g/L）</td><td></td><td rowspan="2">加入内标量/mL</td><td></td></tr>
<tr><td>10</td><td></td><td></td></tr>
<tr><td rowspan="2">酒样中内标浓度/
（g/L）</td><td></td><td rowspan="2">测定值/（g/L）</td><td></td><td rowspan="2">甲醇
平均值/（g/L）</td><td></td></tr>
<tr><td></td><td></td><td></td></tr>
<tr><td>精密度/%</td><td>≤20</td><td>测定值之差%</td><td></td><td colspan="2">□符合　□不符合</td></tr>
<tr><td>单体物质（　）
标准值/（g/L）</td><td></td><td>修约值/（g/L）</td><td></td><td>判定</td><td></td></tr>
<tr><td rowspan="2">取样量/mL</td><td>10</td><td rowspan="2">内标（　）
浓度/（g/L）</td><td></td><td rowspan="2">加入内标量/mL</td><td></td></tr>
<tr><td>10</td><td></td><td></td></tr>
<tr><td rowspan="2">酒样中内
标浓度/（g/L）</td><td></td><td rowspan="2">测定值/（g/L）</td><td></td><td rowspan="2">平均值/（g/L）</td><td></td></tr>
<tr><td></td><td></td><td></td></tr>
<tr><td>精密度/%</td><td>≤5</td><td>测定值之差/%</td><td></td><td colspan="2">□符合　□不符合</td></tr>
<tr><td colspan="6">被测组分含量（g/L）= $\frac{\text{被测组分峰面积}}{\text{内标液峰面积}}$×被测组分校正因子×酒样中内标浓度</td></tr>
<tr><td colspan="3">检验员、检验日期</td><td colspan="3">校核员、校核日期</td></tr>
</table>

13、T/CBJ 003—2016《固态法酱香型白酒原酒》

前　言

本标准按照 GB/T 1.1—2009《标准化工作导则　第 1 部分：标准的结构和编写》给出的规则起草。

本标准由中国酒业协会固态白酒原酒委员会提出。

本标准由中国酒业协会白酒标准化技术委员会归口。

本标准起草单位：中国酒业协会固态白酒原酒委员会、四川发展纯粮原酒股权投资基金、中国酒业协会白酒标准化技术委员会、中国食品发酵工业研究院。

本标准主要起草人：宋书玉、谢明、宋全厚、袁瀚、钟其顶、应鸿、郭新光、刘传贺、孟镇。

本标准为首次制定。

引　言

固态法白酒原酒是中国白酒产业价值链的上游部分，具有地域性及不可复制性的特点。不同地域的白酒生产企业为了改善产品质量及香、味成分互补的需求，会通过流通市场交流传统白酒规模生产区域的固态法白酒原酒。目前，我国白酒标准体系中尚未制定原酒产品质量标准及管理标准，为加强我国固态法白酒原酒行业管理，推动白酒产业的交流与合作，保障固态法白酒原酒质量管理和安全追溯体系，促进行业健康有序发展，中国酒业协会根据《中国酒业协会团体标准》章程及有关政策要求提出并制定本标准。

1. 范围

本标准规定了固态法酱香型白酒原酒的术语和定义、产品分类、要求、分析方法、检验规则和标志、包装、运输、贮存。

本标准适用于固态法酱香型白酒原酒的生产、检验与销售。

2. 规范性引用文件

下列文件对于本文件的应用是必不可少的。凡是注日期的引用文件，仅所注日期的版本适用于本文件。凡是不注日期的引用文件，其最新版本（包括所有的修改单）适用于本文件。

GB 5009.223—2014《食品安全国家标准　食品中氨基甲酸乙酯的测定》

GB/T 10345《白酒分析方法》

GB/T 10346《白酒检验规则和标志、包装、运输、贮存》

GB/T 15109《白酒工业术语》

GB/T 21911《食品中邻苯二甲酸酯的测定》

GB/T 5009.48《蒸馏酒与配制酒卫生标准的分析方法》

SB/T 10713《白酒原酒及基酒流通技术规范》

3. 术语和定义

GB/T 15109 确立的以及下列术语和定义适用于本标准。

3.1 固态法酱香型白酒原酒 crude jiang xiang xing baijiu from solid fermentation

以粮谷为原料，以酱香大曲为糖化发酵剂，石窖为发酵容器，经固态糖化、固态发酵、固态蒸馏而成，不直接或间接添加食用酒精及非自身发酵产生的呈色呈香呈味物质，可作为固态白酒基酒和调味酒使用，具有本品固有风格特征的白酒。

3.2 酱香大曲 jiang xiang daqu

酿制酱香型白酒专用的大曲。

3.3 原酒真实性 crude baijiu authenticity

白酒原酒符合其定义所声称的工艺和要求。

4. 要求

4.1 感官要求

符合固态法酱香型白酒原酒应有的感官特点，满足作为白酒基酒和调味酒使用的要求。具体要求以供需双方签订的贸易合同中的质量技术要求为准。

4.2 理化要求

应符合表1的要求。

表1 理化要求

项目	要求
酒精度（20℃）（体积分数）/%	≥50.0
总酸（以乙酸计）/（g/L）	≥1.20
总酯（以乙酸乙酯计）/（g/L）	≥1.80
己酸乙酯/（g/L）	≤0.40
固形物/（g/L）	≤0.70

4.3 真实性要求

4.3.1 采用气相色谱或气质联用仪测定产品挥发性风味组分指纹图谱，建立固态法酱香型白酒原酒风味组分数据库，通过气相色谱指纹图谱验证其真实性。

4.3.2 采用稳定同位素质谱测定白酒中乙醇及微量醇酯的$^{13}C/^{12}C$比值，建立固态法酱香型白酒原酒同位素数据库，综合判断原酒是否添加外源乙醇或外源呈香呈味物质。

4.4 食品安全要求

4.4.1 酱香型白酒原酒的食品安全指标要求应符合表2的规定。

表2 食品安全指标要求

项目	要求
甲醇[a]/（g/L）	≤0.6

续表

项目	要求
氰化物[a]（以 HCN 计）/（mg/L）	≤4.0
铅（以 Pb 计）/（mg/L）	≤0.5
氨基甲酸乙酯/（mg/L）	≤0.5
阿斯巴甜	不得检出
糖精钠	不得检出
乙酰磺胺酸钾（又名安赛蜜）	不得检出
环己基氨基磺酸钠（又名甜蜜素）	不得检出
N-［*N*-（3，3-二甲基丁基）-L-α-天门冬氨酰］-L-苯丙氨酸-1-甲酯（又名纽甜）	不得检出
[a] 甲醇、氰化物指标均按 100%酒精度折算。	

4.4.2　酱香型白酒原酒的食品安全风险监测指标要求应符合表 3 的规定。

表 3　食品安全风险监测指标要求

项 目	要 求
邻苯二甲酸二（2-乙基己基）酯（DEHP）/（mg/L）	≤5.0
邻苯二甲酸二丁酯（DBP）/（mg/L）	≤1.0

5. 分析方法

5.1　感官要求

感官检验和感官分级标准方法见规范性附录 A。

5.2　理化要求

理化指标的检验按 GB/T 10345 执行。

5.3　真实性要求

5.3.1　原酒真实性数据库构建见规范性附录 B。

5.3.2　气相色谱指纹图谱检测方法见规范性附录 C。

5.3.3　稳定同位素样品检测方法见规范性附录 D。

5.4　食品安全要求

食品安全指标甲醇、氰化物、铅检验参考 GB/T 5009.48；氨基甲酸乙酯检验参考 GB 5009.223；邻苯二甲酸二（2-乙基己基）酯（DEHP）、邻苯二甲酸二丁酯（DBP）检测参考 GB/T 21911。

5.5　综合评价要求

5.5.1　综合原酒产品感官品评、理化检验及真实性检验结果，按照以下情况进行判定：

a）产品应满足所有食品安全指标和食品安全风险监测指标要求，其中任何一项不合格，则判定产品不合格。

b）产品质量等级根据附录 A 感官品评总分进行初步划分。

c）产品应满足真实性和理化要求，结合感官品评总分进行综合判定。

5.5.2 当供需双方对检验结果有异议时，可由相关各方协商解决，或委托有关单位进行仲裁检验，以仲裁检验结果为准。

6. 标志、包装、运输、贮存

6.1 标志

按 GB/T 10346 执行。酒精度实测值与标签标示值允许差为±1.0%vol。

6.2 包装、运输、贮存

按 SB/T 10713 执行。

附　录　A

（规范性附录）

固态法酱香型白酒原酒感官质量评价指南

A.1　品评人员

品评人员从专家品酒师库中随机选出 7 人。

A.2　样品编码

样品采用随机 3 位数编码，每人每天品评不超过 10 轮，总数不超过 50 个。

A.3　评价依据

A.3.1　酱香型原酒感官质量等级评价标准参考表 A.1。

A.3.2　酱香型原酒感官评语及打分细则参考表 A.2。

表 A.1　固态法酱香型白酒原酒感官质量等级评价标准

<table>
<tr><td rowspan="2">项目</td><td colspan="6">要求</td></tr>
<tr><td>特级</td><td>优级</td><td>一级</td><td>二级</td><td>三级</td><td>不合格</td></tr>
<tr><td>色泽和外观</td><td colspan="5">无色，微黄。酒龄越长，微黄的程度越深。
澄清透明，沉淀，无混浊，无悬浮物。</td><td rowspan="6">与酱香原酒应有的色泽明显不符，严重失光或浑浊，有明显异香、异味，酒体寡淡、不协调，或有其他明显的缺陷。（除色泽外，只要有其中一条，则判为不合格品。）</td></tr>
<tr><td rowspan="2">香气</td><td>酱香突出，闻香正，酒香融合。具有特殊香味，可用作调味酒。</td><td>酱香突出，闻香正，酒香融合。</td><td>酱香较突出，闻香正，酒香较融合。</td><td>酱香显著，闻香较正，酒香弱融合。</td><td>酱香不明显，闻香尚正，酒香稍融合。</td></tr>
<tr><td colspan="5">酒龄短的放香略大，香气欠幽雅，陈香不明显；酒龄长的放香弱一些，香气幽雅舒适，陈香突出。</td></tr>
<tr><td rowspan="2">口味</td><td>绵柔醇厚，或酒体丰满，或丰满细腻，后味、回味悠长。具有特殊口味，可用作调味酒。</td><td>具有与产品类型相符的口味特点。绵柔醇厚，或酒体丰满，或丰满细腻，后味、回味悠长。</td><td>具有与产品类型相符的口味特点。较绵柔醇厚，或较酒体丰满，或较丰满细腻，后味、回味悠长。</td><td>具有与产品类型较符的口味特点。尚绵柔醇厚，或酒体尚丰满，或尚丰满细腻，后味、回味稍长。</td><td>口味稍绵柔醇厚，或酒体稍丰满，或稍丰满细腻，有回味。</td></tr>
<tr><td colspan="5">酒龄短的口味较粗糙，略显暴辣，协调感差；酒龄长的口感柔和、细腻、协调。</td></tr>
<tr><td>风格</td><td>酱香型风格突出、典型</td><td>酱香型风格突出、典型</td><td>酱香型风格明显</td><td>酱香型风格尚可</td><td>风格一般</td></tr>
<tr><td>评分范围</td><td>≥95.0</td><td>≥93.0，<95.0</td><td>≥88.0，<93.0</td><td>≥80.0，<88.0</td><td>≥70.0，<80.0</td><td><70.0</td></tr>
</table>

表 A.2 固态法酱香型白酒原酒感官评语及打分细则

项目	评语	打分			
色泽	清亮透明		5		
	略失光	4.0	4.5		
香气质量	酱香幽雅	19.5	20		
	酱香突出	18.5	19		
	酱香明显	17.5	18		
	酱香一般	14	15	16	17
入口	入口酱香柔雅	19.5	20		
	入口香绵	18.5	19		
	入口稍香绵	16	17	18	
醇厚	醇厚丰满	9.5	10		
	醇厚	8.5	9		
	稍醇厚	7.5	8		
酒体	酒体丰满	9.5	10		
	酒体较丰满	8.5	9		
	酒体稍丰满	7.5			
优雅	幽雅细腻	9.5	10		
	幽雅	8.5	9		
	稍幽雅	7.5	8		
回味	回味悠长	9.5	10		
	回味长	8.5	9		
	回味稍短	7.5	8		
空杯留香	空杯留香持久	4.5	5		
	空杯留香	3.5	4		
	空杯有留香	1	2	3	
个性	个性典型	9.5	10		
	个性突出	8.5	9		
	个性明显	7.5	8		

A.4 数据分析

A.4.1 结果统计

综合评分中去除一个最高分值和一个最低分值，其余的分值相加的总和除以其人数所得的分数，即为该原酒样品的感官质量得分。

A.4.2 无效值判断

同一人每轮品评样品中，相同样品的得分差距大于2，标准样品偏离标准得分值大于

2，则此人结果不计入统计。

A.4.3　异常值判断

不同人对相同酒样品评结果中异常值的判断采用三倍标准差法（3σ），即计算多人或多次品评结果的算术平均值（$\overline{X}$）与标准差（s），品评结果中≥$\overline{X}+3s$ 或≤$\overline{X}-3s$ 的值视为异常值。

示例：对同一酒样多次或多人的结果分别为 X_1、X_2、X_3……X_n，则

$$平均值\ \overline{X}=\frac{1}{n}\sum_{i=1}^{n}X_i$$

$$标准差\ s=\sqrt{\frac{1}{n-1}\sum_{i=1}^{n}(X_i-\overline{X})^2}$$

A.5　等级判定

根据 A.4 得到的原酒评分，参考表 A.1 评分标准，对原酒进行感官等级判定。

附 录 B

(规范性附录)

固态法酱香型白酒原酒真实性数据库构建指南

B.1 原理

固态法白酒原酒具有其特定风味指纹图谱，通过构建风味指纹图谱数据库，可以检验不同批次原酒产品的真实性。另外，原酒的稳定碳同位素特征与其生产原料、工艺密切相关，通过发酵用粮、酒醅及原酒的碳同位素数据库信息，可以检测样品中是否含有外源添加的食用酒精和风味物质。

B.2 采样和封样

B.2.1 生产用粮及用曲。原酒生产企业使用的粮谷原料、发酵用曲均需随机取样送检，每个样品不少于200g，标注粮谷原料的类别和入厂日期。

B.2.2 酒醅样品。酒醅入甑蒸酒前，取酒醅样品混合均匀，每份不少于200g，装入样品瓶中封口保存。标注该批酒醅的香型、对应的生产用粮特征（粮谷种类、比例及粮曲比）、下料时间及蒸酒时间。

B.2.3 原酒样品。在企业的原酒库、原酒罐或原酒缸中抽取发证检验样品。所抽样品须为同一批次的产品，抽样基数不得少于1t。从每罐（缸）中抽取等量样品，混合均匀，总量不少于2000mL，分别装入4个样品瓶中。样品分成4份，2份检验，2份备查。

B.2.4 样品确认无误后，由企业采样人员在采样单上签字、盖章，当场封存样品，并加贴封条，封条上应有采样人员签名、采样单位盖章及采样日期。

B.3 抽样原则及频次

B.3.1 初次送样。企业初次送样时，应送检该企业的生产用粮和用曲、酒醅和原酒。

B.3.2 日常送样。当企业的生产用粮种类、用粮来源、用曲以及工艺参数与初次送样相同时，后续送样过程中只需送检酒醅和原酒样品，原则上应每销售批次（或每季度）进行一次样品采集和送检。

B.3.3 工艺变动送样。当企业改变酿酒用粮的种类、比例或其他生产工艺时，应及时将该原料及所生产原酒进行取样送检。

B.4 样品检验及真实性数据库构建

B.4.1 由中国酒业协会指定或认可的检验机构采用气相色谱测定产品非酒精挥发性风味组分指纹图谱，建立固态法白酒原酒风味组分数据库。

B.4.2 由中国酒业协会指定或认可的检验机构采用稳定同位素质谱测定白酒中乙醇及微量醇酯的$^{13}C/^{12}C$比值，建立传统固态法白酒原酒同位素数据库。

B.4.3 通过固态法白酒原酒风味组分数据库和同位素数据库，综合判断原酒产品的真实性。

附　录　C

（规范性附录）

白酒中挥发性组分的测定方法　气相色谱法

C.1　原理

样品被气化后，经色谱柱分离，根据被测定组分在气液两相中具有不同的分配系数，分离后的组分先后流出色谱柱，进入氢火焰离子化检测器检测，用内标法定量分析。

C.2　试剂和材料

除另有说明外，所有试剂均为分析纯，水为 GB/T 6682《分析实验室用水国家标准》规定的二级水。

C.2.1　乙醇：色谱纯。

C.2.2　各挥发性组分的标准物质：纯度≥99%。

C.2.3　乙醇溶液（50%，体积分数）：量取 50mL 乙醇（C.2.1），用水定容至 100mL，混匀。

C.2.4　醇类混合储备液：分别称取适量的各醇组分至 100mL 容量瓶中，用乙醇溶液（C.2.3）定容至 100mL，混匀。0~4℃低温冰箱密封保存。

C.2.5　酯类混合储备液：分别称取适量的各酯组分至 100mL 容量瓶中，用乙醇溶液（C.2.3）定容至 100mL，混匀。0~4℃低温冰箱密封保存。

C.2.6　酸类混合储备液：分别称取适量的各酸组分至 100mL 容量瓶中，用乙醇溶液（C.2.3）定容至 100mL，混匀。0~4℃低温冰箱密封保存。

C.2.7　三内标混合储备液（2%，体积分数）：分别吸取 1.0mL 的叔戊醇、乙酸正戊酯、2-乙基丁酸至 50mL 容量瓶中，用乙醇溶液（C.2.3）定容至 50mL，混匀。0~4℃低温冰箱密封保存。

C.2.8　挥发性组分系列混合标准工作液：分别取适量的醇类、酯类、酸类的混合标准储备液于 10mL 容量瓶中，用乙醇溶液（C.2.3）定容混匀，逐级稀释，依次配制成系列标准曲线，现配现用。

C.3　仪器和设备

C.3.1　气相色谱仪，配氢火焰离子化检测器（FID）。

C.3.2　分析天平：感量为 0.1mg。

C.3.3　移液器：0.1~1.0mL。

C.4　分析步骤

C.4.1　样品测定

准确吸取样品 10.0mL 于 10.0mL 容量瓶中，加入 0.1mL 三内标混合储备液（C.2.7）混匀，用于气相色谱测定。

C.4.2　参考色谱条件

C.4.2.1　色谱柱：聚乙二醇毛细管柱（50m×0.25mm×0.20um）或等效色谱柱。

C.4.2.2　色谱柱温度：初温 35℃，保持 1min，以 3.0℃/min 升到 70℃，然后以 3.5℃/min 升到 180℃，再以 15℃/min 升到 210℃，保持 5min。

C.4.2.3　检测器温度：250℃。

C.4.2.4　进样口温度：250℃。

C.4.2.5　载气流量：1.0mL/min。

C.4.2.6　进样量：1.0μL。

C.4.2.7　分流比：20∶1。

C.4.3　绘制标准曲线

准确移取 10mL 挥发性组分系列混合标准工作液（C.2.8），分别加入 0.1mL 三内标混合储备液（C.2.7），充分摇匀，按照参考色谱条件进行测定，以各挥发性组分单标准品色谱峰的保留时间为依据进行定性（定性色谱图参见图 C.1）。

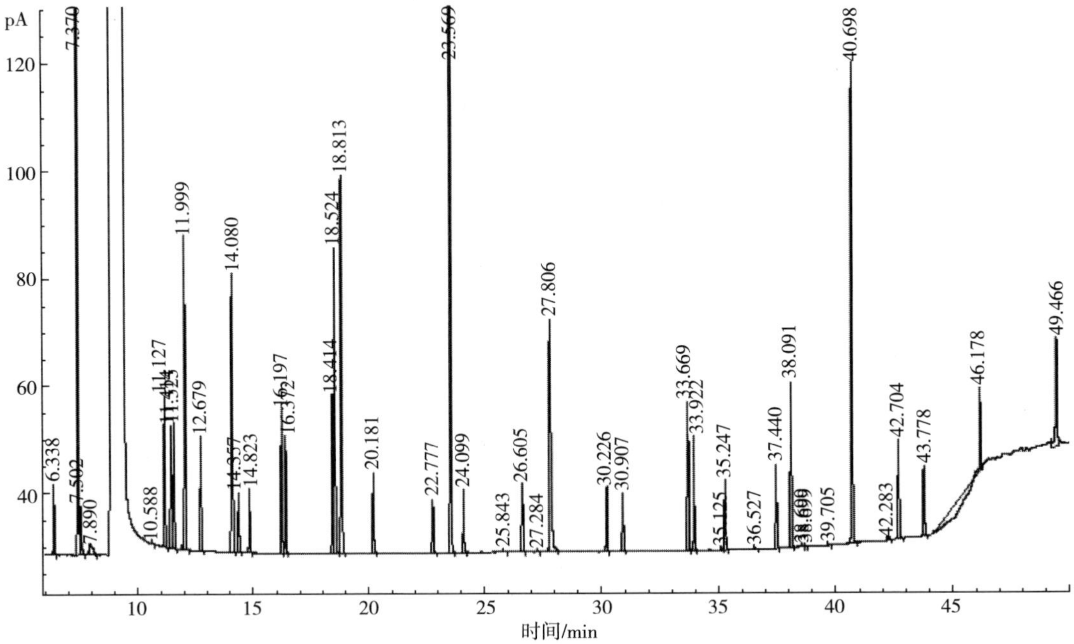

6.338 甲酸乙酯　7.370 乙酸乙酯　7.502 乙缩醛　7.890 甲醇　11.127 叔戊醇（内标 1）　11.414 丁酸乙酯　11.525 仲丁醇　11.999 丙醇　12.679　乙酸丁酯　14.080 异丁醇　14.357 乙酸异戊酯　14.823 戊酸乙酯　16.197 正丁醇　16.372 乙酸正戊酯（内标 2）　18.414 2-甲基丁醇　18.524 3-甲基丁醇　18.813 己酸乙酯　20.181 正戊醇　22.777 庚酸乙酯　23.569 乳酸乙酯　24.099 正己醇　26.605 辛酸乙酯　27.806 乙酸　30.226 壬酸乙酯　30.907 丙酸　33.669 癸酸乙酯　33.922 丁酸　35.247 异戊酸　37.440 戊酸　38.091-乙基丁酸（内标 3）　40.698 己酸　42.704β-苯乙醇　43.778 庚酸　46.178 辛酸　49.466 十六酸乙酯。

图 C.1　各挥发性组分混合标准品的色谱图

以各挥发性组分的浓度为横坐标，各挥发性组分与对应的内标峰面积之比为纵坐标（各组分采用的内标见表 C.1），绘制标准工作曲线。

表 C.1　各挥发性组分测定时所采用的内标

测定组分	采用的内标
甲醇、仲丁醇、丙醇、异丁醇、正丁醇、2-甲基丁醇、3-甲基丁醇、正戊醇、正己醇、β-苯乙醇	叔戊醇

续表

测定组分	采用的内标
甲酸乙酯、乙酸乙酯、乙缩醛、丁酸乙酯、乙酸丁酯、乙酸异戊酯、戊酸乙酯、己酸乙酯、庚酸乙酯、辛酸乙酯、壬酸乙酯、癸酸乙酯	乙酸正戊酯
乳酸乙酯、乙酸、丙酸、丁酸、异戊酸、戊酸、己酸、庚酸、辛酸、十六酸乙酯	2-乙基丁酸

C. 4. 4 样品测定

准确吸取10mL样品至10mL容量瓶中，加入0. 1mL三内标混合储备液（C. 2. 7），充分摇匀，按照参考色谱条件测定待测液中各挥发性组分与对应的内标峰面积之比，由标准工作曲线得到待测液中各挥发性组分（c_i）的浓度。

C. 5 结果计算

样品中挥发性组分的含量按式（C. 1）计算：

$$X=c_i \tag{C. 1}$$

式中 X——样品中各挥发性组分的含量，单位为毫克每升（mg/L）；

c_i——从标准曲线查得样品中各挥发性组分的含量，单位为毫克每升（mg/L）。

以重复性条件下获得的两次独立测定结果的算术平均值表示，结果保留至小数后两位。

C. 6 精密度

在重复性测定条件下获得的两次独立测定结果的绝对差值不超过其算术平均值的10%。

附　录　D

(规范性附录)

稳定同位素检测方法

D.1　原理

样品溶液中乙醇经气相色谱柱与其他有机组分分离，乙醇在反应管中转化成二氧化碳气体，IRMS 测定该二氧化碳的稳定碳同位素比值，再通过公式计算得出乙醇的 $\delta^{13}C$。

D.2　试剂和材料

D.2.1　乙醇碳同位素参考物质。

D.2.2　丙酮（色谱级）。

D.2.3　氦气（He）：纯度不应小于 99.999%。

D.2.4　二氧化碳（CO_2）气体：纯度不应小于 99.99%。

D.2.5　氧气（O_2）：纯度不应小于 99.99%。

D.3　仪器和设备

D.3.1　气相色谱仪。

D.3.2　燃烧装置：工作温度为 1000℃，配套水分离膜。

D.3.3　IRMS：分析内精度优于 0.05‰，配套连续流进样接口。

D.3.4　气相色谱柱：聚乙二醇毛细管柱（50m×0.25mm×0.20um）或等效色谱柱。

D.4　分析步骤

D.4.1　样品处理

采用丙酮稀释样品至乙醇含量约为 8g/L，以适应仪器测定的线性范围。

D.4.2　仪器参考参数

仪器参数设定如下：

——进样口温度：180℃；氦气流量：1.0mL/min；进样体积：1pL；分流比：20∶1；程序升温：起始温度 40℃，保持 5min，以 1℃/min 速率升温至 50℃，保持 1min，再以 15℃/min 速率升温至 200℃，保持 2min；反应管温度：1000℃。

D.4.3　分析序列

采用两点标准漂移校正模式安排分析序列，每个分析序列必须同时测定参考物质(或工作标准物质)，其比例一般为样品数量的 10%~20%。

D.4.4　样品测定

调整元素分析仪和 IRMS 至工作状态，根据已设定的仪器参数和分析序列进行测定。

D.5　计算

D.5.1　分析结果的表述

样品中乙醇的稳定碳同位素组成以其对参考物质中相应同位素比值的千分差（记为‰）表示，按公式（D.1）计算：

$$\delta^{13}C_{RM}=\frac{(^{13}C/^{12}C)_{SA}-(^{13}C/^{12}C)_{RM}}{(^{13}C/^{12}C)_{RM}}\times 1000‰ \quad (D.1)$$

式中　$\delta^{13}C_{RM}$——样品的 $^{13}C/^{12}C$ 测定值相对于参考物质的 $^{13}C/^{12}C$ 测定值的千分差；

$(^{13}C/^{12}C)_{SA}$——样品的 $^{13}C/^{12}C$ 测定值；

$(^{13}C/^{12}C)_{RM}$——参考物质的 $^{13}C/^{12}C$ 测定值。

结果保留至小数点后两位。

D.5.2　结果计算

所测的稳定碳同位素组成结果应校准至国际基准 PDB 值，按公式（D.2）计算：

$$\delta^{13}C_{PDB}=\delta^{13}C_{RM}+\delta^{13}C_{RM-PDB}+\delta^{13}C_{RM}\times\delta^{13}C_{RM-PDB}\times 1000 \tag{D.2}$$

式中　$\delta^{13}C_{PDB}$——样品的$^{13}C/^{12}C$ 测定值相对于 PDB 的$^{13}C/^{12}C$ 测定值的千分差；

$\delta^{13}C_{RM}$——样品的$^{13}C/^{12}C$ 测定值相对于参考物质的$^{13}C/^{12}C$ 测定值的千分差；

$\delta^{13}C_{RM-PDB}$——参考物质的$^{13}C/^{12}C$ 测定值相对 PDB 的$^{13}C/^{12}C$ 测定值的千分差。

结果保留至小数点后两位。

D.6　精密度

本部分的精密度数据按照 GB/T 6379.2《测量方法与结果的准确度》的规定确定，重复性和再现性的值以 95%的可信度计算。

D.6.1　重复性限

在重复性条件下，获得的两次独立测试结果的绝对差值不超过重复性限（r）：r= 0.020%。如果差值超过重复性限（r），应舍弃试验结果并重新完成两次单个试验的测定。

D.6.2　再现性限

在再现性条件下，获得的两次独立测试结果的绝对差值不超过再现性限（R）：R=0.045%。

14、 T/GPCPEC 001—2021《酱香型酒用高粱种子生产技术规范》

前　言

本标准按照 GB/T 1. 1—2020《标准化工作导则　第 1 部分：标准化文件的结构和起草规则》给出的规则起草。

本标准由贵州省经济文化促进会提出并归口。

本标准起草单位：贵州省红粱一号农业科技有限公司、贵州大学农学院、贵州省旱粮（高粱）研究所、仁怀市红缨子高粱协会、贵州省分析测试研究院、贵州红缨子农业科技发展有限公司、贵州优品指南咨询服务有限公司、贵州省红粱壹号科技（集团）有限公司、贵州省白酒原料产业协会、贵州鼎石红粮生物科技有限公司、贵州省检测技术研究应用中心、贵州醇粱源农业科技有限公司、黔西县益民特需红高粱种植农业专业合作社、贵州中科可晟科技有限公司、贵州红粮绿创科技有限公司、贵州新中一种业股份有限公司、仁怀市聚农科技开发有限公司、贵州红粮科技有限公司。

本标准主要起草人：任明见、邵明波、涂佑能、文竞、李荣华、欧先明、刘文亮、王杰、周棱波、吴宏骏、黄辉、徐林、高一翔、李程洁、汪灿、汪国龙、田山君、沈佳奇、陈松树、杨恒、龙昭航、张冰梅、赵佐、文昊、苏雄、郭凌宏、刘光远、刘小语、陈苡晏、陈林杰、李爱民、王玉军、王丽婧、刘冲。

1. 范围

本标准规定了酱香型酒用高粱种子生产术语和定义、技术要求、贮藏、质量检测、包装标识。

本标准适用于酱香型酒用高粱种子的生产。

2. 规范性引用文件

下列文件对于本文件的应用是必不可少的。凡是注日期的引用文件，仅注日期的版本适用于本文件。凡是不注日期的引用文件，其最新版本（包括所有的修改单）适用于本文件。

GB 2763《食品安全国家标准　食品中农药最大残留限量》

GB/T 3543《农作物种子检验规程（所有部分）》

GB 4404. 1《粮食作物种子　第 1 部分：禾谷类》

GB/T 7414《主要农作物种子包装》

GB/T 7415《农作物种子贮藏》

GB/T 17319《高粱种子生产技术操作规程》

GB 20464《农作物种子标签通则》

NY/T 393《绿色食品　农药使用准则》

3. 术语和定义

下列术语和定义适用于本文件。

酱香型酒用高粱 sorghum for maotai-flavor liquor

贵州省内种植的高粱粒色呈红色、深褐色或褐紫色，粒小皮厚，剖开后呈玻璃状，胚乳中支链淀粉含量较高，蒸煮后黏性强，作为酿造优质酱香型白酒的原料高粱。

4. 技术要求

4.1　原种

纯度 99.9%以上，使用当年种子。

4.2　种子处理

每年清明前后进行种子处理。

4.2.1　晒种

播前晒种 2~3d，可增加酶活性，提高种子发芽势和发芽率。

4.2.2　浸种

用 55℃温水或（1~2）%石灰水进行浸种 1~2h。

4.3　制种地选择

为保证种子质量，制种地选择在 2 年内没有同种作物其他品种种植，1 年内没有其他禾谷类作物种植的地块，制种地周边 500m 应无高粱种植。

4.4　苗床选择

选择排灌方便、背风向阳、土块平整、土壤肥沃、无污染的壤土作苗床地。

4.5　苗床整地

前茬作物收割后，对土地进行翻耕，在田块里撒播一些绿肥或紫云英、箭舌豌豆、油菜。提前 15d 将地块翻犁后整细，除去杂草、石头和其他杂质，施入厩肥后再次将苗床地土壤整细整平，让厩肥自然腐熟。

4.6　育苗

4.6.1　撒播育苗

培肥后的苗床地开沟做厢，种子均匀地撒在厢面上并浇上适量的水，撒上一层细土盖住种子，盖土厚度约 0.5cm，平铺农用薄膜，出苗后及时拱棚以保温保湿。

4.6.2　营养块育苗

苗床底部铺一层隔离物，将营养土加入充足的水，拌匀后在苗床上铺平，厚度 5~6cm。刮平压实后用木板和刀将其划切成 6cm 的正方营养块，每个营养块上播种 3 粒，撒上细土盖住种子，浇适量水，用农用薄膜盖住苗床地保温保湿，高粱出苗后及时拱棚。

4.6.3　营养球育苗

沤制营养土，用适量的清水将营养土拌湿，手捏营养土成 6cm 左右的圆球并整齐地排放在苗床内。用手指轻轻在营养球上戳一个 1cm 深的小洞，洞口放 3 粒高粱种子，浇入适量水，用细土盖住。

4.6.4　漂浮盘育苗

4.6.4.1　在土中挖出泥土按标准箱制作成土埂营养池，土垣压紧压实。池底、四周侧压紧、弄平整。营养池铺 2 层加厚型的薄膜，以防漏水。

4.6.4.2　用腐熟的有机肥、地皮灰各 30%，加上 40%的细肥土制作育苗基质，混匀后用高锰酸钾水对基质消毒。选用高锰酸钾水消毒发泡沫塑料盘作为育苗盘，洒水湿润，装盘时多填料，保证育苗盘每穴基质自然填实，不架空，不过紧。

4.6.4.3　移栽大田前 15 天将处理好的种子每穴播种 3 粒，播完一盘后用木板轻压苗盘表面，使种子陷入基质中，用营养土盖种，将苗盘放入营养池内漂浮。苗床上制作拱棚，关注棚内的温度变化，保证棚内温度在 20~28℃。

4.7 移栽

4.7.1 当苗龄 30d 左右，撒播育苗 4~6 叶、载体育苗 3~4 叶时即可移栽大田。为防止起苗时伤根，起苗前 1d 浇透水，除去病苗、弱苗、杂苗、异形苗、损伤苗，用健壮苗带土移栽。

4.7.2 移栽密度为（0.7 万~1.0 万株）/667m^2，一般株行距 26cm×50cm，土壤肥力差的可适当密植，每穴栽 2 株。

4.8 田间去杂去劣

根据生育进程进行去杂去劣，拔节期根据株高、叶形、叶色、叶脉颜色、蜡质等主要性状，将杂、劣、弱、病株和可疑株连根拔除；开花前根据株型、叶脉颜色、穗型、颖色等主要性状去杂，特别要注意及时拔除难以察觉的矮杂株；收获前根据株高、子粒及颖壳颜色再一次去除杂株、病株。大田期各阶段及时折除分蘖枝。

4.9 施肥

4.9.1 苗床期施肥一般在高粱播种前，用充分腐熟的适量有机肥堆腐发酵土壤制成营养泥作床土，高粱播种出苗后至移栽前用适量腐熟的优质沼液或清粪水淋苗，保持苗床湿润，促进高粱苗健壮生长。

4.9.2 大田移栽前每 667m^2 施腐熟优质农家肥 1500kg 或生物有机肥 50~80kg。

4.9.3 提苗肥在高粱移栽后 15~20d 内，结合查苗补缺、中耕培土进行，每 667m^2 施用清粪水或沼液等优质农家肥 1000kg 以上。

4.9.4 穗肥在高粱拔节孕穗期结合中耕除草、培土施用，每 667m^2 施用优质农家肥 750kg 或生物有机肥 10~20kg。

4.9.5 粒肥在高粱抽穗扬花至灌浆时期进行，用优质农家肥 500kg 或生物有机肥 5~10kg。

4.10 病虫害防治

4.10.1 防治原则

坚持“预防为主，综合防治”的原则，优先采用农业防治、物理防治、生物防治技术；创造利于天敌繁殖生长的生态环境；达到防治指标时，科学合理使用高效低毒低残留化学农药进行防治，推行专业化统防统治。

4.10.2 防治措施

4.10.2.1 农业防治

一是搞好种子在种植前的消毒处理，在播种前对种子进行晒种处理。二是适时播种育苗，育苗时适当稀播，培育壮苗，提高秧苗质量。三是推广运用轮作，减少有害微生物的累积。四是及时防控杂草，减少病虫源基数。五是发现病株及时拔除烧毁或深埋处理。

4.10.2.2 物理防治

可利用害虫的趋光性增设太阳能灭虫灯灭杀螟蛾科和夜蛾科为主的成虫，降低病虫繁殖基数；同时还可增设黄板诱杀蚜虫。

4.10.2.3 生物防治

保护利用自然天敌，宜利用七星瓢虫防治高粱蚜，利用赤眼蜂防治高粱螟虫。

4.10.2.4 化学防治

农药使用应符合 GB 2763、NY/T 393 的规定。表 1 可供参考。

表 1　化学防治方法

病虫害	化学防治方法
炭疽病	使用种子质量的 0.5%的福美双（含量为 50%）粉剂或含量 50%的多菌灵可湿性粉剂拌种；在该病流行年份或个别感病田块，从孕穗期开始喷洒 70%甲基硫菌灵可湿性粉剂 700～1400 倍液喷雾、50%苯菌灵可湿性粉剂 1500 倍液、25%炭特灵可湿性粉剂 500 倍液、80%大生 M-45（代森锰锌）可湿性粉剂 600 倍液
纹枯病	发病初期喷洒 1%井冈霉素稀释到浓度 0.25%（50g 兑水 20kg）或 50%甲基硫菌灵可湿性粉剂 500 倍液、50%多菌灵可湿性粉剂 600 倍液、50%速克灵可湿性粉剂 1000～2000 倍液。喷药重点为高粱基部，保护叶鞘
紫斑病、靶斑病	采用多菌灵、百菌清等广谱性的真菌杀菌剂
锈病	选择抗病品种为主。发病初期要及时喷药防治，可用 65%代森锌 500 倍液、50%代森铵水剂 800～1000 倍液、45%的石硫合剂 3000 倍液、25%粉锈宁可湿性粉剂 1000～1500 倍液
蚜虫	发现感病植株可用 40%吡虫啉水溶剂 1500～2000 倍液喷洒植株 1～2 次
螟虫	采用辛硫磷投喂或用青虫菌粉 1kg 加细土 200kg 匀拌后撒入高粱心叶防治螟虫
地下害虫	可用加有辛硫磷的复合肥作为底肥施入进行防治

4.11　收割

高粱收割的最佳时期在蜡熟期，子粒有 80% 左右由白色转为红褐色，抢晴天及时收获。

4.12　脱粒

收割后应及时运送脱粒场使用专用的脱粒机进行脱粒。

5. 贮藏

当种子含水量低于或等于 13%时，单独存放贮藏严防混杂，高粱种子的贮藏温度控制在 5～10℃，并应符合 GB/T 7415 的规定。

6. 质量检测

按 GB/T 3543（所有部分）对种子水分、纯度、净度、发芽率进行检测，结果应满足表 2 要求。

表 2　质量要求

序号	指标	要求
1	水分	≤13.0%
2	纯度	≥99.0%
3	净度	≥98.0%
4	发芽率	≥80%
其他要求按 GB 4404.1 执行。		

7. 包装标识

包装标识按 GB 7414 及 GB 20464 执行。

15、 T/GPCPEC 002—2021《酱香型酒用高粱种植技术规范》

前　言

本标准按照 GB/T 1.1—2020《标准化工作导则　第 1 部分：标准化文件的结构和起草规则》给出的规则起草。

本标准由贵州省经济文化促进会提出并归口。

本标准起草单位：贵州省红粱一号农业科技有限公司、贵州大学农学院、贵州省旱粮（高粱）研究所、仁怀市红缨子高粱协会、贵州省分析测试研究院、贵州红缨子农业科技发展有限公司、贵州优品指南咨询服务有限公司、贵州省红粱壹号科技（集团）有限公司、贵州省白酒原料产业协会、贵州鼎石红粮生物科技有限公司、贵州省检测技术研究应用中心、贵州醇粱源农业科技有限公司、黔西县益民特需红高粱种植农业专业合作社、贵州中科可晟科技有限公司、贵州红粮绿创科技有限公司、贵州红粮科技有限公司。

本标准主要起草人：文竞、王杰、任明见、邵明波、涂佑能、李荣华、周棱波、吴宏骏、欧先明、黄辉、徐林、高一翔、李程洁、汪灿、汪国龙、田山君、沈佳奇、陈松树、杨恒、张冰梅、龙昭航、赵佐、文昊、苏雄、郭凌宏、刘光远、刘小语、陈苡晏、陈林杰、李爱民、王玉军、王丽婧、刘冲。

1. 范围

本标准规定了酱香型酒用高粱种植的术语和定义、环境要求、选地与整地、种子选择、种子处理、育苗、播种、田间管理、采收、档案。

本标准适用于酱香型酒用高粱种植。

2. 规范性引用文件

下列文件对于本文件的应用是必不可少的。凡是注日期的引用文件，仅注日期的版本适用于本文件。凡是不注日期的引用文件，其最新版本（包括所有的修改单）适用于本文件。

GB 2763《食品安全国家标准　食品中农药最大残留限量》

NY/T 391《产地环境质量准则》

NY/T 394《肥料使用准则》

T/GPCPEC 001《酱香型酒用高粱种子生产技术规范》

3. 术语和定义

酱香型酒用高粱 sorghum for maotai-flavor liquor

贵州省内种植的高粱粒色呈红色、深褐色或褐紫色，粒小皮厚，剖开后呈玻璃状，胚乳中支链淀粉含量较高，蒸煮后黏性强，作为酿造优质酱香型白酒的原料高粱。

4. 环境要求

产地环境应符合 NY/T 391《产地环境质量准则》的要求，有效积温 3400℃以上，年降雨量在 300mm 以上。土壤环境应选择耕层深厚、肥力较高、保水保肥且排水良好的地块，有机质含量 1%以上，pH 6.5~7.5。

5. 选地与整地

5.1 选地

选择耕层深厚、肥力较好、保水、保肥且排灌良好的地块进行种植。

5.2 整地

种植前应耕翻整地，清除杂草，将土地耙平、耙细，整地时实施以深松为基础，松、翻、耙相互结合的土壤耕作方式；耕翻可选用机械作业，耕整时应注意深浅一致，不留前茬杂草，尽可能早耕，土地每 3 年翻晒一次，耕层为宜 30cm，耕翻细致，做到无漏耕。

5.3 开沟分厢

做到沟沟相通、雨停水干。

6. 种子选择

6.1 种子品种

选择适宜贵州地区种植的品种“红樱子”系列、“茅粱糯 2 号”“黔高 7 号”“黔高 8 号”“茅粱 1 号”“茅台红”系列、“红粱丰 1 号”“红珍珠”“红粱 1 号”等。

6.2 种子质量

种子质量应满足 T/GPCPEC 001 要求。

7. 种子处理

每年清明前后进行种子处理。

7.1 晒种

播前晒种 2~3d，可增加酶活性，提高种子发芽势和发芽率。

7.2 浸种

用 55℃温水或（1~2)%石灰水进行浸种 1~2h。

8. 育苗

8.1 撒播育苗

培肥后的苗床地开沟做厢，种子均匀地撒在厢面上并浇上适量的水，撒上一层细土盖住种子，盖土厚度约 0.5cm，平铺农用薄膜，出苗后及时拱棚以保温保湿。

8.2 营养载体育苗

8.2.1 营养块育苗

苗床底部铺一层隔离物，将营养土加入充足的水，拌匀后在苗床上铺平，厚度 5~6cm。刮平压实后用木板和刀将其划切成 6cm 的正方营养块，每个营养块上播种 3 粒，撒上细土盖住种子，浇适量水，用农用薄膜盖住苗床地保温保湿，高粱出苗后及时拱棚。

8.2.2 营养球育苗

沤制营养土，用适量的清水将营养土拌湿，手捏营养土成6cm左右的圆球并整齐地排放在苗床内。用手指轻轻在营养球上戳一个1cm深的小洞，洞口放3粒高粱种子，浇入适量水，用细土盖住。

8.2.3 漂浮盘育苗

a）在土中挖出泥土按标准箱制作成土坝营养池，土埂压紧压实。池底、四周侧压紧、弄平整。营养池铺2层加厚型的薄膜，以防漏水。

b）用腐熟的有机肥、地皮灰各30%，加上40%的细肥土制作育苗基质，混匀后用高锰酸钾水对基质消毒。选用高锰酸钾水消毒发泡沫塑料盘作为育苗盘，洒水湿润，装盘时多填料，保证育苗盘每穴基质自然填实，不架空，不过紧。

c）移栽大田前15天将处理好的种子每穴播种3粒，播完一盘后用木板轻压苗盘表面，使种子陷入基质中，用营养土盖种，将苗盘放入营养池内漂浮。苗床上制作拱棚，关注棚内的温度变化，保证棚内温度在20~28℃。

9. 播种

9.1 直播

在3月下旬至4月上旬进行，直播窝距25~30cm，行距50~60cm，每窝播种3~5粒，覆土厚2~5cm。

9.2 育苗移栽

9.2.1 当苗龄30d左右，撒播育苗4~6叶、载体育苗3~4叶时即可移栽大田。为防止起苗时伤根，起苗前1d浇透水，除去病苗、弱苗、杂苗、异形苗、损伤苗，用健壮苗带土移栽。

9.2.2 移栽密度为（0.7万~1.0万株）/667m^2，一般株行距26cm×50cm，土壤肥力差的可适当密植，每穴栽2株。

10. 田间管理

10.1 苗期管理

10.1.1 出苗后观察是否有病虫害，有就及时治理。

10.1.2 待育苗生长4~6片叶子时，间苗定苗，每窝只留2~4株，及时除草。

10.1.3 在移栽后7d左右，进行补苗。

10.2 肥水管理

10.2.1 肥料的使用应符合NY/T 394肥料使用准则的要求，以有机肥为主，化肥为辅。

10.2.2 苗床期施肥一般在高粱播种前，用充分腐熟的适量有机肥堆腐发酵土壤制成营养泥作床土，高粱播种出苗后至移栽前用适量腐熟的优质沼液或清粪水淋苗，保持苗床湿润，促进高粱苗健壮生长。

10.2.3 大田移栽前每667m^{2}施腐熟优质农家肥1500kg或生物有机肥50~80kg。

10.2.4 提苗肥在高粱移栽后15~20d内，结合查苗补缺、中耕培土进行，每667m^{2}施用清粪水或沼液等优质农家肥1000kg以上。

10.2.5 穗肥在高粱拔节孕穗期结合中耕除草、培土施用，每667m^{2}施用优质农家肥

750kg 或生物有机肥 10~20kg。

10.2.6 粒肥在高粱抽穗扬花至灌浆时期进行，用优质农家肥 500kg 或生物有机肥 5~10kg。

10.3 去杂去劣

根据生育进程进行去杂去劣，拔节期根据株高、叶形、叶色、叶脉颜色、蜡质等主要性状，将杂、劣、弱、病株和可疑株连根拔除；开花前根据株型、叶脉颜色、穗型、颖色等主要性状去杂，特别要注意及时拔除难以察觉的矮杂株；收获前根据株高、子粒及颖壳颜色再一次去除杂株、病株。大田期各阶段及时折除分蘖枝。

10.4 病虫害防治

10.4.1 防治原则

坚持“预防为主，综合防治”的原则，优先采用农业防治、物理防治、生物防治技术；创造利于天敌繁殖生长的生态环境；达到防治指标时，科学合理使用高效低毒低残留化学农药进行防治，推行专业化统防统治。

10.4.2 防治措施

10.4.2.1 农业防治

一是搞好种子在种植前的消毒处理，在播种前对种子进行晒种处理。二是适时播种育苗，育苗时适当稀播，培育壮苗，提高秧苗质量。三是推广运用轮作，减少有害微生物的累积。四是及时防控杂草，减少病虫源基数。五是发现病株及时拔除烧毁或深埋处理。

10.4.2.2 物理防治

可利用害虫的趋光性增设太阳能灭虫灯灭杀螟娥科和夜娥科为主的成虫，降低病虫繁殖基数；同时还可增设黄板诱杀蚜虫。

10.4.2.3 生物防治

保护利用自然天敌，宜利用七星瓢虫防治高粱蚜，利用赤眼蜂防治高粱螟虫。

10.4.2.4 化学防治

农药使用应符合 GB 2763、NY/T 393 的规定。表 1 可供参考。

表 1 化学防治方法

病虫害	化学防治方法
炭疽病	使用种子质量的 0.5%的福美双（含量为 50%）粉剂或含量 50%的多菌灵可湿性粉剂拌种；在该病流行年份或个别感病田块，从孕穗期开始喷洒 70%甲基硫菌灵可湿性粉剂 700~1400 倍液喷雾、50%苯菌灵可湿性粉剂 1500 倍液、25%炭特灵可湿性粉剂 500 倍液、80%大生 M-45（代森锰锌）可湿性粉剂 600 倍液
纹枯病	发病初期喷洒 1%井冈霉素稀释到浓度 0.25%（50g 兑水 20kg）或 50%甲基硫菌灵可湿性粉剂 500 倍液、50%多菌灵可湿性粉剂 600 倍液、50%速克灵可湿性粉剂 1000~2000 倍液。喷药重点为高粱基部，保护叶鞘
紫斑病、靶斑病	采用多菌灵、百菌清等广谱性的真菌杀菌剂
锈病	选择抗病品种为主。发病初期要及时喷药防治，可用 65%代森锌 500 倍液、50%代森铵水剂 800~1000 倍液、45%的石硫合剂 3000 倍液、25%粉锈宁可湿性粉剂 1000~1500 倍液

续表

病虫害	化学防治方法
蚜虫	发现感病植株可用40%吡虫啉水溶剂1500~2000倍液喷洒植株1~2次
螟虫	采用辛硫磷投喂或用青虫菌粉1kg加细土200kg匀拌后撒入高粱心叶防治螟虫
地下害虫	可用加有辛硫磷的复合肥作为底肥施入进行防治

11. 采收

11.1　高粱收割最佳时期是在灌浆后期籽粒由白色转变为红褐色时，穗基部茎秆变黄，植株下部的4~6片叶片枯死，穗上下两端小穗外颖呈棕色。穗子成熟度达95%以上，可组织采收。

11.2　从穗子带基部茎秆1.0~2.0cm处砍下，当日运输到加工场脱粒加工。

12. 档案

建立田间档案，及时记录产地环境条件、种子、农药、化肥等农业投入品的使用等情况，作为备查资料。

16、 T/GPCPEC 003—2021《酱香型酒用高粱加工生产技术规范》

前　言

本标准按照 GB/T 1. 1—2020《标准化工作导则　第 1 部分：标准化文件的结构和起草规则》给出的规则起草。

本标准由贵州省经济文化促进会提出并归口。

本标准起草单位：贵州省红粱一号农业科技有限公司、贵州省旱粮（高粱）研究所、贵州大学农学院、贵州省白酒原料产业协会、仁怀市红缨子高粱协会、贵州省分析测试研究院、贵州省红粱壹号科技（集团）有限公司、贵州红缨子农业科技发展有限公司、贵州鼎石红粮生物科技有限公司、贵州省检测技术研究应用中心、贵州醇粱源农业科技有限公司、黔西县益民特需红高粱种植农业专业合作社、贵州中科可晟科技有限公司、贵州红粮绿创科技有限公司、贵州红粮科技有限公司、贵州优品指南咨询服务有限公司。

本标准主要起草人：文竞、王杰、任明见、邵明波、涂佑能、李荣华、周棱波、欧先明、吴宏骏、黄辉、高一翔、李程洁、汪灿、汪国龙、田山君、沈佳奇、陈松树、杨恒、龙昭航、徐林、赵佐、文昊、苏雄、郭凌宏、刘光远、刘小语、陈苡晏、陈林杰、李爱民、王玉军、王丽婧、刘冲、张冰梅。

1. 范围

本标准规定了酱香型酒用高粱加工的术语和定义、采收、转运、脱粒、干燥、初选、精选、打包、贮藏、检验、标识、加工过程控制。

本标准适用于酱香型酒用高粱的加工。

2. 规范性引用文件

下列文件对于本文件的应用是必不可少的。凡是注日期的引用文件，仅注日期的版本适用于本文件。凡是不注日期的引用文件，其最新版本（包括所有的修改单）适用于本文件。

GB/T 191《包装储运图示标志》

GB/T 5491《粮食、油料检验　扦样、分样法》

GB17440《粮食加工、储运系统粉尘防爆安全规范》

GB/T 25227《粮食加工、储运设备现场监测装置技术规范》

GB/T 28668《粮油储藏、粮食烘干安全操作规程》

GB/T 29890《粮油储藏技术规范》

GB/T 24904《粮食包装　麻袋》

AQ4221《粮食加工防毒防尘技术规范》

T/GPCPEC 004《酱香型酒用高粱质量要求》

3. 术语和定义

酱香型酒用高粱 sorghum for maotai-flavor liquor

贵州省内种植的高粱粒色呈红色、深褐色或褐紫色，粒小皮厚，剖开后呈玻璃状，胚乳中支链淀粉含量较高，蒸煮后黏性强，作为酿造优质酱香型白酒的原料高粱。

4. 采收

4.1　采收时机

穗基部茎秆变黄，植株下部的4~6片叶片枯死，穗上下两端小穗外颖呈棕色时采收。

4.2　采收

用刀砍下穗子带基部茎秆1.0~2.0cm。

5. 转运

采收当日及时将穗转运至脱粒场，避免过久堆放发热。

6. 脱粒

在脱粒场采用脱粒机进行脱粒。

7. 初选

根据初选机使用说明书设置好参数，进行初选，去除粗大杂质。

8. 干燥

8.1　粮仓暂存

初选后的高粱皮带运送到烘干区粮仓进行暂存，用循环风进行降温，存放不超过3d。

8.2　初测水分

初测水分，水分应为25%~30%。

8.3　烘干

8.3.1　宜选用满足GB/T 28668要求的成套烘干设施网袋式热泵烘干机进行烘干。

8.3.2　烘干流程宜选择原粮→皮带输送机→圆筒清理筛→一级振动清理筛→二级振动清理筛→皮带输送机→网带式热泵烘干机→干粮→皮带输送机→斗式提升机→干粮仓。

8.3.3　烘干后水分应≤13%。

9. 精选

9.1　一次精选

产品宜经机械从干粮库传送至精选区按比重筛→分级筛→斜面筛→除尘筛进行一次精选。

9.2　二次精选

次精选的产品宜经机械传送至分级筛→除尘筛→色选机进行二次精选。

10. 打包

二次精选后的产品经机械传送至打包平台进行打包，包装物应密实牢固，不应产生撒漏，不应对高粱造成污染。使用麻袋包装时，应符合GB/T 24904的规定。

11. 贮藏

打包产品传送至成品库进行暂存，应储存于阴凉干燥处，不应与有毒、有害物品混存，堆放的高度应适宜，成品库保持干燥，做好仓库防虫、防鼠。其他要求按 GB/T 29890 执行，熏蒸剂选用磷化铝。

12. 检验

按 T/GPCPEC 004 要求进行检验。

13. 标识

应符合 GB/T 191 的要求及 T/GPCPEC 004 的要求。

14. 加工过程控制

加工、储运系统粉尘防爆安全、防毒防尘、设备现场监测装置应符合 GB 17440、AQ 4221 和 GB/T 25227 要求。

17、 T/GPCPEC 004—2021《酱香型酒用高粱质量要求》

前 言

本标准按照 GB/T 1.1—2020《标准化工作导则 第 1 部分：标准化文件的结构和起草规则》给出的规则起草。

本标准由贵州省经济文化促进会提出并归口。

本标准起草单位：贵州省红粱一号农业科技有限公司、贵州省红粱壹号科技（集团）有限公司、贵州省白酒原料产业协会、贵州大学农学院、贵州省旱粮（高粱）研究所、仁怀市红缨子高粱协会、贵州省分析测试研究院、贵州食品工程职业学院、贵州红缨子农业科技发展有限公司、贵州省检测技术研究应用中心、贵州大学酿酒与食品工程学院、贵州醇粱源农业科技有限公司、黔西县益民特需红高粱种植农业专业合作社、贵州中科可晟科技有限公司、贵州鼎石红粮生物科技有限公司、贵州红粮绿创科技有限公司、贵州红粮科技有限公司、贵州优品指南咨询服务有限公司。

本标准主要起草人：文竞、李荣华、任明见、邵明波、涂佑能、吴天祥、董东昇、杨宏、李进、王杰、周棱波、欧先明、吴宏骏、黄辉、汤驰、欧杰、汪洪兵、王正贤、陈慕挺、刘志海、张方利、彭体红、余兴军、高一翔、姚芳、李程洁、汪灿、张冰梅、汪国龙、田山君、沈佳奇、陈松树、杨恒、龙昭航、徐林、赵佐、文昊、苏雄、郭凌宏、刘光远、刘小语、陈苡晏、陈林杰、李爱民、王玉军、王丽婧、刘冲。

1. 范围

本标准规定了酱香型酒用高粱的术语和定义、质量要求、检验方法、标识、包装、运输和贮存。

本标准适用于酱香型酒用高粱。

2. 规范性引用文件

下列文件对于本文件的应用是必不可少的。凡是注日期的引用文件，仅注日期的版本适用于本文件。凡是不注日期的引用文件，其最新版本（包括所有的修改单）适用于本文件。

GB 2715《食品安全国家标准 粮食》

GB 2761《食品安全国家标准 食品中真菌毒素限量》

GB 2762《食品安全国家标准 食品中污染物限量》

GB 2763《食品安全国家标准 食品中农药最大残留限量》

GB 5009.5《食品安全国家标准 食品中蛋白质的测定》

GB 5009.6《食品安全国家标准 食品中脂肪的测定》

GB/T 5490《粮油检验 一般规则》

GB/T 5491《粮食、油料检验 扦样、分样法》

GB/T 5492《粮油检验 粮食、油料的色泽、气味、口味鉴定》

GB/T 5493《粮油检验 类型及互混检验》

GB/T 5494《粮油检验　粮食、油料的杂质、不完善粒检验》
GB/T 5497《粮食、油料检验　水分测定法》
GB/T 5498《粮油检验　容重测定》
GB/T 8231《高粱》
GB/T 15686《高粱单宁含量的测定》
GB/T 24904《粮食包装　麻袋》
GB/T 5514《粮油检验　粮食、油料中淀粉含量的测定》
GB/T 5503《粮油检验　碎米检验法》
GB/T 5519《谷物与豆类　千粒重的测定》
GB 7648《水稻、玉米、谷子籽粒直链淀粉测定法》

3. 术语和定义

下列术语和定义适用于本文件。

酱香型酒用高粱 sorghum for maotai-flavor liquor

贵州省内种植的高粱粒色呈红色、深褐色或褐紫色，粒小皮厚，剖开后呈玻璃状，胚乳中支链淀粉含量较高，蒸煮后黏性强，作为酿造优质酱香型白酒的原料高粱。

4. 质量要求

4.1　感官要求

感官指标应符合表1要求。

表1　感官指标

项目	指标要求
色泽	具有本品固有的色泽，应为红黄色、红褐色、深褐色或褐紫色
气味	具有高粱固有的气味，无异杂味
外观	无霉变、无虫蛀、无肉眼可见外来杂质

4.2　理化指标要求

理化指标应符合表2的要求

表2　理化指标

序号	指标	要求
1	水分/%	≤13
2	总淀粉/%	≥60
3	单宁/%	1.2~1.8
4	粗蛋白/%	≤10.0
5	粗脂肪/%	≤4.0
6	不完善粒/%	≤3.0

续表

序号	指标	要求
7	杂质/%	≤1.0
8	支链淀粉占淀粉总量/%	≥95
9	千粒重/g	15～22
10	霉变率/%	≤2.0
11	互混率/%	≤2.0

4.3　真菌毒素要求

应符合 GB 2761 的要求。

4.4　污染物要求

应符合 GB 2762 的要求。

4.5　最大农药残留要求

应符合 GB 2763 的要求。

5. 检验方法

5.1　扦样、分样

按 GB/T 5491 的要求执行。

5.2　色泽、气味检验

按 GB/T 5492 的要求执行。

5.3　类型及互混检验

按 GB/T 5493 的要求执行。

5.4　水分检验

按 GB/T 5497 的要求执行。

5.5　淀粉检验

按 GB/T 5514 的要求执行。

5.6　单宁检验

按 GB/T 15686 的要求执行。

5.7　粗蛋白检验

按 GB 5009.5 的要求执行。

5.8　粗脂肪检验

按 GB 5009.6 的要求执行。

5.9　杂质、不完善粒检验

按 GB/T 5494 的要求执行。

5.10　霉变粒检验

按 GB/T 5494 的要求执行。

5.11　支链淀粉

按 GB 7648 的要求测出直链淀粉的含量，用总淀粉含量减去直链淀粉含量得出支链淀粉含量。

5.12 千粒重检验

按 GB/T 5519 的要求执行。

6. 标识

应在包装或货位登记卡、贸易随行文件中标明产品名称、收获年度、产地等内容。

7. 包装、运输和贮存

7.1 包装

包装物应密实牢固，不应产生撒漏，不应对高粱造成污染。使用麻袋包装时，应符合 GB/T 24904 的规定。

7.2 运输

运输中应注意安全，防止日晒、雨淋、渗漏、污染。运输所用车、船和其他装具不能对高粱造成污染。

7.3 贮存

应储存于阴凉干燥处，不应与有毒、有害物品混存，堆放的高度应适宜。

18、 T/GZRHJX 001—2019《仁怀产区大曲酱香一至七轮次基酒》

前　言

本标准按照 GB/T 1.1—2009《标准化工作导则　第 1 部分：标准的结构和编写》和 GB/T 20001.10—2014《标准编写规则　第 10 部分：产品标准》给出的规则起草。

本标准代替 TB52/RHJX 001.1—2015《仁怀大曲酱香基酒　第 1 部分：一轮次基酒》、TB52/RHJX001.2—2015《仁怀大曲酱香基酒　第 2 部分：二轮次基酒》、TB52/RHJX 001.3—2015《仁怀大曲酱香基酒　第 3 部分：三轮次基酒》、TB52/RHJX 001.4—2015《仁怀大曲酱香基酒　第 4 部分：四轮次基酒》、TB52/RHJX 001.5—2015《仁怀大曲酱香基酒　第 5 部分：五轮次基酒》、TB52/RHJX 001.6—2015《仁怀大曲酱香基酒　第 6 部分：六轮次基酒》、TB52/RHJX 001.7—2015《仁怀大曲酱香基酒　第 7 部分：七轮次基酒》。

本标准与 TB52/RHJX 001.1~001.7—2015 相比，除编辑性修改外，主要变化如下：

——标准名称修改为“仁怀产区大曲酱香一至七轮次基酒”；

——增加了小盘勾、大曲酱香酒风味成分、风味轮、轮次基酒标准样品等术语；

——修改了感官要求、理化要求、食品安全要求、检验方法等；

——增加了产品质量等级三级、真实性要求、生产过程的卫生要求等；

——修改了检验规则、标志、包装、运输和贮运等要求。

请注意：本文件的某些内容可能涉及专利。本文件的发布机构不承担识别这些专利的责任。

本标准由贵州省产品质量监督检验院仁怀分院和仁怀酱香白酒科研所联合提出。

本标准由贵州省仁怀市酒业协会归口。

本标准主要起草单位：贵州省产品质量监督检验院仁怀分院、仁怀酱香白酒科研所。

本标准参与起草单位：贵州省产品质量监督检验院（国家酒类及饮料质量监督检验中心）、贵州大学酿酒与食品工程学院、贵州食品工程职业学院、贵州茅台酒股份有限公司、茅台学院、仁怀市市场监督管理局、陈仁远白酒品评（品酒师）技能大师工作室、贵州钓鱼台国宾酒业有限公司、贵州国台酒业有限公司、贵州省仁怀市茅台镇国宝酒厂、贵州省仁怀市茅台镇仁帅酒业有限公司、贵州省仁怀市茅台镇文中酒业有限公司、贵州茅台镇北街酒厂（集团）有限责任公司、贵州祥康酒业有限公司、贵州黔酒股份有限公司、贵州省仁怀市茅台镇君丰酒业有限公司、贵州无忧酒业（集团）有限公司、贵州五星酒业集团有限责任公司、贵州怀庄酒业（集团）有限责任公司、贵州省仁怀市酒中酒（集团）有限责任公司、贵州茅台镇国威酒业（集团）有限责任公司、贵州省仁怀市茅台镇华星酒业有限公司、贵州中心酿酒集团有限公司、贵州醉泉酒业有限公司、贵州爱心酒业有限责任公司、贵州省仁怀市茅台镇远明酿制酒厂、贵州金酱酒业有限责任公司、贵州省仁怀市茅台镇夜郎古酒厂、贵州老掌柜酿酒（集团）有限公司、贵州京华酒业（集团）有限公司、贵州省仁怀市茅台镇乾晨酒业有限公司、贵州省仁怀市鼎泰丰酒业有限公司、贵州省仁怀市茅台镇国贵酒业有限公司、贵州省仁怀市鹏彦酒业有限公司、贵州贵酿酒业有限公司、贵州省仁怀市酱香型白酒产业发展投资有限责任公司、贵州省仁怀市茅台镇国和酒业有限公司、贵州省仁怀市润丰酒业有限公司。

本标准主要起草人：陈仁远、何菲、赵文武、玉光惠、先春、李小波、唐平华、彭茵、王程成、陈梦元、王迁、寻思颖、吴天祥、王莉、丁勇、朱珠、王林、骆茂香、母光刚、付宇豪、任义平、胡永才、郭松波、李长文、谭丁夫、桂豹、江河、王书伟。

1. 范围

本标准规定了仁怀产区大曲酱香一至七轮次基酒的术语和定义、产品分类分级与标准样品、技术要求、生产过程的卫生要求、检验规则及标志、包装、运输和贮存。

本标准适用于仁怀产区大曲酱香一至七轮次基酒的生产、检验及销售。

2. 规范性引用文件

下列文件对于本文件的应用是必不可少的。凡是注日期的引用文件，仅注日期的版本适用于本文件。凡是不注日期的引用文件，其最新版本（包括所有的修改单）适用于本文件。

GB 1351《小麦》

GB 2757《食品安全国家标准　蒸馏酒及其配制酒》

GB 5009.225《食品安全国家标准　酒中乙醇浓度的测定》

GB 5749《生活饮用水卫生标准》

GB/T 8231《高粱》

GB 8951《食品安全国家标准　蒸馏酒及其配制酒生产卫生规范》

GB/T 10345《白酒分析方法》

GB/T 10346《白酒检验规则和标志、包装、运输、贮存》

GB 14881《食品安全国家标准　食品生产通用卫生规范》

GB/T 33404《白酒感官品评导则》

SB/T 10713《白酒原酒及基酒流通技术规范》

DB52/T 871《酱香型白酒酿酒用大曲》

T/GZRHJX 004《仁怀产区大曲酱香酒风味轮应用指南》

T/GZRHJX 005《仁怀产区大曲酱香酒系列标准样品制备技术规范》

T/GZRHJX 006《仁怀产区酱香大曲酒生产技术规范》

T/GZRHJX 007《仁怀产区大曲酱香酒生产技术规范》

3. 术语和定义

下列术语和定义适用于本文件。

3.1　仁怀产区大曲酱香轮次基酒

在仁怀区域范围自然酿酒生态圈内，以优质糯高粱、小麦、水为原料，以高温酱香大曲为糖化发酵剂，经传统固态双边发酵、蒸馏、分轮次贮存的，不直接或间接添加食用酒精及非自身固态发酵产生的呈香、呈味、呈色物质，具有大曲酱香轮次特征风格的白酒。

3.2　一轮次基酒

经过下沙、造沙两次投粮加曲发酵后，酒醅第一次蒸馏摘取的酒。

3.3　二轮次基酒

第一次蒸馏后的酒醅再次加曲发酵后，第二次蒸馏摘取的酒。

3.4　三轮次基酒

第二次蒸馏后的酒醅再次加曲发酵后，第三次蒸馏摘取的酒。

3.5　四轮次基酒

第三次蒸馏后的酒醅再次加曲发酵后，第四次蒸馏摘取的酒。

3.6　五轮次基酒

第四次蒸馏后的酒醅再次加曲发酵后，第五次蒸馏摘取的酒。

3.7　六轮次基酒

第五次蒸馏后的酒醅再次加曲发酵后，第六次蒸馏摘取的酒。

3.8　七轮次基酒

第六次蒸馏后的酒醅再次加曲发酵后，第七次蒸馏摘取的酒。

3.9　小盘勾

将同轮次、同类型、同等级的具有相同特征的基酒组合在一起的操作工艺。

3.10　大曲酱香酒风味成分

大曲酱香型白酒酿造过程中经过发酵、代谢、物理、化学、缔合过程而形成的呈香、呈味、呈色物质。

3.11　大曲酱香酒风味轮

将大曲酱香酒、综合基酒、轮次基酒的风味感官特征，以轮盘的形式，用多层次描述语表现出来的图形。

3.12　大曲酱香轮次基酒标准样品

具有足够的广泛性、稳定性、权威性，且具备大曲酱香轮次基酒特征风格，经过感官鉴定和技术鉴定，并附有关性能特征数据的标准样品。

4. 产品分类分级

按基酒摘酒顺次分为一至七轮七个轮次，各轮次按质量等级分为优级、一级、二级、三级。

5. 技术要求

5.1　酿造环境

5.1.1　地理特征

仁怀市位于贵州省西北部，地处赤水河中游，大娄山脉西段北侧。地理坐标为北纬27°33′30″~28°10′19″，东经105°59′49″~106°35′50″，以高山、丘陵为主，河谷坡地和水域兼备。适于酿酒区域紧靠赤水河流域，海拔为420~890m。

5.1.2　气候特征

仁怀市的气候属中亚热带湿润季风气候，四季分明，冬无严寒，夏无酷暑，雨量适中，气候垂直差异较大，无霜期长，光、水、热同季。年平均降水量为1019.8mm，年平均温度为15.8℃，极端最低温度为-3.8℃，极端最高温度为38℃，日照率约为26%，年平均相对湿度约为78%，年平均风速约为1.2m/s，形成赤水河谷流域适于酿造优质酱香型白酒的独特的小气候生态环境。

5.2 原料要求

5.2.1 高粱

品种为糯高粱，单宁含量≥1.0%，其他指标应符合GB/T 8231的要求。

5.2.2 小麦

应符合GB 1351的要求。

5.2.3 水

应符合GB 5749的要求。

5.2.4 大曲

应符合DB52/T 871及T/GZRHJX 006的要求。

5.3 发酵设备要求

采用紫红泥底砂条石壁石窖修建的发酵窖池。

5.4 生产工艺

生产工艺及流程按T/GZRHJX 006的制曲工序和T/GZRHJX 007的制酒工序执行。

5.5 感官要求

一至七轮次基酒感官要求及检验方法应符合表1~表7的规定。

表1 仁怀产区大曲酱香一轮次基酒感官要求及检验方法

项目	优级	一级	二级	三级	检验方法
色泽和外观	无色（或微黄）透明，无浑浊，无悬浮物，无沉淀物[a]				GB/T 33404、T/GZRHJX 004
香气	有粮香、酸香、酯香且愉悦，有花果香等特殊香	粮香、酸香、酯香明显	粮香、酸香、酯香显著	粮香、酸香较突出或略有粮香、酸香、酯香，略有异香	
口味	有酱味，略有生粮味、涩味，微酸，后味微苦，可用作调味酒	有酸涩味，后味较苦	酸涩味明显，后味苦	酸涩味显著，苦味明显，略有异味	
风格	风格典型	风格明显	风格尚可	风格一般	
评分范围/分	≥93.0	≥88.0，<93.0	≥80.0，<88.0	≥70.0，<80.0	T/GZRHJX 004

[a] 当酒的温度低于15℃时，允许出现白色絮状沉淀物质或失光，15℃以上时应逐渐恢复正常。

表2　仁怀产区大曲酱香二轮次基酒感官要求及检验方法

项目	优级	一级	二级	三级	检验方法
色泽和外观	无色（或微黄）透明，无浑浊，无悬浮物，无沉淀物[a]				GB/T 33404、T/GZRHJX 004
香气	酱香明显，有水果香、草木香等特殊香	有粮香、酱香	粮香显著，微有酱香	粮香突出，略有酱香，略有异香	
口味	有酱味且咸鲜，后味回甜且干净，略有酸涩味，酒体较醇厚、丰满、细腻，可用作调味酒	略有酱味，酸涩味较明显，后味微甜、净	酸涩味明显，后味稍甜	酸涩味显著，略有异味	
风格	风格典型	风格明显	风格尚可	风格一般	
评分范围/分	≥93.0	≥88.0，<93.0	≥80.0，<88.0	≥70.0，<80.0	T/GZRHJX 004

[a] 当酒的温度低于15℃时，允许出现白色絮状沉淀物质或失光，15℃以上时应逐渐恢复正常。

表3　仁怀产区大曲酱香三轮次基酒感官要求及检验方法

项目	优级	一级	二级	三级	检验方法
色泽和外观	无色（或微黄）透明，无浑浊，无悬浮物，无沉淀物[a]				GB/T 33404、T/GZRHJX 004
香气	酱香显著，有复合的特殊香，入口香强	酱香明显，微有粮香或无，入口香较强	有酱香、入口香	略有酱香，略有异香	
口味	酱味较突出，有咸鲜感，酒体较醇厚、丰满、细腻，尾净，后味长、带涩，可用作调味酒	酱味显著，略带咸鲜味感，酒体醇和，后味较长、带涩	酱味明显，酒体醇和，后味较长、带涩	有酱味，涩味重，有后味，略有异味	
风格	风格典型	风格明显	风格尚可	风格一般	
评分范围/分	≥93.0	≥88.0，<93.0	≥80.0，<88.0	≥70.0，<80.0	T/GZRHJX 004

[a] 当酒的温度低于15℃时，允许出现白色絮状沉淀物质或失光，15℃以上时应逐渐恢复正常。

表4　仁怀产区大曲酱香四轮次基酒感官要求及检验方法

项目	优级	一级	二级	三级	检验方法
色泽和外观	无色（或微黄）透明，无浑浊，无悬浮物，无沉淀物[a]				GB/T 33404、T/GZRHJX 004
香气	酱香突出，水果香等特殊香气全面、协调	酱香较突出，有木香、水果香等特殊香且较全面、协调	酱香明显，香气较全面	有酱香，略有异香	
口味	酱味较突出，有咸鲜感，味全面，酒体较醇厚、丰满、细腻，味净，后味绵长，甜香，喷香，可用作调味酒	酱味显著，酒体醇和，味净，后味较长	酱味明显，味净，后味稍长	有酱味，味欠净，有后味，略有异味	
风格	风格典型	风格明显	风格尚可	风格一般	
评分范围/分	≥93.0	≥88.0，<93.0	≥80.0，<88.0	≥70.0，<80.0	T/GZRHJX 004

[a] 当酒的温度低于15℃时，允许出现白色絮状沉淀物质或失光，15℃以上时应逐渐恢复正常。

表5　仁怀产区大曲酱香五轮次基酒感官要求及检验方法

项目	优级	一级	二级	三级	检验方法
色泽和外观	无色（或微黄）透明，无浑浊，无悬浮物，无沉淀物[a]				GB/T 33404、T/GZRHJX 004
香气	酱香较突出，略有焦香、芝麻香等特殊香	酱香显著，微有焦香	酱香明显，有焦香	有酱香，焦香明显，略有异香	
口味	酱味较突出，有咸鲜味感，酒体醇厚、丰满细腻，后味悠长、带涩，微苦，可用作调味酒	酱味显著，略带咸鲜味感，后味长、略有苦味	酱味明显，后味稍长、有苦味	有酱味，后味短暂、苦味较重，略有异味	
风格	风格典型	风格明显	风格尚可	风格一般	
评分范围/分	≥93.0	≥88.0，<93.0	≥80.0，<88.0	≥70.0，<80.0	T/GZRHJX 004

[a] 当酒的温度低于15℃时，允许出现白色絮状沉淀物质或失光，15℃以上时应逐渐恢复正常。

表 6　仁怀产区大曲酱香六轮次基酒感官要求及检验方法

项目	优级	一级	二级	三级	检验方法
色泽和外观	无色（或微黄）透明，无浑浊，无悬浮物，无沉淀物[a]				GB/T 33404、T/GZRHJX 004
香气	酱香明显，有焦香等特殊香	酱香较明显，有焦香	有酱香，焦香明显	略有酱香，焦香显著，略有异香	
口味	酱味明显，略带咸鲜味感，酒体丰满、醇厚、细腻，略有焦味，后味长，余味略苦，可用作调味酒	有酱味，味较醇和，略有焦煳味，有后味，余味较苦	稍有酱味，有焦煳味，后味短暂，余味苦	略有酱味，焦煳味明显，余味苦，略有异味	
风格	风格典型	风格明显	风格尚可	风格一般	
评分范围/分	≥93.0	≥88.0，<93.0	≥80.0，<88.0	≥70.0，<80.0	T/GZRHJX 004

[a] 当酒的温度低于 15℃时，允许出现白色絮状沉淀物质或失光，15℃以上时应逐渐恢复正常。

表 7　仁怀产区大曲酱香七轮次基酒感官要求及检验方法

项目	优级	一级	二级	三级	检验方法
色泽和外观	无色（或微黄）透明，无浑浊，无悬浮物，无沉淀物[a]				GB/T 33404、T/GZRHJX 004
香气	酱香明显，略有焦煳香等特殊香	酱香较明显，有焦煳香	有酱香，焦煳香明显	略有酱香，有煳香，略有异香	
口味	酱味显著，略带咸鲜味感，酒体醇厚、丰满、细腻且协调，略有焦煳味，后味长，余味略苦，可作调味酒	酱味明显，醇和，有焦煳味，后味长，余味较苦	有酱味，较醇和，有煳味，后味较长，余味苦	略有酱味，有后味、苦味，枯糟味明显，略有异味	
风格	风格典型	风格明显	风格尚可	风格一般	
评分范围/分	≥93.0	≥88.0，<93.0	≥80.0，<88.0	≥70.0，<80.0	T/GZRHJX 004

[a] 当酒的温度低于 15℃时，允许出现白色絮状沉淀物质或失光，15℃以上时应逐渐恢复正常。

5.6　理化指标

一至七轮次基酒理化指标及检验方法应符合表 8 的规定。

表 8　仁怀产区大曲酱香一至七轮次基酒理化指标及检验方法

<table>
<tr><th>项目</th><th>轮次</th><th>优级</th><th>一级</th><th>二级</th><th>三级</th><th>检验方法</th></tr>
<tr><td rowspan="5">酒精度[a]（20℃）/%vol</td><td>一轮次</td><td colspan="4">≥57.0</td><td rowspan="5">GB5009.225</td></tr>
<tr><td>二轮次</td><td colspan="4">≥54.5</td></tr>
<tr><td>三轮次</td><td colspan="4">≥53.5</td></tr>
<tr><td>四至五轮次</td><td colspan="4">≥53.0</td></tr>
<tr><td>六至七轮次</td><td colspan="4">≥52.0</td></tr>
<tr><td>固形物/（g/L）</td><td>一至七轮次</td><td colspan="4">≤0.70</td><td>GB/T 10345</td></tr>
<tr><td>己酸乙酯/（g/L）</td><td>一至七轮次</td><td>≤0.20</td><td colspan="2">≤0.30</td><td>≤0.40</td><td>GB/T 10345</td></tr>
<tr><td rowspan="6">总酸（以乙酸计）/（g/L）</td><td>一轮次</td><td>≥3.20</td><td colspan="2">≥2.80</td><td>≥2.40</td><td rowspan="6">GB/T 10345</td></tr>
<tr><td>二轮次</td><td>≥2.80</td><td colspan="2">≥2.60</td><td>≥2.20</td></tr>
<tr><td>三轮次</td><td>≥2.40</td><td colspan="2">≥2.00</td><td>≥1.60</td></tr>
<tr><td>四轮次</td><td>≥2.00</td><td colspan="2">≥1.60</td><td>≥1.20</td></tr>
<tr><td>五轮次</td><td>≥1.80</td><td colspan="2">≥1.40</td><td>≥1.00</td></tr>
<tr><td>六至七轮次</td><td>≥1.60</td><td colspan="2">≥1.40</td><td>≥1.00</td></tr>
<tr><td rowspan="6">总酯（以乙酸乙酯计）/（g/L）</td><td>一轮次</td><td>≥5.20</td><td colspan="2">≥4.50</td><td>≥4.00</td><td rowspan="6">GB/T 10345</td></tr>
<tr><td>二轮次</td><td>≥4.50</td><td colspan="2">≥4.20</td><td>≥3.50</td></tr>
<tr><td>三轮次</td><td>≥4.00</td><td colspan="2">≥3.20</td><td>≥2.60</td></tr>
<tr><td>四轮次</td><td>≥3.20</td><td colspan="2">≥2.60</td><td>≥1.90</td></tr>
<tr><td>五轮次</td><td>≥3.00</td><td colspan="2">≥2.20</td><td>≥1.60</td></tr>
<tr><td>六至七轮次</td><td>≥2.60</td><td colspan="2">≥2.20</td><td>≥1.60</td></tr>
<tr><td rowspan="3">吡嗪总量（以三甲基吡嗪、四甲基吡嗪之和计）/（mg/L）</td><td>一至二轮次</td><td colspan="4">≥1.00</td><td rowspan="3">GB/T 10345</td></tr>
<tr><td>三至五轮次</td><td colspan="4">≥2.50</td></tr>
<tr><td>六至七轮次</td><td colspan="4">≥4.50</td></tr>
<tr><td colspan="7">[a] 酒精度实测值与标签标示值允许差为±1.0%vol。</td></tr>
</table>

5.7　真实性要求

5.7.1　采用气相色谱或气质联用仪测定产品非酒精挥发性风味组分指纹图谱，建立大曲酱香一至七轮次基酒风味组分数据库，通过气相色谱指纹图谱及其数据库验证其真实性。

5.7.2　采用稳定同位素质谱测定白酒中乙醇及微量醇酯的$^{13}C/^{12}C$值，建立仁怀产区大曲酱香一至七轮次基酒同位素数据库，综合判断基酒是否添加外源酒精或外源呈香、呈味物质。

5.7.3　建立每一个等级的一至七轮次基酒标准样品，作为轮次基酒的真实性验证参比标准。标准样品的制备执行 T/GZRHJX 005。

5.8　食品安全要求

应符合 GB 2757 的规定。

6. 生产过程的卫生要求

6.1　应符合 GB 8951、GB 14881 的要求。

6.2　在酿酒、贮存、勾调、罐装、运输等环节应防止不合格容器及接触材料对基酒带来的污染，应对基酒生产使用的容器、输酒管道、瓶盖、密封材料等进行监控。

7. 检验规则

按 GB/T 10346 执行。

8. 标志、包装、运输和贮存

8.1　标志

按 GB 2757 执行。

8.2　包装、运输、贮存

按 SB/T 10713 执行。

19、 T/GZRHJX 002—2019《仁怀产区大曲酱香综合基酒》

前　言

本标准按照 GB/T 1.1—2009《标准化工作导则　第 1 部分：标准的结构和编写》和 GB/T 20001.10—2014《标准编写规则　第 10 部分：产品标准》给出的规则起草。

本标准代替 TB52/RHJX 001.8—2015《仁怀大曲酱香基酒　第 8 部分：综合基酒》。

本标准与 TB52/RHJX 001.8—2015 相比，除编辑性修改外，主要变化如下：

——标准名称修改为“仁怀产区大曲酱香综合基酒”；

——增加了大盘勾、勾调、大曲酱香综合基酒标准样品等术语；

——修改了感官要求、理化要求、食品安全要求、检验方法等；

——增加了产品质量等级三级、真实性要求、生产过程的卫生要求等；

——修改了检验规则、标志、包装、运输和贮运等要求。

请注意：本文件的某些内容可能涉及专利。本文件的发布机构不承担识别这些专利的责任。

本标准由贵州省产品质量监督检验院仁怀分院和仁怀酱香白酒科研所联合提出。

本标准由贵州省仁怀市酒业协会归口。

本标准主要起草单位：贵州省产品质量监督检验院仁怀分院、仁怀酱香白酒科研所。

本标准参与起草单位：贵州省产品质量监督检验院（国家酒类及饮料质量监督检验中心）、贵州大学酿酒与食品工程学院、贵州食品工程职业学院、贵州茅台酒股份有限公司、茅台学院、仁怀市市场监督管理局、陈仁远白酒品评（品酒师）技能大师工作室、贵州钓鱼台国宾酒业有限公司、贵州国台酒业有限公司、贵州省仁怀市茅台镇国宝酒厂、贵州省仁怀市茅台镇仁帅酒业有限公司、贵州省仁怀市茅台镇文中酒业有限公司、贵州茅台镇北街酒厂（集团）有限责任公司、贵州祥康酒业有限公司、贵州黔酒股份有限公司、贵州省仁怀市茅台镇君丰酒业有限公司、贵州无忧酒业（集团）有限公司、贵州五星酒业集团有限责任公司、贵州怀庄酒业（集团）有限责任公司、贵州省仁怀市酒中酒（集团）有限责任公司、贵州茅台镇国威酒业（集团）有限责任公司、贵州省仁怀市茅台镇华星酒业有限公司、贵州中心酿酒集团有限公司、贵州醉泉酒业有限公司、贵州爱心酒业有限责任公司、贵州省仁怀市茅台镇远明酿制酒厂、贵州金酱酒业有限责任公司、贵州省仁怀市茅台镇夜郎古酒厂、贵州老掌柜酿酒（集团）有限公司、贵州京华酒业（集团）有限公司、贵州省仁怀市茅台镇乾晨酒业有限公司、贵州省仁怀市鼎泰丰酒业有限公司、贵州省仁怀市茅台镇国贵酒业有限公司、贵州省仁怀市鹏彦酒业有限公司、贵州贵酿酒业有限公司、贵州省仁怀市酱香型白酒产业发展投资有限责任公司、贵州省仁怀市茅台镇国和酒业有限公司、贵州省仁怀市润丰酒业有限公司。

本标准主要起草人：陈仁远、玉光惠、赵文武、何菲、先春、李小波、唐平华、彭茵、黄亿、陈梦元、田志强、陈刚、吴鑫颖、汪地强、卢君、袁泉、龙天俊、蔡天虹、王林、吴正勇、高远丽、李梦醒、骆茂香、陈佐林、陈芬、徐兴江、许秋青。

1. 范围

本标准规定了仁怀产区大曲酱香综合基酒的术语和定义、产品分级、技术要求、生产过程的卫生要求、检验规则及标志、包装、运输和贮存。

本标准适用于仁怀产区大曲酱香综合基酒的生产、检验及销售。

2. 规范性引用文件

下列文件对于本文件的应用是必不可少的。凡是注日期的引用文件，仅注日期的版本适用于本文件。凡是不注日期的引用文件，其最新版本（包括所有的修改单）适用于本文件。

GB 2757《食品安全国家标准　蒸馏酒及其配制酒》

GB 5009.225《食品安全国家标准　酒中乙醇浓度的测定》

GB 8951《食品安全国家标准　蒸馏酒及其配制酒生产卫生规范》

GB/T 10345《白酒分析方法》

GB/T 10346《白酒检验规则和标志、包装、运输、贮存》

GB 14881《食品安全国家标准　食品生产通用卫生规范》

GB/T 33404《白酒感官品评导则》

SB/T 10713《白酒原酒及基酒流通技术规范》

T/GZRHJX 001《仁怀产区大曲酱香一至七轮次基酒》

T/GZRHJX 004《仁怀产区大曲酱香酒风味轮应用指南》

T/GZRHJX 005《仁怀产区大曲酱香酒系列标准样品制备技术规范》

3. 术语和定义

下列术语和定义适用于本文件。

3.1　仁怀产区大曲酱香综合基酒

在仁怀区域范围自然酿酒生态圈内，将经小盘勾、大盘勾后的不同大曲酱香轮次基酒，直接或贮存后按一定比例勾调、陈酿而成的，不直接或间接添加食用酒精及非自身固态发酵产生的呈香、呈味、呈色物质，具有综合大曲酱香基酒风格的白酒。

3.2　大盘勾

将不同车间、不同班组、不同时间、不同窖池生产出的具有相同品质特征的酒组合在一起的操作工艺。

3.3　勾调

把具有不同香气、口味、风格的酒体，按一定的比例进行调配，使之具有综合基酒特定典型风格，且符合一定标准的特定生产工序。

3.4　大曲酱香综合酒标准样品

具有足够的广泛性、稳定性、权威性，且具备大曲酱香综合基酒特征风格，经过感官鉴定和技术鉴定，并附有关性能特征数据的标准样品。

4. 产品分级

综合基酒按质量等级分为优级、一级、二级和三级。

5. 技术要求

5.1 原料要求

应符合 T/GZRHJX 001 的规定。

5.2 勾调工艺

根据酒体设计方案以及勾兑过程以酒勾酒，不使用任何外加物质的原则，选取经分型分级后盘勾合格的基酒，对照标准酒体进行小型勾兑，确定最佳酒体设计方案，根据设计方案扩大酒体设计总量进行中试勾兑，中试酒体经感官和理化检验合格后进行大型勾兑，大型勾兑酒体经感官和理化检验合格后贮存备用。

5.3 感官要求

综合基酒感官要求及检验方法应符合表 1 的规定。

表 1　仁怀产区大曲酱香综合基酒感官要求及检验方法

项目	优级	一级	二级	三级	检验方法
色泽和外观	无色（或微黄）透明，无浑浊，无悬浮物，无沉淀物[a]				GB/T 33404、T/GZRHJX 004
香气	酱香突出，复合香显著，且有愉悦的特殊香，空杯留香长，可用作调味酒	酱香显著，复合香明显，空杯留香较长	酱香明显，有复合香，空杯留香	有酱香，略有异香	
口味	酒体醇厚、丰满，诸味协调，回味长，可用作调味酒	酒体较醇厚，诸味谐调，后味较长	酒体醇和，协调，有后味	酒体较醇和，微有异味	
风格	风格典型	风格明显	风格尚可	风格一般	
评分范围/分	≥93.0	≥88.0，<93.0	≥80.0，<88.0	≥70.0，<80.0	T/GZRHJX 004

[a] 当酒的温度低于 15℃时，允许出现白色絮状沉淀物质或失光，15℃以上时应逐渐恢复正常。

5.4 理化要求

综合基酒理化指标及检验方法应符合表 2 的规定。

表 2　仁怀产区大曲酱香综合基酒理化指标及检验方法

项目	优级	一级	二级	三级	检验方法
酒精度[a]（20℃）/%vol	≥53.5				GB 5009.225

续表

项目	优级	一级	二级	三级	检验方法
总酸（以乙酸计）/（g/L）	≥2.00	≥1.60	≥1.40	≥1.20	GB/T 10345
总酯（以乙酸乙酯计）/（g/L）	≥3.20	≥2.60	≥2.20	≥2.00	
固形物/（g/L）	≤0.70				
己酸乙酯/（g/L）	≤0.20	≤0.30		≤0.40	

[a] 酒精度实测值与标签标示值允许差为±1.0%vol。

5.5　真实性要求

5.5.1　采用气相色谱或气质联用仪测定产品非酒精挥发性风味组分指纹图谱，建立大曲酱香综合基酒风味组分数据库，通过气相色谱指纹图谱及其数据库验证其真实性。

5.5.2　采用稳定同位素质谱测定白酒中乙醇及微量醇酯的$^{13}C/^{12}C$值，建立仁怀产区大曲酱香综合基酒同位素数据库，综合判断基酒是否添加外源乙醇或外源呈香、呈味物质。

5.5.3　建立每一个等级的综合基酒标准样品，作为综合基酒的真实性验证参比标准。标准样品的制备执行 T/GZRHJX 005。

5.6　食品安全要求

应符合 GB 2757 的规定。

6. 生产过程的卫生要求

6.1　应符合 GB 8951、GB 14881 要求。

6.2　在酿酒、贮存、勾调、罐装、运输等环节应防止不合格容器及接触材料对基酒带来的污染，应对生产全过程使用的容器、输酒管道、瓶盖、密封材料等进行监控。

7. 检验规则

按 GB/T 10346 执行。

8. 标志、包装、运输和贮存

8.1　标志

按 GB 2757 的规定执行。

8.2　包装、运输、贮存

按 SB/T 10713 执行。

20、 T/GZRHJX 003—2019《仁怀产区大曲酱香酒》

前　言

本标准按照 GB/T 1. 1—2009《标准化工作导则　第 1 部分：标准的结构和编写》和 GB/T 20001. 10—2014《标准编写规则　第 10 部分：产品标准》给出的规则起草。

请注意：本文件的某些内容可能涉及专利。本文件的发布机构不承担识别这些专利的责任。

本标准由贵州省产品质量监督检验院仁怀分院和仁怀酱香白酒科研所联合提出。

本标准由贵州省仁怀市酒业协会归口。

本标准主要起草单位：贵州省产品质量监督检验院仁怀分院、仁怀酱香白酒科研所。

本标准参与起草单位：贵州省产品质量监督检验院（国家酒类及饮料质量监督检验中心）、贵州大学酿酒与食品工程学院、贵州食品工程职业学院、贵州茅台酒股份有限公司、茅台学院、仁怀市市场监督管理局、陈仁远白酒品评（品酒师）技能大师工作室、贵州钓鱼台国宾酒业有限公司、贵州国台酒业有限公司、贵州省仁怀市茅台镇国宝酒厂、贵州省仁怀市茅台镇仁帅酒业有限公司、贵州省仁怀市茅台镇文中酒业有限公司、贵州茅台镇北街酒厂（集团）有限责任公司、贵州祥康酒业有限公司、贵州黔酒股份有限公司、贵州省仁怀市茅台镇君丰酒业有限公司、贵州无忧酒业（集团）有限公司、贵州五星酒业集团有限责任公司、贵州怀庄酒业（集团）有限责任公司、贵州省仁怀市酒中酒（集团）有限责任公司、贵州茅台镇国威酒业（集团）有限责任公司、贵州省仁怀市茅台镇华星酒业有限公司、贵州中心酿酒集团有限公司、贵州醉泉酒业有限公司、贵州爱心酒业有限责任公司、贵州省仁怀市茅台镇远明酿制酒厂、贵州金酱酒业有限责任公司、贵州省仁怀市茅台镇夜郎古酒厂、贵州老掌柜酿酒（集团）有限公司、贵州京华酒业（集团）有限公司、贵州省仁怀市茅台镇乾晨酒业有限公司、贵州省仁怀市鼎泰丰酒业有限公司、贵州省仁怀市茅台镇国贵酒业有限公司、贵州省仁怀市鹏彦酒业有限公司、贵州贵酿酒业有限公司、贵州省仁怀市酱香型白酒产业发展投资有限责任公司、贵州省仁怀市茅台镇国和酒业有限公司、贵州省仁怀市润丰酒业有限公司。

本标准主要起草人：陈仁远、何菲、黄亿、玉光惠、李小波、赵文武、唐平华、先春、王程成、陈梦元、冯永渝、卢红梅、吕云怀、孟望霓、王蕾、高远丽、冯健瑛、李小梅、王雪茹、邹明鑫、龙则河、李明金、袁力宏、宋首秋、谷晨雷、罗吉洪、刘永国。

1. 范围

本标准规定了仁怀产区大曲酱香酒的术语和定义、产品分类分级、技术要求、生产过程的卫生要求、检验规则及标志、包装、运输和贮存。

本标准适用于仁怀产区大曲酱香酒的生产、检验及销售。

2. 规范性引用文件

下列文件对于本文件的应用是必不可少的。凡是注日期的引用文件，仅注日期的版本适用于本文件。凡是不注日期的引用文件，其最新版本（包括所有的修改单）适用于本文件。

GB 2757《食品安全国家标准 蒸馏酒及其配制酒》

GB 5009.225《食品安全国家标准 酒中乙醇浓度的测定》

GB 7718《食品安全国家标准 预包装食品标签通则》

GB 8951《食品安全国家标准 蒸馏酒及其配制酒生产卫生规范》

GB/T 10345《白酒分析方法》

GB/T 10346《白酒检验规则和标志、包装、运输、贮存》

GB 14881《食品安全国家标准 食品生产通用卫生规范》

GB/T 33404《白酒感官品评导则》

T/GZRHJX 001《仁怀产区大曲酱香一至七轮次基酒》

T/GZRHJX 002《仁怀产区大曲酱香综合基酒》

T/ GZRHJX 004《仁怀产区大曲酱香酒风味轮应用指南》

T/GZRHJX 005《仁怀产区大曲酱香酒系列标准样品制备技术规范》

3. 生产范围的确定

仁怀产区大曲酱香酒的生产范围限于贵州省仁怀市的特定区域内，即仁怀市的行政区域。

4. 术语和定义

下列术语和定义适用于本文件。

4.1 仁怀产区大曲酱香酒

在仁怀区域范围自然酿酒生态圈内，将陈酿的大曲酱香综合基酒经调味、陈酿、检验、包装而成的，不直接或间接添加食用酒精及非自身固态发酵产生的呈香、呈味、呈色物质，具有大曲酱香酒风格的白酒。

4.2 调味

轮次基酒勾调成综合基础酒后，针对基础酒的香气和口味特点，选用一定量的特征调味酒弥补酒体的平衡和协调，使其符合一定标准，保持大曲酱香酒特征风格的一项专门的技术。

4.3 大曲酱香酒标准样品

具有足够的广泛性、稳定性、权威性，且具备大曲酱香成品酒特征风格，经过感官鉴定和技术鉴定，并附有关性能特征数据的标准样品。

5. 产品分类分级

5.1 产品分类

按产品酒精度分为：

——高度酒：45%vol≤酒精度≤55%vol；

——低度酒：30%vol≤酒精度<45%vol。

5.2 产品分级

高度酒按质量等级分为特级、优级、一级、二级；低度酒按质量等级分为优级、一级、二级。

6. 技术要求

6.1 原料要求

应分别符合 T/GZRHJX 001 和 T/GZRHJX 002 的规定。

6.2 工艺要求

依据实物标准样品，选取与其相似度高的综合基酒为主体酒，分别品鉴标准样品及主体酒并识别其差异，根据其差异选取能加强或互补的不同香型、不同轮次、不同酒精度、不同酒龄的调味酒进行小型调味，确定方案，按调味比例放大后形成大曲酱香成品酒，经陶坛等容器陈酿、净化及检验合格后进行产品包装出厂。

6.3 感官要求

高度酒、低度酒感官要求及检验方法应分别符合表 1、表 2 的规定。

表 1　仁怀产区大曲酱香高度酒感官要求及检验方法

项目	特级	优级	一级	二级	检验方法
色泽和外观	无色（或微黄）透明，无浑浊，无悬浮物，无沉淀物[a]				GB/T 33404、T/GZRHJX 004
香气	酱香突出、幽雅细腻，有陈香等特殊香气，空杯留香持久	酱香突出、细腻，空杯留香持久	酱香显著，空杯留香久	酱香明显、清雅舒适，空杯留香	
口味	酒体醇厚、细腻，有陈味等特殊口味，回味悠长	酒体丰满、醇厚、协调，回味悠长	酒体丰满、醇和、协调，回味长	酒体协调，回味较长	
风格	风格典型、突出	风格典型	风格显著	风格明显	
评分范围/分	≥95.0	≥93.0，<95.0	≥88.0，<93.0	≥80.0，<88.0	T/GZRHJX 004

[a] 当酒的温度低于 10℃时，允许出现白色絮状沉淀物质或失光，10℃以上时应逐渐恢复正常。

表 2　仁怀产区大曲酱香低度酒感官要求及检验方法

项目	优级	一级	二级	检验方法
色泽和外观	无色（或微黄）透明，无浑浊，无悬浮物，无沉淀物[a]			GB/T 33404、T/GZRHJX 004
香气	酱香较突出，空杯留香较久	酱香纯正，空杯香好	酱香较纯正，空杯香较好	
口味	酒体醇和、协调，回味长	酒体柔和、协调，回味较长	酒体柔和，味长	
风格	风格典型	风格显著	风格明显	
评分范围/分	≥93.0	≥88.0，<93.0	≥80.0，<88.0	T/GZRHJX 004

[a] 当酒的温度低于 10℃时，允许出现白色絮状沉淀物质或失光，10℃以上时应逐渐恢复正常。

6.4　理化指标

高度酒、低度酒理化指标及检验方法应分别符合表3、表4的规定。

表3　仁怀产区大曲酱香高度酒理化指标及检验方法

项目	特级	优级	一级	二级	检验方法
酒精度[a]（20 ℃）/%vol	45~55				GB 5009.225
固形物/（g/L）	≤0.70				GB/T 10345
总酸（以乙酸计）/（g/L）	≥2.20	≥2.00	≥1.60	≥1.20	
总酯（以乙酸乙酯计）/（g/L）	≥3.60	≥3.20	≥2.60	≥2.00	
己酸乙酯/（g/L）	≥0.20	≥0.20	≥0.30	≥0.40	
[a] 酒精度实测值与标签标示值允许差为±1.0%vol。					

表4　仁怀产区大曲酱香低度酒理化指标及检验方法

项目	优级	一级	二级	检验方法
酒精度[a]（20 ℃）/%vol	30~45			GB 5009.225
固形物/（g/L）	≤0.70			GB/T 10345
总酸（以乙酸计）/（g/L）	≥1.00	≥0.80	≥0.80	
总酯（以乙酸乙酯计）/（g/L）	≥1.60	≥1.40	≥1.20	
己酸乙酯/（g/L）	≥0.30	≥0.40	≥0.40	
[a] 酒精度实测值与标签标示值允许差为±1.0%vol。				

6.5　真实性要求

6.5.1　采用气相色谱或气质联用仪测定产品非酒精挥发性风味组分指纹图谱，建立大曲酱香酒风味组分数据库，通过气相色谱指纹图谱及其数据库验证其真实性。

6.5.2　采用稳定同位素质谱测定白酒中乙醇及微量醇酯的$^{13}C/^{12}C$值，建立仁怀产区大曲酱香酒同位素数据库，综合判断基酒是否添加外源酒精或外源呈香、呈味物质。

6.5.3　建立每一个等级的大曲酱香酒标准样品，作为大曲酱香酒的真实性验证参比标准。标准样品的制备执行T/GZRHJX 005。

6.6　食品安全要求

应符合GB 2757的规定。

7. 生产过程的卫生要求

7.1　应符合GB 8951、GB 14881的要求。

7.2　在酿酒、贮存、勾调、罐装、运输等环节应防止不合格容器及接触材料对仁怀大曲酱香酒带来的污染，应对生产全过程使用的容器、输酒管道、瓶盖、密封材料等进行监控。

8. 检验规则

按 GB/T 10346 执行。

9. 标志、包装、运输和贮存

9.1 标志

按 GB 2757 和 GB 7718 的规定执行。

9.2 包装、运输、贮存

按 GB/T 10346 执行。

21、 T/GZRHJX 006—2019《仁怀产区酱香大曲生产技术规范》

前言

本标准按照GB/T 1.1—2009《标准化工作导则 第1部分：标准的结构和编写》和GB/T 20001.5—2017《标准编写规则 第5部分：规范标准》给出的规则起草。

本标准代替TB52/RHJX 003—2015《仁怀酱香大曲生产技术规范》。

本标准与TB52/RHJX 003—2015相比，除编辑性修改外，主要变化如下：

——标准名称修改为“仁怀产区酱香大曲生产技术规范”；

——修改了规范性引用文件；

——修改了酱香大曲生产工艺流程图；

——增加了制曲生产厂房曲仓要求及附录A和附录B。

请注意：本文件的某些内容可能涉及专利。本文件的发布机构不承担识别这些专利的责任。

本标准由贵州省产品质量监督检验院仁怀分院和仁怀酱香白酒科研所联合提出。

本标准由贵州省仁怀市酒业协会归口。

本标准主要起草单位：贵州省产品质量监督检验院仁怀分院、仁怀酱香白酒科研所。

本标准参与起草单位：贵州省产品质量监督检验院（国家酒类及饮料质量监督检验中心）、贵州大学酿酒与食品工程学院、贵州食品工程职业学院、贵州茅台酒股份有限公司、茅台学院、仁怀市市场监督管理局、陈仁远白酒品评（品酒师）技能大师工作室、贵州钓鱼台国宾酒业有限公司、贵州国台酒业有限公司、贵州省仁怀市茅台镇国宝酒厂、贵州省仁怀市茅台镇仁帅酒业有限公司、贵州省仁怀市茅台镇文中酒业有限公司、贵州茅台镇北街酒厂（集团）有限责任公司、贵州祥康酒业有限公司、贵州黔酒股份有限公司、贵州省仁怀市茅台镇君丰酒业有限公司、贵州无忧酒业（集团）有限公司、贵州五星酒业集团有限责任公司、贵州怀庄酒业（集团）有限责任公司、贵州省仁怀市酒中酒（集团）有限责任公司、贵州茅台镇国威酒业（集团）有限责任公司、贵州省仁怀市茅台镇华星酒业有限公司、贵州中心酿酒集团有限公司、贵州醉泉酒业有限公司、贵州爱心酒业有限责任公司、贵州省仁怀市茅台镇远明酿制酒厂、贵州金酱酒业有限责任公司、贵州省仁怀市茅台镇夜郎古酒厂、贵州老掌柜酿酒（集团）有限公司、贵州京华酒业（集团）有限公司、贵州省仁怀市茅台镇乾晨酒业有限公司、贵州省仁怀市鼎泰丰酒业有限公司、贵州省仁怀市茅台镇国贵酒业有限公司、贵州省仁怀市鹏彦酒业有限公司、贵州贵酿酒业有限公司、贵州省仁怀市酱香型白酒产业发展投资有限责任公司、贵州省仁怀市茅台镇国和酒业有限公司、贵州省仁怀市润丰酒业有限公司。

本标准主要起草人：陈仁远、赵文武、何菲、李小波、先春、季克良、唐平华、王光惠、王程成、汪地强、王迁、曹大明、黄平、陈梦元、母光刚、王林、何月月、冯健瑛、胡杰、罗平、杨洪碧、陈月、龙代州、刘仁胜、雷显仲、曾辉、李登科。

1. 范围

本标准规定了仁怀产区酱香大曲的术语和定义、工艺流程、原辅料标准及要求、出仓曲块、生产用曲标准及要求、制曲工序。

本标准适用于仁怀产区酱香大曲的生产。

2. 规范性引用文件

下列文件对于本文件的应用是必不可少的。凡是注日期的引用文件，仅注日期的版本适用于本文件。凡是不注日期的引用文件，其最新版本（包括所有的修改单）适用于本文件。

GB 5009.3《食品安全国家标准　食品中水分的测定》

GB 5009.5《食品安全国家标准　食品中蛋白质的测定》

GB/T 5494《粮油检验　粮食、油料的杂质、不完善粒检验》

GB/T 5498《粮油检验　容重测定》

GB/T 5519《谷物与豆类　千粒重的测定》

GB 5749《生活饮用水卫生标准》

DB52/T 871《酱香型白酒酿酒用大曲》

QB/T 4257《酿酒大曲通用分析方法》

3. 术语和定义

下列术语和定义适用于本文件。

3.1　仁怀产区酱香大曲

以小麦为生产原料，通过40d 高温发酵，贮存6 个月后作为生产大曲酱香酒的糖化发酵剂。

4. 传统生产工艺流程

酱香大曲生产工艺流程见图1。

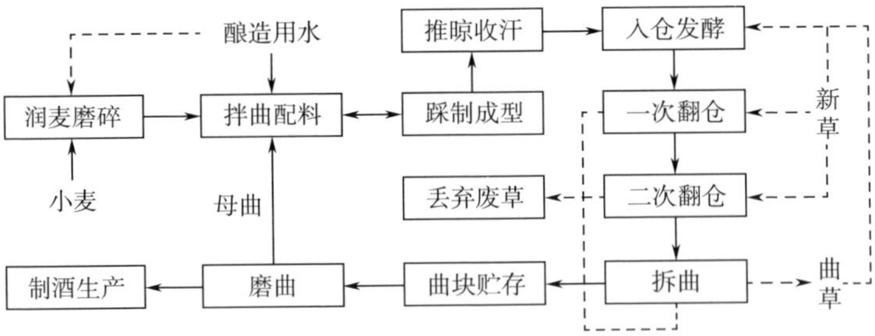

图1　酱香大曲生产工艺流程

5. 技术要求

5.1　原辅料要求

5.1.1　小麦

5.1.1.1　感官要求

呈金黄色，颗粒坚实、饱满、均匀、皮薄、干燥、无霉变。

5.1.1.2 理化指标

制曲用小麦理化指标应符合表 1 规定。

表 1 小麦理化指标要求

项目	要求	试验方法
水分/（g/100 g）	≤13.0	GB 5009.3
粗蛋白/（g/100 g）	≥10.0	GB 5009.5
粗淀粉/（g/100 g）	≥60.0	—
不完善粒/%	≤4.0	GB/T 5494
杂质/%	≤1.0	GB/T 5494
千粒重/g	≥38.0	GB/T 5519
体积质量/（g/L）	≥710	GB/T 5498

5.1.2 稻草

感官要求：新鲜、干燥、无霉变、呈金黄色。

5.1.3 母曲

选用 6 个月以上的符合生产用曲标准的优质曲药作母曲。

5.1.4 拌料用水

应符合 GB 5749 的规定。

5.2 曲仓要求

5.2.1 发酵仓

发酵仓的长×宽×高规格为 9.5m×3.8m×6.5m，地面面积约为 36m^2，采用三合土夯实；墙壁为一般的水泥墙，离地面 4.5m 高处要采用木板铺设望板（隔热层），发酵仓房顶采用青瓦铺盖；离地面 50cm 高处设置透气孔，其长×高规格为 40cm×50cm，离地面 3.5m 高处设置通风窗，其长×高规格为 90cm×180cm，参见附录 A。

5.2.2 干燥仓

干燥仓的长×宽×高规格为 10m×8m×6m，地面采用三合土夯实或水泥找平，地面铺设 30cm 高的木制衬板，防止大曲霉变；墙壁一般为水泥墙，离地面 5m 高处设置通风排湿窗，其长×高规格为 1.2m×1.5m，干燥仓房顶采用混凝土或青瓦斜面铺盖，参见附录 B。

5.3 出仓曲块、生产用曲要求

5.3.1 出仓曲块（发酵仓）

出仓曲块分为以下三类：

——黄曲：占比≥80%，金黄色或棕黄色，曲香浓郁，具有典型的仁怀产区酱香大曲风格。

——白曲：占比≤10%，麦粉色，有曲香味和生麦味。

——黑曲：占比≤10%，棕黑色，曲香明显，略有焦味。

感官要求：曲香浓郁，无霉味、油味和酸味，曲块表面无青霉、毛霉等异常状况，曲色均匀。黄曲皮厚，黑、白曲皮薄，曲心呈菊花状。

5.3.2 生产用曲

生产用曲的感官要求和理化要求应符合表 2 及 DB52/T 871 的规定。

表 2 生产用曲感官和理化要求

项目	要求	试验方法
粒状，直径/mm	细粉状，≤3	7 目筛过筛法
颜色	黄褐色	目测
糖分/%	0.5~1.5	斐林试剂法
水分/（g/100 g）	≤12	QB/T 4257
粗淀粉/（g/100 g）	52.0~60.0	
酸度/（mmol/10 g）	1.0~3.5	
糖化力/U	100~300	
注：以上系指水分为 12%大曲的标准，水分高于或低于 12%者，按 12%折算。		

5.3.3 成曲率及原辅料消耗定额

5.3.3.1 成曲率（以小麦计）≥75%，按公式（1）计算。

$$成曲率=\frac{成品曲量-母曲量}{小麦量}\times 100\% \tag{1}$$

5.3.3.2 新稻草用量（以小麦计）：5%~7%。

5.3.3.3 母曲用量（以小麦计）：6% ~8%。

6. 酱香大曲制曲工序

6.1 小麦磨碎工序

6.1.1 小麦磨碎工序在工艺流程中的位置

小麦磨碎工序在工艺流程中的位置见图 2。

图 2 小麦磨碎工序在工艺流程中的位置

6.1.2 工序控制要求

小麦磨碎工序控制要求应符合表 3 的规定。

表 3 小麦磨碎工序控制要求

序号	项目	要求	检测频次
1	磨碎度	细粉少，块皮多；不糙手，不腻手	随时抽查
2	仓容量	以小麦计，≤10 500kg	每仓

6.1.3 控制方法

6.1.3.1 由曲师根据小麦的磨碎情况随时调整钢磨，控制磨碎度。

6.1.3.2　由曲师根据仓贮量控制小麦用量。

6.1.4　操作规程

6.1.4.1　生产前要检查提升机、钢磨、搅拌机等设备是否良好，确认正常后按发酵室容量领取当日所需的小麦，做好小麦计量原始记录。

6.1.4.2　小麦投入生产前，曲师要检查小麦的软硬度，根据情况确定润粮水量，以免小麦磨碎后存在细粉太多而块皮过少的现象。润粮在磨麦前一天进行，润粮至磨碎时间不得超过 24h，以免小麦霉烂变质。

6.1.4.3　曲师根据磨碎度要求，调整好钢磨的控制开关，保证小麦磨碎度。未经曲师允许，任何人不得随意调整控制开关。

6.2　拌曲配料工序

6.2.1　拌曲配料工序在工艺流程中的位置

拌曲配料工序在工艺流程中的位置见图 3。

图 3　拌曲配料工序在工艺流程中的位置

6.2.2　工序控制要求

拌曲配料工序控制要求应符合表 4 的规定。

表 4　拌曲配料工序控制要求

序号	项目	要求	检测频次（用量）
1	母曲用量	为小麦量的 6%~8%（冬天宜多，夏天宜少）	仓计量
2	拌曲感官	搅拌后水、曲、粉均匀，无疙瘩，无干粉，做到手捏成团，丢下即散	随时检查
3	用水量	为小麦量的 37%~40%	每仓

6.2.3　控制方法

6.2.3.1　由曲师根据生产速度控制小麦、母曲和水的流量，使之符合拌曲感官要求。

6.2.3.2　做好母曲用量原始记录。

6.2.4　操作规程

6.2.4.1　按用量标准根据不同的季节和气温确定母曲的具体用量。

6.2.4.2　按规定的数量领用母曲，倒入母曲输送箱。

6.2.4.3　检查搅拌机、母曲机及有关设备，无异常状况后，开机并调整好麦粉、母曲和水的控制开关，使之混合均匀。

6.2.4.4　将调整过程中的不符合拌曲标准的曲料返回搅拌机重新搅拌。

6.3　踩制成型工序

6.3.1　踩制成型工序在工艺流程中的位置

踩制成型工序在工艺流程中的位置见图 4。

图 4　踩制成型工序在工艺流程中的位置

6.3.2　工序控制要求

踩制成型工序控制要求应符合表 5 的规定。

表 5　踩制成型工序控制要求

项目	要求	检测频次
成型曲块	边角整齐，无断裂，无夹灰，四边紧、中间松，呈龟背形	每块

6.3.3　控制方法

由曲师或班长负责成型后曲块是否合格的判定，不合格的要返工。

6.3.4　操作规程

6.3.4.1　在曲模（其规格为 37cm×18cm×7cm）中撒上少许干麦粉（防止曲块与地面粘连），将搅拌好的曲料放入曲模，按四边多踩中间少踩的原则进行踩曲。要求成型后曲块呈龟背形，中间最厚部分不超过 10cm。

6.3.4.2　将曲块平置于晾堂中凉置，凉置时间不宜过长（以侧立后不变型为宜），以免水分挥发过多，影响发酵。曲块凉置后将曲块侧立装入运输车送至发酵室内进行堆曲。

6.3.4.3　将凉置和运输过程中破裂、松散的曲块加水后再成型。

6.3.4.4　做好进仓日期和曲块数量的原始记录。

6.4　进仓堆积工序

6.4.1　进仓堆积工序在工艺流程中的位置

进仓堆积工序在工艺流程中的位置见图 5。

图 5　进仓堆积工序在工艺流程中的位置

6.4.2　工序控制要求

进仓堆积工序控制要求应符合表 6 的规定。

表 6　进仓堆积工序控制要求

序号	项目	要求	检测频次
1	曲块堆放	每仓曲块不超过六行，每行不超过五层	每仓
		靠墙、底部、顶部和最后一行的曲块按侧立顺行的方式堆放，其余曲块按横三块、竖三块的方式交错侧立堆放	每仓
2	新稻草用量	为小麦量的 5%~7%	每仓
3	量水用量	为小麦量的 0.5%~1.0%	每仓

6.4.3　控制方法

6.4.3.1　由曲师按规定要求检查堆放曲块。

6.4.3.2　由曲师按每仓小麦量控制每仓稻草和量水用量。

6.4.4　操作规程

6.4.4.1　堆曲前先在墙边竖立一层与墙隔离的稻草，然后在地面铺上层宽约 50cm、压紧后约 17cm 厚的曲草，铺草要求铺平、铺均匀，以免因铺垫不平，出现曲块倒塌现象。

6.4.4.2　将曲块按堆放要求进行堆放，放一块曲卡一把草，卡草要呈扇形，曲草量以能将曲块隔离（曲块之间的距离 2~3cm）为宜。

6.4.4.3　堆好一层曲后，再铺上一层压紧后约 5cm 厚的曲草，然后进行第二层曲块的堆放（见 6.4.4.2），第三、四层曲块的堆放与前同，第五层曲块按顺行侧立的方式堆放（加草方法见 6.4.4.2），每行的每层曲块量控制在 60 块左右。

6.4.4.4　靠门或最后一行的曲块堆放时，用适量的新稻草横铺在曲块下，堆曲完毕后将其折叠在上层曲块下压紧，使曲块堆放整齐、美观又利于保温。

6.4.4.5　在每行曲块面上盖一层曲草（厚度与铺草相同），堆曲完毕后将盖草轻轻压平，均匀洒上量水。

6.4.4.6　堆曲过程中，新、老草必须混合使用，不允许出现单独使用新草或老草的现象。

6.4.4.7　关闭好发酵室门窗。

6.4.4.8　做好制曲生产原始记录。

6.5　仓内发酵工序

6.5.1　仓内发酵工序在工艺流程中的位置

仓内发酵工序在工艺流程中的位置见图 6。

图 6　仓内发酵工序在工艺流程中的位置

6.5.2　工序控制要求

仓内发酵工序控制要求应符合表 7 的规定。

表 7　仓内发酵工序控制要求

序号	项目	要求	检测频次
1	第一次翻曲	曲块进仓发酵 6~8d，温度在 60℃以上	每仓
2	第二次翻曲	第一次翻曲后 6~8d，温度达 50~55℃	每仓

6.5.3　控制方法

由曲师根据曲块进仓日期、曲块温度和曲香味确定是否翻曲。

6.5.4　操作规程

6.5.4.1　第一次翻曲的前一日，检测曲块温度。

检测方法：将曲仓中上层曲块取出后，测量每两层曲块的温度，当温度达到规定范围时即可翻曲。

6.5.4.2　将曲块上的盖草掀开，在未堆曲的曲仓另一边铺上垫草和隔草，然后将发酵均匀的曲块按要求进行翻放。翻曲的堆曲方式与入仓堆曲相同。

6.5.4.3　第二次翻曲按第一次翻曲的规定进行。

6.5.4.4　冬季翻曲时要注意曲块的保温，不得随意开启门窗，翻曲速度要快，以免温度下降过快，影响发酵质量。

6.5.4.5　做好制曲生产原始记录。

6.6　拆曲工序

6.6.1　拆曲工序在工艺流程中的位置

拆曲工序在工艺流程中的位置见图7。

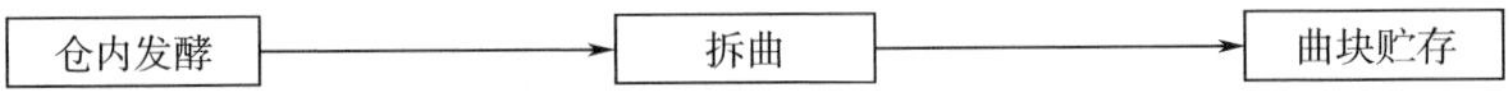

图7　拆曲工序在工艺流程中的位置

6.6.2　工序控制要求

拆曲工序控制要求应符合表8的规定。

表8　拆曲工序控制要求

序号	项目	要求	检测频次
1	曲块	曲块上不得粘附有3cm以上长的曲草	随机
2	仓内发酵期	≥40d	每仓

6.6.3　控制方法

6.6.3.1　按要求拆除稻草。

6.6.3.2　由车间根据入仓日期确定拆曲日期。

6.6.4　操作规程

6.6.4.1　将盖草转入其他曲仓内，拆净粘附在曲块上的曲草（不得遗留3cm以上长的曲草），将拆出的曲块运入指定干曲仓内。

6.6.4.2　择出混杂在废草中的曲块、曲粉。选出可再用的曲草，待下轮次生产使用，将不能再用的曲草集中堆放处理。

6.6.4.3　计量白曲、黑曲数量，计算黄、黑、白曲比例。

6.6.4.4　做好原始记录。

6.7　曲块贮存工序

6.7.1　曲块贮存工序在工艺流程中的位置

曲块贮存工序在工艺流程中的位置见图8。

图8　曲块贮存工序在工艺流程中的位置

6.7.2　工序控制要求

曲块贮存工序控制要求应符合表 9 的规定。

表 9　曲块贮存工序控制要求

序号	项目	要求	检测频次
1	贮存期	≥180d	每仓
2	贮存环境	通风、防潮	每仓

6.7.3　控制方法

6.7.3.1　车间建立曲块贮存档案，按先进先出的原则确定出仓日期。

6.7.3.2　设置必备的消防设施。

6.7.3.3　定期检查曲块贮存状况。

6.7.3.4　曲虫防治办法：通过安装纱门、纱窗，使用诱捕器、安装灭虫灯、厌氧闷杀等方法对曲虫进行防治，并定期清扫曲虫及虫卵。

6.7.3.5　防鼠办法：通过粘鼠板、安装铁丝网防止老鼠进入曲仓，采用诱捕、曲仓外定点投放毒饵等办法进行防治，并定期清扫曲仓。

6.7.4　操作规程

6.7.4.1　按月和雨后检查曲块贮存情况。凡出现曲块受潮现象，及时报告有关部门。

6.7.4.2　专职安全员随时检查贮存安全工作。

6.7.4.3　按车间通知开仓磨曲时间。

6.8　磨曲工序

磨曲工序在工艺流程中的位置见图 9。

图 9　磨曲工序在工艺流程中的位置

6.8.1　工序控制要求

磨曲工序控制要求应符合表 10 的规定。

表 10　磨曲工序控制要求

序号	项目	要求	检测频次
1	曲粉	无直径 3mm 以上的颗粒	每日
2	装袋计量	净重（60±0.5）kg	每袋

6.8.2　控制方法

6.8.2.1　由计量员负责曲粉量计量。

6.8.2.2　由班长负责曲粉磨碎度控制，不符合要求的曲粉不得发出。

6.8.3　操作规程

6.8.3.1　将规定曲仓内的曲块运至曲块粉碎机处进行曲块粉碎。

6.8.3.2 检查曲粉，当发现有直径>3mm 的颗粒时，及时更换磨曲机筛片。
6.8.3.3 磨曲同时开启除尘设备。
6.8.3.4 曲块磨碎后，按要求计量装袋，交保管员发往制酒车间。
6.8.3.5 按期进行除尘器清扫，将除尘器中的曲粉返回到粉碎机中重新处理。
6.8.3.6 做好曲粉交接原始记录。

7. 制曲过程中参数

制曲过程中参数应符合表 11 的规定。

表 11 制曲生产过程参数对照表

1. 小麦破碎	过 20 目		过 100 目		
	40%~60%		5%~10%		
2. 曲料水分	36%~40%				
3. 仓内发酵	酸度/（mmol/10g）	糖分/%	水分/（g/100g）	淀粉/（g/100g）	糖化力/U
（1）第一次翻曲	1.00~2.90	1.00~3.40	35.0~40.0	45.0~58.0	30.0~80.0
（2）第二次翻曲	16.0~3.00	1.00~3.50	30.0~38.0	45.0~60.0	30.0~160.0
（3）出仓曲	1.10~3.00	1.10~2.10	8.0~12.0	50.0~62.0	50.0~500.0

附　录　A

(资料性附录)

制曲生产厂房发酵仓结构图

制曲生产厂房发酵仓结构见图 A. 1。

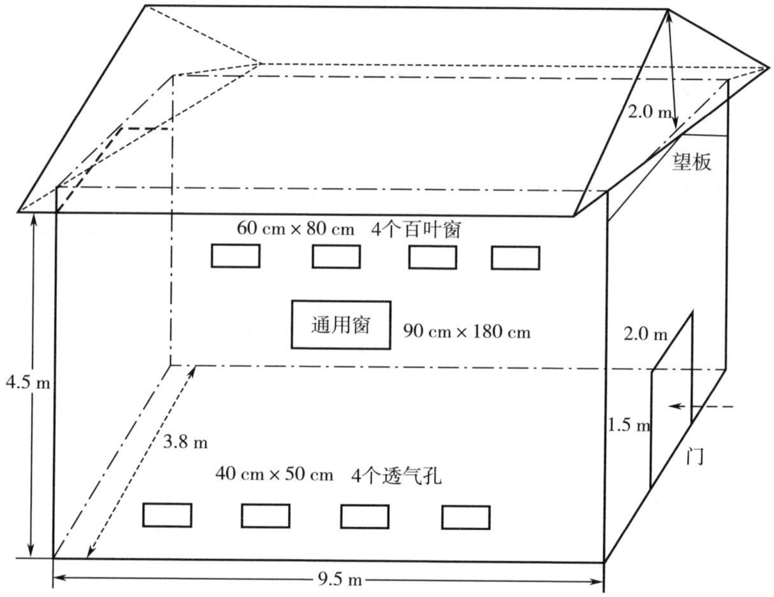

图 A. 1　制曲生产厂房发酵仓结构图

附　录　B
(资料性附录)
制曲生产厂房干燥仓结构图

制曲生产厂房干燥仓结构见图 B.1。

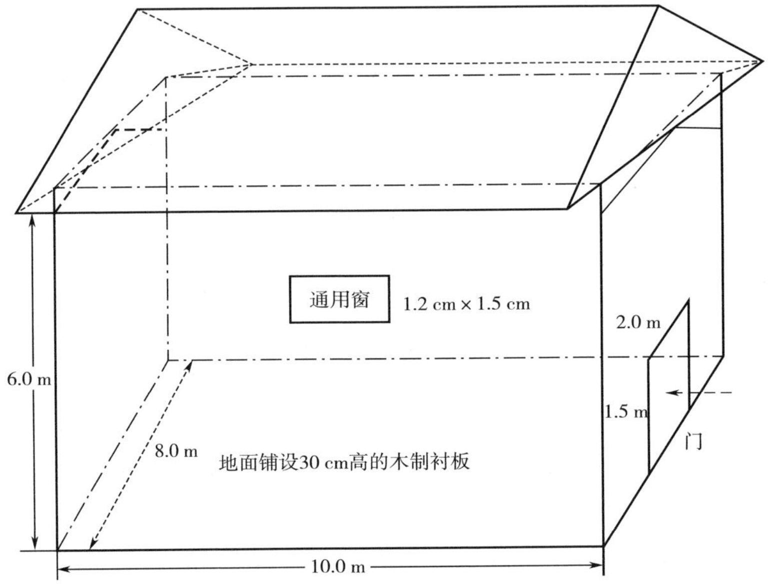

图 B.1　制曲生产厂房干燥仓结构图

22、 T/GZRHJX 007—2019《仁怀产区大曲酱香酒生产技术规范》

前　言

本标准按照GB/T 1.1—2009《标准化工作导则　第1部分：标准的结构和编写》和GB/T 20001.5—2017《标准编写规则　第5部分：规范标准》给出的规则起草。

本标准代替TB52/RHJX 002—2015《仁怀大曲酱香酒生产技术规范》。

本标准与TB52/RHJX 002—2015相比，除编辑性修改外，主要变化如下：

———标准名称修改为“仁怀产区大曲酱香酒生产技术规范”；

———修改了一至七轮次基酒的感官要求；

———修改了酱香酒生产工艺流程图、勾调控制要求；

———增加了小盘勾、大盘勾、分型分级等控制要求；

———增加了附录A生产现场环境管理制度和附录B生产运输管道技术要求。

请注意：本文件的某些内容可能涉及专利。本文件的发布机构不承担识别这些专利的责任。

本标准由贵州省产品质量监督检验院仁怀分院和仁怀酱香白酒科研所联合提出。

本标准由贵州省仁怀市酒业协会归口。

本标准主要起草单位：贵州省产品质量监督检验院仁怀分院、仁怀酱香白酒科研所。

本标准参与起草单位：贵州省产品质量监督检验院（国家酒类及饮料质量监督检验中心）、贵州大学酿酒与食品工程学院、贵州食品工程职业学院、贵州茅台酒股份有限公司、茅台学院、仁怀市市场监督管理局、陈仁远白酒品评（品酒师）技能大师工作室、贵州钓鱼台国宾酒业有限公司、贵州国台酒业有限公司、贵州省仁怀市茅台镇国宝酒厂、贵州省仁怀市茅台镇仁帅酒业有限公司、贵州省仁怀市茅台镇文中酒业有限公司、贵州茅台镇北街酒厂（集团）有限责任公司、贵州祥康酒业有限公司、贵州黔酒股份有限公司、贵州省仁怀市茅台镇君丰酒业有限公司、贵州无忧酒业（集团）有限公司、贵州五星酒业集团有限责任公司、贵州怀庄酒业（集团）有限责任公司、贵州省仁怀市酒中酒（集团）有限责任公司、贵州茅台镇国威酒业（集团）有限责任公司、贵州省仁怀市茅台镇华星酒业有限公司、贵州中心酿酒集团有限公司、贵州醉泉酒业有限公司、贵州爱心酒业有限责任公司、贵州省仁怀市茅台镇远明酿制酒厂、贵州金酱酒业有限责任公司、贵州省仁怀市茅台镇夜郎古酒厂、贵州老掌柜酿酒（集团）有限公司、贵州京华酒业（集团）有限公司、贵州省仁怀市茅台镇乾晨酒业有限公司、贵州省仁怀市鼎泰丰酒业有限公司、贵州省仁怀市茅台镇国贵酒业有限公司、贵州省仁怀市鹏彦酒业有限公司、贵州贵酿酒业有限公司、贵州省仁怀市酱香型白酒产业发展投资有限责任公司、贵州省仁怀市茅台镇国和酒业有限公司、贵州省仁怀市润丰酒业有限公司。

本标准主要起草人：陈仁远、李小波、何菲、赵文武、先春、玉光惠、季克良、唐平华、吴天祥、王程成、王莉、曹大明、曾佐益、王蕾、谭丁夫、陈刚、陈克飞、陈梦元、张悍仁、穆彪、陈浪、赵华、冯发军、罗治国、母先勇、李枝权、刘代勇。

1. 范围

本标准规定了制酒生产工艺流程、原料、生产场地、生产工艺、贮存、勾调、调味、检验、包装等操作要求。

本标准适用于仁怀产区大曲酱香酒企业酿酒生产、贮存、勾调、包装、运输全过程。

2. 规范性引用文件

下列文件对于本文件的应用是必不可少的。凡是注日期的引用文件，仅注日期的版本适用于本文件。凡是不注日期的引用文件，其最新版本（包括所有的修改单）适用于本文件。

GB 4806.9《食品安全国家标准　食品接触用金属材料及制品》
GB 5009.3《食品安全国家标准　食品中水分的测定》
GB 5009.9《食品安全国家标准　食品中淀粉的测定》
GB/T 5492《粮油检验　粮食、油料的色泽、气味、口味鉴定》
GB/T 5494《粮油检验　粮食、油料的杂质、不完善粒检验》
GB/T 5498《粮油检验　容重测定》
GB/T 5519《谷物与豆类　千粒重的测定》
GB 5749《生活饮用水卫生标准》
GB 8951《食品安全国家标准　蒸馏酒及其配制酒生产卫生规范》
GB 14881《食品安全国家标准　食品生产通用卫生规范》
GB/T 15686《高粱单宁含量的测定》
GB/T 16860《感官分析方法　质地剖面检验》
GB/T 23544《白酒企业良好生产规范》
GB 50016《建筑设计防火规范》
GB 50694《酒厂设计防火规范》
GBZ 1《工业企业设计卫生标准》
DB52/T 879《酱香型白酒废糟处置规范》
T/CBJ 004《固态发酵酒醅通用分析方法》
T/GZRHJX 001《仁怀产区大曲酱香一至七轮次基酒》
T/GZRHJX 002《仁怀产区大曲酱香综合基酒》
T/GZRHJX 006《仁怀产区酱香大曲生产技术规范》
《白酒生产许可证审查细则》
《食品生产许可审查通则》
《中华人民共和国食品安全法》

3. 术语和定义

下列术语和定义适用于本文件。

3.1　仁怀产区大曲酱香轮次基酒

在仁怀区域范围自然酿酒生态圈内，以优质糯高粱、小麦、水为原料，以高温酱香大曲为糖化发酵剂，经传统固态双边发酵、蒸馏、分轮次贮存的，不直接或间接添加食用酒精及非自身固态发酵产生的呈香、呈味、呈色物质，具有大曲酱香轮次特征风格的白酒。

3.2　班组

在一个生产周期内，从下沙到丢糟整个生产过程中利用窖池生产大曲酱香酒的团队。

4. 传统工艺流程

仁怀产区大曲酱香酒生产工艺流程见图1。

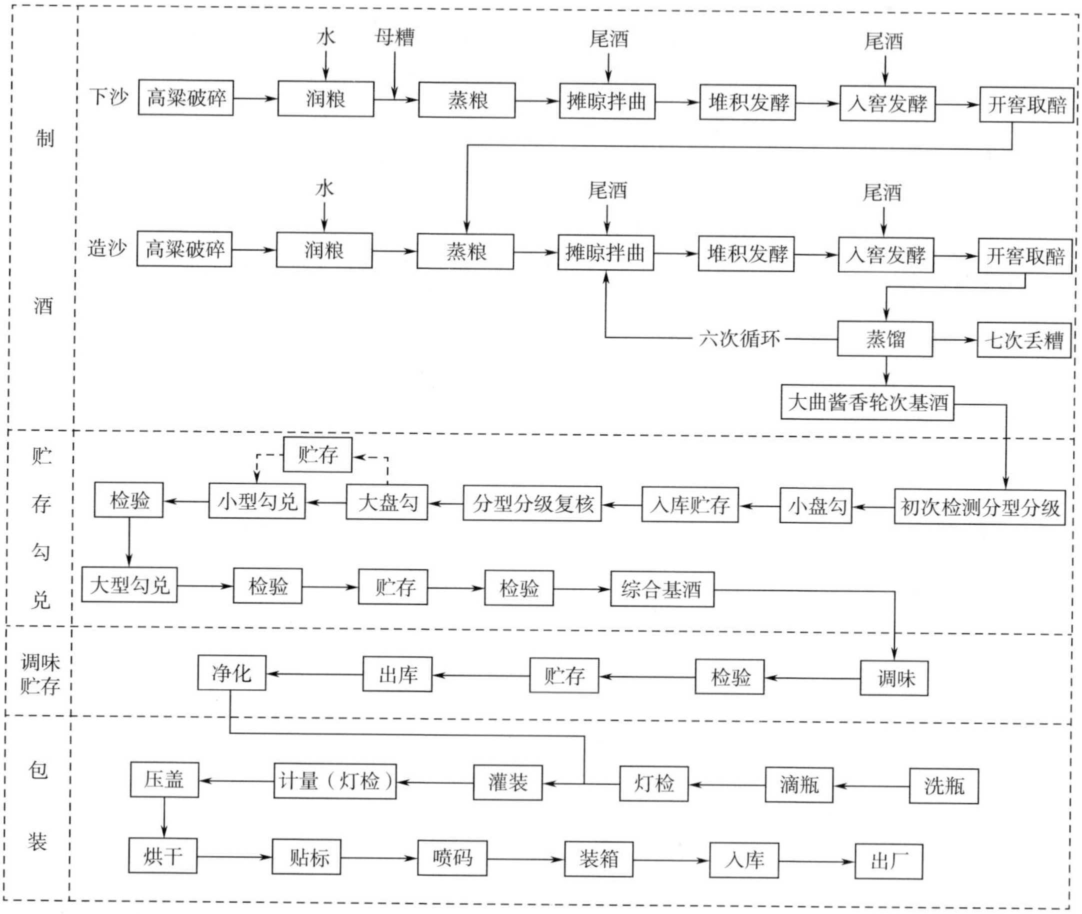

图1　仁怀产区大曲酱香酒生产工艺流程图

5. 基本要求

5.1　厂房设计要求

5.1.1　厂房设计和建设应符合GB 8951、GB 50016、GB 50694、GB 14881和GBZ 1的规定。内外环境应满足食品企业生产许可对生产厂房的要求，并参见附录A的要求。

5.1.2　工器具和设备应符合《白酒生产许可证审查细则》的规定，并参见附录B的要求。

5.2 原辅料要求

5.2.1 高粱

主要采用贵州省仁怀市本地或周边地区的红缨子等糯高粱，具有皮厚、粒小、胚芽所占比例大、支链淀粉含量高的特点。其吸水量低，耐蒸煮，不易糊化，为仁怀大曲酱香酒两次投料、九次蒸煮、八次发酵和七次取酒提供了特殊的原料要求。其感官要求应符合表1的规定，理化要求应符合表2的规定。

表1 高粱感官要求

项目	要求	试验方法
色泽	具有本品固有的色泽，一般为红色、红褐色、深褐色、褐紫色	GB/T 5492
气味	具有本品固有气味，无异杂味	GB/T 5492
净度	无霉变、无污染、无杂质	GB/T 5494
质地	颗粒坚实、饱满、均匀，断面呈玻璃质状态	GB/T 16860

表2 高粱理化要求

项目	要求	试验方法
体积质量/（g/L）	≥780	GB/T 5498
千粒重/（g/千粒）	13~25	GB/T 5519
不完善粒/%	≤3.0	GB/T 5494
水分/%	≤14.0	GB 5009.3
支链淀粉占总淀粉的比例/%	≥88	—
总淀粉/（g/100g）	50~75	GB 5009.9
粗淀粉/（g/100g）	≥60	—
杂质/%	≤1.0	GB/T 5494
单宁/%	≥1.0	GB/T 15686

5.2.2 大曲

以小麦为原料，经粉碎、拌料、成型、入仓发酵而成的糖化发酵剂。其感官要求及理化要求应符合 T/GZRHJX 006 中对大曲的要求。

5.2.3 谷壳

亦称稻壳、糠壳、砻糠。稻壳是在加工大米时脱下的外壳，是水稻籽粒的附属物，根据外形可分为长瓣稻壳和短瓣稻壳。长瓣稻壳皮厚，壳质较硬，短瓣稻壳皮薄，壳质较软。稻壳为酿制大曲酒的填充料，一般使用前需清蒸 30min，在蒸酒蒸粮时起到填充、疏松糟醅的作用，在酒醅发酵过程中利于微生物生长、繁殖和发酵。感官要求：气味正常，新鲜，无污染、无异味、无霉变、无虫蛀的金黄色干燥谷壳，谷壳呈块瓣状，夹杂物少，宜粗，以一破两开为宜。杂质≤1.2%，水分≤12%。

5.2.4 酿造用水

制酒原料的润粮、浸泡、制曲拌料、微生物培养、量水等工艺过程用水，感官和理化指标应符合 GB 5749 的要求。

5.2.5 尾酒

亦称酒尾。蒸馏后期出的酒精度较低的酒液，其酒精度范围为 8%~15%vol。

5.2.6 母糟

酱香型白酒生产过程中，未经烤第六轮次酒而继续保留在窖内发酵，用于下一生产周期下沙配用的酒醅。母糟应发酵正常、香气好、产酒好。感官要求：无霉变。理化指标应符合表 3 的规定。

表 3 母糟理化指标

项目	要求	试验方法
酸度/（mmol/10g）	1.5~3.5	T/CBJ 004
水分/%	48~56	T/CBJ 004
糖分/%	1.1~3.5	T/CBJ 004
粗淀粉/%	14~19	T/CBJ 004

5.2.7 窖泥

用于封窖和制作窖底的黏土。封窖用泥要求是无石块、无杂物、无污染、含沙量低、腐植质少的本地黄色或紫红色黏性泥土，（下、造沙时）使用 90%左右的新泥与 10%左右的老泥混合。若原窖泥发臭不能继续使用，则根据封窖泥的密封性能适当更换新泥。

5.2.8 稻草

稻草应干燥、无霉变、无杂质，呈金黄色。长度>50 cm，水分<10%。

5.3 酿造设备

发酵窖池：紫红泥底砂条石壁石窖。

5.4 人员要求

应符合《食品生产许可审查通则》的规定。

5.5 安全生产

应规范安装足够的消防设备、设施；应符合 GB 50016 和 GB 50694 的规定。

5.6 卫生要求

洗手、消毒、更衣等设备设施以及原料库、成品库的卫生、防霉、防虫、防鼠等，制曲、酿酒、勾兑调味等各工序卫生要求应符合 GB/T 23544 的规定。废糟处理应符合 DB52/T 879 的规定。

6. 典型体及轮次基酒的质量要求

6.1 典型体

窖面：曲香突出，稍有或无泥味，干净，无异杂味。

酱香：酱香（味）突出，咸鲜感明显，丰满、醇厚，回味悠长。

窖底：窖香浓郁、醇和，后味干净。

醇甜：酱香（味）明显、醇和、回甜、干净。

混合：两种或三种香型兼而有之或略有窖底风格。

6.2 轮次基酒

一至七轮次基酒的感官及理化要求应符合 T/GZRHJX 001 的规定。

7. 工艺参数

每一年度的轮次产酒计划、香型酒计划、曲药用量计划、谷壳用量计划、母糟用量计划、尾酒用量计划、润粮用量计划、生熟沙比例等应符合附录 C 的相关要求。

8. 工序作业操作规范

8.1 制酒生产环节的高粱破碎、润粮、蒸粮、摊晾拌曲、堆积发酵、入窖发酵、开窖取醅、上甑、接酒、入库、运输等工序的控制要求、控制方法、操作规程等应符合附录 D 的相关要求。

8.2 贮存、勾兑、调味、检验和包装等工序的控制要求、控制方法、操作规程等应符合附录 D 的相关要求。

9. 关键控制点

生产过程中生产工艺关键控制点、参数要点及控制方法参见附录 E。

10. 不合格项目处理

生产过程中不合格现象及其纠正处理措施参见附录 F。

附　录　A
(资料性附录)
生产现场环境管理制度

A. 1　保持生产场地清洁、卫生，做到窗户明亮，无蜘蛛网、无垃圾、无杂物。生产房（包括更衣室）内不许随地吐痰，不许吸烟，不许猜拳喝酒。

A. 2　生产场地工用具、曲药、谷壳要按定置要求整齐堆放。不得乱放、乱堆，每天工作完毕，应将工用具清洗干净，保持现场整洁。

A. 3　小酒库和生产场地内的各种酒坛要摆放整齐，坛口要封扎好，各种设备要保持干净、整洁。

A. 4　更衣室衣服挂放整齐，休息地点的桌椅干净，地面整洁、无灰尘。

A. 5　保持接酒池清洁、卫生，排水沟畅通无阻，水缸周围整洁；每天要更换一次地锅水。

A. 6　保持窖面平整、清洁，不许有任何杂物。

A. 7　不准在冷却缸内洗澡、洗脸、洗脚、洗碗筷、洗衣服和工用具，保持冷却缸内清洁、卫生。

A. 8　严禁带石灰、煤油、盐及其他有害物品进入生产房，严禁机动车进入生产房。

A. 9　生产人员出入生产房必须洗脚，管理人员出入生产房要把鞋底洗干净。外来人员未经允许不准进入生产房。

A. 10　员工下窖必须使用楼梯，不许乘坐抱斗出入窖池。

A. 11　制作窖底时，要有人监护，以防窖潮伤人。

A. 12　使用鼓风机和打糟机时严禁从导电线上碾过。移动打糟机和鼓风机时应首先切断电源，以防触电事故发生。

A. 13　报废设备不准堆放在生产现场。

A. 14　要做好生产用水的清污分流工作，不允许将污水排到清水沟中。

附　录　B
(资料性附录)
生产运输管道技术要求

为防范在生产、贮存、勾调、罐装、运输等环节由于不合格容器及接触材料对白酒带来的污染，切实保障白酒产品的质量和安全，特对白酒生产使用的容器、输酒管道、瓶盖、密封材料等进行严格规范要求。

B.1　酿酒环节

B.1.1　蒸馏酒所用的酒甑、冷凝管道材质应为不锈钢、木质等材料，避免使用铝制材料。

B.1.2　接酒用容器应为不锈钢材质容器，尾酒等的回收储存也应使用不锈钢容器。

B.2　贮存、勾调、运输环节

B.2.1　贮酒用容器应为陶坛、不锈钢罐等，不应使用塑料桶。

B.2.2　在贮存、勾调及运输环节使用的输酒用管道及密封件应为达到食品级别的检验合格的不锈钢管道或塑胶管道，材质应符合相关规范的要求。

B.2.3　酒库中固定部分的输酒管道应采用不锈钢材质管道，并采取有效措施减少酒液在管道中的积存。泵应采用不锈钢自吸式酒泵。

B.2.4　贮酒容器及酒瓶内壁所用涂料应符合相关食品卫生要求。

B.3　罐装环节

B.3.1　成品罐与灌装机之间应用不锈钢管道固定连接，灌装机罐装头应避免增加塑料管。

B.3.2　由于破瓶等原因回收酒液时，也应使用不锈钢容器盛装。

B.4　相关要求

B.4.1　不锈钢管道、容器等材质应符合 GB 4806.9 的规定。

B.4.2　塑料管材、瓶盖密封材料应不添加邻苯二甲酸酯类物质，且达到食品级使用要求。

B.4.3　贮酒容器及酒瓶内壁所用涂料应符合相关食品卫生要求。

B.4.4　盛装白酒勾调用水容器应为不锈钢桶或罐。

B.4.5　白酒生产企业所使用的贮酒容器、输酒管道、瓶盖、密封材料等，在投入使用前，应检验合格，确保符合《中华人民共和国食品安全法》及《白酒生产许可证审查细则》等相关要求，并加强对基酒、半成品酒及成品酒的品质检测，尤其要加强外购酒的质量安全控制。

附　录　C
（资料性附录）
制酒生产的工艺参数要求

C.1　轮次产酒计划和年度香型酒计划

每个轮次产酒量计划应符合表C.1的规定。

表C.1　轮次产酒计划

轮次	计划/%	52t班/kg	56t班/kg
一轮次	≤9	≤4680	≤5040
二轮次	≤14	≤7280	≤7840
三轮次	≥25	≥13000	≥14000
四轮次	≥22	≥11440	≥12320
五轮次	≥15	≥7800	≥8400
六轮次	≤10	≤5200	≤5600
七轮次	≤5	≤2600	≤2800

年度香型酒产酒量计划应符合表C.2的规定。

表C.2　年度香型酒计划

投产年度	产量/t	酱香/kg	酱香占产量/%	窖底/kg	窖底占产量/%	合格率/%
第一年	52（56）	2600（2800）	5	260（280）	0.5	94
第二年	52（56）	4160（4480）	8	520（560）	1.0	95
第三年及以后	52（56）	6500（7000）	12.5	1560（1680）	3.0	96
注：括号中的数据表示另一种生产计划。						

C.2　高粱用量预算

高粱用量预算应符合表C.3的规定。

表C.3　高粱用量预算

轮次	每甑用量/kg	52t班总量/t	56t班总量/t
下沙	750	63.0	67.5
造沙	375	61.8	66.9

C.3　曲药用量预算

曲药用量预算应符合表C.4的规定。

表 C.4　曲药用量预算

轮次	用曲量/kg			窖底用曲/kg		窖面用曲/kg	
	52t 班	56t 班	占高粱总量/%	52t 班	56t 班	52t 班	56t 班
下沙	6300	6780	10	660	720	0	0
造沙	17460	18780	14	660	720	660	720
一轮次	18720	20160	15	0	0	660	720
二轮次	17460	18780	14	1440	1500	660	720
三轮次	14940	16140	12			660	720
四轮次	13740	14820	11	1460	1540	660	720
五轮次	9960	10740	8			660	720
六轮次	7500	8040	6			660	720
合计	106080	114240	85	4220	4480	4620	5040
允许超用 6%的用曲量			52t 班：6895kg		56t 班：7426kg		

注 1：为方便领用曲药，以每袋 60kg 计，取百分比的近似值为轮次用量。

注 2：允许超用 6%的曲药不在轮次用曲计划内，但必须在三轮次生产前（含三轮次）用完。

注 3：窖底制作：每窖用曲量 110~120kg，下、造沙生产各只制作 6 个窖；一轮次酒生产不烤窖底；其他轮次根据窖底成熟情况分别烤取窖底而制定。

注 4：窖面用曲：以每轮次 55~60kg 每窖的要求而定；下沙轮次不制作窖面。

C.4　谷壳用量预算

谷壳用量预算应符合表 C.5 的规定。

表 C.5　谷壳用量预算　　单位：t

轮次	下沙	造沙	一轮次	二轮次	三轮次	四轮次	五轮次	六轮次	七轮次	合计
52t 班	0.4	0.8	1.2	1.8	2.7	3.7	5.0	5.6	4.8	26.0
56t 班	0.5	1.0	1.5	2.0	3.0	4.0	5.2	5.8	5.0	28.0

注：下沙、造沙、一轮次、二轮次使用谷壳作隔离介质。从第三轮次酒开始，蒸酒时糟醅中要加入少许谷壳，随轮次的递增逐渐加大谷壳用量。谷壳用量每甑控制在 15kg 内，总量控制为高粱总量的 12%。

C.5　母糟用量预算

占下沙高粱用量的 7%~10%，只限于下沙生产使用。

C.6　尾酒用量预算

C.6.1　下沙期间拌料用尾酒量为高粱用量的 2%~3%。

C.6.2　各轮次酒醅入窖时所用尾酒由酿酒师根据堆积发酵情况掌握，但数量不得低于 120kg。即堆积时水分控制为 38%，低于 38%时，多加尾酒，高于 38%时，少加尾酒。

C.7　润粮水量预算

下沙投入水量为高粱用量的 52%~54%，其中润粮水量占 48%~52%，量水占 2%~

4%；造沙投入水量为高粱用量的54%～56%，其中润粮水量占50%～54%，量水占2%～4%。具体还应根据高粱的水分而定。

C.8　生熟沙比例

以高粱投入量计，比例为1∶1。

附　录　D
(资料性附录)
制酒生产工序作业操作规范

D.1　酿酒环节

D.1.1　高粱破碎

D.1.1.1　破碎要求

D.1.1.1.1　下沙粉碎度要求碎粒的比例为17%~20%；造沙粉碎度要求碎粒的比例为27%~30%。要求每粒高粱都要经过粉碎机压过，不要有“跑粒”，这样才有利于蒸煮糊化。

D.1.1.1.2　大量粉碎前先用少量的高粱调机，待达到合格的粉碎度后再大量粉碎。

D.1.1.1.3　高粱粉碎后用麻袋装袋计量，每袋75.0kg。

D.1.1.1.4　生产结束后断电、停机，打扫场地及设备，清洁卫生。

D.1.1.2　控制要求

高粱破碎工序在工艺流程中的位置见图D.1，工序控制要求应符合表D.1的规定。

图D.1　高粱破碎工序在工艺流程中的位置

表D.1　高粱破碎工序控制要求

序号	项目	标准	检测频次
1	破碎度	下沙：17%~20%；造沙：27%~30%	每周2次以上
2	计量	每袋：(75±0.5) kg	抽检率≥5%

D.1.1.3　控制方法

D.1.1.3.1　生产管理部化验员按每台钢磨每周≥2次的频率进行破碎度抽样检测分析，并出具化验检测报告单交制曲车间办公室、磨粮班组及相关单位。

D.1.1.3.2　酿酒师根据化验检测报告单对照破碎度标准，进行破碎度的调整控制。

D.1.1.4　操作规程

D.1.1.4.1　由生产管理部和制曲车间提前一天通知用粮单位和相关部门到磨粮现场，按宁粗勿细（块瓣多，细粉少）的原则进行高粱破碎度的检测，当破碎度符合要求时，即为初检合格。

D.1.1.4.2　化验员每周2次取样，按破碎度检测规程进行破碎度的检测，填写报告单并及时送交有关单位和部门。

D.1.1.4.3　由酿酒师根据高粱破碎度要求控制好破碎度。

D.1.1.4.4　高粱破碎后，按计量标准进行装袋，累计误差≤±2.5kg。

D.1.2　润粮

D.1.2.1　控制要求

润粮是使破碎后的高粱均匀吸收一定量水分的操作，润粮工序在工艺流程中的位置见图 D. 2，工序控制要求应符合表 D. 2 的规定。

图 D. 2　润粮工序在工艺流程中的位置

表 D. 2　润粮工序控制要求

序号	项目	标准	检测频次
1	润粮水温	≥95℃	全数
2	润粮水量	参见附录 C 投入水量	全数
3	高粱量	每堆≤750kg	全数
4	第二天粮堆温度	≥45℃	全数

D. 1. 2. 2　控制方法

D. 1. 2. 2. 1　由酿酒师或指定人员用温度计测量水缸内水温，水温≥95℃后，将水倒入水桶，测量桶内水温≥95℃时，方可进行润粮。

D. 1. 2. 2. 2　粮堆温度应在粮堆顶面下 10~20cm 处检测。

D. 1. 2. 3　操作规程

D. 1. 2. 3. 1　每天在制曲车间磨粮点按计划（下沙 4500kg；造沙 2250kg）领取高粱并运到制酒班组生产现场（造沙生产最后一天的领取量为实际剩余量）。

D. 1. 2. 3. 2　下沙生产领取的高粱平均分为 6 堆（每堆 750kg），造沙生产领取的高粱平均分为 6 堆或 3 堆（每堆 375kg 或 750kg），整齐摆放在晾堂中，粮堆与粮堆之间要留出一定的间距，避免相混，造成计量不准确。

D. 1. 2. 3. 3　润粮前，将预计的各次润粮水量折算为桶数告诉提水人员。将水缸清洗干净，注满水，盖上盖板，打开蒸汽阀门。当水缸中的水温>95℃时即可润粮。将计量准确的润粮水从粮堆顶倒入粮堆，使所有高粱吸水均匀（提水、倒水时要小心，防止烫伤）。

D. 1. 2. 3. 4　当水加到一定量时，边加水边翻拌。翻拌方法如下：

a）两人或多人将粮、水向中间翻，使粮和水混合均匀；

b）两人在粮堆两侧相对，将高粱向同一方向翻出；

c）翻粮时锹要交叉，确保中部粮醅拌匀；

d）锹要紧贴晾堂翻拌，以免底部高粱翻拌不匀；

e）高粱撒出要均匀（呈扇形），不能成团抛出；

f）多人轮流快速翻拌，以免堆温度下降过快；

g）润粮时堆内流出的水及时扫归粮堆，以免粮堆温度下降过快。

D. 1. 2. 3. 5　翻拌后粮堆要求如下：

a）无流水现象；

b）粮堆呈半球状略显锥形；

c）粮堆温度≥42℃。

D. 1. 2. 3. 6　第一次润粮后，间隔 2h 进行第二次润粮，间隔 4h 后再进行第三次润粮，直到符合要求。润粮后，将粮堆按三堆一行、两堆一列整齐堆放，间距分明。

D. 1. 2. 3. 7　润粮 16h 后进行蒸粮，如润粮结束到蒸粮，间隔时间超过 40h，则在润粮后 16~20h 之间将粮堆翻拌一次。做好润粮原始记录。

D. 1. 3　蒸粮

D. 1. 3. 1　控制要求

蒸粮是将润好的高粱上甑蒸煮的操作，蒸粮工序在工艺流程中的位置见图 D. 3，蒸粮工序控制要求应符合表 D. 3 规定。

图 D. 3　蒸粮工序在工艺流程中的位置

表 D. 3　蒸粮工序控制要求

序号	项目	标准	检测频次
1	蒸粮气压	≤0. 12MPa	全数
2	蒸粮时间	下沙：100~110min 造沙：100~120min	全数
3	上甑气压	0. 08~0. 12MPa	全数
4	上甑时间	≥25min	全数
5	母糟用量	高粱量的 7%~10%	全数

D. 1. 3. 2　控制方法

D. 1. 3. 2. 1　根据上甑时间调整上甑气压，当气压显示值与时间要求不一致时，以时间要求为准。

D. 1. 3. 2. 2　蒸粮时间（指“牛尾”流水到下甑时间）达到规定要求时，及时下甑。

D. 1. 3. 2. 3　保持磅秤、时钟的准确性。

D. 1. 3. 3　操作规程

D. 1. 3. 3. 1　下沙：用打糟机将母糟打细后按比例与润好的高粱混合并翻拌均匀。造沙：将熟沙和生熟沙按 1∶1 配比混合并翻拌均匀。

D. 1. 3. 3. 2　上甑时一人掏糟，一人上甑。掏糟不得过满（约为箢篼的三分之二），上甑时将箢篼内的酒醅摇松，按“见汽压醅”和“轻、松、薄、准、匀、平”的要求进行（注：“见汽压醅”是指蒸汽冒出醅面时，及时用酒醅覆盖在蒸汽冒出处。“轻、松、薄、准、匀、平”是指压醅要轻，酒醅要松散，覆盖要薄，见汽压醅要准，覆盖面要均匀，甑内酒醅表面要平整）。

D. 1. 3. 3. 3　酒醅上满后（与甑口平），将甑盖盖好，安装好过汽管。在甑盖与过汽管、过汽管与冷却器之间连接部位加上一定量的水密封，检查气压显示值符合蒸馏要求，将酒甑周围粮醅扫干净并集中堆放好。

D. 1. 3. 3. 4　以“牛尾”流出水时间记为上甑结束时间，蒸馏过程中要控制好蒸粮气压，当蒸粮时间达到规定要求时即可下甑。

D.1.4　摊晾拌曲

D.1.4.1　控制要求

摊晾拌曲是将蒸好的粮醅（糟醅）均匀铺撒在晾堂中摊晾（投料期间，铺撒前可洒入适量量水，并翻拌均匀），再将粮醅（糟醅）温度均匀降至30℃左右，撒入适量曲粉（投料期间可加入一定量的尾酒），翻拌均匀，收拢成堆的过程。摊晾拌曲在工艺流程中的位置见图D.4，工序控制要求应符合表D.4的规定。

图D.4　摊晾拌曲工序在工艺流程中的位置

表D.4　摊晾拌曲工序的控制要求

序号	项目	标准	检测频次
1	拌曲温度	下、造沙：24～30℃；烤酒：28～32℃。室温高于上限时与室温一致	全数
2	曲药用量	参见附录C曲药用量预算	全数
3	尾酒用量	参见附录C尾酒用量预算	全数
4	量水用量	参见附录C润粮量水用量预算	全数

D.1.4.2　控制方法

D.1.4.2.1　在晾堂上取3个点，用温度计检测温度，平均值达规定范围时，即可进行拌曲操作。

D.1.4.2.2　各甑用曲量按式（D.1）计算。

$$每甑用曲量=\frac{本轮次用曲量计划}{本轮次预计甑数} \tag{D.1}$$

D.1.4.3　操作规程

D.1.4.3.1　把酒甑吊运到晾堂上，打开甑底开关，将粮醅倒置在堂上，清扫干净酒甑，关闭好甑底，吊运到地锅上安装好，进行下一轮上甑。

D.1.4.3.2　下、造沙期间将量水均匀洒在刚下甑的粮醅上翻拌均匀后，再将粮醅均匀摊在晾堂上冷却，摊晾面积以宽为好。室温≥28℃时，可使用鼓风机降温。

D.1.4.3.3　为了防止粮醅粘连结成块，粮醅摊匀后要及时打碎。方法：用锨从摊晾的粮醅中间铲一条线，到达终点后，回头将粮醅划成条埂，再紧接此条埂进行其他条埂的操作。第一次打造完后，横向进行第二次打造。打造后，用拉耙或叉扫将粮醅拉细扫松散，保证摊晾后的粮醅不成团。

D.1.4.3.4　摊晾时，应尽量延长摊晾时间。检查粮醅的温度，对温度过高或过低的粮醅用撒开或收拢的方法来确保粮堆温度，避免部分粮堆温度高、部分粮堆温度低的现象发生。当温度接近拌曲温度时，取3个点进行温度检测，符合温度要求时，撒上曲药，拌曲收糟。撒曲时应尽量降低撒曲高度，以免曲粉飞扬。拌曲要求：均匀，无大团块。

D.1.4.3.5　下、造沙期间，拌曲前将粮醅收成条埂，均匀洒上尾酒翻拌均匀，再撒曲药，再进行翻拌。为使曲药与粮醅混合均匀，随时用叉扫将成团的粮醅扫细。翻拌过程中要将散失的粮醅扫到条埂子上，避免浪费。

D.1.4.3.6 使用鼓风机降温时，撒曲前 6min，必须关闭鼓风机，使粮醅表里温度一致。

D.1.5 堆积发酵

D.1.5.1 控制要求

堆积发酵是收拢成堆的粮醅（糟醅）发酵成熟，堆顶温度达到要求时入窖发酵。堆积发酵工序在工艺流程中的位置见图 D.5，工序控制要求应符合表 D.5 的规定。

图 D.5 堆积发酵工序在工艺流程中的位置

表 D.5 堆积发酵的工序控制要求

序号	项目	标准	检测频次
1	上堆温度	下、造沙：23~26℃；烤酒：26~32℃。室温超过上限时与室温一致	全数
2	堆积发酵	堆积发酵入窖顶温及入窖醅酸度、糖分、水分、淀粉等理化要求见表 D.6	入窖温度：全数 化验参数：随机

表 D.6 堆积发酵入窖顶温及入窖醅酸度、糖分、水分、淀粉等理化要求

项目	入窖、化验				入窖顶温/%		
	酸度/(mmol/10g)	糖分/%	水分/%	粗淀粉/%	顶面	侧面	底面
下沙	0.5~1.0	—	36~40	—	50~53	40~48	28~38
造沙	0.5~1.0	—	38~42	—			
一轮次	1.3~3.0	1.4~3.5	40~44	30~36	46~50	40~48	28~38
二轮次	1.5~3.2	1.5~4.0	42~47	28~34			
三轮次	1.7~2.8	1.5~4.0	45~50	23~29	46~50	40~48	28~38
四轮次	1.8~3.5	1.2~4.0	45~51	20~26			
五轮次	1.8~3.6	1.2~3.5	47~52	17~23			
六轮次	1.8~3.6	1.2~3.0	47~54	14~19			

D.1.5.2 控制方法

D.1.5.2.1 取上堆醅的 3 个点测量温度，以平均值计上堆温度。

D.1.5.2.2 用温度计测量堆顶面、中侧面和底侧面表层下 3~8cm 处的粮醅温度，当温度达到规定范围时即可下窖。

D.1.5.3 操作规程

D.1.5.3.1 起堆前在晾堂中打扫出一块直径约 3m 的圆形场地，洒上一定量尾酒和曲药（以覆盖起堆点为准）。将拌好曲的粮醅向圆形场地收拢上堆，堆子要收成半球形。

D.1.5.3.2　同一堆子，在规定范围内，起堆时温度应稍高，然后逐步降低到规定下限。

D.1.5.3.3　每天粮醅覆盖量不得过大，冬季生产（三轮次前）每天不超过 10 甑；夏季生产（三轮次后）每天不超过 12 甑（特殊情况须由车间主任批准）。粮醅覆盖要厚薄均匀，不能一边厚，一边薄，更不准用抱斗将粮醅直接覆盖在堆面上，以免影响堆积发酵质量。

D.1.5.3.4　检查堆积发酵情况。当堆积发酵完全，无未发酵的粮醅，且温度达到规定范围时，即可进行下窖。

D.1.5.3.5　如果只有部分堆面温度达到要求，而其他部分堆面温度未达到规定要求，则将未达到规定温度的粮醅铲到达到规定温度的堆面上，适当延长堆积时间，使堆积发酵均匀。气温低及出现大幅降温天气时，各班组及生产部值班人员应及时关闭门窗以保温。

D.1.5.3.6　如堆积发酵期达 8d，堆面温度还未达到规定要求时，要对堆积情况进行分析。判定不能继续升温的堆子经车间同意方可下窖，但要推迟封窖时间，弥补堆积发酵不足；判定为可继续升温的堆子，可适当延长堆积发酵期，待温度达到规定范围时再下窖，但最长堆积发酵期不得超过 10d。

D.1.6　入窖发酵

D.1.6.1　控制要求

入窖发酵工序在工艺流程中的位置见图 D.6，工序控制要求应符合表 D.7 的规定。

图 D.6　入窖发酵工序在工艺流程中的位置

表 D.7　入窖发酵工序的控制要求

序号	项目	标准	检测频次
1	窖底用曲	110~120kg	全数
2	窖池管理	窖池封闭完整（封窖泥不开边、不裂口）	全数
3	窖面用曲	55~60kg	全数
4	窖内发酵时间	≥30d	全数

D.1.6.2　控制方法

D.1.6.2.1　酿酒师监督窖底醅的制作。

D.1.6.2.2　管窖人员每天检查封窖泥状况，严防开边、裂口的现象发生。

D.1.6.3　操作规程

D.1.6.3.1　窖底醅的制作。将剩余的窖底醅（约半甑）切细加入同等量堆积发酵好的粮醅，用 110~120kg 曲药和一定量的尾酒、窖底水，与其翻拌均匀，放入窖内拍平踩紧，撒上谷壳与其他酒醅隔离。

D.1.6.3.2　下窖前，先对酒窖进行处理，用 95℃以上的热水进行泼窖，泼完窖后用尾酒喷洒于窖底和窖壁四周。在窖壁四周和底部洒上一定量的尾酒，将堆积发酵好的酒醅从堆子的一边开始采取刀切式的方法将粮醅经放置在窖坑上的弹槽架分割后送入窖内。下窖时，要边入醅边洒尾酒，尾酒用量由酿酒师根据标准状况均匀掌握。入窖过程中，要注意将粮醅中的废气排出，不准用抱斗直接将粮醅下入窖内。要控制粮醅酸度和水分。

D.1.6.3.3　入窖时，留下约半甑发酵好的酒醅，加入55~60kg曲药和一定量的尾酒拌和均匀后，均匀覆盖在已摊平的窖内醅的表面上。然后撒上一层谷壳（用量以能与封窖泥隔离为准）。入窖后的窖内醅呈四周低、中间高的形状，且最高处不得超出窖梁50cm。

D.1.6.3.4　入窖完毕后及时封窖。气温低时，可待窖内表层下10cm处醅温升至手能感触时再封窖；如醅温实在不能升上来，那在入窖后第二天或第三天必须封窖。其方法为：用上年老泥（50%）和符合标准的新泥（50%）混合浸泡（以不流水为宜）松软、踩细，然后运至窖边，均匀覆盖在粮醅上面拍平、拖光滑。封窖泥拍平后厚度要求≥5cm。

D.1.6.3.5　当封窖泥表层干硬后，用重复清蒸谷壳或不含塑化剂的塑料薄膜覆盖在封窖泥表面。当重复清蒸谷壳下出现水珠时，为防止“倒汗”，造成窖泥发稀，应及时将重复清蒸谷壳揭开，让多余水分挥发；当窖泥因粮醅下沉而出现开边时，将边口杵平封好；当窖泥出现裂口时，洒上一定量的尾酒使封窖泥软化后将裂口封闭。

D.1.6.3.6　开窖前2~3d可将重复清蒸谷壳揭开（将谷壳放在干净、干燥的地方以便下次清蒸），让封窖泥充分硬化，利于粮醅与封窖泥分离。

D.1.6.3.7　所有废弃的封窖泥和重复清蒸谷壳都须分类堆放，由环保部门统一处理，以免污染环境。

D.1.6.3.8　若原窖泥发臭不能继续使用，根据封窖泥的密封性能适当更换新泥。每轮次封窖结束后，应将窖泥池内余水排尽，防止发臭。封窖完毕打扫现场，清洁卫生。

D.1.7　开窖取醅

D.1.7.1　控制要求

开窖取醅是粮醅（糟醅）在窖内发酵期满后，打开窖池，将酒醅按烤取量取出的过程。开窖取醅工序在工艺流程中的位置见图D.7，工序控制要求应符合表D.8的规定。

图D.7　开窖取醅工序在工艺流程中的位置

表D.8　开窖取醅工序的控制要求

序号	项目	标准	检测频次
1	窖内发酵	≥30d	每窖

D.1.7.2　控制方法

确认入窖日期与开窖日期相隔30d以上。

D.1.7.3　操作规程

D.1.7.3.1　窖内发酵期满，把封窖泥切成小块，将粘附在泥块上的粮醅择出后，将封窖泥运到泥池中浸泡，准备下轮次封窖使用。

D.1.7.3.2　将窖面醅单独取出、切细，另行堆放，每次取醅量以一排（两甑）为准，不得多取，以免酒精和香味物质挥发。窖底醅取出量每次不得大于60%。取醅过程中，凡有霉变的酒醅要单独取出处理。

D.1.7.3.3　进入窖池不能乘坐抱斗；下窖前要先用鼓风机吹窖，以防窖潮伤人。

D.1.7.3.4　烤酒期间（三轮次开始），将酒醅放入打糟机中打细，加入敞开清蒸20~30min后的谷壳，谷壳用量参见附录C。

D.1.7.3.5　六轮次酒期间，要留10甑左右的未烤过酒的酒醅作下年度使用的母糟。

D.1.7.3.6　一轮次酒和七轮次酒不准取窖底醅。七轮次酒取完酒醅后，要及时用烤过的糟醅（4甑左右）覆盖在窖底醅上保护好窖底醅，并用封窖泥将保窖糟密封完好。

D.1.8　上甑接酒

D.1.8.1　控制要求

上甑接酒工序在工艺流程中的位置见图D.8，工序控制要求应符合表D.9的规定。

图D.8　上甑接酒工序在工艺流程中的位置

表D.9　上甑接酒工序的控制要求

序号	项目	标准	检测频次
1	上甑气压	0.08~0.12MPa	全数
2	上甑时间	30~35min	全数
3	蒸馏气压	≤0.08MPa	全数
4	蒸馏时间	≥40min	全数
5	接酒浓度	见6.2	全数
6	接酒终止温度	35~45℃	全数

D.1.8.2　控制方法

D.1.8.2.1　根据上甑时间要求，调整上甑气压，保证上甑时间的准确。

D.1.8.2.2　严格根据“一人掏糟，一人上甑”“见汽压醅”“轻、松、薄、准、匀、平”的要求上甑。

D.1.8.2.3　根据轮次酒质量及浓度要求进行“看花”、尝酒，并辅以酒精计测量。

D.1.8.3　操作规程

D.1.8.3.1　检查地锅、酒甑、冷凝器及供水供汽情况，将地锅加满水（以水管流水为准）。安装好酒甑，将接酒坛清洗干净，盖上清洁纱布，安放在冷凝器的“牛尾”正对处，然后上甑。

D.1.8.3.2　在酒甑底部撒上少许谷壳，铺上一层酒醅（约6cm厚），打开蒸汽阀门，检查气压值，待蒸汽冒出醅面时，即时上甑。

D.1.8.3.3　上甑按D.1.3.3操作规范执行。

D.1.8.3.4　当酒流出来后，按照不同轮次质量和酒精度要求进行量质摘酒，接酒过程中要采取看“酒花”、尝酒来接酒，辅以酒精计测量来进行酒精度的控制。在接酒时要时常品尝酒的质量，当出现邪杂味时，即使酒的浓度高于规定要求，也要终止接酒。接完酒后，换上尾酒坛接尾酒。尾酒浓度要求为8%~12%vol。六、七轮次留7~8t尾酒作为下年度生产（下、造沙）使用。

D.1.8.3.5　蒸馏取酒过程中，要控制好酒的温度。当接酒温度低于或高于规定标准时，调节蒸汽压力或冷却水流量，以适应接酒终止温度要求。控制好各轮次蒸馏时间，使粮醅逐步糊化。

D.1.8.3.6　窖底醅、窖面醅要单独上在甑内醅的上层，每个窖的底醅和面醅分别最多只能上两甑，以免影响酒的质量。

D.1.8.3.7　窖面酒和窖底酒要单独存放、单独入库、单独进坛，利于酒的分型。

D.1.8.3.8　当天工作结束，将地锅水排放至污水收集池，按环境要求统一处理。换上新的清洁水。

D.1.8.3.9　从第三轮次酒开始，蒸酒时糟醅中要加入少许谷壳，随轮次的递增逐渐加大谷壳用量。

D.1.8.3.10　凡带色、有生糠、酸涩、苦辣或其他不正常气味的酒，一律回地锅蒸馏，并截头去尾。

D.1.9　入库、运输工序

D.1.9.1　控制要求

入库、运输工序在工艺流程中的位置见图D.9，工序控制要求应符合表D.10的规定。

图D.9　入库、运输工序在工艺流程中的位置

表D.10　入库、运输工序的控制要求

序号	项目	标准	检测频次
1	入库酒数量	账、物、卡相符合	—
2	酒精浓度	酒精度符合轮次酒标准	每坛一次

D.1.9.2　控制方法

D.1.9.2.1　由收酒计量人员填写入库酒数量，班组酿酒师或班长认可后，收酒员填上姓名。

D.1.9.2.2　由酒库人员取酒，编写密码，在小酒库进行初次检验分型分级，并将结果返回给取酒人员，取酒人员对酒样进行小盘勾，并逐坛填写分型分级鉴定单（酒坛标识卡）。

D.1.9.3　操作规程

D.1.9.3.1　酒接好后，将酒抬入小酒库进行计量和酒精度初次检测，记下上甑人员姓名、产量和酒精度。入库酒要放在待交酒的标识牌下，以免混淆。

D.1.9.3.2　对不符合酒精度要求的酒及时调整。

D.1.9.3.3　对所有的酒进行初次分型分级，并将酒样按同轮次、同香型、同等级的酒体进行小盘勾，做好窖面、窖底香型标识。

D.1.9.3.4　酒贮存到一定量时，及时交到酒库车间（交酒时必须有酿酒师或班长参加）。

D.1.9.3.5　运输前，检查接酒坛是否封好；运输过程中要注意小心轻放；运输途中，驾驶员要集中精力，不能急行急停，以免发生事故。非生产车间和班组人员不得参与交酒。

D.1.9.3.6　经酒库收酒人员计量后，酿酒师或班长要指挥交酒人员按初次分型分级结果将酒分别装入指定坛内。酒不得装得过满，留 10～20kg（或 10～20cm）的余地，以免引起爆坛。

D.1.9.3.7　核对新酒入库记录《新酒入库登记簿》，账、物相符合后，将酒坛封扎好后运回，按空桶位置摆放。

D.1.9.3.8　轮次结束后将入库酒生产质量情况报生产管理部门。

D.2　贮存、勾兑、调味、检验和包装

D.2.1　贮存、勾兑

D.2.1.1　控制要求

贮存、勾兑工序在工艺流程中的位置见图 D.10，工序控制要求应符合表 D.11～表 D.20 的规定。

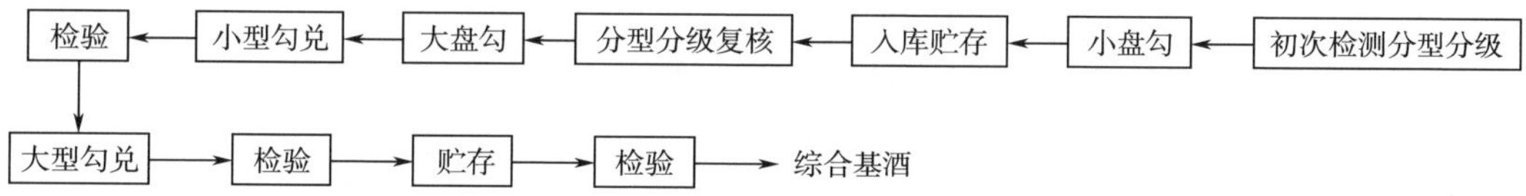

图 D.10　贮存、勾兑工序在工艺流程中的位置

表 D.11　酒坛的选择控制要求

序号	项目	标准
1	酒坛质量	注满清洁水，静置 2～3d，无渗漏，无破裂
2	酒坛卫生	坛内、外无杂物、无灰尘，清洁卫生
3	酒坛容量	350、500 或 1000kg
4	酒坛行间距	1.2～1.5m

表 D.12　酒坛入库定置控制要求

序号	项目	标准
1	容量	酒面与坛口须留 10～15cm 的距离
2	计量	以千克（kg）为单位过磅称量，不足 1kg 不记录
3	标识	年度、日期、库号、坛号、车间、班组、轮次、数量准确无误

表 D.13　小盘勾控制要求

序号	项目	标准
1	初次分型分级	符合典型体及轮次标准
2	时间	刚蒸馏出并冷却后的酒
3	控制措施	在同一车间、同一班组对同轮次、同等级、同特征的酒进行组合

表 D.14 新酒入库控制要求

序号	项目	标准
1	分型定质	对标复核小盘勾后的酒，入库
2	信息反馈	当日、次日或周一报出
3	样酒量	≥200mL
4	取样	核对坛号与编码进行取样

表 D.15 分型分级复核控制要求

序号	项目	标准
1	时间	新酒入库后，来年春暖花开的季节
2	分型分级复核	按轮次、香型、等级对酒进行分型分级复核
3	记录	记录清楚每坛酒的类型、等级、数量

表 D.16 大盘勾控制要求

序号	项目	标准
1	时间	分型分级复核后
2	大盘勾	将不同车间、不同班组的同轮次、同香型、同等级的酒进行大盘勾
3	记录	记录清楚盘勾前后的变化情况

表 D.17 小型勾兑控制要求

序号	项目	标准
1	质量	大盘勾后贮存 0~2 年后，进行小型勾兑 勾兑样符合大曲酱香酒标准品（实物）标准，勾调合格率≥65%

表 D.18 大型勾兑控制要求

序号	项目	标准
1	质量	依照小型勾兑比例标准进行大型勾兑

表 D.19 贮存控制要求

序号	项目	标准
1	损耗率	≤3%
2	安全	无事故
3	时间	半年至三年半

表 D.20 出库控制要求

序号	项目	标准
1	合格率	非合格品不准出库
2	计量	计量准确，出入台账清晰、及时

D. 2. 1. 2　控制方法

D. 2. 1. 2. 1　小盘勾即对在同一车间、同一班组刚蒸馏出并冷却后的酒，按同轮次、同等级、同特征进行组合。

D. 2. 1. 2. 2　经小盘勾的新酒入库贮存后，来年春暖花开的季节对入库新酒按轮次、香型、等级进行分型分级复核，并记录复核后每坛酒的类型、等级、数量，更正分型分级鉴定单（酒坛标识卡）。

D. 2. 1. 2. 3　大盘勾即对不同车间、不同班组已分型分级复核后的酒样按同轮次、同香型、同等级的酒体进行组合。

D. 2. 1. 2. 4　参考基酒的理化分析数据，尽可能地使基酒之间的配比最终达到设计的理化参数指标。

D. 2. 1. 2. 5　小样勾兑应准确。勾兑过程中，应仔细、认真、全面地记录香气和口味变化，以便找出轮次酒之间的添加量和变化关系。

D. 2. 1. 2. 6　小样勾兑应尽可能地做出几种明显不同风味的小样勾兑样品，以便从中找出最佳样品。

D. 2. 1. 2. 7　勾兑验证检查：对勾兑好的基础酒进行尝评，若无大的变化，小样试验勾兑即算完成。1 瓶拿去化验检查理化指标，1 瓶留下尝评，两者都合格后，即为小样合格基础酒。如两者发生明显不合格，则应找出原因，继续进行调整，直到合格为止。

D. 2. 1. 2. 8　小样勾兑的方法多种多样。主要有：

a）数字组合法；

b）逐步添加法；

c）等量对分法。

D. 2. 1. 2. 9　大批量勾兑计算

a）容量比批量计算。如果小样勾兑试验时采用容量［如以毫升（mL）为单位］比配方，则可直接按容量比计算出批量勾兑的配比数量（如：换算为 100L、1000L 或 10000L 等）。

b）质量比批量计算。如果小样勾兑试验时采用质量［如以克（g）为单位］比配方，则可将批量换算为克或千克。

D. 2. 1. 2. 10　批量勾兑方法

批量勾兑一般多采用不锈钢制大罐或其他较大容器，其容量大小可根据批量勾兑数量而定，如 2t 罐、5t 罐、10t 罐等。按小样勾兑所确定的比例，首先计量，然后用泵先将基础酒（大宗酒）分别泵入大罐，并依次将搭酒和带酒分别泵入，搅拌均匀后，静置沉淀备用。

D. 2. 1. 2. 11　批量勾兑的验证

批量勾兑后，搅拌均匀，取出少量与小样勾兑试验的样品进行对照品评验证。经品评认为达到或基本达到小样勾兑的水平，方可算批量勾兑基本成功。批量勾兑完成的酒，成为初型合格酒（也称此为基础酒）。此酒是调味的基础，其质量除理化指标全部合格外，感官要求应符合 T/GZRHJX 002 的规定。如有出入，应分析原因，进行必要的调整，使之达到初型酒的要求，然后方可进行正式调味。

D. 2. 1. 3　操作规程

D. 2. 1. 3. 1　选酒

在勾兑前，必须根据设计要求选择相适应的合格酒，除按勾兑原则挑选使用酒外，为进一步提高合格酒的利用率，实现效益的最大化，还可将各等级酒分为带酒、大宗酒和搭酒三类来进行使用。带酒是指具有某种特殊香味的酒，主要是部分精华酒；大宗酒是指无独特香味的一般性酒；搭酒是指有一定可取之处，但香差味杂的酒。

D. 2. 1. 3. 2　小样勾兑

在经过选酒过程后，对各种基酒的感官特征（香气和口味）及主要理化参数有了进一步的研判。接下来的工作就是通过试样试验，搞清各种轮次酒之间的最佳搭配比例，这就是小样勾兑工作。在进行大批量勾兑之前进行小样试验，一方面便于修改，确定最佳配方；另一方面，也可以避免因大批量勾兑失败而造成的损失。

D. 2. 1. 3. 3　正式勾兑

经过小样勾兑，基本上确定了几个较为满意的样品，通过感官及理化评定后可确定最佳样品的配方。但由于小样勾兑试样的总量较小，小样放大后会因为微小的误差造成较大的偏差，因此应该对确定的配方进行一次性的调配验证，并且在小样的基础上进一步扩大样品总量，将扩大后的样品与小样试验进行对比并修正，直至满意为止。最后再对扩大的样品进行感官和理化评定，若无较大出入，即可确定配方，投入批量勾兑过程。

正式勾兑也就是对小样勾兑的一个比例放大过程，大样勾兑一般都在供 5000kg 左右装的容器内进行。在扩大勾兑样品的配方基础上，根据使用基酒的酒精度、使用量和比例进行基酒的掺兑。将小样勾兑确定的大宗酒，用酒泵打入容器，搅拌均匀后，取样尝评，并从中取少量酒样，按小样勾兑的比例，加入搭酒和带酒，混合均匀，进行尝评。若与原小样合格基础酒无大的差异，即按小样勾兑比例经换算扩大，将搭酒和带酒用量泵入酒桶，搅拌均匀后，成为调味的基础酒。如香味发生了变化，可进行必要的调整，直到符合标准为止。

D. 2. 1. 3. 4　大批量勾兑

见 D. 2. 1. 2. 9。

D. 2. 1. 3. 5　勾兑过程应注意的问题

勾兑是为了组合出合格的基础酒。基础酒质量的好坏，直接影响到调味工作的难易和产品质量的优劣。如果基础酒质量不好，就会增加调味的难度，并且增加调味酒的用量，既浪费精华酒，又容易发生异杂味和香味改变等不良现象。以致反复多次，始终调不出好的成品酒。所以，勾兑是一个十分重要而又非常细致的工作，绝不能粗心马虎。入选酒不当，就会因一坛之误，而影响几十吨酒的质量，造成难以挽回的损失，因此勾兑时必须注意。

D. 2. 1. 3. 5. 1　勾兑人员应有高度的责任心和事业心，在实践中注意不断提高自己的勾兑技术水平；必须有较高的尝酒能力；对酒的风格、各种酒的香型、库房中每坛酒的特点等都要准确掌握；同时了解不同酒质的变化规律，才能够勾兑出好酒，勾兑出典型风格。

D. 2. 1. 3. 5. 2　要做好小样勾兑。勾兑是细致而又复杂的工作。因为极其微量的成分都可能引起酒质的较大变化，因此要先进行小样勾兑，经品尝合格后，再大批量勾兑。

D. 2. 1. 3. 5. 3　掌握各种酒的情况。每坛酒必须有健全的卡片，卡片上记有产酒年、月、日，生产车间和班组、窖号、窖龄、糟别、酒精度、重量、酒质情况。勾兑时，应清楚地了解各坛和各种酒的上述情况，最好能结合色谱分析数据，以便科学地做好勾兑工作。

D. 2. 1. 3. 5. 4　做好原始记录。不论是小样勾兑还是正式勾兑都应做好原始记录，以提供研究分析数据。通过大量的实践，可从中寻找规律性的东西，有助于提高勾兑技术。

D. 2. 2　调味

D. 2. 2. 1　控制要求

调味工序在工艺流程中的位置见图 D. 11，工序控制要求应符合表 D. 21 的规定。

图 D. 11　调味工序在工艺流程中的位置

表 D. 21　调味工序的控制要求

序号	项目	标准	检测频次
1	调味酒的选择	根据成品酒的标准要求，针对基础酒的特征，选用数种不同风格的调味酒	—
2	调味酒的比例	万分之一～千分之一	—
3	调味酒年份	3 年以上	—

D. 2. 2. 2　控制方法

如何正确运用调味方法，更好地发挥调味酒的作用，需要在实践中不断探索研究，常用的调味方法有：逐一调味法、多种调味法、综合调味法（混合加入法）。

D. 2. 2. 3　操作规程

D. 2. 2. 3. 1　小样调味

常用的调味方法有以下三种：

a）分别加入各种调味酒，即逐一调味法。在调味过程中对调味酒一种一种地试，进行一一优选，得出不同调味酒的用量。

b）多种调味法。根据基础酒的缺陷和不足，选定几种调味酒同时调入的方法，此方法要求有一定的调味经验，否则效果难以把握。

c）综合调味法。也就是将数种调味酒混合制备出一种有针对性的调味酒，然后用该调味酒进行调味。

D. 2. 2. 3. 2　大样调味

根据小样调味试验和基础酒的实际总量，计算出调味酒的用量并加入。如符合小样的质量，调味即告完成；若有差距，则需再做小样，直到满意为止。

D. 2. 2. 3. 3　调味酒用量的计算

将选好的调味酒，按上述方法加入到基础酒中进行品评，确定出调味酒的用量比例，计算出调味酒的需要量，见式（D. 2）。

$$A = G \cdot W \qquad \text{(D. 2)}$$

式中：A——调味酒的需要量（kg）；

G——小样调味比例；

W——成型酒的数量（kg）。

D. 2. 2. 3. 4　正式调味

按计算结果，将调味酒加到成型酒中，充分搅拌均匀，从中取出 500mL 样酒，与小样调味的酒对比品尝，香气和口味相符，即为调味完毕。将调好的酒贮存 7～15d，再进行复尝，与标准相同，即为成品酒，可包装出厂；若复尝与之前有差别，则需对其补调，补调后再贮存 10d 左右复尝，直到符合质量标准为止，方可包装出厂。

D. 2. 3　检验和包装

D. 2. 3. 1　对勾兑、调味后的酒进行感官、理化和卫生指标检验，合格后可进行包装生产。

D. 2. 3. 2　包装工艺流程

包装工艺流程见图 D. 12，结合实际需求栓扎丝带。

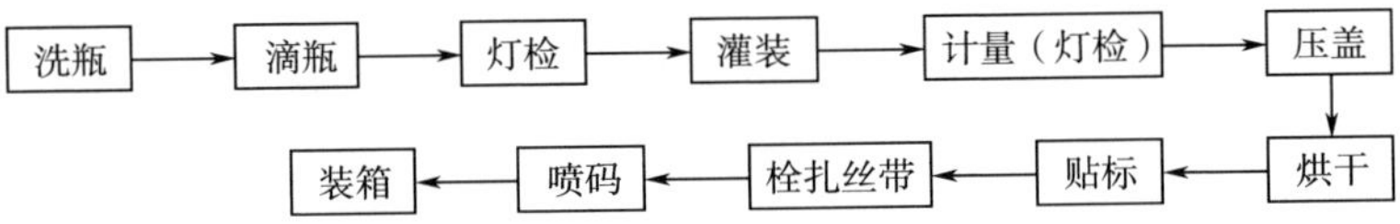

图 D. 12　包装工艺流程图

附　录　E
（资料性附录）
生产过程中关键控制点

表 E.1　生产过程中关键控制点、参数要点及其控制方法

序号	项目	关键控制点	参数要点	控制方法
1	磨粮	下沙破碎度	17%~20%	符合宁粗勿细，块瓣多、细粉少的原则
		造沙破碎度	27%~30%	
2	润粮	润粮水温	≥95℃	量水占高粱量的 2%~4%
		润粮水量	下沙：占高粱量的 48%~52% 造沙：占高粱量的 50%~54%	润粮间隔时间 2~4h，16h 后方可进行蒸粮
		高粱量	每堆≤750kg	—
		第二天粮堆温度	≥45℃	—
3	蒸粮	蒸粮气压	≤0.12MPa	1. 造沙蒸粮时间根据车间的特殊情况允许延长 10min 左右，蒸粮时间是指从“牛尾”流水到下甑时间； 2. 当上甑气压超过规定标准时，以上甑时间为准； 3. 约有七成熟
		蒸粮时间	下沙：100~110min 造沙：100~120min	
		上甑气压	0.08~0.12MPa	
		上甑时间	≥25min	
		母糟用量	高粱量的 7%~10%	
4	摊晾拌曲	拌曲温度	下、造沙：24~30℃ 烤酒：28~32℃	室温高于上限时与室温一致
		曲药用量	按轮次用曲计划	—
		尾酒用量	2%~3%（占高粱量）	
		量水用量	2%~4%（占高粱量）	
5	堆积发酵	上堆温度	下、造沙：23~26℃ 烤酒：26~32℃	1. 室温高于上限时与室温一致； 2. 堆积发酵顶温仅作参考温度，入窖时则以堆子四周接近外表面处的温度等综合情况为准； 3. 若堆积发酵堆温无法达到参考值，在室温低时进行翻堆，在室温高时进行翻堆或将发酵好的堆外层入窖，待剩余内层小堆发酵好后再入窖
		堆积发酵顶温	下、造沙：50~53℃ 烤酒：46~50℃	
		堆侧温度	下、造沙：40~48℃ 烤酒：40~48℃	

续表

序号	项目	关键控制点	参数要点	控制方法
6	入窖发酵	窖底用曲	110~120kg	—
		窖池管理	窖池封闭完整（封窖泥不开边、不裂口）	
		窖面用曲	55~60kg	
		窖内发酵时间	≥30d	
		入窖尾酒	酒精浓度：8%~15%vol 用量：适量	
7	蒸馏（上甑接酒）	上甑气压	0.08~0.12MPa	当上甑气压超出工艺范围时，以上甑时间为准
		上甑时间	30~35min	—
		蒸馏（接酒）气压	≤0.08MPa	
		蒸馏时间	≥40min	
		吊尾时间	从接酒起不低于60min	
		接酒浓度	按各轮次浓度标准	
		接酒终止温度	35~45℃	
8	辅料处理	清蒸谷壳	使用谷壳必须清蒸	—

附　录　F
(资料性附录)
生产过程中不合格项目处理

表 F.1　生产过程中不合格项目处理措施

序号	工序	不合格项目	现象	纠正预防措施
1	下沙	高粱水分	高粱水分高于14%的上限	减少润粮用水的量，减少量为高粱实际水分和标准上限的差值
		母糟发霉	母糟长出白色或青色霉菌，并带有明显霉味	丢弃发霉母糟，使用合格母糟
		蒸粮气压	蒸粮气压低于标准要求	适当延长蒸粮时间，增加少量曲药
		粮食粉碎	过粗，过细	调整机器，使粉碎度符合要求
		酒甑进水	蒸粮时锅底水进入酒甑，糟醅过湿	及时检查，打开底锅水阀门，糟醅过湿后，适量增加曲药
		窖底井发霉、发臭	窖底井壁有霉菌，黄水发臭	丢弃发臭黄水，用开水消毒至少两次，重新制作黄水
2	造沙	高粱水分	高粱水分高于14%的上限	减少润粮用水的量，减少量为高粱实际水分和标准上限的差值
		糟醅发霉	糟醅长出白色或青色霉菌，并带有明显霉味	将发霉糟醅在糟醅下甑前放入酒甑蒸馏约0.5h
		蒸粮气压	蒸粮气压低于标准要求	适当延长蒸粮时间，增加少量曲药
		粮食粉碎度	过粗，过细	调整机器，使粉碎度符合要求
		酒甑进水	蒸粮时锅底水进入酒甑，糟醅过湿	及时检查，打开底锅水阀门，糟醅过湿后，适量增加曲药
		窖底井发霉、发臭	窖底井壁有霉菌，黄水发臭	丢弃发臭黄水，用开水消毒至少两次，重新制作黄水
		窖池漏气	窖池内糟醅沿窖池出现较多霉糟	入窖前用开水对出现霉糟的窖池壁消毒1~2次，下窖时沿霉糟壁多洒尾酒
3	熟糟操作	出窖糟醅发霉	糟醅长出白色或青色霉菌，并带有明显霉味	将发霉糟醅在糟醅下甑前放入酒甑蒸馏约0.5h，窖池发霉的地方用开水消毒至少两次
		上甑气压	上甑气压低于作业指导书要求	适当延长上甑时间，同时通知动力设备车间

续表

序号	工序	不合格项目	现象	纠正预防措施
3	熟糟操作	堆积温度不够	堆积 8d 后糟醅堆温度仍未达到规定要求	按 D. 1. 5 处理
		窖底井发霉	窖底井壁有霉菌，黄水发臭	丢弃发臭黄水，用开水消毒至少两次，重新制作黄水
		窖池漏气	窖池内糟醅沿窖池出现较多霉糟	入窖前用开水对出现霉糟的窖池壁消毒 1 ~ 2 次，下窖时沿霉糟壁多洒尾酒

23、 T/GZSX 030—2018《遵义大曲酱香型白酒》

前　言

本标准按照 GB/T 1. 1—2009《标准化工作导则　第 1 部分：标准的结构和编写》给出的规则起草。

请注意：本文件的某些内容可能涉及专利。本文件的发布机构不承担识别这些专利的责任。

本标准由遵义市政府、贵州省产品质量监督检验院（国家酒类及加工食品质量监督检验中心）提出。

本标准由贵州省食品工业协会归口。

本标准起草单位：贵州省产品质量监督检验院（国家酒类及加工食品质量监督检验中心）、遵义市市场监督管理局、盘州市检验检测中心、务川县市场监督管理局。

本标准主要起草人：戴奕杰、孙宗奇、郭庆华、田志强、李春宇、李洋、杨波、孟望霓、谭克刚、李天国、高敏、张建、牟崇勇、汤慧荣、吴斌。

1. 范围

本标准规定了遵义大曲酱香型白酒的产区地理范围、术语和定义、产品分类、要求、检验规则、产品规格、标签、包装、运输、贮存。

本标准适用于贵州省遵义产区生产的大曲酱香型白酒。

2. 规范性引用文件

下列文件对于本文件的应用是必不可少的。凡是注日期的引用文件，仅所注日期的版本适用于本文件。凡是不注日期的引用文件，其最新版本（包括所有的修改单）适用于本文件。

GB 1351《小麦》

GB 2757《食品安全国家标准　蒸馏酒及其配制酒》

GB 5009. 36《食品安全国家标准　食品中氰化物的测定》

GB/T 5009. 48《蒸馏酒及配制酒卫生标准的分析方法》

GB 5009. 266《食品安全国家标准　食品中甲醇的测定》

GB 5749《生活饮用水卫生标准》

GB 7718《食品安全国家标准　预包装食品标签通则》

GB/T 8231《高粱》

GB 8951《食品安全国家标准　蒸馏酒及其配制酒生产卫生规范》

GB/T 10345《白酒分析方法》

GB/T 10346《白酒检验规则和标志、包装、运输、贮存》

GB/T 15109《白酒工业术语》

DB52/T 866《酱香型白酒工业用术语》

DB52/T 867《酱香型白酒酿酒用高粱》

DB52/T 868《酱香型白酒酿酒用小麦》
DB52/T 870《酱香型白酒酿酒用水》
DB52/T 871《酱香型白酒酿酒用大曲》
DB52/T 873《大曲酱香型白酒生产技术规范》
DB52/T 876《大曲酱香型白酒贮存勾兑管理规范》
DB52/T 1298《酱香大曲生产技术规范》
JJF 1070《定量包装商品净含量计量检验规则》
国家质量监督检验检疫总局［2005］第75号令《定量包装商品计量监督管理办法》

3. 产区地理范围的确定

遵义大曲酱香型白酒的产区地理范围限于贵州省遵义市的范围，即遵义市行政区域。

4. 术语和定义

GB/T 15109《白酒工业术语》和DB52/T 866《酱香型白酒工业用术语》确立的以及下列术语和定义适用于本文件。

遵义大曲酱香型白酒 Zunyi daqu jiang xiang xing baijiu

以优质高粱、小麦、水为原料，并在贵州省遵义产区地理范围内，按大曲酱香型酒传统工艺生产，不直接或间接添加食用酒精及非白酒发酵产生的呈香呈味呈色物质，具有大曲酱香风格的白酒，且在同一地点酿造、贮存、勾调和包装的产品。

5. 产品分类

按产品酒精度分为

5.1 高度酒：45%vol≤酒精度≤56%vol

5.2 低度酒：32%vol≤酒精度<45%vol

6. 要求

6.1 原料要求

6.1.1 水

应符合GB 5749和DB52/T 870的规定。

6.1.2 高粱

应符合GB/T 8231或DB52/T 867的规定。

6.1.3 小麦

应符合GB 1351或DB/T 868的规定。

6.1.4 酱香型高温大曲

以优质小麦为原料，按传统工艺生产，发酵最高温度可达60℃以上，发酵期40d以上，贮存期三个月以上。曲香浓郁，带有明显的酱香，应符合DB52/T 871或酱香大曲生产技术规范的规定。

6.2 酿造环境

该区域位于中国西南部，云贵高原向湖南丘陵和四川盆地过渡的斜坡地带，贵州省北部，云贵高原东北部，属于亚热带季风性湿润气候，常年气温较高，平均气温 15.1℃，最高气温 42℃。

6.3　生产工艺流程

遵义大曲酱香型白酒传统生产工艺流程符合大曲酱香型白酒生产技术规范。生产工艺具有以下特点：季节性生产（端午制曲、重阳下沙），三高一长（高温制曲、高温堆积发酵、高温流酒；基酒贮存期三年以上）；两次投料、九次蒸煮、八次摊晾加曲、堆积发酵、再入窖发酵、七次取酒，制酒生产周期为一年；精心勾调，包装出厂。

6.4　生产企业的基本要求

6.4.1　企业需具备营业执照、生产许可证等各种相关有效证照。

6.4.2　通过 ISO9001 等体系认证，且在有效期内。

6.4.3　基酒贮存容器为陶坛或不锈钢罐，贮存时间不低于 3 年，企业需具备≥300t 的贮酒能力。

6.4.4　具有较完善的产品质量安全等溯源体系。

6.4.5　具有完备的出厂检验能力，感官品评员需具备国家三级品酒师或以上资质（3 人以上）。

6.4.6　使用该标准的企业须向贵州省食品工业协会登记备案。

6.5　感官要求

应符合表 1 的规定。

表 1　感官要求

项目	高度酒	低度酒
色泽和外观	无色或微黄，清亮透明，无沉淀，无悬浮物	
香气	酱香较突出，香气幽雅，空杯留香持久	酱香明显，香气淡雅，空杯留香久
口味	酒体醇厚、丰满，诸味协调，回味悠长	酒体醇和，协调，味长
风格	具有本品典型风格	
注：当酒的温度低于 10℃时，允许有沉淀物质或失光，10℃以上时，应逐渐恢复正常。		

6.6　理化指标

应符合表 2 的规定。

表 2　理化指标

项目	高度酒	低度酒	检验方法
酒精度（20℃）[a]/（%vol）	45~56	32~44	GB/T 10345
固形物/（g/L）≤	0.7		
己酸乙酯/（g/L）≤	0.3		
酸酯总量/（mmol/L）≥	48	30	附录 A
甲醇[b]/（g/L）≤	0.5		GB 5009.266

续表

项目	高度酒	低度酒	检验方法
氰化物（以 HCN 计）[b]/(mg/L) ≤	60		GB 5009. 36
[a] 酒精度实测值与标签标示值允许差为±1. 0%vol； [b] 甲醇、氰化物指标均按 100%酒精度折算。			

6. 7　卫生安全要求

应符合 GB 2757 的规定（除甲醇和氰化物外）。

6. 8　生产过程的卫生要求

生产企业应符合 GB 8951 的规定。

6. 9　净含量

净含量应符合《定量包装商品计量监督管理办法》的规定；检验按 JJF 1070 执行。

7. 检验规则

检验规则按 GB/T 10346 和《定量包装商品净含量计量检验规则》的规定执行。

8. 产品规格

产品规格、净含量及单件平均偏差符合 JJF 1070 的规定。

9. 标签、包装、运输、贮存

产品标签应符合 GB 7718 和 GB 2757 的要求；包装、运输、贮存按 GB/T 10346 的规定执行。

附 录 A
(规范性附录)
白酒中酸酯总量的测定方法

A.1 原理

以碱中和试样中的游离酸，再加入一定量的碱，加热回流使酯类皂化，以酸中和剩余的碱。通过计算碱的总消耗量得出酸酯总量。

A.2 分析步骤

A.2.1 以碱中和试样中的游离酸，试剂和溶液、仪器、分析步骤同 GB/T 10345—2007 中的 7.1 或 7.2，记录消耗的氢氧化钠体积 V_1。

A.2.2 加热回流及中和剩余碱，试剂和溶液、仪器、分析步骤同 GB/T 10345—2007 中的 8.1 或 8.2，记录空白试验样品消耗硫酸标准溶液体积 V_0、样品消耗硫酸标准溶液体积 V_2。

A.3 结果计算

样品中的酸酯总量按式（A.1）计算

$$x=\frac{[C_1\times V_1+C_2\times(V_0-V_2)]\times 1000}{50.0} \tag{A.1}$$

式中，x——样品中的酸酯总量（mmol/L）；

C_1——氢氧化钠标准溶液的实际浓度（mol/L）；

V_1——样品中总酸所消耗的氢氧化钠标准溶液的体积（mL）；

C_2——硫酸标准溶液的实际浓度（mol/L）；

V_0——空白试验样品消耗硫酸标准溶液的体积（mL）；

V_2——样品消耗硫酸标准溶液的体积（mL）；

50.0——吸取样品的体积（mL）。

所得结果保留至一位小数。

A.4 精密度

在重复性条件下获得的两次独立测定结果的绝对差值，不应超过平均值的 2%。

主要参考文献

［1］侯红萍．酒文化学［M］．北京：中国农业大学出版社，2012.

［2］李大和．白酒生产问答［M］．北京：中国轻工业出版社，1999.

［3］李大和．白酒增优降耗实用技术问答［M］．北京：中国轻工业出版社，2009.

［4］庹文升．贵州酒百科全书［M］．贵阳：贵州人民出版社，2016.

［5］李大和．白酒勾调技术问答［M］．北京：中国轻工业出版社，2006.

［6］李晓楼．微生物及其酿酒应用研究［M］．天津：天津科学技术出版社，2018.

［7］李大和．白酒酿造与技术创新［M］．北京：中国轻工业出版社，2017.

［8］贾智勇．中国白酒勾调宝典［M］．北京：化学工业出版社，2017.

［9］郭智．白酒包装的现状及发展分析［J］．食品安全导刊，2022（26）：140-142.

［10］武静文，赵荻，杨娅岚，等．白酒包装容器现状及影响容器稳定性因素的研究进展［J］．现代食品，2022，28（10）：27-30.

［11］欧杰．中国白酒包装容器的演变及特点［J］．农产品加工，2021（22）：80-82.

［12］薛润萍，李秋涛，李茂春，等．白酒包装瓶盖材料的发展研究［J］．酿酒科技，2020（10）：91-95.

［13］薛锡佳，陈兴杰，吴宏萍，等．白酒定量包装净含量偏差原因分析［J］．酿酒，2020，47（04）：65-66.

［14］陈敏．白酒包装质量检验创新因素分析［J］．中国高新区，2018（11）：25-26.

［15］陈敏．如何提升白酒产品包装检验质量［J］．中国高新区，2018（09）：252，254.

［16］余有贵，曹智华，杨贝贝，等．中国白酒生态化包装材料的研究进展［J］．食品与机械，2016，32（03）：212-216.

［17］肖九梅．陶瓷酒坛包装的现状与发展趋势［J］．佛山陶瓷，2015，25（08）：39-42.

［18］我国白酒包装加工工艺的突破与创新［J］．印刷技术，2015（14）：31-32.

［19］冯方剑，唐维川，杨官荣，等．不同产区酱香型大曲理化指标及风味成分的研究［J］．酿酒，2023，50（05）：29-36.

［20］吴知非，刘正，卢延想，等．不同催陈方法对酱香型白酒的催陈效果［J］．食品研究与开发，2023，44（16）：143-149.

［21］孙优兰，尹延顺，骆红波，等．不同产区酱香型白酒感官特性及特征风味分析［J］．酿酒科技，2023（07）：57-64，71.

［22］郑蕾，马龙，牛曼思，等．不同产地酱香型白酒感官特征与重要挥发性成分差异分

析［J］. 酿酒科技，2023（05）：54-64.
［23］王蕾，何菲，蒋洪久，等. 新高粱与陈高粱对酱香基酒的差异分析［J］. 酿酒科技，2022（08）：42-47.
［24］王颖，邱勇，王隆，等. 不同产区酱香型高温大曲黑、白、黄曲的理化、挥发性成分差异性分析［J］. 中国调味品，2022，47（06）：155-159.
［25］唐佳代，刘力萍，龙亚飞，等. 不同感官特性酱香大曲细菌群落结构与理化特性研究［J］. 中国酿造，2022，41（01）：138-142.
［26］唐平，山其木格，王丽，等. 白酒风味化学研究方法及酱香型白酒风味化学研究进展［J］. 食品科学，2020，41（17）：315-324.
［27］袁再顺. "破堆移位"对酱香型白酒冬季堆积发酵的影响研究［D］. 贵阳：贵州大学，2019.
［28］王贵军，赵正鑫，浦文立，等. 北方粳高粱与四川糯高粱在酱香型白酒生产中的比较研究［J］. 酿酒科技，2017（09）：61-64.
［29］王庆宇，周平，王贵军，等. 不同品种糯高粱酿造酱香型白酒对比研究［J］. 中国酿造，2023，42（08）：65-70.
［30］唐佳代，石雨菲，赵益梅，等. 不同感官特性酱香型大曲理化指标与霉菌群落关联分析［J］. 食品工业科技，2024，45（3）：153-161.
［31］刘宏基，黄晓芬，余有贵，等. 不同高度堆积发酵酱酒醅主要理化指标的比较研究［J］. 中国食品工业，2023（08）：111-113，124.
［32］刘宏基，刘波，余有贵，等. 不同高度堆积发酵酱酒醅主要酶活的比较研究［J］. 中国食品工业，2023（06）：82-85.
［33］蒋英丽，沈毅，程伟，等. 不同品种高粱应用于酱香型白酒的生产研究［J］. 食品与发酵工业，2023，49（13）：93-99.
［34］韩月然，张正飞，段良远，等. 不同种类酱香型白酒的感官评价分析研究［J］. 酿酒科技，2022（03）：71-76.
［35］邓涛，杨秀其，陈波，等. 低度酱香型白酒的技术难点与勾调方法分析［J］. 酿酒科技，2021（12）：65-67.
［36］何利，廖永红，陈波，等. 不同酒瓶贮存酱香型白酒的酒体风味变化［J］. 酿酒科技，2021（04）：61-64.
［37］涂昌华，汪地强，吉小超，等. 大曲酱香型白酒生产中辅料的应用研究［J］. 酿酒科技，2019（08）：72-74.
［38］孙金旭，王立召，李长文. 不同加曲量对酱香型白酒中杂油醇影响探讨［J］. 中国酿造，2009（11）：105-108，126.
［39］崔利，唐智. 酱香型白酒"四高两长"酿酒理论与"12355 99789"数字编码酱酒传统工艺的关系［J］. 酿酒，2023，50（04）：3-5.
［40］汪强. 酱香型白酒"四高两长"酿酒理论的作用、价值和地位［J］. 食品安全导刊，2023（04）：168-170.
［41］范恩帝，黄魏，谢丹，等. 酱香大曲中高产四甲基吡嗪微生物的选育及应用研究［J］. 酿酒科技，2022（11）：45-50，71.

[42] 孙文杰，马振东，张召刚，等．酱酒蒸酒过程酸度与酒度量比关系的研究［J］．酿酒，2022，49（05）：69-72.

[43] 王西，陈波，刘帮，等．功能菌在酱香型白酒生产过程中的研究［J］．酿酒科技，2021（09）：114-119.

[44] 程度，曹建兰，王珂佳，等．高粱对酱香型白酒品质影响的研究进展［J］．食品科学，2022，43（07）：356-364.

[45] 何东梅，马宇，黄永光，等．机械化酱香型轮次基酒风味结构及特征酯类化合物解析［J］．食品科学，2021，42（10）：269-275.

[46] 敖锐，彭茵，胡永才，等．感官检验在酱香型白酒生产中的应用［J］．食品与发酵科技，2017，53（05）：84-87，121.

[47] 曾凡君，罗胜，杨刚仁，等．高温仿生机制曲在酱香习酒生产中的应用［J］．酿酒科技，2016（05）：80-82，85.

[48] 胡鹏刚，邱树毅，李继杰．酱香大曲酒生产工艺关键环节与其风格质量的关系［J］．酿酒科技，2010（08）：36-39.

[49] 吴煜樟，郭敏杰，高宇．酱香型白酒大曲生产使用稻草的研究进展［J］．食品科技，2023，48（06）：62-66.

[50] 胡会，胡向君，邓涛，等．酱香型白酒己酸乙酯含量控制措施的研究［J］．酿酒科技，2023（05）：94-96.

[51] 赵洪芳，李国辉，冯海燕，等．酱香型白酒制曲用小麦硬度的评价研究［J］．酿酒科技，2022（12）：76-79，84.

[52] 戎梓溢，白茹，闫学娇，等．酱香型白酒酿造微生态中酵母菌的研究进展［J］．食品研究与开发，2022，43（13）：180-188.

[53] 席玉，席永佶，李朝云．通氧发酵技术对酱香白酒堆积过程的影响研究［J］．酿酒科技，2022（05）：72-76.

[54] 张健，范奇高，陆伦维，等．浅析酱香型白酒发展现状及趋势思考［J］．中国酿造，2022，41（04）：234-238.

[55] 印丽，邱树毅，曹文涛，等．酱香型白酒核心产区大曲的酶系分析［J］．现代食品科技，2021，37（03）：89-96.

[56] 涂昌华，袁颉，王宗强，等．酱香型白酒“腰线”的成因及处理对策［J］．酿酒科技，2020（09）：58-60.

[57] 龚荣，李卫东，黄进，等．酱香型白酒下沙、糙沙过程中高粱淀粉糊化的影响因子及相关过程控制［J］．酿酒科技，2019（12）：36-39.

[58] 张丽，卢红梅，陈莉，等．贮存温度对酱香型大曲品质的影响［J］．食品工业科技，2018，39（13）：128-135，149.

[59] 张丽，卢红梅，陈莉，等．酱香型大曲贮存过程中发酵性能变化的研究［J］．现代食品科技，2017，33（09）：231-237.

[60] 朱建猛，王超．利用澳洲高粱生产酱香型白酒的研究［J］．酿酒科技，2014（08）：65-67，70.

[61] 刘宇驰，云敏．酱香型白酒酿造过程主要影响因素的分析［J］．酿酒科技，2011

(08)：65-67.
[62] 王贵军，沈才洪，张洪远，等．酱香型白酒下沙未堆积研究［J］．酿酒科技，2011 (04)：39-42.
[63] 穆敏敏，栗伟，余辉，等．浓香型白酒机械化制曲工艺研究进展［J］．酿酒，2023，50（01）：36-39.
[64] 黎婷玉，李文鹏，田龙新，等．基于仿生学技术对中国十二大香型白酒品质差异的研究［J］．中国酿造，2022，41（11）：39-44.
[65] 邵明波，周棱波，彭方丽，等．科技支撑贵州酒用高粱产业发展对策［J］．贵州农业科学，2021，49（04）：156-164.
[66] 唐丽云，朱孟江．酱香型白酒生产工艺及关键工艺原理简述［J］．中国食品工业，2022，347（09）：101-104.
[67] 郭松波，谢三款，张娇娇，等．茅台地区酱香大回酒轮次发酵机理分析［J］．中国酿造，2022，41（07）：38-44.
[68] 范恩帝，吴成，李岭卓，等．酱香大曲微生物数量和细菌多样性在不同制曲条件下的差异［J/OL］．现代食品科技：1-9［2023-05-15］.
[69] 张元洪．固态发酵酱香型白酒过程中霉菌的研究进展［J］．酿酒科技，2021，319 (01)：65-70.
[70] 崔利．酱香型白酒“四高两长”酿酒理论的作用、价值、地位之我见［J］．酿酒，2022，49（05）：3-6.
[71] 黎瑶依．茅台产区酱香白酒堆积发酵酒醅微生物菌群结构特征分析［D］．贵阳：贵州大学，2021.
[72] 杨漫江．堆积发酵对酱香型白酒风味物质形成的影响［J］．酿酒科技，2011（07）：72-73.
[73] 戴奕杰，李宗军，田志强，等．酱香型白酒的轮次酒以及“二次制曲”过程中的风味物质分析［J］．食品研究与开发，2019，40（19）：24-32.
[74] 李长江，张洪远，沈才洪，等．武陵酱香型白酒工艺创新——酱香糟醅堆积“二次制曲”的工艺研究（第三报）［J］．酿酒科技，2010，190（04）：52-55.
[75] 李喆，冯海燕，吴德光，等．酱香型白酒堆积发酵过程中不同空间位置酒醅差异性比较［J］．中国酿造，2023，42（03）：58-64.
[76] 梁泺，范宏筠，税梁扬，等．“FD 工艺”对酱香型白酒堆积过程的影响［J］．食品工业科技，2023，44（04）：181-188.
[77] 张守财．堆积发酵对酱香型白酒风味形成的作用及其控制［J］．福建轻纺，2006 (11)：17-18.
[78] 刘宇驰，蒋英丽，邓皖玉，等．引入“酱香功能菌”概念探索酱香型白酒风味成因［J］．酿酒科技，2009（12）：47-50.
[79] 邱声强，唐维川，赵金松，等．酱香型白酒生产工艺及关键工艺原理简述［J］．酿酒科技，2021，323（05）：86-92.
[80] 赵益梅，唐佳代，江璐．酿造工艺对酱香大曲酒的影响概述［J］．现代食品，2020 (05)：106-111.

[81] 江鹏，蒋红军，王和玉，等．酱香型白酒堆积发酵过程中“腰线”的形成机理［J］．酿酒科技，2004（6）：43-44.

[82] 冯雨．酱香型白酒的堆积发酵［J］．酿酒科技，2013（2）：80-81.

[83] 卓毓崇，蒋英丽，王会，等．破堆移位降温技术对酱香型白酒出酒率的影响［J］．酿酒科技，2014（11）：62-64.

[84] 邓俊，吴先远，蒋英丽，等．堆积糖化方式对酱香型白酒生产的影响［J］．酿酒科技，2021，325（07）：70-75.

[85] 王邦坤，张维山．北方大曲酱香酒云门陈酿高温堆积发酵工艺探讨［J］．酿酒，2019（3）：40-42.

[86] 沈才洪，涂荣坤，杜新雨，等．用于酱香型白酒堆积发酵的储氧装置：CN217265611U［P］. 2022-08-23.

[87] 黄治国，曾永仲．酱香型白酒有氧堆积发酵增氧装置：CN214881366U［P］. 2021-11-26.

[88] 谢军，任志强，黄治国，等．一种酱香型白酒堆积糖化专用设备：CN217838875U［P］. 2022-11-18.

[89] 范宏筠，税梁扬，张煜亮，等．一种酱香型白酒堆积发酵装置：CN215906169U［P］. 2022-02-25.

[90] 税梁扬，张煜亮，范宏筠，等．一种新型酱香型白酒堆积发酵平台：CN215906174U［P］. 2022-02-25.

[91] 谢军，任志强，朱莉莉，等．一种酱香型白酒的堆积糖化设备：CN218290841U［P］. 2023-01-13.

[92] 张健，李波，程平言，等．酱香型白酒制酒机械化生产试验的研究［J］．中国酿造，2018，37（12）：148-153.

[93] 汪江波，王炫，黄达刚，等．我国白酒机械化酿造技术回顾与展望［J］．湖北工业大学学报，2011，26（5）：50-54.

[94] 曾立，姚贤泽，杨生智，等．酱香型白酒传统与半机械化生产方式生产试验分析研究［J］．酿酒科技，2023，345（03）：97-103，109.

[95] 刘庭林，林韡，范荣盛．推动白酒行业生产方式升级（三）——大曲酱香型白酒酿造工艺技术开发与应用［J］．酒·饮料技术装备，2018（02）：56-62.

[96] 王洪彬，李刚，陈新建，等．一种北方窖池多层复合密封装置：CN210458116U［P］. 2020-05-05.

[97] 谭宏，刘盛，何小龙，等．茅台镇酱香型白酒生产工艺中封窖泥循环使用率的研究［J］．酿酒科技，2016（4）：74-76.

[98] 吴徐建．酱香型白酒固态发酵过程中酵母与细菌群落结构变化规律的研究［D］．无锡：江南大学，2013.

[99] 熊子书．中国三大香型白酒的研究（二）酱香·茅台篇［J］．酿酒科技，2005（5）：25-30.

[100] 崔利，杨大金．提高酱香型大曲酒风格质量几个关键环节的探讨［J］．酿酒，1988（1）：37-41.

[101] 廖建民，姚万春，唐玉明，等．一种活体窖皮泥的制备方法：CN101892142A [P]．2010-11-24.
[102] 卢中明，刘小刚，涂飞勇，等．一种用封窖泥固态酿造封窖方法：CN102757877A [P]．2012-10-31.
[103] 申柏涛．酱酒泥土味、土腥味、泥臭味来源分析及避免办法 [J]．酿酒，2022，49 (03)：17-18.
[104] 杨刚仁，曾凡君，吴徐建，等．麻布辅助封窖在酱香型习酒中的应用研究 [J]．酿酒科技，2020 (08)：33-35.
[105] 冯海燕，卢君，王凡，等．酱香型白酒封窖工艺研究 [J]．中国酿造，2022，41 (11)：210-216.
[106] 孔维兵，王啟利，张光举．一种酱香酒生产中的隔离封窖方法研究 [J]．酿酒，2023，50 (01)：119-121.
[107] 胡永才，黄永光，陈宗发，等．薄膜封窖在酱香型白酒生产中的应用 [J]．酿酒科技，2022 (07)：80-83.
[108] 蔡志鹏，吴鑫．劲酒推动行业生产方式升级（四）——大曲清香型白酒酿造工艺技术开发与应用 [J]．酒·饮料技术装备，2018 (04)：48-56.
[109] 陈杰，陈林．劲酒推动行业生产方式升级（四）——大曲浓香型白酒酿造工艺技术开发与应用 [J]．酒·饮料技术装备，2018 (03)：50-57.
[110] 胡志平，吕林杰．劲酒推动行业生产方式升级（六）——米香型白酒酿造工艺技术开发与应用 [J]．酒·饮料技术装备，2018 (05)：44-52.
[111] 范伟国，段言峰，乔新建，等．一种用于白酒窖池密封的不锈钢罩壳：CN205295290U [P]．2016-06-08.
[112] 徐勇，张良，杨平，等．窖池封窖装置：CN202936406U [P]．2013-05-15.
[113] 杨平，杨甲平，雷光电，等．窖池密封装置：CN208430143U [P]．2019-01-25.
[114] 刘旭．窖池专用封窖装置：CN210193826U [P]．2020-03-27.
[115] 曾勇，郭嘉欣，谢军．一种折叠式封窖装置．四川省：CN218435640U [P]．2023-02-03.
[116] 黄魏，程平言，张健，等．酱香型白酒风味形成的影响因素及主体风味成分研究进展 [J]．酿酒科技，2020 (4)：85-93.
[117] 苏金兰，徐柏田，林培．中国白酒香型发展的进展研究 [J]．酿酒科技，2017 (8)：102-111.
[118] 官华忠，祁建民，周元昌，等．浅析中国高粱的起源 [J]．种子，2005 (4)：76-79.
[119] 张福耀，平俊爱．高粱的起源、驯化与传播 [J]．陕西农业科学，2022，68 (04)：82-87.
[120] 卢庆善，邹剑秋，朱凯，等．试论我国高粱产业发展：论全国高粱生产优势区 [J]．杂粮作物，2009，29 (2)：78-80.
[121] 刘晨阳，张蕙杰，辛翔飞．中国高粱产业发展特征及趋势分析 [J]．中国农业科技导报，2020，22 (10)：1-9.

[122] 彭秋. 贵州酿造高粱育种现状、问题及对策 [J]. 种子，2011，30（2）：68-71.
[123] 吕富堂，韩爱清，杜秀兰，等. 建国以来中国高粱发展历程及发展趋势 [J]. 山西农业科学，2002，30（3）：20-24.
[124] 熊先勤，陈瑞祥，杨菲，等. 贵州酒用高粱种质资源考察及鉴定 [J]. 山地农业生物学报，2003，22（2）：117-121.
[125] 曾祥忠，孙静，涂佑能. 酒用高粱红缨子制种技术和质量控制措施 [J]. 中国种业，2015（6）：66-67.
[126] 黄文平，陈琦. 高粱新品种红缨子高产栽培技术 [J]. 农技服务，2010，27（4）：427，442.
[127] 董亚兵，彭亚姝，李魁印，等. 密度和施肥对茅梁 1 号高粱光合速率、产量及品质的影响 [J]. 江苏农业科学，2021，49（04）：38-44.
[128] 李长春. 优质高产高粱新品种金粱糯 1 号 [J]. 农村百事通，2016，610（14）：26.
[129] 沈佳奇，周棱波，张国兵，等. 酒用糯高粱黔高 7 号良种繁育技术 [J]. 农技服务，2017，34（11）：42，21.
[130] 彭秋，邓小锋，李青风，等. 优质酿造糯高粱黔高 8 号的选育及推广应用 [J]. 贵州农业科学，2015，43（09）：20-22.
[131] 洪鼎立，王怀玉，李鲁华. 不同施肥方式对茅粱糯 1 号农艺性状和酿酒品质的影响 [J]. 安徽农业科学，2022，50（09）：154-156，162.
[132] 赵小敏，章洁琼，胡朝凤，等. 遵义 8 个酒用高粱品种的产量及酿酒品质 [J]. 贵州农业科学，2022，50（05）：120-125.
[133] 韦勤勋，涂佑能. 红缨子高粱产业发展现状及对策浅析 [J]. 南方农业，2020，14（22）：56-58.
[134] 范志勇，左国营，杜新勇，等. 高粱原料的不同对酱香型白酒产酒情况的影响 [J]. 酿酒，2014，41（04）：36-41.
[135] 佟博达. 粮食检测在粮食储存安全中的重要性 [J]. 中国食品工业，2023，363（01）：30，33.
[136] 段冰，杨玲，郭旭凯，等. 不同品种高粱的加工特性与利用研究 [J]. 安徽农业科学，2020，48（1）：193-195.
[137] 孙婷，田建平，胡新军，等. 基于高光谱成像技术的酿酒高粱品种分类 [J]. 食品与发酵工业，2021，47（05）：186-192.
[138] 补友华，姜鑫娜，田建平，等. 高光谱结合优化算法的多品种高粱混合的淀粉含量检测 [J]. 中国粮油学报，2022，37（11）：236-244.
[139] 怀闪闪，郭乾玲，董婉婉，等. 酿酒粮食杂质及不完善粒检验方法的适用性研究 [J]. 酿酒科技，2019（5）：4.
[140] 王伟宇. 玉米质量指标机器视觉技术研究 [D]. 郑州：河南工业大学，2015.
[141] 魏琳，王爱民，杨红卫. 基于声学原理的小麦虫蚀粒检测方法研究 [J]. 农机化研究，2013，35（6）：4.
[142] 张岩. 高光谱成像技术在小麦不完善粒检测中的应用研究进展 [J]. 食品安全导

刊，2020（6）：2.
［143］李小红，褚毅宏，毛育志，等．酿酒高粱不完善粒检测仪检测模型的研究与检验［J］. 粮油食品科技，2023，31（01）：129-134.
［144］杨仕美，杨选辉，杨秀伟，等．糯高粱品种红缨子不同底肥施用量试验初报［J］. 农技服务，2020，37（03）：18-19.
［145］幸育毅，张明刚．遵义市酒用高粱有机栽培技术［J］. 现代农业科技，2015，658（20）：30，33.
［146］敖芹，谷晓平，胡朝凤，等．贵州省酒用高粱种植的气候适宜性分析［J］. 贵州农业科学，2017，45（6）：140-144.
［147］曹宁，高旭，丁延庆，等．贵州酒用高粱育种现状、问题及对策［J］. 农技服务，2018，35（4）：99-100.
［148］邓青维．酱香型酒用糯高粱研究进展［J］. 中小企业管理与科技，2019（7）：183，185.
［149］李魁印，李志友，周洪敏，等．习水县高粱种植产业发展优势、问题及对策分析［J］. 耕作与栽培，2022，42（03）：151-154.
［150］尹廷柱，文刚，熊义琴．破解宜宾市酿酒专用粮收购难题的对策建议［J］. 四川农业与农机，2023，249（01）：25-26.
［151］徐德强，王英明，周德庆．微生物学实验教程［M］. 4 版．北京：高等教育出版社，2019.
［152］李景辉．酱香型白酒生香酵母菌的筛选与应用［D］. 天津：天津科技大学，2023.
［153］李超．酱香型白酒耐酸粟酒裂殖酵母高酸胁迫响应的分子机制研究［D］. 天津：天津科技大学，2022.
［154］中华人民共和国国家质量监督检验检疫总局，中国国家标准化管理委员会．酱香型白酒：GB/T 26760-2011［S］. 北京：中国标准出版社，2011. 07. 20.
［155］贵州省质量技术监督局．酱香型白酒工业用术语：DB52/T 866—2014［S］. 全国团体标准信息平台，2014. 01. 02.
［156］贵州省质量技术监督局．酱香型白酒酿酒用高粱：DB52/T 867—2014［S］. 全国团体标准信息平台，2014. 01. 02.
［157］贵州省质量技术监督局．酱香型白酒酿酒用小麦：DB52/T 868—2014［S］. 全国团体标准信息平台，2014. 01. 02.
［158］贵州省质量技术监督局．酱香型白酒酿酒用谷壳：DB52/T 869—2014［S］. 全国团体标准信息平台，2014. 01. 02.
［159］贵州省质量技术监督局．酱香型白酒酿酒用水：DB52/T 870—2014［S］. 全国团体标准信息平台，2014. 01. 02.
［160］贵州省质量技术监督局．大曲酱香型白酒生产技术规范：DB52/T 873—2018［S］. 全国团体标准信息平台，2018. 06. 27.
［161］贵州省质量技术监督局．麸曲酱香型白酒生产技术规范：DB52/T 874—2014［S］. 全国团体标准信息平台，2014. 01. 02.
［162］贵州省质量技术监督局．混合曲酱香型白酒生产技术规范：DB52/T 875—2014

[S]. 全国团体标准信息平台，2014. 01. 02.
[163] 贵州省质量技术监督局 . 大曲酱香型白酒贮存勾调管理规范：DB52/T 876—2014 [S]. 全国团体标准信息平台，2014. 01. 02.
[164] 贵州省质量技术监督局 . 酱香型白酒废糟处置规范：DB52/T 879—2014 [S]. 全国团体标准信息平台，2014. 01. 02.
[165] 贵州省质量技术监督局 . 白酒生产企业实验室基本规范：DB52/T 880—2014 [S]. 全国团体标准信息平台，2014. 01. 02.
[166] 中国酒业协会 . 固态法酱香型白酒原酒：T/CBJ 003—2016 [S]. 全国团体标准信息平台，2016. 08. 15.
[167] 贵州省经济文化促进会 . 酱香型酒用高粱种子生产技术规范：T/GPCPEC 001—2021 [S]. 全国团体标准信息平台，2021. 05. 30
[168] 贵州省经济文化促进会 . 酱香型酒用高粱种植技术规范：T/GPCPEC 002—2021 [S]. 全国团体标准信息平台，2021. 05. 30.
[169] 贵州省经济文化促进会 . 酱香型酒用高粱加工生产技术规范：T/GPCPEC 003—2021 [S]. 全国团体标准信息平台，2021. 05. 30.
[170] 贵州省经济文化促进会 . 酱香型酒用高粱质量要求：T/GPCPEC 004—2021 [S]. 全国团体标准信息平台，2021. 05. 30.
[171] 贵州省仁怀市酒业协会 . 仁怀产区大曲酱香一至七轮次基酒：T/GZRHJX 001—2019 [S]. 全国团体标准信息平台，2019. 12. 09.
[172] 贵州省仁怀市酒业协会 . 仁怀产区大曲酱香综合基酒：T/GZRHJX 002—2019 [S]. 全国团体标准信息平台，2019. 12. 09.
[173] 贵州省仁怀市酒业协会 . 仁怀产区大曲酱香酒：T/GZRHJX 003—2019 [S]. 全国团体标准信息平台，2019. 12. 09.
[174] 贵州省仁怀市酒业协会 . 仁怀产区酱香大曲生产技术规范：T/GZRHJX 006—2019 [S]. 全国团体标准信息平台，2019. 12. 09.
[175] 贵州省仁怀市酒业协会 . 仁怀产区大曲酱香酒生产技术规范：T/GZRHJX 007—2019 [S]. 全国团体标准信息平台，2019. 12. 09.
[176] 贵州省食品工业协会 . 遵义大曲酱香型白酒：T/GZSX 030—2018 [S]. 全国团体标准信息平台，2018. 06. 15.
[177] 汪中求 . 茅台是怎样酿成的 [M]. 北京：机械工业出版社，2018.
[178] 张文毅，赵金林 . 我国高粱生产的发展趋向 [J]. 辽宁农业科学，1985 (05)：1-5.
[179] 李婷，柏建国，刘志刚，等 . 食品金属包装材料中化学物的迁移研究进展 [J]. 食品工业科技，2013，34 (5)：380-383，389.
[180] 李明 . 铝质材料在酒包装中的应用 [J]. 上海包装，2011 (12)：26-27.

后　　记

在阅读杨磊、谢军编著的《酱香型白酒酿造工艺通解》之后，我被他们扎实的基础知识及认真的治学态度所感动，同时也为白酒这门中国古老而精湛的技艺所吸引。酱香型白酒，以其独特的酿造工艺和馥郁的口感，在中国白酒市场中独树一帜。

酱香型白酒，又称茅香型白酒，是中国白酒中最具代表性的品种之一，其独特的酿造工艺、深厚的历史文化内涵以及卓越的口感使其在中国乃至全球都享有盛誉。杨磊和谢军在文中的几百个问答，带你深入了解酱香型白酒的魅力，探索其历史与文化、生产工艺与品质评价、品牌鉴赏与品鉴技巧等方面的知识。酱香型白酒源于中国贵州茅台镇，有着悠久的历史和丰富的文化内涵。在中国的酿酒史上，酱香型白酒有着重要的地位。它不仅是一种高品质的白酒，更是一种文化的传承和表达。

酱香型白酒的酿造工艺——高温制曲、高温发酵、高温馏酒，以及独特的酿酒环境——赤水河的水和周围的微生物群落，都为其独特的口感和香气提供了保证。酱香型白酒的生产工艺十分独特，包括制曲、堆积、发酵、蒸馏、贮存等环节。在酿造过程中，需严格控制温度、湿度、发酵时间等参数，以确保酒的质量和口感。学习和了解酱香型白酒对于消费者以及行业有实际意义，不仅可以提高自身的品鉴能力，还能更好地欣赏这一中华文化的瑰宝。希望本文能为你打开酱香型白酒世界的大门，探索更多关于这一美妙佳酿的知识和故事。

杨磊是我认识的一位年轻酿酒技术专家。他好学上进，肯钻研，家父（沈怡方）生前，杨磊经常带着问题见解与我父亲进行白酒技术探讨。我父亲称杨磊是一个有能量有激情的青年白酒技术工作者。杨磊以自己在酒业的研究成果获得了高级工程师职称，他还是国家一级品酒师、四川轻化工大学硕士生导师、四川轻化工大学·中国白酒学院兼职教授，同时也是沈酒集团副总经理，他多次被泸州市委、市政府评为“酒城英才·工业之星”、泸州市优秀科技工作者、四川省酒类重点实验室技术顾问。特别值得一提的是，他还连续三届担任比利时布鲁塞尔国际烈酒大赛评委，连续五届担任 ISGC 国际烈酒大赛（中国）大奖赛评委，为赛事的成长和发展做出了重要贡献，获得了大赛组委会授予的特别嘉奖！一直以来，杨磊作为酒行业青年专家领域的领跑者，始终坚持“技术领域深入研究，传统工艺不断优化”的精神，带领团队攻坚克难，为探索和推进中国酒业的高质量发展贡献自己的青春活力。

谢军作为四川轻化工大学酿酒工程专业教师，长期致力于酿酒产业教学及科研工作研究，凭借在酿酒行业取得的教学及研究成果获得了酿酒工程师及实验师职称，为典型的“双师型”教师。在教学方面他长期从事于白酒工艺学、微生物学、微生物学实验及白酒生产虚拟仿真实践等专业课程教学；在科研方面主要致力于酱香型白酒酿造工艺研究，在高温堆积糖化工艺技术革新及机械化设备革新方面取得了较为丰厚的研究成果。

杨磊、谢军合著《酱香型白酒酿造工艺通解》一书，采用问与答的通俗易懂的方式对酱香型白酒历史文化、酿造原辅料、酿造微生物、制曲及酿造工艺、基酒储存及勾调、包装等环节关键工艺点进行了阐述，对酱香型白酒酿造工艺系统性地进行了全方位的梳理，有利于从业者及高校师生在生产实践及教学中使用。酱香型白酒酿造工艺不仅代表着中国白酒的形象，更是中国传统文化的“金字招牌”，而书籍则是传承的最佳载体，本书的出版也将会呼唤更多的、更优秀的酱香型白酒产业研究书籍。

2024 年 12 月